먹는물수질공정시험기준 해설서

박승우 지음

세진사

머리말

먹는물의 안전성에 대한 관심이 점점 높아지고 있으며, 이에 따라 먹는물의 안전성 확보를 위해 시험방법의 적정성과 시험결과의 정확성이 요구되고 있다.

먹는물수질공정시험기준은 환경분야 시험기준 중 하나로서, 환경분야 시험·검사 등에 관한 법률(제6조)과 먹는물관리법(제6조)을 기반으로 하고 있으며, 먹는물 수질기준 항목을 측정할 때 측정의 정확성과 통일성을 유지하는데 필요한 제반사항을 규정함을 목적으로 하고 있다.

따라서 먹는물 분석자는 연구조사 및 성적서 발행 등 공식적으로 사용되는 결과에 반드시 이 시험기준을 준수해야 한다. 단, 국내·외 더 나은 시험방법이나 신기술을 이용한 분석방법이 있을 경우에는 시험방법에 대한 유효성 검증을 완료한 후 해당 방법을 적용할 수 있다.

1997년 12월 22일 먹는물수질공정시험기준이 제정된 후 항목 추가에 따른 제정 또는 일부 시험법이 개정되어 왔다. 이번에 출간되는 해설서는 2024년 11월 18일 개정(국립환경과학원 고시 제2024-66호)된 먹는물수질공정시험기준의 내용을 포함하고 있다. 이는 국내·외 최신 분석기술 및 동향을 반영한 시험방법과 기존의 시험기준 운영상 나타난 미비점 개선을 위한 적정성 검토를 마친 것이다.

본 ≪먹는물수질공정시험기준 해설서≫는 수질환경을 전공하는 대학생은 물론, 먹는물 분석과 관련된 분석기관 종사자들에게도 좋은 참고도서로써 각 항목의 정의, 발생원, 환경 잔류성, 인체 유해성과 분석원리에 대해 상세한 해설을 담고자 노력하였다. 또한 분석항목별로 분석방법에 대한 이해정도를 확인할 수 있도록 문제풀이 부분도 수록해 놓았으며, 측정분석사를 준비하는 수험생에게도 도움이 될 수 있도록 하였다.

마지막으로 본 교재의 출판에 많은 도움을 주신 도서출판 세진사 대표님과 임직원들에게 진심으로 감사드린다.

저자 박 승 우

차례

제1편 총칙

제2편 일반시험기준

제3편 일반항목

제4편 이온류

제5편 금속류

제 6 편 유기물질

제 7 편 휘발성유기화합물

제 8 편 미생물

제9편 방사능

Part I 총칙

01 총칙(Introduction)

1 개요

1.1 목적

이 시험기준은 「환경분야 시험·검사 등에 관한 법률」 제6조에 따라 먹는물 수질기준 항목을 측정할 때 측정의 정확성과 통일성을 유지하는 데 필요한 제반사항을 규정함을 목적으로 한다.

1.2 적용범위

1.2.1 이 시험기준은 「먹는물 수질기준 및 검사 등에 관한 규칙」 제2조에 따른 먹는물의 수질기준에 적합한지 여부를 시험·판정하는 데 적용한다.

1.2.2 공정시험기준 이외의 방법이라도 측정결과가 같거나 그 이상의 정확도가 있다고 국내외에서 공인된 방법이면 이를 사용할 수 있다.

2 표시방법

2.1 단위 및 기호

단위와 기호는 KS A ISO 80000－1, 양 및 단위－제1부 일반 사항에 대한 규정에 따른다.

2.2 농도

2.2.1 백분율(parts per hundred)은 용액 100 mL 중 성분무게(g), 또는 기체 100 mL 중 성분무게(g)를 표시할 때는 W/V %, 용액 100 mL 중 성분용량(mL), 또는 기체 100 mL 중 성분용량(mL)을 표시할 때는 V/V %, 용액 100 g 중 성분용량(mL)을 표시할 때는 V/W %, 용액 100 g 중 성분무게(g)를 표시할 때는 W/W %의 기호를 쓴다. 다만, 용액의 농도를 "%"로만 표시할 때는 W/V %를 말한다.

2.2.2 백만분율(ppm, parts per million)을 표시할 때는 mg/L, mg/kg의 기호를 쓴다.

2.2.3 십억분율(ppb, parts per billion)을 표시할 때는 μg/L, μg/kg의 기호를 쓴다.

2.2.4 기체 중의 농도는 표준상태(0 ℃, 1기압)로 환산 표시한다.

2.2 온도

2.3.1 온도를 표시할 때는 셀시우스(Celsius)법에 따라 아라비아 숫자의 오른쪽에 ℃를 붙인다. 절대온도는 K로 표시하며, 절대온도 0 K는 －273 ℃로 한다.

2.3.2 표준온도는 20 ℃, 상온은 15 ℃ ～ 25 ℃, 실온은 1 ℃ ～ 35 ℃로 하고, 찬 곳이라 함은 따로 규정이 없는 한 0 ℃ ～ 15 ℃인 장소를 뜻한다.

2.3.3 열수는 약 100 ℃를 말한다.

2.3.4 "수욕 상 또는 수욕 중에서 가열한다."라는 것은 따로 규정이 없는 한 수온 100 ℃에서 가

열함을 뜻하며, 약 100 ℃의 증기욕을 쓸 수 있다.

2.3.5 각각의 시험은 따로 규정이 없는 한 상온에서 조작하며, 조작 직후에 그 결과를 관찰한다. 단, 온도의 영향이 있는지는 표준온도를 기준으로 판정한다.

3 기구 및 기기

공정시험기준에서 사용하는 모든 기구와 기기는 측정결과에 대한 오차가 허용되는 범위 이내인 것을 사용해야 한다.

3.1 기구

3.1.1 공정시험기준에서 사용하는 모든 유리기구는 KS L 2302 이화학용 유리기구의 모양과 치수에 적합한 것 또는 이와 동등이상의 것을 사용한다.

3.1.2 부피측정용 기구는 소급성이 적절하게 유지되는 것을 사용해야 한다.

3.2 기기

3.2.1 공정시험기준의 분석절차 중 일부 또는 전체를 자동화한 기기가 정도관리 목표 수준에 적합하고, 그 기기를 사용한 방법이 국내·외에서 공인된 방법으로 인정되었으면 이를 사용할 수 있다.

3.2.2 연속측정 또는 현장측정 목적으로 사용하는 측정기기는 공정시험기준에 따른 측정치와 정확히 보정한 후 사용할 수 있다.

3.2.3 분석용 저울은 0.1 mg까지 달 수 있어야 하며, 분석용 저울과 분동은 국가 교정을 마친 것을 사용해야 한다.

4 시약 및 용액

4.1 시약

4.1.1 표준원액과 표준용액의 농도계수를 보정하는 시약은 특급을 쓰고, 실험에서 사용하는 시약은 따로 규정한 것 이외는 모두 1급 이상을 쓴다.

4.2 용액

4.2.1 용액의 앞에 몇 %라고 한 것[예 : 20 % 수산화나트륨 용액]은 수용액을 말하며, 따로 조제방법을 기재하지 않았으며, 일반적으로 용액 100 mL에 녹아있는 용질의 g수를 나타낸다.

4.2.2 용액 다음의 ( ) 안에 몇 N, 몇 M, 또는 %라고 한 것[예 : 아황산나트륨용액(0.1 N), 아질산나트륨 용액(0.1 M), 구연산이암모늄용액(20 %)]은 용액의 조제방법에 따라 조제해야 한다.

4.2.3 용액의 농도를 (1 → 10), (1 → 100) 또는 (1 → 1000) 등으로 표시하는 것은 고체 성분에서는 1 g, 액체성분에서는 1 mL를 용매에 녹여 전체 양을 10 mL, 100 mL 또는 1000 mL로 하는 비율을 표시한 것이다.

4.2.4 액체 시약의 농도에서 예를 들어 염산(1+2)이라고 되어있을 때는 염산 1 mL와 물 2 mL를 혼합하여 조제한 것을 말한다.

5 기타

5.1 시험에 쓰는 물은 따로 규정이 없는 한 증류수 또는 정제수로 한다.

5.2 용액이라고 기재하고 특히, 그 용제를 표시하지 않은 것은 수용액을 말한다.

5.3 감압은 따로 규정이 없는 한 15 mmHg 이하로 한다.

5.4 약산성, 강산성, 약알칼리성, 강알칼리성 등으로 기재한 것은 산성 또는 알칼리성 정도를 개략적으로 표시한 것으로 pH의 범위는 다음과 같다.

약산성 : 약 3 ~ 5
강산성 : 약 3 이하
중　성 : 약 6.5 ~ 7.5
약알칼리성 : 약 9 ~ 11
강알칼리성 : 약 11 이상

5.5 (1 : 1), (4 : 2 : 1) 등은 고체시약 혼합중량비 또는 액체시약 혼합 부피비를 말한다.

5.6 방울수는 20 ℃에서 정제수 20방울을 떨어뜨릴 때, 그 부피가 약 1 mL 되는 것을 뜻한다.

5.7 네슬러관은 안지름이 20 mm, 바깥지름이 24 mm, 밑에서부터 마개 밑까지 거리가 20 cm인 무색유리로 만든 마개가 있고 밑면이 평평한 시험관으로서 50 mL 짜리를 사용한다. 또한 각 관의 부피높이의 차는 2 mm 이하로 한다.

5.8 원자량은 국제원자량표에 따라, 분자량은 이 표에 따라 계산한 후 소수점 이하 둘째자리까지 정리한다.

5.9 "이상"과 "초과", "이하", "미만"이라고 기재했을 때는 "이상"과 "이하"는 기산점 또는 기준점인 숫자를 포함하며, "초과"와 "미만"은 기산점 또는 기준점인 숫자를 포함하지 않는 것을 뜻한다. 또 "a ~ b"라고 표시한 것은 a 이상 b 이하임을 뜻한다.

5.10 "정밀히 단다."라 함은 규정된 양의 시료를 취하여 화학저울 또는 미량저울로 칭량함을 말한다. 또한 무게를 "정확히 단다."라 함은 규정된 수치의 무게를 0.1 mg까지 다는 것을 말한다.

5.11 "약"이라 함은 기재된 양에 대해 ± 10 % 이상의 차가 있어서는 안 된다.

5.12 시험조작 중 "빨리"는 30초 이내에 표시된 조작을 하는 것을 뜻한다.

5.13 "항량으로 될 때까지 건조한다." 또는 "항량으로 될 때까지 강열한다."라 함은 같은 조건에서 1시간 더 건조하거나 강열할 때 전후 차가 g당 0.3 mg 이하일 때를 말한다.

5.14 시험성적수치는 따로 규정이 없는 한 KS Q 5002(데이터 통계적 기술)의 수치의 맺음법에 따라 기록한다.

5.15 시험성적서 등 공표되는 시험결과의 표시는 먹는물 수질기준의 표시한계 및 결과표시(ES 05003)에 따른다. 다만, 시험기록부, 검사기록부 등 시험·검사기록 원자료에는 개별 시험방법의 정도관리 목표 정량한계 및 결과표시 자릿수에 따라 기록하며, 정도관리/정도보증의 절차에 따라 시험하여 목표값보다 낮은 정량한계를 제시했으면 그 정량한계를 기준으로 시험결과를 기록할 수 있다.

5.16 미생물 분석에 사용하는 배지는 가능한 한 상용화된 완성제품을 사용하도록 쓴다.

5.17 하나 이상의 시험결과가 달라 제반 기준의 적부 판정에 영향을 줄 경우에는 항목별 시험방법 각 항목의 주 시험방법에 따른 분석 성적을 기준으로 판정한다. 다만, 주 시험방법은 따로 규정이 없는 한 각 항목의 1법으로 한다.

5.18 "바탕시험을 하여 보정한다."라는 것은 시료에 대한 처리·측정할 때, 시료를 사용하지 않고 같은 방법으로 조작한 측정치를 빼는 것을 뜻한다.

5.19 "용기"는 시험용액 또는 시험에 관계된 물질을 보존, 운반 또는 조작하려고 넣어두는 것으로 시험에 지장을 주지 않는 깨끗한 것을 뜻한다.

5.20 여과용 기구와 기기를 기재하지 않고 "여과한다."라고 하는 것은 KS M 7602 거름종이 5종 A 또는 이와 동등한 여과지를 사용하여 여과함을 말한다.

5.21 "정확히 취하여"라는 것은 규정한 양의 액체를 부피피펫으로 눈금까지 취하는 것을 말한다.

5.22 미생물을 다루는 시험에서 사용한 배지, 기구 등을 폐기할 때는 반드시 멸균하여 미생물을 불활성화한 후 사업장 배출하여야 한다. [다만, 미생물을 다루는 시험 기관이 「폐기물관리법 시행규칙」 [별표 3] 의료폐기물 발생기관에 해당하면 시험에서 사용한 배지, 기구 등은 의료폐기물(병리계폐기물)로 폐기한다.]

총 칙 연습문제

01 먹는물수질공정시험기준의 총칙에서 정하고 있는 내용으로 옳은 것은?

① 약산성의 pH 범위는 약 3 ~ 5이고, 강알칼리성은 약 12 이상이다.
② 원자량은 국제원자량표에 의하여, 분자량은 이 표에 의하여 계산한 후 소수점이하 둘째자리까지 정리한다.
③ 표준원액과 표준용액의 농도계수를 보정하는 시약 및 실험에서 사용하는 시약은 따로 규정하는 것 이외는 모두 1급 이상을 쓴다.
④ "항량으로 될 때까지 건조한다"라 함은 같은 조건에서 1시간 더 건조할 때 전·후 차가 g당 0.3 mg 미만일 때를 말한다.

02 농도를 표시할 때 사용하는 기호의 설명 중 틀린 것은?

① 용액 100 mL 중의 물질함량(g)을 표시할 때 w/v %의 기호를 쓴다.
② 백만분율을 표시할 때는 mg/L를 쓴다.
③ 일억분율을 표시할 때는 μg/L를 쓴다.
④ 도량형은 미터법에 따라 부피는 kL, L, mL, μL를 사용한다.

03 먹는물수질공정시험기준 총칙에서 규정하는 것 중 옳은 것은?

① 약산성, 강산성, 약알칼리성, 강알칼리성 등으로 기재한 것은 산성 또는 알칼리성의 정도의 개략을 표시한 것으로 강산성은 약 1 이하, 강알칼리성은 약 10 이상을 말한다.
② 방울수를 측정할 때에는 20 ℃에서 물 20방울을 적하할 때 그 무게가 0.9 g ~ 1.1 g이 되는 기구를 쓴다.
③ 시험은 따로 규정이 없는 한 상온에서 하고 조작 후 60초 이내에 관찰한다. 다만, 온도의 영향이 있는 것에 대하여는 실온에서 한다.
④ 측정결과가 같은 공정시험기준 이외의 방법이나 그 이상의 정확도가 있다고 국외에서 공인된 방법이라도 사용할 수 없다.

04 먹는물수질공정시험기준의 단위로 틀린 것은?

① 도량형은 미터법에 따라 약호를 사용한다.
② 중량은 g, kg, ton을 사용한다.
③ 십억분율을 표시할 때에는 μg/L를 쓴다.
④ 온도는 셀시우스법을 쓴다.

05 다음 표시된 농도 중에서 가장 낮은 농도는?

① 0.5 mg/L
② 0.5 μg/mL
③ 0.5 ppm
④ 50 ppb

Answer 1. ② 2. ① 3. ② 4. ② 5. ④

06 **"항량이 될 때까지 건조한다."라고 할 때 같은 조건에서 1시간 더 건조하거나 강열할 때 g당 전후 차는 얼마 이하인가?**

① 0.1 mg ② 0.3 mg
③ 0.5 mg ④ 1.0 mg

07 **수치맺음에 대한 설명으로 틀린 것은?**

① 자리의 수 n = 48시간 경우, 0.026은 0.03으로 표기한다.
② 자리의 수 n = 48시간 경우, 0.024는 0.02로 표기한다.
③ 자리의 수 n = 48시간 경우, 0.025는 0.03으로 표기한다.
④ 자리의 수 n = 48시간 경우, 0.035는 0.04로 표기한다.

08 **시험결과값을 표기하고자 수치를 정리하여 소수점 이하를 n자리까지 표기할 때 옳은 방법은?**

① 수치를 정리하여 소수점 이하를 n자리까지 하는 경우에는 n 자리의 수가 6 이상일 때는 끊어 올린다.
② 수치를 정리하여 소수점 이하를 n자리까지 하는 경우에는 $(n+1)$ 자리의 수가 4 이하일 때는 버린다.
③ 수치를 정리하여 소수점 이하를 n자리까지 하는 경우에는 $(n+1)$ 자리의 수가 5 이상일 때는 끊어 올린다.
④ $(n+1)$째 자리의 수가 5일 때는 n자리의 수가 1, 3, 5, 7 또는 9일 경우에는 끊어 버리고, n자리의 수가 0, 2, 4, 6 또는 8일 경우에는 올린다.

09 **먹는물수질공정시험기준의 일반사항에 대한 설명으로 틀린 것은?**

① 미생물 분석에 사용하는 배지는 가능한 상용화된 완성 제품을 사용하도록 한다.
② 이 시험방법은 먹는물이 수질 기준에 적합한지 여부를 시험 판정하는 데 적용한다.
③ 이 공정시험기준 이외의 방법으로서 그 시험방법이 보다 더 정밀하다고 인정될지라도 정확과 통일에 위배될 수 있으므로 다른 방법을 사용할 수 없다.
④ 먹는물 수질기준 항목 등에 대한 수질검사를 실시함에 있어 정확과 통일을 기하기 위하여 제반 사항에 대하여 규정함을 목적으로 한다.

Answer 6. ② 7. ③ 8. ② 9. ③

02 정도보증/정도관리(QA/QC)

1 개요

1.1 목적

환경측정의 정도보증/정도관리는 측정·분석 결과의 정밀·정확도를 관리하고 보증하여 국가적인 환경정책 결정, 산업체의 오염물질 관리 및 국민의 삶의 질 관리에 기여하는 것을 그 목적으로 한다.

1.2 적용범위

이 규격은 먹는물수질공정시험기준의 시험분석 결과에 영향을 미치는 정도보증/정도관리 및 목표 설정의 일반적인 절차에 적용한다.

2 정도관리 요소

2.1 바탕시료

2.1.1 방법바탕시료

방법바탕시료(method blank)란 시료와 유사한 매질을 선택하여 추출, 농축, 정제 및 분석과정에 따라 측정한 것을 말하며, 이때 매질, 분석절차, 시약 및 측정 장비 등으로부터 발생하는 오염물질을 확인할 수 있다.

2.1.2 시약바탕시료

시약바탕시료(reagent blank)란 시료를 사용하지 않고 추출, 농축, 정제 및 분석과정에 따라 모든 시약과 용매를 처리하여 측정한 것을 말하며, 이때 분석절차, 시약 및 측정 장비 등으로부터 발생하는 오염물질을 확인할 수 있다.

2.2 검정곡선

검정곡선(calibration curve)은 분석물질의 농도변화에 따른 지시값을 나타낸 것으로 시료 중 분석 대상 물질의 농도를 포함하도록 범위를 설정하고, 검정곡선 작성용 표준용액은 가급적 시료의 매질과 비슷하게 조제하여야 한다.

2.2.1 절대검정곡선법

절대검정곡선법(external standard method)이란 시료의 농도와 지시값과의 상관성을 검정곡선 식에 대입하여 작성하는 방법이다.

2.2.1.1 검정곡선은 직선성이 유지되는 농도범위 내에서 조제농도 3개 ~ 5개를 사용한다.

2.2.1.2 조제한 n개의 검정곡선 작성용 표준용액을 분석하여 농도와 지시값의 자료를 각각 얻는다.

2.2.1.3 n개의 시료에 대하여 농도와 지시값 쌍을 각각 (x_1, y_1), ⋯, (x_n, y_n)이라 하고, 그림 1과 같이 농도에 대한 지시값의 검정곡선을 도시한다.

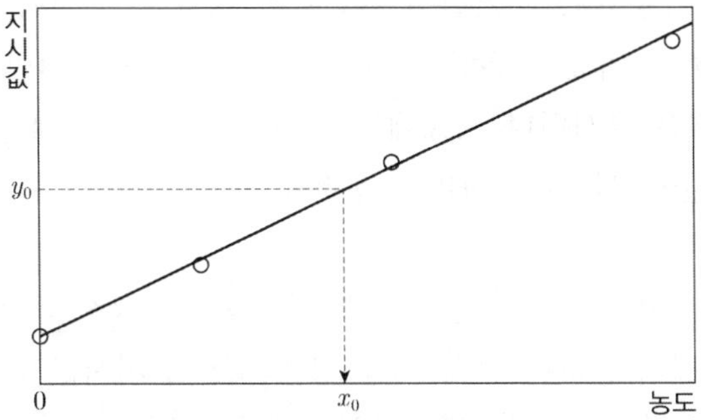

[그림 1] 검정곡선

2.2.1.4 검정곡선 작성용 표준용액의 농도와 지시값의 상관성을 1차식으로 표현하는 경우 검정곡선식은 다음과 같다.

$$y = a_0 + a_1 \cdot x \quad \text{(식 1)}$$

여기서 y는 지시값, x는 농도, a_0, a_1은 계수로서 시료의 농도는 시료의 지시값을 검정곡선식에 대입하여 구한다.

2.2.2 표준물첨가법

표준물첨가법(standard addition method)이란 시료와 동일한 매질에 일정량의 표준물을 첨가하여 검정곡선을 작성하는 방법으로서, 매질효과가 큰 시험분석 방법에서 분석 대상 시료와 동일한 매질의 표준시료를 확보하지 못한 경우에 매질효과를 보정하여 분석할 수 있는 방법이다.

2.2.2.1 분석대상 시료를 n개로 나눈 후 분석하려는 대상 성분의 표준물을 0배, 1배, ⋯, $n-1$배로 각각의 시료에 첨가한다.

2.2.2.2 n개의 첨가 시료를 분석하여 첨가농도와 지시값의 자료를 각각 얻는다. 이때 첨가 시료의 지시값은 바탕값을 보정(바탕시료 및 바탕선의 보정 등)하여 사용하여야 한다.

2.2.2.3 n개의 시료에 대하여 첨가농도와 지시값 쌍을 각각 (x_1, y_1), ⋯, (x_n, y_n)이라 하고, 그림 2와 같이 첨가농도에 대한 지시값의 검정곡선을 도시하면, 시료의 농도는 $|x_0|$이다.

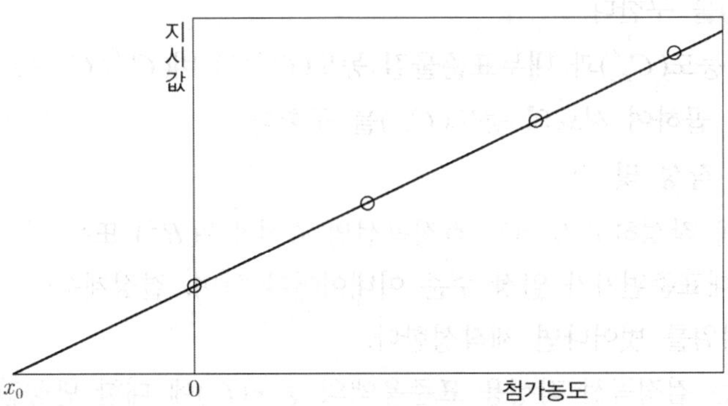

[그림 2] 표준물첨가법에 의한 검정곡선

2.2.3 상대검정곡선법

상대검정곡선법(internal standard calibration)이란 검정곡선 작성용 표준용액과 시료에 동일한 양의 내부표준물질을 첨가하여 시험분석 절차, 기기 또는 시스템의 변동으로 발생하는 오차를 보정하기 위해 사용하는 방법이다. 상대검정곡선법은 시험 분석하려는 성분과 물리·화학적 성질은 유사하나 시료에는 없는 순수 물질을 내부표준물질로 선택한다. 일반적으로 내부표준물질로는 분석하려는 성분에 동위원소가 치환된 것을 많이 사용하며, 절차는 다음과 같다.

2.2.3.1 동일한 양의 내부표준물질을 분석 대상 시료와 검정곡선 작성용 표준용액에 각각 첨가한다. 내부표준물질의 농도는 분석 대상 성분의 기기 지시값과 비슷한 수준이 되도록 한다.

2.2.3.2 분석기기를 이용하여 시료와 검정곡선 작성용 표준용액의 내부표준물질과 측정 성분의 지시값을 각각 구한다.

2.2.3.3 검정곡선 작성을 위하여 가로축에 성분 농도(C_x)와 내부표준물질 농도(C_s)의 비(C_x/C_s)를 취하고 세로축에는 분석성분의 지시값(R_x)과 내부표준물질 지시값(R_s)의 비(R_x/R_s)를 취하여 그림 3과 같이 작성한다.

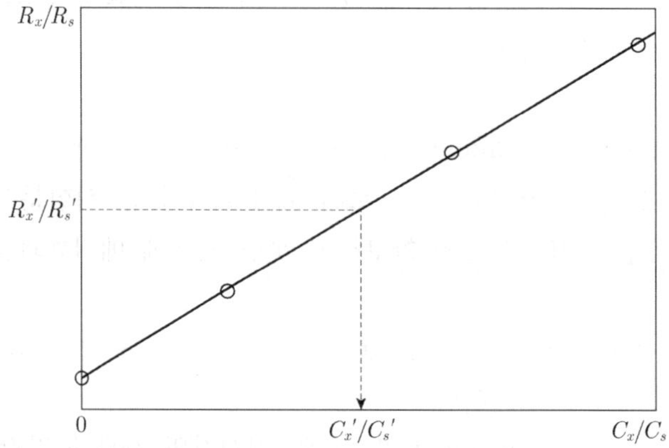

[그림 3] 상대검정곡선법에 의한 검정곡선

2.2.3.4 시료를 분석하여 얻은 분석성분의 지시값(R_x')과 내부표준물질 지시값(R_s')의 비(R_x'/R_s')를 구한 후 검정곡선에 대입하여 분석성분 농도(C_x')와 내부표준물질 농도(C_s')와의 비(C_x'/C_s')를 구한다.

2.2.3.5 분석성분 농도(C_x')과 내부표준물질 농도(C_s')의 비(C_x'/C_s')에 첨가한 내부표준물질 농도(C_s')를 곱하여 시료의 농도(C_x')를 구한다.

2.2.4 검정곡선의 작성 및 검증

2.2.4.1 검정곡선을 작성하고 얻어진 검정곡선의 결정계수(R^2) 또는 감응계수(RF, response factor)의 상대표준편차가 일정 수준 이내이어야 하며, 결정계수나 감응계수의 상대표준편차가 허용범위를 벗어나면 재작성한다.

2.2.4.2 감응계수는 검정곡선 작성용 표준용액의 농도(C)에 대한 반응값(R, response)으로 다음과 같이 구한다.

$$감응계수 = \frac{R}{C} \quad \cdots\cdots (식\ 2)$$

2.2.4.3 검정곡선은 분석할 때마다 작성하는 것이 원칙이며, 분석과정 중 검정곡선의 직선성을 검증하기 위하여 각 시료군(시료 20개 이내)마다 1회의 검정곡선 검증을 실시한다.

2.2.4.4 검증은 방법검출한계의 5배 ~ 50배 또는 검정곡선의 중간 농도에 해당하는 표준용액에 대한 측정값이 검정곡선 작성 시의 지시값과 10 % 이내에서 일치하여야 한다. 만약 이 범위를 넘는 경우 검정곡선을 재작성한다.

2.3 검출한계

2.3.1 기기검출한계

기기검출한계(IDL, instrument detection limit)란 시험분석 대상물질을 기기가 검출할 수 있는 최소한의 농도 또는 양으로서, 일반적으로 S/N 비의 2배 ~ 5배 농도 또는 바탕시료를 반복 측정 분석한 결과의 표준편차에 3배한 값 등을 말한다.

2.3.2 방법검출한계

방법검출한계(MDL, method detection limit)란 시료와 비슷한 매질 중에서 시험분석 대상을 검출할 수 있는 최소한의 농도로서, 제시된 정량한계 부근의 농도를 포함하도록 준비한 n개의 시료를 반복 측정하여 얻은 결과의 표준편차(s)에 99 % 신뢰도에서의 t-분포값을 곱한 것이다. 산출된 방법검출한계는 제시한 정량한계 값 이하이어야 한다.

$$방법검출한계 = t_{(n-1,\ \alpha=0.01)} \times s \quad \cdots\cdots (식\ 3)$$

여기서 $t_{(n-1,\ \alpha=0.01)}$는 아래의 표에서 구한다.

자유도(n-1)	2	3	4	5	6	7	8	9
t-분포값	6.96	4.54	3.75	3.36	3.14	3.00	2.90	2.82

2.3.3 정량한계

정량한계(LOQ, limit of quantification)란 시험분석 대상을 정량화할 수 있는 측정값으로서, 제시된 정량한계 부근의 농도를 포함하도록 시료를 준비하고 이를 반복 측정하여 얻은 결과의 표준편차(s)에 10배한 값을 사용한다.

$$정량한계 = 10 \times s \quad \cdots\cdots (식\ 4)$$

2.4 정밀도

정밀도(precision)는 시험분석 결과의 반복성을 나타내는 것으로 반복 시험하여 얻은 결과를 상대표준편차(RSD, relative standard deviation)로 나타내며, 연속적으로 n회 측정한 결과의 평균값($\bar{x}$)과 표준편차(s)로 구한다.

$$정밀도(\%) = \frac{s}{\bar{x}} \times 100 \quad \cdots\cdots (식\ 5)$$

2.5 정확도

2.5.1 정확도(accuracy)란 시험분석 결과가 참값에 얼마나 근접하는가를 나타내는 것으로 동일한 매질의 인증시료를 확보할 수 있는 경우에는 표준절차서(SOP, standard operational procedure)에 따라 인증표준물질을 분석한 결과값(C_M)과 인증값(C_C)과의 상대백분율로 구한다.

2.5.2 인증시료를 확보할 수 없는 경우에는 해당 표준물질을 첨가하여 시료를 분석한 분석값(C_{AM})과 첨가하지 않은 시료의 분석값(C_S)과의 차이를 첨가 농도(C_A)의 상대백분율 또는 회수율로 구한다.

$$정확도(\%) = \frac{C_M}{C_C} \times 100 = \frac{C_{AM} - C_S}{C_A} \times 100 \quad \cdots\cdots (식\ 6)$$

2.6 현장 이중시료

현장 이중시료(field duplicate sample)는 동일 위치에서 동일한 조건으로 중복으로 채취한 시료로서 독립적으로 분석하여 비교한다. 현장 이중시료는 필요시 하루에 20개 이하의 시료를 채취할 경우에는 1개를, 그 이상의 시료를 채취할 때에는 시료 20개 당 1개를 추가로 채취하며, 동일한 조건에서 측정한 두 시료의 측정값 차를 두 시료 측정값의 평균값으로 나누어 상대편차백분율(RPD, relative percent difference)로 구한다.

$$상대편차백분율(\%) = \frac{C_2 - C_1}{\bar{x}} \times 100 \quad \cdots\cdots (식\ 7)$$

정도보증/정도관리

연습문제

01 먹는물수질공정시험기준에 따른 정도관리에서 동일한 매질의 인증시료 확보가 어려운 경우 표준물질을 첨가하여 정확도를 산정한다. 아래 실험결과의 정확도로 옳은 것은?

- 해당 표준물질을 첨가하여 시료를 분석한 분석값(C_{AM}) : 20 mg/L
- 첨가하지 않은 시료의 분석값(C_S) : 10 mg/L
- 첨가농도(C_A) : 20 mg/L

① 20 %　② 40 %
③ 50 %　④ 100 %

02 먹는물수질공정시험기준의 정도관리 요소에 대한 설명으로 틀린 것은?

① 검정곡선 : 분석물질의 농도변화에 따른 지시값을 나타낸 것
② 정량한계 : 시험분석 대상물질을 검출할 수 있는 최소한의 농도 또는 양
③ 정밀도 : 시험분석 결과의 반복성을 나타내는 것
④ 정확도 : 시험분석 결과가 참값에 얼마나 근접한가를 나타내는 것

03 상대검정곡선법(internal standard calibration)에 대한 설명으로 틀린 것은?

① 시험분석 절차, 기기 또는 시스템의 변동으로 발생하는 오차를 보정하기 위해 사용하는 방법이다.
② 사용되는 내부표준물질은 시험분석하려는 성분과 물리·화학적 성질은 유사하나 시료에는 없는 순수 물질을 사용한다.
③ 매질효과가 큰 시험분석 방법에서 분석 대상시료와 동일한 매질의 표준시료를 확보하지 못한 경우에 매질효과를 보정하기 위하여 사용하는 방법이다.
④ 사용되는 내부표준물질은 분석하려는 성분에 동위원소가 치환된 것을 많이 사용한다.

04 먹는물수질공정시험기준에서 검정곡선의 작성에 대한 설명으로 잘못된 것은?

① 검정곡선은 1주일에 한 번 작성한다.
② 검정곡선은 분석물질의 농도 변화에 따른 지시값을 나타낸 것이다.
③ 시료 중 분석대상 물질의 농도를 포함하도록 범위를 설정한다.
④ 검정곡선 작성용 표준용액은 가급적 시료의 매질과 비슷하게 조제하여야 한다.

05 검출한계와 정량한계에 대한 설명으로 틀린 것은?

① 기기검출한계는 일반적으로 S/N비의 2배 ~ 5배 농도 또는 바탕시료를 반복 측정하여 분석한 결과의 표준편차에 3배 한 값 등을 말한다.
② 방법검출한계는 제시된 정량한계 부근의 농도를 포함하도록 준비한 n개의 시료를 반복 측정하여 얻은 결과의 표준편차(s)에 99 % 신뢰도에서의 t−분포값을 곱한 것이다.
③ 정량한계는 제시된 정량한계 부근의 농도를 포함하도록 시료를 준비하고 이를 반복 측정하여 얻은 결과의 분산값에 10배 한 값을 사용한다.
④ 기기검출한계는 시험분석 대상 물질을 기기가 검출할 수 있는 최소한의 농도 또는 양이다.

Answer 1. ③ 2. ② 3. ③ 4. ① 5. ③

03 시험 및 판정시 유의사항

1 검정곡선으로부터 시험용액 중의 목적물질의 양을 구하여 시료 중의 목적물질의 농도를 산출하는 것은 다음 식에 따라 계산한다. (검정곡선으로부터 구한 시험용액 중의 목적물질의 양을 a mg으로 표시함)

1.1 시료의 전량을 시험용액으로 분석한 항목

$$\text{목적물질(mg/L)} = a\text{ mg} \times \frac{1000}{\text{시료}} \quad \cdots\cdots \text{(식 1)}$$

1.2 시료를 전처리해서 얻은 시험용액 일부로 분석한 항목

$$\text{(1) 시안(mg/L)} = a\text{ mg} \times \frac{250\text{ mL}}{20\text{ mL}} \times \frac{1000}{250\text{ mL}} \quad \cdots\cdots \text{(식 2)}$$

$$\text{(2) 불소(mg/L)} = a\text{ mg} \times \frac{200\text{ mL}}{20\text{ mL}} \times \frac{1000}{200\text{ mL}} \quad \cdots\cdots \text{(식 3)}$$

2 물의 적부시험을 할 때에 자외선/가시선 분광광도계가 없을 경우에는 다음과 같은 간이시험법으로 시험하여 판정할 수 있다.

2.1 암모니아성질소

시료 50 mL를 네슬러관에 넣고 따로 암모니아성질소 표준용액 2.5 mL를 다른 네슬러관에 넣은 후 정제수를 넣어 50 mL로 한다. 양관에 주석산칼륨나트륨용액 2 mL 및 네슬러용액 1 mL를 각각 섞으면서 넣고 10분간 둔 후 양관을 백색을 배경으로 하여 옆 및 위에서 관찰할 때 시료의 색이 표준용액의 색보다 진하여서는 안 된다.

2.2 질산성질소

2.2.1 시료 2 mL를 100 mL의 비커에 넣고 살리실산나트륨용액 1 mL, 염화나트륨용액 1 mL 및 설파민산암모늄용액 1 mL를 넣어 수욕상에서 증발건조한다.

2.2.2 식힌 후 황산 2 mL를 넣어 때때로 저어 섞으면서 10분간 두고(증발잔류물이 다량인 경우에는 수욕상에서 10분간 가열하고 식힌 후) 정제수 10 mL를 넣어 네슬러관에 옮긴다.

2.2.3 증발건조한 것은 식힌 후 천천히 수산화나트륨용액(2 → 5) 10 mL를 넣고 정제수를 넣어 25 mL로 한다. 따로 질산성질소 표준용액 20 mL를 비커에 넣고 시료와 같은 방법으로 시험한다.

2.2.4 양관을 백색을 배경으로 하여 옆 및 위에서 관찰할 때 시료의 색이 표준용액의 색보다 진하여서는 안 된다.

04 먹는물 수질기준의 표시한계 및 결과표시

NO	성 분 명		수질기준	시험결과 표시한계	시험결과 표시자릿수
1	일반세균	저온[2]	100 CFU/mL 이하 20 CFU/mL 이하(샘물, 염지하수)	0	0
		(중온)	100 CFU/mL 이하 5 CFU/mL 이하(샘물, 염지하수) 20 CFU/mL 이하(먹는샘물, 먹는염지하수, 먹는해양심층수)	0	0
2	총대장균군		불검출/100 mL 불검출/250 mL(샘물, 먹는샘물, 염지하수, 먹는염지하수, 먹는해양심층수)	–	검출, 불검출
3	분원성대장균군[1]		불검출/100 mL	–	검출, 불검출
4	대장균[1]		불검출/100 mL	–	검출, 불검출
5	분원성연쇄상구균[2]		불검출/250 mL	–	검출, 불검출
6	녹농균[2]		불검출/250 mL	–	검출, 불검출
7	살모넬라[2]		불검출/250 mL	–	검출, 불검출
8	쉬겔라[2]		불검출/250 mL	–	검출, 불검출
9	아황산환원혐기성포자형성균[2]		불검출/50 mL	–	검출, 불검출
10	여시니아균[3]		불검출/2 L	–	검출, 불검출
11	납		0.01 mg/L 이하	0.005 mg/L	0.000
12	불소		1.5 mg/L 이하 2.0 mg/L 이하(샘물, 먹는샘물, 염지하수 및 먹는염지하수)	0.15 mg/L	0.00
13	비소		0.01 mg/L 이하 0.05 mg/L 이하(샘물, 염지하수)	0.005 mg/L	0.000
14	셀레늄		0.01 mg/L 이하 0.05 mg/L 이하(염지하수)	0.005 mg/L	0.000
15	수은		0.001 mg/L 이하	0.001 mg/L	0.000
16	시안		0.01 mg/L 이하	0.005 mg/L	0.000
17	크롬		0.05 mg/L 이하	0.008 mg/L	0.000
18	암모니아성질소		0.5 mg/L 이하	0.06 mg/L	0.00
19	질산성질소		10 mg/L 이하	0.1 mg/L	0.0
20	붕소		1.0 mg/L 이하	0.01 mg/L	0.00
21	카드뮴		0.005 mg/L 이하	0.002 mg/L	0.000
22	페놀류		0.005 mg/L 이하	0.005 mg/L	0.000
23	1,1,1-트리클로로에탄		0.1 mg/L 이하	0.003 mg/L	0.000
24	테트라클로로에틸렌		0.01 mg/L 이하	0.002 mg/L	0.000
25	트리클로로에틸렌		0.03 mg/L 이하	0.002 mg/L	0.000
26	디클로로메탄		0.02 mg/L 이하	0.003 mg/L	0.000

NO	성 분 명	수질기준	시험결과 표시한계	시험결과 표시자릿수
27	벤젠	0.01 mg/L 이하	0.002 mg/L	0.000
28	톨루엔	0.7 mg/L 이하	0.002 mg/L	0.000
29	에틸벤젠	0.3 mg/L 이하	0.002 mg/L	0.000
30	크실렌	0.5 mg/L 이하	0.002 mg/L	0.000
31	1,1-디클로로에틸렌	0.03 mg/L 이하	0.002 mg/L	0.000
32	사염화탄소	0.002 mg/L 이하	0.002 mg/L	0.000
33	다이아지논	0.02 mg/L 이하	0.0005 mg/L	0.0000
34	파라티온	0.06 mg/L 이하	0.0005 mg/L	0.0000
35	페니트로티온	0.04 mg/L 이하	0.0005 mg/L	0.0000
36	카바릴	0.07 mg/L 이하	0.005 mg/L	0.000
37	1,2-디브로모-3-클로로프로판	0.003 mg/L 이하	0.001 mg/L	0.000
38	잔류염소[4]	4.0 mg/L 이하	0.05 mg/L	0.00
39	총트리할로메탄[4]	0.1 mg/L 이하	0.003 mg/L	0.000
40	클로로포름[4]	0.08 mg/L 이하	0.003 mg/L	0.000
41	클로랄하이드레이트[4]	0.03 mg/L 이하	0.0005 mg/L	0.0000
42	디브로모아세토니트릴[4]	0.1 mg/L 이하	0.0005 mg/L	0.0000
43	디클로로아세토니트릴[4]	0.09 mg/L 이하	0.0005 mg/L	0.0000
44	트리클로로아세토니트릴[4]	0.004 mg/L 이하	0.0005 mg/L	0.0000
45	할로아세틱에시드[4,5]	0.1 mg/L 이하	0.001 mg/L	0.000
46	포름알데히드	0.5 mg/L 이하	0.02 mg/L	0.00
47	경도[6,8]	1,000 mg/L 이하 300 mg/L 이하(수돗물) 1,200 mg/L 이하(먹는염지하수, 먹는해양심층수)	1 mg/L	0
48	과망간산칼륨소비량	10 mg/L 이하	0.3 mg/L	0.0
49	냄새	소독으로 인한 냄새 이외의 냄새가 없을 것	–	있음, 없음
50	맛	소독으로 인한 맛 이외의 맛이 없을 것 (샘물, 먹는샘물, 염지하수 및 먹는물공동시설의 물에는 제외)	–	있음, 없음
51	구리(동)	1 mg/L 이하	0.004 mg/L	0.000
52	색도	5 도 이하	1 도	0
53	세제	0.5 mg/L 이하 불검출(샘물, 먹는샘물, 염지하수, 먹는염지하수 및 먹는해양심층수)	0.1 mg/L	0.0
54	수소이온농도	5.8 ~ 8.5 4.5 ~ 9.5(샘물, 먹는샘물, 먹는물공동시설)	–	0.0
55	아연	3 mg/L 이하	0.002 mg/L	0.000
56	염소이온[8]	250 mg/L 이하	0.4 mg/L	0.0
57	증발잔류물[7]	500 mg/L 이하(수돗물)	5 mg/L	0
58	철[6,8]	0.3 mg/L 이하	0.05 mg/L	0.00
59	망간[6,8]	0.3 mg/L 이하 0.05 mg/L 이하(수돗물)	0.004 mg/L	0.000
60	탁도	1 NTU 이하 0.5 NTU 이하(수돗물)	0.02 NTU	0.00
61	황산이온[8]	200 mg/L 이하 250 mg/L 이하(샘물, 먹는샘물, 먹는물 공동시설)	2 mg/L	0
62	알루미늄	0.2 mg/L 이하	0.02 mg/L	0.00

NO	성 분 명	수질기준	시험결과 표시한계	시험결과 표시자릿수
63	브로모디클로로메탄[4]	0.03 mg/L 이하	0.003 mg/L	0.000
64	디브로모클로로메탄[4]	0.1 mg/L 이하	0.003 mg/L	0.000
65	1,4-다이옥산	0.05 mg/L 이하	0.001 mg/L	0.000
66	브롬산염	0.01 mg/L 이하 (먹는샘물, 염지하수, 먹는염지하수, 먹는해양심층수, 오존처리된 음용지하수)	0.0005 mg/L	0.0000
67	우라늄	0.03 mg/L 이하	0.0001 mg/L	0.0000
68	스트론튬[8]	4 mg/L 이하(먹는염지하수, 먹는해양심층수)	0.001 mg/L	0.000
69	세슘(Cs-137)[9]	4.0 mBq/L 이하	–[9]	–[9]
70	스트론튬(Sr-90)[9]	3.0 mBq/L 이하	–[9]	–[9]
71	삼중수소[9]	6.0 Bq/L 이하	–[9]	–[9]

[1] 샘물, 먹는샘물, 염지하수, 먹는염지하수 및 먹는해양심층수의 경우에는 적용하지 않는다.

[2] 샘물, 먹는샘물, 염지하수, 먹는염지하수 및 먹는해양심층수의 경우에만 적용한다.

[3] 먹는물공동시설의 경우에만 적용한다.

[4] 샘물, 먹는샘물, 염지하수, 먹는염지하수, 먹는해양심층수 및 먹는물공동시설의 물에는 적용하지 않는다.

[5] 할로아세틱에시드는 디클로로아세틱에시드와 트리클로로아세틱에시드, 디브로모아세틱에시드의 합으로 한다.

[6] 샘물의 경우에는 적용하지 않는다.

[7] 먹는염지하수 및 먹는해양심층수의 경우에는 미네랄 등 무해성분을 제외한 증발잔류물이 500 mg/L를 넘지 아니하여야 한다.

[8] 염지하수인 경우에는 적용하지 않는다.

[9] 염지하수인 경우에 적용하며, STANDARD METHOD 또는 한국산업표준에 따른다.

〈행정사항〉

① "시험결과 표시한계" 미만은 "불검출"로 표기(단, 탁도의 경우 반드시 숫자로 표기함)

② "불검출"이 아닌 경우 "시험결과 표시자릿수"까지 표기함("0" 표시는 표시자릿수를 표시한 것임)

먹는물 수질기준의 표시한계 및 결과표시 연습문제

01 **먹는물수질공정시험기준에 따른 먹는물 수질기준의 시험결과 표시자릿수로 틀린 것은?**

① 구리는 0.000이다.
② 일반세균은 0이다.
③ 질산성질소는 0.00이다.
④ 트리클로로에틸렌은 0.000이다.

02 **다음 먹는물수질공정시험기준의 시험결과 성분별 표시한계와 표시자리수가 맞지 아니한 것은?**

① 페놀 : 0.005 mg/L, 0.000
② 총트리할로메탄 : 0.001 mg/L, 0.000
③ 포름알데히드 : 0.002 mg/L, 0.000
④ 클로랄하이드레이트 : 0.0005 mg/L, 0.0000

Answer 1. ③ 2. ③

Part II 일반시험기준

05 시료채취와 보존 (Sample Collection and Preservation)

1 암모니아성질소, 질산성질소, 염소이온, 브롬산염, 과망간산칼륨소비량, 불소, 페놀류, 경도, 황산이온, 세제, 수소이온농도, 색도, 탁도, 증발잔류물, 농약류 및 잔류염소시험용 시료

암모니아성질소, 질산성질소, 염소이온, 브롬산염, 과망간산칼륨소비량, 경도, 황산이온, 세제, 수소이온농도, 색도, 탁도, 증발잔류물은 미리 질산 및 정제수로 씻은 유리용기 또는 폴리에틸렌병에 시료를 채취하여 신속히 시험하고, 페놀류, 농약류, 잔류염소시험용 시료는 미리 질산 및 정제수로 씻은 유리용기에 채취하여 신속히 시험한다. 암모니아성질소, 염소이온, 황산이온, 브롬산염은 최대 28일 이내에 시험하고, 질산성질소, 세제, 색도, 탁도는 최대 48시간 이내에 시험하며 수소이온농도와 잔류염소는 시료 채취시 시험한다. 다만, 불소는 폴리에틸렌병에 채취하여 최대 28일 이내에 시험하고, 페놀류는 황산을 넣어 pH 2 이하로 하고 1 ℃ ~ 5 ℃ 냉암소에 보존하여 최대 28일 이내에 시험하며, 잔류염소를 함유한 때에는 아황산나트륨 또는 이산화비소산나트륨을 넣어 잔류염소를 제거한다.

2 시안 시험용 시료

미리 정제수로 잘 씻은 유리용기 또는 폴리에틸렌병에 시료를 채취하고 곧 수산화나트륨 용액을 넣어 pH 12 이상의 알칼리성으로 하고 1 ℃ ~ 5 ℃ 냉암소에 보관한다. 최대 보관기간은 14일이며 가능한 한 빨리 시험한다. 다만, 잔류염소를 함유한 경우에는 채취 후 곧 티오황산나트륨이나 이산화비소산나트륨을 넣어 잔류염소를 제거한다.

3 트리할로메탄 및 휘발성유기화합물 시험용 시료

미리 정제수로 잘 씻은 유리용기에 기포가 생기지 아니하도록 조심스럽게 채취하고 pH가 약 2 이하가 되도록 빨리 염산을 넣고 시료를 가득 채운 후 밀봉한다. 잔류염소가 함유되어 있는 경우에는 아스코르빈산 또는 티오황산나트륨을 넣어 잔류염소를 제거한다.

4 금속류 시험용 시료

미리 질산 및 정제수로 잘 씻은 유리용기(G)병, 폴리에틸렌(PE)병, 폴리프로필렌(PP)병, 또는 폴리테트라플루우오로에틸렌(PTFE)병에 시료를 채취하고 질산을 가하여 pH 2 이하로 보존한다. 용존성 금속류를 측정할 경우에는 시료를 채취하여 0.45 μm 막에 통과시키고 걸러진 용액에 질산을 가하여 pH 2 이하로 보존한다. 단, 운반온도(2 ℃ ~ 8 ℃)를 유지하여 운반 후 실험실에서 보존처리 할 수 있다(시료채취 후 48시간 이내). 산 처리한 시료는 1 ℃ ~ 5 ℃ 냉암소에 보관하여 시료가 증발로 인해 부피변화가 없도록 해야 한다. 붕소를 분석할 때는 시료채취부터 분석 전과정에서 폴리프로필렌, 폴리에틸렌, 폴리테트라플루우오로에틸렌 또는 석영재질의 용기와 기구를 사용해야 한다.

[표 1] 항목별 시료채취 용기, 용량 보존방법 및 보존기간

구분	항목	시료용기[1]	보존방법	보존기간
일반 항목	냄새, 맛	G	가능한 빨리 분석	24시간
	수소이온농도, 잔류염소	P, G	시료채취시 현장 분석	–
	경도		질산으로 pH 2 이하 보관	6개월
	과망간산칼륨소비량		황산으로 pH 2 이하 보관	48시간
	색도, 세제		–	48시간
	탁도		가능한 빨리 분석	
	증발잔류물		–	7일
	페놀류	G	잔류염소 함유시, 아황산나트륨 또는 이산화비소산나트륨 첨가 황산으로 pH 2 이하 보관	28일
이온류	불소	P	–	28일
	질산성질소	P, G		48시간
	염소이온, 황산이온, 브롬산염			28일
	시안		잔류염소 함유시, 티오황산나트륨이나 아스코르빈산 또는 이산화비소산나트륨 첨가 수산화나트륨으로 pH 12 이상 보관	14일
	암모니아성질소		잔류염소 함유시, 아황산나트륨 또는 이산화비소산나트륨 첨가 황산으로 pH 2 이하 보관	28일
금속류	구리(동), 납, 망간, 붕소, 비소, 셀레늄, 아연, 알루미늄, 철, 카드뮴, 크롬, 우라늄	P, G, PP, PTFE	질산으로 pH 2 이하 보관	6개월
	수은			28일
농약류	다이아지논, 파라티온, 페니트로티온, 카바릴	G(갈색)	잔류염소 함유시, 티오황산나드륨 첨가	7일 이내 추출 시 40일
소독제 및 소독 부산물	클로랄하이드레이트, 디브로모아세토니트릴, 디클로로아세토니트릴, 트리클로로아세토니트릴, 1,2-디브로모-3-클로로프로판[2]		잔류염소 함유시, 염화암모늄 첨가 염산으로 pH 4.5 ~ 5.5 보관	14일
유기물	할로아세틱에시드	G(갈색)	잔류염소 함유시, 염화암모늄 첨가	
	포름알데히드	G		
휘발성 유기 화합물	테트라클로로에틸렌, 1,1,1-트리클로로에탄, 트리클로로에틸렌, 디클로로메탄, 벤젠, 톨루엔, 에틸벤젠, 크실렌, 1,1-디클로로에틸렌, 사염화탄소, 총트리할로메탄, 클로로포름, 브로모디클로로메탄, 디브로모클로로메탄, 1,4-다이옥산	G	잔류염소 함유시, 티오황산나트륨 또는 아스코르빈산 첨가하고 염산으로 pH 2 이하 보관	14일
미생물	일반세균	멸균된 시료 용기	잔류염소 함유시, 멸균한 티오황산나트륨용액 첨가	24시간
	총대장균군			30시간
	분원성대장균군			
	대장균			
	분원성연쇄상구균			
	녹농균			24시간
	살모넬라			30시간
	쉬겔라			
	아황산환원혐기성 포자형성균			
	여시니아균			24시간

[1] P : polyethylene, G : glass, PP : polypropylene, PTFE : polytetrafluoroethylene
[2] 1,2-디브로모-3-클로로프로판 항목의 경우 소독제 및 소독부산물 또는 휘발성유기화합물 방법에 따라 시료채취시 보존 처리할 수 있다.

[주 1] 모든 항목은 가능한 빠른 시간 내에 분석하고 분석기간이 보존기간을 넘기지 않도록 한다.
[주 2] 시료채취 후 운반온도는 2 ℃ ~ 8 ℃, 실험실 보관온도는 1 ℃ ~ 5 ℃로 하여 냉암소에 보관한다.
[주 3] 보존처리는 시료채취시 현장에서 가능한 한 빨리 시행한다. 잔류염소 제거와 pH 조정을 모두 실시해야 하는 경우에는 잔류염소 제거 후 pH 조정을 진행한다. 경도, 금속류의 경우 운반온도를 유지하며 운반 후 실험실에서 보존처리 할 수 있다(시료채취 후 48시간 이내). 다만 과망간산칼륨소비량의 경우 운반온도를 유지하며 운반 후 실험실에서 바로 보존처리하여야 한다.
[주 4] 잔류염소 제거제 또는 pH 조정 시약을 실험실에서 미리 시료용기에 첨가하여 준비할 수 있으며, 이 경우 시료채취시 시료가 넘치지 않도록 주의하면서 채취한다. 다만, 잔류염소 제거와 pH 조정을 모두 실시해야 하는 경우에는 잔류염소 제거제만 미리 첨가한다.
[주 5] 잔류염소가 존재하는 경우 잔류염소 제거를 위한 시약은 잔류염소 4 mg/L 이하인 시료 1 L 기준으로, 티오황산나트륨(80 g/L) 1 mL, 아스코르빈산(200 g/L) 3 mL, 염화암모늄(100 g/L) 1 mL, 이산화비소산나트륨(100 g/L) 1mL, 아황산나트륨(50 g/L) 1 mL에 준하는 양을 첨가하며, 잔류염소 농도에 따라 첨가량을 조절하고 각 시험방법의 5 항을 참조한다. 또한 연속흐름법으로 분석시에는 분석기기에 따른 적절한 잔류염소 제거제를 검토한 후 분석결과에 영향이 없는 시약으로 사용한다.
[주 6] 시료채취시 보존처리 시약의 첨가량은 측정항목별 정확도의 허용범위를 벗어나지 않도록 하여야 한다.
[주 7] 포름알데히드 분석을 위한 시료가 생물학적으로 분해의 우려가 있는 경우, 시료 100 mL당 황산구리·5수화물 약 50 mg을 첨가한다.

시료채취와 보존

연습문제

01 **먹는물수질공정시험기준에 따른 시료채취방법에서 유리재질의 병과 폴리테트라플로오로에틸렌(PTFE) 재질의 마개를 사용하여야 하는 시험항목으로 옳은 것은?**

① 증발잔류물　② 색도
③ 탁도　④ 냄새

02 **먹는물수질공정시험기준에 따른 시료채취와 보존방법에 대한 설명으로 틀린 것은?**

① 불소 : 폴리에틸렌 병에 채취하여 최대 28일 이내에 시험
② 페놀 : 잔류염소를 함유한 때는 이산화비소산나트륨용액을 넣어 잔류염소를 제거
③ 미생물 : 잔류염소를 함유한 때는 시료채취 전에 멸균된 시료채취용기에 멸균한 티오황산나트륨 용액을 최종농도 0.3 %가 되도록 투여
④ 시안 : 유리병 또는 폴리에틸렌병에 시료를 채취하고 곧 입상의 수산화나트륨을 넣어 pH 12 이상의 알칼리성으로 하고 냉암소에 보관

03 **먹는물수질공정시험기준에 따른 항목별 시료채취 및 보관에 관한 설명으로 틀린 것은?**

① 불소 시험용 시료는 폴리에틸렌병에 채취하며 최대 28일 이내에 시험한다.
② 시안 시험용 시료는 미리 정제수로 잘 씻은 유리용기 또는 폴리에틸렌 병에 시료를 채취하고 수산화나트륨을 넣어 pH 12 이상의 알칼리성으로 하고 냉암소에 보관한다.
③ 트리할로메탄 시험용 시료는 미리 정제수로 잘 씻은 폴리프로필렌 용기에 기포가 생기지 않도록 채취하고 pH가 약 3 이하가 되도록 인산(1+10)을 시료 1 mL당 1방울을 넣고 물을 추가하여 꽉 채운 후 밀봉한다.
④ 금속류 시험용 시료는 미리 질산 및 정제수로 잘 씻은 유리용기 또는 폴리프로필렌병, 폴리에틸렌병, 폴리테트라플루오르에틸렌 병에 시료를 채취하고, 질산을 가하여 pH 2 이하로 보존한다.

04 **항목별 시료채취 및 관리에 관한 내용으로 틀린 것은?**

① 수중의 잔류염소는 불안정하기 때문에 시료채취 현장에서 빨리 측정한다.
② 색도는 미생물의 활성으로 인해 변화될 수 있으므로 시료채취 후 가능한 빨리 측정한다.
③ pH는 가능한 현장에서 측정하되, 시료를 보관하여야 할 경우 공기와의 접촉으로 인해 변화될 수 있으므로 시료를 용기에 가득채워서 밀봉하여 보관한다.
④ 페놀류 측정을 위한 시료는 생물학적 분해를 방지하기 위해 수산화나트륨을 넣어 알칼리성화 하여 보관한다.

Answer 1. ④ 2. ③ 3. ③ 4. ④

05 먹는물공정시험기준에 대한 설명을 틀린 것은?

① 페놀 항목을 분석할 경우 4시간 이내에 시험하지 못할 때에는 시료 1 L에 대하여 황산을 넣어 pH 2 이하로 하고 1 ℃ ~ 5 ℃ 냉암소에 보존하여 최대 28일 이내에 시험한다.
② 암모니아성질소 항목을 분석할 경우에는 질산 및 정제수로 씻은 유리병에 시료채취 후 신속히 시험한다.
③ 미생물 시험용 시료를 채취한 후 빨리 시험할 수 없는 경우에는 4 ℃ 냉장보관 상태에서 녹농균은 24시간 이내에, 총대장균군 등 그 밖의 항목은 30시간 이내에 시험하여야 한다.
④ 시안 시험용 시료의 경우에는 미리 정제수로 잘 씻은 유리병 또는 폴리에틸렌병에 시료를 채취하고 곧 입상의 수산화나트륨을 넣어 pH 12 이상의 알칼리성으로 하고 신속히 시험한다.

06 먹는물수질공정시험기준에서 시료채취시 설명으로 틀린 것은?

① 불소는 폴리에틸렌병에 채취하여 28일 이내에 시험하여야 한다.
② 미생물 시험용 시료는 4 ℃ 냉장보관상태에서 녹농균, 총대장균군 등은 24시간 이내에 시험하여야 한다.
③ 시안시험용 시료는 정제수로 잘 씻은 유리병 또는 폴리에틸렌병에 시료를 채취하여야 한다.
④ 수도꼭지에서 미생물 시료를 채취하는 경우 수도꼭지를 틀어 2분 ~ 3분간 흘려보낸 후 시료를 채취하여야 한다.

07 시료채취와 보존방법에 대한 설명으로 틀린 것은?

① 암모니아성질소, 질산성질소, 염소이온, 과망간산칼륨소비량, 불소, 페놀, 경도, 황산이온, 세제, 수소이온농도, 색도, 탁도, 증발잔류물, 농약 및 잔류염소시험용 시료는 폴리에틸렌병을 이용하여 채수한다.
② 중금속 시험용 시료를 채취할 때에는 미리 질산 및 정제수로 잘 씻은 폴리프로필렌, 폴리에틸렌 또는 폴리테트라플루오로에틸렌(PTFE) 용기에 시료를 채취하고 질산을 가하여 pH 2 이하로 보존한다.
③ 시안시험용 시료는 미리 증류수로 잘 씻은 유리병 또는 폴리에틸렌병으로 채취하고 곧 입상의 수산화나트륨을 넣어 pH 12 이상의 알칼리성으로 하여 신속히 시험한다.
④ 트리할로메탄 및 휘발성유기화합물질 시험용 시료는 미리 증류수로 잘 씻은 유리병에 기포가 생기지 아니하도록 조용히 채취하고 pH가 약 2가 되도록 빨리 염산을 넣고 시료를 채운 후 밀봉한다.

08 시안(CN^-) 분석용 시료를 보관할 때 20 % NaOH 용액을 넣어 pH 12의 알칼리성으로 보관하는 이유는?

① 산성에서는 CN^-이온이 HCN으로 되어 휘산하기 때문
② 산성에서는 탄산염을 형성하기 때문
③ 산성에서는 시안이 침전되기 때문
④ 산성에서나 중성에서는 시안이 분해 변질되기 때문

Answer 5. ③ 6. ② 7. ① 8. ①

06 시 약

표준원액과 표준용액의 농도계수를 보정하는 시약은 특급을 쓰고, 실험에서 사용하는 시약은 따로 규정한 것 이외는 모두 1급 이상을 쓴다.

· 과망간산칼륨	$KMnO_4$
· 과염소산	$HClO_4$(비중 약 1.67 정도) $HClO_4$ 70 % 함유
· 시트르산암모늄	$(NH_4)_2HC_6H_5O_7$
· 니트로프루지트나트륨	$Na_2Fe(CN)_5NO \cdot 2H_2O$
· 다이아지논	$C_{12}H_{21}N_2O_3PS$
· 도데실벤젠설폰산나트륨	$CH_3(CH_2)_{11}C_6H_4SO_3Na$
· 구리(동)	금속 Cu 선상, 판상, 입상 또는 분말
· 디브로모클로로메탄	$CHBr_2Cl$
· 다이에틸다이싸이오카밤산은	$C_5H_{10}NAgS_2$
· N·N-디에틸-P-페니렌디아민황산염	$(C_2H_5)_2NC_6H_4NH_2H_2SO_4$
· 디클로로메탄	CH_2Cl_2
· 1,2-디클로로벤젠	$C_6H_4Cl_2$
· 1,1-디클로로에틸렌	$C_2H_2Cl_2$
· 2,6-디페닐렌옥사이드	폴리머그로미토그레피용으로 60메쉬 ~ 80메쉬의 것(Tenax GC 등)
· 디페닐카르바지드	$C_{13}H_{14}N_3O$
· 말라티온	$C_{10}H_{19}O_6PS_2$
· 망간	금속 Mn
· 무수클로로아세트산	$ClCH_2COOH$
· 무수황산나트륨	Na_2SO_4(황산나트륨(무수))
· 메틸렌블루	$C_{16}H_{18}N_3ClS \cdot nH_2O$
· 메틸아이소부틸케톤	$CH_3COCH_2CH(CH_3)_2$(4-메틸-2-펜타논)
· 메틸알코올	CH_3OH
· 메틸실리콘 충전제	기체크로마토그래피용 규조토(60메쉬~80메쉬)에 OV-1을 3% 코팅시킨 것
· 벤젠	C_6H_6
· 불화나트륨	NaF
· 브로모디클로로메탄	$CHBrCl_2$
· 브로모포름	$CHBr_3$
· 브롬산칼륨	$KBrO_3$
· 브롬칼륨	KBr
· 브로모티몰블루	$C_{27}H_{28}O_5Br_2S$
· 비스(1-페닐-3-메틸-5-피라졸론)	$C_{20}H_{18}N_4O_2$
· 아연분말(비소시험법참조)	지름이 1 mm ~ 1.4 mm로서 비소를 함유하지 않은 것을 사용
· 사염화탄소	CCl_4
· 삼산화칼륨	KO_3
· 살리실산나트륨	HOC_6H_4COONa

- 설파민산암모늄 NH_4OSO_2NH
- 시안화칼륨 KCN
- 옥살산나트륨 $C_2O_4Na_2$
- 수산화나트륨 $NaOH$
- 실리카겔 크로마토그래피용 35메쉬 ~ 60메쉬의 것(그레이드 15)
- 4-아미노안티피린 $C_{11}H_{13}N_3O$
- 이산화비소산나트륨 $NaAsO_2$
- 아세톤 CH_3COCH_3
- 아연 금속 Zn
- 아연분말 Zn(무비소)
- 아황산수소나트륨(무수) $NaHSO_3$(무수)
- 알루미늄 금속선
- 알리자린콤플렉손 $C_{19}H_{15}NO_8$(1,2-디하이드록시안트라퀴노닐-3-메틸아민-N,N-2아세트산)
- 암모늄피롤리딘다이티오카바메이트 $C_5H_{12}N_2S_2$
- 암모니아수 NH_4OH
- 야자활성탄 크로마토그래피용으로서 26메쉬의 체를 통과하는 것
- 에리오크롬블랙T $C_{20}H_{12}N_3O_7NaS$ (1-(1-히드록시-2-나프틸아조)-5-니트로-2-나프톨-4-설폰산나트륨)
- 에틸렌디아민4아세트산2나트륨·2수화물 $C_{10}H_{14}N_2Na_2O_8 \cdot 2H_2O$
- 에틸벤젠 C_8H_{10}
- 에탄올 C_2H_5OH 부피분율 95 %
- 염산 HCl
- 염화하이드록시암모늄 $NH_2OH \cdot HCl$
- 염화나트륨 $NaCl$
- 염화마그네슘·6수화물 $MgCl_2 \cdot 6H_2O$
- 염화바륨 $BaCl_2$
- 염화바륨·2수화물 $BaCl_2 \cdot 2H_2O$
- 염화백금산칼륨 K_2PtCl_6
- 염화코발트·6수화물 $CoCl_2 \cdot 6H_2O$
- 염화암모늄 NH_4Cl
- 이염화주석·2수화물 $SnCl_2 \cdot 2H_2O$
- 이염화수은 $HgCl_2$
- 옥시염화지르코늄·8수화물 $ZrOCl_2 \cdot 8H_2O$
- 옥신(8-옥시퀴놀린) C_9H_7NO
- 요오드칼륨 KI
- 요오드산칼륨 KIO_3
- 이산화셀레늄 SeO_2
- 인산 H_3PO_4
- 인산일수소나트륨(무수) Na_2HPO_4
- 인산일수소칼륨 K_2HPO_4
- 인산이수소칼륨 KH_2PO_4 인산1칼륨
- 전분 대한약전의 감자전분을 쓴다.
- 중크롬산칼륨 $K_2Cr_2O_7$
- 질산 HNO_3
- 질산납 $Pb(NO_3)_2$
- 질산란탄·6수화물 $La(NO_3)_3 \cdot 6H_2O$
- 질산은 $AgNO_3$
- 질산칼륨 KNO_3

- 차아염소산나트륨 $NaClO$
- 아세트산 CH_3COOH
- 아세트산나트륨·3수화물 $CH_3COONa \cdot 3H_2O$
- 아세트산납·3수화물 $Pb(CH_3COO)_2 \cdot 3H_2O$
- 아세트산아연·2수화물 $Zn(CH_3COO)_2 \cdot 2H_2O$
- 아세트산암모늄 CH_3COONH_4
- 티오황산나트륨·5수화물 $Na_2S_2O_3 \cdot 5H_2O$
- 카드뮴 금속 Cd
- 카바릴(NAC) $(ClCH_2CO)_2O$
- 크롬산칼륨 K_2CrO_4
- m-크실렌 $C_6H_4(CH_3)_2$
- o-크실렌 $C_6H_4(CH_3)_2$
- p-크실렌 $C_6H_4(CH_3)_2$
- 클로라민-T·3수화물 $C_7H_7ClNNaO_2S \cdot 3H_2O$
- 클로로포름 $CHCl_3$
- 탄산나트륨(무수) Na_2CO_3
- 탄산칼륨 K_2CO_3
- 테트라클로로에틸렌 C_2Cl_4
- 톨루엔 C_7H_8
- o-톨리딘(3,3-디메틸벤지딘)염산염 $(CH_3C_6H_3NH_2)_2 \cdot 2HCl$
- 1,1,1-트리클로로에탄 $C_2H_3Cl_3$
- 트리클로로에틸렌 C_2HCl_3
- 파라디메틸미노벤지리덴로다닌 $(CH_3)_2NC_6H_4CH{:}CSCSNHCO$
- 파라티온 $C_{10}H_{14}NO_5PS$
- 페놀 C_6H_5OH
- 페놀프탈레인 $C_{20}H_{14}O_4$
- 페니트로티온 $C_9H_{12}NO_5PS$
- 1-페닐-3-메틸-5-피라졸론 $C_6H_5NNC(CH_3)CH_2CO$
- 페리시안화칼륨 $K_3Fe(CN)_6$
- 1,10-페난트로린염산염 $C_{12}H_8N_2 \cdot HCl$
- N-펜탄 $CH_3(CH_2)_3CH_3$
- 포르말린 $HCHO$
- 피로인산나트륨·10수화물 $Na_4P_2O_7 \cdot 10H_2O$
- 피리딘 C_5H_5N
- 황산 H_2SO_4
- 황산구리·5수화물 $CuSO_4 \cdot 5H_2O$
- n-헥산 $CH_3(CH_2)_4CH_3$
- 황산알루미늄칼륨·24수화물 $K_2SO_4Al_2(SO_4) \cdot 24H_2O$
- 황산제1철암모늄·6수화물 $(NH_4)_2Fe(SO_4)_2 \cdot 6H_2O$
- 플루오벤젠 C_6H_5F
- C.I.에시드레드265(N-토루일설포닐H산) $C_{24}H_{19}O_9N_2S_3Na_2$
- 1,2-사이클로헥산디아민4아세트산(CyDTA) $C_6H_{10}[N(CH_2COOH)_2]_2$

시 약

연습문제

01 먹는물수질공정시험기준에 따른 시약별 규정에 관한 내용으로 옳은 것은?

① 야자활성탄 : 크로마토그래피용으로서 20메쉬의 체를 통과하는 것
② 에탄올 : C_2H_5OH 부피분율 90 %
③ 2,6-디페닐렌옥사이드 : 폴리머크로마토그래피용으로 40메쉬 ~ 50메쉬의 것
④ 메틸실리콘 충전제 : 기체크로마토그래피용 규조토(60메쉬 ~ 80메쉬)에 OV-1을 3 % 코팅시킨 것

02 시약의 화학식을 나타낸 것으로 틀린 것은?

① 디클로로메탄 : CH_2Cl_2
② 1,2-디클로로벤젠 : $C_6H_4Cl_2$
③ 설파민산암모늄 : NH_4OSO_3NH
④ 살리실산나트륨 : HOC_6H_4COONa

Answer 1. ④ 2. ③

07 용액

· 과망간산칼륨용액수은시험용	과망간산칼륨 50 g을 정제수에 녹여 1 L로 하고 여과한다.
· 시트르산암모늄용액	시트르산암모늄 원자흡수분광분석용 25 g을 정제수에 녹여 100 mL로 한다.
· 다이에틸다이싸이오카밤산은용액	다이에틸다이싸이오카밤산은 1.0 g을 피리딘 200 mL에 녹인다.
· 디클로로메탄함유 n-헥산	디클로로메탄과 n-헥산을 15 : 85의 비율로 혼합한다.
· 디페닐카르바지드용액	디페닐카르바지드 0.1 g을 에탄올 50 mL에 녹이고 다시 황산(1 + 9) 200 mL를 넣는다.
· 브롬산칼륨·브롬화칼륨용액	브롬산칼륨 2.78 g과 브롬화칼륨 10 g을 정제수에 녹여 1 L로 한다.
· 브로모티몰블루용액	브로모티몰블루 0.1 g을 에탄올 50 mL와 정제수 50 mL의 혼합용액에 녹인다.
· 산성메틸렌블루용액	메틸렌블루·3수화물 0.35 g을 정제수 약 500 mL에 녹인 후 황산 6.5 mL와 정제수를 넣어 1 L로 한다.
· 살리실산나트륨용액	살리실산나트륨 1 g을 수산화나트륨용액(0.01 M)에 녹여 100 mL로 한다.
· 설파민산암모늄용액	설파민산암모늄 0.1 g을 정제수에 녹여 100 mL로 한다.
· 수산화나트륨용액	수산화나트륨 40 g을 정제수에 녹여 1 L로 한다.
· 수산화나트륨용액(2 → 5)	수산화나트륨 40 g을 정제수에 녹여 100 mL로 한다.
· 수산화나트륨용액(카바릴시험용)	수산화나트륨 10 g을 정제수에 녹여 1 L로 한다.
· 시안화칼륨용액	시안화칼륨 10 g을 정제수에 녹여 100 mL로 한다.
· 아미노안티피린용액	4-아미노안티피린 2 g을 정제수에 녹여 100 mL로 하며 쓸 때에 만든다.
· 이산화비소산나트륨용액	이산화비소산나트륨 0.5 g을 정제수에 녹여 100 mL로 한다.
· 아황산수소나트륨용액	아황산수소나트륨(무수) 1 g을 정제수에 녹여 100 mL로 한다.
· 알리자린콤플렉손용액	알리자린콤플렉손(1,2-디하이드록시안트라퀴노닐-3-메틸아민-N,N-2아세트산) 0.385 g을 가능한 한 소량의 수산화나트륨용액에 녹이고, 정제수 10 mL를 넣은 다음 용액의 색이 자색으로부터 적색이 될 때까지 염산(1 + 99)을 천천히 넣고, 다시 정제수를 넣어 100 mL로 한다.
· 알칼리성인산일수소나트륨용액	인산일수소나트륨(무수) 10 g을 정제수 약 800 mL에 녹이고, 수산화나트륨용액으로 pH를 10으로 한 후 정제수를 넣어 1 L로 한다.
· 암모늄피롤리딘디티오카바메이트용액	암모늄피롤리딘디티오카바메이트 4.0 g을 정제수에 녹여 100 mL로 한다.
· 암모니아 완충용액	염화암모늄 67.5 g을 암모니아수 570 mL에 녹이고 정제수를 넣어 1 L로 한다.
· EBT용액	에리오크롬블랙 0.5 g과 염화하이드록시암모늄 4.5 g을 에탄올에 녹여 100 mL로 한다.
· 염산(1 + 1)(유기인시험용)	염산과 정제수를 같은 양 혼합한다. 공시험 할 때 표준물질의 피크 부근에 불순물 피크가 없는 것을 사용한다.

· 염화하이드록시암모늄용액	염화하이드록시암모늄 10 g을 정제수에 녹여 100 mL로 한다.
· 염화나트륨용액	염화나트륨 0.2 g을 정제수에 녹여 100 mL로 한다.
· 염화제일주석용액(비소시험용)	이염화주석·2수화물 40 g을 염산 100 mL에 녹이며 쓸 때에 만든다.
· 염화제일주석용액(수은시험용)	이염화주석·2수화물 10 g을 정제수 60 mL와 황산 3 mL의 혼합액에 넣고, 저으면서 가열용해한 후 식힌 다음 질소를 통과시켜 용액 중의 수은을 제거하고 정제수를 넣어 100 mL로 하며 쓸 때에 만든다.
· 옥신용액(1 %)	옥신(8-옥시퀴놀린) 2.0 g을 아세트산 5 mL에 녹이고 정제수를 넣어 200 mL로 한다.
· 요오드화칼륨용액	요오드화칼륨 15.0 g을 정제수에 녹여 100 mL로 하며 쓸 때에 만든다.
· 인산(1+9)	정제수 90 mL에 인산 10 mL를 넣어 혼합한다.
· 인산(1+10)	정제수 100 mL에 인산 10 mL를 넣어 혼합한다.
· 인산염완충용액 (잔류염소시험용-OT법)	미리 110 ℃에서 건조하고 데시케이터에서 식힌 인산일수소칼륨 22.86 g과 인산이수소칼륨 46.14 g을 무탄산물에 녹여 1 L로 한 후 수 일간 두었다가 생성된 침전물을 제거하여 원액으로 하고, 이 원액 400 mL에 무탄산물을 넣어 2 L로 한다. 이 용액의 pH는 6.45이다.
· 인산염완충용액 (잔류염소시험용-DPD법)	0.2 M 인산칼륨용액 100 mL와 0.2 N 수산화나트륨용액 35.4 mL를 혼합하고, 이에 CyDTA(1,2-사이클로헥산디아민4아세트산) 0.13 g을 넣어 녹이고 정제수를 넣어 1 L로 한다. 이 용액의 pH는 6.5이다.
· 인산완충용액	인산이수소칼륨 3.40 g과 인산일수소나트륨(무수) 3.55 g을 정제수에 녹여 1 L로 한다.
· 전분용액	가용성전분 1 g을 정제수 약 10 mL와 잘 섞으면서 가열한 물 100 mL 중에 넣고, 약 1분간 끓인 후 식힌 다음 위에 뜨는 맑은 액을 쓰며, 이 용액은 쓸 때에 만든다.
· 정제수(총트리할로메탄, 테트라클로로에틸렌, 트리클로로에틸렌, 1,1,1-트리클로로에탄 시험용)	정제수 또는 이온교환수 2 L를 분별깔때기에 취하고 n-헥산(잔류농약시험용 또는 수질시험용) 100 mL를 넣어 흔들어 섞은 후 물 층을 2 L 삼각플라스크에 옮기고 끓여서 n-헥산을 제거한다. 이것을 증류 플라스크에 넣어 2회 증류한다. 사용할 때마다 10분간 끓이고 식혀 사용한다.
· 정제수(휘발성유기화합물 시험용)	시약용 정제수를 사용하거나 물을 15분간 끓인 후 90 ℃를 유지하면서 불활성 기체로 1시간 퍼지하여 휘발성유기물질을 제거하고 병구멍이 작은 유리병에 넣은 다음 마개를 한다. 공시험 할 때 표준물질의 피크 부근에 불순물피크가 없는 것을 사용한다.
· 중성메틸렌블루용액	메틸렌블루 0.35 g을 정제수에 녹여 1 L로 한다.
· 지르코늄용액	옥시염화지르코늄·8수화물 3.5 g을 정제수에 녹여 100 mL로 한다.
· 질산란탄용액	질산란탄·6수화물 4.33 g을 정제수에 녹여 1 L로 한다.
· 질산은용액	질산은 17.0 g을 정제수에 녹여 1 L로 한다.
· 차아염소산나트륨용액	차아염소산나트륨용액(100/c) mL(c는 유효염소농도%) 및 수산화나트륨 15 g을 정제수에 녹여서 1 L로 하며 쓸 때에 만든다.
· 아세트산나트륨용액	아세트산나트륨·3수화물 40 g을 정제수에 녹여 100 mL로 한다.
· 아세트산납용액	아세트산납·3수화물 10 g에 아세트산 1방울을 넣고 정제수에 녹여 100 mL로 한다.
· 아세트산용액(1+9)	물 90 mL에 아세트산 10 mL를 넣어 혼합한다.

· 아세트산아연용액	아세트산아연·2수화물 100 g을 정제수에 녹여 1 L로 한다.
· 아세트산완충용액(불소 시험용)	아세트산나트륨·3수화물 100 g을 정제수 약 200 mL에 녹이고, 아세트산 약 11 mL를 넣어 잘 섞은 후 pH 5.2가 되도록 아세트산을 넣고, 다시 정제수를 넣어 1 L로 한다.
· 아세트산완충용액(잔류염소 시험용)	아세트산암모늄 250 g을 아세트산 700 mL에 녹이고 정제수를 넣어 1 L로 한다.
· 크롬산칼륨용액	크롬산칼륨 50 g을 정제수 약 200 mL에 녹이고 적색 침전이 생길 때까지 질산은 용액을 넣어 여과한 후 여과액에 정제수를 넣어 1 L로 한다.
· 크롬산칼륨·중크롬산칼륨용액	크롬산칼륨 4.65 g과 중크롬산칼륨 1.55 g을 완충용액에 녹여 1 L로 한다.
· 클로라민-T용액	클로라민-T·3수화물 1.25 g을 정제수에 녹여 100 mL로 하며 쓸 때에 만든다.
· 무수클로로아세트산벤젠용액	무수클로로아세트산 2 g을 벤젠에 녹여 100 mL로 한다.
· 탄산칼륨용액(0.1 M)	탄산칼륨 13.8 g을 정제수에 녹여 1 L로 한다.
· o-톨리딘용액	o-톨리딘염산염 1.35 g을 정제수 800 mL에 녹이고 염산 150 mL와 정제수를 넣어 1 L로 한 후 갈색병에 넣어 보존하며, 6개월 이내의 것을 사용한다.
· 파라디메틸아미노벤잘로데닌용액	파라디메틸아미노벤잘로데닌 0.02 g을 아세톤 100 mL에 녹인다.
· 1,10-페난드로린용액	1,10-페난트로린엄신엄 0.12 g을 정제수에 녹여 100 mL로 한 후 갈색병에 넣어 냉암소에 보존한다.
· 페놀니트로프루싯나트륨용액	페놀 5 g 및 니트로프루싯나트륨 25 mg을 정제수에 녹여서 500 mL로 한다. 차고 어두운 곳에 보존하고 1개월 내에 사용한다.
· 페놀프탈레인용액	페놀프탈레인 0.5 g을 에탄올 50 mL에 녹이고 정제수를 넣어 100 mL로 한 후 이 용액이 홍색을 나타낼 때까지 수산화나트륨용액(0.1 v/v %)를 넣는다.
· 헥사시안화철(Ⅲ)산칼륨용액	헥사시안화철(Ⅲ)산칼륨 약 2 g을 취하여 소량의 정제수로 표면을 씻은 후 정제수에 녹여 100 mL로 한다. 불순물이 있는 경우에는 여과하며 쓸 때에 만든다.
· 피리딘·피라졸론혼합액	1-페닐-3-메틸-5-피라졸론 0.25 g을 75 ℃로 가열한 물 100 mL에 녹이고 (완전히 녹지 않아도 좋다) 실온으로 식힌 다음 비스(1-페닐-3-메틸-5-피라졸론) 0.02 g을 피리딘 20 mL에 녹인 용액을 넣어 섞는다. 이 용액은 쓸 때에 만든다.
· 황산(1+2)	정제수 200 mL에 황산 100 mL를 저으면서 천천히 넣고 수욕상에서 온도를 높이면서 과망간산칼륨용액으로 과망간산칼륨의 엷은 홍색이 없어지지 아니할 때까지 1방울씩 넣는다.
· 황산용액(1+35)	정제수 350 mL에 황산10 mL를 서서히 넣어 혼합한다.

용 액

연습문제

01 200 g의 물에 40 g의 NaCl을 첨가하여 용해시키면 몇 %(W/W)의 NaCl용액이 만들어지는가? (소수점 둘째자리에서 반올림)

① 15.4 %
② 18.2 %
③ 16.7 %
④ 10.7 %

02 96 % 황산(H_2SO_4, 그램몰질량 98, 비중 : 1.8)으로 1 N 황산 1,000 mL를 만들려면, 96 % 황산 몇 mL가 필요한가? (소수점 둘째자리에서 반올림)

① 14.2
② 42.6
③ 28.4
④ 56.8

03 먹는물수질공정시험기준에서의 용액에 대한 설명으로 틀린 것은?

① 과망간산칼륨용액(수은 시험용) : 과망간산칼륨 50 g을 정제수에 녹여 1 L로 하고 여과한다.
② 디페닐카르바지드용액 : 디페닐카르바지드 0.1 g을 에탄올 50 mL에 녹이고 다시 황산(1+9) 200 mL를 넣는다.
③ 설파민산암모늄용액 : 설파민산암모늄 0.1 g을 정제수에 녹여 100 mL로 한다.
④ 암모니아 완충용액 : 염화암모늄 67.5 g을 암모니아수에 녹여 1 L로 한다.

Answer 1. ③ 2. ③ 3. ④

08 용량분석용 표준용액

1 0.002 M-과망간산칼륨용액

1.1 과망간산칼륨 0.316 g을 정제수에 녹여 1 L로 한 후 갈색병에 보존한다.

1.2 농도결정

물 100 mL를 수개의 비등석을 넣은 삼각플라스크에 넣고 이에 황산(1+2) 5 mL와 과망간산칼륨용액(0.002 M) 5 mL를 넣어 5분간 끓인 후 옥살산나트륨용액(0.005 M) 10 mL를 넣어 탈색을 확인한 다음 과망간산칼륨용액(0.002 M)으로 엷은 홍색이 없어지지 않고 남을 때까지 적정한다. 적정이 끝난 용액에 다시 황산(1+2) 5 mL와 과망간산칼륨용액(0.002 M) 5 mL를 넣어 5분간 끓인 후 옥살산나트륨용액(0.005 M) 10 mL를 넣고 과망간산칼륨용액(0.002 M)으로 엷은 홍색이 없어시시 않고 남을 때까지 적정하고, 이 때 소비된 과망긴신칼륨용액(0.002 M)의 mL수(a)로부터 다음 식에 따라 농도계수(f)를 구한다.

$$f = \frac{10}{a+5} \quad \cdots\cdots (식\ 1)$$

여기서, a : 소비된 0.002 M 과망간산칼륨 용액의 양(mL)

f : 농도계수

2 0.01 M-EDTA용액

2.1 에틸렌디아민테트라아세트산이나트륨·2수화물을 80 ℃에서 5시간 건조하고 데시케이터에서 식힌 다음 3.722 g을 정제수에 녹여 1 L로 한 후 갈색병에 넣어 보존한다. 이 용액 1 mL는 탄산칼슘으로서 1 mg을 함유하는 양에 상당한다.

2.2 농도결정

삼각플라스크에 황산염 표준용액 10.0 mL, 정제수 40 mL 및 염산용액(0.02 M) 5 mL를 넣고 끓이면서 염화바륨용액(0.01 M) 10.0 mL를 넣어 수 분간 끓이고 신속히 식힌 다음 암모니아 완충용액 5 mL 및 EBT용액 3방울을 넣은 후 곧 EDTA용액(0.01 M)으로 적정하고, 종말점 부근에서 염화마그네슘용액(0.01 M) 2.0 mL를 넣은 후 계속 적정하여 이에 소비된 EDTA용액(0.01 M)의 mL수(a)를 구하여 다음 식에 따라 EDTA(0.01 M)의 농도계수(f)를 구한다.

$$f = \frac{5}{(a-b)\times 0.96} \quad \cdots\cdots (식\ 2)$$

여기서, a : 소비된 EDTA용액(0.01 M)의 양(mL)

b : 물을 사용하여 위와 같은 방법으로 시험할 때 소비된 EDTA 용액(0.01 M)의 mL수

3 0.005 M-옥살산나트륨용액

3.1 150 ℃ ~ 200 ℃에서 1시간 ~ 1.5시간 건조시키고 데시케이터에서 식힌 수산나트륨 0.670 g을 정제수에 녹여 1 L로 하여 갈색병에 보존하고, 만든 후 1개월 내에 사용한다.

4 0.01 M-염화나트륨용액

4.1 염화나트륨(500 ℃ ~ 600 ℃에서 1시간 가열하고 데시케이터에서 식힌 것) 0.5844 g을 정제수에 녹여 1 L로 한다.

5 0.01 M-염화마그네슘용액

5.1 염화마그네슘·6수화물 약 2.1 g을 정제수에 녹여 1 L로 한다.

6 0.01 M-염화바륨용액

6.1 염화바륨·2수화물 약 2 g을 정제수에 녹여 1 L로 한다.

7 0.1 M-질산은용액

7.1 질산은 17.0 g을 정제수에 녹여 1 L로 한 후 갈색병에 넣어 보관한다.

7.2 농도결정

염화나트륨(500 ℃ ~ 600 ℃에서 1시간 가열하고 데시케이터에서 식힌 것 약 100 mg을 정밀히 달아 백색사기접시 또는 삼각플라스크(백색판 위에서 적정)에 넣고 정제수 약 100 mL를 넣어 녹이고 크롬산칼륨용액 0.2 mL를 지시약으로 하여 질산은용액(0.1 M)으로 엷은 등색이 없어지지 않고 남을 때까지 적정하고 여기에 소비된 질산은용액(0.1 M)의 mL(a)로부터 다음 식에 따라 질산은용액(0.1 M)의 농도계수(f)를 구한다.

$$f = \frac{\text{염화나트륨의 양(mg)}}{(a-b)\times 5.8444} \quad \cdots\cdots \text{(식 3)}$$

여기서, a : 적정시 소비된 질산은용액(0.1 M)의 양(mL)

b : 염화나트륨을 넣지 않고 위와 같은 방법으로 공시험 할 때 소비된 질산은 용액(0.1 M) mL수

8 0.01 M-질산은용액

8.1 질산은 1.7 g을 정제수에 녹여 1 L로 한 후 갈색병에 보존한다.

8.2 농도결정

염화나트륨(0.01 M) 25 mL를 백색사기접시 또는 삼각플라스크(백색판 위에서 적정)에 넣고, 크롬산칼륨용액 0.2 mL를 지시약으로 하여 질산은용액(0.01 M)으로 엷은 등색이 없어지지 않고 남을 때까지 적정하고 이에 소비된 질산은용액(0.01 M)의 mL수(a)로부터 다음 식에 따라 질산은용액(0.01 M)의 농도계수(f)를 구한다.

$$f = \frac{25}{(a-b)} \quad \cdots\cdots \text{(식 3)}$$

여기서, a : 적정시 소비된 질산은용액(0.01 M)의 양(mL)

b : 염화나트륨용액 대신 물을 사용하여 위와 같은 방법으로 공시험 할 때 소비된 질산은용액(0.01 M)의 mL수

9 0.1 M-티오황산나트륨용액

9.1 티오황산나트륨·5수화물 26 g과 탄산나트륨(무수) 0.2 g을 무탄산 정제수에 녹여 1 L로 한다.

9.2 농도결정

요오드산칼륨(120 ℃ ~ 140 ℃에서 2시간 건조하고 데시케이터에서 식힌 것) 약 80 mg을 정밀히 달아 마개달린 삼각플라스크에 넣고, 정제수 약 25 mL, 요오드칼륨 2 g과 황산(1+5) 5 mL를 넣어 곧 마개를 막고, 조용히 흔들어 섞은 후 어두운 곳에서 5분간 가만히 둔다. 다시 정제수 100 mL를 넣고 티오황산나트륨용액(0.1 M)으로 적정하여, 액의 황색이 엷어질 때에 전분용액 2 mL ~ 3 mL를 지시약으로 넣은 후 액의 청색이 없어질 때까지 다시 적정을 계속하고 여기에 소비된 티오황산나트륨용액(0.1 M)의 mL수(a)를 구하여 다음 식에 따라 티오황산나트륨용액(0.1 M)의 농도계수를 구한다.

$$f = \frac{\text{요오드산칼륨의 양(mg)}}{(a-b)\times 3.567} \quad \cdots\cdots (\text{식 } 3)$$

여기서, a : 적정시 소비된 티오황산나트륨용액(0.1 M)의 양(mL)

b : 요오드산칼륨을 넣지 않고 위와 같은 방법으로 시험할 때 소비된 티오황산나트륨용액(0.1 M)의 mL수

09 표준용액

1 납표준용액

질산납 1.60 g을 질산 10 mL와 정제수 90 mL의 혼합액에 녹이고 정제수를 넣어 1 L로 한 것을 표준원액으로 한다. 납표준원액을 정제수로 100배 희석하며 쓸 때에 만든다. 이 용액 1 mL는 납 0.01 mg을 함유한다.

2 농약표준용액

잔류농약시험용 다이아지논, 페니트로티온, 말라티온, 파라티온 각 50 mg을 정확히 취하여 각각 50 mL 부피플라스크에 넣고 아세톤을 넣어 50 mL로 한 것을 표준원액으로 한다. 100 mL 부피플라스크에 각 농약표준원액(다이아지논 0.5 mL, 페니트로티온 1 mL, 말라티온 1 mL 및 파라티온 1 mL)를 넣고 아세톤을 넣어 100 mL로 한다. 이 용액 1 mL는 다이아지논 5 μg, 페니트로티온 10 μg, 말라티온 10 μg 및 파라티온 10 μg을 함유한다.

3 구리(동)표준용액

금속구리(99.9 % 이상의 것) 1.0 g을 질산 10 mL와 정제수 90 mL의 혼합액에 가열하여 녹이고 정제수를 넣어 1 L로 한 것을 표준원액으로 한다. 구리표준원액을 정제수로 100배 희석하며 쓸 때에 만든다. 이 용액 1 mL는 구리 0.01 mg을 함유한다.

4 망간표준용액

금속망간(순도 99.0 % 이상의 것) 1.0 g을 질산 10 mL와 정제수 90 mL의 혼합액에 가열하여 녹이고, 정제수를 넣어 1 L로 한 것을 표준원액으로 한다. 망간표준원액을 정제수로 100배 희석하며, 쓸 때에 만든다. 이 용액 1 mL는 망간 0.01 mg을 함유한다.

5 불소표준용액

플루오르화나트륨을 백금접시 중에서 500 ℃ ~ 550 ℃에서 40분 ~ 50분간 가열하고, 데시케이터 중에서 식힌 다음 2.210 g을 정제수에 녹여 1 L로 한 것을 표준원액으로 한다(조제 후 폴리에틸렌병에 넣어 보존하다). 불소표준원액을 정제수로 100배 희석한 용액 100 mL에 정제수를 넣어 1 L로 하며, 쓸 때에 만든다. 이 용액 1 mL는 불소 0.001 mg을 함유한다.

6 비소표준용액

삼산화비소 1.320 g을 수산화나트륨용액(20 w/v %) 5 mL에 녹이고 정제수 약 400 mL를 넣고 황산(1+19)으로 중화한 후 정제수를 넣어 1 L로 한 것을 표준원액으로 한다. 비소표준원액을 정제수로 100배 희석한 용액 100 mL에 정제수를 넣어 1 L로 하며 쓸 때에 만든다. 이 용액 1 mL는 비소 0.001 mg을 함유한다.

7 색도표준용액

육염화백금산칼륨 2.49 g과 염화코발트·6수화물 2.00 g을 염산 200 mL에 녹이고 정제수를 넣어 1 L로 한 것을 표준원액으로 한다. 색도표준원액을 정제수로 10배 희석한다. 이 용액은 색도 100도에 상당한다.

8 셀레늄표준용액

이산화셀레늄(SeO_2) 1.405 g을 정제수에 녹여 1 L로 한 것을 표준원액으로 한다. 셀레늄 표준원액을 정제수로 100배 희석한 용액 10 mL에 정제수를 넣어 1 L로 한 것으로 쓸 때에 만든다. 이 용액 1 mL는 셀레늄 0.0001 mg을 함유한다.

9 수은표준용액

염화제이수은 0.135 g을 질산(1+9) 10 mL와 정제수 75 mL의 혼합액에 녹이고 정제수를 넣어 1 L로 한 것을 표준원액으로 한다. 수은 표준원액을 정제수로 100배 희석한 용액 100 mL에 질산 1 mL 및 정제수를 넣어 1 L로 하며 쓸 때에 만든다. 이 용액 1 mL는 수은 0.0001 mg을 함유한다.

10 시안표준용액

10.1 시안화칼륨 2.51 g을 정제수에 녹여 1 L로 한 것을 표준원액으로 하며 이 표준원액을 만들 때마다 다음 방법에 따라 이 용액에 함유된 시안의 농도를 측정한다.

10.2 농도결정

이 용액 100 mL를 비커에 넣고 수산화나트륨용액(1.0 M) 0.5 mL를 넣은 후 파라디메틸아미노벤잘로데닌용액 0.5 mL를 지시약으로 하여 용액의 색이 황색에서 적색으로 될 때까지 질산은용액(0.1 M)으로 적정하고, 이에 소비된 질산은용액(0.1 M)의 mL수(b)로부터 다음 식에 따라 용액에 함유된 시안의 양(mg/mL)을 구한다.

$$\text{시안(mg/mL)} = \frac{b \times f}{100} \times 5.20 \quad \cdots\cdots \text{(식 1)}$$

여기서, b : 적정시 소비된 질산은(0.1 M)의 양(mL)

f : 질산은용액(0.1 M)의 농도계수

위 액에서 10 mg에 상당하는 시안을 함유한 시안 표준원액에 정제수를 넣어 1 L로 한 용액 100 mL와 수산화나트륨용액 50 mL의 혼합액에 정제수를 넣어 1 L로 하며 쓸 때에 만든다. 이 용액 1 mL는 시안 0.001 mg을 함유한다.

11 아연표준용액

금속아연(순도 99.9 % 이상의 것) 1.0 g을 질산 10 mL와 정제수 90 mL의 혼합액에 가열하여 녹이고, 정제수를 넣어 1 L로 한 것을 표준원액으로 한다. 아연표준원액을 정제수로 100배 희석하며 쓸 때에 만든다. 이 용액 1 mL는 아연 0.01 mg을 함유한다.

12 알루미늄표준용액(원자흡수분광광도법)

알루미늄 금속선(분석용) 1.0 g을 정제수 100 mL와 수산화나트륨 5 g의 혼합액에 녹이고, 정제수를 넣어 약 800 mL로 한 후 염산으로 중화하고, 염산(0.1 M)을 넣어 1 L로 한 것을 표준원액으로 한다. 알루미늄표준원액을 정제수로 10배 희석하며 쓸 때에 만든다. 이 용액 1 mL는 알루미늄 0.1 mg을 함유한다.

13 잔류염소표준용액(DPD비색법) – 에시드레드(acid red) 265

105 ℃ ~ 110 ℃에서 3시간 ~ 4시간 건조하여 황산데시케이터 내에서 식힌 표준시약 C.I 에시드레드(acid red) 265(N－토르일설포닐H산) 0.329 g을 정제수에 녹여 1 L로 하여 표준원액으로 한다. 표준원액 100 mL를 정제수에 녹여 1 L로 한다.

14 음이온계면활성제표준용액

도데실벤젠설폰산나트륨 1.000 g(순도 100 %로 환산하여 계산함)을 정제수에 녹여 1 L로 한 것을 표준원액으로 한다(조제 후 찬 곳에 보존한다). 음이온계면활성제표준원액을 정제수로 100배 희석하여 찬 곳에 보존하고 만든 후 1주일 내에 사용한다. 이 용액 1 mL는 도데실벤젠설폰산나트륨 0.01 mg을 함유한다.

15 질산성질소표준용액

미리 105 ℃ ~ 110 ℃에서 4시간 건조하고 데시케이터에서 식힌 질산나트륨 606.8 mg을 정제수에 녹여 100 mL로 하고 갈색병에 넣어 보존하며 이 용액을 표준원액으로 한다. 질산성질소 표준원액을 정제수로 100배 희석하며 쓸 때에 만든다. 이 용액 1 mL는 질산성질소 0.010 mg을 함유한다.

16 철표준용액

황산제일철암모늄·6수화물 7.022 g을 소량의 정제수에 녹이고 이에 염산 3 mL와 정제수를 넣어 1 L로 한 것을 표준원액으로 한다. 철표준원액을 정제수로 100배 희석하며 쓸 때에 만든다. 이 용액 1 mL는 철 0.01 mg을 함유한다.

17 카드뮴표준용액

금속 카드뮴(순도 99.9 % 이상의 것) 1.0 g을 질산 10 mL와 정제수 90 mL의 혼합액에 가열하여 녹이고 정제수를 넣어 1 L로 한 것을 표준원액으로 한다. 카드뮴표준원액을 정제수로 100배 희석하며 쓸 때에 만든다. 이 용액 1 mL는 카드뮴 0.01 mg을 함유한다.

18 카바릴표준용액

50 mL 부피플라스크에 카바릴(NAC) 50 mg을 정확히 취하여 넣고 아세톤을 넣어 50 mL로 한 것을 표준원액으로 한다. 이 용액은 갈색병에 넣어 냉암소에 보존한다. 카바릴표준원액 0.5 mL을 정확히 취하여 100 mL 부피플라스크에 넣고 아세톤을 넣어 전량 100 mL로 한다. 이 용액 1 mL는 카바릴 0.005 mg을 함유한다.

19 클로로포름, 브로모디클로로메탄, 디브로모클로로메탄, 브로모폼, 테트라클로로에틸렌, 트리클로로에틸렌, 1,1,1-트리클로로에탄표준용액

100 mL 부피플라스크에 n-헥산 90 mL를 넣고 여기에 클로로포름 1 g, 브로모디클로로메탄 0.25 g, 디브로모클로로메탄 0.4 g, 브로모폼 2 g, 테트라클로로에틸렌 0.4 g, 트리클로로에틸렌 1.5 g, 1,1,1-트리클로로에탄 0.4 g을 넣어 녹이고 n-헥산을 넣어 100 mL로 한 것을 표준원액으로 한다. 100 mL 부피플라스크에 n-헥산 90 mL를 넣고 여기에 표준원액 0.1 mL를 넣고 n-헥산을 넣어 100 mL로 한다. 이 용액은 시험할 때마다 만든다. 이 용액 1 mL는 클로로포름 10 μg, 브로모디클로로메탄 2.5 μg, 디브로모클로로메탄 4 μg, 브로모폼 20 μg, 테트라클로로에틸렌 4 μg, 트리클로로에틸렌 15 μg, 1,1,1-트리클로로에탄 4 μg을 함유한다.

20 탁도표준용액

황산하이드라진용액 5.0 mL와 헥사메틸렌테트라아민용액 5.0 mL를 섞어 실온에서 24시간 방치한 다음 정제수를 넣어 100 mL로 한 것을 표준원액이라고 한다(이 용액 1 mL는 탁도 400 NTU에 해당한다). 탁도표준원액을 잘 섞으면서 1.0 mL를 정확히 취하여 정제수로 10배 희석한다. 탁도표준용액은 탁도 40 NTU에 해당한다.

21 페놀표준용액

21.1 페놀 1 g을 정제수에 넣어 1 L로 하며 표준원액을 만들 때마다 다음 방법에 따라 이 용액에 함유된 페놀의 농도를 측정한다.

21.2 농도결정

이 용액 50 mL를 마개달린 삼각플라스크에 넣고 정제수 약 100 mL를 넣은 후 브롬산칼륨·브롬칼륨용액 50 mL, 염산 5 mL를 넣어 백색침전을 생성시킨다. 마개를 막아 조용히 흔들어 10분간 둔 다음 요오드칼륨 1 g을 넣고 티오황산나트륨용액(0.1 M)으로 적정하여 액의 황색이 엷어질 때에 전분용액 2 mL ~ 3 mL를 지시약으로 넣은 후 액의 청색이 없어질 때까지 다시 적정하여, 이에 소비된 티오황산나트륨용액(0.1 M)의 mL수(a)를 구한다. 따로 정제수 100 mL 브롬산칼륨·브롬칼륨용액 25 mL를 넣은 용액에 대하여 같은 방법으로 시험하고, 이에 소비된 티오황산나트륨용액(0.1 M)의 mL(b)를 구하여, 다음 식에 따라 이 용액 중 함유된 페놀의 양(mg/mL)을 산출한다.

$$\text{페놀(mg/mL)} = \frac{(2b - a)}{50} \times f \times 1.569 \qquad \text{(식 2)}$$

여기서, a : 페놀 표준용액이 함유된 시약을 적정시 소비된 티오황산나트륨 용액의 양(mL)
b : 공시험에 소비된 티오황산나트륨 용액의 양(mL)
f : 티오황산나트륨용액(0.1 M)의 농도계수

10 mg에 상당하는 페놀이 함유된 페놀 표준원액을 취하여 정제수를 넣어 1 L로 한 용액을 다시 정제수로 10배 희석하며, 쓸 때에 만든다. 이 용액 1 mL는 페놀 0.001 mg을 함유한다.

22 황산이온 표준용액

105 ℃에서 건조한 황산칼륨 0.9071 g을 정확히 달아 정제수에 녹여 1 L로 한다. 이 용액 1 mL는 황산이온 0.5 mg을 함유한다.

Part Ⅲ 일반항목

10 경도-EDTA 적정법 (Hardness-EDTA Titrimetric Method)

1 개요

1.1 목적

이 시험기준은 먹는물 중에 경도[1)2)]를 측정하는 방법으로서 시료에 암모니아 완충용액을 넣어 pH 10으로 조절한 다음 적정에 의해 소비된 EDTA 용액으로부터 탄산칼슘의 양으로 환산하여 경도의 농도(mg/L)를 구한다.

1.2 적용범위

1.2.1 이 시험기준은 먹는물의 경도 측정에 적용한다.

1.2.2 이 시험기준은 높은 농도의 경도를 측정하는 데에도 적용할 수 있으나 과다한 적정용액의 사용을 피하기 위해 경도 100 mg/L 이하에서 사용하는 것이 좋다. 경도가 높은 물은 시료를 묽혀 사용한다.

1.2.3 이 시험기준은 금속류나 폴리인산염(polyphosphate)의 농도가 표 2의 농도 이하일 때 사용할 수 있고 정량한계는 1 mg/L이다.

1.2.4 자동화된 적정장치를 사용할 수도 있다.

1.3 간섭물질

1.3.1 일부의 중금속은 종말점의 색 변화를 분명치 않게 하거나 EDTA의 정량적인 반응을 간섭

---

1) 경도(hardness)는 물속에 함유되어 있는 알칼리 토류염을 기본으로 하지만 경도를 결정하는 것은 칼슘염과 마그네슘염이다. 칼슘과 마그네슘은 주로 지질에 많이 함유되어 있는 원소로서 물속의 칼슘과 마그네슘은 주로 지질에서 유래된 것이지만 해수, 공장폐수, 하수 등의 혼입이 원인이다. 또한 수돗물에서는 시설물 중 콘크리트 구조물에서의 용출, 물의 석회처리 등으로 인해 경도가 증가한다. 비누거품이 잘 일어나는 물은 연수(soft water)이며, 이와 반대로 비누거품이 잘 일어나지 않는 물은 경수(hard water)라고 한다. 물의 경도는 물의 세기 정도를 의미하는 것으로 비누거품이 일어나는 정도를 수치로 표시한 것이며, 물에 존재하는 칼슘과 마그네슘의 함량을 탄산경도($CaCO_3$)의 농도값으로 나타낸 값으로서 다음과 같다.

총 경도(Total hardness) = 칼슘경도 + 마그네슘경도
= 영구경도(permanent hardness) + 일시경도(temporary hardness)

즉, 경수 중의 Ca, Mg이 중탄산염의 형태로 함유되었을 때에는 끓이면 탄산이 방출되고 Ca는 $CaCO_3$을 석출하며 Mg는 $MgCO_3$로 변화된 다음 다시 가수분해하여 난용성의 $Mg(OH)_2$가 석출 침전된다.

2) 경도 함량에 따라 통상적으로 (0～60) mg/L이면 연수, (60～120) mg/L이면 중연수, (120～180) mg/L는 경수, 180 mg/L 이상이면 고경수로 구분한다.
- 배출원: 자연적으로 퇴적층의 암석 침출수 등이며, 주로 토양이나 암석과의 접촉과정에서 발생하고, 수중에서 칼슘과 마그네슘이 이온성분으로 존재한다.
- 환경잔류성: 일반적으로 칼슘은 자연수계에서 100 mg/L 이상 존재하고 마그네슘은 지하수에서 존재하지만 100 mg/L를 초과하는 경우는 극히 드물다.
- 인체유해성: 인체의 건강에는 크게 해를 주지 않으나 물맛과 관련 있으며, 경도가 높은 물을 장기간 음용시 요로결석을 유발하고 마그네슘과 황산염이 결합하여 설사를 유발한다.

할 수 있다. 표 2의 간섭물질의 한계농도 이내일 때에는 시안화칼륨용액이나 황화나트륨용액을 사용하여 제거한다.

1.3.2 중금속이나 폴리인산염(polyphosphate)의 농도가 표 2의 농도보다 높을 때에는 EDTA 적정법을 사용할 수 없다.

1.3.3 콜로이드성 유기물질이 존재할 때 종말점을 간섭할 수 있다. 이 경우 완전 증발 건조시키고 전기로(furnace)에서 550 ℃로 가열 분해 제거할 수 있다.

1.3.4 어는점에 가까운 온도에서 적정할 때에는 색깔이 느리게 변화할 수 있으며 뜨거운 물에서는 지시약의 분해가 발생할 수 있다.

1.3.5 높은 pH에서 종말점이 선명하나 너무 높은 pH에서는 탄산칼슘($CaCO_3$)으로 침전될 수 있다. 탄산칼슘으로 침전되는 것을 방지하기 위해서는 아래의 방법을 사용한다.

1.3.5.1 시료를 정제수로 묽혀 탄산칼슘의 농도를 낮춘다.

1.3.5.2 대략적인 경도를 구하여 경도의 약 90 % 정도까지 적정용액을 첨가한 후 완충용액으로 pH를 조절한다.

1.3.5.3 시료를 산성으로 조절한 후 2분 동안 교반하여 이산화탄소를 제거한 후 완충용액으로 pH를 조절한다.

2 용어정의

2.1 경도

경도(hardness)란 먹는물 중에 존재하는 칼슘과 마그네슘의 농도를 탄산칼슘의 농도(mg/L)로 나타낸 값이다.

2.2 낮은 경도 시료

연수기를 통과한 물 또는 경도가 5 mg/L 이하인 물 시료를 말하며 경도 측정을 위해 100 mL ~ 1000 mL의 많은 양의 시료를 사용한다.

3 분석기기 및 기구

3.1 적정장치

일반의 적정 장치를 사용한다.

4 시약 및 표준용액

4.1 시약

4.1.1 시안화칼륨용액

시안화칼륨(potassium cyanide, KCN, 분자량 : 65.12) 10 g을 정제수에 녹여 100 mL로 한다. 이 용액은 간섭이온과 착화합물을 생성시켜 간섭이온을 제거하기 위해 사용한다. 이 화합물은 독성이 매우 강하므로 주의가 요구된다. 특히 용액이 산성에서는 휘발되므로 증기에 노출되지 않도록 특별히 주의해야 한다.

4.1.2 황화나트륨용액

황화나트륨·9수화물(sodium sulfide nonahydrate, $Na_2S \cdot 9H_2O$, 분자량 : 240.23) 5.0 g 또

는 황화나트륨·5수화물(sodium sulfide pentahydrate, $Na_2S \cdot 5H_2O$, 분자량 : 168.15) 3.7 g을 정제수에 녹여 100 mL로 한다. 공기가 통하지 않게 마개를 닫아 공기산화를 방지한다.

4.1.3 암모니아 완충용액

염화암모늄(ammonium chloride, NH_4Cl, 분자량 : 53.49) 67.5 g을 진한 암모니아수(ammonia water, 28 %) 570 mL에 녹이고 정제수를 넣어 1 L로 한다. 완충용액 1 mL ~ 2 mL를 가하였을 때 시료의 pH가 10.0 ± 0.1로 유지되어야 한다.

4.1.4 EBT용액

에리오크롬블랙-T(eriochrome black T, $C_{20}H_{12}N_3NaO_7S$, 분자량 : 461.39) 0.5 g과 염화하이드록시암모늄(hydroxylamine hydrochloride, $NH_2OH \cdot HCl$, 분자량 : 69.49) 4.5 g을 에탄올에 녹여 100 mL로 한다.

4.1.5 염화마그네슘용액(0.01 M)

염화마그네슘·6수화물(magnesium chloride hexahydrate, $MgCl_2 \cdot 6H_2O$, 분자량 : 203.33) 2.10 g을 정제수에 녹여 1 L로 한다.

4.1.6 염산용액(1 + 1)

염산과 정제수를 같은 양으로 혼합하여 조제한다.

4.1.7 메틸레드 용액

메틸레드(methyl red, $(CH_3)_2NC_6H_4N = NC_6H_4CO_2H$), 분자량 : 269) 20 mg을 90 % 에탄올에 녹여 100 mL로 한다.

4.2 표준용액

4.2.1 칼슘표준용액(0.01 M)

무수탄산칼슘(calcium carbonate, $CaCO_3$, 분자량 : 100.09) 1.000 g을 500 mL 비커에 넣고 $CaCO_3$이 완전히 녹을 때까지 염산용액(1 + 1)을 가한다. 여기에 정제수 200 mL를 가한 후 몇 분간을 끓여주어 이산화탄소를 제거한다. 용액을 식힌 다음 메틸레드 지시약 몇 방울을 가한 후 색이 중간 오렌지색으로 변할 때까지 암모니아수(ammonia water, 10 %) 또는 염산용액(1 + 1)을 가한 후 1 L 부피플라스크로 옮겨 정제수로 표선까지 정확히 맞춘다(이 용액 1 mL는 탄산칼슘으로서 1 mg을 함유하는 양에 상당한다).

[주 1] 칼슘표준용액은 방법검출한계 및 정량한계 측정 등 경도표준용액이 필요할 때 조제하여 사용한다.

4.2.2 EDTA용액(0.01 M)

4.2.2.1 에틸렌디아민테트라아세트산이나트륨(EDTA, ethylenediaminetetraacetic acid disodium salt, $C_{10}H_{14}Na_2N_2O_8 \cdot 2H_2O$, 분자량 : 372.26) 3.722 g을 정제수에 녹여 1 L로 한 후 갈색 병에 넣어 보존한다(이 용액 1 mL는 탄산칼슘으로서 1 mg을 함유하는 양에 해당된다).

4.2.2.2 농도결정

4.2.2.2.1 EDTA용액(0.01 M) 10.0 mL를 삼각플라스크에 넣고 정제수를 가하여 100 mL로 만든 다음 암모니아 완충용액 2 mL 및 EBT용액[3)] 3방울을 넣은 후 용액의 색이 엷은 붉

은색이 될 때까지 염화마그네슘용액(0.01 M)을 가한다.

4.2.2.2.2 이에 소비된 염화마그네슘용액(0.01 M)의 mL수(a)를 구하여 다음 식에 따라 EDTA (0.01 M)의 농도계수(F)를 구한다.

$$F = \frac{a}{10} \quad \text{(식 1)}$$

여기서, a : 소비된 염화마그네슘용액(0.01 M)의 mL 수

F : 농도계수

5 시료채취 및 관리

5.1 시료는 유리병 또는 폴리에틸렌병에 채취한다.

5.2 시료를 질산으로 pH 2 이하가 되도록 조절하여 1 ℃ ~ 5 ℃에서 보관한다.

6 정도보증/정도관리(QA/QC)

6.1 방법바탕시료의 측정

6.1.1 ES 05001 정도보증/정도관리에 따라 시료군마다 1개의 방법바탕시료(method blank)를 측정한다. 방법바탕시료는 정제수를 사용하여 7 분석절차와 동일하게 전처리·측정하며 측정값은 방법검출한계 이하이어야 한다.

6.2 현장 이중시료의 측정

현장 이중시료(field duplicate sample)는 동일한 시료채취 장소에서 동일한 조건으로 중복으로 채취한 시료로서 한 조사팀이 하루에 20개 이하를 채취할 경우에는 1개를 그리고 그 이상을 채취할 때에는 시료 20개 당 1개를 추가로 취한다. 동일한 조건의 두 시료간의 측정값의 편차는 25 % 이하이어야 한다.

6.3 내부정도관리 주기 및 목표

6.3.1 방법바탕시료의 측정은 시료군당 1회를 실시하도록 한다.

6.3.2 각 정도관리 항목에 대한 정도관리 목표값은 표 1과 같다.

7 분석절차

7.1 전처리

먹는물 시료에서는 전처리가 필요하지 않는다.

7.2 시료측정

7.2.1 시료[4] 100 mL(탄산칼슘이 10 mg 이하로 함유되도록 시료에 물을 넣어 100 mL로 한 것)

---

3) EBT 지시약은 pH 10 부근에서 청색이지만 Ca^{2+}, Mg^{2+} 등의 금속이온이 존재하는 경우에는 킬레이트 정수가 커지므로 먼저 Mg^{2+}, 그 다음으로 Ca^{2+}와 반응하여 킬레이트 화합물을 생성하여 pH 10 부근에서 적색을 나타낸다. 이 킬레이트 화합물을 EDTA·2Na 용액으로 적정하면 EDTA 쪽이 EBT 쪽보다 Ca^{2+}, Mg^{2+}에 대하여 킬레이트 정수가 크므로 Ca^{2+}, Mg^{2+}의 순으로 EDTA와 반응하여 무색의 킬레이트 화합물이 생성되면서 반응이 종료되며(적정 종말점) 함께 액의 색은 유리된 EBT에 의해 청색으로 변한다. 반응의 종말점은 Mg-EBT와 EDTA의 반응이 Ca-EBT와 EDTA의 반응보다 우선적으로 이뤄져 구별이 용이하다.

4) 물 중에 철이 다량 존재시 염산하이드록실아민용액 몇 방울을 가한 다음 시험한다.

를 삼각플라스크에 넣고, 시안화칼륨용액 수 방울[5], 염화마그네슘용액 1 mL[6] 및 암모니아 완충용액 2 mL를 넣는다.

[주 1] 시안화칼륨용액 대신 황화나트륨용액을 사용할 수 있는데 사용하는 양은 1 mL이다.

7.2.2 EBT용액 수 방울을 지시약으로 하여 EDTA용액(0.01 M)으로 시료가 적자색으로부터 청색이 될 때까지 적정한다.

7.2.3 이 때 EDTA용액(0.01 M)의 소비량(mL)을 구한다.

7.2.4 시료를 적정하는 데 소요되는 시간은 완충용액을 첨가한 후 5분 이내가 바람직하다.

8 결과보고

8.1 계산

소비된 EDTA용액(0.01 M)의 부피(a)로부터 다음 식에 따라 시료의 탄산칼슘 양으로서 경도(mg/L)를 구한다.

$$\text{경도(mg/L)} = (aF - 1) \times \frac{1000}{\text{시료량(mL)}}\ ^{7)} \qquad \text{(식 2)}$$

여기서, a : 적정에 소비된 EDTA용액의 부피(mL)

F : 4.2.2.2에서 구한 EDTA용액(0.01 M)의 농도계수

경도는 0.1 mg/L까지 계산한다.

8.2 결과보고

행정사항과 관련된 항목별 시험결과의 표시는 ES 05003의 먹는물 수질기준의 표시한계 및 결과표시에 따른다.

9 참고자료

9.1 US EPA Method 130.2, "Hardness, Total(Titrimetric, EDTA)", EPA, (1982)

9.2 Standard Method, 2340, "Hardness", (2017)

9.3 DIN Method 38409-H6, "Komplexometrische Bestimmung mit Titriplex III-Lösung gegen Indikator-Puffertablette", (1986)

---

5) 물 중에 구리, 철, 코발트, 니켈, 망간, 알루미늄, 아연 등 존재시 마스킹제로 시안화칼륨용액을 첨가하며, 존재하지 않으면 이 조작을 생략해도 된다.

6) 물 중에 마그네슘 이온이 존재하는 경우 염화마그네슘($MgCl_2$) 용액을 첨가하는 조작을 생략해도 된다.

7) 적정량에서 1을 빼는 이유는 시료 분석시 첨가하는 염화마그네슘($MgCl_2$) 용액 1 mL와 반응하는데 소비된 EDTA의 양을 제외하기 위한 것이다. 여기서 염화마그네슘($MgCl_2$) 용액을 넣는 이유는 경도 구성성분 중 마그네슘(Mg)이 칼슘(Ca)에 비해 EDTA와의 반응성이 우세하기 때문에 마그네슘(Mg) 성분에 의한 색의 변화를 명확하게 함으로써 육안으로 종말점을 확인하는데 정확성을 기하기 위함이다. 상수 1000은 칼슘(Ca)과 마그네슘(Mg) 농도의 합을 탄산칼슘($CaCO_3$) 농도로 나타내기 위한 환산계수이다.

10 부록

[표 1] 정도관리 목표값

정도관리 항목	정도관리 목표
정량한계	1 mg/L
현장이중시료	상대편차백분율 ± 25 % 이내

[표 2] 경도물질을 간섭하는 중금속이나 폴리인산염(polyphosphate)의 최대 허용농도 및 제거물질

간섭화합물	농도(mg/L)	
	시안화칼륨용액[1]	황화나트륨용액[1]
알루미늄(Aluminium)	20	20
바륨(Barium)	†	†
카드뮴	†	20
코발트	20	0.3
구리(동)	30	20
철	30	5
납	†	20
망간(Mn^{2+})	†	1
니켈	20	0.3
스트론튬	†	†
아연	†	200
폴리인산염(polyphosphate)	–	10

[1] 간섭 제거물질, †: 경도에 포함, – : 사용안함

경 도 연습문제

01 **먹는물수질오염공정시험기준에 따른 EDTA 적정법으로 수돗물의 경도를 분석하였다. 측정결과로부터 계산한 경도와 수돗물의 수질기준에 적합 여부를 평가한 것으로 옳은 것은?**

㉠ 검수 채취량 : 100 mL
㉡ 0.01 M EDTA(F = 0.998) 소비량 : 25 mL

① 239.5 mg/L, 적합
② 239.5 mg/L, 부적합
③ 240.5 mg/L, 적합
④ 240.5 mg/L, 부적합

02 **먹는물수질공정시험기준에 따른 경도를 측정하기 위해 시료량 100 mL에 0.01 M EDTA용액으로 적정하여 55 mg/L의 경도값이 얻어졌다. 적정에 소비된 EDTA용액의 양으로 옳은 것은?** (단, 0.01 M EDTA용액의 농도계수는 1이다.)

① 4.5 mL ② 5.5 mL ③ 6.5 mL ④ 7.5 mL

03 **먹는물의 경도를 측정하고자 한다. 시료량은 100 mL이고 적정에 소비된 EDTA용액(0.01 M)의 부피가 5.4 mL일 때, 경도는 얼마인가?** (단, EDTA 용액(0.01 M)의 농도계수는 1로 본다.)

① 54 mg/L ② 44 mg/L ③ 5.4 mg/L ④ 4.4 mg/L

04 **먹는물수질공정시험기준에 따른 EDTA 적정법에 의한 경도 분석시 간섭물질에 관한 설명으로 틀린 것은?**

① 간섭물질인 아연의 최대허용 농도는 100 mg/L이다.
② 폴리인산염의 농도가 10 mg/L보다 높은 상태에서는 EDTA 적정법을 사용할 수 없다.
③ 높은 pH에서 종말점이 선명하나 너무 높은 pH에서는 탄산칼슘($CaCO_3$)으로 침전될 수 있다.
④ 콜로이드성 유기물질에 의해 간섭이 유발되는 경우 전기로에서 550 ℃로 가열분해하여 제거할 수 있다.

05 **먹는물수질공정시험기준에 따른 EDTA 적정법에 의한 경도측정시 간섭물질에 대한 설명으로 틀린 것은?**

① 콜로이드성 유기물질은 필터로 여과하여 제거한다.
② 폴리인산염의 농도가 10 mg/L 이상인 경우는 EDTA 적정법으로 정량할 수 없다.
③ 매우 높은 pH에서는 탄산칼륨으로 침전될 수 있으므로 시료를 정제수로 묽혀서 사용한다.
④ 알루미늄, 코발트 등의 중금속은 종말점의 색 변화를 명확하지 않게 하거나 EDTA의 정량적인 반응을 간섭할 수 있다.

06 **항목별 정량한계와 비교할 때 분석한 결과값이 의미가 없는 것은?**

① 수소이온농도(유리전극법) : 0.2
② 증발잔류물 : 7 mg/L
③ 과망간산칼륨소비량(산성법) : 0.5 mg/L
④ 경도(EDTA 적정법) : 0.5 mg/L

Answer 1. ① 2. ③ 3. ② 4. ① 5. ① 6. ④

11 과망간산칼륨소비량-산성법 (Consumption of $KMnO_4$-Acid)

1 개요

1.1 목적

이 시험기준은 먹는물 및 샘물의 과망간산칼륨소비량[1)2)]을 측정하는 방법으로서, 시료를 산성으로 조절한 후 일정한 부피의 과망간산칼륨용액을 넣고 끓인 다음 일정한 부피의 옥살산나트륨용액을 가하여 반응하지 않고 남아있는 옥살산나트륨을 과망간산칼륨용액으로 적정하여 측정한다.

1.2 적용범위

1.2.1 이 시험기준은 먹는물 및 샘물 중 과망간산칼륨에 의해 산화되는 유기물질과 무기물질의 총량을 측정하는 데 적용한다.

1.2.2 이 시험기준은 먹는물 및 샘물 중에 염소이온의 농도가 500 mg/L 이하의 경우에 적용한다.

1.2.3 먹는물 및 샘물 중에 철(II)이온, 아질산이온, 황화수소 및 기타 환원성물질도 과망간산칼륨 소모량에 포함된다.

1.2.4 이 시험기준에 의한 정량한계는 0.3 mg/L이며, 과망간산칼륨 소모량이 0.3 mg/L ~ 10 mg/L의 범위로 존재할 때 분석가능하다.

1.3 간섭물질

1.3.1 이 시험기준은 먹는물 중에 염소이온의 농도가 500 mg/L 이상의 경우에는 염소이온의 방해를 받는다.

1.3.2 먹는물 중에 철(II)이온, 아질산이온, 황화수소 및 기타 환원성물질은 간섭물질로 분류하지 않는다.

---

1) 과망간산칼륨소비량은 수중 산화가능물질(유기물질, 제일철염, 아질산염, 황화물 등)에 의해 소비되는 과망간산칼륨의 양이며, 유기물의 종류에 따라 반응속도가 다르다. 또한 환원성 무기물에 의해서도 과망간산칼륨이 소비되므로 이 값은 유기물의 절대량을 나타내는 것은 아니다. 소비량이 NH_3-N, 알부미노이드성 질소 또는 Cl^- 등과 함께 높은 농도로 검출될 때에는 분뇨에 의한 오염의 가능성이 높다. 측정원리는 산성으로 한 시료에 일정량의 $KMnO_4$를 가하면 피산화물이 산화되어 $KMnO_4$가 소비된다.

$$MnO_4^- + 8H^+ + 5e \leftrightarrow Mn^{2+} + 4H_2O$$

미반응 MnO_4^- 일정 과잉량을 $Na_2C_2O_4$로 분해하여 잔존하는 $C_2O_4^{2-}$을 $KMnO_4$로서 역적정하는 것이다.

$$MnO_4^- + 5C_2O_4^{2-} + 16H^+ \leftrightarrow 2Mn^{2+} + 10CO_2 + 8H_2O$$

화학적산소요구량(COD)과 본 법은 가열조건이 다르지만 원리는 같다.

$KMnO_4$와 O_2(COD)의 1 g 당량이 각각 31.6 g, 8 g이므로 $KMnO_4$(mg/L) × 0.253 = COD(mg/L)가 된다.

2) • 배출원: 동식물 부패물질에서 유래하는 휴민질, 하천수 등에 분뇨, 공장폐수의 유입이 원인이다.
• 환경잔류성: 집중호우 등에 따라 하천의 수량이 많아질 때 탁도와 함께 과망간산칼륨소비량도 증가한다. 유기물은 수중에서 자정작용으로 무기화하고 난분해성 물질로 인해 소량의 유기물질로 잔존한다.
• 인체유해성: 수돗물의 착색, 이취미 등과 관련 있으나 인체 유해성에 대한 자료는 없다.

2 용어정의

2.1 과망간산칼륨소비량

과망간산칼륨소비량은 먹는물 중의 산화성물질에 의하여 소비되는 과망간산칼륨의 양을 말하며 유기물질, 제일철염, 아질산염, 황화물 등이 과망간산칼륨을 소비한다.

3 분석기기 및 기구

3.1 적정용 뷰렛

일반 적정용 뷰렛을 사용한다.

3.2 자석교반기

자석을 이용하여 교반하는 장치로서 온도 조절이 함께 되는 것을 사용한다.

4 시약 및 표준용액

4.1 시약

4.1.1 황산(1+2)

정제수 200 mL에 황산(sulfuric acid, H_2SO_4, 분자량 : 98.08) 100 mL를 저으면서 천천히 넣어 조제한다.

4.1.2 비등석

비등석은 과망간산칼륨을 소비하지 않는 것을 사용한다.

4.1.3 옥살산나트륨용액(0.005 M)

150 ℃ ~ 200 ℃에서 1시간 ~ 1.5시간 건조시키고 데시케이터에서 식힌 옥살산나트륨(sodium oxalate, $Na_2C_2O_4$, 분자량 : 134.00) 0.67 g을 정제수에 녹여 1 L로 하여 갈색병에 보존하고, 만든 후 1개월 내에 사용한다.

4.2 표준용액

4.2.1 과망간산칼륨용액(0.002 M)

4.2.1.1 과망간산칼륨(potassium permanganate, $KMnO_4$, 분자량 : 158.03) 0.316 g을 정제수에 녹여 1 L로 한 후 갈색병에 보존한다.[3)]

4.2.1.2 농도계수 결정

4.2.1.2.1 정제수 100 mL를 수개의 비등석을 넣은 삼각플라스크에 넣고 황산(1+2) 5 mL와 과망간산칼륨용액(0.002 M) 5 mL를 넣어 5분간 끓인 후 옥살산나트륨용액(0.005 M) 10 mL를 넣어 탈색을 확인한 다음 과망간산칼륨용액(0.002 M)으로 엷은 홍색이 없어지지 않고 남을 때까지 적정한다.

---

3) $KMnO_4$ 용액은 산성에서 불안정하므로 다음 식과 같이 분해된다.

$$4MnO_4^- + 4H^+ \leftrightarrow 4MnO_2 + 3O_2 + 2H_2O$$

순수한 수용액은 안정하므로 대개 장기간 역가는 변하지 않으나 자기분해에 의해서 생성된 MnO_2나 빛으로 인해 분해가 촉진된다. 특히 희석용액의 경우에는 분해가 빠르다. MnO_2의 공존을 방지하기 위해서는 0.01 N $KMnO_4$ 용액을 (1 ~ 2)시간 끓인 다음 하루 밤동안 암소에서 보존 후 상층액을 유리여과기(3G4)로 여과하여 사용한다.

4.2.1.2.2 적정이 끝난 용액에 다시 황산(1+2) 5 mL와 과망간산칼륨용액(0.002 M) 5 mL를 넣어 5분간 끓인 후 옥살산나트륨용액(0.005 M) 10 mL를 넣고 과망간산칼륨용액(0.002 M)으로 엷은 홍색이 없어지지 않고 남을 때까지 적정한다.[4)5)]

4.2.1.2.3 소비된 과망간산칼륨용액(0.002 M)의 mL로부터 다음 식에 따라 농도계수(f)를 구한다.[6)]

$$f = \frac{10}{a+5} \quad \cdots\cdots \text{(식 1)}$$

여기서, a : 과망간산칼륨용액(0.002 M) 소비량

f : 농도계수

5 시료채취 및 관리

5.1 시료는 유리병 또는 폴리에틸렌병에 채취한다.

5.2 시료를 보관할 때는 황산으로 pH 2 이하가 되도록 조절하여 1 ℃ ~ 5 ℃에서 최대 48시간 동안 보관할 수 있다.

6 정도보증/정도관리(QA/QC)

6.1 방법바탕시료의 측정

ES 05001 정도보증/정도관리에 따라 시료군마다 1개의 방법바탕시료(method blank)를 측정한다. 방법바탕시료는 정제수를 사용하여 7 분석절차와 동일하게 측정하며 측정값은 방법검출한계 이하이어야 한다.

6.2 현장 이중시료의 측정

현장 이중시료(field duplicate sample)는 동일한 시료채취 장소에서 동일한 조건으로 중복으로 채취한 시료로서 한 조사팀이 하루에 20개 이하를 채취할 경우에는 1개를 그리고 그 이상을 채취할 때에는 시료 20개 당 1개를 추가로 취한다. 동일한 조건의 두 시료간의 측정값의 편차는 25 % 이하이어야 한다.

6.3 내부정도관리 주기 및 목표

6.3.1 방법바탕시료의 측정은 시료군당 1회를 실시하도록 한다.

6.3.2 각 정도관리 항목에 대한 정도관리 목표값은 표 1과 같다.

---

4) 플라스크 용기나 비등석에 부착된 피산화물질을 제거하기 위해서이며, 내용물을 버린 것을 사용한다.

5) $KMnO_4$에 의한 피산화물질의 산화율은 산화제의 농도, 반응시간, 반응온도 등의 영향을 받으므로 이러한 조건을 가능한한 일정하게 하여야 한다. 특히 온도는 (60 ~ 80) ℃로 유지해야 하며, 빠른 시간 내에 적정을 완료하는 것이 좋은데, 그 이유는 온도가 높으면 $KMnO_4$의 자가분해가 일어나고 온도가 낮으면 $Na_2C_2O_4$의 반응이 지연되기 때문이다. 산화력은 농도가 낮으면 저하하므로 반응 후 잔존하는 과잉의 $KMnO_4$ 양의 40 % 이상인 것이 좋지만 $KMnO_4$ 소모량이 5 mL 이상이면 시료를 희석하여 다시 분석한다.

6) $KMnO_4$ 용액의 역가는 1 이하이어야 하며, 역가가 1 이상이 되면 $KMnO_4$ 소비량이 적은 시료에서는 $Na_2C_2O_4$ 용액으로 탈색이 되지 않아 적정할 수 없다.

7 분석절차[7)8)]

7.1 수개의 비등석을 넣은 삼각플라스크에 시료 100 mL를 넣는다.

7.2 황산(1+2) 5 mL와 과망간산칼륨용액(0.002 M) 10 mL를 넣어 5분간 끓인다.

7.3 옥살산나트륨용액(0.005 M) 10 mL를 넣어 탈색을 확인한 다음 곧 과망간산칼륨용액(0.002 M)으로 엷은 홍색이 없어지지 않고 남을 때까지 적정한다.[9)10)11)]

7.4 소비된 과망간산칼륨용액(0.002 M)의 부피를 구한다.

8 결과보고

8.1 계산

다음 식으로 시료 중의 과망간산칼륨소비량을 구한다.

$$\text{과망간산칼륨소비량(mg/L)} = (a-b)\times f \times \frac{1000}{100} \times 0.316^{12)} \quad \cdots\cdots \text{(식 2)}$$

여기서, a : 과망간산칼륨 소비량(mL)

b : 정제수를 사용하여 시료와 같은 방법으로 시험할 때에 소비된 과망간산칼륨 소비량(mL)

f : 4.2.1.2에서 구한 과망간산칼륨용액(0.002 M)의 농도계수

8.2 결과보고

행정사항과 관련된 항목별 시험결과의 표시는 ES 05003의 먹는물 수질기준의 표시한계 및 결과표시에 따른다.

9 참고자료

9.1 한국산업표준 KS I ISO 8467, "수질－과망간산염 지수 측정방법", 국립환경과학원(2018)

10 부록

[표 1] 정도관리 목표값

정도관리 항목	정도관리 목표
정량한계	0.3 mg/L
현장이중시료	상대편차백분율 ± 25 % 이내

7) 과망간산칼륨소비량 분석은 적정법에 의해 정량하는 방법으로 산화－환원 반응을 이용한 것이다. 시료에 황산을 넣어 산성으로 조절한 후 과망간산칼륨($KMnO_4$)을 넣고 끓여 산화시켰을 때 $KMnO_4$의 일정량은 산화제로 소비되고 일정량이 남게 된다. 다음으로 시료에 처음에 넣어 준 $KMnO_4$과 같은 양의 옥살산나트륨($Na_2C_2O_4$)을 넣어 반응시키면 남아있는 $KMnO_4$과 1:1로 반응하기 때문에 소비된 $KMnO_4$과 같은 양의 $Na_2C_2O_4$이 남게 된다. 이렇게 남아 있는 $Na_2C_2O_4$을 다시 $KMnO_4$으로 적정했을 때 반응의 종말점까지의 적정액 양으로부터 과망간산칼륨소비량을 구할 수 있다.

8) $KMnO_4$에 의한 피산화물질의 산화율은 산화제의 농도, 반응시간, 반응속도 등의 영향을 받으므로 이들의 조건을 될 수 있는 한 일정하게 유지하여야 한다.

9) $KMnO_4$로 적정할 때는 (60 ~ 80) ℃로 유지해야 한다. 온도가 높으면 $KMnO_4$의 자기분해가 일어나고 낮으면 $Na_2C_2O_4$의 반응속도가 지연된다.

10) 적정에 소비된 0.01 N 과망간산칼륨용액의 양이 5 mL 이상으로 될 때는 다시 소량의 시료를 깨끗한 플라스크에 취해 증류수로 희석한 100 mL를 다시 시험한다.

11) 가열중에 시료의 자홍색이 탈색될 경우에는 시료를 재차 소량 취한 다음 증류수로 100 mL로 한 후 다시 실험한다. 이때 증류수에 대하여 바탕시험을 실시하여 보정한다.

12) 산화제 $KMnO_4$(분자량 158 g, 산화수 : 5)

$MnO_4^- + 8H^+ + 5e \leftrightarrow Mn^{2+} + 4H_2O$

산화수가 5이므로 $KMnO_4$은 5 g 당량이다. $KMnO_4$ 1 당량 = 158/5 = 31.6 g

1 N : 31.6 g = 0.01 N : x, x = 0.316 g

12 과망간산칼륨소비량-알칼리성법 (Consumption of $KMnO_4$-Alkali)

1 개요

1.1 목적

이 시험기준은 염지하수의 과망간산칼륨 소비량을 측정하는 방법으로서, 시료를 알칼리성으로 조절한 후 일정한 부피의 과망간산칼륨용액을 넣고 끓인 다음 요오드칼륨 및 황산을 넣어 남아 있는 과망간산칼륨을 적정하여 유리된 요오드의 양으로부터 과망간산칼륨소비량을 측정하는 방법이다.

1.2 적용범위

1.2.1 이 시험기준은 염지하수 중 과망간산칼륨에 의해 산화되는 유기물질과 무기물질의 총량을 측정하는데 적용한다.

1.2.2 염지하수 중에 철(II)이온, 아질산이온, 황화수소 및 기타 환원성물질도 과망간산칼륨 소모량에 포함된다.

1.2.3 이 시험기준에 의한 정량한계는 0.3 mg/L이며, 과망간산칼륨 소모량이 0.3 mg/L ~ 10 mg/L의 범위로 존재할 때 분석가능하다.

1.3 간섭물질

1.3.1 염지하수 중에 철(II)이온, 아질산이온, 황화수소 및 기타 환원성물질은 간섭물질로 분류하지 않는다.

2 용어정의

2.1 과망간산칼륨소비량

과망간산칼륨소비량은 염지하수 중의 산화성물질에 의하여 소비되는 과망간산칼륨의 양을 말하며 유기물질, 제일철염, 아질산염, 황화물 등이 과망간산칼륨을 소비한다.

3 분석기기 및 기구

3.1 적정용 뷰렛

일반 적정용 뷰렛을 사용한다.

3.2 자석교반기

자석을 이용하여 교반하는 장치로서 온도 조절이 함께 되는 것을 사용한다.

4 시약 및 표준용액

4.1 시약

4.1.1 황산(2+1)

정제수 100 mL에 황산(sulfuric acid, H_2SO_4, 분자량 : 98.08) 200 mL를 저으면서 천천히 넣어 조제한다.

4.1.2 비등석

비등석은 과망간산칼륨을 소비하지 않는 것을 사용한다.

4.1.3 수산화나트륨용액(10 %)

수산화나트륨(sodium hydroxide, NaOH, 분자량 : 40.00) 10 g을 정제수에 녹여서 100 mL로 한다.

4.1.4 아자이드화나트륨용액(4 %)

아자이드화나트륨(sodium azide, NaN_3 분자량 : 65.01) 4 g을 정제수에 녹여서 100 mL로 한다.

4.1.5 요오드화칼륨용액(10 %)

요오드화칼륨(potassium iodide, KI, 분자량 : 166.00) 10 g을 정제수에 녹여서 100 mL로 한다.

4.1.6 전분 용액

전분(starch) 1 g을 정제수 약 10 mL에 녹여서 열수 100 mL 중에 잘 교반하면서 약 1분간 끓인 후 방냉한다.

4.2 표준용액

4.2.1 과망간산칼륨용액(0.002 M)

4.2.1.1 과망간산칼륨(potassium permanganate, $KMnO_4$, 분자량 : 158.03) 0.316 g을 정제수에 녹여 1 L로 한 후 갈색병에 보존한다.

4.2.2 티오황산나트륨용액(0.1 M)

4.2.2.1 티오황산나트륨(sodium thiosulfate, $Na_2S_2O_3 \cdot 5H_2O$, 분자량 : 248.17) 24.817 g 및 무수탄산나트륨 0.2 g에 새로 끓여 식힌 물을 넣어 녹여 1 L로 한 후 갈색병에 보존한다. 이를 100 mL 정확히 취하여 새로 끓여 식힌 물을 넣어 정확히 1000 mL로 한다.

4.2.2.2 농도계수 결정

4.2.2.2.1 요오드산칼륨(표준시약)(potassium iodide, KIO_3, 분자량 : 166.00)을 120 ℃ ~ 140 ℃에서 약 2시간 건조한 다음 데시케이터(실리카겔)에서 식혀 약 100 mg을 요오드병에 정확히 달아 정제수 25 mL를 넣어 녹이고 요오드화칼륨 2 g 및 10 % 염산용액 10 mL를 넣어 마개를 닫고 암소에 약 10분간 방치한 다음 정제수 100 mL를 넣어 유리된 요오드를 조제된 티오황산나트륨용액으로 적정하여 농도계수(f)를 계산한다.

4.2.2.2.2 적정의 종말점은 액의 종말점 부근에서 엷은 황색으로 되었을 때 전분용액 3 mL를 넣어 생긴 청색이 탈색될 때로 한다. 같은 방법으로 바탕시험을 하여 보정한다.

4.2.2.2.3 0.1 M 티오황산나트륨용액 1 mL = 3.5667 mg KIO_3

4.2.3 티오황산나트륨용액(0.01 M)

4.2.3.1 0.1 M 티오황산나트륨용액 100 mL를 정확히 취하여 새로 끓여 식힌 물을 넣어 정확히 1000 mL로 한다.

5 시료채취 및 관리

5.1 시료는 유리병 또는 폴리에틸렌병에 채취한다.

5.2 시료를 보관할 때는 황산으로 pH 2 이하가 되도록 조절하여 1 ℃ ~ 5 ℃에서 최대 48시간 동안 보관할 수 있다.

6 정도보증/정도관리(QA/QC)

6.1 방법바탕시료의 측정

ES 05001 정도보증/정도관리에 따라 시료군마다 1개의 방법바탕시료(method blank)를 측정한다. 방법바탕시료는 정제수를 사용하여 7 분석절차와 동일하게 측정하며 측정값은 방법검출한계 이하이어야 한다.

6.2 현장 이중시료의 측정

현장 이중시료(field duplicate sample)는 동일한 시료채취 장소에서 동일한 조건으로 중복으로 채취한 시료로서 한 조사팀이 하루에 20개 이하를 채취할 경우에는 1개를 그리고 그 이상을 채취할 때에는 시료 20개 당 1개를 추가로 취한다. 동일한 조건의 두 시료간의 측정값의 편차는 25 % 이하이어야 한다.

6.3 내부정도관리 주기 및 목표

6.3.1 방법바탕시료의 측정은 시료군당 1회를 실시하도록 한다.

6.3.2 각 정도관리 항목에 대한 정도관리 목표값은 표 1과 같다.

7 분석절차[1)]

7.1 수개의 비등석을 넣은 삼각플라스크에 시료 50 mL를 넣고, 수산화나트륨용액(10 %) 1 mL를 넣어 알칼리성으로 한다.

7.2 여기에 과망간산칼륨용액(0.002 M) 10 mL를 넣어 10분간 끓인다.

7.3 10 % 요오드화칼륨용액 1 mL를 넣고 완전 방냉한다.

7.4 4 % 아자이드화나트륨 한 방울을 가하고 황산(2+1) 5 mL를 넣는다.

7.5 유리된 요오드를 지시약으로 전분용액 2 mL를 넣고 0.01 M 티오황산나트륨용액으로 무색이

---

1) 과망간산칼륨소비량 알칼리성법은 산성법과 유사하게 산화-환원 반응을 이용한 것이다. 시료를 알칼리성 상태에서 $KMnO_4$을 시료에 넣고 끓이면 유기물과 환원성 무기물 등의 산화반응에 소비되고 일정량의 과망간산이 남게 된다. 남은 과망간산을 과량의 요오드(I_2)를 넣어 반응시키면 요오드 이온이 산화되어 분자 형태의 유리된 요오드(I_2)가 생성되며, 여기서 산화반응으로 소비되고 남은 $KMnO_4$은 당량적으로 요오드와 반응하여 유리된 I_2가 생성되므로 이 I_2를 적정하는데 사용된 적정액의 양이 바로 남아있는 $KMnO_4$의 양이 된다. 여기에 처음에 넣어 준 $KMnO_4$ 양의 차이로부터 과망간산칼륨소비량을 구할 수 있다.

될 때까지 적정한다.

7.6 따로 시료량과 같은 양의 정제수를 사용하여 같은 조건으로 바탕시험을 행한다.

8 결과보고

8.1 계산

다음 식으로 시료 중의 과망간산칼륨소비량을 구한다.

$$\text{과망간산칼륨소비량(mg/L)} = (a-b)\times f\times \frac{1000}{50}\times 0.316 \quad \text{(식 1)}$$

여기서, a : 바탕시험 적정에 소비된 0.01 M 티오황산나트륨용액(mL)

b : 시료의 적정에 소비된 0.01 M 티오황산나트륨용액(mL)

f : 4.2.2.2에서 구한 0.1 M 티오황산나트륨액의 농도계수

8.2 결과보고

행정사항과 관련된 항목별 시험결과의 표시는 ES 05003의 먹는물 수질기준의 표시한계 및 결과표시에 따른다.

9 참고자료

9.1 수질오염공정시험기준 ES 04415.2, "화학적 산소요구량－적정법－알칼리성과망간산칼륨법", 국립환경과학원(2017)

10 부록

[표 1] 정도관리 목표값

정도관리 항목	정도관리 목표
정량한계	0.3 mg/L
현장이중시료	상대편차백분율 ± 25 % 이내

과망간산칼륨소비량 연습문제

01 먹는물수질공정시험기준에 따른 과망간산칼륨소비량 분석방법에 대한 설명으로 옳은 것은?

① 염지하수는 산성법에 의해 분석한다.
② 옥살산나트륨은 산성법에서 사용하는 시약이다.
③ 500 mg/L 이상의 염소이온이 간섭물질로 작용하는 것은 알칼리성법이다.
④ 유리된 요오드의 양으로 과망간산칼륨소비량을 측정하는 것은 산성법이다.

02 항목별 정량한계와 비교할 때 분석한 결과값이 의미가 없는 것은?

① 수소이온농도(유리전극법) : 0.2
② 증발잔류물 : 5 mg/L
③ 과망간산칼륨소비량(산성법) : 0.2 mg/L
④ 경도(EDTA 적정법) : 2 mg/L

03 먹는물수질공정시험기준에 따른 아래 분석시료의 과망간산칼륨소비량으로 옳은 것은?
(단, 농도계수(f)는 0.98임)

먹는물 시료 100 mL에 황산(1 + 2) 5 mL와 과망간산칼륨용액(0.002 M) 10 mL를 넣고 끓인 후 옥살산나트륨용액(0.005 M) 10 mL를 넣어 탈색을 확인한 다음 과망간산칼륨용액(0.002 M)으로 엷은 홍색이 없어지지 않고 남을 때까지 적정한 양은 9.2 mL이었다. 정제수를 사용하여 시료와 같은 방법으로 시험할 때에 소비된 과망간산칼륨 소비량은 6.5 mL이었다.

① 7.4 mg/L
② 7.9 mg/L
③ 8.4 mg/L
④ 8.9 mg/L

Answer 1. ② 2. ③ 3. ③

13 냄새(Odor)

1 개요

1.1 목적[1)]

이 시험기준은 먹는물, 샘물 및 염지하수 중에 냄새[2)3)4)5)6)]를 확인하는 방법으로서 시료를 삼각 플라스크에 넣고 마개를 닫은 후 온도를 40 ℃ ~ 50 ℃로 높여 세게 흔들어 섞은 후 마개를 열면서 관능적으로 냄새를 맡아서 판단한다.

---

1) 본 시험은 냄새의 종류를 정성적으로 검사하는 방법이다. 냄새물질 중에는 기체크로마토그래피 등에 의하여 정량분석이 가능한 것도 있으나 실제 자연수에는 여러 냄새물질이 극미량 함유된 것도 많다.

2) 배출원: 유기물질(주로 부식질), 미생물 등 이물질이 유입과 하수, 오수, 공장폐수의 혼입 등이 있다. 정수처리 공정 중 여과사 내 미생물의 과다 성장, 급수관 내 물이 적게 흐르는 부분 또는 원수나 최종수의 저수지 내에 정체하는 때 발생한다. 인체유해성: 불쾌감을 초래하며 특이한 냄새는 잠재적인 유해물질이 존재함을 암시한다.

3) 수중의 미생물은 여러 유형의 냄새를 유발한다.
   - 생물체가 훼손될 때 냄새가 나는 것 : 대형식물, 규조류
   - 보통의 생활시에 냄새가 나는 것 : 여러 부유생물, 철세균, 해면 등
   - 사후에 냄새를 발생시키는 것 : 남조류, 해면 등

   또한 생물은 종류에 따라 다른 냄새를 유발하며 이를 Whipple(1927)은 표 1과 같이 분류하였다.

표 1. 생물이 발생하는 냄새

방향냄새		푸른풀냄새		물고기냄새	
(규조류)	Asterionella	(남조류)	Anaabaena	(규조류)	Asterionella
	Cyclotella		Aphanizomenon		Tabellaria
	Diatoma		Microcystis	(녹조류)	Dictyosphaerium
	Meridion		Cyclindro spermun		Eudorina
	Tabellaria		Rivularia		Pandorina
	Synedra	(녹조류)	Dictyopshaerium		Volvox
(원생동물)	Cryptomonas			(원생동류)	Bursaria
	Mallomonas				Ceratiunm
					Dinobryon
					Glenodinium

   곰팡이 냄새의 원인물질로 남조류나 방선균이 생산하는 2-메틸아이소보르네올(2-methyliso-borneol), 지오스민(geismine) 등이 있으며, 이들 냄새의 역치는 0.01 μg/L 정도이다.

4) 지질에 기인하는 냄새로서 자연수에는 휴민질에 의한 냄새가 가장 많고 흙냄새, 곰팡이냄새도 감지된다.

5) 염소소독은 Cl_2 자체의 냄새가 나는 것 외에 생물에 의한 냄새를 강하게 하거나 생물체의 부패로 냄새물질이 방출하는 일도 있다. 또 물속에 존재하는 미량의 페놀류나 사이클로헥실아민 등과 반응하여 강한 냄새물질을 생성하는 일도 있으므로 원수의 냄새를 시험하는 경우에 적당한 양의 Cl_2를 첨가하여 조사하는 방법도 있다.

6) 달걀 썩은 냄새의 H_2S, 세균에 의한 SO_4^{2-} 등의 환원 또는 FeS의 CO_2 가스에 의한 분해 등으로 발생한다. 그 밖에 배수관의 내면 도장제나 파킹 등에 의해서도 냄새가 발생한다. 냄새 종류의 표현은 다음 표로 나타낼 수 있다.

1.2 적용범위

1.2.1 이 시험기준은 먹는물, 샘물 및 염지하수의 냄새 측정에 적용한다.

1.2.2 이 시험기준은 측정자간 개인차가 심하므로 냄새가 있을 경우 5명 이상의 시험자가 측정하는 것이 바람직하나 최소한 2명이 측정해야 한다.

1.2.3 이 시험기준에 의해 판단할 때 염소 냄새는 제외한다.

1.3 간섭물질

1.3.1 소독제인 염소 냄새가 날 때에는 티오황산나트륨(sodium thiosulfate)을 가하여 염소를 제거한 후 측정한다. 사용하는 티오황산나트륨의 양은 시료 500 mL에 잔류염소가 1 mg/L로 존재할 때 티오황산나트륨용액 1 mL를 가한다.

1.3.2 티오황산나트륨(sodium thiosulfate)을 사용할 때에는 바탕실험을 병행하는 것이 좋다.

1.3.3 냄새를 측정하는 사람은 냄새에 극히 예민한 사람도 냄새에 무딘 사람도 적절하지 않다. 측정 전에 흡연, 냄새나는 식사, 면도용 로션, 향수 등을 사용하지 말아야 하고 감기나 알레르기를 앓는 사람도 적절하지 않다.

1.3.4 냄새를 측정하는 사람과 시료를 준비하는 사람은 다른 사람이어야 한다.

2 용어정의

2.1 냄새

냄새물질의 분자가 공기에 의하여 확산됨으로서 후각세포를 자극하는 것을 냄새라 한다.

3 분석기기 및 기구

3.1 유리기구류

유리기구류는 사용직전에 새로 세척하여 사용한다. 먼저 냄새없는 세제로 닦은 후 냄새없는 물로 닦아 이 목적으로만 사용한다. 고무, 콕 및 플라스틱 마개는 사용하지 않아야 한다.

3.2 항온수조

항온수조는 ±1 ℃로 유지할 수 있어야 하고 냄새를 발생하지 않아야 한다.

냄새의 분류	냄새의 종류
(1) 방향성 냄새	멜론냄새, 오랑캐꽃냄새, 오이냄새, 방향냄새 등
(2) 식물성 냄새	푸른풀냄새, 목재냄새, 개천의 조류냄새, 해조냄새 등
(3) 흙냄새, 곰팡이 냄새	흙냄새, 늪지냄새, 곰팡이냄새 등
(4) 어패류 냄새	물고기냄새, 간유냄새, 대합냄새 등
(5) 약품성 냄새	페놀냄새, 타르냄새, 기름냄새, 파라핀냄새, 황화수소냄새, 염소냄새, 암모니아냄새 등
(6) 금속성 냄새	금속냄새, 쇳물냄새
(7) 부패성 냄새	주방냄새, 하수냄새, 부패냄새 등
(8) 불쾌한 냄새	물고기냄새, 부패냄새가 강하여 불쾌한 냄새가 나는 것, 분뇨냄새

4 시약 및 표준용액

4.1 시약

4.1.1 냄새 없는 물

활성탄으로 거른 물을 냄새없는 물로 사용한다. 그러나 활성탄을 통과한 물에서 염소냄새가 나는지 또는 기타의 냄새가 발생하는지를 확인하여야 한다. 또한, pH가 너무 높아지거나 낮아지는 경우를 확인한다.

4.1.2 티오황산나트륨용액

티오황산나트륨용액은 티오황산나트륨·5수화물(sodium thiosulfate pentahydrate, $Na_2S_2O_3 \cdot 5H_2O$, 분자량 : 248.2) 3.5 g을 정제수에 녹여 1 L로 하여 조제한다.

5 시료채취 및 관리

5.1 시료는 유리재질의 병과 폴리테트라플루오로에틸렌(PTFE) 재질의 마개를 사용하여 채취하며 플라스틱 재질은 사용하지 않는다.[7)]

5.2 냄새측정은 시료 채취 후 가능한 빨리 시험하며, 보관이 불가피하면 물 시료를 1 L병에 가득 채워 1 ℃ ~ 5 ℃에서 보관한다. 특히 물이 냉각될 때 주위의 냄새물질이 시료 안으로 들어가지 않게 주의해야 한다.

6 정도보증/정도관리(QA/QC)

6.1 정밀도

6.1.1 일정 냄새를 나타내는 시료를 2명 이상 동일하게 측정하여 측정한 결과의 차이를 구한다.

6.1.2 측정값의 차이가 없어야 한다.

6.2 내부정도관리 주기 및 목표

각 정도관리 항목에 대한 정도관리 목표값은 표 1과 같다.

7 분석절차

7.1 시료 200 mL를 부피 300 mL의 마개 있는 삼각플라스크에 넣고 마개를 닫는다.

7.2 온도를 40 ℃ ~ 50 ℃로 높이고 세게 흔들어 섞은 후 마개를 열면서 바로 냄새를 맡는다.

7.3 만약 냄새역치를 구할 필요가 있다면 일정비의 냄새 없는 물로 묽혀 **7.2**의 실험에 따라 냄새를 측정한다.

8 결과보고

8.1 냄새를 측정하여 '있음', '없음'으로 구분한다.

---

7) 냄새를 분석하기 위한 시료 채취 용기는 유기 재질의 용기를 사용해야 하는데, 그 외 플라스틱 용기 등을 사용하는 때에는 플라스틱에 포함된 화학물질이 시료에 오염되거나 시료에 있는 냄새를 유발하는 화학물질이 플라스틱에 흡착되는 등의 손실을 방지하기 위함이며 매우 적은 화학물질의 양이 있더라도 냄새를 유발시킬 수 있기 때문이다.

8.2 계산

만약 냄새역치(TON, threshold odor number)를 구할 필요가 있으면 사용한 시료의 부피와 냄새없는 희석수의 부피를 사용하여 다음과 같이 계산한다. 200 mL로 묽히는데 사용한 시료의 부피별로 역치 값은 표 2와 같다.

$$역치 = \frac{a+b}{a} \quad \cdots\cdots (식\ 1)$$

여기서, a : 시료의 부피(mL)

b : 냄새없는 희석수(mL)

냄새가 있는지 없는지만 보고할 경우 **7.2**에서 판단한 결과로 보고한다.

9 참고자료

9.1 US EPA Method 140.1, 1971, Odor

9.2 Standard Methods 2150, 2005, Odor

9.3 DEV B1/2, Prufung auf Geruch und Geschmack

10 부록

[표 1] 정도관리 목표값

정도관리 항목	정도관리 목표
정밀도	냄새 차이가 없어야 한다.

[표 2] 묽히는데 사용한 시료 양에 대한 역치값

시료 양(mL)	역치(TON)
200	1
100	2
50	4
25	8
12.5	16
6.3	32
3.1	64
1.6	128
0.8	256

냄 새

연습문제

01 먹는물수질공정시험기준에 따른 시료채취방법에서 유리재질의 병과 폴리테트라플로오로에틸렌 (PTFE) 재질의 마개를 사용하여야 하는 시험항목으로 옳은 것은?

① 증발잔류물 ② 색도 ③ 탁도 ④ 냄새

02 먹는물수질공정시험기준에 따른 냄새분석에서 희석수를 사용하여 200 mL까지 묽힌 시료의 냄새 역치(TON)가 16이었다면, 분석에 사용한 시료의 부피로 옳은 것은?

① 12.5 mL ② 25.0 mL ③ 50.0 mL ④ 75.0 mL

03 먹는물수질공정시험기준의 냄새 측정에 관한 설명으로 틀린 것은?

① 시료에서 염소 냄새가 날 경우에는 옥살산나트륨을 가하여 염소를 제거한다.
② 빨리 측정이 어려운 경우 시료는 1 L 병에 가득 채워 0 ℃ ~ 4 ℃에서 보관한다.
③ 냄새를 측정하는 사람은 냄새에 극히 예민한 사람도 냄새에 무딘 사람도 적절하지 않다.
④ 측정은 시료를 삼각플라스크에 넣고 마개를 닫은 후 온도를 40 ℃ ~ 50 ℃로 높여 세게 흔들어 섞은 후 마개를 열면서 관능적으로 냄새를 맡아서 판단한다.

04 냄새 측정에 대한 설명으로 틀린 것은?

① 소독제인 염소 냄새가 날 때에는 티오황산나트륨(sodium thiosulfate)을 첨가하여 염소를 제거한 후 측정한다.
② 측정자간 개인차가 심하므로 냄새가 있을 경우 5명 이상의 시험자가 측정하는 것이 바람직하나 최소한 2명이 측정해야 한다.
③ 시료 채취는 유리재질의 병과 폴리테트라플루오로에틸렌(PTFE) 재질의 마개를 사용하며, 플라스틱 재질은 사용하지 않는다.
④ 분석은 시료를 삼각플라스크에 넣고 마개를 닫은 후 실온에서 세게 흔들어 섞은 후 마개를 열면서 관능적으로 냄새를 맡아서 판단한다.

05 먹는물수질공정시험기준 중 냄새물질의 측정에 대한 설명으로 틀린 것은?

① 시료를 삼각플라스크에 넣고 마개를 닫은 후 온도를 40 ℃ ~ 50 ℃로 높여 세게 흔들어 섞은 후 마개를 열면서 관능적으로 냄새를 맡아서 판단한다.
② 측정자간 개인차가 심하므로 냄새가 있을 경우 5명 이상의 시험자가 측정하는 것이 바람직하나 최소한 2명이 측정해야 한다.
③ 소독제인 염소 냄새가 날 때에는 과망간산칼륨을 사용하여 염소를 제거한 후 측정한다.
④ 냄새를 측정하는 사람과 시료를 준비하는 사람은 다른 사람이어야 한다.

06 냄새 측정에서 희석하는 데 사용한 시료의 양이 25 mL일 때 역치 값을 구하면?

① 2 ② 4 ③ 8 ④ 16

Answer 1. ④ 2. ① 3. ① 4. ④ 5. ③ 6. ③

14 맛(Taste)

1 개요

1.1 목적

이 시험기준은 먹는물의 맛[1)2)]을 측정하는 방법으로, 시료를 비커에 넣고 온도를 40 ℃ ~ 50 ℃로 높여 맛을 보아 판단한다.

1.2 적용범위

1.2.1 이 시험기준은 먹는물의 맛 측정에 적용한다.

1.2.2 이 시험기준으로 측정하는 경우는 측정자간 개인차가 심하므로 5명 이상의 시험자가 바람직하나 최소한 2명이 필요하다.

1.2.3 이 시험기준에 의해 판단할 때 염소 맛은 제외한다.

1.2.4 다만, 섭취에 따른 안전성이 확보되지 않은 시료로서 병원성 미생물, 유해물질로 오염된 시료나 폐수 및 처리되지 않은 배출수 등은 측정하지 않을 수 있다.

1.3 간섭물질

1.3.1 맛을 측정하는 사람은 맛에 극히 예민한 사람도 무딘 사람도 적절하지 않다. 측정 전에 흡연, 식사, 감기나 알레르기를 앓는 사람은 적합하지 않다.

2 용어정의

2.1 맛

맛이란 입에 넣은 물질이 혀의 표면에 있는 미각세포를 자극하여 일어나는 감각을 말한다.

3 분석기기 및 기구

3.1 항온수조

항온수조는 ± 1 ℃로 유지할 수 있어야 하고 냄새를 발생하지 않아야 한다.

---

1) 맛은 미각세포를 자극하여 일어나는 감각특성으로 물의 맛은 냄새와 밀접한 관련이 있다. 수중의 유기물, 조류 외에 각종 무기물에 의해서도 발생한다. 특히 유기물에 의한 맛은 냄새를 동반하는 경우가 많아 양자의 구별이 곤란한 경우가 있다. 맛은 단맛, 쓴맛, 신맛, 짠맛 등 4종류가 있다. 단맛을 내는 물질은 당류, 다가알코올 등이고 신맛을 내는 물질은 H^+ 농도와 관련되어 있지만 반드시 비례관계는 아니다. 쓴맛을 내는 물질에는 여러 종류의 알칼로이드나 황산염 등이며 짠맛을 나타내는 물질에는 무기염류의 양이온, 음이온이 있다. 보통 물의 맛은 무기물에 의하며 유리탄산은 물의 맛에 큰 영향을 주어 상쾌한 맛을 나타낸다. Cl^-은 250 mg/L에서 짠맛을 내며, Fe, Cu, Zn, Mn 등은 철분 맛과 떫은맛을 낸다.

2) • 발생원: 해수의 혼입, 응집용 약품의 과다주입, 철분의 용존, 금속관의 아연 용출 등 미생물(방선균, 녹조류)의 번식으로 맛을 유발한다. 물맛에 영향을 미치는 인자로는 미네랄, 경도, 유리탄산, 수온 등이 있다.
• 인체유해성: 불쾌함을 초래하며, 특이한 맛은 수원의 수질변화, 수처리 공정의 결함, 급수관의 화학적 부식과 미생물들의 생장을 알리는 신호이다.

4 시약 및 표준용액

"내용 없음"

5 시료채취 및 관리

시료는 유리재질의 병과 폴리테트라플루오로에틸렌(PTFE) 재질의 마개를 사용하여 채취하며 플라스틱 재질은 사용하지 않는다.3)

6 정도보증/정도관리(QA/QC)

6.1 정밀도

6.1.1 일정 맛을 나타내는 물 시료를 2명 이상이 동일하게 측정하여 측정값의 차이를 구한다.

6.1.2 측정값의 차이가 없어야 한다.

6.2 내부정도관리 주기 및 목표

각 정도관리 항목에 대한 정도관리 목표값은 표 1과 같다.

7 분석절차

7.1 시료 200 mL를 비커에 넣고 온도를 40 ℃ ~ 50 ℃로 높인다.

7.2 시료의 맛을 측정한다.

[주 1] 안전성을 고려하여 입에 머금고 맛을 측정한 후에는 삼키지 않는다.

8 결과보고

8.1 맛을 측정하여 '있음', '없음'으로 구분한다.

8.2 맛의 종류를 구분할 필요가 있을 때에는 짠맛, 쓴맛, 신맛, 단맛으로 구분하거나 화합물의 종류에 따라 염소, 유류, 철, 비누 맛으로 구분한다.

9 참고자료

9.1 Standard Methods 2160, 2005, Taste

9.2 DEV B1/2, Prüfung auf Geruch und Geschmack

9.3 일본 상수시험방법 8.2, 맛, (2020)

10 부록

[표 1] 정도관리 목표값

정도관리 항목	정도관리 목표
정밀도	맛의 차이가 없어야 한다.

3) 맛을 분석하기 위한 시료 채취 용기는 유기 재질의 용기를 사용해야 하는데, 그 외 플라스틱 용기 등을 사용하는 때에는 플라스틱에 포함된 화학물질이 시료에 오염되거나 시료에 있는 맛을 유발하는 화학물질이 플라스틱에 흡착되는 등의 손실을 방지하기 위함이며 매우 적은 화학물질의 양이 있더라도 맛을 유발시킬 수 있기 때문이다.

15 색도-비색법
(Color-Visual Comparison Method)

1 개요

1.1 목적

이 시험기준은 먹는물, 샘물 및 염지하수의 색도[1][2]를 측정하는 방법으로 시각적으로 눈에 보이는 물의 색을 표준용액의 색도와 비교하여 측정한다.

1.2 적용범위

1.2.1 이 시험기준은 먹는물, 샘물 및 염지하수 중에 인위적 또는 자연적으로 발생하는 물질에 의한 색을 측정하는 데 적용한다.

1.2.2 이 시험기준은 높은 농도로 오염된 경우에는 적용할 수 없다.

1.3 간섭물질

1.3.1 시료 중 탁도물질은 색도 측정을 간섭할 수 있으므로 제거하여야 한다.

1.3.2 탁도물질은 0.45 μm의 막이나 유리섬유필터를 사용하거나 원심분리하여 제거한다.

2 용어정의

2.1 색도

색도란 물의 색깔의 정도를 나타내며 물에 용해된 물질과 현탁물질로 인해 발생한다.

3 분석기기 및 기구

3.1 비색관

길이 약 37 cm의 마개 있는 밑면이 평평한 무색 시험관으로서, 밑바닥으로부터 30 cm의 높이에 100 mL의 표시선이 있는 것을 사용한다.

---

1) 물이 띠는 색의 정도를 나타내는 것으로 묽의 맑음 정도를 나타내는 지표이다. 색도는 진색도(True color, 원심분리여과조작으로 제거가 불가능한 콜로이드성 물질)와 겉보기 색도(Apparent color, 원심분리여과조작으로 제거가 가능한 물질)로 나뉜다. 외관상 색도는 착색제물질이 광선의 특정파장을 흡수하면서 나타나는 실제 탁도와 부유입자에 의한 빛의 산란으로 나타나는 색도의 합이다. 먹는물의 원수인 하천수나 지하수 등이 착색하는 원인은 수목 등의 식물 셀룰로오스나 리그닌산이 산화되는 과정에서 생기는 부식질(휴민질)을 주로 하는 용해성 또는 콜로이드성 유기물에 의한 경우가 대부분이며, 그 외 콜로이드성 철, 망간 화합물에 의한 경우도 있다. 수돗물에서는 원수 중의 철이온이나 망간이온이 염소처리에 의해 산화되거나 배수관에서 철의 용출로 색도가 증가하는 경우가 있다.

2) 발생원: 유기물의 부패에서 오는 휴민산과 풀빅산에 기인한다. 펄프, 제지, 염색, 염료, 섬유공업 등에서 배출되는 고색도의 폐수에 기인한다. 하천이나 호소수의 바닥에서 혐기성 분해로 인한 콜로이드성 철, 망간 화합물 등이 있다.

4 시약 및 표준용액

4.1 표준용액

4.1.1 색도표준원액(1000도)

육염화백금산칼륨(potassium hexachloroplatinate, K_2PtCl_6, 분자량 : 486.03) 2.49 g과 염화코발트·6수화물(cobaltous chloride hexahydrate, $CoCl_2 \cdot 6H_2O$, 분자량 : 237.96) 2.00 g을 염산 200 mL에 녹이고 정제수를 넣어 1 L로 한다.

4.1.2 색도표준용액(100도)

색도표준원액을 정제수로 10배 희석한다.

5 시료채취 및 관리

5.1 유리 용기 또는 폴리에틸렌 용기에 물 시료를 채취한다.

5.2 미생물의 활성으로 시료의 색도를 변화시킬 수 있으므로 시료채취 후 가능한 빠른 시간 안에 측정한다.

5.3 시료를 보관할 때는 1 ℃ ~ 5 ℃에서 한다.

5.4 시료의 색도는 물의 pH에 따라 크게 변한다. 따라서 물의 pH 값을 함께 측정하는 것이 좋다.

6 정도보증/정도관리(QA/QC)

6.1 정밀도

6.1.1 일정 색도의 색도표준용액을 2명 이상 동일하게 측정하여 측정값의 차이를 구한다.

6.1.2 측정값의 차이가 없어야 한다.

6.2 내부정도관리 주기 및 목표

각 정도관리 항목에 대한 정도관리 목표값은 표 1과 같다.

7 분석절차

7.1 전처리

7.1.1 탁도 제거가 필요할 경우에 위의 시료를 0.45 ㎛의 막이나 유리필터를 사용하여 여과하여 시료로 한다.

7.2 표준용액의 조제

7.2.1 색도표준용액(100도) 0, 1.0, 3.0, 5.0, 7.0, 9.0 mL를 각각 정확히 취하여 비색관에 넣고 각각에 정제수를 넣어 100 mL로 한다. 이 표준용액의 색도는 0, 1, 3, 5, 7, 9도이다. 필요에 따라 표준용액의 색도를 조절하여 조제한다.

[주 1] 색도표준용액은 오염이나 증발되지 않도록 보존한다.

7.3 측정법

시료 100 mL를 비색관에 넣고 **7.2**에 따라 조제한 색도표준용액과 육안으로 비교한다.

8 결과보고

8.1 계산

묽힌 시료의 색도는 다음 식을 이용하여 색도를 계산한다.

$$\text{색도} = \frac{A \times 100}{B} \quad \cdots\cdots (\text{식 } 1)$$

여기서, A : 묽힌 시료의 색도

B : 묽히기 위해 취한 시료 양(mL)

8.2 결과보고

행정사항과 관련된 항목별 시험결과의 표시는 ES 05003의 먹는물 수질기준의 표시한계 및 결과 표시에 따른다.

9 참고자료

9.1 US EPA Method 110.1, 1978, Color(Colorimetric, ADMI)

9.2 US EPA Method 110.2, 1971, Color(Colorimetric, Platinum-Cobalt)

9.3 Standard Methods 2120, 2005, Color

9.4 DIN Method 38404 C1-1, Visuelle Bestimmung der Färbung

9.5 환경부, 수질오염공정시험기준, 제7항 색도

10 부록

[표 1] 정도관리 목표값

정도관리 항목	정도관리 목표
정밀도	색도의 차이가 없어야 한다.

16 색도-색도계법 (Color-Colorimetry)

1 개요

1.1 목적

이 시험기준은 먹는물, 샘물 및 염지하수 등의 색도를 380 nm ~ 780 nm 파장범위에서 색도계를 사용하여 측정한다.

1.2 적용범위

1.2.1 이 시험기준은 먹는물, 샘물 및 염지하수 중에 인위적 또는 자연적으로 발생하는 물질에 의한 색을 측정하는데 적용한다.

1.2.2 이 시험방법에 의한 색도의 정량한계는 1도이고 높은 농도로 오염된 경우에는 시료를 희석하여 적용한다.

1.3 간섭물질

1.3.1 시료 중 탁도물질은 색도 측정을 간섭할 수 있으므로 제거하여야 한다.

1.3.2 탁도물질은 0.45 μm의 막이나 유리섬유필터를 사용하여 제거한다.

2 용어정의

색도란 물의 색깔의 정도를 나타내며 물에 용해된 물질과 현탁물질로 인해 발생한다.

3 분석기기 및 기구

3.1 색도계(Colorimeter)

10 nm 파장단위로 측정할 수 있으며 380 nm ~ 780 nm 파장범위에서 색도를 측정할 수 있는 장치 및 동등이상의 성능을 가진 것을 사용한다.

4 시약 및 표준용액

4.1 시약

정제수는 시약등급(reagent grade)의 정제수를 사용하며, 바탕시험 할 때 색도 0도를 사용한다.

4.2 표준용액

4.2.1 색도 표준원액(색도 1000도)

육염화백금산칼륨(K_2PtCl_6) 2.49 g(백금 1.0 g 함유)과 염화코발트·6수화물($COCl_2 \cdot 6H_2O$) 2.00 g(코발트 0.496 g 포함)을 진한 염산 200 mL에 녹여 정제수를 가해 1 L로 하여 갈색병에 보존한다. 이 용액의 색도는 1000도에 상당한다.

4.2.2 색도 표준용액(색도 100도)

색도 표준원액 100 mL를 정확히 채취하여 용량 1000 mL의 부피 플라스크에 넣고 정제수를 가하여 전량을 1000 mL로 한다. 이 용액은 색도 100도에 상당한다. 시판되는 색도 표준용액을 사용할 수 있다.

5 시료채취 및 관리

5.1 유리용기 또는 폴리에틸렌(PE) 용기에 물 시료를 채취한다.

5.2 미생물의 활성으로 시료의 색도를 변화시킬 수 있으므로 시료 채취 후 가능한 빠른 시간 안에 측정한다.

5.3 시료는 1 ℃ ~ 5 ℃에서 보관하며 측정 시에는 상온에서 측정한다.

5.4 시료의 색도는 물의 pH에 따라 크게 변한다. 따라서 물의 pH 값을 함께 측정하는 것이 좋다. 색도 측정시 시료는 산이나 알칼리를 이용하여 pH를 4 ~ 10 범위로 조정한 후 측정한다.

6 정도보증/정도관리(QA/QC)

6.1 정밀도 및 정확도

"내용 없음"

6.2 내부정도관리 주기 및 목표

정도관리 항목에 대한 정도관리 목표값은 표 1과 같다.

7 분석절차

7.1 전처리

7.1.1 탁도 제거가 필요할 경우에 위의 시료를 0.45 μm의 막이나 유리필터를 사용하여 여과하여 시료로 한다.

7.2 검정곡선의 작성

7.2.1 색도표준용액(100도) 0, 1.0, 3.0, 5.0, 7.0, 9.0 mL를 각각 정확히 취하여 비색관에 넣고 각각에 정제수를 넣어 100 mL로 한다. 이 표준용액의 색도는 0, 1, 3, 5, 7, 9도다. 필요에 따라 표준용액의 색도를 조절하여 조제한다.

[주 1] 색도표준용액은 오염이나 증발되지 않도록 보존한다.

7.3 측정법

7.3.1 제조사별 매뉴얼에 따라 장비를 안정화시킨다.

7.3.2 제조사별 기기의 사전 프로그램 된 검정곡선을 확인한다. 검정곡선은 필요시 제조사별 매뉴얼에 따라 재보정하여 사용한다.

7.3.3 제조사의 지침에 따라 영점을 조정한다.

7.3.4 제조사의 지침에 따라 시료의 색도값을 측정한다.

7.3.5 본 시험기준의 원리를 이용한 기기의 보정 및 측정은 제조사별 지침에 따라 수행한다.

8 결과보고

8.1 결과보고

측정결과는 '도', 'CU(Color Unit)', 'TCU(True Color Unit)'로 표시될 수 있으나 같은 값을 의미하며 최종 결과는 '도' 표기한다. 행정사항과 관련된 항목별 시험결과의 표시는 ES 05003의 먹는물 수질기준의 표시한계 및 결과표시에 따른다.

9 참고자료

9.1 Standard Methods 2120, 2005, Color

10 부록

[표 1] 정도관리 목표값

정도관리 항목	정도관리 목표
정량한계	1.0도

색 도 연습문제

01 항목별 시료채취 및 관리에 관한 내용으로 틀린 것은?

① 수중의 잔류염소는 불안정하기 때문에 시료채취 빨리 현장에서 측정한다.
② 색도는 미생물의 영향을 받지 않아 시료채취 후 최대 28일 이내 시험한다.
③ pH는 가능한 현장에서 측정하되, 시료를 보관하여야 할 경우 공기와의 접촉으로 인해 변화될 수 있으므로 시료를 용기에 가득 채워서 밀봉하여 보관한다.
④ 페놀류 측정을 위한 시료는 생물학적 분해를 방지하기 위해 황산을 넣어 pH 2 이하로 보관한다.

02 해당 시험항목의 표준원액을 만들 때 사용하는 표준물질로 옳은 것은?

① 탁도 : 도데실벤젠설폰산나트륨
② 잔류염소(DPD 비색법) : 크롬산칼륨과 중크롬산칼륨
③ 색도 : 육염화백금산칼륨과 염화코발트·6수화물
④ 세제(음이온계면활성제) : 황산하이드라진용액과 헥사메틸렌테트라아민용액

Answer 1. ④ 2. ③

17 수소이온농도-유리전극법 (pH-Electrometric Method)

1 개요

1.1 목적

이 시험기준은 먹는물, 샘물 및 염지하수의 pH[1)2)3)]를 측정하는 방법으로 유리전극과 기준전극으로 구성된 pH 측정기를 사용하여 측정한다.

1.2 적용범위

1.2.1 이 시험기준은 먹는물, 샘물 및 염지하수의 pH 측정에 적용한다.

1.2.2 이 시험기준으로 pH를 0.1까지 측정한다.

1.3 간섭물질

1.3.1 유리전극은 일반적으로 용액의 색도, 탁도, 콜로이드성 물질들, 산화 및 환원성물질들 그리고 염도에 의해 간섭을 받지 않는다.

1.3.2 pH 10 이상에서 나트륨에 의해 오차가 발생할 수 있는데 이는 "낮은 나트륨 오차전극"을 사용하여 줄일 수 있다.

1.3.3 기름 층이나 작은 입자상이 전극을 피복하여 pH 측정을 방해할 수 있는데 이 피복물을 부드럽게 문질러 닦아내거나 세척제로 닦아낸 후 증류수로 세척하여 부드러운 천으로 제거하

---

1) pH는 물의 산과 염기의 평형에 대한 척도이며, 이산화탄소(CO_2), 중탄산염(HCO_3^-), 탄산염(H_2CO_3)의 평형에 의해 조절된다. 이산화탄소가 증가하면 pH는 낮아지고, 감소하면 pH는 증가한다. 염소소독시 pH 8 이상이면 차아염소산염(ClO^-)이 증가하여 소독효과가 저하되며, 대부분의 원수 중 pH는 6.5 ~ 8.5의 범위 내에 있다.

2) 자연수의 pH는 물에 함유된 여러 가지의 염류, 광산 또는 유기산의 영향을 받지만 주로 유리탄산과 탄산염의 비율로 결정된다. 물속에 용존하는 CO_2의 일부는 탄산(H_2CO_3)으로 되고, 서서히 산성을 나타낸다.

$$CO_2 + H_2O \rightarrow H_2CO_3$$

$$H_2CO_3 \leftrightarrow HCO_3^- + H^+$$

석회암의 주성분인 $CaCO_3$는 물에 난용성이지만 CO_2를 함유한 물에는 탄산수소염을 생성한다.

$$CaCO_3 + CO_2 + H_2O \leftrightarrow Ca^{2+} + 2HCO_3^-$$

CO_2에 비하여 과잉의 CO_3^{2-}가 존재하면 가수분해에 의하여 아래 식과 같이 알칼리성을 나타낸다.

$$CO_3^{2-} + H_2O \leftrightarrow HCO_3^- + OH^-$$

지표수는 CO_2가 약간 존재하므로 중성에 가깝고, pH는 보통 7.0 ~ 7.2를 나타낸다. 지하수에서는 토양중의 생물작용에 의해 발생하는 CO_2로 인해 pH가 6.0 ~ 6.8로 된다. 조류번식이 현저한 호소나 저수지 등에서는 표층의 pH는 높고 때로는 9.0 이상으로 되는 경우도 있지만 이와는 반대로 저층의 pH는 상대적으로 낮다.

3) pH는 수용액 중의 수소이온 농도($[H^+]$, mol/L)를 그 역수의 상용대수로서 표시한다.

$$pH = \log 1/[H^+] = -\log [H^+]$$

순수한 물은 H^+와 OH^-로 해리되며, $K_w = [H^+]\cdot[OH^-]$로 나타낸다. 물의 이온곱은 25 ℃에서 1.04×10^{14}이다. 그러므로 중성에서는 $[H^+] = [OH^-]$이므로 pH = 7.0으로 된다. 산성 수용액에서는 $[H^+] > [OH^+]$로 pH < 7.0이며, 알칼리성 용액에서는 $[H^+] < [OH^+]$이므로 pH > 7.0이 된다.

여 사용한다. 염산(1+9) 용액을 사용하여 피복물을 제거할 수 있다.

1.3.4 pH는 온도변화에 따라 영향을 받는다. 대부분의 pH 측정기는 자동으로 온도를 보정하나 표 2에 따라 할 수도 있다.

2 용어정의

2.1 pH

pH는 보통 유리전극과 비교전극으로 된 pH 측정기를 사용하여 측정하는데 양전극간에 생성되는 기전력의 차를 이용하여 다음과 같은 식으로 정의된다.

$$pHx = pHs \pm \frac{F(Ex - Es)}{2.303\ RT} \quad \text{(식 1)}$$

여기서, pHx : 시료의 pH 측정값

pHs : 표준용액의 pH($-\log[H^+]$)

Ex : 시료에서의 유리전극과 비교전극간의 전위차(mV)

Es : 표준용액에서의 유리전극과 비교전극간의 전위차(mV)

F : 패러데이(Faraday) 정수(9.649×10^4 C/mol)

R : 기체정수(8.314 J/K·mol)

T : 절대온도(K)

2.2 기준전극

은-염화은의 칼로멜 전극 등으로 구성된 전극으로 pH 측정기에서 측정 전위값의 기준이 된다.

2.3 유리전극(작용전극)

pH 측정기에 유리전극으로서 수소이온의 농도가 감지되는 전극이다.

3 분석기기 및 기구

3.1 pH 측정기

3.1.1 pH 측정기의 구조

pH 측정기는 보통 유리전극 및 기준전극으로 된 검출부와 검출된 pH를 지시하는 지시부로 되어 있다. 지시부에는 비대칭 전위조절(영점조절) 기능 및 온도보정 기능이 있다. 온도보정 기능이 없는 경우는 온도보정용 감온부가 있다.

3.1.2 기준전극

은-염화은의 칼로멜 전극 등이 사용될 수 있다. 기준전극과 작용전극이 결합된 전극이 측정하기에 편리하다.

3.1.3 자석 교반기 또는 폴리테트라플루오로에틸렌(PTFE)으로 피복된 자석 바를 사용한다.

4 시약 및 표준용액

4.1 시약

4.1.1 정제수

시약용 정제수를 사용하거나, 정제수를 15분 이상을 재증류하여 이산화탄소를 제거한 후에

산화칼슘(생석회) 흡수관을 부착하여 식힌 다음 사용한다.

4.2 표준용액

4.2.1 조제한 pH 표준용액은 경질유리병 또는 폴리에틸렌병에 보관하며, 보통 산성표준용액은 3개월, 염기성표준용액은 산화칼슘(생석회) 흡수관을 부착하여 1개월 이내에 사용하며, 현재 국내외에 상품화되어 있는 표준용액을 사용할 수 있다.

4.2.2 수산염 표준용액(0.05 M)

테트라옥살산칼륨(potassium tetraoxalate, $KH_3(CO_2)_4$, 분자량 : 218.16)을 가루로 하여 데시케이터(실리카겔 사용)에서 건조한 다음 10.91 g을 정확하게 달아 정제수를 넣어 정확히 1 L로 한다.

4.2.3 프탈산염 표준용액(0.05 M)

프탈산수소칼륨(potassium biphthalate, $KC_8H_5O_4$, 분자량 : 204.22)을 가루로 하여 110 ℃에서 2시간 건조한 다음 10.21 g을 정확하게 달아 정제수를 넣어 녹여 정확히 1 L로 한다.

4.2.4 인산염 표준용액(0.05 M)

인산이수소칼륨(potassium dihydrogen phosphate, KH_2PO_4, 분자량 : 136.09) 및 무수인산일수소나트륨(disodium hydrogen phosphate, Na_2HPO_4, 분자량 : 141.96)을 가루로 하여 110 ℃ ~ 130 ℃에서 2시간 건조한 다음 인산이수소칼륨 3.40 g 및 무수인산일수소나트륨 3.55 g을 정확하게 달아 정제수에 녹여 정확히 1 L로 한다.

4.2.5 붕산염 표준용액(0.05 M)

붕산나트륨(sodium borate, $Na_2B_4O_7$, 분자량 : 201.22)을 데시케이터(정제수로 적신 브롬화나트륨) 중에 넣어 건조시킨 다음 10.06 g을 정확하게 달아 정제수를 넣어 녹여 정확히 1 L로 한다.

4.2.6 탄산염 표준용액(0.05 M)

데시케이터(실리카겔)에서 건조시킨 탄산수소나트륨(sodium bicarbonate, $NaHCO_3$, 분자량 : 84.01) 2.10 g과 1000 ℃에서 1시간 건조한 무수탄산나트륨(pH 측정용) 2.65 g을 정확하게 달아 정제수를 넣어 녹여 정확히 1 L로 한다.

4.2.7 수산화칼슘 표준용액(0.02 M, 25 ℃ 포화용액)

수산화칼슘(calcium hydroxide, $Ca(OH)_2$, 분자량 : 74.09)을 가루로 하여 1.48 g을 플라스크에 넣고 23 ℃ ~ 27 ℃의 정제수 1 L를 넣어 잘 흔들어 섞어 충분히 포화시킨 다음, 상층액을 여과하여 투명한 용액을 사용한다.

5 시료채취 및 관리

시료채취시 현장 측정한다.

6 정도보증/정도관리(QA/QC)

6.1 정밀도

6.1.1 측정농도의 범위에 있는 동일한 시료를 5개 이상 동일하게 측정하여 측정값의 차이를 구한다.

6.1.2 측정값의 차이가 0.1 이내이어야 한다.

6.2 내부정도관리 주기 및 목표

각 정도관리 항목에 대한 정도관리 목표값은 표 1과 같다.

7 분석절차

7.1 유리전극은 사용하기 수 시간 전에 정제수에 담가 두어야 하고, pH 측정기는 전원을 켠 다음 5분 이상 경과한 후에 사용한다.

7.2 유리전극을 정제수로 잘 씻은 후 여과지로 남아있는 물을 조심하여 닦아낸다. 온도보정을 할 수 있는 경우 pH 표준용액의 온도와 같게 맞추고 유리전극을 시료의 pH 값에 가까운 표준용액에 담가 2분 지난 후 표준용액의 pH 값이 되도록 조절한다.

7.3 pH 측정기가 온도보정 기능이 없는 경우는 표 2에서 온도에 따른 표준용액의 pH 값을 읽어 조절한다. 두 pH 값을 조절할 경우에는 인산염 pH 표준용액과 시료의 pH 값에 가까운 pH 표준용액을 사용하여 조절한다.

7.4 유리전극을 정제수로 잘 씻고 남아있는 물을 여과지 등으로 조심하여 닦아낸 다음 시료에 담가 측정값을 읽는다. 이때 온도를 함께 측정한다. 측정값이 0.1 이하의 pH 차이를 보일 때까지 반복 측정한다.

7.5 시료는 유리전극이 충분히 잠기고 자석 교반기가 투명하게 보일 수 있을 정도로 사용한다. 만약 현장에서 pH를 측정할 경우에는 전극을 적절한 깊이에 직접 담가서 측정할 수도 있다.

7.6 유리탄산을 함유한 시료의 경우에는 유리탄산을 제거한 후 pH를 측정한다.

7.7 pH 측정기의 구조 및 조작법은 제조회사에 따라 다르다. pH 11 이상의 시료는 오차가 크므로 알칼리용액에서 오차가 적은 특수전극을 사용한다.

7.8 측정시료의 온도는 pH 표준용액의 온도와 동일해야 한다.

8 결과보고

행정사항과 관련된 항목별 시험결과의 표시는 ES 05003의 먹는물 수질기준의 표시한계 및 결과표시에 따른다.

9 참고자료

9.1 US EPA Method 150.1, 1978, pH(Electrometric)

9.2 Standard Methods 4500－H^+, 2005, pH Value

9.3 DIN Method 38405－C5, Elektrometrische Bestimmung mittels Glaselektrodenmesskette

10 부록

[표 1] 정도관리 목표값

정도관리 항목	정도관리 목표
정밀도	± 0.1 이내

[표 2] 온도별 표준액의 pH값

온도(℃)	수산염표준액	프탈산염표준액	인산염표준액	붕산염표준액	탄산염표준액	수산화칼슘표준액
0	1.67	4.01	6.98	9.46	10.32	13.43
5	1.67	4.01	6.95	9.39	10.25	13.21
10	1.67	4.00	6.92	9.33	10.18	13.00
15	1.67	4.00	6.90	9.27	10.12	12.81
20	1.68	4.00	6.88	9.22	10.07	12.63
25	1.68	4.01	6.86	9.18	10.02	12.45
30	1.69	4.01	6.85	9.14	9.97	12.30
35	1.69	4.02	6.84	9.10	9.93	12.14
40	1.70	4.03	6.84	9.07	–	11.99
50	1.71	4.06	6.83	9.01	–	11.70
60	1.73	4.10	6.84	8.96	–	11.45

수소이온농도

연습문제

01 먹는물수질오염공정시험기준에 따른 수소이온농도(pH)의 측정에 관한 설명으로 틀린 것은?

① pH는 보통 유리전극과 비교전극으로 된 pH 미터를 사용하여 양전극간에 생성되는 기전력의 차를 이용하여 측정한다.
② 수소이온농도 측정시 사용되는 pH 표준액 중 pH 7에 가장 가까운 값을 나타내는 것은 0.05 M 인산염 표준액이다.
③ 조제한 pH 산성표준액은 3개월 이내 사용하며, 염기성표준액은 산화칼슘 흡수관을 부착하여 6개월 이내 사용한다.
④ pH 미터 조작시 pH 11 이상의 시료는 오차가 크므로 알칼리에서 오차가 적은 특수전극을 사용한다.

02 먹는물수질공정시험기준에 따른 유리전극법을 이용한 수소이온농도 측정에 대한 설명으로 틀린 것은?

① 유리전극과 기준전극으로 구성된 pH 측정기를 사용하여 측정한다.
② 이 시험기준으로 pH는 0.1 단위까지 측정한다.
③ pH 2 이하에서 나트륨에 의해 오차가 발생할 수 있는데 이는 '낮은 나트륨 오차전극'을 사용하여 줄일 수 있나.
④ 기름 층이나 작은 입자상이 전극을 피복하여 측정을 방해하는 경우 염산(1+9) 용액을 사용하여 피복물을 제거할 수 있다.

03 pH 측정방법의 간섭요인으로 틀린 것은?

① pH 10 이상에서 나트륨에 의해 오차가 발생할 수 있다.
② pH는 온도변화에 따라 영향을 받는다.
③ 기름 층이나 작은 입자상이 전극을 피복하여 pH 측정을 방해할 수 있다.
④ 유리전극은 일반적으로 용액의 색도, 탁도, 콜로이드성 물질들, 산화 및 환원성물질들 그리고 염도에 의해 간섭을 받는다.

04 수소이온농도(유리전극법) 측정에 대한 설명으로 맞는 것은?

① 유리전극은 일반적으로 용액의 색도, 탁도, 콜로이드성 물질들, 산화 및 환원성물질 그리고 염도에 의해 간섭을 받는다.
② pH 10 이상에서 나트륨에 의해 오차가 발생할 수 있는데 이는 '낮은 나트륨 오차 전극'을 사용하여 줄일 수 있다.
③ 기름 층이나 작은 입자상이 전극을 피복하여 pH 측정을 방해할 수 있는데, 나트륨(1+9) 용액을 사용하여 피복물을 제거할 수 있다.
④ pH는 가능한 현장에서 측정하여야 하며, 보관하여야 할 경우 공기와 접촉할 수 있도록 물시료를 용기에 가득 채우지 않고 밀봉하여 분석 전까지 보관한다.

05 수소이온농도(pH) 측정원리에 대한 설명 중 옳은 것은?

① 보통 수은전극과 비교전극 간에 발생하는 기전력차를 이용하여 구한다.
② 보통 유리전극과 비교전극 간에 발생하는 기전력차를 이용하여 구한다.
③ 보통 탄소전극과 비교전극 간에 발생하는 기전력차를 이용하여 구한다.
④ 보통 백금전극과 비교전극 간에 발생하는 기전력차를 이용하여 구한다.

Answer 1. ③ 2. ③ 3. ④ 4. ② 5. ②

18 증발잔류물(Total Solids)

1 개요

1.1 목적

이 시험기준은 먹는 물의 총 증발잔류물[1)2)]을 측정하는 방법으로 시료를 103 ℃ ~ 105 ℃에서 건조하고 데시케이터에서 식힌 후 무게를 달아 증발접시의 무게차로부터 증발잔류물의 양(mg/L)을 구한다.

1.2 적용범위

1.2.1 이 시험기준은 먹는 물의 총 증발잔류물의 측정에 적용한다.

1.2.2 이 시험기준의 정량한계는 5 mg/L이고, 정량범위는 5 mg/L ~ 20000 mg/L이다.

1.3 간섭물질

1.3.1 눈에 보이는 이물질이 들어 있을 때에는 제거해야 한다.

1.3.2 용기 벽에 부착하거나 바닥에 가라앉는 물질이 있는 경우는 시료를 분취하는 과정에서 큰 오차를 발생할 수 있다.

2 용어정의

2.1 증발잔류물

시료를 일정한 온도에서 증발 건조시켰을 때 잔류물의 양을 의미하며 이는 시료 중에 용해되어 있거나 현탁되어 있는 물질의 총 합을 의미한다.

3 분석기기 및 기구

3.1 증발접시

시료를 증발시키는 용기로 도가니, 비커, 백금도가니(이 경우 작은 크기)로 가벼운 것을 유기용매, 정제수로 세척하여 건조시켜 사용한다.

3.2 저울

시료 용기와 시료의 무게를 잴 수 있는 것으로 0.1 mg까지 측정할 수 있는 것을 사용한다.

---

1) 증발잔류물은 물에 함유된 용해성 물질과 부유물질의 합을 일컫는다. 음용수에는 주로 용존고형물의 형태로 존재하는데 대부분 무기물이며, 일부 유기물이 포함되어 있다. 증발잔류물은 먹는물 수질기준 항목 중 심미적 영향물질로 분류되어 건강에 대한 직접적인 영향보다는 물의 맛이나 가정에서 물을 끓였을 때의 시각적인 영향 등을 유발할 수 있다.

2) 발생원: 천연자원, 하수, 도시 및 농업 유출수, 산업폐수, 도로의 제빙작업 등에서 배출된다. 환경잔류성: 증발잔류물이 되는 물질은 탄산염, 중탄산염, 칼슘, 마그네슘, 나트륨, 칼륨, 황산염, 염화물 등 대부분 지질에서 유래한다. 상수원수(지표수)에서는 평균 (50 ~ 100) mg/L, 지하수는 (100 ~ 150) mg/L로 지질학적 영향에 따라 다양하다. 인체유해성: 건강에 직접적인 해를 끼치기 보다는 심미적인 영향 및 물맛에 영향은 준다.

4 시약 및 표준용액

4.1 시약

4.1.1 정제수

시약용 정제수로서 증발잔류물이 1.0 mg/L 이하의 것을 사용한다.

5 시료채취 및 관리

5.1 시료는 유리 또는 폴리에틸렌 용기에 채취하고 가능한 빨리 측정한다.

5.2 시료를 보관하여야 할 경우 미생물에 의해 분해를 방지하기 위해 1 ℃ ~ 5 ℃로 보관한다.

5.3 시료는 24시간 이내에 증발처리를 하여야 하나 최대한 7일을 넘기지 말아야 한다. 시료를 분석하기 전에 상온이 되게 한다.

6 정도보증/정도관리(QA/QC)

6.1 방법바탕시료의 측정

ES 05001 정도보증/정도관리에 따라 시료군마다 1개의 방법바탕시료(method blank)를 측정한다. 방법바탕시료는 정제수를 사용하여 7 분석절차와 동일하게 전처리·측정하며 그 값이 영에 가까워야 한다.

6.2 현장 이중시료의 측정

현장 이중시료(field duplicate sample)는 동일한 시료채취 장소에서 동일한 조건으로 중복으로 채취한 시료로서 한 조사팀이 하루에 20개 이하를 채취할 경우에는 1개를 그리고 그 이상을 채취할 때에는 시료 20개 당 1개를 추가로 취한다. 동일한 조건의 두 시료간의 측정값의 편차는 20 % 이하이어야 한다.

6.3 내부정도관리 주기 및 목표

6.3.1 방법바탕시료의 측정은 시료군당 1회를 실시하도록 한다.

6.3.2 각 정도관리 항목에 대한 정도관리 목표값은 표 1과 같다.

7 분석절차

7.1 증발접시를 103 ℃ ~ 105 ℃에서 1시간 건조하고 데시케이터에서 식힌 후 사용하기 직전에 무게를 단다.

7.2 시료 100 mL ~ 500 mL(건조중량이 2.5 mg 이상이 되도록 시료를 취함)를 증발접시에 넣고 103 ℃ ~ 105 ℃의 증기건조대 또는 오븐에서 완전 건조시킨다.[3)]

7.3 시료가 끓어 튀어나갈 염려가 있을 때에는 끓는 온도 이하(보통 98 ℃)로 온도를 유지하도록 하여도 되나 103 ℃ ~ 105 ℃의 온도에서 적어도 1시간은 증발 건조시켜야 한다.

7.4 건조한 시료는 데시케이터에서 식힌 후 무게를 달아 증발접시의 무게차를 구한다.

---

3) 시료채취 후 시간이 경과함에 따라 수산화물 등의 침전이 생길 수 있으므로 채수 후 가능한 한 빠른 시간내에 시험하여야 한다.

8 결과보고

8.1 계산

건조시료 증발접시와 증발접시의 무게 차(a)를 구하여 다음 식에 따라 시료 중의 증발잔류물의 농도(mg/L)를 계산한다.

$$\text{증발잔류물(mg/L)} = \frac{a \times 1000}{b} \quad \cdots\cdots \text{(식 1)}$$

여기서, a : 건조시료 증발접시와 증발접시의 무게차(mg)

b : 시료량(mL)

8.2 결과보고

행정사항과 관련된 항목별 시험결과의 표시는 ES 05003의 먹는물 수질기준의 표시한계 및 결과표시에 따른다.

9 참고자료

9.1 US EPA Method 160.3, 1971, Total Residue(Gravimetric)

9.2 Standard Methods 2540B, 2005, Total Solids Dried at 103 ~ 105 ℃

9.3 DIN Method 38409-H1-1, Bestimmung des Gesamttrockenrueckstandes eines unfiltrierten Wassers

10 부록

[표 1] 정도관리 목표값

정도관리 항목	정도관리 목표
정량한계	5 mg/L
현장이중시료	상대편차백분율 ± 20 % 이내

증발잔류물

연습문제

01 **먹는물수질공정시험기준에 따른 시료채취방법에서 유리재질의 병과 폴리테트라플로오로에틸렌 (PTFE) 재질의 마개를 사용하여야 하는 시험항목으로 옳은 것은?**

① 증발잔류물　② 색도
③ 탁도　④ 냄새

02 **먹는물수질공정시험기준에 따른 증발잔류물을 분석할 때에 주어진 결과를 적용하여 구한 증발잔류물의 농도로 옳은 것은?**

- 시료량 : 250 mL
- 증발접시 무게 : 12.6387 g
- 시료건조 후 증발접시 무게 : 12.8057 g

① 668 mg/L　② 16,700 mg/L
③ 167,000 mg/L　④ 668,000 mg/L

03 **항목별 정량한계와 비교할 때 분석한 결과값이 의미가 없는 것은?**

① 수소이온농도(유리전극법) : 0.2
② 증발잔류물 : 3 mg/L
③ 과망간산칼륨소비량(산성법) : 0.5 mg/L
④ 경도(EDTA 적정법) : 2 mg/L

Answer 1. ④ 2. ① 3. ②

19 탁도(Turbidity)

1 개요

1.1 목적

이 시험기준은 먹는 물, 샘물 및 염지하수의 탁도[1)2)3)]를 측정하는 방법으로, 시료 중의 탁도를 탁도계를 사용하여 측정하는 방법이다.

1.2 적용범위

1.2.1 이 시험기준은 먹는 물, 샘물 및 염지하수의 탁도 측정에 적용한다.

1.2.2 시료 중 탁도의 정량한계는 0.02 NTU이고 정량범위는 0.02 NTU ~ 400 NTU이다.

1.3 간섭물질

1.3.1 탁도를 측정하는 용기가 더럽거나 미세한 기포는 탁도에 영향을 줄 수 있다.

1.3.2 시료가 색을 띠는 경우 빛을 흡수하므로 탁도가 낮아질 수 있다.

2 용어정의

2.1 NTU(nephelometric turbidity units)

NTU는 빛을 산란시키는 정도를 대조군과 비교하여 나타낸 값으로 빛을 산란시키는 정도가 클수록 탁도가 높다.

3 분석기기 및 기구

3.1 탁도계

광원부와 광전자식 검출기를 갖추고 있으며 정량한계가 0.02 NTU 이상인 NTU 탁도계로서 광원인 텅스텐 필라멘트는 2200 ℃ ~ 3000 ℃ 온도에서 작동하고 측정 튜브 내에서의 투사광과 산란광의 총 통과거리는 10 cm를 넘지 않아야 하며, 검출기에 의해 빛을 흡수하는 각도는 투사광에 대하여 (90 ± 30)도를 넘지 않아야 한다.

---

1) 물이 빛을 흡수하고 분산하는 능력의 척도로서 물속의 부유물질과 관련하여 가정 및 산업용수의 수질오염을 나타내는 지표이다. 물의 탁도를 유발하는 원인물질로서 무기 및 유기의 부유물, 미생물 및 진흙 등이 있다. 강우시에 지표수의 탁도를 증가시키는 원인은 주로 진흙에 의한 것이지만 동시에 하수, 공장폐수, 축사, 화장실 등의 오염물 유입에 의한 경우도 있다. 상수도에서 원수의 탁도는 정수작업에 영향을 주어 정수공정에 방해를 주며 급수전 물에서도 급배수시설의 이상유무를 나타내는 지표로서 중요하다.

2) 환경잔류성: 하천은 자연적, 인위적인 상황에 영향을 받아 변화가 두드러지거나 유기성 현탁물질은 흐르면서 자정작용에 영향을 준다. 지하수는 무기입자가 많은 경우에 탁도를 유발한다.

3) 인체유해성: 인체에 직접적인 해는 없으나 심미적 불쾌감을 주어 불안감을 초래한다. 농도가 높을 경우 물맛이 좋지 않고 설사를 일으킬 수 있다.

3.2 측정관

무색투명한 유리재질로서 튜브의 내외부가 긁히거나 부식되지 않아야 한다.

4 시약 및 표준용액

4.1 시약

4.1.1 정제수

0.02 NTU 이하의 정제수를 사용한다.

4.1.2 황산하이드라진용액

황산하이드라진(hydrazine sulfate, $(NH_2)_2 \cdot H_2SO_4$, 분자량 : 130.12) 1.0 g을 100 mL 부피의 마개 있는 부피플라스크에 넣고 정제수를 넣어 100 mL로 한다.

4.1.3 헥사메틸렌테트라아민용액

헥사메틸렌테트라아민(hexamethylenetetramine, $(CH_2)_6N_4$, 분자량 : 140.19) 10.0 g을 100 mL 부피의 마개 있는 부피플라스크에 넣고 정제수를 넣어 100 mL로 한다.

4.2 표준용액

4.2.1 탁도표준원액(400 NTU)

황산하이드라진용액 5.0 mL와 헥사메틸렌테트라아민용액 5.0 mL를 섞어 실온에서 24시간 방치한 다음 정제수를 넣어 100 mL로 한다(이 용액 1 mL는 탁도 400 NTU에 해당하며 1개월 간 사용한다).

4.2.2 탁도표준용액(40 NTU)

탁도표준원액을 잘 섞으면서 1.0 mL를 정확히 취하여 정제수로 10배 희석한다. 이 용액은 탁도 40 NTU에 상당하며, 사용할 때에 만든다. 시판되는 탁도표준용액을 사용할 수 있다.

5 시료채취 및 관리

5.1 시료는 유리 또는 폴리에틸렌 용기에 채취하고 가능한 빨리 측정한다.

5.2 시료를 보관하여야 할 경우 미생물에 의한 분해를 방지하기 위해 1 ℃ ~ 5 ℃로 보관한다.

6 정도보증/정도관리(QA/QC)

6.1 방법바탕시료의 측정

ES 05001 정도보증/정도관리에 따라 시료군마다 1개의 방법바탕시료(method blank)를 측정한다. 방법바탕시료는 정제수를 사용하여 **7** 분석절차와 동일하게 전처리·분석한다.

6.2 검정곡선의 작성 및 검증

6.2.1 0 NTU ~ 5.0 NTU의 범위 안에 3개 이상의 탁도 농도에 대해 검정곡선을 작성하고 얻어진 검정곡선의 직선성 결정계수(R^2)가 0.98 또는 감응계수(RF)의 상대표준편차가 20 % 이내이어야 하며 상관계수나 상대표준편차가 허용범위를 벗어나면 재작성한다.

6.2.2 검정곡선의 직선성을 검증하기 위하여 각 시료군마다 1회의 검정곡선 검증을 실시하는 것이 바람직하다. 0 NTU ~ 5.0 NTU의 범위 또는 1.0 NTU 표준용액을 측정한다. 측정값은

검정곡선 작성 시의 값과 20 % 이내에서 일치하여야 한다. 만약 이 범위를 넘는 경우, 검정곡선의 재작성이 요구된다.

6.3 정밀도

6.3.1 정밀도(precision) 및 정확도(accuracy) 측정은 ES 05001 정도보증/정도관리에 따른다. 정제수에 정량한계의 10배 농도가 되도록 동일하게 표준물질을 첨가한 시료를 4개 이상 준비하고 7 분석절차와 동일하게 측정하여 평균값과 표준편차를 구한다.

6.3.2 정밀도는 4회 이상 측정한 평균값과 상대표준편차(RSD)를 구하여 산출한다.

6.3.3 정확도는 4회 이상 측정한 평균값과 제조한 표준용액의 농도에 대한 상대 백분율(%)로 나타낸다.

6.4 현장 이중시료의 측정

현장 이중시료(field duplicate sample)는 동일한 시료채취 장소에서 동일한 조건으로 중복으로 채취한 시료로서 한 조사팀이 하루에 20개 이하를 채취할 경우에는 1개를 그리고 그 이상을 채취할 때에는 시료 20개 당 1개를 추가로 취한다. 동일한 조건의 두 시료간의 측정값의 편차는 20 % 이하이어야 한다.

6.5 내부정도관리 주기 및 목표

6.5.1 검정곡선 검증 및 시약바탕시료의 분석은 각 시료군마다 실시하며, 고농도의 시료 다음에는 시약바탕시료를 측정하여 오염여부를 점검한다.

6.5.2 각 정도관리 항목에 대한 정도관리 목표값은 표 1과 같다.

7 분석절차

7.1 검정곡선의 작성

탁도표준용액(40 NTU)을 0.5, 5.0, 12.5 mL를 취해 정제수로 100 mL로 희석하면 각각 0.2, 2.0, 5.0 NTU의 용액이 되며 이를 사용하여 제조사의 보정방법에 따라 탁도계를 보정한다.

7.2 측정법

시료를 강하게 흔들어 섞고 공기방울이 없어질 때까지 가만히 둔 후 일정량을 취하여 측정튜브에 넣고 보정된 탁도계로 탁도를 측정한다.

8 결과보고

8.1 탁도계에서 읽은 값에 묽힘 배수를 곱하여 구한다.

8.2 행정사항과 관련된 항목별 시험결과의 표시는 ES 05003의 먹는물 수질기준의 표시한계 및 결과표시에 따른다.

9 참고자료

9.1 US EPA Method 180.1, 1978, Turbidity(Nephelometric)

9.2 Standard Methods 2130, 2005, Turbidity

9.3 DIN Method 38404-C2-1, Visuelle Bestimmung der Tuerbung

9.4 환경부, 수질오염공정시험기준 ES 04313.1 탁도, 2014

10 부록

[표 1] 정도관리 목표값

정도관리 항목	정도관리 목표
정량한계	0.02 NTU
검정곡선	결정계수(R^2) ≥ 0.98 또는 감응계수(RF)의 상대표준편차 ≤ 20 %
정밀도	상대표준편차 ± 20 % 이내
정확도	75 % ~ 125 %
현장이중시료	상대편차백분율 ± 20 % 이내

탁 도

연습문제

01 먹는물수질공정시험기준에 따른 탁도표준원액의 조제에 사용되는 시약으로 맞게 짝지어진 것은?

㉮ 도데실벤젠설폰산나트륨용액	㉯ 황산하이드라진용액
㉰ 헥사메틸렌테트라아민용액	㉱ 황산제일철암모늄용액

① ㉮, ㉯　　② ㉮, ㉱
③ ㉯, ㉰　　④ ㉰, ㉱

02 해당 시험항목의 표준원액을 만들 때 사용하는 표준물질로 옳은 것은?

① 탁도 : 황산하이드라진용액과 헥사메틸렌테트라아민용액
② 잔류염소(DPD 비색법) : 도데실벤젠설폰산나트륨
③ 색도 : 에스드레드(acid red) 265
④ 세제(음이온계면활성제) : 육염화백금산칼륨과 염화코발트

03 먹는물수질공정시험기준에서의 탁도 측정에 대한 설명으로 옳은 것은?

① 시료는 플라스틱병에 채취하고 가능한 빨리 측정한다.
② 시료를 보관하여야 할 경우 미생물에 의한 분해를 방지하기 위해 0 ℃ 미만에서 보관한다.
③ 시료를 강하게 흔들어 섞은 후 빨리 일정량을 취해 측정튜브에 넣어 측정한다.
④ 탁도계에서 읽은 값에 묽힘 배수를 곱하여 구한다.

Answer 1. ③ 2. ① 3. ④

20 세제(음이온계면활성제)-자외선/가시선 분광법 (Surfactants-UV/Visible Spectrometry)

1 개요

1.1 목적

이 시험기준은 먹는물, 샘물 및 염지하수 중에 세제를 측정하는 방법으로서 시료 중에 음이온계면활성제[1)2)]와 메틸렌블루가 반응하여 생성된 청색의 복합체를 클로로포름으로 추출하여 클로로포름층의 흡광도를 652 nm에서 측정하는 방법이다.

1.2 적용범위

1.2.1 이 시험기준은 먹는물, 샘물 및 염지하수의 세제 중 음이온계면활성제의 분석에 적용한다.

[주 1] 염지하수의 경우 매질에 의한 간섭이 발생하므로 표준물첨가법을 사용한다.

1.2.2 이 시험기준에 의해 선형알킬설폰산염(LAS, linear alkyl sulfonate)과 알킬벤젠설폰산염(ABS, alkyl benzene sulfonate)을 구분할 수 없다.

1.2.3 이 시험기준은 먹는물, 샘물 및 염지하수 중에 선형알킬설폰산염이 0.1 mg/L ~ 1.4 mg/L의 정량범위에서 적절하며 시료 중에는 0.1 mg/L의 정량한계를 갖는다.

1.3 간섭물질

1.3.1 유기설폰산염, 황산염, 탄산염, 페놀류나 무기티오시안화물, 시안화물, 질산화물, 염화물 등은 메틸렌블루와 반응하여 양의 오차를 유발한다.

---

1) 합성세제의 대부분은 (15~30) %의 계면활성제와 세제의 성능을 향상시키기 위한 (70~85) %의 보조제로 이루어지며 과립, 분말, 액상으로 존재한다. 현재 가정용 합성세제로 가장 많이 사용되는 것은 연성세제(LAS, Liner Alkyl benzene Sulfonate)로 생분해가 비교적 잘되지만 경성세제(ABS, Alkyl Benzene Sulfonate)는 생분해가 어렵다.

[표 1] 합성세제로 사용되고 있는 음이온 계면활성제

음이온계면활성제	구조식
직쇄알킬벤젠설폰산염(LAS)	R – ⌬ – SO_3M
α–올레핀설폰산염(AOS)	R – CH – RSO_3M (CH에 OH 결합) R – CH = CH – RSO_3M
알킬황산에스테르염(AS)	R – O – SO_3M
폴리옥시에틸렌알킬에터황산염(AES)	R – O – $(C_2H_4O)_nSO_3M$
알킬설폰산염(SAS)	R – SO_3M

M : Na, K, NH_4 등

2) • 배출원 : 공장폐수 및 가정하수에서 배출된다.
• 환경잔류성 : 연성세제는 수계에서 분해성이 빨라 20분후에 95 %가 광분해된다.
• 인체유해성 : 급성증상으로 주부 습진이라 불리는 피부의 손상을 유발하고, 만성증상으로 체내로 유입되면 '이타이이타이'병의 원인이 되는 카드뮴이나 '미나마타'병을 유발하는 유기수은의 체내 흡수를 촉진시킨다.

1.3.2 양이온계면활성제가 존재하면 음의 오차를 준다. 이는 메틸렌블루 활성물질과 이온쌍을 형성하여 방해를 하며 양이온교환수지를 사용하여 제거할 수 있다.

1.3.3 입자가 시료 중에 존재하면 음의 오차를 준다. 이는 생성된 복합체를 흡착하여 방해하므로 거름을 통해 제거할 수 있다.

2 용어정의

"내용 없음"

3 분석기기 및 기구

3.1 자외선/가시선 분광광도계

3.1.1 자외선/가시선 분광광도계는 그림 1과 같이 광원부, 파장선택부, 시료부 및 측광부로 구성되어 있고 광원부에서 측광부까지의 광학계에는 측정목적에 따라 여러 가지 형식이 있다.

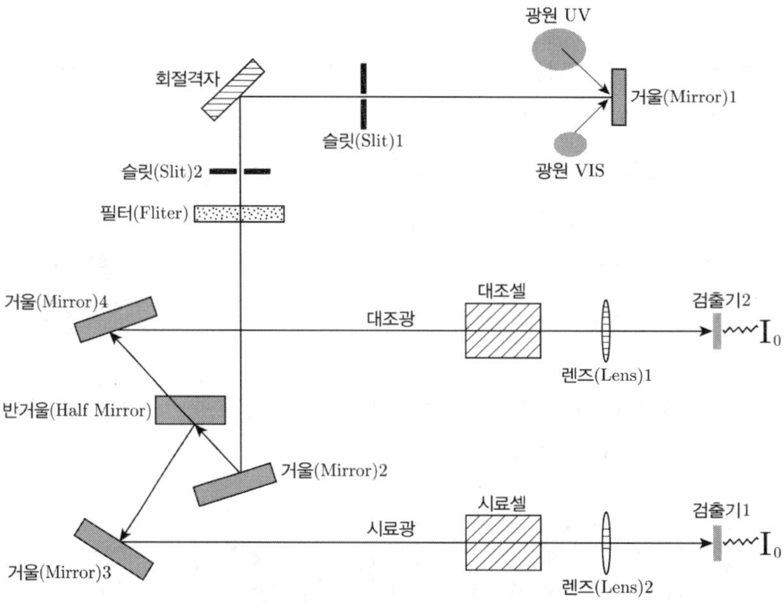

[그림 1] 자외선/가시선 분광광도계

3.1.2 광원부의 광원으로 가시부와 근적외부의 광원으로는 주로 텅스텐램프를 사용하고 자외부의 광원부로는 주로 중수소 방전관을 사용한다.

3.2 흡수셀

3.2.1 시료액의 흡수파장이 약 370 nm 이상일 때는 석영 또는 경질유리 흡수셀을 사용하고 약 370 nm 이하일 때는 석영 흡수셀을 사용한다.

3.2.2 따로 흡수셀의 길이를 지정하지 않았을 때는 10 mm 셀을 사용한다.

3.2.3 시료셀에는 시험용액을, 대조셀에는 따로 규정이 없는 한 증류수를 넣는다. 넣고자 하는 용액으로 흡수셀을 씻은 다음 셀의 약 80 %까지 넣고 외면이 젖어 있을 때는 깨끗이 닦는다. 필요하면 (휘발성 용매를 사용할 때와 같은 경우) 흡수셀에 마개를 하고 흡수셀에 방향성이 있을 때는 항상 방향을 일정하게 하여 사용한다.

4 시약 및 표준용액

4.1 시약

4.1.1 무수아황산수소나트륨용액

무수아황산수소나트륨(sodium bisulfite, $NaHSO_3$, 분자량 : 104.06) 1 g을 정제수에 녹여 100 mL로 한다.

4.1.2 알칼리성인산일수소나트륨용액

무수인산일수소나트륨(sodium phosphate dibasic, Na_2HPO_4, 분자량 : 141.96) 10 g을 정제수 약 800 mL에 녹이고, 수산화나트륨용액으로 pH를 10으로 한 후 정제수를 넣어 1 L로 한다.

4.1.3 산성메틸렌블루용액

메틸렌블루·3수화물(methylene blue trihydrate, $C_{16}H_{18}ClN_3S \cdot 3H_2O$, 분자량 : 373.90)(0.025 %) 0.35 g을 정제수 약 500 mL에 녹인 후, 황산 6.5 mL와 정제수를 넣어 1 L로 한다.

4.1.4 중성메틸렌블루용액

메틸렌블루·3수화물(methylene blue trihydrate, $C_{16}H_{18}ClN_3S \cdot 3H_2O$, 분자량 : 373.90) 0.35 g을 정제수에 녹여 1 L로 한다.

4.1.5 클로로포름(chloroform, $CHCl_3$, 분자량 : 119.38)

98 % 이상의 시약용을 사용한다.

4.2 표준용액

4.2.1 음이온계면활성제표준원액(1000 mg/L)

도데실벤젠설폰산나트륨(sodium dodecylbenzenesulfonate, $C_{12}H_{25}C_6H_4SO_3Na$, 분자량 : 348.48) 1.0 g(순도 100 %로 환산하여 계산함)을 정제수에 녹여 1 L로 한 후 찬 곳에 보존한다. (이 용액 1 mL는 도데실벤젠설폰산나트륨 1 mg을 함유한다.)

4.2.2 음이온계면활성제표준용액(10.0 mg/L)

음이온계면활성제표준원액을 정제수로 100배 희석하여 찬 곳에 보존하고 만든 후 1주일 내에 사용한다. 이 용액 1 mL는 도데실벤젠설폰산나트륨 0.01 mg을 함유한다.

5 시료채취 및 관리

5.1 유리 용기 또는 폴리에틸렌 용기에 시료를 채취하며, 마개는 폴리테트라플루오로에틸렌 재질을 사용한다.

5.2 모든 시료는 시료채취 후 추출하기 전까지 1 ℃ ~ 5 ℃ 냉암소에서 보관한다.

6 정도보증/정도관리(QA/QC)

6.1 방법검출한계 및 정량한계

6.1.1 방법검출한계(MDL, method detection limit) 및 정량한계(LOQ, limit of quantiation)는 정량한계 부근의 농도가 되도록 분석물질을 첨가한 시료 7개를 준비하고 각 시료를 **7** 분석절차와 동일하게 측정하여 표준편차를 구한다.

6.1.2 표준편차에 3.14를 곱한 값을 방법검출한계로, 10을 곱한 값을 정량한계로 나타낸다. 측정한 방법검출한계는 표 1에서 제시한 정량한계 이하이어야 한다.

6.2 방법바탕시료의 측정

ES 05001 정도보증/정도관리에 따라 시료군마다 1개의 방법바탕시료(method blank)를 측정한다. 방법바탕시료는 정제수를 사용하여 7 분석절차와 동일하게 전처리·측정하며 측정값은 방법검출한계 이하이어야 한다.

6.3 검정곡선의 작성 및 검증

6.3.1 검정곡선의 작성 및 검증은 ES 05001 정도보증/정도관리에 따른다. 정량범위 내의 5개의 농도에 대해 검정곡선을 작성하고 얻어진 검정곡선의 결정계수(R^2)가 0.98이상 또는 감응계수(RF)의 상대표준편차가 15 % 이내이어야 하며 결정계수나 감응계수의 상대표준편차가 허용범위를 벗어나면 재작성한다.

6.3.2 검정곡선의 직선성을 검증하기 위해서는 정량범위를 0.1 mg/L ~ 1.4 mg/L로 설정하여 검정곡선을 작성하여 결정계수(R^2)를 구한다.

6.3.3 검정곡선의 감응계수를 검증하기 위해서는 검정곡선의 중간 농도의 한 농도에서 감응계수를 구하여 그 값이 전과 15 % 이내에서 일치하여야 한다. 만약 이 범위를 넘는 경우, 검정곡선을 재작성한다.

6.4 정밀도 및 정확도

6.4.1 정확도(accuracy) 및 정밀도(precision)의 측정은 ES 05001 정도보증/정도관리에 따른다. 정제수에 정량한계의 1배 ~ 10배 농도가 되도록 동일하게 표준물질을 첨가한 시료를 4개 이상 준비하고 7 분석절차와 동일하게 측정하여 평균값과 표준편차를 구한다.

6.4.2 정밀도는 4회 이상 측정한 평균값과 상대표준편차(RSD)를 구하여 산출한다.

6.4.3 정확도는 4회 이상 측정한 평균값과 조제한 표준용액의 농도에 대한 상대 백분율(%)로 나타낸다.

6.5 현장 이중시료의 측정

현장 이중시료(field duplicate sample)는 동일한 장소에서 동일한 조건으로 중복으로 채취한 시료로서 한 조사팀이 하루에 20개 이하를 채취할 경우에는 1개를 그리고 그 이상을 채취할 때에는 시료 20개 당 1개를 추가로 취한다. 동일한 조건의 두 시료간의 측정값의 편차는 20 % 이하이어야 한다.

6.6 내부정도관리 주기 및 목표

6.6.1 방법검출한계, 정량한계, 정밀도 및 정확도는 연 1회 이상 산정하는 것을 원칙으로 하며, 분석자의 교체, 분석 장비의 수리 및 이동 등의 주요 변동사항이 생길 경우에는 다시 실시한다. 단, 장비의 청소 및 측정 장비의 감도가 의심될 때에는 언제든지 측정하여 확인하여야 한다.

6.6.2 검정곡선 검증 및 시약바탕시료의 분석은 각 시료군마다 실시하며, 고농도의 시료 다음에는 시약바탕시료를 측정하여 오염여부를 점검한다.

6.6.3 각 정도관리 항목에 대한 정도관리 목표값은 표 1과 같다.

7 분석절차

7.1 전처리

7.1.1 시료[3] 100 mL(0.02 mg ~ 0.14 mg의 계면활성제를 함유하거나 같은 양의 계면활성제를 함유하도록 시료에 정제수를 넣어 100 mL로 한 것)를 분별깔때기[4]에 넣고, 알칼리성인산일수소나트륨용액 10 mL와 중성메틸렌블루용액 5 mL를 넣는다.

7.1.2 클로로포름 15 mL를 넣고 1분간 심하게 흔들어 섞은 다음 가만히 두었다가 클로로포름 층을 다른 분별깔때기에 취한다.

7.1.3 다시 첫 번째 분별깔때기에 클로로포름 10 mL씩을 넣어 2회 같은 방법으로 추출하고, 클로로포름 층을 두 번째 분별깔때기에 합한다.

7.1.4 클로로포름이 들어있는 분별깔때기에 정제수 100 mL와 산성메틸렌블루용액 5 mL를 넣고 강하게 흔들어 섞은 다음 가만히 두었다가 클로로포름 층을 취하여 유리섬유로 여과한다.[5]

7.1.5 다시 두 번째 분별깔때기에 클로로포름 5 mL를 넣어 같은 방법으로 추출하여 유리섬유로 여과한다.

7.1.6 두 액을 합하고 클로로포름을 넣어 전량을 50 mL로 하여 이를 시험용액으로 한다.

7.2 검정곡선의 작성

7.2.1 음이온계면활성제 표준용액(10 mg/L) 0, 1.0, 2.0, 3.0, 4.0, 5.0 mL를 단계적으로 부피플라스크에 넣고, 각각에 정제수를 넣어 100 mL로 한다. 필요에 따라 사용하는 표준용액의 농도와 개수를 달리 할 수 있다.

[주 2] 시료분석결과 이 검정곡선 농도범위를 벗어나면 시료를 희석해서 재분석하여야 한다.

7.2.2 이하 7.1 및 7.3과 같은 방법으로 측정하여 음이온계면활성제의 농도(mg/L)를 가로축(x축)에, 음이온계면활성제의 측정값을 세로축(y축)에 취하여 검정곡선을 작성한다.

7.2.3 염지하수의 경우 ES 05001 정도보증/정도관리에 따라 표준물첨가법으로 검정곡선을 작성한다.

7.3 측정법

7.3.1 이 시험용액의 일부를 흡수셀(10 mm)에 넣고 자외선/가시선 분광광도계를 사용하여 시료와 같은 방법으로 시험한 바탕시험액을 대조액으로 하여 파장 652 nm 부근에서 흡광도를 측정하고 작성한 검정곡선으로부터 시험용액 중의 음이온계면활성제의 양을 도데실벤젠설폰산나트륨의 양으로서 구하고 시료 중의 음이온계면활성제의 농도를 측정한다.

---

3) 물속에 잔류염소를 포함한 경우 잔류염소 1 mg에 대하여 사용시에 조제한 아황산수소나트륨 용액(1 w/v%)을 1 mL의 비율로 가한다. 이때 클로로포름층은 황색으로 되며 흡광도는 변하지 않는다. 물이 혼탁한 경우는 미리 여과 또는 원심침전으로 맑게 한 다음 분석한다.

4) 사용하는 기구류는 음이온 계면활성제에 오염되지 않은 것을 사용하며, 특히 분액여두는 정제수 100 mL, 클로로포름 10 mL, 메틸렌블루 용액 5 mL를 넣어 잘 흔들어 섞어 클로로포름층이 착색되지 않은 것을 확인한다.

5) 추출조작시에 에멀전(emulsion)이 생겼을 때는 에멀전 부분을 클로로포름층과 함께 원심침전관에 넣고 원심분리를 행한 후 다음 조작을 실시한다.

7.3.2 잔류염소를 함유한 시료의 경우에는 미리 잔류염소 1 mg에 대하여 아황산수소나트륨용액 1 mL를 넣은 것을 시료로 한다.

8 결과보고

8.1 계산

음이온계면활성제의 측정값을 검정곡선식의 $y(i)$값에 대입하여 $x(i)$값을 계산하면 음이온계면활성제의 농도(C_s, mg/L)를 구할 수 있다.

$$C_s(\text{mg/L}) = \frac{A_x - b}{a} \quad \cdots\cdots (식\ 1)$$

여기서, A_x : 분석물질의 피크면적　　a : 검정곡선의 기울기

b : 검정곡선의 절편 값　　C_s : 분석물질의 농도(mg/L)

8.2 결과보고

행정사항과 관련된 항목별 시험결과의 표시는 ES 05003의 먹는물 수질기준의 표시한계 및 결과표시에 따른다.

9 참고자료

9.1 Standard Method 5540C, "Anionic Surfactants as MBAS"(2005)

10 부록

[표 1] 정도관리 목표값

정도관리 항목	정도관리 목표
정량한계	0.1 mg/L
검정곡선	결정계수(R^2) ≥ 0.98 또는 감응계수(RF)의 상대표준편차 ≤ 15 %
정밀도	상대표준편차 ± 25 % 이내
정확도	75 % ~ 125 %
현장이중시료	상대편차백분율 ± 20 % 이내

21 세제(음이온계면활성제)-연속흐름법 (Anionic Surfactants-Continuous Flow Analysis)

1 개요

1.1 목적

이 시험기준은 먹는물 및 샘물 중에 세제를 측정하는 방법으로서 시료 중에 음이온계면활성제와 메틸렌블루가 반응하여 생성된 청색의 복합체를 클로로포름으로 추출하여 클로로포름층의 흡광도를 652 nm 또는 기기의 정해진 흡수파장에서 흡광도를 측정하는 방법이다.

1.2 적용범위

1.2.1 이 시험기준은 먹는 물 및 샘물의 세제 중 음이온계면활성제의 분석에 적용한다.

1.2.2 이 시험기준에 의해 선형알킬설폰산염(LAS, linear alkyl sulfonate)과 알킬벤젠설폰산염(ABS, alkyl benzene sulfonate)을 구분할 수 없다.

1.2.3 이 시험기준은 먹는물 중에 선형알킬설폰산염이 0.1 mg/L ~ 1.4 mg/L의 정량범위에서 적절하며 시료 중에는 0.1 mg/L의 정량한계를 갖는다.

[주 1] 정량범위는 기기에 따라 다를 수 있으므로 제조사의 적용범위를 따른다.

1.2.4 이 시험기준은 음이온계면활성제와 같이 메틸렌블루에 활성을 가지는 계면활성제의 총량 측정에 사용할 수 있으며, 모든 계면활성제를 종류별로 구분하여 측정할 수는 없다.

[주 2] 염도가 높은 시료의 계면활성제 측정에는 적용할 수 없다.

1.3 간섭물질

1.3.1 유기설폰산염, 황산염, 탄산염, 페놀류나 무기티오시안화물, 시안화물, 질산화물, 염화물 등은 메틸렌블루와 반응하여 양의 오차를 유발한다.

1.3.2 양이온계면활성제가 존재하면 음의 오차를 준다. 이는 메틸렌블루 활성물질과 이온쌍을 형성하여 방해를 하며 양이온교환수지를 사용하여 제거할 수 있다.

1.3.3 입자가 시료 중에 존재하면 음의 오차를 준다. 이는 생성된 복합체를 흡착하여 방해하므로 거름을 통해 제거할 수 있다.

2 용어정의

2.1 바탕선 들뜸 보정시료

시간에 따라 기기의 바탕선이 들뜨는 것을 보정하는 시료이며, 정제수를 사용한다. 초기에 보정시료로 기준점을 설정한 후 시료 7개 ~ 10개 당 1개 이상 보정시료를 분석하여 바탕선의 들뜸을 보정한다.

2.2 분할흐름분석기

분할흐름분석기(SFA, segmented flow analyzer)란 연속흐름분석기의 일종으로 다수의 시료를 연속적으로 자동 분석하는 분석기다. 본체의 구성은 시료와 시약을 주입할 수 있는 펌프와 튜브, 시료와 시약을 반응시키는 반응기 및 검출기로 구성되어 있으며, 용액의 흐름 사이에 일정한 간격으로 공기방울을 주입하여 시료의 분산 및 연속흐름에 따른 상호 오염을 방지하도록 구성되어 있다.

2.3 흐름주입분석기

흐름주입분석기(FIA, flow injection analyzer)란 연속흐름분석기의 일종으로 다수의 시료를 연속적으로 자동 분석하는 분석기다. 기본적인 본체의 구성은 분할흐름분석기와 같으나 용액의 흐름 사이에 공기방울을 주입하지 않는 것이 차이점이다. 공기방울 미 주입에 따라 시료의 분산 및 연속흐름에 따른 상호 오염의 우려가 있으나 분석시간이 빠르고 기계장치가 단순해지는 장점이 있다.

3 분석기기 및 기구

3.1 자동분석기(autoanalyzer)

3.1.1 시료자동주입기(auto sampler)

시료를 보관할 수 있는 용기와 트레이, 세척수 모듈, 시료 채취를 위한 장치(sampling probe)로 구성되어 있으며, 프로그램에 의해 시료주입 및 세척시간의 조절이 가능한 것을 사용한다.

3.1.2 용매이송펌프

시료와 시약의 연속적인 정량주입이 가능하여야 한다. 이때 사용되는 용매 이송용 튜브는 시료 및 시약과 반응하지 않는 재질(타이곤 또는 테플론 등)을 사용하여야 하며, 일정 시간 사용 후 용매의 정량 이송이 어려워지면 교체하여야 한다.

3.1.3 반응기

연속으로 주입된 시료와 시약이 완전 혼합되어 반응할 수 있는 구조를 가져야 하며, 충분한 반응시간이 확보 되어야 한다. 10 부록의 그림 1 또는 각 자동분석기에서 요구되는 규격과 같이 구성할 수 있다.

3.1.4 상분리기(phase separator)

물과 클로로포름을 분리하기 위하여 상 분리기(phase separator)를 사용한다.

3.2 검출기 및 기록계

3.2.1 검출기

흡광광도계를 사용하며, 10 mm ~ 50 mm 흐름셀(flow cell)과 기기에서 정해진 파장의 필터가 설치된 비색계를 사용한다. 단, 자동분석기에서 요구되는 규격이 상기한 규격과 상이할 경우 자동분석기에서 요구되는 규격을 따른다.

3.2.2 기록계

검출기로부터 나온 신호들의 기록, 저장 및 보존이 가능한 것을 사용한다.

4 시약 및 표준용액

4.1 시약

4.1.1 시약의 종류 및 조제방법은 자동분석기에서 요구하는 규격에 따른다.

4.1.2 클로로포름(chloroform, $CHCl_3$, 분자량 : 119.38)은 초음파로 용매 중의 가스를 제거한다. 이 작업은 용매 2.5 L당 초음파 기체제거시간 15분의 비율로 실행한다.

[주 3] 클로로포름은 휘발성이 크고 독성이 있으므로 흄 후드에서 취급하여야 한다.

[주 4] 클로로포름이 함유된 폐수를 폐수 배출관으로 버릴 경우 PVC 재질로 된 폐수라인이 용해될 수 있으므로 주의하여야 한다.

4.2 표준용액

4.2.1 음이온계면활성제표준원액(100 mg/L)

도데실벤젠설폰산나트륨(sodium dodecylbenzenesulfonate, $C_{12}H_{25}C_6H_4SO_3Na$, 분자량 : 348.48) 0.1 g을 정제수에 녹여 정확히 1 L로 하여 표준원액을 만들어 사용하거나 시판용 표준용액을 사용한다.

[주 5] 황산염계 표준시약도 사용가능하며, 설폰산염으로 환산하여 계산한다.

4.2.2 음이온계면활성제표준용액(10 mg/L)

표준원액(100 mg/L) 10 mL를 취하여 정제수로 희석하여 정확히 100 mL로 한다. 매분석시마다 준비한다.

5 시료채취 및 관리

5.1 유리 용기 또는 폴리에틸렌 용기에 시료를 채취하며, 마개는 폴리테트라플루오로에틸렌 재질을 사용한다.

5.2 모든 시료는 시료채취 후 추출하기 전까지 1 ℃ ~ 5 ℃ 냉암소에서 보관한다.

6 정도보증/정도관리(QA/QC)

6.1 방법검출한계 및 정량한계

6.1.1 방법검출한계(MDL, method detection limit) 및 정량한계(LOQ, limit of quantiation)는 정량한계 부근의 농도가 되도록 분석물질을 첨가한 시료 7개를 준비하고 각 시료를 7 분석절차와 동일하게 측정하여 표준편차를 구한다.

6.1.2 표준편차에 3.14를 곱한 값을 방법검출한계로, 10을 곱한 값을 정량한계로 나타낸다. 측정한 방법검출한계는 표 1에서 제시한 정량한계 이하이어야 한다.

6.2 방법바탕시료의 측정

ES 05001 정도보증/정도관리에 따라 시료군마다 1개의 방법바탕시료(method blank)를 측정한다. 방법바탕시료는 정제수를 사용하여 7 분석절차와 동일하게 전처리·측정하며 측정값은 방법검출한계 이하이어야 한다.

6.3 검정곡선의 작성 및 검증

6.3.1 검정곡선의 작성 및 검증은 ES 05001 정도보증/정도관리에 따른다. 정량범위 내의 5개의

농도에 대해 검정곡선을 작성하고 얻어진 검정곡선의 결정계수(R^2)가 0.98 이상 또는 감응계수(RF)의 상대표준편차가 15 % 이내이어야 하며 결정계수나 감응계수의 상대표준편차가 허용범위를 벗어나면 재작성한다.

6.3.2 검정곡선의 직선성을 검증하기 위해서는 정량범위를 0.1 mg/L ~ 1.4 mg/L로 설정하여 검정곡선을 작성하여 결정계수(R^2)를 구한다.

6.3.3 검정곡선의 감응계수를 검증하기 위해서는 검정곡선의 중간 농도의 한 농도에서 감응계수를 구하여 그 값이 전과 25 % 이내에서 일치하여야 한다. 만약 이 범위를 넘는 경우, 검정곡선을 재작성한다.

6.4 정밀도 및 정확도

6.4.1 정밀도(precision) 및 정확도(accuracy)의 측정은 ES 05001 정도보증/정도관리에 따른다. 정제수에 정량한계의 10배 농도가 되도록 동일하게 표준물질을 첨가한 시료를 4개 이상 준비하고 7 분석절차와 동일하게 측정하여 평균값과 표준편차를 구한다.

6.4.2 정확도는 인증시료를 확보할 수 있는 경우 인증표준물질을 분석한 결과값과 인증값과의 상대백분율로 나타내고, 인증시료를 확보할 수 없는 경우 이를 정확한 농도로 첨가한 시료로 대체한다. 이때 정확도는 첨가시료를 분석한 농도와 첨가하지 않은 시료를 분석한 농도와의 차이에 대한 첨가농도의 상대백분율로서 나타내며 그 값이 75 % ~ 125 % 이내이어야 한다.

6.4.3 정밀도는 측정값과 상대표준편차(RSD)로 계산하며 측정값이 25 % 이내이어야 한다.

6.5 현장 이중시료의 측정

현장 이중시료(field duplicate sample)는 동일한 장소에서 동일한 조건으로 중복으로 채취한 시료로서 한 조사팀이 하루에 20개 이하를 채취할 경우에는 1개를 그리고 그 이상을 채취할 때에는 시료 20개 당 1개를 추가로 취한다. 동일한 조건의 두 시료간의 측정값의 편차는 25 % 이하이어야 한다.

6.6 내부정도관리 주기 및 목표

6.6.1 방법검출한계, 정량한계, 정밀도 및 정확도는 연 1회 이상 산정하는 것을 원칙으로 하며, 분석자의 교체, 분석 장비의 수리 및 이동 등의 주요 변동사항이 생길 경우에는 다시 실시한다. 단, 장비의 청소 및 측정 장비의 감도가 의심될 때에는 언제든지 측정하여 확인하여야 한다.

6.6.2 검정곡선 검증 및 방법바탕시료의 분석은 각 시료군마다 실시하며, 고농도의 시료 다음에는 방법바탕시료를 측정하여 오염여부를 점검한다.

6.6.3 각 정도관리 항목에 대한 정도관리 목표값은 표 1과 같다.

7 분석절차

7.1 전처리

시료가 탁한 경우, 시료중의 부유물질을 제거하기 위해 필요하다면 유리섬유여과지(GF/C) 또는 공극 크기(pore size) 0.45 μm의 여과지로 여과를 실시한다.

7.2 측정법[1)]

7.2.1 각 기기의 전원 장치 및 기기의 동작 상태를 확인하고, 시료 및 시약 공급라인이 올바르게 연결되었는지를 확인한다.

7.2.2 가열 및 냉각 장치의 온도가 설정온도에 도달하였는지를 확인한다.

7.2.3 분석에 사용할 조건 등을 작성한다.

7.2.4 시료 및 클로로포름을 제외한 시약 공급라인에 정제수를 연결하여, 자동분석기에 정제수를 흘리면서 정제수가 각 공급라인에 정상적으로 유입되는지 여부를 관찰하고 이상이 없으면 약 30분간 바탕선을 안정화 시킨다.

7.2.5 바탕선이 안정화 되면 조제된 시약들을 각 시약 공급라인에 올바르게 연결하고 자동분석기로 흘려주어 시약에 의한 바탕선을 안정화 시킨다.

7.2.6 바탕선 측정시료, 표준용액, 시료 및 바탕선 들뜸 보정시료 등을 자동분석기에 순서대로 설치하고 7.2.3에서 작성한 조건에 따라 분석을 실시한다.

7.2.7 분석이 완료되면 클로로포름 공급라인을 제외한 모든 시약 및 시료 공급 라인을 정제수로 20분 세척한 후 다시 공기를 유입시켜 라인 내 정제수를 제거한다.

7.3 검정곡선의 작성

7.3.1 정제수에 음이온 계면활성제 표준용액(10 mg/L) 0 mL ~ 10.0 mL를 단계적으로 취하여 넣고 표선을 맞추어 100 mL로 한다. 단, 표준용액은 바탕용액을 제외하고 3개 이상 조제해야 하며 필요에 따라 사용하는 표준용액의 농도와 개수를 달리 할 수 있다.

[주 6] 시료분석결과 이 검정곡선 농도범위를 벗어나면 시료를 희석해서 재분석하여야 한다.

7.3.2 단계적으로 조제한 검정곡선용 표준용액을 **7.2** 측정법에 따라 자동분석기로 분석한다.

7.3.3 각 표준용액에 해당하는 피크의 높이 또는 면적을 측정하고 각각 표준용액 농도와의 관계선을 작성한다.

[주 7] 검정곡선은 자동분석기의 프로그램에 의하여 자동으로 작성할 수 있다.

8 결과보고

8.1 계산

검정곡선은 농도에 대한 피크 높이 또는 면적으로 작성한다. 시료의 농도는 표준용액의 피크 높이 또는 면적에 대한 시료의 높이 또는 면적으로 비교하여 계산한다.

$$\text{음이온계면활성제(mg/L)} = \frac{y-b}{a} \times I \quad \cdots\cdots (\text{식 } 1)$$

여기서, y : 시료의 피크 높이 또는 면적

b : 검정곡선의 절편

a : 검정곡선의 기울기

I : 시료의 희석배수

[주 8] 시료의 농도는 자동분석기의 프로그램에 의하여 자동으로 계산할 수 있다.

[주 9] 사용된 음이온계면활성제 표준시약이 황산염일 경우 설폰산염으로 환산하여 계산한다.

---

1) 가동순서, 바탕선 안정화 등의 절차가 기기에 따라 다를 수 있으므로 각 기기 제조사가 제공하는 절차에 따른다.

8.2 결과보고

행정사항과 관련된 항목별 시험결과의 표시는 ES 05003의 먹는물 수질기준의 표시한계 및 결과표시에 따른다.

9 참고자료

9.1 EPA Method 425.1, "Methylens Blue Active Substances(MBAS)", EPA(1974)

9.2 KS I ISO 16265, "수질-연속흐름분석기법을 이용한 메틸렌블루활성물질(MBAS) 지수의 측정", 환경부(2016)

9.3 Standard Method 5540 C, "Anionic Surfactants as MBAS"(2005)

9.4 먹는물수질공정시험기준 ES 05309.1, "세제(음이온계면활성제)-자외선/가시선분광법", 환경부(2018)

9.5 수질오염공정시험기준 ES 04359.2, "음이온계면활성제-연속흐름법", 환경부(2014)

10 부록

[표 1] 정도관리 목표값

정도관리 항목	정도관리 목표
정량한계	0.1 mg/L
검정곡선	결정계수(R^2) ≥ 0.98 또는 감응계수(RF)의 상대표준편차 ≤ 15 %
정밀도	상대표준편차 ± 25 % 이내
정확도	75 % ~ 125 %
현장이중시료	상대편차백분율 ± 25 % 이내

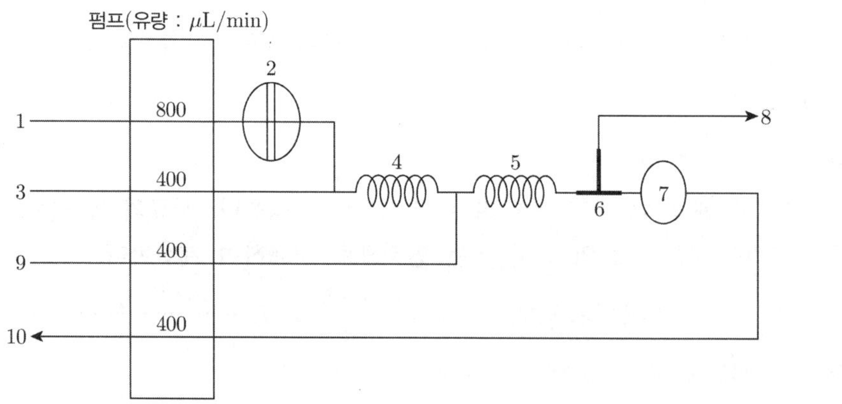

1 : 이송용액　2 : 시료주입기　3 : 메틸렌블루 용액
4, 5 : 반응코일　6 : 상 분리기(phase separator)　7 : 검출기(10 mm ~ 50 mm)
8 : 폐액(수용액)　9 : 클로로폼　10 : 폐액(클로로폼)

[그림 1] 음이온계면활성제 분석장치의 구성도(예: SFA)

세제(음이온계면활성제) 연습문제

01 **먹는물수질공정시험기준에 따른 음이온계면활성제 분석방법 중 자외선/가시선 분광법에 대한 설명으로 틀린 것은?**

① 시료는 채취 후 추출하기 전까지 4℃ 냉암소에 보관한다.
② 황산염, 탄산염 및 시안화물은 간섭물질로 음의 오차를 유발한다.
③ 이 시험기준은 먹는물, 샘물 및 염지하수에 적용하며 652 nm에서 흡광도를 측정한다.
④ 음이온계면활성제에서 사용하는 추출용매는 페놀류의 자외선/가시선 분광법에서 사용하는 추출용매와 동일하다.

02 **음이온계면활성제를 자외선/가시선 분광법으로 분석할 때의 설명으로 틀린 것은?**

① 선형알킬설폰산염(LAS)과 알킬벤젠설폰산염(ABS)을 구분할 수 있다.
② 자외선/가시선 분광광도계를 사용하여 흡광도를 652 nm에서 측정하는 방법이다.
③ 시료 중에 선형알킬설폰산염(LAS)이 0.1 mg/L ~ 1.4 mg/L의 농도범위에서 적절하다.
④ 양이온계면활성제가 존재하면 음의 오차를 준다.

03 **먹는물수질공정시험기준에 따른 자외선/가시선 분광법에서 음이온 계면활성제의 간섭물질에 관한 설명으로 틀린 것은?**

① 입자가 존재하면 음의 오차를 준다.
② 양이온계면활성제가 존재하면 양의 오차를 준다.
③ 황산염 또는 탄산염이 존재하면 양의 오차를 유발한다.
④ 시안화물 또는 질산화물이 존재하면 양의 오차를 유발한다.

04 **자외선/가시선 분광법으로 세제(음이온계면활성제)를 측정할 때 음의 오차를 유발하는 간섭물질로 옳은 것은?**

① 탄산염 ② 유기설폰산염
③ 무기티오시안화물 ④ 양이온계면활성제

05 **해당 시험항목의 표준원액을 만들 때 사용하는 표준물질로 옳은 것은?**

① 탁도 : 에스드레드(acid red) 265
② 잔류염소(DPD 비색법) : 황산하이드라진용액과 헥사메틸렌테트라아민용액
③ 색도 : 도데실벤젠설폰산나트륨
④ 세제(음이온계면활성제) : 육염화백금산칼륨과 염화코발트

Answer 1. ② 2. ② 3. ② 4. ④ 5. ③

06 **음이온계면활성제 자외선/가시선 분광법 분석과정에서 간섭물질에 대한 내용 중 틀린 것은?**

① 유기설폰산염, 황산염, 탄산염, 페놀류는 메틸렌블루와 반응하여 양의 오차를 유발한다.
② 양이온계면활성제가 존재하면 양의 오차가 생기므로 양이온교환수지를 사용하여 제거한다.
③ 시료 중에 입자가 있으면 음의 오차가 생기므로 거름을 통해 제거한다.
④ 무기티오시안화물, 시안화물, 질산화물, 염화물은 양의 오차를 유발한다.

07 **세제(음이온계면활성제) – 자외선/가시선분광법의 설명으로 괄호 안에 들어갈 내용으로 옳은 것은?**

먹는물, 샘물 및 염지하수 중에 세제를 측정하는 방법으로서 시료 중에 음이온계면활성제와 메틸렌블루가 반응하여 생성된 청색의 복합체를 (　　)으로 추출하여 흡광도를 652 nm에서 측정하는 방법이다.

① 헥산　② 아세톤
③ 클로로포름　④ 다이클로로메탄

08 **먹는물수질공정시험기준에 따른 연속흐름법에서 세제(음이온계면활성제) 분석방법에 관한 설명으로 틀린 것은?**

① 양이온계면활성제가 존재하면 양의 오차를 준다.
② 염도가 높은 시료의 계면활성제 측정에는 적용할 수 없다.
③ 선형알킬설폰산염과 알킬벤젠설폰산염을 구분할 수 없다.
④ 메틸렌블루에 활성을 가지는 계면활성제의 총량 측정에도 사용할 수 있다.

Answer 6. ② 7. ③ 8. ①

22 잔류염소-DPD 비색법
(Residual Chlorine-DPD Colorimetry)

1 개요

1.1 목적[1)]

이 시험기준은 먹는물 중에 잔류염소[2)3)4)]를 측정하는 방법으로서 시료의 pH를 인산염완충용액을 사용하여 약산성으로 조절한 후 N,N-디에틸-p-페니렌디아민황산염(DPD, N,N-diethyl-p-phenylenediamine sulfate)으로 발색하여 잔류염소 표준비색표와 비교하여 측정한다.

1.2 적용범위

1.2.1 이 시험기준은 먹는물 중에 잔류염소의 분석에 적용한다.

1.2.2 이 시험기준에 의해 유리잔류염소와 결합잔류염소의 양을 측정할 수 있다.

1.2.3 이 시험기준은 먹는물 중에 잔류염소 0.05 mg/L ~ 2.0 mg/L의 농도범위에서 적질하며 먹는물 중에 0.05 mg/L의 정량한계를 갖는다.

1.3 간섭물질

1.3.1 시료가 색이나 탁도를 띠면 처리 전의 시료를 사용하여 색을 보정한다.

1.3.2 구리(동)는 잔류염소의 측정을 간섭하는데 10 mg/L 이하로 존재하는 구리는 EDTA를 사용하여 제거할 수 있다.

1.3.3 2 mg/L 이상의 크롬산은 종말점에서 간섭을 하는데 이때 염화바륨을 가하여 침전시켜 제거한다.

---

1) 잔류염소 측정법은 o-톨리딘(OT법)과 디에틸-p-페닐렌디아민법(DPD법)을 적정법으로 하는 전류적정법이 있다. Acid Red 265 비색표를 사용하는 DPD법은 유리잔류염소 및 결합잔류염소를 각각 나누어 정량하는 방법이다. DPD 목시(目視)법에 의한 정량은 DPD 산화비색법 보다 정도가 높다. Acid Red 265는 510 nm 부근과 550 nm 부근에 대한 2피크의 흡수극대를 나타내는 적색 색소에서 그 흡수 스펙트럼은 DPD 시약의 증색에서 얻어진 시미퀴논에 유사한 색조와 비슷한 것으로 이 용액을 사용하여 근사적 표준비색열로 만든 것이다.

2) 염소처리 결과 수중에 잔류하는 유효염소를 의미한다. 유리잔류염소 중 염소가 물과 반응하여 생성되고 차아염소산(HOCl)과 차아염소산이온(OCl^-)이 있으며, 전체의 (85 ~ 90) % 차지하고 pH에 따라 발생량은 달라진다(중성에서 HOCl : OCl^- = 75 : 25). 결합잔류염소는 유리잔류염소가 수중의 암모니아 등과 반응하여 생성되고 클로라민(NH_2Cl, NH_2Cl_2)가 있으며, 전체의 (10 ~ 15) % 차지한다.
   - 배출원: 화학물, 화학제품 제조업, 코크스, 석유 정제품 및 핵연료 제조업 등에서 배출된다.

3) 환경잔류성: 수중 잔류염소가 기준치 이상 존재시 소독 냄새를 유발한다. 과량 존재시 유기물질과 반응하여 트리할로메탄과 같은 유기염소계 물질을 생성한다.

4) 인체유해성: 생리학적으로 드러날 만한 독성은 발견되지 않았다.

2 용어정의

2.1 유리잔류염소

유리잔류염소란 염소(Cl_2)가 물에 용해되어 생성하는 차아염소산(hypochlorous acid, HOCl)과 차아염소산이온(hypochlorite ion, OCl^-)을 의미하며 pH와 온도에 따라 그 비율이 달라진다.

2.2 결합잔류염소[5)]

결합잔류염소란 염소, 차아염소산 또는 차아염소산이온이 암모니아와 반응하여 생성한 모노클로라민, 디클로라민, 트리클로라민을 의미한다.

2.3 총잔류염소

총잔류염소란 유리잔류염소와 결합잔류염소의 합을 의미한다.

3 분석기기 및 기구

3.1 비색관

마개 있는 밑이 평평한 무색시험관으로 일정부피의 높이에 표시선이 그어진 것을 사용한다.

4 시약 및 표준용액

4.1 시약

4.1.1 N,N-디에틸-p-페니렌디아민황산염(DPD) 시약

N,N-디에틸-p-페니렌디아민황산염(N,N-diethyl-p-phenylenediamine sulfate, $(C_2H_5)_2NC_6H_4NH_2H_2SO_4$, 분자량 : 262.45) 1.0 g을 잘 분쇄하여 사용한다. 여기에 무수황산나트륨(anhydrous sodium sulfate, Na_2SO_4, 분자량 : 142.04) 24 g을 넣고 혼합하여 백색병에 넣은 다음 습기가 없고 어두운 곳에 보관한다. 담적색으로 착색한 것을 사용하면 안 된다.[6)]

4.1.2 인산염완충용액[7)]

0.2 M 인산이수소칼륨(potassium dihydrogen phosphate, KH_2PO_4, 분자량 : 136.09)용액 100 mL와 0.2 M 수산화나트륨(sodium hydroxide, NaOH, 분자량 : 40.00) 용액 35.4 mL를 혼합하고, 이에 CyDTA(1,2-사이클로헥산디아민4아세트산, 1,2-cyclohexanediamine tetraacetic acid, $C_6H_6(NH_2)_2(CH_2COOH)_4$, 분자량 : 350.37) 0.13 g을 넣어 녹인 다음 정제수를 넣어 1 L로 한다. 이 용액의 pH는 6.5이다.

4.1.3 에시드레드(acid red) 265

에시드레드 265(N-토르일설포닐H산, acid red 265, $C_{24}H_{19}O_9N_3S_3Na_2$, 분자량 : 635.60)을

---

5) 결합잔류염소는 염소처리 시 유리잔류염소가 물 속에 존재하는 암모니아, 아민류 등과 결합하여 생성되는 클로라민류를 말하며, 주로 모노클로라민(NH_2Cl), 디클로라민($NHCl_2$), 트리클로라민(NCl_3) 형태이며, 클로라민류는 유리잔류염소에 비해 소독효과가 현저히 떨어진다.

6) DPD시약은 용액으로 사용하는 것이 흡광도를 얻기 수월하지만 용액 중에서는 DPD의 안정성이 없어 DPD용액에 CyDTA를 가하면 시약의 안정성이 증가된다. DPD 분말 시약은 습기를 피하여 보존하면 안정성이 좋아진다.

7) 인산 완충액과 DPD시약을 혼화한 것에 시료를 가한다. 순서를 반대로 하여 시료에 인산완충액과 DPD시약을 가하면 정색의 편차가 커져 정확히 측정할 수 없다.

105 ℃ ~ 110 ℃에서 3시간 ~ 4시간 건조하여 사용한다.

4.2 표준용액

4.2.1 잔류염소 표준원액(50 mg/L)

105 ℃ ~ 110 ℃에서 3시간 ~ 4시간 건조하여 황산데시케이터 중에서 식힌 표준시약 에시드레드(acid red) 265(N-토르일설포닐H산) 0.329 g을 정제수에 녹여 1 L로 하여 표준원액으로 한다.

4.2.2 잔류염소 표준용액(5.0 mg/L)

표준원액 10.0 mL를 정제수에 녹여 100 mL로 한다.

4.3 잔류염소표준비색표

잔류염소표준용액 및 정제수를 표 2에 따라서 50 mL 마개 있는 비색관에 취하고 잘 섞어 만든다.

5 시료채취 및 관리

5.1 수용액 중에 염소는 안정하지 않아 빨리 감소한다. 따라서 잔류염소의 측정은 시료채취 현장에서 빨리 수행한다.

5.2 잔류염소의 측정을 위해 시료채취 후에는 직사광선을 피해야 하고 심하게 흔들지 말아야 한다.

6 정도보증/정도관리(QA/QC)

6.1 방법바탕시료 및 정량한계

6.1.1 방법검출한계(MDL, method detection limit) 및 정량한계(LOQ, limit of quantitation)는 정량한계 부근의 농도가 되도록 분석물질을 첨가한 시료 7개를 준비하고 각 시료를 7 분석절차와 동일하게 측정하여 표준편차를 구한다.

6.1.2 표준편차에 3.14를 곱한 값을 방법검출한계로, 10을 곱한 값을 정량한계로 나타낸다. 측정한 방법검출한계는 표 1에서 제시한 정량한계 이하이어야 한다.

6.2 방법바탕시료의 측정

ES 05001 정도보증/정도관리에 따라 시료군마다 1개의 방법바탕시료(method blank)를 측정한다. 방법바탕시료는 정제수를 사용하여 7 분석절차와 동일하게 측정한다.

6.3 현장 이중시료의 측정

현장 이중시료(field duplicate sample)는 동일한 장소에서 동일한 조건으로 중복으로 채취한 시료로서 한 조사팀이 하루에 20개 이하를 채취할 경우에는 1개를 그리고 그 이상을 채취할 때에는 시료 20개 당 1개를 추가로 취한다. 동일한 조건의 두 시료간의 측정값의 편차는 20 % 이하이어야 한다.

6.4 내부정도관리 주기 및 목표

각 정도관리 항목에 대한 정도관리 목표값은 표 1과 같다.

7 분석절차

7.1 유리잔류염소

7.1.1 50 mL의 마개 있는 비색관에 인산염완충용액 2.5 mL를 취하고 DPD 시약 0.5 g을 넣는다.

7.1.2 시료(잔류염소 농도가 2 mg/L 이하인 것)를 위의 용액에 넣고 전량 50 mL로 하여, 섞은 다음 빨리 잔류염소표준비색표와 옆면에서 비교하여, 유리잔류염소농도(mg/L)를 구한다.

7.2 총잔류염소

7.1.2의 용액에 요오드화칼륨 약 0.5 g을 넣어 약 2분간 둔 후의 정색을 잔류염소표준비색표와 옆면에서 비교하여 시료의 총잔류염소농도(mg/L)를 구한다.

8 결과보고

8.1 유리잔류염소

7.1.2에서 비교하여 측정한 농도를 유리잔류염소농도(mg/L)로 한다.

8.2 총잔류염소

7.2에서 측정한 농도를 총잔류염소농도(mg/L)로 한다.

8.3 결합잔류염소

8.2에서 측정한 총잔류염소농도와 8.1의 유리잔류염소농도와의 차이로부터 결합잔류염소농도(mg/L)를 구한다.

9 참고자료

9.1 US EPA Method 330.4, 1978, Chlorine, Total residual(Titrimetric DPD-FAS)

9.2 Standard Method 4500-Cl G, 2005, Chlorine(Residual) DPD Colorimetric Method

10 부록

[표 1] 정도관리 목표값

정도관리 항목	정도관리 목표
정량한계	0.05 mg/L
현장이중시료	상대편차백분율 ± 20 % 이내

[표 2] DPD법 잔류염소표준비색표

잔류염소(mg/L)	잔류염소 표준용액(mL)	물(mL)	잔류염소(mg/L)	잔류염소 표준용액(mL)	물(mL)
0.05	0.5	49.5	0.8	8.0	42.0
0.1	1.0	49.0	0.9	9.0	41.0
0.2	2.0	48.0	1.0	10.0	40.0
0.3	3.0	47.0	1.2	12.0	38.0
0.4	4.0	46.0	1.4	14.0	36.0
0.5	5.0	45.0	1.6	16.0	34.0
0.6	6.0	44.0	1.8	18.0	32.0
0.7	7.0	43.0	2.0	20.0	30.0

23 잔류염소-OT 비색법
(Residual Chlorine-OT Colorimetry)

1 개요

1.1 목적

이 시험기준은 먹는물 중에 존재하는 잔류염소를 측정하는 방법으로서 시료의 pH를 인산염완충용액을 사용하여 약산성으로 조절한 후 o-톨리딘용액(o-tolidine hydrochloride, OT)으로 발색하여 잔류염소표준비색표와 비교하여 측정한다.

1.2 적용범위

1.2.1 이 시험기준은 먹는물 중에 잔류염소의 분석에 적용한다.

1.2.2 이 시험기준에 의해 유리잔류염소와 결합잔류염소를 측정할 수 있다.

1.2.3 이 시험기준은 먹는물 중에 잔류염소 0.01 mg/L ~ 10.0 mg/L의 농도범위에서 적절하며 시료 중에는 0.01 mg/L의 정량한계를 갖는다.

1.3 간섭물질

1.3.1 시료가 색이나 탁도를 띠면 처리 전의 시료를 사용하여 색을 보정한다.

1.3.2 구리는 잔류염소의 측정을 간섭하는데 10 mg/L 이하로 존재하는 구리는 EDTA를 사용하여 제거할 수 있다.

1.3.3 2 mg/L 이상의 크롬산은 종말점에서 간섭을 하는데 이때 염화바륨을 가하여 침전시켜 제거한다.

2 용어정의

2.1 유리잔류염소

유리잔류염소란 염소(Cl_2)가 물에 용해되어 생성하는 차아염소산(hypochlorous acid, HOCl)과 차아염소산이온(hypochlorite ion, OCl^-)을 의미하며 pH와 온도에 따라 그 비율이 달라진다.

2.2 결합잔류염소

결합잔류염소란 염소, 차아염소산 또는 차아염소산이온이 암모니아와 반응하여 생성한 모노클로라민, 디클로라민, 트리클로라민을 의미한다.

2.3 총잔류염소

총잔류염소란 유리잔류염소와 결합잔류염소의 합을 의미한다.

3 분석기기 및 기구

3.1 비색관

마개있는 밑이 평평한 무색 시험관으로 일정용량의 높이에 표시선을 그은 것을 사용한다.

4 시약 및 표준용액

4.1 시약

4.1.1 o-톨리딘용액[1)]

o-톨리딘염산염(o-tolidine hydrochloride, $(CH_3C_6H_3NH_2)_2 \cdot 2HCl$, 분자량: 285.22) 1.35 g을 정제수 800 mL에 녹이고 염산(hydrochloric acid, HCl, 분자량 : 36.46) 150 mL와 물을 넣어 1 L로 한 후 갈색병에 넣어 보존하며, 6개월 이내에 사용한다.

4.1.2 인산완충용액

미리 110 ℃에서 건조하고 데시케이터에서 식힌 인산일수소칼륨(potassium phosphate dibasic, K_2HPO_4, 분자량 : 174.18) 22.86 g과 인산이수소칼륨(potassium phosphate monobasic, KH_2PO_4, 분자량 : 136.09) 46.14 g을 무탄산수에 녹여 1 L로 한 후 수 일간 두었다가 생성된 침전물을 제거하여 원액으로 하고, 이 원액 400 mL에 무탄산수를 넣어 2 L로 한다. 이 용액의 pH는 6.45이다.

4.2 표준용액

4.2.1 잔류염소표준용액[2)]

크롬산칼륨(potassium chromate(Ⅵ), K_2CrO_4, 분자량 : 194.19) 4.65 g과 중크롬산칼륨(potassium dichromate(Ⅵ), $K_2Cr_2O_7$, 분자량 : 294.18) 1.55 g을 인산완충용액에 녹여 1 L로 한다.

4.3 잔류염소표준비색표

4.3.1 100 mL의 비색관을 쓸 때에는 잔류염소표준용액 및 인산완충용액을 표 2의 비율로 취하여 각각 비색관에 넣고 해당하는 잔류염소의 농도(mg/L)를 기재한다.

4.3.2 100 mL 이외의 비색관 또는 비색병을 쓸 때에는 1 mg/L 이하의 잔류염소표준비색표를 표 2에 따라 조정하고, 1 mg/L를 초과하는 잔류염소표준비색표는 사용하는 용기의 액 층에 따라서 표 3의 해당하는 칸에 따라 잔류염소표준용액을 취하고 완충용액을 사용하여 100 mL로 한 후 각각을 소정의 용기에 넣고 해당하는 잔류염소의 mg/L를 기재한 것을 잔류염소표준비색표로 한다.

---

1) o-톨리딘 염산용액에 잔류염소를 함유한 시료를 가하면 황색 호로키논(Holoxynon)을 생성하여 발색하므로 비색에 의하여 잔류염소를 정량할 수 있다. 시료중의 잔류염소에 비하여 o-톨리딘이 부족하면 적색 호로키논을 생성하고 실제 잔류염소에 대응하는 것보다도 많은 경우 진한 청색을 나타내어 오인의 원인이 된다. 또한 시료의 pH가 높은 것이 원인으로 정색 반응시 HCl농도가 부족하거나 기타의 원인으로 충분한 산화반응이 일어나지 않을 때는 청색 호르키논을 생성하여 측정할 수 없다. 유리잔류염소에 의하여 곧바로 정색되지만 결합잔류염소가 있으면 정색반응이 계속 진행되어 정확하게 측정할 수 없다.

2) 이 방법은 o-톨리딘의 정색반응을 이용한 것이므로 표준비색액으로서 K_2CrO_4와 $K_2Cr_2O_7$의 혼합물과 인산완충용액을 사용하므로 엄밀히 말해서 정색과 동일한 색조를 나타내는 것은 아니다. 표준액 조제용 완충액의 pH는 6.5±0.5의 범위가 되어야 한다.

4.3.3 이 잔류염소표준비색표는 어두운 곳에 보존하고 침전물이 생성되었을 때에는 다시 만든다.

5 시료채취 및 관리

5.1 수용액 중에 염소는 안정하지 않아 빨리 감소한다. 따라서 잔류염소의 측정은 시료채취 현장에서 빨리 수행한다.

5.2 잔류염소의 측정을 위해 시료채취 후에는 직사광선을 피해야 하고 심하게 흔들지 말아야 한다.

6 정도보증/정도관리(QA/QC)

6.1 방법바탕시료 및 정량한계

6.1.1 방법검출한계(MDL, method detection limit) 및 정량한계(LOQ, limit of quantitation)는 정량한계 부근의 농도가 되도록 분석물질을 첨가한 시료 7개를 준비하고 각 시료를 7 분석절차와 동일하게 측정하여 표준편차를 구한다.

6.1.2 표준편차에 3.14를 곱한 값을 방법검출한계로, 10을 곱한 값을 정량한계로 나타낸다. 측정한 방법검출한계는 표 1에서 제시한 정량한계 이하이어야 한다.

6.2 방법바탕시료의 측정

ES 05001 정도보증/정도관리에 따라 시료군마다 1개의 방법바탕시료(method blank)를 측정한다. 방법바탕시료는 정제수를 사용하여 7 분석절차와 동일하게 전처리·측정하며 측정값은 방법검출한계 이하이어야 한다.

6.3 현장 이중시료의 측정

현장이중시료(field duplicate sample)는 동일한 장소에서 동일한 조건으로 중복으로 채취한 시료로서 한 조사팀이 하루에 20개 이하를 채취할 경우에는 1개를 그리고 그 이상을 채취할 때에는 시료 20개 당 1개를 추가로 취한다. 동일한 조건의 두 시료간의 측정값의 편차는 20 % 이하이어야 한다.

6.4 내부정도관리 주기 및 목표

각 정도관리 항목에 대한 정도관리 목표값은 표 1과 같다.

7 분석절차

7.1 유리잔류염소

7.1.1 o-톨리딘용액을 비색관 용액(V mL)의 1/20에 상당하는 양을 취하여 비색관에 넣는다.

7.1.2 시료를 비색관의 표시선까지 넣어 섞은 다음[3] 빨리(약 5초 이내) 잔류염소 표준비색표와 비교하여 시료의 유리잔류염소농도(mg/L)를 구한다.[4]

7.2 총잔류염소

7.1.2의 용액을 약 5분간 둔 후의 정색을 잔류염소표준비색표와 비교하여 시료의 잔류염소농도

---

3) 시약을 미리 넣고 여기에 시료를 넣으면 정색의 오차가 발생한다.

4) 결합잔류염소가 존재할 때는 결합염소에 의한 반응도 동시에 계속적으로 진행하여 정색이 커지기 때문에 5초 이내에 비색한다.

(mg/L)를 구한다.

8 결과보고

8.1 유리잔류염소

7.1.2에서 비교하여 측정한 농도를 유리잔류염소농도(mg/L)로 한다.

8.2 총잔류염소

7.2에서 측정한 농도를 총잔류염소농도(mg/L)로 한다.

8.3 결합잔류염소

8.2에서 측정한 총잔류염소농도와 8.1의 유리잔류염소농도와의 차이로부터 결합잔류염소농도(mg/L)를 구한다.

9 참고자료

9.1 US EPA Method 330.4, 1978, Chlorine, Total residual(Titrimetric DPD-FAS)

9.2 Standard Method 4500-Cl G, 2005, Chlorine(Residual) DPD Colorimetric Method

10 부록

[표 1] 정도관리 목표값

정도관리 항목	정도관리 목표
정량한계	0.01 mg/L
현장이중시료	상대편차백분율 ± 20 % 이내

[표 2] 잔류염소표준비색표(100 mL 비색관용)

잔류염소(mg/L)	잔류염소 표준용액(mL)	완충용액(mL)	잔류염소(mg/L)	잔류염소 표준용액(mL)	완충용액(mL)
0.01	0.1	99.9	0.70	7.0	93.0
0.02	0.2	99.8	0.80	8.0	92.0
0.05	0.5	99.5	0.90	9.0	91.0
0.07	0.7	99.3	1.00	10.0	90.0
0.10	1.0	99.0	1.5	15.0	85.0
0.15	1.5	98.5	2.0	19.7	80.3
0.20	2.0	98.0	3.0	29.0	71.0
0.25	2.5	97.5	4.0	39.0	61.0
0.30	3.0	97.0	5.0	48.0	52.0
0.35	3.5	96.5	6.0	58.0	42.0
0.40	4.0	96.0	7.0	68.0	32.0
0.45	4.5	95.5	8.0	77.5	22.5
0.50	5.0	95.0	9.0	87.0	13.0
0.60	6.0	94.0	10.0	97.0	3.0

24 잔류염소-DPD 분광법 (Residual Chlorine-DPD Spectrophotometry)

1 개요

1.1 목적

이 시험기준은 먹는물 중에 잔류염소를 측정하는 방법으로서 N,N-디에틸-p-페니렌디아민황산염(DPD, N,N-diethyl-p-phenylenediamine sulfate)으로 발색하여 색소의 흡광도를 515 nm 또는 기기에서 정해진 파장에서 측정하는 방법이다.

1.2 적용범위

1.2.1 이 시험기준은 먹는물 중에 잔류염소의 분석에 적용한다.

1.2.2 이 시험기준에 의해 유리잔류염소와 결합잔류염소의 양을 측정할 수 있다.

1.2.3 이 시험기준은 먹는물 중에 잔류염소 0.05 mg/L ~ 2.0 mg/L의 농도범위에서 적절하며 0.02 mg/L의 정량한계를 갖는다.

1.3 간섭물질

1.3.1 시료가 색이나 탁도를 띄면 처리 전의 시료를 사용하여 색을 보정한다.

1.3.2 구리는 잔류염소의 측정을 간섭하는데 10 mg/L 이하로 존재하는 구리는 EDTA를 사용하여 제거할 수 있다.

1.3.3 2 mg/L 이상의 크롬산은 종말점에서 간섭을 하는데 이때 염화바륨을 가하여 침전시켜 제거한다.

2 용어정의

2.1 유리잔류염소

유리잔류염소란 염소(Cl_2)가 물에 용해되어 생성하는 차아염소산(hypochlorous acid, HOCl)과 차아염소산이온(hypochlorite ion, OCl^-)을 의미하며 pH와 온도에 따라 그 비율이 달라진다.

2.2 결합잔류염소

결합잔류염소란 염소, 차아염소산 또는 차아염소산이온이 암모니아와 반응하여 생성한 모노클로라민, 디클로라민, 트리클로라민을 의미한다.

2.3 총 잔류염소

총 잔류염소란 유리잔류염소와 결합잔류염소의 합을 의미한다.

3 분석기기 및 기구

3.1 분광기(Spectrophotometer)

515 nm 파장 및 기기에서 정해진 파장을 측정할 수 있는 것을 사용한다.

4 시약 및 표준용액

4.1 시약

4.1.1 N,N-디에틸-p-페니렌디아민황산염(DPD) 시약

N,N-디에틸-p-페니렌디아민황산염(N,N-diethyl-p-phenylenediamine sulfate, $(C_2H_5)_2NC_6H_4NH_2H_2SO_4$, 분자량 : 262.45) 1.0 g을 잘 분쇄하여 사용한다. 여기에 무수황산나트륨(anhydrous sodium sulfate, Na_2SO_4, 분자량 : 142.04) 24 g을 넣고 혼합하여 백색병에 넣은 다음 습기가 없고 어두운 곳에 보관한다. 담적색으로 착색한 것을 사용하면 안 된다.

4.1.2 인산염완충용액

0.2 M 인산이수소칼륨(potassium dihydrogen phosphate, KH_2PO_4, 분자량 : 136.09)용액 100 mL와 0.2 M 수산화나트륨(sodium hydroxide, NaOH, 분자량 : 40.00) 용액 35.4 mL를 혼합하고, 이에 CyDTA(1,2-사이클로헥산디아민4아세트산, 1,2-cyclohexanediamine tetraacetic acid, $C_6H_6(NH_2)_2(CH_2COOH)_4$, 분자량 : 350.37) 0.13 g을 넣어 녹인 다음 정제수를 넣어 1 L로 한다. 이 용액의 pH는 6.5이다.

4.1.3 에시드레드(acid red) 265

에시드레드 265(N-토르일설포닐H산, acid red 265, $C_{24}H_{19}O_9N_3S_3Na_2$, 분자량 : 635.60)을 105 ℃ ~ 110 ℃에서 3시간 ~ 4시간 건조하여 사용한다.

4.2 표준용액

4.2.1 잔류염소 표준원액(50 mg/L)

105 ℃ ~ 110 ℃에서 3시간 ~ 4시간 건조하여 황산데시케이터 중에서 식힌 표준시약 에시드레드(acid red) 265(N-토르일설포닐H산) 0.329 g을 정제수에 녹여 1 L로 하여 표준원액으로 한다.

4.2.2 잔류염소 표준용액(5.0 mg/L)

표준원액 10.0 mL를 정제수에 녹여 100 mL로 한다.

[주 1] 표준용액으로 에시드레드 대신 과망간산칼륨용액을 사용할 수 있다.

5 시료채취 및 관리

5.1 수용액 중에 염소는 안정하지 않아 빨리 감소한다. 따라서 잔류염소의 측정은 시료채취 현장에서 빨리 수행한다.

5.2 잔류염소의 측정을 위해 시료채취 후에는 직사광선을 피해야 하고 심하게 흔들지 말아야 한다.

6 정도보증/정도관리(QA/QC)

6.1 방법바탕시료 및 정량한계

6.1.1 방법검출한계(MDL, method detection limit) 및 정량한계(LOQ, limit of quantitation)는 정량한계 부근의 농도가 되도록 분석물질을 첨가한 시료 7개를 준비하고 각 시료를 **7** 분석절차와 동일하게 측정하여 표준편차를 구한다.

6.1.2 표준편차에 3.14를 곱한 값을 방법검출한계로, 10을 곱한 값을 정량한계로 나타낸다. 측정한 방법검출한계는 표 1에서 제시한 정량한계 이하이어야 한다.

6.2 방법바탕시료의 측정

ES 05001 정도보증/정도관리에 따라 시료군마다 1개의 방법바탕시료(method blank)를 측정한다. 방법바탕시료는 정제수를 사용하여 7 분석절차와 동일하게 측정한다.

6.3 현장 이중시료의 측정

현장 이중시료(field duplicate sample)는 동일한 장소에서 동일한 조건으로 중복으로 채취한 시료로서 한 조사팀이 하루에 20개 이하를 채취할 경우에는 1개를 그리고 그 이상을 채취할 때에는 시료 20개 당 1개를 추가로 취한다. 동일한 조건의 두 시료간의 측정값의 편차는 20 % 이하이어야 한다.

7 분석절차

7.1 유리잔류염소

7.1.1 20 mL의 마개 있는 유리 바이알에 10 mL의 시료를 넣는다.

7.1.2 위의 용액에 인산염완충용액 0.5 mL를 첨가한다.

[주 2] 제조사별 DPD 시약에 인산염이 포함되어 있으면 위의 과정을 생략한다.

7.1.3 위의 용액에 0.5 g DPD시약을 넣는다.

7.1.4 기포가 발생하지 않도록 조심스레 잘 섞어 시약을 녹인 다음 빨리 분석한다.

7.1.5 515 nm 또는 기기에서 정해진 파장에서 흡광도를 측정하여 결과값을 도출한다.

7.1.6 본 시험기준의 원리를 이용한 기기의 보정 및 측정은 제조사별 지침에 따라 수행한다.

7.2 총잔류염소

7.1.3의 용액에 요오드화칼륨 0.1 g을 넣어 약 2분간 안정화 시킨 후의 정색의 흡광도를 측정하여 총 잔류염소농도(mg/L)를 구한다.

8 결과보고

8.1 유리잔류염소

7.1에서 측정한 농도를 유리잔류염소농도(mg/L)로 한다.

8.2 총잔류염소

7.2에서 측정한 농도를 총잔류염소농도(mg/L)로 한다.

8.3 결합잔류염소

8.2에서 측정한 총잔류염소농도와 **8.1**의 유리잔류염소농도와의 차이로부터 결합잔류염소농도(mg/L)를 구한다.

9 참고자료

9.1 US EPA Method 330.5, 1978, Chlorine, Total residual(Spectrophotometric, DPD)

10 부록

[표 1] 정도관리 목표값

정도관리 항목	정도관리 목표
정량한계	0.05 mg/L
현장이중시료	상대편차백분율 ± 20 % 이내

잔류염소 연습문제

01 **먹는물수질오염공정시험기준에 따른 잔류염소의 측정에 관한 설명으로 틀린 것은?**

① 총잔류염소란 유리잔류염소와 결합잔류염소의 합을 의미한다.
② 유리잔류염소란 염소가 물에 용해되어 생성하는 차아염소산과 차아염소산이온을 의미하며, pH와 온도에 따라 그 비율이 달라진다.
③ 잔류염소-DPD 분광법에서의 측정 파장은 515 nm 또는 기기에서 정해진 파장에서 측정한다.
④ 잔류염소-DPD 비색법에서는 시료의 pH를 붕산염 표준액을 사용하여 염기성으로 조절한 후 o-톨리딘 용액으로 발색하여 잔류염소 표준비색표와 비교하여 측정한다.

02 **먹는물수질공정시험기준에 따른 잔류염소 측정방법 중 정량한계 농도값이 낮은 것에서 높은 것으로 순서대로 나열된 것은?**

① OT 비색법 < DPD 분광법 < DPD 비색법
② OT 비색법 < DPD 비색법 < DPD 분광법
③ DPD 분광법 < DPD 비색법 < OT 비색법
④ DPD 분광법 < OT 비색법 < DPD 비색법

03 **해당 시험항목의 표준원액을 만들 때 사용하는 표준물질로 옳은 것은?**

① 탁도 : 도데실벤젠설폰산나트륨
② 잔류염소(DPD 비색법) : 에스드레드(acid red) 265
③ 색도 : 황산하이드라진용액과 헥사메틸렌테트라아민용액
④ 세제(음이온계면활성제) : 육염화백금산칼륨과 염화코발트

04 **다음 중 결합잔류염소에 포함되지 않는 것은?**

① 모노클로라민 ② 테트라클로라민
③ 디클로라민 ④ 트리클로라민

05 **먹는 물에 존재하는 잔류염소의 양을 효과적으로 측정할 수 있는 먹는물공정시험기준의 시험방법은 무엇인가?**

① 가시선/자외선 분광법 ② EDTA 적정법
③ DPD 비색법 ④ 원자발광분광법

Answer 1. ④ 2. ① 3. ② 4. ② 5. ③

06 **먹는물 중의 잔류염소의 측정방법에 관한 설명 중 틀린 것은?**

① DPD 비색법은 시료를 pH를 인산염완충용액을 사용하여 약산성으로 조절한 후 N,N-디에틸-p-페니렌디아민황산염(DPD, N,N-diethyl-p-phenylenediamine sulfate)으로 발색하여 잔류염소 표준비색표와 비교하여 측정한다.
② OT 비색법은 시료의 pH를 인산염완충용액을 사용하여 약산성으로 조절한 후 o-톨리딘용액(o-tolidine hydrochloride, OT)으로 발색하여 잔류염소 표준비색표와 비교하여 측정한다.
③ 총잔류염소는 유리잔류염소와 결합잔류염소의 합을 의미하며, DPD 비색법과 OT 비색법 측정결합의 합으로 나타낸다.
④ 두 시험방법의 시험결과가 달라 제반 기준의 적부 판정에 영향을 줄 경우에는 DPD 비색법 시험방법에 따른 분석 성적에 따라 판정한다.

07 **먹는물수질공정시험기준에 따른 잔류염소의 DPD 분광법에 관한 설명으로 틀린 것은?**

① 유리잔류염소와 결합잔류염소의 양을 측정할 수 있다.
② 2 mg/L 이상의 크롬산은 종말점에서 간섭을 하는데 EDTA를 사용하여 제거한다.
③ DPD로 발색하여 색소의 흡광도를 515 nm 또는 기기에서 정해진 파장에서 측정한다.
④ 먹는물 중에 잔류염소 0.02 mg/L ~ 2.0 mg/L의 농도범위에서 적절하며 0.02 mg/L의 정량한계를 가진다.

Answer 6. ③ 7. ②

25 페놀류-자외선/가시선 분광법 (Phenols-UV/Visible Spectrometry)

1 개요

1.1 목적

1. 이 시험기준은 먹는물, 샘물 및 염지하수 중에 총페놀류를 측정하는 방법으로서 시료의 pH를 4로 조절하여 증류한 시료에 염화암모늄-암모니아 완충용액을 넣어 pH 10으로 조절한 다음 4-아미노안티피린과 헥사시안화철(Ⅲ)산칼륨을 넣어 생성된 적색의 안티피린계 색소를 클로로포름으로 추출 후 460 nm에서 흡광도를 측정하여 페놀류[1)2)3)4)5)]를 분석한다.

1.2 적용범위

1.2.1 이 시험기준은 먹는물, 샘물 및 염지하수 중에 총 페놀류의 분석에 적용한다.

1.2.2 이 시험기준에 의해 페놀, 오쏘(ortho)-페놀 및 그 화합물, 메타(meta)-페놀 및 그 화합물 및 카르복실기(carboxyl), 할로겐기(halogen), 메톡시기(methoxy), 황산기(sulfonic acid)의 파라(para) 치환 페놀 및 그 화합물을 측정할 수 있다.

1.2.3 이 시험기준으로는 알킬기(alkyl), 아릴기(aryl), 니트로기(nitro), 벤조일기(benzoyl), 니트로소기(nitroso) 및 알데하이드기(aldehyde)의 파라(para) 치환 페놀 및 그 화합물을 측정할 수 없다.

---

1) • 분자량: 94.11(C_6H_6O), 비중: 1.05, 끓는점: 181.75 ℃, 녹는점: 40.9 ℃, 용해도: 물에 대한 용해도는 8.28×10^4 mg/L(25 ℃)이며 에탄올과 에테르에 쉽게 녹는다.
 • 배출원: 의약품, 농약, 합성수지, 폭약, 염료 등의 제조원료 및 병원에서 많이 이용되며, 이들 폐수에서 환경중으로 배출된다. 페놀류를 함유한 물을 염소처리시 주반응 생성물은 2,4-클로로페놀, 2,4-디클로로페놀, 2,4,6-트리클로로페놀이 있고 염소에 의하여 모노(mono), 디(di), 트리(tri)클로로페놀과 염소치환체가 증가하여 클로로클로로키논으로 변화한다. 2,4-디클로로페놀은 제초제 2,4-D, 관련 살균제, 펜타클로로페놀의 제조시 중간체로 제조한다. 2,4,6-트리클로로페놀은 방부제로 이용한다.

2) 환경잔류성: 페놀은 벤젠핵에 직접 수산기(OH^-)가 결합된 방향족 화합물로서, 천연수에는 존재하지 않으며, 페놀 0.1 mg/L 정도이면 이취미를 느낄 수 있고 염소와 반응하여 클로로페놀이 형성될 경우 페놀보다 300배 ~ 500배의 불쾌한 냄새를 나타낸다. 수계에서 생분해와 광분해가 결합된 반응이 진행되면 반감기는 여름 39일 정도, 겨울 49일 정도이다.

3) 인체유해성: 중추신경계, 심장, 혈관, 폐 등에 손상을 주며, 급성증상으로는 쇼크, 일시적 정신착란, 혼수 증세가 있으며, 만성증상으로는 간, 신장, 눈에 손상을 일으킬 수 있다.

4) 페놀은 플라스틱 제품에 포함되는 경우가 많아 수돗물에 접촉되는 호스나 용기에서 수돗물에 페놀이 용출하면 클로로페놀이 생성되어 화학약품 악취가 발생하는 경우가 종종 있으므로 페놀이 용출되지 않는 수도전용 호스나 용기로 교체해야 한다. 또한 페놀 분석용 시료를 채취하는 용기로 플라스틱을 사용하지 않는 이유 중 하나는 플라스틱에서 페놀 용출에 따른 시료의 오염을 방지하기 위함이다.

5) 페놀의 측정원리 :

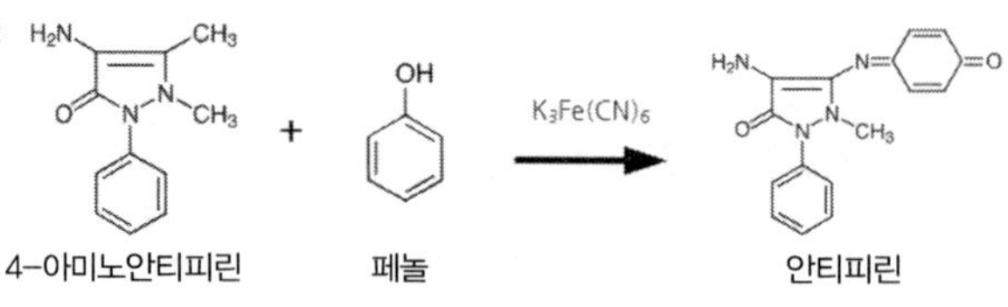

1.2.4 이 시험기준은 먹는물, 샘물 및 염지하수 중에 페놀류 0.005 mg/L ~ 0.10 mg/L 정량범위에서 적절하며 시료 중에는 0.005 mg/L의 정량한계를 갖는다.

1.2.5 이 시험방법으로는 각 페놀 종류를 구분하여 정량할 수 없다.

1.3 간섭물질

1.3.1 황 화합물의 간섭을 받을 수 있는데 시료를 pH 4로 산성화하고 교반하면 황화수소(H_2S)나 이산화황(SO_2)을 제거할 수 있다.

1.3.2 염소와 요오드(요오드이온이 산화되면 요오드가 생성됨)와 같은 산화제는 페놀화합물을 산화시키므로 과량의 황산제일철(ferrous sulfate)을 첨가하여 제거한다.

1.3.3 오일과 타르 성분은 수산화나트륨을 사용하여 시료의 pH를 12 ~ 12.5로 조절한 후 클로로포름(50 mL)으로 용매 추출하여 제거할 수 있다. 시료 중에 남아있는 클로로포름은 항온수욕조에서 가열시켜 제거한다.

2 용어정의

2.1 그람냉각기

그람냉각기(graham condenser)란 냉각기의 일종으로 주로 기화된 시료의 냉각 및 액화에 사용된다. 냉각기의 내부에는 나선형으로 된 시료 이송관이 위치하고 있으며, 냉각수는 시료 이송관의 외부로 흐른다.(그림 2)

2.2 농도결정

농도결정(standardization)은 이론적으로 계산한 표준용액의 농도와 실제로 조제한 표준용액간의 농도 편차를 보정하기 위하여 실시하며, 조제한 표준물질의 당량에 대응하는 반응시약의 당량으로서 구할 수 있다.

3 분석기기 및 기구

3.1 자외선/가시선 분광광도계

3.1.1 자외선/가시선 분광광도계는 그림 1과 같이 광원부, 파장선택부, 시료부 및 측광부로 구성되어 있고 광원부에서 측광부까지의 광학계에는 측정목적에 따라 여러 가지 형식이 있다.

3.1.2 광원부의 광원으로 가시부와 근적외부의 광원으로는 주로 텅스텐램프를 사용하고 자외부의 광원부로는 주로 중수소 방전관을 사용한다.

3.2 흡수셀

3.2.1 시료액의 흡수파장이 약 370 nm 이상일 때는 석영 또는 경질유리 흡수셀을 사용하고 약 370 nm 이하일 때는 석영 흡수셀을 사용한다.

3.2.2 따로 흡수셀의 길이를 지정하지 않았을 때는 10 mm 셀을 사용한다.

3.2.3 시료셀에는 시험용액을, 대조셀에는 따로 규정이 없는 한 증류수를 넣는다. 넣고자 하는 용액으로 흡수셀을 씻은 다음 셀의 약 80 %까지 넣고 외면이 젖어 있을 때는 깨끗이 닦는다. 필요하면 (휘발성 용매를 사용할 때와 같은 경우) 흡수셀에 마개를 하고 흡수셀에 방향성이 있을 때는 항상 방향을 일정하게 하여 사용한다.

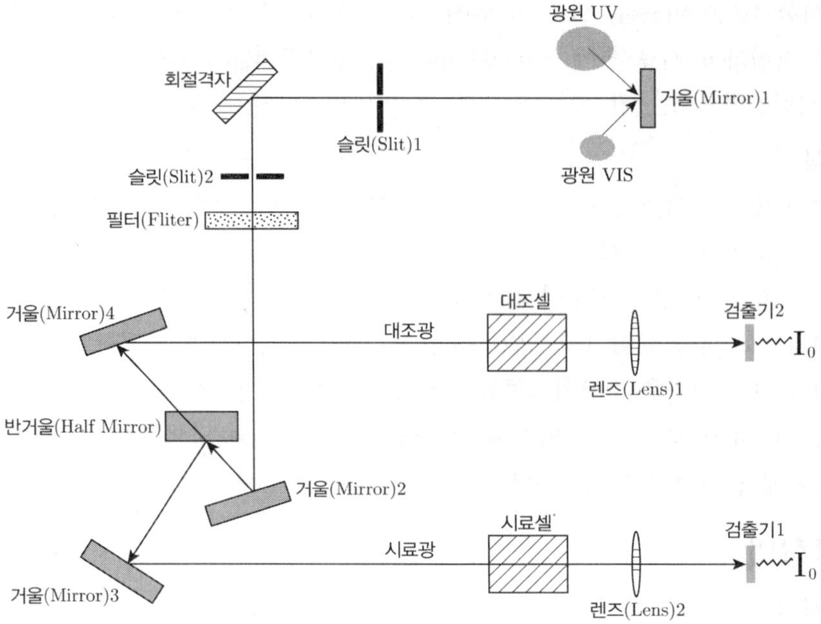

[그림 1] 자외선/가시선 분광광도계

3.3 증류장치

그람냉각기(graham condenser)가 부착된 유리재질의 증류장치를 사용한다. 그림 2와 같이 할 수 있다.

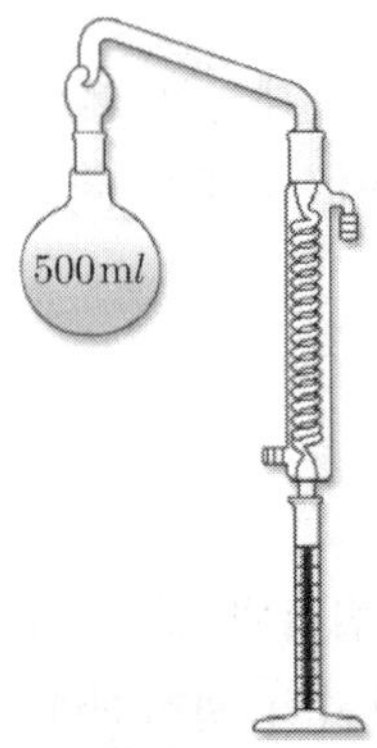

[그림 2] 페놀 증류장치

3.4 분별깔때기

부피 1 L로서 마개에 그리스를 사용하지 않는다.

4 시약 및 표준용액

4.1 시약

4.1.1 수산화나트륨(1 N)

수산화나트륨(sodium hydroxide, NaOH, 분자량: 40.00) 20 g을 500 mL 부피플라스크에 넣고 정제수 250 mL을 넣어 녹인 후 식힌 다음 500 mL 표선까지 정제수를 맞추어 사용한다.

4.1.2 염화암모늄-암모니아 완충용액(pH 10)

염화암모늄(ammonium chloride, NH_4Cl, 분자량 : 53.49) 67.6 g을 암모니아수(ammonia water, 28 % 이상) 570 mL에 녹인 후 정제수를 넣어 1.0 L로 한다. 유리마개 용기에 넣어 냉소에 보관한다.

4.1.3 4-아미노안티피린용액 2 %(w/v)

4-아미노안티피린(4-aminoantipyrine, $C_{11}H_{13}N_3O$, 분자량 : 203.24) 2.0 g을 정제수에 녹여 100 mL로 하며 사용할 때 만든다.

4.1.4 헥사시안화철(Ⅲ)산칼륨용액

헥사시안화철(Ⅲ)산칼륨(potassium hexacyanoferrate(Ⅲ), $K_3[Fe(CN)_6]$, 분자량 : 368.35)의 결정 약 2.0 g을 취하여 소량의 정제수로 표면을 씻은 후 정제수에 녹여 100 mL로 한다. 불순물이 있는 경우에는 여과하며, 사용 전에 만든다.

4.1.5 클로로포름

클로로포름(chloroform, $CHCl_3$, 분자량 : 119.38)은 순도 98 % 이상의 시약용을 사용한다.

4.1.6 브롬산칼륨·브롬화칼륨용액(0.1 M)

브롬산칼륨(potassium bromate, $KBrO_3$, 분자량 : 167.00) 2.78 g과 브롬화칼륨(potassium bromide, KBr, 분자량 : 119.00) 10.0 g을 정제수에 녹여 1 L로 한다.

4.1.7 무수황산나트륨(Na_2SO_4)

무수황산나트륨(anhydrous sodium sulfate anhydrous, Na_2SO_4, 분자량 : 142.04)은 순도 98 % 이상의 시약용을 사용하며 사용하기 전에 300 ℃에서 하룻밤 건조시키거나 400 ℃에서 4시간 건조시켜서 사용한다.

4.1.8 티오황산나트륨·5수화물

순도 98 % 이상의 티오황산나트륨·5수화물(sodium thiosulfate pentahydrate, $Na_2S_2O_3 \cdot 5H_2O$, 분자량 : 248.21)을 사용한다.

4.1.9 요오드산칼륨

요오드산칼륨(potassium iodate, KIO_3, 분자량 : 166.00)을 120 ℃ ~ 140 ℃로 2시간 건조한 다음 사용한다.

4.1.10 황산(1+9)

정제수 70 mL에 황산(sulfuric acid, H_2SO_4, 분자량 : 98.08) 10 mL를 넣어 혼합하여 조제한다. 이후 증류수로 100 mL까지 맞추어 사용한다.

[주 1] 이 때 정제수에 황산을 넣어야 한다. 만약 황산에 정제수를 넣으면 폭발할 수 있다. 황산을 가할 때에도 조심스럽게 가하여야 한다.

4.1.11 전분용액

가용성전분 1 g을 정제수 약 10 mL와 잘 섞으면서 뜨거운 물 100 mL에 넣고, 약 1분간 끓인 후 식힌 다음 위에 뜨는 맑은 액을 사용하며, 사용할 때에 만든다.

4.1.12 티오황산나트륨용액(0.1 M)

4.1.12.1 티오황산나트륨·5수화물(sodium thiosulfate pentahydrate, $Na_2S_2O_3 \cdot 5H_2O$, 분자량 :

248.21) 26.0 g과 무수탄산나트륨(sodium carbonate, Na_2CO_3, 분자량 : 105.99) 0.2 g을 정제수에 녹여 1 L로 한다.

4.1.12.2 농도결정

4.1.12.2.1 요오드산칼륨(potassium iodate, KIO_3, 분자량 : 166.00)(120 ℃ ~ 140 ℃에서 2시간 건조하고, 데시케이터에서 식힌 것) 약 80.0 mg을 정확히 달아 마개 있는 삼각플라스크에 넣고, 정제수 25 mL, 요오드화칼륨 2.0 g 및 황산(1+5) 5 mL를 넣어 곧 마개를 막고, 조용히 흔들어 섞은 후 어두운 곳에서 5분간 가만히 둔다.

4.1.12.2.2 정제수 100 mL를 넣고 티오황산나트륨용액(0.1 M)으로 적정하여, 액의 황색이 엷어질 때에 전분용액 2 mL ~ 3 mL를 지시약으로 넣은 후 액의 청색이 없어질 때까지 다시 적정을 계속하고 여기에 소비된 티오황산나트륨용액(0.1 M)의 mL(a)를 구하여 다음 식에 따라 티오황산나트륨용액(0.1 M)의 농도계수(factor)를 구한다.

$$f = \frac{\text{요오드산칼륨의 양(mg)}}{(a-b)\times 3.567}\text{6)} \quad \cdots\cdots \text{(식 1)}$$

여기서, f : 티오황산나트륨용액(0.1 M)의 농도계수

a : 소비된 티오황산나트륨용액(0.1 M)의 부피(mL)

b : 요오드산칼륨을 넣지 않고 위와 같은 방법으로 시험할 때 소비된 티오황산나트륨용액(0.1 M)의 부피(mL)

4.2 표준용액

4.2.1 페놀 표준원액(1000 mg/L)

4.2.1.1 페놀(phenol, C_6H_5OH, 분자량 : 94.11) 1.000 g을 정제수에 녹여 1 L로 하여 표준원액을 만든다.

4.2.1.2 농도결정

4.2.1.2.1 이 용액 50 mL를 마개 있는 삼각플라스크에 넣고, 정제수 약 100 mL를 넣은 후 브롬산칼륨·브롬화칼륨용액 50 mL와 염산 5 mL를 넣어 백색침전을 생성시킨다.

4.2.1.2.2 마개를 막아 조용히 흔들어 10분간 둔 다음 요오드화칼륨 1.0 g을 넣고 티오황산나트륨용액(0.1 M)으로 적정하여 액의 황색이 엷어질 때에 전분용액 2 mL ~ 3 mL를 지시약으로 넣은 후 액의 청색이 없어질 때까지 다시 적정하여, 이에 소비된 티오황산나트륨용액(0.1 M)의 mL(a)를 구한다.

4.2.1.2.3 따로 정제수 100 mL에 브롬산칼륨·브롬화칼륨용액 25 mL를 넣은 용액에 대하여 같은 방법으로 시험하고, 이에 소비된 티오황산나트륨용액(0.1M)의 mL(b)를 구하여, 다음 식에 따라 이 용액 중 함유된 페놀의 양(mg/mL)을 산출한다.

$$\text{페놀(mg/L)} = \frac{(2b-a)}{50}\times f \times 1.569\text{7)} \quad \cdots\cdots \text{(식 2)}$$

6) KIO_3(분자량 214 g : 6 g 당량)의 0.1 N은 요오드산칼륨(특급) 3.567 g(214 ÷ 6 × 0.1)을 정제수에 녹여 1 L로 한다.

7) 페놀(C_6H_5OH, 분자량 94.1 g : 6 g 당량)의 1 g 당량은 15.6 g이므로 동일 농도의 티오황산나트륨(0.1 N)과 반응하려면 페놀 1.569 g을 정제수에 녹여 1 L로 한다.

여기서, f : 4.1.13.2에서 구한 티오황산나트륨용액(0.1 M)의 농도계수

a : 페놀 표준용액이 함유된 시약을 적정시 소비된 티오황산나트륨용액의 양(mL)

b : 바탕시험에 소비된 티오황산나트륨용액(0.1 M) 소비량(mL)

4.2.2 페놀 표준용액(10.0 mg/L)

페놀 표준원액(1000 mg/L) 10 mL를 1 L 부피플라스크에 넣고 정제수를 표선까지 가하여 100배 희석하여 만든다.

4.2.3 페놀 표준용액(1.0 mg/L)

페놀 표준용액(10.0 mg/L)을 정제수로 10배 희석하여 조제한다. 이 용액 1 mL는 페놀 0.001 mg을 함유한다.

5 시료채취 및 관리

시료에 황산을 넣어 pH 2 이하로 하고 1 ℃ ~ 5 ℃ 냉암소에 보관하며 시료채취 후 28일 이내에 분석한다.

6 정도보증/정도관리(QA/QC)

6.1 방법검출한계 및 정량한계

6.1.1 방법검출한계(MDL, method detection limit) 및 정량한계(LOQ, limit of quantitation)는 정량한계 부근의 농도가 되도록 분석물질을 첨가한 시료 7개를 준비하고 각 시료를 7 분석절차와 동일하게 측정하여 표준편차를 구한다.

6.1.2 표준편차에 3.14를 곱한 값을 방법검출한계로, 10을 곱한 값을 정량한계로 나타낸다. 측정한 방법검출한계는 표 1에서 제시한 정량한계 이하이어야 한다.

6.2 방법바탕시료의 측정

ES 05001 정도보증/정도관리에 따라 시료군마다 1개의 방법바탕시료(method blank)를 측정한다. 방법바탕시료는 정제수를 사용하여 7 분석절차와 동일하게 전처리·측정하며 측정값은 방법검출한계 이하이어야 한다.

6.3 검정곡선의 작성 및 검증

6.3.1 검정곡선의 작성 및 검증은 정량범위 내의 5개의 농도에 대해 검정곡선을 작성하고 얻어진 검정곡선의 결정계수(R^2)가 0.98 이상 또는 감응계수(RF)의 상대표준편차가 25 % 이내이어야 하며 결정계수나 감응계수의 상대표준편차가 허용범위를 벗어나면 재작성한다.

6.3.2 검정곡선의 직선성을 검증하기 위해서는 정량범위를 0.005 mg/L ~ 0.1 mg/L로 설정하여 검정곡선을 작성하여 결정계수(R^2)를 구한다.

6.3.3 검정곡선의 감응계수를 검증하기 위해서는 검정곡선의 중간 농도의 한 농도에서 감응계수를 구하여 그 값이 전과 25 % 이내에서 일치하여야 한다. 만약 이 범위를 넘는 경우, 검정곡선을 재작성한다.

6.4 정밀도 및 정확도

6.4.1 정확도(accuracy) 및 정밀도(precision)의 측정은 ES 05001 정도보증/정도관리에 따른다. 정

제수에 정량한계의 1배 ~ 2배 농도가 되도록 동일하게 표준물질을 첨가한 시료를 4개 이상 준비하고 7 분석절차와 동일하게 측정하여 평균값과 표준편차를 구한다.

6.4.2 정밀도는 4회 이상 측정한 평균값과 상대표준편차(RSD)를 구하여 산출한다.

6.4.3 정확도는 4회 이상 측정한 평균값과 조제한 표준용액의 농도에 대한 상대백분율(%)로 나타낸다.

6.5 현장 이중시료의 측정

현장이중시료(field duplicate sample)는 동일한 장소에서 동일한 조건으로 중복으로 채취한 시료로서 한 조사팀이 하루에 20개 이하를 채취할 경우에는 1개를 그리고 그 이상을 채취할 때에는 시료 20개 당 1개를 추가로 취한다. 동일한 조건의 두 시료간의 측정값의 편차는 25 % 이하이어야 한다.

6.6 내부정도관리 주기 및 목표

6.6.1 방법검출한계, 정량한계, 정밀도 및 정확도는 연 1회 이상 산정하는 것을 원칙으로 하며, 분석자의 교체, 분석 장비의 수리 및 이동 등의 주요 변동사항이 생길 경우에는 다시 실시한다. 단, 장비의 청소 및 측정 장비의 감도가 의심될 때에는 언제든지 측정하여 확인하여야 한다.

6.6.2 검정곡선 검증 및 시약바탕시료의 분석은 각 시료군마다 실시하며, 고농도의 시료 다음에는 시약바탕시료를 측정하여 오염여부를 점검한다.

6.6.3 각 정도관리 항목에 대한 정도관리 목표값은 표 1과 같다.

7 분석절차

7.1 전처리

7.1.1 시료 500 mL(0.001 mg ~ 0.01 mg의 페놀류를 함유하거나 같은 양의 페놀류를 함유하도록 시료에 정제수를 넣어 500 mL로 한 것)를 미리 수개의 비등석을 넣은 증류플라스크에 넣고, 수산화나트륨(1 N) 또는 황산(1+9)을 이용하여 시료의 pH를 약 4로 조절한다.

7.1.2 증류플라스크를 증류장치의 냉각관과 연결하고 500 mL 부피실린더를 수기로 사용한다. 증류를 시작하여 증류액이 450 mL가 되었을 때 가열을 중지하고 증류플라스크에 정제수 50 mL를 넣어 다시 증류를 행하여 전 증류액이 500 mL가 되었을 때 증류를 끝낸다. 증류액이 백탁되었을 때에는 증류 조작을 반복하여 재증류한다.[8]

7.2 검정곡선의 작성

7.2.1 페놀 표준용액(1.0 mg/L) 0, 2.5, 5.0, 10.0, 20.0, 50.0 mL를 단계적으로 부피플라스크에 넣고, 각각에 정제수를 넣어 500 mL로 한다. 조제한 검정곡선용 표준용액의 농도는 0, 0.005, 0.010, 0.020, 0.040, 0.10 mg/L에 해당된다. 필요에 따라 사용하는 표준용액의 농도와 개수를 달리 할 수 있다.

[주 2] 시료분석결과 이 검정곡선 농도범위를 벗어나면 시료를 희석해서 재분석하여야 한다.

---

8) 시료의 증류하는 이유는 시료 중에 존재하는 금속이온, 방향족 아민류, 유분 및 타르와 같은 방해물질을 제거하기 위함이다.

7.2.2 이하 7.3과 같은 방법으로 측정하여 페놀의 농도(mg/L)를 가로축(x축)에, 페놀의 측정값을 세로축(y축)에 취하여 검정곡선을 작성한다.

7.3 측정법

7.3.1 전처리에서 얻은 시험용액 500 mL를 분별깔때기에 넣고 염화암모늄-암모니아 완충용액[9] 5 mL를 넣어 흔들어 섞는다.

7.3.2 4-아미노안티피린용액[10] 3 mL와 헥사시안화철(Ⅲ)산칼륨용액[11] 10 mL를 넣어 섞고 3분간 둔 후 클로로포름 15 mL를 넣어 강하게 흔들어 섞은 다음 가만히 두었다가 클로로포름층을 취한다.

7.3.3 클로로포름 10 mL를 사용하여 같은 방법으로 추출하여 클로로포름 층을 취하고, 취한 클로로포름 층을 합하여 건조필터로 여과한다.

7.3.4 추출물의 일부를 흡수셀(10 mm)에 넣고, 분광광도계를 사용하여 시료와 같은 방법으로 시험한 바탕시험액을 대조액으로 하여 파장 460 nm[12]에서 흡광도를 측정한다.

8 결과보고

8.1 계산

페놀의 측정값을 검정곡선식의 $y(i)$값에 대입하여 $x(i)$값을 계산하면 페놀의 농도(C_s, mg/L)를 구할 수 있다.

$$C_s(\text{mg/L}) = \frac{Ax - b}{a} \quad \cdots\cdots (식\ 3)$$

여기서, A_x : 분석물질의 피크면적

a : 검정곡선의 기울기

b : 검정곡선의 절편 값

C_s : 분석물질의 농도(mg/L)

8.2 결과보고

행정사항과 관련된 항목별 시험결과의 표시는 ES 05003의 먹는물 수질기준의 표시한계 및 결과표시에 따른다.

---

9) 증류한 시료를 염화암모늄-암모니아 완충용액으로 pH를 10으로 조절하는 이유는 pH 10에서 안티피린 색소의 발색이 가장 잘 되기 때문이다.

10) 시료 중의 페놀은 4-아미노안티피린과 반응하여 안티피린 색소를 생성하며, 생성된 안티피린 색소의 흡광도는 시료 중의 페놀류의 양과 비례하므로 이를 이용하여 시료 중 페놀류의 농도를 산정한다. 안티피린 색소는 수층과 클로로포름층에서 시간이 경과함에 따라 흡광도가 약간 감소하므로 시료의 흡광도 측정시 검정곡선 작성 때와 동일 조건으로 하여야 한다.

11) 헥사시안화철(Ⅲ)산칼륨은 촉매 역할을 한다.

12) 자외선/가시선 분광법은 안티피린계 색소 물질을 정량한계를 낮추기 위해 클로로포름으로 추출하여 분석하므로 460 nm 파장을 빛을 이용하여 분석하지만 연속흐름법은 클로로포름에 의한 추출과정이 없어서 물이 매질이므로 510 nm 파장의 빛을 이용하여 분석한다.

9 참고자료

9.1 US EPA Method 420.1, 1978, Phenolics, Total recoverable(spectrophotometric, manual 4-AAP with distillation)

9.2 Standard Method 5530, 2005, Phenols

9.3 환경부, 수질오염공정시험기준, 제17항 페놀 및 그 화합물

10 부록

[표 1] 정도관리 목표값

정도관리 항목	정도관리 목표
정량한계	0.005 mg/L
검정곡선	결정계수(R^2) ≥ 0.98 또는 감응계수(RF)의 상대표준편차 ≤ 25 %
정밀도	상대표준편차 ± 25 % 이내
정확도	75 % ~ 125 %
현장이중시료	상대편차백분율 ± 25 % 이내

26 페놀류-연속흐름법 (Phenols-Continuous Flow Analysis(CFA))

1 개요

1.1 목적

이 시험기준은 먹는 물, 샘물 및 염지하수 중에 총 페놀류를 측정하는 방법으로서 시료의 pH를 4로 조절하여 증류한 시료에 염화암모늄-암모니아 완충용액을 넣어 pH 10으로 조절한 다음 4-아미노안티피린과 헥사시안화철(Ⅱ)산칼륨을 넣어 생성된 적색의 안티피린계 색소의 흡광도를 510 nm 또는 기기에서 정해진 파장에서 측정하는 방법이다.

1.2 적용범위

1.2.1 이 시험기준은 먹는 물, 샘물 및 염지하수 중에 총 페놀류의 분석에 적용한다.

1.2.2 이 시험기준에 의해 페놀, 오쏘(ortho)-페놀 및 그 화합물, 메타(meta)-페놀 및 그 화합물 및 카르복실기(carboxyl), 할로겐기(halogen), 메톡시기(methoxy), 황산기(sulfonic acid)의 파라(para) 치환 페놀 및 그 화합물을 측정할 수 있다.

1.2.3 이 시험기준으로는 알킬기(alkyl), 아릴기(aryl), 니트로기(nitro), 벤조일기(benzoyl), 니트로소기(nitroso) 및 알데하이드기(aldehyde)의 파라(para) 치환 페놀 및 그 화합물을 측정할 수 없다.

1.2.4 이 시험기준은 먹는 물 중에 페놀류 0.005 mg/L ~ 0.10 mg/L 이하의 정량범위에서 적절하며 시료 중에는 0.005 mg/L의 정량한계를 갖는다.

[주 1] 정량범위는 기기에 따라 다를 수 있으므로 제조사의 적용범위를 따른다.

1.2.5 이 시험기준으로는 각 페놀 종류를 구분하여 정량할 수 없다.

1.3 간섭물질

1.3.1 황 화합물의 간섭을 받을 수 있는데 이는 인산(H_3PO_4)을 사용하여 pH 4로 산성화하여 교반하면 황화수소(H_2S)나 이산화황(SO_2)으로 제거할 수 있다. 황산구리($CuSO_4$)를 첨가하여 제거할 수도 있다.

1.3.2 염소와 요오드(요오드이온이 산화되면 요오드가 생성됨)와 같은 산화제는 페놀화합물을 산화시키므로 과량의 황산제일철(ferrous sulfate)을 첨가하여 제거한다.

1.3.3 오일과 타르 성분은 수산화나트륨을 사용하여 시료의 pH를 12 ~ 12.5로 조절한 후 클로로포름(50 mL)으로 용매 추출하여 제거할 수 있다. 시료 중에 남아있는 클로로포름은 항온 수욕조에서 가열시켜 제거한다.

2 용어정의

2.1 바탕선 들뜸 보정시료

시간에 따라 기기의 바탕선이 들뜨는 것을 보정하는 시료이며, 정제수를 사용한다. 초기에 보정시료로 기준점을 설정한 후 시료 7개 ~ 10개 당 1개 이상 보정시료를 분석하여 바탕선의 들뜸을 보정한다.

2.2 분할흐름분석기

분할흐름분석기(SFA, segmented flow analyzer)란 연속흐름분석기(CFA, continuous flow analyzer)의 일종으로 다수의 시료를 연속적으로 자동분석하기 위하여 사용한다. 본체의 구성은 시료와 시약을 주입할 수 있는 펌프와 튜브, 시료와 시약을 반응시키는 반응기 및 검출기로 구성되어 있으며, 용액의 흐름 사이에 일정한 간격으로 공기방울을 주입하여 시료의 분산 및 연속흐름에 따른 상호 오염을 방지하도록 구성되어 있다.

2.3 흐름주입분석기

흐름주입분석기(FIA, flow injection analyzer)란 연속흐름분석기의 일종으로 다수의 시료를 연속적으로 자동분석하기 위하여 사용한다. 기본적인 본체의 구성은 분할흐름분석기와 같으나 용액의 흐름 사이에 공기방울을 주입하지 않는 것이 차이점이다. 공기방울 미 주입에 따라 시료의 분산 및 연속흐름에 따른 상호 오염의 우려가 있으나 분석시간이 빠르고 기계장치가 단순해지는 장점이 있다.

3 분석기기 및 기구

3.1 자동분석기(auto-analyzer)

3.1.1 시료자동주입기(auto sampler)

시료를 보관할 수 있는 용기와 트레이, 세척수 모듈, 시료 채취를 위한 장치(sampling probe)로 구성되어 있으며, 프로그램에 의해 시료주입 및 세척시간의 조절이 가능한 것을 사용한다.

3.1.2 용매이송펌프

시료와 시약의 연속적인 정량주입이 가능하여야 한다. 이때 사용되는 용매 이송용 튜브는 시료 및 시약과 반응하지 않는 재질(타이곤 또는 테플론 등)을 사용하여야 하며, 일정시간 사용 후 용매의 정량 이송이 어려워지면 교체하여야 한다.

3.1.3 반응기

연속으로 주입된 시료와 시약이 완전 혼합되어 반응할 수 있는 구조를 가져야 하며, 충분한 반응시간이 확보되어야 한다. 그림 1 또는 각 자동분석기에서 요구되는 규격 같이 구성할 수 있다.

3.1.4 증류장치

시료의 분해, 발색 반응 및 목적성분의 분리를 위해 증류장치를 사용한다. 이때 사용하는 증류장치의 규격은 각 자동분석기에서 요구되는 규격을 적용한다.

3.2 검출기 및 기록계

3.2.1 검출기

10 mm ~ 50 mm 흐름셀(flow cell)과 510 nm[1] 또는 별도의 정해진 파장에서 흡광도를 측정할 수 있는 흡광광도계를 사용한다. 단, 자동분석기에서 요구되는 규격이 상기한 규격과 상이할 경우 자동분석기에서 요구되는 규격을 따른다.

3.2.2 기록계

검출기로부터 나온 신호들의 기록, 저장 및 보존이 가능한 것을 사용한다.

4 시약 및 표준용액

4.1 시약

시약의 종류 및 조제방법은 자동분석기에서 요구하는 규격에 따른다.

4.2 표준용액

4.2.1 페놀표준원액(100 mg/L)

정제수 800 mL에 페놀(phenol, C_6H_5OH, 분자량 : 94.11, 99.0 % 이상) 0.1 g을 넣어 녹이고 정제수로 표선을 맞추어 정확히 1 L로 하여 표준원액을 만들어 사용하거나 시판용 표준용액을 사용한다.

[주 2] 조제용액은 1주일간 유효하며 4 ℃에서 보관한다. 시판용 표준용액은 인증서에 표기된 기한을 확인하여 사용한다.

4.2.2 페놀표준용액(1 mg/L)

표준원액 1 mL를 취하고 희석용액을 채워 정확히 100 mL로 한다. 이 용액은 매 분석시마다 조제한다.

5 시료채취 및 관리

시료에 황산을 넣어 pH 2 이하로 하고 1 ℃ ~ 5 ℃ 냉암소에 보관하며 시료채취 후 28일 이내에 분석한다.

6 정도보증/정도관리(QA/QC)

6.1 방법검출한계 및 정량한계

6.1.1 방법검출한계(MDL, method detection limit) 및 정량한계(LOQ, limit of quantiation)는 ES 05001 정도보증/정도관리에 따라 측정한다. 정제수에 정량한계 부근의 농도가 되도록 시안표준용액을 첨가한 시료 7개를 준비하고 각 시료를 7 분석절차와 동일하게 측정하여 표준편차를 구한다.

6.1.2 표준편차에 3.14를 곱한 값을 방법검출한계로, 10을 곱한 값을 정량한계로 나타낸다. 측정한 방법검출한계는 표 1에서 제시한 정량한계 이하이어야 한다.

---

1) 자외선/가시선 분광법은 안티피린계 색소 물질을 정량한계를 낮추기 위해 클로로포름으로 추출하여 분석하므로 460 nm 파장을 빛을 이용하여 분석하지만 연속흐름법은 클로로포름에 의한 추출과정이 없어서 물이 매질이므로 510 nm 파장의 빛을 이용하여 분석한다.

6.2 방법바탕시료의 측정

ES 05001 정도보증/정도관리에 따라 시료군마다 1개의 방법바탕시료(method blank)를 측정한다. 방법바탕시료는 정제수를 사용하여 7 분석절차와 동일하게 전처리·측정하며 측정값은 방법검출한계 이하이어야 한다.

6.3 검정곡선의 작성 및 검증

6.3.1 검정곡선의 작성 및 검증은 ES 05001 정도보증/정도관리에 따른다. 정량범위 내의 5개의 농도에 대해 검정곡선을 작성하고 얻어진 검정곡선의 결정계수(R^2)가 0.98 이상 또는 감응계수(RF)의 상대표준편차가 25 % 이내이어야 하며 결정계수나 감응계수의 상대표준편차가 허용범위를 벗어나면 재작성한다.

6.3.2 검정곡선의 직선성을 검증하기 위해서는 정량범위를 0.005 mg/L ~ 0.1 mg/L로 설정하여 검정곡선을 작성하여 결정계수(R^2)를 구한다.

6.3.3 검정곡선의 감응계수를 검증하기 위해서는 검정곡선의 중간 농도의 한 농도에서 감응계수를 구하여 그 값이 전과 25 % 이내에서 일치하여야 한다. 만약 이 범위를 넘는 경우, 검정곡선을 재작성한다.

6.4 정밀도 및 정확도

6.4.1 정확도(accuracy) 및 정밀도(precision)의 측정은 ES 05001 정도보증/정도관리에 따른다. 정제수에 정량한계의 10배 농도가 되도록 동일하게 표준물질을 첨가한 시료를 4개 이상 준비하고 7 분석절차와 동일하게 측정하여 평균값과 표준편차를 구한다.

6.4.2 정확도는 인증시료를 확보할 수 있는 경우 인증표준물질을 분석한 결과값과 인증값과의 상대백분율로 나타내고, 인증시료를 확보할 수 없는 경우 이를 정확한 농도로 첨가한 시료로 대체한다. 이 때 정확도는 첨가시료를 분석한 농도와 첨가하지 않은 시료를 분석한 농도와의 차이에 대한 첨가농도의 상대백분율로서 나타내며 그 값이 75 % ~ 125 % 이내이어야 한다.

6.4.3 정밀도는 측정값과 상대표준편차(RSD)로 계산하며 측정값이 25 % 이내여야 한다.

6.5 현장 이중시료의 측정

현장 이중시료(field duplicate sample)는 동일한 장소에서 동일한 조건으로 중복으로 채취한 시료로서 한 조사팀이 하루에 20개 이하를 채취할 경우에는 1개를 그리고 그 이상을 채취할 때에는 시료 20개 당 1개를 추가로 취한다. 동일한 조건의 두 시료간의 측정값의 편차는 25 % 이하이어야 한다.

6.6 내부정도관리 주기 및 목표

6.6.1 방법검출한계, 정량한계, 정밀도 및 정확도는 연 1회 이상 산정하는 것을 원칙으로 하며, 분석자의 교체, 분석 장비의 수리 및 이동 등의 주요 변동사항이 생길 경우에는 다시 실시한다. 단, 장비의 청소 및 측정 장비의 감도가 의심될 때에는 언제든지 측정하여 확인하여야 한다.

6.6.2 검정곡선 검증 및 시약바탕시료의 분석은 각 시료군마다 실시하며, 고농도의 시료 다음에는 시약바탕시료를 측정하여 오염여부를 점검한다.

6.6.3 각 정도관리 항목에 대한 정도관리 목표값은 표 1과 같다.

7 분석절차

7.1 전처리

7.1.1 모든 시료는 수산화나트륨(1 N) 또는 황산(1+9)을 이용하여 시료의 pH를 약 4로 조절한다.

7.1.2 시료가 탁한 경우, 시료 중의 부유물질을 제거하기 위해 필요하다면 유리섬유여과지(GF/C) 또는 공극 크기(pore size) 0.45 μm의 여과지로 여과를 실시한다.

7.2 측정법[2)]

7.2.1 각 기기의 전원 장치 및 기기의 동작 상태를 확인하고, 시료 및 시약 공급라인이 올바르게 연결되었는지를 확인한다.

7.2.2 가열 및 냉각 장치의 온도가 설정온도에 도달하였는지를 확인한다.

7.2.3 분석에 사용할 조건 등을 작성한다.

7.2.4 시료 및 시약 공급라인에 정제수를 연결하여, 자동분석기에 정제수를 흘리면서 정제수가 각 공급라인에 정성적으로 유입되는지 여부를 관찰하고 이상이 없으면 약 30분간 바탕선을 안정화시킨다.

7.2.5 바탕선이 안정화 되면 조제된 시약들을 각 시약 공급라인에 올바르게 연결하고 자동분석기로 흘려주어 시약에 의한 바탕선을 안정화 시킨다.

7.2.6 바탕선 측정시료, 페놀 표준용액, 시료 및 바탕선 들뜸 보정시료 등을 자동분석기에 순서대로 설치하고 7.2.3에서 작성한 조건에 따라 분석을 실시한다.

7.2.7 분석이 완료되면 모든 시약 및 시료 공급 라인을 정제수로 20분 간 세척한 후 다시 공기를 유입시켜 라인 내에 정제수를 제거한다.

7.3 검정곡선의 작성

7.3.1 페놀 표준용액(1.0 mg/L) 0, 0.5, 1.0, 2.0, 5.0, 10.0 mL를 단계적으로 부피플라스크에 넣고, 희석용액으로 표선을 맞추어 정확히 100 mL로 한다. 조제한 검정곡선용 표준용액의 농도는 0, 0.005, 0.010, 0.020, 0.050, 0.10 mg/L에 해당된다. 필요에 따라 사용하는 표준용액의 농도와 개수를 달리 할 수 있다.

[주 3] 시료분석결과 이 검정곡선 농도범위를 벗어나면 시료를 희석해서 재분석하여야 한다.

7.3.2 단계적으로 조제한 검정곡선용 표준용액을 **7.2** 측정법에 따라 자동분석기로 분석한다.

7.3.3 각 표준용액의 피크의 높이 또는 면적을 측정하고 각각 표준용액 농도와의 관계선을 작성한다.

[주 4] 검정곡선은 자동분석기의 프로그램에 의하여 자동으로 작성할 수 있다.

7.3.4 시료의 피크 높이 또는 면적을 측정하여 7.3.1에서 작성된 관계식으로부터 페놀의 농도를 계산한다.

---

2) 가동순서, 바탕선 안정화 등의 절차가 기기에 따라 다를 수 있으므로 각 기기 제조사가 제공하는 절차에 따른다.

8 결과보고

8.1 계산

검정곡선은 농도에 대한 피크 높이 또는 면적으로 작성한다. 시료의 농도는 표준용액의 피크 높이 또는 면적에 대한 시료의 피크 높이 또는 면적을 비교하여 농도를 계산한다.

$$\text{페놀류(mg/L)} = \frac{y-b}{a} \times I \quad \cdots\cdots (\text{식 } 1)$$

여기서, y : 시료의 피크 높이 또는 면적

b : 검정곡선의 절편

a : 검정곡선의 기울기

I : 시료의 희석배수

[주 5] 시료의 농도는 자동분석기의 프로그램에 의하여 자동으로 계산할 수 있다.

8.2 결과보고

행정사항과 관련된 항목별 시험결과의 표시는 ES 05003의 먹는물 수질기준의 표시한계 및 결과표시에 따른다.

9 참고자료

9.1 EPA Method 420.4, "Determination of Total Recoverable Phenolics by Semi-Automated Colormetry", EPA, Environmental Monitoring Systems Laboratory Office of Research and Development, Cincinnati, Ohio 45268(1993)

9.2 ISO 14402, "International standard, Water quality-Determination of phenol index by flow analysis(FIA and CFA)"(1999)

9.3 Standard Method 5530, "Phenols"(2005)

9.4 먹는물수질공정시험기준 ES 05311.1, "페놀-자외선/가시선 분광법", 환경부(2018)

9.5 수질오염공정시험기준 ES 04365.2, "페놀류-연속흐름법", 환경부(2014)

10 부록

[표 1] 정도관리 목표값

정도관리 항목	정도관리 목표
정량한계	0.005 mg/L
검정곡선	결정계수(R^2) ≥ 0.98 또는 감응계수(RF)의 상대표준편차 ≤ 25 %
정밀도	상대표준편차 ± 25 % 이내
정확도	75 % ~ 125 %
현장이중시료	상대편차백분율 ± 25 % 이내

페놀류

연습문제

01 먹는물수질공정시험기준에 따른 시료채취와 보존방법에 대한 설명으로 틀린 것은?

① 불소 : 폴리에틸렌 병에 채취하여 최대 28일 이내에 시험
② 페놀 : 잔류염소를 함유한 때는 티오황산나트륨용액을 넣어 잔류염소를 제거
③ 미생물 : 잔류염소를 함유한 때는 멸균한 티오황산나트륨용액을 첨가
④ 시안 : 유리병 또는 폴리에틸렌병에 시료를 채취하고 곧 입상의 수산화나트륨을 넣어 pH 12 이상의 알칼리성으로 하고 냉암소에 보관

02 먹는물공정시험기준에 대한 설명으로 틀린 것은?

① 페놀 항목을 분석할 경우 4시간 이내에 시험하지 못할 때에는 시료 1 L에 대하여 황산을 넣어 pH 2 이하로 하고 1 ℃ ~ 5 ℃ 냉암소에 보존하여 최대 7일 이내에 시험한다.
② 암모니아성질소 항목을 분석할 경우에는 질산 및 정제수로 씻은 유리병에 시료채취 후 신속히 시험한다.
③ 미생물 시험용 시료를 채취한 후 빨리 시험할 수 없는 경우에는 4 ℃ 냉장보관 상태에서 녹농균, 일반세균, 여시니아균은 24시간 이내에, 총 대장균군 등 그 밖의 항목은 30시간 이내에 시험하여야 한다.
④ 시안 시험용 시료의 경우에는 미리 정제수로 잘 씻은 유리병 또는 폴리에틸렌병에 시료를 채취하고 곧 입상의 수산화나트륨을 넣어 pH 12 이상의 알칼리성으로 하고 신속히 시험한다.

03 먹는물수질공정시험기준에 따른 자외선/가시선 분광법의 페놀류 시험에 관한 설명이다. ( ) 안에 들어갈 내용으로 모두 옳은 것은?

> ㉮ 시료 500 mL를 미리 수개의 비등석을 넣은 증류플라스크에 넣고, (㉠) 0.5 g과 인산(1 + 9)을 넣어 pH를 약 4로 조절한다.
> ㉯ 시험용액 500 mL를 분별깔때기에 넣고 (㉡) 5 mL를 넣어 흔들어 섞는다.
> ㉰ 4-아미노안티피린용액 3 mL와 헥사시안화철(Ⅲ)산칼륨용액 10 mL를 넣어 섞고 3분간 둔 후 (㉢) 15 mL를 넣어 강하게 흔들어 섞는다.
> ㉱ 추출물의 일부를 흡수셀(10 mm)에 넣고, 분광광도계를 사용하여 시료와 같은 방법으로 시험한 바탕시험액을 대조액으로 하여 (㉣)에서 흡광도를 측정한다.

① ㉠ 황산구리·5수화물, ㉡ 염화암모늄－암모니아완충용액, ㉢ 클로로포름, ㉣ 파장 460 nm
② ㉠ 황산구리·5수화물, ㉡ 염화암모늄－암모니아완충용액, ㉢ 디클로로메탄, ㉣ 파장 620 nm
③ ㉠ 황산구리·5수화물, ㉡ 인산완충용액, ㉢ 클로로포름, ㉣ 파장 460 nm
④ ㉠ 황산구리·5수화물, ㉡ 인산완충용액, ㉢ 디클로로메탄, ㉣ 파장 620 nm

Answer 1. ② 2. ① 3. ①

04 **먹는물수질공정시험기준에 따른 자외선/가시선 분광법으로 페놀을 측정하고자 할 때, 시료 중에 존재하는 간섭물질별 제거방법으로 틀린 것은?**

① 염소 : 과량의 황산제일철(ferrous sulfate)을 첨가하여 제거한다.
② 황화합물 : 인산(H_3PO_4)을 사용하여 pH 4로 산성화하고 교반하여 제거한다.
③ 요오드 : 수산화나트륨으로 pH를 8로 조절하고 황산구리를 첨가하여 제거한다.
④ 오일 : 수산화나트륨으로 pH를 12 ~ 12.5로 조절한 후 클로로포름(50 mL)으로 용매추출하여 제거한다.

05 **먹는물수질공정시험기준에 따른 자외선/가시선 분광법으로 측정할 수 있는 페놀류로 틀린 것은?**

①

②
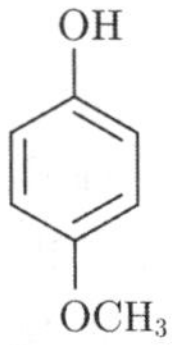

③

④
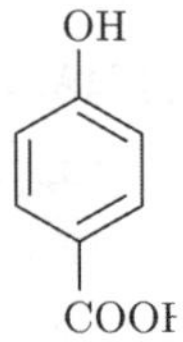

06 **먹는물수질공정시험기준에 따른 페놀의 자외선/가시선 분광법에서 페놀의 몰 흡광계수로 옳은 것은?**

정제수 250 mL에 페놀 14.85 mg이 녹아있는 용액을 공정시험기준대로 처리한 후 1.0 cm 흡수셀에 넣고 파장 652 nm에서 흡광도를 측정한 결과 0.285가 얻어졌다.(단, 페놀의 분자량은 99.0, M은 $mol \cdot L^{-1}$)

① 465 $M^{-1}cm^{-1}$
② 475 $M^{-1}cm^{-1}$
③ 465 Mcm
④ 475 Mcm

07 **자외선/가시선 분광법으로 페놀을 측정할 때 사용하는 시약으로 틀린 것은?**

① 4-아미노안티피린 용액
② 피리딘·피라졸론 혼합액
③ 헥사시안화철(Ⅲ)산칼륨 용액
④ 염화암모늄-암모니아 완충용액

08 **페놀류-자외선/가시선 분광법의 분석에 대한 측정원리에 관한 설명으로 ( ) 안에 알맞은 것은?**

염화암모늄-암모니아 완충용액을 넣어 ( )으로 조절한 다음 4-아미노안티피린과 헥사시안화철(Ⅱ)산 칼륨을 넣어 생성된 붉은색의 안티피린계 색소의 흡광도를 측정한다.

① pH 7
② pH 8
③ pH 9
④ pH 10

09 **다음 먹는물수질공정시험기준의 시험 결과 성분별 표시한계와 표시자리수가 맞지 아니한 것은?**

① 페놀 : 0.001 mg/L, 0.000
② 총트리할로메탄 : 0.001 mg/L, 0.000
③ 포름알데히드 : 0.02 mg/L, 0.000
④ 클로랄하이드레이트 : 0.0005 mg/L, 0.0000

Answer 4. ③ 5. ① 6. ② 7. ② 8. ④ 9. ①

Part Ⅳ 이온류

27 불소이온

1 일반적 성질

이 시험기준들은 먹는물 중에 불소이온[1)2)]을 측정하는 방법이다. 불소이온은 천연적으로 생성되기도 하나 산세정수로부터 오염되기도 한다. 불소이온은 사람에게는 필수물질이고 특히 하루 약 1.0 mg으로 충치예방효과가 있는 것으로 알려져 있으나 과다하게 복용시에는 반상치 등 부작용이 있다.

2 적용 가능한 시험방법

불소이온	정량범위(mg/L)	정밀도(% RSD)
이온크로마토그래피	0.02 ~ 5.0	20 % 이내
자외선/가시선분광법	0.15 ~ 5.0	20 % 이내

---

1) 원자량: 18.99(F^-), 비중: 1.21(20 ℃), 끓는점: (139～143) ℃, 녹는점: －, 용해도: 물에서 6 mg/L, 배출원: 자연상태의 토양 및 암석(화강암 지대), 알루미늄 생산과정, 우라늄 정련의 융제, 유리가공, 전자공업 등에서 환경 중으로 배출된다.

2) 불소는 상온 상압에서 안정하며, 수돗물에서는 $NaF \rightarrow Na^+ + F^-$로 존재한다.
인체유해성은 저농도[(0.5 ~ 2) mg/L]에서 충치를 감소시키며, 고농도에서 반상치를 유발한다. 먹는물에서 (0.9 ~ 1.3) mg/L 농도로 존재시 경미한 치아불소침착증의 가능성이 있다. 급성증상으로는 위통, 호흡곤란, 두통, 마비, 경련 등을 유발한다.

28 불소이온-이온크로마토그래피 (Fluoride-chromatography)

이 시험기준은 먹는물 및 샘물 중에 불소이온을 이온크로마토그래프를 이용하여 분석하는 방법이다. 시료를 0.2 μm 막 여과지를 통과시켜 고체미립자를 제거한 후 음이온 교환 컬럼을 통과시켜 각 음이온들을 분리한 후 전기전도도 검출기로 측정하는 방법으로, ES 05357.1 음이온류-이온크로마토그래피에 따른다.

29 불소이온-자외선/가시선분광법 (Fluoride-UV/Visible Spectrometry)

1 개요

1.1 목적[1)]

이 시험기준은 먹는물, 샘물 및 염지하수 중에 불소이온을 측정하는 방법으로, 존재하는 불소이온을 란탄과 알리자린콤플렉손의 착화합물과 반응하여 생성하는 청색의 복합 착화합물의 흡광도를 620 nm에서 측정하는 방법이다.

1.2 적용범위

1.2.1 이 시험기준은 먹는물, 샘물 및 염지하수 중 불소이온의 측정에 적용한다.

1.2.2 이 시험기준에 의한 불소이온의 정량한계는 0.15 mg/L이고 정량범위는 0.15 mg/L ~ 5.0 mg/L이다.

1.3 간섭물질

1.3.1 일반적으로 시료전처리방법으로 증류하면 대부분의 간섭물질은 제거된다.

1.3.2 0.2 mg/L 이상의 알루미늄 이온은 안정한 AlF_6^{3-} 화합물을 형성한다.

2 "내용 없음"

3 분석기기 및 기구

3.1 자외선/가시선 분광광도계

3.1.1 자외선/가시선 분광광도계는 아래 그림 1과 같이 광원부, 파장선택부, 시료부 및 측광부로 구성되고 광원부에서 측광부까지의 광학계에는 측정목적에 따라 여러 가지 형식이 있다.

3.1.2 광원부의 광원으로 가시부와 근적외부의 광원으로는 주로 텅스텐램프를 사용하고 자외부의 광원으로는 주로 중수소 방전관을 사용한다.

---

1) ALC(Alizarin Complexon)와 La^{3+}, F^-는 1 : 1 : 1의 비율로 반응하여 청색을 나타내며, 이 반응이 정색반응 하려는 점과 F^-의 특이반응하려는 점이 다른 방법과 비교하여 우수한 점이다. 불소분석을 위한 흡광광도법은 정밀도 및 재현성이 좋다.

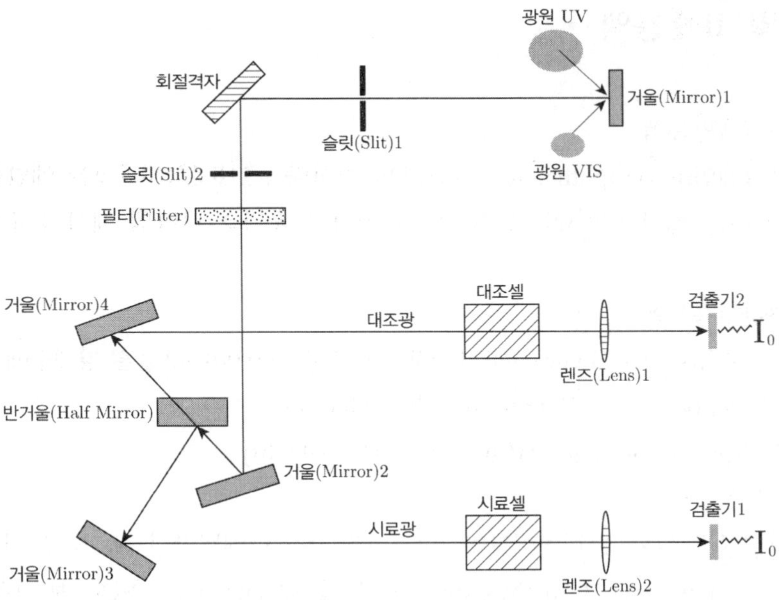

[그림 1] 자외선/가시선 분광광도계

3.2 흡수셀

3.2.1 시료액의 흡수파장이 약 370 nm 이상일 때는 석영 또는 경질유리 흡수셀을 사용하고 약 370 nm 이하일 때는 석영 흡수셀을 사용한다.

3.2.2 따로 흡수셀의 길이를 지정하지 않았을 때는 10 mm 셀을 사용한다.

3.2.3 시료셀에는 시험용액을, 대소셀에는 따로 규정이 없는 한 정제수를 넣는다. 넣고자 하는 용액으로 흡수셀을 씻은 다음 셀의 약 80 %까지 넣고 외면이 젖어 있을 때는 깨끗이 닦는다. 휘발성 용매를 사용할 때와 같은 경우에는 흡수셀에 마개를 하고 흡수셀에 방향성이 있을 때는 항상 방향을 일정하게 하여 사용한다.

3.3 불소증류장치

그람냉각기(graham condenser)가 부착된 유리재질의 증류장치를 사용한다. 그림 2와 같이 할 수 있다.

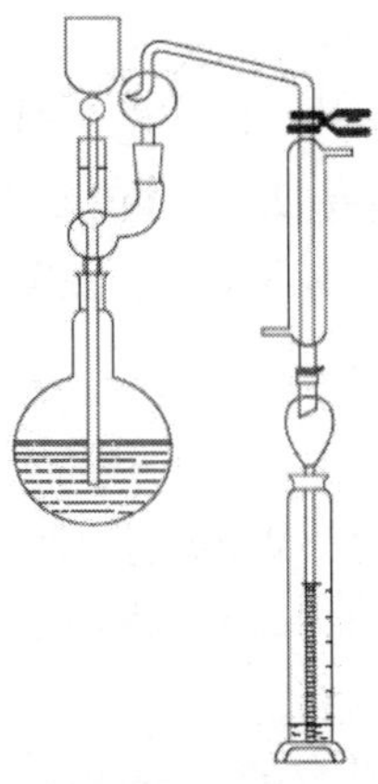

[그림 2] 불소 증류장치

4 시약 및 표준용액

4.1 시약

4.1.1 페놀프탈레인용액

페놀프탈레인(phenolphthalein, $C_{20}H_{14}O_4$, 분자량 : 318.32) 0.5 g을 에탄올 50 mL에 녹이고 정제수를 넣어 100 mL로 한 후 이 용액이 홍색을 나타낼 때까지 수산화나트륨용액을 넣는다.

4.1.2 수산화나트륨용액

수산화나트륨(sodium hydroxide, NaOH, 분자량 : 40.00) 40 g을 정제수에 녹여 1 L로 한다.

4.1.3 인산(phosphoric acid, H_3PO_4, 분자량 : 98.00)

4.1.4 과염소산(perchloric acid, $HClO_4$, 분자량 : 100.46)

4.1.5 알리자린콤플렉손용액[2)]

알리자린콤플렉손(1,2-디하이드록시안트라퀴노닐-3-메틸아민-N, N-2-아세트산)(1,2-dihydroxyanthraquinonyl-3-methylamine-N, N-2-acetate, $C_{19315}NO_8$, 분자량 : 385.33) 0.385 g을 가능한 한 소량의 수산화나트륨용액에 녹이고, 정제수 10 mL를 넣은 다음 용액의 색이 자색으로부터 적색이 될 때까지 염산(1 + 99)을 천천히 넣고, 다시 정제수를 넣어 100 mL로 한다.

4.1.6 질산란탄용액

질산란탄·6수화물(lanthanum nitrate hexahydrate, $La(NO_3)_3 \cdot 6H_2O$, 분자량 : 342.94) 0.433 g을 정제수에 녹여 100 mL로 한다.

4.1.7 아세트산 완충용액

아세트산나트륨·3수화물(sodium acetate trihydrate, $CH_3COONa \cdot 3H_2O$, 분자량 : 136.08) 100 g을 정제수 약 200 mL에 녹이고, 아세트산 약 11 mL를 넣어 잘 섞은 후 pH 5.2가 되도록 아세트산을 넣고, 다시 정제수를 넣어 1 L로 한다.

4.1.8 아세톤(acetone, CH_3COCH_3, 분자량 : 58.08)

4.2 표준용액

4.2.1 불소이온 표준원액(1000 mg/L)

불화나트륨(sodium fluoride, NaF, 분자량 : 41.99)을 105 ℃ ~ 110 ℃에서 4시간 가열하고, 데시케이터 안에서 식힌 다음 221.0 mg을 정제수에 녹여 100 mL로 한 것을 표준원액으로 하거나 시판용 표준용액을 사용한다. 조제 후 폴리에틸렌병에 넣어 보관한다. 이 용액 1 mL는 불소이온 1 mg을 함유한다.

4.2.2 불소이온 표준용액(10.0 mg/L)

불소이온 표준원액(1000 mg/L) 5.0 mL를 500 mL 부피플라스크에 넣어 정제수를 표선까지 가하여 조제한다. 이 용액 1 mL는 불소이온 0.010 mg을 함유한다.

---

2) 알리자린콤플렉손은 황갈색의 분말시약으로서 알코올, 에탄올에 불용이나 알칼리성 수용액에는 용해된다. pH 6 ~ 10에서 적색, pH 4.5 이하에서는 황갈색이 된다. 종종 금속과 킬레이트를 형성하며 특히 희토류와 잘 반응한다.

5 시료채취 및 관리

5.1 시료는 미리 세척한 폴리에틸렌 용기에 채취한다.

5.2 채취용기는 비인산계 세제로 세척한 후 수돗물로 여러 번 세척하고 염산(1 N)과 증류수로 세척한 후 건조한다.

6 정도보증/정도관리(QA/QC)

6.1 방법검출한계 및 정량한계

6.1.1 방법검출한계(MDL, method detection limit) 및 정량한계(LOQ, limit of quantitation)는 ES 05001 정도보증/정도관리에 따라 측정한다. 정제수에 정량한계 부근의 농도가 되도록 불소이온 표준용액을 첨가한 시료 7개를 준비하고 각 시료를 7 분석절차와 동일하게 측정하여 표준편차를 구한다.

6.1.2 표준편차에 3.14를 곱한 값을 방법검출한계로, 10을 곱한 값을 정량한계로 나타낸다. 측정한 방법검출한계는 표 1에서 제시한 정량한계 이하이어야 한다.

6.2 방법바탕시료의 측정

ES 05001 정도보증/정도관리에 따라 시료군마다 1개의 방법바탕시료(method blank)를 측정한다. 방법바탕시료는 정제수를 사용하여 7 분석절차와 동일하게 전처리·측정하며 측정값은 방법검출한계 이하이어야 한다.

6.3 검정곡선의 작성 및 검증

6.3.1 정량범위 내의 5개의 농도에 대해 검정곡선을 작성하고 얻어진 검정곡선의 결정계수(R^2)가 0.98 또는 감응계수(RF)의 상대표준편차가 15 % 이내이어야 하며 결정계수나 감응계수의 상대표준편차가 허용범위를 벗어나면 재작성한다.

6.3.2 검정곡선의 직선성을 검증하기 위하여 각 시료군마다 1회의 검정곡선 검증을 실시하는 것이 바람직하다. 정량범위 또는 검정곡선의 중간 농도에 해당하는 표준용액을 측정한다. 측정값은 검정곡선 작성 시의 값과 15 % 이내에서 일치하여야 한다. 만약 이 범위를 넘는 경우, 검정곡선의 재작성이 요구된다.

6.4 정밀도 및 정확도

6.4.1 정확도(accuracy) 및 정밀도(precision)의 측정은 ES 05001 정도보증/정도관리에 따른다. 정제수에 정량한계의 1배 ~ 5배 농도가 되도록 동일하게 표준물질을 첨가한 시료를 4개 이상 준비하고 7 분석절차와 동일하게 측정하여 평균값과 표준편차를 구한다.

6.4.2 정확도는 첨가한 표준물질의 농도에 대한 측정 평균값의 상대백분율로서 나타내고 그 값이 80 % ~ 120 % 이내이어야 한다.

6.4.3 정밀도는 측정값의 상대표준편차(RSD)로 산출하며 측정한 결과 20 % 이내이어야 한다.

6.5 현장 이중시료의 측정

현장 이중시료(field duplicate sample)는 동일한 시료채취 장소에서 동일한 조건으로 중복으로 채취한 시료로서 한 조사팀이 하루에 20개 이하를 채취할 경우에는 1개를 그리고 그 이상을 채취할 때에는 시료 20개 당 1개를 추가로 취한다. 동일한 조건의 두 시료간의 측정값의 편차는 20 % 이하이어야 한다.

6.6 내부정도관리 주기 및 목표

6.6.1 방법검출한계, 정량한계, 정밀도 및 정확도는 연 1회 이상 산정하는 것을 원칙으로 하며, 분석자의 교체, 분석 장비의 수리 및 이동 등의 주요 변동사항이 생길 경우에는 다시 실시한다. 단, 장비의 청소 및 측정 장비의 감도가 의심될 때에는 언제든지 측정하여 확인하여야 한다.

6.6.2 검정곡선 검증 및 시약바탕시료의 분석은 각 시료군마다 실시하며, 고농도의 시료 다음에는 시약바탕시료를 측정하여 오염여부를 점검한다.

6.6.3 각 정도관리 항목에 대한 정도관리 목표값은 표 1과 같다.

7 분석절차

7.1 전처리

7.1.1 전처리는 시료 1 L 중에 인산이온 3 mg 이상 또는 알루미늄이온 1 mg 이상을 함유하거나 색도가 20도 이상인 경우에 한다.

7.1.2 시료[1)] 200 mL를 증발접시에 넣고, 페놀프탈레인용액 수 방울을 지시약으로 하여, 액이 엷은 홍색이 될 때까지 수산화나트륨용액을 넣고 가열 농축한다. 액이 약 50 mL가 된 후, 곧 소량의 정제수를 사용하여 비등석을 넣은 그림 2의 증류플라스크에 씻어 넣는다.

7.1.3 이 액에 인산 약 1 mL와 과염소산 40 mL를 넣은 후[2)] 미리 물 약 250 mL와 수개의 비등석을 넣은 수증기발생용 플라스크, 연결관 및 냉각기를 연결하고, 수증기발생용 플라스크와 증류플라스크를 가열한다. 이때 연결관의 콕을 열어 놓는다.

7.1.4 증류플라스크내의 온도가 140 ℃가 되면 곧 연결관의 콕을 조작하여 천천히 수증기를 통과시켜 증류한다. 이 때 증류온도는 140 ℃ ~ 150 ℃로 유지하며[3)], 증류플라스크를 가열하는 불꽃은 플라스크내의 액면 이하의 부분에만 접촉되도록 한다.

7.1.5 유출액이 약 190 mL가 되면, 곧 증류를 그치고 유출액에 물을 넣어 200 mL로 하여, 이를 시험용액으로 한다.[4)]

7.2 검정곡선의 작성

7.2.1 정제수 10 mL를 취하여 50 mL 부피플라스크에 넣은 후 불소이온 표준용액(10.0 mg/L) 0, 0.5, 2.0, 5.0, 10.0, 25.0 mL를 단계적으로 취하여 넣고 정제수로 눈금까지 채운다. 조제한 검정곡선용 표준용액의 농도는 0, 0.1, 0.4, 1.0, 2.0, 5.0 mg/L에 해당되며, 필요에 따라 사용하는 표준용액의 농도와 개수를 달리 할 수 있다.

---

1) 시료가 탁한 경우는 원심분리(1,500 rpm으로 10분간)로 제거하거나 여과지로 여과한다.

2) Al^{3+}, Fe^{3+} 방해가 크므로 강한 산성으로 분해하기 위해서는 인산, 과염소산을 넣어 pH를 4 ~ 5로 한다. 금속이온의 공존으로 불소의 유출이 늦게 되므로 인산을 가하면 유출이 쉬워진다.

3) 증류온도를 (145 ± 5) ℃로 유지해야 하며, 이보다 낮으면 불소화합물의 분해가 불충분하다.

4) 전처리한 경우 불소이온(mg F^-/L)은 $a \times \frac{200}{\text{유출액 mL}} \times \frac{1{,}000}{\text{시료 mL}}$

[주 1] 시료분석결과 이 검정곡선 농도범위를 벗어나면 시료를 희석해서 재분석하여야 한다.

7.2.2 검정곡선용 불소이온 표준용액을 비색관에 넣고 이하 **7.3**과 같은 방법으로 측정하여 불소이온의 농도(mg/L)를 가로축(x축)에, 불소이온의 흡광도를 세로축(y축)에 취하여 검정곡선을 작성한다.

7.3 측정법[5)]

7.3.1 전처리한 시료 또는 시료 20 mL를 비색관에 넣고, 알리자린콤플렉손용액 1 mL, 아세트산완충용액 5 mL, 질산란탄용액 1 mL 및 아세톤[6)] 20 mL를 넣고 다시 물을 넣어 50 mL로 하여 잘 흔들어 섞은 후 60분 이상 둔다. 전처리를 한 경우에는 전처리에서 얻은 시험용액을 시료로 한다.

7.3.2 이 용액의 일부를 흡수셀(10 mm)에 넣고 자외선/가시선 분광광도계를 사용하여 시료와 같은 방법으로 시험한 바탕시료를 대조액으로 하여 파장 620 nm 부근에서 흡광도를 측정하고 작성한 검정곡선으로부터[7)] 시험용액 중의 불소이온의 양을 구한다.

8 결과보고

8.1 계산

불소이온의 측정값을 검정곡선식의 $y(i)$값에 대입하여 $x(i)$값을 계산하면 불소이온의 농도(C_s, mg/L)를 구할 수 있다.

$$C_s(\text{mg/L}) = \frac{Ax - b}{a} \quad \cdots\cdots (\text{식 } 1)$$

여기서, A_x : 분석물질의 피크면적

a : 검정곡선의 기울기

b : 검정곡선의 절편 값

C_s : 분석물질의 농도(mg/L)

8.2 결과보고

행정사항과 관련된 항목별 시험결과의 표시는 ES 05003의 먹는물 수질기준의 표시한계 및 결과표시에 따른다.

9 참고자료

9.1 US EPA Method 340.3, 1971, Fluoride

9.2 Standard Method 4500-F, 2005, Fluoride

---

5) SO_4^{2-}, Cl^-, Br^-, I^-, CN^-, S^-는 F^-의 100배에 해당하는 양, Ca^{2+}, Mg^{2+}도 약 100배의 양이 공존하여도 거의 방해를 받지 않는다. 또 잔류염소나 ABS도 동량 정도의 공존에서는 전혀 방해받지 않는다. 그러나 고농도의 Ca^{2+}는 음(−)의 방해를, 또 Cu^{2+}는 양(+)의 방해를 나타낸다. 또 3 mg/L 이상의 PO_4^{3-}, 1 mg/L 이상의 Al^{3+}의 공존은 부(−)의 방해를 나타내고, 10 mg/L 이상의 Fe^{3+}의 공존은 정(+)의 방해를 나타내므로 이들이 공존하는 경우는 수증기를 증류한 후 그 유출액에 대하여 정량한다.

6) 아세톤은 첨가하면 발색이 잘되어 감도가 향상된다.

7) 검정곡선은 통상 원점을 통과해야 하나 만약 원점을 통과하지 않는 경우는 ALC와 La 등이 mol로 되어 있지 않으므로 시약을 다시 조제한다.

10 부록

[표 1] 정도관리 목표값

정도관리 항목	정도관리 목표
정량한계	0.15 mg/L
검정곡선	결정계수(R^2) ≥ 0.98 또는 감응계수(RF)의 상대표준편차 ≤ 15 %
정밀도	상대표준편차 ± 20 % 이내
정확도	80 % ~ 120 %
현장이중시료	상대편차백분율 ± 20 % 이내

불소이온

연습문제

01 먹는물수질공정시험기준에 따른 시료채취와 보존방법에 대한 설명으로 틀린 것은?

① 불소 : 폴리에틸렌 병에 채취하여 최대 7일 이내에 시험
② 페놀 : 잔류염소를 함유한 때는 이산화비소산나트륨용액을 넣어 잔류염소를 제거
③ 미생물 : 잔류염소를 함유한 때는 멸균한 티오황산나트륨용액을 첨가
④ 시안 : 유리병 또는 폴리에틸렌병에 시료를 채취하고 곧 입상의 수산화나트륨을 넣어 pH 12 이상의 알칼리성으로하고 냉암소에 보관

02 먹는물수질공정시험기준에서 시료채취시 설명으로 틀린 것은?

① 불소는 폴리에틸렌병에 채취하여 1주일 이내에 시험하여야 한다.
② 미생물 시험용 시료는 4 ℃ 냉장보관상태에서 총대장균군 등은 24시간 이내에 시험하여야 한다.
③ 시안시험용 시료는 정제수로 잘 씻은 유리병 또는 폴리에틸렌병에 시료를 채취하여야 한다.
④ 수도꼭지에서 미생물 시료를 채취하는 경우 수도꼭지를 틀어 2분 ~ 3분간 흘려보낸 후 시료를 채취하여야 한다.

03 먹는물수질공정시험기준에 따른 항목별 시료채취 및 보관에 관한 설명으로 틀린 것은?

① 불소 시험용 시료는 폴리에틸렌병에 채취하며 최대 28일 이내에 시험한다.
② 시안 시험용 시료는 미리 정제수로 잘 씻은 유리용기 또는 폴리에틸렌 병에 시료를 채취하고 수산화나트륨을 넣어 pH 12 이상의 알칼리성으로 하고 냉암소에 보관한다.
③ 트리할로메탄 시험용 시료는 미리 정제수로 잘 씻은 폴리프로필렌 용기에 기포가 생기지 않도록 채취하고 pH가 약 3 이하가 되도록 인산(1+10)을 시료 1 mL당 1방울을 넣고 물을 추가하여 꽉 채운 후 밀봉한다.
④ 금속류 시험용 시료는 미리 질산 및 정제수로 잘 씻은 유리용기 또는 폴리프로필렌병, 폴리에틸렌병, 폴리테트라플루오르에틸렌 병에 시료를 채취하고 질산을 가하여 pH 2 이하로 보존한다.

04 먹는물 시료 중 각 이온들의 분석방법에 대한 기술이 틀린 것은?

① 시안 : 자외선/가시선 분광법, 연속흐름법
② 불소 : 이온크로마토그래피, EDTA 적정법
③ 암모니아성질소 : 자외선/가시선 분광법, 연속흐름법
④ 황산이온 : EDTA 적정법, 이온크로마토그래피

05 먹는물 시료 a와 b에 존재하는 불소이온을 발색시켜 자외선/가시선 분광법으로 측정할 때 a와 b 시료의 불소이온 농도비(C_a/C_b)로 옳은 것은?

- a 시료의 투과도 : 30 %
- b 시료의 투과도 : 60 %

① 0.424 ② 0.687 ③ 1.530 ④ 2.357

Answer 1. ① 2. ② 3. ③ 4. ② 5. ④

06 먹는물수질공정시험기준에 따른 자외선/가시선 분광법에서 불소이온 분석 방법으로 옳은 것은?

> 알리자린콤프렉손 0.385 g을 가능한 한 소량의 (㉠) 용액에 녹이고 정제수 10 mL을 넣은 다음 용액의 색이 (㉡)으로부터 적색이 될 때까지 (㉢)을(를) 천천히 넣고 다시 정제수를 넣어 100 mL로 한다.

① ㉠ 질산 ㉡ 청색 ㉢ 수산화나트륨(1 + 99)
② ㉠ 수산화나트륨 ㉡ 자색 ㉢ 염산(1 + 99)
③ ㉠ 염산 ㉡ 청색 ㉢ 암모니아수(1 + 99)
④ ㉠ 수산화나트륨 ㉡ 자색 ㉢ 질산(1 + 99)

07 다음 중 먹는물 중 불소이온의 자외선/가시선 분광법 설명 중 틀린 것은?

① 시약과 반응하여 생성되는 청색의 복합 착화합물의 흡광도를 620 nm에서 측정하는 방법이다.
② 이 시험법의 적용범위는 먹는물, 샘물 및 염지하수 중 불소이온이다.
③ 불소이온의 정량한계는 0.15 mg/L이고 정량범위는 0.15 mg/L ~ 5.0 mg/L이다.
④ 전처리는 시료 1 L 중에 인산이온 1 mg 이상 또는 알루미늄이온 3 mg 이상을 함유하거나 색도가 20도 이상인 경우에 한다.

08 먹는물수질공정시험기준상 자외선/가시선 분광광도계로 측정할 수 없는 물질은?

① 암모니아성 질소 ② 브롬산염
③ 보론(붕소) ④ 불소이온

09 아래의 내용은 먹는물 분석 항목의 어느 물질 분석에 관한 설명인가?

> • Al^{3+}, Fe^{3+} 등의 방해물질 분해를 위해서 인산, 과염소산을 넣어 시료를 분해한다. 증류장치를 이용한 전처리시 충분한 분해를 위하여 증류온도는 140 ℃ ~ 150 ℃로 한다.
> • 분석시 같은 양 정도의 잔류염소나 ABS가 존재해도 방해를 받지 않으나, 고농도 Ca^{2+}와 Cu^{2+}는 방해이온으로 작용한다.
> • 흡광광도법 분석시 아세톤을 넣어 발색을 증가시킨다.

① 불소 ② 시안
③ 황산이온 ④ 질산성질소

Answer 6. ② 7. ④ 8. ② 9. ①

30 시안-자외선/가시선 분광법 (Cyanide-UV/Visible Spectrometry)

1 개요

1.1 목적

이 시험기준은 먹는물, 샘물 및 염지하수 중에 시안화합물[1)2)3)]을 측정하는 방법으로, 황산을 사용하여 시료를 강한 산성(pH < 2)으로 하고 염화마그네슘용액을 넣은 후 가열 증류하여 시안화물 및 시안착화합물의 대부분을 시안화수소로 유출시켜 수산화나트륨용액에 포집한 다음 중화하고 클로라민-T를 넣어 생성된 염화시안이 피리딘·피라졸론 발색시약과 반응하여 나타나는 청색을 620 nm에서 측정하는 방법[4)]이다.

1.2 적용범위

1.2.1 이 시험기준은 먹는물, 샘물 및 염지하수 중에 시안화합물의 분석에 적용한다.

1.2.2 이 시험기준으로 측정할 수 있는 시안화합물은 시안이온과 시안 착물들이다.

1.2.3 이 시험기준은 먹는물, 샘물 및 염지하수 중에 시안이 0.005 mg/L ~ 0.2 mg/L의 농도범위로 존재할 때 적용할 수 있으며, 먹는물, 샘물 및 염지하수 중에 0.005 mg/L의 정량한계를 갖는다.

1.2.4 이 시험기준으로는 각 시안화합물의 종류를 구분하여 정량할 수 없다.

---

1) 분자량: 26.02(CN^-), 끓는점: −21.2 ℃, 녹는점: −27.9 ℃, 배출원: 도금공업, 금·은 정련, 청색 안료, 사진공업, 시안화물을 이용하는 산업폐수에서 배출된다. 물속에 포함된 아미노산이나 질소화합물을 염소처리시 미량의 HCN이 생성되는 것으로 보고되었다.

2) 환경잔류성: 시안은 수중에서 CN^-, HCN 등 금속의 시안착화합물의 형태로 존재하며, 알칼리성에서 CN^-은 안정하나 산성에서 HCN은 휘발될 가능성이 있다.

3) 인체유해성: 급성중독으로는 위액의 염산으로 HCN이 유리되어 폐, 점막 등에 흡수되고 호흡마비, 경련, 전신질식 등을 일으킨다. 만성중독으로는 B12 농도를 낮추어 B12의 결핍 및 갑상선요오드에 영향을 나타내어 갑산선종 발생률을 증가시키는 것으로 알려져 있다. 청산가리라고 불리는 시안화칼륨(KCN), 시안화나트륨(NaCN)과 같은 무기 시안화합물은 물에 용해되어 시안화이온(CN^-)을 생성하며 독성이 강하다. 산업적으로 매우 유용한 전구체로서 대규모로 생산되는 시안화수소산(HCN)은 시안화물 염의 산성화로 얻을 수 있으며 휘발성이 높고 독성이 매우 강하다.

4) 시안의 측정원리 :

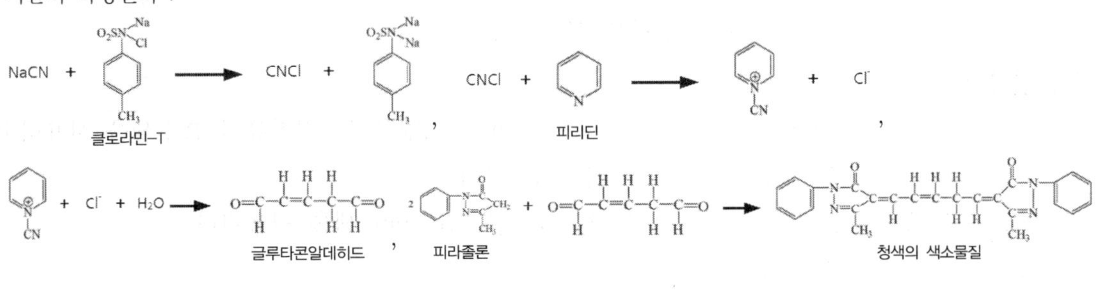

1.3 간섭물질

1.3.1 증류과정으로 많은 방해 물질들이 제거되거나 줄어들게 된다.

1.3.2 잔류염소 같은 산화제는 시안화물을 분해하므로 시료채취 후 빨리 처리해야 한다. 산화제 제거에 티오황산나트륨이나 이산화비소산나트륨을 사용할 수 있으나 티오황산나트륨을 사용할 경우는 정량적으로 사용하여 과량 사용에 의한 방해를 피해야 하며, 이산화비소산나트륨은 유독물질이므로 취급에 주의해야 한다.

1.3.3 황화물이 존재하면 시안을 티오시안으로 변화시킬 수 있다. 황화물의 존재가 의심되면 시료를 아세트산납 시험지에 한 방울 떨어뜨려 황화물의 존재를 확인한다. 황화물이 존재하면 시험지의 색이 어두워진다. 시료를 pH 12 이상으로 안정화 시킨 후 탄산납(lead carbonate, $PbCO_3$, 분자량 : 267.21) 분말을 첨가하여 황화납으로 침전시킨다. 아세트산납 시험지가 더 이상 반응하지 않을 때까지 이 조작을 반복한다. 용액을 건조된 여과지로 여과하고 여과된 여액을 분석에 사용한다. 시안화물이 침전물과 흡착으로 손실될 수 있으므로 과잉의 납 사용이나 긴 접촉시간은 피해야 한다. 이 조작은 증류 전 실시한다.

1.3.4 다량의 지방산은 증류시 비누 거품을 형성할 수 있는데, 아세트산용액(1 + 9)으로 시료를 pH 6 ~ 7로 산성화 시킨 후, 아이소옥탄, 헥산 또는 클로로포름을 시료의 20 %의 양만큼 사용하여 추출한 후 용매층을 버린다. 수층은 빨리 수산화나트륨용액을 이용하여 pH를 12 이상으로 하여 시료로 사용한다.

1.3.5 질산염 및 아질산염은 증류하는 동안 아질산(nitrous acid)이 생성되고 시료 중 유기물과 반응하여 옥심(oximes)을 생성하게 된다. 이 화합물은 시험조건에서 분해되어 시안화수소를 발생시켜 양의 오차를 일으킨다. 따라서 설팜산(sulfamic acid)으로 처리하여 제거한다.

1.3.6 알데하이드가 존재하면 시안을 시아노하이드린으로 변화시키고 증류 조건에서 나이트릴을 생성하게 된다. 알데하이드 존재가 의심되면 시료채취시 수산화나트륨용액으로 처리 후, 시료 100 mL 당 에틸렌다이아민용액(3.5 %) 2 mL를 첨가한다.

2 "내용 없음"

3 분석기기 및 기구

3.1 자외선/가시선 분광광도계

3.1.1 자외선/가시선 분광광도계는 아래 그림 1과 같이 광원부, 파장선택부, 시료부 및 측광부로 구성되고 광원부에서 측광부까지의 광학계에는 측정목적에 따라 여러 가지 형식이 있다.

3.1.2 광원부의 광원으로 가시부와 근적외부의 광원으로는 주로 텅스텐램프를 사용하고 자외부의 광원으로는 주로 중수소 방전관을 사용한다.

3.2 흡수셀

3.2.1 시료액의 흡수파장이 약 370 nm 이상일 때는 석영 또는 경질유리 흡수셀을 사용하고 약 370 nm 이하일 때는 석영 흡수셀을 사용한다.

3.2.2 따로 흡수셀의 길이를 지정하지 않았을 때는 10 mm 셀을 사용한다.

3.2.3 시료셀에는 시험용액을, 대조셀에는 따로 규정이 없는 한 정제수를 넣는다. 넣고자 하는 용액으로 흡수셀을 씻은 다음 셀의 약 80 %까지 넣고 외면이 젖어 있을 때는 깨끗이 닦는다. 휘발성 용매를 사용할 때와 같은 경우에는 흡수셀에 마개를 하고 흡수셀에 방향성이 있을 때는 항상 방향을 일정하게 하여 사용한다.

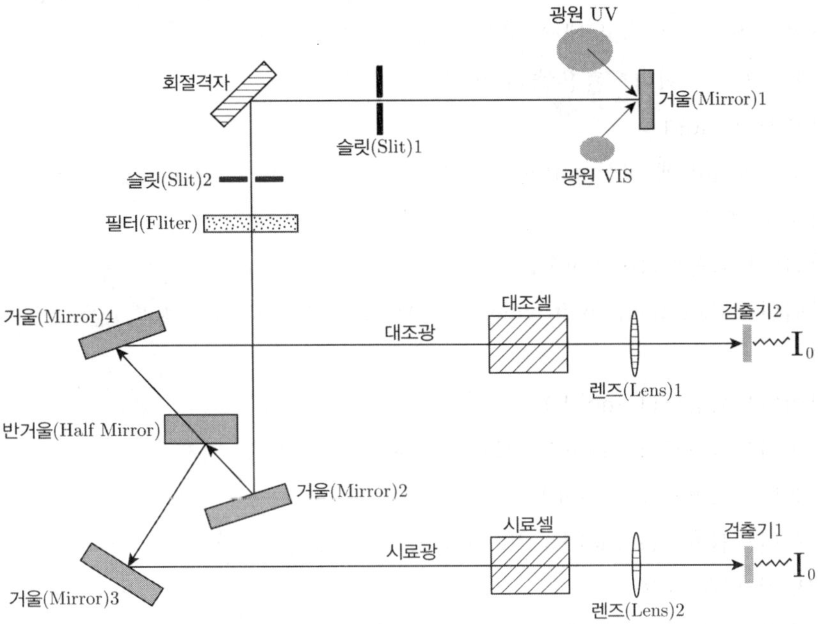

[그림 1] 자외선/가시선 분광광도계

3.3 시안증류장치

그람냉각기(graham condenser)가 부착된 유리재질의 증류장치를 사용한다. 그림 2와 같이 할 수 있다.

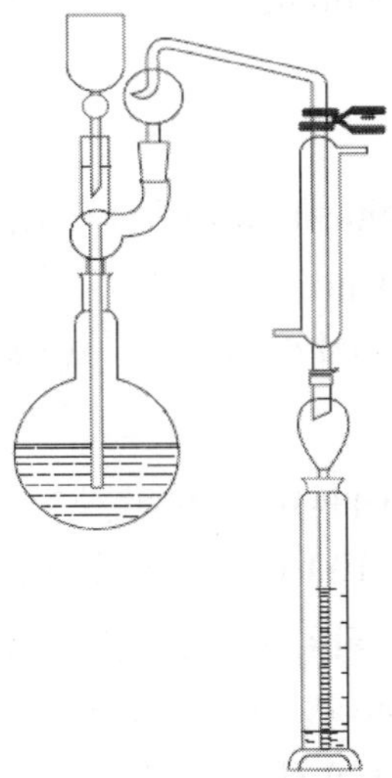

[그림 2] 시안 증류장치

4 시약 및 표준용액

4.1 시약

4.1.1 페놀프탈레인용액(0.5 %)

페놀프탈레인(phenolphthalein, $C_{20}H_{14}O_4$, 분자량 : 318.33) 0.5 g을 에탄올(ethanol, C_2H_5OH, 분자량 : 46.07) 50 mL에 녹이고 정제수를 넣어 100 mL로 한 후 이 용액이 홍색을 나타낼 때까지 수산화나트륨용액 (1 mol/L)을 넣는다.

4.1.2 황산용액(9 mol/L)

정제수 500 mL에 황산(sulfuric acid, H_2SO_4, 분자량 : 98.08, 95 % ~ 98 %)을 천천히 넣어 1 L로 한다.

4.1.3 수산화나트륨용액(10 mol/L)

수산화나트륨(sodium hydroxide, NaOH, 분자량 : 40.00) 400 g을 정제수에 녹여 1 L로 한다.

4.1.4 수산화나트륨용액(1 mol/L)

수산화나트륨용액(10 mol/L) 100 mL를 취하여 넣고 정제수를 첨가하여 1 L로 한다.

4.1.5 수산화나트륨용액(0.2 mol/L)

수산화나트륨용액(1 mol/L) 200 mL를 취하여 넣고 정제수를 첨가하여 1 L로 한다.

4.1.6 아세트산용액(1+9)

정제수 90 mL에 아세트산(glacial acetic acid, CH_3COOH, 분자량 : 60.05) 10 mL를 넣어 혼합한다.

4.1.7 인산염완충용액

인산이수소칼륨(potassium dihydrogen phosphate, KH_2PO_4, 분자량 : 136.09) 34 g과 무수인산일수소나트륨(disodium hydrogen phosphate, Na_2HPO_4, 분자량 : 141.96) 35.6 g을 정제수에 녹여 1 L로 한다.

4.1.8 클로라민-T용액(1 %)

클로라민-T·3수화물(chloramine-T trihydrate, $C_7H_7ClNNaO_2S \cdot 3H_2O$, 분자량 : 281.69) 1.25 g을 정제수에 녹여 100 mL로 한다.

[주 1] 클로라민-T·3수화물은 변하기 쉬우므로 사용시 조제한다.

4.1.9 피리딘·피라졸론 혼합용액[5)]

1-페닐-3-메틸-5-피라졸론(1-phenyl-3-methyl-5-pyrazolone, $C_{10}H_{10}N_2O$, 분자량 : 174.20) 0.25 g을 75 ℃로 가열한 물 100 mL에 녹이고(완전히 녹지 않아도 좋다), 실온으로 식힌 다음 비스(1-페닐-3-메틸-5-피라졸론) (bis(1-phenyl-3-methyl-5-pyrazolone), $C_{20}H_{18}N_4O_2$, 분자량 : 346.39) 0.02 g을 피리딘(pyridine, C_5H_5N, 분자량 : 79.10) 20 mL에 녹인 용액을 넣어 섞는다. 이 용액은 사용시 조제한다.

---

5) 비스(1-페닐-3-메틸-5-피라졸론)가 피리딘에 잘 녹지 않을 때에는 맨틀 히터를 사용하는 것도 하나의 방법이지만 시약조제 하루 전에 피리딘을 가하여 냉장고에서 방치하면 용해가 쉽다.

4.1.10 질산은용액(0.1 mol/L)

4.1.10.1 질산은(silver nitrate, $AgNO_3$, 분자량 : 169.87) 17 g을 정제수에 녹여 1 L로 한 후 갈색병에 넣어 보관한다.

4.1.10.2 농도결정

4.1.10.2.1 500 ℃ ~ 600 ℃에서 1시간 가열하고 데시케이터에서 식힌 염화나트륨(sodium chloride, NaCl, 분자량 : 58.44) 약 100 mg을 정밀히 달아 백색사기접시 또는 삼각플라스크에 넣고 정제수 약 100 mL를 넣어 녹인다.

4.1.10.2.2 염화나트륨용액에 크롬산칼륨용액 0.2 mL를 지시약으로 하여 질산은용액(0.1 mol/L)으로 엷은 등색이 없어지지 않고 남을 때까지 적정하고 여기에 소비된 질산은용액(0.1 mol/L)의 양으로부터 다음 식에 따라 질산은용액 (0.1 mol/L)의 농도계수를 구한다.

$$f = \frac{\text{염화나트륨의 양(mg)}}{(a-b)\times 5.844} \quad \cdots\cdots (식\ 1)$$

여기서, a : 소비된 질산은용액(0.1 mol/L)의 양(mL)

b : 바탕시험 할 때 소비된 질산은용액(0.1 mol/L)의 양(mL)

f : 질산은용액(0.1 mol/L)의 농도계수

4.1.11 크롬산칼륨용액

크롬산칼륨(potassium chromate(VI), K_2CrO_4, 분자량 : 194.19) 50 g을 정제수 약 200 mL에 녹이고, 적색 침전이 생길 때까지 질산은 용액을 넣어 여과한 후 여과액에 정제수를 넣어 1 L로 한다.

4.1.12 p-다이메틸아미노벤잘로다닌용액(0.02 %)

p-다이메틸아미노벤잘로다닌(p-dimethylaminobenzalrhodanine, $C_{12}H_{12}N_2OS_2$, 분자량 : 264.37) 0.02 g을 아세톤(acetone, C_3H_6O, 분자량 : 58.08) 100 mL에 녹여 조제한다.

4.1.13 설팜산

설팜산(sulfamic acid, H_3NSO_3, 분자량 : 97.10)으로 분석용 시약을 사용한다.

4.1.14 염화마그네슘용액(24 %)

염화마그네슘·6수화물(magnesium chloride hexahydrate, $MgCl_2 \cdot 6H_2O$, 분자량 : 203.31) 510 g을 정제수에 녹여 1 L로 한다.

4.2 표준용액

4.2.1 시안표준원액(1000 mg/L)

4.2.1.1 시안화칼륨(potassium cyanide, KCN, 분자량 : 65.12) 2.51 g과 수산화칼륨(potassium hydroxide, KOH, 분자량 : 56.11) 2 g을 정제수에 녹여 1 L로 하여 표준원액을 만들어 사용하거나 시판용 표준용액을 사용한다.

4.2.1.2 농도결정

시안 표준원액 100 mL를 비커에 넣고 수산화나트륨용액(1 mol/L) 0.5 mL를 넣은 후 p-다이메틸아미노벤잘로다닌용액(0.02 %) 0.5 mL를 지시약으로 하여 용액의 색이 황색에서 적색으로 될 때까지 질산은용액(0.1 mol/L)으로 적정하고, 이에 소비된 질산은용액(0.1 mol/L)의 양으로부터 다음 식에 따라 용액에 함유된 시안의 양(mg/L)을 구한다.

$$\text{시안(mg/L)} = \frac{a \times f \times 5.204 \times 1000}{100} \quad \cdots\cdots (\text{식 } 2)$$

여기서, a : 소비된 질산은용액(0.1 mol/L)의 양(mL)

f : 질산은용액(0.1 mol/L)의 농도계수

4.2.2 시안표준용액(1.0 mg/L)

농도가 시안표준원액(4.2.1.2에서 결정한 농도로서 약 1000 mg/L)의 시안 10 mg에 해당하는 부피를 정확히 취하여 수산화나트륨용액(1 mol/L) 50 mL와 정제수를 넣어 정확히 1000 mL로 한 다음, 이 용액 10 mL를 정확히 취하여 정제수를 넣어 100 mL로 한다. 사용할 때 조제한다.

[주 1] 시안표준원액의 시안 10 mg에 해당하는 부피는 10,000을 4.2.1.2에서 결정한 농도(C, mg/L)로 나눈 값(mL)이다. 즉 필요한 시안표준원액의 부피(mL) = 10,000/C이다.

5 시료채취 및 관리

5.1 시료는 미리 세척한 유리 또는 폴리에틸렌용기에 채취한다.

5.2 시료에 잔류염소가 존재하면 1.3.2의 방법에 따라 잔류염소를 제거한다.

5.3 시료는 수산화나트륨용액을 가하여 pH 12 이상으로 조절하여 냉암소에서 보관한다[6]. 최대 보관시간은 14일이며 가능한 한 빨리 시험한다. 일반적인 시료의 경우, 시료 1리터당 수산화나트륨용액(10 mol/L)을 2 mL 첨가하면 보통은 시료의 pH가 12 이상이 된다.

6 정도보증/정도관리(QA/QC)

6.1 방법검출한계 및 정량한계

6.1.1 방법검출한계(MDL, method detection limit) 및 정량한계(LOQ, limit of quantitation)는 ES 05001 정도보증/정도관리에 따라 측정한다. 정제수에 정량한계 부근의 농도가 되도록 시안표준용액을 첨가한 시료 7개를 준비하고 각 시료를 **7** 분석절차와 동일하게 측정하여 표준편차를 구한다.

6.1.2 표준편차에 3.14를 곱한 값을 방법검출한계로, 10을 곱한 값을 정량한계로 나타낸다. 산출된 정량한계는 표 1에서 제시한 정량한계 이하이어야 한다.

6.2 방법바탕시료의 측정

ES 05001 정도보증/정도관리에 따라 시료군마다 1개의 방법바탕시료(method blank)를 측정한다. 방법바탕시료는 정제수를 사용하여 **7** 분석절차와 동일하게 측정하며 측정값은 방법검출한계 이하이어야 한다.

6.3 검정곡선의 작성 및 검증

6.3.1 검정곡선의 작성 및 검증은 ES 05001 정도보증/정도관리에 따른다. 정량범위 내의 5개의 농도에 대해 검정곡선을 작성하고 얻어진 검정곡선의 결정계수(R^2)가 0.98 이상 또는 감응계수(RF)의 상대표준편차가 15 % 이내이어야 하며 결정계수나 감응계수의 상대표준편차가 허용범위를 벗어나면 재작성한다.

---

6) 산성에서는 CN^- 이온이 HCN으로 되어 휘산되므로 NaOH 용액을 넣어 pH 12 이상의 알칼리성으로 보관한다.

6.3.2 검정곡선의 직선성을 검증하기 위해서는 정량범위를 0.005 mg/L ~ 0.2 mg/L로 설정하여 검정곡선을 작성하여 결정계수(R^2)를 구한다.

6.3.3 검정곡선의 감응계수를 검증하기 위해서는 검정곡선의 중간 농도의 한 농도에서 감응계수를 구하여 그 값이 전과 15 %에서 일치하여야 한다. 만약 이 범위를 넘는 경우, 검정곡선을 재작성한다.

6.4 정밀도 및 정확도

6.4.1 정밀도(precision) 및 정확도(accuracy)의 측정은 ES 05001 정도보증/정도관리에 따른다. 정제수에 정량한계의 10배 농도가 되도록 동일하게 표준물질을 첨가한 시료를 4개 이상 준비하고 7 분석절차와 동일하게 측정하여 평균값과 표준편차를 구한다.

6.4.2 정확도는 인증시료를 확보할 수 있는 경우 인증표준물질을 분석한 결과값과 인증값과의 상대백분율로 나타내고, 인증시료를 확보할 수 없는 경우 이를 정확한 농도로 첨가한 시료로 대체한다. 이 때 정확도는 첨가시료를 분석한 농도와 첨가하지 않은 시료를 분석한 농도와의 차이에 대한 첨가농도의 상대백분율로서 나타내며 그 값이 80 % ~ 120 % 이내이어야 한다.

6.4.3 정밀도는 측정값의 상대표준편차(RSD)로 계산하며 측정값이 20 % 이내이어야 한다.

6.5 현장 이중시료의 측정

현장 이중시료(field duplicate sample)는 동일한 장소에서 동일한 조건으로 중복으로 채취한 시료로서 한 조사팀이 하루에 20개 이하를 채취할 경우에는 1개를 그리고 그 이상의 시료를 채취할 때에는 시료 20개 당 1개를 추가로 채취한다. 동일한 조건의 두 시료간의 측정값의 상대편차백분율(RPD, relative percent difference)은 20 % 이하이어야 한다.

6.6 내부정도관리 주기 및 목표

6.6.1 방법검출한계, 정량한계, 정밀도 및 정확도는 연 1회 이상 산정하는 것을 원칙으로 하며, 분석자의 교체, 분석 장비의 수리 및 이동 등의 주요 변동사항이 생길 경우에는 다시 실시한다. 단, 장비의 청소 및 측정 장비의 감도가 의심될 때에는 언제든지 측정하여 확인하여야 한다.

6.6.2 검정곡선 검증 및 방법바탕시료의 분석은 각 시료군마다 실시하며, 고농도의 시료를 측정한 다음에는 정제수를 측정하여 오염 여부를 점검하고, 오염이 확인된 경우 오염을 제거한 후 다음 시료를 분석한다.

6.6.3 각 정도관리 항목에 대한 정도관리 목표값은 표 1과 같다.

7 분석절차[7)]

7.1 전처리

7.1.1 시료에 황화물이 존재할 경우, 1.3.3의 방법에 따라 황화물을 제거한다.

---

7) 본 시험기준은 시료 중의 시안을 초산아연의 공존하에 황산산성(pH 약 4.5)으로 가열 증류하여 시안화수소로 하고, 이것을 NaOH용액에 흡수시켜 중화한 후 Chloramine-T로 염화시안으로 하고 pyrazolone과 bispyrazolone을 포함한 pyridine을 작용시켜 발색하는 청색을 파장 620 nm에서 흡광도를 측정하여 시안농도를 구한다. 인산완충액 10 mL 가하면 pH 6.8로 된다. 발색시 pH는 5 ~ 8의 범위에 있어야 영향을 받지 않고 안정하다. 강한 산화제 클로라민-T에 의하여 독성있는 CNCl의 생성반응의 완결에는 2 ~ 3분이 필요하고 그 후 방치하면 더 분해되어 농도가 감소한다. 황화합물 함유시 초산아연을 넣어 제거한다. 이 용액 1 mL는 황화합물 이온 약 14 mL에 대응한다.

7.1.2 시료 250 mL(0.00125 mg ~ 0.05 mg의 시안을 함유하거나 같은 양의 시안을 함유하도록 시료에 정제수를 넣어 250 mL로 한 것)를 미리 비등석을 넣은 500 mL 증류플라스크에 넣고 그림 2와 같이 시안 증류장치를 조립한다.

7.1.3 주입깔때기를 통하여 설팜산 1 g을 넣어 녹이고 3분간 기다린다.

7.1.4 주입깔때기를 통하여 황산용액(9 mol/L) 25 mL를 소량씩 천천히 넣고 3분간 기다린 후 염화마그네슘용액(24 %) 10 mL를 넣는다.

[주 1] 황산용액 첨가는 반드시 증류장치 조립 후 주입깔때기를 통해 천천히 첨가하여야 유리시안이 시안화수소로 손실되는 것을 방지할 수 있다.

7.1.5 증류플라스크를 가열하여 2 mL/min ~ 3 mL/min의 유출속도로 증류한다.

7.1.6 수집기는 미리 수산화나트륨용액(1 mol/L) 20 mL를 넣어둔 마개 있는 100 mL 눈금실린더를 사용하여 수집기 중의 액량이 90 mL가 되었을 때 증류를 끝내고 냉각기를 떼어내어 냉각기의 안쪽을 소량의 정제수로 씻은 후 정제수를 넣어 정확히 100 mL로 한다.

[주 1] 시안화물은 독성이 강하므로 후드나 배기시설이 잘 갖추어진 곳에서 주의 깊게 다루어야 하며 피부에 접촉이나 호흡이나 섭취가 되지 않게 주의해야 한다.

7.7 검정곡선의 작성

7.7.1 수산화나트륨용액(1 mol/L)에 시안표준용액(0.2 mol/L) 0 mL, 1 mL, 5 mL, 10 mL, 20 mL, 50 mL를 단계적으로 취하여 넣고 표선을 맞추어 100 mL로 한다. 조제한 검정곡선용 표준용액의 농도는 0 mg/L, 0.01 mg/L, 0.05 mg/L, 0.10 mg/L, 0.20 mg/L, 0.50 mg/L에 해당된다. 필요에 따라 사용하는 표준용액의 농도와 개수를 달리 할 수 있다.

[주 1] 시료분석결과 이 검정곡선 농도범위를 벗어나면 시료를 희석해서 재분석하여야 한다.

7.7.2 이하 7.3과 같은 방법으로 측정하여 시안의 농도(mg/L)를 가로축(x축)에, 시안의 흡광도를 세로축(y축)에 취하여 검정곡선을 작성한다.

7.8 측정법

7.8.1 전처리한 시료 20 mL를 정확히 취하여 50 mL 부피플라스크에 넣어 지시약으로 페놀프탈레인용액 (0.5 %) 한 방울을 넣어 조용히 흔들어 주면서 용액의 붉은색이 없어질 때까지 아세트산 (1+9)을 넣는다.(약 2.5 mL 소요)

7.8.2 인산염완충용액 (pH 6.8) 10 mL와 클로라민-T용액 (1 %) 0.25 mL를 넣고 마개를 막아 조용히 섞는다.

7.8.3 약 5분간 방치하고[8] 피리딘피라졸론 혼합용액 15 mL를 넣고 정제수를 넣어 표선을 채운 다음 조용히 섞고 40분간 둔다.[9]

7.8.4 이 용액의 일부를 흡수셀 (10 mm)에 넣고 바탕시험 용액을 대조군으로 하여 자외선/가시선 분광광도계를 사용하여 파장 620 nm에서 흡광도를 측정한다.

---

8) 클로라민-T에 의해 CNCl의 생성반응이 완료되기까지는 2 ~ 3분이 필요하다.

9) 이 반응에서는 먼저 엷은 적색의 발색이 일어나면서 이 반응은 빠르게 완료되며, 그 다음 서서히 진한 청색으로 변화하는데 시간이 필요하다. 청색의 정색반응 완료 시간은 온도에 따라 달라지는데 저온에서는 장시간 소요되지만 고온에서는 적은 시간이 소요되므로 온도, 시간에 세심한 주의가 필요하다. 정색 종료 후에는 흡광도가 감소한다. 흡광도는 20 ℃에서 약 50분, 30 ℃에서는 약 40분 정도 경과시 최고에 달하며, 이후 약 1시간은 안정하나 계속 방치하면 서서히 감소한다.

7.8.5 따로 정제수 20 mL를 취하여 시료의 시험방법에 따라 시험하여 바탕시험으로 한다.

8 결과보고

8.1 계산

검정곡선은 표준용액의 농도에 대한 흡광도로 작성한다. 측정된 시료의 흡광도를 검정곡선식에 대입하여 시료 중 시안의 농도(mg/L)를 계산한다.

$$\text{시안(mg/L)} = \frac{(y-b)}{a} \times \frac{100}{250} \times I \quad \cdots\cdots (\text{식 } 3)$$

여기서, y : 시료의 흡광도　　b : 검정곡선의 절편

a : 검정곡선의 기울기　　I : 희석배수

8.2 결과보고

행정사항과 관련된 항목별 시험결과의 표시는 ES 05003의 먹는물 수질기준의 표시한계 및 결과표시에 따른다.

9 참고자료

9.1 US EPA Method 335.2, “Cyanide, Total(Titrimetric; Spectrophotometric)”, EPA, (1980)

9.2 US EPA Method 335.4, “Determination of total cyanide by semi-automated colorimetry”, EPA, (1993)

9.3 Standard Method, 4500, “CN-Cyanide”, (2017)

9.4 上水試驗方法, II. 一般理化學·無機物編 “シアン” 日本水道協會, (2020)

9.5 KS I ISO 6703, “수질-시안화물의 측정”, (1984)

9.6 수질오염공정시험기준 ES 04353.1, “시안-자외선/가시선 분광법”, 국립환경과학원, (2022)

10 부록

[표 1] 정도관리 목표값

정도관리 항목	정도관리 목표
정량한계	0.005 mg/L
검정곡선	결정계수(R^2) ≥ 0.98 또는 감응계수(RF)의 상대표준편차 ≤ 15 %
정밀도	상대표준편차 20 % 이내
정확도	80 % ~ 120 %
현장이중시료	상대편차백분율 ± 20 % 이내

31 시안-연속흐름법
(Cyanide-Continuous Flow Analysis(CFA))

1 개요

1.1 목적

이 시험기준은 먹는물, 샘물 및 염지하수 중에 시안화합물을 분석하기 위하여 시료를 산성상태에서 가열 증류하여 시안화물 및 시안착화물의 대부분을 시안화수소로 유출시켜 포집한 다음 포집된 시안이온을 중화하고 클로라민-T를 넣어 생성된 염화시안이 발색시약과 반응하여 나타나는 색을 620 nm 또는 기기에 따라 정해진 파장에서 분석하는 시험기준이다.

1.2 적용범위

1.2.1 이 시험기준은 먹는물, 샘물 및 염지하수 중에 시안화합물의 분석에 적용한다.

1.2.2 이 시험기준으로 측정할 수 있는 시안화합물은 시안이온과 시안 착물들이다.

1.2.3 이 시험기준은 먹는물 중에 시안이 0.005 mg/L ~ 0.2 mg/L의 농도범위로 존재할 때 적용할 수 있으며, 먹는물 중에 0.005 mg/L의 정량한계를 갖는다.

[주 1] 정량범위는 기기에 따라 다를 수 있으므로 제조사의 적용범위를 따른다.

1.2.4 이 시험기준으로는 각 시안화합물의 종류를 구분하여 정량할 수 없다.

1.3 간섭물질

1.3.1 증류과정으로 많은 방해물질들이 제거되거나 줄어들게 된다.

1.3.2 잔류염소 같은 산화제는 시안화물을 분해하므로 시료채취 후 빨리 처리해야 한다. 산화제 제거에 티오황산나트륨이나 이산화비소산나트륨을 사용할 수 있으나 티오황산나트륨을 사용할 경우는 정량적으로 사용하여 과량 사용에 의한 방해를 피해야 하며, 이산화비소산나트륨은 유독물질이므로 취급에 주의해야 한다.

1.3.3 황화물이 존재하면 시안을 티오시안으로 변화시킬 수 있다. 황화물의 존재가 의심되면 시료를 아세트산납 시험지에 한 방울 떨어뜨려 황화물의 존재를 확인한다. 황화물이 존재하면 시험지의 색이 어두워진다. 시료를 pH 12 이상으로 안정화 시킨 후 탄산납(lead carbonate, $PbCO_3$, 분자량 : 267.21) 분말을 첨가하여 황화납으로 침전시킨다. 아세트산납 시험지가 더 이상 반응하지 않을 때까지 이 조작을 반복한다. 용액을 건조된 여과지로 여과하고 여과된 여액을 분석에 사용한다. 시안화물이 침전물과 흡착으로 손실될 수 있으므로 과잉의 납 사용이나 긴 접촉시간은 피해야 한다. 이 조작은 장비를 사용하여 분석하기 전에 실시한다.

1.3.4 다량의 지방산은 증류시 비누거품을 형성할 수 있는데, 아세트산용액(1+9)으로 시료를 pH 6 ~ 7로 산성화 시킨 후, 아이소옥탄, 헥산 또는 클로로포름을 시료의 20 %의 양만큼 사

용하여 추출한 후 용매층을 버린다. 수층은 빨리 수산화나트륨용액을 이용하여 pH를 12 이상으로 하여 시료로 사용한다.

1.3.5 티오시안은 양의 간섭을 일으킬 수 있다. 자외선에 의해 티오시안은 시안으로 분해될 수 있다. 이를 방지하기 위해, UV-B 램프(312 nm)와 290 nm 파장의 UV광을 거르는 보로실리케이트 유리로 된 분해 스파이얼을 사용하거나 290 nm 이하의 광선이 나오지 않는 장파장의 UV 램프(351 nm)를 사용할 수 있다.

1.3.6 알데하이드가 존재하면 시안을 시아노하이드린으로 변화시키고 증류 조건에서 나이트릴을 생성하게 된다. 알데하이드 존재가 의심되면 시료채취시 수산화나트륨용액으로 처리 후, 시료 100 mL당 에틸렌다이아민용액(3.5 %) 2 mL를 첨가한다.

1.3.7 염분 농도가 10 g/L보다 높으면 증류를 방해하기 때문에 희석하여 시험한다.

1.3.8 시료 중의 입자상 물질은 튜브를 통한 이동을 방해하고 광학적 측정을 간섭한다. 따라서 0.1 mm 이상의 입자는 여과하여 제거한다.

2 용어정의

2.1 바탕선 들뜸 보정시료

시간에 따라 기기의 바탕선이 들뜨는 것을 보정하는 시료이며, 정제수를 사용한다. 초기에 보정시료로 기준점을 설정한 후 시료 7개 ~ 10개 당 1개 이상 보정시료를 분석하여 바탕선의 들뜸을 보정한다.

2.2 분할흐름분석기

분할흐름분석기(SFA, segmented flow analyzer)란 연속흐름분석기의 일종으로 다수의 시료를 연속적으로 자동분석하기 위하여 사용한다. 본체의 구성은 시료와 시약을 주입할 수 있는 펌프와 튜브, 시료와 시약을 반응시키는 반응기 및 검출기로 구성되어 있으며, 용액의 흐름 사이에 일정한 간격으로 공기방울을 주입하여 시료의 분산 및 연속흐름에 따른 상호 오염을 방지하도록 구성되어 있다.

2.3 흐름주입분석기

흐름주입분석기(FIA, flow injection analyzer)란 연속흐름분석기의 일종으로 다수의 시료를 연속적으로 자동분석하기 위하여 사용한다. 기본적인 본체의 구성은 분할흐름 분석기와 같으나 용액의 흐름 사이에 공기방울을 주입하지 않는 것이 차이점이다. 공기방울 미 주입에 따라 시료의 분산 및 연속흐름에 따른 상호 오염의 우려가 있으나 분석시간이 빠르고 기계장치가 단순화되는 장점이 있다.

3 분석기기 및 기구

3.1 자동분석기(autoanalyzer)

3.1.1 시료자동주입기(autosampler)

시료를 보관할 수 있는 용기와 트레이, 세척수 모듈, 시료 채취를 위한 장치(sampling probe)로 구성되어 있으며, 프로그램에 의해 시료주입 및 세척시간의 조절이 가능한 것을 사용한다.

3.1.2 용매 이송펌프

시료와 시약의 연속적인 정량주입이 가능하여야 한다. 이 때 사용되는 용매 이송용 튜브는 시료 및 시약과 반응하지 않는 재질(타이곤 또는 테플론 등)을 사용하여야 하며, 일정시간 사용 후 용매의 정량 이송이 어려워지면 교체하여야 한다.

3.1.3 반응기

연속으로 주입된 시료와 시약이 완전 혼합되어 반응할 수 있는 구조를 가져야 하며, 충분한 반응시간이 확보되어야 한다. 부록의 그림 1 또는 각 자동분석기에서 요구되는 규격 같이 구성할 수 있다.

3.1.4 증류장치 및 자외선 분해기(UV digester)

증류장치와 자외선 분해기의 규격은 각 자동분석기에서 요구되는 규격을 사용한다.

[주 2] 자외선 분해기는 적절한 시스템으로 대체 가능하며, 구성된 시스템이 총시안분석에 적합함을 헥사시아노철산(Ⅲ)칼륨 표준용액을 이용하여 확인한다.

3.2 검출기 및 기록계

3.2.1 검출기

흡광광도계를 사용하며, 10 mm ~ 50 mm 흐름셀(flow cell)과 기기에 따라 정해진 파장의 필터가 설치된 비색계를 사용한다. 단, 자동분석기에서 요구되는 규격이 상기한 규격과 상이할 경우 자동분석기에서 요구되는 규격을 따른다.

3.2.2 기록계

검출기로부터 나온 신호들의 기록, 저장 및 보존이 가능한 것을 사용한다.

4 시약 및 표준용액

4.1 시약

4.1.1 증류 및 분석에 사용되는 시약의 종류 및 조제방법은 자동분석기에서 요구하는 규격에 따른다.

4.1.2 크롬산칼륨용액

크롬산칼륨(potassium chromate(VI), K_2CrO_4, 분자량 : 194.19) 50 g을 정제수 약 200 mL에 녹이고, 적색 침전이 생길 때까지 질산은 용액을 넣어 여과한 후 여과액에 정제수를 넣어 1 L로 한다.

4.1.3 질산은용액(0.1 mol/L)

4.1.3.1 질산은(silver nitrate, $AgNO_3$, 분자량 : 169.87) 17.0 g을 정제수에 녹여 1 L로 한 후 갈색병에 넣어 보관한다.

4.1.3.2 농도결정

4.1.3.2.1 500 ℃ ~ 600 ℃에서 1시간 가열하고 데시케이터에서 식힌 염화나트륨(sodium chloride, NaCl, 분자량 : 58.44) 약 100 mg을 정밀히 달아 백색사기접시 또는 삼각플라스크에 넣고 정제수 약 100 mL를 넣어 녹인다.

4.1.3.2.2 염화나트륨용액에 크롬산칼륨용액 0.2 mL를 지시약으로 하여 질산은용액(0.1 mol/L)으로 엷은 등색이 없어지지 않고 남을 때까지 적정하고 여기에 소비된 질산은용액(0.1 mol/L)의 양으로부터 다음 식에 따라 질산은용액(0.1 mol/L)의 농도계수를 구한다.

$$f = \frac{\text{염화나트륨의 양(mg)}}{(a-b)\times 5.844} \quad \text{(식 1)}$$

여기서, a : 소비된 질산은용액(0.1 mol/L)의 양(mL)

b : 바탕시험할 때 소비된 질산은용액(0.1 mol/L)의 양(mL)

f : 질산은용액(0.1 mol/L)의 농도계수

4.1.4 p-다이메틸아미노벤잘로다닌용액(0.02 %)

p-다이메틸아미노벤잘로다닌(p-dimethylaminobenzalrhodanine, $C_{12}H_{12}N_2OS_2$, 분자량 : 264.37) 0.02 g을 아세톤 100 mL에 녹여 조제한다.

4.2 표준용액

4.2.1 시안표준원액(1000 mg/L)

4.2.1.1 시안화칼륨(potassium cyanide, KCN, 분자량 : 65.12) 2.51 g과 수산화칼륨(potassium hydroxide, KOH, 분자량 : 56.11) 2 g을 정제수에 녹여 1 L로 하여 표준원액을 만들어 사용하거나 시판용 표준용액을 사용한다.

4.2.1.2 농도결정

시안 표준원액 100 mL를 비커에 넣고 수산화나트륨용액(1 mol/L) 0.5 mL를 넣은 후 p-다이메틸아미노벤잘로다닌용액(0.02 %) 0.5 mL를 지시약으로 하여 용액의 색이 황색에서 적색으로 될 때까지 질산은용액(0.1 mol/L)으로 적정하고, 이에 소비된 질산은용액(0.1 mol/L)의 양으로부터 다음 식에 따라 용액에 함유된 시안의 양(mg/L)을 구한다.

$$\text{시안(mg/L)} = \frac{a\times f\times 5.204\times 1000}{100} \quad \text{(식 2)}$$

여기서, a : 소비된 질산은용액(0.1 mol/L)의 양(mL)

f : 질산은용액(0.1 mol/L)의 농도계수

4.2.2 시안표준용액(1.0 mg/L)

농도가 결정된 시안표준원액(4.2.1.2에서 결정한 농도로서 약 1000 mg/L)의 시안 10 mg에 해당하는 부피를 정확히 취하여 수산화나트륨용액(1 mol/L) 50 mL와 정제수를 넣어 정확히 1000 mL로 한 다음, 이 용액 10 mL를 정확히 취하여 정제수를 넣어 100 mL로 한다. 시안표준용액(1.0 mg/L)은 분석시 조제한다.

[주 3] 시안표준원액의 시안 10 mg에 해당하는 부피는 10 000을 4.2.1.2에서 결정한 농도(C, mg/L)로 나눈 값(mL) 이다. 즉 필요한 시안표준원액의 부피(mL) = 10000/C이다.

4.2.3 헥사시아노철산(Ⅲ)칼륨 표준용액

헥사시아노철산(Ⅲ)칼륨(potassium ferricyanide, $K_3Fe(CN)_6$, 분자량 : 329.24) 21.1 mg을 수산화나트륨(0.01 mol/L)이 들어있는 1 L 부피플라스크에 넣어 녹이고 수산화나트륨(0.01 mol/L)으로 표선을 맞춘다. 이 표준용액에 포함된 시안의 농도는 10 mg/L이다. 냉장 보관하면 2개월간 안정하다.

5 시료채취 및 관리

5.1 시료는 미리 세척한 유리 또는 폴리에틸렌용기에 채취한다.

5.2 시료에 잔류염소가 존재하면 1.3.2의 방법에 따라 잔류염소를 제거한다.

5.3 시료는 수산화나트륨용액을 가하여 pH 12 이상으로 조절하여 냉암소에서 보관한다. 최대 보관시간은 14일이며 가능한 한 빨리 시험한다. 일반적인 시료의 경우, 시료 1리터당 수산화나트륨용액(10 mol/L)을 2 mL 첨가하면 보통은 시료의 pH가 12 이상이 된다.

6 정도보증/정도관리(QA/QC)

6.1 방법검출한계 및 정량한계

6.1.1 방법검출한계(MDL, method detection limit) 및 정량한계(LOQ, limit of quantiation)는 ES 05001 정도보증/정도관리에 따라 측정한다. 정제수에 정량한계 부근의 농도가 되도록 시안표준용액을 첨가한 시료 7개를 준비하고 각 시료를 **7** 분석절차와 동일하게 측정하여 표준편차를 구한다.

6.1.2 표준편차에 3.14를 곱한 값을 방법검출한계로, 10을 곱한 값을 정량한계로 나타낸다. 산출된 정량한계는 표 1에서 제시한 정량한계 이하이어야 한다.

6.2 방법바탕시료의 측정

ES 05001 정도보증/정도관리에 따라 시료군마다 1개의 방법바탕시료(method blank)를 측정한다. 방법바탕시료는 정제수를 사용하여 **7** 분석절차와 동일하게 측정하며 측정값은 방법검출한계 이하이어야 한다.

6.3 검정곡선의 작성 및 검증

6.3.1 검정곡선의 작성 및 검증은 ES 05001 정도보증/정도관리에 따른다. 정량범위 내의 5개의 농도에 대해 검정곡선을 작성하고 얻어진 검정곡선의 결정계수(R^2)가 0.98 이상 또는 감응계수(RF)의 상대표준편차가 15 % 이내이어야 하며 결정계수나 감응계수의 상대표준편차가 허용범위를 벗어나면 재작성한다.

6.3.2 검정곡선의 직선성을 검증하기 위해서는 정량범위를 0.005 mg/L ~ 0.2 mg/L로 설정하여 검정곡선을 작성하여 결정계수(R^2)를 구한다.

6.3.3 검정곡선의 감응계수를 검증하기 위해서는 검정곡선의 중간 농도의 한 농도에서 감응계수를 구하여 그 값이 전과 15 %에서 일치하여야 한다. 만약 이 범위를 넘는 경우, 검정곡선을 재작성한다.

6.4 정밀도 및 정확도

6.4.1 정밀도(precision) 및 정확도(accuracy)의 측정은 ES 05001 정도보증/정도관리에 따른다. 정제수에 정량한계의 10배 농도가 되도록 동일하게 표준물질을 첨가한 시료를 4개 이상 준비하고 **7** 분석절차와 동일하게 측정하여 평균값과 표준편차를 구한다.

6.4.2 정확도는 인증시료를 확보할 수 있는 경우 인증표준물질을 분석한 결과값과 인증값과의 상대백분율로 나타내고, 인증시료를 확보할 수 없는 경우 이를 정확한 농도로 첨가한 시료로

대체한다. 이 때 정확도는 첨가시료를 분석한 농도와 첨가하지 않은 시료를 분석한 농도와의 차이에 대한 첨가농도의 상대백분율로서 나타내며 그 값이 80 % ~ 120 % 이내이어야 한다.

6.4.3 정밀도는 측정값과 상대표준편차(RSD)로 계산하며 상대표준편차는 측정값이 20 % 이내이어야 한다.

6.5 현장 이중시료의 측정

현장 이중시료(field duplicate sample)는 동일한 장소에서 동일한 조건으로 중복으로 채취한 시료로서 한 조사팀이 하루에 20개 이하를 채취할 경우에는 1개를 그리고 그 이상의 시료를 채취할 때에는 시료 20개 당 1개를 추가로 채취한다. 동일한 조건의 두 시료간의 측정값의 상대편차백분율(RPD, relative percent difference)은 20 % 이하이어야 한다.

6.6 내부정도관리 주기 및 목표

6.6.1 방법검출한계, 정량한계, 정밀도 및 정확도는 연 1회 이상 산정하는 것을 원칙으로 하며, 분석자의 교체, 분석 장비의 수리 및 이동 등의 주요 변동사항이 생길 경우에는 다시 실시한다. 단, 장비의 청소 및 측정 장비의 감도가 의심될 때에는 언제든지 측정하여 확인하여야 한다.

6.6.2 검정곡선 검증 및 방법바탕시료의 분석은 각 시료군마다 실시하며, 고농도의 시료를 측정한 다음에는 시약바탕시료를 측정하여 오염여부를 점검한다.

6.6.3 각 정도관리 항목에 대한 정도관리 목표값은 표 1과 같다.

7 분석절차

7.1 전처리

7.1.1 시료가 탁한 경우, 유입되는 용액의 부유물질을 제거하기 위해 필요하다면 유리섬유여과지(GF/C) 또는 공극 크기(pore size) 0.45 μm의 여과지로 여과를 실시한다.

7.1.2 시료에 황화물(sulfide)이 존재할 경우 1.3.3의 방법에 따라 황화물을 제거한다.

7.2 측정법[1)]

7.2.1 각 기기의 전원 장치 및 기기의 동작 상태를 확인하고, 시료 및 시약 공급라인이 올바르게 연결 되었는지를 확인한다.

7.2.2 가열 및 냉각 장치의 온도가 설정온도에 도달하였는지를 확인한다.

7.2.3 분석에 사용할 조건 등을 작성한다.

7.2.4 시료 및 시약 공급라인에 정제수를 연결하여, 자동분석기에 정제수를 흘리면서 정제수가 각 공급라인에 정상적으로 유입되는지 여부를 관찰하고 이상이 없으면 약 30분간 바탕선을 안정화시킨다.

7.2.5 바탕선이 안정화되면 조제된 시약들을 각 시약 공급라인에 올바르게 연결하고 자동분석기로 흘려주어 시약에 의한 바탕선을 안정화시킨다.

---

1) 가동순서, 바탕선 안정화 등의 절차가 기기에 따라 다를 수 있으므로 각 기기 제조사가 제공하는 절차에 따른다.

7.2.6 바탕선 측정시료, 시안 표준용액, 시료 및 바탕선 들뜸 보정시료 등을 자동분석기에 순서대로 설치하고 7.2.3에서 작성한 조건에 따라 분석을 실시한다.

7.2.7 분석이 완료되면 모든 시약 및 시료 공급 라인을 정제수로 20분간 세척한 후 다시 공기를 유입시켜 라인 내 정제수를 제거한다.

7.3 검정곡선의 작성

7.3.1 수산화나트륨용액(0.01 mol/L)에 시안 표준용액(1 mg/L) 0 mL, 0.5 mL, 1 mL, 5 mL, 10 mL, 20 mL를 단계적으로 취하여 넣고 표선을 맞추어 100 mL로 한다. 조제한 검정곡선용 표준용액의 농도는 0 mg/L, 0.005 mg/L, 0.01 mg/L, 0.05 mg/L, 0.1 mg/L, 0.2 mg/L에 해당한다. 필요에 따라 사용하는 표준용액의 농도와 개수를 달리 할 수 있다.

[주 4] 시료분석결과 이 검정곡선 농도범위를 벗어나면 시료를 희석해서 재분석하여야 한다.

7.3.2 단계적으로 조제한 표준용액을 **7.2** 측정법에 따라 자동분석기로 분석하여 시안농도와 피크 높이와의 검정곡선을 작성한다.

[주 5] 검정곡선은 자동분석기의 프로그램에 의하여 자동으로 작성할 수 있다.

8 결과보고

8.1 계산

검정곡선은 시안의 농도에 대한 피크 높이로 작성한다. 측정된 시료의 피크 높이를 검정곡선식에 대입하여 시료 중 시안의 농도(mg/L)를 계산한다.

$$\text{시안(mg/L)} = \frac{y-b}{a} \times I \qquad \cdots\cdots (식\ 3)$$

여기서, y : 시료의 피크 높이 또는 면적

b : 검정곡선의 절편

a : 검정곡선의 기울기

I : 시료의 희석배수

[주 6] 시료의 농도는 자동분석기의 프로그램에 의하여 자동으로 계산할 수 있다.

8.2 결과보고

행정사항과 관련된 항목별 시험결과의 표시는 ES 05003의 먹는물 수질기준의 표시한계 및 결과표시에 따른다.

9 참고자료

9.1 US EPA Method 335.3, “Cyanide, Total(Colorimetric, Automated UV)”, EPA, (1978)

9.2 US EPA Method 335.4, “Determination of total cyanide by semi-automated colorimetry”, EPA, (1993)

9.3 Standard Method, 4500, “CN-Cyanide”, (2017)

9.4 上水試驗方法, II. 一般理化學·無機物編 “シアン” 日本水道協會, (2020)

9.5 KS I ISO 14403, “수질－연속 흐름 분석에 의한 총 시안화물과 유리 시안화물의 측정”, (2007)

9.6 수질오염공정시험기준 ES 04353.3, “시안－연속흐름법”, 국립환경과학원, (2022)

10 부록

[표 1] 정도관리 목표값

정도관리 항목	정도관리 목표
정량한계	0.005 mg/L
검정곡선	결정계수(R^2) ≥ 0.98 또는 감응계수(RF)의 상대표준편차 ≤ 15 %
정밀도	상대표준편차 20 % 이내
정확도	80 % ~ 120 %
현장이중시료	상대편차백분율 ± 20 % 이내

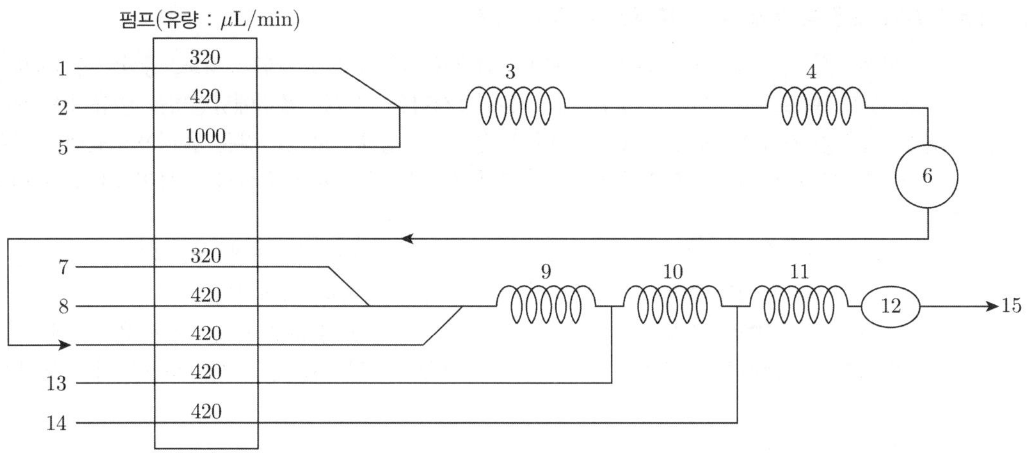

1, 7 : 공기
2 : 증류시약
3, 9, 10 : 반응코일
4, 11 : 가열조(Heating bath)
5 : 시료
6 : 증류장치
8 : 완충용액
12 : 검출기(10 mm ~ 50 mm)
13 : 클로라민-T 용액
14 : 발색시약
15 : 폐액

[그림 1] 시안 분석장치의 구성도(예: SFA)

시 안

연습문제

01 먹는물수질공정시험기준에 따른 시료채취와 보존방법에 대한 설명으로 틀린 것은?

① 불소 : 폴리에틸렌 병에 채취하여 최대 28일 이내에 시험
② 페놀 : 잔류염소를 함유한 때는 이산화비소산나트륨용액을 넣어 잔류염소를 제거
③ 미생물 : 잔류염소를 함유한 때는 멸균한 티오황산나트륨용액을 첨가
④ 시안 : 유리병 또는 폴리에틸렌병에 시료를 채취하고 황산으로 pH 2 이하로 하고 냉암소에 보관

02 시료채취와 보존방법에 대한 설명으로 틀린 것은?

① 암모니아성질소, 질산성질소, 염소이온, 과망간산칼륨소비량, 불소, 페놀, 경도, 황산이온, 세제, 수소이온농도, 색도, 탁도, 증발잔류물, 농약 및 잔류염소시험용 시료는 폴리에틸렌병을 이용하여 채수한다.
② 중금속 시험용 시료를 채취할 때에는 미리 질산 및 정제수로 잘 씻은 폴리프로필렌, 폴리에틸렌 또는 폴리테트라플루오로에틸렌(PTFE) 용기에 시료를 채취하고 질산을 가하여 pH 2 이하로 보존한다.
③ 시안시험용 시료는 미리 증류수로 잘 씻은 유리병 또는 폴리에틸렌병으로 채취하고 곧 입상의 수산화나트륨을 넣어 pH 12 이상의 알칼리성으로 하여 신속히 시험한다.
④ 트리할로메탄 및 휘발성유기화학물질 시험용 시료는 미리 증류수로 잘 씻은 유리병에 기포가 생기지 아니하도록 조용히 채취하고 pH가 약 2가 되도록 염산을 넣고 시료로 꽉 채운 후 밀봉한다.

03 먹는물수질공정시험기준에 따른 항목별 시료채취 및 보관에 관한 설명으로 틀린 것은?

① 불소 시험용 시료는 폴리에틸렌병에 채취하며 최대 28일 이내에 시험한다.
② 시안 시험용 시료는 미리 정제수로 잘 씻은 폴리프로필렌 병에 시료를 채취하고 수산화나트륨을 넣어 pH 12 이상의 알칼리성으로 하고 냉암소에 보관한다.
③ 트리할로메탄 시험용 시료는 미리 정제수로 잘 씻은 폴리프로필렌 용기에 기포가 생기지 않도록 채취하고 아르코르빈산을 첨가하고 pH 2 이하로 보관한다.
④ 금속류 시험용 시료는 미리 질산 및 정제수로 잘 씻은 유리용기 또는 폴리프로필렌병, 폴리에틸렌병, 폴리테트라플루오르에틸렌 병에 시료를 채취하고 질산을 가하여 pH 2 이하로 보존한다.

04 먹는물수질공정시험기준에서 시료채취시 설명으로 틀린 것은?

① 불소는 폴리에틸렌병에 채취하여 1주일 이내에 시험하여야 한다.
② 미생물 시험용 시료는 4 ℃ 냉장보관상태에서 녹농균 등은 24시간 이내에 시험하여야 한다.
③ 시안시험용 시료는 정제수로 잘 씻은 폴리프로필렌병에 시료를 채취하여야 한다.
④ 수도꼭지에서 미생물 시료를 채취하는 경우 수도꼭지를 틀어 2분 ~ 3분간 흘려보낸 후 시료를 채취하여야 한다.

Answer 1. ④ 2. ① 3. ② 4. ③

05 **먹는물 수질 시료를 채취할 때 시료 용기사용 방법으로 틀린 것은?**

① 농약시험용 시료를 채취할 때에는 미리 질산 및 정제수로 씻은 폴리에틸렌병에 시료를 채취한다.
② 미생물 시험용 시료를 채취할 때에는 멸균된 시료 용기를 사용하여 무균적으로 시료를 채취한다.
③ 시안 시험용 시료를 채취할 때에는 미리 정제수로 잘 씻은 유리병 또는 폴리에틸렌병에 시료를 채취한다.
④ 중금속용 시료를 채취할 때에는 미리 질산 및 정제수로 잘 씻은 폴리프로필렌, 폴리에틸렌 또는 폴리테트라플루오로에틸렌(PTFE) 용기에 시료를 채취한다.

06 **먹는물 시료 중 각 이온들의 분석방법에 대한 기술이 틀린 것은?**

① 시안 : 자외선/가시선 분광법, EDTA 적정법
② 불소 : 자외선/가시선 분광법, 이온크로마토그래피
③ 암모니아성질소 : 자외선/가시선 분광법, 연속흐름법
④ 황산이온 : 자외선/가시선 분광법, 이온크로마토그래피

07 **먹는물 중 시안을 자외선/가시선 분광법으로 분석할 때에 설명으로 옳은 것은?**

① 이 시험법은 시료의 pH를 조절한 후 가열증류와 포집·중화 후 시약을 첨가하여 620 nm에서 측정한다.
② 시료 중 시안이 0.01 mg/L ~ 0.1 mg/L의 농도 범위로 존재할 때 적용가능하다.
③ 정량한계는 0.005 mg/L이다.
④ 각 시안화합물의 종류를 구분하여 정량할 수 있다.

08 **먹는물, 샘물 및 염지하수의 시안화합물을 자외선/가시선 분광법으로 측정하고자 할 때 옳지 않은 것은?**

① 다량의 지방성분, 잔류염소, 황화합물은 간섭할 수 있다.
② 각 시안화합물의 종류를 구별하여 정량한다.
③ 시안이온과 시안 착물 등의 시안화합물을 시험할 수 있다.
④ 황화합물을 함유한 시료는 아세트산아연용액(10 %)을 넣어 제거한다.

09 **시안을 자외선/가시선 분광법으로 측정하고자 할 때 설명으로 틀린 것은?**

① 전처리에서 얻어진 시험용액 20 mL를 비색관에 넣고 인산완충용액 10 mL 및 클로라민-T 용액 0.25 mL를 넣어 마개를 막고 흔들어 섞는다.
② 2분 ~ 3분 정치한 후 피리딘·피라졸론 혼합액 5 mL를 넣어 잘 섞고 20 ℃ ~ 30 ℃에서 약 50분간 둔다.
③ 이 용액의 일부를 흡수셀(10 mm)에 넣고 자외선/가시선 분광광도계를 사용하여 파장 620 nm 부근에서 흡광도를 측정한다.
④ 정제수 20 mL를 따로 취하여 시료의 시험방법에 따라 시험하여 바탕시험액으로 한다.

Answer 5. ① 6. ① 7. ① 8. ② 9. ②

10 **먹는물수질공정시험기준에 따른 자외선/가시선 분광법으로 시안을 분석하여 아래와 같은 결과를 얻었다. 동일 조건에서 시료 흡광도를 측정한 결과 0.32이었다면 시료의 시안 농도로 옳은 것은?**

농도(mg/L)	바탕시료	0.02	0.04	0.08	0.16	0.20
흡광도	0.02	0.08	0.14	0.26	0.50	0.62

① 0.10 mg/L ② 0.12 mg/L
③ 0.14 mg/L ④ 0.016 mg/L

11 **연속흐름법으로 시안 측정시 사용되는 흐름주입분석기에 관한 설명으로 옳지 않은 것은?**

① 연속흐름분석기의 일종이다.
② 다수의 시료를 연속적으로 자동분석하기 위하여 사용된다.
③ 기본적인 본체의 구성은 분할흐름 분석기와 같으나 용액의 흐름 사이에 공기방울을 주입하지 않는 것이 차이점이다.
④ 시료의 연속흐름에 따라 상호 오염을 미연에 방지할 수 있다.

12 **먹는물 중 이온류 분석시 간섭물질에 대한 설명으로 틀린 것은?**

① 황산이온을 EDTA 적정법으로 분석할 때 크롬 존재시 침전을 방해할 수 있다.
② 염소이온을 질산은 적정법으로 분석할 때 황산이온 존재시 측정을 방해하므로 과산화수소를 첨가해 제거한다.
③ 암모니아성 질소를 연속흐름법으로 분석시 잔류염소가 존재하면 정량을 방해하므로 아황산나트륨을 첨가해 제거한다.
④ 시안을 연속흐름법으로 분석시 황화합물이 존재하면 분석을 방해하므로 아세트산용액(10 %)을 넣어 제거한다.

Answer 10. ① 11. ④ 12. ④

32 암모니아성질소-자외선/가시선 분광법 (Ammonium Nitrogen-UV/Visible Spectrometry)

1 개요

1.1 목적

이 시험기준은 먹는물, 샘물 및 염지하수 중에 함유된 암모니아성질소[1)2)3)]를 측정하는 방법으로서 시료의 암모늄이온이 차아염소산의 공존 하에서 페놀과 반응하여 생성하는 인도페놀의 청색을 640 nm에서 측정하는 방법[4)]이다.

1.2 적용범위

1.2.1 이 시험기준은 먹는물, 샘물 및 염지하수 중에 함유된 암모니아성질소의 분석에 적용한다.

1.2.2 이 시험기준은 먹는물, 샘물 및 염지하수 중에 암모니아성질소가 0.01 mg/L ~ 1.0 mg/L의 농도범위로 함유되어 있을 경우에 적절하며 시료 중에는 0.01 mg/L의 정량한계를 갖는다.

1.3 간섭물질

1.3.1 시험에 사용하는 정제수는 실험실 환경에서 가스형태의 암모니아에 쉽게 오염될 우려가 있으므로 가급적 분석 직전 증류 또는 탈염(이온교환수지로 탈염정제)과정을 거친다.

1.3.2 시료 중에 잔류염소가 존재하면 정량을 방해하므로 시료를 증류하기 전에 아황산나트륨 또는 이산화비소산나트륨을 첨가해 잔류염소를 제거한다.

1.3.3 시료를 전처리하지 않는 경우 Ca^{2+}, Mg^{2+} 등에 의하여 발색시 침전물이 생성될 수도 있다. 이러한 경우에는 발색시료를 원심분리한 다음 액을 취하여 흡광도를 측정하거나 시료의 전처리를 행한 다음 다시 시험하여야 한다.

---

1) 수중에서 암모늄이온(NH_4^+)으로 존재하는 질소(N)를 말한다. 단백질 같은 질소화합물이 부패, 발효, 산화되는 과정에서 생성되는 물질로서, 분뇨, 또는 하수 등의 질소화합물을 함유하는 오염물에 의해 오염된 시간이 많이 경과하지 않았고 산화분해작용이 진행중임을 의미한다. 분뇨성분 및 대장균의 수질오염을 측정하는 지표이다.
   - 배출원: 분뇨, 부패한 동식물의 사체, 무기비료, 생활하수, 공장폐수 등에서 환경중으로 배출된다.

2) 환경잔류성: 수중의 대부분은 단백질과 같은 유기질소화합물의 분해에서 유래된다. 암모니아성 질소(NH_3-N)는 토양이나 수중의 세균작용(질산화미생물)에 의해 산화되어 $NH_3-N \rightarrow NO_2^--N \rightarrow NO_3^--N$으로 변하지만 용존산소 부족시 환원반응이 일어나 $NO_3^--N \rightarrow NO_2^--N$으로 변한다.

3) 인체유해성: 암모니아성질소 자체는 무해하지만 산화되어 질산성질소로 변하는 경우 끓여도 제거되지 않아 청색증을 유발한다.

4) 본 시험기준은 NH_4^+이 알칼리성에서 차아염소산 및 페놀과의 반응으로 생성된 인도페놀류의 청색을 640 nm 부근의 흡광도를 측정하는 방법이다. 이 방법은 온도가 높아질수록 반응이 촉진되지만 재현성이 좋지 않으므로 반응 촉진제로 페놀니트로프루시드나트륨을 첨가하고 상온에서 반응시킨다. 이렇게 하면 재현성도 양호해지고 감도도 네슬러법보다 우수하다. 해수중의 암모니아성 질소도 직접 정량가능하다.

   $NH_4^+ + ClO^- \leftrightarrow NH_2Cl + H_2O$

   인도페놀블루

1.3.4 시료가 탁하거나 착색물질 등의 방해물질이 함유되어 있는 경우에는 **7.1** 전처리방법에 의해 증류하여 그 유출액으로 시험한다.

2 용어정의

"내용 없음"

3 분석기기 및 기구

3.1 자외선/가시선 분광광도계

3.1.1 자외선/가시선 분광광도계는 아래 그림 1과 같이 광원부, 파장선택부, 시료부 및 측광부로 구성되고 광원부에서 측광부까지의 광학계에는 측정목적에 따라 여러 가지 형식이 있다.

3.1.2 광원부의 광원으로 가시부와 근적외부의 광원으로는 주로 텅스텐램프를 사용하고 자외부의 광원으로는 주로 중수소 방전관을 사용한다.

3.2 흡수셀

3.2.1 시료액의 흡수파장이 약 370 nm 이상일 때는 석영 또는 경질유리 흡수셀을 사용하고 약 370 nm 이하일 때는 석영 흡수셀을 사용한다.

3.2.2 따로 흡수셀의 길이를 지정하지 않았을 때는 10 mm 셀을 사용한다.

3.2.3 시료셀에는 시험용액을, 대조셀에는 따로 규정이 없는 한 정제수를 넣는다. 넣고자 하는 용액으로 흡수셀을 씻은 다음 셀의 약 80 %까지 넣고 외면이 젖어 있을 때는 깨끗이 닦는다. 휘발성 용매를 사용할 때와 같은 경우에는 흡수셀에 마개를 하고 흡수셀에 방향성이 있을 때는 항상 방향을 일정하게 하여 사용한다.

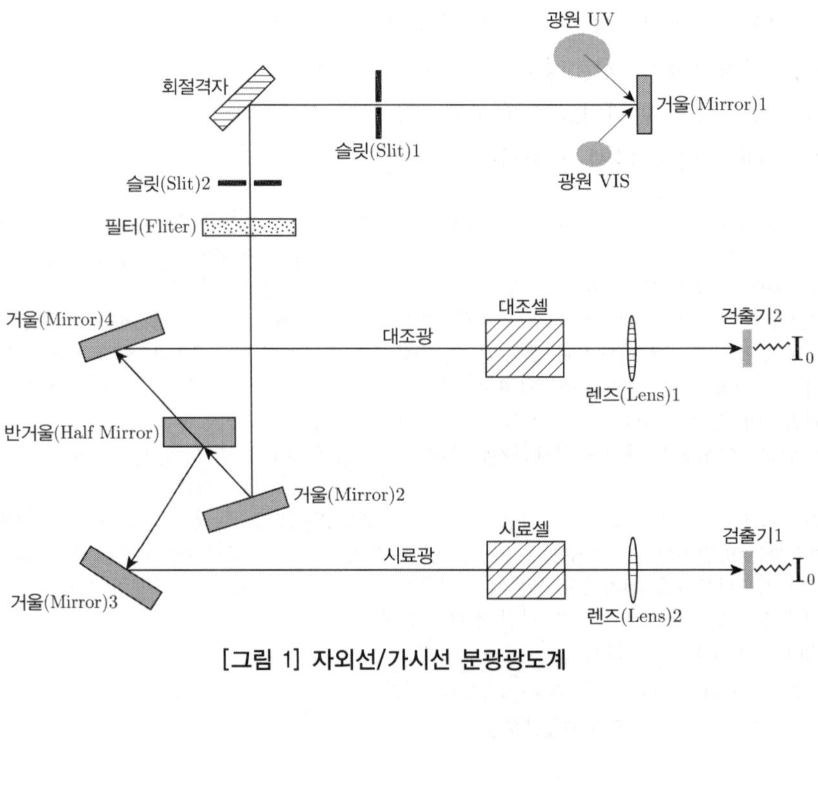

[그림 1] 자외선/가시선 분광광도계

3.3 증류장치

그람냉각기(graham condenser)가 부착된 유리재질의 증류장치를 사용한다. 그림 2와 같은 장치를 사용할 수 있다.

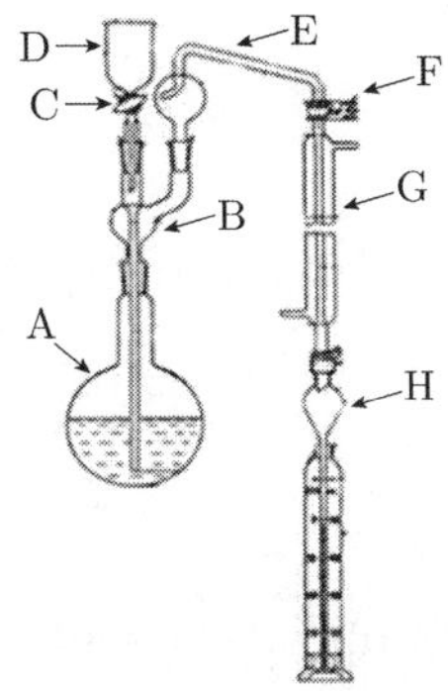

[그림 2] 암모니아성질소 증류장치

4 시약 및 표준용액

4.1 시약

4.1.1 페놀니트로프루싯나트륨용액[5)]

페놀(phenol, C_6H_5OH, 분자량 : 94.11) 5 g 및 니트로프루싯나트륨·2수화물(sodium nitroprusside dihydrate, $Na_2[Fe(CN)_5NO]\cdot 2H_2O$, 분자량 : 297.95) 25 mg을 500 mL 부피플라스크에 넣고 정제수로 표선까지 맞추어 조제하며, 차고 어두운 곳에 보존하고 1개월 내에 사용한다.

4.1.2 티오황산나트륨용액(0.05 M)

티오황산나트륨·5수화물(sodium thiosulfate pentahydrate, $Na_2S_2O_3\cdot 5H_2O$, 분자량 : 248.21) 12.41 g을 1 L 부피플라스크에 넣고 정제수로 표선까지 맞추어 조제한다.

4.1.3 차아염소산나트륨용액[6)]

차아염소산나트륨(sodium hypochlorite, NaClO, 분자량 : 74.44)(100/c) mL(c는 유효염소 농도 %) 및 수산화나트륨(sodium hydroxide, NaOH, 분자량 : 40.00) 15 g을 1 L 부피플라스크에 넣고 정제수로 표선까지 맞추어 조제하며, 빨리 만들어 사용한다.

4.1.3.1 유효염소농도 측정

차아염소산나트륨용액 10 mL를 200 mL 부피플라스크에 넣고 정제수로 표선까지 채운 후, 이 액 10 mL를 취하여 삼각플라스크에 넣고 정제수를 넣어 약 100 mL로 한다. 요오드화칼륨 1 g ~ 2 g 및 아세트산(1+1) 6 mL를 넣어 밀봉하고 흔들어 섞은 다음 암소에 약 5분 동안 방치하고 전분용액을 지시약으로 하여 티오황산나트륨용액(0.05 M)으로 적정한다. 따로 정제수 10 mL를 취하여 바탕시험을 하고 보정한다.

---

5) 반응 촉진제로는 Mn염, Cu염 또는 아세톤을 첨가하는 방법이 있지만 페놀-니트로프루싯나트륨이 가장 유효하다.

6) 암모니아는 NaClO와 반응하여 모노클로라민을 생성하는 반응이 측정값에 큰 영향을 주고 유효염소 농도는 (0.05 ~ 0.1) %의 범위가 양호하며 이 농도 범위 외에서는 감도가 저하한다.

$$유효염소농도(\%) = a \times \frac{1}{V} \times 3.546 \quad \cdots\cdots (식\ 1)$$

여기서, a : 티오황산나트륨용액(0.05 M)의 소비량(mL)

V : 차아염소산나트륨용액의 부피(mL)

4.2 표준용액

4.2.1 암모니아성질소 표준원액(100 mg/L)

염화암모늄(ammonium chloride, NH_4Cl, 분자량 : 53.49) 0.3819 g을 1 L 부피플라스크에 넣고 정제수로 표선까지 맞추어 조제한다. 이 용액 1 mL는 암모니아성질소 0.1 mg을 함유한다.

4.2.2 암모니아성질소 표준용액(1.0 mg/L)

암모니아성질소 표준원액을 정제수로 100배 희석하며, 사용할 때마다 조제한다. 이 용액 1 mL는 암모니아성질소 0.001 mg을 함유한다.

5 시료채취 및 관리

5.1 미리 세척한 유리 또는 폴리에틸렌 용기에 채수한다.

5.2 가능한 한 빨리 시험하며 이것이 불가능할 경우 황산을 이용하여 시료를 pH 2 이하로 조정하여 1 ℃ ~ 5 ℃에서 보관하며 최대 보존기간 28일 이내에 시험해야 한다.

6 정도보증/정도관리(QA/QC)

6.1 방법검출한계 및 정량한계

6.1.1 방법검출한계(MDL, method detection limit) 및 정량한계(LOQ, limit of quantitation)는 ES 05001 정도보증/정도관리에 따라 측정한다. 정제수에 정량한계 부근의 농도가 되도록 암모니아성질소 표준용액을 첨가한 시료 7개를 준비하고 각 시료를 **7** 분석절차와 동일하게 측정하여 표준편차를 구한다.

6.1.2 표준편차에 3.14를 곱한 값을 방법검출한계로, 10을 곱한 값을 정량한계로 나타낸다. 측정한 방법검출한계는 표 1에서 제시한 정량한계 이하이어야 한다.

6.2 방법바탕시료의 측정

ES 05001 정도보증/정도관리에 따라 시료군마다 1개의 방법바탕시료(method blank)를 측정한다. 방법바탕시료는 정제수를 사용하여 **7** 분석절차와 동일하게 전처리·측정하며 측정값은 방법검출한계 이하이어야 한다.

6.3 검정곡선의 작성 및 검증

6.3.1 검정곡선의 작성 및 검증은 ES 05001 정도보증/정도관리에 따른다. 정량범위 내 5개의 농도에 대해 검정곡선을 작성하고 얻어진 검정곡선의 결정계수(R^2)가 0.98 이상 또는 감응계수(RF)의 상대표준편차(RSD)가 15 % 이내이어야 하며 결정계수나 감응계수의 상대표준편차가 허용범위를 벗어나면 검정곡선을 재작성한다.

6.3.2 검정곡선의 직선성을 검증하기 위해서는 정량범위를 0.01 mg/L ~ 1.0 mg/L로 설정하여

검정곡선을 작성한 후 결정계수(R^2)를 구한다.

6.3.3 검정곡선의 감응계수를 검증하기 위해서는 검정곡선의 중간 농도의 한 농도에서 감응계수를 구하여 그 값이 전과 15 % 이내의 범위에서 일치하여야 한다. 만약 이 범위를 넘는 경우, 검정곡선을 재작성한다.

6.4 정확도 및 정밀도

6.4.1 정확도(accuracy) 및 정밀도(precision)의 측정은 ES 05001 정도보증/정도관리에 따른다. 정제수에 정량한계의 10배 농도가 되도록 동일하게 표준물질을 첨가한 시료를 4개 이상 준비하고 7 분석절차와 동일하게 측정하여 평균값과 표준편차를 구한다.

6.4.2 정확도는 인증시료를 확보할 수 있는 경우 인증표준물질을 분석한 결과값과 인증값과의 상대백분율로 나타내고, 인증시료를 확보할 수 없는 경우 이를 정확한 농도로 첨가한 시료로 대체한다. 이때 정확도는 첨가시료를 분석한 농도와 첨가하지 않은 시료를 분석한 농도와의 차이에 대한 첨가농도의 상대백분율로서 나타내며 그 값이 80 % ~ 120 % 이내이어야 한다.

6.4.3 정밀도는 측정값의 상대표준편차(RSD)로 계산하며 측정값이 20 % 이내이어야 한다.

6.5 현장이중시료의 측정

현장이중시료(field duplicate sample)는 동일한 시료채취 장소에서 동일한 조건으로 중복으로 채취한 시료로서 한 조사팀이 하루에 20개 이하를 채취할 경우에는 1개를 그리고 그 이상을 채취할 때에는 시료 20개 당 1개를 추가로 채취한다. 동일한 조건의 두 시료간의 측정값의 편차는 20 % 이하이어야 한다.

6.6 내부정도관리 주기 및 목표

6.6.1 방법검출한계, 정량한계, 정확도 및 정밀도는 연 1회 이상 산정하는 것을 원칙으로 하며 분석자의 교체, 분석장비의 수리 및 이동 등의 주요 변동사항이 생길 경우에는 다시 실시한다. 단, 장비의 청소 및 측정장비의 감도가 의심될 때에는 언제든지 측정하여 확인하여야 한다.

6.6.2 검정곡선 검증 및 시약바탕시료의 분석은 각 시료군마다 실시하며, 특히 고농도의 시료를 분석한 후에는 시약바탕시료를 측정하여 오염여부를 점검한다.

6.6.3 각 정도관리 항목에 대한 정도관리 목표값은 표 1과 같다.

7 분석절차

7.1 전처리

7.1.1 시료 적당량(암모니아성질소로서 0.03 mg 이상 함유량)을 취하여 수산화나트륨용액(4 w/v %) 또는 황산용액(1 + 35)으로 중화하고 증류플라스크에 옮긴다.

7.1.2 산화마그네슘 0.3 g과 비등석 수 개를 넣고 정제수로 최종액량이 약 350 mL가 되도록 한다.

7.1.3 수기는 200 mL 용량의 메스실린더에 0.025 M 황산용액 50 mL을 넣고 그림 2와 같이 증류장치를 조립한 다음 가열하여 5 mL/min ~ 7 mL/min 유출속도로 증류한다.

7.1.4 수기의 액량이 약 150 mL가 되면 증류를 중지하고 냉각관을 증류플라스크와 분리하여 냉각관의 내부를 소량의 정제수로 씻어 수기에 합하고 물을 넣어 200 mL로 한다.

7.2 검정곡선의 작성

7.2.1 암모니아성질소 표준용액(1.0 mg/L) 0, 0.1, 1.0, 2.0, 5.0, 10.0 mL를 단계적으로 10 mL 부피플라스크에 넣고, 각각에 정제수로 표선까지 맞추어 조제한다. 단계별로 조제한 검정곡선용 표준용액의 농도는 0, 0.01, 0.1, 0.2, 0.5, 1.0 mg/L에 해당된다. 필요에 따라 사용하는 표준용액의 농도와 개수를 달리 할 수 있다.

[주 1] 시료분석결과 이 검정곡선 농도범위를 벗어나면 시료를 희석해서 재분석하여야 한다.

7.2.2 이하 **7.3**과 같은 방법으로 측정하여 암모니아성질소의 농도(mg/L)를 가로축(x축)에, 암모니아성질소의 측정값을 세로축(y축)에 취하여 검정곡선을 작성한다.

7.3 측정방법

7.3.1 시료 10 mL(0.01 mg 이하의 암모니아성질소를 함유하거나 같은 양의 암모니아성질소를 함유하도록 시료에 물을 넣어 10 mL로 한 것)를 마개 있는 시험관에 넣고 페놀-니트로프루싯나트륨용액 5 mL를 넣은 후, 마개로 닫은 다음 조용히 흔들어 섞는다.7)

7.3.2 시료용액에 차아염소산나트륨용액 5 mL8)를 넣어 다시 마개를 닫고 조심스럽게 흔들어 섞은 후 25 ℃ ~ 30 ℃에서 60분간 둔다.9)

7.3.3 이 용액의 일부를 흡수셀(10 mm)에 넣고 자외선/가시선 분광광도계를 사용하여 시료와 같은 방법으로 시험한 바탕시험액을 대조액으로 하여 파장 640 nm 부근에서 흡광도를 측정하고, 작성한 검정곡선으로부터 시험용액 중의 암모니아성질소 양을 구하여 시료 중의 암모니아성질소의 농도를 측정한다.

8 결과보고

8.1 계산

암모니아성질소의 측정값을 검정곡선식의 $y(i)$값에 대입하여 $x(i)$값을 계산하면 암모니아성질소의 농도(C_s, mg/L)를 구할 수 있다.

$$C_s(\text{mg/L}) = \frac{A_x - b}{a} \quad \cdots\cdots (식\ 2)$$

여기서, A_x : 분석물질의 피크면적

a : 검정곡선의 기울기

b : 검정곡선의 절편 값

C_s : 분석물질의 농도(mg/L)

7) 모노클로라민과 페놀의 반응을 촉진시키기 위하여 가하며, 시약을 혼화하는 경우 격렬하게 교반하면 암모니아성 질소가 휘산할 염려가 있으므로 조용히 조작한다.

8) 강한 산화제로서 조제된 NaOCl 용액의 유효염소농도는 1 %로 한다.

9) 시약을 섞는 경우 격렬하게 교반하면 NH_3-N이 휘산할 우려가 있으므로 조용히 조작한다. 흡광도는 (25 ~ 30) ℃에서 (30 ~ 50)분 사이에 최고에 달하고 이후 서서히 감소한다. 반응온도는 반응속도에 큰 영향을 미치므로 저온에서는 장시간 소요되고 고온에서는 퇴색하여 불안정하게 된다.

8.2 결과보고

행정사항과 관련된 항목별 시험결과의 표시는 ES 05003의 먹는물 수질기준의 표시한계 및 결과 표시에 따른다.

9 참고자료

9.1 Standard Method, 4500-NH3, Nitrogen(Ammonia)(2005)

9.2 수질오염공정시험기준 ES 04355.1, “암모니아성질소－자외선/가시선 분광법” 환경부(2017)

10 부록

[표 1] 정도관리 목표값

정도관리 항목	정도관리 목표
정량한계	0.01 mg/L
검정곡선	결정계수(R^2) ≥ 0.98 또는 감응계수(RF)의 상대표준편차 ≤ 15 %
정밀도	상대표준편차 20 % 이내
정확도	80 % ~ 120 %
현장이중시료	상대편차백분율 ± 20 % 이내

33 암모니아성질소-이온크로마토그래피 (Ammonium Nitrogen-Ion Chromatography)

1 개요

1.1 목적

이 시험기준은 먹는물 및 샘물 중에 암모늄이온을 이온크로마토그래프를 이용하여 측정함으로서 암모니아성질소를 분석하는 방법이다. 시료는 0.2 μm 막 여과지를 통과시켜 고체미립자를 제거한 후 양이온 교환 컬럼을 통과시켜 암모늄이온들을 분리하여 전기전도도 검출기로 측정하는 방법으로 시험 조작이 간편하고 재현성도 우수하다.

1.2 적용범위

1.2.1 이 시험기준은 먹는물 및 샘물 중에 용해되어 있는 암모니아성질소의 측정에 적용한다.

1.2.2 이 시험기준을 사용할 때에는 암모니아성질소가 0.06 mg/L ~ 1.0 mg/L의 측정범위를 갖으며 정량한계는 0.06 mg/L이다.

1.3 간섭물질

1.3.1 시료를 주입하면 앞쪽으로 음의 물 피크가 나타나서 앞에 용출되는 피크의 분석을 방해한다. 이를 없애기 위해 시료와 표준용액에 진한 용리액을 넣어 용리액과 비슷한 농도로 맞추어 준다.

1.3.2 어떤 한 이온의 농도가 매우 높을 때에는 분리능이 나빠지거나 다른 이온의 머무름시간의 변화가 발생할 수 있다. 이 때 묽혀서 측정하거나 표준물첨가법으로 정량한다.

1.3.3 유류, 합성 세제, 부식산(humic acid) 등의 유기 화합물과 고체 미립자는 응축기 및 분리 컬럼의 수명을 단축시키므로 제거해야 한다.

2 용어정의

2.1 억제기(cation suppressor)

분리컬럼으로부터 용리된 각 성분이 검출기에 들어가기 전에 용리액 자체의 전도도를 감소시키고 상대적으로 목적성분의 전도도를 증가시켜 높은 감도로 양이온을 분석하기 위한 장치이다. 목적성분이 양이온인 경우는 억제기(cation suppressor)로 음이온 교환체를 사용하여 용리액 속에 들어 있는 음이온을 제거한다.

3 분석기기 및 기구

3.1 이온크로마토그래프

일반적으로 이온크로마토그래프의 기본구성은 그림 1과 같이 용리액 저장조, 시료주입부, 펌프, 분리컬럼, 검출기 및 기록계로 되어 있으며 장치의 제조회사에 따라 분리컬럼의 보호 및 감도를 높이기 위하여 분리컬럼 전후에 보호컬럼 및 억제기(cation suppressor)를 부착시킨다.

3.1.1 펌프

분리컬럼은 매우 작은 입자로 충진되어 있어 용리액 및 시료를 고압 하에서 전개시키지 않으면 필요로 하는 유속을 얻기가 어렵다. 따라서 펌프는 150 kg/cm^2 ~ 350 kg/cm^2 압력에서 사용할 수 있어야 하며 시간차에 따른 압력차가 크게 발생하여서는 안 된다.

3.1.2 시료주입부

일반적으로 미량의 시료를 사용하기 때문에 루프-밸브에 의한 주입방식이 많이 이용되며 시료주입량은 보통 20 μL ~ 1000 μL이다.

3.1.3 분리컬럼

유리 또는 에폭시 수지로 만든 관에 약 10 μm의 매우 작은 입자의 이온교환체를 충전시킨 것을 사용한다.

3.1.4 보호컬럼(guard column)

분리컬럼과 같은 충진체로 충전시킨 것을 사용한다.

3.1.5 억제기(cation suppressor)

억제기로 고용량의 음이온 교환수지를 충진시킨 컬럼형과 음이온 교환막으로 된 격막형이 있다.

3.1.6 검출기

분석목적 및 성분에 따라 전기전도도 검출기, 전기화학적 검출기 및 광학적 검출기 등이 있으나 일반적으로 음이온 분석에는 전기전도도 검출기를 사용한다.

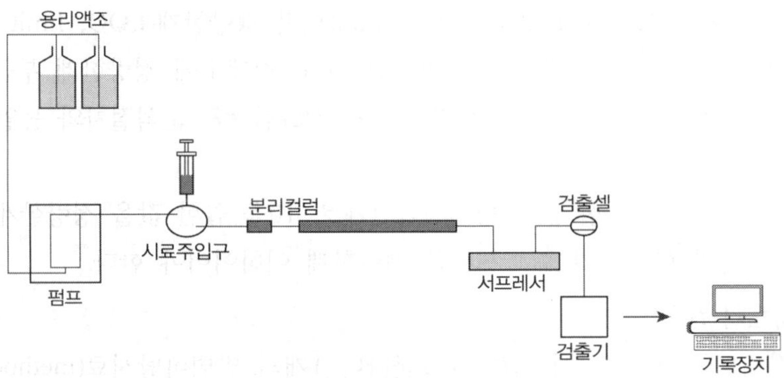

[그림 1] 이온크로마토그래프의 구성도

3.1.7 표 2와 같은 조건으로 작동시킬 수 있다.

4 시약 및 표준용액

4.1 시약

4.1.1 정제수

증류 또는 필터과정에 의해 각 이온을 제거하고 0.2 μm의 막을 통과시킨 물로서 0.2 μS/cm 이하의 전도도 값을 갖는 물로 한다.

4.1.2 용리액(0.1 M H_2SO_4)

황산(sulfuric acid, H_2SO_4, 분자량 : 98.08, 96 % w/v) 10.216 g을 정제수 900 mL에 섞어준 후 정제수로 채워 1.0 L로 한다.

4.1.3 용리액(10 mM H_2SO_4)

황산 용리액(0.1 M) 100 mL를 정제수로 채워 1.0 L로 하여 만든다.

4.2 표준용액

4.2.1 암모니아성질소표준원액(100 mg/L)

염화암모늄(ammonium chloride, NH_4Cl, 분자량 : 53.49) 0.3819 g을 정제수에 녹여 1 L로 한다. 이 용액 1 mL는 암모니아성질소 0.1 mg을 함유한다.

4.2.2 암모니아성질소표준용액(1.0 mg/L)

암모니아성질소표준원액을 물로 100배 희석하며, 쓸 때에 만든다. 이 용액 1 mL는 암모니아성질소 0.001 mg을 함유한다.

5 시료채취 및 관리

5.1 미리 세척한 유리 또는 폴리에틸렌 용기에 채수한다.

5.2 가능한 한 빨리 실험하며 이것이 불가능 할 경우 황산을 이용하여 시료를 pH 2 이하로 조정하여 1 ℃ ~ 5 ℃에서 보관하며 최대 보존기간 28일 이내에 실험해야 한다.

6 정도보증/정도관리(QA/QC)

6.1 방법검출한계 및 정량한계

6.1.1 방법검출한계(MDL, method detection limit) 및 정량한계(LOQ, limit of quantitation)는 ES 05001 정도보증/정도관리에 따라 계산한다. 정제수에 정량한계 부근의 농도가 되도록 분석물질을 첨가한 시료 7개를 준비하고 각 시료를 7 분석절차와 동일하게 추출하고, 표준편차를 구한다.

6.1.2 표준편차에 3.14를 곱한 값을 방법검출한계로, 10을 곱한 값을 정량한계로 나타낸다. 측정한 방법검출한계는 표 1에서 제시한 정량한계 이하이어야 한다.

6.2 방법바탕시료의 측정

ES 05001 정도보증/정도관리에 따라 시료군마다 1개의 방법바탕시료(method blank)를 측정한다. 방법바탕시료는 정제수를 사용하여 7 분석절차와 동일하게 전처리·분석하며 측정값은 방법검출한계 이하이어야 한다.

6.3 검정곡선의 작성 및 검증

6.3.1 검정곡선의 작성 및 검증은 ES 05001 정도보증/정도관리에 따른다. 정량범위 내의 5개의 농도에 대해 검정곡선을 작성하고 얻어진 검정곡선의 결정계수(R^2)가 0.98 이상 또는 감응계수(RF)의 상대표준편차가 15 % 이내이어야 하며 결정계수나 감응계수(RF)의 상대표준편차가 허용범위를 벗어나면 재작성한다.

6.3.2 검정곡선의 직선성을 검증하기 위하여 검정곡선을 작성할 때에는 정량범위를 0.06 mg/L ~

1.0 mg/L로 한다. 그러나 측정값이 이 농도범위를 벗어날 경우에는 시료를 묽혀서 다시 분석한다.

6.3.3 검정곡선을 검증하기 위하여 감응계수를 비교할 때에는 검정곡선의 중간 농도에서 한 농도를 선택하여 감응계수(RF)를 구하여 그 값의 변화가 10 % 이내에서 일치하여야 한다. 만약 이 범위를 넘는 경우, 검정곡선을 재작성한다.

6.4 정밀도 및 정확도

6.4.1 정확도(accuracy) 및 정밀도(precision)의 측정은 ES 05001 정도보증/정도관리에 따른다. 정제수에 정량한계의 10배 농도가 되도록 동일하게 표준물질을 첨가한 시료를 4개 이상 준비하고 7 절차와 동일하게 측정하여 평균값과 표준편차를 구한다.

6.4.2 정확도는 인증시료를 확보할 수 있는 경우 인증표준물질을 분석한 결과값과 인증값과의 상대백분율로 나타내고, 인증시료를 확보할 수 없는 경우 이를 정확한 농도로 첨가한 시료로 대체한다. 이 때 정확도는 첨가시료를 분석한 농도와 첨가하지 않은 시료를 분석한 농도와의 차이에 대한 첨가농도의 상대백분율로서 나타내며 그 값이 80 % ~ 120 % 이내이어야 한다.

6.4.3 정밀도는 측정값의 상대표준편차(RSD)로 계산하며 측정값이 20 % 이내이어야 한다.

6.5 현장 이중시료의 측정

현장 이중시료(field duplicate sample)는 동일한 시료채취 장소에서 동일한 조건으로 중복으로 채취한 시료로서 한 조사팀이 하루에 20개 이하를 채취할 경우에는 1개를 그리고 그 이상을 채취할 때에는 시료 20개 당 1개를 추가로 취한다. 동일한 조건의 두 시료간의 측정값의 편차는 25 % 이하이어야 한다.

6.6 내부정도관리 주기 및 목표

6.6.1 방법검출한계, 정량한계, 정밀도 및 정확도는 연 1회 이상 산정하는 것을 원칙으로 하며, 분석자의 교체, 분석 장비의 수리 및 이동 등의 주요 변동사항이 생길 경우에는 다시 실시한다. 단, 장비의 청소, 컬럼 교체 시와 측정 장비의 감도가 의심될 때에는 언제든지 측정하여 확인하여야 한다.

6.6.2 검정곡선 검증 및 시약바탕시료의 분석은 각 시료군마다 실시하며, 고농도의 시료 다음에는 시약바탕시료를 측정하여 오염여부를 점검한다.

6.6.3 각 정도관리 항목에 대한 정도관리 목표값은 표 1과 같다.

7 분석절차

7.1 전처리

시료 중에 존재하는 입자상물질을 0.2 μm 막 여과지를 사용하여 제거한다. 예비 농축이 필요한 경우 사전에 일정 비로 농축하여 여과한다.

7.2 검정곡선의 작성

7.2.1 암모니아성질소표준용액(1.0 mg/L) 0, 0.6, 1.0, 2.0, 5.0, 10.0 mL를 단계적으로 부피플라스크에 넣고, 각각에 정제수를 넣어 10 mL로 한다. 조제한 검정곡선용 표준용액의 농도는 0, 0.06, 0.1, 0.2, 0.5, 1.0 mg/L에 해당된다. 필요에 따라 사용하는 표준용액의 농도와 개

수를 달리 할 수 있다.

[주 1] 시료분석결과 이 검정곡선 농도범위를 벗어나면 시료를 희석해서 재분석하여야 한다.

7.2.2 이온크로마토그래프의 전체 시스템을 작동시켜 유속을 1 mL/min ~ 3 mL/min으로 고정시킨 다음 10 mM 황산 용리액을 흘려보내면서 펌프의 압력 및 검출기의 전도도가 일정하게 유지될 때까지 기다린다.

7.2.3 펌프의 압력이 일정하게 유지되고 용리액의 전도도 및 기록계의 바탕선이 안정화 되면 검정곡선용 암모늄의 표준용액을 주입하여 크로마토그램을 작성하고 각 양이온들의 머무름 시간을 확인한다.

7.2.4 각 양이온에 해당하는 피크의 면적 또는 높이를 계산하여 각각 표준액 농도와의 검정곡선을 작성한다.

7.2.5 시료의 피크면적 또는 높이가 검정곡선의 상한값을 초과할 경우에는 시료 일정량을 취하여 적당한 농도로 정확히 희석한 다음 이 용액을 가지고 실험한다.

7.3 측정법

여과한 시료를 이온크로마토그래프에 주입하여 검정곡선 작성 시와 같은 기기조건 하에서 크로마토그램을 작성한다.

8 결과보고

8.1 각 시료별 크로마토그램으로부터 각 양이온에 해당되는 피크의 면적 또는 높이를 측정한다.

8.2 피크의 면적으로부터 다음의 식을 사용하여 농도를 계산한다.

$$\text{농도}(\mu g/L) = [A] \times F \quad \cdots\cdots (\text{식 } 1)$$

여기서, $[A]$: 검정곡선으로부터 구한 농도($\mu g/L$)

F : 묽힌 배수

8.3 결과보고

행정사항과 관련된 항목별 시험결과의 표시는 ES 05003의 먹는물 수질기준의 표시한계 및 결과표시에 따른다.

9 참고자료

“내용 없음”

10 부록

[표 1] 정도관리 목표값

정도관리 항목	정도관리 목표
정량한계	0.06 mg/L
검정곡선	결정계수(R^2) ≥ 0.98 또는 감응계수(RF)의 상대표준편차 ≤ 15 %
정밀도	상대표준편차 20 % 이내
정확도	80 % ~ 120 %
현장이중시료	상대편차백분율 ± 25 % 이내

[표 2] 암모니아성질소의 이온크로마토그래피 실험조건(예)

항 목	조 건
컬럼	IonPac CS12A(25 cm 길이 × 4.0 mm 안지름 × 8.5 μm 필름두께) 또는 이와 동등한 컬럼
용출용액(유속)	10 mM H_2SO_4(1.0 mL/min)
주입 양	0.1 ~ 1.0 mL
검출기	전기전도도 검출기

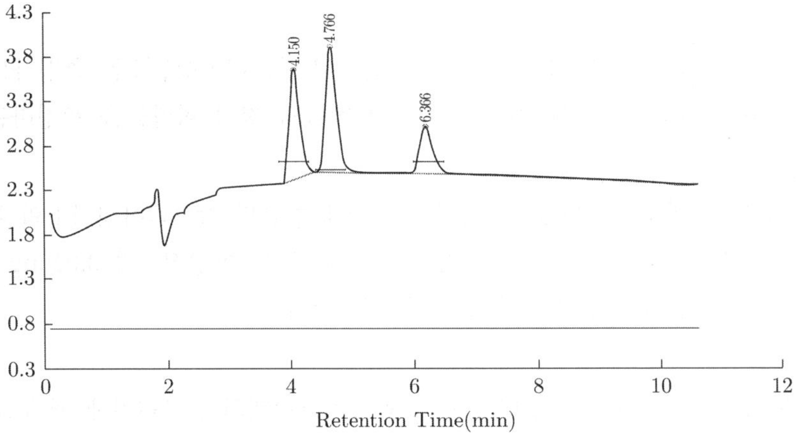

[그림 2] 암모늄이온의 이온크로마토그램(예)

[표 3] 암모늄이온의 머무름 시간(예)

물질명	머무름 시간(min)
암모늄이온	4.77

34 암모니아성질소-연속흐름법

(Ammonium Nitrogen-Continuous Flow Analysis(CFA))

1 개요

1.1 목적

이 시험기준은 먹는물, 샘물 및 염지하수 중에 함유된 암모니아성질소를 측정하는 방법으로서 시료의 암모늄이온이 시약과 반응하여 생성된 인도페놀의 청색 화합물을 측정하는 시험기준이다.

1.2 적용범위

1.2.1 이 시험기준은 먹는물, 샘물 및 염지하수 중에 함유된 암모니아성질소의 분석에 적용한다.

1.2.2 이 시험기준은 먹는물, 샘물 및 염지하수 중에 암모니아성질소가 0.02 mg/L ~ 1.0 mg/L의 농도범위로 함유되어 있을 경우에 적용 가능하다.

1.3 간섭물질

1.3.1 시험에 사용하는 정제수는 실험실 환경에서 가스형태의 암모니아에 쉽게 오염될 우려가 있으므로 가급적 분석 직전 증류 또는 탈염(이온교환수지로 탈염정제)과정을 거친다.

1.3.2 시료 중에 잔류염소가 존재하면 정량을 방해하므로 아황산나트륨 또는 이산화비소산나트륨을 첨가해 잔류염소를 제거한다.

1.3.3 연속흐름장치의 관이 막힐 위험이 있는 시료는 분석 전에 여과하여야 한다.

1.3.4 Ca^{2+}, Mg^{2+} 등에 의하여 발색시 침전물이 생성될 수도 있다. 이러한 경우에는 시료를 증류하여 시험한다.

2 용어정의

2.1 바탕선 들뜸 보정시료

시간에 따라 기기의 바탕선이 들뜨는 것을 보정하는 시료이며, 정제수를 사용한다. 초기에 보정시료로 기준점을 설정한 후 시료 7개 ~ 10개 당 1개 이상 보정시료를 분석하여 바탕선의 들뜸을 보정한다.

2.2 분할흐름분석기

분할흐름분석기(SFA, segmented flow analyzer)란 연속흐름분석기의 일종으로 다수의 시료를 연속적으로 자동분석하기 위하여 사용한다. 본체는 시료와 시약을 주입할 수 있는 펌프와 튜브, 시료와 시약을 반응시키는 반응기 및 검출기로 구성되어 있으며, 용액의 흐름 사이에 일정한 간격으로 공기방울을 주입하여 시료의 분산 및 연속흐름에 따른 오염을 방지하도록 구성되어 있다.

2.3 흐름주입분석기

흐름주입분석기(FIA, flow injection analyzer)란 연속흐름분석기의 일종으로 다수의 시료를 연속적으로 자동분석하기 위하여 사용한다. 기본적인 본체의 구성은 분할흐름 분석기와 같으나 용액의 흐름 사이에 공기방울을 주입하지 않는 것이 차이점이다. 공기방울을 주입하지 않기 때문에 시료의 분산 및 연속흐름에 따른 교차오염의 우려가 있으나 분석시간이 빠르고 기계장치가 단순하다는 장점이 있다.

3 분석기기 및 기구

3.1 자동분석기(auto-analyzer)

3.1.1 시료자동주입기(auto sampler)

시료를 보관할 수 있는 용기와 트레이, 세척수 모듈, 시료채취를 위한 장치(sampling probe)로 구성되어 있으며, 프로그램에 의해 시료주입 및 세척시간의 조절이 가능한 것을 사용한다.

3.1.2 용매 이송펌프

시료와 시약의 연속적인 정량주입이 가능하여야 한다. 이때 사용되는 용매 이송용 튜브는 시료 및 시약과 반응하지 않는 재질(타이곤 또는 테플론 등)을 사용하여야 하며, 일정시간 사용 후 용매의 정량적인 이송이 어려워지면 교체하여야 한다.

3.1.3 반응기

연속으로 주입된 시료와 시약이 완전 혼합되어 반응할 수 있는 구조를 가져야 하며, 충분한 반응시간이 확보되어야 한다. 부록의 그림 1 또는 각 자동분석기에서 요구되는 규격에 맞게 구성할 수 있다.

3.2 검출기 및 기록계

3.2.1 검출기

흡광광도계를 사용하며 10 mm ~ 50 mm 흐름 셀(flow cell)과 기기에 따라 정해진 파장의 필터가 설치된 비색계를 사용한다. 단, 자동분석기에서 요구되는 규격과 상이할 경우 자동분석기에서 요구되는 규격을 따른다.

3.2.2 기록계

검출기로부터 나온 신호들의 기록, 저장 및 보존이 가능한 것을 사용한다.

4 시약 및 표준용액

4.1 시약

시약의 종류 및 조제방법은 자동분석기에서 요구하는 규격에 따른다.

4.2 표준용액

4.2.1 암모니아성질소 표준원액(100 mg/L)

염화암모늄(ammonium chloride, NH_4Cl, 분자량 : 53.49) 0.3819 g을 1 L 부피플라스크에 넣고 정제수로 녹여 표선까지 맞추어 조제한다. 이 용액 1 mL는 암모니아성질소 0.1 mg을 함유한다.

[주 1] 시판용 표준용액을 사용하여도 무방하다.

4.2.2 암모니아성질소 표준용액(1.0 mg/L)

암모니아성질소 표준원액을 정제수로 100배 희석하며, 분석시 조제한다. 이 용액 1 mL는 암모니아성질소 0.001 mg을 함유한다.

5 시료채취 및 관리

5.1 미리 세척한 유리 또는 폴리에틸렌 용기에 채수한다.

5.2 가능한 한 빨리 실험하고, 이것이 불가능할 경우에는 황산을 이용하여 시료를 pH 2 이하로 조정하여 1 ℃ ~ 5 ℃에서 보관하며 최대 보존기간 28일 이내에 실험해야 한다.

6 정도보증/정도관리(QA/QC)

6.1 방법검출한계 및 정량한계

6.1.1 방법검출한계(MDL, method detection limit) 및 정량한계(LOQ, limit of quantitation)는 ES 05001 정도보증/정도관리에 따라 측정한다. 정제수에 정량한계 부근의 농도가 되도록 암모니아성질소 표준용액을 첨가한 시료 7개를 준비하고 각 시료를 **7** 분석절차와 동일하게 측정하여 표준편차를 구한다.

6.1.2 표준편차에 3.14를 곱한 값을 방법검출한계로, 10을 곱한 값을 정량한계로 나타낸다. 측정한 방법검출한계는 표 1에서 제시한 정량한계 이하이어야 한다.

6.2 방법바탕시료의 측정

ES 05001 정도보증/정도관리에 따라 시료군마다 1개의 방법바탕시료(method blank)를 측정한다. 방법바탕시료는 정제수를 사용하여 **7** 분석절차와 동일하게 전처리하여 측정하며 측정값은 방법검출한계 이하이어야 한다.

6.3 검정곡선의 작성 및 검증

6.3.1 검정곡선의 작성 및 검증은 ES 05001 정도보증/정도관리에 따른다. 정량범위 내 5개의 농도에 대해 검정곡선을 작성하고 얻어진 검정곡선의 결정계수(R^2)가 0.98 이상 또는 감응계수(response factor, RF)의 상대표준편차(relative standard deviation, RSD)가 15 % 이내이어야 하며 결정계수나 감응계수의 상대표준편차가 허용범위를 벗어나면 검정곡선을 재작성한다.

6.3.2 검정곡선의 직선성을 검증하기 위해서는 정량범위를 0.02 mg/L ~ 1.0 mg/L로 설정하여 검정곡선을 작성한 후 결정계수(R^2)를 구한다.

6.3.3 검정곡선의 감응계수를 검증하기 위해서는 검정곡선의 중간 농도의 한 농도에서 감응계수를 구하여 그 값이 이전의 값과 비교하여 상대편차(relative percent difference, RPD)가 15 % 이내의 범위에서 일치하여야 한다. 만약 이 범위를 넘는 경우, 검정곡선을 재작성한다.

6.4 정확도 및 정밀도

6.4.1 정확도(accuracy) 및 정밀도(precision)의 측정은 ES 05001 정도보증/정도관리에 따른다. 정제수에 정량한계의 10배 농도가 되도록 동일하게 표준물질을 첨가한 시료를 4개 이상 준비하고 **7** 분석절차와 동일하게 측정하여 평균값과 표준편차를 구한다.

6.4.2 정확도는 인증시료를 확보할 수 있는 경우 인증표준물질을 분석한 결과값과 인증값과의 상대편차(RPD)로 나타내고, 인증시료를 확보할 수 없는 경우 정확한 농도를 첨가한 시료로 대체한다. 이때 정확도는 첨가시료를 분석한 농도와 첨가하지 않은 시료를 분석한 농도와의 차이에 대한 첨가농도의 상대편차로 나타내며 그 값이 80 % ~ 120 % 범위에 있어야 한다.

6.4.3 정밀도는 측정값의 상대표준편차(RSD)로 계산하며 측정값이 20 % 이내이어야 한다.

6.5 현장이중시료의 측정

현장이중시료(field duplicate sample)는 동일한 시료채취 장소에서 동일한 조건으로 중복으로 채취한 시료로서 한 조사팀이 하루에 20개 이하를 채취할 경우에는 1개를 그리고 그 이상을 채취할 경우에는 시료 20개 당 1개를 추가로 채취한다. 동일한 조건의 두 시료간의 측정값의 상대편차는 20 % 이하이어야 한다.

6.6 내부정도관리 주기 및 목표

6.6.1 방법검출한계, 정량한계, 정확도 및 정밀도는 연 1회 이상 산정하는 것을 원칙으로 하며 분석자의 교체, 분석장비의 수리, 이동 등의 주요 변동사항이 생길 경우에는 다시 실시한다. 단, 장비의 청소 및 측정장비의 감도가 의심될 때에는 언제든지 측정하여 확인하여야 한다.

6.6.2 검정곡선 검증 및 시약바탕시료의 분석은 각 시료군마다 실시하며, 특히 고농도의 시료를 분석한 후에는 시약바탕시료를 측정하여 오염여부를 점검한다.

6.6.3 각 정도관리 항목에 대한 정도관리 목표값은 표 1과 같다.

7 분석절차

7.1 전처리

7.1.1 전처리가 필요한 시료는 다음의 절차에 따라 처리한다.

7.1.1.1 장비에 증류장치가 부착되어 있을 경우 자동분석기에서 요구하는 분석법에 따라 분석한다.

7.1.1.2 장비에 증류장치가 부착되어 있지 않을 경우 ES 05353.1의 7.1 전처리 방법에 따른다.

7.2 측정방법

7.2.1 각 기기의 전원장치 및 기기의 동작상태를 확인하고, 시료 및 시약 공급라인이 올바르게 연결되었는지를 확인한다.

7.2.2 가열 및 냉각장치의 온도가 설정온도에 도달하였는지를 확인한다.

7.2.3 분석에 사용할 조건 등을 작성한다.

7.2.4 시료 및 시약 공급라인에 정제수를 연결하여, 자동분석기에 정제수를 흘리면서 정제수가 각 공급라인에 정상적으로 유입되는지를 확인하고 이상이 없으면 약 30분 동안 바탕선을 안정화시킨다.

7.2.5 바탕선이 안정화되면 조제된 시약들을 각 시약 공급라인에 올바르게 연결하고 자동분석기로 흘려주어 시약에 의한 바탕선을 안정화시킨다.

7.2.6 바탕선 측정시료, 표준용액, 시료 및 바탕선 들뜸 보정시료 등을 자동분석기에 순서대로 설치하고 7.2.3에서 작성한 조건에 따라 분석을 실시한다.

7.2.7 분석이 완료되면 모든 시약 및 시료 공급라인을 정제수로 20분 간 세척한 후 다시 공기를 유입시켜 라인 내 정제수를 제거한다.

7.3 검정곡선의 작성

7.3.1 암모니아성질소 표준용액(1.0 mg/L) 0 mL ~ 5.0 mL를 단계적으로 0, 0.5, 1.0, 2.0, 5.0, 10.0 mL를 취하여 10 mL 부피플라스크에 넣고, 각각에 정제수로 표선을 채워 조제한다. 조제한 검정곡선용 표준용액의 농도는 0, 0.05, 0.1, 0.2, 0.5, 1.0 mg/L에 해당된다. 필요에 따라 사용하는 표준용액의 농도와 개수를 달리 할 수 있다.

[주 2] 시료분석결과 이 검정곡선 농도범위를 벗어나면 시료를 희석해서 재분석하여야 한다.

7.3.2 단계적으로 조제한 검정곡선용 표준용액을 **7.2** 측정방법에 따라 자동분석기로 분석한다. 단, 표준용액은 바탕용액을 제외하고 3개 이상 조제해야 하며 필요에 따라 사용하는 표준용액의 농도와 개수를 달리 할 수 있다.

7.3.3 각 표준용액의 피크 높이 또는 면적을 측정하고 각각 표준용액 농도와의 관계선을 회귀식으로 구하여 검정곡선을 작성한다.

[주 3] 검정곡선은 자동분석기의 프로그램에 의하여 자동으로 작성할 수 있다.

8 결과보고

8.1 계산

검정곡선은 농도에 대한 피크 높이 또는 면적으로 작성한다. 시료의 농도는 표준용액의 피크 높이 또는 면적에 대한 시료의 높이 또는 면적을 비교하여 계산한다.

$$\text{암모니아성질소(mg/L)} = \frac{y-b}{a} \times I \quad \cdots\cdots (식\ 1)$$

여기서, y : 시료의 피크 높이 또는 면적

b : 검정곡선의 절편

a : 검정곡선의 기울기

I : 시료의 희석배수

[주 4] 시료의 농도는 자동분석기의 프로그램에 의하여 자동으로 계산할 수 있다.

8.2 결과보고

행정사항과 관련된 항목별 시험결과의 표시는 ES 05003의 먹는물 수질기준의 표시한계 및 결과표시에 따른다.

9 참고자료

9.1 Standard Methods for the Examination of Water and Wastewater, "4500-NH3 H. Nitrogen(Ammonia) - Flow Injection Analysis", American Public Health Association, 800 I Street NW, Washington, DC 20001-3710(2005)

9.2 ESS Method 220.3, "Ammonia Nitrogen and Nitrate + Nitrite Nitrogen, Automated Flow Injection Analysis Method", Environmental Sciences Section, Inorganic Chemistry Unit Wisconsin State Lab of Hygiene, 465 Henry Mall, Madison, WI 53706(1991)

9.3 US EPA Method 350.1, "Determination of Ammonia Nitrogen by Semi-Automated Colorimetry", EPA, Environmental Monitoring Systems Laboratory Office of Research and Development, Cincinnati, Ohio 45268(1993)

9.4 ISO 11732, "Water Quality－Determination of Ammonium Nitrogen－Method by Flow Analysis(CFA and FIA) and Spectrometric Detection", ISO copyright office, Case Postale 56 CH-1211 Geneva 20, Switzerland(2005)

9.5 KS I ISO 11732, "수질－흐름 분석－CFA 및 FIA 과 분광 검출법에 의한 암모니아성 질소의 측정방법", 산업표준심의회, (2013)

9.6 먹는물수질공정시험기준 ES 05353.1, "암모니아성질소－자외선/가시선 분광법" 환경부(2018)

10 부록

[표 1] 정도관리 목표값

정도관리 항목	정도관리 목표
정량한계	0.02 mg/L
검정곡선	결정계수(R^2) ≥ 0.98 또는 감응계수(RF)의 상대표준편차 ≤ 15 %
정밀도	상대표준편차 20 % 이내
정확도	80 % ~ 120 %
현장이중시료	상대편차백분율 ± 20 % 이내

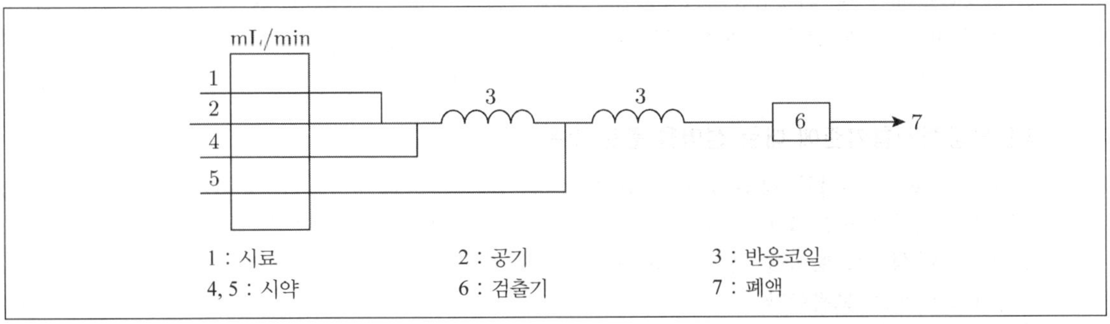

[그림 1] 암모니아성질소 분석장치의 구성도

암모니아성질소

연습문제

01 먹는물공정시험기준에 따른 시료의 보존기간 및 보존방법에 대한 설명으로 틀린 것은?

① 경도 : 6개월, 질산으로 pH 2, 0 ℃ ~ 4 ℃ 보관
② 암모니아성질소 : 48시간, 황산으로 pH 2 이하 4 ℃ 보관
③ 유기인계 농약 : 7일 이내 추출시 40일, 4 ℃ 냉암소 보관
④ 대장균 : 30시간, 4 ℃ 냉암소보관, 잔류염소를 함유시 멸균한 티오황산나트륨용액을 0.03 % 되도록 첨가

02 시료채취와 보존방법에 대한 설명으로 틀린 것은?

① 암모니아성질소, 질산성질소, 염소이온, 과망간산칼륨소비량, 불소, 페놀, 경도, 황산이온, 세제, 수소이온농도, 색도, 탁도, 증발잔류물, 농약 및 잔류염소시험용 시료는 폴리에틸렌병을 이용하여 채수한다.
② 중금속 시험용 시료를 채취할 때에는 미리 질산 및 정제수로 잘 씻은 폴리프로필렌, 폴리에틸렌 또는 폴리테트라플루오로에틸렌(PTFE) 용기에 시료를 채취하고 질산을 가하여 pH 2 이하로 보존한다.
③ 시안시험용 시료는 미리 증류수로 잘 씻은 유리병 또는 폴리에틸렌병으로 채취하고 곧 입상의 수산화나트륨을 넣어 pH 12 이상의 알칼리성으로 하여 신속히 시험한다.
④ 트리할로메탄 및 휘발성유기화학물질 시험용 시료는 미리 증류수로 잘 씻은 유리병에 기포가 생기지 아니하도록 조용히 채취하고 pH가 약 2가 되도록 염산을 넣고 시료로 꽉 채운 후 밀봉한다.

03 먹는물공정시험기준에 대한 설명을 틀린 것은?

① 페놀 항목을 분석할 경우 4시간 이내에 시험하지 못할 때에는 시료 1 L에 대하여 황산을 넣어 pH 2 이하로 하고 1 ℃ ~ 5 ℃ 냉암소에 보존하여 최대 28일 이내에 시험한다.
② 암모니아성질소 항목을 분석할 경우에는 질산 및 정제수로 씻은 유리병에 시료채취 후 염산으로 pH 2 이하로 보관한다.
③ 미생물 시험용 시료를 채취한 후 빨리 시험할 수 없는 경우에는 4 ℃ 냉장보관 상태에서 녹농균, 일반세균, 여시니아균은 24시간 이내에, 총 대장균군 등 그 밖의 항목은 30시간 이내에 시험하여야 한다.
④ 시안 시험용 시료의 경우에는 미리 정제수로 잘 씻은 유리병 또는 폴리에틸렌병에 시료를 채취하고 곧 입상의 수산화나트륨을 넣어 pH 12 이상의 알칼리성으로 하고 신속히 시험한다.

04 먹는물 시료 중 각 이온들의 분석방법에 대한 기술이 틀린 것은?

① 시안 : 자외선/가시선 분광법, 연속흐름법
② 불소 : 자외선/가시선 분광법, 이온크로마토그래피
③ 암모니아성질소 : 자외선/가시선 분광법, 연속흐름법
④ 황산이온 : 자외선/가시선 분광법, EDTA 적정법

Answer 1. ② 2. ① 3. ② 4. ④

05 **먹는물수질오염공정시험기준에 따른 자외선/가시선 분광법에서 암모니아성 질소와 질산성 질소의 분석방법에 관한 설명으로 옳은 것은?**

	암모니아성 질소	질산성 질소
측정원리	차아염소산의 공존하에서 페놀과 반응하여 생성되는 인도페놀의 청색의 흡광도 측정	살리실산나트륨, 염화나트륨 및 설파민산암모늄과 반응시킨 후 알칼리성에 나타나는 흡광도 측정
측정파장	410 nm	640 nm
정량한계	0.1 mg/L	0.01 mg/L
간섭물질	아황산 이온이 공존할 경우 같은 당량의 과산화수소를 가한 후 시험한다.	잔류염소가 존재하면 증류 전에 아황산나트륨 용액 등을 첨가하여 제거한다.

① 측정원리 ② 측정파장
③ 정량한계 ④ 간섭물질

06 **먹는물수질공정시험기준에 따른 자외선/가시광선 분광법에 의한 암모니아성질소 분석시 차아염소산 공존 하에서 페놀과 반응, 생성되어 최종적으로 640 nm에서 측정되는 화합물로 옳은 것은?**

① 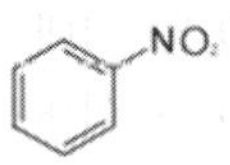
② 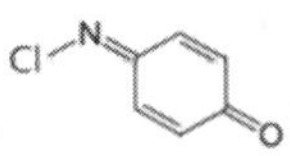
③ 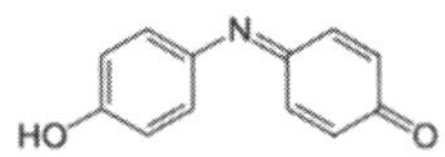
④ 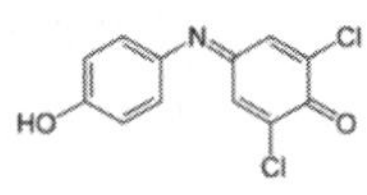

07 **자외선/가시선 분광법을 이용한 암모니아성 질소를 분석하기 위하여 표준용액(1.0 mg/L) 1 L를 조제하고자 한다. 조제 방법으로 옳은 것은?** (단, 표준원액(100 mg/L)은 염화암모늄(ammonium chloride)을 이용하여 1 L 조제하고, 이 원액을 희석하여 표준용액을 조제하고자 한다.)

① 염화암모늄 0.3819 g을 1 L 부피플라스크에 넣고 정제수로 표선까지 맞추어 표준원액을 제조한 후 표준원액 1 mL을 1 L 부피플라스크에 넣고 정제수로 표선까지 맞춘다.
② 염화암모늄 0.3819 g을 1 L 부피플라스크에 넣고 정제수로 표선까지 맞추어 표준원액을 제조한 후 표준원액 10 mL을 1 L 부피플라스크에 넣고 정제수로 표선까지 맞춘다.
③ 염화암모늄 0.2969 g을 1 L 부피플라스크에 넣고 정제수로 표선까지 맞추어 표준원액을 제조한 후 표준원액 1 mL을 1 L 부피플라스크에 넣고 정제수로 표선까지 맞춘다.
④ 염화암모늄 0.2969 g을 1 L 부피플라스크에 넣고 정제수로 표선까지 맞추어 표준원액을 제조한 후 표준원액 10 mL을 1 L 부피플라스크에 넣고 정제수로 표선까지 맞춘다.

08 **자외선/가시선 분광법을 이용하여 암모니아성 질소를 측정하는 방법으로 틀린 것은?**

① 시료가 탁하거나 착색물질 등의 방해물질이 함유되어 있는 경우에는 증류하여 그 유출액으로 시험한다.
② 시료의 암모늄이온이 차아염소산의 공존 하에서 페놀과 반응하여 생성하는 인도페놀의 청색을 640 nm에서 측정하는 방법이다.
③ 시료 중에 잔류염소가 존재하면 시료를 증류하기 전에 아황산나트륨용액 등을 첨가해 전류염소를 제거한다.
④ 빨리 실험이 불가능할 경우 황산을 이용하여 시료를 pH 3 이하로 조정하여 4 ℃에서 보관하며 14일 이내에 실험해야 한다.

Answer 5. ① 6. ③ 7. ② 8. ④

35 질산성질소(Nitrate Nitrogen)

1 일반적 성질

이 시험기준들은 먹는물 중에 질산성질소[1)2)3)]를 측정하는 방법이다. 질산이온은 천연적으로 광석 등에서 생성되기도 하나 오염물질인 유기질소화합물이나 암모니아가 산화되어 생성되기도 한다. 질산이온은 사람에게 특히 10세 이하의 어린이에게 메타헤모글로빈 등의 질병을 유발하는 것으로 알려져 있다.

2 적용 가능한 시험방법

질산성질소	정량범위(mg/L)	정밀도(% RSD)
이온크로마토그래피	0.02 ~ 20	20 % 이내
자외선/가시선분광법	0.10 ~ 20	20 % 이내

1) 수중에서 질산이온(NO_3^-)으로 존재하는 질소(N)를 말한다. 질산성 질소는 보통 질산염 또는 NO_3^- 등으로 표시하지만 그 양을 질소량으로 표시하는 것이므로 NO_3-N으로 나타낸다. 물속의 NO_3-N은 대부분이 동물성 유기물질이 세균에 의하여 산화 분해되어 NH_3-N, NO_2-N을 거쳐 생성된 최종 분해산물이며, 식물성 유기물질은 부식이 느려 동물성 유기물질에 비해 상대적으로 NO_3-N 생성량이 적다. 질소화합물이 부패, 발효, 산화되는 과정에서 생성되는 질소화합물의 최종산화물질로서 물의 오염지표, 수역에서 부영양화 지표로 사용된다.
   - 배출원: 무기비료 사용, 부패한 동식물, 생활하수, 공장폐수 등이며, 수중의 질산염 농도 증가는 대체적으로 질소비료의 사용과 관련성이 많다.

2) 환경잔류성: 질산성질소는 토양에 흡착되기 어렵고 가용성이므로 지하수에 존재할 가능성이 크다. 휘발성이 없어 식물, 생물체에 의해 이용될 때까지 잔류하기 용이하며, 원수와 지하수에서 농도는 현저하게 변하지 않는다.

3) 인체유해성: 질산성질소의 농도가 10 mg/L 이상이면 유아기(특히, 생후 3개월 이하)에서 청색증을 유발한다. 질산성질소는 생체내에서 환원균에 의해 아질산염으로 환원되어 혈액중의 헤모글로빈과 반응하여 산소운반기능이 없는 혈색소인 메타헤모글로빈을 생성한다.

36 질산성질소-이온크로마토그래피 (Nitrate Nitrogen-Ion Chromatography)

이 시험기준은 먹는물 및 샘물 중에 질산성질소를 이온크로마토그래프를 이용하여 분석하는 방법이다. 시료를 0.2 μm 막 여과지를 통과시켜 고체미립자를 제거한 후 음이온 교환 컬럼을 통과시켜 각 음이온들을 분리한 후 전기전도도 검출기로 측정하는 방법으로, ES 05357.1c 음이온류-이온크로마토그래피에 따른다.

37 질산성질소-자외선가시선분광법 (Nitrate Nitrogen-UV/Visible Spectrometry)

1 개요

1.1 목적1)

이 시험기준은 먹는물, 샘물 및 염지하수 중에 질산성질소를 측정하는 방법으로, 존재하는 질산이온과 살리실산나트륨, 염화나트륨 및 설파민산암모늄과 반응시킨 후 알칼리성에서 나타나는 흡광도를 410 nm에서 측정하는 방법이다.

1.2 적용범위

1.2.1 이 시험기준은 먹는물, 샘물 및 염지하수 중 질산성질소의 측정에 적용한다.

1.2.2 이 시험기준에 의해 질산성질소가 0.10 mg/L ~ 20.0 mg/L의 정량범위로 존재할 때 적용할 수 있으며 정량한계는 0.1 mg/L이다.

1.3 간섭물질

1.3.1 산화성물질은 질산이온의 측정을 방해하므로 미리 제거한다. 잔류염소 등의 산화성물질이 공존할 경우에는 같은 당량의 아황산나트륨용액(0.63 w/v %) 또는 아황산나트륨용액(삼산화비소 0.5 g을 수산화나트륨용액(4 w/v %) 5 mL에 용해한 후 염산(1+11) 6 mL를 가하여 물 100 mL로 함)을 가한 후 시험한다.

1.3.2 아황산이온 등의 환원성물질은 질산이온의 측정을 방해하므로 미리 제거한다. 아황산이온이 공존할 경우에는 약알칼리성으로 같은 당량의 과산화수소(1+100)를 가한 후 시험한다.

1.3.3 알칼리성이 강할 경우에는 황산(1+5)을 가하여 약 pH 7로 조절하여 시험한다.

2 용어정의

"내용 없음"

3 분석기기 및 기구

3.1 자외선/가시선 분광광도계

3.1.1 자외선/가시선 분광광도계는 아래 그림 1과 같이 광원부, 파장선택부, 시료부 및 측광부로 구성되고 광원부에서 측광부까지의 광학계에는 측정목적에 따라 여러 가지 형식이 있다.

---

1) 본 시험기준은 살리실산염을 물속의 질산이온과 농황산으로 니트로화하여 생긴 니트로살리실산을 알칼리성에서 키노이드형으로 하고 이때 나타나는 황색류를 같은 방법으로 처리하여 얻은 표준액의 발색과 비교하여 측정하는 방법이다. 본 시험기준은 간단하고 재현성이 양호하며 방해물질도 적다.

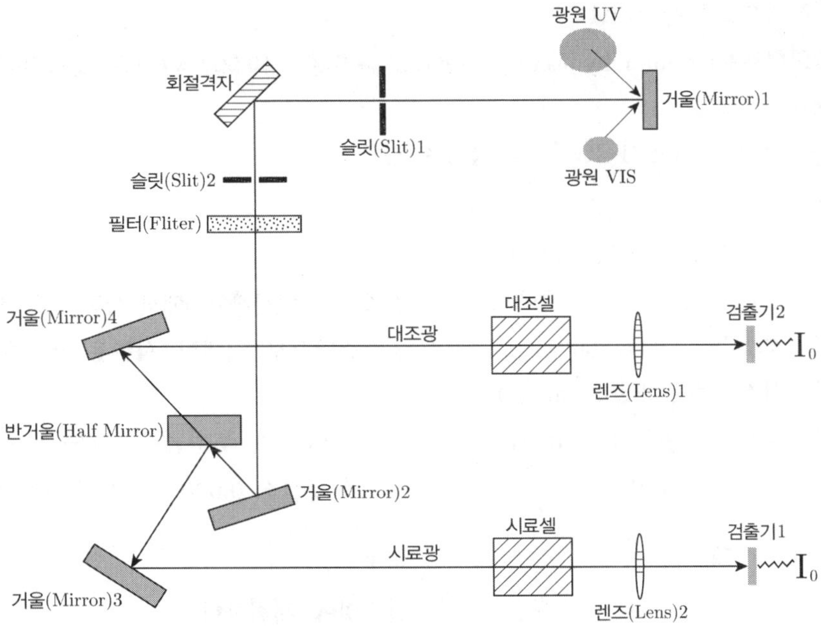

[그림 1] 자외선/가시선 분광광도계

3.1.2 광원부의 광원으로 가시부와 근적외부의 광원으로는 주로 텅스텐램프를 사용하고 자외부의 광원으로는 주로 중수소 방전관을 사용한다.

3.2 흡수셀

3.2.1 시료액의 흡수파장이 약 370 nm 이상일 때는 석영 또는 경질유리 흡수셀을 사용하고 약 370 nm 이하일 때는 석영 흡수셀을 사용한다.

3.2.2 따로 흡수셀의 길이를 지정하지 않았을 때는 10 mm 셀을 사용한다.

3.2.3 시료셀에는 시험용액을, 대조셀에는 따로 규정이 없는 한 정제수를 넣는다. 넣고자하는 용액으로 흡수셀을 씻은 다음 셀의 약 80 %까지 넣고 외면이 젖어 있을 때는 깨끗이 닦는다. 휘발성 용매를 사용할 때와 같은 경우에는 흡수셀에 마개를 하고 흡수셀에 방향성이 있을 때는 항상 방향을 일정하게 하여 사용한다.

4 시약 및 표준용액

4.1 시약

4.1.1 살리실산나트륨용액

살리실산나트륨(sodium salicylate, $NaC_7H_5O_3$, 분자량 : 160.10) 1 g을 수산화나트륨용액(0.01 M)에 녹여 100 mL로 한다.

4.1.2 염화나트륨용액

염화나트륨(sodium chloride, NaCl, 분자량 : 58.44) 0.2 g을 정제수에 녹여 100 mL로 한다.

4.1.3 설파민산암모늄용액

설파민산암모늄(ammonium sulfamate, $NH_4SO_3NH_2$, 분자량 : 114.12) 0.1 g을 정제수에 녹여 100 mL로 한다.

4.1.4 수산화나트륨용액(10 M)

수산화나트륨(sodium hydroxide, NaOH, 분자량 : 40.00) 40 g을 정제수에 녹여 100 mL로 한다.

4.1.5 황산(sulfuric acid, H_2SO_4, 분자량 : 98.08)

4.2 표준용액

4.2.1 질산성질소표준원액(1000 mg/L)

질산나트륨을 105 ℃ ~ 110 ℃에서 4시간 건조하고, 데시케이터에서 식힌 다음 질산나트륨 606.8 mg을 정제수에 녹여 100 mL로 하여 표준원액으로 하거나 시판용 표준용액을 사용한다.

4.2.2 질산성질소표준용액(20.0 mg/L)

질산성질소표준원액(1000 mg/L) 10.0 mL를 500 mL 부피플라스크에 넣어 정제수를 표선까지 가하여 조제한다. 이 용액 1 mL는 질산성질소 0.020 mg을 함유한다.

5 시료채취 및 관리

5.1 시료는 미리 세척한 유리용기 또는 폴리에틸렌병에 채취한다.

5.2 채취용기는 비인산계 세제로 세척한 후 수돗물로 여러 번 세척하고 염산(1 M)과 증류수로 세척한 후 건조한다.

5.3 가능한 한 빨리 실험하며, 불가능할 경우 1 ℃ ~ 5 ℃에 보관하며, 최대 48시간 이내에 실험해야 한다.

6 정도보증/정도관리(QA/QC)

6.1 방법검출한계 및 정량한계

6.1.1 방법검출한계(MDL, method detection limit) 및 정량한계(LOQ, limit of quantitation)는 ES 05001 정도보증/정도관리에 따라 측정한다. 정제수에 정량한계 부근의 농도가 되도록 질산성질소표준용액을 첨가한 시료 7개를 준비하고 각 시료를 7 분석절차와 동일하게 측정하여 표준편차를 구한다.

6.1.2 표준편차에 3.14를 곱한 값을 방법검출한계로, 10을 곱한 값을 정량한계로 나타낸다. 측정한 방법검출한계는 표 1에서 제시한 정량한계 이하이어야 한다.

6.2 방법바탕시료의 측정

ES 05001 정도보증/정도관리에 따라 시료군마다 1개의 방법바탕시료(method blank)를 측정한다. 방법바탕시료는 정제수를 사용하여 7 분석절차와 동일하게 전처리·분석하며 측정값은 방법검출한계 이하이어야 한다.

6.3 검정곡선의 작성 및 검증

6.3.1 정량범위 내의 5개의 농도에 대해 검정곡선을 작성하고 얻어진 검정곡선의 결정계수(R^2)가 0.98 또는 감응계수(RF)의 상대표준편차가 15 % 이내이어야 하며 상관계수나 감응계수의 상대표준편차가 허용범위를 벗어나면 재작성한다.

6.3.2 검정곡선의 직선성을 검증하기 위하여 각 시료군마다 1회의 검정곡선 검증을 실시하는 것이 바람직하다. 정량범위 또는 검정곡선의 중간 농도에 해당하는 표준용액을 측정한다. 측

정값은 검정곡선 작성 시의 값과 15 % 이내에서 일치하여야 한다. 만약 이 범위를 넘는 경우, 검정곡선의 재작성이 요구된다.

6.4 정밀도 및 정확도

6.4.1 정확도(accuracy) 및 정밀도(precision)의 측정은 ES 05001 정도보증/정도관리에 따른다. 정제수에 정량한계의 1배 ~ 5배 농도가 되도록 동일하게 표준물질을 첨가한 시료를 4개 이상 준비하고 7 절차와 동일하게 측정하여 평균값과 표준편차를 구한다.

6.4.2 정확도는 첨가한 표준물질의 농도에 대한 측정 평균값의 상대백분율로서 나타내고 그 값이 80 % ~ 120 % 이내이어야 한다.

6.4.3 정밀도는 측정값의 상대표준편차(RSD)로 산출하며 측정한 결과 20 % 이내이어야 한다.

6.5 현장 이중시료의 측정

현장 이중시료(field duplicate sample)는 동일한 시료채취 장소에서 동일한 조건으로 중복으로 채취한 시료로서 한 조사팀이 하루에 20개 이하를 채취할 경우에는 1개를 그리고 그 이상을 채취할 때에는 시료 20개 당 1개를 추가로 취한다. 동일한 조건의 두 시료간의 측정값의 편차는 20 % 이하이어야 한다.

6.6 내부정도관리 주기 및 목표

6.6.1 방법검출한계, 정량한계, 정밀도 및 정확도는 연 1회 이상 산정하는 것을 원칙으로 하며, 분석자의 교체, 분석 장비의 수리 및 이동 등의 주요 변동사항이 생길 경우에는 다시 실시한다. 단, 장비의 청소 및 측정 장비의 감도가 의심될 때에는 언제든지 측정하여 확인하여야 한다.

6.6.2 검정곡선 검증 및 시약바탕시료의 분석은 각 시료군마다 실시하며, 고농도의 시료 다음에는 시약바탕시료를 측정하여 오염여부를 점검한다.

6.6.3 각 정도관리 항목에 대한 정도관리 목표값은 표 1과 같다.

7 분석절차

7.1 전처리

7.1.1 시료 10 mL를 100 mL의 비커에 넣고 살리실산나트륨용액 1 mL, 염화나트륨용액[2] 1 mL 및 설파민산암모늄용액[3] 1 mL를 넣어 수욕상에서 증발건조한다.

7.1.2 시료를 식히고 황산 2 mL를 넣어 가끔 저어 섞으면서 10분간 둔 후(증발잔류물이 다량인 경우에는 수욕상에서 10분간 가열하고 식힌 후) 물 10 mL를 넣어 네슬러관에 옮긴다.

7.1.3 다시 이를 식히고 천천히 수산화나트륨용액(10 M) 10 mL를 넣은 후 물을 넣어 전량 25 mL로 한다.

7.2 검정곡선의 작성

7.2.1 질산성질소표준용액(20 mg/L) 0, 2.0, 5.0, 25.0, 50.0, 100.0 mL를 단계적으로 부피플라스

---

2) Cl^-이온이 (0.1 ~ 0.2) mg이 공존하면 부(−)의 방해를 하지만 이 농도를 다시 증가시켜 (1 ~ 5) mg이 되더라도 흡광도에 영향을 주지 않는다. 이 때문에 NaCl 용액의 일정량을 첨가하여 Cl^-이온 농도를 상승시켜 방해를 감소시킨다.

3) 아질산성이온(NO_2^-)은 질산성이온(NO_3^-)의 약 20 % 정도 발색하여 정(+)의 방해를 주지만 설파민산암모늄을 첨가하면 1 mg/L까지 NO_2^- 이온의 방해를 받지 않으며, NO_3-N 10 mg/L 이상에서는 등황색이 증가하여 측정할 수 없다.

크에 넣고, 각각에 정제수를 넣어 100 mL로 한다. 조제한 검정곡선용 표준용액의 농도는 0, 0.4, 1.0, 5.0, 10.0, 20.0 mg/L이다. 필요에 따라 사용하는 표준용액의 농도와 개수를 달리 할 수 있다.

[주 1] 시료분석결과 이 검정곡선 농도범위를 벗어나면 시료를 희석해서 재분석하여야 한다.

7.2.2 이하 7.1과 같은 방법으로 측정하여 질산성질소의 농도(mg/L)를 가로축(x축)에, 질산성질소의 흡광도를 세로축(y축)에 취하여 검정곡선을 작성한다.

7.3 측정법

이 용액 일부를 흡수셀(10 mm)에 넣고 자외선/가시선 분광광도계를 사용하여 시료와 같은 방법으로 시험한 바탕시험액을 대조액으로 하여 파장 410 nm 부근에서 흡광도를 측정하고 **7.2**에 따라 작성한 검정곡선으로부터 시험용액 중의 질산성질소의 양을 구하여 시료중의 질산성질소의 농도를 측정한다.

8 결과보고

8.1 계산

질산성질소의 측정값을 검정곡선식의 $y(i)$값에 대입하여 $x(i)$값을 계산하면 질산성질소의 농도(C_s, mg/L)를 구할 수 있다.

$$C_s(\text{mg/L}) = \frac{A_x - b}{a} \quad \cdots\cdots (식\ 1)$$

여기서, A_x : 분석물질의 흡광도　　　a : 검정곡선의 기울기

b : 검정곡선의 절편 값　　　C_s : 분석물질의 농도(mg/L)

8.2 결과보고

행정사항과 관련된 항목별 시험결과의 표시는 ES 05003의 먹는물 수질기준의 표시한계 및 결과표시에 따른다.

9 참고자료

9.1 US EPA Method 352.1, 1971, Nitrogen, Nitrate

9.2 Standard Method 4500, 2005, Nitrogen(Nitrate)

10 부록

[표 1] 정도관리 목표값

정도관리 항목	정도관리 목표
정량한계	0.1 mg/L
검정곡선	결정계수(R^2) ≥ 0.98 또는 감응계수(RF)의 상대표준편차 ≤ 15 %
정밀도	상대표준편차 20 % 이내
정확도	80 % ~ 120 %
현장이중시료	상대편차백분율 ± 20 % 이내

질산성질소 연습문제

01 먹는물수질공정시험기준에 따른 먹는물 수질기준의 시험결과 표시자릿수로 틀린 것은?

① 구리는 0.000이다.
② 일반세균은 0이다.
③ 질산성질소는 0.00이다.
④ 트리클로로에틸렌은 0.000이다.

02 시료채취와 보존방법에 대한 설명으로 틀린 것은?

① 암모니아성질소, 질산성질소, 염소이온, 과망간산칼륨소비량, 불소, 페놀, 경도, 황산이온, 세제, 수소이온농도, 색도, 탁도, 증발잔류물, 농약 및 잔류염소시험용 시료는 폴리에틸렌병을 이용하여 채수한다.
② 중금속 시험용 시료를 채취할 때에는 미리 질산 및 정제수로 잘 씻은 폴리프로필렌, 폴리에틸렌 또는 폴리테트라플루오로에틸렌(PTFE) 용기에 시료를 채취하고 질산을 가하여 pH 2 이하로 보존한다.
③ 시안시험용 시료는 미리 증류수로 잘 씻은 유리병 또는 폴리에틸렌병으로 채취하고 곧 입상의 수산화나트륨을 넣어 pH 12 이상의 알칼리성으로 하여 신속히 시험한다.
④ 트리할로메탄 및 휘발성유기화학물질 시험용 시료는 미리 증류수로 잘 씻은 유리병에 기포가 생기지 아니하도록 조용히 채취하고 pH가 약 2가 되도록 염산을 넣고 시료로 꽉 채운 후 밀봉한다.

03 표준용액 1 mL에 포함된 질산성질소(NO_3-N)의 양으로 옳은 것은?

> 건조한 질산나트륨(분자량 85, 100.0 %) 607.0 mg을 정제수에 녹여 100 mL로 조제한 질산성질소용액 10 mL를 1000 mL 부피플라스크에 넣어 정제수를 표선까지 가하여 표준용액을 제조하였다.

① 0.010 mg
② 0.020 mg
③ 0.100 mg
④ 0.200 mg

04 먹는물수질오염공정시험기준에 따른 자외선/가시선 분광법에서 암모니아성 질소와 질산성 질소의 분석방법에 관한 설명으로 옳은 것은?

	암모니아성 질소	질산성 질소
측정원리	차아염소산의 공존하에서 페놀과 반응하여 생성되는 인도페놀의 청색의 흡광도 측정	살리실산나트륨, 염화나트륨 및 설파민산암모늄과 반응시킨 후 알칼리성에 나타나는 흡광도 측정
측정파장	410 nm	640 nm
정량한계	0.1 mg/L	0.01 mg/L
간섭물질	아황산 이온이 공존할 경우 같은 당량의 과산화수소를 가한 후 시험한다.	잔류염소가 존재하면 증류 전에 아황산나트륨 용액 등을 첨가하여 제거한다.

① 측정원리
② 측정파장
③ 정량한계
④ 간섭물질

Answer 1. ③ 2. ① 3. ① 4. ①

05 질산성질소(자외선/가시선 분광법)를 측정하는 방법에 대한 설명으로 틀린 것은?

① 산화성물질은 질산이온의 측정을 방해하므로 미리 제거한다.

② 아황산이온이 공존할 경우에는 약알칼리성으로 같은 당량의 아황산나트륨용액(0.63 w/v %)을 가한 후 시험한다.

③ 알칼리성이 강한 경우에는 황산(1+5)을 가하여 약 pH 7로 조절하여 시험한다.

④ 시료는 미리 세척한 폴리에틸렌 또는 폴리테트라플루오로에틸렌 용기에 채취한다.

05 질산성질소를 자외선/가시선 분광법으로 시험하려고 할 때 정도관리 목표값에 대한 설명으로 옳은 것은?

① 현장이중시료는 상대편차 백분율 ± 30 % 이내이다.

② 정량한계는 0.1 mg/L이다.

③ 정확도는 70 % ~ 130 % 이내이어야 한다.

④ 검정곡선은 결정계수(R^2)가 0.90보다 크거나 같다.

Answer 5. ② 6. ②

38 염소이온(Chloride, Cl^-)

1 일반적 성질

이 시험기준들은 먹는물 중에 염소이온[1)2)]을 측정하는 방법이다. 염소이온은 천연적으로 광석 등에서 생성되기도 하나 염분이나 염산 등이 오염되어 발생되기도 한다. 염소이온은 사람에게 필수물질이다.

2 적용 가능한 시험방법

염소이온	정량범위(mg/L)	정밀도(% RSD)
이온크로마토그래피	0.4 ~ 50.0	20 % 이내
질산은 적정법	0.4 ~ 100.0	20 % 이내

1) 염소이온(Cl^-)은 물속에 녹아 있는 염화물 중 Cl^-을 일컫는다(소독 등에 사용되는 염소와는 다르다). 염화물은 자연계에 널리 분포하며 보통 NaCl, KCl, $CaCl$의 형태로 존재하고 지각 중에 구성비는 약 0.05 %이다. 자연계에서 대부분의 염화물은 해수 중에 존재한다. Cl^-는 지층을 구성하는 토양이나 암석에 미량 함유되어 있으며 녹기 쉬운 성질로 인해 지표수나 지하수에는 다수의 Cl^-를 함유하고 있다.

2) • 배출원: 무기비료, 사업장폐기물, 해안지역에서 해수의 침투 및 풍속염, 도로의 제설작업 등에서 배출된다.
• 환경잔류성: 환경 중 해양에서 염화물이 가장 많이 존재하며, 표준 해수 중 염소이온은 약 19,000 mg/L이고, 소변중 염소이온은 약 5,500 mg/L이다.
• 인체유해성: 염화물의 (90 ~ 95) %는 소변으로 배설되며 인간에게 미치는 독성은 관찰되지 않았다. 염화물은 체내에서 가장 풍부한 음이온이며, 양이온들과 결합하여 세포외액의 삼투작용에 기여한다. 염소이온이 4,000 mg/L 이상에서는 심장병 환자에 유해하다.

39 염소이온-이온크로마토그래피 (Chloride-Ion Chromatography)

이 시험기준은 먹는물 및 샘물 중에 염소이온을 이온크로마토그래프를 이용하여 분석하는 방법이다. 시료를 0.2 μm 막 여과지를 통과시켜 고체미립자를 제거한 후 음이온 교환 컬럼을 통과시켜 각 음이온들을 분리한 후 전기전도도 검출기로 측정하는 방법으로, ES 05357.1c 음이온류-이온크로마토그래피에 따른다.

40 염소이온-질산은 적정법
(Chloride-Silver Nitrate Titrimetric method)

1 개요

1.1 목적1)

이 시험기준은 먹는물 및 샘물 중에 염소이온을 측정하는 방법으로, 존재하는 염소이온이 질산은과 정량적으로 반응하고 과잉의 질산은이 크롬산과 반응하여 크롬산은의 침전으로 나타나는 점을 적정의 종말점으로 하여 염소이온의 농도를 측정하는 방법이다.

1.2 적용범위

1.2.1 이 시험기준은 먹는물 및 샘물 중 염소이온의 측정에 적용한다.

1.2.2 이 시험기준에 의한 염소이온의 정량한계는 0.4 mg/L이고 정량범위는 0.4 mg/L ~ 100 mg/L 이다.

1.3 간섭물질

1.3.1 브롬이온, 요오드이온, 시안이온은 염소이온의 측정을 방해한다.

1.3.2 황이온, 황산이온, 티오황산이온은 염소이온의 측정을 방해하나 과산화수소(H_2O_2)를 가하여 제거할 수 있다.

1.3.3 25 mg/L 이상의 오쏘인산염과 폴리인산염은 인산은을 만들어 염소의 측정을 방해한다.

1.3.4 10 mg/L 이상의 철은 종말점의 색깔 변화를 방해한다.

2 용어정의

"내용 없음"

3 분석기기 및 기구

"내용 없음"

4 시약 및 표준용액

4.1 시약

4.1.1 크롬산칼륨용액

크롬산칼륨(potassium chromate(Ⅵ), K_2CrO_4, 분자량 : 194.19) 50 g을 정제수 약 200 mL

---

1) 물속의 염소이온은 적당한 양의 $K_2Cr_2O_4$의 존재하에서 질산은($AgNO_3$) 용액으로 적정하면 다음과 같은 화학반응에 의해 백색의 염화은이 생성된다. 과잉으로 첨가한 질산은은 크롬산이온과 반응하여 크롬산은을 생성하여 엷은 등색을 나타내며, 이것을 적정의 종말점으로 한다.

$$Cl^- + AgNO_3 \rightarrow AgCl\downarrow + NO_3^-$$

$$CrO_4^- + 2AgNO_3 \rightarrow AgCrO_4 + 2NO_3^-$$

에 녹이고, 적색침전이 생길 때까지 질산은 용액을 넣어 여과한 후 여과액에 정제수를 넣어 1 L로 한다.

4.1.2 염화나트륨용액(0.01 M)

염화나트륨(sodium chloride, NaCl, 분자량 : 58.44)을 105 ℃ ~ 110 ℃에서 4시간 건조하고, 데시케이터 안에서 식힌 다음 0.5844 g을 정제수에 녹여 1 L로 한다.

4.2 표준용액

4.2.1 질산은용액(0.01 M)

4.2.1.1 질산은(silver nitrate, $AgNO_3$, 분자량 : 169.87) 1.7 g을 정제수에 녹여 1 L로 한 후 갈색병에 보관한다.

4.2.1.2 농도결정

염화나트륨(0.01 M) 25 mL를 백색사기접시 또는 삼각플라스크에 넣고, 크롬산칼륨용액 0.2 mL를 지시약으로 하여 질산은용액(0.01 M)으로 엷은 등색이 없어지지 않고 남을 때까지 적정하고 이에 소비된 질산은용액(0.01 M) mL(a)로 부터 다음 식에 따라 질산은용액(0.01 M)의 농도계수(f)를 구한다.

$$f = \frac{25}{(a-b)} \quad \cdots\cdots (\text{식 } 1)$$

여기서, a : 소비된 질산은용액(0.01 M)의 양(mL)

b : 염화나트륨용액 대신 정제수를 사용하여 위와 같은 방법으로 바탕실험 할 때 소비된 질산은 용액(0.01 M)의 부피(mL)

5 시료채취 및 관리

5.1 미리 세척된 유리용기 또는 폴리에틸렌 용기에 시료를 채취한다.

5.2 특별한 채취 조건은 없으나 채취한 시료는 28일 이내에 실험한다.

6 정도보증/정도관리(QA/QC)

6.1 방법바탕시료의 측정

ES 05001 정도보증/정도관리에 따라 시료군마다 1개의 방법바탕시료(method blank)를 측정한다. 방법바탕시료는 정제수를 사용하여 7 분석절차와 동일하게 전처리·측정하며 측정값은 방법검출한계 이하이어야 한다.

6.2 정밀도 및 정확도

6.2.1 정확도(accuracy) 및 정밀도(precision)의 측정은 ES 05001 정도보증/정도관리에 따른다. 정제수에 정량한계의 1배 ~ 5배 농도가 되도록 동일하게 표준물질을 첨가한 시료를 4개 이상 준비하고 7 분석절차와 동일하게 측정하여 평균값과 표준편차를 구한다.

6.2.2 정확도는 첨가한 표준물질의 농도에 대한 측정 평균값의 상대백분율로서 나타내고 그 값이 80 % ~ 120 % 이내이어야 한다.

6.2.3 정밀도는 측정값의 상대표준편차(RSD)로 산출하며 측정한 결과 20 % 이내이어야 한다.

6.3 현장 이중시료의 측정

현장 이중시료(field duplicate sample)는 동일한 시료채취 장소에서 동일한 조건으로 중복으로 채취한 시료로서 한 조사팀이 하루에 20개 이하를 채취할 경우에는 1개를 그리고 그 이상을 채취할 때에는 시료 20개 당 1개를 추가로 취한다. 동일한 조건의 두 시료간의 측정값의 편차는 20 % 이하이어야 한다.

6.4 내부정도관리 주기 및 목표

6.4.1 방법검출한계, 정량한계, 정밀도 및 정확도는 연 1회 이상 산정하는 것을 원칙으로 하며, 분석자의 교체, 분석 장비의 수리 및 이동 등의 주요 변동사항이 생길 경우에는 다시 실시한다. 단, 장비의 청소, 컬럼 교체 시와 측정 장비의 감도가 의심될 때에는 언제든지 측정하여 확인하여야 한다.

6.4.2 검정곡선 검증 및 시약바탕시료의 분석은 각 시료군마다 실시하며, 고농도의 시료 다음에는 시약바탕시료를 측정하여 오염여부를 점검한다.

6.4.3 각 정도관리 항목에 대한 정도관리 목표값은 표 1과 같다.

7 분석절차

시료 100 mL를 삼각플라스크에 넣고, 크롬산칼륨용액 0.5 mL를 넣은 후, 액이 엷은 적황색이 될 때까지 질산은용액(0.01 M)으로 적정한다.

8 결과보고

8.1 계산

소비된 질산은용액(0.01 M)의 양(mL)으로 부터 다음 식에 따라 시료에 함유된 염소이온의 양(mg/L)을 구한다.

$$\text{염소이온(mg/L)} = (a-b) \times f \times \frac{1,000}{100} \times 0.355 \quad \cdots\cdots \text{(식 2)}$$

여기서, a : 소비된 질산은용액(mL)

b : 정제수를 사용하여 시료와 같은 방법으로 바탕실험 할 때에 소비된 질산은용액(0.01 M)의 부피(mL)

f : 4.2.1.2에서 구한 질산은용액(0.01 M)의 농도계수

8.2 결과보고

행정사항과 관련된 항목별 시험결과의 표시는 ES 05003의 먹는물 수질기준의 표시한계 및 결과표시에 따른다.

9 참고자료

9.1 US EPA Method 9253, 1994, Chloride(Titrimetric, Silver Nitrate)

9.2 Standard Method 4500-Cl, 2005, Chloride

10 부록

[표 1] 정도관리 목표값

정도관리 항목	정도관리 목표
정량한계	0.4 mg/L
정밀도	상대표준편차 ± 20 % 이내
정확도	80 % ~ 120 %
현장이중시료	상대편차백분율 ± 20 % 이내

염소이온

연습문제

01 먹는물 중 이온류 분석시 간섭물질에 대한 설명으로 틀린 것은?

① 황산이온을 EDTA 적정법으로 분석할 때 크롬 존재시 침전을 방해할 수 있다.
② 염소이온을 질산은 적정법으로 분석할 때 질산이온 존재시 측정을 방해하므로 과산화수소를 첨가해 제거한다.
③ 암모니아성 질소를 연속흐름법으로 분석시 잔류염소가 존재하면 정량을 방해하므로 아황산나트륨을 첨가해 제거한다.
④ 시안을 연속흐름법으로 분석시 황화합물이 존재하면 분석을 방해하므로 탄산납 분말을 첨가하여 황화납으로 침전시킨다.

02 먹는물수질오염공정시험기준에 따른 질산은 적정법으로 염소이온을 분석하고자 한다. 간섭물질 중 과산화수소를 첨가해 제거할 수 있는 물질로 옳은 것은?

① 브롬이온 ② 황산이온
③ 요오드이온 ④ 시안이온

03 먹는물수질공정시험기준에 따른 질산은적정법으로 염소이온으로 분석하였다. 질산은용액의 농도계수(f)로 옳은 것은?

• 질산은용액(0.01 M)의 농도를 결정하기 위해 염화나트륨용액(0.01 M, f=1.000) 25.0 mL를 크롬산칼륨용액을 지시약으로 하여 적정하였을 때 소비된 질산은용액(0.01 M)은 25.0 mL이었다. • 동일한 방법으로 정제수의 적정에 소비된 질산은용액은 0.5 mL이었다.

① 0.980 ② 1.000
③ 1.020 ④ 1.040

04 먹는물수질공정시험기준에 따른 염소이온을 분석하기 위해 시료 100 mL를 삼각플라스크에 넣고, 크롬산칼륨용액을 지시약으로 하여 질산은용액(0.01 M, f=1.000)으로 적정하였을 때 10.5 mL가 소비되었다. 바탕시험에 소비된 질산은 용액이 0.5 mL이었다면 시료 중의 염소이온의 농도는? (단, 염소의 원자량은 35.5이다.)

① 3.55 mg/L ② 7.10 mg/L
③ 35.5 mg/L ④ 71.0 mg/L

Answer 1. ② 2. ② 3. ③ 4. ③

05 **먹는물의 염소이온을 측정하려고 한다. 표준용액 농도 결정시 염화나트륨**(0.01 M) 25 mL**를 백색사기접시 또는 삼각플라스크에 넣고**, **크롬산칼륨용액** 0.2 mL**를 지시약으로 하여 질산은용액**(0.01 M)**으로 엷은 등식이 없어지지 않고 남을 때까지 적정했을 때**, **소비된 질산은용액**(0.01 M)**의 양**(mL)**은** 12 mL, **바탕실험 할 때 소비된 질산은용액**(0.01 M)**은** 3 mL**였다. 시료 내 염소이온 측정을 위해 시료** 100 mL**를 삼각플라스크에 넣고**, **크롬산칼륨용액** 0.5 mL**를 넣은 후**, **액이 엷은 적황색이 될 때까지 질산은용액**(0.01 M)**으로 적정한 결과** 9 mL**가 소비되었다. 이 때 시료에 함유된 염소이온의 양으로 옳은 것은**? (단, 정제수를 사용하여 시료와 같은 방법으로 바탕실험시 소비된 질산은용액(0.01 M)은 1 mL이다.)

① 약 29 mg/L
② 약 57 mg/L
③ 약 79 mg/L
④ 약 85 mg/L

06 **염소이온을 질산은적정법으로 측정하려고 한다. 간섭물질이나 간섭물질의 제거방법에 대한 설명으로 틀린 것은**?

① 황이온, 황산이온, 티오황산이온은 염소이온의 측정을 방해하나 과산화수소를 가하여 제거할 수 있다.
② 25 mg/L 이상의 오쏘인산염은 인산은을 만들어 염소의 측정을 방해한다.
③ 1 mg/L 이하의 철이 존재하더라도 종말점의 색깔 변화를 방해하므로, 사전에 철을 제거하여 시험한다.
④ 브롬이온, 요오드이온, 시안이온은 염소이온의 측정을 방해한다.

Answer 5. ③ 6. ③

41 황산이온(Sulfate)

1 일반적 성질

이 시험기준들은 먹는물 중에 황산이온[1)2)3)]을 측정하는 방법이다. 황산이온은 천연적으로 광석 등에서 생성되기도 하나 오염물질인 유기황 화합물이 산화되거나 황산이 오염되어 생성되기도 한다. 황산이온은 사람에게 특별한 질병을 유발하지 않는 것으로 알려져 있다.

2 적용 가능한 시험방법

황산이온	정량범위(mg/L)	정밀도(% RSD)
이온크로마토그래피	0.1 ~ 100.0	20 % 이내
EDTA 적정법	2.0 ~ 300.0	20 % 이내

1) 황산이온(SO_4^{2-})은 자연수 중에 널리 존재하며, 황산염(황산나트륨, 황산칼륨, 황산마그네슘 등)으로 자연적으로 많은 광물에 존재한다.
   • 발생원: 광산, 제련소, 크라프트용지와 펄프 공장 등으로부터 배출된다.
2) 환경잔류성: 자연수 중 황산이온은 주로 지질에서 기인하며 수돗물 중 황산이온은 정수처리에 사용되는 응집제(유산반토 등)로 인하여 (20 ~ 50) mg/L 검출된다.
3) 인체유해성: 황산이온은 독성이 가장 적은 음이온이며, 다량으로 섭취시 설사, 탈수, 위장관 자극 등의 증상이 있다. 황산마그네슘이 600 mg/L 이상의 농도는 설사를 일으킨다.

42 황산이온-이온크로마토그래피 (Sulfate-Ion Chromatography)

이 시험기준은 먹는물 및 샘물 중에 황산이온을 이온크로마토그래프를 이용하여 분석하는 방법이다. 시료를 0.2 μm 막 여과지를 통과시켜 고체미립자를 제거한 후 음이온 교환 컬럼을 통과시켜 각 음이온들을 분리한 후 전기전도도 검출기로 측정하는 방법으로, ES 05357.1c 음이온류-이온크로마토그래피에 따른다.

43 황산이온-EDTA 적정법 (Sulfate-EDTA Titrimetric method)

1 개요

1.1 목적

이 시험기준은 먹는물 및 샘물 중에 황산이온을 측정하는 방법으로, 존재하는 황산이온이 염화바륨과 반응하여 침전한 황산바륨을 EDTA로 적정하여 황산이온의 농도를 측정하는 방법이다.

1.2 적용범위

1.2.1 이 시험기준은 먹는물 및 샘물 중 황산이온의 측정에 적용한다.

1.2.2 이 시험기준에 의한 황산이온의 정량한계는 2 mg/L이고 정량범위는 2 mg/L ~ 300 mg/L 이다.

1.3 간섭물질

1.3.1 크롬 및 철과 같은 중금속은 황산염을 만들어 황산바륨으로 침전을 방해할 수 있다.

2 용어정의

"내용 없음"

3 분석기기 및 기구

3.1 이온교환수지관[1]

3.1.1 양이온교환수지(amberite IR-120)를 약 10배량의 염산용액(5 M)에 담근다.

3.1.2 염소이온이 완전히 제거될 때까지 물로 씻는다.

3.1.3 이 수지를 옆의 유리컬럼에 주입하여 약 12 cm의 수지층을 만든다. 이 때 수지층의 위에는 항상 소량의 물 층이 남도록 한다.

4 시약 및 표준용액

4.1 시약

4.1.1 염화마그네슘용액(0.01 M)

경도의 검사에 쓰는 염화마그네슘용액(0.01 M)과 같다.

4.1.2 염화바륨용액(0.01 M)

염화바륨·2수화물(barium chloride dihydrate, $BaCl_2 \cdot 2H_2O$, 분자량 : 244.27) 약 2 g을 정제수에 녹여 1 L로 한다.

---

1) Ca^{2+} 존재시 적색을 띤다.

4.1.3 암모니아 완충용액

경도의 검사에 쓰는 암모니아 완충용액과 같다.

4.1.4 EBT용액

경도의 검사에 쓰는 EBT용액과 같다.

4.1.5 염산(hydrochloric acid, HCl, 분자량 : 36.46)

4.2 표준용액

4.2.1 황산염 표준원액(1000 mg/L)

105 ℃에서 건조한 황산칼륨 181.4 mg을 정확히 달아 정제수에 녹여 100 mL로 하거나 시판용 표준용액을 사용한다. 이 용액 1 mL에는 황산이온 1.0 mg을 함유한다.

4.2.2 황산염 표준용액(10.0 mg/L)

황산염 표준원액(1000 mg/L) 5.0 mL를 500 mL 부피플라스크에 넣어 정제수를 표선까지 가하여 조제한다. 이 용액 1 mL는 황산이온 0.010 mg을 함유한다.

4.2.3 EDTA용액(0.01 M)

4.2.3.1 에틸렌디아민테트라아세트산이나트륨·2수화물(ethylenediaminetetraacetic acid disodium salt dihydrate, $C_{10}H_{14}N_2Na_2O_8 \cdot 2H_2O$, 분자량 : 372)을 80 ℃에서 5시간 건조하고, 데시케이터에서 식힌 다음 0.372 g을 물에 녹여 100 mL로 한 후 갈색병에 넣어 보관한다. 이 용액 1 mL는 탄산칼슘으로서 1 mg을 함유하는 양에 상당한다.

4.2.3.2 농도결정

삼각플라스크에 황산염 표준용액(10.0 mg/L) 10.0 mL, 정제수 40 mL 및 염산용액(0.02 M) 5 mL를 넣고 끓이면서 염화바륨용액(0.01 M) 10.0 mL를 넣어 수 분간 끓이고 속히 식힌 다음 암모니아 완충용액 5 mL 및 EBT용액 3방울을 넣은 후 곧 EDTA용액(0.01 M)으로 적정하고, 종말점 부근에서 염화마그네슘용액(0.01 M) 2.0 mL를 넣은 후 계속 적정하여 이에 소비된 EDTA용액(0.01 M)의 mL(a)를 구하여 다음 식에 따라 EDTA(0.01 M)의 농도계수(f)를 구한다.

$$f = \frac{5}{(a-b)\times 0.96} \times 0.96 \quad \cdots\cdots (식\ 1)$$

여기서, a : 소비된 EDTA용액(0.01 M)의 부피(mL)

b : 정제수를 사용하여 위와 같은 방법으로 시험할 때 소비된 EDTA용액(0.01 M)의 부피(mL)

f : EDTA의 농도계수

5 시료채취 및 관리

5.1 미리 세척된 유리용기 또는 폴리에틸렌 용기에 시료를 채취한다.

5.2 유기물이 있을 때에 어떤 박테리아는 황산이온을 황이온으로 환원시킬 수 있다. 이를 방지하기 위해 1 ℃ ~ 5 ℃에서 보관한다.

5.3 가능한 한 빨리 실험하며, 불가능할 경우 최대 28일 이내에 실험해야 한다.

6 정도보증/정도관리(QA/QC)

6.1 방법바탕시료의 측정

ES 05001 정도보증/정도관리에 따라 시료군마다 1개의 방법바탕시료(method blank)를 측정한다. 방법바탕시료는 정제수를 사용하여 7 분석절차와 동일하게 전처리·측정하며 측정값은 방법검출한계 이하이어야 한다.

6.2 정밀도 및 정확도

6.2.1 정확도(accuracy) 및 정밀도(precision)의 측정은 ES 05001 정도보증/정도관리에 따른다. 정제수에 정량한계의 1배 ~ 5배 농도가 되도록 동일하게 표준물질을 첨가한 시료를 4개 이상 준비하고 7 분석절차와 동일하게 측정하여 평균값과 표준편차를 구한다.

6.2.2 정확도는 첨가한 표준물질의 농도에 대한 측정 평균값의 상대백분율로서 나타내고 그 값이 80 % ~ 120 % 이내이어야 한다.

6.2.3 정밀도는 측정값의 상대표준편차(RSD)로 산출하며 측정한 결과 20 % 이내이어야 한다.

6.3 현장 이중시료의 측정

현장 이중시료(field duplicate sample)는 동일한 시료채취 장소에서 동일한 조건으로 중복으로 채취한 시료로서 한 조사팀이 하루에 20개 이하를 채취할 경우에는 1개를 그리고 그 이상을 채취할 때에는 시료 20개 당 1개를 추가로 취한다. 동일한 조건의 두 시료간의 측정값의 편차는 20 % 이하이어야 한다.

6.4 내부정도관리 주기 및 목표

6.4.1 방법검출한계, 정량한계, 정밀도 및 정확도는 연 1회 이상 산정하는 것을 원칙으로 하며, 분석자의 교체, 분석 장비의 수리 및 이동 등의 주요 변동사항이 생길 경우에는 다시 실시한다. 단, 장비의 청소, 컬럼 교체 시와 측정 장비의 감도가 의심될 때에는 언제든지 측정하여 확인하여야 한다.

6.4.2 검정곡선 검증 및 시약바탕시료의 분석은 각 시료군마다 실시하며, 고농도의 시료 다음에는 시약바탕시료를 측정하여 오염여부를 점검한다.

6.4.3 각 정도관리 항목에 대한 정도관리 목표값은 표 1과 같다.

7 분석절차

7.1 전처리

시료를 취하여 1분에 5 mL의 속도로 이온교환수지층을 통과시켜 처음 유출액 20 mL는 버리고 그 후의 유출액 50 mL ~ 100 mL를 취하여 시험용액으로 한다.[2)]

7.2 측정법

7.2.1 시료 50 mL를 삼각플라스크에 넣고 염산(10 %) 1방울 ~ 2방울[3)]을 넣은 다음 끓이면서

---

2) 물속에 Al^{3+}, Fe^{3+}, Co^{2+}, Cu^{2+}, Mn^{2+} 등이 공존하면 에리오크롬 블랙-T(Eriochrome Black T)와 반응하여 착색하므로 적정의 종말점을 판별하기 어렵다. 특히 Cu^{2+}, Fe^{3+}는 현저하게 방해하므로 이온교환수지를 통해 제거한다.

3) HCl이 부족하면 탄산이 잔존하여 $BaCO_3$이 침전하고 HCl이 너무 많으면 $BaSO_4$ 침전이 다시 용해하므로 이로 인해

염화바륨용액(0.01 M) 10.0 mL를 넣어 수 초간 끓인 후 식히고 암모니아완충용액 5 mL 및 EBT용액 3방울을 넣어 곧 EDTA용액(0.01 M)으로 적정한다.

7.2.2 종말점 가까이서 (용액의 색이 적자색에서 청색으로 변할 때) 염화마그네슘용액(0.01 M)[4]을 정확히 2.0 mL 넣고 다시 용액의 색이 청색으로 변할 때 까지 적정한다.

7.2.3 이에 소비된 EDTA용액(0.01 M)의 mL(c)를 구한다.

8 결과보고

8.1 계산

소비된 EDTA용액(0.01 M)의 양(mL)을 구하여 다음 식에 따라 시료에 함유된 황산이온의 양(mg/L)을 계산한다.

$$\text{황산이온(mg/L)} = 0.96 \times (c-b) \times f \times \frac{1000}{50} \quad \cdots\cdots (\text{식 } 2)$$

여기서, b : 정제수를 사용하여 시료와 같은 방법으로 시험할 때 소비된 EDTA용액(0.01 M)의 부피(mL)

c : 소비된 EDTA용액(0.01 M)의 부피(mL)

f : EDTA용액(0.01 M)의 농도계수

8.2 결과보고

행정사항과 관련된 항목별 시험결과의 표시는 ES 05003의 먹는물 수질기준의 표시한계 및 결과표시에 따른다.

9 참고자료

9.1 Standard Method 4500－SO_4^{2-}, 2005, Sulfate.

10 부록

[표 1] 정도관리 목표값

정도관리 항목	정도관리 목표
정량한계	2 mg/L
정밀도	상대표준편차 ± 20 % 이내
정확도	80 % ~ 120 %
현장이중시료	상대편차백분율 ± 20 % 이내

오차를 유발한다.

4) Ba^{2+}는 EBT 시약으로 증색이 명료하게 나타나지 않으므로 EDTA용액에 의한 적정의 종말점에 있어서 변색이 확실히 나타나지 않지만 Mg^{2+}을 가하면 EBT 시약과 반응하여 적색을 나타내므로 종말점의 변색이 명확하게 된다.

황산이온 연습문제

01 먹는물 중 이온류 분석시 간섭물질에 대한 설명으로 틀린 것은?

① 황산이온을 EDTA 적정법으로 분석할 때 바륨 존재시 침전을 방해할 수 있다.
② 염소이온을 질산은 적정법으로 분석할 때 황산이온 존재시 측정을 방해하므로 과산화수소를 첨가해 제거한다.
③ 암모니아성 질소를 연속흐름법으로 분석시 잔류염소가 존재하면 정량을 방해하므로 아황산나트륨을 첨가해 제거한다.
④ 시안을 연속흐름법으로 분석시 황화합물이 존재하면 분석을 방해하므로 탄산납 분말을 첨가하여 황화납으로 침전시킨다.

02 먹는물 시료 중 각 이온들의 분석방법에 대한 기술이 틀린 것은?

① 시안 : 자외선/가시선 분광법, 연속흐름법
② 불소 : 자외선/가시선 분광법, 이온크로마토그래피
③ 암모니아성질소 : 자외선/가시선 분광법, 연속흐름법
④ 황산이온 : 자외선/가시선 분광법, EDTA 적정법

Answer 1. ① 2. ④

44 음이온류(Anions)

1 목적

이 시험기준들은 먹는물 중에 불소, 염소, 질산, 황산의 음이온류[1)]의 분석으로, 시료채취, 간섭물질과 측정에 관해 설명하고 내부정도관리에 대해 자세히 기술하고 있다. 먹는물 중 음이온류 측정의 주된 목적은 먹는물 중에 유해성 이온 성분에 대해 감시하고 관리하는데 있다. 주요 측정대상 이온은 불소, 염소, 질산, 황산이 포함된다.

2 적용 가능한 시험

먹는물 중 음이온류를 분석하기 위해 일반적으로 시료 중에 함유하고 있는 입자를 막을 사용하여 제거한 후 기기분석을 실시하거나 발색시켜 일정파장에서 측정하거나 적정하여 분석한다. 음이온별로 사용되는 분석방법은 표 1과 같으며, 이온크로마토그래피를 주 시험법으로 한다. 자외선/가시선 분광법과 적정법이 제시되어 있다.

[표 1] 먹는물 중 음이온의 시험

측정 이온	이온크로마토그래피[1]	자외선/가시선분광법	적정법
불소이온	05351.1	05351.2b	−
염소이온	05355.1	−	05355.2
질산이온	05354.1	05354.2	−
황산이온	05356.1	−	05356.2
브롬산염	05358.1	−	−

[1] 먹는물 중 음이온에 대한 주 시험으로 한다.

1) 물 시료 중 음이온(F^-, Cl^-, NO_3^-, Br^-, SO_4^{2-})을 이온교환컬럼에 고압으로 전개시켜 분리되는 각 성분의 크로마토그램을 작성하여 정성 및 정량분석한다.

45 음이온류-이온크로마토그래피 (Anions-Ion Chromatography)

1 개요

1.1 목적

이 시험기준은 먹는물 중에 음이온류를 이온크로마토그래프를 이용하여 분석하는 방법이다. 시료는 0.2 μm 막 여과지를 통과시켜 고체미립자를 제거한 후 음이온 교환컬럼을 통과시켜 각 음이온들을 분리한 후 전기전도도 검출기로 측정하는 방법으로 시험 조작이 간편하고 재현성도 우수하다.

1.2 적용범위

1.2.1 이 시험기준은 먹는물, 먹는샘물, 염지하수 중에 용해되어 있는 불소이온 0.02 mg/L ~ 5.0 mg/L, 염소이온 0.4 mg/L ~ 50.0 mg/L, 질산성질소 0.02 mg/L ~ 20.0 mg/L, 황산이온 0.1 mg/L ~ 100.0 mg/L의 정량범위의 측정에 적용한다. 질산이온의 표준용액을 사용할 경우 질산이온의 측정을 통해 질산성 질소를 분석한다.

1.2.2 이 시험기준에 의한 정량한계는 표 1과 같다.

1.3 간섭물질

1.3.1 시료를 주입하면 앞쪽으로 음의 물 피크가 나타나서 앞에 용출되는 피크의 분석을 방해한다. 이를 없애기 위해 시료와 표준용액에 진한 용리액을 넣어 용리액과 비슷한 농도로 맞춰준다.

1.3.2 물속에 존재하는 바륨 및 은 이온의 금속이온들은 분리컬럼의 효율을 감소시킬 수 있다. 금속 이온은 양이온교환 컬럼을 이용하여 제거할 수 있다.

1.3.3 저분자량의 유기산은 이온들의 피크와 비슷한 위치에 존재할 수 있어 각 이온의 정량을 간섭할 수 있다.

1.3.4 어떤 한 이온의 농도가 매우 높을 때에는 분리능이 나빠지거나 다른 이온의 머무름시간의 변화가 발생할 수 있다. 이때 묽혀서 측정하거나 표준물첨가법으로 정량한다.

1.3.5 유류, 합성 세제, 부식산(humic acid) 등의 유기 화합물과 고체 미립자는 응축기 및 분리컬럼의 수명을 단축시키므로 제거해야 한다.

2 용어정의

2.1 억제기(anion suppressor)

분리컬럼으로부터 용리된 각 성분이 검출기에 들어가기 전에 용리액 자체의 전도도를 감소시키고 상대적으로 목적성분의 전도도를 증가시켜 높은 감도로 음이온을 분석하기 위한 장치이다. 목적성분이 음이온인 경우는 억제기(anion suppressor)로 양이온 교환체를 사용하여 용리액 속에 들어 있는 양이온을 제거한다[1]).

3 분석기기 및 기구

3.1 이온크로마토그래프

일반적으로 이온크로마토그래프의 기본구성은 그림 1과 같이 용리액 저장조, 시료주입부, 펌프, 분리컬럼, 검출기 및 기록계로 되어 있으며 장치의 제조회사에 따라 분리컬럼의 보호 및 감도를 높이기 위하여 분리컬럼 전후에 보호관 및 억제기(anion suppressor)를 부착시킨다.

3.1.1 펌프

분리컬럼은 매우 작은 입자로 충진되어 있어 용리액 및 시료를 고압 하에서 전개시키지 않으면 필요로 하는 유속을 얻기가 어렵다. 따라서 펌프는 150 kg/cm^2 ~ 350 kg/cm^2 압력에서 사용할 수 있어야 하며 시간차에 따른 압력차가 크게 발생하여서는 안 된다.

3.1.2 시료 주입부

일반적으로 미량의 시료를 사용하기 때문에 루프－밸브에 의한 주입방식이 많이 이용되며 시료주입량은 보통 20 μL ~ 1000 μL이다.

3.1.3 분리컬럼[2])

분리컬럼은 길이가 5 cm 이상인 것으로 유리 또는 에폭시 수지로 만든 관에 약 10 μm의 암모늄 기능기 등을 갖는 음이온교환수지를 충진시킨 것을 사용한다.

3.1.4 보호컬럼(guard column)

분리컬럼과 같은 충진제로 충진시킨 것을 사용한다.

3.1.5 억제기(anion suppressor)

억제기로 고용량의 양이온 교환수지를 충진시킨 컬럼형과 양이온 교환막으로 된 격막형이 있다.

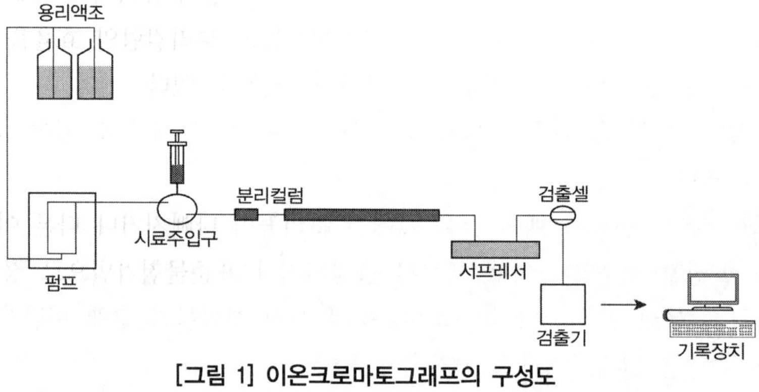

[그림 1] 이온크로마토그래프의 구성도

---

1) 억제기형의 용리액은 $NaHCO_3$와 Na_2CO_3 혼합액의 염기성 용액을 사용할 때 각 이온의 용출순서는 F^-, Cl^- Br^-, NO_3^-, SO_4^{2-}이다.

2) • 억제기형: 폴리스타이렌계 페라큐라형 음이온교환수지(10 μm ~ 15 μm)를 컬럼에 충진시킨 것으로서 안지름 3 mm ~ 5 mm, 길이 5 mm ~ 30 mm이다.
   • 비억제기형: 폴리스타이렌계 페라큐라형 음이온교환수지(10 μm ~ 15 μm), 폴리아크릴계 표면다공성 음이온교환수지(10 μm ~ 12.5 μm) 또는 실리카겔 전다공성형 음이온교환수지(6 μm)를 컬럼에 충진시킨 것으로서 안지름 4 mm ~ 6 mm, 길이 5 cm ~ 10 cm이다.

3.1.6 검출기

분석목적 및 성분에 따라 전기전도도 검출기, 전기화학적 검출기 및 광학적 검출기 등이 있으나 일반적으로 음이온 분석에는 전기전도도 검출기를 사용한다.

3.1.7 표 2와 같은 조건으로 작동시킬 수 있다.

4 시약 및 표준용액

4.1 시약

4.1.1 정제수

증류 또는 필터과정에 의해 각 이온을 제거하고 0.2 μm의 막을 통과시킨 물로서 0.2 μS/cm 이하의 전도도 값을 갖는 물로 한다.

4.1.2 억제기(suppressor)용 재생액(0.0125 M H_2SO_4)

진한황산(sulfuric acid, H_2SO_4, 분자량 : 98.08) 2.8 mL를 정제수를 사용하여 4 L로 묽힌다.

4.1.3 용리액(0.008 M Na_2CO_3)

탄산나트륨(sodium carbonate, Na_2CO_3, 분자량 : 105.99) 3.392 g을 물에 녹여 4 L로 한다. 용리액 준비에 사용하는 모든 정제수는 기체를 제거하여 사용하고 작동 중에는 헬륨을 불어 넣어 공기의 유입을 막는 것이 좋다. 박테리아나 조류(algae) 성장을 최소화 하려면 용리액을 어두운 곳에 보관하고 3일 간격으로 새로 만들어 사용한다.

4.1.4 용리액(1.7 mM $NaHCO_3$ + 1.8 mM Na_2CO_3)[3)]

탄산수소나트륨(sodium bicarbonate, $NaHCO_3$, 분자량 : 84.01) 0.2856 g과 탄산나트륨(sodium carbonate, Na_2CO_3, 분자량 : 105.99) 0.3816 g을 정제수에 녹여 2 L로 한다. 용리액 준비에 사용하는 모든 정제수는 기체를 제거하여 사용하고 작동 중에는 헬륨을 불어 넣어 공기의 유입을 막는 것이 좋다.

4.2 표준용액

4.2.1 불소이온 표준용액

4.2.1.1 불소이온 표준원액(1000 mg/L)

불화나트륨을 105 ℃ ~ 110 ℃에서 4시간 가열하고, 데시케이터 안에서 식힌 다음 221.0 mg을 정제수에 녹여 100 mL로 한 것을 표준원액으로 하거나 시판용 표준용액을 사용한다. 조제 후 폴리에틸렌병에 넣어 보관하다.

4.2.1.2 불소이온 표준용액(10.0 mg/L)

불소이온표준원액(1000 mg/L) 5.0 mL를 500 mL 부피플라스크에 넣어 정제수를 표선까지 가하여 조제한다. 이 용액 1 mL는 불소 0.010 mg을 함유한다.

3) 억제기형의 용리액으로 $NaHCO_3$와 Na_2CO_3 혼합액의 염기성 용액을 사용하는 경우 각 이온의 용출순서는 F^-, Cl^-, Br^-, NO_3^-, SO_4^{2-}이다.

4.2.2 염소이온 표준용액

4.2.2.1 염소이온 표준원액(1000 mg/L)

염화칼륨을 105 ℃ ~ 110 ℃에서 4시간 건조하고, 데시케이터 안에서 식힌 다음 염화칼륨 210.3 mg을 정제수에 녹여 100 mL로 한 것을 표준원액으로 하거나 시판용 표준용액을 사용한다.

4.2.3 질산성질소 표준용액

4.2.3.1 질산성질소 표준원액(1000 mg/L)

질산나트륨을 105 ℃ ~ 110 ℃에서 4시간 건조하고, 데시케이터에서 식힌 다음 질산나트륨 606.8 mg을 정제수에 녹여 100 mL로 하여 표준원액으로 하거나 시판용 표준용액을 사용한다.

4.2.3.2 질산성질소 표준용액(20.0 mg/L)

질산성질소 표준원액(1000 mg/L) 10.0 mL를 500 mL 부피플라스크에 넣어 정제수를 표선까지 가하여 조제한다. 이 용액 1 mL는 질산성질소 0.020 mg을 함유한다.

4.2.4 황산염 표준용액

4.2.4.1 황산염 표준원액(1000 mg/L)

105 ℃에서 건조한 황산칼륨 181.4 mg을 정확히 달아 정제수에 녹여 100 mL로 하거나 시판용 표준용액을 사용한다. 이 용액 1 mL에는 황산이온 1.0 mg을 함유한다.

4.2.4.2 황산염 표준용액(10.0 mg/L)

황산염 표준원액(1000 mg/L) 5.0 mL를 500 mL 부피플라스크에 넣어 정제수를 표선까지 가하여 조제한다. 이 용액 1 mL는 황산이온 0.010 mg을 함유한다.

5 시료채취 및 관리

5.1 시료는 미리 세척한 폴리에틸렌 또는 유리 용기에 채취한다. 단, 불소이온은 폴리에틸렌 용기로만 채취한다.

5.2 채취용기는 비인산계 세제로 세척한 후 수돗물로 여러 번 세척한 후 질산(1 : 1)과 정제수로 충분히 세척한 후 건조하여 사용한다.

5.3 시료채취 후 빨리 분석하는 것이 좋으며, 그렇지 못할 경우 불소이온, 염소이온, 황산이온은 최대 28일 이내 분석해야 하고, 질산성질소의 경우 48시간 이내에 분석할 때에는 1 ℃ ~ 5 ℃ 냉암소에서 보관한다. 산 보존제를 첨가하면 질산이온과 아질산이온과의 이온비가 달라지므로 첨가하면 안된다.[4)]

6 정도보증/정도관리(QA/QC)

6.1 방법검출한계 및 정량한계

6.1.1 방법검출한계(MDL, method detection limit) 및 정량한계(LOQ, limit of quantitation)는 ES 05001 정도보증/정도관리에 따라 계산한다. 각 이온류의 농도가 정량한계 부근의 농도

4) 채취한 시료는 가능한한 빠른 시간내 분석한다. 음이온의 보존시 안정성에 대해서는 EPA의 자료에서 NO_3^-, PO_4^{3-}는 4 ℃에서 48시간 안정하며, F^-, Cl^- 등은 상온에서 28일간 안정하다.

가 되도록 정제수에 첨가한 시료 7개를 준비하고 각 시료를 **7** 분석절차와 동일하게 분석하여, 표준편차를 구한다.

6.1.2 표준편차에 3.14를 곱한 값을 방법검출한계로, 10을 곱한 값을 정량한계로 나타낸다. 측정한 방법검출한계는 표 1에서 제시한 정량한계 이하이어야 한다.

6.2 방법바탕시료의 측정

ES 05001 정도보증/정도관리에 따라 시료군마다 1개의 방법바탕시료(method blank)를 측정한다. 방법바탕시료는 정제수를 사용하여 **7** 분석절차와 동일하게 전처리·분석하며 측정값은 방법검출한계 이하이어야 한다.

6.3 검정곡선의 작성 및 검증

6.3.1 검정곡선의 작성 및 검증은 ES 05001 정도보증/정도관리에 따른다. 정량범위 내의 5개의 농도에 대해 검정곡선을 작성하고 얻어진 검정곡선의 결정계수(R^2)가 0.98 이상 또는 감응계수(RF)의 상대표준편차가 20 % 이내이어야 하며 결정계수나 감응계수의 상대표준편차가 허용범위를 벗어나면 재작성한다.

6.3.2 검정곡선의 직선성을 검증하기 위하여 검정곡선을 작성할 때에는 항목별 정량범위를 고려하여 정한다. 그러나 측정값이 항목별 정량범위를 벗어날 경우에는 시료를 묽혀서 다시 분석한다.

6.3.3 검정곡선을 검증하기 위하여 감응계수를 비교할 때에는 검정곡선의 중간 농도에서 한 농도를 선택하여 감응계수(RF)를 구하여 그 값의 변화가 20 % 이내에서 일치하여야 한다. 만약 이 범위를 넘는 경우, 검정곡선을 재작성한다.

6.4 정밀도 및 정확도

6.4.1 정확도(accuracy) 및 정밀도(precision)의 측정은 ES 05001 정도보증/정도관리에 따른다. 정제수에 정량한계의 10배 농도가 되도록 동일하게 표준물질을 첨가한 시료를 4개 이상 준비하고 **7** 분석절차와 동일하게 측정하여 평균값과 표준편차를 구한다.

6.4.2 정확도는 인증시료를 확보할 수 있는 경우 인증표준물질을 분석한 결과값과 인증값과의 상대백분율로 나타내고, 인증시료를 확보할 수 없는 경우 이를 정확한 농도로 첨가한 시료로 대체한다. 이 때 정확도는 첨가시료를 분석한 농도와 첨가하지 않은 시료를 분석한 농도와의 차이에 대한 첨가농도의 상대백분율로서 나타내며 그 값이 80 % ~ 120 % 이내이어야 한다.

6.4.3 정밀도는 측정값의 상대표준편차(RSD)로 계산하며 측정값이 20 % 이내이어야 한다.

6.5 현장 이중시료의 측정

현장 이중시료(field duplicate sample)는 동일한 시료채취 장소에서 동일한 조건으로 중복으로 채취한 시료로서 한 조사팀이 하루에 20개 이하를 채취할 경우에는 1개를 그리고 그 이상을 채취할 때에는 시료 20개 당 1개를 추가로 취한다. 동일한 조건의 두 시료간의 측정값의 편차는 25 % 이하이어야 한다.

6.6 내부정도관리 주기 및 목표

6.6.1 방법검출한계, 정량한계, 정밀도 및 정확도는 연 1회 이상 산정하는 것을 원칙으로 하며, 분석자의 교체, 분석 장비의 수리 및 이동 등의 주요 변동사항이 생길 경우에는 다시 실시한다. 단, 장비의 청소, 컬럼 교체 시와 측정 장비의 감도가 의심될 때에는 언제든지 측정하여 확인하여야 한다.

6.6.2 검정곡선 검증 및 시약바탕시료의 분석은 각 시료군마다 실시하며, 고농도의 시료 다음에는 시약바탕시료를 측정하여 오염여부를 점검한다.

6.6.3 각 정도관리 항목에 대한 정도관리 목표값은 표 1과 같다.

7 분석절차

7.1 전처리

시료 중에 존재하는 입자상물질을 0.2 μm 막 여과지를 사용하여 제거한다. 예비 농축이 필요한 경우 사전에 일정 비로 농축하여 여과한다.

7.2 검정곡선의 작성

7.2.1 정제수 10 mL를 취하여 50 mL 부피플라스크에 넣은 후 불소이온 표준용액(10.0 mg/L) 0, 0.5, 1.0, 2.0, 5.0, 25.0 mL를 단계적으로 취하여 넣고 정제수로 눈금까지 채운다. 조제한 검정곡선용 표준용액의 농도는 0, 0.1, 0.2, 0.4, 1.0, 5.0 mg/L에 해당되며 필요에 따라 사용하는 표준용액의 농도와 개수를 달리 할 수 있다.

[주 1] 시료분석결과 이 검정곡선 농도범위를 벗어나면 시료를 희석해서 재분석하여야 한다.

7.2.2 정제수 50 mL를 취하여 100 mL 부피플라스크에 넣은 후 염소이온 표준원액(1000 mg/L) 0, 0.1, 0.5, 1.0, 3.0, 5.0 mL를 단계적으로 취하여 넣고 정제수로 눈금까지 채운다. 조제한 검정곡선용 표준용액의 농도는 0, 1.0, 5.0, 10.0, 30.0, 50.0 mg/L에 해당되며 필요에 따라 사용하는 표준용액의 농도와 개수를 달리 할 수 있다.

[주 2] 시료분석결과 이 검정곡선 농도범위를 벗어나면 시료를 희석해서 재분석하여야 한다.

7.2.3 100 mL 부피플라스크에 질산성질소 표준용액(20.0 mg/L) 0, 2.0, 5.0, 20.0, 50.0, 100.0 mL를 단계적으로 취하여 넣고 정제수로 눈금까지 채운다. 조제한 검정곡선용 표준용액의 농도는 0, 0.4, 1.0, 4.0, 10.0, 20.0 mg/L에 해당되며 필요에 따라 사용하는 표준용액의 농도와 개수를 달리 할 수 있다.

[주 3] 시료분석결과 이 검정곡선 농도범위를 벗어나면 시료를 희석해서 재분석하여야 한다.

7.2.4 정제수 50 mL를 취하여 100 mL 부피플라스크에 넣은 후 황산이온 표준원액(1000 mg/L) 0, 0.5, 1.0, 2.0, 5.0, 10.0 mL를 단계적으로 취하여 넣고 정제수로 눈금까지 채운다. 조제한 검정곡선용 표준용액의 농도는 0, 5.0, 10.0, 20.0, 50.0, 100.0 mg/L에 해당되며 필요에 따라 사용하는 표준용액의 농도와 개수를 달리 할 수 있다.

[주 4] 시료분석결과 이 검정곡선 농도범위를 벗어나면 시료를 희석해서 재분석하여야 한다.

7.2.5 검정곡선용 표준용액을 **7.3**의 절차에 따라 이온크로마토그래프에 주입하여 크로마토그램을 작성하고 각 음이온들의 머무름 시간을 확인한다.

7.2.6 각 음이온에 해당하는 피크의 면적 또는 높이를 계산하여 각각 표준용액 농도와의 검정곡선을 작성한다.

7.3 측정법

7.3.1 이온크로마토그래프의 전체 시스템을 작동시켜 유속을 1 mL/min ~ 3 mL/min으로 고정시킨 다음 용리액 및 재생액을 흘려보내면서 펌프의 압력 및 검출기의 전도도가 일정하게 유지될 때까지 기다린다.

7.3.2 펌프의 압력이 일정하게 유지되고 용리액의 전도도 및 기록계의 바탕선이 안정화 되면 시료를 주입하여 크로마토그램을 작성하고 각 음이온들의 머무름 시간을 확인한다.

7.3.3 각 음이온에 해당하는 피크의 면적 또는 높이를 계산한다.

7.3.4 시료의 피크면적 또는 높이가 검정곡선의 상한 값을 초과할 경우에는 시료 일정량을 취하여 적당한 농도로 정확히 희석한 다음 이 용액을 가지고 실험한다.

8 결과보고

8.1 각 시료별 크로마토그램으로부터 각 음이온에 해당되는 피크의 면적 또는 높이를 측정한다.

8.2 피크의 면적으로부터 다음의 식을 사용하여 농도를 계산한다.

$$\text{농도(mg/L)} = [A] \times F \qquad \text{(식 1)}$$

여기서, $[A]$: 검정곡선으로부터 구한 농도(mg/L)

F : 묽힌배수

8.3 결과보고

행정사항과 관련된 항목별 시험결과의 표시는 ES 05003의 먹는물 수질기준의 표시한계 및 결과표시에 따른다.

9 참고 자료

9.1 US EPA Method 300.0, The Determination of Inorganic Anions in Water by Ion Chromatography, (1991)

9.2 US EPA Method 9056, Determination of inorganic anions by ion chromatography, (1994)

9.3 Standard Method 4110, Determination of anions by ion chromatography, (2005)

9.4 DIN Method 38405, Ionen Chromatogarphische Bestimmung von Anionen mit Suppressor Technik

10 부록

[표 1] 정도관리 목표값

정도관리 항목	정도관리 목표
정량한계	0.02 mg/L ~ 0.4 mg/L
불소이온	0.02 mg/L
염소이온	0.4 mg/L
질산성질소	0.02 mg/L
황산이온	0.1 mg/L
검정곡선	결정계수(R^2) ≥ 0.98 또는 감응계수(RF)의 상대표준편차 ≤ 20 %
정밀도	상대표준편차 ± 20 % 이내
정확도	80 % ~ 120 %
현장이중시료	상대편차백분율 ± 25 % 이내

[표 2] 음이온들의 이온크로마토그래피 실험조건(예)

항 목	조 건
컬럼	dionex AS9(styrene-divinylbenzene anion) (15 cm 길이 × 3.0 mm 안지름 × 0.33 μm 필름두께) 또는 이와 동일한 컬럼
용출용액(유속)	1.7 mM $NaHCO_3$ + 1.8 mM Na_2CO_3(1.0 mL/min)
재생용액(유속)	0.0125 M H_2SO_4(1.0 mL/min)
주입 양	0.1 ~ 1.0 mL
검출기	전기전도도 검출기

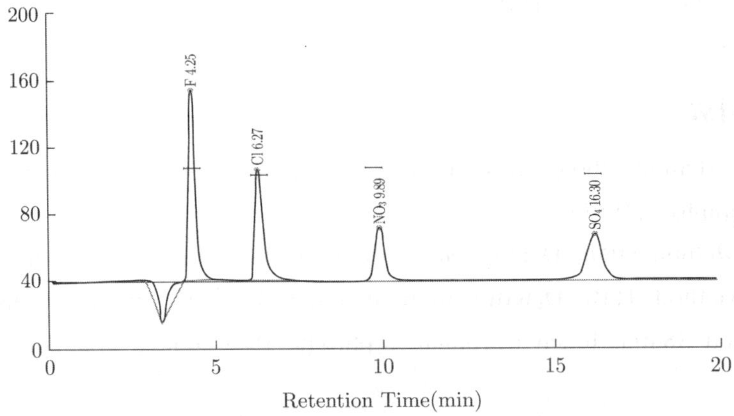

[그림 2] 음이온들의 이온크로마토그램(예)

[표 3] 음이온들의 머무름시간(예)

물질명	머무름 시간(min)
불소이온	4.25
염소이온	6.27
질산이온	9.89
황산이온	16.30

음이온류 연습문제

01 음이온류 이온크로마토그래피에서 간섭물질에 대한 설명 중 틀린 것은?

① 고분자량의 유기산은 이온들의 피크와 비슷한 위치에 존재할 수 있어 각 이온의 정량을 간섭할 수 있다.
② 어떤 한 이온의 농도가 매우 높을 때에는 분리능이 나빠지거나 다른 이온의 머무름 시간의 변화가 발생할 수 있다.
③ 부식산(humic acid) 등의 유기화합물과 고체 미립자는 응축기 및 분리컬럼의 수명을 단축시키므로 제거해야 한다.
④ 시료를 주입하면 앞쪽으로 음의 물 피크가 나타나서 앞에 용출되는 피크의 분석을 방해한다.

02 음이온류 분석을 위한 이온크로마토그래프의 구성 요소에 대한 설명으로 틀린 것은?

① 분리컬럼은 보통 음이온교환수지를 충진시킨 것을 사용한다.
② 보호컬럼은 주분리컬럼을 보호하기 위한 것으로 주분리컬럼과 반대되는 충진제로 충진한 것을 사용한다.
③ 억제기는 양이온 교환수지를 충진시킨 컬럼형을 사용할 수 있다.
④ 음이온 분석에는 전기전도도 검출기를 주로 사용한다.

03 이온크로마토그래피에 관한 설명 중 틀린 것은?

① 물 시료 중 음이온의 정성 및 정량분석에 이용된다.
② 기본구성은 용리액조, 시료 주입부, 펌프, 분리컬럼, 검출기 및 기록계로 되어 있다.
③ 시료 주입량은 보통 10 μL ~ 100 μL 정도이다.
④ 일반적으로 음이온 분석에는 이온교환 검출기를 사용한다.

Answer 1. ① 2. ② 3. ④

46 브롬산염-이온크로마토그래피 (Bromate-Ion Chromatography)

1 개요

1.1 목적

이 시험기준은 먹는물 및 염지하수 중의 브롬산염[1)2)3)]을 이온크로마토그래프를 이용하여 분석하는 방법이다. 시료는 0.2 μm 막 여과지를 통과시켜 고체미립자를 제거한 후 전기전도도 검출기로 측정하거나 PCR(post column reactor)을 이용하여 Triiodide로 유도체화 한 후 자외선 검출기(352 nm)로 측정하는 방법으로 시험조작이 간편하고 재현성이 우수하다.

1.2 적용범위

1.2.1 이 시험기준은 먹는물 및 염지하수 중에 용해되어 있는 브롬산염을 분석한다. 단, 염지하수 중의 브롬산염은 유도체화 후 자외선 검출기(352 nm)로 측정한다.

1.2.2 이 시험기준에 의한 정량한계는 표 1과 같다.

1.3 간섭물질

1.3.1 시료를 주입하면 앞쪽으로 음의 물 피크가 나타나서 앞에 용출되는 피크의 분석을 방해한다. 이를 없애기 위해 시료와 표준용액에 진한 용리액을 넣어 용리액과 비슷한 농도로 맞춰준다.

1.3.2 물속에 존재하는 바륨 및 은 이온의 금속이온들은 분리컬럼의 효율을 감소시킬 수 있다. 금속 이온은 양이온교환 컬럼을 이용하여 제거할 수 있다.

1.3.3 저분자량의 유기산은 이온들의 피크와 비슷한 위치에 존재할 수 있어 각 이온의 정량을 간섭할 수 있다.

1.3.4 어떤 한 이온의 농도가 매우 높을 때에는 분리능이 나빠지거나 다른 이온의 머무름시간의 변화가 발생할 수 있다. 이때 묽혀서 측정하거나 표준물첨가법으로 정량한다.

1.3.5 유류, 합성 세제, 부식산(humic acid) 등의 유기 화합물과 고체 미립자는 응축기 및 분리컬럼의 수명을 단축시키므로 제거해야 한다.

---

1) 원자량: 127.9(BrO_3^-), 150.89($NaBrO_3$), 167.01($KBrO_3$), 끓는점: 390 ℃($NaBrO_3$), 370 ℃($KBrO_3$), 녹는점: 381 ℃($NaBrO_3$), 350 ℃($KBrO_3$), 용해도: 36.4 mg/L($NaBrO_3$), 75,000 mg/L($KBrO_3$), 배출원: 브롬산나트륨, 브롬산칼륨의 화합물 형태로 존재하며, 브롬이온이 포함된 원수를 오존처리할 경우 생성된다.

2) 환경잔류성: 브롬산염은 산화력이 크므로 환경 중의 유기물에 의해 환원되어 브롬이온이 된다. 휘발하지 않고 토양 또는 퇴적물에 적은 양이 흡착된다.

3) 인체유해성: 접촉시 자극, 통증, 발작을 유발할 수 있으며, 흡입시 기침, 호흡곤란, 두통 등이 나타날 수 있다. 위장, 청각손상, 급성신장 파괴 등의 특징이 있으며, 동물실험에서 신장, 갑상선, 중피종 등의 독성을 일으키는 것으로 보고되고 있다.

2 용어정의

2.1 억제기(anion suppressor)

분리관으로부터 용리된 각 성분이 검출기에 들어가기 전에 용리액 자체의 전도도를 감소시키고 상대적으로 목적성분의 전도도를 증가시켜 높은 감도로 음이온을 분석하기 위한 장치이다. 목적성분이 음이온인 경우는 억제기(anion suppressor)로 양이온 교환체를 사용하여 용리액 속에 들어 있는 양이온을 제거한다.

3 분석기기 및 기구

3.1 이온크로마토그래프

일반적으로 이온크로마토그래프의 기본구성은 그림 1과 같이 용리액 저장조, 시료주입기, 펌프, 분리컬럼, 검출기 및 기록계로 되어 있으며 장치의 제조회사에 따라 분리컬럼의 보호 및 감도를 높이기 위하여 분리컬럼 전후에 보호관 및 억제기(anion suppressor)를 부착시킨다.

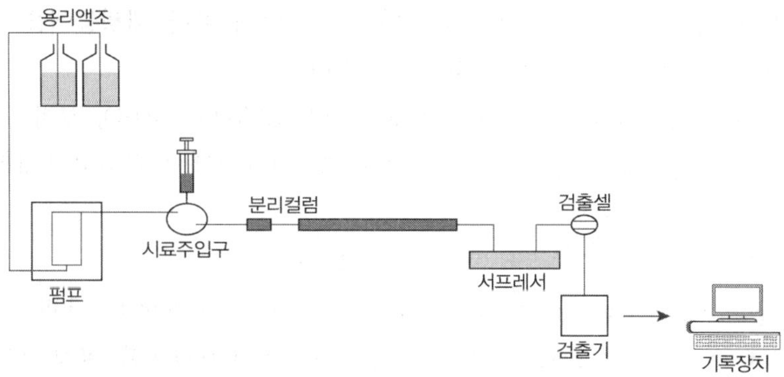

[그림 1] 이온크로마토그래프의 구성도

3.1.1 펌프

매우 작은 입자로 충진된 분리컬럼에 용리액 및 시료를 전개시키기 위해서는 고압하에서 적량의 유속으로 전개시키는 것이 필요하다. 따라서 펌프는 150 kg/cm^2 ~ 350 kg/cm^2 압력에서 사용할 수 있어야 하며 시간차에 따른 압력차가 크게 발생하여서는 안 된다.

3.1.2 시료 주입부

일반적으로 미량의 시료를 사용하기 때문에 루프－밸브에 의한 주입방식이 많이 이용되며 시료주입량은 보통 20 μL ~ 1000 μL이다.

3.1.3 분리컬럼

분리컬럼은 길이가 5 cm 이상인 것으로 유리 또는 에폭시 수지로 만든 관에 약 10 μm의 암모늄 기능기 등을 갖는 음이온교환수지를 충진시킨 것을 사용한다.

3.1.4 보호컬럼(guard column)

분리컬럼과 같은 충진제로 충진시킨 것을 사용한다.

3.1.5 억제기(anion suppressor)

억제기로 고용량의 양이온 교환수지를 충진시킨 컬럼형과 양이온 교환막으로 된 격막형이 있다.

3.1.6 검출기

분석목적 및 성분에 따라 전기전도도 검출기, 전기화학적 검출기 및 광학적 검출기 등이 있으나 일반적으로 브롬산염 분석에는 전기전도도 검출기 또는 자외선검출기를 사용한다.

3.1.7 표 2, 표 3, 표 4와 같은 조건으로 작동시킬 수 있다.

4 시약 및 표준용액

4.1 시약

4.1.1 정제수

증류 또는 필터과정에 의해 각 이온을 제거하고 0.2 μm의 막을 통과시킨 물로서 0.2 μS/cm 이하의 전도도 값을 갖는 물로 한다.

4.1.2 억제기(suppressor)용 재생액(100 mM H_2SO_4)

진한황산(sulfuric acid, H_2SO_4, 분자량 : 98.08) 5.6 mL를 정제수를 사용하여 1 L로 만든다. 재생용액은 서프레서 형태에 좌우되므로 컬럼에 따라 재생용액을 구성한다.

4.1.3 Catalyst 용액(0.002 mM$(NH_4)_6Mo_7O_{24}\cdot 4H_2O$)

암모늄 몰리베이트(Ammonium molybdate, $(NH_4)_6Mo_7O_{24}\cdot 4H_2O$, 분자량 : 1235.86) 0.25 g을 탈기한 정제수에 넣어 100 mL로 만든 후 갈색병에 보관하고 1개월 내에 사용한다.

4.1.4 용리액

4.1.4.1 용리액(3.2 mM Na_2CO_3 + 1 mM $NaHCO_3$)

탄산나트륨(Sodium carbonate, Na_2CO_3, 분자량 : 105.99) 0.339 g과 탄산수소나트륨(Sodium bicarbonate, $NaHCO_3$, 분자량 : 84.01) 0.084 g을 정제수에 녹여 1 L로 한다. 용리액 준비에 사용하는 모든 정제수는 기체를 제거하여 사용한다. 박테리아나 조류(algae) 성장을 최소화하려면 용리액을 어두운 곳에 보관하고 3일 간격으로 새로 만들어 사용한다. 용리액의 선택은 칼럼과 검출기 선택에 따라 조건을 달리 할 수 있다.

4.1.4.2 용리액(100 mM H_2SO_4 + 0.0193 mM$(NH_4)_6Mo7O_{24}\cdot 4H_2O$)

1 M 황산 100 mL와 Catalyst 용액 9.65 mL를 1 L 부피플라스크에 넣어 정제수를 표선까지 가하여 조제한다. 용리액 준비에 사용하는 모든 정제수는 기체를 제거하여 사용한다. 용리액은 칼럼과 검출기 선택에 따라 조건을 달리 할 수 있다.

4.1.4.3 용리액(4 N KOH)

수산화칼륨(Potassium hydroxide, KOH, 분자량 : 56.11) 224.44 g을 정제수에 녹여 1 L로 한다. 용리액 준비에 사용하는 모든 정제수는 기체를 제거하여 사용한다. 용리액은 칼럼과 검출기 선택에 따라 조건을 달리 할 수 있다.

4.1.5 PCR(Post column reagent, 0.27 M KI)

요오드화칼륨(potassium iodide, KI, 분자량 : 166.00) 45 g을 정제수에 녹여 1 L로 한다. 사용하는 모든 정제수는 기체를 제거하고, 사용 당일 조제하여 사용한다.

4.2 표준용액

4.2.1 브롬산염 표준용액

4.2.1.1 브롬산염 표준원액(1000 mg/L)

브롬산나트륨(Sodium bromate, $NaBrO_3$, 분자량 : 150.89) 0.1180 g을 정제수에 녹여 100 mL로 만든 것을 표준원액으로 하거나 시판용 표준용액을 사용한다. 조제 후 폴리에틸렌병에 넣어 보관한다.

4.2.1.2 브롬산염 표준용액(10.0 mg/L)

브롬산염 표준원액(1000 mg/L) 5.0 mL를 500 mL 부피플라스크에 넣어 정제수를 표선까지 가하여 조제한다.

4.2.1.3 브롬산염 표준용액(1.0 mg/L)

브롬산염 표준용액(10 mg/L) 10 mL를 100 mL 부피플라스크에 넣어 정제수를 표선까지 가하여 조제한다.

5 시료채취 및 관리

5.1 시료는 미리 세척한 폴리에틸렌 또는 유리 용기에 채취한다.

5.2 채취용기는 비인산계 세제로 세척한 후 수돗물로 여러 번 세척한 후 질산(1+1)과 정제수로 충분히 세척한 후 건조하여 사용한다.

5.3 시료채취 후 빨리 분석하는 것이 좋으며 28일 내에 분석할 때에는 1 ℃ ~ 5 ℃ 냉암소에서 보관한다. 산 보존제를 첨가하면 질산이온과 아질산이온과의 이온비가 달라지므로 첨가하면 안 된다.

6 정도보증/정도관리(QA/QC)

6.1 방법검출한계 및 정량한계

6.1.1 방법검출한계(MDL, method detection limit) 및 정량한계(LOQ, limit of quantitation)는 ES 05001 정도보증/정도관리에 따른다. 브롬산염의 농도가 정량한계 부근의 농도가 되도록 정제수에 첨가한 시료 7개를 준비하고 각 시료를 7 분석절차와 동일하게 분석하여, 표준편차를 구한다.

6.1.2 표준편차에 3.14를 곱한 값을 방법검출한계로, 10을 곱한 값을 정량한계로 나타낸다. 측정한 방법검출한계는 표 1에서 제시한 정량한계 이하이어야 한다.

6.2 방법바탕시료의 측정

ES 05001 정도보증/정도관리에 따라 시료군마다 1개의 방법바탕시료(method blank)를 측정한다. 방법바탕시료는 정제수를 사용하여 7 분석절차와 동일하게 전처리·분석하며 측정값은 방법검출한계 이하이어야 한다.

6.3 검정곡선의 작성 및 검증

6.3.1 검정곡선의 작성 및 검증은 ES 05001 정도보증/정도관리에 따른다. 정량범위 내의 5개의 농도에 대해 검정곡선을 작성하고 얻어진 검정곡선의 결정계수(R^2)가 0.98 이상 또는 감응계수(RF)의 상대표준편차가 20 % 이내이어야 하며 결정계수나 감응계수의 상대표준편

차가 허용범위를 벗어나면 재작성한다.

6.3.2 검정곡선의 직선성을 검증하기 위하여 검정곡선을 작성할 때에는 항목별 정량범위를 고려하여 정한다. 그러나 측정값이 항목별 정량범위를 벗어날 경우에는 시료를 묽혀서 다시 분석한다.

6.3.3 검정곡선을 검증하기 위하여 감응계수를 비교할 때에는 검정곡선의 중간 농도에서 한 농도를 선택하여 감응계수(RF)를 구하여 그 값의 변화가 20 % 이내에서 일치하여야 한다. 만약 이 범위를 넘는 경우, 검정곡선을 재작성한다.

6.4 정밀도 및 정확도

6.4.1 정확도(accuracy) 및 정밀도(precision)의 측정은 ES 05001 정도보증/정도관리에 따른다. 정제수에 정량한계의 10배 농도가 되도록 동일하게 표준물질을 첨가한 시료를 4개 이상 준비하고 7 분석절차와 동일하게 측정하여 평균값과 표준편차를 구한다.

6.4.2 정확도는 인증시료를 확보할 수 있는 경우 인증표준물질을 분석한 결과값과 인증값과의 상대백분율로 나타내고, 인증시료를 확보할 수 없는 경우 이를 정확한 농도로 첨가한 시료로 대체한다. 이 때 정확도는 첨가시료를 분석한 농도와 첨가하지 않은 시료를 분석한 농도와의 차이에 대한 첨가농도의 상대백분율로서 나타내며 그 값이 80 % ~ 120 % 이내이어야 한다.

6.4.3 정밀도는 측정값의 상대표준편차(RSD)로 계산하며 측정값이 20 % 이내이어야 한다.

6.5 현장 이중시료의 측정

현장 이중시료(field duplicate sample)는 동일한 시료채취 장소에서 동일한 조건으로 중복으로 채취한 시료로서 한 조사팀이 하루에 20개 이하를 채취할 경우에는 1개를 그리고 그 이상을 채취할 때에는 시료 20개 당 1개를 추가로 취한다. 동일한 조건의 두 시료간의 측정값의 편차는 25 % 이하이어야 한다.

6.6 내부정도관리 주기 및 목표

6.6.1 방법검출한계, 정량한계, 정밀도 및 정확도는 연 1회 이상 산정하는 것을 원칙으로 하며, 분석자의 교체, 분석 장비의 수리 및 이동 등의 주요 변동사항이 생길 경우에는 다시 실시한다. 단, 장비의 청소, 컬럼 교체 시와 측정 장비의 감도가 의심될 때에는 언제든지 측정하여 확인하여야 한다.

6.6.2 검정곡선 검증 및 시약바탕시료의 분석은 각 시료군마다 실시하며, 고농도의 시료 다음에는 시약바탕시료를 측정하여 오염여부를 점검한다.

6.6.3 각 정도관리 항목에 대한 정도관리 목표값은 표 1과 같다.

7 분석절차

7.1 전처리

시료 중에 존재하는 입자상물질을 0.2 μm 막 여과지를 사용하여 제거한다. 필요하다면 이온 교환 카트리지로 염화물, 황산염, 탄산, 탄산수소를 제거한다.

7.2 검정곡선의 작성

7.2.1 정제수 50 mL를 취하여 100 mL 부피플라스크에 넣은 후 브롬산염 표준용액(1.0 mg/L) 0, 50, 100, 200, 500, 1000 μL를 단계적으로 취하여 넣고 정제수로 눈금까지 채운다. 조제한 검정곡선용 표준용액의 농도는 0, 0.0005, 0.001, 0.002, 0.005, 0.01 mg/L에 해당되며 필요에 따라 사용하는 표준용액의 농도와 개수를 달리 할 수 있다.

[주 1] 시료분석결과 이 검정곡선 농도범위를 벗어나면 시료를 희석해서 재분석하여야 한다.

7.2.2 검정곡선용 표준용액을 7.3의 절차에 따라 이온크로마토그래프에 주입하여 크로마토그램을 작성하고 브롬산염의 머무름 시간을 확인한다.

7.2.3 브롬산염에 해당하는 피크의 면적 또는 높이를 계산하여 각각 표준용액 농도와의 검정곡선을 작성한다.

7.3 측정법

7.3.1 이온크로마토그래프의 전체 시스템을 작동시켜 유속을 0.2 mL/min ~ 0.7 mL/min으로 고정시킨 다음 용리액 또는 용리액 및 PCR 용액을 흘려보내면서 펌프의 압력 및 검출기의 전도도가 일정하게 유지될 때까지 기다린다.

7.3.2 펌프의 압력이 일정하게 유지되고 용리액의 전도도 및 기록계의 바탕선이 안정화되면 시료를 주입하여 크로마토그램을 작성하고 브롬산염의 머무름 시간을 확인한다.

7.3.3 브롬산염에 해당하는 피크의 면적 또는 높이를 계산한다.

7.3.4 전기전도도검출기로 브롬산염을 분석하였을 시 2 μg/L보다 높은 브롬산염의 농도는 자외선검출기(200 nm)로 확인한다.

7.3.5 시료의 피크면적 또는 높이가 검정곡선의 상한 값을 초과할 경우에는 시료 일정량을 취하여 적당한 농도로 정확히 희석한 다음 이 용액을 가지고 실험한다.

8 결과보고

8.1 각 시료별 크로마토그램으로부터 브롬산염에 해당되는 피크의 면적 또는 높이를 측정한다.

8.2 피크의 면적으로부터 다음의 식을 사용하여 농도를 계산한다.

$$\text{농도(mg/L)} = [A] \times F \quad \cdots\cdots (\text{식 } 1)$$

여기서, $[A]$: 검정곡선으로부터 구한 농도(mg/L)

F : 묽힌 배수

8.3 결과보고

행정사항과 관련된 항목별 시험결과의 표시는 ES 05003의 먹는물 수질기준의 표시한계 및 결과표시에 따른다.

9 참고자료

9.1 US EPA Method 300.0, "Determination of inorganic anions by ion chromatography", EPA, (1993)

9.2 US EPA Method 326.0, "Determination of Inorganic Oxyhalide Disinfection By-Products In

Drinking Water Using Ion Chromatography Incorporating The Addition Of A Suppressor Acidified Postcolumn Reagent For Trace Bromate Analysis", EPA, (2002)

9.3 KS I ISO 15061, "수질－용해된 브롬산염 측정－액상 이온 크로마토그래피법, 산업표준심의회", (2016)

10 부록

[표 1] 브롬산염(먹는물)의 정도관리 목표값

정도관리 항목	정도관리 목표
정량한계	0.0005 mg/L
검정곡선	결정계수(R^2) ≥ 0.98 또는 감응계수(RF)의 상대표준편차 ≤ 20 %
정밀도	상대표준편차 ± 20 % 이내
정확도	80 % ~ 120 %
현장이중시료	상대편차백분율 ± 25 % 이내

[표 2] 브롬산염(염지하수)의 정도관리 목표값

정도관리 항목	정도관리 목표
정량한계	0.005 mg/L
검정곡선	결정계수(R^2) ≥ 0.98 또는 감응계수(RF)의 상대표준편차 ≤ 20 %
정밀도	상대표준편차 ± 20 % 이내
정확도	80 % ~ 120 %
현장이중시료	상대편차백분율 ± 25 % 이내

[표 3] 브롬산염의 이온크로마토그래피 실험조건

항 목	조 건
컬럼	AS19 Analytical column(4 × 250 mm) AG19 Guard column(4 × 50 mm) 또는 이와 동등한 컬럼
용리액(유속)	10 ~ 45 mM KOH(gradient eluent, 1.0 mL/min)
주입 양	1000 μL
검출기	전기전도도 검출기

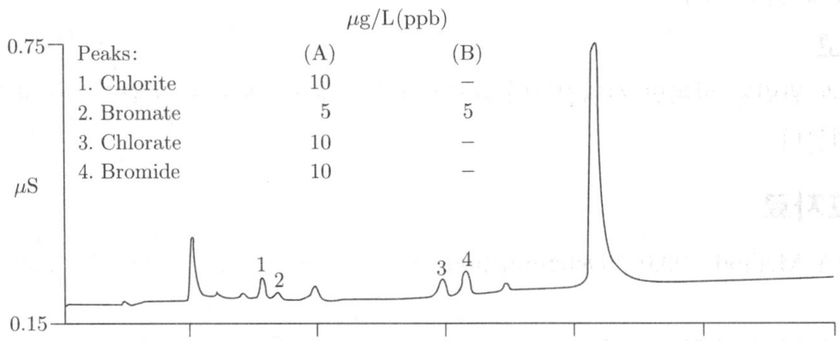

[그림 2] 브롬산염의 이온크로마토그래피(예)

[표 4] 브롬산염의 이온크로마토그래피 실험조건

항 목	조 건
컬럼	Metrosep A Supp16(10 cm 길이 × 4.0 mm 안지름) 또는 이와 동등한 컬럼
용리액(유속)	100 mM H_2SO_4 + 0.0193 mM$(NH_4)_6Mo_7O_{24} \cdot 4H_2O$(0.7 mL/min)
PCR(유속)	0.27 M KI(0.2 mL/min)
주입 양	1.0 mL
검출기	UV/VIS 검출기(352 nm)

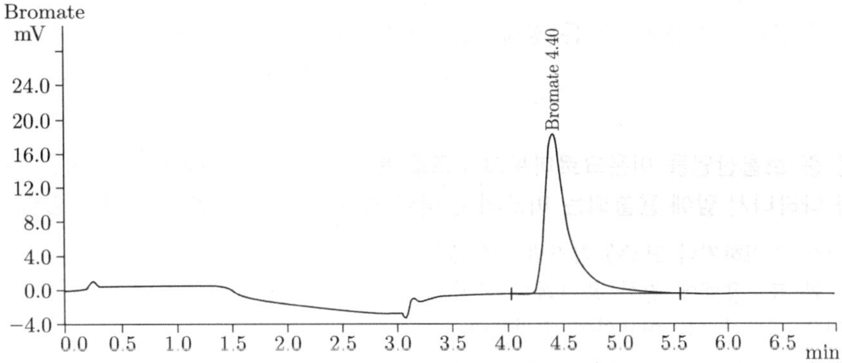

[그림 3] 브롬산염 이온크로마토그램(자외선 검출기 먹는물 분석 예)

[표 5] 브롬산염의 이온크로마토그래피 실험조건

항 목	조 건
컬럼	Metrosep A Supp8(15 cm 길이 × 4.0 mm 안지름) 또는 이와 동등한 컬럼
용리액(유속)	0.2 mM $Mo_7O_{24} \cdot 4H_2O$ + 1 M H_2SO_4(0.2 mL/min)
PCR 1(유속)	50 g/L NaCl(0.7 mL/min)
PCR 2(유속)	40 g/L KI(0.2 mL/min)
주입 양	1.0 mL
검출기	UV/VIS 검출기(352 nm)

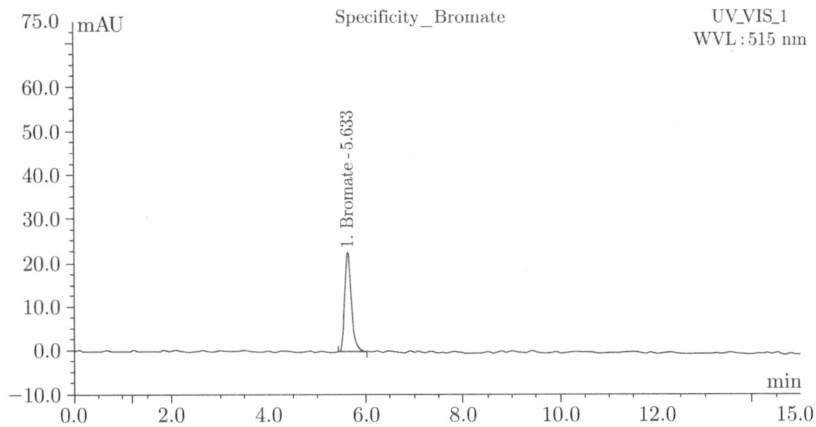

[그림 4] 브롬산염 이온크로마토그램(자외선검출기 염지하수 분석 예)

브롬산염

연습문제

01 먹는물수질공정시험기준에 따른 브롬산염 분석에 대한 설명으로 틀린 것은?

① 염지하수 중의 브롬산염은 유도체화 후 전기전도도 검출기로 측정한다.
② 물속에 존재하는 바륨 및 은 이온은 분리컬럼의 효율을 감소시킬 수 있다.
③ 저분자량의 유기산은 브롬산염 이온들의 피크와 비슷한 위치에 존재할 수 있어 각 이온의 정량을 간섭할 수 있다.
④ 용리액 준비에 사용하는 모든 정제수는 기체를 제거하고 사용 당일 제조하여 사용한다.

02 먹는물 중 브롬산염을 이온크로마토그래프로 분석하기 위해 시료를 주입하면 앞쪽으로 음의 물 피크가 나타나서 앞에 용출되는 피크의 분석을 방해한다. 이를 없애기 위한 방법으로 옳은 것은?

① 묽혀서 측정하거나 표준물첨가법으로 정량한다.
② 시료와 표준용액에 진한 용리액을 넣어 용리액과 비슷한 농도로 맞추어준다.
③ 양이온교환 칼럼을 이용하여 제거한다.
④ 억제기(anion suppressor)의 작동시간을 늘린다.

Answer 1. ① 2. ②

Part V 금속류

47 금속류(Metals)

1 목적

이 시험기준은 먹는물, 샘물 및 염지하수 중에 구리(동), 납, 망간, 붕소, 비소, 셀레늄, 수은, 아연, 알루미늄, 철, 카드뮴, 크롬, 우라늄 등의 금속류를 분석하는 방법으로 시료채취, 간섭물질, 전처리과정, 기기분석에 관해 설명하고 내부정도관리에 대해 자세히 기술하고 있다. 먹는물, 샘물 및 염지하수 중 금속류 측정의 주된 목적은 먹는물, 샘물 및 염지하수 중에 유해성 금속성분에 대해 감시하고 관리하는데 있다.

2 적용 가능한 시험

먹는물, 샘물 및 염지하수 중 금속성분을 분석하기 위해 일반적으로 시료를 적절한 방법으로 전처리하여야 하고 그 후에 기기분석을 실시한다. 금속별로 사용되는 기기분석 방법은 표 1과 같다. 원자흡수분광광도법, 유도결합플라스마－원자방출분광법, 자외선/가시선 분광법, 유도결합플라스마－질량분석법 및 양극벗김전압전류법에 대한 자세한 시험법들이 제시되어 있다.

[표 1] 먹는물, 샘물 및 염지하수 중 금속류의 시험방법 및 시험방법의 분류번호

측정금속		원자흡수 분광광도법	유도결합플라스마 -원자방출분광법	자외선/가시선 분광법	유도결합플라스마 -질량분석법	양극벗김 전압전류법
05401	구리(동)	05401.1	05401.2	－	05401.3	－
05402	납	05402.2	05402.1	－	05402.3	05402.4
05403	망간	05403.1	05403.2	－	05403.3	－
05404	붕소	－	05404.1	05404.2	05404.3	－
05405	비소	－	05405.1	05405.2	05405.3	－
05406	셀레늄	05406.1[1]	05406.2	－	05406.3	－
05407	수은	05407.1[2]	－	－	05407.3	05402.2
05408	아연	05408.1	05408.2	－	05408.3	－
05409	알루미늄	05409.1	05409.2	05409.3	05409.4	－
05410	철	05410.2	05410.3	05410.1	05410.4	－
05411	카드뮴	05411.1	05411.2	－	05411.3	－
05412	크롬	05412.1	05412.2	－	05412.3	－
05413	스트론튬	－	05413.1	－	05413.2	－
05414	우라늄	－	－	－	05413.1	－

1 수소화물 생성/원자흡수분광광도법

2 냉증기/원자흡수분광광도법

3 금속류 분석에서의 일반적인 주의사항

금속의 미량분석에서는 유리기구, 정제수 및 여과지에서의 오염을 방지하는 것이 중요하다. 사용하는 시약에서도 오염이 되므로 순수시약으로 사용하며 특히 산처리와 농축과정 중에 오염될 수 있으므로 바탕실험을 통해 오염여부를 잘 평가해야 한다.

분석실험실은 일반적으로 산을 이용한 전처리 및 가열농축과정에서 발생하는 유독기체를 배출시킬 수 있는 환기시설(후드) 등이 갖추어져 있어야 한다.

금속류

연습문제

01 먹는물 중 중금속용 시료 채취에 대한 설명 중 틀린 것은 틀린 것은?

① 미리 질산 및 정제수로 잘 씻은 폴리프로필렌, 폴리에틸렌 또는 폴리테트라플루오로에틸렌 용기에 시료를 채취한다.

② 채취한 시료 1 L당 진한 질산 1.5 mL 또는 질산용액(1+1) 3.0 mL를 가하여 pH 4 이하로 보존한다.

③ 용존성 금속류를 측정할 경우에는 시료를 채취하여 0.45 μm막에 통과시키고 걸러진 용액에 질산을 가하여 pH 2 이하로 보존한다.

④ 산처리한 시료는 1 ℃ ~ 5 ℃ 냉암소에 보관하여 시료가 증발로 인해 부피변화가 없도록 해야 한다.

02 먹는물수질공정시험기준에 따른 원자흡수분광광도법, 유도결합플라스마－원자방출분광법, 유도결합플라스마－질량분석법 모두를 적용할 수 있는 시험항목으로 틀린 것은?

① 크롬 ② 카드뮴
③ 셀레늄 ④ 비소

03 먹는물수질공정시험기준에 의한 금속류 분석방법에 대한 설명으로 틀린 것은?

① 망간－원자흡수분광광도법 : 시료 200 mL에 질산을 가해 분해시키고 10배 농축하여 시료를 직접 불꽃으로 주입하여 원자화한 후 측정하여 분석한다.

② 붕소－유도결합플라스마－원자발광분광법 : 시료를 아르곤 플라스마에 주입하여 방출하는 발광성 및 발광광도를 측정하여 분석한다.

③ 비소－자외선/가시선 분광법 : 비소를 5가 비소로 산화시킨 다음 아연을 넣어 발생되는 비화수소를 디에틸디티오카르바민산은의 피리딘 용액에 흡수시켜 나타나는 청자색의 흡광도를 525 nm에서 측정하여 분석한다.

④ 알루미늄－자외선/가시선 분광법 : 시료 내 알루미늄을 페난트로린과 반응하여 생성된 착염을 클로로포름으로 추출하여 흡광도를 390 nm에서 측정하는 방법이다.

Answer 1. ② 2. ④ 3. ③

48 금속류-원자흡수분광광도법 (Metals-Atomic Absorption Spectrophotometry)

1 개요

1.1 목적

이 시험기준은 먹는물 및 샘물 중에 금속류의 측정방법으로, 질산을 가한 시료 또는 산분해 후 농축 시료를 직접 불꽃으로 주입하여 원자화한 후 원자흡수분광광도법으로 분석한다.

1.2 적용범위

1.2.1 이 시험기준은 먹는물 및 샘물 중에 구리(동), 납, 망간, 아연, 알루미늄, 철, 카드뮴, 크롬 등의 금속류의 분석에 적용한다.

1.2.2 물속에 있는 총 금속류는 다양한 상태로 존재하고 있으나, 통상은 산 등에 의해 시료를 분해시켜 총량을 측정한다.

1.2.3 다만, 용존성 금속류를 측정하는 경우에는, 시료를 여과(공극 0.45 μm 멤브레인필터) 등에 의해 입자성 부유물을 제거한 후 산 등을 첨가하여 측정한다.

1.2.4 구리(동), 납, 망간, 아연, 철, 카드뮴 등의 금속류는 공기-아세틸렌 불꽃에 주입하여 분석한다.

1.2.5 낮은 농도의 구리(동), 납, 망간, 아연, 철, 카드뮴 등의 금속류는 암모늄피롤리딘디티오카바메이트(APDC, ammonium pyrrolidine dithiocarbamate)와 착물을 생성시켜 메틸아이소부틸케톤(MIBK, methyl isobutyl ketone)으로 추출하여 공기-아세틸렌 불꽃에 주입하여 분석한다.

1.2.6 알루미늄 등의 금속류는 아산화질소-아세틸렌 불꽃에 주입하여 분석한다.

1.2.7 크롬 등의 금속류는 공기-아세틸렌으로는 아세틸렌 유량이 많은 쪽이 감도가 높지만 철, 니켈의 방해가 많으며, 아세틸렌-일산화이질소는 방해는 적으나 감도가 낮다.

1.2.8 이 시험에 의한 먹는물 중 금속류의 정량한계 및 정량범위는 표 2와 같다.

1.3 간섭물질

1.3.1 화학물질이 공기-아세틸렌 불꽃에서 분자상태로 존재하여 낮은 흡광도를 보일 때가 있다. 이는 불꽃의 온도가 너무 낮아 원자화가 일어나지 않는 경우와 안정한 산화물질로 바뀌어 불꽃에서 원자화가 일어나지 않는 경우에 발생한다.

1.3.2 실리콘은 망간 측정을 간섭하는데 칼슘을 넣어 이를 방지할 수 있다.

1.3.3 실리콘과 알루미늄은 높은 불꽃 온도가 요구되는데 이를 위해 아산화질소-아세틸렌 불꽃을 사용한다.

1.3.4 염이 많은 시료를 분석하면 버너 헤드 부분에 고체가 생성되어 불꽃이 자주 꺼지고 버너

헤드를 청소해야 하는데 이를 방지하기 위해서는 시료를 묽혀 분석하거나, MIBK 등을 사용하여 추출하여 분석한다.

1.3.5 시료 중에 칼륨, 나트륨, 리튬, 세슘과 같이 쉽게 이온화되는 원소가 1000 mg/L 이상의 농도로 존재할 때에는 금속 측정을 간섭한다. 이때에는 검정곡선용 표준물질에 시료의 매질과 유사하게 첨가하여 보정한다.

2 용어정의

2.1 발광세기

금속원자를 적절한 방법으로 들뜨게 한 다음, 각 금속의 들뜸 상태에서 에너지준위가 낮은 상태로 전자가 되돌아가는 과정에서, 각 궤도간의 에너지 차이가 빛으로 방출될 때의 빛에너지의 세기를 말한다.

2.2 바탕보정

원자흡수분광광도법에서 용액에 공존하는 여러 물질들에 의해 발생하는 스펙트럼 방해를 최소화시키기 위한 방법으로, 분석파장 변화, 불꽃 온도 상승, 복사선 완충제 추가, 또는 두 선 보정법, 연속광원법, 지맨(zeeman) 효과법 등의 방법으로 스펙트럼 방해를 줄여 바탕보정을 실시할 수 있다.

2.3 용매추출

용매를 써서 고체 또는 액체시료 중에서 성분물질의 일종(때로는 2종 이상)을 용해시켜 분리하는 조작을 말하며 단순히 추출이라고도 하는 분리법이다.

2.4 인증표준물질

공인된 인증서가 첨부되고 각 지정된 양에 대하여 인증값, 측정불확도 및 소급성을 검증할 수 있는 표준물질로서, 현재 국내외에 상품화되어 있어 이를 용도 및 목적에 따라 선택, 구입할 수 있다.

3 분석기기 및 기구

3.1 원자흡수분광광도계

원자흡수분광광도계(AAS, atomic absorption spectrophotometer)는 일반적으로 광원부, 시료원자화부, 파장선택부 및 측광부로 구성되어 있으며 단광속형과 복광속형으로 구분된다. 다원소 분석이나 내부표준물법을 사용할 수 있는 복합 채널형(multi-channel)도 있다.

3.2 광원램프

원자흡수분광광도계에 사용하는 광원으로 좁은 선폭과 높은 휘도를 갖는 스펙트럼을 방사하는 속빈음극 램프를 사용한다.

3.3 기체

원자흡수분광광도계에 불꽃을 만들기 위해 사용하는 조연성기체와 가연성 기체를 말하며, 이들의 조합은 수소－공기, 수소－공기－아르곤, 수소－산소, 아세틸렌－공기, 아세틸렌－산소, 아세틸렌－아산화질소, 프로판－공기, 석탄기체－공기 등이 있다. 일반적으로 가연성기체로 아세틸렌을 조연성기체로 공기(순도 99.9 % 이상)를 사용한다.

3.3.1 수소-공기와 아세틸렌-공기는 거의 대부분의 원소 분석에 유효하게 사용할 수 있으며 특히 수소-공기는 원자 외 영역에서 불꽃자체에 의한 흡수가 적기 때문에 이 파장영역에서 흡수선을 갖는 원소의 분석에 적당하다.

3.3.2 아세틸렌-아산화질소 불꽃은 불꽃의 온도가 높기 때문에 불꽃 중에서 해리하기 어려운 내화성산화물을 만들기 쉬운 원소의 분석에 적당하다. 알루미늄 분석에 아산화질소 및 아세틸렌을 사용한다.

3.3.3 프로판-공기 불꽃은 불꽃온도가 낮고 일부 원소에 대하여 높은 감도를 나타낸다.

3.3.4 어떠한 종류의 불꽃이라도 가연성기체와 조연성 기체의 혼합비는 감도에 크게 영향을 주므로 금속의 종류에 따라 최적혼합비를 선택하여 사용한다.

[주 1] 아세틸렌 가스는 실험실에서 폭발 위험성이 있으므로 취급에 있어 주의가 필요하다.

4 시약 및 표준용액

4.1 시약

4.1.1 염산

염산(hydrochloric acid, HCl, 분자량 : 36.46)을 사용하여 바탕시험결과 금속류가 검출되어서는 안 된다.

4.1.2 질산

진한 질산(nitric acid, HNO_3, 분자량 : 63.01)을 사용하며 바탕시험결과 금속류가 검출되어서는 안 된다.

4.1.3 질산(1+1)

1 L 부피플라스크에 정제수를 약 400 mL 넣은 다음 진한 질산(nitric acid, HNO_3, 분자량 : 63.01) 500 mL를 넣고 흔들어 섞어준 후 정제수로 표선까지 맞추어 조제한다.

4.1.4 시트르산암모늄용액

시트르산암모늄(ammonium citrate, $C_6H_6O_7(NH_4)_2$, 분자량 : 226.18) 25 g을 정제수에 녹여 100 mL로 한다.

4.1.5 브로모티몰블루용액

브로모티몰블루(bromothymol blue, $C_{27}H_{28}Br_2O_5S$, 분자량 : 624.38) 0.1 g을 에탄올(ethanol, C_2H_5OH, 분자량 : 46.07) 50 mL와 정제수 50 mL의 혼합액에 녹인다.

4.1.6 메틸아이소부틸케톤

메틸아이소부틸케톤(MIBK, methyl isobutyl ketone, $C_6H_{12}O$, 분자량 : 100.16)은 분석용 특급 시약용을 사용하고 극미량 분석을 위해서는 재증류하여 사용한다.

4.1.7 암모늄피롤리딘디티오카바메이트 용액

암모늄피롤리딘디티오카바메이트(ammonium pyrrolidin dithiocarbamate, $C_5H_{12}N_2S_2$, 분자량 : 164.28) 4 g을 정제수에 녹여 100 mL로 한다.

4.1.8 암모니아수

암모니아수(ammonia water) 10 %를 사용한다.

4.1.9 지르코늄용액

옥시염화지르코늄·8수화물(zirconium oxychloride octahydrate, $ZrOCl_2 \cdot 8H_2O$, 분자량 : 322.29) 3.5 g을 정제수에 녹여 100 mL로 한다.

4.1.10 정제수

바탕시험 할 때 각 금속의 측정세기가 최소인 것을 사용한다.

4.2 표준용액

4.2.1 구리(동)

4.2.1.1 구리(동) 표준원액(1000 mg/L)

금속구리(동)(순도 99.9 % 이상의 것) 1 g을 1 L 부피플라스크에 넣고 약간의 정제수를 넣은 다음 진한 질산 10 mL를 가해 완전히 녹여준 후 정제수로 표선까지 맞추어 조제하여 사용하거나 시판용 표준용액을 사용한다.

4.2.1.2 구리(동) 표준용액(100 mg/L)

구리(동) 표준원액(1000 mg/L) 100 mL를 1 L 부피플라스크에 넣어 정제수를 표선까지 가하여 조제한다.

4.2.1.3 구리(동) 표준용액(10 mg/L)

구리(동) 표준용액(100 mg/L) 10 mL를 100 mL 부피플라스크에 넣어 정제수를 표선까지 가하여 조제한다.

4.2.2 납

4.2.2.1 납 표준원액(1000 mg/L)

질산납(Ⅱ)(lead nitrate, $Pb(NO_3)_2$, 분자량 : 331.20) 1.6 g을 1 L 부피플라스크에 넣고 약간의 정제수를 넣은 다음 진한 질산 10 mL를 가해 완전히 녹여준 후 정제수로 표선까지 맞추어 조제하여 사용하거나 시판용 표준용액을 사용한다.

4.2.2.2 납 표준용액(100 mg/L)

납 표준원액(1000 mg/L) 100 mL를 1 L 부피플라스크에 넣어 정제수를 표선까지 가하여 조제한다.

4.2.2.3 납 표준용액(2 mg/L)

납 표준용액(100 mg/L) 20 mL를 1 L 부피플라스크에 넣어 정제수를 표선까지 가하여 조제한다.

4.2.3 망간

4.2.3.1 망간 표준원액(1000 mg/L)

금속망간(순도 99.9 % 이상의 것) 1 g을 1 L 부피플라스크에 넣고 약간의 정제수를 넣은 다음 진한 질산 10 mL를 가해 완전히 녹여준 후 정제수로 표선까지 맞추어 조제하여 사용하거나 시판용 표준용액을 사용한다.

4.2.3.2 망간 표준용액(100 mg/L)

망간 표준용액(1000 mg/L) 100 mL를 1 L 부피플라스크에 넣어 정제수를 표선까지 가하여 조제한다.

4.2.3.3 망간 표준용액(10 mg/L)

망간 표준용액(100 mg/L) 10 mL를 100 mL 부피플라스크에 넣어 정제수를 표선까지 가하여 조제한다.

4.2.4 아연

4.2.4.1 아연 표준원액(1000 mg/L)

금속아연(순도 99.9 % 이상의 것) 1 g을 1 L 부피플라스크에 넣고 약간의 정제수를 넣은 다음 진한 질산 10 mL를 가해 완전히 녹여준 후 정제수로 표선까지 맞추어 조제하여 사용하거나 시판용 표준용액을 사용한다.

4.2.4.2 아연 표준용액(100 mg/L)

아연 표준원액(1000 mg/L) 100 mL를 1 L 부피플라스크에 넣어 정제수를 표선까지 가하여 조제한다.

4.2.4.3 아연 표준용액(10 mg/L)

아연 표준용액(100 mg/L) 10 mL를 100 mL 부피플라스크에 넣어 정제수를 표선까지 가하여 조제한다.

4.2.5 알루미늄

4.2.5.1 알루미늄 표준원액(1000 mg/L)

알루미늄 금속선(분석용) 1 g을 정제수 100 mL와 수산화나트륨 5 g의 혼합액에 녹이고, 정제수를 넣어 약 800 mL로 한 후 염산으로 중화하고, 0.1 M 염산을 넣어 1 L로 하여 사용하거나 시판용 표준용액을 사용한다.

4.2.5.2 알루미늄 표준용액(100 mg/L)

알루미늄 표준원액(1000 mg/L) 100 mL를 1 L 부피플라스크에 넣어 정제수를 표선까지 가하여 조제한다.

4.2.5.3 알루미늄 표준용액(2 mg/L)

알루미늄 표준용액(100 mg/L) 20 mL를 1 L 부피플라스크에 넣어 정제수를 표선까지 가하여 조제한다.

4.2.6 철

4.2.6.1 철 표준원액(1000 mg/L)

황산제1철암모늄·6수화물(ammonium ferrous sulfate hexahydrate, $(NH_6)_2Fe(SO_4)_2 \cdot 6H_2O$, 분자량 : 392.17) 7.02 g을 1 L 부피플라스크에 넣고 소량의 정제수에 녹이고 이에 염산 3 mL와 정제수를 넣어 1 L로 하여 사용하거나 시판용 표준용액을 사용한다.

4.2.6.2 철 표준용액(100 mg/L)

철 표준원액(1000 mg/L) 100 mL를 1 L 부피플라스크에 넣어 정제수를 표선까지 가하여 조제한다.

4.2.6.3 철 표준용액(10 mg/L)

철 표준용액(100 mg/L) 10 mL를 100 mL 부피플라스크에 넣어 정제수를 표선까지 가하여 조제한다.

4.2.7 카드뮴

4.2.7.1 카드뮴 표준원액(1000 mg/L)

금속카드뮴(순도 99.9 % 이상의 것) 1 g을 1 L 부피플라스크에 넣고 약간의 정제수를 넣은 다음 진한 질산 10 mL를 가해 완전히 녹여준 후 정제수로 표선까지 맞추어 조제하여 사용하거나 시판용 표준용액을 사용한다.

4.2.7.2 카드뮴 표준용액(100 mg/L)

카드뮴 표준원액(1000 mg/L) 100 mL를 1 L 부피플라스크에 넣어 정제수를 표선까지 가하여 조제한다.

4.2.7.3 카드뮴 표준용액(2 mg/L)

카드뮴 표준용액(100 mg/L) 20 mL를 1 L 부피플라스크에 넣어 정제수를 표선까지 가하여 조제한다.

4.2.8 크롬

4.2.8.1 크롬 표준원액(1000 mg/L)

디크롬산칼륨(potassium dichromate, $K_2Cr_2O_7$, 분자량 : 294.18) 2.83 g을 1 L 부피플라스크에 넣고 약간의 정제수를 넣은 다음 진한 질산 10 mL를 가해 완전히 녹여준 후 정제수로 표선까지 맞추어 조제하여 사용하거나 시판용 표준용액을 사용한다.

4.2.8.2 크롬 표준용액(100 mg/L)

크롬 표준원액(1000 mg/L) 100 mL를 1 L 부피플라스크에 넣어 정제수를 표선까지 가하여 조제한다.

4.2.8.3 크롬 표준용액(2 mg/L)

크롬 표준용액(100 mg/L) 20 mL를 1 L 부피플라스크에 넣어 정제수를 표선까지 가하여 조제한다.

5 시료채취 및 관리

5.1 시료채취 전에 전 함량 분석을 할 것인가 아니면 용존 금속만을 분석할 것인가를 결정하여 적절한 보존을 선택한다.

5.2 시료는 미리 세척한 폴리프로필렌, 폴리에틸렌, 폴리테트라플루오로에틸렌(PTFE) 또는 유리용기에 채취한다.

5.3 채취용기는 비인산계 세제로 세척한 후 수돗물로 여러 번 세척하고 질산(1+1)과 정제수로 차례로 세척한 후 건조하여 사용한다.

5.4 용존 금속을 측정할 경우에는 시료를 채취하여 0.45 μm 막에 통과시키고 걸러진 용액에 질산을 가하여 pH 2 이하로 조절한다.

5.5 전 함량 금속을 측정할 경우에는 시료 채취 후 질산을 가하여 pH 2 이하로 조절한다. 단, 운반온도(2 ℃ ~ 8 ℃)를 유지하여 운반 후 실험실에서 보존처리 할 수 있다(시료채취 후 48시간 이내).

5.6 산 처리한 시료는 1 ℃ ~ 5 ℃로 보관하여 시료가 증발로 인해 부피변화가 없도록 해야 한다. 이 조건에서는 시료를 최대 6개월까지 보관할 수 있다.

5.7 μg/L의 농도에서는 시료 채취 후 되도록 빠른 시간 안에 분석한다.

6 정도보증/정도관리(QA/QC)

6.1 방법검출한계 및 정량한계

6.1.1 방법검출한계(MDL, method detection limit) 및 정량한계(LOQ, limit of quantitation)는 정제수에 정량한계 부근의 농도가 되도록 각 금속류를 첨가한 시료 7개를 준비하고 각 시료를 7 분석절차와 동일하게 측정하여 표준편차를 구한다.

6.1.2 표준편차에 3.14를 곱한 값을 방법검출한계로, 10을 곱한 값을 정량한계로 나타낸다. 측정한 정량한계는 시험기준에서 제시한 정량한계 이하이어야 한다.

6.3 방법바탕시료의 측정

ES 05001 정도보증/정도관리에 따라 시료군마다 1개의 방법바탕시료(method blank)를 측정한다. 방법바탕시료는 정제수를 사용하여 7 분석절차와 동일하게 측정하며 얻은 값이 방법검출한계 이하이어야 한다.

6.3.1 표 2의 정량범위 내의 5개 이상의 농도에 대해 검정곡선을 작성하고 얻어진 검정곡선의 결정계수(R^2)가 0.98 이상 또는 감응계수(RF)의 상대표준편차가 20 % 이내이어야 하며 결정계수나 감응계수의 상대표준편차가 허용범위를 벗어나면 재작성한다.

6.3.2 감응계수(RF)는 검정곡선 작성을 위한 표준용액의 농도(C)에 대한 흡광도와 같은 반응(R, response)으로, 표준용액의 농도를 2개 이상 사용한 경우는 검정곡선의 기울기에 해당된다.

6.3.3 검정곡선의 직선성을 검증하기 위하여 각 시료군마다 1회의 검정곡선 검증을 실시하는 것이 바람직하다. 표 2의 정량범위 또는 검정곡선의 중간 농도에 해당하는 표준용액을 측정한다. 측정값은 검정곡선 작성 시의 값과 20 % 이내에서 일치하여야 한다. 만약 이 범위를 넘는 경우, 검정곡선의 재작성이 요구된다.

6.4 정밀도 및 정확도

6.4.1 정밀도(precision) 및 정확도(accuracy)의 측정은 ES 05001 정도보증/정도관리에 따른다. 정제수에 정량한계의 1배 ~ 2배 농도가 되도록 동일하게 표준물질을 첨가한 시료를 4개 이상 준비하고 7 분석절차와 동일하게 측정하여 평균값과 표준편차를 구한다.

6.4.2 정밀도는 4회 이상 측정한 평균값과 상대표준편차(RSD)를 구하여 산출한다.

6.4.3 정확도는 4회 이상 측정한 평균값과 조제한 표준용액의 농도에 대한 상대 백분율(%)로 나타낸다.

6.5 현장 이중시료의 측정

현장 이중시료(field duplicate sample)는 동일한 시료채취 장소에서 동일한 조건으로 중복으로 채취한 시료로서 한 조사팀이 하루에 20개 이하를 채취할 경우에는 1개를 그리고 그 이상을 채취할 때에는 시료 20개 당 1개를 추가로 채취한다. 동일한 조건의 두 시료간의 측정값의 편차는 20 % 이하이어야 한다.

6.6 내부정도관리 주기 및 목표

6.6.1 방법검출한계, 정량한계, 정밀도 및 정확도는 연 1회 이상 산정하는 것을 원칙으로 하며,

분석자의 교체, 분석 장비의 수리 및 이동 등의 주요 변동사항이 생길 경우에는 다시 실시한다. 단, 장비의 청소 및 측정 장비의 감도가 의심될 때에는 언제든지 측정하여 확인하여야 한다.

6.6.2 검정곡선 검증 및 시약바탕시료의 분석은 각 시료군마다 실시하며, 고농도의 시료 다음에는 시약바탕시료를 측정하여 오염여부를 점검한다.

6.6.3 각 정도관리 항목에 대한 정도관리 목표값은 표 1과 같다.

7 분석절차

7.1 전처리

7.1.1 구리(동), 아연, 철, 망간

7.1.1.1 시료 200 mL 또는 금속을 첨가한 시료 200 mL를 비커에 넣고 진한 질산 2 mL(미리 시료에 넣은 질산을 포함한다)를 넣는다.

7.1.1.2 액량이 약 10 mL가 될 때까지 약하게 가열농축하고, 부피플라스크에 옮긴 후 정제수를 넣어 20 mL로 하여 이를 시험용액으로 한다.

7.1.2 납, 크롬, 카드뮴

7.1.2.1 시료 100 mL 또는 금속을 첨가한 시료 100 mL에 1 N HNO_3 혹은 1 N NaOH를 가해 pH 3으로 조정한다.

7.1.2.2 암모늄피롤리딘디티오카바메이트 용액 1 mL를 넣고 흔들어 섞어 수 분간 둔 후, 메틸아이소부틸케톤 10 mL를 넣고 강하게 흔들어 섞은 다음 메틸아이소부틸케톤 층을 취하여 이를 시험용액으로 한다.

7.1.3 알루미늄

7.1.3.1 시료 200 mL 또는 금속을 첨가한 시료 200 mL를 비커에 넣고 염산 2 mL 및 지르코늄 용액 1 mL를 넣어 흔들어 섞는다.

7.1.3.2 이 용액을 암모니아수로 pH 9로 조정하여, 수산화지르코늄의 침전을 생성시킨다. 잘 섞어 방치하여 침전을 가라앉힌다.

7.1.3.3 여과지(5종A)로 여과하여 침전물을 분리한 후 정제수로 여과지의 침전물을 씻는다.

7.1.3.4 침전물을 뜨거운 염산(2 M) 10 mL ~ 15 mL로 녹이고 식힌 후, 정제수로 20 mL로 하여 시험용액으로 한다.

7.2 검정곡선의 작성

7.2.1 구리(동), 아연, 철, 망간

7.2.1.1 금속 표준용액(10 mg/L) 0, 1, 2, 4, 8, 10 mL를 단계적으로 100 mL 부피플라스크에 넣고 각각에 진한 질산 2 mL와 정제수를 넣어 표선을 맞춘다. 조제한 검정곡선용 표준용액의 농도는 0, 0.1, 0.2, 0.4, 0.8, 1 mg/L이다. 필요에 따라 사용하는 표준용액의 농도와 개수를 달리 할 수 있다.

[주 2] 시료분석결과 이 검정곡선 농도범위를 벗어나면 시료를 희석해서 재분석하여야 한다.

7.2.1.2 이하 **7.3**과 같은 방법으로 시험하여 금속의 양과 흡광도와의 관계를 구한다.

7.2.2 납, 크롬, 카드뮴

7.2.2.1 금속 표준용액(2 mg/L) 0, 2, 4, 8, 10, 20 mL를 단계적으로 500 mL 부피플라스크에 넣고 각각에 표선까지 정제수를 넣는다. 조제한 검정곡선용 표준용액의 농도는 0, 0.008, 0.016, 0.032, 0.04, 0.08 mg/L이다. 필요에 따라 사용하는 표준용액의 농도와 개수를 달리 할 수 있다.

[주 3] 시료분석결과 이 검정곡선 농도범위를 벗어나면 시료를 희석해서 재분석하여야 한다.

7.2.2.2 검정곡선용 표준용액 100 mL를 취하여 이하 7.1.2.1 ~ 7.1.2.2와 같은 방법으로 시료를 전처리한 후 **7.3**의 방법으로 금속의 양과 흡광도와의 관계를 구한다.

7.2.2.3 금속의 농도와 흡광도로부터 검정곡선을 작성한다.

7.2.3 알루미늄

7.2.3.1 알루미늄 표준용액(2 mg/L) 0, 2, 4, 8, 10 mL를 단계적으로 100 mL 부피 플라스크에 넣고 각각에 염산 10 mL와 정제수를 넣어 100 mL로 한다. 조제한 검정곡선용 표준용액의 농도는 0, 0.04, 0.08, 0.16, 0.2 mg/L이다. 필요에 따라 사용하는 표준용액의 농도와 개수를 달리 할 수 있다.

[주 4] 시료분석결과 이 검정곡선 농도범위를 벗어나면 시료를 희석해서 재분석하여야 한다.

7.2.3.2 이하 **7.3**과 같은 방법으로 시험하여 금속의 양과 흡광도와의 관계를 구한다.

7.3 측정법

전처리에서 얻은 시험용액을 표 2에서 제시한 파장과 속빈 음극램프를 사용하여 각각 측정한다.

8 결과보고

8.1 계산

시료에서 각 금속의 측정값을 검정곡선의 y값에 대입하고 구한 농도(x값)를 사용하여 다음의 식으로부터 시료 중에 농도를 계산한다.

$$\text{금속의 농도(mg/L)} = C(\text{m}) \times f \quad \cdots\cdots \text{(식 1)}$$

여기서, C(m) : 검정곡선에서 구한 농도(mg/L)

f : 시료의 농축 배수

8.2 결과보고

행정사항과 관련된 항목별 시험결과의 표시는 ES 05003의 먹는물 수질기준의 표시한계 및 결과표시에 따른다.

9 참고자료

9.1 US EPA Method 7000A, “Atomic Absorption Methods”, EPA, (1992)

9.2 Standard Method, 3110, “Metals by atomic absorption spectrometry”, (2017)

9.3 Standard Method, 3010 B, “Metal Sampling and sample preservation”, (2017)

9.4 수질오염공정시험기준 ES 04400.0, “금속류”, 국립환경과학원, (2011)

9.5 日本水道協會, 上水試驗方法解說編, (1993)

10 부록

[표 1] 정도관리 목표값

정도관리 항목	정도관리 목표
정량한계	0.0008 mg/L ~ 0.008 mg/L(표 2 참조)
검정곡선	결정계수(R^2) ≥ 0.98 또는 감응계수(RF)의 상대표준편차 ≤ 20 %
정밀도	상대표준편차 ± 20 % 이내
정확도	75 % ~ 125 %
현장이중시료	상대편차백분율 ± 20 % 이내

[표 2] 원자흡수분광광도법에 의한 금속별 정량한계 및 정량범위

금속종류	측정파장, nm	불꽃기체	정량한계[1](mg/L)	정량범위[1](mg/L)
구리(동)	324.7	A-Ac	0.004	0.004 ~ 0.2
납	283.3	A-Ac	0.005	0.005 ~ 0.4
망간	279.5	A-Ac	0.004	0.004 ~ 0.4
아연	213.9	A-Ac	0.002	0.002 ~ 0.08
알루미늄	309.3	N-Ac	0.004	0.004 ~ 0.08
철	248.3	A-Ac	0.008	0.008 ~ 0.27
카드뮴	228.8	A-Ac	0.0008	0.0008 ~ 0.032
크롬	357.9	A-Ac	0.008	0.008 ~ 0.4

A-Ac : 공기-아세틸렌, N-Ac : 아산화질소-아세틸렌

[1] 시료의 농축배수를 고려하여 시료 중에 농도로 계산한 값

금속류 – 원자흡수분광광도법 연습문제

01 먹는물수질공정시험기준에 따른 원자흡수분광광도법으로 측정이 가능한 물질로 모두 옳은 것은?

① 카드뮴, 크롬, 알루미늄, 망간
② 구리(동), 납, 스트론튬, 아연
③ 아연, 알루미늄, 비소, 카드뮴
④ 망간, 보론(붕소), 철, 크롬

02 먹는물수질공정시험기준에 따른 원자흡수분광광도법으로 금속류를 정량하고자 한다. 시료 중에 칼륨, 나트륨, 세슘과 같이 쉽게 이온화되는 원소가 1000 mg/L 이상 존재할 경우 간섭에 관한 보정 방법으로 옳은 것은?

① 칼슘을 넣어 이를 방지할 수 있다.
② 아산화질소 – 아세틸렌을 사용한다.
③ 시료를 묽혀 분석하거나 MIBK 등을 사용하여 추출하여 분석한다.
④ 검정곡선용 표준물질에 시료의 매질과 유사하게 해당 간섭물질을 첨가하여 보정한다.

03 먹는물수질공정시험기준에 따른 원자흡수분광광도법에서 금속류의 시험에 관한 설명으로 틀린 것은?

① 구리(동), 납, 망간, 아연, 철, 카드뮴 등의 금속류는 공기-아세틸렌 불꽃에 주입하여 분석한다.
② 크롬 등의 금속류는 공기 – 아세틸렌으로는 아세틸렌 유량이 많은 쪽이 감도가 높지만 칼슘, 니켈의 방해가 많으며, 수소-공기는 방해는 적으로 감도가 낮다.
③ 아세틸렌 – 아산화질소 불꽃은 불꽃의 온도가 높기 때문에 불꽃 중에서 해리하기 어려운 내화성산화물을 만들기 쉬운 원소의 분석에 적당하여, 알루미늄 분석에 사용한다.
④ 용존성 금속류는 시료를 여과 등에 의해 입자성 부유물을 제거한 후 산 등을 첨가하여 측정한다.

04 먹는물수질공정시험기준에 따른 원자흡수분광광도법으로 금속류를 측정할 때 사용하는 가스에 관한 설명으로 모두 옳은 것은?

㉮ (㉠)는 알루미늄 분석에 적합 ㉯ (㉡)는 원자 외 파장영역에서 흡수선을 갖는 원소의 분석에 적합 ㉰ (㉢)는 불꽃 중에서 해리하기 어려운 내화성 산화물을 만들기 쉬운 원소의 분석에 적합

① ㉠ 수소 – 공기 ㉡ 아세틸렌 – 산소 ㉢ 아세틸렌 – 아산화질소
② ㉠ 아세틸렌 – 아산화질소 ㉡ 아세틸렌 – 산소 ㉢ 수소 – 공기
③ ㉠ 아세틸렌 – 아산화질소 ㉡ 수소 – 공기 ㉢ 아세틸렌 – 아산화질소
④ ㉠ 수소 – 공기 ㉡ 아세틸렌 – 산소 ㉢ 프로판 – 공기

Answer 1. ① 2. ④ 3. ② 4. ③

05 먹는물수질공정시험기준에 따른 금속류의 원자흡수분광광도법에 관한 설명으로 틀린 것은?

① 알루미늄 분석을 위해서는 높은 불꽃온도가 요구되는데 이를 위해 아산화질소-아세틸렌 불꽃을 사용한다.
② 낮은 농도의 구리(동), 납, 비소, 수은과 같은 금속류는 암모늄피롤리딘디티오카바메이트(APDC)와 착물을 생성시켜 메틸아이소부틸케톤(MIBK)으로 추출하여 공기-아세틸렌 불꽃에 주입하여 분석한다.
③ 망간 분석을 위한 검정곡선은 정량범위 내의 5개 이상의 농도에서 작성하고 얻어진 검정곡선의 결정계수(R^2)는 0.98 또는 감응계수(RF)의 상대표준편차가 20 % 이내이어야 한다.
④ 아연 분석을 위하여 표준용액(10.0 mg/L) 0 mL, 1.0 mL, 2.0 mL, 4.0 mL, 8.0 mL, 10.0 mL를 단계적으로 100 mL 부피플라스크에 넣고 각각에 질산 2 mL와 정제수를 넣어 표선을 맞춘다.

06 먹는물수질공정시험기준에 따른 원자흡수분광광도법에 대한 설명으로 틀린 것은?

① 알루미늄은 아산화질소-아세틸렌 불꽃에 주입하여 분석한다.
② 크롬은 공기-아세틸렌 불꽃에서 아세틸렌의 유량이 적은 쪽이 감도가 높다.
③ 실리콘은 망간 측정을 간섭하는데 칼슘을 넣어 방지할 수 있다.
④ 시료 중에 나트륨과 같이 쉽게 이온화되는 원소가 1000 mg/L 이상 존재하여 금속 측정을 간섭할 때에는 검정곡선용 표준물질에 시료 매질과 유사하게 첨가하여 보정한다.

07 먹는물수질공정시험기준에 따른 금속류-원자흡수분광광도법의 적용범위에 관한 설명이다. 각각의 괄호 안에 들어갈 내용으로 옳은 것은?

낮은 농도의 구리, 납, 망간, 아연, 철, 카드뮴 등의 금속류는 (㉠)와 착물을 생성시켜 (㉡)으로 추출하여 공기-아세틸렌 불꽃에 주입하여 분석한다.

① ㉠ 암모늄피롤리딘디티오카바메이트 ㉡ 메틸아이소부틸케톤
② ㉠ 브로모티몰블루 ㉡ 시트르산암모늄
③ ㉠ 암모늄피롤리딘디티오카바메이트 ㉡ 브로모티몰블루
④ ㉠ 브로모티몰블루 ㉡ 에틸아이소부틸케톤

08 다음은 먹는물수질공정시험기준에서 금속류를 원자흡수분광광도법으로 분석하고자 할 때 사용하는 시약과 조제방법이다. 조제한 시약의 몰농도가 큰 순서부터 나열한 것은?

㉮ 시트르산암모늄용액
시트르산암모늄(ammonium citrate, $C_6H_6O_7(NH_4)_2$, 분자량 : 226.18) 25.0 g을 정제수에 녹여 100 mL로 한다.
㉯ 암모늄피롤리딘디티오카바메이트 용액
암모늄피롤리딘디티오카바메이트(ammonium pyrrolidin dithiocarbamate, $C_5H_{12}N_2S_2$, 분자량 : 164.28) 4.0 g을 정제수에 녹여 100 mL로 한다.
㉰ 지르코늄 용액
옥시염화지르코늄·8수화물(zirconium oxychloride oxtahydrate, $ZrOCl_2 \cdot 8H_2O$, 분자량 : 322.29) 3.5 g을 정제수에 녹여 100 mL로 한다.

① ㉮ > ㉯ > ㉰　② ㉯ > ㉰ > ㉮　③ ㉰ > ㉮ > ㉯　④ ㉰ > ㉯ > ㉮

Answer 5. ② 6. ② 7. ① 8. ①

09 **다음은 먹는물 중 어떤 금속류를 원자흡수분광광도법으로 측정하고자 할 때 시료의 전처리 과정을 순서대로 설명한 것이다. 설명에 맞는 금속은?**

> ㉮ 시료 200 mL 또는 금속을 첨가한 시료 200 mL를 비커에 넣고 염산 2 mL 및 지르코늄용액 1 mL를 넣어 흔들어 섞는다.
> ㉯ 이 용액을 암모니아수로 pH 9로 조정하여, 수산화지르코늄의 침전을 생성시킨다. 잘 섞어 방치하여 침전을 가라앉힌다.
> ㉰ 여과지(5종A)로 여과하여 침전물을 분리한 후 정제수로 여과지의 침전물을 씻는다.
> ㉱ 침전물을 뜨거운 염산용액(2 M) 10 mL ~ 15 mL로 녹이고 식힌 후, 정제수로 20 mL로 하여 시험용액으로 한다.

① 구리 ② 크롬
③ 알루미늄 ④ 카드뮴

10 **원자흡수분광광도법으로 금속류를 분석하고자 할 때 불꽃의 온도가 높기 때문에 불꽃 중에서 해리하기 어려운 내화성산화물을 만들기 쉬운 원소의 분석에 적당한 조연성기체와 가연성기체는?**

① 아세틸렌－공기 ② 아세틸렌－아산화질소
③ 수소－공기 ④ 공기－프로판

Answer 9. ③ 10. ②

49 금속류-유도결합플라스마-원자방출분광법
(Metals-Inductively Coupled Plasma-Atomic Emission Spectrometry)

1 개요

1.1 목적

이 시험기준은 먹는물 및 샘물 중에 금속류를 측정하는 방법으로, 시료를 고주파유도코일에 의하여 형성된 아르곤 플라스마에 주입하여 6000 K ~ 8000 K에서 들뜬 원자가 바닥상태로 이동할 때 방출하는 발광선 및 발광강도를 측정하여 원소의 정성 및 정량분석을 수행한다.

1.2 적용범위

1.2.1 이 시험기준은 먹는물 및 샘물 중에 구리(동), 납, 망간, 붕소, 비소, 셀레늄, 아연, 알루미늄, 철, 카드뮴, 크롬 등의 금속류의 분석에 적용한다.

1.2.2 물속에 있는 총 금속류는 다양한 상태로 존재하고 있으나 통상은 산 등에 의해 시료를 분해시켜 총량을 측정한다.

1.2.3 다만, 용존성 금속류를 측정하는 경우에는 시료를 여과(공극 0.45 μm 멤브레인필터) 등에 의해 입자성 부유물을 제거한 후 산 등을 첨가하여 측정한다.

1.2.4 이 시험에 의한 먹는물 중 금속류의 정량한계 및 정량범위는 표 2와 같다.

1.3 간섭물질

1.3.1 대부분의 간섭물질은 산 분해에 의해 제거된다.

1.3.2 간섭효과를 줄이기 위해서는 용존 고체의 양이 0.2 %를 초과하지 말아야 한다.

1.3.3 다음과 같은 종류의 간섭이 존재한다.

1.3.3.1 광학 간섭

분석하는 금속원소 이외에서 발광하는 파장은 측정을 간섭한다. 어떤 원소가 동일 파장에서 발광할 때, 파장의 스펙트럼선이 넓어질 때, 이온과 원자의 재결합으로 연속 발광할 때, 분자 띠 발광 시에 간섭이 발생한다.

1.3.3.2 물리적 간섭

시료의 분무 또는 운반과정에서 물리적 특성, 즉 점도와 표면장력의 변화 등에 의해 발생한다. 특히 시료 중에 산의 농도가 10 % 이상으로 높거나 용존 고형물질이 1500 mg/L 이상으로 높은 반면, 검정용 표준용액의 산의 농도는 5 % 이하로 낮을 때에 발생하며 이 때 시료를 희석하거나 표준용액을 시료의 매질과 유사하게 하거나 표준물첨가법을 사용하면 간섭효과를 줄일 수 있다.

1.3.3.3 화학적 간섭

분자 생성, 이온화 효과, 열화학 효과 등이 시료 분무와 원자화 과정에서 방해요인으로 나타난다. 이 영향은 별로 심하지 않으며 적절한 운전 조건의 선택으로 최소화 할 수 있다.

1.3.4 만일 간섭효과가 의심되면 대부분의 경우가 시료의 매질로 인해 발생하므로 다음의 조치를 취한다.

1.3.4.1 연속 희석법

분석 대상의 농도가 수행검출한계의 10배 이상의 농도일 경우에 적용할 수 있으며 시료를 희석하여 측정하였을 때 희석배수를 고려해서 계산한 농도 값이 본래의 농도 값의 10 % 이내를 보여야 한다. 만약 10 %를 벗어나면 물리 및 화학적 간섭이 의심된다.

1.3.4.2 표준물첨가법

측정시료에 표준물질을 수행검출한계의 20배 ~ 100배의 농도로 첨가하여 분석하였을 때에 회수율이 90 % ~ 110 % 이내이어야 한다. 만약 이 범위를 벗어나면 매질의 영향을 의심해야 한다.

1.3.4.3 대체 분석과 비교

원자흡수분광광도법 또는 유도결합플라스마－질량분석법과 같은 대체방법과 비교한다.

1.3.4.4 전파장 분석

장비가 허용된다면 가능한 파장의 간섭을 알기 위해 전 파장 분석(wavelength scanning)을 수행한다.

1.3.5 시료 중에 칼슘과 마그네슘의 농도 합이 500 mg/L 이상이고 측정값이 규제 값의 90 % 이상일 때 표준물첨가법에 의해 측정하는 것이 좋다.

2 용어정의

2.1 용존금속

용존금속은 시료를 산성화시키기 전에 0.45 μm 막을 통과하는 금속을 의미한다.

2.2 금속

시료 중에 존재하는 금속의 총량을 의미하고, 이는 여과 없이 산 처리 후에 측정하는 시료 중의 금속을 말한다.

3 분석기기 및 기구

3.1 유도결합플라스마-원자방출분광기(ICP-AES)

유도결합플라스마－원자방출분광기는 시료도입부, 고주파전원부, 광원부, 분광부, 연산처리부 및 기록부로 구성되어 있으며, 분광부는 검출 및 측정에 따라 연속주사형 단원소측정장치(sequential type, monochromator)와 다원소동시측정장치(simultaneous type, polychromator)로 구분된다.

3.2 아르곤

액화 또는 압축 아르곤으로서 99.99 % 이상의 순도를 갖는 것이어야 한다.

4 시약 및 표준용액

4.1 시약

4.1.1 염산

염산(hydrochloric acid, HCl, 분자량 : 36.46)을 사용하여 바탕시험결과 금속류가 검출되어서는 안 된다.

4.1.2 염산(1+1)

1 L 부피플라스크에 정제수를 약 400 mL 넣은 다음 염산(hydrochloric acid, HCl, 분자량 : 36.46) 500 mL를 넣고 흔들어 섞어준 후 정제수로 표선까지 맞추어 조제한다.

4.1.3 질산

진한 질산(nitric acid, HNO_3, 분자량 : 63.01)을 사용하여 바탕시험결과 금속류가 검출되어서는 안 된다.

4.1.4 질산(1+1)

1 L 부피플라스크에 정제수를 약 400 mL 넣은 다음 진한 질산(nitric acid, HNO_3, 분자량 : 63.01) 500 mL를 넣고 흔들어 섞어준 후 정제수로서 정확히 1 L가 되도록 채운다.

4.1.5 정제수

바탕시험 할 때 각 금속의 측정세기가 최소인 것을 사용한다.

4.2 표준용액

4.2.1 구리(동)

4.2.1.1 구리(동) 표준원액(1000 mg/L)

금속구리(동)(순도 99.9 % 이상의 것) 1 g을 1 L 부피플라스크에 넣고 약간의 정제수를 넣은 다음 진한 질산 10 mL를 가해 완전히 녹여준 후 정제수로 표선까지 맞추어 조제하여 사용하거나 시판용 표준용액을 사용한다.

4.2.1.2 구리(동) 표준용액(100 mg/L)

구리(동) 표준원액(1000 mg/L) 100 mL를 1 L 부피플라스크에 넣어 정제수를 표선까지 가하여 조제한다.

4.2.1.3 구리(동) 표준용액(2 mg/L)

구리(동) 표준용액(100 mg/L) 20 mL를 1 L 부피플라스크에 넣어 정제수를 표선까지 가하여 조제한다.

4.2.2 납

4.2.2.1 납 표준원액(1000 mg/L)

질산납(Ⅱ)(lead nitrate, $Pb(NO_3)_2$, 분자량 : 331.20) 1.6 g을 1 L 부피플라스크에 넣고 약간의 정제수를 넣은 다음 진한 질산 10 mL를 가해 완전히 녹여준 후 정제수로 표선까지 맞추어 조제하여 사용하거나 시판용 표준용액을 사용한다.

4.2.2.2 납 표준용액(100 mg/L)

납 표준원액(1000 mg/L) 10 mL를 1 L 부피플라스크에 넣어 정제수를 표선까지 가하여 조제한다.

4.2.2.3 납 표준용액(2 mg/L)

납 표준용액(100 mg/L) 20 mL를 1 L 부피플라스크에 넣어 정제수를 표선까지 가하여 조제한다.

4.2.3 망간

4.2.3.1 망간 표준원액(1000 mg/L)

금속망간(순도 99.9 % 이상의 것) 1 g을 1 L 부피플라스크에 넣고 약간의 정제수를 넣은 다음 진한 질산 10 mL를 가해 완전히 녹여준 후 정제수로 표선까지 맞추어 조제하여 사용하거나 시판용 표준용액을 사용한다.

4.2.3.2 망간 표준용액(100 mg/L)

망간 표준원액(1000 mg/L) 10 mL를 1 L 부피플라스크에 넣어 정제수를 표선까지 가하여 조제한다.

4.2.3.3 망간 표준용액(2 mg/L)

망간 표준용액(100 mg/L) 20 mL를 1 L 부피플라스크에 넣어 정제수를 표선까지 가하여 조제한다.

4.2.4 붕소

4.2.4.1 붕소 표준원액(1000 mg/L)

보론산 5.72 g을 정제수에 녹여 1 L로 하여 사용하거나 시판용 표준용액을 사용한다.

4.2.4.2 붕소 표준용액(100 mg/L)

붕소 표준원액(1000 mg/L) 100 mL를 1 L 부피플라스크에 넣고 정제수를 표선까지 가하여 조제한다.

4.2.4.3 붕소 표준용액(2 mg/L)

붕소 표준용액(100 mg/L) 20 mL를 1 L 부피플라스크에 넣고 정제수를 표선까지 가하여 조제한다.

4.2.5 비소

4.2.5.1 비소 표준원액(1000 mg/L)

삼산화비소(arsenic trioxide, As_2O_3, 분자량 : 197.84) 1.32 g을 1 L 부피플라스크에 넣고 수산화나트륨용액(20 %) 5 mL에 녹이고, 정제수 약 400 mL를 넣고 황산(1+19)으로 중화한 후 정제수를 넣어 1 L로 하여 사용하거나 시판용 표준용액을 사용한다.

4.2.5.2 비소 표준용액(100 mg/L)

비소 표준원액(1000 mg/L) 100 mL를 1 L 부피플라스크에 넣고 정제수를 표선까지 가하여 조제한다.

4.2.5.3 비소 표준용액(2 mg/L)

비소 표준용액(100 mg/L) 20 mL를 1 L 부피플라스크에 넣고 정제수를 표선까지 가하여 조제한다.

4.2.6 셀레늄

4.2.6.1 셀레늄 표준원액(1000 mg/L)

이산화셀레늄(selenium oxide, SeO_2, 분자량 : 110.96) 1.41 g을 정제수에 녹여 1 L로 하여 조제한다. 시판용 표준용액을 사용할 수 있다.

4.2.6.2 셀레늄 표준용액(100 mg/L)

셀레늄 표준원액(1000 mg/L) 100 mL를 1 L 부피플라스크에 넣고 정제수를 표선까지 가하여 조제한다.

4.2.6.3 셀레늄 표준용액(2 mg/L)

셀레늄 표준용액(100 mg/L) 20 mL를 1 L 부피플라스크에 넣고 정제수를 표선까지 가하여 조제한다.

4.2.7 아연

4.2.7.1 아연 표준원액(1000 mg/L)

금속아연(순도 99.9 % 이상의 것) 1 g을 1 L 부피플라스크에 넣고 약간의 정제수를 넣은 다음 진한 질산 10 mL를 가해 완전히 녹여준 후 정제수로 표선까지 맞추어 조제하여 사용하거나 시판용 표준용액을 사용한다.

4.2.7.2 아연 표준용액(100 mg/L)

아연 표준원액(1000 mg/L) 100 mL를 1 L 부피플라스크에 넣고 정제수를 표선까지 가하여 조제한다.

4.2.7.3 아연 표준용액(2 mg/L)

아연 표준용액(100 mg/L) 20 mL를 1 L 부피플라스크에 넣고 정제수를 표선까지 가하여 조제한다.

4.2.8 알루미늄

4.2.8.1 알루미늄 표준원액(1000 mg/L)

알루미늄 금속선(분석용) 1 g을 정제수 100 mL와 수산화나트륨 5 g의 혼합액에 녹이고, 정제수를 넣어 약 800 mL로 한 후 염산으로 중화하고, 0.1 M 염산을 넣어 1 L로 하여 사용하거나 시판용 표준용액을 사용한다.

4.2.8.2 알루미늄 표준용액(100 mg/L)

알루미늄 표준원액(1000 mg/L) 100 mL를 1 L 부피플라스크에 넣어 정제수를 표선까지 가하여 조제한다.

4.2.8.3 알루미늄 표준용액(2 mg/L)

알루미늄 표준용액(100 mg/L) 20 mL를 1 L 부피플라스크에 넣어 정제수를 표선까지 가하여 조제한다.

4.2.9 철

4.2.9.1 철 표준원액(1000 mg/L)

황산제1철암모늄·6수화물(ammonium ferrous sulfate hexahydrate, $(NH_4)_2Fe(SO_4)_2 \cdot 6H_2O$, 분자량 : 392.17) 7.02 g을 1 L 부피플라스크에 넣고 소량의 정제수에 녹이고 이에 염산 3 mL와 정제수를 넣어 1 L로 하여 사용하거나 시판용 표준용액을 사용한다.

4.2.9.2 철 표준용액(100 mg/L)

철 표준원액(1000 mg/L) 100 mL를 1 L 부피플라스크에 넣어 정제수를 표선까지 가하여 조제한다.

4.2.9.3 철 표준용액(2 mg/L)

철 표준용액(100 mg/L) 20 mL를 1 L 부피플라스크에 넣어 정제수를 표선까지 가하여 조제한다.

4.2.10 카드뮴

4.2.10.1 카드뮴 표준원액(1000 mg/L)

금속카드뮴(순도 99.9 % 이상의 것) 1 g을 1 L 부피플라스크에 넣고 약간의 정제수를 넣은 다음 진한 질산 10 mL를 가해 완전히 녹여준 후 정제수로 표선까지 맞추어 조제하여 사용하거나 시판용 표준용액을 사용한다.

4.2.10.2 카드뮴 표준용액(100 mg/L)

카드뮴 표준원액(1000 mg/L) 100 mL를 1 L 부피플라스크에 넣어 정제수를 표선까지 가하여 조제한다.

4.2.10.3 카드뮴 표준용액(2 mg/L)

카드뮴 표준용액(100 mg/L) 20 mL를 1 L 부피플라스크에 넣어 정제수를 표선까지 가하여 조제한다.

4.2.11 크롬

4.2.11.1 크롬 표준원액(1000 mg/L)

디크롬산칼륨(potassium dichromate, $K_2Cr_2O_7$, 분자량 : 294.18) 2.83 g을 1 L 부피플라스크에 넣고 약간의 정제수를 넣은 다음 진한 질산 10 mL를 가해 완전히 녹여준 후 정제수로 표선까지 맞추어 조제하여 사용하거나 시판용 표준용액을 사용한다.

4.2.11.2 크롬 표준용액(100 mg/L)

크롬 표준원액(1000 mg/L) 100 mL를 1 L 부피플라스크에 넣어 정제수를 표선까지 가하여 조제한다.

4.2.11.3 크롬 표준용액(2 mg/L)

크롬 표준용액(100 mg/L) 20 mL를 1 L 부피플라스크에 넣어 정제수를 표선까지 가하여 조제한다.

4.3 내부표준용액

4.3.1 이트륨

4.3.1.1 이트륨 표준원액(1000 mg/L)

이트륨(yttrium, Y, 분자량 : 88.91) 표준원액은 산화이트륨(yttrium oxide, Y_2O_3, 분자량 : 225.82) 1.27 g을 질산(1+1) 50 mL에 녹인 후 정제수로 1 L로 하여 사용하거나 시판용 표준용액을 사용한다.

4.3.1.2 이트륨 표준용액(100 mg/L)

이트륨 표준원액(1000 mg/L) 100 mL를 1 L 부피플라스크에 넣어 정제수를 표선까지 가하여 조제한다.

4.3.1.3 이트륨 표준용액(2 mg/L)

이트륨 표준용액(100 mg/L) 20 mL를 1 L 부피플라스크에 넣어 정제수를 표선까지 가하여 조제한다.

4.3.2 스칸듐

4.3.2.1 스칸듐 표준원액(1000 mg/L)

스칸듐(scandium, Sc, 분자량 : 44.96) 표준원액은 산화스칸듐(scandium oxide, Sc_2O_3, 분자량 : 137.92) 1.53 g을 질산(1+1) 50 mL에 녹인 후 정제수로 1 L로 하여 사용하거나 시판용 표준용액을 사용한다.

4.3.2.2 스칸듐 표준용액(100 mg/L)

스칸듐 표준원액(1000 mg/L) 100 mL를 1 L 부피플라스크에 넣어 정제수를 표선까지 가하여 조제한다.

4.3.2.3 스칸듐 표준용액(2 mg/L)

스칸듐 표준용액(100 mg/L) 20 mL를 1 L 부피플라스크에 넣어 정제수를 표선까지 가하여 조제한다.

4.3.3 인듐

4.3.3.1 인듐 표준원액(1000 mg/L)

인듐(indium, In, 분자량 : 114.82) 표준원액은 금속인듐(순도 99.9 % 이상) 1 g을 질산(1+1) 50 mL에 녹인 후 정제수로 1 L로 하여 사용하거나 시판용 표준용액을 사용한다.

4.3.3.2 인듐 표준용액(100 mg/L)

인듐 표준원액(1000 mg/L) 100 mL를 1 L 부피플라스크에 넣어 정제수를 표선까지 가하여 조제한다.

4.3.3.3 인듐 표준용액(2 mg/L)

인듐 표준용액(100 mg/L) 20 mL를 1 L 부피플라스크에 넣어 정제수를 표선까지 가하여 조제한다.

4.3.4 터비듐

4.3.4.1 터비듐 표준원액(1000 mg/L)

터비듐(terbium, Tb, 분자량 : 158.93) 표준원액은 산화터비듐(terbium oxide, Tb_4O_7, 분자량 : 747.72) 1.18 g을 진한 질산 50 mL에 녹인 후 정제수로 1 L로 하여 사용하거나 시판용 표준용액을 사용한다.

4.3.4.2 터비듐 표준용액(100 mg/L)

터비듐 표준원액(1000 mg/L) 100 mL를 1 L 부피플라스크에 넣어 정제수를 표선까지 가하여 조제한다.

4.3.4.3 터비듐 표준용액(2 mg/L)

터비듐 표준용액(100 mg/L) 20 mL를 1 L 부피플라스크에 넣어 정제수를 표선까지 가하여 조제한다.

4.3.5 비스무트

4.3.5.1 비스무트 표준원액(1000 mg/L)

비스무트(bismuth, Bi, 분자량 : 208.98) 표준원액은 산화비스무트(bismuth oxide, Bi_2O_3, 분자량 : 465.96) 1.12 g을 진한 질산 50 mL에 녹인 후 정제수로 1 L로 하여 사용하거나 시판용 표준용액을 사용한다.

4.3.5.2 비스무트 표준용액(100 mg/L)

비스무트 표준원액(1000 mg/L) 100 mL를 1 L 부피플라스크에 넣어 정제수를 표선까지 가하여 조제한다.

4.3.5.3 비스무트 표준용액(2 mg/L)

비스무트 표준용액(100 mg/L) 20 mL를 1 L 부피플라스크에 넣어 정제수를 표선까지 가하여 조제한다.

5 시료채취 및 관리

5.1 시료채취 전에 전 함량 분석을 할 것인가 아니면 용존 금속만을 분석할 것인가를 결정하여 적절한 보존을 선택한다.

5.2 시료는 비리 세척한 폴리프로필렌, 폴리에딜렌, 폴리테트라플루오로에틸렌(PTFE) 또는 유리 용기에 채취한다. 단, 붕소를 분석할 때는 시료채취부터 분석 전 과정에서 폴리프로필렌, 폴리에틸렌, 폴리테트라플루오로에틸렌(PTFE) 또는 석영재질의 용기와 기구를 사용해야 한다.

5.3 채취용기는 비인산계 세제로 세척한 후 수돗물로 여러 번 세척하고 질산(1＋1)과 정제수로 차례로 세척한 후 건조하여 사용한다.

5.4 용존 금속을 측정할 경우에는 시료를 채취하여 0.45 μm 막에 통과시키고 걸러진 용액에 질산을 가하여 pH 2 이하로 조절한다.

5.5 전 함량 금속을 측정할 경우에는 시료 채취 후 질산을 가하여 pH 2 이하로 조절한다. 단 운반온도(2 ℃ ~ 8 ℃)를 유지하여 운반 후 실험실에서 보존처리 할 수 있다(시료채취 후 48시간 이내).

5.6 산 처리한 시료는 1 ℃ ~ 5 ℃로 보관하여 시료가 증발로 인해 부피변화가 없도록 해야 한다. 이 조건에서는 시료를 최대 6개월까지 보관할 수 있다.

5.7 μg/L의 농도에서는 시료 채취 후 되도록 빠른 시간 안에 분석한다.

6 정도보증/정도관리(QA/QC)

6.1 방법검출한계 및 정량한계

6.1.1 방법검출한계(MDL, method detection limit) 및 정량한계(LOQ, limit of quantitation)는 정제수에 표 1의 정량한계 부근의 농도가 되도록 각 금속류를 첨가한 시료 7개를 준비하고 각 시료를 **7** 분석절차와 동일하게 측정하여 표준편차를 구한다.

6.1.2 표준편차에 3.14를 곱한 값을 방법검출한계로, 10을 곱한 값을 정량한계로 나타낸다. 측정한 정량한계는 시험기준에서 제시한 정량한계 이하이어야 한다.

6.2 방법바탕시료의 측정

ES 05001 정도보증/정도관리에 따라 시료군마다 1개의 방법바탕시료(method blank)를 측정한다. 방법바탕시료는 정제수를 사용하여 7 분석절차와 동일하게 측정하며 얻은 값이 방법검출한계 이하이어야 한다.

6.3 검정곡선의 작성 및 검증

6.3.1 표 2의 정량범위 내의 5개 이상의 농도에 대해 검정곡선을 작성하고 얻어진 검정곡선의 결정계수(R^2)가 0.98 이상 또는 감응계수(RF)의 상대표준편차가 20 % 이내이어야 하며 결정계수나 감응계수의 상대표준편차가 허용범위를 벗어나면 재작성한다.

6.3.2 감응계수(RF)는 검정곡선 작성을 위한 표준용액의 농도(C)에 대한 흡광도와 같은 반응(R, response)으로, 표준용액의 농도를 2개 이상 사용한 경우는 검정곡선의 기울기에 해당된다.

6.3.3 검정곡선의 직선성을 검증하기 위하여 각 시료군마다 1회의 검정곡선 검증을 실시하는 것이 바람직하다. 표 2의 정량범위 또는 검정곡선의 중간 농도에 해당하는 표준용액을 측정한다. 측정값은 검정곡선 작성 시의 값과 20 % 이내에서 일치하여야 한다. 만약 이 범위를 넘는 경우, 검정곡선의 재작성이 요구된다.

6.4 정밀도 및 정확도

6.4.1 정밀도(precision) 및 정확도(accuracy)의 측정은 ES 05001 정도보증/정도관리에 따른다. 정제수에 정량한계의 1배 ~ 2배 농도가 되도록 동일하게 표준물질을 첨가한 시료를 4개 이상 준비하고 7 분석절차와 동일하게 측정하여 평균값과 표준편차를 구한다.

6.4.2 정밀도는 4회 이상 측정한 평균값과 상대표준편차(RSD)를 구하여 산출한다.

6.4.3 정확도는 4회 이상 측정한 평균값과 조제한 표준용액의 농도에 대한 상대 백분율(%)로 나타낸다.

6.5 현장 이중시료의 측정

현장 이중시료(field duplicate sample)는 동일한 시료채취 장소에서 동일한 조건으로 중복으로 채취한 시료로서 한 조사팀이 하루에 20개 이하를 채취할 경우에는 1개를 그리고 그 이상을 채취할 때에는 시료 20개 당 1개를 추가로 채취한다. 동일한 조건의 두 시료간의 측정값의 편차는 20 % 이하이어야 한다.

6.6 내부정도관리 주기 및 목표

6.6.1 방법검출한계, 정량한계, 정밀도 및 정확도는 연 1회 이상 산정하는 것을 원칙으로 하며, 분석자의 교체, 분석 장비의 수리 및 이동 등의 주요 변동사항이 생길 경우에는 다시 실시한다. 단, 장비의 청소 및 측정 장비의 감도가 의심될 때에는 언제든지 측정하여 확인하여야 한다.

6.6.2 검정곡선 검증 및 시약바탕시료의 분석은 각 시료군마다 실시하며, 고농도의 시료 다음에는 시약바탕시료를 측정하여 오염여부를 점검한다.

6.6.3 각 정도관리 항목에 대한 정도관리 목표값은 표 1과 같다.

7 분석절차

7.1 전처리

7.1.1 탁도가 1 NTU 이하이고 침전물이나 부유물이 없는 시료(입자가 적고 균질한 시료)는 시료 200 mL를 비커에 넣고 질산(1+1) 4 mL를 넣어 16시간 이상 유지하고 pH 2 이하 인지 확인 후 측정한다.

7.1.2 탁도가 1 NTU 이상이거나 침전물이나 부유물이 존재하는 시료(입자가 많거나 불균질한 시료)는 시료 200 mL를 비커에 넣고 질산(1+1) 4 mL와 염산(1+1) 2 mL를 첨가한다. 가열기 등을 사용하여 85 ℃ 이하에서 액량이 약 10 mL가 될 때까지 끓이지 않고 천천히 가열농축하고, 이 용액을 20 mL 부피플라스크에 옮긴 후 정제수로 비커를 닦아주어 부피플라스크에 합친 다음 정제수로 표선까지 정확히 채운다. 산 분해 후에도 탁도가 있는 경우, 밤새 가라앉히거나 원심분리를 이용하여 탁도 물질을 배제시킨다. 그럼에도 탁도가 존재하는 경우, 여과하여 분석할 수 있다.

7.1.3 내부표준물질법을 이용할 경우는 내부 표준원소로서 이트륨(yttrium), 스칸듐(scandium), 인듐(indium), 터비듐(terbium) 또는 비스무트(bismuth) 중 하나 이상을 선택하여 최종용액 중에 0.1 mg/L가 되게 첨가하고 정제수로 표선까지 정확히 채운다.

7.1.4 시료와 표준용액에는 염화란탄과 염화칼륨용액을 시료 10 mL당 1 mL를 넣어 정확도를 높일 수 있다.

7.2 검정곡선의 작성

7.2.1 구리(동), 망간, 붕소, 아연, 알루미늄, 철의 경우는 금속 표준용액(2 mg/L) 0, 5, 10, 25, 50, 100 mL를 단계적으로 부피플라스크에 넣고 정제수를 넣어 100 mL로 한다. 조제한 검정곡선용 표준용액의 농도는 0, 0.1, 0.2, 0.5, 1, 2 mg/L이다. 필요에 따라 사용하는 표준용액의 양을 달리 할 수 있다.

7.2.2 납, 비소, 셀레늄, 카드뮴, 크롬의 경우는 금속 표준용액(2 mg/L) 0, 2, 4, 5, 10, 20 mL를 단계적으로 부피플라스크에 넣고 각각에 정제수를 넣어 100 mL로 한다. 조제한 검정곡선용 표준용액의 농도는 0, 0.04, 0.08, 0.1, 0.2, 0.4 mg/L이다. 필요에 따라 사용하는 표준용액의 농도와 개수를 달리 할 수 있다.

[주 1] 시료분석결과 이 검정곡선 농도범위를 벗어나면 시료를 희석해서 재분석하여야 한다.

7.2.3 내부표준물질법을 이용할 경우는 내부 표준원소로서 이트륨(yttrium), 스칸듐(scandium), 인듐(indium), 터비듐(terbium) 또는 비스무트(bismuth)를 최종용액 중에 0.1 mg/L가 되게 표준물질과 함께 첨가한다.

7.2.4 이하 7.3과 같은 방법으로 측정하여 금속의 농도와 측정값으로부터 검정곡선을 작성한다.

7.2.5 절대검정곡선법을 사용할 때에는 금속의 농도(mg/L)를 가로축(x축)에, 각 금속의 측정값을 세로축(y축)에 취하여 검정곡선을 작성한다.

7.2.6 상대검정곡선법을 사용할 때에는 금속의 농도(mg/L)를 가로축(x축)에, 금속의 측정값(A_x)과 내부표준물질의 측정값(A_i)과의 비(A_x/A_i)를 세로축(y축)에 취하여 검정곡선을 작성한다.

7.3 측정법

7.3.1 시료를 아르곤 플라스마에 주입하여 방출하는 발광선 및 발광강도를 측정하여 정성 및 정량분석을 수행한다.

7.3.2 절대검정곡선법을 사용할 때에는 시료에서 측정한 각 금속의 측정값을 검정곡선의 y값에 대입하여 농도(mg/L)를 계산한다.

7.3.3 상대검정곡선법을 사용할 때에는 각 금속의 측정값(A_x)과 내부표준물질의 측정값(A_i)과의 비(A_x/A_i)를 검정곡선의 y값에 대입하여 농도(mg/L)를 계산한다.

7.3.4 바탕시험을 행하여 보정한다.

8 결과보고

8.1 계산

시료에서 각 금속의 측정값을 검정곡선의 y값에 대입하고, 구한 농도(x값)를 사용하여 다음의 식으로부터 시료 중에 농도를 계산한다.

$$\text{금속의 농도(mg/L)} = C(\text{m}) \times f \quad \cdots\cdots \text{(식 1)}$$

여기서, C(m) : 검정곡선에서 구한 농도(mg/L)

f : 시료의 농축 배수

8.2 결과보고

행정사항과 관련된 항목별 시험결과의 표시는 ES 05003의 먹는물 수질기준의 표시한계 및 결과표시에 따른다.

9 참고자료

9.1 US EPA Method 200.7, “Determination of Metals and Trace Elements in Water and Wastes by Inductively Coupled Plasma-Atomic Emission Spectrometry”, EPA, (1994)

9.2 Standard Methods, 3120, “Metals by plasma emission spectroscopy”, (2017)

9.3 Standard Methods, 3010 B, “Metal Sampling and sample preservation”, (2017)

9.4 수질오염공정시험기준 ES 04400.0, “금속류”, 국립환경과학원, (2011)

9.5 日本水道協會, 上水試驗方法解說編, (1993)

10 부록

[표 1] 정도관리 목표값

정도관리 항목	정도관리 목표
정량한계	0.001 mg/L ~ 0.016 mg/L
검정곡선	결정계수(R^2) ≥ 0.98 또는 감응계수(RF)의 상대표준편차 ≤ 20 %
정밀도	상대표준편차 ± 20 % 이내
정확도	75 % ~ 125 %
현장이중시료	상대편차백분율 ± 20 % 이내

[표 2] 유도결합플라스마-원자방출분광법에 의한 금속별 정량한계 및 정량범위

금속종류	측정파장, nm	제2측정파장, nm	정량한계[1](mg/L)	정량범위[1](mg/L)
구리(동)	324.75	219.96	0.003	0.003 ~ 50
납	220.35	217.00	0.005	0.005 ~ 50
망간	257.61	294.92	0.001	0.001 ~ 50
붕소	249.77	249.68	0.002	0.002 ~ 50
비소	193.70	189.04	0.005	0.005 ~ 100
셀레늄	196.03	203.99	0.005	0.005 ~ 100
아연	213.86	206.20	0.001	0.001 ~ 100
알루미늄	308.22	237.32	0.02	0.02 ~ 100
철	258.94	238.20	0.003	0.003 ~ 100
카드뮴	226.50	214.44	0.002	0.002 ~ 50
크롬	267.72	206.15	0.003	0.003 ~ 50

[1] 시료의 농축배수를 고려하여 시료 중에 농도로 계산한 값

금속류 – 유도결합플라스마 – 원자방출분광법

연습문제

01 **유도결합플라스마 – 질량분석법과 유도결합플라스마 – 원자발광분광법에 대한 설명으로 틀린 것은?**

① 유도결합플라스마 – 질량분석법의 정량한계가 유도결합플라스마 – 원자발광광도법보다 더 낮다.
② 동중원소 간섭현상은 유도결합플라스마 – 질량분석법에서만 나타난다.
③ 물리적 간섭을 줄이려면 용존 고형물은 0.3 %를 넘어서는 안된다.
④ 아르곤은 액화 또는 압축 아르곤으로서 99.99 % 이상의 순도를 갖는 것이어야 한다.

02 **먹는물수질공정시험기준에 따른 금속류 – 유도결합플라스마 – 원자방출분광법에서 간섭효과는 대부분 시료의 매질로 인해 발생한다. 시험법에서 간섭이 의심되는 경우 취할 수 있는 조치로 틀린 것은?**

① 대체분석과 비교
② 전파장 분석
③ 간헐적희석법
④ 표준물첨가법

03 **먹는물수질공정시험기준에 따른 유도결합플라스마 – 원자방출분광법으로 금속류 측정에서 간섭에 대한 내용으로 틀린 것은?**

① 시료분무와 원자화 과정에서 이온화 효과, 열화학 효과 등이 나타날 때에는 화학적 간섭이 발생된다.
② 간섭효과를 줄이기 위해서는 용존 고체의 양이 0.2 %를 초과하지 말아야 한다.
③ 시료 내에 칼슘과 마그네슘의 농도 합이 500 mg/L 이상이고 측정값이 규제값의 90 % 이상일 때는 연속희석법으로 측정하는 것이 좋다.
④ 시료 내에 산 농도가 10 %(V/V) 이상으로 높거나 용존고형물이 1500 mg/L 이상으로 높은 반면, 검정용 표준용액의 산 농도가 5 % 이하일 때에는 물리적 간섭이 발생된다.

04 **유도결합플라스마 – 원자발광분광법(ICP – AES)을 이용하여 금속류 분석시 발생할 수 있는 간섭에 대한 설명으로 틀린 것은?**

① 어떤 원소가 동일 파장에서 발광할 때, 파장의 스펙트럼선이 넓어질 때, 이온과 원자의 재결합으로 연속 발광할 때 등에서 나타난다.
② 분자 생성, 이온화 효과, 열화학 효과 등이 시료분무와 원자화 과정에서 나타난다.
③ 시료의 분무 또는 운반과정에서 물리적 특성 즉 점도와 표면장력의 변화 등에 의해서 나타난다.
④ 시료 중에 칼륨, 리튬, 세슘과 같이 쉽게 이온화되는 원소가 존재할 때 나타난다.

Answer 1. ③ 2. ③ 3. ③ 4. ④

50 금속류-유도결합플라스마-질량분석법
(Metals-Inductively Coupled Plasma-Mass Spectrometry)

1 개요

1.1 목적

이 시험기준은 먹는물, 샘물, 염지하수 중에 금속류를 측정하는 방법으로, 시료를 플라스마에 분사시켜 탈용매, 원자화 및 이온화과정을 거쳐 질량분석기로 분석하는 방법이다. 이 방법은 수 μg/L의 금속류의 정성 및 정량분석에 적합하다.

1.2 적용범위

1.2.1 이 방법은 먹는물, 샘물, 염지하수 중에 구리(동), 납, 망간, 붕소, 비소, 셀레늄, 아연, 알루미늄, 철, 카드뮴, 크롬, 우라늄 등의 금속류 측정에 적용한다.

1.2.2 물속에 있는 총 금속류는 다양한 상태로 존재하고 있으나, 통상은 산 등에 의해 시료를 분해시켜 총량을 측정한다.

1.2.3 다만, 용존성 금속류를 측정하는 경우에는, 시료를 여과(공극 0.45 μm 멤브레인필터) 등에 의해 입자성 부유물을 제거한 후 산 등을 첨가하여 측정한다.

1.2.4 이 시험에 의한 먹는물 중 금속류의 정량한계는 표 2와 같다.

1.3 간섭물질

1.3.1 동중원소 간섭

동중원소(isobaric element) 간섭이란 다른 원소의 동위원소가 1가 또는 2가로 이온화되면서 측정하려는 원소의 질량과 동일한 경우의 간섭을 의미한다. 대부분의 원소는 간섭을 갖지 않는 1개 이상의 동위원소를 가지고 있어 적절한 질량을 선택하면 간섭효과의 영향을 받지 않고 분석할 수 있다.

1.3.2 다량민감도

다량민감도(abundance sensitivity)는 한 피크의 일부가 다른 피크에 영향을 주는 정도를 말하며 작은 피크가 큰 피크 옆에 중첩되어 발생하며 최대한 분리능을 높여 간섭을 줄이도록 해야 한다.

1.3.3 동중 다원소이온 간섭

동중 다원소이온 간섭(isobaric polyatomic ion interference)은 측정하려는 원소의 질량과 동일한 다원소로 구성된 이온에 의해 발생하는 간섭을 말한다. 가능한 간섭물질이 잘 알려져 있고 이는 시료의 매질과 기기조건에 의존적이다.

1.3.4 물리적 간섭

시료의 플라스마로 전달, 이온화, 질량분석기로 연결되는 물리적인 과정에 의해 발생하는 간섭을 의미한다. 이는 검정곡선용 표준물질을 측정할 때와 시료를 측정할 때 기기반응도의 차이로부터 발생한다. 용존고형물의 농도가 높을 때에는 스키머콘(skimmer cone)에 흡착되는 양의 증가로 유효 직경이 줄어 이온화 효율을 감소시키므로, 용존고형물은 0.2 %를 초과하지 않도록 한다. 내부표준물질의 사용으로 물리적인 간섭을 보정할 수 있다.

1.3.4.1 염지하수의 경우 매질에 의한 간섭이 발생하므로 카드뮴, 구리(동), 납, 아연, 크롬은 유기금속착화물을 형성하여 용매추출 후 휘발건조 과정을 거쳐 재용해한 후 분석용 시료로 한다. 비소와 셀레늄, 알루미늄은 시료를 10배 이상 희석한 것을 매질로 하여 간섭효과를 줄일 수 있다.

[주 1] 비소와 셀레늄은 표준물첨가법을 사용한다.

1.3.5 메모리 간섭

앞에 측정한 시료에 있는 원소의 동위원소가 다음 시료의 분석에 영향을 주어 간섭하는 것을 의미한다. 시료주입장치, 스키머콘, 플라스마 토치, 분무장치 등에 분석물질이 흡착되어 발생한다. 이러한 간섭은 다음 시료의 분석 전 충분한 세정을 해 주면 감소시킬 수 있다.

2 용어정의

2.1 용존금속

용존금속은 시료를 산성화시키기 전에 0.45 μm 막을 통과하는 금속을 의미한다.

2.2 금속

시료 중에 존재하는 금속의 총량을 의미하고, 이는 여과 없이 산 처리 후에 측정하는 시료 중의 금속을 말한다.

3 분석기기 및 기구

3.1 유도결합플라스마-질량분석기(ICP-MS)

3.1.1 이 장비는 5 % 피크 높이에서 1 amu의 최소 분리능을 갖고, 5 amu ~ 250 amu의 질량범위에서 측정할 수 있는 것이어야 한다.

3.1.2 표 3과 같이 분석할 수 있다.

3.2 아르곤 기체

액화 또는 압축 아르곤으로서 99.99 % 이상의 순도를 갖는 것이어야 한다.

3.3 용기 및 기구

폴리프로필렌(PP), 폴리에틸렌(PE) 또는 폴리테트라플루오로에틸렌(PTFE)으로 된 용기나 기구를 사용하며, 극미량 분석의 경우 가급적 폴리테트라플루오로에틸렌(PTFE)을 사용한다.

4 시약 및 표준용액

4.1 시약

4.1.1 염산

염산(hydrochloric acid, HCl, 분자량 : 36.46)을 사용하여 바탕시험결과 금속류가 검출되어서는 안 된다.

4.1.2 염산(1+1)

1 L 부피플라스크에 정제수를 약 400 mL 넣은 다음 염산(hydrochloric acid, HCl, 분자량: 36.46) 500 mL를 넣고 흔들어 섞어준 후 정제수로 표선까지 맞추어 조제한다.

4.1.3 질산

진한 질산(nitric acid, HNO_3, 분자량 : 63.01)을 사용하여 바탕시험결과 금속류가 검출되어서는 안 된다.

4.1.4 질산(1+1)

1 L 부피플라스크에 정제수를 약 400 mL 넣은 다음 진한 질산(nitric acid, HNO_3, 분자량 : 63.01) 500 mL를 넣고 흔들어 섞어준 후 정제수로 표선까지 맞추어 조제한다.

4.1.5 1 N 질산

1 L 부피플라스크에 정제수를 약 900 mL 넣은 다음 진한 질산(nitric acid, HNO_3, 분자량 : 63.01, 비중 : 1.38, 농도 : 65 %) 70 mL를 넣고 흔들어 섞어준 후 정제수로 표선까지 맞추어 조제한다.

4.1.6 유기착화제(킬레이트) 혼합용액

암모늄피롤리딘디티오카바메이트(APDC, ammonium pyrrolidine dithiocarbamate, $C_5H_{12}N_2S_2$, 분자량 : 164.28) 10 g과 디에틸암모늄디에틸디티오카바메이트(DDDC, diethylammoniumdiethyl dithiocarbamate, $C_{12}H_{26}N_2S_2$, 분자량 : 250.47) 10 g을 500 mL의 정제수에 녹여 APDC/DDDC 혼합용액을 조제한다. 이 혼합용액은 사용 직전 매번 새롭게 준비한다.

4.1.7 클로로폼

클로로폼(chloroform, $CHCl_3$, 분자량 : 119.38)은 분석용 특급 시약을 사용하고 극미량 분석을 위해서는 재증류하여 사용한다.

4.1.8 메틸아이소부틸케톤

메틸아이소부틸케톤(MIBK, methyl isobutyl ketone, $C_6H_{12}O$, 분자량 : 100.16)은 분석용 특급 시약을 사용하고 극미량 분석을 위해서는 재증류하여 사용한다.

4.1.9 정제수

바탕시험 할 때 각 금속의 측정세기가 최소인 것을 사용한다.

4.2 표준용액

4.2.1 구리(동)

4.2.1.1 구리(동) 표준원액(1000 mg/L)

금속 구리(동)(순도 99.9 % 이상의 것) 1 g을 1 L 부피플라스크에 넣고 약간의 정제수를 넣은 다음 진한 질산 10 mL를 가해 완전히 녹여준 후 정제수로 표선까지 맞추어 조제하여 사용하거나 시판용 표준원액을 사용한다.

4.2.1.2 구리(동) 표준용액(100 mg/L)

구리(동) 표준원액(1000 mg/L) 100 mL를 1 L 부피플라스크에 넣어 정제수로 표선까지 맞추어 조제한다.

4.2.1.3 구리(동) 표준용액(2 mg/L)

구리(동) 표준용액(100 mg/L) 20 mL를 1 L 부피플라스크에 넣어 정제수로 표선까지 맞추어 조제한다.

4.2.2 납

4.2.2.1 납 표준원액(1000 mg/L)

질산납(Ⅱ)(lead nitrate, $Pb(NO_3)_2$, 분자량 : 331.20) 1.6 g을 1 L 부피플라스크에 넣고 약간의 정제수를 넣은 다음 진한 질산 10 mL를 가해 완전히 녹여준 후 정제수로 표선까지 맞추어 조제하여 사용하거나 시판용 표준원액을 사용한다.

4.2.2.2 납 표준용액(100 mg/L)

납 표준원액(1000 mg/L) 100 mL를 1 L 부피플라스크에 넣어 정제수로 표선까지 맞추어 조제한다.

4.2.2.3 납 표준용액(2 mg/L)

납 표준용액(100 mg/L) 20 mL를 1 L 부피플라스크에 넣어 정제수로 표선까지 맞추어 조제한다.

4.2.3 망간

4.2.3.1 망간 표준원액(1000 mg/L)

금속 망간(순도 99.9 % 이상의 것) 1 g을 1 L 부피플라스크에 넣고 약간의 정제수를 넣은 다음 진한 질산 10 mL를 가해 완전히 녹여준 후 정제수로 표선까지 맞추어 조제하여 사용하거나 시판용 표준원액을 사용한다.

4.2.3.2 망간 표준용액(100 mg/L)

망간 표준원액(1000 mg/L) 100 mL를 1 L 부피플라스크에 넣어 정제수를 표선까지 맞추어 조제한다.

4.2.3.3 망간 표준용액(2 mg/L)

망간 표준용액(100 mg/L) 20 mL를 1 L 부피플라스크에 넣어 정제수를 표선까지 맞추어 조제한다.

4.2.4 붕소

4.2.4.1 붕소 표준원액(1000 mg/L)

보론산(boric acid, H_3BO_3, 분자량 : 61.83) 5.72 g을 1 L 부피플라스크에 넣고 정제수로 녹여 표선까지 맞추어 사용하거나 시판용 표준원액을 사용한다.

4.2.4.2 붕소 표준용액(100 mg/L)

붕소 표준원액(1000 mg/L) 100 mL를 1 L 부피플라스크에 넣고 정제수를 표선까지 맞추어 조제한다.

4.2.4.3 붕소 표준용액(2 mg/L)

붕소 표준용액(100 mg/L) 20 mL를 1 L 부피플라스크에 넣고 정제수를 표선까지 맞추어 조제한다.

4.2.5 비소

4.2.5.1 비소 표준원액(1000 mg/L)

삼산화비소(arsenic trioxide, As_2O_3, 분자량 : 197.84) 1.32 g을 1 L 부피플라스크에 넣고 수산화나트륨용액(20 %) 5 mL에 녹이고, 정제수 약 400 mL를 넣고 황산(1+19)으로 중화한 후 정제수로 표선까지 맞추어 1 L로 하여 조제하여 사용하거나 시판용 표준원액을 사용한다.

4.2.5.2 비소 표준용액(100 mg/L)

비소 표준원액(1000 mg/L) 100 mL를 1 L 부피플라스크에 넣어 정제수를 표선까지 맞추어 조제한다.

4.2.5.3 비소 표준용액(2 mg/L)

비소 표준용액(100 mg/L)을 20 mL를 1 L 부피플라스크에 넣어 정제수를 표선까지 맞추어 조제한다.

4.2.6 셀레늄

4.2.6.1 셀레늄 표준원액(1000 mg/L)

이산화셀레늄(selenium oxide, SeO_2, 분자량 : 110.96) 1.405 g을 1 L 부피플라스크에 넣고 정제수로 녹여 표선까지 맞추어 조제하여 사용하거나 시판용 표준원액을 사용할 수 있다.

4.2.6.2 셀레늄 표준용액(100 mg/L)

셀레늄 표준원액(1000 mg/L) 100 mL를 1 L 부피플라스크에 넣어 정제수로 표선까지 맞추어 조제한다.

4.2.6.3 셀레늄 표준용액(2 mg/L)

셀레늄 표준용액(100 mg/L) 20 mL를 1 L 부피플라스크에 넣어 정제수로 표선까지 맞추어 조제한다.

4.2.7 아연

4.2.7.1 아연 표준원액(1000 mg/L)

금속 아연(순도 99.9 % 이상의 것) 1 g을 1 L 부피플라스크에 넣고 약간의 정제수를 넣은 다음 진한 질산 10 mL를 가해 완전히 녹여준 후 정제수로 표선까지 맞추어 조제하여 사용하거나 시판용 표준용액을 사용한다.

4.2.7.2 아연 표준용액(100 mg/L)

아연 표준원액(1000 mg/L) 100 mL를 1 L 부피플라스크에 넣어 정제수를 표선까지 맞추어 조제한다.

4.2.7.3 아연 표준용액(2 mg/L)

아연 표준용액(100 mg/L) 20 mL를 1 L 부피플라스크에 넣어 정제수를 표선까지 맞추어 조제한다.

4.2.8 알루미늄

4.2.8.1 알루미늄 표준원액(1000 mg/L)

알루미늄 금속선(분석용) 1 g을 1 L 부피플라스크에 넣고 정제수 100 mL와 수산화나트륨 5 g의 혼합액에 녹이고, 정제수를 넣어 약 800 mL로 만든 후 염산으로 중화하고, 0.1 M

염산을 넣어 표선까지 맞추어 조제하여 사용하거나 시판용 표준원액을 사용한다.

4.2.8.2 알루미늄 표준용액(100 mg/L)

알루미늄 표준원액(1000 mg/L) 100 mL를 1 L 부피플라스크에 넣어 정제수를 표선까지 맞추어 조제한다.

4.2.8.3 알루미늄 표준용액(2 mg/L)

알루미늄 표준용액(100 mg/L) 20 mL를 1 L 부피플라스크에 넣어 정제수를 표선까지 맞추어 조제한다.

4.2.9 철

4.2.9.1 철 표준원액(1000 mg/L)

황산제1철암모늄·6수화물(ammonium ferrous sulfate hexahydrate, $(NH_4)_2Fe(SO_4)_2 \cdot 6H_2O$, 분자량 : 392.17) 7.02 g을 1 L 부피플라스크에 넣고 약간의 정제수에 녹여준 후 염산 3 mL를 가하고 정제수로 표선까지 맞추어 조제하여 사용하거나 시판용 표준원액을 사용한다.

4.2.9.2 철 표준용액(100 mg/L)

철 표준원액(1000 mg/L) 100 mL를 1 L 부피플라스크에 넣어 정제수를 표선까지 맞추어 조제한다.

4.2.9.3 철 표준용액(2 mg/L)

철 표준용액(100 mg/L) 20 mL를 1 L 부피플라스크에 넣어 정제수를 표선까지 맞추어 조제한다.

4.2.10 카드뮴

4.2.10.1 카드뮴 표준원액(1000 mg/L)

금속 카드뮴(순도 99.9 % 이상의 것) 1 g을 1 L 부피플라스크에 넣고 약간의 정제수를 넣은 다음 진한 질산 10 mL를 가해 완전히 녹여준 후 정제수로 표선까지 맞추어 조제하여 사용하거나 시판용 표준원액을 사용한다.

4.2.10.2 카드뮴 표준용액(100 mg/L)

카드뮴 표준원액(1000 mg/L) 100 mL를 1 L 부피플라스크에 넣어 정제수를 표선까지 맞추어 조제한다.

4.2.10.3 카드뮴 표준용액(2 mg/L)

카드뮴 표준용액(100 mg/L) 20 mL를 1 L 부피플라스크에 넣어 정제수를 표선까지 맞추어 조제한다.

4.2.11 크롬

4.2.11.1 크롬 표준원액(1000 mg/L)

디크롬산칼륨(potassium dichromate, $K_2Cr_2O_7$, 분자량 : 294.18) 2.83 g을 1 L 부피플라스크에 넣고 약간의 정제수를 넣은 다음 진한 질산 10 mL를 가해 완전히 녹여준 후 정제수로 표선까지 맞추어 조제하여 사용하거나 시판용 표준원액을 사용한다.

4.2.11.2 크롬 표준용액(100 mg/L)

크롬 표준원액(1000 mg/L) 100 mL를 1 L 부피플라스크에 넣어 정제수를 표선까지 맞추어 조제한다.

4.2.11.3 크롬 표준용액(2 mg/L)

크롬 표준용액(100 mg/L) 20 mL를 1 L 부피플라스크에 넣어 정제수를 표선까지 맞추어 조제한다.

4.2.12 우라늄

4.2.12.1 우라늄 표준원액(1000 mg/L)

질산우라늄(Uranyl Nitrate Hexa Hydrate, $UO_2(NO_3)_2 \cdot 6H_3O$, 분자량 : 502.13) 0.211 g을 20 mL 정제수로 녹인 후 100 mL 부피플라스크에 넣어 표선을 맞추어 조제하거나 시판하는 우라늄 표준용액을 사용하여 표준원액으로 한다.

4.2.12.2 우라늄 표준용액(100 mg/L)

우라늄 표준원액 및 진한 질산을 각각 10 mL씩 취하여 100 mL 부피플라스크에 넣고 정제수를 표선까지 맞추어 조제한다.

4.2.12.3 우라늄 표준용액(2 mg/L)

우라늄 표준용액 및 진한 질산을 각각 2 mL씩 취하여 100 mL 부피플라스크에 넣고 정제수를 표선까지 맞추어 조제한다.

4.3 내부표준용액

4.3.1 이트륨

4.3.1.1 이트륨 표준원액(1000 mg/L)

이트륨(yttrium, Y, 분자량 : 88.91) 표준원액은 산화이트륨(yttrium oxide, Y_2O_3, 분자량 : 225.82) 1.27 g을 1 L 부피플라스크에 넣고 질산(1+1) 50 mL에 녹인 후 정제수로 표선까지 맞추어 조제하여 사용하거나 시판용 표준원액을 사용한다.

4.3.1.2 이트륨 표준용액(100 mg/L)

이트륨 표준원액(1000 mg/L) 100 mL를 1 L 부피플라스크에 넣어 정제수로 표선까지 맞추어 조제한다.

4.3.1.3 이트륨 표준용액(2 mg/L)

이트륨 표준용액(100 mg/L) 20 mL를 1 L 부피플라스크에 넣어 정제수로 표선까지 맞추어 조제한다.

4.3.2 스칸듐

4.3.2.1 스칸듐 표준원액(1000 mg/L)

스칸듐(scandium, Sc, 분자량 : 44.96) 표준원액은 산화스칸듐(scandium oxide, Sc_2O_3, 137.92) 1.53 g을 1 L 부피플라스크에 넣고 질산(1+1) 50 mL에 녹인 후 정제수로 표선까지 맞추어 조제하여 사용하거나 시판용 표준원액을 사용한다.

4.3.2.2 스칸듐 표준용액(100 mg/L)

스칸듐 표준원액(1000 mg/L) 100 mL를 1 L 부피플라스크에 넣어 정제수로 표선까지 맞추어 조제한다.

4.3.2.3 스칸듐 표준용액(2 mg/L)

스칸듐 표준용액(100 mg/L) 20 mL를 1 L 부피플라스크에 넣어 정제수로 표선까지 맞추어 조제한다.

4.3.3 인듐

4.3.3.1 인듐 표준원액(1000 mg/L)

인듐(indium, In, 분자량 : 114.82) 표준원액은 금속인듐(순도 99.9 % 이상) 1 g을 1 L 부피플라스크에 넣고 질산(1+1) 50 mL에 녹인 후 정제수로 표선까지 맞추어 조제하여 사용하거나 시판용 표준원액을 사용한다.

4.3.3.2 인듐 표준용액(100 mg/L)

인듐 표준원액(1000 mg/L) 100 mL를 1 L 부피플라스크에 넣어 정제수로 표선까지 맞추어 조제한다.

4.3.3.3 인듐 표준용액(2 mg/L)

인듐 표준용액(100 mg/L) 20 mL를 1 L 부피플라스크에 넣어 정제수로 표선까지 맞추어 조제한다.

4.3.4 터비듐

4.3.4.1 터비듐 표준원액(1000 mg/L)

터비듐(Terbium, Tb, 분자량 : 158.93) 표준원액은 산화터비듐(terbium oxide, Tb_4O_7, 747.72) 1.18 g을 1 L 부피플라스크에 넣고 진한 질산 50 mL에 녹인 후 정제수로 표선까지 맞추어 조제하여 사용하거나 시판용 표준원액을 사용한다.

4.3.4.2 터비듐 표준용액(100 mg/L)

터비듐 표준원액(1000 mg/L) 100 mL를 1 L 부피플라스크에 넣어 정제수로 표선까지 맞추어 조제한다.

4.3.4.3 터비듐 표준용액(2 mg/L)

터비듐 표준용액(100 mg/L) 20 mL를 1 L 부피플라스크에 넣어 정제수로 표선까지 맞추어 조제한다.

4.3.5 비스무트

4.3.5.1 비스무트 표준원액(1000 mg/L)

비스무트(bismuth, Bi, 분자량 : 208.98) 표준원액은 산화비스무트(bismuth oxide, Bi_2O_3, 분자량 : 465.96) 1.12 g을 1 L 부피플라스크에 넣고 진한 질산 50 mL에 녹인 후 정제수로 표선까지 맞추어 조제하여 사용하거나 시판용 표준원액을 사용한다.

4.3.5.2 비스무트 표준용액(100 mg/L)

비스무트 표준원액(1000 mg/L) 100 mL를 1 L 부피플라스크에 넣어 정제수로 표선까지 맞추어 조제한다.

4.3.5.3 비스무트 표준용액(2 mg/L)

비스무트 표준용액(100 mg/L) 20 mL를 1 L 부피플라스크에 넣어 정제수로 표선까지 맞추어 조제한다.

5 시료채취 및 관리

5.1 시료채취 전에 전 함량 분석을 할 것인가 아니면 용존 금속만을 분석할 것인가를 결정하여 적절한 보존을 선택한다.

5.2 시료는 미리 세척한 유리, 폴리프로필렌, 폴리에틸렌 또는 폴리테트라플루오로에틸렌으로 된 용기에 채취한다. 단, 붕소를 분석할 때는 시료채취부터 분석 전 과정에서 폴리프로필렌, 폴리에틸렌, 폴리테트라플루오로에틸렌 또는 석영재질의 용기와 기구를 사용해야 한다.

5.3 채취용기는 비인산계 세제로 세척한 후 수돗물로 여러 번 세척하고 질산(1+1)과 정제수로 차례로 세척한 후 건조하여 사용한다.

5.4 용존 금속을 측정할 경우에는 시료를 채취하여 0.45 μm 막에 통과시키고 걸러진 용액에 질산을 가하여 pH 2 이하로 조절한다.

5.5 전 함량 금속을 측정할 경우에는 시료 채취 후 질산을 가하여 pH 2 이하로 조절한다. 단, 운반온도(2 ℃ ~ 8 ℃)를 유지하여 운반 후 실험실에서 보존처리 할 수 있다(시료채취 후 48시간 이내).

5.6 산 처리한 시료는 1 ℃ ~ 5 ℃로 보관하여 시료가 증발로 인해 부피변화가 없도록 해야 한다. 이 조건에서는 시료를 최대 6개월까지 보관할 수 있다.

5.7 μg/L의 농도에서는 시료 채취 후 되도록 빠른 시긴 안에 분석한다.

6 정도보증/정도관리(QA/QC)

6.1 방법검출한계 및 정량한계

6.1.1 방법검출한계(MDL, method detection limit) 및 정량한계(LOQ, limit of quantitation)는 정제수에 표 2의 정량한계 부근의 농도가 되도록 각 금속류를 첨가한 시료 7개를 준비하고 각 시료를 7 분석절차와 동일하게 측정하여 표준편차를 구한다.

6.1.2 표준편차에 3.14를 곱한 값을 방법검출한계로, 10을 곱한 값을 정량한계로 나타낸다. 측정한 정량한계는 시험기준에서 제시한 정량한계 이하이어야 한다.

6.2 방법바탕시료의 측정

ES 05001 정도보증/정도관리에 따라 시료군마다 1개의 방법바탕시료(method blank)를 측정한다. 방법바탕시료는 정제수를 사용하여 7 분석절차와 동일하게 측정하며 얻은 값이 방법검출한계 이하이어야 한다.

6.3 검정곡선의 작성 및 검증

6.3.1 정량범위 내의 5개 이상의 농도에 대해 검정곡선을 작성하고 얻어진 검정곡선의 결정계수(R^2)가 0.98 이상 또는 감응계수(RF)의 상대표준편차(RSD)가 20 % 이내이어야 하며 결정계수나 감응계수의 상대표준편차가 허용범위를 벗어나면 검정곡선을 재작성한다.

6.3.2 감응계수(RF)는 검정곡선 작성을 위한 표준용액의 농도에 대한 흡광도와 같은 반응(R, response)으로, 표준용액의 농도를 2개 이상 사용한 경우는 검정곡선의 기울기에 해당된다.

6.3.3 검정곡선의 직선성을 검증하기 위하여 각 시료군마다 1회의 검정곡선 검증을 실시하는 것이 바람직하다. 정량범위 또는 검정곡선의 중간 농도에 해당하는 표준용액을 측정한다. 측

정값은 검정곡선 작성 시의 값과 20 % 이내에서 일치하여야 한다. 만약 이 범위를 넘는 경우, 검정곡선의 재작성이 요구된다.

6.4 정밀도 및 정확도

6.4.1 정밀도(precision) 및 정확도(accuracy)의 측정은 ES 05001 정도보증/정도관리에 따른다. 정제수에 정량한계의 1배 ~ 2배 농도가 되도록 동일하게 표준물질을 첨가한 시료를 4개 이상 준비하고 7 분석절차와 동일하게 측정하여 평균값과 표준편차를 구한다.

6.4.2 정확도는 4회 이상 측정한 평균값과 조제한 표준용액의 농도에 대한 상대 백분율(%)로 나타낸다.

6.4.3 정밀도는 4회 이상 측정한 평균값과 상대표준편차(RSD)를 구하여 산출한다.

6.5 현장 이중시료의 측정

현장 이중시료(field duplicate sample)는 동일한 시료채취 장소에서 동일한 조건으로 중복으로 채취한 시료로서 한 조사팀이 하루에 20개 이하를 채취할 경우에는 1개를 그리고 그 이상을 채취할 때에는 시료 20개 당 1개를 추가로 채취한다. 동일한 조건의 두 시료간의 측정값의 편차는 20 % 이하이어야 한다.

6.6 내부정도관리 주기 및 목표

6.6.1 방법검출한계, 정량한계, 정밀도 및 정확도는 연 1회 이상 산정하는 것을 원칙으로 하며, 분석자의 교체, 분석 장비의 수리 및 이동 등의 주요 변동사항이 생길 경우에는 다시 실시한다. 단, 장비의 청소 및 측정 장비의 감도가 의심될 때에는 언제든지 측정하여 확인하여야 한다.

6.6.2 검정곡선 검증 및 시약바탕시료의 분석은 각 시료군마다 실시하며, 고농도의 시료를 분석한 후에는 시약바탕시료를 측정하여 오염여부를 점검한다.

6.6.3 각 정도관리 항목에 대한 정도관리 목표값은 표 1과 같다.

7 분석절차

7.1 전처리

7.1.1 탁도가 1 NTU 이하이고 침전물이나 부유물이 없는 시료(입자가 적고 균질한 시료)는 시료 100 mL를 비커에 넣고 질산(1+1) 2 mL를 넣어 16시간 이상 유지하고 pH 2 이하 인지 확인 후 측정한다.

7.1.2 탁도가 1 NTU 이상이거나 침전물이나 부유물이 존재하는 시료(입자가 많거나 불균질한 시료)는 시료 100 mL를 비커에 넣고 질산(1+1) 2 mL와 염산(1+1) 1 mL를 첨가한다. 가열기 등을 사용하여 85 ℃ 이하에서 액량이 약 20 mL가 될 때까지 끓이지 않고 천천히 가열농축하고, 이 용액을 50 mL 부피플라스크에 옮긴 후 정제수로 비커를 닦아주어 부피플라스크에 합친 다음 정제수로 표선까지 정확히 채운다. 산 분해 후에도 탁도가 있는 경우, 밤새 가라앉히거나 원심분리를 이용하여 탁도 물질을 배제시킨다. 그럼에도 탁도가 존재하는 경우, 여과하여 분석할 수 있다.

7.1.3 내부표준물질법을 이용할 경우는 내부 표준원소로서 이트륨(yttrium), 스칸듐(scandium), 인듐(indium), 터비듐(terbium) 또는 비스무트(bismuth) 중에 하나 이상을 선택하여 최종용

액 중에서의 농도가 0.1 mg/L가 되게 첨가하고 잘 섞어 측정용 시료로 사용한다.

7.1.4 염지하수의 카드뮴, 구리(동), 납, 아연, 크롬을 분석할 경우 다음의 전처리 과정을 수행한다.

7.1.4.1 100 mL 시료를 분별깔때기에 넣고 pH 4 ~ 5 부근으로 조절한다.

7.1.4.2 유기착화제(APDC/DDDC) 혼합용액 1 mL를 넣고 20초간 강하게 교반한다.

7.1.4.3 위 시료에 클로로폼 혹은 메틸아이소부틸케톤을 10 mL 넣고 진탕기를 이용하여 2분 ~ 3분 동안 강하게 흔들어 준다.

7.1.4.4 15분간 시료용액과 용매층이 완전히 분리되도록 정치한 후 하부로 분리된 용매를 폴리테트라플루오로에틸렌(PTFE) 가열용기에 받는다. 이때 시료용액이 포함되지 않도록 주의하여야 한다.

7.1.4.5 7.1.4.3과 7.1.4.4 과정을 3번 반복한다.

7.1.4.6 폴리테트라플루오로에틸렌(PTFE) 용기를 80℃ 열판에서 가열하여 용매를 휘발시킨 다음 정제수 5 mL 및 진한 질산 250 μL를 추출시료에 넣고 열판에서 가열하여 완전히 분해·건조시킨다. 이때의 과정은 반드시 청정시설이 갖추어진 후드에서 실시되어야 한다.

7.1.4.7 농축배수를 결정하여 적당량의 1 N 질산으로 추출시료를 재용해시킨다.

7.1.5 염지하수의 비소와 셀레늄, 알루미늄의 경우 시료를 10배 이상 희석하여 사용한다. 필요에 따라 사용하는 표준용액의 양을 달리 할 수 있다.

[주 2] 비소와 셀레늄은 표준물첨가법을 사용한다.

7.2 검정곡선의 작성

7.2.1 금속의 표준용액(2 mg/L) 0, 0.2, 0.5, 1, 2 mL를 단계적으로 200 mL 부피플라스크에 넣고 각각에 정제수로 표선을 맞추어 조제한다. 단계적으로 조제한 검정곡선용 표준용액의 농도는 0, 0.002, 0.005, 0.01, 0.02 mg/L에 해당된다. 필요에 따라 사용하는 표준용액의 농도와 개수를 달리 할 수 있다.

[주 3] 시료분석결과 이 검정곡선 농도범위를 벗어나면 시료를 희석해서 재분석하여야 한다.

7.2.2 내부표준물질법을 이용할 경우는 내부 표준원소로서 이트륨(yttrium), 스칸듐(scandium), 인듐(indium), 터비듐(terbium) 또는 비스무트(bismuth)를 최종용액 중에 0.1 mg/L가 되게 첨가하고 잘 섞어 측정용 시료로 사용한다. 필요에 따라 사용하는 농도를 달리 할 수 있다.

7.2.3 이하 **7.3**과 같은 방법으로 측정하여 금속의 농도와 측정값으로부터 다음과 같이 검정곡선을 작성한다.

7.2.4 절대검정곡선법을 사용할 때에는 금속의 농도(mg/L)를 가로축(x축)에, 각 금속의 측정값을 세로축(y축)에 취하여 검정곡선을 작성한다.

7.2.5 상대검정곡선법을 사용할 때에는 금속의 농도(mg/L)를 가로축(x축)에, 금속의 측정값(A_x)과 내부표준물질의 측정값(A_i)과의 비(A_x/A_i)를 세로축(y축)에 취하여 검정곡선을 작성한다.

7.2.6 표준물첨가법을 사용할 때에는 금속의 첨가농도(mg/L)를 가로축(x축)에, 각 금속의 측정값을 세로축(y축)에 취하여 검정곡선을 작성한다.

7.2.7 표준물첨가법은 시료 적당량(75 mL 미만)을 3개 ~ 5개의 100 mL 부피플라스크에 동일한 양을 첨가한다.

7.2.7.1 항목별 표준용액을 시료의 농도에 따라 0 mL부터 순차적으로 25 mL까지 시료가 들어있는 부피플라스크에 단계적으로 첨가하고 정제수로 표선까지 채운다.

7.2.7.2 따로 정제수를 취하여 시료와 유사한 용매 조건이 되도록 정제수에 산을 가하여 조제하여 바탕 값 보정시료로 사용한다.

7.2.7.3 바탕 값 보정시료를 측정하여 분석기기의 바탕 값을 보정한 다음 시료의 측정세기를 측정하여 표준물 첨가농도에 따른 측정세기와의 관계식을 작성한다.

7.3 측정법

7.3.1 시료를 유도결합플라스마-질량분석기에 주입하여 각각의 이온의 강도를 측정한다.

7.3.2 시료 중 금속의 농도가 정량범위를 벗어나면 시료를 희석하여 측정한다.

7.3.3 절대검정곡선법을 사용할 때에는 시료에서 측정한 각 금속의 측정값을 검정곡선의 y값에 대입하여 농도(mg/L)를 계산한다.

7.3.4 표준물첨가법을 사용할 때에는 검정곡선이 횡축과 교차하는 지점의 x축 농도로 시료의 농도(mg/L)를 계산한다.

7.3.5 상대검정곡선법을 사용할 때에는 각 금속의 측정값(A_x)과 내부표준물질의 측정값(A_i)과의 비(A_x/A_i)를 검정곡선의 y값에 대입하여 농도(mg/L)를 계산한다.

7.3.6 바탕시험을 행하여 보정한다.

7.3.7 기기에 따라 측정항목 및 시료의 매질에 따른 간섭을 제거하기 위한 수소(H_2) 등의 가스를 사용하여 분석의 오차를 줄일 수 있다.

8 결과보고

8.1 계산

시료에서 각 금속의 측정값을 검정곡선의 y값에 대입하여 구한 농도(x값)를 사용하여 다음의 식으로부터 시료 중에 농도를 계산한다.

$$\text{금속의 농도(mg/L)} = C(\text{m}) \times f \quad \text{(식 1)}$$

여기서, C(m) : 검정곡선에서 구한 농도(mg/L)

f : 시료의 희석배수(직접측정법의 경우는 1.0)

8.2 결과보고

행정사항과 관련된 항목별 시험결과의 표시는 ES 05003의 먹는물 수질기준의 표시한계 및 결과표시에 따른다.

9 참고자료

9.1 US EPA Method 200.8, "Determination of Trace Elements in Waters and Wastes by Inductively Coupled Plasma-Mass Spectrometry", EPA, Environmental Monitoring Systems Laboratory Office of Research and Development, Cincinnati, Ohio 45268, (1994)

9.2 日本水道協會, 上水試驗方法, (2011)

10 부록

[표 1] 정도관리 목표값

정도관리 항목	정도관리 목표
정량한계	0.0001 mg/L ~ 0.003 mg/L
검정곡선	결정계수(R^2) ≥ 0.98 또는 감응계수(RF)의 상대표준편차 ≤ 20 %
정밀도	상대표준편차 ± 20 % 이내
정확도	80 % ~ 120 %
현장이중시료	상대편차백분율 ± 20 % 이내

[표 2] 유도결합플라스마-질량분석법에 의한 측정질량 및 정량한계

금속종류	원소명	측정질량(m/z)[2]	정량한계(mg/L)
구리(동)	Cu	63[1]	0.001
납	Pb	206[1], 207, 208	0.001
망간	Mn	55[1]	0.0005
붕소	B	11[1]	0.001
비소	As	75[1]	0.001
셀레늄	Se	82[1], 77	0.001
수은	Hg	202[1]	0.0005
아연	Zn	66[1], 67, 68	0.001
알루미늄	Al	27[1]	0.002
철	Fe	54[1]	0.003
카드뮴	Cd	114[1]	0.0005
크롬	Cr	52[1]	0.001
우라늄	U	238[1], 235	0.0001

[1] 우선선택이온

[2] 정량한계 목표값을 만족하는 다른 측정질량을 사용할 수 있다.

[표 3] 유도결합플라스마-질량분석법의 작동조건(예)

설정 인자	설정 값
플라스마 유속(plasma flow)	16.5 L/min
플라스마 전력(plasma forward power)	1.35 kW
보조기체 유속(auxiliary flow)	0.6 L/min
분사 유속(nebulizer flow)	0.78 L/min
용액 흡수유속(solution uptake rate)	0.6 mL/min
분사방 온도(spray chamber temperature)	15 ℃
검출기 모드(detector mode)	pulse
반복적 분수(replicate integrations)	5
질량범위(mass range)	8 ~ 240 amu
체류시간(dwell time)	320 us
스캔 수(number of scan sweeps)	85

금속류 – 유도결합플라스마 – 질량분석법

연습문제

01 유도결합플라스마–질량분석법과 유도결합플라스마–원자발광분광법에 대한 설명으로 틀린 것은?

① 유도결합플라스마–질량분석법의 정량한계가 유도결합플라스마–원자발광광도법보다 더 낮다.
② 동중원소 간섭현상은 유도결합플라스마–질량분석법에서만 나타난다.
③ 물리적 간섭을 줄이려면 용존 고형물은 0.3 %를 넘어서는 안된다.
④ 아르곤은 액화 또는 압축 아르곤으로서 99.99 % 이상의 순도를 갖는 것이어야 한다.

02 먹는물수질공정시험기준에 따른 유도결합플라스마 질량분석법에서 간섭물질에 관한 설명으로 틀린 것은?

① 동위원소(isotopic element) 간섭이란 다른 원소의 동위원소가 1가 또는 2가로 이온화 되면서 측정하려는 원소의 질량과 동일한 경우의 간섭을 의미한다.
② 동중 다원소이온 간섭(isobaric polyatomic ion interference)은 측정하려는 원소의 질량과 동일한 다원소로 구성된 이온에 의해 발생하는 간섭을 말한다.
③ 용존고형물의 농도가 높을 때에는 스키머콘에 흡착되는 양의 증가로 유효 직경이 줄어 이온화 효율을 감소시키므로, 용존 고형물을 0.2 %를 초과하지 않도록 한다.
④ 염지하수의 경우 매질에 의한 간섭이 발생하므로 비소와 셀레늄, 알루미늄은 시료를 10배 이상 희석한 것을 매질로 하여 간섭효과를 줄일 수 있다.

Answer 1. ③ 2. ①

51 구리(동)(Copper, Cu)

1 일반적 성질

이 시험기준들은 먹는물 중에 구리(동)[1)2)3)]를 측정하는 방법이다. 구리(동)는 지각 중에 55 mg/kg이 존재하며 환경 중 존재량은 토양 중에는 2 mg/kg ~ 100 mg/kg, 자연수에는 0.2 μg/L ~ 30 μg/L, 식품 중에는 10 mg/kg 이하로 존재하여야 한다. 수돗물 중의 구리(동)는 동 급수관에서 용출되거나, 취수구에서 조류 제거제로 사용되는 황산구리(동)가 유입된 것이며, 구리(동) 특유의 금속 맛을 유발하고 색을 띠기도 한다. 구리(동)는 묽은 황산에서는 공기 중에서 서서히 반응하여 황산구리(동)를 생성하며 진한황산 및 진한 염산에는 잘 녹는다. 암모니아와 착물을 형성하며 아세트산 등의 유기산에도 잘 녹는다.

2 적용 가능한 시험방법

구리(동)	정량한계(mg/L)	정밀도(% RSD)
원자흡수분광광도법	0.004	20 % 이내
유도결합플라스마－원자방출분광법	0.003	20 % 이내
유도결합플라스마－질량분석법	0.001	20 % 이내

1) 원자량: 63.5(Cu), 비중: 8.94, 끓는점: 2,595 ℃, 녹는점: 1,083 ℃, 용해도: 불용성, 배출원: 동 제련소, 광산, 전선공장, 도금공장의 배수, 상수도의 급수관(동관에 한함), 끓이는 동제품 그릇 등에서 미량 용출되며, 조류제거 목적으로 사용한 황산동, 염화동의 투입으로 오염된다.

2) 환경잔류성: 용존 구리는 먹는물에 색을 띠게 하고 불쾌한 맛을 유발하며, 공공용수에 들어있는 구리는 아연 철판과 부속 등의 부식을 촉진시킨다.

3) 인체유해성: 구리는 필수 영양소이지만 많은 양의 구리에 노출되면 오히려 유해하다. 짧은 기간에 고농도 섭취시 구토, 위경련 및 설사 등을 유발한다.

52 구리(동)-원자흡수분광광도법
(Copper-Atomic Absorption Spectrophotometry)

이 시험기준은 먹는물 및 샘물 중에 구리(동)의 분석방법으로, 시료 200 mL에 질산을 가해 분해시키고 10배 농축하여 시료를 직접 불꽃으로 주입하여 원자화한 후 원자흡수분광광도법으로 측정하는 것으로 ES 05400.1 금속류－원자흡수분광광도법에 따른다.

53 구리(동)-유도결합플라스마-원자방출분광법
(Copper-Inductively Coupled Plasma-Atomic Emission Spectrometry)

이 시험기준은 먹는물 및 샘물 중에 구리(동)를 측정하는 방법으로, 시료를 아르곤 플라스마에 주입하여 방출하는 발광선 및 발광광도를 측정하여 정성 및 정량분석을 수행하며, ES 05400.2 금속류－유도결합플라스마－원자방출분광법에 따른다.

54 구리(동)-유도결합플라스마-질량분석법
(Copper-Inductively Coupled Plasma-Mass Spectrometry)

이 시험기준은 먹는물, 샘물 및 염지하수 중에 구리(동)의 분석방법으로, 시료를 플라스마에 분사시켜 탈용매, 원자화, 그리고 이온화하여 질량분석부로 주입한 후 질량분석을 수행하는 방법이다. 이 방법은 ES 05400.3 금속류－유도결합플라스마－질량분석법에 따른다.

55 납(Lead, Pb)

1 일반적 성질

이 시험기준들은 먹는물 중에 납[1)2)3)]을 분석하는 방법들이다. 납은 지각 중에 평균 13 mg/kg이 존재한다. 환경 중에 존재량은 토양에서 2 mg/kg ~ 200 mg/kg, 도시 지역 강우 중 40 μg/L, 하천과 호소수에는 0.0001 μg/L ~ 0.01 μg/L이다. 이 납은 축적성이 있는 독성금속으로 보통은 5 μg/L 이상이 되는 경우는 드물다. 납은 공장, 광산, 제련소 등으로부터 상수원수에 유입될 수 있고 원수의 경도가 낮거나 산성일 때 수도관 등에서 용출되어 먹는물에 오염되는 경우가 있다.

2 적용 가능한 시험방법

납	정량한계(mg/L)	정밀도(% RSD)
유도결합플라스마 – 원자방출분광법	0.005	20 % 이내
원자흡수분광광도법	0.005	20 % 이내
유도결합플라스마 – 질량분석법	0.001	20 % 이내
양극벗김전압전류법	0.001	20 % 이내

1) 원자량: 207.21, 비중: 11.3(20 ℃), 끓는점: 1,740 ℃, 녹는점: 327.43 ℃. 용해도: pH 7 ~ 8에서 0.001 mg/L ~ 0.01 mg/L, 유기용매에 잘 녹지 않는다.

2) 환경잔류성: 물중에서는 Pb^{2+}, $[Pb(OH)]^{+}$, $[Pb(OH)_2]$, $[Pb(OH)_3]^{-}$, $[Pb(OH)_4]^{2-}$ 등으로 존재한다.

3) 인체유해성: 인체로 유입된 납의 절반은 배출되고 생체 반감기는 약 15 ~ 20년으로 납 화합물의 종류에 따라 독성의 정도가 다르다. 소화기, 호흡기, 피부로부터 흡수되어 뼈에 침착, 골수에 영향을 미친다. 빈혈, 혈색소량 저하, 두통, 식욕부진, 근육통, 정신장애, 경련 등을 유발하며, 축적성 독극물로 임산부, 태아에 흡수되어 적혈구에서 헤모글로빈에 결합하여 중추신경계 독성을 유발한다.

56 납-유도결합플라스마-원자방출분광법 (Lead-Inductively Coupled Plasma-Atomic Emission Spectrometry)

이 시험기준은 먹는물 및 샘물 중에 납을 측정하는 분석방법으로, 시료를 아르곤 플라스마에 주입하여 방출하는 발광선 및 발광광도를 측정하여 정성 및 정량분석을 수행하며, ES 05400.2 금속류－유도결합플라스마－원자방출분광법에 따른다.

57 납-원자흡수분광광도법 (Lead-Atomic Absorption Spectrophotometry)

이 시험기준은 먹는물 및 샘물 중에 납의 분석방법으로, 시료에 암모늄피롤리딘디티오카바메이트 용액을 넣어 메틸아이소부틸케톤으로 추출 후 원자흡수분광광도법에 따라 측정하는 것으로 ES 05400.1 금속류－원자흡수분광광도법에 따른다.

58 납-유도결합플라스마-질량분석법 (Lead-Inductively Coupled Plasma-Mass Spectrometry)

이 시험기준은 먹는물, 샘물 및 염지하수 중에 납의 분석방법으로, 시료를 플라스마에 분사시켜 탈용매, 원자화, 그리고 이온화하여 질량분석부로 주입한 후 질량분석을 수행하는 방법이다. 이 방법은 ES 05400.3 금속류－유도결합플라스마－질량분석법에 따른다.

59 납-양극벗김전압전류법 (Lead-Anodic Stripping Voltametry)

1 개요

1.1 목적

이 시험기준은 먹는물 및 샘물 중에 납의 측정으로, 시료를 산성화시킨 후 자유이온화된 납을 유리탄소전극(GCE, glassy carbon electrode)에 수은막(mercury film)을 입힌 전극에 의한 포화칼로멜 전극에 대해 −100 mV 전위차에서 작용전극에 농축시킨 다음 이를 양극벗김전압전류법으로 분석하는 방법이다.

1.2 적용범위

1.2.1 이 방법은 먹는물 및 샘물 중 납의 미량 측정에 적용된다.

1.2.2 유리탄소선극(GCE, glassy carbon electrode)에 수은막(mercury film)을 입힌 진극을 사용하며 −100 mV의 전위차(포화칼로멜전극에 대해)에서 자유이온화 된 납의 정량범위는 0.001 mg/L ~ 0.2 mg/L이고 정량한계는 0.001 mg/L이다. 정량범위는 시료를 희석하거나, 축적시간(deposition time)을 줄이거나, 벗김전류를 높여줌으로서 확장시킬 수 있다.

1.3 간섭물질

1.3.1 탁한 시료는 납의 측정을 방해하므로 미리 0.45 μm의 유리필터를 사용하여 걸러낸다.

2 "내용 없음"

3 분석기기 및 기구

3.1 전압-전류 측정기

3.1.1 전압전류 측정기는 전위를 조절하여 전류를 측정하는 장치로서 전극표면에서 특정 전위에서 분석성분의 산화나 환원이 일어나고 이로 인해 전자이동이 일어나고 전류가 생성된다. 전류는 암페어나 쿨롱/초, 즉 전자흐름속도로 측정한다.

3.1.2 어떤 전위에서 산화·환원이 일어나면 전류가 측정된다. 분석성분의 환원과정은 아래와 같다.

$$\text{Ox} + \text{ne} \rightarrow \text{Red} \qquad \text{(식 1)}$$

이 식은 Nernst 방정식과 유사하게 다음과 같이 표현할 수 있다.

$$E = E_0 + (RT/nF)\ \ln([\text{Ox}]/[\text{Red}]) \qquad \text{(식 2)}$$

여기서, [Ox] : 산화된 분석물질의 농도

[Red] : 환원된 분석물질의 농도

전류와 농도 사이에는 아래의 식으로 주어진다.

$$i_d = kC_0 \quad \text{(식 3)}$$

여기서, i_d : 확산전류

C_0 : 용액의 농도(mol/cm^2)

3.2 전극

3.2.1 작업전극

작업전극(working electrode)은 어떤 전위에서 산화·환원이 일어나는 전극이다. 종류에는 금속/금속이온전극, 금속/금속염/금속이온전극 및 산화·환원 전극이 있다.

3.2.2 전극은 시험용액 또는 바탕시료로 씻은 다음 외면이 젖어 있을 때는 깨끗이 닦는다.

4 시약 및 표준용액

4.1 시약

4.1.1 아세트산 완충용액

염화나트륨(soduim chloride, NaCl, 분자량 : 58.44) 14.6 g과 아세트산나트륨(sodium acetate, CH_3COONa, 분자량 : 82.03) 2.7 g과 아세트산(glacial acetic acid, CH_3COOH, 분자량 : 60.05) 1.2 mL을 정제수에 녹여 1 L로 한다.

4.2 표준용액

4.2.1 납 표준원액(1000 mg/L)

질산납(Ⅱ)(lead nitrate, $Pb(NO_3)_2$, 분자량 : 331.20) 1.6 g을 1 L 부피플라스크에 넣고 약간의 정제수를 넣은 다음 진한 질산 10 mL를 가해 완전히 녹여준 후 정제수로 표선까지 맞추어 조제하여 사용하거나 시판용 표준용액을 사용한다.

4.2.2 납 표준용액(100 mg/L)

납 표준원액(1000 mg/L) 100 mL를 1 L 부피플라스크에 넣어 정제수를 표선까지 가하여 조제한다.

4.2.3 납 표준용액(2 mg/L)

납 표준용액(100 mg/L) 20 mL를 1 L 부피플라스크에 넣어 정제수를 표선까지 가하여 조제한다.

5 시료채취 및 관리

5.1 모든 시료채취 용기는 플라스틱이나 유리로 된 용기를 사용할 수 있고 세제, 산, 정제수로 연속하여 세척하여 사용한다.

5.2 시료채취 시 질산으로 pH를 2 이하로 산성화 시켜야 한다.

5.3 시료를 냉장 보관할 필요는 없으나 직사광선이나 상온 이상의 온도에서 보관하지 말아야 한다.

6 정도보증/정도관리(QA/QC)

6.1 방법검출한계 및 정량한계

6.1.1 방법검출한계(MDL, method detection limit) 및 정량한계(LOQ, limit of quantitation)는

정제수에 표 1의 정량한계 부근의 농도가 되도록 납을 첨가한 시료 7개를 준비하고 각 시료를 7 분석절차와 동일하게 측정하여 표준편차를 구한다.

6.1.2 표준편차에 3.14를 곱한 값을 방법검출한계로, 10을 곱한 값을 정량한계로 나타낸다. 측정한 정량한계는 시험기준에서 제시한 정량한계 이하이어야 한다.

6.2 방법바탕시료의 측정

시료군마다 1개의 방법바탕시료(method blank)를 측정한다. 방법바탕시료는 정제수를 사용하여 7 분석절차와 동일하게 측정하며 얻은 값이 방법검출한계 이하이어야 한다.

6.3 검정곡선의 작성 및 검증

6.3.1 표 1의 정량범위 내의 5개 이상의 농도에 대해 검정곡선을 작성하고 얻어진 검정곡선의 결정계수(R^2)가 0.98 또는 감응계수(RF)의 상대표준편차가 20 % 이내이어야 하며 결정계수나 상대표준편차가 허용범위를 벗어나면 재작성한다.

6.3.2 감응계수(RF)는 검정곡선 작성을 위한 표준용액의 농도(C)에 대한 흡광도와 같은 반응(R, response)으로, 표준용액의 농도를 2개 이상 사용한 경우는 검정곡선의 기울기에 해당된다.

6.3.3 검정곡선의 직선성을 검증하기 위하여 각 시료군마다 1회의 검정곡선 검증을 실시하는 것이 바람직하다. 표 1의 정량범위 또는 검정곡선의 중간 농도에 해당하는 표준용액을 측정한다. 측정값은 검정곡선 작성 시의 값과 20 % 이내에서 일치하여야 한다. 만약 이 범위를 넘는 경우, 검정곡선의 재작성이 요구된다.

6.4 정밀도 및 정확도

6.4.1 정밀도(precision) 및 정확도(accuracy)의 측정은 ES 05001 정도보증/정도관리에 따른다. 정제수에 정량한계의 1배 ~ 2배 농도가 되도록 동일하게 표준물질을 첨가한 시료를 4개 이상 준비하고 7 분석절차와 동일하게 측정하여 평균값과 표준편차를 구한다.

6.4.2 정밀도는 4회 이상 측정한 평균값과 상대표준편차(RSD)를 구하여 산출한다.

6.4.3 정확도는 4회 이상 측정한 평균값과 조제한 표준용액의 농도에 대한 상대 백분율(%)로 나타낸다.

6.5 현장 이중시료의 측정

현장 이중시료(field duplicate sample)는 동일한 시료채취 장소에서 동일한 조건으로 중복으로 채취한 시료로서 한 조사팀이 하루에 20개 이하를 채취할 경우에는 1개를 그리고 그 이상을 채취할 때에는 시료 20개 당 1개를 추가로 취한다. 동일한 조건의 두 시료간의 측정값의 편차는 20 % 이하이어야 한다.

6.6 내부정도관리 주기 및 목표

6.6.1 방법검출한계, 정량한계, 정밀도 및 정확도는 연 1회 이상 산정하는 것을 원칙으로 하며, 분석자의 교체, 분석 장비의 수리 및 이동 등의 주요 변동사항이 생길 경우에는 다시 실시한다. 단, 장비의 청소 및 측정 장비의 감도가 의심될 때에는 언제든지 측정하여 확인하여야 한다.

6.6.2 검정곡선 검증 및 시약바탕시료의 분석은 각 시료군마다 실시하며, 고농도의 시료 다음에는 시약바탕시료를 측정하여 오염여부를 점검한다.

6.6.3 각 정도관리 항목에 대한 정도관리 목표값은 표 1과 같다.

7 분석절차

7.1 전처리

7.1.1 ASV장치, 전극 및 컴퓨터를 매뉴얼에 따라 작동시킬 수 있도록 준비하고 프로그램을 운영한다.

7.1.2 유리탄소전극을 정제수로 깨끗이 닦아주고 물기를 털어준다. 필요하면 부드럽고 젖은 종이로 닦아주거나 분말로 문질러준 후 정제수로 세척한다. 물이나 증기에서 보관할 수 있다.

7.1.3 수은도금용액 10 mL에 유리탄소전극을 담가서 매뉴얼에 따라 수은도금을 시작한다. 수은도금 후 사용하기 전에 분석성분이 없는 아세트산 완충용액을 분석하여 컨디션화 한다. 컨디션 후 사용 전까지 물에 담가 보관한다.

7.2 검정곡선의 작성

7.2.1 납 표준용액(2 mg/L)을 정제수로 희석하여 0.002 mg/L ~ 0.08 mg/L 농도를 만들고 각각을 5 mL 취하여 아세트산 완충용액 5 mL를 넣고 섞어준다. 필요에 따라 사용하는 표준용액의 농도와 개수를 달리 할 수 있다.

[주 1] 시료분석결과 이 검정곡선 농도범위를 벗어나면 시료를 희석해서 재분석하여야 한다.

7.2.2 각 시료에 전극을 담가 납을 측정하여 납의 양(mg)과 피크의 면적과의 관계로부터 검정곡선을 작성한다.

7.2.3 납의 농도(mg/L)를 가로축(x축)에, 납 피크의 면적을 세로축(y축)에 취하여 검정곡선을 작성한다.

7.3 측정법

시료 5 mL에 아세트산 완충용액 5 mL를 넣고 섞어준 후 시료에 전극을 담가 납을 측정한다.

8 결과보고

8.1 계산

각 시료 중 납 피크의 측정값을 검정곡선의 y값에 대입하여 구한 x값이 시료 중에 납의 농도(mg/L)이다.

$$\text{금속의 농도(mg/L)} = C(\text{m}) \times f \quad \cdots\cdots (\text{식 } 4)$$

여기서, C(m) : 검정곡선에서 구한 농도(mg/L)

f : 시료의 농축 배수

8.2 결과보고

행정사항과 관련된 항목별 시험결과의 표시는 ES 05003의 먹는물 수질기준의 표시한계 및 결과표시에 따른다.

9 참고자료

9.1 Standard Methods 3130, "Metals by Anodic Stripping Voltammetry"(2005)

9.2 日本水道協會, 上水試驗方法解說編(1993)

10 부록

[표 1] 정도관리 목표값

정도관리 항목	정도관리 목표
정량한계	0.001 mg/L
검정곡선	결정계수(R^2) ≥ 0.98 또는 감응계수(RF)의 상대표준편차 ≤ 20 %
정밀도	상대표준편차 ± 20 % 이내
정확도	75 % ~ 125 %
현장이중시료	상대편차백분율 ± 20 % 이내

납 연습문제

01 먹는물수질공정시험기준에 따른 납(Pb) 분석방법으로 모두 옳은 것은?

㉠ 원자흡수분광광도법	㉡ 양극벗김전압전류법
㉢ 자외선가시광선분광법	㉣ 냉증기원자흡수분광법
㉤ 유도결합플라즈마-질량분석법	㉥ 수소화생성원자흡수분광광도법
㉦ 유도결합플라스마-원자방출분광법	

① ㉠, ㉡, ㉤, ㉦
② ㉡, ㉢, ㉣, ㉤
③ ㉠, ㉢, ㉣, ㉥
④ ㉢, ㉤, ㉥, ㉦

02 양극벗김전압전류법에 대한 설명으로 모두 옳은 것은?

㉮ 유리탄소전극(glass carbon electrode)에 수은 막(mercury film)을 입힌 전극을 사용한다.
㉯ 포화칼로멜전극에 대해 −80 mV 전위차에서 작용전극에 농축시킨 다음 이를 양극벗김전압전류법으로 분석한다.
㉰ 작업전극(working electrode)은 어떤 전위에서 산화·환원이 일어나는 전극으로서 종류에는 금속/금속이온전극, 금속/비금속/금속이온전극 및 산화·환원전극이 있다.
㉱ 정량한계 목표값은 0.001 mg/L이며, 정밀도는 상대표준편차 20 % 이내이다.
㉲ 전압-전류 측정기에서 전류는 암페어(A)나 쿨롱/초(C/sec), 즉 전자흐름속도로 측정한다.

① ㉮, ㉯, ㉰
② ㉯, ㉰, ㉱
③ ㉰, ㉱, ㉲
④ ㉮, ㉱, ㉲

03 질산납(Ⅱ)($Pb(NO_3)_2$)을 사용하여 납 표준원액(1,000 mg/L)을 조제할 때, 1 L 부피플라스크에 넣어야 하는 질산납(Ⅱ)의 양으로 옳은 것은? (단, 원자량은 Pb : 207, N : 14, O : 16임)

① 0.63 g
② 1.59 g
③ 2.07 g
④ 3.31 g

Answer 1. ① 2. ④ 3. ②

60 망간(Manganese, Mn)

1 일반적 성질

이 시험기준은 먹는물 중에 망간[1)2)3)]의 분석방법이다. 망간은 주로 +2가와 +4가로 존재하는데 원수 중에는 +2가로 존재하더라도 정수장에서 처리과정에서 대부분 +4가로 산화된다. 망간은 지각 중에 널리 분포하는 원소이며 환경 중에는 토양에서 200 mg/kg ~ 3000 mg/kg, 하천수에서 8 μg/L ~ 180 μg/L로 분포한다. 망간은 물속에서 이온이나 콜로이드 상태로 존재하며 입자에 흡착된다. 하천수에는 공장 폐수의 영향도 받지만 주로 지질의 영향으로 망간이 존재한다.

2 적용 가능한 시험방법

망간	정량한계(mg/L)	정밀도(% RSD)
원자흡수분광광도법	0.004	20 % 이내
유도결합플라스마－원자방출분광법	0.001	20 % 이내
유도결합플라스마－질량분석법	0.0005	20 % 이내

---

1) 원자량: 54.93(Mn), 비중: 7.3, 끓는점: 2,061 ℃, 녹는점: 1,246 ℃, 용해도: 불용성, 배출원: 관련 산업 폐수 및 배수, 망간전지의 폐기, 표백 및 소독 등에 의한 누출 등으로 배출된다.

2) 환경잔류성: 망간은 자연수 중에서 철과 공존하며, 그 중에 약 1/10 정도가 망간이며, 화강암 지대에 많이 존재한다. 환경적으로 중요한 망간화합물은 +2가, +4가 및 +7가 망간이다.

3) 인체유해성: 망간은 미량으로 물에 색을 유발시키며, 관내에 축적되어 흑수의 원인이 된다. 급성증상으로는 복통, 급성 심부전, 폐렴, 호흡기 및 신경계 영향 등이 있고, 만성증상으로는 무기력, 떨림, 의식장애를 유발하고 장기간 반복적으로 노출되면 운동실조, 파킨슨병 등을 유발한다.

61 망간-원자흡수분광광도법
(Manganese-Atomic Absorption Spectrophotometry)

이 시험기준은 먹는물 및 샘물 중에 망간의 분석방법으로, 시료 200 mL에 질산을 가해 분해시키고 10배 농축하여 시료를 직접 불꽃으로 주입하여 원자화한 후 원자흡수분광광도법으로 측정하는 것으로 ES 05400.1 금속류-원자흡수분광광도법에 따른다.

62 망간-유도결합플라스마-원자방출분광법
(Manganese-Inductively Coupled Plasma-Atomic Emission Spectrometry)

이 시험기준은 먹는물 및 샘물 중에 망간을 측정하는 방법으로, 시료를 아르곤 플라스마에 주입하여 방출하는 발광선 및 발광광도를 측정하여 정성 및 정량분석을 수행하며, ES 05400.2 금속류-유도결합플라스마-원자방출분광법에 따른다.

63 망간-유도결합플라스마-질량분석법
(Manganese-Inductively Coupled Plasma-Mass Spectrometry)

이 시험기준은 먹는물, 샘물 및 염지하수 중에 망간의 분석방법으로, 시료를 플라스마에 분사시켜 탈용매, 원자화, 그리고 이온화하여 질량분석부로 주입한 후 질량분석을 수행하는 방법이다. 이 방법은 ES 05400.3 금속류-유도결합플라스마-질량분석법에 따른다.

망 간

연습문제

01 먹는물에 들어있는 어떤 금속류에 대한 설명이다. 이 금속류로 옳은 것은?

이 금속은 주로 +2가와 +4가로 존재하는데 원소 중에는 +2가로 존재하더라도 정수장에서 처리과정에서 대부분 +4가로 산화된다. 이 금속은 지각 중에 널리 분포하는 원소이며, 환경중에는 토양에서 200 mg/kg ~ 3,000 mg/kg, 하천수에서 8 μg/L ~ 180 μg/L로 분포한다. 이 금속은 물속에서 이온이나 콜로이드 상태로 존재하며 입자에 흡착된다.

① 망간
② 비소
③ 크롬
④ 아연

Answer 1. ①

64 붕소(Boron, B)

1 일반적 성질

이 시험기준은 먹는물 중에 함유되어 있는 붕소[1)2)3)]를 측정하는 방법이다. 붕소는 지각 중에 약 10 mg/kg의 농도로 존재하며, 자연계에서는 유리 붕산 또는 염의 형태로 분포한다. 일반적으로 먹는물에 1.0 mg/L 이상 함유되어 있는 경우는 드물고 보통은 0.1 mg/L 정도이나 화산지대의 지하수나 온천이 유입되는 경우에는 잔류 농도가 높게 나타난다. 보통 금속 표면 처리, 유리 공장의 폐수에 의하여 유입된다. 붕소는 식물의 성장에 필수원소이지만, 2.0 mg/L 이상에서는 해로울 수 있다. 많은 양의 붕소를 섭취할 경우에는 중추신경계가 영향을 받을 수 있다.

2 적용 가능한 시험방법

붕소	정량한계(mg/L)	정밀도(% RSD)
유도결합플라스마－원자방출분광법	0.002	20 % 이내
자외선/가시선분광법	0.01	20 % 이내
유도결합플라스마－질량분석법	0.001	20 % 이내

1) 원자량: 10.81(B), 비중: 2.35, 끓는점: 2,550 ℃, 녹는점: 2,300 ℃, 용해도: 불용성, 배출원: 제철(붕소원소), 목재 및 피혁의 방부제(붕산염), 조류 제거제, 살충제(붕소화합물) 관련 산업폐수로부터 환경중으로 배출된다.

2) 환경잔류성: 보론은 해수 중에 비교적 고농도로 존재[(4~5) mg/L]한다. 수용성 보론은 토양 및 퇴적물에 흡착될 수 있으며(pH 7.5 ~ 9.0에서 흡착정도가 큼), 자연수에서는 주로 붕산염 이온과 해리되지 않은 붕산의 형태로 존재한다.

3) 인체유해성: 급성증상으로는 조울증, 경련, 신장 퇴하와 고환 위축 등의 증세가 있으며, 만성증상으로는 위장관 장애, 식욕부진, 구토, 멀미 등의 증세가 나타날 수 있다.

65 붕소-유도결합플라스마-원자발광분광법
(Boron-Inductively Coupled Plasma-Atomic Emission Spectrometry)

이 시험기준은 먹는물 및 샘물 중에 붕소를 측정하는 방법으로, 시료를 아르곤 플라스마에 주입하여 방출하는 발광선 및 발광광도를 측정하여 정성 및 정량분석을 수행하며, ES 05400.2 금속류-유도결합플라스마-원자방출분광법에 따른다.

66 붕소-자외선/가시선분광법 (Boron-UV/Visible Spectrometry)

1 개요

1.1 목적

이 시험기준은 먹는물 및 샘물 중에 붕소와 쿠크민용액이 반응하여 생성된 착염을 아세톤으로 녹여 흡광도를 540 nm에서 측정하는 방법이다.

1.2 적용범위

1.2.1 이 방법은 먹는물 및 샘물 중 붕소의 측정에 적용된다.

1.2.2 이 방법에 의한 붕소의 정량한계는 0.01 mg/L이다.

1.3 간섭물질

1.3.1 흡수셀이 더러우면 측정값에 오차가 발생하므로 다음과 같이 세척하여 사용한다. 또는 시판용 세척액을 사용하여 세척한다.

1.3.1.1 탄산나트륨용액(2 %)에 소량의 음이온계면활성제를 가한 용액에 흡수셀을 담가 놓고 필요하면 40 ℃ ~ 50 ℃로 약 10분간 가열한다.

1.3.1.2 흡수셀을 꺼내 정제수로 씻은 후 질산(1 + 5)에 소량의 과산화수소를 가한 용액에 약 30분간 담가 놓았다가 꺼내어 정제수로 잘 씻는다. 깨끗한 가제나 흡수지 위에 거꾸로 놓아 물기를 제거하고 실리카겔을 넣은 데시케이터 중에서 건조하여 보존한다.

1.3.1.3 급히 사용하고자 할 때는 물기를 제거한 후 에틸알코올로 씻고 다시 에틸에테르로 씻은 다음 드라이어로 건조해서 사용한다.

1.3.2 다음과 같이 발색반응을 검토하여 간섭효과를 줄여야 한다.

1.3.2.1 액성의 변화에 따른 흡광도의 변화를 점검한다.

1.3.2.2 온도변화 및 방치시간에 의한 흡광도의 변화를 점검한다.

1.3.2.3 시약의 농도, 첨가량 및 첨가순서에 따른 흡광도의 변화를 점검한다.

1.3.2.4 빛에 의한 흡광도의 변화를 점검한다.

1.3.3 다음과 같이 측정조건을 검토하여 간섭효과를 줄여야 한다.

1.3.3.1 측정파장은 원칙적으로 최고의 흡광도를 얻을 수 있는 최대 흡수파장을 선정하나, 방해성분의 영향, 재현성 및 안정성 등을 고려하여 차선의 측정파장 또는 필터를 선정할 수 있다.

1.3.3.2 대조액으로 바탕시험액을 사용한다.

1.3.3.3 흡광도의 측정값이 0.2 ~ 0.8의 범위에 들도록 시험용액의 농도를 조절한다.

2 "내용 없음"

3 분석기기 및 기구

3.1 자외선/가시선 분광광도계

3.1.1 자외선/가시선 분광광도계는 그림 1과 같이 광원부, 파장선택부, 시료부 및 측광부로 구성되어 있고 광원부에서 측광부까지의 광학계에는 측정목적에 따라 여러 가지 형식이 있다.

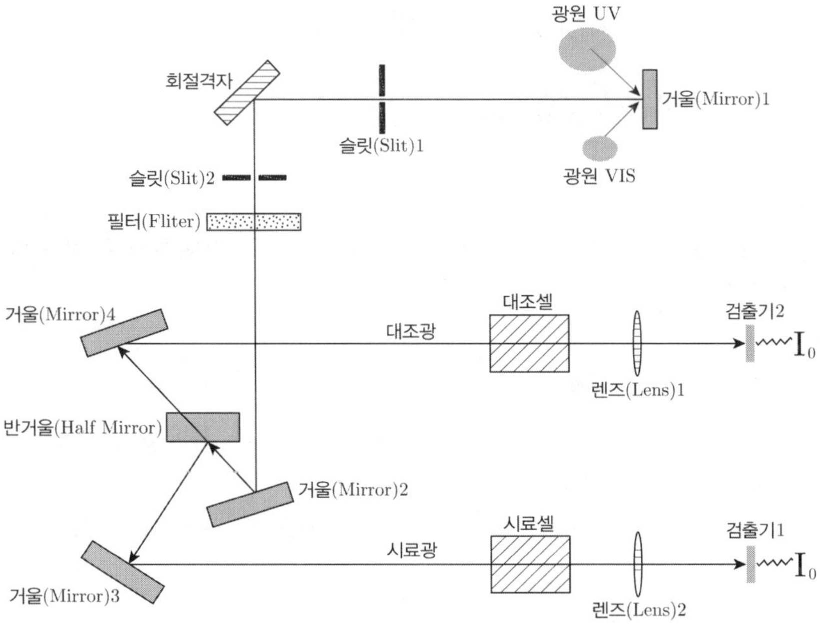

[그림 1] 자외선/가시선 분광광도계

3.1.2 광원부의 광원으로 가시부와 근적외부의 광원으로는 주로 텅스텐램프를 사용하고 자외부의 광원으로는 주로 중수소 방전관을 사용한다.

3.2 흡수셀

3.2.1 시료액의 흡수파장이 약 370 nm 이상일 때는 석영 또는 경질유리 흡수셀을 사용하고 약 370 nm 이하일 때는 석영 흡수셀을 사용한다.

3.2.2 따로 흡수셀의 길이를 지정하지 않았을 때는 10 mm 셀을 사용한다.

3.2.3 시료셀에는 시험용액을, 대조셀에는 따로 규정이 없는 한 정제수를 넣는다. 넣고자 하는 용액으로 흡수셀을 씻은 다음 셀의 약 80 %를 넣고 외면이 젖어 있을 때는 깨끗이 닦는다. 필요하면(휘발성 용매를 사용할 때와 같은 경우) 흡수셀에 마개를 하고 흡수셀에 방향성이 있을 때는 항상 방향을 일정하게 하여 사용한다.

4 시약 및 표준용액

4.1 시약

4.1.1 석회유(2 %)

소석회(calcium hydroxide, $Ca(OH)_2$, 분자량 : 74.09) 2 g을 정제수에 녹여 100 mL로 하며, 유상으로 한다.

4.1.2 염산(1+3)

진한 염산(hydrochloric acid, HCl, 분자량 : 36.46) 100 mL를 정제수 300 mL에 서서히 넣어 섞어 사용한다.

4.1.3 옥살산용액

옥살산·2수화물(oxalic acid dihydrate, $C_2H_2O_4 \cdot 2H_2O$, 분자량 : 126.07) 50 g을 아세톤 450 mL에 녹이고 여과한다. 2주일 이내에 사용한다.

4.1.4 쿠크민용액

쿠크민 0.1 g을 에탄올(95 %) 400 mL에 녹이고 여과하여 갈색병에 넣어 보존한다. 2주일 이내에 사용한다.

4.1.5 아세톤

아세톤(acetone, CH_3COCH_3, 분자량 : 58.08) 15 g을 정제수에 녹여 100 mL로 하며, 쓸 때에 만든다.

4.2 표준용액

4.2.1 붕소 표준원액(1000 mg/L)

붕산 5.72 g을 정제수에 녹여 1 L로 하여 사용하거나 시판용 표준용액을 사용한다.

4.2.2 붕소 표준용액(100 mg/L)

붕소 표준원액(1000 mg/L) 100 mL를 1 L 부피플라스크에 넣어 정제수를 표선까지 가하여 조제한다.

4.2.3 붕소 표준용액(2 mg/L)

붕소 표준용액(100 mg/L) 20 mL를 1 L 부피플라스크에 넣어 정제수를 표선까지 가하여 조제한다.

5 시료채취 및 관리

ES 05400.1 금속류－원자흡수분광광도법의 5 시료채취 및 관리에 따른다.

6 정도보증/정도관리(QA/QC)

6.1 방법검출한계 및 정량한계

6.1.1 방법검출한계(MDL, method detection limit) 및 정량한계(LOQ, limit of quantitation)는 정제수에 표 1의 정량한계 부근의 농도가 되도록 붕소를 첨가한 시료 7개를 준비하고 각 시료를 7 분석절차와 동일하게 측정하여 표준편차를 구한다.

6.1.2 표준편차에 3.14를 곱한 값을 방법검출한계로, 10을 곱한 값을 정량한계로 나타낸다. 측정한 정량한계는 시험기준에서 제시한 정량한계 이하이어야 한다.

6.2 방법바탕시료의 측정

시료군마다 1개의 방법바탕시료(method blank)를 측정한다. 방법바탕시료는 정제수를 사용하여 7 분석절차와 동일하게 측정하며 얻은 값이 방법검출한계 이하이어야 한다.

6.3 검정곡선의 작성 및 검증

6.3.1 표 1의 정량범위 내의 5개 이상의 농도에 대해 검정곡선을 작성하고 얻어진 검정곡선의 결

정계수(R^2)가 0.98 또는 감응계수(RF)의 상대표준편차가 20 % 이내이어야 하며 결정계수나 감응계수의 상대표준편차가 허용범위를 벗어나면 재작성한다.

6.3.2 감응계수(RF)는 검정곡선 작성을 위한 표준용액의 농도(C)에 대한 흡광도와 같은 반응(R, response), 표준용액의 농도를 2개 이상 사용한 경우는 검정곡선의 기울기에 해당된다.

6.3.3 검정곡선의 직선성을 검증하기 위하여 각 시료군마다 1회의 검정곡선 검증을 실시하는 것이 바람직하다. 정량범위 또는 검정곡선의 중간 농도에 해당하는 표준용액을 측정한다. 측정값은 검정곡선 작성 시의 값과 20 % 이내에서 일치하여야 한다. 만약 이 범위를 넘는 경우, 검정곡선의 재작성이 요구된다.

6.4 정밀도 및 정확도

6.4.1 정밀도(precision) 및 정확도(accuracy)의 측정은 ES 05001 정도보증/정도관리에 따른다. 정제수에 정량한계의 1배 ~ 2배 농도가 되도록 동일하게 표준물질을 첨가한 시료를 4개 이상 준비하고 **7** 분석절차와 동일하게 측정하여 평균값과 표준편차를 구한다.

6.4.2 정밀도는 4회 이상 측정한 평균값과 상대표준편차(RSD)를 구하여 산출한다.

6.4.3 정확도는 4회 이상 측정한 평균값과 조제한 표준용액의 농도에 대한 상대 백분율(%)로 나타낸다.

6.5 현장 이중시료의 측정

현장 이중시료(field duplicate sample)는 동일한 시료채취 장소에서 동일한 조건으로 중복으로 채취한 시료로서 한 조사팀이 하루에 20개 이하를 채취할 경우에는 1개를 그리고 그 이상을 채취할 때에는 시료 20개 당 1개를 추가로 취한다. 동일한 조건의 두 시료간의 측정값의 편차는 20 % 이하이어야 한다.

6.6 내부정도관리 주기 및 목표

6.6.1 방법검출한계, 정량한계, 정밀도 및 정확도는 연 1회 이상 산정하는 것을 원칙으로 하며, 분석자의 교체, 분석 장비의 수리 및 이동 등의 주요 변동사항이 생길 경우에는 다시 실시한다. 단, 장비의 청소 및 측정 장비의 감도가 의심될 때에는 언제든지 측정하여 확인하여야 한다.

6.6.2 검정곡선 검증 및 시약바탕시료의 분석은 각 시료군마다 실시하며, 고농도의 시료 다음에는 시약바탕시료를 측정하여 오염여부를 점검한다.

6.6.3 각 정도관리 항목에 대한 정도관리 목표값은 표 1과 같다.

7 분석절차

7.1 전처리

7.1.1 시료 100 mL를 300 mL 비커에 넣고 석회유(2 %) 0.5 mL를 넣어 알칼리성으로 하고, 증발 건조시킨다.

7.1.2 식힌 후 잔류물에 염산(1+3) 1 mL 및 옥살산용액 5 mL를 넣어 충분히 혼합하고, 쿠크민용액 2 mL를 추가한 다음 충분히 혼합하여 (55 ± 3) ℃의 수욕상에서 증발 건조시킨 다음 아세톤 25 mL로 녹여서 여과한다.

7.1.3 여과용액을 50 mL 부피플라스크에 옮기고 여과지 및 비커를 아세톤으로 잘 씻어 부피플라스크에 합친 다음 아세톤을 넣어 전량 50 mL로 하여 시험용액으로 한다.

7.2 검정곡선의 작성

7.2.1 붕소 표준용액(2 mg/L) 0, 0.5, 2, 5, 10 mL를 단계적으로 100 mL 부피플라스크에 취하고 각각에 정제수를 넣어 100 mL로 한다. 조제한 검정곡선용 표준용액의 농도는 0, 0.01, 0.04, 0.1, 0.2 mg/L이다. 필요에 따라 사용하는 표준용액의 농도와 개수를 달리 할 수 있다. 이하 **7.1**과 같이 전처리한다.

[주 1] 시료분석결과 이 검정곡선 농도범위를 벗어나면 시료를 희석해서 재분석하여야 한다.

7.2.2 이하 7.3과 같은 방법으로 측정하여 붕소의 농도(mg/L)를 가로축(x축)에, 붕소의 흡광도를 세로축(y축)에 취하여 검정곡선을 작성한다.

7.3 측정법

시험용액의 일부를 흡수셀(10 mm)에 넣고 자외선/가시선 분광광도계를 사용하여 시료와 같은 방법으로 시험한 바탕시험액을 대조액으로 하여 파장 540 nm 부근에서 흡광도를 측정하고 **7.2**에 따라 작성한 검정곡선으로부터 시료 중의 붕소의 농도를 측정한다.

8 결과보고

8.1 계산

붕소의 측정값을 검정곡선의 y값에 대입하여 구한 x값이 시료 중에 붕소의 농도(mg/L)이다.

$$\text{금속의 농도(mg/L)} = C(\text{m}) \times f \quad \cdots\cdots (\text{식 } 1)$$

여기서, $C(\text{m})$: 검정곡선에서 구한 농도(mg/L)

f : 시료의 농축 배수

8.2 결과보고

행정사항과 관련된 항목별 시험결과의 표시는 ES 05003의 먹는물 수질기준의 표시한계 및 결과표시에 따른다.

9 참고자료

9.1 日本水道協會, 上水試驗方法解說編, (1993)

10 부록

[표 1] 정도관리 목표값

정도관리 항목	정도관리 목표
정량한계	0.01 mg/L
검정곡선	결정계수(R^2) ≥ 0.98 또는 감응계수(RF)의 상대표준편차 ≤ 20 %
정밀도	상대표준편차 ± 20 % 이내
정확도	75 % ~ 125 %
현장이중시료	상대편차백분율 ± 20 % 이내

67 붕소-유도결합플라스마-질량분석법
(Manganese-Inductively Coupled Plasma-Mass Spectrometry)

이 시험기준은 먹는물, 샘물 및 염지하수 중에 함유되어 있는 붕소의 분석방법으로, 시료를 플라스마에 분사시켜 탈용매, 원자화, 그리고 이온화하여 질량분석부로 주입한 후 질량분석을 수행하는 방법이다. 이 방법은 ES 05400.3 금속류-유도결합플라스마-질량분석법에 따른다.

붕소 연습문제

01 먹는물수질공정시험기준에 의한 금속류 분석방법에 대한 설명으로 틀린 것은?

① 망간－원자흡수분광광도법 : 시료 200 mL에 황산을 가해 분해시키고 10배 농축하여 시료를 직접 불꽃으로 주입하여 원자화한 후 측정하여 분석한다.
② 붕소－유도결합플라스마－원자발광분광법 : 시료를 아르곤 플라스마에 주입하여 방출하는 발광성 및 발광광도를 측정하여 분석한다.
③ 비소－자외선/가시선 분광법 : 비소를 3가 비소로 환원시킨 다음 아연을 넣어 발생되는 비화수소를 디에틸디티오카르바민산은의 피리딘 용액에 흡수시켜 나타나는 적자색의 흡광도를 525 nm에서 측정하여 분석한다.
④ 알루미늄－자외선/가시선 분광법 : 시료 내 알루미늄을 페난트로린과 반응하여 생성된 착염을 클로로포름으로 추출하여 흡광도를 390 nm에서 측정하는 방법이다.

02 먹는물수질오염공정시험기준에 따른 자외선/가시선분광법으로 붕소(Boron)를 분석하고자 할 때, 시료의 전처리 과정 중 괄호 안에 들어갈 시약으로 모두 옳은 것은?

> ㉮ 시료 100 mL를 300 mL 비커에 넣고 (㉠)(2 %) 0.5 mL를 넣어 알칼리성으로 하고, 증발 건조시킨다.
> ㉯ 식힌 후 잔류물에 염산(1+3) 1 mL 및(㉡) 5 mL를 넣어 충분히 혼합하고, (㉢) 2 mL를 추가한 다음 충분히 혼합하여 (55±3) ℃의 수욕상에서 증발 건조시킨 다음 아세톤 25 mL로 녹여서 여과한다.

① ㉠ 옥산살용액 ㉡ 쿠크민용액 ㉢ 석회유
② ㉠ 옥산살용액 ㉡ 석회유 ㉢ 쿠크민용액
③ ㉠ 석회유 ㉡ 쿠크민용액 ㉢ 옥살산용액
④ ㉠ 석회유 ㉡ 옥살산용액 ㉢ 쿠크민용액

03 먹는물수질공정시험기준에 따른 자외선/가시선 분광법으로 금속류 측정시 측정항목과 생성착염 또는 흡수용액의 연결이 틀린 것은?

① 비소 － 다이에틸다이싸이오카밤산은 용액
② 붕소 － 옥살산 용액과 반응하여 생성된 착염
③ 알루미늄 － 페난트로린과 반응하여 생성된 착염
④ 철 － 1,10-페난트로린을 넣어 약산성에서 생성되는 철착염

04 먹는물공정시험기준의 금속류－유도결합플라스마 질량분석법과 자외선/가시선분광법으로 분석이 가능한 항목으로 옳은 것은?

① 아연 ② 카드뮴
③ 크롬 ④ 붕소

Answer 1. ① 2. ④ 3. ② 4. ④

68 비소(Arsenic, As)

1 일반적 성질

이 시험기준은 시료 중의 비소[1)2)3)]를 측정하는 방법들이다. 비소는 5족에 속하는 원소로서 원자번호는 33번이며 주로 +3가 +5가로 존재한다. 지각 중에 1.8 mg/kg이 존재하며 일반적으로 광석 중에서는 +3가, 토양 중에서는 산화된 +5가로 존재한다. 환경 중 비소는 화산성 온천 등 광산폐수와 피혁, 염색 등의 공장 폐수가 오염 원인이다. 비소는 삼산화비소로 100 mg 정도를 섭취해도 심한 독성을 보인다. 비소의 발암성도 보고되고 있다. 먹는물에서 0.005 mg/L 이상이 되는 경우는 드물다. 비소는 묽은황산 및 저온의 묽은질산에서는 녹지 않으나, 진한황산 및 질산에는 쉽게 녹는다.

2 적용 가능한 시험방법

비소	정량한계(mg/L)	정밀도(% RSD)
유도결합플라스마－원자방출분광법	0.005	20 % 이내
자외선/가시선분광법	0.005	20 % 이내
유도결합플라스마－질량분석법	0.001	20 % 이내

1) 원자량: 74.92(As), 비중: 5.778(25 ℃), 끓는점: 613 ℃, 녹는점: 814 ℃, 용해도: 불용성, 배출원: 광물로부터 용해되거나 광천, 광산폐수, 관련 산업 폐수에서 배출된다.

2) 환경잔류성: 비소는 수계에서 난분해성 물질로서 지표수에서는 주로 독성이 낮은 +5가 비소(Arsenate) 형태이며, 깊은 호수의 퇴적물이나 지하수에서는 주로 독성이 높은 +3가 비소(Arsenite) 형태로 잔류하고, pH가 높아지면 물속의 용존 비소의 농도가 증가한다.

3) 인체유해성: +5가 비소와 유기비소는 대부분이 신장을 통해 배출된다. 급성증상으로는 메스꺼움, 설사, 심장박동 이상, 혈관손상 등이 있다.

69

비소-유도결합플라스마-원자방출분광법

(Arsenic-Inductively Coupled Plasma-Atomic Emission Spectrometry)

이 시험기준은 먹는물 및 샘물 중에 비소를 측정하는 방법으로, 시료를 아르곤 플라스마에 주입하여 방출하는 발광선 및 발광광도를 측정하여 정성 및 정량분석을 수행하며, ES 05400.2 금속류-유도결합플라스마-원자방출분광법에 따른다.

70 비소-자외선/가시선분광법 (Arsenic-UV/Visible Spectrometry)

1 개요

1.1 목적

이 시험기준은 먹는물 및 샘물 중에 비소를 3가 비소로 환원시킨 다음 아연을 넣어 발생되는 비화수소를 디에틸디티오카르바민산은의 피리딘 용액에 흡수시켜 이때 나타나는 적자색의 흡광도를 525 nm 부근에서 측정하는 방법이다.

1.2 적용범위

1.2.1 이 방법은 먹는물 및 샘물 중 비소의 측정에 적용된다.

1.2.2 이 방법에 의한 비소의 정량범위는 0.005 mg/L ~ 0.1 mg/L이고 정량한계는 0.005 mg/L이다.

1.3 간섭물질

1.3.1 흡수셀이 더러우면 측정값에 오차가 발생하므로 다음과 같이 세척하여 사용한다. 또는 시판용 세척액을 사용하여 세척한다.

1.3.1.1 탄산나트륨용액(2 %)에 소량의 음이온계면활성제를 가한 용액에 흡수셀을 담가 놓고 필요하면 40 ℃ ~ 50 ℃로 약 10분간 가열한다.

1.3.1.2 흡수셀을 꺼내 정제수로 씻은 후 질산(1+5)에 소량의 과산화수소를 가한 용액에 약 30분간 담가 놓았다가 꺼내어 정제수로 잘 씻는다. 깨끗한 가제나 흡수지 위에 거꾸로 놓아 물기를 제거하고 실리카겔을 넣은 데시케이터 중에서 건조하여 보존한다.

1.3.1.3 급히 사용하고자 할 때는 물기를 제거한 후 에틸알코올로 씻고 다시 에틸에테르로 씻은 다음 드라이어로 건조해서 사용한다.

1.3.2 다음과 같이 발색반응을 검토하여 간섭효과를 줄여야 한다.

1.3.2.1 액성의 변화에 따른 흡광도의 변화를 점검한다.

1.3.2.2 온도변화 및 방치시간에 의한 흡광도의 변화를 점검한다.

1.3.2.3 시약의 농도, 첨가량 및 첨가순서에 따른 흡광도의 변화를 점검한다.

1.3.2.4 빛에 의한 흡광도의 변화를 점검한다.

1.3.3 다음과 같이 측정조건을 검토하여 간섭효과를 줄여야 한다.

1.3.3.1 측정파장은 원칙적으로 최고의 흡광도를 얻을 수 있는 최대 흡수파장을 선정하나, 방해성분의 영향, 재현성 및 안정성 등을 고려하여 차선의 측정파장 또는 필터를 선정할 수 있다.

1.3.3.2 대조액으로 바탕시험액을 사용한다.

1.3.3.3 흡광도의 측정값이 0.2 ~ 0.8의 범위에 들도록 시험용액의 농도를 조절한다.

2 "내용 없음"

3 분석기기 및 기구

3.1 자외선/가시선 분광광도계

3.1.1 자외선/가시선 분광광도계는 그림 1과 같이 광원부, 파장선택부, 시료부 및 측광부로 구성되어 있고 광원부에서 측광부까지의 광학계에는 측정목적에 따라 여러 가지 형식이 있다.

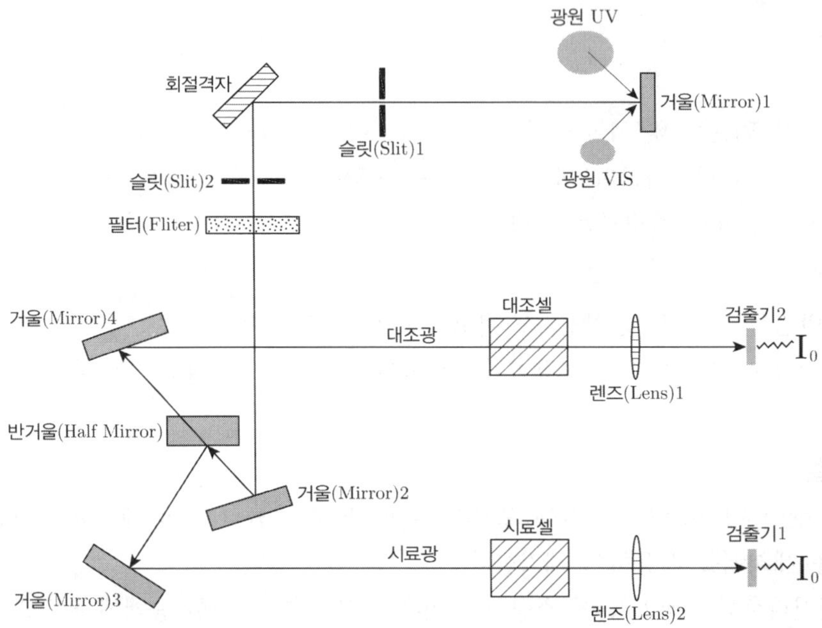

[그림 1] 자외선/가시선 분광광도계

3.1.2 광원부의 광원으로 가시부와 근적외부의 광원으로는 주로 텅스텐램프를 사용하고 자외부의 광원으로는 주로 중수소 방전관을 사용한다.

3.2 흡수셀

3.2.1 시료액의 흡수파장이 약 370 nm 이상일 때는 석영 또는 경질유리 흡수셀을 사용하고 약 370 nm 이하일 때는 석영 흡수셀을 사용한다.

3.2.2 따로 흡수셀의 길이를 지정하지 않았을 때는 10 mm 셀을 사용한다.

3.2.3 시료셀에는 시험용액을, 대조셀에는 따로 규정이 없는 한 정제수를 넣는다. 넣고자 하는 용액으로 흡수셀을 씻은 다음 셀의 약 80 %까지 넣고 외면이 젖어 있을 때는 깨끗이 닦는다. 필요하면(휘발성 용매를 사용할 때와 같은 경우) 흡수셀에 마개를 하고 흡수셀에 방향성이 있을 때는 항상 방향을 일정하게 하여 사용한다.

4 시약 및 표준용액

4.1 시약

4.1.1 염산

35 % 이상의 염산(hydrochloric acid, HCl, 분자량 : 36.46)을 사용하며 바탕실험 결과 금

속류가 기기검출한계 이하이어야 한다.

4.1.2 요오드화칼륨용액

요오드화칼륨(potassium iodide, KI, 분자량 : 166.00) 15 g을 물에 녹여 100 mL로 하여 사용한다.

4.1.3 이염화주석용액

이염화주석·2수화물(tin dichloride dihydrate, $SnCl_2 \cdot 2H_2O$, 분자량 : 225.66) 40 g을 염산 100 mL에 녹여 만들며, 쓸 때에 만든다.

4.1.4 아연분말정제

지름이 1 mm ~ 1.4 mm로서 비소를 함유하지 않은 것을 사용한다.

4.1.5 다이에틸다이싸이오카밤산은용액

다이에틸다이싸이오카밤산은(silver diethyldithiocarbamate, $C_5H_{10}NAgS_2$, 분자량 : 256.14) 1 g을 피리딘 200 mL에 녹인다.

4.1.6 수산화나트륨용액(20 %)

수산화나트륨(sodium hydroxide, NaOH, 분자량 : 40.00) 20 g을 정제수에 녹여 100 mL로 한 다음 폴리에틸렌병에 넣어 보관한다.

4.1.7 황산(1＋19)

황산(sulfuric acid, H_2SO_4, 분자량 : 98.08) 5 mL를 정제수 80 mL에 서서히 가해 섞어준 다음 부피를 정확히 100 mL로 한다.

4.2 표준용액

4.2.1 비소 표준원액(1000 mg/L)

삼산화비소(arsenic trioxide, As_2O_3, 분자량 : 197.84) 1.32 g을 1 L 부피플라스크에 넣고 수산화나트륨용액(20 %) 5 mL에 녹이고, 정제수 약 400 mL를 넣고 황산(1＋19)으로 중화한 후 정제수를 넣어 1 L로 하여 사용하거나 시판용 표준용액을 사용한다.

4.2.2 비소 표준용액(10 mg/L)

비소 표준원액(1000 mg/L) 10 mL를 1 L 부피플라스크에 넣어 정제수를 표선까지 가하여 조제한다.

4.2.3 비소 표준용액(0.1 mg/L)

비소 표준용액(10 mg/L) 10 mL를 1 L 부피플라스크에 넣어 정제수를 표선까지 가하여 조제한다.

5 시료채취 및 관리

ES 05400.1 금속류－원자흡수분광광도법의 5 시료채취 및 관리에 따른다.

6 정도보증/정도관리(QA/QC)

6.1 방법검출한계 및 정량한계

6.1.1 방법검출한계(MDL, method detection limit) 및 정량한계(LOQ, limit of quantitation)는

정제수에 표 1의 정량한계 부근의 농도가 되도록 비소를 첨가한 시료 7개를 준비하고 각 시료를 7 분석절차와 동일하게 측정하여 표준편차를 구한다.

6.1.2 표준편차에 3.14를 곱한 값을 방법검출한계로, 10을 곱한 값을 정량한계로 나타낸다. 측정한 정량한계는 시험기준에서 제시한 정량한계 이하이어야 한다.

6.2 방법바탕시료의 측정

시료군마다 1개의 방법바탕시료(method blank)를 측정한다. 방법바탕시료는 정제수를 사용하여 7 분석절차와 동일하게 측정하며 얻은 값이 방법검출한계 이하이어야 한다.

6.3 검정곡선의 작성 및 검증

6.3.1 정량범위 내의 5개 이상의 농도에 대해 검정곡선을 작성하고 얻어진 검정곡선의 결정계수(R^2)가 0.98 또는 감응계수(RF)의 상대표준편차가 20 % 이내이어야 하며 결정계수나 감응계수의 상대표준편차가 허용범위를 벗어나면 재작성한다.

6.3.2 감응계수(RF)는 검정곡선 작성을 위한 표준용액의 농도(C)에 대한 흡광도와 같은 반응(R, response)으로, 표준용액의 농도를 2개 이상 사용한 경우는 검정곡선의 기울기에 해당된다.

6.3.3 검정곡선의 직선성을 검증하기 위하여 각 시료군마다 1회의 검정곡선 검증을 실시하는 것이 바람직하다. 정량범위 또는 검정곡선의 중간 농도에 해당하는 표준용액을 측정한다. 측정값은 검정곡선 작성 시의 값과 20 % 이내에서 일치하여야 한다. 만약 이 범위를 넘는 경우, 검정곡선의 재작성이 요구된다.

6.4 정밀도 및 정확도

6.4.1 정밀도(precision) 및 정확도(accuracy)의 측정은 ES 05001 정도보증/정도관리에 따른다. 정제수에 정량한계의 1배 ~ 2배 농도가 되도록 동일하게 표준물질을 첨가한 시료를 4개 이상 준비하고 7 분석절차와 동일하게 측정하여 평균값과 표준편차를 구한다.

6.4.2 정밀도는 4회 이상 측정한 평균값과 상대표준편차(RSD)를 구하여 산출한다.

6.4.3 정확도는 4회 이상 측정한 평균값과 조제한 표준용액의 농도에 대한 상대 백분율(%)로 나타낸다.

6.5 현장 이중시료의 측정

현장 이중시료(field duplicate sample)는 동일한 시료채취 장소에서 동일한 조건으로 중복으로 채취한 시료로서 한 조사팀이 하루에 20개 이하를 채취할 경우에는 1개를 그리고 그 이상을 채취할 때에는 시료 20개 당 1개를 추가로 취한다. 동일한 조건의 두 시료간의 측정값의 편차는 20 % 이하이어야 한다.

6.6 내부정도관리 주기 및 목표

6.6.1 방법검출한계, 정량한계, 정밀도 및 정확도는 연 1회 이상 산정하는 것을 원칙으로 하며, 분석자의 교체, 분석 장비의 수리 및 이동 등의 주요 변동사항이 생길 경우에는 다시 실시한다. 단, 장비의 청소 및 측정 장비의 감도가 의심될 때에는 언제든지 측정하여 확인하여야 한다.

6.6.2 검정곡선 검증 및 시약바탕시료의 분석은 각 시료군마다 실시하며, 고농도의 시료 다음에는 시약바탕시료를 측정하여 오염여부를 점검한다.

6.6.3 각 정도관리 항목에 대한 정도관리 목표값은 표 1과 같다.

7 분석절차

7.1 전처리

7.1.1 시료 200 mL(0.001 mg ~ 0.02 mg의 비소를 함유하거나, 같은 양의 비소를 함유하도록 시료에 물을 넣어 200 mL로 한 것)를 비커에 넣고, 염산 5 mL를 넣어 시료가 약 30 mL로 될 때까지 가열 농축한다.

7.1.2 시험용액을 식힌 다음 비화수소 부피플라스크에 옮겨 넣고, 물을 넣어 40 mL로 하여 시험용액으로 한다.

7.2 검정곡선의 작성

7.2.1 비소 표준용액(0.1 mg/L) 0, 2, 4, 10, 20 mL를 단계적으로 비화수소 발생병에 넣고, 각각에 염산 5 mL와 물을 넣어 약 40 mL로 한다. 조제한 검정곡선용 표준용액의 농도는 0, 0.005, 0.01, 0.025, 0.05 mg/L에 해당된다. 필요에 따라 사용하는 표준용액의 농도와 개수를 달리 할 수 있다.

[주 1] 시료분석결과 이 검정곡선 농도범위를 벗어나면 시료를 희석해서 재분석하여야 한다.

7.2.2 이하 **7.3**과 같은 방법으로 측정하여 비소의 농도(mg/L)를 가로축(x축)에, 비소의 흡광도를 세로축(y축)에 취하여 검정곡선을 작성한다.

7.3 측정법

7.3.1 전처리에서 얻은 시험용액에 요오드화칼륨용액[1] 5 mL를 넣어 2분 ~ 3분간 둔다.

7.3.2 다음 이염화주석용액[2] 1 mL를 넣어 섞고, 15분간 둔 후, 아연분말정제[3] 3 g을 넣고 곧 비화수소 발생병과 흡수관(미리 다이에틸다이싸이오카밤산은용액[4]을 넣어둔다)을 연결하여, 상온에서 1시간 수소기체를 발생시킨다. 이때 부수적으로 발생하는 비화수소는 다이에틸다이싸이오카밤산은용액에 흡수시킨다.

7.3.3 이 흡수액의 일부를 흡수셀(10 mm)에 넣고 자외선/가시선 분광광도계를 사용하여 다이에틸다이싸이오카밤산은용액을 대조액으로 하여, 파장 525 nm 부근에서 흡광도를 측정하고, 7.2에 따라 작성한 검정곡선으로부터 시험용액 중의 비소의 양을 구하여 시료 중의 비소의 농도를 측정한다.

---

1) 비소를 +5가에서 +3가로 환원하기 위해 이용되며, 전이금속에 의한 간섭 저감에도 효과가 있다.
2) 비화수소를 발생시키기 위해 시료 중의 비소를 +3가 비소로 환원한 다음 넣어준다.
3) 아연을 넣어 비화수소를 발생시킨다.
4) 발생된 비화수소의 흡수용액이다.

8 결과보고

8.1 계산

비소의 측정값을 검정곡선의 y값에 대입하여 구한 x값이 시료 중에 비소의 농도(mg/L)이다.

$$\text{금속의 농도(mg/L)} = C(\text{m}) \times f \quad \cdots\cdots (\text{식 } 1)$$

여기서, C(m) : 검정곡선에서 구한 농도(mg/L)

f : 시료의 농축 배수

8.2 결과보고

행정사항과 관련된 항목별 시험결과의 표시는 ES 05003의 먹는물 수질기준의 표시한계 및 결과 표시에 따른다.

9 참고자료

9.1 日本水道協會, 上水試驗方法解說編(1993)

10 부록

[표 1] 정도관리 목표값

정도관리 항목	정도관리 목표
정량한계	0.005 mg/L
검정곡선	결정계수(R^2) ≥ 0.98 또는 감응계수(RF)의 상대표준편차 ≤ 20 %
정밀도	상대표준편차 ± 20 % 이내
정확도	75 % ~ 125 %
현장이중시료	상대편차백분율 ± 20 % 이내

71 비소-유도결합플라스마-질량분석법
(Arsenic-Inductively Coupled Plasma-Mass Spectrometry)

이 시험기준은 먹는물, 샘물 및 염지하수 중에 함유되어 있는 비소의 분석방법으로, 시료를 플라스마에 분사시켜 탈용매, 원자화, 그리고 이온화하여 질량분석부로 주입한 후 질량분석을 수행하는 방법이다. 이 방법은 ES 05400.3 금속류-유도결합플라스마-질량분석법에 따른다.

비 소 연습문제

01 **먹는물수질공정시험기준에 따른 원자흡수분광광도법, 유도결합플라스마－원자방출분광법, 유도결합플라스마－질량분석법 모두를 적용할 수 있는 시험항목으로 틀린 것은?**

① 크롬 ② 카드뮴
③ 셀레늄 ④ 비소

02 **먹는물수질오염공정시험기준에 따른 자외선가시선 분광법으로 비소를 측정할 때, 100 mL에 0.20 mg의 비소를 포함하는 시료가 바탕시험액에 비해 입사광의 75.0 %를 투과하였다면 이 파장에서의 시료의 흡광도(㉠)와 흡광계수(㉡)((cm·mg)/L)로 옳은 것은?** (단, 시료용기의 너비는 1.0 cm이다)

① ㉠ 0.125, ㉡ 0.0625 ② ㉠ 0.125, ㉡ 0.125
③ ㉠ 0.250, ㉡ 0.125 ④ ㉠ 0.250, ㉡ 0.250

03 **먹는물수질공정시험기준에 따른 자외선/가시선 분광법으로 금속류 측정시 측정항목과 생성착염 또는 흡수용액의 연결이 틀린 것은?**

① 비소 － 디티오카바메이트 용액
② 붕소 － 쿠크민 용액과 반응하여 생성된 착염
③ 알루미늄 － 페난트로린과 반응하여 생성된 착염
④ 철 － 1,10－페난트로린을 넣어 약산성에서 생성되는 철착염

04 **먹는물수질공정시험기준에 의한 금속류 분석방법에 대한 설명으로 틀린 것은?**

① 망간－원자흡수분광광도법 : 시료 200 mL에 질산을 가해 분해시키고 10배 농축하여 시료를 직접 불꽃으로 주입하여 원자화한 후 측정하여 분석한다.
② 붕소－유도결합플라스마－원자발광분광법 : 시료를 아르곤 플라스마에 주입하여 방출하는 발광성 및 발광광도를 측정하여 분석한다.
③ 비소－자외선/가시선 분광법 : 비소를 5가 비소로 산화시킨 다음 아연을 넣어 발생되는 비화수소를 디에틸디티오카르바민산은의 피리딘 용액에 흡수시켜 나타나는 청자색의 흡광도를 525 nm에서 측정하여 분석한다.
④ 알루미늄－자외선/가시선 분광법 : 시료 내 알루미늄을 페난트로린과 반응하여 생성된 착염을 클로로포름으로 추출하여 흡광도를 390 nm에서 측정하는 방법이다.

Answer 1. ④ 2. ① 3. ① 4. ③

72 셀레늄(Selenium, Se)

1 일반적 성질

이 시험기준은 먹는물 중에 셀레늄[1)2)3)]을 측정하는 방법들이다. 셀레늄은 원자번호 34번이며 주로 +2가, +4가, +6가로 존재한다. 셀레늄은 반도체 재료, 광전지, 잉크 등 합금, 살충제 등 각종 공업에서 광범위하게 사용되어 자연수의 오염 원인으로 작용한다. 필수미량원소이나 미량 이상으로 섭취한 경우 사람이나 동물에서 독성을 나타낸다. 하천수에는 0.02 μg/L ~ 0.63 μg/L 잔류하며, 먹는물에서는 0.01 mg/L 이상이 되는 경우는 드물다. 셀레늄은 발전소의 바닥재 및 비산재로부터 오염될 수 있다.

2 적용 가능한 시험방법

셀레늄	정량한계(mg/L)	정밀도(% RSD)
수소화물생성/원자흡수분광광도법	0.002	20 % 이내
유도결합플라스마－원자방출분광법	0.005	20 % 이내
유도결합플라스마－질량분석법	0.001	20 % 이내

1) 원자량: 78.96(Se), 비중: 4.26～4.81, 끓는점: 685 ℃, 녹는점: 221 ℃, 용해도: 물에 녹지 않으나, 에테르, 벤젠, 클로로포름 등에 녹는다. 배출원: 금속제련소, 금속광산, 셀레늄 제조업소에서 환경중으로 배출된다.

2) 환경잔류성: 셀레늄은 수중에서 아세렌산이온(SeO_3^{2-}), 세렌산이온(SeO_4^{-})으로 존재하며, 호수의 침전물에서 무기/유기 셀레늄화합물은 미생물에 의해 dimethyl selenide, dimethyl diselenide 등의 휘발성 물질로 변환된다.

3) 인체유해성: 금속 셀레늄의 독성은 적으나 셀레늄 화합물의 독성은 매우 높다. 인체 노출경로에 따라 흡입과 눈 및 피부 접촉시에는 매우 유독하고 경구를 통해서는 해로울 수 있다. 탈모, 비장손상, 기관지염, 폐렴, 빈혈 등을 유발하며, 급성 증상으로는 심장순환계 장애, 폐부종을 유발한다.

73 셀레늄-수소화물생성/원자흡수분광광도법
(Selenium-Hybride Generation/ Atomic Absorption Spectrophotometry)

1 개요

1.1 목적

이 시험기준은 먹는물 및 샘물 중에 셀레늄을 측정하는 방법으로, 시료에 아연을 넣어 셀레늄을 수소화 셀레늄으로 환원하여 포집하여 공기-수소 불꽃에서 원자화시켜 원자흡수분광광도법으로 정량하는 방법이다.

1.2 적용범위

1.2.1 이 시험기준은 먹는물 및 샘물 중에 셀레늄의 분석에 적용하며 정량한계는 0.002 mg/L이다.

1.2.2 이 시험기준은 셀레늄을 환원 증류하여 질소-수소 불꽃에 주입하여 분석한다.

1.3 간섭물질

1.3.1 셀레늄은 196.0 nm에서 최대 흡광도를 보이는데 일반적으로 낮은 파장에서 간섭이 심하다. 이는 환원 증류하여 질소-수소 불꽃에 주입하여 간섭을 줄일 수 있다.

1.3.2 높은 농도의 크롬, 코발트, 구리(동), 수은, 몰리브덴, 은 및 니켈은 셀레늄 분석을 간섭한다.[1)]

2 용어정의

2.1 발광세기

금속원자를 적절한 방법으로 여기 시킨 후, 각 금속의 여기 상태에서 에너지준위가 낮은 상태로 전자가 되돌아가는 과정에서, 각 궤도간의 에너지 차이가 빛으로 방사될 때의 그 빛에너지의 세기를 말한다.

2.2 바탕보정

불꽃원자화 장치에는 자체 흡수 원자화 장치나 불꽃에 시료가 주입될 때 용액에 공존하는 여러 물질들에 의해 발생하는 스펙트럼 방해를 최소화시키기 위한 방법으로 연속 광원(D2) 바탕 보정, 펄스형 속빈 음극등(hollow cathode lamp) 바탕보정 방법으로 스펙트럼 방해를 줄여 바탕보정을 실시할 수 있다.

2.3 용매추출

용매를 써서 고체 또는 액체시료 중에서 성분물질을 용해시켜 분리하는 조작을 말하며 단순히 추출이라고도 하는 분리법이다.

---

1) 셀레늄의 수소화물 생성법은 구리, 니켈, 코발트, 백금, 팔라듐 등의 전이금속에 의해 생성효율이 영향을 받으며, 안티몬, 비소 등의 수소화물을 생성하는 원소에 의해서도 생성효율이 저하된다.

2.4 인증표준물질

공인된 인증서가 첨부되고 각 지정된 양에 대하여 인증값, 측정불확도 및 소급성을 검증할 수 있는 표준물질. 현재 국내외에 상품화되어 있어 이를 용도 및 목적에 따라 선택, 구입할 수 있다.

3 분석기기 및 기구

3.1 환원증류장치

환원증류장치는 그림 1과 같다.

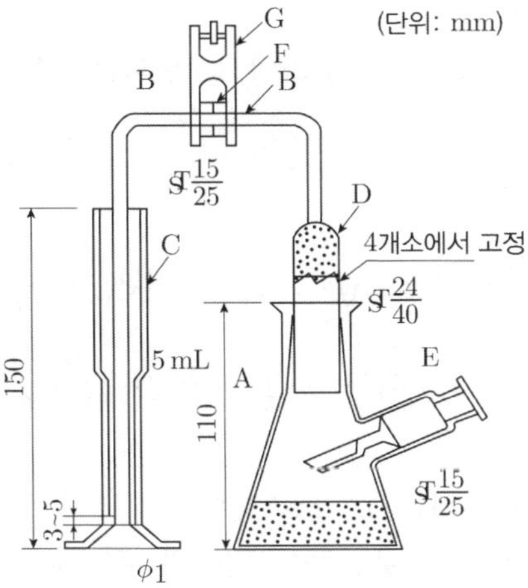

[그림 1] 환원증류장치

3.2 기체

셀레늄 분석에 질소-수소 기체를 사용한다.

4 시약 및 표준용액

4.1 시약

4.1.1 염산[2)]

100배를 농축하였을 때 기기검출한계 이하이어야 한다.

4.1.2 이염화주석용액

이염화주석·2수화물(tin dichloride dihydrate, $SnCl_2 \cdot 2H_2O$, 분자량 : 225.66) 40 g을 염산 100 mL에 녹여 만들며, 사용할 때에 만든다.

4.1.3 아연분말정제

아연분말(zinc, Zn, 분자량 : 65.39) 50 g에 접착제 5 g을 배합하고 정제수 7 mL를 넣어 갠 다음 정제 성형기에 가득 채우고 정제를 만든 다음 80 ℃에 10분간 건조한 정제(1개가 약 0.5 g 정도)를 사용하거나 아연분말 1 g을 차광지에 쌓아 사용한다.

2) 염산은 셀레늄을 +6가에서 +3가로 환원하기 위해 이용되지만 일반적으로 염산의 농도를 높이면 전이금속에 의한 간섭이 저감되는 경우가 많다.

4.2 표준용액

4.2.1 셀레늄 표준원액(1000 mg/L)

이산화셀레늄(selenium oxide, SeO_2, 분자량 : 110.96) 1.405 g을 정제수에 녹여 1 L로 하여 조제한다. 시판용 표준용액을 사용할 수 있다.

4.2.2 셀레늄 표준용액(100 mg/L)

셀레늄 표준원액(1000 mg/L) 100 mL를 1 L 부피플라스크에 넣고 정제수를 표선까지 가하여 조제한다.

4.2.3 셀레늄 표준용액(2 mg/L)

셀레늄 표준용액(100 mg/L) 20 mL를 1 L 부피플라스크에 넣고 정제수를 표선까지 가하여 조제한다.

5 시료채취 및 관리

5.1 시료는 미리 세척한 유리, 폴리프로필렌, 폴리에틸렌 또는 폴리테트라플루오로에틸렌으로 된 용기에 채취한다.

5.2 채취용기는 비인산계 세제로 세척한 후 수돗물로 여러 번 세척하고 질산(1 + 1)과 증류수로 린스한 후 건조한다.

5.3 시료 채취 후 질산을 가하여 pH 2로 보존한다.

5.4 산 처리한 시료는 1 ℃ ~ 5 ℃로 보관하여 시료가 증발로 인해 부피변화가 없도록 해야 한다. 이 조건에서는 시료를 최대 6개월까지 보관할 수 있다.

5.5 μg/L의 농도에서는 시료 채취 후 되도록 빠른 시간 안에 분석한다.

6 정도보증/정도관리(QA/QC)

6.1 방법검출한계 및 정량한계

6.1.1 방법검출한계(MDL, method detection limit) 및 정량한계(LOQ, limit of quantitation)는 정제수에 표 1의 정량한계 부근의 농도가 되도록 셀레늄을 첨가한 시료 7개를 준비하고 각 시료를 **7** 분석절차와 동일하게 측정하여 표준편차를 구한다.

6.1.2 표준편차에 3.14를 곱한 값을 방법검출한계로, 10을 곱한 값을 정량한계로 나타낸다. 측정한 정량한계는 시험기준에서 제시한 정량한계 이하이어야 한다.

6.2 방법바탕시료의 측정

시료군마다 1개의 방법바탕시료(method blank)를 측정한다. 방법바탕시료는 정제수를 사용하여 **7** 분석절차와 동일하게 측정하며 얻은 값이 방법검출한계 이하이어야 한다.

6.3 검정곡선의 작성 및 검증

6.3.1 정량범위 내의 5개 이상의 농도에 대해 검정곡선을 작성하고 얻어진 검정곡선의 결정계수(R^2)가 0.98 또는 감응계수(RF)의 상대표준편차가 20 % 이내이어야 하며 결정계수나 감응계수의 상대표준편차가 허용범위를 벗어나면 재작성한다.

6.3.2 감응계수(RF)는 검정곡선 작성을 위한 표준용액의 농도(C)에 대한 흡광도와 같은 반응(R, response)으로, 표준용액의 농도를 2개 이상 사용한 경우는 검정곡선의 기울기에 해당된다.

6.3.3 검정곡선의 직선성을 검증하기 위하여 각 시료군마다 1회의 검정곡선 검증을 실시하는 것이 바람직하다. 정량범위 또는 검정곡선의 중간 농도에 해당하는 표준용액을 측정한다. 측정값은 검정곡선 작성 시의 값과 20 % 이내에서 일치하여야 한다. 만약 이 범위를 넘는 경우, 검정곡선의 재작성이 요구된다.

6.4 정밀도 및 정확도

6.4.1 정밀도(precision) 및 정확도(accuracy)의 측정은 ES 05001 정도보증/정도관리에 따른다. 정제수에 정량한계의 1배 ~ 2배 농도가 되도록 동일하게 표준물질을 첨가한 시료를 4개 이상 준비하고 7 분석절차와 동일하게 측정하여 평균값과 표준편차를 구한다.

6.4.2 정밀도는 4회 이상 측정한 평균값과 상대표준편차(RSD)를 구하여 산출한다.

6.4.3 정확도는 4회 이상 측정한 평균값과 조제한 표준용액의 농도에 대한 상대 백분율(%)로 나타낸다.

6.5 현장 이중시료의 측정

현장 이중시료(field duplicate sample)는 동일한 시료채취 장소에서 동일한 조건으로 중복으로 채취한 시료로서 한 조사팀이 하루에 20개 이하를 채취할 경우에는 1개를 그리고 그 이상을 채취할 때에는 시료 20개 당 1개를 추가로 취한다. 동일한 조건의 두 시료간의 측정값의 편차는 20 % 이하이어야 한다.

6.6 내부정도관리 주기 및 목표

6.6.1 방법검출한계, 정량한계, 정밀도 및 정확도는 연 1회 이상 산정하는 것을 원칙으로 하며, 분석자의 교체, 분석 장비의 수리 및 이동 등의 주요 변동사항이 생길 경우에는 다시 실시한다. 단, 장비의 청소 및 측정 장비의 감도가 의심될 때에는 언제든지 측정하여 확인하여야 한다.

6.6.2 검정곡선 검증 및 시약바탕시료의 분석은 각 시료군마다 실시하며, 고농도의 시료 다음에는 시약바탕시료를 측정하여 오염여부를 점검한다.

6.6.3 각 정도관리 항목에 대한 정도관리 목표값은 표 1과 같다.

7 분석절차

7.1 전처리

시료 20 mL(0.00004 mg ~ 0.001 mg의 셀레늄을 함유하거나 같은 양의 셀레늄을 함유하도록 시료에 물을 넣어 20 mL로 한 것)를 수소화 발생장치의 반응용기에 취하고 염산 10 mL를 넣고 약 15분간 방치한다.

7.2 검정곡선의 작성

7.2.1 셀레늄 표준용액(2 mg/L) 0, 30, 60, 90, 150 μL를 수소화셀레늄의 반응용기에 취하고 각각에 염산 10 mL 및 정제수 20 mL를 넣어 30 mL로 한다. 조제한 검정곡선용 표준용액의 농도는 0, 0.002, 0.004, 0.006, 0.01 mg/L에 해당된다. 필요에 따라 사용하는 표준용액의 농도와 개수를 달리 할 수 있다.

[주 1] 시료분석결과 이 검정곡선 농도범위를 벗어나면 시료를 희석해서 재분석하여야 한다.

7.2.2 이하 **7.3**과 같은 방법으로 측정하여 셀레늄의 농도(mg/L)를 가로축(x축)에, 셀레늄의 측정값을 세로축(y축)에 취하여 검정곡선을 작성한다.

7.3 측정법

이 장치를 원자흡수분광광도계에 연결하고 4방향 콕을 조작하여 이염화주석용액[3] 1 mL를 넣어 섞고 15분간 둔 후, 아연분말정제[4] 1개를 신속히 시험용액 중에 넣고 자석교반기로 저어주어 수소화셀레늄을 발생시킨다. 발생한 수소화셀레늄을 아르곤(또는 질소)−수소 불꽃에 주입하여 파장 196 nm에서 흡광도를 측정한다.

8 결과보고

8.1 계산

셀레늄의 측정값을 검정곡선의 y값에 대입하여 구한 x값이 시료 중에 셀레늄의 농도(mg/L)이다.

$$\text{금속의 농도(mg/L)} = C(\text{m}) \times f \quad \cdots\cdots \text{(식 1)}$$

여기서, $C(\text{m})$: 검정곡선에서 구한 농도(mg/L)

f : 시료의 농축 배수

8.2 결과보고

행정사항과 관련된 항목별 시험결과의 표시는 ES 05003의 먹는물 수질기준의 표시한계 및 결과표시에 따른다.

9 참고자료

9.1 US EPA Method 207.3, "Selenium(AA, Gaseous Hydride)"(1974)

9.2 Standard Methods 3110, "Metals by atomic absorption spectrometry"(2005)

9.3 Standard Methods 3010 B, "Metal Sampling and sample preservation"(2005)

9.4 日本水道協會, 上水試驗方法解說編(1993)

10 부록

[표 1] 정도관리 목표값

정도관리 항목	정도관리 목표
정량한계	0.002 mg/L
검정곡선	결정계수(R^2) ≥ 0.98 또는 감응계수(RF)의 상대표준편차 ≤ 20 %
정밀도	상대표준편차 ± 20 % 이내
정확도	75 % ~ 125 %
현장이중시료	상대편차백분율 ± 20 % 이내

3) 셀레늄화수소를 발생시키기 위해 시료중의 셀레늄을 +6가에서 +4가로 환원시키기 위해 넣어준다.

4) 아연을 넣어 셀레늄화수소를 넣어준다.

74 셀레늄-유도결합플라스마-원자방출분광법
(Arsenic-Inductively Coupled Plasma-Atomic Emission Spectrometry)

이 시험기준은 먹는물 및 샘물 중에 셀레늄을 측정하는 방법으로, 시료를 아르곤 플라스마에 주입하여 방출하는 발광선 및 발광광도를 측정하여 정성 및 정량분석을 수행하며, ES 05400.2 금속류-유도결합플라스마-원자방출분광법에 따른다.

75 셀레늄-유도결합플라스마-질량분석법
(Arsenic-Inductively Coupled Plasma-Mass Spectrometry)

이 시험기준은 먹는물, 샘물 및 염지하수 중에 함유되어 있는 셀레늄의 분석방법으로, 시료를 플라스마에 분사시켜 탈용매, 원자화, 그리고 이온화하여 질량분석부로 주입한 후 질량분석을 수행하는 방법이다. 이 방법은 ES 05400.3 금속류-유도결합플라스마-질량분석법에 따른다.

셀레늄 연습문제

01 먹는물수질공정시험기준에 따른 원자흡수분광광도법, 유도결합플라스마－원자방출분광법, 유도결합플라스마－질량분석법 모두를 적용할 수 있는 시험항목은?

① 붕소 ② 수은
③ 셀레늄 ④ 비소

02 먹는물수질공정시험기준에 따른 셀레늄－수소화물생성/원자흡수분광광도법에 관한 설명으로 틀린 것은?

① 이 시험기준의 정량한계는 0.002 mg/L이다.
② 높은 농도의 크롬, 코발트, 구리, 수은 및 니켈은 셀레늄 분석을 간섭한다.
③ 수중에 존재하는 셀레늄에 아연을 넣어 수소화 셀레늄으로 산화시켜 포집한다.
④ 최대 흡광도를 보이는 파장은 196.0 nm인데, 일반적으로 낮은 파장에서는 간섭이 심하게 발생된다.

03 먹는물수질공정시험기준에 따른 셀레늄－수소화물생성/원자흡수분광광도법에서 간섭물질에 관한 설명으로 옳은 것은?

① 셀레늄은 196.0 nm에서 최대 흡광도를 보이며 낮은 파장에서 간섭이 심하다. 이를 환원 증류하여 질소－수소 불꽃에 주입하여 간섭을 줄일 수 있다.
② 셀레늄은 390.0 nm에서 최대 흡광도를 보이며 낮은 파장에서 간섭이 심하다. 이를 환원 증류하여 아르곤－수소 불꽃에 주입하여 간섭을 줄일 수 있다.
③ 셀레늄은 196.0 nm에서 최대 흡광도를 보이며 높은 파장에서 간섭이 심하다. 이를 환원 증류하여 아세틸렌－수소 불꽃에 주입하여 간섭을 줄일 수 있다.
④ 셀레늄은 390.0 nm에서 최대 흡광도를 보이며 낮은 파장에서 간섭이 심하다. 이를 환원 증류하여 아르곤－수소 불꽃에 주입하여 간섭을 줄일 수 있다.

04 먹는물수질공정시험기준에 따라 이산화셀레늄(SeO_2) 표준원액(1000 mg/L)을 사용하여 250 mL의 셀레늄 표준용액(2.0 mg/L)을 조제하려고 할 때 취해야 하는 표준원액의 부피로 옳은 것은? (단, 이산화셀레늄의 분자량 110.96)

① 0.5 mL ② 1.0 mL
③ 2.5 mL ④ 5.0 mL

05 원자흡수분광광도법으로 셀레늄을 측정할 때 수소화셀레늄을 발생시키기 위해 전처리한 시료에 주입하는 것은?

① 염화제일주석 용액 ② 아연분말
③ 요오드화나트륨분말 ④ 수산화나트륨용액

Answer 1. ④ 2. ③ 3. ① 4. ① 5. ②

76 수은(Mercury, Hg)

1 일반적 성질

이 시험기준은 먹는물 중에 무기 수은을 측정하는 방법이다. 수은[1][2][3]은 원자번호 80으로 상온에서 액체 상태로 존재하는 유일한 금속이다. 지각 중에 0.08 mg/kg 존재하며 일반적으로 자연환경 중에도 극미량 잔류한다. 토양 중에 100 μg/kg, 하천수와 호소수에서 0.03 μg/L ~ 0.1 μg/L, 지하수에서 0.01 μg/L ~ 0.10 μg/L, 온천수에서 0.01 μg/L ~ 2.5 μg/L 정도 잔류한다. 수은은 독성이 강한 원소로서 먹는물 중에 계속적인 모니터링이 필요하다.

2 적용 가능한 시험방법

수은	정량한계(mg/L)	정밀도(% RSD)
냉증기/원자흡수분광광도법	0.005	20 % 이내
양극벗김전압전류법	0.001	20 % 이내
유도결합플라스마 – 질량분석법	0.0005	20 % 이내

1) 원자량: 200.59(Hg), 비중: 13.53(25 ℃), 끓는점: 357 ℃, 녹는점: −38.87 ℃, 용해도: 물에 대한 용해도는 2.8×10^{-7} mol/L이며, 질산에 녹는다. 배출원: 수은제의 제조공장, 수은사용 공장, 병원 등에서 배출된다.

2) 환경잔류성: 수은은 자연계에서 유황과 결합이 용이하여 황화수은의 형태로 존재한다. 수중에서는 수은증기(Hg^{0}), Hg^{2+}, $HgCl^{+}$, 유기수은의 형태로 존재하고, 메틸수은은 혐기성 조건에서 수중 박테리아의 작용으로 생성되어 먹이사슬에 따라 축적된다.

3) 인체유해성: 유기수은은 위장관을 통해 거의 흡수되어 (80~90) %가 적혈구와 결합하여 신경학적 장애와 신장장애를 일으킨다. 메틸수은은 미량이라도 신생아나 어린이의 신경계 발달장애를 유발한다. 급성독성보다 만성독성이 더 중요하며, 대표적인 만성중독으로 미나마타병이 있다.

77 수은-냉증기/원자흡수분광광도법
(Mercury-Cold Vapor/Atomic Absorption Spectrometry)

1 개요

1.1 목적

이 시험기준은 먹는물, 샘물 및 염지하수 중에 수은을 측정하는 방법으로, 시료에 이염화주석을 넣어 금속 수은으로 환원시킨 다음 이 용액에 통기하여 발생하는 수은 증기를 253.7 nm의 파장에서 원자흡수분광법에 따라 정량하는 방법이다.

1.2 적용범위

1.2.1 이 시험기준은 먹는물, 샘물 및 염지하수 중에 수은 분석에 적용한다.

1.2.2 이 시험기준은 사용하는 장치 및 측정조건에 따라 다르나 정량범위는 0.0005 mg/L ~ 0.01 mg/L이다.

1.3 간섭물질

1.3.1 염소이온의 농도가 높은 시료는 양의 오차를 발생시키는데 이는 염소기체가 발생하여 간섭을 일으키는 것으로 판단된다. 이때는 염산하이드록실아민용액을 과잉으로 넣어 유리염소를 환원시키고 용기 중에 잔류하는 염소는 질소 가스를 통기시켜 추출한다.

1.3.2 휘발성유기화합물의 존재는 같은 파장의 흡수를 하여 간섭을 일으킬 수 있다.

1.3.3 고체를 함유하고 있는 시료는 잘 섞어 측정해야 한다.

2 "내용없음"

3 분석기기 및 기구

3.1 원자흡수분광기(AAS)

수은-냉증기/원자흡수분광법(CV/AAS) 수은-냉증기 장치는 그림 1과 같다.

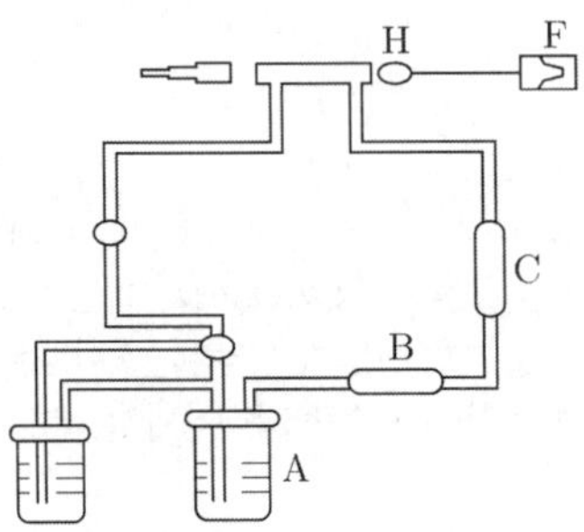

〈밀폐기환원기화장치〉

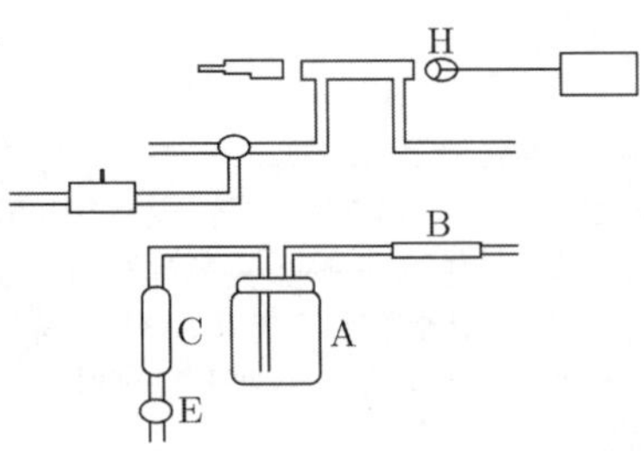

〈개방식환원기화장치〉

[그림 1] 수은-냉증기 장치

3.2 램프

수은 속빈음극램프를 사용한다.

3.3 환원플라스크

환류냉각기가 부착된 부피 350 mL의 삼각플라스크로 부피 250 mL를 표시하는 선이 그어진 것을 사용한다.

3.4 흡수셀

유리제 또는 염화비닐제의 원통(길이 100 mm)의 양끝에 석영유리창을 장치한 것을 사용한다.

4 시약 및 표준용액

4.1 시약

4.1.1 황산

황산(sulfuric acid, H_2SO_4, 분자량 : 98.08)으로 바탕실험을 하였을 때 기기검출한계 이하이어야 한다.

4.1.2 질산

질산(nitric acid, HNO_3, 분자량 : 63.01)으로 바탕실험을 하였을 때 기기검출한계 이하이어야 한다.

4.1.3 과망간산칼륨용액

과망간산칼륨(potassium permanganate, $KMnO_4$, 분자량 : 158.03) 50 g을 정제수에 녹여 1 L로 하고 여과한다.

4.1.4 염화하이드록시암모늄용액

염화하이드록시암모늄(hydroxylamine hydrochloride, $NH_2OH \cdot HCl$, 분자량 : 70.49) 10 g을 정제수에 녹여 100 mL로 한다.

4.1.5 이염화주석용액

이염화주석·2수화물(tin dichloride dihydrate, $SnCl_2 \cdot 2H_2O$, 분자량 : 225.66) 10 g을 황산(1+19) 60 mL에 넣고, 저으면서 가열용해한 후 식힌 다음 질소를 통과시켜 용액 중의 수은을 제거하고 물을 넣어 100 mL로 하며, 쓸 때에 만든다.

4.2 표준용액

4.2.1 수은 표준원액(1000 mg/L)

염화제이수은(mercuric chloride, $HgCl_2$, 분자량 : 271.49) 1.35 g을 질산(1+9) 100 mL에 녹이고 정제수를 넣어 1 L로 하여 조제한다. 시판용 표준용액을 사용할 수 있다.

4.2.2 수은 표준용액(100 mg/L)

수은 표준원액(1000 mg/L) 100 mL를 1 L 부피플라스크에 넣고, 질산을 0.1 mL를 가한 다음 정제수로 표선까지 가하여 조제한다.

4.2.3 수은 표준용액(2 mg/L)

수은 표준용액(100 mg/L) 20 mL를 1 L 부피플라스크에 넣고, 질산을 0.1 mL를 가한 다음 정제수로 표선까지 가하여 조제한다.

5 시료채취 및 관리

5.1 시료는 미리 세척한 폴리에틸렌 또는 폴리테트라플루오로에틸렌으로 된 용기에 채취한다.

5.2 채취용기는 비인산계 세제로 세척한 후 수돗물로 여러 번 세척하고 질산(1+1)과 증류수로 세척한 후 건조한다.

5.3 시료 채취 후 질산을 가하여 pH 2 이하로 보존한다. 시료는 실온에서 최대 6개월까지 보관할 수 있다.

6 정도보증/정도관리(QA/QC)

6.1 방법검출한계 및 정량한계

6.1.1 방법검출한계(MDL, method detection limit) 및 정량한계(LOQ, limit of quantitation)는 정제수에 표 1의 정량한계 부근의 농도가 되도록 수은을 첨가한 시료 7개를 준비하고 각 시료를 **7** 분석절차와 동일하게 측정하여 표준편차를 구한다.

6.1.2 표준편차에 3.14를 곱한 값을 방법검출한계로, 10을 곱한 값을 정량한계로 나타낸다. 측정한 정량한계는 시험기준에서 제시한 정량한계 이하이어야 한다.

6.2 방법바탕시료의 측정

시료군마다 1개의 방법바탕시료(method blank)를 측정한다. 방법바탕시료는 정제수를 사용하여 **7** 분석절차와 동일하게 측정하며 얻은 값이 방법검출한계 이하이어야 한다.

6.3 검정곡선의 작성 및 검증

6.3.1 정량범위 내의 5개 이상의 농도에 대해 검정곡선을 작성하고 얻어진 검정곡선의 결정계수(R^2)가 0.98 또는 감응계수(RF)의 상대표준편차가 20 % 이내이어야 하며 결정계수나 상대표준편차가 허용범위를 벗어나면 재작성한다.

6.3.2 감응계수(RF)는 검정곡선 작성을 위한 표준용액의 농도(C)에 대한 흡광도와 같은 반응(R, response)으로, 표준용액의 농도를 2개 이상 사용한 경우는 검정곡선의 기울기에 해당된다.

6.3.3 검정곡선의 직선성을 검증하기 위하여 각 시료군마다 1회의 검정곡선 검증을 실시하는 것이 바람직하다. 정량범위 또는 검정곡선의 중간 농도에 해당하는 표준용액을 측정한다. 측정값은 검정곡선 작성 시의 값과 20 % 이내에서 일치하여야 한다. 만약 이 범위를 넘는 경우, 검정곡선의 재작성이 요구된다.

6.4 정밀도 및 정확도

6.4.1 정밀도(precision) 및 정확도(accuracy)의 측정은 ES 05001 정도보증/정도관리에 따른다. 정제수에 정량한계의 1배 ~ 2배 농도가 되도록 동일하게 표준물질을 첨가한 시료를 4개 이상 준비하고 **7** 분석절차와 동일하게 측정하여 평균값과 표준편차를 구한다.

6.4.2 정밀도는 4회 이상 측정한 평균값과 상대표준편차(RSD)를 구하여 산출한다.

6.4.3 정확도는 4회 이상 측정한 평균값과 조제한 표준용액의 농도에 대한 상대 백분율(%)로 나타낸다.

6.5 현장 이중시료의 측정

현장 이중시료(field duplicate sample)는 동일한 시료채취 장소에서 동일한 조건으로 중복으로 채취한 시료로서 한 조사팀이 하루에 20개 이하를 채취할 경우에는 1개를 그리고 그 이상을 채취할 때에는 시료 20개 당 1개를 추가로 취한다. 동일한 조건의 두 시료간의 측정값의 편차는 20 % 이하이어야 한다.

6.6 내부정도관리 주기 및 목표

6.6.1 방법검출한계, 정량한계, 정밀도 및 정확도는 연 1회 이상 산정하는 것을 원칙으로 하며, 분석자의 교체, 분석 장비의 수리 및 이동 등의 주요 변동사항이 생길 경우에는 다시 실시한다. 단, 장비의 청소 및 측정 장비의 감도가 의심될 때에는 언제든지 측정하여 확인하여야 한다.

6.6.2 검정곡선 검증 및 시약바탕시료의 분석은 각 시료군마다 실시하며, 고농도의 시료 다음에는 시약바탕시료를 측정하여 오염여부를 점검한다.

6.6.3 각 정도관리 항목에 대한 정도관리 목표값은 표 1과 같다.

7 분석절차

7.1 전처리

7.1.1 시료 200 mL(0.00004 mg ~ 0.002 mg의 수은을 함유하거나 같은 양의 수은을 함유하도록 물을 넣어 200 mL로 한 것)를 환원플라스크에 넣는다.

7.1.2 시료에 황산 10 mL와 질산 5 mL를 넣어 잘 섞은 후 과망간산칼륨용액 20 mL를 넣어 흔들어 섞고, 환류냉각기를 부착한 후 약 95 ℃의 수욕상에 환원플라스크를 담그고 2시간 가열한다.

7.1.3 식힌 후 환류냉각기를 제거하고 염화하이드록시암모늄용액 8 mL를 넣고 흔들어 과잉의 과망간산이온을 환원한 후 250 mL의 표시선까지 정제수를 넣어 이를 시험용액으로 한다.

7.2 검정곡선의 작성

7.2.1 수은 표준용액(2 mg/L) 0, 50, 100, 200, 400, 800 μL를 환원플라스크에 넣어 각각 정제수를 넣어 200 mL로 한다. 조제한 검정곡선용 표준용액의 농도는 0, 0.0005, 0.001, 0.002, 0.004, 0.008 mg/L에 해당된다. 필요에 따라 사용하는 표준용액의 농도와 개수를 달리 할 수 있다.

[주 1] 시료분석결과 이 검정곡선 농도범위를 벗어나면 시료를 희석해서 재분석하여야 한다.

7.2.2 **7.1**의 방법으로 전처리하고 **7.3**과 같은 방법으로 측정하여 수은의 농도(mg/L)를 가로축(x축)에, 수은의 측정값을 세로축(y축)에 취하여 검정곡선을 작성한다.

7.3 측정법

7.3.1 원자흡수분광광도계의 광원램프(수은속빈 음극램프 또는 수은램프)를 켜고 펌프의 통기량을 적량으로 조정한다.

7.3.2 원자흡수분광광도계와 환원기화장치를 연결하고 환원용기에 이염화주석용액을 넣는다.

7.3.3 전처리에서 얻어진 시험용액과 이염화주석용액을 송기장치에 연결한 후 펌프를 작동시켜서

발생하는 수은증기를 흡수셀에 보낸다.

7.3.4 파장 253.7 nm에서 흡광도가 일정치가 된 때에 측정하고 7.2에 따라 작성한 검정곡선으로부터 시험용액 중의 수은의 양을 구하여 시료 중의 수은의 농도를 측정한다. 이때 0.001 mg/L 이하는 검출되지 아니한 것으로 한다.

8 결과보고

8.1 계산

수은의 측정값을 검정곡선의 y값에 대입하여 구한 x값이 시료 중에 수은의 농도(mg/L)이다.

$$\text{금속의 농도(mg/L)} = C(\text{m}) \times f \quad \cdots\cdots (\text{식 } 1)$$

여기서, C(m) : 검정곡선에서 구한 농도(mg/L)

f : 시료의 농축 배수

8.2 결과보고

행정사항과 관련된 항목별 시험결과의 표시는 ES 05003의 먹는물 수질기준의 표시한계 및 결과표시에 따른다.

9 참고자료

9.1 US EPA Method 245.1, "Mercury(Manual Cold Vapor Technique)"(1974)

9.2 US EPA Method 245.2, "Mercury(Automated Cold Vapor Technique)"(1974)

9.3 Standard Methods 3110, "Metals by atomic absorption spectrometry"(2005)

9.4 Standard Methods 3010 B, "Metal sampling and sample preservation"(2005)

9.5 日本水道協會, 上水試驗方法解說編(1993)

9.6 수질오염공정시험기준 ES 04408.1c, "수은－냉증기－원자흡수분광광도법", 국립환경과학원(2022)

10 부록

[표 1] 정도관리 목표값

정도관리 항목	정도관리 목표
정량한계	0.0005 mg/L
검정곡선	결정계수(R^2) ≥ 0.98 또는 감응계수(RF)의 상대표준편차 ≤ 20 %
정밀도	상대표준편차 ± 20 % 이내
정확도	75 % ~ 125 %
현장이중시료	상대편차백분율 ± 20 % 이내

78 수은-양극벗김전압전류법 (Mercury-Anodic Stripping Voltametry)

1 개요

1.1 목적

이 시험기준은 먹는물 및 샘물 중에 수은의 측정방법으로, 시료를 산성화시킨 후 자유이온화 된 수은을 유리탄소전극(GCE, glassy carbon electrode)에 금막(gold film) 입힌 전극에 의한 포화칼로멜 전극에 대해 +650 mV 전위차에서 작용전극에 농축시킨 다음 이를 양극벗김전압전류법으로 분석하는 방법이다.

1.2 적용범위

1.2.1 이 방법은 먹는물 및 샘물 중 수은의 미량 측정에 적용된다.

1.2.2 유리탄소전극(GCE, glassy carbon electrode)에 금막(gold film) 입힌 전극을 사용하며 이때 수은은 +650 mV 전위차(포화칼로멜전극 기준)에서 자유이온화 된다. 이 방법에 의한 수은의 정량범위는 0.001 mg/L ~ 0.2 mg/L이고 정량한계는 0.001 mg/L이다. 정량범위는 시료의 희석배율, 축적시간(deposition time), 벗김전류에 따라 달라진다.

1.3 간섭물질

1.3.1 탁한 시료는 수은의 측정을 방해하므로 미리 0.45 μm의 유리필터를 사용하여 걸러낸다.

1.3.2 이 방법으로는 유기 또는 무기 수은(II)을 구분할 수 없다.

1.3.3 100 mg/L 이상의 탄닌산이 존재하는 시료의 경우에는 이 방법에 의해 수은을 측정할 수 없다.

1.3.4 양극벗김전압전류법으로 납을 측정한 다음 수은을 측정할 경우 수은 오염이 우려되므로 수은 분석 전에 방법바탕시료를 측정하여 오염 여부를 확인하여야 한다.

2 "내용 없음"

3 분석기기 및 기구

3.1 전압-전류 측정기

3.1.1 전압전류 측정기는 전위를 조절하여 전류를 측정하는 장치로서 전극표면에서 특정 전위에서 분석성분의 산화나 환원이 일어나고 이로 인해 전자이동이 일어나고 전류가 생성된다. 전류는 암페어나 쿨롱/초, 즉 전자흐름속도로 측정한다.

3.1.2 어떤 전위에서 산화·환원이 일어나면 전류가 측정된다. 분석성분의 환원과정은 아래와 같다.

$$\mathrm{Ox} + ne \rightarrow \mathrm{Red} \qquad \text{(식 1)}$$

이 식은 Nernst방정식과 유사하게 다음과 같이 표현할 수 있다.

$$E = E_0 + (RT/nF)\ln([Ox]/[Red]) \quad \text{(식 2)}$$

여기서, [Ox] : 산화된 분석물질의 농도

[Red] : 환원된 분석물질의 농도

전류와 농도 사이에는 아래의 식으로 주어진다.

$$i_d = kC_0 \quad \text{(식 3)}$$

여기서, i_d : 확산전류

C_0 : 용액의 농도(mol/cm^2)

3.2 전극

3.2.1 작업전극

작업전극(working electrode)은 어떤 전위에서 산화·환원이 일어나는 전극이다. 종류에는 금속/금속이온전극, 금속/금속염/금속이온전극 및 산화·환원 전극이 있다.

3.2.2 전극은 시험용액 또는 바탕시료로 씻은 다음 외면이 젖어 있을 때는 깨끗이 닦는다.

4 시약 및 표준용액

4.1 시약

4.1.1 아세트산 완충용액

염화나트륨(soduim chloride, NaCl, 분자량 : 58.44) 14.6 g과 아세트산나트륨(sodium acetate, CH_3COONa, 분자량 : 82.03) 2.7 g과 아세트산(glacial acetic acid, CH_3COOH, 분자량 : 60.05) 1.2 mL을 정제수에 녹여 1 L로 한다.

4.1.2 염산(0.2 M)

진한 염산 16.7 mL를 정제수에 녹여 1 L로 한다.

4.2 표준용액

4.2.1 수은 표준원액(1000 mg/L)

염화제이수은(mercuric chloride, $HgCl_2$, 분자량 : 271.49) 1.35 g을 질산(1+9) 100 mL에 녹이고 정제수를 넣어 1 L로 하여 조제한다. 시판용 표준용액을 사용할 수 있다.

4.2.2 수은 표준용액(100 mg/L)

수은 표준원액(1000 mg/L) 100 mL를 1 L 부피플라스크에 넣고, 진한 질산 0.1 mL를 가한 다음 정제수로 표선까지 가하여 조제한다.

4.2.3 수은 표준용액(2 mg/L)

수은 표준원액(100 mg/L) 20 mL를 1 L 부피플라스크에 넣고, 진한 질산 0.1 mL를 가한 다음 정제수로 표선까지 가하여 조제한다.

5 시료채취 및 관리

5.1 모든 시료채취 용기는 플라스틱이나 유리로 된 용기를 사용할 수 있고 세제, 산, 정제수로 연속하여 세척하여 사용한다.

5.2 시료채취 시 질산으로 pH를 2 이하로 산성화 시켜야 한다.

5.3 시료를 냉장 보관할 필요는 없으나 직사광선이나 상온 이상의 온도에서 보관하지 말아야 한다.

6 정도보증/정도관리(QA/QC)

6.1 방법검출한계 및 정량한계

6.1.1 방법검출한계(MDL, method detection limit) 및 정량한계(LOQ, limit of quantitation)는 정제수에 표 1의 정량한계 부근의 농도가 되도록 수은을 첨가한 시료 7개를 준비하고 각 시료를 7 분석절차와 동일하게 측정하여 표준편차를 구한다.

6.1.2 표준편차에 3.14를 곱한 값을 방법검출한계로, 10을 곱한 값을 정량한계로 나타낸다. 측정한 정량한계는 시험기준에서 제시한 정량한계 이하이어야 한다.

6.2 방법바탕시료의 측정

시료군마다 1개의 방법바탕시료(method blank)를 측정한다. 방법바탕시료는 정제수를 사용하여 7 분석절차와 동일하게 측정하며 얻은 값이 방법검출한계 이하이어야 한다.

6.3 검정곡선의 작성 및 검증

6.3.1 정량범위 내의 5개 이상의 농도에 대해 검정곡선을 작성하고 얻어진 검정곡선의 결정계수(R^2)가 0.98 또는 감응계수(RF)의 상대표준편차가 20 % 이내이어야 하며 결정계수나 감응계수의 상대표준편차가 허용범위를 벗어나면 재작성한다.

6.3.2 감응계수(RF)는 검정곡선 작성을 위한 표준용액의 농도(C)에 대한 흡광도와 같은 반응(R, response)으로, 표준용액의 농도를 2개 이상 사용한 경우는 검정곡선의 기울기에 해당된다.

6.3.3 검정곡선의 직선성을 검증하기 위하여 각 시료군마다 1회의 검정곡선 검증을 실시하는 것이 바람직하다. 정량범위 또는 검정곡선의 중간 농도에 해당하는 표준용액을 측정한다. 측정값은 검정곡선 작성 시의 값과 20 % 이내에서 일치하여야 한다. 만약 이 범위를 넘는 경우, 검정곡선의 재작성이 요구된다.

6.4 정밀도 및 정확도

6.4.1 정밀도(precision) 및 정확도(accuracy)의 측정은 ES 05001 정도보증/정도관리에 따른다. 정제수에 정량한계의 1배 ~ 2배 농도가 되도록 동일하게 표준물질을 첨가한 시료를 4개 이상 준비하고 7 분석절차와 동일하게 측정하여 평균값과 표준편차를 구한다.

6.4.2 정밀도는 4회 이상 측정한 평균값과 상대표준편차(RSD)를 구하여 산출한다.

6.4.3 정확도는 4회 이상 측정한 평균값과 조제한 표준용액의 농도에 대한 상대 백분율(%)로 나타낸다.

6.5 현장 이중시료의 측정

현장 이중시료(field duplicate sample)는 동일한 시료채취 장소에서 동일한 조건으로 중복으로 채취한 시료로서 한 조사팀이 하루에 20개 이하를 채취할 경우에는 1개를 그리고 그 이상을 채취할 때에는 시료 20개 당 1개를 추가로 취한다. 동일한 조건의 두 시료간의 측정값의 편차는 20 % 이하이어야 한다.

6.6 내부정도관리 주기 및 목표

6.6.1 방법검출한계, 정량한계, 정밀도 및 정확도는 연 1회 이상 산정하는 것을 원칙으로 하며, 분석자의 교체, 분석 장비의 수리 및 이동 등의 주요 변동사항이 생길 경우에는 다시 실시한다. 단, 장비의 청소 및 측정 장비의 감도가 의심될 때에는 언제든지 측정하여 확인하여야 한다.

6.6.2 검정곡선 검증 및 시약바탕시료의 분석은 각 시료군마다 실시하며, 고농도의 시료 다음에는 시약바탕시료를 측정하여 오염여부를 점검한다.

6.6.3 각 정도관리 항목에 대한 정도관리 목표값은 표 1과 같다.

7 분석절차

7.1 전처리

7.1.1 ASV장치, 전극 및 컴퓨터를 매뉴얼에 따라 작동시킬 수 있도록 준비하고 프로그램을 운영한다.

7.1.2 유리탄소전극을 정제수로 깨끗이 닦아주고 물기를 털어준다. 필요하면 부드럽고 젖은 종이로 닦아주거나 분말로 문질러준 후 정제수로 세척한다. 물이나 증기에서 보관할 수 있다.

7.1.3 금 도금용액 10 mL에 유리 전극을 담가서 매뉴얼에 따라 금도금을 시작한다. 금도금 후 사용하기 전에 컨디션화 하여야 하는데 이 방법은 분석성분이 없는 염산(0.1 M)에서 분석함으로써 준비할 수 있다. 컨디션 후 사용 전까지 정제수에 담가 보관한다.

7.2 검정곡선의 작성

7.2.1 수은 표준용액(2 mg/L) 0, 10, 20, 50, 100, 200, 400 μL를 취해 정제수로 묽혀 10 mL로 만들고 각각을 5 mL씩 취하여 염산(0.2 M) 5 mL를 넣어 섞어준다. 조제한 검정곡선용 표준용액의 농도는 0, 0.001, 0.002, 0.005, 0.01, 0.02, 0.04 mg/L이다. 필요에 따라 사용하는 표준용액의 농도와 개수를 달리 할 수 있다.

[주 1] 시료분석결과 이 검정곡선 농도범위를 벗어나면 시료를 희석해서 재분석하여야 한다.

7.2.2 각 시료에 전극을 담가 수은을 측정하여 수은의 농도(mg/L)와 피크의 면적과의 관계로부터 검정곡선을 작성한다.

7.2.3 수은의 농도(mg/L)를 가로축(x축)에, 수은 피크의 면적을 세로축(y축)에 취하여 검정곡선을 작성한다.

7.3 측정법

시료 5 mL에 염산(0.2 M) 5 mL를 넣고 섞어준 후 시료에 전극을 담가 수은을 측정한다.

8 결과보고

8.1 계산

수은의 측정값을 검정곡선의 y값에 대입하여 구한 x값이 시료 중에 수은의 농도(mg/L)이다.

$$\text{금속의 농도(mg/L)} = C(\text{m}) \times f \quad \cdots\cdots (식\ 4)$$

여기서, C(m) : 검정곡선에서 구한 농도(mg/L)　　f : 시료의 농축 배수

8.2 결과보고

행정사항과 관련된 항목별 시험결과의 표시는 ES 05003의 먹는물 수질기준의 표시한계 및 결과 표시에 따른다.

9 참고자료

9.1 US EPA Method 7472, “Mercury in Aqueous Samples and Extracts by Anodic Stripping Voltammetry <ASV>”(1996)

9.2 Standard Methods 3130, “Metals by Anodic Stripping Voltammetry”(2005)

9.3 日本水道協會, 上水試驗方法解說編(1993)

10 부록

[표 1] 정도관리 목표값

정도관리 항목	정도관리 목표
정량한계	0.001 mg/L
검정곡선	결정계수(R^2) ≥ 0.98 또는 감응계수(RF)의 상대표준편차 ≤ 20 %
정밀도	상대표준편차 ± 20 % 이내
정확도	75 % ~ 125 %
현장이중시료	상대편차백분율 ± 20 % 이내

79 수은-유도결합플라스마-질량분석법
(Mercury-Inductively Coupled Plasma-Mass Spectrometry)

1 개요

1.1 목적

이 시험방법은 먹는물, 샘물, 염지하수 중 수은을 측정하는 방법으로, 시료를 플라스마에 분사시켜 탈용매, 원자화 및 이온화과정을 거쳐 질량분석기로 분석하는 방법이다. 이 방법은 수 μg/L 수은의 정성 및 정량분석에 적합하다.

1.2 적용범위

1.2.1 이 시험방법은 먹는물, 샘물, 염지하수 중 수은 분석에 적용한다.

1.2.2 물속에 있는 총 금속류는 다양한 상태로 존재하고 있으나, 통상은 산 등에 의해 시료를 분해시켜 총량을 측정한다.

1.2.3 다만, 용존성 수은을 측정하는 경우에는, 시료를 여과(공극 0.45 μm 멤브레인 필터) 등에 의해 입자성 부유물을 제거한 후 산 등을 첨가하여 측정한다.

1.2.4 이 시험기준으로 먹는물 중 수은의 정량한계는 0.0005 mg/L이다.

1.3 간섭물질

1.3.1 동중원소 간섭

동중원소(isobaric element) 간섭이란 다른 원소의 동위원소가 1가 또는 2가로 이온화되면서 측정하려는 원소의 질량과 동일한 경우의 간섭을 의미한다. 적절한 질량을 선택하면 간섭효과의 영향을 받지 않고 분석할 수 있다.

1.3.2 다량민감도

다량민감도(abundance sensitivity)는 한 피크의 일부가 다른 피크에 영향을 주는 정도를 말하는 것으로 작은 피크가 큰 피크의 옆에 중첩되어 발생하며 최대한 분리능을 높여 간섭을 줄이도록 해야 한다.

1.3.3 동중 다원소이온 간섭

동중 다원소이온 간섭(isobaric polyatomic ion interference)은 측정하려는 원소의 질량과 동일한 다원소로 구성된 이온에 의해 발생하는 간섭을 말한다. 가능한 간섭물질이 잘 알려져 있고 이는 시료의 기기조건에 의존적이다.

1.3.4 물리적 간섭

시료의 플라스마로 전달, 이온화, 질량분석기로 연결되는 물리적인 과정에 의해 발생하는 간섭을 의미한다. 이는 검정곡선용 표준물질을 측정할 때와 시료를 측정할 때 기기반응도의 차이로부터 발생한다. 용존고형물의 농도가 높을 때에는 스키머콘(skimmer cone)에 흡착되는 양의 증가로 유효 직경이 줄어 이온화 효율을 감소시키므로, 용존고형물은 0.2 %를 초과하지 않도록 한다. 내부표준물질의 사용으로 물리적인 간섭을 보정할 수 있다.

1.3.5 메모리 간섭

앞에 측정한 시료에 있는 원소의 동위원소가 다음 시료의 분석에 영향을 주어 간섭하는 것을 의미한다. 시료주입장치, 스키머콘, 플라스마 토치, 분무장치 등에 분석물질이 흡착되어 발생한다. 이러한 간섭은 다음 시료의 분석 전 충분한 세정을 해 주면 감소시킬 수 있다.

2 용어정의

2.1 용존금속

용존금속은 시료를 산성화시키기 전에 0.45 μm 막을 통과하는 금속을 의미한다.

2.2 금속

시료 중에 존재하는 금속의 총량을 의미하고, 이는 여과 없이 산 처리 후에 측정하는 시료 중의 금속을 말한다.

3 분석기기 및 기구

3.1 유도결합플라스마-질량분석기(ICP-MS)

3.1.1 이 장비는 5 % 피크 높이에서 1 amu의 최소 분리능을 갖고, 5 amu ~ 250 amu의 질량범위에서 측정할 수 있는 것이어야 한다.

3.1.2 표 2와 같이 분석할 수 있다.

3.2 아르곤 기체

액화 또는 압축 아르곤으로서 99.99 % 이상의 순도를 갖는 것이어야 한다.

3.3 용기 및 기구

폴리프로필렌, 폴리에틸렌 또는 폴리테트라플루오로에틸렌으로 된 용기나 기구를 사용하며, 극미량 분석의 경우 가급적 폴리테트라플루오로에틸렌을 사용한다.

4 시약 및 표준용액

4.1 시약

4.1.1 염산

염산(hydrochloric acid, HCl, 분자량 : 36.46)을 사용하여 바탕시험결과 금속류가 검출되어서는 안 된다.

4.1.2 염산(1+1)

1 L 부피플라스크에 정제수를 약 400 mL 넣은 다음 진한 염산(hydrochloric acid, HCl, 분자량 : 36.46) 500 mL를 넣고 흔들어 섞어준 후 정제수로 표선까지 맞추어 조제한다.

4.1.3 질산(70 %)

질산(nitric acid, HNO_3, 분자량 : 63.01)을 사용하여 바탕시험결과 금속류가 검출되어서는 안 된다.

4.1.4 질산(5 %)

1 L 부피플라스크에 정제수를 약 700 mL 넣은 다음 질산 70 %(nitric acid, HNO_3, 분자량 : 63.01) 70 mL를 넣고 흔들어 섞어준 후 정제수로 표선까지 맞추어 조제한다.

4.1.5 질산(1+1)

1 L 부피플라스크에 정제수를 약 400 mL 넣은 다음 질산 70 %(nitric acid, HNO_3, 분자량 : 63.01) 500 mL를 넣고 흔들어 섞어준 후 정제수로 표선까지 맞추어 조제한다.

4.1.6 Gold 용액(1000 mg/L)

고순도(99.9999 %)의 금을 사용하여 조제하거나 시판용 표준용액을 사용한다.

4.1.7 Gold 용액(100 mg/L)

1 L 부피플라스크에 5 % 질산을 약 700 mL 넣은 다음 100 mg/L가 되도록 Gold 용액(1000 mg/L)을 넣고 흔들어 섞어준 후 5 % 질산으로 표선까지 맞추어 조제한다.

4.1.8 Gold 용액(0.2 mg/L)

1 L 부피플라스크에 5 % 질산을 약 700 mL 넣은 다음 0.2 mg/L가 되도록 Gold 용액(100 mg/L)을 넣고 흔들어 섞어준 후 5 % 질산으로 표선까지 맞추어 조제한다.

4.1.9 정제수

바탕시험 할 때 수은의 측정세기가 최소인 것을 사용한다.

4.2 표준용액

4.2.1 수은 표준원액(1000 mg/L)

염화제이수은(mercury chloride, $HgCl_2$, 분자량 : 274.49) 1.35 g을 1 L 부피플라스크에 넣고 질산(1+9) 100 mL에 녹인 후 정제수로 표선까지 맞추어 조제하여 사용하거나 시판용 표준용액을 사용한다.

4.2.2 수은 표준용액(100 mg/L)

수은 표준원액(1000 mg/L) 100 mL를 1 L 부피플라스크에 넣고, 질산 0.1 mL를 가한 다음 정제수로 표선까지 맞추어 조제한다.

4.2.3 수은 표준용액(0.5 mg/L)

수은 표준용액(100 mg/L) 5 mL를 1 L 부피플라스크에 넣고, 질산을 0.1 mL를 가한 다음 정제수로 표선까지 맞추어 조제한다.

4.3 내부표준용액

4.3.1 비스무트

4.3.1.1 비스무트 표준원액(1000 mg/L)

비스무트(bismuth, Bi, 분자량 : 208.98) 표준원액은 산화비스무트(bismuth oxide, Bi_2O_3, 분자량 : 465.96) 1.12 g을 1 L 부피플라스크에 넣고 진한 질산 50 mL에 녹인 후 정제수로 표선까지 맞추어 조제하여 사용하거나 시판용 표준원액을 사용한다.

4.3.1.2 비스무트 표준용액(100 mg/L)

비스무트 표준원액(1000 mg/L) 100 mL를 1 L 부피플라스크에 넣어 정제수로 표선까지 맞추어 조제한다.

4.3.1.3 비스무트 표준용액(2 mg/L)

비스무트 표준용액(100 mg/L) 20 mL를 1 L 부피플라스크에 넣어 정제수로 표선까지 맞추어 조제한다.

[주 1] 시료 중에 비스무트가 존재하는 경우 등 필요에 따라 다른 내부표준물질을 사용할 수 있다.

5 시료채취 및 관리

5.1 시료채취 전에 전 함량 분석을 할 것인가 아니면 용존 수은만을 분석할 것인가를 결정하여 적절한 보존을 선택한다.

5.2 시료는 미리 세척한 유리, 폴리프로필렌, 폴리에틸렌, 또는 폴리테트라플루오로에틸렌 용기에 채취한다.

5.3 채취용기는 비인산계 세제로 세척한 후 수돗물로 여러 번 세척하고 질산(1+1)과 정제수로 차례로 세척한 후 건조하여 사용한다.

5.4 용존 금속을 측정할 경우에는 시료를 채취하여 0.45 μm 막에 통과시키고 걸러진 용액에 질산을 가하여 pH 2 이하로 조절한다.

5.5 전 함량 금속을 측정할 경우에는 시료 채취 후 질산을 가하여 pH 2 이하로 조절한다. 단, 운반온도(2 ℃ ~ 8 ℃)를 유지하여 운반 후 실험실에서 보존처리 할 수 있다(시료채취 후 48시간 이내).

5.6 산 처리한 시료는 1 ℃ ~ 5 ℃로 보관하여 시료가 증발로 인해 부피변화가 없도록 해야 한다. 이 조건에서는 시료를 최대 6개월까지 보관할 수 있다.

5.7 μg/L의 농도에서는 시료 채취 후 되도록 빠른 시간 안에 분석한다.

6 정도보증/정도관리(QA/QC)

6.1 방법검출한계 및 정량한계

6.1.1 방법검출한계(MDL, method detection limit) 및 정량한계(LOQ, limit of quantitation)는 정제수에 표 1의 정량한계 부근의 농도가 되도록 수은을 첨가한 시료 7개를 준비하고 각 시료를 7 분석절차와 동일하게 측정하여 표준편차를 구한다.

6.1.2 표준편차에 3.14를 곱한 값을 방법검출한계로, 10을 곱한 값을 정량한계로 나타낸다. 측정한 정량한계는 시험방법에서 제시한 정량한계 이하이어야 한다.

6.2 방법바탕시료의 측정

ES 05001 정도보증/정도관리에 따라 시료군마다 1개의 방법바탕시료(method blank)를 측정한다. 방법바탕시료는 정제수를 사용하여 7 분석절차와 동일하게 측정하며 얻은 값이 방법검출한계 이하이어야 한다.

6.3 검정곡선의 작성 및 검증

6.3.1 정량범위 내에서 바탕시료를 포함하여 5개 이상의 농도에 대해 검정곡선을 작성하고 얻어진 검정곡선의 결정계수(R^2)가 0.98 또는 감응계수(RF)의 상대표준편차가 20 % 이내이어야 하며 결정계수나 상대표준편차가 허용범위를 벗어나면 재작성한다.

6.3.2 감응계수(RF)는 검정곡선 작성을 위한 표준용액의 농도에 대한 흡광도와 같은 반응(R,

response)으로, 표준용액의 농도를 2 개 이상 사용한 경우는 검정곡선의 기울기에 해당된다.

6.3.3 검정곡선의 직선성을 검증하기 위하여 각 시료군마다 1회의 검정곡선 검증을 실시하는 것이 바람직하다. 정량범위 또는 검정곡선의 중간 농도에 해당하는 표준용액을 측정한다. 측정값은 검정곡선 작성 시의 값과 상대편차가 20 % 이내에서 일치하여야 한다. 만약 이 범위를 넘는 경우, 검정곡선의 재작성이 요구된다.

6.4 정밀도 및 정확도

6.4.1 정밀도(precision) 및 정확도(accuracy)의 측정은 ES 05001 정도보증/정도관리에 따른다. 정제수에 정량한계의 1배 ~ 2배 농도가 되도록 동일하게 표준물질을 첨가한 시료를 4개 이상 준비하고 7 분석절차와 동일하게 측정하여 평균값과 표준편차를 구한다.

6.4.2 정확도는 4회 이상 측정한 평균값과 조제한 표준용액의 농도에 대한 상대 백분율(%)로 나타낸다.

6.4.3 정밀도는 4회 이상 측정한 평균값과 상대표준편차(RSD)를 구하여 산출한다.

6.5 현장 이중시료의 측정

현장 이중시료(field duplicate sample)는 동일한 시료채취 장소에서 동일한 조건으로 중복으로 채취한 시료로서 한 조사팀이 하루에 20개 이하를 채취할 경우에는 1개를 그리고 그 이상을 채취할 때에는 시료 20개 당 1개를 추가로 취한다. 동일한 조건의 두 시료간의 측정값의 편차는 20 % 이하이어야 한다.

6.6 내부정도관리 주기 및 목표

6.6.1 방법검출한계, 정량한계, 정밀도 및 정확도는 연 1회 이상 산정하는 것을 원칙으로 하며, 분석자의 교체, 분석 장비의 수리 및 이동 등의 주요 변동사항이 생길 경우에는 다시 실시한다. 단, 장비의 청소 및 측정 장비의 감도가 의심될 때에는 언제든지 측정하여 확인하여야 한다.

6.6.2 검정곡선 검증 및 시약바탕시료의 분석은 각 시료군마다 실시하며, 고농도의 시료 다음에는 시약바탕시료를 측정하여 오염여부를 점검한다.

6.6.3 각 정도관리 항목에 대한 정도관리 목표값은 표 1과 같다.

7 분석절차

7.1 전처리

7.1.1 탁도 1 NTU 이하이고 침전물이나 부유물이 없는 시료(입자가 적고 균질한 시료)는 시료 100 mL를 비커에 넣고 질산(1+1) 2 mL를 넣어 16시간 이상 유지하고 pH 2 이하 인지 확인 후 측정한다.

7.1.2 탁도가 1 NTU 이상이거나 침전물이나 부유물이 존재하는 시료(입자가 많거나 불균질한 시료)는 시료 100 mL를 비커에 넣고 질산(1+1) 2 mL와 염산(1+1) 1 mL 첨가한다. 가열기 등을 사용하여 85 ℃ 이하에서 액량이 약 20 mL가 될 때까지 끓이지 않고 천천히 가열농축하고, 이 용액을 50 mL 부피플라스크에 옮긴 후 정제수로 비커를 닦아주어 부피플

라스크에 합친 다음 정제수로 표선까지 정확히 채운다. 산 분해 후에도 탁도가 있는 경우, 밤새 가라앉히거나 원심분리를 이용하여 탁도 물질을 배제시킨다. 그럼에도 탁도가 존재하는 경우, 여과하여 분석할 수 있다.

7.1.3 내부표준물질법을 이용할 경우는 내부표준물질을 최종용액 중에서의 농도가 0.1 mg/L가 되게 첨가하고 잘 섞어 측정용 시료로 사용한다. 필요에 따라 사용하는 농도를 달리 할 수 있다.

7.2 검정곡선의 작성

7.2.1 수은의 표준용액(0.5 mg/L) 0, 10, 20, 40, 80, 160, 320 μL를 단계적으로 10 mL 부피플라스크에 넣고 각각에 Gold 용액(0.2 mg/L)으로 표선을 맞추어 조제한다. 단계적으로 조제한 검정곡선용 표준용액의 농도는 0, 0.0005, 0.001, 0.002, 0.004, 0.008, 0.016 mg/L에 해당된다. 필요에 따라 사용하는 표준용액의 농도와 개수를 달리 할 수 있다.

7.2.2 내부표준물질법을 이용할 경우는 내부표준물질을 최종용액 중에서의 농도가 0.1 mg/L가 되게 첨가하고 잘 섞어 측정용 시료로 사용한다. 필요에 따라 사용하는 농도를 달리 할 수 있다.

7.2.3 이하 **7.3**과 같은 방법으로 측정하여 금속의 농도와 측정값으로부터 다음과 같이 검정곡선을 작성한다.

7.2.3.1 절대검정곡선법을 사용할 때에는 수은의 농도(mg/L)를 가로축(x축)에, 지시값을 세로축(y축)에 취하여 검정곡선을 작성한다.

7.2.3.2 상대검정곡선법을 사용할 때에는 수은 농도(C_x)와 내부표준물질 농도(C_i)의 비(C_x/C_i)를 가로축(x축)에, 수은의 지시값(R_x)과 내부표준물질의 지시값(R_i)의 비(R_x/R_i)를 세로축(y축)에 취하여 검정곡선을 작성한다.

7.3 측정법

7.3.1 시료를 유도결합플라스마-질량분석기에 주입하여 수은의 지시값을 얻는다.

7.3.2 시료 중 수은의 농도가 정량범위를 벗어나면 시료를 희석하여 측정한다.

7.3.3 절대검정곡선법을 사용할 때에는 시료에서 측정한 수은의 지시값을 검정곡선의 y값에 대입하여 농도(mg/L)를 계산한다.

7.3.4 상대검정곡선법을 사용할 때에는 수은의 지시값(R_x)과 내부표준물질의 지시값(R_i)의 비(R_x/R_i)를 검정곡선의 y값에 대입하여 농도(mg/L)를 계산한다.

7.3.5 바탕시험을 행하여 보정한다.

7.3.6 기기에 따라 측정항목 및 시료의 매질에 따른 간섭을 제거하기 위한 헬륨(He) 등의 가스를 사용하여 분석의 오차를 줄일 수 있다.

7.3.7 수은은 메모리 간섭이 크게 나타나는 금속이므로 세척시간을 늘릴 필요가 있으며, 표준용액 또는 검출되는 시료 분석 사이 Gold 용액(0.2 mg/L)으로 분석하여 메모리 간섭이 없음을 확인하여야 한다.

8 결과보고

8.1 계산

시료에서 수은의 지시값을 검정곡선의 y값에 대입하여 구한 농도(x값)를 사용하여 다음의 식으로부터 시료 중에 농도를 계산한다.

$$\text{금속의 농도(mg/L)} = C(\text{m}) \times f \quad \cdots\cdots (\text{식 } 1)$$

여기서, C(m) : 검정곡선에서 구한 농도(mg/L)

f : 시료의 희석배수(직접측정법의 경우는 1.0)

8.2 결과보고

행정사항과 관련된 항목별 시험결과의 표시는 ES 05003의 먹는물 수질기준의 표시한계 및 결과표시에 따른다.

9 참고자료

9.1 US EPA Method 200.8, "Determination of Trace Elements in Waters and Wastes by Inductively Coupled Plasma-Mass Spectrometry", EPA, Environmental Monitoring Systems Laboratory Office of Research and Development, Cincinnati, Ohio 45268(1994)

9.2 US EPA Method 6020B, "Inductively Coupled Plasma－Mass Spectrometry", EPA, Environmental Monitoring Systems Laboratory Office of Research and Development, Cincinnati, Ohio 45268(2014)

10 부록

[표 1] 정도관리 목표값

정도관리 항목	정도관리 목표
정량한계	0.0005 mg/L
검정곡선	결정계수(R^2) ≥ 0.98 또는 감응계수(RF)의 상대표준편차 ≤ 20 %
정밀도	상대표준편차 ± 20 % 이내
정확도	80 % ~ 120 %
현장이중시료	상대편차백분율 ± 20 % 이내

[표 2] 유도결합플라스마-질량분석법의 측정질량 및 작동조건(예)

설정 인자	설정 값
측정질량(m/z)	202
He gas	5.0 mL/min
RF Power	1550 W
RF Matching	1.4 V
Carrier Gas flow	0.98 L/min
Nebulizer Pump	0.10 rps
Spray Chamber Temperature	2.0 ℃
Rinse Step 1(Matrix 용액)	2 min
Rinse Step 2(정제수)	45 sec
Replicate integrations	3

수은 연습문제

01 **먹는물수질공정시험기준에 따른 냉증기-원자흡수분광광도법으로 수은을 측정할 때 염화물이온의 간섭을 방지하기 위해 사용하는 시약으로 옳은 것은?**

① 과황산칼륨 ② 이염화주석
③ 과망간산칼륨 ④ 염화하이드록실아민

02 **수은을 냉증기-원자흡수분광광도법으로 측정할 때 유리염소를 환원시키기 위해 사용하는 시약과 잔류하는 염소를 통기시켜 추출하기 위해 사용하는 가스는?**

① 염산하이드록실아민, 질소 ② 염산하이드록실아민, 수소
③ 과망간산칼륨, 질소 ④ 과망간산칼륨, 수소

03 **먹는물수질공정시험기준에 따른 수은-양극벗김전압전류법에 관한 설명으로 틀린 것은?**

① 이 방법으로는 유기 또는 무기수은(Ⅱ)을 구분할 수 없다.
② 유리탄소전극에 수은막을 입힌 전극을 사용한다.
③ 100 mg/L 이상의 탄닌산이 존재하는 시료는 이 방법으로 수은을 측정할 수 없다.
④ 탁한 시료는 수은의 측정을 방해하므로 미리 0.45 μm의 유리필터를 사용하여 걸러낸다.

04 **먹는물수질공정시험기준에 따른 수은 분석방법 중 양극벗김전압전류법에 대한 설명으로 옳은 것은?**

① 시료에 이염화주석을 넣어 금속 수은으로 환원시킨 다음 이 용액에 통기하여 발생하는 수은 증기를 정량하는 방법이다.
② 염소이온의 농도가 높은 시료는 양의 오차를 발생시키는데 이때 염산하이드록실아민용액을 과잉으로 넣어 유리염소를 환원시키고 용기 중에 잔류하는 염소는 질소 가스를 통기시켜 추출한다.
③ 휘발성유기화합물의 존재는 같은 파장의 흡수를 하여 간섭을 일으킬 수 있다.
④ 100 mg/L 이상의 탄닌산이 존재하는 시료의 경우에는 사용할 수 없다.

Answer 1. ④ 2. ① 3. ② 4. ④

80 아연(Zinc, Zn)

1 일반적 성질

이 시험기준은 먹는물 중에 아연[1)2)3)]의 분석방법이다. 아연은 원자번호 30번이며 주요 산화상태는 +2가이다. 지각 중에는 70 mg/kg, 토양 중에는 10 mg/kg ~ 300 mg/kg, 하천수에는 10 μg/L 정도 존재하며 지하수에는 0.1 mg/L 이하로 존재한다. 아연은 사람의 성장에 필수원소이다. 5 mg/L 이상의 농도로 쓴 맛을 나타내며 알칼리 용액에서 젖빛을 낸다. 전기 도금된 철이나 청동으로부터 오염될 수 있으며 이 때 납과 카드뮴도 함께 오염될 수 있다. 아연은 염산이나 묽은 황산에서는 수소를 발생하며 녹아 각각의 염이 된다.

또 진한 알칼리 용액과 가열하면 역시 수소를 발생하며 녹아 아연산염을 만든다. 이 때문에 묽은 산 또는 진한 알칼리와 함께 환원제로 사용된다.

2 적용 가능한 시험방법

아연	정량한계(mg/L)	정밀도(% RSD)
원자흡수분광광도법	0.002	20 % 이내
유도결합플라스마-원자방출분광법	0.001	20 % 이내
유도결합플라스마-질량분석법	0.001	20 % 이내

1) 원자량: 65.38(Zn), 비중: 7.13, 끓는점: 907 ℃, 녹는점: 420 ℃, 용해도: 불용성, 배출원: 1차 금속산업, 화합물 및 화학제품 제조업 및 조립금속제품 제조업 등에서 배출되고 이중 81 %가 공기 중으로 배출되고 17 % 정도가 물로 배출된다.

2) 환경잔류성: 아연은 자연계에서 ZnO, ZnS, ZnO_3 등으로 존재하며, 토양의 자연함량은 1 mg/kg ~ 3 mg/kg 정도 존재한다.

3) 인체유해성: 아연은 단백질 대사에 관여하여 우리 몸에 필요한 필수 원소이지만 과도하게 섭취하게 되면 구리, 철, 카드뮴의 신진대사를 방해한다. 독성은 낮으며 아연이 장으로부터 흡수되는 경우는 극히 적으나 과량 섭취하면 구토, 설사, 현기증, 신장에 영향을 줄 수 있다.

81 아연-원자흡수분광광도법
(Zinc-Atomic Absorption Spectrophotometry)

이 시험기준은 먹는물 및 샘물 중에 아연의 분석방법으로, 시료에 200 mL에 질산을 가해 분해시키고 10배 농축하여 시료를 직접 불꽃으로 주입하여 원자화한 후 원자흡수분광광도법으로 측정하는 것으로, ES 05400.1 금속류-원자흡수분광광도법에 따른다.

82 아연-유도결합플라스마-원자방출분광법
(Zinc-Inductively Coupled Plasma-Atomic Emission Spectrometry)

이 시험기준은 먹는물 및 샘물 중에 아연을 측정하는 분석방법으로, 시료를 아르곤 플라스마에 주입하여 방출하는 발광선 및 발광광도를 측정하여 정성 및 정량분석을 수행하며, ES 05400.2 금속류-유도결합플라스마-원자방출분광법에 따른다.

83 아연-유도결합플라스마-질량분석법
(Zinc-Inductively Coupled Plasma-Mass Spectrometry)

이 시험기준은 먹는물, 샘물 및 염지하수 중에 아연의 분석방법으로, 시료를 플라스마에 분사시켜 탈용매, 원자화, 그리고 이온화하여 질량분석부로 주입한 후 질량분석을 수행하는 방법이다. 이 방법은 ES 05400.3 금속류-유도결합플라스마-질량분석법에 따른다.

아 연 연습문제

01 먹는물수질공정시험기준에 따른 원자흡수분광광도법에서 측정한 아연(Zn)의 농도로 옳은 것은?

- 시료 250 mL을 전처리하여 최종 25 mL로 농축 후, 측정한 아연 농도가 5.2 mg/L이다.
- 바탕시료의 아연 농도는 0.2 mg/L이다.

① 0.3 mg/L ② 0.4 mg/L
③ 0.5 mg/L ④ 0.6 mg/L

02 먹는물수질공정시험기준에 따른 금속류의 원자흡수분광광도법에 관한 설명으로 틀린 것은?

① 알루미늄 분석을 위해서는 높은 불꽃온도가 요구되는데 이를 위해 아산화질소－아세틸렌 불꼬출 사용한다.
② 낮은 농도의 구리(동), 납, 망간, 아연, 철, 카드뮴과 같은 금속류는 암모늄피롤리딘디티오카바메이트(APDC)와 착물을 생성시켜 메틸아이소부틸케톤(MIBK)으로 추출하여 공기－아세틸렌 불꽃에 주입하여 분석한다.
③ 망간 분석을 위한 검정곡선은 정량범위 내의 5개 이상의 농도에서 작성하고 얻어진 검정곡선의 결정계수(R^2)는 0.98 또는 감응계수(RF)의 상대표준편차가 20 % 이내이어야 한다.
④ 아연 분석을 위하여 표준용액(2 mg/L) 0 mL, 1.0 mL, 2.0 mL, 4.0 mL, 8.0 mL, 10.0 mL를 단계적으로 100 mL 부피플라스크에 넣고 각각에 질산 2 mL와 정제수를 넣어 표선을 맞춘다.

Answer 1. ③ 2. ④

84 알루미늄(Aluminium, Al)

1 일반적 성질

이 시험기준은 먹는물 중에 알루미늄[1)2)3)]의 분석방법이다. 알루미늄은 원자번호 13번이며 주요 산화상태는 +3가이며 지각에서 세 번째로 풍부한 원소로 81.3 g/kg 존재한다. 하천수 중에는 약 3 mg/L 존재하며 광물, 암석 및 점토로부터 나올 수 있다. 수돗물 중 알루미늄은 정수처리과정에 사용된 응집제의 극미량이 잔류하기 때문이다.

2 적용 가능한 시험방법

알루미늄	정량한계(mg/L)	정밀도(% RSD)
원자흡수분광광도법	0.004	20 % 이내
유도결합플라스마－원자방출분광법	0.02	20 % 이내
자외선/가시선 분광법	0.01	20 % 이내
유도결합플라스마－질량분석법	0.002	20 % 이내

1) 원자량: 26.98(Al), 비중: 2.70, 끓는점: 2,467 ℃, 녹는점: 660 ℃, 용해도: 불용성, 배출원: 알루미늄 광산 및 제련소, 광물질 정제과정 등의 폐수에서 배출된다.

2) 환경잔류성: 정수처리에서 응집제로 사용된 후 제거되지 않고 수돗물에 잔류한다.

3) 인체유해성: 인체에 미칠 수 있는 유해한 영향에 대해 알려진 것이 없다.

85 알루미늄-원자흡수분광광도법
(aluminium-Atomic Absorption Spectrophotometry)

이 시험기준은 먹는물 및 샘물 중에 알루미늄의 분석방법으로, 시료에 200 mL에 염산 2 mL 및 지르코늄용액 1 mL를 넣어 분해시키고 10배 농축하여 시료를 직접 불꽃으로 주입하여 원자화한 후 원자흡수분광광도법으로 측정하는 것으로, ES 05400.1 금속류 - 원자흡수분광광도법에 따른다.

86 알루미늄-유도결합플라스마-원자방출분광법
(Aluminium-Inductively Coupled Plasma-Atomic Emission Spectrometry)

이 시험기준은 먹는물 및 샘물 중에 알루미늄을 측정하는 분석방법으로, 시료를 아르곤 플라스마에 주입하여 방출하는 발광선 및 발광광도를 측정하여 정성 및 정량분석을 수행하며, ES 05400.2 금속류 - 유도결합플라스마 - 원자방출분광법에 따른다.

87 알루미늄-자외선/가시선분광법 (Aluminium-UV/Visible Spectrometry)

1 개요

1.1 목적

이 시험기준은 먹는물 및 샘물 중에 알루미늄을 페난트로린과 반응하여 생성된 착염을 클로로포름으로 추출하여 흡광도를 390 nm에서 측정하는 방법이다.

1.2 적용범위

1.2.1 이 방법은 먹는물 및 샘물 중 알루미늄의 측정에 적용된다.

1.2.2 이 방법에 의한 알루미늄의 정량한계는 0.01 mg/L이다.

1.3 간섭물질

1.3.1 흡수셀이 더러우면 측정값에 오차가 발생하므로 다음과 같이 세척하여 사용한다. 또는 시판용 세척액을 사용하여 세척한다.

1.3.1.1 탄산나트륨용액(2 %)에 소량의 음이온계면활성제를 가한 용액에 흡수셀을 담가 놓고 필요하면 40 ℃ ~ 50 ℃로 약 10분간 가열한다.

1.3.1.2 흡수셀을 꺼내 물로 씻은 후 질산(1 + 5)에 소량의 과산화수소를 가한 용액에 약 30분간 담가 놓았다가 꺼내어 물로 잘 씻는다. 깨끗한 가제나 흡수지 위에 거꾸로 놓아 물기를 제거하고 실리카겔을 넣은 데시케이터 중에서 건조하여 보존한다.

1.3.1.3 급히 사용하고자 할 때는 물기를 제거한 후 에틸알코올로 씻고 다시 에틸에테르로 씻은 다음 드라이어로 건조해서 사용한다.

1.3.2 다음과 같이 발색반응을 검토하여 간섭효과를 줄여야 한다.

1.3.2.1 액성의 변화에 따른 흡광도의 변화를 점검한다.

1.3.2.2 온도변화 및 방치시간에 의한 흡광도의 변화를 점검한다.

1.3.2.3 시약의 농도, 첨가량 및 첨가순서에 따른 흡광도의 변화를 점검한다.

1.3.2.4 빛에 의한 흡광도의 변화를 점검한다.

1.3.3 다음과 같이 측정조건을 검토하여 간섭효과를 줄여야 한다.

1.3.3.1 측정파장은 원칙적으로 최고의 흡광도를 얻을 수 있는 최대 흡수파장을 선정하나, 방해성분의 영향, 재현성 및 안정성 등을 고려하여 차선의 측정파장 또는 필터를 선정할 수 있다.

1.3.3.2 대조액으로 바탕시험을 수행한다.

1.3.3.3 흡광도의 측정값이 0.2 ~ 0.8의 범위에 들도록 시험용액의 농도를 조절한다.

2 "내용 없음"

3 분석기기 및 기구

3.1 자외선/가시선 분광광도계

3.1.1 자외선/가시선 분광광도계는 그림 1과 같이 광원부, 파장선택부, 시료부 및 측광부로 구성되어 있고 광원부에서 측광부까지의 광학계에는 측정목적에 따라 여러 가지 형식이 있다.

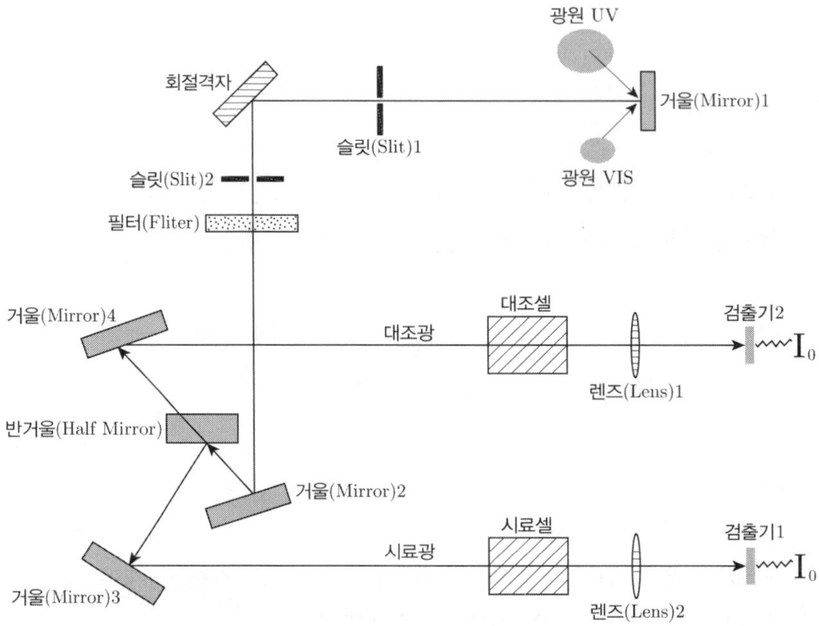

[그림 1] 자외선/가시선 분광광도계

3.1.2 광원부의 광원으로 가시부와 근적외부의 광원으로는 주로 텅스텐램프를 사용하고 자외부의 광원으로는 주로 중수소 방전관을 사용한다.

3.2 흡수셀

3.2.1 시료액의 흡수파장이 약 370 nm 이상일 때는 석영 또는 경질유리 흡수셀을 사용하고 약 370 nm 이하일 때는 석영 흡수셀을 사용한다.

3.2.2 따로 흡수셀의 길이를 지정하지 않았을 때는 10 mm 셀을 사용한다.

3.2.3 시료셀에는 시험용액을, 대조셀에는 따로 규정이 없는 한 증류수를 넣는다. 넣고자 하는 용액으로 흡수셀을 씻은 다음 셀의 약 80 %까지 넣고 외면이 젖어 있을 때는 깨끗이 닦는다. 필요하면(휘발성 용매를 사용할 때와 같은 경우) 흡수셀에 마개를 하고 흡수셀에 방향성이 있을 때는 항상 방향을 일정하게 하여 사용한다.

4 시약 및 표준용액

4.1 시약

4.1.1 염산(1+9)

진한 염산(hydrochloric acid, HCl, 분자량 : 36.46) 10 mL를 정제수 90 mL에 서서히 넣어 섞어 사용한다.

4.1.2 염화하이드록시암모늄용액

염화하이드록시암모늄(hydroxylamine hydrochloride, $NH_2OH \cdot HCl$, 분자량 : 70.49) 10 g을 물에 녹여 100 mL로 한다.

4.1.3 1,10-페난트로린용액

1,10-페난트로린염산염(1,10-phenanthroline hydrochloride, $C_{12}H_8N_2 \cdot HCl$, 분자량 : 216.67) 0.12 g을 물에 녹여 100 mL로 한 후 갈색병에 넣어 암소에서 보존한다.

4.1.4 옥신용액

옥신(auxin, C_9H_7NO, 분자량 : 109.13)(8-옥시퀴놀린) 2 g을 아세트산 5 mL에 녹이고, 물을 넣어 200 mL로 한다.

4.1.5 아세트산나트륨용액

아세트산나트륨·3수화물(sodium acetate trihydrate, $C_2H_3NaO_2 \cdot 3H_2O$, 분자량 : 136.09) 40 g을 물에 녹여 100 mL로 한다.

4.1.6 클로로포름

클로로포름(chloroform, $CHCl_3$, 분자량 : 119.38)을 사용하며 바탕실험 결과 금속류가 기기검출한계 이하이어야 한다.

4.1.7 무수황산나트륨

무수황산나트륨(anhydrous sodium sulfate, Na_2SO_4, 분자량 : 142.04)을 사용하며 바탕실험 결과 금속류가 기기검출한계 이하이어야 한다.

4.2 표준용액

4.2.1 알루미늄 표준원액(1000 mg/L)

알루미늄 금속선(분석용) 1 g을 정제수 100 mL와 수산화나트륨 5 g의 혼합액에 녹이고, 정제수를 넣어 약 800 mL로 한 후 염산으로 중화하고, 염산(0.1 M)을 넣어 1 L로 하여 사용하거나 시판용 표준용액을 사용한다.

4.2.2 알루미늄 표준용액(100 mg/L)

알루미늄 표준원액(1000 mg/L) 10 mL를 100 mL 부피플라스크에 넣어 정제수를 표선까지 가하여 조제한다.

4.2.3 알루미늄 표준용액(2 mg/L)

알루미늄 표준용액(100 mg/L) 2 mL를 100 mL 부피플라스크에 넣어 정제수를 표선까지 가하여 조제한다.

5 시료채취 및 관리

ES 05400.1 금속류-원자흡수분광광도법의 5 시료채취 및 관리에 따른다.

6 정도보증/정도관리(QA/QC)

6.1 방법검출한계 및 정량한계

6.1.1 방법검출한계(MDL, method detection limit) 및 정량한계(LOQ, limit of quantitation)는

정제수에 표 1의 정량한계 부근의 농도가 되도록 알루미늄을 첨가한 시료 7개를 준비하고 각 시료를 **7** 분석절차와 동일하게 추출하여 표준편차를 구한다.

6.1.2 표준편차에 3.14를 곱한 값을 방법검출한계로, 10을 곱한 값을 정량한계로 나타낸다. 측정한 정량한계는 시험기준에서 제시한 정량한계 이하이어야 한다.

6.2 방법바탕시료의 측정

시료군마다 1개의 방법바탕시료(method blank)를 측정한다. 방법바탕시료는 정제수를 사용하여 **7** 분석절차와 동일하게 측정하며 얻은 값이 방법검출한계 이하이어야 한다.

6.3 검정곡선의 작성 및 검증

6.3.1 정량범위 내의 5개 이상의 농도에 대해 검정곡선을 작성하고 얻어진 검정곡선의 결정계수(R^2)가 0.98 또는 감응계수(RF)의 상대표준편차가 20 % 이내이어야 하며 결정계수나 감응계수의 상대표준편차가 허용범위를 벗어나면 재작성한다.

6.3.2 감응계수(RF)는 검정곡선 작성을 위한 표준용액의 농도(C)에 대한 흡광도와 같은 반응(R, response)으로, 표준용액의 농도를 2개 이상 사용한 경우는 검정곡선의 기울기에 해당된다.

6.3.3 검정곡선의 직선성을 검증하기 위하여 각 시료군마다 1회의 검정곡선 검증을 실시하는 것이 바람직하다. 정량범위 또는 검정곡선의 중간 농도에 해당하는 표준용액을 측정한다. 측정값은 검정곡선 작성 시의 값과 20 % 이내에서 일치하여야 한다. 만약 이 범위를 넘는 경우, 검정곡선의 재작성이 요구된다.

6.4 정밀도 및 정확도

6.4.1 정밀도(precision) 및 정확도(accuracy)의 측정은 ES 05001 정도보증/정도관리에 따른다. 정제수에 정량한계의 1배 ~ 2배 농도가 되도록 동일하게 표준물질을 첨가한 시료를 4개 이상 준비하고 **7** 분석절차와 동일하게 측정하여 평균값과 표준편차를 구한다.

6.4.2 정밀도는 4회 이상 측정한 평균값과 상대표준편차(RSD)를 구하여 산출한다.

6.4.3 정확도는 4회 이상 측정한 평균값과 조제한 표준용액의 농도에 대한 상대 백분율(%)로 나타낸다.

6.5 현장 이중시료의 측정

현장 이중시료(field duplicate sample)는 동일한 시료채취 장소에서 동일한 조건으로 중복으로 채취한 시료로서 한 조사팀이 하루에 20개 이하를 채취할 경우에는 1개를 그리고 그 이상을 채취할 때에는 시료 20개 당 1개를 추가로 취한다. 동일한 조건의 두 시료간의 측정값의 편차는 20 % 이하이어야 한다.

6.6 내부정도관리 주기 및 목표

6.6.1 방법검출한계, 정량한계, 정밀도 및 정확도는 연 1회 이상 산정하는 것을 원칙으로 하며, 분석자의 교체, 분석 장비의 수리 및 이동 등의 주요 변동사항이 생길 경우에는 다시 실시한다. 단, 장비의 청소 및 측정 장비의 감도가 의심될 때에는 언제든지 측정하여 확인하여야 한다.

6.6.2 검정곡선 검증 및 시약바탕시료의 분석은 각 시료군마다 실시하며, 고농도의 시료 다음에는 시약바탕시료를 측정하여 오염여부를 점검한다.

6.6.3 각 정도관리 항목에 대한 정도관리 목표값은 표 1과 같다.

7 분석절차

7.1 전처리

시료 200 mL(0.002 mg ~ 0.04 mg의 알루미늄을 함유하거나, 같은 양의 알루미늄을 함유하도록 시료에 물을 넣어 200 mL로 한 것)를 비커에 넣고, 염산(1+9) 4 mL(미리 시료에 넣은 염산을 포함한다)를 넣어 약 5분간 끓인 다음 염화하이드록시암모늄용액 1 mL를 넣어 실온에서 식히고 이를 시험용액으로 한다.

7.2 검정곡선의 작성

7.2.1 알루미늄 표준용액(2 mg/L) 0, 2, 5, 10, 20 mL를 단계적으로 200 mL 부피플라스크에 넣고 각각에 정제수를 넣어 200 mL로 한다. 조제한 검정곡선용 표준용액의 농도는 0, 0.02, 0.05, 0.1, 0.2 mg/L이다. 필요에 따라 사용하는 표준용액의 농도와 개수를 달리 할 수 있다.

[주 1] 시료분석결과 이 검정곡선 농도범위를 벗어나면 시료를 희석해서 재분석하여야 한다.

7.2.2 **7.1** 및 **7.3**과 같은 방법으로 측정하여 알루미늄의 양(mg)를 가로축(x축)에, 알루미늄의 흡광도를 세로축(y축)에 취하여 검정곡선을 작성한다.

7.3 측정법

7.3.1 전처리에서 얻은 시험용액을 분별깔때기에 옮긴 후 1,10-페난트로린용액 3 mL를 넣어 잘 흔들어 섞은 다음 옥신용액 2 mL, 아세트산나트륨용액 10 mL를 넣어 잘 흔들어 섞는다.

7.3.2 클로로포름 15 mL를 넣고 30초간 강하게 흔들어 섞은 다음 5분간 가만히 두었다가 클로로포름층을 황산나트륨 약 2 g을 넣은 50 mL 마개달린 시험관에 취하고 마개를 한 후 세게 흔들어 탈수한다.

7.3.3 이 용액 일부를 흡수셀(10 mm)에 넣고 자외선/가시선 분광광도계를 사용하여 시료와 같은 방법으로 시험한 바탕시험액을 대조액으로 하여 파장 390 nm 부근에서 흡광도를 측정하고 7.2에 따라 작성한 검정곡선으로부터 시험용액 중의 알루미늄의 양을 구하여 시료 중의 알루미늄 농도를 측정한다.

8 결과보고

8.1 계산

알루미늄의 측정값을 검정곡선의 y값에 대입하여 구한 x값이 시료 중에 알루미늄의 농도(mg/L)이다.

$$\text{금속의 농도(mg/L)} = a\text{(mg)} \times \frac{1000}{\text{시료량}} \qquad \text{(식 1)}$$

여기서, a : 검정곡선으로부터 구한 시료 중의 알루미늄의 양(mg)

8.2 결과보고

행정사항과 관련된 항목별 시험결과의 표시는 ES 05003의 먹는물 수질기준의 표시한계 및 결과 표시에 따른다.

9 참고자료

9.1 日本水道協會, 上水試驗方法解說編(1993)

10 부록

[표 1] 정도관리 목표값

정도관리 항목	정도관리 목표
정량한계	0.01 mg/L
검정곡선	결정계수(R^2) ≥ 0.98 또는 감응계수(RF)의 상대표준편차 ≤ 20 %
정밀도	상대표준편차 ± 20 % 이내
정확도	75 % ~ 125 %
현장이중시료	상대편차백분율 ± 20 % 이내

88 알루미늄-유도결합플라스마-질량분석법
(Aluminium-Inductively Coupled Plasma-Mass Spectrometry)

이 시험기준은 먹는물, 샘물 및 염지하수 중에 알루미늄의 분석방법으로, 시료를 플라스마에 분사시켜 탈용매, 원자화, 그리고 이온화하여 질량분석부로 주입한 후 질량분석을 수행하는 방법이다. 이 방법은 ES 05400.3 금속류-유도결합플라스마-질량분석법에 따른다.

알루미늄

연습문제

01 먹는물수질공정시험기준에 따른 원자흡수분광광도법에 대한 설명으로 틀린 것은?

① 알루미늄은 공기－아세틸렌 불꽃에 주입하여 분석한다.
② 크롬은 공기－아세틸렌 불꽃에서 아세틸렌의 유량이 많은 쪽이 감도가 높다.
③ 실리콘은 망간 측정을 간섭하는데 칼슘을 넣어 방지할 수 있다.
④ 시료 중에 나트륨과 같이 쉽게 이온화되는 원소가 1000 mg/L 이상 존재하여 금속 측정을 간섭할 때에는 검정곡선용 표준물질에 시료 매질과 유사하게 첨가하여 보정한다.

02 다음은 먹는물 중 어떤 금속류를 원자흡수분광광도법으로 측정하고자 할 때 시료의 전처리 과정을 순서대로 설명한 것이다. 설명에 맞는 금속은?

㉮ 시료 200 mL 또는 금속을 첨가한 시료 200 mL를 비커에 넣고 염산 2 mL 및 지르코늄용액 1 mL를 넣어 흔들어 섞는다. ㉯ 이 용액을 암모니아수로 pH 9로 조정하여, 수산화지르코늄의 침전을 생성시킨다. 잘 섞어 방치하여 침전을 가라앉힌다. ㉰ 여과지(5종A)로 여과하여 침전물을 분리한 후 정제수로 여과지의 침전물을 씻는다. ㉱ 침전물을 뜨거운 염산용액(2 M) 10 mL ~ 15 mL로 녹이고 식힌 후, 정제수로 20 mL로 하여 시험용액으로 한다.

① 구리 ② 크롬
③ 알루미늄 ④ 카드뮴

03 금속류－원자흡수분광광도법에서 분석하는 경우에 해당 금속류에 대한 설명이 틀린 것은?

① 구리(동), 납, 망간, 아연, 철, 카드뮴 등의 금속류는 공기－아세틸렌 불꽃에 주입하여 분석한다.
② 낮은 농도의 구리(동), 납, 망간, 아연, 철, 카드뮴 등의 금속류는 암모늄피롤리딘디티오카바메이트(APDC, ammonium pyrrolidine dithiocarbamate)와 착물을 생성시켜 메틸아이소부틸케톤(MIBK, methyl isobutyl ketone)으로 추출하여 공기－아세틸렌 불꽃에 주입하여 분석한다.
③ 알루미늄 등의 금속류는 산소－아세틸렌 불꽃에 주입하여 분석한다.
④ 크롬 등의 금속류는 공기－아세틸렌으로는 아세틸렌 유량이 많은 쪽이 감도가 높지만 철, 니켈의 방해가 많으며, 아세틸렌－일산화이질소는 방해는 적으나 감도가 낮다.

04 먹는물수질오염공정시험기준에 따른 자외선/가시선 분광법에서 알루미늄의 분석에 관한 설명으로 틀린 것은?

① 알루미늄을 페난트로린과 반응하여 생성된 착염을 클로로포름으로 추출하여 분석하는 방법이다.
② 알루미늄 시료의 흡광도를 최대파장 390 nm에서 측정하는 방법이다.
③ 액성, 온도, 방치시간, 시약의 농도, 시약의 첨가량, 시약의 첨가순서 및 빛에 의한 흡광도의 변화를 점검한다.
④ 흡광도의 측정값이 0.1 ~ 1.0의 범위에서 시험용액의 농도를 조절한다.

Answer 1. ① 2. ③ 3. ③ 4. ④

05 **먹는물수질공정시험기준에 따른 자외선/가시선 분광법으로 금속류 측정시 측정항목과 생성착염 또는 흡수용액의 연결이 틀린 것은?**

① 비소 – 다이에틸다이싸이오카밤산은 용액
② 붕소 – 쿠크민 용액과 반응하여 생성된 착염
③ 알루미늄 – 1,10-페난트로린과 반응하여 생성된 착염
④ 철 – 1,10-페난트로린을 넣어 약산성에서 생성되는 철착염

06 **먹는물수질공정시험기준에 의한 금속류 분석방법에 대한 설명으로 틀린 것은?**

① 망간–원자흡수분광광도법 : 시료 200 mL에 질산을 가해 분해시키고 10배 농축하여 시료를 직접 불꽃으로 주입하여 원자화한 후 측정하여 분석한다.
② 붕소–유도결합플라스마–원자발광분광법 : 시료를 아르곤 플라스마에 주입하여 방출하는 발광성 및 발광광도를 측정하여 분석한다.
③ 비소–자외선/가시선 분광법 : 비소를 5가 비소로 산화시킨 다음 아연을 넣어 발생되는 비화수소를 디에틸디티오카르바민산은의 피리딘 용액에 흡수시켜 나타나는 청자색의 흡광도를 525 nm에서 측정하여 분석한다.
④ 알루미늄–자외선/가시선 분광법 : 시료 내 알루미늄을 페난트로린과 반응하여 생성된 착염을 클로로포름으로 추출하여 흡광도를 390 nm에서 측정하는 방법이다.

07 **자외선/가시선 분광법으로 먹는물의 알루미늄을 측정하기 위해 다음과 같은 검량선을 얻었다. 먹는물 시료 200 mL에 증류수를 넣어 1000 mL로 한 후 같은 조건에서 분석하였더니 흡광도가 0.072이었다면 먹는물의 알루미늄 농도로 옳은 것은?**

농도(mg/L)	대조액(blank)	0.02	0.05	0.10
흡광도	0.03	0.058	0.100	0.170

① 0.09 mg/L
② 0.15 mg/L
③ 0.18 mg/L
④ 0.21 mg/L

Answer 5. ③ 6. ④ 7. ②

89 철(Iron, Fe)

1 일반적 성질

이 시험기준은 먹는물 중에 철[1)2)3)]의 분석방법이다. 철은 원자번호 26번이며 지각 중에서 두 번째로 많은 원소로 약 5 % 존재한다. 환경 중에는 지표수에 1.5 mg/L 이하, 하천수에서 0.67 mg/L, 빗물에는 0.23 mg/L 존재한다. 철은 물속에서 용해성 철(Fe^{2+})로 존재하는 경우는 거의 없으며 $Fe(OH)_3$ 형태로 현탁되어 있다. 점토 등 유기물이 많은 물속에서는 휴민산염 등의 콜로이드성 유기착화합물로 존재한다. 수돗물 중의 철은 수도관의 부식으로 발생할 수 있다. 철은 묽은 질산, 염산, 황산에는 쉽게 녹는다.

2 적용 가능한 시험방법

철	정량한계(mg/L)	정밀도(% RSD)
자외선/가시선 분광법	0.05	20 % 이내
원자흡수분광광도법	0.008	20 % 이내
유도결합플라스마－원자방출분광법	0.003	20 % 이내
유도결합플라스마－질량분석법	0.003	20 % 이내

1) 원자량: 55.85(Fe), 비중: 7.87, 끓는점: 2,750 ℃, 녹는점: 1,535 ℃, 용해도: 불용성, 배출원: 광산배수나 산성하천에서 황산 등에 의해 배출되며, 급수·배수시설 중 철은 낮은 pH, 낮은 알칼리도, CO_2가 많은 물에서 쉽게 용출된다.

2) 환경잔류성: 하수 및 관련 산업 폐수 주변의 토양에 유기 오염물질이 유입되면 토양 속이 혐기성 상태가 되어 철 함량이 높아진다. 지표수는 약 2 mg/L 정도로 철 함량이 적고, 지하수는 상대적으로 높고 심층지하수는 20 mg/L를 초과할 수 있다.

3) 인체유해성: 인체에 큰 해는 없으며 섭취한 철의 10 %를 흡수한다. 중증도의 중독으로 섭취 후 6시간 내에 구토나 설사가 일어날 수 있으며, 심한 중독은 위장관 출혈, 발작, 간독성 및 급성 신부전증 등이 일어날 수 있다.

90 철-자외선/가시선분광법 (Iron-UV/Visible Spectrometry)

1 개요

1.1 목적

이 시험기준은 먹는물 중에 철 이온을 암모니아 알칼리성으로 하여 수산화제이철로 침전분리하고 침전물을 염산에 녹여서 염화하이드록시암모늄으로 제일철로 환원한 다음, 1,10-페난트로린을 넣어 약산성에서 나타나는 등적색 철착염의 흡광도를 510 nm에서 측정하는 방법이다.

1.2 적용범위

1.2.1 이 방법은 먹는물 중 철의 측정에 적용된다.

1.2.2 이 방법에 의한 철의 정량한계는 0.05 mg/L이다.

1.3 간섭물질

1.3.1 흡수셀이 더러우면 측정값에 오차가 발생하므로 다음과 같이 세척하여 사용한다. 또는 시판용 세척액을 사용하여 세척한다.

1.3.1.1 탄산나트륨용액(2 %)에 소량의 음이온계면활성제를 가한 용액에 흡수셀을 담가 놓고 필요하면 40 ℃ ~ 50 ℃로 약 10분간 가열한다.

1.3.1.2 흡수셀을 꺼내 물로 씻은 후 질산(1+5)에 소량의 과산화수소를 가한 용액에 약 30분간 담가 놓았다가 꺼내어 물로 잘 씻는다. 깨끗한 가제나 흡수지 위에 거꾸로 놓아 물기를 제거하고 실리카겔을 넣은 데시케이터 중에서 건조하여 보존한다.

1.3.1.3 급히 사용하고자 할 때는 물기를 제거한 후 에틸알코올로 씻고 다시 에틸에테르로 씻은 다음 드라이어로 건조해서 사용한다.

1.3.2 다음과 같이 발색반응을 검토하여 간섭효과를 줄여야 한다.

1.3.2.1 액성의 변화에 따른 흡광도의 변화를 점검한다.

1.3.2.2 온도변화 및 방치시간에 의한 흡광도의 변화를 점검한다.

1.3.2.3 시약의 농도, 첨가량 및 첨가순서에 따른 흡광도의 변화를 점검한다.

1.3.2.4 빛에 의한 흡광도의 변화를 점검한다.

1.3.3 다음과 같이 측정조건을 검토하여 간섭효과를 줄여야 한다.

1.3.3.1 측정파장은 원칙적으로 최고의 흡광도를 얻을 수 있는 최대 흡수파장을 선정하나, 방해성분의 영향, 재현성 및 안정성 등을 고려하여 차선의 측정파장 또는 필터를 선정할 수 있다.

1.3.3.2 대조액으로 바탕실험을 수행한다.

1.3.3.3 흡광도의 측정값이 0.2 ~ 0.8의 범위에 들도록 시험용액의 농도를 조절한다.

2 "내용 없음"

3 분석기기 및 기구

3.1 자외선/가시선 분광광도계

3.1.1 자외선/가시선 분광광도계는 그림 1과 같이 광원부, 파장선택부, 시료부 및 측광부로 구성되어 있고 광원부에서 측광부까지의 광학계에는 측정목적에 따라 여러 가지 형식이 있다.

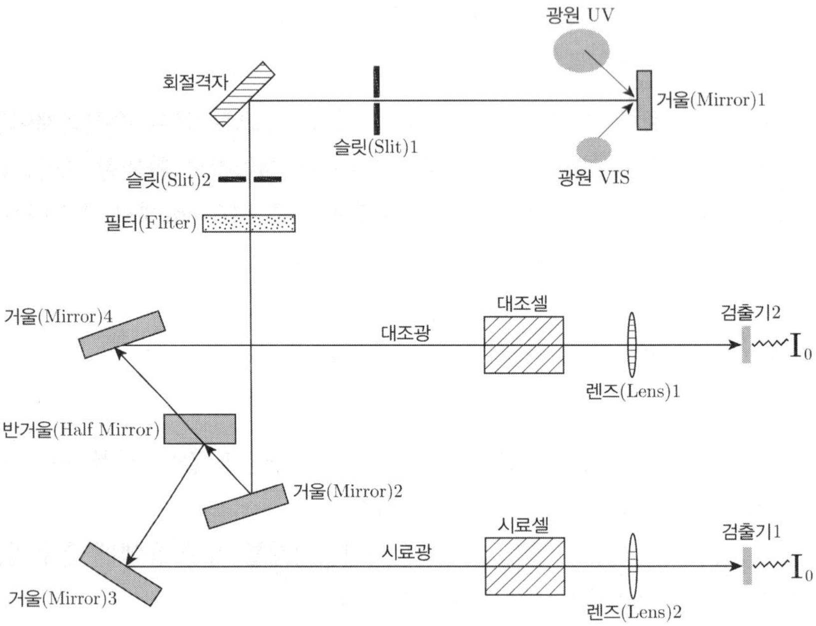

[그림 1] 자외선/가시선 분광광도계

3.1.2 광원부의 광원으로 가시부와 근적외부의 광원으로는 주로 텅스텐램프를 사용하고 자외부의 광원으로는 주로 중수소 방전관을 사용한다.

3.2 흡수셀

3.2.1 시료액의 흡수파장이 약 370 nm 이상일 때는 석영 또는 경질유리 흡수셀을 사용하고 약 370 nm 이하일 때는 석영 흡수셀을 사용한다.

3.2.2 따로 흡수셀의 길이를 지정하지 않았을 때는 10 mm 셀을 사용한다.

3.2.3 시료셀에는 시험용액을, 대조셀에는 따로 규정이 없는 한 정제수를 넣는다. 넣고자 하는 용액으로 흡수셀을 씻은 다음 셀의 약 80 %까지 넣고 외면이 젖어 있을 때는 깨끗이 닦는다. 필요하면(휘발성 용매를 사용할 때와 같은 경우) 흡수셀에 마개를 하고 흡수셀에 방향성이 있을 때는 항상 방향을 일정하게 하여 사용한다.

4 시약 및 표준용액

4.1 시약

4.1.1 염화하이드록시암모늄용액

염화하이드록시암모늄(hydroxylamine hydrochloride, $NH_2OH \cdot HCl$, 분자량 : 70.49) 10 g

을 정제수에 녹여 100 mL로 한다.

4.1.2 1,10-페난트로린용액

1,10-페난트로린염산염(1,10-phenanthroline hydrochloride, $C_{12}H_8N_2 \cdot HCl$, 분자량 : 216.67) 0.12 g을 정제수에 녹여 100 mL로 한 후 갈색병에 넣어 암소에서 보존한다.

4.1.3 아세트산나트륨용액

아세트산나트륨·3수화물(sodium acetate trihydrate, $C_2H_3NaO_2 \cdot 3H_2O$, 분자량 : 136.09) 40 g을 정제수에 녹여 100 mL로 한다.

4.2 표준용액

4.2.1 철 표준원액(1000 mg/L)

황산제1철암모늄·6수화물(ammonium ferrous sulfate hexahydrate, $(NH_4)_2Fe(SO_4)_2 \cdot 6H_2O$, 분자량 : 392.17) 7.022 g을 1 L 부피플라스크에 넣고 소량의 정제수에 녹이고 이에 염산 3 mL와 정제수를 넣어 1 L로 하여 사용하거나 시판용 표준용액을 사용한다.

4.2.2 철 표준용액(10 mg/L)

철 표준원액(1000 mg/L) 1 mL를 100 mL 부피플라스크에 넣어 정제수를 표선까지 가하여 조제한다.

5 시료채취 및 관리

ES 05400.1 금속류－원자흡수분광광도법의 5 시료채취 및 관리에 따른다.

6 정도보증/정도관리(QA/QC)

6.1 방법검출한계 및 정량한계

6.1.1 방법검출한계(MDL, method detection limit) 및 정량한계(LOQ, limit of quantitation)는 정제수에 표 1의 정량한계 부근의 농도가 되도록 철을 첨가한 시료 7개를 준비하고 각 시료를 7 분석절차와 동일하게 측정하여 표준편차를 구한다.

6.1.2 표준편차에 3.14를 곱한 값을 방법검출한계로, 10을 곱한 값을 정량한계로 나타낸다. 측정한 정량한계는 시험기준에서 제시한 정량한계 이하이어야 한다.

6.2 방법바탕시료의 측정

시료군마다 1개의 방법바탕시료(method blank)를 측정한다. 방법바탕시료는 정제수를 사용하여 7 분석절차와 동일하게 측정하며 얻은 값이 방법검출한계 이하이어야 한다.

6.3 검정곡선의 작성 및 검증

6.3.1 정량범위 내의 5개 이상의 농도에 대해 검정곡선을 작성하고 얻어진 검정곡선의 결정계수(R^2)가 0.98 또는 감응계수(RF)의 상대표준편차가 20 % 이내이어야 하며 결정계수나 감응계수의 상대표준편차가 허용범위를 벗어나면 재작성한다.

6.3.2 감응계수(RF)는 검정곡선 작성을 위한 표준용액의 농도(C)에 대한 흡광도와 같은 반응(R, response)으로, 표준용액의 농도를 2개 이상 사용한 경우는 검정곡선의 기울기에 해당된다.

6.3.3 검정곡선의 직선성을 검증하기 위하여 각 시료군마다 1회의 검정곡선 검증을 실시하는 것이 바람직하다. 정량범위 또는 검정곡선의 중간 농도에 해당하는 표준용액을 측정한다. 측정값은 검정곡선 작성 시의 값과 20 % 이내에서 일치하여야 한다. 만약 이 범위를 넘는 경우, 검정곡선의 재작성이 요구된다.

6.4 정밀도 및 정확도

6.4.1 정밀도(precision) 및 정확도(accuracy)의 측정은 ES 05001 정도보증/정도관리에 따른다. 정제수에 정량한계의 1배 ~ 2배 농도가 되도록 동일하게 표준물질을 첨가한 시료를 4개 이상 준비하고 7 분석절차와 동일하게 측정하여 평균값과 표준편차를 구한다.

6.4.2 정밀도는 4회 이상 측정한 평균값과 상대표준편차(RSD)를 구하여 산출한다.

6.4.3 정확도는 4회 이상 측정한 평균값과 조제한 표준용액의 농도에 대한 상대 백분율(%)로 나타낸다.

6.5 현장 이중시료의 측정

현장 이중시료(field duplicate sample)는 동일한 시료채취장소에서 동일한 조건으로 중복으로 채취한 시료로서 한 조사팀이 하루에 20개 이하를 채취할 경우에는 1개를 그리고 그 이상을 채취할 때에는 시료 20개 당 1개를 추가로 취한다. 동일한 조건의 두 시료간의 측정값의 편차는 20 % 이하이어야 한다.

6.6 내부정도관리 주기 및 목표

6.6.1 방법검출한계, 정량한계, 정밀도 및 정확도는 연 1회 이상 산정하는 것을 원칙으로 하며, 분석자의 교체, 분석 장비의 수리 및 이동 등의 주요 변동사항이 생길 경우에는 다시 실시한다. 단, 장비의 청소 및 측정 장비의 감도가 의심될 때에는 언제든지 측정하여 확인하여야 한다.

6.6.2 검정곡선 검증 및 시약바탕시료의 분석은 각 시료군마다 실시하며, 고농도의 시료 다음에는 시약바탕시료를 측정하여 오염여부를 점검한다.

6.6.3 각 정도관리 항목에 대한 정도관리 목표값은 표 1과 같다.

7 분석절차

7.1 전처리

시료 100 mL(0.005 mg ~ 0.1 mg의 철을 함유하거나, 같은 양의 철을 함유하도록 시료에 물을 넣어 100 mL로 한 것)를 비커에 넣고, 염산 3 mL를 넣어 액량이 약 50 mL가 될 때까지 가열 농축한 다음 실온에서 식히고 이를 시험용액으로 한다. 다만, 침전물이 있는 경우에는 여과한 후 사용한다.

7.2 검정곡선의 작성

7.2.1 철 표준용액(10 mg/L) 0, 0.3, 0.5, 1.0, 1.5 mL를 부피플라스크에 넣고, 각각에 염산 3 mL와 정제수를 넣어 50 mL로 한다. 조제한 검정곡선용 표준용액의 농도는 0, 0.06, 0.1, 0.2, 0.3 mg/L이다. 필요에 따라 사용하는 표준용액의 농도와 개수를 달리 할 수 있다.

[주 1] 시료분석결과 이 검정곡선 농도범위를 벗어나면 시료를 희석해서 재분석하여야 한다.

7.2.2 이하 **7.3**과 같은 방법으로 측정하여 철의 농도(mg/L)를 가로축(x축)에, 철의 흡광도를 세로축(y축)에 취하여 검정곡선을 작성한다.

7.3 측정법

7.3.1 전처리에서 얻은 시험용액을 부피플라스크에 넣은 후 염화하이드록시암모늄용액 1 mL, 1,10-페난트로린용액 5 mL 및 아세트산나트륨용액 20 mL를 넣고, 다시 물을 넣어 100 mL로 하여 30분간 둔다.

7.3.2 이 용액 일부를 흡수셀(10 mm)에 넣고, 자외선/가시선 분광광도계를 사용하여 시료와 같은 방법으로 시험한 바탕시험액을 대조액으로 하여 파장 510 nm 부근에서 흡광도를 측정하고, **7.2**에 따라 작성한 검정곡선으로부터 시험용액 중의 철의 농도를 구하여 시료 중의 철의 농도를 측정한다.

8 결과보고

8.1 계산

철의 측정값을 검정곡선의 y값에 대입하여 구한 x값이 시료 중에 철의 농도(mg/L)이다.

$$\text{금속의 농도(mg/L)} = C(\text{m}) \times f \quad \cdots\cdots (\text{식 } 1)$$

여기서, C(m) : 검정곡선에서 구한 농도(mg/L)

f : 시료의 희석 배수

8.2 결과보고

행정사항과 관련된 항목별시험결과의 표시는 ES 05003의 먹는물 수질기준의 표시한계 및 결과표시에 따른다.

9 참고자료

9.1 日本水道協會, 上水試驗方法解說編(1993)

10 부록

[표 1] 정도관리 목표값

정도관리 항목	정도관리 목표
정량한계	0.05 mg/L
검정곡선	결정계수(R^2) ≥ 0.98 또는 감응계수(RF)의 상대표준편차 ≤ 20 %
정밀도	상대표준편차 ± 20 % 이내
정확도	75 % ~ 125 %
현장이중시료	상대편차백분율 ± 20 % 이내

91 철–원자흡수분광광도법
(Iron–Atomic Absorption Spectrophotometry)

이 시험기준은 먹는물, 샘물 중에 철의 분석방법으로, 시료에 200 mL에 질산을 가해 분해시키고 10배 농축하여 시료를 직접 불꽃으로 주입하여 원자화한 후 원자흡수분광광도법으로 측정하는 것으로, ES 05400.1 금속류 – 원자흡수분광광도법에 따른다.

92 철–유도결합플라스마–원자방출분광법
(Iron–Inductively Coupled Plasma–Atomic Emission Spectrometry)

이 시험기준은 먹는물, 샘물 중에 철을 측정하는 분석방법으로, 시료를 아르곤 플라스마에 주입하여 방출하는 발광선 및 발광광도를 측정하여 정성 및 정량분석을 수행하며, ES 05400.2 금속류 – 유도결합플라스마 – 원자방출분광법에 따른다.

93 철–유도결합플라스마–질량분석법
(Iron–Inductively Coupled Plasma–Mass Spectrometry)

이 시험기준은 먹는물, 샘물 및 염지하수 중에 철의 분석방법으로, 시료를 플라스마에 분사시켜 탈용매, 원자화 그리고 이온화하여 질량분석부로 주입한 후 질량분석을 수행하는 방법이다. 이 방법은 ES 05400.3 금속류 – 유도결합플라스마 – 질량분석법에 따른다.

철

연습문제

01 먹는물수질공정시험기준에서 철을 정량하는 방법에 해당하지 않는 것은?

① 원자흡수분광광도법
② 자외선/가시선분광법
③ 기체크로마토그래프법
④ 유도결합플라스마－질량분석법

02 먹는물수질공정시험기준에 따른 철 분석에서 정량한계 목표값의 크기 순서로 옳은 것은?

① 유도결합플라스마－질량분석법 > 유도결합플라스마－원자방출분광법 > 원자흡수분광광도법 > 자외선/가시선 분광법
② 유도결합플라스마－질량분석법 > 유도결합플라스마－원자방출분광법 > 자외선/가시선 분광법 > 원자흡수분광광도법
③ 자외선/가시선 분광법 > 원자흡수분광광도법 > 유도결합플라스마－원자방출분광법 > 유도결합플라스마－질량분석법
④ 자외선/가시선 분광법 > 유도결합플라스마－질량분석법 > 원자흡수분광광도법 > 유도결합플라스마－원자방출분광법

03 먹는물수질공정시험기준에 따른 자외선/가시선 분광법으로 금속류 측정시 측정항목과 생성착염 또는 흡수용액의 연결이 틀린 것은?

① 비소 － 다이에틸다이싸이오카밤산은 용액
② 붕소 － 쿠크민 용액과 반응하여 생성된 착염
③ 알루미늄 － 1,10-페난트로린과 반응하여 생성된 착염
④ 철 － 1,10-페난트로린을 넣어 약알칼리성에서 생성되는 철착염

Answer 1. ③ 2. ③ 3. ④

94 카드뮴(Cadmium, Cd)

1 일반적 성질

이 시험기준은 먹는물 중에 카드뮴[1)2)3)]의 분석방법이다. 카드뮴은 원자번호 48로 주요 산화상태는 +2가이다. 지각 중 카드뮴의 농도는 0.16 mg/kg으로서 토양 중에 0.1 mg/kg ~ 0.5 mg/kg, 하천수에 1 μg/L, 지하수에 1 μg/L ~ 10 μg/L 정도로 존재한다. 카드뮴은 독성이 크고 발암물질로 알려져 있으며 물에 산업폐수나 도금된 수도관으로부터 발생할 수 있다. 카드뮴은 묽은 질산에는 쉽게 녹고, 뜨거운 염산에는 서서히 녹는다. 차가울 때에는 황산에 녹지 않지만, 가열하면 녹는다. 아연과 달리 알칼리 용액에 녹지 않는다.

2 적용 가능한 시험방법

카드뮴	정량한계(mg/L)	정밀도(% RSD)
원자흡수분광광도법	0.0008	20 % 이내
유도결합플라스마 – 원자방출분광법	0.02	20 % 이내
유도결합플라스마 – 질량분석법	0.0005	20 % 이내

1) 원자량: 112.41(Cd), 비중: 8.65, 끓는점: 765 ℃, 녹는점: 321 ℃, 용해도: 물에 불용성이나 산·질산암모늄용액·염산에 잘 용해된다. 배출원: 화산활동, 광업, 제련, 비료제조, 도금, 관련 산업에서 나오는 폐수를 통해 배출된다.
2) 환경잔류성: 카드뮴은 자연상태의 수계에서 주로 강바닥의 퇴적층과 부유입자로 존재한다.
3) 인체유해성: 급성 및 만성 노출로 인해 폐와 신장에 유해한 영향을 줄 수 있으며 남성 생식기관에 축적되어 생식기에 영향을 줄 수 있다. 산화카드뮴은 발암성 물질로 전립선암과 신장암을 유발할 수 있다. 일본에서는 골연화증, 신장관 장애, 이타이이타이병을 유발한 사례가 있다.

95 카드뮴-원자흡수분광광도법
(Cadmium-Atomic Absorption Spectrophotometry)

이 시험기준은 먹는물 및 샘물 중에 카드뮴의 분석방법으로, 시료에 암모늄피롤리딘디티오카바메이트용액을 넣어 메틸아이소부틸케톤으로 추출한 후 원자흡수분광광도법에 따라 측정하는 것으로 ES 05400.1 금속류-원자흡수분광광도법에 따른다.

96 카드뮴-유도결합플라스마-원자방출분광법
(Cadmium-Inductively Coupled Plasma-Atomic Emission Spectrometry)

이 시험기준은 먹는물 및 샘물 중에 카드뮴을 측정하는 방법으로, 시료를 아르곤 플라스마에 주입하여 방출하는 발광선 및 발광강도를 측정하여 정성 및 정량분석을 수행하며, ES 05400.2 금속류-유도결합플라스마-원자방출분광법에 따른다.

97 카드뮴-유도결합플라스마-질량분석법
(Cadmium-Inductively Coupled Plasma-Mass Spectrometry)

이 시험기준은 먹는물, 샘물 및 염지하수 중에 카드뮴의 분석방법으로, 시료를 플라스마에 분사시켜 탈용매, 원자화 그리고 이온화하여 질량분석부로 주입한 후 질량분석을 수행하는 방법이다. 이 방법은 ES 05400.3 금속류-유도결합플라스마-질량분석법에 따른다.

카드뮴

연습문제

01 **먹는물수질공정시험기준에 따른 원자흡수분광광도법, 유도결합플라스마－원자방출분광법, 유도결합플라스마－질량분석법 모두를 적용할 수 있는 시험항목은?**

① 붕소 ② 카드뮴
③ 스트론튬 ④ 비소

Answer 1. ②

98 크롬(Chromium, Cr)

1 일반적 성질

이 시험기준은 먹는물 중에 크롬[1)2)3)]의 분석방법이다. 크롬은 +3가와 +6가로 주로 존재하는데 +6가가 독성이 강하다. 크롬은 폐수로부터 먹는물의 원수로 유입될 수 있다. 크롬은 염산이나 황산에는 수소를 발생하며 녹지만 진한 질산이나 왕수 등 산화력을 가지는 산에는 녹지 않고, 또 이들 산에 담가 둔 것은 표면에 부동태를 만들어 보통의 산에도 녹지 않는다.

2 적용 가능한 시험방법

크롬	정량한계(mg/L)	정밀도(% RSD)
원자흡수분광광도법	0.008	20 % 이내
유도결합플라스마 – 원자방출분광법	0.003	20 % 이내
유도결합플라스마 – 질량분석법	0.001	20 % 이내

1) 원자량: 51.99(Cr), 비중: 7.14, 끓는점: 2,672 ℃, 녹는점: (1837～1877) ℃, 용해도: 불용성, 배출원: 피혁, 나염, 화장품, 정련, 1차 금속산업 등의 공장폐수나 돌의 분쇄 및 폐광에서 환경중으로 배출된다.

2) 환경잔류성: 크롬은 수중에서 주로 크롬산염의 형태로 존재한다. 염소처리된 물에서 +3가 크롬은 거의 존재하지 않고 +6가 크롬이 대부분이다. 환경 중 천연으로 존재하는 것은 +3가 크롬이다(+6가 크롬은 인위적으로 발생하나 유기물질에 의해 쉽게 +3가 크롬으로 환원된다). +6가 크롬염은 +3가 크롬염보다 수용성이므로 이동성이 더 좋다.

3) 인체유해성: 금속 크롬은 무해하다. +3가 크롬은 단백질합성에 필요한 생체 필수원소이나 +6가 크롬은 반응성이 강하고 독성이 있다. 급성중독으로는 코와 목에 자극을 주어 호흡곤란, 장염, 구토, 빈혈 등을 유발하며, 만성중독으로는 호흡기계 및 면역계에 영향을 줄 수 있고 황달을 거쳐 간염이 나타난다.

99 크롬-원자흡수분광광도법
(Chromium-Atomic Absorption Spectrophotometry)

이 시험기준은 먹는물 및 샘물 중에 총 크롬의 분석방법으로, 시료에 암모늄피롤리딘디티오카바메이트용액을 넣에 메틸아이소부틸케톤으로 추출한 후 원자흡수분광광도법에 따라 측정하는 것으로 ES 05400.1 금속류-원자흡수분광광도법에 따른다.

100 크롬-유도결합플라스마-원자방출분광법
(Chromium-Inductively Coupled Plasma-Atomic Emission Spectrometry)

이 시험기준은 먹는물 및 샘물 중에 총 크롬을 측정하는 방법으로, 시료를 아르곤 플라스마에 주입하여 방출하는 발광선 및 발광강도를 측정하여 정성 및 정량분석을 수행하며, ES 05400.2 금속류-유도결합플라스마-원자방출분광법에 따른다.

101 크롬-유도결합플라스마-질량분석법
(Chromium-Inductively Coupled Plasma-Mass Spectrometry)

이 시험기준은 먹는물, 샘물 및 염지하수 중에 총 크롬의 분석방법으로, 시료를 플라스마에 분사시켜 탈용매, 원자화 그리고 이온화하여 질량분석부로 주입한 후 질량분석을 수행하는 방법이다. 이 방법은 ES 05400.3 금속류-유도결합플라스마-질량분석법에 따른다.

크롬 연습문제

01 **먹는물 중에 존재하는 크롬의 분석에 대한 설명 중 틀린 것은?**

① 크롬은 +3가와 +6가로 주로 존재하는데 +6가가 독성이 강하다.
② 크롬은 진한 질산이나 왕수 등 산화력을 가지는 산에 녹여 분석한다.
③ 크롬은 염산이나 황산에서 수소를 발생하며 녹는다.
④ 크롬은 유도결합플라스마－원자발광분광법을 통해 분석 가능하다.

02 **먹는물수질공정시험기준에 따른 원자흡수분광광도법에서 금속류의 시험에 관한 설명으로 틀린 것은?**

① 구리(동), 납, 망간, 아연, 철, 카드뮴 등의 금속류는 공기－아세틸렌 불꽃에 주입하여 분석한다.
② 크롬 등의 금속류는 공기－아세틸렌으로는 아세틸렌 유량이 많은 쪽이 감도가 높지만 칼슘, 니켈의 방해가 많으며, 수소－공기는 방해는 적으로 감도가 낮다.
③ 아세틸렌－아산화질소 불꽃은 불꽃의 온도가 높기 때문에 불꽃 중에서 해리하기 어려운 내화성산화물을 만들기 쉬운 원소의 분석에 적당하여, 알루미늄 분석에 사용한다.
④ 용존성 금속류는 시료를 여과 등에 의해 입자성 부유물을 제거한 후 산 등을 첨가하여 측정한다.

03 **먹는물수질공정시험기준에 따른 원자흡수분광광도법에 대한 설명으로 틀린 것은?**

① 알루미늄은 아산화질소－아세틸렌 불꽃에 주입하여 분석한다.
② 크롬은 공기－아세틸렌 불꽃에서 아세틸렌의 유량이 적은 쪽이 감도가 높다.
③ 실리콘은 망간 측정을 간섭하는데 칼슘을 넣어 방지할 수 있다.
④ 시료 중에 나트륨과 같이 쉽게 이온화되는 원소가 1000 mg/L 이상 존재하여 금속 측정을 간섭할 때에는 검정곡선용 표준물질에 시료 매질과 유사하게 첨가하여 보정한다.

04 **금속류－원자흡수분광광도법에서 분석하는 경우에 해당 금속류에 대한 설명이 틀린 것은?**

① 구리(동), 납, 망간, 아연, 철, 카드뮴 등의 금속류는 공기－아세틸렌 불꽃에 주입하여 분석한다.
② 낮은 농도의 구리(동), 납, 망간, 아연, 철, 카드뮴 등의 금속류는 암모늄피롤리딘디티오카바메이트(APDC, ammonium pyrrolidine dithiocarbamate)와 착물을 생성시켜 메틸아이소부틸케톤(MIBK, methyl isobutyl ketone)으로 추출하여 공기－아세틸렌 불꽃에 주입하여 분석한다.
③ 알루미늄 등의 금속류는 아산화질소－아세틸렌 불꽃에 주입하여 분석한다.
④ 크롬 등의 금속류는 공기－아세틸렌으로는 아세틸렌 유량이 적은 쪽이 감도가 높지만 아연, 망간의 방해가 많으며, 아세틸렌－일산화이질소는 방해가 많아서 감도가 낮다.

05 **먹는물수질공정시험기준에 따른 원자흡수분광광도법, 유도결합플라스마－원자방출분광법, 유도결합플라스마－질량분석법 모두를 적용할 수 있는 시험항목은?**

① 크롬　② 붕소　③ 스트론튬　④ 비소

06 **디크롬산칼륨**(potassium dichromate, $K_2Cr_2O_7$)**을 사용하여 크롬 표준원액**(1,000 mg/L)**을 조제할 때,** 1 L **부피플라스크에 넣어야 할 디크롬산칼륨의 양으로 옳은 것은?** (단, 원자량은 K : 39, Cr : 52, O : 16이다)

① 0.35 g　② 1.41 g　③ 2.83 g　④ 4.23 g

Answer 1. ②　2. ②　3. ②　4. ④　5. ①　6. ③

102 스트론튬-유도결합플라스마-원자방출분광법
(Strontium-Inductively Coupled Plasma-Atomic Emission Spectrometry)

이 시험기준은 먹는염지하수, 먹는해양심층수 중 스트론튬의 분석방법으로 한국산업표준 KS I ISO 11885와 같다.

103 스트론튬-유도결합플라스마-질량분석법
(Strontium-Inductively Coupled Plasma-Mass Spectrometry)

이 시험기준은 먹는염지하수, 먹는해양심층수 중 스트론튬의 분석방법으로 한국산업표준 KS I ISO 17294와 같다.

스트론튬

연습문제

01 먹는물수질공정시험기준 중 스트론튬의 시험방법으로 옳은 것은?

① 원자흡수분광광도법
② 기체크로마토그래피 – 원자발광분광법
③ 기체크로마토그래피 – 질량분석법
④ 유도결합플라스마 – 원자발광분광법

Answer 1. ④

104 우라늄(Uranium, U)

1 일반적 성질

이 시험기준은 시료 중의 우라늄1)2)3)을 측정하는 방법이다. 우라늄은 원자번호 92번으로 자연상태에서 +2가, +3가, +4가, +5가, +6가의 산화상태로 존재한다. +6가가 가장 흔하며 자연계에서 +6가 우라늄은 보통 산소와 결합하여 우라닐 이온(UO_2^{2+})으로 존재한다. 자연적으로 존재하는 우라늄은 세 가지 방사선 핵종(^{234}U, ^{235}U, ^{238}U)의 혼합물이며 모두 알파와 감마 방출에 의해 붕괴된다. 우라늄은 자연계에 널리 분포해 있고, 화강암과 다른 여러 가지 광물에 있다. 지각 중에 2.6 mg/kg의 비율로 존재하며 환경 중에 존재량은 일반적으로 먹는물에서는 평균 1 μg/L 이하, 샘물에서는 평균 7.1 μg/L로 검출된다.

우라늄은 주로 핵발전소의 연료로 쓰이며, 일부 우라늄 화합물은 촉매제와 염색 염료로 사용된다.

2 적용 가능한 시험방법

우라늄	정량한계(mg/L)	정밀도(% RSD)
유도결합플라스마－질량분석법	0.00010	20 % 이내

1) 원자량: 238.03(U), 비중: 19.1, 끓는점: 4,131 ℃, 녹는점: 1,135 ℃, 용해도: 불용성, 배출원: 자연 퇴적물로부터 침출, 원자력 산업, 석탄의 연소로부터 배출된다.

2) 환경잔류성: 우라늄은 세 가지 방사선핵종(^{234}U, ^{235}U, ^{238}U)의 혼합물이며, 모두 α선과 β선의 방출하면서 붕괴된다. 천연 우라늄은 대부분이 ^{238}U 동위원소로 존재하고, ^{235}U은 0.72 %, ^{234}U은 0.0054 % 존재한다. 화강암과 같은 다양한 광물 매장지에 널리 퍼져 있다.

3) 인체유해성: 경구로 섭취된 우라늄은 뼈 22 %, 신장 12 %, 다른 조직에 12 % 축적되고 나머지는 배출된다. 인체에 가장 큰 위해는 신장독성으로 알려져 있다.

105 우라늄-유도결합플라스마-질량분석법
(Uranium-Inductively Coupled Plasma-Mass Spectrometry)

이 시험기준은 먹는물, 샘물 및 염지하수 중에 우라늄의 분석방법으로, 시료를 플라스마에 분사시켜 탈용매, 원자화 그리고 이온화하여 질량분석부로 주입한 후 질량분석을 수행하는 방법이다. 이 방법은 ES 05400.3 금속류-유도결합플라스마-질량분석법에 따른다.

Part Ⅵ 유기물질

106 유기인계농약-기체크로마토그래피-질량분석법
(Organophsphorus Pesticides-Gas Chromatography-Mass Spectrometry)

1 개요

1.1 목적

이 시험기준은 먹는물, 샘물 및 염지하수 중에 유기인계농약류의 측정방법으로서, 먹는물 중에 다이아지논, 파라티온, 페니트로티온, 카바릴을 디클로로메탄으로 추출하여 농축한 후 기체크로마토그래프로 분리한 다음 질량분석기로 분석하는 방법이다.

1.2 적용범위

1.2.1 이 시험기준은 먹는물, 샘물 및 염지하수 중에 유기인계농약류인 다이아지논(diazinon)[1], 파라티온(parathion)[2], 페니트로티온(fenitrothion)[3]의 분석에 적용한다.

1.2.2 이 시험기준은 먹는물 중에 카바릴(carbaryl)의 스크리닝에 적용한다. 카바릴이 검출되면 카바릴 분석법(ES 05502.1 또는 ES 05502.2)을 사용하여 정량하여야 한다.

1.2.3 이 시험기준은 기체크로마토그래프로 분리한 다음 질량분석기로 측정하는 방법이다.

1.2.4 이 시험기준에 의한 먹는물, 샘물 및 염지하수 중에 각 유기인계농약류의 정량한계는 0.0005 mg/L이다.

1.3 간섭물질

1.3.1 추출 용매 안에 함유하고 있는 불순물이 분석을 방해할 수 있다. 이 경우 바탕시료나 시약 바탕시료를 분석하여 확인할 수 있다. 방해물질이 존재하면 용매를 증류하거나 컬럼 크로마토그래프를 이용하여 제거한다. 고순도의 시약이나 용매를 사용하면 방해물질을 최소화 할 수 있다.

---

1) 분자량: 304.35($C_{12}H_{21}N_2O_3PS$), 비중: 1.59, 끓는점: (83 ~ 84) ℃, 녹는점: <25 ℃, 용해도: 40 mg/L(25 ℃, H_2O), 배출원: 화학제품 제조 과정이나 농경지 및 토양의 유출수 및 침출수로 배출된다. 환경잔류성: 수생에서는 침전물에 흡착되나 수생생물에 생물농축은 되지 않는다. 인체유해성: 독성이 강한 유기인계 물질로 흡입, 피부흡수, 경구흡입시 치명적이며, 교감신경을 파괴하여 시력저하, 동공축소, 근육조정력 저하, 정신착란 등의 증상이 나타난다.

2) 분자량: 291.27($C_{10}H_{14}NO_5PS$), 비중: 1.26, 끓는점: 375 ℃, 녹는점: 6.1 ℃, 용해도: 11 mg/L(20 ℃, H_2O), 배출원: 화학물질 제조과정이나 농경지 토양의 유출수 및 침출수로 배출된다. 환경잔류성: 수계에 유입시 광분해로 인한 반감기는 1 ~ 10일이다. 강산화제와 반응하지 않으며 물과는 천천히 반응하며 수계에 저농도로 유입되어도 수생생물에 영향을 미칠 수 있다. 인체유해성: 노출시 두통, 현기증, 메스꺼움, 피로, 구토, 설사, 발한 등의 증상이 나타나며, 중독시 동공축소, 기관지경련, 근육경련, 중추신경장애, 혼수 등을 유발한다.

3) 분자량: 277.24($C_9H_{12}NO_5PS$), 비중: 1.32, 끓는점: 118 ℃, 녹는점: 3.4 ℃, 용해도: 40 mg/L(20 ℃, H_2O), 배출원: 화학물질 제조과정이나 농경지 토양의 유출수 및 침출수로 배출된다. 환경잔류성: 광분해와 생분해에 의해 감소되며 반감기는 약 1일이다. 생분해는 호기성조건에서 보다 비호기성조건에서 더 빠르게 일어난다. 인체유해성: 만성 노출시 다른 유기인 살충제와 유사하게 고용량에서 독성증상이 나타나고 중독으로 인한 증세는 구토, 호흡곤란, 청색증, 경련 등을 유발한다.

1.3.2 유리기구류는 세정제, 수돗물, 정제수 그리고 아세톤으로 차례로 닦아준 후 400 ℃에서 15분 ~ 30분 동안 가열한 후 식혀 알루미늄박(箔)으로 덮어 깨끗한 곳에 보관하여 사용한다.

1.3.3 매트릭스로부터 추출되어 나오는 방해물질이 있을 수 있는데 이는 시료마다 다르다. 만약 방해가 심하면 추가적으로 플로리실과 같은 고체상 정제과정이 필요하다.

2 "내용 없음"

3 분석기기 및 기구

3.1 기체크로마토그래프

3.1.1 컬럼은 안지름 0.20 mm ~ 0.35 mm, 필름두께 0.1 μm ~ 0.50 μm, 길이 15 m ~ 60 m의 cross-linked methylsilicone(DB-1, HP-1 등) 또는 cross-linked 5 % phenylmethylsilicone (DB-5, HP-5 등) 등의 모세관이나 동등한 분리성능을 가진 모세관으로 대상 분석 물질의 분리가 양호한 것을 택하여 시험한다.

3.1.2 운반기체는 부피백분율 99.999 % 이상의 헬륨(또는 질소)을 사용하며 유량은 0.5 mL/min ~ 4 mL/min, 시료도입부 온도는 200 ℃ ~ 250 ℃, 컬럼온도는 40 ℃ ~ 280 ℃로 사용한다.

3.2 질량분석기(mass spectrometer)

3.2.1 이온화방식은 전자충격법(EI, electron impact)을 사용하며 이온화에너지는 35 eV ~ 70 eV를 사용한다.

3.2.2 질량분석기는 자기장형(magnetic sector), 사중극자형(quadrupole) 및 이온트랩형(ion trap) 등의 성능을 가진 것을 사용한다.

3.2.3 정량분석에는 선택이온검출법(SIM, selected ion monitoring)을 이용하는 것이 바람직하다. 선택하는 이온들은 표 3의 이온을 사용할 수 있다.

3.3 농축기

4 시약 및 표준용액

4.1 시약

4.1.1 염화나트륨

염화나트륨(sodium chloride, NaCl, 분자량 : 58.45) 50 g을 정제수 500 mL에 녹이고 추출용매 10 mL를 넣고 흔들어 혼합한 다음 추출용매 중 2 μL 취하여 기체크로마토그래프에 주입할 때 표준물질의 피크 부근에 불순물 피크가 없는 것을 사용한다.

4.1.2 n-헥산

n-헥산(hexane, C6H14, 분자량 : 86.17) 100 mL를 약 1 mL ~ 5 mL로 농축한 것을 2 μL 취하여 기체크로마토그래프에 주입할 때 표준물질의 피크 부근에 불순물 피크가 없는 것을 사용한다.

4.1.3 아세톤

아세톤(acetone, CH_3COCH_3, 분자량 : 58.08) 100 mL를 약 1 mL ~ 5 mL로 농축한 것을 2 μL 취하여 기체크로마토그래프에 주입할 때 표준물질의 피크 부근에 불순물 피크가 없는 것을 사용한다.

4.1.4 디클로로메탄

디클로로메탄(methylene chloride, CH_2Cl_2, 분자량 : 84.93) 100 mL를 약 1 mL ~ 5 mL로 농축한 것을 2 μL 취하여 기체크로마토그래프에 주입할 때 표준물질의 피크 부근에 불순물 피크가 없는 것을 사용한다.

4.1.5 추출용매(디클로로메탄 함유 n-헥산)

디클로로메탄과 n-헥산을 15 : 85의 비율로 혼합하여 사용한다.

4.1.6 무수황산나트륨

무수황산나트륨(anhydrous sodium sulfate, Na_2SO_4, 분자량 : 142.04) 100 g에 추출용매 50 mL를 넣고 흔들어 섞은 다음 여과하여 무수황산나트륨을 분리한다. 분리한 무수황산나트륨에 다시 추출용매 25 mL를 넣고 흔들어 섞은 다음 여과하여 분리한 무수황산나트륨을 바람에 말린다. 2번째 분리하여 얻은 추출용매를 2 μL 취하여 기체크로마토그래프에 주입할 때 표준물질의 피크 부근에 불순물 피크가 없는 것을 사용한다.

4.2 표준용액

4.2.1 농약표준원액(1000 mg/L)

잔류농약시험용 다이아지논, 페니트로티온, 파라티온 각 50 mg을 정확히 취하여 각각의 50 mL 부피플라스크에 넣고 아세톤을 넣어 50 mL로 한다. 이 용액 1 mL는 유기인계농약을 각각 1 mg씩 함유한다. 시판되는 농약표준원액을 사용할 수 있다. 이 용액은 갈색 바이알에 넣어 냉장 보관한다.

4.2.2 농약혼합표준용액(5 mg/L)

100 mL 부피플라스크에 각각의 농약표준원액인 다이아지논, 페니트로티온 및 파라티온 0.5 mL를 넣고 아세톤을 넣어 100 mL로 한다. 이 용액 1 mL는 다이아지논, 페니트로티온 및 파라티온 5 μg을 각각 함유한다.

4.3 내부표준용액

4.3.1 내부표준원액(1000 mg/L)

트리페닐포스페이트(TPP, triphenylphosphate) 50 mg을 정확히 취하여 50 mL 부피플라스크에 넣고 아세톤을 넣어 50 mL로 한다. 이 용액 1 mL는 TPP 1 mg을 함유한다. 시판되는 내부표준원액을 사용할 수 있다. 이 용액은 갈색 바이알에 넣어 냉장 보관한다.

4.3.2 내부표준용액(10 mg/L)

100 mL 부피플라스크에 내부표준원액인 TPP 1 mL를 넣고 아세톤을 넣어 100 mL로 한다. 이 용액 1 mL는 TPP 10 μg을 함유한다.

5 시료채취 및 관리

5.1 시료채취는 유리병을 사용하며 채취 전에 시료로서 세척하지 말아야 한다.

5.2 시료가 잔류염소를 함유하고 있다면 잔류염소 4 mg/L 이하인 시료 1 L 기준으로 티오황산나트륨(80 g/L) 1 mL에 준하여 첨가한다.

5.3 모든 시료는 시료채취 후 추출하기 전까지 1 ℃ ~ 5 ℃ 냉암소에서 보관하고 7일 이내에 추출하고 40일 이내에 분석한다.

6 정도보증/정도관리(QA/QC)

6.1 방법검출한계 및 정량한계

6.1.1 방법검출한계(MDL, method detection limit) 및 정량한계(LOQ, limit of quantitation)는 ES 05001 정도보증/정도관리에 따라 계산한다. 정제수에 표준용액을 0.0005 mg/L가 되도록 첨가한 7개의 첨가시료를 준비하고 7 분석절차와 동일하게 측정하여, 표준편차를 구한다.

6.1.2 표준편차에 3.14를 곱한 값을 방법검출한계로, 10을 곱한 값을 정량한계로 나타낸다. 측정한 정량한계는 표 1에서 제시한 정량한계 이하이어야 한다.

6.2 방법바탕시료의 측정

ES 05001 정도보증/정도관리에 따라 시료군마다 1개의 방법바탕시료(method blank)를 측정한다. 방법바탕시료는 정제수를 사용하여 7 분석절차와 동일하게 측정하며 측정값은 방법검출한계 이하이어야 한다.

6.3 검정곡선의 작성 및 검증

6.3.1 검정곡선의 작성 및 검증은 ES 05001 정도보증/정도관리에 따른다. 정량범위 내의 5개의 농도에 대해 검정곡선을 작성하고 얻어진 검정곡선의 결정계수(R^2)가 0.98 이상 또는 감응계수(RF)의 상대표준편차가 25 % 이내이어야 하며, 결정계수나 감응계수의 상대표준편차가 허용범위를 벗어나면 재작성한다.

6.3.2 검정곡선의 직선성을 검증하기 위하여 검정곡선을 작성할 때에는 정량범위를 0.0005 mg/L ~ 0.01 mg/L로 한다. 그러나 측정값이 이 농도범위를 벗어날 경우에는 시료를 묽혀서 다시 분석한다.

6.3.3 검정곡선을 검증하기 위하여 감응계수를 비교할 때에는 검정곡선의 중간 농도에서 한 농도를 선택하여 감응계수(RF)를 구하여 그 값의 변화가 25 % 이내에서 일치하여야 한다. 만약 이 범위를 넘는 경우, 검정곡선을 재작성한다.

6.4 정밀도 및 정확도

6.4.1 정밀도(precision) 및 정확도(accuracy)의 측정은 ES 05001 정도보증/정도관리에 따른다. 정제수에 정량한계의 10배 농도가 되도록 동일하게 표준물질을 첨가한 시료를 4개 이상 준비하고 7 분석절차와 동일하게 측정하여 평균값과 표준편차를 구한다.

6.4.2 정확도는 인증시료를 확보할 수 있는 경우 인증표준물질을 분석한 결과값과 인증값과의 상대백분율로 나타내고, 인증시료를 확보할 수 없는 경우 이를 정확한 농도로 첨가한 시료로 대체한다. 이 때 정확도는 첨가시료를 분석한 농도와 첨가하지 않은 시료를 분석한 농도와의 차이에 대한 첨가농도의 상대백분율로서 나타내며 그 값이 75 % ~ 125 % 이내이어야 한다.

6.4.3 정밀도는 측정값의 상대표준편차(RSD)로 계산하며 측정값이 25 % 이내이어야 한다.

6.5 현장 이중시료의 측정

현장 이중시료(field duplicate sample)는 동일한 시료채취 장소에서 동일한 조건으로 중복으로 채취한 시료로서 한 조사팀이 하루에 20개 이하를 채취할 경우에는 1개를 그리고 그 이상을 채취할 때에는 시료 20개 당 1개를 추가로 취한다. 동일한 조건의 두 시료간의 측정값의 편차는 25 % 이하이어야 한다.

6.6 내부정도관리 주기 및 목표

6.6.1 방법검출한계, 정량한계, 정밀도 및 정확도는 연 1회 이상 산정하는 것을 원칙으로 하며, 분석자의 교체, 분석 장비의 수리 및 이동 등의 주요 변동사항이 생길 경우에는 다시 실시한다. 단, 장비의 청소 및 측정 장비의 감도가 의심될 때에는 언제든지 측정하여 확인하여야 한다.

6.6.2 검정곡선 검증 및 시약바탕시료의 분석은 각 시료군마다 실시하며, 고농도의 시료 다음에는 시약바탕시료를 측정하여 오염여부를 점검한다.

6.6.3 각 정도관리 항목에 대한 정도관리 목표값은 표 1과 같다.

7 분석절차

7.1 전처리

7.1.1 시료 500 mL를 1 L 분별깔때기에 취하고, 염화나트륨 약 5 g을 넣어 녹인다.

7.1.2 추출용매 30 mL를 넣어 2분간 강하게 흔들어 섞은 다음 가만히 두었다가 물 층을 다른 분별깔때기(B)에 취한다.

7.1.3 분별깔때기(B)에 추출용매 30 mL를 넣어 같은 방법으로 추출한다.

7.1.4 7.1.2와 7.1.3의 추출물을 합하여 정제수 10 mL씩 2회 세척한다.

7.1.5 무수황산나트륨을 이용하여 7.1.4의 정제수로 세척한 추출물 중의 수분을 제거한다.

7.1.6 7.1.5의 액을 농축기로 5 mL까지 농축하여 내부표준용액(10 mg/L)을 정확히 50 μL를 취하여 시료에 첨가한 후, 시험용액으로 한다.

7.2 검정곡선의 작성

7.2.1 농약혼합표준용액(5 mg/L) 0, 50, 100, 300, 500, 1000 μL를 단계적으로 취하여 넣고 내부표준용액(10 mg/L)을 정확히 50 μL를 취하여 5 mL 플라스크에 넣고 각각 아세톤으로 전량 5 mL로 한다. 조제한 검정곡선용 표준용액의 농도는 0, 0.05, 0.1, 0.3, 0.5, 1 mg/L에 해당되며 필요에 따라 사용하는 표준용액의 농도와 개수를 달리 할 수 있다.

[주 1] 시료분석결과 이 검정곡선 농도범위를 벗어나면 시료를 희석해서 재분석하여야 한다.

[주 2] 다이아지논의 경우 7.2.1에서 계산된 농도는 0.05, 0.10, 0.3, 0.5, 1 mg/L에 해당된다.

7.2.2 각 분석화합물의 농도(C_x)를 취하여 가로축(x축)에, 각 분석화합물의 피크면적(A_x)과 내부표준물질의 피크면적(A_i)과의 비(A_x/A_i)를 세로축(y축)에 취하여 검정곡선을 작성한다.

[주 3] 피크의 면적 대신 피크의 높이를 사용할 수 있으나 피크면적을 사용하는 것이 바람직하다.

7.3 측정법

7.3.1 추출액 1 μL ~ 3 μL를 취하여 기체크로마토그래프에 주입하여 분석한다.

7.3.2 기체크로마토그래프로부터 얻은 크로마토그램에서 각 분석성분 및 내부표준물질의 머무름 시간에 해당하는 위치의 피크들로부터 피크면적을 구한다.

7.3.3 크로마토그램으로부터 각 분석성분 및 내부표준물질의 피크면적을 측정하여 농약류의 피크 면적(A_x)과 내부표준물질의 피크면적(A_i)과의 비(A_x/A_i)를 구한다.

8 결과보고

8.1 계산

각 분석물질별로 내부표준물질에 대한 면적 비(A_x/A_i)를 구한 다음 검정곡선식의 $y(i)$값에 대입하여 $x(i)$값을 계산하면 분석물질의 농도(C_s, mg/L)를 구할 수 있다.

$$C_s(\text{mg/L}) = \frac{\frac{A_x}{A_i} - b}{a} \times \frac{1}{c} \quad \cdots\cdots (식\ 1)$$

여기서, A_x/A_i : 분석물질과 내부표준물질의 피크면적 비

a : 검정곡선의 기울기

b : 검정곡선의 절편 값

c : 농축배수

C_s : 분석물질의 농도(mg/L)

8.2 결과보고

행정사항과 관련된 항목별 시험결과의 표시는 ES 05003의 먹는물 수질기준의 표시한계 및 결과 표시에 따른다.

9 참고자료

9.1 US EPA Method 614, "The Determination of Organophosphorus Pesticides in Industrial and Municipal Wastewater"(1982)

9.2 US EPA Method 622, "The Determination of Organophosphorus Pesticides in Industrial and Municipal Wastewater"(1982)

9.3 Standard Method 6410B, "Extractable base/neutrals and acids in water by LLE GC/MS" (2005)

10 부록

[표 1] 정도관리 목표값

정도관리 항목	정도관리 목표
정량한계	0.0005 mg/L
검정곡선	결정계수(R^2) ≥ 0.98 또는 감응계수(RF)의 상대표준편차 ≤ 25 %
정밀도	상대표준편차 ± 25 % 이내
정확도	75 % ~ 125 %
현장이중시료	상대편차백분율 ± 25 % 이내

[표 2] 유기인계농약의 기체크로마토그래프 실험조건

항 목	조 건
컬럼	Ultra-2(cross-linked 5 % phenylmethylsilicone, 30 m 길이 × 0.2 mm 안지름 × 0.33 μm 필름두께) 또는 이와 동등한 컬럼
운반기체(유속)	헬륨(1.0 mL/min)
분획비	10 : 1
주입구 온도	300 ℃
인터페이스 온도	280 ℃
오븐 온도	50 ℃(3 min) → 10 ℃/min → 300 ℃(5 min)

[표 3] 유기인계 농약의 선택이온

물질명	분자량	제1선택이온(m/z)	제2선택이온(m/z)
다이아지논	304	304	179
페니트로티온	277	277	109, 125
파라티온	291	291	109, 97

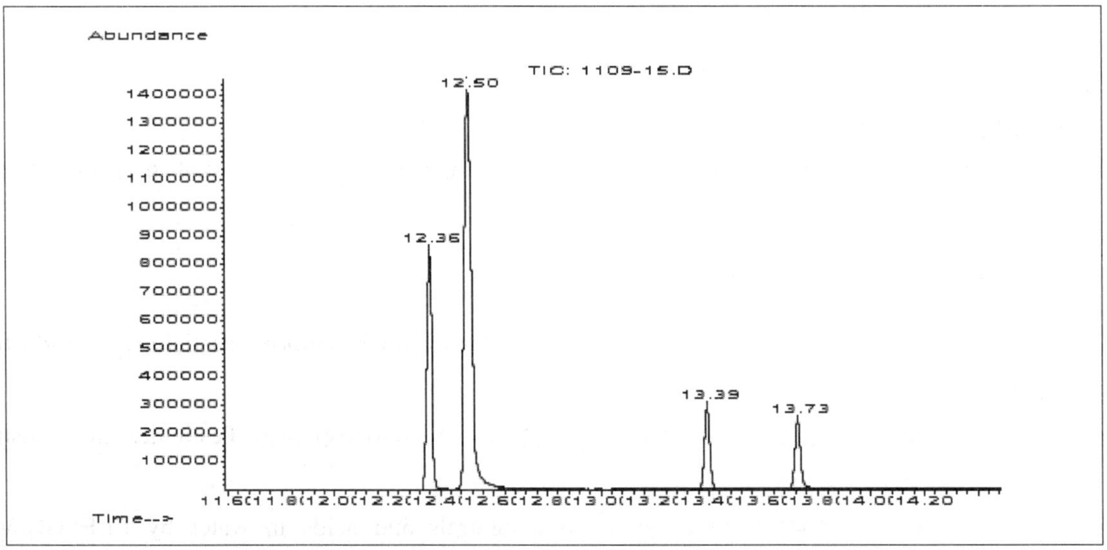

[그림 1] 유기인계농약 표준물질의 GC-MS 크로마토그램(예)

[표 4] 유기인계 농약 표준물질의 머무름 시간(예)

물질명	머무름 시간(min)
다이아지논	12.36
페니트로티온	13.39
파라티온	13.73

다이아지논(12.36 min)

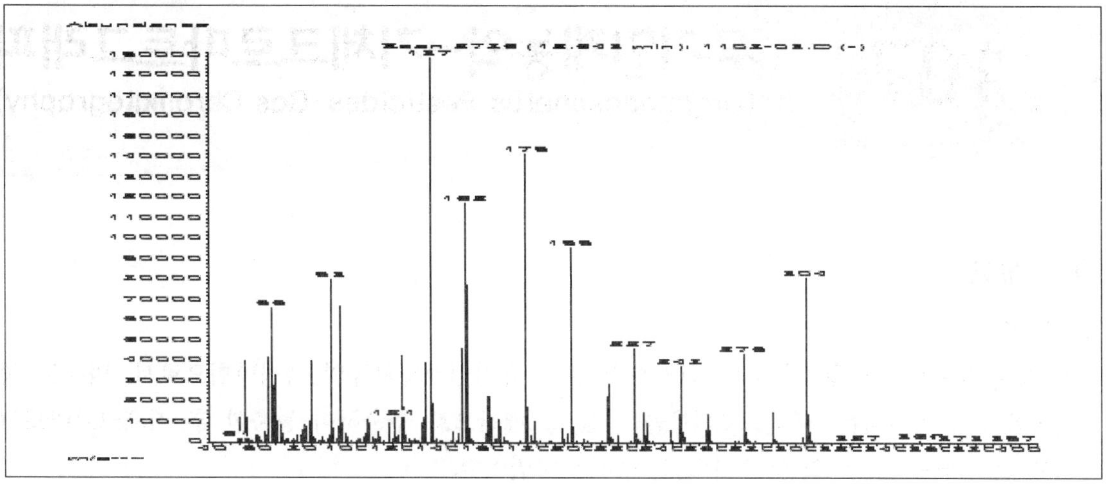

페니트로티온(13.39 min)

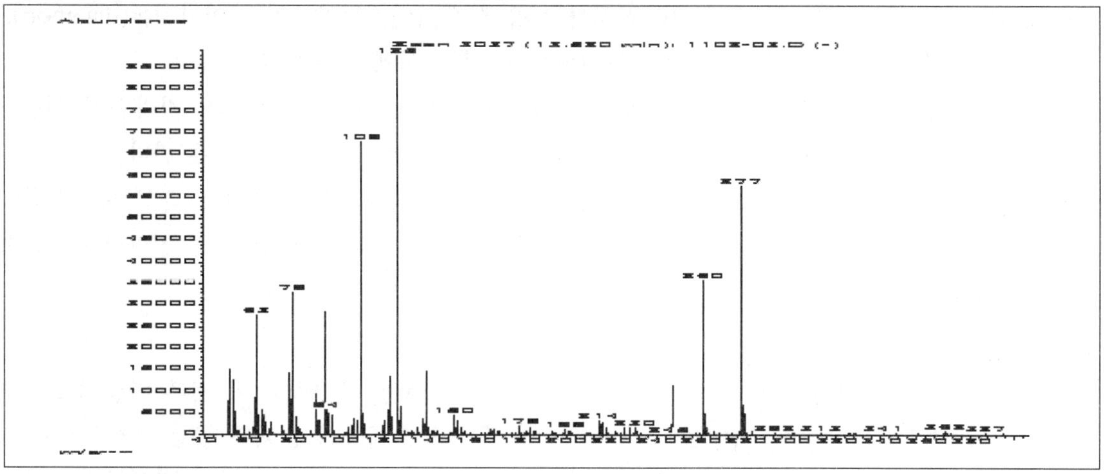

파라티온(13.73 min)

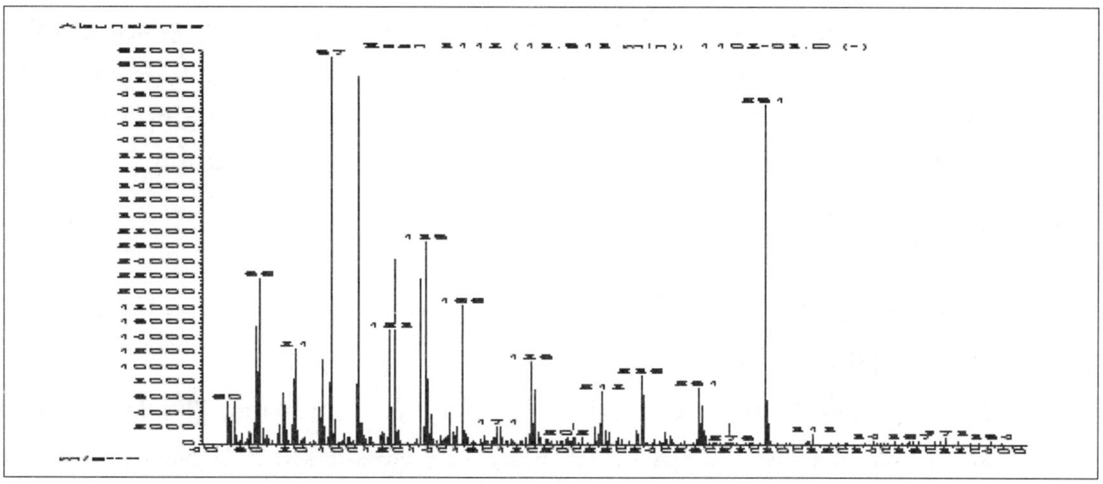

[그림 2] 유기인의 질량스펙트럼

107 유기인계농약-기체크로마토그래피
(Organophsphorus Pesticides-Gas Chromatography)

1 개요

1.1 목적

이 시험기준은 먹는물, 샘물 및 염지하수 중에 유기인계농약류의 측정방법으로서, 먹는물 중에 다이아지논, 파라티온, 페니트로티온을 디클로로메탄으로 추출하여 농축한 후 기체크로마토그래프로 분리하여 질소-인 검출기로 분석하는 방법이다.

1.2 적용범위

1.2.1 이 시험기준은 먹는물, 샘물 및 염지하수 중에 유기인계농약류인 다이아지논(diazinon), 파라티온(parathion), 페니트로티온(fenitrothion)의 분석에 적용한다.

1.2.2 이 시험기준은 먹는물 중에 카바릴(carbaryl)의 스크리닝에 적용한다. 카바릴이 검출되면 카바릴 분석법(ES 05502.1 또는 ES 05502.2)을 사용하여 정량하여야 한다.

1.2.3 이 시험기준은 기체크로마토그래프로 분리한 다음 질소-인 검출기로 측정하는 방법이다.

1.2.4 이 시험기준에 의한 먹는물, 샘물 및 염지하수 중에 각 유기인계농약류의 정량한계는 0.0005 mg/L이다.

1.3 간섭물질

1.3.1 추출 용매 안에 함유하고 있는 불순물이 분석을 방해할 수 있다. 이 경우 바탕시료나 시약 바탕시료를 분석하여 확인할 수 있다. 방해물질이 존재하면 용매를 증류하거나 컬럼 크로마토그래프를 이용하여 제거한다. 고순도의 시약이나 용매를 사용하면 방해물질을 최소화 할 수 있다.

1.3.2 유리기구류는 세정제, 수돗물, 정제수 그리고 아세톤으로 차례로 닦아준 후 400 ℃에서 15분 ~ 30분 동안 가열한 후 식혀 알루미늄박(箔)으로 덮어 깨끗한 곳에 보관하여 사용한다.

1.3.3 매트릭스로부터 추출되어 나오는 방해물질이 있을 수 있는데 이는 시료마다 다르다. 만약 방해가 심하면 추가적으로 플로리실과 같은 고체상 정제과정이 필요하다.

2 "내용 없음"

3 분석기기 및 기구

3.1 기체크로마토그래프

3.1.1 컬럼은 안지름 0.20 mm ~ 0.35 mm, 필름두께 0.1 μm ~ 0.50 μm, 길이 15 m ~ 60 m의 cross-linked methylsilicone(DB-1, HP-1 등) 또는 cross-linked 5 % phenylmethylsilicone (DB-5, HP-5 등) 등의 모세관이나 동등한 분리성능을 가진 모세관으로 대상 분석 물질의

분리가 양호한 것을 택하여 시험한다.

3.1.2 운반기체는 부피백분율 99.999 % 이상의 헬륨(또는 질소)을 사용하며 유량은 0.5 mL/min ~ 4 mL/min, 시료도입부 온도는 200 ℃ ~ 250 ℃, 컬럼온도는 40 ℃ ~ 280 ℃로 사용한다.

3.1.3 질소－인 검출기

질소－인 검출기(NPD, nitrogen phosphorus detector)는 질소나 인이 불꽃 또는 열에서 생성된 이온이 루비듐염과 반응하여 전자를 전달하며 이 때 흐르는 전자가 포착되어 전류의 흐름으로 바꾸어 측정하는 방법으로 유기인화합물 및 유기질소화합물을 선택적으로 검출할 수 있다.

3.1.4 기체크로마토그래프의 조건은 표 2와 같이 수행할 수 있다.

3.2 농축기

4 시약 및 표준용액

4.1 시약

4.1.1 염화나트륨

염화나트륨(sodium chloride, NaCl, 분자량 : 58.45) 50 g을 정제수 500 mL에 녹이고 추출용매 10 mL를 넣고 흔들어 혼합한 다음 추출용매 중 2 μL 취하여 기체크로마토그래프에 주입할 때 표준물질의 피크 부근에 불순물 피크가 없는 것을 사용한다.

4.1.2 n-헥산

n-헥산(hexane, C_6H_{14}, 분자량 : 86.17) 100 mL를 약 1 mL ~ 5 mL로 농축한 것을 2 μL 취하여 기체크로마토그래프에 주입할 때 표준물질의 피크 부근에 불순물 피크가 없는 것을 사용한다.

4.1.3 아세톤

아세톤(acetone, CH_3COCH_3, 분자량 : 58.08) 100 mL를 약 1 mL ~ 5 mL로 농축한 것을 2 μL 취하여 기체크로마토그래프에 주입할 때 표준물질의 피크 부근에 불순물 피크가 없는 것을 사용한다.

4.1.4 디클로로메탄

디클로로메탄(methylene chloride, CH_2Cl_2, 분자량 : 84.93) 100 mL를 약 1 mL ~ 5 mL로 농축한 것을 2 μL 취하여 기체크로마토그래프에 주입할 때 표준물질의 피크 부근에 불순물 피크가 없는 것을 사용한다.

4.1.5 추출용매(디클로로메탄 함유 n-헥산)

디클로로메탄과 n-헥산을 15 : 85의 비율로 혼합하여 사용한다.

4.1.6 무수황산나트륨

무수황산나트륨(anhydrous sodium sulfate, Na_2SO_4, 분자량 : 142.04) 100 g에 추출용매 50 mL를 넣고 흔들어 섞은 다음 여과하여 무수황산나트륨을 분리한다. 분리한 무수황산나트륨에 다시 추출용매 25 mL를 넣고 흔들어 섞은 다음 여과하여 분리한 무수황산나트륨을 바람에 말린다. 2번째 분리하여 얻은 추출용매 2 μL 취하여 기체크로마토그래프에 주입할 때 표준물질의 피크 부근에 불순물 피크가 없는 것을 사용한다.

4.2 표준용액

4.2.1 농약표준원액(1000 mg/L)

잔류농약시험용 다이아지논, 페니트로티온, 파라티온 각 50 mg을 정확히 취하여 각각의 50 mL 부피플라스크에 넣고 아세톤을 넣어 50 mL로 한다. 이 용액 1 mL는 유기인계농약을 각각 1 mg씩 함유한다. 시판되는 농약표준원액을 사용할 수 있다. 이 용액은 갈색 바이알에 넣어 냉장 보관한다.

4.2.2 농약혼합표준용액(5 mg/L)

100 mL 부피플라스크에 각각의 농약표준원액인 다이아지논, 페니트로티온 및 파라티온 0.5 mL를 넣고 아세톤을 넣어 100 mL로 한다. 이 용액 1 mL는 다이아지논, 페니트로티온 및 파라티온 5 μg을 각각 함유한다.

4.3 내부표준용액

4.3.1 내부표준원액(1000 mg/L)

트리페닐포스페이트(TPP, triphenylphosphate) 50 mg을 정확히 취하여 50 mL 부피플라스크에 넣고 아세톤을 넣어 50 mL로 한다. 이 용액 1 mL는 TPP 1 mg을 함유한다. 시판되는 내부표준원액을 사용할 수 있다. 이 용액은 갈색 바이알에 넣어 냉장 보관한다.

4.3.2 내부표준용액(10 mg/L)

100 mL 부피플라스크에 내부표준원액인 TPP 1 mL를 넣고 아세톤을 넣어 100 mL로 한다. 이 용액 1 mL는 TPP 10 μg을 함유한다.

5 시료채취 및 관리

5.1 시료채취는 유리병을 사용하며 채취 전에 시료로서 세척하지 말아야 한다.

5.2 시료가 잔류염소를 함유하고 있다면 잔류염소 4 mg/L 이하인 시료 1 L 기준으로 티오황산나트륨(80 g/L) 1 mL에 준하여 첨가한다.

5.3 모든 시료는 시료채취 후 추출하기 전까지 1 ℃ ~ 5 ℃ 냉암소에서 보관하고 7일 이내에 추출하고 40일 이내에 분석한다.

6 정도보증/정도관리(QA/QC)

6.1 방법검출한계 및 정량한계

6.1.1 방법검출한계(MDL, method detection limit) 및 정량한계(LOQ, limit of quantitation)는 ES 05001 정도보증/정도관리에 따라 계산한다. 정제수에 표준용액을 0.0005 mg/L가 되도록 첨가한 7개의 첨가시료를 준비하고 **7** 분석절차와 동일하게 측정하여, 표준편차를 구한다.

6.1.2 표준편차에 3.14를 곱한 값을 방법검출한계로, 10을 곱한 값을 정량한계로 나타낸다. 측정한 정량한계는 표 1에서 제시한 정량한계 이하이어야 한다.

6.2 방법바탕시료의 측정

ES 05001 정도보증/정도관리에 따라 시료군마다 1개의 방법바탕시료(method blank)를 측정한다. 방법바탕시료는 정제수를 사용하여 7 분석절차와 동일하게 측정하며 측정값은 방법검출한계 이하이어야 한다.

6.3 검정곡선의 작성 및 검증

6.3.1 검정곡선의 작성 및 검증은 ES 05001 정도보증/정도관리에 따른다. 정량범위 내의 5개의 농도에 대해 검정곡선을 작성하고 얻어진 검정곡선의 결정계수(R^2)가 0.98 이상 또는 감응계수(RF)의 상대표준편차가 25 % 이내이어야 하며 결정계수나 감응계수의 상대표준편차가 허용범위를 벗어나면 재작성한다.

6.3.2 검정곡선의 직선성을 검증하기 위하여 검정곡선을 작성할 때에는 정량범위를 0.0005 mg/L ~ 0.01 mg/L로 한다. 그러나 측정값이 이 농도범위를 벗어날 경우에는 시료를 묽혀서 다시 분석한다.

6.3.3 검정곡선을 검증하기 위하여 감응계수를 비교할 때에는 검정곡선의 중간 농도에서 한 농도를 선택하여 감응계수(RF)를 구하여 그 값의 변화가 25 % 이내에서 일치하여야 한다. 만약 이 범위를 넘는 경우, 검정곡선을 재작성한다.

6.4 정밀도 및 정확도

6.4.1 정밀도(precision) 및 정확도(accuracy)의 측정은 ES 05001 정도보증/정도관리에 따른다. 정제수에 정량한계 농도의 10배가 되도록 동일하게 표준물질을 첨가한 시료를 4개 이상 준비하고, 7 분석절차와 동일하게 측정하여 평균값과 표준편차를 구한다.

6.4.2 정확도는 인증시료를 확보할 수 있는 경우 인증표준물질을 분석한 결과값과 인증값과의 상대백분율로 나타내고, 인증시료를 확보할 수 없는 경우 이를 정확한 농도로 첨가한 시료로 대체한다. 이 때 정확도는 첨가시료를 분석한 농도와 첨가하지 않은 시료를 분석한 농도와의 차이에 대한 첨가농도의 상대백분율로서 나타내며 그 값이 75 % ~ 125 % 이내이어야 한다.

6.4.3 정밀도는 측정값의 상대표준편차(RSD)로 계산하며 측정값이 25 % 이내이어야 한다.

6.5 현장 이중시료의 측정

현장 이중시료(field duplicate sample)는 동일한 시료채취 장소에서 동일한 조건으로 중복으로 채취한 시료로서 한 조사팀이 하루에 20개 이하를 채취할 경우에는 1개를 그리고 그 이상을 채취할 때에는 시료 20개 당 1개를 추가로 취한다. 동일한 조건의 두 시료간의 측정값의 편차는 25 % 이하이어야 한다.

6.6 내부정도관리 주기 및 목표

6.6.1 방법검출한계, 정량한계, 정밀도 및 정확도는 연 1회 이상 산정하는 것을 원칙으로 하며, 분석자의 교체, 분석 장비의 수리 및 이동 등의 주요 변동사항이 생길 경우에는 다시 실시한다. 단, 장비의 청소, 컬럼의 교체 시와 측정 장비의 감도가 의심될 때에는 언제든지 측정하여 확인하여야 한다.

6.6.2 검정곡선 검증 및 시약바탕시료의 분석은 각 시료군마다 실시하며, 고농도의 시료 다음에

는 시약바탕시료를 측정하여 오염여부를 점검한다.

6.6.3 각 정도관리 항목에 대한 정도관리 목표값은 표 1과 같다.

7 분석절차

7.1 전처리

7.1.1 시료 500 mL를 1 L 분별깔때기에 취하고, 염화나트륨 약 5 g을 넣어 녹인다.

7.1.2 추출용매 30 mL를 넣어 2분간 강하게 흔들어 섞은 다음 가만히 두었다가 물층을 다른 분별깔때기(B)에 취한다.

7.1.3 분별깔때기(B)에 추출용매 30 mL를 넣어 같은 방법으로 추출한다.

7.1.4 7.1.2와 7.1.3의 추출물을 합하여 정제수 10 mL씩 2회 세척한다.

7.1.5 무수황산나트륨을 이용하여 7.1.4의 정제수로 세척한 추출물 중의 수분을 제거한다.

7.1.6 7.1.5의 액을 농축기로 5 mL까지 농축하여 내부표준용액(10 mg/L)을 정확히 50 μL를 취하여 시료에 첨가한 후, 시험용액으로 한다.

7.2 검정곡선의 작성

7.2.1 농약 혼합표준용액(5 mg/L) 0, 50, 100, 300, 500, 1000 μL를 단계적으로 취하여 넣고 내부표준용액(10 mg/L)을 정확히 50 μL를 취하여 5 mL 플라스크에 넣고 각각 아세톤으로 전량 5 mL로 한다. 조제한 검정곡선용 표준용액의 농도는 0, 0.05, 0.1, 0.3, 0.5, 1 mg/L에 해당되며 필요에 따라 사용하는 표준용액의 농도와 개수를 달리 할 수 있다.

[주 1] 시료분석결과 이 검정곡선 농도범위를 벗어나면 시료를 희석해서 재분석하여야 한다.

[주 2] 다이아지논의 경우 7.2.1에서 계산된 농도는 0, 0.05, 0.1, 0.3, 0.5, 1 mg/L에 해당된다.

7.2.2 분석성분의 농도(C_x)를 취하여 가로축(x축)에, 분석성분의 피크면적(A_x)과 내부표준물질의 피크면적(A_i)과의 비(A_x/A_i)를 세로축(y축)에 취하여 검정곡선을 작성한다.

[주 3] 피크의 면적 대신 피크의 높이를 사용할 수 있으나 피크면적을 사용하는 것이 바람직하다.

7.3 측정법

7.3.1 추출액 1 μL ~ 3 μL를 취하여 기체크로마토그래프에 주입하여 분석한다.

7.3.2 크로마토그램으로부터 각 분석성분 및 내부표준물질의 피크면적을 측정하여 농약류의 피크면적(A_x)과 내부표준물질의 피크면적(A_i)과의 비(A_x/A_i)를 구한다.

8 결과보고

8.1 계산

각 분석물질별로 내부표준물질에 대한 면적 비(A_x/A_i)를 구한 다음 검정곡선식의 $y(i)$값에 대입하여 $x(i)$값을 계산하면 분석물질의 농도(C_s, mg/L)를 구할 수 있다.

$$C_s(\text{mg/L}) = \frac{\frac{A_x}{A_i} - b}{a} \times \frac{1}{c} \quad \cdots\cdots (식\ 1)$$

여기서, A_x/A_i : 분석물질과 내부표준물질의 피크면적 비

a : 검정곡선의 기울기
b : 검정곡선의 절편 값
c : 농축배수
C_s : 분석물질의 농도(mg/L)

8.2 결과보고

행정사항과 관련된 항목별 시험결과의 표시는 ES 05003의 먹는물 수질기준의 표시한계 및 결과 표시에 따른다.

9 참고자료

9.1 US EPA Method 614, "The Determination of Organophosphorus Pesticides in Industrial and Municipal Wastewater"(1982)

9.2 US EPA Method 505, "Analysis of Organohalide Pesticides and Commercial Polychlorinated Biphenyl(PCB) Products in Water by Microextraction and Gas Chromatography"(1995)

9.3 US EPA Method 507, "Determination of Nitrogen and Phosphorus Containing Pesticides in Water by Gas Chromatography With a Nitrogen Phosphorus Detector"(1995)

9.4 US EPA Method 8141B, "Organophosphorus Compounds by Gas Chromatograghy: Capillary Column Technique"(2000)

9.5 Standard Method 6410B, "Extractable base/neutrals and acids in water by LLE GC/MS" (2005)

10 부록

[표 1] 정도관리 목표값

정도관리 항목	정도관리 목표
정량한계	0.0005 mg/L
검정곡선	결정계수(R^2) ≥ 0.98 또는 감응계수(RF)의 상대표준편차 ≤ 25 %
정밀도	상대표준편차 ± 25 % 이내
정확도	75 % ~ 125 %
현장이중시료	상대편차백분율 ± 25 % 이내

[표 2] 유기인계농약의 기체크로마토그래프 실험조건(예)

항 목	조 건
컬럼	Ultra-2(cross-linked 5 % phenylmethylsilicone, 30 m 길이 × 0.2 mm 안지름 × 0.33 μm 필름두께) 또는 이와 동등한 컬럼
운반기체(유속)	헬륨(1.0 mL/min)
분획비	1/10
주입구 온도	300 ℃
인터페이스 온도	280 ℃
오븐 온도	50 ℃(3 min) → 10 ℃/min → 300 ℃(5 min)

108 유기인계농약-고상추출-기체크로마토그래피-질량분석법

(Organophosphorus Pesticides-Solid Phase Extraction(SPE)-Gas Chromatography-Mass Spectrometry)

1 개요

1.1 목적

이 시험방법은 먹는물, 샘물 및 염지하수 중에 유기인계농약류의 측정방법으로서, 먹는물 중에 다이아지논, 파라티온, 페니트로티온을 고상카트리지에 통과시켜 흡착시킨 후 에틸아세테이트로 용출시켜 추출하여 농축한 후 기체크로마토그래프로 분리한 다음 질량분석기로 분석하는 방법이다.

1.2 적용범위

1.2.1 이 시험기준은 먹는물, 샘물 중에 유기인계농약류인 다이아지논(diazinon), 파라티온(parathion), 페니트로티온(fenitrothion)의 분석에 적용한다.

1.2.2 이 시험기준은 기체크로마토그래프로 분리한 다음 질량분석기로 측정하는 방법이다.

1.2.3 이 시험기준에 의한 먹는물, 샘물 중에 각 유기인계농약류의 정량한계는 0.0005 mg/L이다.

1.3 간섭물질

1.3.1 추출 용매 안에 함유하고 있는 불순물이 분석을 방해할 수 있다. 이 경우 바탕시료나 시약 바탕시료를 분석하여 확인할 수 있다. 방해물질이 존재하면 용매를 증류하거나 컬럼 크로마토그래프를 이용하여 제거한다. 고순도의 시약이나 용매를 사용하면 방해물질을 최소화할 수 있다.

1.3.2 유리기구류는 세정제, 수돗물, 정제수 그리고 아세톤으로 차례로 닦아준 후 400 ℃에서 15분 ~ 30분 동안 가열한 후 식혀 알루미늄박(箔)으로 덮어 깨끗한 곳에 보관하여 사용한다.

1.3.3 매트릭스로부터 추출되어 나오는 방해물질이 있을 수 있는데 이는 시료마다 다르다. 만약 방해가 심하면 추가적으로 플로리실과 같은 고체상 정제과정이 필요하다.

2 "내용 없음"

3 분석기기 및 기구

3.1 기체크로마토그래프

3.1.1 컬럼은 안지름 0.20 mm ~ 0.35 mm, 필름두께 0.1 μm ~ 0.50 μm, 길이 15 m ~ 60 m의 cross-linked methylsilicone(DB-1, HP-1 등) 또는 cross-linked 5 % phenylmethylsilicone (DB-5, HP-5 등) 등의 모세관이나 동등한 분리성능을 가진 모세관으로 대상 분석 물질의 분리가 양호한 것을 택하여 시험한다.

3.1.2 운반기체는 부피백분율 99.999 % 이상의 헬륨(또는 질소)을 사용하며 유량은 0.5 mL/min ~ 4 mL/min, 시료도입부 온도는 200 ℃ ~ 250 ℃, 컬럼온도는 40 ℃ ~ 280 ℃로 사용한다.

3.2 질량분석기(mass spectrometer)

3.2.1 이온화방식은 전자충격법(EI, electron impact)을 사용하며 이온화에너지는 35 eV ~ 70 eV를 사용한다.

3.2.2 질량분석기는 자기장형(magnetic sector), 사중극자형(quadrupole) 및 이온트랩형(ion trap) 등의 성능을 가진 것을 사용한다.

3.2.3 정량분석에는 선택이온검출법(SIM, selected ion monitoring)을 이용하는 것이 바람직하다. 선택하는 이온들은 표 3의 이온을 사용할 수 있다.

3.3 농축기

3.4 고상카트리지

C_{18} 카트리지 또는 이와 동등 이상의 성능을 지닌 것을 사용한다.

3.5 고상추출장치1)

일반적으로 고상추출에 사용하는 매뉴얼 타입의 매니폴드(manifold)를 사용하거나, 동등 이상의 성능을 가진 것을 사용한다.

4 시약 및 표준용액

4.1 시약

4.1.1 정제수

시약용 정제수를 사용하거나, 순수제조장치로 정제된 물을 사용한다. 단, 바탕시험 할 때 분석화합물의 피크 부근에 불순물 피크가 없는 것을 사용한다.

---

1) • SPE(Solid Phase Extraction, 고상추출): 고체상(solid phase)과 액체상(liquid phase) 등 물질분배 작용을 이용하여 두 가지 이상의 물질에서 목적으로 하는 단일물질을 분리 또는 추출하는 방법으로 소량(100 mg ~ 수 g)의 흡수제가 담긴 카트리지에 액체나 기체를 통과시켜 대상성분들을 선택적으로 포집한 후 소량의 용출용매로 용리시키는 추출방법이다.

• 포집의 원리로는 대상 화합물의 종류에 따라서 흡착(slica, alumina, Florisil™, graphitized carbon, polystyrene-divinylbenzene copolymer, resin, Texas GC™ 등), 분배(C_{18}, C_8 등) 및 이온교환(aminopropyl 등의 약 음이온, carboxy-propyl 등의 약 양이온, 4차 암모늄의 강 음이온, sulfonate 등의 강 양이온 교환수지)을 다양하게 이용할 수 있다.

• SPE에서 가장 중요한 사항은 대상성분과 시료의 종류에 따라 적절한 분리 원리에 적합한 SPE를 선택하는 것이다.

• [표] SPE 흡수제의 분리원리 및 작용기

분리원리	작용기	특이사항
흡착	Hydroxyl(alumina, Florisil, silica)	순상
	2,3-Dihydroxypropoxypropyl(Dial)	순상
	Styrene-divinylbenzene(SDVB, HLB)	역상
분배	Octyl(C_8), Octadecyl(C_{18}), Phenyl	역상
	Cyanopropyl(CN)	순상/역상
약 양이온 교환	Carboxypropyl(CBA)	순상
강 양이온 교환	Propylsulfonic acid(PRS)	
	Benzenesulfonic acid(SCX)	
약 음이온 교환	Aminopropyl(NH_2)	순상
	Diethylaminopropyl(DEA)	
	Ethylenediamine-N-propyl(PSA)	
강 음이온 교환	Quaternary ammonium(SAX)	
혼합 분리원리	음이온교환/분배(MCX, WCX)	
	양이온교환/분배(MCX, WCX)	

4.1.2 메탄올(methanol, CH_3OH, 분자량 : 32.04)

메탄올 100 mL를 약 1 mL ~ 5 mL로 농축한 것을 2 μL 취하여 기체크로마토그래프에 주입할 때 표준물질의 피크 부근에 불순물 피크가 없는 것을 사용한다.

4.1.3 아세톤(acetone, CH_3COCH_3, 분자량 : 58.08)

아세톤 100 mL를 약 1 mL ~ 5 mL로 농축한 것을 2 μL 취하여 기체크로마토그래프에 주입할 때 표준물질의 피크 부근에 불순물 피크가 없는 것을 사용한다.

4.1.4 에틸아세테이트(ethyl acetate, $C_4H_8O_2$, 분자량 : 55.11)

에틸아세테이트 100 mL를 약 1 mL ~ 5 mL로 농축한 것을 2 μL 취하여 기체크로마토그래프에 주입할 때 표준물질의 피크 부근에 불순물 피크가 없는 것을 사용한다.

4.1.5 무수황산나트륨(anhydrous sodium sulfate, Na_2SO_4, 분자량 : 142.04)

무수황산나트륨 100 g에 추출용매 50 mL를 넣고 흔들어 섞은 다음 여과하여 무수황산나트륨을 분리한다. 분리한 무수황산나트륨에 다시 추출용매 25 mL를 넣고 흔들어 섞은 다음 여과하여 분리한 무수황산나트륨을 바람에 말린다. 2번째 분리하여 얻은 추출용매 2 μL 취하여 기체크로마토그래프에 주입할 때 표준물질의 피크 부근에 불순물 피크가 없는 것을 사용한다.

4.2 표준용액

4.2.1 농약표준원액(1000 mg/L)

잔류농약시험용 다이아지논, 페니트로티온, 파라티온 각 50 mg을 정확히 취하여 각각의 50 mL 부피플라스크에 넣고 아세톤을 넣어 50 mL로 한다. 이 용액 1 mL는 유기인계농약을 각각 1 mg씩 함유한다. 시판되는 농약표준원액을 사용할 수 있다. 이 용액은 갈색 바이알에 넣어 냉장 보관한다.

4.2.2 농약혼합표준용액(10 mg/L)

100 mL 부피플라스크에 각각의 다이아지논, 페니트로티온 및 파라티온 농약 표준원액 1 mL를 넣고 아세톤을 넣어 100 mL로 한다. 이 용액 1 mL는 다이아지논, 페니트로티온 및 파라티온 10 μg을 함유한다.

4.3 내부표준용액

4.3.1 내부표준원액(1000 mg/L)

트리페닐포스페이트(TPP, triphenylphosphate) 100 mg을 정확히 취하여 100 mL 부피플라스크에 넣고 아세톤을 넣어 100 mL로 한다. 이 용액 1 mL는 TPP 1 mg을 함유한다. 시판되는 내부표준원액을 사용할 수 있다. 이 용액은 갈색 바이알에 넣어 냉장 보관한다.

4.3.2 내부표준용액(10 mg/L)

100 mL 부피플라스크에 내부표준원액인 TPP 1 mL를 넣고 아세톤을 넣어 100 mL로 한다. 이 용액 1 mL는 TPP 10 μg을 함유한다.

5 시료채취 및 관리

5.1 시료채취는 유리병을 사용하며 채취 전에 시료로서 세척하지 말아야 한다.

5.2 시료가 잔류염소를 함유하고 있다면 4 mg/L 이하인 시료 1 L 기준으로 티오황산나트륨(80 g/L) 1 mL에 준하여 첨가한다.

5.3 모든 시료는 시료채취 후 추출하기 전까지 1 ℃ ~ 5 ℃ 냉암소에서 보관하고 7일 이내에 추출하고 40일 이내에 분석한다.

6 정도보증/정도관리(QA/QC)

6.1 방법검출한계 및 정량한계

6.1.1 방법검출한계(MDL, method detection limit) 및 정량한계(LOQ, limit of quantitation)는 ES 05001 정도보증/정도관리에 따라 계산한다. 정제수에 표준용액을 0.0005 mg/L가 되도록 첨가한 7개의 첨가시료를 준비하고 **7** 분석절차와 동일하게 측정하여 표준편차를 구한다.

6.1.2 표준편차에 3.14를 곱한 값을 방법검출한계로, 10을 곱한 값을 정량한계로 나타낸다. 측정한 정량한계는 표 1에서 제시한 정량한계 이하이어야 한다.

6.2 방법바탕시료의 측정

ES 05001 정도보증/정도관리에 따라 시료군마다 1개의 방법바탕시료(method blank)를 측정한다. 방법바탕시료는 정제수를 사용하여 **7** 분석절차와 동일하게 측정하며 측정값은 방법검출한계 이하이어야 한다.

6.3 검정곡선의 작성 및 검증

6.3.1 검정곡선의 작성 및 검증은 ES 05001 정도보증/정도관리에 따른다. 정량범위 내의 5개의 농도에 대해 검정곡선을 작성하고 얻어진 검정곡선의 결정계수(R^2)가 0.98 이상 또는 감응계수(RF)의 상대표준편차가 25 % 이내이어야 하며 결정계수나 감응계수의 상대표준편차가 허용범위를 벗어나면 재작성한다.

6.3.2 검정곡선의 직선성을 검증하기 위하여 검정곡선을 작성할 때에는 정량범위를 0.0005 mg/L ~ 0.01 mg/L로 한다. 그러나 측정값이 이 농도범위를 벗어날 경우에는 시료를 묽혀서 다시 분석한다.

6.3.3 검정곡선을 검증하기 위하여 감응계수를 비교할 때에는 검정곡선의 중간 농도에서 한 농도를 선택하여 감응계수(RF)를 구하고 그 값의 변화가 25 % 이내에서 일치하여야 한다. 만약 이 범위를 넘는 경우, 검정곡선을 재작성한다.

6.4 정밀도 및 정확도

6.4.1 정밀도(precision) 및 정확도(accuracy)의 측정은 ES 05001 정도보증/정도관리에 따른다. 정제수에 정량한계 농도의 10배가 되도록 동일하게 표준물질을 첨가한 시료를 4개 이상 준비하고, **7** 분석절차와 동일하게 측정하여 평균값과 표준편차를 구한다.

6.4.2 정확도는 인증시료를 확보할 수 있는 경우 인증표준물질을 분석한 결과값과 인증값과의 상대백분율로 나타내고, 인증시료를 확보할 수 없는 경우 이를 정확한 농도로 첨가한 시료로 대체한다. 이 때 정확도는 첨가시료를 분석한 농도와 첨가하지 않은 시료를 분석한 농도와의 차이에 대한 첨가농도의 상대백분율로서 나타내며 그 값이 75 % ~ 125 % 이내이어야 한다.

6.4.3 정밀도는 측정값의 상대표준편차(RSD)로 계산하며 측정값이 25 % 이내이어야 한다.

6.5 현장 이중시료의 측정

현장 이중시료(field duplicate sample)는 동일한 시료채취 장소에서 동일한 조건으로 중복으로 채취한 시료로서 한 조사팀이 하루에 20개 이하를 채취할 경우에는 1개를 그리고 그 이상을 채취할 때에는 시료 20개 당 1개를 추가로 취한다. 동일한 조건의 두 시료간의 측정값의 편차는 25 % 이하이어야 한다.

6.6 내부정도관리 주기 및 목표

6.6.1 방법검출한계, 정량한계, 정밀도 및 정확도는 연 1회 이상 산정하는 것을 원칙으로 하며, 분석자의 교체, 분석 장비의 수리 및 이동 등의 주요 변동사항이 생길 경우에는 다시 실시한다. 단, 장비의 청소, 컬럼의 교체 시와 측정 장비의 감도가 의심될 때에는 언제든지 측정하여 확인하여야 한다.

6.6.2 검정곡선 검증 및 시약바탕시료의 분석은 각 시료군마다 실시하며, 고농도의 시료 다음에는 시약바탕시료를 측정하여 오염여부를 점검한다.

6.6.3 각 정도관리 항목에 대한 정도관리 목표값은 표 1과 같다.

7 분석절차

7.1 전처리

7.1.1 시료와 표준용액을 냉장고에서 꺼내어 상온으로 한다.

7.1.2 고상카트리지를 고상추출장치에 연결한다.

7.1.3 5 mL 메탄올을 1분간 정치하여 카트리지를 적신 후 통과시킨다.

7.1.4 에틸아세테이트 5 mL, 정제수 5 mL 순으로 각 1분간 정치하여 카트리지를 적신 후 통과시킨다.

7.1.5 시료 500 mL에 내부표준용액(10 mg/L) 50 μL를 첨가한다, 20 mL/min 이하의 속도로 카트리지를 통과시킨 후, 5분간 진공으로 말린다.

7.1.6 에틸아세테이트 5 mL로 용기를 세척한 후, 진공으로 말린 고상카트리지에 내려 유출액을 시험관에 받는다.

7.1.7 에틸아세테이트 3 mL씩 3회로 고상카트리지에 내려 7.1.6과 같은 시험관에 받는다.

7.1.8 7.1.6과 7.1.7을 통한 유출액은 무수황산나트륨을 통과시켜 둥근바닥플라스크에 수집한다.

7.1.9 농축기를 사용하여 전량 농축한다.

7.1.10 아세톤 5 mL을 플라스크에 넣어 용매를 아세톤으로 치환하여 이를 시험용액으로 한다.

7.2 검정곡선의 작성

7.2.1 농약 혼합표준용액(10 mg/L)을 정제수 500 mL에 0.0005 mg/L ~ 0.01 mg/L까지 단계적으로 첨가하고, 내부표준용액(10 mg/L)을 50 μL 첨가하여 7.1.2 ~ 7.1.9의 방법으로 분석한다.

[주 1] 시료분석결과 이 검정곡선 농도범위를 벗어나면 시료를 희석해서 재분석하여야 한다.

7.2.2 분석성분의 농도(C_x)를 취하여 가로축(x축)에, 분석성분의 피크면적(A_x)과 내부표준물질

의 피크면적(A_i)과의 비(A_x/A_i)를 세로축(y축)에 취하여 검정곡선을 작성한다.

[주 2] 피크의 면적 대신 피크의 높이를 사용할 수 있으나 피크면적을 사용하는 것이 바람직하다.

7.3 측정법

7.3.1 추출액 1 μL ~ 3 μL를 취하여 기체크로마토그래프에 주입하여 분석한다.

7.3.2 기체크로마토그래프로부터 얻은 크로마토그램에서 각 분석성분 및 내부표준물질의 머무름 시간에 해당하는 위치의 피크들로부터 피크면적을 구한다.

7.3.3 크로마토그램으로부터 각 분석성분 및 내부표준물질의 피크면적을 측정하여 농약류의 피크면적(A_x)과 내부표준물질의 피크면적(A_i)과의 비(A_x/A_i)를 구한다.

8 결과보고

8.1 계산

각 분석물질별로 내부표준물질에 대한 면적 비(A_x/A_i)를 구한 다음 검정곡선식의 $y(i)$값에 대입하여 $x(i)$값을 계산하면 분석물질의 농도(C_s, mg/L)를 구할 수 있다.

$$C_s(\text{mg/L}) = \frac{\frac{A_x}{A_i} - b}{a} \times \frac{1}{c} \quad \cdots\cdots (식\ 1)$$

여기서, A_x/A_i : 분석물질과 내부표준물질의 피크면적 비

a : 검정곡선의 기울기 　 b : 검정곡선의 절편 값

c : 농축배수 　 C_s : 분석물질의 농도(mg/L)

8.2 결과보고

행정사항과 관련된 항목별 시험결과의 표시는 ES 05003의 먹는물 수질기준의 표시한계 및 결과표시에 따른다.

9 참고자료

9.1 US EPA Method 3535A, "Solid-Phase Extraction(SPE)"(2007)

9.2 US EPA Method 525.2 "Determination of Organic Compounds in Drinking Water Liquid-Solid Extraction and Capillary Column Gas Chromatography/Mass Sectrometry"(1995)

10 부록

[표 1] 정도관리 목표값

정도관리 항목	정도관리 목표
정량한계	0.0005 mg/L
검정곡선	결정계수(R^2) ≥ 0.98 또는 감응계수(RF)의 상대표준편차 ≤ 25 %
정밀도	상대표준편차 ± 25 % 이내
정확도	75 % ~ 125 %
현장이중시료	상대편차백분율 ± 25 % 이내

[표 2] 유기인계농약의 기체크로마토그래프 실험조건(예)

항 목	조 건
컬럼	HP-5(cross-linked 5 % phenylmethylsilicone, 30 m 길이 × 0.32 mm 안지름 × 0.25 μm 필름두께) 또는 이와 동등한 컬럼
운반기체(유속)	헬륨(1.5 mL/min)
분획비	5 : 1
주입구 온도	250 ℃
인터페이스 온도	290 ℃
오븐 온도	70 ℃(2 min) → 15 ℃/min(200 ℃) → 10 ℃/min(250 ℃)(3 min) → 10 ℃/min(300 ℃)(5 min)

[표 3] 유기인계 농약의 선택이온

물질명	분자량	제1선택이온(m/z)	제2선택이온(m/z)
다이아지논	304	304	179
페니트로티온	277	277	109, 125
파라티온	291	291	109, 97

109 유기인계농약-고상추출-기체크로마토그래피
(Organophsphorus Pesticides-Solid Phase Extraction(SPE)-Gas Chromatography)

1 개요

1.1 목적

이 시험방법은 먹는물, 샘물 및 염지하수 중에 유기인계농약류의 측정방법으로서, 먹는물 중에 다이아지논, 파라티온, 페니트로티온을 고상카트리지에 통과시켜 흡착시킨 후 에틸아세테이트로 용출시켜 추출하여 농축한 후 기체크로마토그래프로 분리하여 질소-인 검출기로 분석하는 방법이다.

1.2 적용범위

1.2.1 이 시험기준은 먹는물, 샘물 중에 유기인계농약류인 다이아지논(diazinon), 파라티온(parathion), 페니트로디온(fenitrothion)의 분석에 적용한다.

1.2.2 이 시험기준은 기체크로마토그래프로 분리한 다음 질소-인 검출기로 측정하는 방법이다.

1.2.3 이 시험기준에 의한 먹는물, 샘물 중에 각 유기인계농약류의 정량한계는 0.0005 mg/L이다.

1.3 간섭물질

1.3.1 추출 용매 안에 함유하고 있는 불순물이 분석을 방해할 수 있다. 이 경우 바탕시료나 시약 바탕시료를 분석하여 확인할 수 있다. 방해물질이 존재하면 용매를 증류하거나 컬럼 크로마토그래프를 이용하여 제거한다. 고순도의 시약이나 용매를 사용하면 방해물질을 최소화할 수 있다.

1.3.2 유리기구류는 세정제, 수돗물, 정제수 그리고 아세톤으로 차례로 닦아준 후 400 ℃에서 15분 ~ 30분 동안 가열한 후 식혀 알루미늄박(箔)으로 덮어 깨끗한 곳에 보관하여 사용한다.

1.3.3 매트릭스로부터 추출되어 나오는 방해물질이 있을 수 있는데 이는 시료마다 다르다. 만약 방해가 심하면 추가적으로 플로리실과 같은 고체상 정제과정이 필요하다.

2 "내용 없음"

3 분석기기 및 기구

3.1 기체크로마토그래프

3.1.1 컬럼은 안지름 0.20 mm ~ 0.35 mm, 필름두께 0.1 μm ~ 0.50 μm, 길이 15 m ~ 60 m의 cross-linked methylsilicone(DB-1, HP-1 등) 또는 cross-linked 5 % phenylmethylsilicone (DB-5, HP-5 등) 등의 모세관이나 동등한 분리성능을 가진 모세관으로 대상 분석 물질의 분리가 양호한 것을 택하여 시험한다.

3.1.2 운반기체는 부피백분율 99.999 % 이상의 헬륨(또는 질소)을 사용하며 유량은 0.5 mL/min ~ 4 mL/min, 시료도입부 온도는 200 ℃ ~ 250 ℃, 컬럼온도는 40 ℃ ~ 280 ℃로 사용한다.

3.1.3 질소－인 검출기

질소－인 검출기(NPD, nitrogen phosphorus detector)는 질소나 인이 불꽃 또는 열에서 생성된 이온이 루비듐염과 반응하여 전자를 전달하며 이 때 흐르는 전자가 포착되어 전류의 흐름으로 바꾸어 측정하는 방법으로 유기인화합물 및 유기질소화합물을 선택적으로 검출할 수 있다.

3.1.4 기체크로마토그래프의 조건은 표 2와 같이 수행할 수 있다.

3.2 농축기

3.3 고상카트리지

C_{18} 카트리지 또는 이와 동등 이상의 성능을 지닌 것을 사용한다.

3.4 고상추출장치

일반적으로 고상추출에 사용하는 매뉴얼 타입의 매니폴드(manifold)를 사용하거나, 동등 이상의 성능을 가진 것을 사용한다.

4 시약 및 표준용액

4.1 시약

4.1.1 정제수

시약용 정제수를 사용하거나, 순수제조장치로 정제된 물을 사용한다. 단, 바탕시험 할 때 분석화합물의 피크 부근에 불순물 피크가 없는 것을 사용한다.

4.1.2 메탄올(methanol, CH_3OH, 분자량 : 32.04)

메탄올 100 mL를 약 1 mL ~ 5 mL로 농축한 것을 2 μL 취하여 기체크로마토그래프에 주입할 때 표준물질의 피크 부근에 불순물 피크가 없는 것을 사용한다.

4.1.3 아세톤(acetone, CH_3COCH_3, 분자량 : 58.08)

아세톤 100 mL를 약 1 mL ~ 5 mL로 농축한 것을 2 μL 취하여 기체크로마토그래프에 주입할 때 표준물질의 피크 부근에 불순물 피크가 없는 것을 사용한다.

4.1.4 에틸아세테이트(ethyl acetate, $C_4H_8O_2$, 분자량 : 55.11)

에틸아세테이트 100 mL를 약 1 mL ~ 5 mL로 농축한 것을 2 μL 취하여 기체크로마토그래프에 주입할 때 표준물질의 피크 부근에 불순물 피크가 없는 것을 사용한다.

4.1.5 무수황산나트륨(anhydrous sodium sulfate, Na_2SO_4, 분자량 : 142.04)

무수황산나트륨 100 g에 추출용매 50 mL를 넣고 흔들어 섞은 다음 여과하여 무수황산나트륨을 분리한다. 분리한 무수황산나트륨에 다시 추출용매 25 mL를 넣고 흔들어 섞은 다음 여과하여 분리한 무수황산나트륨을 바람에 말린다. 2번째 분리하여 얻은 추출용매 2 μL 취하여 기체크로마토그래프에 주입할 때 표준물질의 피크 부근에 불순물 피크가 없는 것을 사용한다.

4.2 표준용액

4.2.1 농약표준원액(1000 mg/L)

잔류농약시험용 다이아지논, 페니트로티온, 파라티온 각 50 mg을 정확히 취하여 각각의 50 mL 부피플라스크에 넣고 아세톤을 넣어 50 mL로 한다. 이 용액 1 mL는 유기인계농약을 각각 1 mg씩 함유한다. 시판되는 농약표준원액을 사용할 수 있다. 이 용액은 갈색 바이알에 넣어 냉장 보관한다.

4.2.2 농약혼합표준용액(10 mg/L)

100 mL 부피플라스크에 각각의 다이아지논, 페니트로티온 및 파라티온 농약 표준원액 1 mL를 넣고 아세톤을 넣어 100 mL로 한다. 이 용액 1 mL는 다이아지논, 페니트로티온 및 파라티온 10 μg을 함유한다.

4.3 내부표준용액

4.3.1 내부표준원액(1000 mg/L)

트리페닐포스페이트(TPP, triphenylphosphate) 100 mg을 정확히 취하여 100 mL 부피플라스크에 넣고 아세톤을 넣어 100 mL로 한다. 이 용액 1 mL는 TPP 1 mg을 함유한다. 시판되는 내부표준원액을 사용할 수 있다. 이 용액은 갈색 바이알에 넣어 냉장 보관한다.

4.3.2 내부표준용액(10 mg/L)

100 mL 부피플라스크에 내부표준원액인 TPP 1 mL를 넣고 아세톤을 넣어 100 mL로 한다. 이 용액 1 mL는 TPP 10 μg을 함유한다.

5 시료채취 및 관리

5.1 시료채취는 유리병을 사용하며 채취 전에 시료로서 세척하지 말아야 한다.

5.2 시료가 잔류염소를 함유하고 있다면 잔류염소 4 mg/L 이하인 시료 1 L 기준으로 티오황산나트륨(80 g/L) 1 mL에 준하여 첨가한다.

5.3 모든 시료는 시료채취 후 추출하기 전까지 1 ℃ ~ 5 ℃ 냉암소에서 보관하고 7일 이내에 추출하고 40일 이내에 분석한다.

6 정도보증/정도관리(QA/QC)

6.1 방법검출한계 및 정량한계

6.1.1 방법검출한계(MDL, method detection limit) 및 정량한계(LOQ, limit of quantitation)는 ES 05001 정도보증/정도관리에 따라 계산한다. 정제수에 표준용액을 0.0005 mg/L가 되도록 첨가한 7개의 첨가시료를 준비하고 **7** 분석절차와 동일하게 측정하여 표준편차를 구한다.

6.1.2 표준편차에 3.14를 곱한 값을 방법검출한계로, 10을 곱한 값을 정량한계로 나타낸다. 측정한 정량한계는 표 1에서 제시한 정량한계 이하이어야 한다.

6.2 방법바탕시료의 측정

ES 05001 정도보증/정도관리에 따라 시료군마다 1개의 방법바탕시료(method blank)를 측정한다. 방법바탕시료는 정제수를 사용하여 7 분석절차와 동일하게 측정하며 측정값은 방법검출한계 이하이어야 한다.

6.3 검정곡선의 작성 및 검증

6.3.1 검정곡선의 작성 및 검증은 ES 05001 정도보증/정도관리에 따른다. 정량범위 내의 5개의 농도에 대해 검정곡선을 작성하고 얻어진 검정곡선의 결정계수(R^2)가 0.98 이상 또는 감응계수(RF)의 상대표준편차가 25 % 이내이어야 하며 결정계수나 감응계수의 상대표준편차가 허용범위를 벗어나면 재작성한다.

6.3.2 검정곡선의 직선성을 검증하기 위하여 검정곡선을 작성할 때에는 정량범위를 0.0005 mg/L ~ 0.01 mg/L로 한다. 그러나 측정값이 이 농도범위를 벗어날 경우에는 시료를 묽혀서 다시 분석한다.

6.3.3 검정곡선을 검증하기 위하여 감응계수를 비교할 때에는 검정곡선의 중간 농도에서 한 농도를 선택하여 감응계수(RF)를 구하고 그 값의 변화가 25 % 이내에서 일치하여야 한다. 만약 이 범위를 넘는 경우, 검정곡선을 재작성한다.

6.4 정밀도 및 정확도

6.4.1 정밀도(precision) 및 정확도(accuracy)의 측정은 ES 05001 정도보증/정도관리에 따른다. 정제수에 정량한계 농도의 10배가 되도록 동일하게 표준물질을 첨가한 시료를 4개 이상 준비하고, 7 분석절차와 동일하게 측정하여 평균값과 표준편차를 구한다.

6.4.2 정확도는 인증시료를 확보할 수 있는 경우 인증표준물질을 분석한 결과값과 인증값과의 상대백분율로 나타내고, 인증시료를 확보할 수 없는 경우 이를 정확한 농도로 첨가한 시료로 대체한다. 이 때 정확도는 첨가시료를 분석한 농도와 첨가하지 않은 시료를 분석한 농도와의 차이에 대한 첨가농도의 상대백분율로서 나타내며 그 값이 75 % ~ 125 % 이내이어야 한다.

6.4.3 정밀도는 측정값의 상대표준편차(RSD)로 계산하며 측정값이 25 % 이내이어야 한다.

6.5 현장 이중시료의 측정

현장 이중시료(field duplicate sample)는 동일한 시료채취 장소에서 동일한 조건으로 중복으로 채취한 시료로서 한 조사팀이 하루에 20개 이하를 채취할 경우에는 1개를 그리고 그 이상을 채취할 때에는 시료 20개 당 1개를 추가로 취한다. 동일한 조건의 두 시료간의 측정값의 편차는 25 % 이하이어야 한다.

6.6 내부정도관리 주기 및 목표

6.6.1 방법검출한계, 정량한계, 정밀도 및 정확도는 연 1회 이상 산정하는 것을 원칙으로 하며, 분석자의 교체, 분석 장비의 수리 및 이동 등의 주요 변동사항이 생길 경우에는 다시 실시한다. 단, 장비의 청소, 컬럼의 교체 시와 측정 장비의 감도가 의심될 때에는 언제든지 측정하여 확인하여야 한다.

6.6.2 검정곡선 검증 및 시약바탕시료의 분석은 각 시료군마다 실시하며, 고농도의 시료 다음에는 시약바탕시료를 측정하여 오염여부를 점검한다.

6.6.3 각 정도관리 항목에 대한 정도관리 목표값은 표 1과 같다.

7 분석절차

7.1 전처리

7.1.1 시료와 표준용액을 냉장고에서 꺼내어 상온으로 한다.

7.1.2 고상카트리지를 고상추출장치에 연결한다.

7.1.3 5 mL 메탄올을 1분간 정치하여 카트리지를 적신 후 통과시킨다.

7.1.4 에틸아세테이트 5 mL, 정제수 5 mL 순으로 각 1분간 정치하여 카트리지를 적신 후 통과시킨다.

7.1.5 시료 500 mL에 내부표준용액(10 mg/L) 50 μL를 첨가한다, 20 mL/min 이하의 속도로 카트리지를 통과시킨 후, 5분간 진공으로 말린다.

7.1.6 에틸아세테이트 5 mL로 용기를 세척한 후, 진공으로 말린 고상카트리지에 내려 유출액을 시험관에 받는다.

7.1.7 에틸아세테이트 3 mL씩 3회로 고상카트리지에 내려 7.1.6과 같은 시험관에 받는다.

7.1.8 7.1.6과 7.1.7을 통한 유출액은 무수황산나트륨을 통과시켜 둥근바닥플라스크에 수집한다.

7.1.9 농축기를 사용하여 전량 농축한다.

7.1.10 아세톤 5 mL을 플라스크에 넣어 용매를 아세톤으로 치환하여 이를 시험용액으로 한다.

7.2 검정곡선의 작성

7.2.1 농약 혼합표준용액(10 mg/L)을 정제수 500 mL에 0.0005 mg/L ~ 0.01 mg/L까지 단계적으로 첨가하고, 내부표준용액(10 mg/L)을 50 μL 첨가하여 7.1.2 ~ 7.1.9의 방법으로 분석한다.

[주 1] 시료분석결과 이 검정곡선 농도범위를 벗어나면 시료를 희석해서 재분석하여야 한다.

7.2.2 분석성분의 농도(C_x)를 취하여 가로축(x축)에, 분석성분의 피크면적(A_x)과 내부표준물질의 피크면적(A_i)과의 비(A_x/A_i)를 세로축(y축)에 취하여 검정곡선을 작성한다.

[주 2] 피크의 면적 대신 피크의 높이를 사용할 수 있으나 피크면적을 사용하는 것이 바람직하다.

7.3 측정법

7.3.1 추출액 1 μL ~ 3 μL를 취하여 기체크로마토그래프에 주입하여 분석한다.

7.3.2 크로마토그램으로부터 각 분석성분 및 내부표준물질의 피크면적을 측정하여 농약류의 피크면적(A_x)과 내부표준물질의 피크면적(A_i)과의 비(A_x/A_i)를 구한다.

8 결과보고

8.1 계산

각 분석물질별로 내부표준물질에 대한 면적 비(A_x/A_i)를 구한 다음 검정곡선식의 $y(i)$값에 대입하여 $x(i)$값을 계산하면 분석물질의 농도(C_s, mg/L)를 구할 수 있다.

$$C_s(\text{mg/L}) = \frac{\frac{A_x}{A_i} - b}{a} \times \frac{1}{c} \quad \cdots\cdots (식\ 1)$$

여기서, A_x/A_i : 분석물질과 내부표준물질의 피크면적 비

a : 검정곡선의 기울기

b : 검정곡선의 절편 값

c : 농축배수

C_s : 분석물질의 농도(mg/L)

8.2 결과보고

행정사항과 관련된 항목별 시험결과의 표시는 ES 05003의 먹는물 수질기준의 표시한계 및 결과 표시에 따른다.

9 참고자료

9.1 US EPA Method 3535A, "Solid-Phase Extraction(SPE)"(2007)

9.2 US EPA Method 525.2 "Determination of Organic Compounds in Drinking Water Liquid-Solid Extraction and Capillary Column Gas Chromatography/Mass Sectrometry"(1995)

9.3 US EPA Method 8141B, "Organophosphorus Compounds by Gas Chromatograghy: Capillary Column Technique"(2000)

10 부록

[표 1] 정도관리 목표값

정도관리 항목	정도관리 목표
정량한계	0.0005 mg/L
검정곡선	결정계수(R^2) ≥ 0.98 또는 감응계수(RF)의 상대표준편차 ≤ 25 %
정밀도	상대표준편차 ± 25 % 이내
정확도	75 % ~ 125 %
현장이중시료	상대편차백분율 ± 25 % 이내

[표 2] 유기인계농약의 기체크로마토그래프 실험조건(예)

항목	조 건
컬럼	HP-5(cross-linked 5 % phenylmethylsilicone, 30 m 길이 × 0.32 mm 안지름 × 0.25 μm 필름두께) 또는 이와 동등한 컬럼
운반기체(유속)	질소(1.5 mL/min)
분획비	5 : 1
주입구 온도	250 ℃
인터페이스 온도	290 ℃
오븐 온도	70 ℃(2 min) → 15 ℃/min(200 ℃) → 10 ℃/min(250 ℃)(3 min) → 10 ℃/min(300 ℃)(5 min)

110 유기인계농약-고체상미량추출-기체크로마토그래피-질량분석법

(Organophsphorus Pesticides-Solid Phase-Microextraction(SPME)-Gas Chromatography-Mass Spectrometry)

1 개요

1.1 목적

이 시험방법은 먹는물, 샘물 및 염지하수 중에 유기인계농약류의 측정방법으로서, 먹는물 중에 다이아지논, 파라티온, 페니트로티온을 SPME fiber에 흡착시킨 후 GC의 주입구에 탈착시켜 크로마토그래프로 분리한 다음 질량분석기로 분석하는 방법이다.

1.2 적용범위

1.2.1 이 시험기준은 먹는물, 샘물 중에 유기인계농약류인 다이아지논(diazinon), 파라티온(parathion), 페니트로티온(fenitrothion)의 분석에 적용한다.

1.2.2 이 시험기준은 기체크로마토그래프로 분리한 다음 질량분석기로 측정하는 방법이다.

1.2.3 이 시험기준에 의한 먹는물, 샘물 중에 각 유기인계농약류의 정량한계는 0.0005 mg/L이다.

1.3 간섭물질

1.3.1 추출 시료 안에 함유하고 있는 불순물이 SPME fiber의 흡착을 방해할 수 있다. 이 경우 0.45 μm 필터를 사용하여 여과하여 사용한다.

1.3.2 사용하는 용매 안에 함유되어있는 불순물이 분석을 방해할 수 있다. 이 경우 바탕시료나 시약바탕시료를 분석하여 확인할 수 있다. 고순도의 시약이나 용매를 사용하면 방해물질을 최소화할 수 있다.

1.3.3 유리기구류는 세정제, 수돗물, 정제수 그리고 아세톤으로 차례로 닦아준 후 400 ℃에서 15분 ~ 30분 동안 가열한 후 식혀 알루미늄박(箔)으로 덮어 깨끗한 곳에 보관하여 사용한다.

2 "내용 없음"

3 분석기기 및 기구

3.1 기체크로마토그래프

3.1.1 컬럼은 안지름 0.20 mm ~ 0.35 mm, 필름두께 0.1 μm ~ 0.50 μm, 길이 15 m ~ 60 m의 cross-linked methylsilicone(DB-1, HP-1 등) 또는 cross-linked 5 % phenylmethylsilicone (DB-5, HP-5 등) 등의 모세관이나 동등한 분리성능을 가진 모세관으로 대상 분석 물질의 분리가 양호한 것을 택하여 시험한다.

3.1.2 운반기체는 부피백분율 99.999 % 이상의 헬륨(또는 질소)을 사용하며 유량은 0.5 mL/min ~ 4 mL/min, 시료도입부 온도는 200 ℃ ~ 250 ℃, 컬럼온도는 40 ℃ ~ 280 ℃로 사용한다.

3.2 질량분석기(mass spectrometer)

3.2.1 이온화방식은 전자충격법(EI, electron impact)을 사용하며 이온화에너지는 35 eV ~ 70 eV를 사용한다.

3.2.2 질량분석기는 자기장형(magnetic sector), 사중극자형(quadrupole) 및 이온트랩형(ion trap) 등의 성능을 가진 것을 사용한다.

3.2.3 정량분석에는 선택이온검출법(SIM, selected ion monitoring)을 이용하는 것이 바람직하다. 선택하는 이온들은 표 3의 이온을 사용할 수 있다.

3.3 고체상미량추출(SPME)[1] Fiber

SPME fiber는 DVB/CWR/PDMS, DVB/PDMS, PDMS 또는 이와 동등 이상의 성능을 지닌 것을 사용한다.

4 시약 및 표준용액

4.1 시약

4.1.1 정제수

시약용 정제수를 사용하거나, 순수제조장치로 정제된 물을 사용한다. 단, 바탕시험 할 때 분석화합물의 피크 부근에 불순물 피크가 없는 것을 사용한다.

4.1.2 아세톤(acetone, CH_3COCH_3, 분자량 : 58.08)

바탕시험 할 때 분석화합물의 피크 부근에 불순물 피크가 없는 것을 사용한다.

4.2 표준용액

4.2.1 농약표준원액(1000 mg/L)

잔류농약시험용 다이아지논, 페니트로티온, 파라티온 각 50 mg을 정확히 취하여 각각 50 mL 부피플라스크에 넣고 아세톤을 넣어 50 mL로 한다. 이 용액 1 mL는 유기인계농약을 각각 1 mg씩 함유한다. 시판되는 농약표준원액을 사용할 수 있다. 이 용액은 갈색 바이알에 넣어 냉장 보관한다.

4.2.2 농약혼합표준용액(1 mg/L)

100 mL 부피플라스크에 각각의 다이아지논, 페니트로티온 및 파라티온 농약 표준원액 100 μL를 넣고 아세톤을 넣어 100 mL로 한다. 이 용액 1 mL는 다이아지논, 페니트로티온 및 파라티온 1 μg을 함유한다.

---

1) • 고체상미량추출(Solid phase mocro-extraction, SPME): 용융 실리카 섬유(fused silica fiber)의 표면에 코팅된 흡착제를 이용하여 액체 또는 기체 상태의 매질에 분석물을 흡착시켜 추출하는 방식을 의미하며, 흡착된 분석물은 기체크로마토그래프에 주입되어 분석된다. 이 방법은 헤드스페이스(headspace) 방식과 결합하여 헤드스페이스에 존재하는 성분을 흡착하여 분석하기도 한다.

• SPME의 흡착제로 사용되는 코팅의 종류: DVB(divinyl benzene), PDMS(polydimethyl siloxane), CAR(carboxen), PA(polycrylate), PEG(polyethylene glycol) 등을 조합한 것으로 하나 또는 그 이상을 조합한 제품이 상용화되어 있다. 분석물질의 특정에 따라 코팅의 극성, 두께, 면적 등을 고려하여 최적의 코팅물질을 선택한다.

4.3 내부표준용액

4.3.1 내부표준원액(1000 mg/L)

트리페닐포스페이트(TPP, triphenylphosphate) 100 mg을 정확히 취하여 100 mL 부피플라스크에 넣고 아세톤을 넣어 100 mL로 한다. 이 용액 1 mL는 TPP 1 mg을 함유한다. 시판되는 내부표준원액을 사용할 수 있다. 이 용액은 갈색 바이알에 넣어 냉장 보관한다.

4.3.2 내부표준용액(10 mg/L)

100 mL 부피플라스크에 내부표준원액인 TPP 1 mL를 넣고 아세톤을 넣어 100 mL로 한다. 이 용액 1 mL는 TPP 10 μg을 함유한다.

5 시료채취 및 관리

5.1 시료채취는 유리병을 사용하며 채취 전에 시료로서 세척하지 말아야 한다.

5.2 시료가 잔류염소를 함유하고 있다면 잔류염소 4 mg/L 이하인 시료 1 L 기준으로 티오황산나트륨(80 g/L) 1 mL에 준하여 첨가한다.

5.3 모든 시료는 시료채취 후 시험하기 전까지 1 ℃ ~ 5 ℃ 냉암소에서 보관하고 7일 이내에 분석한다.

6 정도보증/정도관리(QA/QC)

6.1 방법검출한계 및 정량한계

6.1.1 방법검출한계(MDL, method detection limit) 및 정량한계(LOQ, limit of quantitation)는 ES 05001 정도보증/정도관리에 따라 계산한다. 정제수에 표준용액을 0.0005 mg/L가 되도록 첨가한 7개의 첨가시료를 준비하고 7 분석절차와 동일하게 측정하여 표준편차를 구한다.

6.1.2 표준편차에 3.14를 곱한 값을 방법검출한계로, 10을 곱한 값을 정량한계로 나타낸다. 측정한 정량한계는 표 1에서 제시한 정량한계 이하이어야 한다.

6.2 방법바탕시료의 측정

ES 05001 정도보증/정도관리에 따라 시료군마다 1개의 방법바탕시료(method blank)를 측정한다. 방법바탕시료는 정제수를 사용하여 7 분석절차와 동일하게 측정하며 측정값은 방법검출한계 이하이어야 한다.

6.3 검정곡선의 작성 및 검증

6.3.1 검정곡선의 작성 및 검증은 ES 05001 정도보증/정도관리에 따른다. 정량범위 내의 5개의 농도에 대해 검정곡선을 작성하고 얻어진 검정곡선의 결정계수(R^2)가 0.98 이상 또는 감응계수(RF)의 상대표준편차가 25 % 이내이어야 하며 결정계수나 감응계수의 상대표준편차가 허용범위를 벗어나면 재작성한다.

6.3.2 검정곡선의 직선성을 검증하기 위하여 검정곡선을 작성할 때에는 정량범위를 0.0005 mg/L ~ 0.01 mg/L로 한다. 그러나 측정값이 이 농도범위를 벗어날 경우에는 시료를 묽혀서 다시 분석한다.

6.3.3 검정곡선을 검증하기 위하여 감응계수를 비교할 때에는 검정곡선의 중간 농도에서 한 농도를 선택하여 감응계수(RF)를 구하여 그 값의 변화가 25 % 이내에서 일치하여야 한다. 만약 이 범위를 넘는 경우, 검정곡선을 재작성한다.

6.4 정밀도 및 정확도

6.4.1 정밀도(precision) 및 정확도(accuracy)의 측정은 ES 05001 정도보증/정도관리에 따른다. 정제수에 정량한계 농도의 10배가 되도록 동일하게 표준물질을 첨가한 시료를 4개 이상 준비하고, 7 분석절차와 동일하게 측정하여 평균값과 표준편차를 구한다.

6.4.2 정확도는 인증시료를 확보할 수 있는 경우 인증표준물질을 분석한 결과값과 인증값과의 상대백분율로 나타내고, 인증시료를 확보할 수 없는 경우 이를 정확한 농도로 첨가한 시료로 대체한다. 이 때 정확도는 첨가시료를 분석한 농도와 첨가하지 않은 시료를 분석한 농도와의 차이에 대한 첨가농도의 상대백분율로서 나타내며 그 값이 75 % ~ 125 % 이내이어야 한다.

6.4.3 정밀도는 측정값의 상대표준편차(RSD)로 계산하며 측정값이 25 % 이내이어야 한다.

6.5 현장 이중시료의 측정

현장 이중시료(field duplicate sample)는 동일한 시료채취 장소에서 동일한 조건으로 중복으로 채취한 시료로서 한 조사팀이 하루에 20개 이하를 채취할 경우에는 1개를 그리고 그 이상을 채취할 때에는 시료 20개 당 1개를 추가로 취한다. 동일한 조건의 두 시료간의 측정값의 편차는 25 % 이하이어야 한다.

6.6 내부정도관리 주기 및 목표

6.6.1 방법검출한계, 정량한계, 정밀도 및 정확도는 연 1회 이상 산정하는 것을 원칙으로 하며, 분석자의 교체, 분석 장비의 수리 및 이동 등의 주요 변동사항이 생길 경우에는 다시 실시한다. 단, 장비의 청소, 컬럼의 교체 시와 측정 장비의 감도가 의심될 때에는 언제든지 측정하여 확인하여야 한다.

6.6.2 검정곡선 검증 및 시약바탕시료의 분석은 각 시료군마다 실시하며, 고농도의 시료 다음에는 시약바탕시료를 측정하여 오염여부를 점검한다.

6.6.3 각 정도관리 항목에 대한 정도관리 목표값은 표 1과 같다.

7 분석절차

7.1 전처리

7.1.1 시료와 표준용액을 냉장고에서 꺼내어 상온으로 한다.

7.1.2 SPME fiber를 최초 사용 시 제조사의 매뉴얼에 따라 적정 온도에서 30분 ~ 60분간 헬륨가스를 흘려 활성화시킨다.

7.1.3 20 mL 바이알에 시료를 20 mL 넣는다.

7.1.4 시료에 내부표준용액(10 mg/L) 2 μL를 첨가한 후, SPME용 바이알에 옮겨 담고, 70 ℃에서 400 rpm으로 교반하면서 SPME fiber에 15분 이상 흡착시킨다.

7.2 검정곡선의 작성

7.2.1 농약 혼합표준용액(10 mg/L)을 정제수 20 mL에 0.0005 mg/L ~ 0.01 mg/L까지 단계적으로 첨가하고, 내부표준용액(10 mg/L)을 2 μL 첨가하여 7.1.2 ~ 7.1.4의 방법에 따라 추출한다. SPME fiber의 코팅 재질, 수용력에 따라 검정곡선의 범위를 다르게 할 수 있다.

[주 1] 시료분석결과 검정곡선 농도범위를 벗어나면 시료를 묽혀서 재분석하여야 한다.

[주 2] SPME fiber의 코팅 재질에 따라 정량범위가 달라질 수 있으므로 검정곡선의 직선성 범위를 확인한 후, 검정곡선을 작성하여야 한다.

7.2.2 분석성분의 농도(C_x)를 취하여 가로축(x축)에, 분석성분의 피크면적(A_x)과 내부표준물질의 피크면적(A_i)과의 비(A_x/A_i)를 세로축(y축)에 취하여 검정곡선을 작성한다.

[주 3] 피크의 면적 대신 피크의 높이를 사용할 수 있으나 피크면적을 사용하는 것이 바람직하다.

7.3 측정법

7.3.1 흡착시킨 시료를 250 ℃에서 3분간 탈착시켜 기체크로마토그래프/질량분석기로 분석한다.

7.3.2 크로마토그램으로부터 각 분석성분 및 내부표준물질의 피크면적을 측정하여 농약류의 피크면적(A_x)과 내부표준물질의 피크면적(A_i)과의 비(A_x/A_i)를 구한다.

8 결과보고

8.1 계산

각 분석물질별로 내부표준물질에 대한 면적 비(A_x/A_i)를 구한 다음 검정곡선식의 $y(i)$값에 대입하여 $x(i)$값을 계산하면 분석물질의 농도(C_s, mg/L)를 구할 수 있다.

$$C_s(\text{mg/L}) = \frac{\frac{A_x}{A_i} - b}{a} \times \frac{1}{c} \quad (\text{식 } 1)$$

여기서, A_x/A_i : 분석물질과 내부표준물질의 피크면적 비

a : 검정곡선의 기울기

b : 검정곡선의 절편 값

c : 농축배수

C_s : 분석물질의 농도(mg/L)

8.2 결과보고

행정사항과 관련된 항목별 시험결과의 표시는 ES 05003의 먹는물 수질기준의 표시한계 및 결과표시에 따른다.

9 참고자료

9.1 Bagheri H, Piri-Moghadam H, Naderi M, Towards greater mechanical thermal and chemical stability in solid-phase microextraction. TrAC Trends Anal Chem 34:126-139(2012)

9.2 Es'haghi Z, Taghizade S, Mazloomi-Bajestani A, Arsenic removal from water/wastewater using nanoparticle-assisted hollow fiber solid-phase microextraction combined with hydride generateion -atomic fluorescence spectroscopy. J Iran Chem Soc 11(5):1421-1428(2014)

9.3 Allard, S, Charrois, J. W. A., Joll, C. A., and Heitz..A., “Simultaneous analysis of 10 trihalomethanes at nanogram per liter levels in water using solid-phase microextraction and gas chromatography mass-spectrometry”, J. Chromatogr. A, 1238, 15-21(2012)

10 부록

[표 1] 정도관리 목표값

정도관리 항목	정도관리 목표
정량한계	0.0005 mg/L
검정곡선	결정계수(R^2) ≥ 0.98 또는 감응계수(RF)의 상대표준편차 ≤ 25 %
정밀도	상대표준편차 ± 25 % 이내
정확도	75 % ~ 125 %
현장이중시료	상대편차백분율 ± 25 % 이내

[표 2] 유기인계농약의 기체크로마토그래프 실험조건(예)

항 목	조 건
컬럼	HP-5(cross-linked 5 % phenylmethylsilicone, 30 m 길이 × 0.32 mm 안지름 × 0.25 μm 필름두께) 또는 이와 동등한 컬럼
운반기체(유속)	헬륨(1.5 mL/min)
분획비	5 : 1
주입구 온도	250 ℃
인터페이스 온도	290 ℃
오븐 온도	70 ℃(2 min) → 15 ℃/min(200 ℃) → 10 ℃/min(250 ℃)(3 min) → 10 ℃/min(280 ℃)(5 min)

[표 3] 유기인계 농약의 선택이온

물질명	분자량	제1선택이온(m/z)	제2선택이온(m/z)
다이아지논	304	304	179
페니트로티온	277	277	109, 125
파라티온	291	291	109, 97

111 유기인계농약-고체상미량추출-기체크로마토그래피
(Organophsphorus Pesticides-Solid Phase-Microextraction(SPME)-Gas Chromatography)

1 개요

1.1 목적

이 시험방법은 먹는물, 샘물 및 염지하수 중에 유기인계농약류의 측정방법으로서, 먹는물 중에 다이아지논, 파라티온, 페니트로티온을 SPME fiber에 흡착시킨 후 GC의 주입구에 탈착시켜 크로마토그래프로 분리하여 질소-인 검출기로 분석하는 방법이다.

1.2 적용범위

1.2.1 이 시험기준은 먹는물, 샘물 중에 유기인계농약류인 다이아지논(diazinon), 파라티온(parathion), 페니트로티온(fenitrothion)의 분석에 적용한다.

1.2.2 이 시험기준은 기체크로마토그래프로 분리한 다음 질소-인 검출기로 측정하는 방법이다.

1.2.3 이 시험기준에 의한 먹는물, 샘물 중에 각 유기인계농약류의 정량한계는 0.0005 mg/L이다.

1.3 간섭물질

1.3.1 추출 시료 안에 함유하고 있는 불순물이 SPME fiber의 흡착을 방해할 수 있다. 이 경우 0.45 μm 필터를 사용하여 여과하여 사용한다.

1.3.2 사용하는 용매 안에 함유되어 있는 불순물이 분석을 방해 할 수 있다. 이 경우 바탕시료나 시약바탕시료를 분석하여 확인할 수 있다. 고순도의 시약이나 용매를 사용하면 방해물질을 최소화할 수 있다.

1.3.3 유리기구류는 세정제, 수돗물, 정제수 그리고 아세톤으로 차례로 닦아준 후 400 ℃에서 15분 ~ 30분 동안 가열한 후 식혀 알루미늄박(箔)으로 덮어 깨끗한 곳에 보관하여 사용한다.

2 "내용 없음"

3 분석기기 및 기구

3.1 기체크로마토그래프

3.1.1 컬럼은 안지름 0.20 mm ~ 0.35 mm, 필름두께 0.1 μm ~ 0.50 μm, 길이 15 m ~ 60 m의 cross-linked methylsilicone(DB-1, HP-1 등) 또는 cross-linked 5 % phenylmethylsilicone (DB-5, HP-5 등) 등의 모세관이나 동등한 분리성능을 가진 모세관으로 대상 분석 물질의 분리가 양호한 것을 택하여 시험한다.

3.1.2 운반기체는 부피백분율 99.999 % 이상의 헬륨(또는 질소)을 사용하며 유량은 0.5 mL/min ~ 4 mL/min, 시료도입부 온도는 200 ℃ ~ 250 ℃, 컬럼온도는 40 ℃ ~ 280 ℃로 사용한다.

3.1.3 질소－인 검출기

질소－인 검출기(NPD, nitrogen phosphorus detector)는 질소나 인이 불꽃 또는 열에서 생성된 이온이 루비듐염과 반응하여 전자를 전달하며 이 때 흐르는 전자가 포착되어 전류의 흐름으로 바꾸어 측정하는 방법으로 유기인화합물 및 유기질소화합물을 선택적으로 검출할 수 있다.

3.1.4 기체크로마토그래프의 조건은 표 2와 같이 수행할 수 있다.

3.2 고체상미량추출(SPME) Fiber

SPME fiber는 DVB/CWR/PDMS, DVB/PDMS, PDMS 또는 이와 동등 이상의 성능을 지닌 것을 사용한다.

4 시약 및 표준용액

4.1 시약

4.1.1 정제수

시약용 정제수를 사용하거나, 순수제조장치로 정제된 물을 사용한다. 단, 바탕시험 할 때 분석화합물의 피크 부근에 불순물 피크가 없는 것을 사용한다.

4.1.2 아세톤(acetone, CH_3COCH_3, 분자량 : 58.08)

바탕시험 할 때 분석화합물의 피크 부근에 불순물 피크가 없는 것을 사용한다.

4.2 표준용액

4.2.1 농약표준원액(1000 mg/L)

잔류농약시험용 다이아지논, 페니트로티온, 파라티온 각 50 mg을 정확히 취하여 각각 50 mL 부피플라스크에 넣고 아세톤을 넣어 50 mL로 한다. 이 용액 1 mL는 유기인계농약을 각각 1 mg씩 함유한다. 시판되는 농약표준원액을 사용할 수 있다. 이 용액은 갈색 바이알에 넣어 냉장 보관한다.

4.2.2 농약혼합표준용액(1 mg/L)

100 mL 부피플라스크에 각각의 다이아지논, 페니트로티온 및 파라티온 농약 표준원액 100 μL를 넣고 아세톤을 넣어 100 mL로 한다. 이 용액 1 mL는 다이아지논, 페니트로티온 및 파라티온 1 μg을 함유한다.

4.3 내부표준용액

4.3.1 내부표준원액(1000 mg/L)

트리페닐포스페이트(TPP, triphenylphosphate) 100 mg을 정확히 취하여 100 mL 부피플라스크에 넣고 아세톤을 넣어 100 mL로 한다. 이 용액 1 mL는 TPP 1 mg을 함유한다. 시판되는 내부표준원액을 사용할 수 있다. 이 용액은 갈색 바이알에 넣어 냉장 보관한다.

4.3.2 내부표준용액(10 mg/L)

100 mL 부피플라스크에 내부표준원액인 TPP 1 mL를 넣고 아세톤을 넣어 100 mL로 한다. 이 용액 1 mL는 TPP 10 μg을 함유한다.

5 시료채취 및 관리

5.1 시료채취는 유리병을 사용하며 채취 전에 시료로서 세척하지 말아야 한다.

5.2 시료가 잔류염소를 함유하고 있다면 잔류염소 4 mg/L 이하인 시료 1 L 기준으로 티오황산나트륨(80 g/L) 1 mL에 준하여 첨가한다.

5.3 모든 시료는 시료채취 후 시험하기 전까지 1 ℃ ~ 5 ℃ 냉암소에서 보관하고 7일 이내에 분석한다.

6 정도보증/정도관리(QA/QC)

6.1 방법검출한계 및 정량한계

6.1.1 방법검출한계(MDL, method detection limit) 및 정량한계(LOQ, limit of quantitation)는 ES 05001 정도보증/정도관리에 따라 계산한다. 정제수에 표준용액을 0.0005 mg/L가 되도록 첨가한 7개의 첨가시료를 준비하고 **7** 분석절차와 동일하게 측정하여 표준편차를 구한다.

6.1.2 표준편차에 3.14를 곱한 값을 방법검출한계로, 10을 곱한 값을 정량한계로 나타낸다. 측정한 정량한계는 표 1에서 제시한 정량한계 이하이어야 한다.

6.2 방법바탕시료의 측정

ES 05001 정도보증/정도관리에 따라 시료군마다 1개의 방법바탕시료(method blank)를 측정한다. 방법바탕시료는 정제수를 사용하여 **7** 분석절차와 동일하게 측정하며 측정값은 방법검출한계 이하이어야 한다.

6.3 검정곡선의 작성 및 검증

6.3.1 검정곡선의 작성 및 검증은 ES 05001 정도보증/정도관리에 따른다. 정량범위내의 5개의 농도에 대해 검정곡선을 작성하고 얻어진 검정곡선의 결정계수(R^2)가 0.98 이상 또는 감응계수(RF)의 상대표준편차가 25 % 이내이어야 하며 결정계수나 감응계수의 상대표준편차가 허용범위를 벗어나면 재작성한다.

6.3.2 검정곡선의 직선성을 검증하기 위하여 검정곡선을 작성할 때에는 정량범위를 0.0005 mg/L ~ 0.01 mg/L로 한다. 그러나 측정값이 이 농도범위를 벗어날 경우에는 시료를 묽혀서 다시 분석한다.

6.3.3 검정곡선을 검증하기 위하여 감응계수를 비교할 때에는 검정곡선의 중간 농도에서 한 농도를 선택하여 감응계수(RF)를 구하여 그 값의 변화가 25 % 이내에서 일치하여야 한다. 만약 이 범위를 넘는 경우, 검정곡선을 재작성한다.

6.4 정밀도 및 정확도

6.4.1 정밀도(precision) 및 정확도(accuracy)의 측정은 ES 05001 정도보증/정도관리에 따른다. 정제수에 정량한계 농도의 10배가 되도록 동일하게 표준물질을 첨가한 시료를 4개 이상 준비하고, **7** 분석절차와 동일하게 측정하여 평균값과 표준편차를 구한다.

6.4.2 정확도는 인증시료를 확보할 수 있는 경우 인증표준물질을 분석한 결과값과 인증값과의 상대백분율로 나타내고, 인증시료를 확보할 수 없는 경우 이를 정확한 농도로 첨가한 시료로

대체한다. 이 때 정확도는 첨가시료를 분석한 농도와 첨가하지 않은 시료를 분석한 농도와의 차이에 대한 첨가농도의 상대백분율로서 나타내며 그 값이 75 % ~ 125 % 이내이어야 한다.

6.4.3 정밀도는 측정값의 상대표준편차(RSD)로 계산하며 측정값이 25 % 이내이어야 한다.

6.5 현장 이중시료의 측정

현장 이중시료(field duplicate sample)는 동일한 시료채취 장소에서 동일한 조건으로 중복으로 채취한 시료로서 한 조사팀이 하루에 20개 이하를 채취할 경우에는 1개를 그리고 그 이상을 채취할 때에는 시료 20개 당 1개를 추가로 취한다. 동일한 조건의 두 시료간의 측정값의 편차는 25 % 이하이어야 한다.

6.6 내부정도관리 주기 및 목표

6.6.1 방법검출한계, 정량한계, 정밀도 및 정확도는 연 1회 이상 산정하는 것을 원칙으로 하며, 분석자의 교체, 분석 장비의 수리 및 이동 등의 주요 변동사항이 생길 경우에는 다시 실시한다. 단, 장비의 청소, 컬럼의 교체 시와 측정 장비의 감도가 의심될 때에는 언제든지 측정하여 확인하여야 한다.

6.6.2 검정곡선 검증 및 시약바탕시료의 분석은 각 시료군마다 실시하며, 고농도의 시료 다음에는 시약바탕시료를 측정하여 오염여부를 점검한다.

6.6.3 각 정도관리 항목에 대한 정도관리 목표값은 표 1과 같다.

7 분석절차

7.1 전처리

7.1.1 시료와 표준용액을 냉장고에서 꺼내어 상온으로 한다.

7.1.2 SPME fiber를 최초 사용 시 제조사의 매뉴얼에 따라 적정 온도에서 30분 ~ 60분간 헬륨가스를 흘려 활성화시킨다.

7.1.3 20 mL 바이알에 시료를 20 mL 넣는다.

7.1.4 시료에 내부표준용액(10 mg/L) 2 μL를 첨가한 후, SPME용 바이알에 옮겨 담고, 70 ℃에서 400 rpm으로 교반하면서 SPME fiber에 15분 이상 흡착시킨다.

7.2 검정곡선의 작성

7.2.1 농약 혼합표준용액(10 mg/L)을 정제수 20 mL에 0.0005 mg/L ~ 0.01 mg/L까지 단계적으로 첨가하고, 내부표준용액(10 mg/L)을 2 μL 첨가하여 7.1.2 ~ 7.1.4의 방법에 따라 추출한다. SPME fiber의 코팅 재질, 수용력에 따라 검정곡선의 범위를 다르게 할 수 있다.

[주 1] 시료분석결과 검정곡선 농도범위를 벗어나면 시료를 묽혀서 재분석하여야 한다.

[주 2] SPME fiber의 코팅 재질에 따라 정량범위가 달라질 수 있으므로 검정곡선의 직선성 범위를 확인한 후, 검정곡선을 작성하여야 한다.

7.2.2 분석성분의 농도(C_x)를 취하여 가로축(x축)에, 분석성분의 피크면적(A_x)과 내부표준물질의 피크면적(A_i)과의 비(A_x/A_i)를 세로축(y축)에 취하여 검정곡선을 작성한다.

[주 3] 피크의 면적 대신 피크의 높이를 사용할 수 있으나 피크면적을 사용하는 것이 바람직하다.

7.3 측정법

7.3.1 흡착시킨 시료를 250 ℃에서 3분간 탈착시켜 기체크로마토그래프/질소-인 검출기로 분석한다.

7.3.2 크로마토그램으로부터 각 분석성분 및 내부표준물질의 피크면적을 측정하여 농약류의 피크면적(A_x)과 내부표준물질의 피크면적(A_i)과의 비(A_x/A_i)를 구한다.

8 결과보고

8.1 계산

각 분석물질별로 내부표준물질에 대한 면적 비(A_x/A_i)를 구한 다음 검정곡선식의 $y(i)$값에 대입하여 $x(i)$값을 계산하면 분석물질의 농도(C_s, mg/L)를 구할 수 있다.

$$C_s(\mathrm{mg/L}) = \frac{\frac{A_x}{A_i} - b}{a} \times \frac{1}{c} \quad \cdots\cdots (식\ 1)$$

여기서, A_x/A_i : 분석물질과 내부표준물질의 피크면적 비

a : 검정곡선의 기울기 b : 검정곡선의 절편 값

c : 농축배수 C_s : 분석물질의 농도(mg/L)

8.2 결과보고

행정사항과 관련된 항목별 시험결과의 표시는 ES 05003의 먹는물 수질기준의 표시한계 및 결과표시에 따른다.

9 참고자료

9.1 Bagheri H, Piri-Moghadam H, Naderi M, Towards greater mechanical thermal and chemical stability in solid-phase microextraction. TrAC Trends Anal Chem 34:126-139(2012)

9.2 Es'haghi Z, Taghizade S, Mazloomi-Bajestani A, Arsenic removal from water/wastewater using nanoparticle-assisted hollow fiber solid-phase microextraction combined with hydride generateion- atomic fluorescence spectroscopy. J Iran Chem Soc 11(5):1421-1428(2014)

9.3 Allard, S, Charrois, J. W. A., Joll, C. A., and Heitz..A., “Simultaneous analysis of 10 trihalomethanes at nanogram per liter levels in water using solid-phase microextraction and gas chromatography mass-spectrometry”, J. Chromatogr. A, 1238, 15-21(2012)

10 부록

[표 1] 정도관리 목표값

정도관리 항목	정도관리 목표
정량한계	0.0005 mg/L
검정곡선	결정계수(R^2) ≥ 0.98 또는 감응계수(RF)의 상대표준편차 ≤ 25 %
정밀도	상대표준편차 ± 25 % 이내
정확도	75 % ~ 125 %
현장이중시료	상대편차백분율 ± 25 % 이내

[표 2] 유기인계농약의 기체크로마토그래프 실험조건(예)

항 목	조 건
컬럼	HP-5(cross-linked 5 % phenylmethylsilicone, 30 m 길이 × 0.32 mm 안지름 × 0.25 μm 필름두께) 또는 이와 동등한 컬럼
운반기체(유속)	질소(1.5 mL/min)
분획비	5 : 1
주입구 온도	250 ℃
인터페이스 온도	290 ℃
오븐 온도	70 ℃(2 min) → 15 ℃/min(200 ℃) → 10 ℃/min(250 ℃)(3 min) → 10 ℃/min(280 ℃)(5 min)

유기인계농약 연습문제

01 먹는물공정시험기준에 따른 시료의 보존기간 및 보존방법에 대한 설명으로 틀린 것은?

① 경도 : 6개월, 질산으로 pH 2, 0 ℃ ~ 4 ℃ 보관
② 암모니아성질소 : 28일, 황산으로 pH 2 이하 4 ℃ 보관
③ 유기인계 농약 : 14일 이내 추출 시 40일, 4 ℃ 냉암소 보관
④ 대장균 : 30시간, 4 ℃ 냉암소보관, 잔류염소를 함유시 멸균한 티오황산나트륨용액을 첨가

02 먹는물수질공정시험기준의 시험항목과 분석에 사용되는 내부표준물질이 틀린 것은?

① 염소소독부산물 : 브로모플루오로벤젠, 데카플루오로비페닐
② 유기인계농약 : 1-클로로-2-브로모프로페인
③ 카바릴 : 4-브로모-3,5-디메틸페닐N-메틸카바메이트
④ 할로아세틱에시드류 : 1,2,3-트리클로로프로판, 2-브로모부타노익에시드

03 상대검정곡선법에 의해 정량할 때 측정항목과 사용된 내부표준물질의 조합이 아닌 것은?

① 카바릴 : 4-브로모-3,5-디메틸페닐N-메틸카바메이트(4-bromo-3,5-dimethylphenyl N-methylcarbamate)
② 유기인계농약 : 1-클로로-2-브로모프로페인(1-chloro-2-bromopropane)
③ 휘발성유기화학물질 : 플루오로벤젠(fluorobenzene)
④ 할로아세틱에시드 : 1,2,3-트리클로로프로판(1,2,3-trichloropropane)

04 디클로로메탄으로 추출하여 분석하는 유기인계 농약이 아닌 물질은?

① 다이아지논 ② 레티놀
③ 파라티온 ④ 페니트로티온

05 기체크로마토그래프-질량분석법에 의한 유기인계 농약 분석에서 간섭물질에 대한 설명 중 틀린 것은?

① 추출용매 안에 함유하고 있는 불순물이 분석에 방해되는 경우 바탕시료나 시약바탕시료를 분석하여 확인할 수 있다.
② 추출용매 내 방해물질은 용매를 증류하거나 컬럼 크로마토그래프를 이용하여 제거할 수 있다.
③ 간섭물질은 질량분석기 내에서 화학이온화법으로 제거할 수 있다.
④ 고순도의 시약 및 용매를 사용하면 방해물질을 최소화할 수 있다.

Answer 1. ③ 2. ② 3. ② 4. ② 5. ③

06 **먹는물수질공정시험기준에 중의 유기인계 농약－기체크로마토그래피 분석법에 사용되는 GC 검출기로 옳은 것은?**

① 불꽃이온화 검출기(FID)
② 질소－인 검출기(NPD)
③ 열전도도 검출기(TCD)
④ 형광 검출기(FLD)

07 **먹는물수질공정시험기준에 따른 기체크로마토그래피에서 아래의 전처리 방법을 적용하는 시험항목으로 옳은 것은?**

> ㉮ 시료 500 mL를 1 L 분별깔때기에 취하고, 염화나트륨 약 5 g을 넣어 녹인다.
> ㉯ 추출용매 30 mL를 넣어 2분간 강하게 흔들어 섞은 다음 가만히 두었다가 물 층을 다른 분별깔때기에 취한다.
> ㉰ 분별깔때기에 추출용매 30 mL를 넣어 같은 방법으로 추출한다.
> ㉱ 위 ㉯와 ㉰의 추출물을 합하여 정제수 10 mL씩 2회 세척한다.
> ㉲ 무수황산나트륨을 이용하여 ㉱의 정제수로 세척한 추출물 중의 수분을 제거한다.
> ㉳ 위 ㉲의 액을 농축기로 5 mL까지 농축하여 내부표준용액(10.0 mg/L)을 정확히 50 μL를 취하여 시료에 첨가한 후, 시험용액으로 한다.

① 카바릴
② 염소소독부산물
③ 포름알데히드
④ 파라티온

Answer 6. ② 7. ④

112 카바릴(Carbaryl)

1 목적

이 시험기준은 먹는물, 샘물 및 염지하수 중에 카바릴[1]의 측정방법으로서, 시료채취, 간섭물질, 전처리과정, 기기분석에 관해 설명하고 내부정도관리에 대해 자세히 기술하고 있다.

2 적용 가능한 시험

먹는물, 샘물 및 염지하수 중 카바릴을 분석하기 위해 일반적으로 시료를 적절한 방법으로 전처리하여야 하고 그 후에 기기분석을 실시하며, 기기분석 방법은 표 1과 같다.

고성능액체크로마토그래피, 기체크로마토그래피에 대한 자세한 시험법들이 제시되어 있다.

[표 1] 먹는물, 샘물 및 염지하수 중 카바릴의 기기분석 방법

분류번호	분석방법	정량한계(mg/L)	정밀도(RSD)
05502.1	고성능액체크로마토그래피	0.005	25 % 이내
05502.2	기체크로마토그래피	0.0005	25 % 이내

1) 분자량: 201.22($C_{12}H_{11}NO_2$), 비중: 1.23, 끓는점: 315 ℃, 녹는점: 145 ℃, 용해도: 110 mg/L(22 ℃, H_2O), 배출원: 농경지 및 토양의 유출수, 침출수, 공장폐수로 배출된다. 환경잔류성: 산성우에 유입되어 가수분해보다 광분해(반감기 52 ~ 264시간) 또는 생분해 된다. 인체유해성: 유기인계 농약보다 독성이 약하다. 노출 시 설사, 유연증(침흘림), 뇨의 불규칙한 배출, 설사, 구토 등을 유발한다.

113 카바릴-고성능액체크로마토그래피
(Carbaryl-High Performance Liquid Chromatography)

1 개요

1.1 목적

이 시험기준은 먹는물, 샘물 및 염지하수 중에 카바릴[1)]의 측정방법으로서, 시료 중의 카바릴을 디클로로메탄으로 추출 후 농축하여 역상 고성능액체크로마토그래프 컬럼을 통과시켜 분리한 다음 자외선 검출기로 검출하거나 모노클로로아세트산 완충용액으로 pH를 조정한 다음 유도체화하여 형광 검출기로 분석하는 방법이다.

1.2 적용범위

1.2.1 이 시험기준은 먹는물, 샘물 및 염지하수 중에 카바릴의 분석에 적용한다.

1.2.2 이 시험기준은 용매추출 후 고성능액체크로마토그래프로 분리한 다음 자외선검출기로 측정하거나 용매추출 없이 포스트 분리관 유도체화 한 다음 형광 검출기로 분석하는 방법이다.

1.2.3 이 시험기준에 의한 먹는물, 샘물 및 염지하수 중에 카바릴의 정량한계는 0.005 mg/L이다.

1.3 간섭물질

1.3.1 추출 용매 안에 함유하고 있는 불순물이 분석을 방해할 수 있다. 이 경우 바탕시료나 시약 바탕시료를 분석하여 확인할 수 있다. 방해물질이 존재하면 용매를 증류하거나 컬럼 크로마토그래프를 이용하여 제거한다. 고순도의 시약이나 용매를 사용하면 방해물질을 최소화할 수 있다.

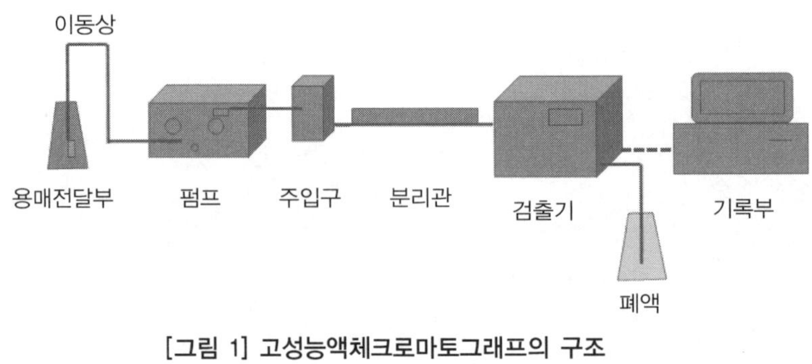

[그림 1] 고성능액체크로마토그래프의 구조

1) 카바릴은 카바메이트계 화합물의 일종으로 농약으로 사용된 것은 비교적 최근이며 isopropyl-N-phenyl-carbamate의 식물 생육 억제작용이 있어 제초제(chloropropham)로 개발되었고 그 후 살충제로서 최초로 등장한 것은 카바릴(1-naphthyl-N-methylcarbamate)로 미국에서 개발된 우수한 카바메이트계 살충제이다.

1.3.2 유리기구류는 세정제, 수돗물, 정제수 그리고 아세톤으로 차례로 닦아준 후 400 ℃에서 15분 ~ 30분 동안 가열한 후 식혀 알루미늄박(箔)으로 덮어 깨끗한 곳에 보관하여 사용한다.

2 용어정의

"내용 없음"

3 분석기기 및 기구

3.1 고성능액체크로마토그래프

3.1.1 고성능액체크로마토그래프는 그림 1과 같이 이동상보관부, 용매전달부, 시료주입기, 분리관 및 검출부로 구성되고 검출부에서 나온 신호는 기록부에서 측정목적에 따라 여러 가지 형식으로 보고한다.

3.1.2 컬럼은 안지름 3 mm ~ 5 mm, 길이 15 cm ~ 25 cm의 스테인리스 강관에 옥타데실실릴기(ODS)를 화학결합시킨 실리카겔(입경 5 μm ~ 10 μm)을 충전한 것 또는 이와 동등의 분리능을 갖는 것(Novapak C_{18}, Beckman Ultrasphere ODS, Supelco LC-1 등)을 택하여 시험한다.

3.1.3 이동상은 다음과 같다.

3.1.3.1 자외선검출기를 사용할 때에는 아세토니트릴 : 정제수(10 : 90)의 혼합비로 시작하여 30분 안에 아세토니트릴(100 %)로 선형 구배하여 사용하고 유속은 1.0 mL/min으로 사용한다.

3.1.3.2 형광검출기를 사용할 때에는 메탄올 : 정제수(80 : 20)의 혼합비로 사용하고 유속은 1.0 mL/min으로 사용한다.

3.1.4 자외선 검출기

자외선 검출기(UV detector)는 220 nm에서 검출할 수 있는 것으로 사용한다.

3.1.5 형광 검출기

형광 검출기의 들뜸파장은 230 nm로 방출파장은 418 nm를 택하여 사용한다.

3.1.6 포스트 분리관 반응기

3.1.6.1 이동상에 반응시약을 혼합할 수 있는 장치로서 반응시약을 0.1 mL/min ~ 1.0 mL/min의 유속으로 주입할 수 있는 펌프가 설치된 것을 사용한다.

3.1.6.2 포스트분리관 반응기에서 가수분해는 95 ℃에서 1.0 mL 반응코일에 수산화나트륨용액(0.05 M)을 유속 0.5 mL/min으로 주입하고 유도체를 위해 실온에서 1.0 mL 반응코일에 OPA 반응용액을 유속 0.5 mL/min으로 주입한다.

3.1.7 여과지

이동상 또는 반응시약용은 47 mm 여과지를 사용하고, 시료는 직경 13 mm 여과지(직경 0.2 μm 폴리에스터)를 사용한다.

[주 1] 여과지는 Millipore의 HA type(수용액) 또는 FA type(용매)을 사용하거나 동등이상의 것을 사용한다.

3.1.8 고성능액체크로마토그래프의 조건은 표 2 또는 표 3과 같이 수행할 수 있다.

3.2 농축기

4 시약 및 표준용액

4.1 시약

4.1.1 디클로로메탄(methylene chloride, CH_2Cl_2, 분자량 : 84.93)

디클로로메탄 100 mL를 약 1 mL ~ 5 mL로 농축한 것을 5 μL 취하여 기체크로마토그래프에 주입할 때 표준물질의 피크부근에 불순물 피크가 없는 것을 사용한다.

4.1.2 무수황산나트륨(anhydrous sodium sulfate, Na_2SO_4, 분자량 : 142.04)

유기인계농약의 검사에 쓰는 무수황산나트륨과 같다.

4.1.3 황산(sulfuric acid, H_2SO_4, 분자량 : 98.08)(50 %)

4.1.4 메탄올

액체크로마토그래프용 시약을 사용하며, 바탕시험 할 때 표준물질의 피크 부근에 불순물 피크가 없는 것을 사용한다.

4.1.5 정제수

액체크로마토그래프용 시약을 사용하며, 바탕시험 할 때 표준물질의 피크 부근에 불순물 피크가 없는 것을 사용한다.

4.1.6 수산화나트륨용액(0.05 M)

수산화나트륨 2 g을 물에 녹여 1 L로 한다. 사용하기 전에 여과하고 헬륨으로 기체를 제거한다.

4.1.7 2-머캅토에탄올용액

2-머캅토에탄올 10 mL와 아세토니트릴 10 mL를 혼합한다. 이 용액은 차고 어두운 곳에 보관한다.

4.1.8 붕산나트륨용액(0.05 M)

붕산나트륨 무수화물 19.1 g을 물에 녹여 1 L로 한다. 완전히 용해되도록 하루 지난 후에 사용한다.

4.1.9 OPA 반응용액

o-프탈알데하이드 0.1 g을 메탄올 10 mL에 녹이고, 붕산나트륨용액(0.05 M) 1 L에 넣고 혼합하여 여과한 후 헬륨기체로 탈기한다. 이 용액에 2-머캅토에탄올용액 100 μL를 넣어 혼합한다. 이 용액은 산소와 접촉하지 않으면 3일 이상 안정하다. 필요시 조제하여 빨리 사용한다.

4.1.10 모노클로로아세트산용액(2.5 M)

모노클로로아세트산 236 g을 정제수에 녹여 1 L로 한다.

4.1.11 아세트산칼륨용액(2.5 M)

아세트산칼륨 245 g을 정제수에 녹여 1 L로 한다.

4.1.12 모노클로로아세트산 완충용액(pH 3)

모노클로로아세트산용액(2.5 M) 156 mL와 아세트산칼륨용액(2.5 M) 100 mL를 혼합한다.

4.1.13 티오황산나트륨

4.2 표준용액

4.2.1 카바릴 표준원액(1000 mg/L)

25 mL 부피플라스크에 카바릴(순도 96 % 이상) 25.0 mg을 정확히 취하여 넣고 아세톤을 넣어 25 mL로 한다. 이 용액은 갈색병에 넣어 냉암소에 보존한다. 이 용액 1 mL는 카바릴 1 mg을 함유한다.

4.2.2 카바릴 표준용액(10 mg/L)

카바릴 표준원액 250 μL를 정확히 취하여 25 mL 부피플라스크에 넣고 아세톤을 넣어 전량 25 mL로 한다. 이 용액 1 mL는 카바릴 0.010 mg을 함유한다.

4.3 내부표준용액

4.3.1 내부표준물질원액(1000 mg/L)

4-브로모-3,5-디메틸페닐N-메틸카바메이트(4-bromo-3,5-dimethylphenyl N-methylcarbamate, BDMC) 25.0 mg을 정확히 취하여 25 mL 부피플라스크에 넣고 아세톤을 넣어 25 mL로 한다. 이 용액 1 mL는 BDMC 1 mg을 함유한다.

4.3.2 내부표준물질용액(10 mg/L)

내부표준물질원액 250 μL를 정확히 취하여 25 mL 부피플라스크에 넣고 아세톤을 넣어 전량 25 mL로 한다. 이 용액 1 mL는 BDMC 0.010 mg을 함유한다.

5 시료채취 및 관리

5.1 시료채취는 유리병을 사용하며 채취 전에 시료로서 세척하지 말아야 한다.

5.2 모든 시료는 시료채취 후 추출하기 전까지 1 ℃ ~ 5 ℃ 냉암소에서 보관하고 40일 이내에 분석한다.

6 정도보증/정도관리(QA/QC)

6.1 방법검출한계 및 정량한계

6.1.1 방법검출한계(MDL, method detection limit) 및 정량한계(LOQ, limit of quantitation)는 ES 05001 정도보증/정도관리에 따라 계산한다. 정제수에 표준용액을 정량한계 부근의 농도가 되도록 첨가한 7개의 첨가시료를 준비하고 **7** 분석절차와 동일하게 분석하여, 표준편차를 구한다.

6.1.2 표준편차에 3.14를 곱한 값을 방법검출한계로, 10을 곱한 값을 정량한계로 나타낸다. 측정한 방법검출한계는 표 1에서 제시한 정량한계 이하이어야 한다.

6.2 방법바탕시료의 측정

ES 05001 정도보증/정도관리에 따라 시료군마다 1개의 방법바탕시료(method blank)를 측정한다. 방법바탕시료는 정제수를 사용하여 **7** 분석절차와 동일하게 전처리·측정하며 측정값은 방법검출한계 이하이어야 한다.

6.3 검정곡선의 작성 및 검증

6.3.1 검정곡선의 작성 및 검증은 ES 05001 정도보증/정도관리에 따른다. 정량범위 내의 5개의

농도에 대해 검정곡선을 작성하고 얻어진 검정곡선의 결정계수(R^2)가 0.98 이상 또는 감응계수(RF)의 상대표준편차가 20 % 이내이어야 하며 결정계수나 감응계수의 상대표준편차가 허용범위를 벗어나면 재작성한다.

6.3.2 검정곡선의 직선성을 검증하기 위하여 검정곡선을 작성할 때에는 정량범위를 0.005 mg/L ~ 0.050 mg/L로 한다. 그러나 측정값이 이 농도범위를 벗어날 경우에는 시료를 묽혀서 다시 분석한다.

6.3.3 검정곡선을 검증하기 위하여 감응계수를 비교할 때에는 검정곡선의 중간 농도에서 한 농도를 선택하여 감응계수(RF)를 구하여 그 값의 변화가 20 % 이내에서 일치하여야 한다. 만약 이 범위를 넘는 경우, 검정곡선을 재작성한다.

6.4 정밀도 및 정확도

6.4.1 정밀도(precision) 및 정확도(accuracy)의 측정은 ES 05001 정도보증/정도관리에 따른다. 정제수에 정량한계 농도의 10배가 되도록 동일하게 표준물질을 첨가한 시료를 4개 이상 준비하고, 7 절차와 동일하게 측정하여 평균값과 표준편차를 구한다.

6.4.2 정확도는 인증시료를 확보할 수 있는 경우 인증표준물질을 분석한 결과값과 인증값과의 상대백분율로 나타내고, 인증시료를 확보할 수 없는 경우 이를 정확한 농도로 첨가한 시료로 대체한다. 이 때 정확도는 첨가시료를 분석한 농도와 첨가하지 않은 시료를 분석한 농도와의 차이에 대한 첨가농도의 상대백분율로서 나타내며 그 값이 75 % ~ 125 % 이내이어야 한다.

6.4.3 정밀도는 측정값의 상대표준편차(RSD)로 계산하며 측정값이 25 % 이내이어야 한다.

6.5 현장 이중시료의 측정

현장 이중시료(field duplicate sample)는 동일한 시료채취 장소에서 동일한 조건으로 중복으로 채취한 시료로서 한 조사팀이 하루에 20개 이하를 채취할 경우에는 1개를 그리고 그 이상을 채취할 때에는 시료 20개 당 1개를 추가로 취한다. 동일한 조건의 두 시료간의 측정값의 편차는 25 % 이하이어야 한다.

6.6 내부정도관리 주기 및 목표

6.6.1 방법검출한계, 정량한계, 정밀도 및 정확도는 연 1회 이상 산정하는 것을 원칙으로 하며, 분석자의 교체, 분석 장비의 수리 및 이동 등의 주요 변동사항이 생길 경우에는 다시 실시한다. 단, 장비의 청소, 컬럼 교체 시와 측정 장비의 감도가 의심될 때에는 언제든지 측정하여 확인하여야 한다.

6.6.2 검정곡선 검증 및 시약바탕시료의 분석은 각 시료군마다 실시하며, 고농도의 시료 다음에는 시약바탕시료를 측정하여 오염여부를 점검한다.

6.6.3 각 정도관리 항목에 대한 정도관리 목표값은 표 1과 같다.

7 분석절차

7.1 전처리

7.1.1 자외선 검출기를 사용할 때

7.1.1.1 시료 500 mL를 1 L 분별깔때기에 취하고, 황산(50 %)을 넣어 pH 3 ~ 4로 한 다음 무

수황산나트륨 5 g을 넣어 잘 녹인다.

7.1.1.2 시료에 디클로로메탄 50 mL를 넣고 내부표준용액(10.0 mg/L)을 정확히 100 μL를 취하여 시료에 첨가한 후 2분간 강하게 흔들어 섞은 다음 가만히 두었다가 추출액을 300 mL 분별깔때기에 취한다.

7.1.1.3 다시 한 번 시료에 디클로로메탄 50 mL를 넣어 같은 방법으로 추출하고, 추출액을 합한 다음 무수황산나트륨을 이용하여 수분을 제거한다.

7.1.1.4 농축기로 1 mL까지 농축하여 시험용액으로 한다.

7.1.2 형광 검출기를 사용할 때

7.1.2.1 시료를 냉장고에서 꺼내 상온으로 한다.

7.1.2.2 50 mL 부피플라스크에 모노클로로아세트산 완충용액 1.5 mL와 내부표준용액 20 μL를 넣고 시료로 채워 50 mL로 한다.

7.1.2.3 주사기와 여과지에 물 5 mL를 통과시켜 세척한 다음 위의 용액 5 mL를 취하여 여과지를 통과시킨다. 거른 용액은 버린다. 다시 위의 용액 5 mL ~ 10 mL를 취하여 여과지를 통과시켜 얻은 용액을 시험용액으로 한다.

7.2 검정곡선의 작성

7.2.1 자외선 검출기를 사용할 때

7.2.1.1 정제수 500 mL를 취하여 1 L 분별깔때기에 넣은 후 카바릴 표준용액(10.0 mg/L) 0, 250, 500, 1000, 2 000, 2 500 μL를 단계적으로 취하여 넣고 내부표준용액(10.0 mg/L)을 정확히 100 μL를 취하여 시료에 첨가한다. 조제한 검정곡선용 표준용액의 농도는 0, 0.005, 0.010, 0.020, 0.040, 0.050 mg/L에 해당되며 필요에 따라 사용하는 표준용액의 농도와 개수를 달리 할 수 있다.

[주 2] 시료분석결과 이 검정곡선 농도범위를 벗어나면 시료를 희석해서 재분석하여야 한다.

7.2.1.2 이하 추출방법은 7.1.1.1 ~ 7.1.1.4에 따른다.

7.2.1.3 카바릴의 농도(C_x)를 취하여 가로축(x축)에, 카바릴의 피크면적(A_x)과 내부표준물질의 피크면적(A_i)과의 비(A_x/A_i)를 세로축(y축)에 취하여 검정곡선을 작성한다.

7.2.2 형광 검출기를 사용할 때

7.2.2.1 카바릴 표준용액 0 mL ~ 5 mL를 단계적으로 50 mL 부피플라스크에 넣고 각각에 내부표준용액 20 μL를 넣은 다음 모노클로로아세트산 완충용액(pH 3)으로 전량을 50 mL로 한다.

7.2.2.2 이하 전처리방법은 7.1.2.2 ~ 7.1.2.3에 따른다.

7.2.2.3 카바릴의 농도(C_x)를 취하여 가로축(x축)에, 카바릴의 피크면적(A_x)과 내부표준물질의 피크면적(A_i)과의 비(A_x/A_i)를 세로축(y축)에 취하여 검정곡선을 작성한다.

7.3 측정법

7.3.1 자외선 검출기를 사용할 때

7.3.1.1 추출액 10 μL를 취하여 고성능액체크로마토그래프에 주입하여 분석한다.

7.3.1.2 크로마토그램으로부터 카바릴 및 내부표준물질의 피크면적을 측정하여 카바릴의 피크면적(A_x)과 내부표준물질의 피크면적(A_i)과의 비(A_x/A_i)를 구한다.

7.3.2 형광 검출기를 사용할 때

7.3.2.1 전처리에서 얻은 시험용액 500 μL를 액체크로마토그래프에 주입하여 생성된 크로마토그램을 얻는다.

7.3.2.2 크로마토그램으로부터 카바릴 및 내부표준물질의 피크면적을 측정하여 카바릴의 피크면적(A_x)과 내부표준물질의 피크면적(A_i)과의 비(A_x/A_i)를 구한다.

[주 3] 피크면적이 검정곡선의 최고농도 범위를 초과하면 시험용액을 모노클로로아세트산 완충용액(pH 3)으로 희석하여 다시 주입한다.

8 결과보고

8.1 계산

카바릴과 내부표준물질에 대한 면적 비(A_x/A_i)를 구한 다음 검정곡선식의 $y(i)$값에 대입하여 $x(i)$값을 계산하면 분석물질의 농도(C_s, mg/L)를 구할 수 있다.

$$C_s(\text{mg/L}) = \frac{\frac{A_x}{A_i} - b}{a} \qquad \text{(식 1)}$$

여기서, A_x/A_i : 분석물질과 내부표준물질의 피크면적 비

a : 검정곡선의 기울기

b : 검정곡선의 절편 값

C_s : 분석물질의 농도(mg/L)

8.2 결과보고

행정사항과 관련된 항목별 시험결과의 표시는 ES 05003의 먹는물 수질기준의 표시한계 및 결과표시에 따른다.

9 참고자료

9.1 US EPA Method 632, The Determination Of Carbamate And Urea Pesticides In Industrial And Municipal Wastewater, (1982)

9.2 US EPA Method 531.2, Measurement Of N-Methylcarbamoyloximes And N-Methylcarbamates In Water By Direct Aqueous Injection HPLC With Post Column Derivatization, (2001)

9.3 US EPA Method 553, Determination Of Benzidines And Nitrogen-Containing Pesticides In Water By Liquid-Liquid Extraction Or Liquid-Solid Extraction And Reverse Phase High Performance Liquid Chromatography/Particle Beam/Mass Spectrometry, (1992)

9.4 Standard Method 6610, Carbamate Pesticides, (2005)

10 부록

[표 1] 정도관리 목표값

정도관리 항목	정도관리 목표
정량한계	0.005 mg/L
검정곡선	결정계수(R^2) ≥ 0.98 또는 감응계수(RF)의 상대표준편차 ≤ 20 %
정밀도	상대표준편차 ± 25 % 이내
정확도	75 % ~ 125 %
현장이중시료	상대편차백분율 ± 25 % 이내

[표 2] 카바릴의 액체크로마토그래프 실험조건(예)(자외선 검출기용)

항 목	조 건
컬럼	Novapak C_{18}(300 mm 길이 × 4.0 mm 안지름) 또는 이와 동등한 컬럼
이동상	초기 - 아세토나이트릴(10) : 정제수(90) 30분 이후 - 아세토나이트릴(100)
유속	1.0 mL/min
파장	220 nm
주입구 부피	10 μL
컬럼 온도	40 ℃

[표 3] 카바릴의 액체크로마토그래프 실험조건(예)(형광 검출기용)

항 목	조 건
컬럼	Novapak C_{18}(300 mm 길이 × 4.0 mm 안지름 10 μm 필름두께) 또는 이와 동등한 컬럼
이동상	메탄올(80) : 정제수(20)
유속	1.0 mL/min
파장	들뜸파장 230 nm; 방출파장 418 nm
주입구 부피	500 μL
컬럼 온도	상온

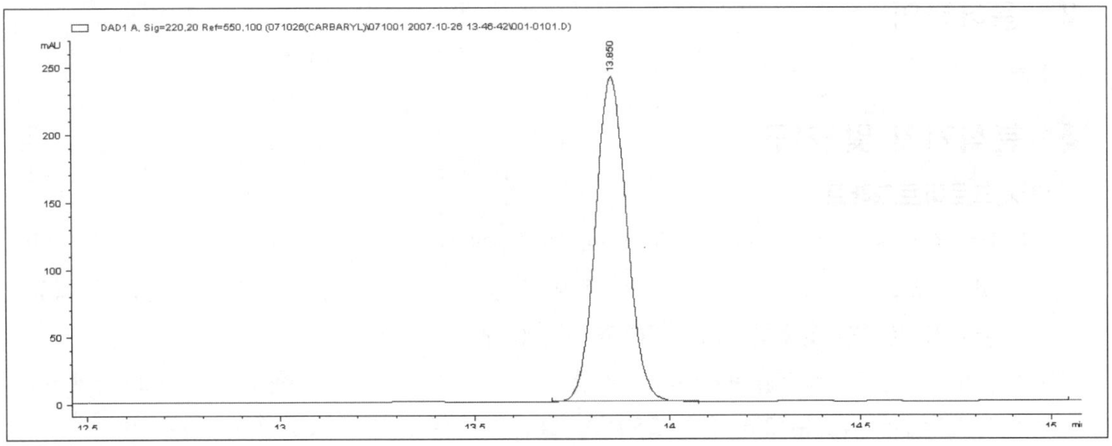

[그림 2] 카바릴 표준물질의 액체크로마토그램(자외선 검출기법)

114 카바릴-기체크로마토그래피 (Carbaryl-Gas Chromatography)

1 개요

1.1 목적

이 시험기준은 먹는물, 샘물 및 염지하수 중에 카바릴의 측정방법으로서, 시료를 황산으로 pH 3 ~ 4로 조정한 후 시료 중의 카바릴을 디클로로메탄으로 추출한 다음 알칼리 분해 후 무수클로로아세트산으로 유도체화하여 벤젠으로 추출한 것을 기체크로마토그래프로 분석하는 방법이다.

1.2 적용범위

1.2.1 이 시험기준은 먹는물, 샘물 및 염지하수 중에 카바릴의 분석에 적용한다.

1.2.2 이 시험기준은 기체크로마토그래프로 분리한 다음 질소-인 검출기로 측정하는 방법이다.

1.2.3 이 시험기준에 의한 먹는물, 샘물 및 염지하수 중 카바릴의 정량한계는 0.0005 mg/L이다.

1.3 간섭물질

1.3.1 추출 용매 안에 함유하고 있는 불순물이 분석을 방해할 수 있다. 이 경우 바탕시료나 시약바탕시료를 분석하여 확인할 수 있다. 방해물질이 존재하면 용매를 증류하거나 컬럼 크로마토그래프를 이용하여 제거한다. 고순도의 시약이나 용매를 사용하면 방해물질을 최소화할 수 있다.

1.3.2 유리기구류는 세정제, 수돗물, 정제수 그리고 아세톤으로 차례로 닦아준 후 400 ℃에서 15분 ~ 30분 동안 가열한 후 식혀 알루미늄박(箔)으로 덮어 깨끗한 곳에 보관하여 사용한다.

1.3.3 매트릭스로부터 추출되어 나오는 방해물질이 있을 수 있는데 이는 시료마다 다르다. 만약 방해가 심하면 추가적으로 플로리실과 같은 고체상 정제과정이 필요하다.

2 용어정의

"내용 없음"

3 분석기기 및 기구

3.1 기체크로마토그래프

3.1.1 컬럼은 안지름 0.20 mm ~ 0.35 mm, 필름두께 0.1 μm ~ 0.50 μm, 길이 15 m ~ 60 m의 DB-1, DB-5 및 DB-624 등의 모세관이나 동등한 분리성능을 가진 모세관으로 대상 분석물질의 분리가 양호한 것을 택하여 시험한다.

3.1.2 운반기체는 부피백분율 99.999 % 이상의 질소를 사용하며 유량은 0.5 mL/min ~ 4 mL/min, 시료도입부 온도는 200 ℃ ~ 250 ℃, 컬럼온도는 40 ℃ ~ 280 ℃로 사용한다.

3.1.3 질소－인 검출기

질소－인 검출기(NPD, nitrogen phosphorus detector)는 질소나 인이 불꽃 또는 열에서 생성된 이온이 루비듐염과 반응하여 전자를 전달하며 이때 흐르는 전자가 포착되어 전류의 흐름으로 바꾸어 측정하는 방법으로 유기인화합물 및 유기질소화합물을 선택적으로 검출할 수 있다.

3.1.4 기체크로마토그래프의 조건은 표 2와 같이 수행할 수 있다.

3.2 농축기

4 시약 및 표준용액

4.1 시약

4.1.1 아세톤(acetone, CH_3COCH_3, 분자량 : 58.08)

아세톤 100 mL를 약 1 mL ~ 5 mL로 농축한 것을 5 μL 취하여 기체크로마토그래프에 주입할 때 표준물질의 피크 부근에 불순물 피크가 없는 것을 사용한다.

4.1.2 n-헥산(hexane, C_6H_{114}, 분자량 : 86.17)

n-헥산 100 mL를 약 1 mL ~ 5 mL로 농축한 것을 5 μL 취하여 기체크로마토그래프에 주입할 때 표준물질의 피크 부근에 불순물 피크가 없는 것을 사용한다.

4.1.3 디클로로메탄(methylene chloride, CH_2Cl_2, 분자량 : 84.93)

디클로로메탄 100 mL를 약 1 mL ~ 5mL로 농축한 것을 5 μL 취하여 기체크로마토그래프에 주입할 때 표준물질의 피크 부근에 불순물 피크가 없는 것을 사용한다.

4.1.4 벤젠(benzene, C_6H_6, 분자량 : 78.11)

벤젠 100 mL를 약 1 mL ~ 5 mL로 농축한 것을 5 μL 취하여 기체크로마토그래프에 주입할 때 표준물질의 피크 부근에 불순물 피크가 없는 것을 사용한다.

4.1.5 무수황산나트륨(anhydrous sodium sulfate, Na_2SO_4, 분자량 : 142.04)

유기인계농약의 검사에 쓰는 무수황산나트륨과 같다.

4.1.6 황산(sulfuric acid, H_2SO_4, 분자량 : 98.08)(50 %)

4.1.7 탄산칼륨용액(0.1 M)

탄산칼륨(potassium carbonate, K_2CO_3, 분자량 : 138.21) 13.8 g을 정제수에 녹여 1 L로 한다.

4.1.8 수산화나트륨용액

수산화나트륨(sodium hydroxide, NaOH, 분자량 : 40.00) 10 g을 정제수에 녹여 1 L로 한다.

4.1.9 무수클로로아세트산벤젠용액

무수클로로아세트산(chloroacetic acid, $ClCH_2COOH$, 분자량 : 94.50) 2 g을 벤젠에 녹여 100 mL로 한다.

4.2 표준용액

4.2.1 카바릴 표준원액(1000 mg/L)

50 mL 부피플라스크에 카바릴 50 mg을 정확히 취하여 넣고 아세톤을 넣어 50 mL로 한

다. 이 용액은 갈색병에 넣어 냉암소에 보존한다. 이 용액 1 mL는 카바릴 1 mg을 함유한다.

4.2.2 카바릴 표준용액(10.0 mg/L)

카바릴 표준원액 1 mL를 정확히 취하여 100 mL 부피플라스크에 넣고 아세톤을 넣어 전량 100 mL로 한다. 이 용액 1 mL는 카바릴 0.010 mg을 함유한다.

4.3 내부표준용액

4.3.1 내부표준원액(1000 mg/L)

4-bromo-3,5-dimethylphenyl N-methylcarbamate(BDMC) 50 mg을 정확히 취하여 각각 50 mL 부피플라스크에 넣고 아세톤을 넣어 50 mL로 한다. 이 용액 1 mL는 BDMC 1 mg을 함유한다.

4.3.2 내부표준용액(10.0 mg/L)

100 mL 부피플라스크에 각각의 내부표준원액(BDMC) 1 mL를 넣고 아세톤을 넣어 100 mL로 한다. 이 용액 1 mL는 BDMC 0.010 mg을 함유한다.

5 시료채취 및 관리

5.1 시료채취는 유리병을 사용하며 채취 전에 시료로서 세척하지 말아야 한다.

5.2 모든 시료는 시료채취 후 추출하기 전까지 1 ℃ ~ 5 ℃ 냉암소에서 보관하고 40일 이내에 분석한다.

6 정도보증/정도관리(QA/QC)

6.1 방법검출한계 및 정량한계

6.1.1 방법검출한계(MDL, method detection limit) 및 정량한계(LOQ, limit of quantitation)는 ES 05001 정도보증/정도관리에 따라 계산한다. 정제수에 정량한계 부근의 농도가 되도록 첨가한 7개의 첨가시료를 준비하고 **7** 분석절차와 동일하게 분석하여, 표준편차를 구한다.

6.1.2 표준편차에 3.14를 곱한 값을 방법검출한계로, 10을 곱한 값을 정량한계로 나타낸다. 측정한 방법검출한계는 표 1에서 제시한 정량한계 이하이어야 한다.

6.2 방법바탕시료의 측정

ES 05001 정도보증/정도관리에 따라 시료군마다 1개의 방법바탕시료(method blank)를 측정한다. 방법바탕시료는 정제수를 사용하여 **7** 분석절차와 동일하게 전처리·측정하며 측정값은 방법검출한계 이하이어야 한다.

6.3 검정곡선의 작성 및 검증

6.3.1 검정곡선의 작성 및 검증은 ES 05001 정도보증/정도관리에 따른다. 정량범위 내의 5개의 농도에 대해 검정곡선을 작성하고 얻어진 검정곡선의 결정계수(R^2)가 0.98 이상 또는 감응계수(RF)의 상대표준편차가 25 % 이내이어야 하며 결정계수나 감응계수의 상대표준편차가 허용범위를 벗어나면 재작성한다.

6.3.2 검정곡선의 직선성을 검증하기 위하여 검정곡선을 작성할 때에는 정량범위를 0.0005 mg/L ~ 0.010 mg/L로 한다. 그러나 측정값이 이 농도범위를 벗어날 경우에는 시료를 묽혀서

다시 분석한다.

6.3.3 검정곡선을 검증하기 위하여 감응계수를 비교할 때에는 검정곡선의 중간 농도에서 한 농도를 선택하여 감응계수(RF)를 구하여 그 값의 변화가 25 % 이내에서 일치하여야 한다. 만약 이 범위를 넘는 경우, 검정곡선을 재작성한다.

6.4 정밀도 및 정확도

6.4.1 정확도(accuracy) 및 정밀도(precision)의 측정은 ES 05001 정도보증/정도관리에 따른다. 정제수에 정량한계 농도의 10배가 되도록 동일하게 표준물질을 첨가한 시료를 4개 이상 준비하고, 7 절차와 동일하게 측정하여 평균값과 표준편차를 구한다.

6.4.2 정확도는 인증시료를 확보할 수 있는 경우 인증표준물질을 분석한 결과값과 인증값과의 상대백분율로 나타내고, 인증시료를 확보할 수 없는 경우 이를 정확한 농도로 첨가한 시료로 대체한다. 이 때 정확도는 첨가시료를 분석한 농도와 첨가하지 않은 시료를 분석한 농도와의 차이에 대한 첨가농도의 상대백분율로서 나타내며 그 값이 75 % ~ 125 % 이내이어야 한다.

6.4.3 정밀도는 측정값의 상대표준편차(RSD)로 계산하며 측정값이 25 % 이내이어야 한다.

6.5 현장 이중시료의 측정

현장 이중시료(field duplicate sample)는 동일한 시료채취 장소에서 동일한 조건으로 중복으로 채취한 시료로서 한 조사팀이 하루에 20개 이하를 채취할 경우에는 1개를 그리고 그 이상을 채취할 때에는 시료 20개 당 1개를 추가로 취한다. 동일한 조건의 두 시료간의 측정값의 편차는 25 % 이하이어야 한다.

6.6 내부정도관리 주기 및 목표

6.6.1 방법검출한계, 정량한계, 정밀도 및 정확도는 연 1회 이상 산정하는 것을 원칙으로 하며, 분석자의 교체, 분석 장비의 수리 및 이동 등의 주요 변동사항이 생길 경우에는 다시 실시한다. 단, 장비의 청소, 컬럼 교체 시와 측정 장비의 감도가 의심될 때에는 언제든지 측정하여 확인하여야 한다.

6.6.2 검정곡선 검증 및 시약바탕시료의 분석은 각 시료군마다 실시하며, 고농도의 시료 다음에는 시약바탕시료를 측정하여 오염여부를 점검한다.

6.6.3 각 정도관리 항목에 대한 정도관리 목표값은 표 1과 같다.

7 분석절차

7.1 전처리

7.1.1 시료 500 mL를 1 L 분별깔때기에 취하고, 황산(50 %)을 넣어 pH 3 ~ 4로 한 다음 무수황산나트륨 5 g을 넣어 잘 녹인다. 내부표준용액(10.0 mg/L)을 정확히 100 μL를 취하여 시료에 첨가한 후, 여기에 디클로로메탄 50 mL를 넣어 2분간 강하게 흔들어 섞은 다음 가만히 두었다가 추출물을 300 mL 분별깔때기에 취한다.

7.1.2 다시 한 번 시료에 디클로로메탄 50 mL를 넣어 같은 방법으로 추출한다.

7.1.3 7.1.1과 7.1.2의 추출물을 합하여 탄산칼륨용액 50 mL씩으로 2회 세척한다.

7.1.4 무수황산나트륨을 이용하여 7.1.3의 정제수로 세척한 추출물 중의 수분을 제거한다.

7.1.5 7.1.4의 액을 농축기로 1 mL까지 농축하고 실온에서 용매를 질소로 완전히 날려 보낸다.

7.1.6 위의 잔사에 수산화나트륨용액 10 mL를 넣고 실온에서 30분간 방치한 후 분별깔때기에 옮기고 다시 정제수 15 mL로 용기를 씻어 앞의 액에 합한다.

7.1.7 위의 액에 n-헥산 20 mL를 넣어 1분간 흔들어 섞는다.

7.1.8 물 층을 다른 분별깔때기에 옮긴 후 무수클로로아세트산벤젠용액 10 mL를 넣어 1분간 흔들어 섞는다.

7.1.9 벤젠층을 벤젠포화물 20 mL로 씻고 무수황산나트륨 컬럼에 통과시켜 탈수한다.

7.1.10 다시 컬럼을 소량의 벤젠으로 씻은 후 5 mL로 농축하여 시험용액으로 한다.

7.2 검정곡선의 작성

7.2.1 정제수 500 mL를 취하여 1 L 분별깔때기에 넣은 후 카바릴표준용액(10.0 mg/L) 0, 25, 50, 100, 250, 500 μL를 단계적으로 취하여 넣고 내부표준용액(10.0 mg/L)을 정확히 100 μL를 취하여 시료에 첨가한다. 조제한 검정곡선용 표준용액의 농도는 0, 0.0005, 0.001, 0.002, 0.005, 0.010 mg/L에 해당되며 필요에 따라 사용하는 표준용액의 농도와 개수를 달리 할 수 있다.

[주 1] 시료분석결과 이 검정곡선 농도범위를 벗어나면 시료를 희석해서 재분석하여야 한다.

7.2.2 이하 추출방법은 7.1.1 ~ 7.1.10에 따른다.

7.2.3 분석성분의 농도(C_x)를 취하여 가로축(x축)에, 분석성분의 피크면적(A_x)과 내부표준물질의 피크면적(A_i)과의 비(A_x/A_i)를 세로축(y축)에 취하여 검정곡선을 작성한다.

[주 2] 피크의 면적 대신 피크의 높이를 사용할 수 있으나 피크면적을 사용하는 것이 바람직하다.

7.3 측정법

7.3.1 추출물 2 μL를 취하여 기체크로마토그래프에 주입하여 분석한다.

7.3.2 크로마토그램으로부터 각 분석성분 및 내부표준물질의 피크면적을 측정하여 농약류의 피크면적(A_x)과 내부표준물질의 피크면적(A_i)과의 비(A_x/A_i)를 구한다.

8 결과보고

8.1 계산

카바릴과 내부표준물질에 대한 면적 비(A_x/A_i)를 구한 다음 검정곡선식의 $y(i)$값에 대입하여 $x(i)$값을 계산하면 분석물질의 농도(C_s, mg/L)를 구할 수 있다.

$$C_s(\text{mg/L}) = \frac{\frac{A_x}{A_i} - b}{a} \quad \cdots\cdots \text{(식 1)}$$

여기서, A_x/A_i : 분석물질과 내부표준물질의 피크면적 비

A : 검정곡선의 기울기

b : 검정곡선의 절편 값

C_s : 분석물질의 농도(mg/L)

8.2 결과보고

행정사항과 관련된 항목별 시험결과의 표시는 ES 05003의 먹는물 수질기준의 표시한계 및 결과 표시에 따른다.

9 참고자료

9.1 US EPA Method 8270A, Semivolatile Organic Compounds By Gas Chromatography/Mass Spectrometry(GC/MS): Capillary Column Technique, (1992)

9.2 Standard Method 6410B, Extractable base/neutrals and acids in water by LLE GC/MS, (2005)

10 부록

[표 1] 정도관리 목표값

정도관리 항목	정도관리 목표
정량한계	0.0005 mg/L
검정곡선	결정계수(R^2) ≥ 0.98 또는 감응계수(RF)의 상대표준편차 ≤ 25 %
정밀도	상대표준편차 ± 25 % 이내
정확도	75 % ~ 125 %
현장이중시료	상대편차백분율 ± 25 % 이내

[표 2] 카바릴의 기체크로마토그래프 실험조건(예)

항 목	조 건
컬럼	Ultra-2(cross-linked 5 % phenylmethylsilicone, 30 m 길이 × 0.2 mm 안지름 × 0.33 μm 필름두께) 또는 이와 동등한 컬럼
운반기체(유속)	헬륨(1.5 mL/min)
분획비	10 : 1
주입구 온도	300 ℃
검출기 온도	310 ℃
수소	3.2 mL/min
공기	25 mL/min
보조기체	헬륨(25 mL/min)
오븐 온도	40 ℃(0 min) → 15 ℃/min(230 ℃) → 5 ℃/min(260 ℃)(3 min) → 10 ℃/min(310 ℃)(3 min)

카바릴 연습문제

01 먹는물수질공정시험기준에 따른 유기물질 분석에서 전자포획검출기(ECD)를 사용하는 시험항목으로 틀린 것은?

① 디클로로아세토니트릴 ② 디브로모아세틱에시드
③ 카바릴 ④ 포름알데히드

02 먹는물수질공정시험기준에 따른 고성능 액체크로마토그래피－형광검출법을 이용하여 카바릴을 분석할 때, 유도체화 과정에 필요한 pH 3.0의 완충용액 500 mL을 제조하고자 한다. 이 완충용액의 모노클로로 아세트산 몰농도가 2.50 M일 때 모노클로로아세트산칼륨의 몰농도(M)와 몰수(mol)로 옳은 것은? (단, 모노클로로아세트산의 pK_a는 2.8로 가정한다)

① 3.96 M, 3.96 mol ② 3.96 M, 1.98 mol
③ 7.92 M, 3.96 mol ④ 7.92 M, 1.98 mol

03 먹는물수질공정시험기준에 따른 유기물질 항목별 분석법(㉠)과 유도체화 시약(㉡)의 조합이 틀린 것은?

① ㉠ 카바릴－기체크로마토그래피 ㉡ 디아조메탄
② ㉠ 디브로모아세틱에스드－기체크로마토그래피 ㉡ 메탄올
③ ㉠ 포름알데히드－기체크로마토그래피 ㉡ 펜타플루오로벤질하이드록실아민
④ ㉠ 포름알데히드－고성능액체크로마토그래피 ㉡ 2,4－디니트로페닐하이드라진

04 먹는물수질공정시험기준에 따른 카바릴－기체크로마토그래피 분석방법에서 유도체화에 사용하는 시약으로 옳은 것은?

① 디클로로메탄 ② 클로로포름
③ 무수클로로아세트산 ④ 모노클로로아세트산

05 먹는물수질공정시험기준의 시험항목과 분석에 사용되는 내부표준물질이 틀린 것은?

① 염소소독부산물 : 브로모플루오로벤젠, 데카플루오로비페닐
② 유기인계농약 : 트리페닐포스페이트
③ 카바릴 : 4-브로모-N-메틸카바메이트
④ 할로아세틱에시드류 : 1,2,3-트리클로로프로판, 2-브로모부타노익에시드

06 상대검정곡선법에 의해 정량할 때 측정항목과 사용된 내부표준물질의 조합이 아닌 것은?

① 카바릴 : 4-브로모-N-메틸카바메이트
② 유기인계농약 : 트리페닐포스페이트(triphenylphosphate, TPP)
③ 휘발성유기화학물질 : 플루오로벤젠(fluorobenzene)
④ 염소소독부산물 : 브로모풀루오로벤젠

Answer 1. ③ 2. ② 3. ① 4. ③ 5. ③ 6. ①

115 염소소독부산물 (Chlorine Disinfection By-products)

1 목적

이 시험기준은 먹는물 중에 잔류하는 클로랄하이드레이트[1], 디브로모아세토니트릴[2], 디클로로아세토니트릴[3], 트리클로로아세토니트릴[4], 1,2-디브로모-3-클로로프로판 등의 염소소독부산물의 분석으로, 시료채취, 간섭물질, 전처리과정, 기기분석에 관해 설명하고 내부정도관리에 대해 자세히 기술하고 있다.

먹는물 중 염소소독부산물 측정의 주된 목적은 염소 소독과정에서 발생하는 소독부산물의 성분에 대해 감시하고 관리하는데 있다.

2 적용 가능한 시험

먹는물 중 염소소독부산물 성분을 분석하기 위해 일반적으로 시료를 적절한 방법으로 전처리하여야 하고 그 후에 기기분석을 실시한다. 염소소독부산물의 성분별로 사용되는 기기분석 방법은 표 1과 같으며, 기체크로마토그래프－질량분석법을 주시험법으로 하며 기체크로마토그래피에 대하여도 제시되어 있다.

---

1) 분자량: 165.42($C_2H_3Cl_3O$), 비중: 1.90, 끓는점: 96 ℃, 녹는점: 57 ℃, 용해도: 793,000 mg/L(25 ℃, H_2O), 배출원: 산업폐수 유입과 수돗물의 염소처리과정에서 생성된다. 환경잔류성: 수중의 메탄친화성 박테리아에 의해 트리클로로에탄올과 트리클로로아세트산으로 변환되며, 수중 반감기는 16분(pH 9, 60 ℃)이다. 인체유해성: 농축 용액은 위벽을 자극하며, 희석되지 않은 제제 섭취 시 구역질과 구토를 일으킨다.

2) 분자량: 198.84(C_2HBr_2N), 비중: 2.29, 끓는점: 163.1 ℃, 녹는점: －, 용해도: 9,600 mg/L(25 ℃, H_2O), 배출원: 음용수 소독과정에서 유기전구체로부터 생성되며, 염소 및 염소+브롬화물로 처리한 물에서만 발견된다. 환경잔류성: 물에서 가수분해되어 비휘발성물질을 생성한다. 인체유해성: 최루성 물질로서 노출시 안구점막 및 상기도관 자극, 기침, 천명, 두통, 오심 및 구토 증세가 나타난다.

3) 분자량: 109.94(C_2HCl_2N), 비중: 1.36, 끓는점: 112.5 ℃, 녹는점: －, 용해도: 33,500 mg/L(25 ℃, H2O), 배출원: 음용수 소독과정에서 유기전구체로부터 생성된다. 환경잔류성: 물에서 가수분해되어 비휘발성물질을 생성한다. 인체유해성: 피부, 눈, 호흡기에 손상을 일으킬 수 있으며, 위에서 흡수되어 대부분이 소변으로 배출된다.

4) 분자량: 144.39(C_2Cl_3N), 비중: 1.44, 끓는점: 85.7 ℃, 녹는점: －42 ℃, 용해도: 715 mg/L(25 ℃, H_2O), 배출원: 음용수 소독과정에서 유기전구체로부터 생성된다. 환경잔류성: 수중 난분해성이며 반감기는 4일(pH 5.4), 1.3시간(pH 7.2), 29분(pH 8.7)이고 생물농축성은 낮다. 인체유해성: 섭취할 경우 소화관을 자극할 수 있으며, 흡입할 경우 지연될 수 있으나 호흡 기도를 자극할 수 있다.

[표 1] 먹는물 중 염소소독부산물의 시험기준

염소소독부산물	GC-MS(ES 05551.1)	GC-ECD(ES 05551.2)
클로랄하이드레이트	○	○
디브로모아세토니트릴	○	○
디클로로아세토니트릴	○	○
트리클로로아세토니트릴	○	○
1,2-디브로모-3-클로로프로판	○	○

[주 1] 항목별 시험기준이 여러 개 있을 때는 시험기준 분류번호의 소수 첫째 자리의 수가 작을수록 우선순위가 있다. (예: 제1법 ES 05551.1c, 제2법 ES 05551.2c 등)

[주 2] GC-MS(기체크로마토그래프-질량분석법)
GC-ECD(기체크로마토그래프-전자포획검출기)

3 염소소독부산물의 분석에서의 일반적인 주의사항

염소소독부산물의 미량분석에서는 유리기구, 정제수 및 분석기기의 오염을 방지하는 것이 중요하다. 정제수와 용매는 쉽게 오염되므로 바탕실험을 통해 오염여부를 잘 평가해야 한다.

염소소독부산물의 분석은 농축과 같은 시료 전처리 과정에서 사용하는 용매의 증기를 배출시킬 수 있는 환기시설(후드) 등이 갖추어져 있어야 한다.

116 염소소독부산물-기체크로마토그래피-질량분석법
(Chlorine Disinfection By-products-Gas Chromatography-Mass Spectrometry)

1 개요

1.1 목적

이 시험기준은 먹는물 중에 반(semi)휘발성인 염소소독부산물의 측정방법으로서, 먹는물 중 클로랄하이드레이트, 디브로모아세토니트릴, 디클로로아세토니트릴, 트리클로로아세토니트릴, 1,2-디브로모-3-클로로프로판을 메틸삼차-부틸에테르로 추출하여 농축한 후 기체크로마토그래프로 분리한 다음 질량분석기로 분석하는 방법이다.

1.2 적용범위

1.2.1 이 시험기준은 먹는물 중에 염소소독부산물인 클로랄하이드레이트(chloral hydrate), 디브로모아세토니트릴(dibromoacetonitrile), 디클로로아세토니트릴(dichloroacetonitrile), 트리클로로아세토니트릴(trichloroacetonitrile), 1,2-디브로모-3-클로로프로판(1,2-dibromo-3-chloropropane)의 분석에 적용한다. 1,2-디브로모-3-클로로프로판은 휘발성유기화합물의 분석법에 따라 분석할 수 있다.

1.2.2 이 시험기준은 기체크로마토그래프로 분리한 다음 질량분석기로 측정하는 방법이다.

1.2.3 이 시험기준에 의한 먹는물 중에 각 소독부산물의 정량한계는 0.0005 mg/L이다.

1.3 간섭물질

1.3.1 추출 용매 안에 함유하고 있는 불순물이 분석을 방해할 수 있다. 이 경우 바탕시료나 시약바탕시료를 분석하여 확인할 수 있다. 방해물질이 존재하면 용매를 증류하거나 컬럼 크로마토그래프를 이용하여 제거한다.

1.3.2 메틸삼차-부틸에테르 용매는 종종 클로로포름, 트리클로로에틸렌, 사염화탄소를 함유한다. 이 때 불순물은 증류하여 제거할 수 있다.

1.3.3 용매추출법을 사용할 때에는 폭넓은 영역의 끓는점을 갖는 극성 및 비극성 유기물질이 함께 추출되어 분석물질을 간섭한다. 특히 시료 중에 분석물질이 낮은 농도로 있는 경우에는 용매를 시료 전처리와 같은 배수로 농축하여 확인하여야 한다.

2 용어정의

2.1 염소소독부산물

물 중에 용해되어 있는 부식질을 포함한 유기물질들과 염소소독제가 반응하여 생성하는 물질들을 염소소독부산물이라 하고 그 중에는 트리할로메탄, 할로아세토니트릴, 할로아세틱에시드류 등이 있다.

3 분석기기 및 기구

3.1 기체크로마토그래프

3.1.1 컬럼은 안지름 0.20 mm ~ 0.35 mm, 필름두께 0.1 μm ~ 0.50 μm, 길이 15 m ~ 60 m의 cross-linked methylsilicone(DB-1, HP-1 등) 또는 cross-linked 5 % phenylmethylsilicone (DB-5, HP-5 등) 등의 모세관이나 동등한 분리성능을 가진 모세관으로 대상 분석 물질의 분리가 양호한 것을 택하여 시험한다.

3.1.2 운반기체는 부피백분율 99.999 % 이상의 헬륨 또는 질소로서 유량은 0.5 mL/min ~ 4 mL/min, 시료도입부 온도는 200 ℃ ~ 250 ℃, 컬럼온도는 40 ℃ ~ 280 ℃로 승온조작하여 사용한다.

3.1.3 표 2와 같이 수행할 수 있다.

3.2 질량분석기(mass spectrometer)

3.2.1 이온화방식은 전자충격법(EI, electron impact)을 사용하며 이온화에너지는 35 eV ~ 70 eV를 사용한다.

3.2.2 질량분석기는 자기장형(magnetic sector), 사중극자형(quardrupole) 및 이온트랩형(ion trap) 등의 성능을 가진 것을 사용한다.

3.2.3 정량분석에는 선택이온검출법(SIM, selected ion monitoring)을 이용하는 것이 바람직하다. 선택하는 이온들은 표 3의 이온을 사용할 수 있다.

3.3 농축기

4 시약 및 표준용액

4.1 시약

4.1.1 정제수

시약용 정제수를 사용하거나, 물을 15분간 끓인 후 90 ℃를 유지하면서 불활성기체로 1시간 퍼지(purge)하여 휘발성유기물질을 제거하고 입구가 작은 유리병에 넣은 다음 마개를 한다. 바탕시험 할 때 분석화합물의 피크 부근에 불순물 피크가 없는 것을 사용한다.

4.1.2 메틸삼차－부틸에테르(MTBE, tert-butyl methyl ether, $C_4H_9OCH_3$, 분자량 : 88.15)

메틸삼차－부틸에테르는 바탕시험 할 때 분석화합물의 피크 부근에 불순물 피크가 없는 것을 사용한다.

4.1.3 메탄올(methanol, CH_3OH, 분자량 : 32.04)

메탄올은 바탕시험 할 때 분석화합물의 피크 부근에 불순물 피크가 없는 것을 사용한다.

4.1.4 아세톤(acetone, CH_3COCH_3, 분자량 : 58.08)

아세톤은 바탕시험 할 때 분석화합물의 피크 부근에 불순물 피크가 없는 것을 사용한다.

4.1.5 염화암모늄(ammonium chloride, NH_4Cl, 분자량 : 53.49)

염화암모늄은 바탕시험 할 때 분석화합물의 피크 부근에 불순물 피크가 없는 것을 사용한다.

4.1.6 염화나트륨(sodium chloride, NaCl, 분자량 : 58.44)

염화나트륨은 바탕시험 할 때 분석화합물의 피크 부근에 불순물 피크가 없는 것을 사용한다.

4.1.7 무수황산나트륨(anhydrous sodium sulfate, Na_2SO_4, 분자량 : 142.04)

무수황산나트륨은 순도 98 % 이상의 시약용을 사용하며 사용하기 전에 300 ℃에서 하룻밤 건조시키거나 400 ℃에서 4시간 건조시켜서 사용한다.

4.2 표준용액

4.2.1 소독부산물 혼합표준원액(1000 mg/L)

클로랄하이드레이트, 디브로모아세토니트릴, 디클로로아세토니트릴, 트리클로로아세토니트릴, 1,2-디브로모-3-클로로프로판(DBCP)은 시판하는 표준용액, 또는 순도 99 % 이상의 시약을 사용하여 표준용액을 조제하여 사용한다. 사용하는 용매는 아세톤 또는 메탄올을 사용하나 클로랄하이드레이트는 메탄올을 사용한다.

4.2.1.1 25 mL 부피플라스크에 염소소독부산물 표준물질 25.0 mg을 정확하게 무게를 재어 넣고 소량의 메탄올로 용해시킨 후 메탄올로 표선까지 채운다.

4.2.1.2 각각의 표준물질의 첨가량을 구하여 표준원액의 농도(mg/L)를 구한다. 이 용액은 될 수 있는 대로 여러 개의 바이알에 공기층이 남지 않도록 나누어 넣은 다음 밀봉하여 냉장고 (4 ℃)에서 보존하고, 4주 이내에 사용한다.

4.2.2 소독부산물 혼합표준용액(10.0 mg/L)

25 mL 부피플라스크에 소독부산물 혼합표준원액(1000 mg/L) 0.250 mL를 넣고 아세톤으로 표선까지 채운 다음 마개를 하고 플라스크를 흔들어서 혼합한다. 이 용액은 될 수 있는 대로 여러 개의 바이알에 공기층이 남지 않도록 나누어 넣은 다음 밀봉하여 냉장고에 보존하고, 4주 이내에 사용한다.

4.3 내부표준용액

4.3.1 내부표준용액 1(10.0 mg/L)

브로모플루오로벤젠(bromofluorobenzene, BFB) 25.0 mg을 취하여 아세톤 25.0 mL에 녹인다. 이 용액 250 μL를 아세톤 25.0 mL에 녹인다.

4.3.2 내부표준용액 2(10.0 mg/L)

데카플루오로비페닐(decafluorobiphenyl) 25.0 mg을 취하여 아세톤 25.0 mL에 녹인다. 이 용액 250 μL를 아세톤 25.0 mL에 녹인다.

5 시료채취 및 관리

5.1 시료채취는 최소 200 mL의 갈색 유리용기와 PTFE 재질의 마개를 사용하고, 시료가 잔류염소를 함유하고 있다면 시료 1 L 기준으로 염화암모늄(100 g/L) 1 mL에 준하여 첨가한다. 또한 트리클로로아세토니트릴의 손실을 방지하기 위해 염산을 넣어 pH 4.5 ~ 5.5가 되도록 조정한다.

[주 1] 티오황산나트륨이나 아스코르빈산은 디할로아세토니트릴과 클로로피크린의 분해를 일으킬 수 있어 이들을 분석할 때에 사용하는 것은 적합하지 않다.

5.2 시료는 시료용기 내 공간이 없도록 채취한다.

5.3 모든 시료는 시료채취 후 추출하기 전까지 1 ℃ ~ 5 ℃ 냉암소에서 보관하며 14일 이내에 추출한다. 추출액은 －10 ℃에서 보관하며 14일 이내 분석한다.

6 정도보증/정도관리(QA/QC)

6.1 방법검출한계 및 정량한계

6.1.1 방법검출한계(MDL, method detection limit) 및 정량한계(LOQ, limit of quantitation)는 ES 05001 정도보증/정도관리에 따라 계산한다. 정제수에 표준용액을 정량한계 부근의 농도가 되도록 첨가한 7개의 첨가시료를 준비하고 7 분석절차와 동일하게 분석하여, 표준편차를 구한다.

6.1.2 표준편차에 3.14를 곱한 값을 방법검출한계로, 10을 곱한 값을 정량한계로 나타낸다. 측정한 방법검출한계는 표 1에서 제시한 정량한계 이하이어야 한다.

6.2 방법바탕시료의 측정

ES 05001 정도보증/정도관리에 따라 시료군마다 1개의 방법바탕시료(method blank)를 측정한다. 방법바탕시료는 정제수를 사용하여 7 분석절차와 동일하게 전처리·측정하며 측정값은 방법검출한계 이하이어야 한다.

6.3 검정곡선의 작성 및 검증

6.3.1 검정곡선의 작성 및 검증은 ES 05001 정도보증/정도관리에 따른다. 정량범위 내 5개의 농도에 대해 검정곡선을 작성하고 얻어진 검정곡선의 결정계수(R^2)가 0.98 이상 또는 감응계수의 상대표준편차가 25 % 이내이어야 하며 결정계수나 감응계수의 상대표준편차가 허용범위를 벗어나면 재작성한다.

6.3.2 검정곡선의 직선성을 검증하기 위하여 정량범위를 0.0005 mg/L ~ 0.050 mg/L로 한다. 그러나 측정값이 이 농도범위를 벗어날 경우에는 시료를 묽혀서 다시 분석한다.

6.3.3 검정곡선을 검증하기 위하여 감응계수를 비교할 때에는 검정곡선의 중간 농도의 감응계수를 구하여 그 값이 전과 25 % 이내에서 일치하여야 한다. 만약 이 범위를 넘는 경우, 검정곡선을 재작성한다.

6.4 정밀도 및 정확도

6.4.1 정밀도(precision) 및 정확도(accuracy)의 측정은 ES 05001 정도보증/정도관리에 따른다. 정제수에 정량한계 농도의 10배가 되도록 동일하게 표준물질을 첨가한 시료를 4개 이상 준비하고, 7 절차와 동일하게 측정하여 평균값과 표준편차를 구한다.

6.4.2 정확도는 인증시료를 확보할 수 있는 경우 인증표준물질을 분석한 결과값(C_M)과 인증값(C_C)과의 상대백분율로 나타내고, 인증시료를 확보할 수 없는 경우 이를 정확한 농도로 첨가한 시료로 대체한다. 이 때 정확도는 첨가시료를 분석한 농도(C_{AM})와 첨가하지 않은 시료를 분석한 농도(C_S)와의 차이에 대한 첨가농도(C_A)의 상대백분율로서 나타내며 그 값이 75 % ~ 125 % 이내이어야 한다.

6.4.3 정밀도는 측정값의 상대표준편차(RSD)로 계산하며 측정값이 25 % 이내이어야 한다.

6.5 현장 이중시료의 측정

현장 이중시료(field duplicate sample)는 동일한 시료채취 장소에서 동일한 조건으로 중복으로 채취한 시료로서 한 조사팀이 하루에 20개 이하를 채취할 경우에는 1개를 그리고 그 이상을 채취할 때에는 시료 20개 당 1개를 추가로 취한다. 동일한 조건의 두 시료간의 측정값의 편차는 25 % 이하이어야 한다.

6.6 내부정도관리 주기 및 목표

6.6.1 방법검출한계, 정량한계, 정밀도 및 정확도는 연 1회 이상 산정하는 것을 원칙으로 하며, 분석자의 교체, 분석 장비의 수리 및 이동 등의 주요 변동사항이 생길 경우에는 다시 실시한다. 단, 장비의 청소, 컬럼 교체 시와 측정 장비의 감도가 의심될 때에는 언제든지 측정하여 확인하여야 한다.

6.6.2 검정곡선 검증 및 시약바탕시료의 분석은 각 시료군마다 실시하며, 고농도의 시료 다음에는 시약바탕시료를 측정하여 오염여부를 점검한다.

6.6.3 각 정도관리 항목에 대한 정도관리 목표값은 표 1과 같다.

7 분석절차

7.1 전처리

7.1.1 시료 200 mL를 취하여 250 mL 분별깔때기에 넣은 후 내부표준용액 100 μL를 넣는다.

7.1.2 시료에 염화나트륨 50 g을 넣고 흔들어 녹인 후 메틸삼차－부틸에테르 25 mL를 넣은 다음 4분간 격렬하게 흔들어 추출한다.

7.1.3 두 층이 분리되면 아래 물 층은 버리고 0.5 mL까지 농축시킨다.

7.2 검정곡선의 작성

7.2.1 정제수 200 mL를 취하여 250 mL 분별깔때기에 넣은 후 소독부산물 혼합표준용액(10.0 mg/L) 0, 10, 40, 100, 200, 500, 1000 μL를 단계적으로 취하여 넣고 내부표준용액(10.0 mg/L)을 정확히 100 μL를 취하여 첨가한다. 조제한 검정곡선용 표준용액의 농도는 0, 0.0005, 0.002, 0.005, 0.010, 0.025, 0.050 mg/L에 해당되며 필요에 따라 사용하는 표준용액의 농도와 개수를 달리 할 수 있다.

[주 2] 시료분석결과 이 검정곡선 농도범위를 벗어나면 시료를 희석해서 재분석하여야 한다.

7.2.2 이하 추출은 7.1.2 ~ 7.1.3에 따른다.

7.2.3 소독부산물의 농도(C_x)를 취하여 가로축(x축)에, 소독부산물의 피크면적(A_x)과 내부표준물질의 피크면적(A_i)과의 비(A_x/A_i)를 세로축(y축)에 취하여 검정곡선을 작성한다.

[주 3] 피크의 면적 대신 피크의 높이를 사용할 수 있으나 피크면적을 사용하는 것이 바람직하다.

7.3 측정법

7.3.1 추출물 2 μL를 취하여 기체크로마토그래프에 주입하여 분석한다.

7.3.2 크로마토그램으로부터 각 분석성분 및 내부표준물질의 피크면적을 측정하여 휘발성유기화합물의 피크면적(A_x)과 내부표준물질의 피크면적(A_i)과의 비(A_x/A_i)를 구한다.

8 결과보고

8.1 계산

각 분석물질별로 내부표준물질에 대한 면적 비(A_x/A_i)를 구한 다음 검정곡선식의 $y(i)$값에 대입하여 $x(i)$값을 계산하면 분석물질의 농도(C_s, mg/L)를 구할 수 있다.

$$C_s(\text{mg/L}) = \frac{\frac{A_x}{A_i} - b}{a} \quad \cdots\cdots (식\ 1)$$

여기서, A_x/A_i : 분석물질과 내부표준물질의 피크면적 비

a : 검정곡선의 기울기

b : 검정곡선의 절편 값

C_s : 분석물질의 농도(mg/L)

8.2 결과보고

행정사항과 관련된 항목별 시험결과의 표시는 ES 05003의 먹는물 수질기준의 표시한계 및 결과표시에 따른다.

9 참고자료

9.1 US EPA Method 551.1, “Determination Of Chlorination Disinfection By-products, Chlorinated Solvents, And Halogenated Pesticides/Herbicides In Drinking Water By Liquid-Liquid Extraction And Gas Chromatography With Electron-Capture Detection”, EPA, (1995)

9.2 Standard Method, 6231, “1,2-Dibromoethane(EDB) and 1,2-dibromo-3-chloropropane(DBCP)”, (2017)

9.3 먹는물수질공정시험기준 ES 05551.c, “염소소독부산물”, 국립환경과학원, (2018)

10 부록

[표 1] 정도관리 목표값

정도관리 항목	정도관리 목표
정량한계	0.0005 mg/L
검정곡선	결정계수(R^2) ≥ 0.98 또는 감응계수(RF)의 상대표준편차 ≤ 25 %
정밀도	상대표준편차 ± 25 % 이내
정확도	75 % ~ 125 %
현장이중시료	상대편차백분율 ± 25 % 이내

[표 2] 염소소독부산물의 기체크로마토그래프 실험조건(예)

항 목	조 건
컬럼	Ultra-2(cross-linked 5 % phenylmethylsilicone, 30 m 길이 × 0.2 mm 안지름 × 0.33 μm 필름두께) 또는 이와 동등한 컬럼
운반기체(유속)	헬륨(1.0 mL/min)
분획비	10 : 1
주입구 온도	200 ℃
인터페이스 온도	280 ℃
오븐 온도	40 ℃(7 min) → 10 ℃/min → 300 ℃(3 min)

[표 3] 소독부산물 선택이온

물질명	분자량	제2선택이온(m/z)
클로랄하이드레이트	165.40	82, 84, 111
디브로모아세토니트릴	201.05	118, 120, 199
디클로로아세토니트릴	112.05	74, 82, 84
트리클로로아세토니트릴	147.55	108, 110, 82
1,2-디브로모-3-클로로프로판	236.58	157, 155, 75
브로모클로로아세토니트릴	157.55	74, 76, 155
디브로모에틸렌	187.86	107, 109, 81

클로랄하이드레이트(4.06 min)

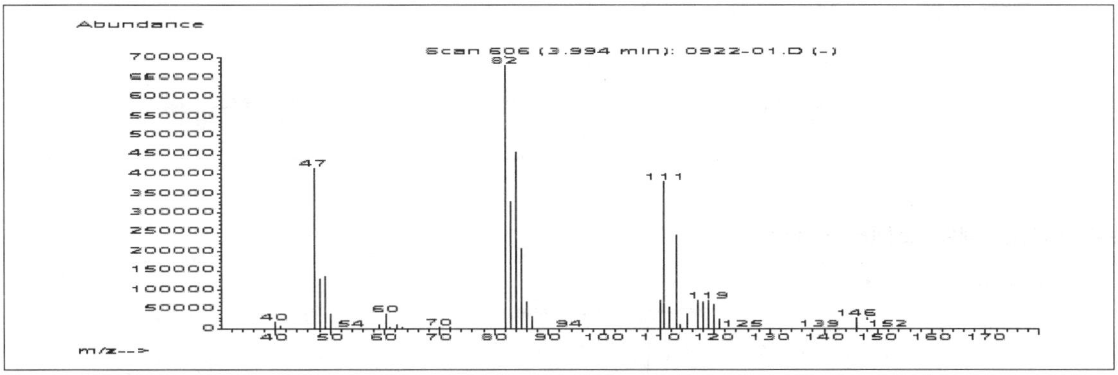

트리클로로아세토니트릴(4.29 min)

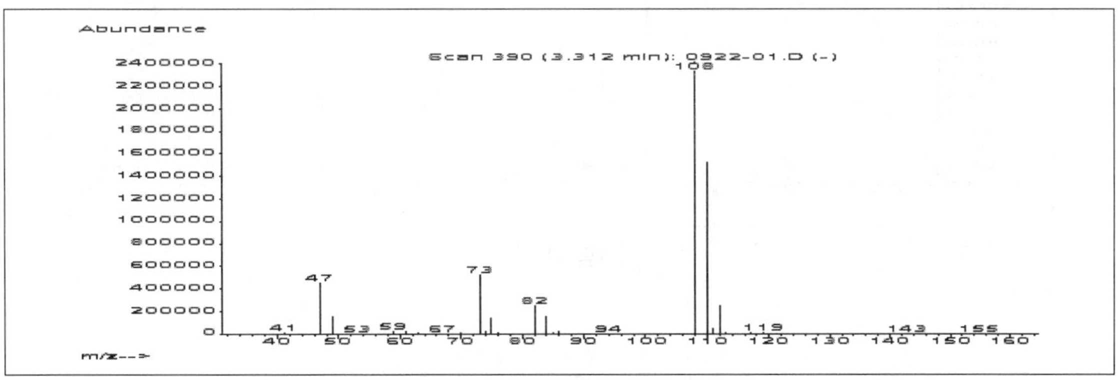

[그림 1] 염소소독부산물의 질량스펙트럼

디브로모에틸렌(4.77 min)

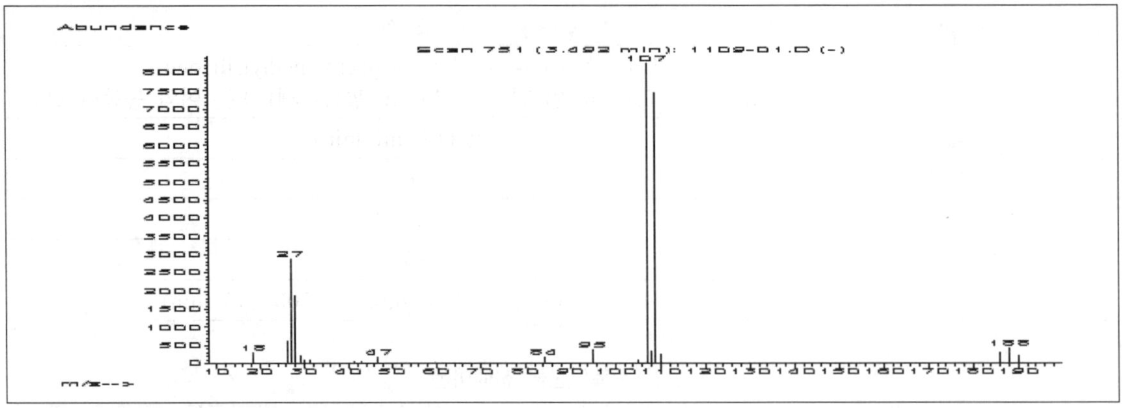

디클로로아세토니트릴(5.20 min)

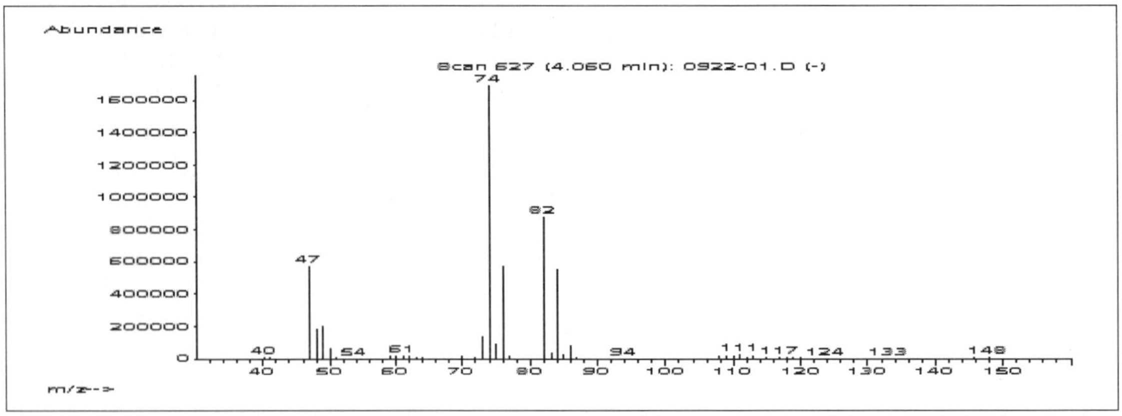

브로모클로로아세토니트릴(8.76 min)

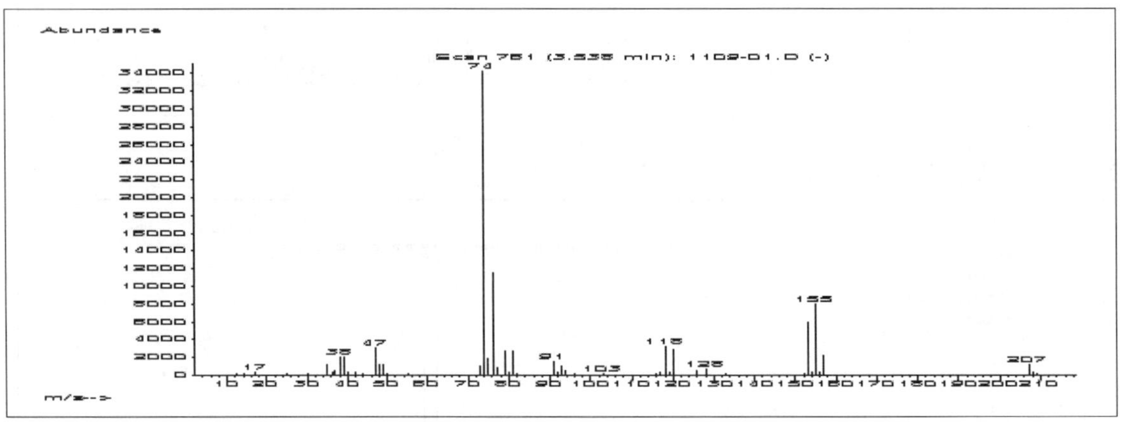

[그림 1] 계속

디브로모아세토니트릴(9.37 min)

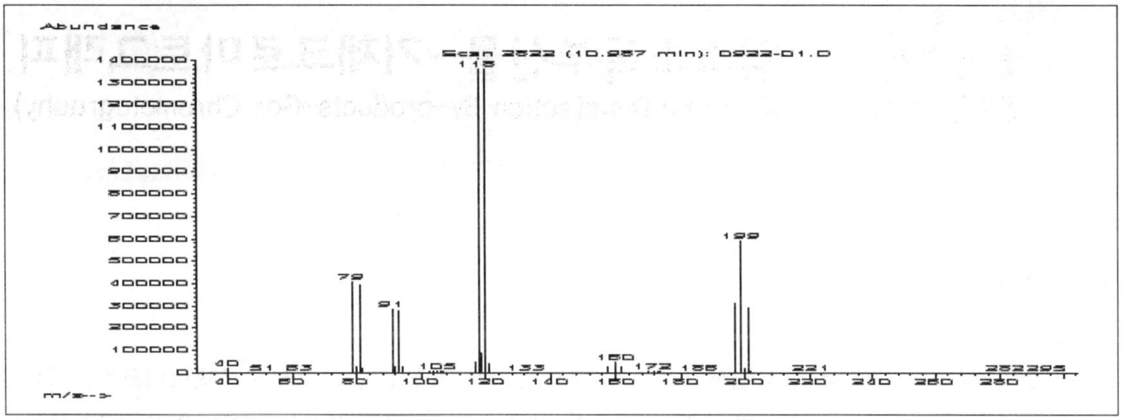

1,2-디브로모-3-클로로프로판(13.42 min)

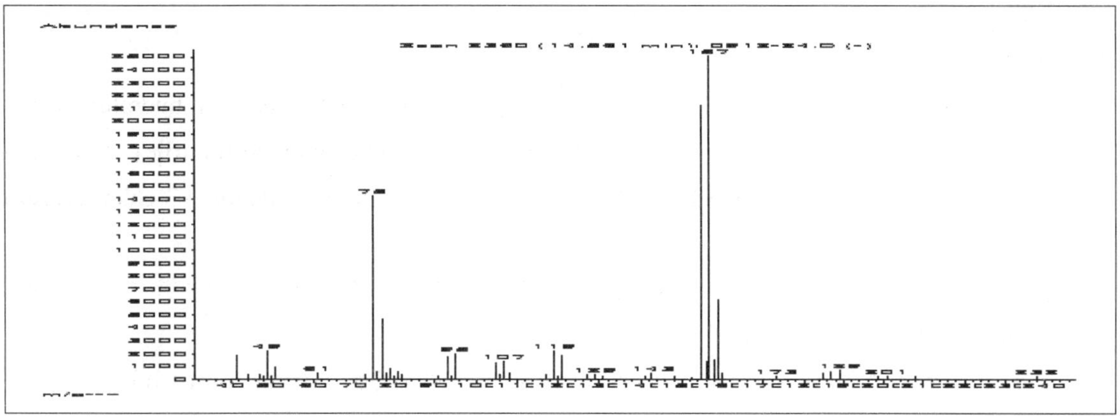

[그림 1] 계속

117 염소소독부산물-기체크로마토그래피 (Chlorine Disinfection By-products-Gas Chromatography)

1 개요

1.1 목적

이 시험기준은 먹는물 중 염소소독부산물인 클로랄하이드레이트, 디브로모아세토니트릴, 디클로로아세토니트릴, 트리클로로아세토니트릴, 1,2-디브로모-3-클로로프로판(DBCP)을 메틸삼차-부틸에테르로 추출하여 농축한 후 기체크로마토그래프로 분리한 다음 전자포획검출기로 분석하는 방법이다.

1.2 적용범위

1.2.1 이 시험기준은 먹는물 중 염소소독부산물인 클로랄하이드레이트(chloral hydrate), 디브로모아세토니트릴(dibromoacetonitrile), 디클로로아세토니트릴(dichloroacetonitrile), 트리클로로아세토니트릴(trichloroacetonitrile), 1,2-디브로모-3-클로로프로판(1,2-dibromo-3-chloropropane)의 분석에 적용한다.

1.2.2 이 시험기준은 기체크로마토그래프로 분리한 다음 전자포획검출기로 검출할 수 있는 할로겐유기화합물들의 분석에 적용한다.

1.2.3 이 시험기준에 의한 먹는물 중에 소독부산물의 정량한계는 0.0005 mg/L이다.

1.3 간섭물질

1.3.1 추출 용매 안에 함유하고 있는 불순물로 인해 간섭을 받는다. 이 경우 바탕시료나 시약바탕시료를 분석하여 확인할 수 있다

1.3.2 메틸삼차-부틸에테르는 미량의 클로로포름, 트리클로로에틸렌, 사염화탄소를 함유할 수 있다. 이 때 2차 증류하여 불순물을 제거할 수 있다.

1.3.3 용매추출법을 사용할 때에는 폭넓은 영역의 끓는점을 갖는 극성 및 비극성 유기물질이 함께 추출되어 분석물질을 방해한다. 특히 미량분석을 할 때에는 이들에 의해 간섭을 크게 받으므로 기체크로마토그래프-질량분석기로 확인하고 간섭이 심할 때에는 고체상 추출법 등의 정제를 생각해야 한다.

2 용어정의

2.1 염소소독부산물

물 중에 용해되어 있는 부식질을 포함한 유기물질들과 염소소독제가 반응하여 생성하는 물질들을 염소소독부산물이라 하고 그 중에는 트리할로메탄, 할로아세토니트릴, 할로아세틱에시드류 등이 있다.

3 분석기기 및 기구

3.1 기체크로마토그래프

3.1.1 컬럼은 안지름 0.20 mm ~ 0.35 mm, 필름두께 0.1 μm ~ 0.50 μm, 길이 15 m ~ 60 m의 cross-linked methylsilicone(DB-1, HP-1 등) 또는 cross-linked 5 % phenylmethylsilicone(DB-5, HP-5 등) 등의 모세관이나 동등한 분리성능을 가진 모세관으로 대상 분석 물질의 분리가 양호한 것을 택하여 시험한다.

3.1.2 운반기체는 부피백분율 99.999 % 이상의 질소를 사용하며 유량은 0.5 mL/min ~ 4 mL/min, 시료도입부 온도는 200 ℃ ~ 250 ℃, 컬럼온도는 40 ℃ ~ 280 ℃로 사용한다.

3.1.3 전자포획검출기

전자포획검출기(ECD, electron capture detector)는 방사선 동위원소(^{63}Ni, ^{3}H 등)로부터 방출되는 β선이 운반기체를 전리하여 미소전류를 흘려보낼 때 시료 중의 할로겐이나 산소와 같이 전자포획력이 강한 화합물에 의하여 전자가 포착되어 전류가 감소하는 것을 이용하는 방법으로 유기할로겐화합물, 니트로화합물 및 유기금속화합물을 선택적으로 검출할 수 있다.

3.1.4 기체크로마토그래프의 조건은 표 2와 같이 수행할 수 있다.

3.2 농축기

4 시약 및 표준용액

4.1 시약

4.1.1 정제수

시약용 정제수를 사용하거나, 물을 15분간 끓인 후 90 ℃를 유지하면서 불활성기체로 1시간 퍼지(purge)하여 휘발성유기물질을 제거하고 입구가 작은 유리병에 넣은 다음 마개를 한다. 바탕시험 할 때 분석화합물의 피크 부근에 불순물 피크가 없는 것을 사용한다.

4.1.2 메틸삼차-부틸에테르

메틸삼차-부틸에테르(MTBE, tert-butyl methyl ether, $C_4H_9OCH_3$, 분자량 : 88.15)는 바탕시험 할 때 분석화합물의 피크 부근에 불순물 피크가 없는 것을 사용한다.

4.1.3 메탄올

메탄올(methanol, CH_3OH, 분자량 : 32.04)은 바탕시험 할 때 분석화합물의 피크 부근에 불순물 피크가 없는 것을 사용한다.

4.1.4 아세톤

아세톤(acetone, CH_3COCH_3, 분자량 : 58.08)은 바탕시험 할 때 분석화합물의 피크 부근에 불순물 피크가 없는 것을 사용한다.

4.1.5 염화암모늄

염화암모늄(ammonium chloride, NH_4Cl, 분자량 : 53.49)은 바탕시험 할 때 분석화합물의 피크 부근에 불순물 피크가 없는 것을 사용한다.

4.1.6 염화나트륨

염화나트륨(sodium chloride, NaCl, 분자량 : 58.44)은 바탕시험 할 때 분석화합물의 피크 부근에 불순물 피크가 없는 것을 사용한다.

4.1.7 무수황산나트륨

무수황산나트륨(anhydrous sodium sulfate, Na_2SO_4, 분자량 : 142.04)은 순도 98 % 이상의 시약용을 사용하며 사용하기 전에 300 ℃에서 하룻밤 건조시키거나 400 ℃에서 4시간 건조시켜서 사용한다.

4.2 표준용액

4.2.1 소독부산물 혼합표준원액(1000 mg/L)

클로랄하이드레이트, 디브로모아세토니트릴, 디클로로아세토니트릴, 트리클로로아세토니트릴, 1,2-디브로모-3-클로로프로판(DBCP)은 시판하는 표준용액, 또는 순도 99 % 이상의 시약을 사용하여 표준용액을 조제하여 사용한다. 사용하는 용매는 아세톤 또는 메탄올을 사용하나 클로랄하이드레이트는 메탄올을 사용한다.

4.2.1.1 25 mL 부피플라스크에 메탄올 5.0 mL를 넣고 각각의 염소소독부산물 표준물질 25.0 mg을 정확하게 무게를 재어 넣고 메탄올로 표선까지 채운다.

4.2.1.2 각각의 표준물질의 첨가량을 구하여 표준원액의 농도(mg/L)를 구한다. 이 용액은 될 수 있는 대로 여러 개의 바이알에 공기층이 남지 않도록 나누어 넣은 다음 밀봉하여 냉장고(4 ℃ 이하)에서 보존하고, 4주 이내에 사용한다.

4.2.2 소독부산물 혼합표준용액(10.0 mg/L)

25 mL 부피플라스크에 소독부산물 혼합표준원액(1000 mg/L) 0.250 mL를 넣고 아세톤으로 표선까지 채운 다음 마개를 하고 플라스크를 흔들어서 혼합한다. 이 용액은 될 수 있는 대로 여러 개의 바이알에 공기층이 남지 않도록 나누어 넣은 다음 밀봉하여 냉장고에 보존하고, 4주 이내에 사용한다.

4.3 내부표준용액

4.3.1 내부표준용액 1(10.0 mg/L)

브로모플루오로벤젠(bromofluorobenzene, BFB) 25.0 mg을 취하여 아세톤 25.0 mL에 녹인다. 이 용액 250 μL를 아세톤 25.0 mL에 녹인다.

4.3.2 내부표준용액 2(10.0 mg/L)

데카플루오로비페닐(decafluorobiphenyl) 25.0 mg을 취하여 아세톤 25.0 mL에 녹인다. 이 용액 250 μL를 아세톤 25.0 mL에 녹인다.

5 시료채취 및 관리

5.1 시료채취는 최소 200 mL의 갈색 유리용기와 PTFE 재질의 마개를 사용하고, 시료가 잔류염소를 함유하고 있다면 시료 1 L 기준으로 염화암모늄(100 g/L) 1 mL에 준하여 첨가한다. 또한 트리클로로아세토니트릴의 손실을 방지하기 위해 염산을 넣어 pH 4.5 ~ 5.5가 되도록 조정한다.

[주 1] 티오황산나트륨이나 아스코르빈산은 디할로아세토니트릴과 클로로피크린의 분해를 일으킬 수 있어 이들을 분석할 때에 사용하는 것은 적합하지 않는다.

5.2 시료는 시료용기 내 공간이 없도록 채취한다.

5.3 모든 시료는 시료채취 후 추출하기 전까지 1 ℃ ~ 5 ℃ 냉암소에서 보관하며 14일 이내에 추출한다. 추출액은 −10 ℃에서 보관하며 14일 이내 분석한다.

6 정도보증/정도관리(QA/QC)

6.1 방법검출한계 및 정량한계

6.1.1 방법검출한계(MDL, method detection limit) 및 정량한계(LOQ, limit of quantitation)는 ES 05001 정도보증/정도관리에 따라 계산한다. 정제수에 표준용액을 정량한계 부근의 농도가 되도록 첨가한 7개의 첨가시료를 준비하고 7 분석절차와 동일하게 분석하여, 표준편차를 구한다.

6.1.2 표준편차에 3.14를 곱한 값을 방법검출한계로, 10을 곱한 값을 정량한계로 나타낸다. 측정한 방법검출한계는 표 1에서 제시한 정량한계 이하이어야 한다.

6.2 방법바탕시료의 측정

ES 05001 정도보증/정도관리에 따라 시료군마다 1개의 방법바탕시료(method blank)를 측정한다. 방법바탕시료는 정제수를 사용하여 7 분석절차와 동일하게 전처리·측정하며 측정값은 방법검출한계 이하이어야 한다.

6.3 검정곡선의 작성 및 검증

6.3.1 검정곡선의 작성 및 검증은 ES 05001 정도보증/정도관리에 따른다. 정량범위 내 5개의 농도에 대해 검정곡선을 작성하고 얻어진 검정곡선의 결정계수(R^2)가 0.98 이상 또는 감응계수(RF)의 상대표준편차가 25 % 이내이어야 하며 결정계수나 감응계수의 상대표준편차가 허용범위를 벗어나면 재작성한다.

6.3.2 검정곡선의 직선성을 검증하기 위하여 검정곡선을 작성할 때에는 정량범위를 0.0005 mg/L ~ 0.050 mg/L로 한다. 그러나 측정값이 이 농도범위를 벗어날 경우에는 시료를 묽혀서 다시 분석한다.

6.3.3 검정곡선을 검증하기 위하여 감응계수를 비교할 때에는 검정곡선의 중간 농도에서 한 농도를 선택하여 감응계수(RF)를 구하여 그 값의 변화가 25 % 이내에서 일치하여야 한다. 만약 이 범위를 넘는 경우, 검정곡선을 재작성한다.

6.4 정밀도 및 정확도

6.4.1 정밀도(precision) 및 정확도(accuracy)의 측정은 ES 05001 정도보증/정도관리에 따른다. 정제수에 정량한계 농도의 10배가 되도록 동일하게 표준물질을 첨가한 시료를 4개 이상 준비하고, 7 절차와 동일하게 측정하여 평균값과 표준편차를 구한다.

6.4.2 정확도는 인증시료를 확보할 수 있는 경우 인증표준물질을 분석한 결과값(C_M)과 인증값(C_C)과의 상대백분율로 나타내고, 인증시료를 확보할 수 없는 경우 이를 정확한 농도로 첨가한 시료로 대체한다. 이 때 정확도는 첨가시료를 분석한 농도(C_{AM})와 첨가하지 않은 시료를 분석한 농도(C_S)와의 차이에 대한 첨가농도(C_A)의 상대백분율로서 나타내며 그 값이

75 % ~ 125 % 이내이어야 한다.

6.4.3 정밀도는 측정값의 상대표준편차(RSD)로 계산하며 측정값이 25 % 이내이어야 한다.

6.5 현장 이중시료의 측정

현장 이중시료(field duplicate sample)는 동일한 시료채취 장소에서 동일한 조건으로 중복으로 채취한 시료로서 한 조사팀이 하루에 20개 이하를 채취할 경우에는 1개를 그리고 그 이상을 채취할 때에는 시료 20개 당 1개를 추가로 취한다. 동일한 조건의 두 시료간의 측정값의 편차는 25 % 이하이어야 한다.

6.6 내부정도관리 주기 및 목표

6.6.1 방법검출한계, 정량한계, 정밀도 및 정확도는 연 1회 이상 산정하는 것을 원칙으로 하며, 분석자의 교체, 분석 장비의 수리 및 이동 등의 주요 변동사항이 생길 경우에는 다시 실시한다. 단, 장비의 청소, 컬럼 교체 시와 측정 장비의 감도가 의심될 때에는 언제든지 측정하여 확인하여야 한다.

6.6.2 검정곡선 검증 및 시약바탕시료의 분석은 각 시료군마다 실시하며, 고농도의 시료 다음에는 시약바탕시료를 측정하여 오염여부를 점검한다.

6.6.3 각 정도관리 항목에 대한 정도관리 목표값은 표 1과 같다.

7 분석절차

7.1 전처리

7.1.1 시료 200 mL를 취하여 250 mL 분별깔때기에 넣은 후 내부표준용액 100 μL를 넣는다.

7.1.2 시료에 염화나트륨 50 g을 넣고 흔들어 녹인 후 메틸삼차-부틸에테르 25 mL를 넣은 다음 4분간 격렬하게 흔들어 추출한다.

7.1.3 두 층이 분리되면 아래 물 층은 버리고 0.5 mL까지 농축시킨다.

7.2 검정곡선의 작성

7.2.1 정제수 200 mL를 취하여 250 mL 분별깔때기에 넣은 후 소독부산물 혼합표준용액(10.0 mg/L) 0, 10, 40, 100, 200, 500, 1000 μL를 단계적으로 취하여 넣고 내부표준용액(10.0 mg/L)을 정확히 100 μL를 취하여 첨가한다. 조제한 검정곡선용 표준용액의 농도는 0, 0.0005, 0.002, 0.005, 0.010, 0.025, 0.050 mg/L에 해당되며 필요에 따라 사용하는 표준용액의 농도와 개수를 달리 할 수 있다.

[주 2] 시료분석결과 이 검정곡선 농도범위를 벗어나면 시료를 희석해서 재분석하여야 한다.

7.2.2 이하 추출방법은 7.1.2 ~ 7.1.3에 따른다.

7.2.3 소독부산물의 농도(C_x)를 취하여 가로축(x축)에, 소독부산물의 피크면적(A_x)과 내부표준물질의 피크면적(A_i)과의 비(A_x / A_i)를 세로축(y축)에 취하여 검정곡선을 작성한다.

[주 3] 피크의 면적 대신 피크의 높이를 사용할 수 있으나 피크면적을 사용하는 것이 바람직하다.

7.3 측정법

7.3.1 추출물 2 μL를 취하여 기체크로마토그래프에 주입하여 분석한다.

7.3.2 기체크로마토그래프로부터 얻은 크로마토그램에서 각 분석성분 및 내부표준물질의 머무름 시간에 해당하는 위치의 피크들로부터 피크면적을 구한다.

7.3.3 크로마토그램으로부터 각 분석성분 및 내부표준물질의 피크면적으로부터 분석성분의 피크 면적(A_x)과 내부표준물질의 피크면적(A_i)과의 비(A_x/A_i)를 구한다.

8 결과보고

8.1 계산

$$C_s(\text{mg/L}) = \frac{\frac{A_x}{A_i} - b}{a} \quad \cdots\cdots (식\ 1)$$

여기서, A_x/A_i : 분석물질과 내부표준물질의 피크면적 비

a : 검정곡선의 기울기

b : 검정곡선의 절편 값

C_s : 분석물질의 농도(mg/L)

8.2 결과보고

행정사항과 관련된 항목별 시험결과의 표시는 ES 05003의 먹는물 수질기준의 표시한계 및 결과 표시에 따른다.

9 참고자료

9.1 US EPA Method 551.1, "Determination Of Chlorination Disinfection By-products, Chlorinated Solvents, And Halogenated Pesticides/Herbicides In Drinking Water By Liquid-Liquid Extraction And Gas Chromatography With Electron-Capture Detection", EPA, (1995)

9.2 Standard Method, 6231, "1,2-Dibromoethane(EDB) and 1,2-dibromo-3-chloropropane(DBCP)", (2017)

9.3 먹는물수질공정시험기준 ES 05551.c, "염소소독부산물", 국립환경과학원, (2018)

10 부록

[표 1] 정도관리 목표값

정도관리 항목	정도관리 목표
정량한계	0.0005 mg/L
검정곡선	결정계수(R^2) ≥ 0.98 또는 감응계수(RF)의 상대표준편차 ≤ 25 %
정밀도	상대표준편차 ± 25 % 이내
정확도	75 % ~ 125 %
현장이중시료	상대편차백분율 ± 25 % 이내

[표 2] 염소소독부산물의 기체크로마토그래프 실험조건(예)

항 목	조 건
컬럼	Ultra-2(cross-linked 5 % phenylmethylsilicone, 30 m 길이 × 0.2 mm 안지름 × 0.33 μm 필름두께) 또는 이와 동등한 컬럼
운반기체(유속)	헬륨(1.0 mL/min)
분획비	10 : 1
주입구 온도	200 ℃
인터페이스 온도	280 ℃
오븐 온도	40 ℃(7 min) → 10 ℃/min(60 ℃)(3 min) → 30 ℃/min(300 ℃)

염소소독부산물 연습문제

01 **먹는물수질공정시험기준에 따른 기체크로마트그래피-질량분석법으로 측정한 클로랄하이드레이트 농도값으로 옳은 것은?** (단, 이 시험법의 정량한계는 0.0005 mg/L)

- 측정 대상물질의 면적 : 100
- 브로모플루오로벤젠(내부표준물질)의 면적 : 125
- 검정곡선 기울기 : 30
- 검정곡선의 절편 : 0.25

① 불검출
② 0.0183 mg/L
③ 0.0267 mg/L
④ 0.0333 mg/L

02 **먹는물수질공정시험기준에 따른 기체크로마토그래피-질량분석법에서 염소소독부산물의 분석에 관한 설명으로 틀린 것은?**

① 클로랄하이드레이트, 디브로모아세토니트릴, 디클로로아세토니트릴, 트리클로로아세토니트릴, 1,2-디브로모-3-클로로프로판의 분석에 적용한다.
② 염소소독부산물 메틸삼차-부틸에테르로 추출하여 농축한 후 기체크로마토그래프로 분리한 다음 질량분석기로 분석하는 방법이다.
③ 내부표준용액으로 브로모플루오로벤젠과 1-클로로-2-브로모프로페인을 사용한다.
④ 소독부산물의 혼합표준원액 조제 시 사용하는 용매는 아세톤 또는 메탄올을 사용하나 클로랄하이드레이트는 메탄올을 사용한다.

03 **먹는물수질공정시험기준의 시험항목과 분석에 사용되는 내부표준물질이 맞는 것은?**

① 염소소독부산물 : 브로모플루오로벤젠, 데카플루오로비페닐
② 유기인계농약 : 1,2,3-트리클로로프로판, 2-브로모부타노익에시드
③ 카바릴 : 트리페닐포스페이트
④ 할로아세틱에시드류 : 4-브로모-N-메틸카바메이트

04 **상대검정곡선법에 의해 정량할 때 측정항목과 사용된 내부표준물질의 조합이 아닌 것은?**

① 카바릴 : 4-브로모-3,5-디메틸페닐N-메틸카바메이트(4-bromo-3,5-dimethylphenyl N-methylcarbamate)
② 유기인계농약 : 트리페닐포스페이트(triphenylphosphate, TPP)
③ 휘발성유기화학물질 : 플루오로벤젠(fluorobenzene)
④ 염소소독부산물 : 1,2-디클로로벤젠-d_4(1,2-dichlorobenzene-d_4)

Answer 1. ② 2. ③ 3. ① 4. ④

118 할로아세틱에시드류 (Haloacetic acids)

1 목적

이 시험기준은 먹는물 중에 잔류하는 할로아세틱에시드류의 측정방법으로서 디클로로아세틱에시드[1]), 트리클로로아세틱에시드[2]), 디브로모아세틱에시드[3]) 등의 분석으로, 시료채취, 간섭물질, 전처리과정, 기기분석에 관해 설명하고 내부정도관리에 대해 자세히 기술하고 있다.
먹는물 중 할로아세틱에시드류 측정의 주된 목적은 염소 소독과정에서 발생하는 소독부산물의 성분에 대해 감시하고 관리하는데 있다.

2 적용 가능한 시험

먹는물 중 할로아세틱에시드류의 성분을 분석하기 위해 일반적으로 시료를 적절한 방법으로 전처리하여야 하고 그 후에 기기분석을 실시한다. 할로아세틱에시드의 성분별로 사용되는 기기분석 방법은 표 1과 같으며, 기체크로마토그래프－질량분석법을 주시험법으로 하며 기체크로마토그래피에 대하여도 제시되어 있다.

[표 1] 먹는물 중 할로아세틱에시드의 시험기준

할로아세틱에시드류	GC-MS(ES 05552.1)	GC-ECD(ES 05552.2)
디클로로아세틱에시드	○	○
트리클로로아세틱에시드	○	○
디브로모아세틱에시드	○	○

1) 분자량: 128.94($C_2H_2Cl_2O_2$), 비중: 1.56, 끓는점: 194 ℃, 녹는점: 9.7 ℃, 용해도: 1×10^6 mg/L(25 ℃, H_2O), 배출원: 섬유질 제조, 의류, 제약업계의 폐수, 염소처리 시 소독부산물 등이다. 환경잔류성: 수면에서 증발이 일어나지 않으며, 수생과 토양에서 호기성 분해가 일어난다(강물에서 14%, 바닷물에서 8% 분해된다). 인체유해성: 섭취시 소화관 손상, 위장에 화상유발, 피부접촉시 심한 화상과 폐혈증, 골수염과 침투성 독성증상을 유발할 수 있다.

2) 분자량: 163.40($C_2HCl_3O_2$), 비중: 1.61, 끓는점: 197 ℃, 녹는점: 56 ℃, 용해도: 1.2×10^6 mg/L(25 ℃, H_2O), 배출원: 섬유질 제조, 의류, 제약업계의 폐수, 염소처리 시 소독부산물 등이다. 환경잔류성: 수계에 유입시 0 ~ 46 % 분해되며 생분해시 4주 정도 소요된다. 건조한 토양에서는 휘발하며, 습하고 따뜻한 조건에서는 제거되거나 호기성 분해가 일어난다. 인체유해성: 섭취 시 입이나 인두에 화상을 입으며, 구토 및 설사를 유발한다. 피부에 자극성이 있어 1시간 이상 접촉 시 화상을 입을 수 있다.

3) 분자량: 217.84($C_2H_2Br_2O_2$), 비중: －, 끓는점: 195 ℃, 녹는점: 49 ℃, 용해도: 2.1×10^6 mg/L(25 ℃, H_2O), 배출원: 염소처리시 유기물질이나 브롬과 반응하여 생성된 후 배출된다. 환경잔류성: 토양에서 매우 유동적이며 건조한 토양에서도 휘발되지 않는다. 수계에 유입시 퇴적물에 흡착되지 않고 수면에서도 증발하지 않는다. 인체유해성: 점막에 자극, 흡입시 기관지 경련, 폐렴 및 폐부종을 유발하며 급성독성으로 설사, 운동 실조증 등을 유발한다.

119 할로아세틱에시드류-기체크로마토그래피-질량분석법
(Haloacetic Acids- Gas Chromatography-Mass Spectrometry)

1 개요

1.1 목적

이 시험기준은 먹는물 중에 할로아세틱에시드류의 측정방법으로서 먹는물 시료를 pH 2 이하가 되도록 황산으로 조절한 후 할로아세틱에시드류를 메틸삼차-부틸에테르로 추출하여 산성조건하에 메탄올로 유도체화 시킨 후 기체크로마토그래프로 분리한 다음 질량분석기로 분석하는 방법이다.

1.2 적용범위

1.2.1 이 시험기준은 먹는물 중에 할로아세틱에시드류인 디클로로아세틱에시드(dichloroacetic acid), 트리클로로아세틱에시드(trichloroacetic acid), 디브로모아세틱에시드(dibromoacetic acid)의 분석에 적용한다.

1.2.2 이 시험기준은 기체크로마토그래프로 분리한 다음 질량분석기로 측정하는 방법이다.

1.2.3 이 시험기준에 의한 먹는물 중의 각 할로아세틱에시드류의 정량한계는 0.001 mg/L이다.

1.3 간섭물질

1.3.1 유리기구류는 세정제, 수돗물, 정제수 그리고 아세톤으로 차례로 닦아준 후 400 ℃에서 1시간 동안 가열한 후 식혀 알루미늄박(箔)으로 덮어 깨끗한 곳에 보관하여 사용한다.

1.3.2 고순도의 시약이나 용매를 사용하면 방해물질을 최소화할 수 있다.

2 용어정의

2.1 염소소독부산물

물 중에 용해되어 있는 부식질을 포함한 유기물질들과 염소소독제가 반응하여 생성하는 물질들을 염소소독부산물이라 하고 그 중에는 트리할로메탄, 할로아세토니트릴, 할로아세틱에시드류 등이 있다.

3 분석기기 및 기구

3.1 기체크로마토그래프

3.1.1 컬럼은 안지름 0.20 mm ~ 0.35 mm, 필름두께 0.1 μm ~ 0.50 μm, 길이 15 m ~ 60 m의 cross-linked methylsilicone(DB-1, HP-1 등 또는 cross-linked 5 % phenylmethylsilicone(DB-5, HP-5 등) 등의 모세관이나 동등한 분리성능을 가진 모세관으로 대상 분석 물질의 분리가 양호한 것을 택하여 시험한다.

3.1.2 운반기체는 부피백분율 99.999 % 이상의 헬륨을 사용하며 유량은 0.5 mL/min ~ 4 mL/min, 시료도입부 온도는 200 ℃ ~ 250 ℃, 컬럼온도는 40 ℃ ~ 280 ℃로 사용한다.

3.1.3 기체크로마토그래프의 조건은 표 2와 같이 수행할 수 있다.

3.2 질량분석기(mass spectrometer)

3.2.1 이온화방식은 전자충격법(EI, electron impact)을 사용하며 이온화에너지는 35 eV ~ 70 eV를 사용한다.

3.2.2 질량분석기는 자기장형(magnetic sector), 사중극자형(quadrupole) 및 이온트랩형(ion trap) 등의 성능을 가진 것을 사용한다.

3.2.3 정량분석에는 선택이온검출법(SIM, selected ion monitoring)을 이용하는 것이 바람직하다. 선택하는 이온들은 표 3의 이온을 사용할 수 있다.

4 시약 및 표준용액

4.1 시약

4.1.1 정제수

시약용 정제수를 사용하거나 물을 15분간 끓인 후 90 ℃를 유지하면서 불활성기체로 1시간 퍼지(purge)하여 휘발성유기물질을 제거하고 입구가 작은 유리병에 넣은 다음 마개를 한다. 바탕시험 할 때 분석화합물의 피크 부근에 불순물 피크가 없는 것을 사용한다.

4.1.2 메틸삼차-부틸에테르

메틸삼차부틸에테르(MTBE, tert-butyl methyl ether, $C_4H_9OCH_3$, 분자량 : 88.15)는 바탕시험 할 때 분석화합물의 피크 부근에 불순물 피크가 없는 것을 사용한다.

4.1.3 메탄올

메탄올(methanol, CH_3OH, 분자량 : 32.04)은 바탕시험 할 때 분석화합물의 피크 부근에 불순물 피크가 없는 것을 사용한다.

4.1.4 아세톤

아세톤(acetone, CH_3COCH_3, 분자량 : 58.08)은 바탕시험 할 때 분석화합물의 피크 부근에 불순물 피크가 없는 것을 사용한다.

4.1.5 무수황산나트륨

무수황산나트륨(anhydrous sodium sulfate, Na_2SO_4, 분자량 : 142.04)은 순도 98 % 이상의 시약을 사용하며 사용하기 전에 300 ℃에서 하룻밤 건조시키거나 400 ℃에서 4시간 건조시켜서 사용한다.

4.1.6 탄산수소나트륨포화용액

정제수에 탄산수소나트륨(sodium bicarbonate, $NaHCO_3$, 분자량 : 84.01)을 가하여 포화용액으로 만들어 사용한다.

4.1.7 염화암모늄(ammonium chloride, NH_4Cl, 분자량 : 53.49)

4.1.8 황산·메탄올용액(10 %)(유도체시약)

황산(sulfuric acid, H_2SO_4, 분자량 : 98.08) 5 mL를 메탄올 45 mL에 녹인다.

4.1.9 황산(sulfuric acid, H_2SO_4, 분자량 : 98.08)

4.2 표준용액

4.2.1 할로아세틱에시드 및 산성농약 표준용액

4.2.1.1 표준원액(1000 mg/L)

4.2.1.1.1 디클로로아세틱에시드, 트리클로로아세틱에시드, 디브로모아세틱에시드는 시판하는 표준용액, 또는 순도 99 % 이상의 시약을 사용하여 표준용액을 조제하여 사용한다.

4.2.1.1.2 조제하여 사용할 때에는 25 mL 부피플라스크에 메틸삼차-부틸에테르(MTBE) 5.0 mL를 넣고 각각의 표준물질 25.0 mg을 정확하게 무게를 측정하여 넣은 다음 메틸삼차-부틸에테르(MTBE)로 표선까지 채운다.

4.2.1.1.3 이 용액은 될 수 있는 대로 여러 개의 바이알에 공기층이 남지 않도록 나누어 넣은 다음 밀봉하여 4 ℃ 이하의 냉암소에서 보존하고, 2개월 이내에 사용한다.

4.2.1.2 표준용액(10.0 mg/L)

할로아세틱에시드 표준원액(1000 mg/L) 250 μL를 25 mL 부피플라스크에 넣고 메틸삼차-부틸에테르(MTBE)로 표선까지 채운 다음 마개를 하고 플라스크를 흔들어서 혼합한다. 이 용액은 될 수 있는 대로 여러 개의 바이알에 공기층이 남지 않도록 나누어 넣은 다음 밀봉하여 4 ℃ 이하의 냉암소에 보존하고, 4주 이내에 사용한다.

4.3 내부표준용액

4.3.1 내부표준용액 1

4.3.1.1 내부표준원액(1000 mg/L)

4.3.1.1.1 1,2,3-트리클로로프로판(1,2,3-TCP)은 시판하는 표준용액, 또는 순도 99 % 이상의 시약을 사용하여 표준용액을 조제하여 사용한다.

4.3.1.1.2 조제하여 사용할 때에는 25 mL 부피플라스크에 메틸삼차-부틸에테르(MTBE) 5.0 mL를 넣고 1,2,3-트리클로로프로판 25.0 mg을 정확하게 무게를 재어 넣은 다음 메틸삼차-부틸에테르(MTBE)로 표선까지 채운다.

4.3.1.1.3 이 용액은 될 수 있는 대로 여러 개의 바이알에 공기층이 남지 않도록 나누어 넣은 다음 밀봉하여 냉장고(4 ℃ 이하)에서 보존하고, 2개월 이내에 사용한다.

4.3.1.2 내부표준용액(10.0 mg/L)

내부표준원액(1000 mg/L) 250 μL를 25 mL 부피플라스크에 넣고 메틸삼차부틸에테르(MTBE)로 표선까지 채운 다음 마개를 하고 플라스크를 흔들어서 혼합한다. 이 용액은 될 수 있는 대로 여러 개의 바이알에 공기층이 남지 않도록 나누어 넣은 다음 밀봉하여 냉장고에 보존하고, 4주 이내에 사용한다.

4.3.2 내부표준용액 2

4.3.2.1 내부표준원액(1000 mg/L)

4.3.2.1.1 2-브로모부타노익에시드는 시판하는 표준용액, 또는 순도 99 % 이상의 시약을 사용하여 표준용액을 조제하여 사용한다.

4.3.2.1.2 조제하여 사용할 때에는 25 mL 부피플라스크에 2-브로모부타노익에시드 25.0 mg을 정확하게 무게를 재어 넣은 다음 메틸삼차-부틸에테르(MTBE)로 표선까지 채운다.

4.3.2.1.3 이 용액은 될 수 있는 대로 여러 개의 바이알에 공기층이 남지 않도록 나누어 넣은 다음 밀봉하여 냉장고(4 ℃ 이하)에서 보존하고, 2개월 이내에 사용한다.

4.3.2.2 내부표준용액(10.0 mg/L)

2-브로모부타노익에시드 내부표준원액 250 μL를 25 mL 부피플라스크에 넣고 메틸삼차-부틸에테르(MTBE)로 표선까지 채운 다음 마개를 하고 플라스크를 흔들어서 혼합한다. 이 용액은 될 수 있는 대로 여러 개의 바이알에 공기층이 남지 않도록 나누어 넣은 다음 밀봉하여 냉장고에 보존하고, 4주 이내에 사용한다.

5 시료채취 및 관리

5.1 시료채취는 최소 50 mL의 갈색 유리병과 PTFE 재질의 마개를 사용하고, 시료가 잔류염소를 함유하고 있다면 시료 1 L 기준으로 염화암모늄(100 g/L) 1 mL에 준하여 첨가한다.

5.2 시료는 시료용기 내 공간이 없도록 채취한다.

5.3 모든 시료는 시료채취 후 추출하기 전까지 1 ℃ ~ 5 ℃ 냉암소에서 보관한다.

5.4 모든 시료는 채취 후 14일 이내에 추출하고 추출물을 1 ℃ ~ 5 ℃에서 보관할 때에는 7일 이내에, -10 ℃에서 보관할 때에는 14일 이내에 분석해야 한다.

6 정도보증/정도관리(QA/QC)

6.1 방법검출한계 및 정량한계

6.1.1 방법검출한계(MDL, method detection limit) 및 정량한계(LOQ, limit of quantitation)는 ES 05001 정도보증/정도관리에 따라 계산한다. 정제수에 정량한계 부근의 농도가 되도록 분석물질을 첨가한 시료 7개를 준비하고 각 시료를 7 분석절차와 동일하게 측정하여 표준편차를 구한다.

6.1.2 표준편차에 3.14를 곱한 값을 방법검출한계로, 10을 곱한 값을 정량한계로 나타낸다. 측정한 방법검출한계는 표 1에서 제시한 정량한계 이하이어야 한다.

6.2 방법바탕시료의 측정

ES 05001 정도보증/정도관리에 따라 시료군마다 1개의 방법바탕시료method blank)를 측정한다. 방법바탕시료는 정제수를 사용하여 7 분석절차와 동일하게 전처리·측정하며 측정값은 방법검출한계 이하이어야 한다.

6.3 검정곡선의 작성 및 검증

6.3.1 검정곡선의 작성 및 검증은 ES 05001 정도보증/정도관리에 따른다. 정량범위 내의 5개의 농도에 대해 검정곡선을 작성하고 얻어진 검정곡선의 결정계수(R^2)가 0.98 이상 또는 감응계수의 상대표준편차가 25 % 이내이어야 하며 결정계수나 감응계수의 상대표준편차가 허용범위를 벗어나면 재작성한다.

6.3.2 검정곡선의 직선성을 검증하기 위하여 정량범위를 0.001 mg/L ~ 0.020 mg/L로 검정곡선을 작성한다. 그러나 측정값이 이 농도범위를 벗어날 경우에는 시료를 묽혀서 다시 분석한다.

6.3.3 검정곡선의 감응계수를 검증하기 위하여 검정곡선의 중간 농도에서 한 농도를 선택하여 감응계수(RF)를 구하여 그 값의 변화가 25 % 이내에서 일치하여야 한다. 만약 이 범위를 넘는 경우, 검정곡선을 재작성한다.

6.4 정밀도 및 정확도

6.4.1 정밀도(precision) 및 정확도(accuracy)의 측정은 ES 05001 정도보증/정도관리에 따른다. 정제수에 정량한계 농도의 10배가 되도록 동일하게 표준물질을 첨가한 시료를 4개 이상 준비하고, 7 절차와 동일하게 측정하여 평균값과 표준편차를 구한다.

6.4.2 정확도는 인증시료를 확보할 수 있는 경우 인증표준물질을 분석한 결과값과 인증값과의 상대백분율로 나타내고, 인증시료를 확보할 수 없는 경우 이를 정확한 농도로 첨가한 시료로 대체한다. 이 때 정확도는 첨가시료를 분석한 농도와 첨가하지 않은 시료를 분석한 농도와의 차이에 대한 첨가농도의 상대백분율로서 나타내며 그 값이 75 % ~ 125 % 이내이어야 한다.

6.4.3 정밀도는 측정값의 상대표준편차(RSD)로 계산하며 측정값이 25 % 이내이어야 한다.

6.5 현장 이중시료의 측정

현장이중시료field duplicate sample)는 동일한 장소에서 동일한 조건으로 중복으로 채취한 시료로서 한 조사팀이 하루에 20개 이하를 채취할 경우에는 1개를 그리고 그 이상을 채취할 때에는 시료 20개 당 1개를 추가로 취한다. 동일한 조건에서 중복으로 채취한 두 시료간의 측정값 편차는 25 % 이하이어야 한다.

6.6 내부정도관리 주기 및 목표

6.6.1 방법검출한계, 정량한계, 정밀도 및 정확도는 연 1회 이상 산정하는 것을 원칙으로 하며, 분석자의 교체, 분석 장비의 수리 및 이동 등의 주요 변동사항이 생길 경우에는 다시 실시한다. 단, 장비의 청소, 컬럼 교체 시와 측정 장비의 감도가 의심될 때에는 언제든지 측정하여 확인하여야 한다.

6.6.2 검정곡선 검증 및 시약바탕시료의 분석은 각 시료군마다 실시하며, 고농도의 시료 다음에는 시약바탕시료를 측정하여 오염여부를 점검한다.

6.6.3 각 정도관리 항목에 대한 정도관리 목표값은 표 1과 같다.

7 분석절차

7.1 전처리

7.1.1 시료 40 mL를 폴리테트라플루오로에틸렌(PTFE) 마개가 부착된 100 mL 분별깔때기에 취하고 내부표준용액(10 mg/L) 50 μL를 넣는다.

7.1.2 시료 용액에 황산 2 mL를 넣어 pH를 0.5 이하로 조절하고 황산구리 2 g을 넣고 녹을 때까지 흔든다.

7.1.3 무수황산나트륨 18 g을 넣어 녹인다.

7.1.4 메틸삼차-부틸에테르 4 mL를 넣은 후 약 3분간 격렬히 흔들어 준 다음 층이 분리되면 메틸삼차-부틸에테르 층을 취한다.

7.1.5 메틸삼차−부틸에테르 층에 황산·메탄올용액 1 mL를 넣어 50 ℃에서 2시간 동안 반응시킨다.

7.1.6 반응이 끝나면 탄산수소나트륨포화용액 4 mL를 서서히 넣어 중화시킨다.

7.1.7 원심분리기에서 두 층을 분리한 다음 용매층을 1 mL 분취하여 시험용액으로 한다.

7.2 검정곡선의 작성

7.2.1 정제수 40 mL를 취하여 100 mL 분별깔때기에 넣은 후 할로아세틱에시드 표준용액(10.0 mg/L) 0, 4, 8, 20, 40, 80 μL를 단계적으로 취하여 넣고 내부표준용액10.0 mg/L)을 정확히 50 μL를 취하여 시료에 첨가한다. 조제한 검정곡선용 표준용액의 농도는 0, 0.001, 0.002, 0.005, 0.010, 0.020 mg/L에 해당되며 필요에 따라 사용하는 표준용액의 농도와 개수를 달리 할 수 있다.

[주 1] 시료분석결과 이 검정곡선 농도범위를 벗어나면 시료를 희석해서 재분석하여야 한다.

7.2.2 이하 추출방법은 7.1.2 ~ 7.1.7에 따른다.

7.2.3 분석성분의 농도(C_x)를 취하여 가로축(x축)에, 분석성분의 피크면적(A_x)과 내부표준물질의 피크면적(A_i)과의 비(A_x/A_i)를 세로축(y축)에 취하여 검정곡선을 작성한다.

[주 2] 피크의 면적 대신 피크의 높이를 사용할 수 있으나 피크면적을 사용하는 것이 바람직하다.

7.3 측정법

7.3.1 추출물 2 μL를 취하여 기체크로마토그래프에 주입하여 분석한다.

7.3.2 크로마토그램으로부터 각 분석성분 및 내부표준물질의 피크면적을 측정하여 각 성분의 피크면적(A_x)과 내부표준물질의 피크면적(A_i)과의 비(A_x/A_i)를 구한다.

8 결과보고

8.1 계산

각 분석물질별로 내부표준물질에 대한 면적비(A_x/A_i)를 구한 다음 검정곡선식의 $y(i)$값에 대입하여 $x(i)$값을 계산하면 분석물질의 농도(C_s, mg/L)를 구할 수 있다.

$$C_s(\text{mg/L}) = \frac{\frac{A_x}{A_i} - b}{a} \quad \cdots\cdots (식\ 1)$$

여기서, A_x/A_i : 분석물질과 내부표준물질의 피크면적 비

a : 검정곡선의 기울기

b : 검정곡선의 절편 값

C_s : 분석물질의 농도(mg/L)

8.2 결과보고

행정사항과 관련된 항목별 시험결과의 표시는 ES 05003의 먹는물 수질기준의 표시한계 및 결과표시에 따른다.

9 참고자료

9.1 US EPA Method 552.2, Determination of haloacetic acids and dalapon in drinking water by liquid-liquid extraction, derivatization and gas chromatography with electron capture detection, (1995)

9.2 US EPA Method 552.3, Determination of haloacetic acids and dalapon in drinking water by liquid-liquid extraction, derivatization and gas chromatography with electron capture detection, (2003)

9.3 Standard Method 6251, Disinfection by-product: Haloacetic acids and trichlorophenol, (2005)

10 부록

[표 1] 정도관리 목표값

정도관리 항목	정도관리 목표
정량한계	0.001 mg/L
검정곡선	결정계수(R^2) ≥ 0.98 또는 감응계수(RF)의 상대표준편차 ≤ 25 %
정밀도	상대표준편차 ± 25 % 이내
정확도	75 % ~ 125 %
현장이중시료	상대편차백분율 ± 25 % 이내

[표 2] 할로아세틱에시드류의 기체크로마토그래프 실험조건(예)

항 목	조 건
컬럼	Ultra-2(cross-linked 5 % phenylmethylsilicone, 30 m 길이 × 0.2 mm 안지름 × 0.33 μm 필름두께) 또는 이와 동등한 컬럼
운반기체(유속)	헬륨(1.0 mL/min)
분획비	10 : 1
주입구 온도	200 ℃
인터페이스 온도	280 ℃
오븐 온도	50 ℃(5 min) → 10 ℃/min(150 ℃) → 20 ℃/min(280 ℃)(5 min)

[표 3] 할로아세틱에시드류의 선택이온

물질명	분자량	제1선택이온(m/z)	제2선택이온(m/z)
디클로로아세틱에시드메틸에스테르	142	59	83, 85
트리클로로아세틱에시드메틸에스테르	176	59	117, 119
모노클로로아세틱에시드메틸에스테르	108	59	77, 108
모노브로모아세틱에시드메틸에스테르	152	59	93, 121, 152
디브로모아세틱에시드메틸에스테르	230	173	107, 171, 175
2,4-D 메틸에스테르	234	199	175, 234, 236
1,2,3-트리클로로프로판(내부표준물질 1)	146	75	110, 112
2-브로모부타노익에시드메틸에스테르(내부표준물질 2)	180	152	101, 154

[표 4] 할로아세틱에시드류 및 산성농약류의 머무름 시간(예)

물질명	정도관리 목표
모노클로로아세틱에시드메틸에스테르	3.58
모노브로모아세틱에시드메틸에스테르	4.51
디클로로아세틱에시드메틸에스테르	4.69
트리클로로아세틱에시드메틸에스테르	5.92
브로모클로로아세틱에시드메틸에스테르	5.98
디브로모아세틱에시드메틸에스테르	7.28
브로모디클로로아세틱에시드메틸에스테르	7.40
클로로디브로모아세틱에시드메틸에스테르	8.89
트리브로모아세틱에시드메틸에스테르	10.35
1,2,3-트리클로로프로판	6.12
2-브로모부타노익에시드메틸에스테르	6.62
2,4-디클로로페닐메틸에스테르	14.32

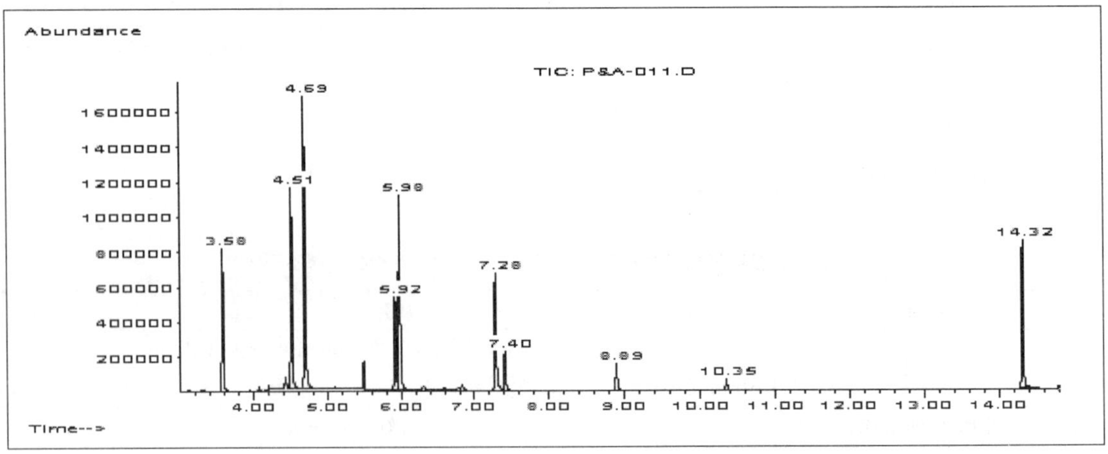

[그림 1] 할로아세틱에시드류 및 산성농약류의 크로마토그램(예)

모노클로로아세틱에시드메틸에스테르

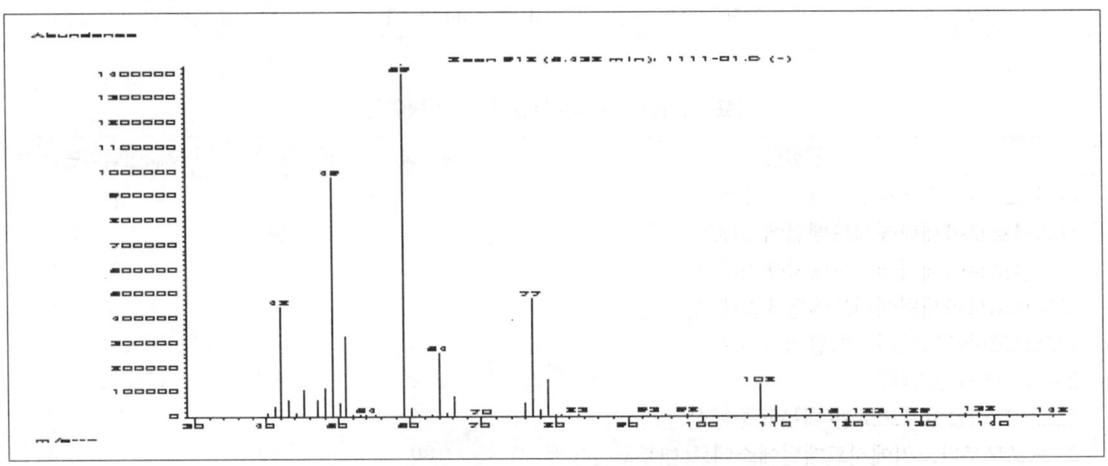

[그림 2] 할로아세틱에시드류 및 산성농약류 에스테르의 질량스펙트럼

모노브로모아세틱에시드메틸에스테르

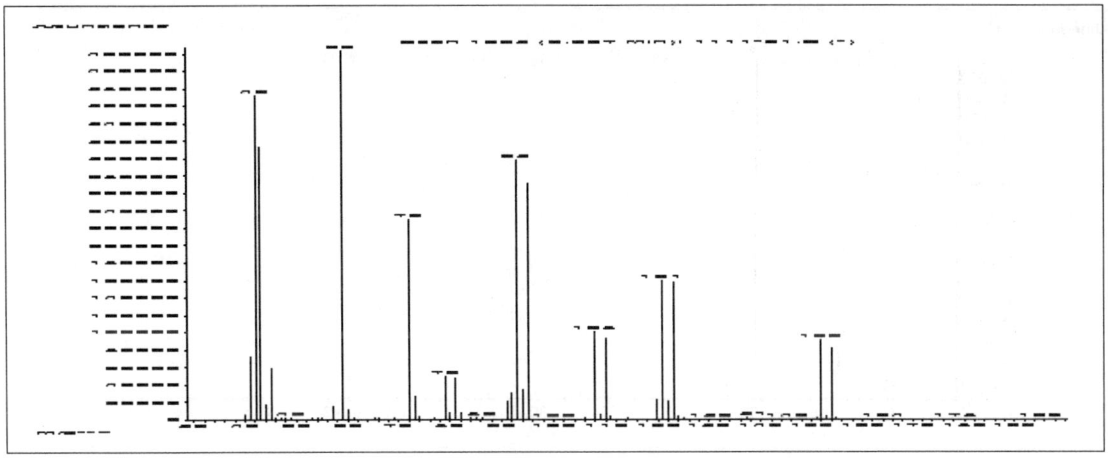

디클로로아세틱에시드메틸에스테르

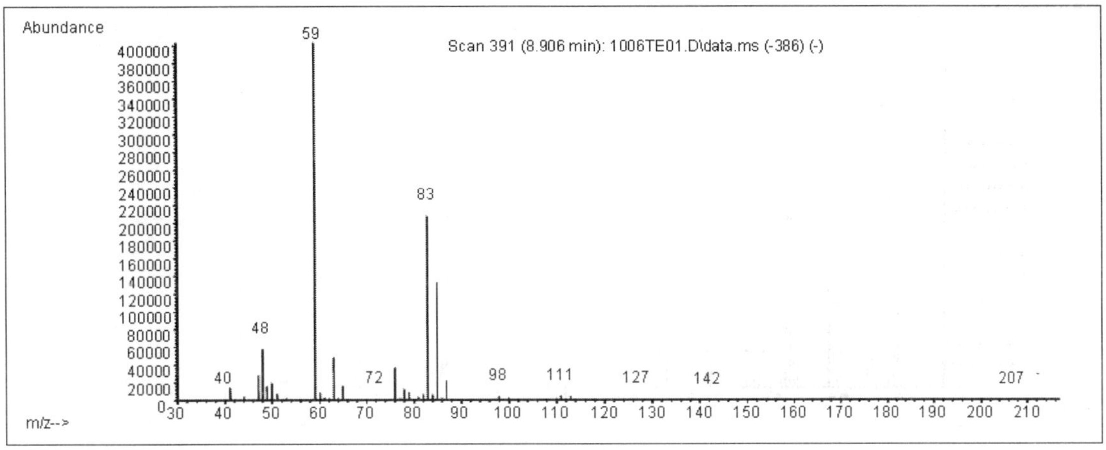

디브로모아세틱에시드메틸에스테르

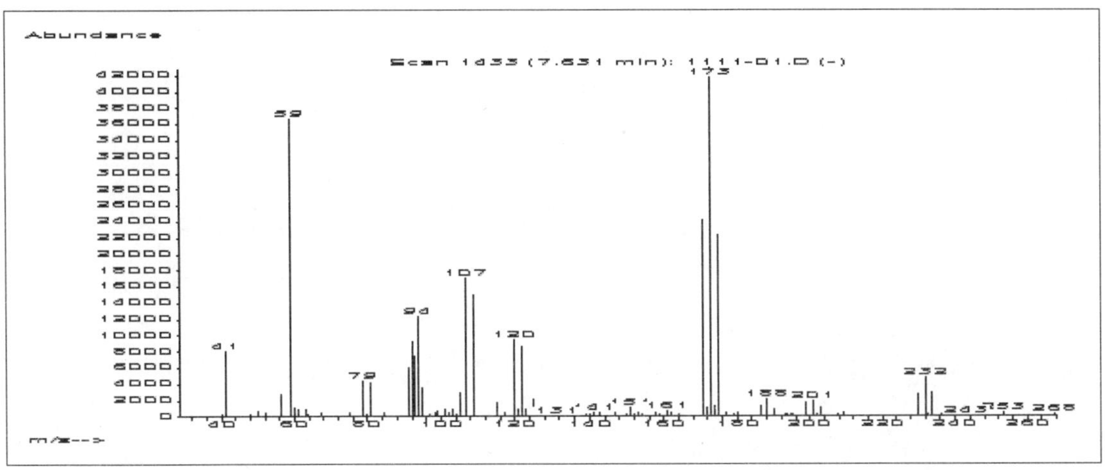

[그림 2] 계속

트리클로로아세틱에시드메틸에스테르

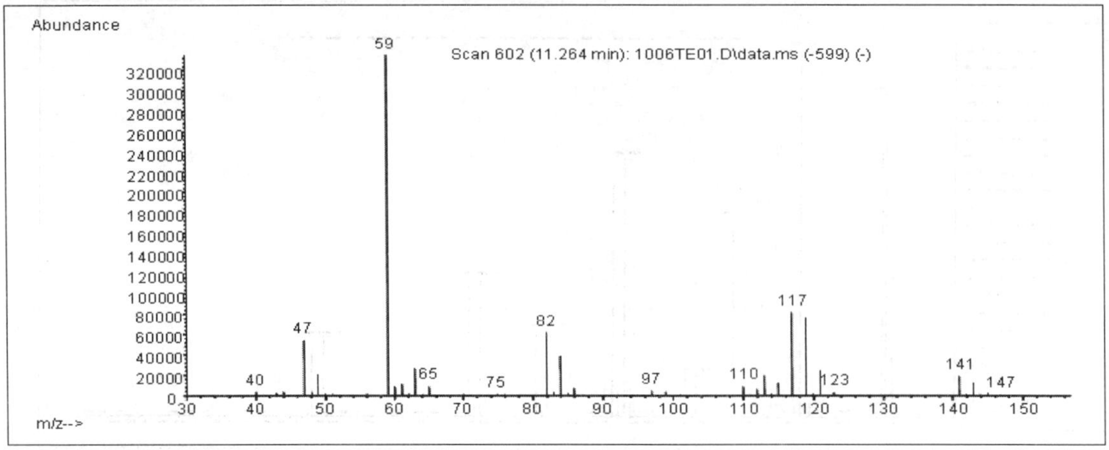

2,4-D 메틸에스테르

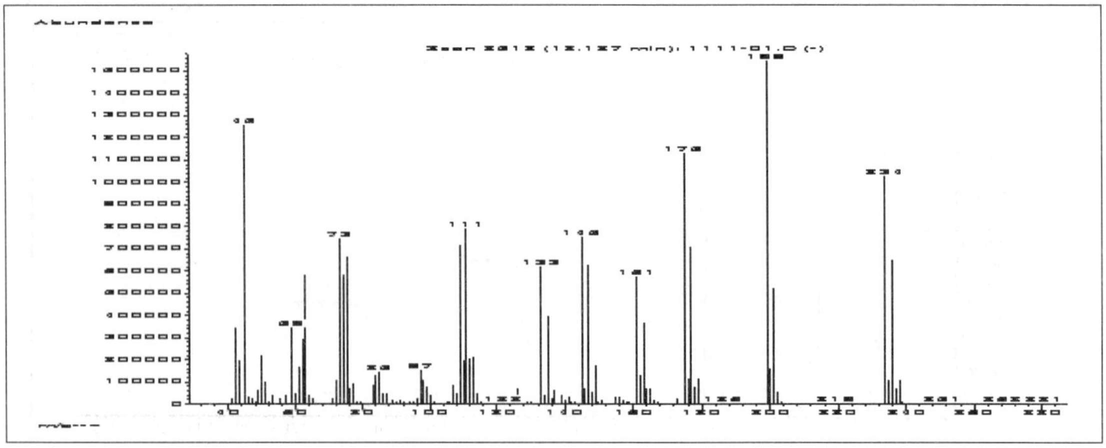

[그림 2] 계속

120 할로아세틱에시드류-기체크로마토그래피 (Haloacetic Acids-Gas Chromatography)

1 개요

1.1 목적

이 시험기준은 먹는물 중에 할로아세틱에시드류의 측정방법으로서, 먹는물 시료를 pH 2 이하가 되도록 황산으로 조정한 후 할로아세틱에시드류를 메틸삼차-부틸에테르로 추출하여 산성조건 하에 메탄올로 유도체화 시킨 후 기체크로마토그래프로 분리한 다음 전자포획검출기로 분석하는 방법이다.

1.2 적용범위

1.2.1 이 시험기준은 먹는물 중에 할로아세틱에시드류인 디클로로아세틱에시드(dichloroacetic acid), 트리클로로아세틱에시드(trichloroacetic acid) 및 디브로모아세틱에시드(dibromoacetic acid)의 분석에 적용한다.

1.2.2 이 시험기준은 기체크로마토그래프로 분리한 다음 전자포획검출기로 분석하는 방법이다.

1.2.3 이 시험기준에 의한 먹는물 중의 각 할로아세틱에시드류의 정량한계는 0.001 mg/L이다.

1.3 간섭물질

1.3.1 유리기구류는 세정제, 수돗물, 정제수 그리고 아세톤으로 차례로 닦아준 후 400 ℃에서 1시간 동안 가열한 후 식혀 알루미늄박(箔)으로 덮어 깨끗한 곳에 보관하여 사용한다.

1.3.2 고순도의 시약이나 용매를 사용하면 방해물질을 최소화할 수 있다.

2 용어정의

2.1.1 염소소독부산물

물 중에 용해되어 있는 부식질을 포함한 유기물질들과 염소소독제가 반응하여 생성하는 물질들을 염소소독부산물이라 하고 그 중에는 트리할로메탄, 할로아세토니트릴, 할로아세틱에시드류 등이 있다.

3 분석기기 및 기구

3.1 기체크로마토그래프

3.1.1 컬럼은 안지름 0.20 mm ~ 0.35 mm, 필름두께 0.1 μm ~ 0.50 μm, 길이 15 m ~ 60 m의 cross-linked methylsilicone(DB-1, HP-1 등) 또는 cross-linked 5 % phenylmethylsilicone (DB-5, HP-5 등) 등의 모세관이나 동등한 분리성능을 가진 모세관으로 대상 분석 물질의 분리가 양호한 것을 택하여 시험한다.

3.1.2 운반기체는 부피백분율 99.999 % 이상의 헬륨(또는 질소)을 사용하며 유량은 0.5 mL/min ~ 4 mL/min, 시료도입부 온도는 200 ℃ ~ 250 ℃, 컬럼 온도는 40 ℃ ~ 280 ℃로 사용한다.

3.1.3 전자포획검출기

전자포획검출기(ECD, electron capture detector)는 방사선 동위원소(^{63}Ni, ^{3}H 등)로부터 방출되는 β선이 운반기체를 전리하여 미소전류를 흘려보낼 때 시료 중의 할로겐이나 산소와 같이 전자포착력이 강한 화합물에 의하여 전자가 포착되어 전류가 감소하는 것을 이용하는 방법으로 유기할로겐화합물, 니트로화합물 및 유기금속화합물을 선택적으로 검출할 수 있다.

3.1.4 기체크로마토그래프의 조건은 표 2와 같이 수행할 수 있다.

4 시약 및 표준용액

4.1 시약

4.1.1 정제수

시약용 정제수를 사용하거나, 물을 15분간 끓인 후 90 ℃를 유지하면서 불활성기체로 1시간 퍼지(purge)하여 휘발성유기물질을 제거하고 입구가 작은 유리병에 넣은 다음 마개를 한다. 바탕시험 할 때 분석화합물의 피크 부근에 불순물 피크가 없는 것을 사용한다.

4.1.2 메틸삼차－부틸에테르

메틸삼차－부틸에테르(MTBE, tert-butyl methyl ether, $C_4H_9OCH_3$, 분자량 : 88.15)는 바탕시험 할 때 분석화합물의 피크 부근에 불순물 피크가 없는 것을 사용한다.

4.1.3 메탄올

메탄올(methanol, CH_3OH, 분자량 : 32.04)은 바탕시험 할 때 분석화합물의 피크 부근에 불순물 피크가 없는 것을 사용한다.

4.1.4 아세톤

아세톤(acetone, CH_3COCH_3, 분자량 : 58.08)은 바탕시험 할 때 분석화합물의 피크 부근에 불순물 피크가 없는 것을 사용한다.

4.1.5 무수황산나트륨

무수황산나트륨(anhydrous sodium sulfate, Na_2SO_4, 분자량 : 142.04)은 순도 98 % 이상의 시약을 사용하며 사용하기 전에 300 ℃에서 하룻밤 건조시키거나 400 ℃에서 4시간 건조시켜서 사용한다.

4.1.6 탄산수소나트륨포화용액

정제수에 탄산수소나트륨(sodium bicarbonate, $NaHCO_3$, 분자량 : 84.01)을 가하여 포화용액으로 만들어 사용한다.

4.1.7 염화암모늄(ammonium chloride, NH_4Cl, 분자량 : 53.49)

4.1.8 황산·메탄올용액(10 %)(유도체시약)

황산(sulfuric acid, H_2SO_4, 분자량 : 98.08) 5 mL를 메탄올 45 mL에 녹인다.

4.1.9 황산(sulfuric acid, H_2SO_4, 분자량 : 98.08)

4.2 표준용액

4.2.1 할로아세틱에시드 및 산성농약 표준용액

4.2.1.1 표준원액(1000 mg/L)

4.2.1.1.1 디클로로아세틱에시드, 트리클로로아세틱에시드, 디브로모아세틱에시드는 시판하는 표준용액, 또는 순도 99 % 이상의 시약을 사용하여 표준용액을 조제하여 사용한다.

4.2.1.1.2 조제하여 사용할 때에는 25 mL 부피플라스크에 메틸삼차-부틸에테르(MTBE) 5.0 mL를 넣고 각각의 표준물질 25.0 mg을 정확하게 무게를 측정하여 넣은 다음 메틸삼차-부틸에테르(MTBE)로 표선까지 채운다.

4.2.1.1.3 이 용액은 될 수 있는 대로 여러 개의 바이알에 공기층이 남지 않도록 나누어 넣은 다음 밀봉하여 냉장고(4 ℃ 이하)에서 보존하고, 2개월 이내에 사용한다.

4.2.1.2 표준용액(10.0 mg/L)

할로아세틱에시드 표준원액(1000 mg/L) 250 μL를 25 mL 부피플라스크에 넣고 메틸삼차-부틸에테르(MTBE)로 표선까지 채운 다음 마개를 하고 플라스크를 흔들어서 혼합한다. 이 용액은 될 수 있는 대로 여러 개의 바이알에 공기층이 남지 않도록 나누어 넣은 다음 밀봉하여 냉장고에 보존하고, 4주 이내에 사용한다.

4.3 내부표준용액

4.3.1 내부표준용액 1

4.3.1.1 내부표준원액(1000 mg/L)

4.3.1.1.1 1,2,3-트리클로로프로판(1,2,3-TCP)은 시판하는 표준용액, 또는 순도 99 % 이상의 시약을 사용하여 표준용액을 조제하여 사용한다.

4.3.1.1.2 조제하여 사용할 때에는 25 mL 부피플라스크에 메틸삼차-부틸에테르(MTBE) 5.0 mL를 넣고 1,2,3-트리클로로프로판 25.0 mg을 정확하게 무게를 재어 넣은 다음 메틸삼차-부틸에테르(MTBE)로 표선까지 채운다.

4.3.1.1.3 이 용액은 될 수 있는 대로 여러 개의 바이알에 공기층이 남지 않도록 나누어 넣은 다음 밀봉하여 냉장고(4 ℃ 이하)에서 보존하고, 2개월 이내에 사용한다.

4.3.1.2 내부표준용액(10.0 mg/L)

내부표준원액(1000 mg/L) 250 μL를 25 mL 부피플라스크에 넣고 메틸삼차-부틸에테르(MTBE)로 표선까지 채운 다음 마개를 하고 플라스크를 흔들어서 혼합한다. 이 용액은 될 수 있는 대로 여러 개의 바이알에 공기층이 남지 않도록 나누어 넣은 다음 밀봉하여 냉장고에 보존하고, 4주 이내에 사용한다.

4.3.2 내부표준용액 2

4.3.2.1 내부표준원액(1000 mg/L)

4.3.2.1.1 2-브로모부타노익에시드는 시판하는 표준용액, 또는 순도 99 % 이상의 시약을 사용하여 표준용액을 조제하여 사용한다.

4.3.2.1.2 조제하여 사용할 때에는 25 mL 부피플라스크에 2-브로모부타노익에시드 25.0 mg을 정확하게 무게를 재어 넣은 다음 메틸삼차-부틸에테르(MTBE)로 표선까지 채운다.

4.3.2.1.3 이 용액은 될 수 있는 대로 여러 개의 바이알에 공기층이 남지 않도록 나누어 넣은 다음 밀봉하여 냉장고(4 ℃ 이하)에서 보존하고, 2개월 이내에 사용한다.

4.3.2.2 내부표준용액(10.0 mg/L)

2-브로모부타노익에시드 내부표준원액 250 μL를 25 mL 부피플라스크에 넣고 메틸삼차-부틸에테르(MTBE)로 표선까지 채운 다음 마개를 하고 플라스크를 흔들어서 혼합한다. 이 용액은 될 수 있는 대로 여러 개의 바이알에 공기층이 남지 않도록 나누어 넣은 다음 밀봉하여 냉장고에 보존하고, 4주 이내에 사용한다.

5 시료채취 및 관리

5.1 시료채취는 최소 50 mL의 갈색 유리병과 PTFE 재질의 마개를 사용하고, 시료가 잔류염소를 함유하고 있다면 시료 1 L 기준으로 염화암모늄(100 g/L) 1 mL에 준하여 첨가한다.

5.2 시료는 시료용기 내 공간이 없도록 채취한다.

5.3 모든 시료는 시료채취 후 추출하기 전까지 1 ℃ ~ 5 ℃ 냉암소에서 보관한다.

5.4 모든 시료는 채취 후 14일 이내에 추출하고 추출물을 1 ℃ ~ 5 ℃에서 보관 할 때에는 7일 이내에, −10 ℃에서 보관 할 때에는 14일 이내에 분석해야 한다.

6 정도보증/정도관리(QA/QC)

6.1 방법검출한계 및 정량한계

6.1.1 방법방법검출한계(MDL, method detection limit) 및 정량한계(LOQ, limit of quantitation)는 ES 05001 정도보증/정도관리에 따라 계산한다. 정제수에 정량한계 부근의 농도가 되도록 분석물질을 첨가한 시료 7개를 준비하고 각 시료를 **7** 분석절차와 동일하게 측정하여 표준편차를 구한다.

6.1.2 표준편차에 3.14를 곱한 값을 방법검출한계로, 10을 곱한 값을 정량한계로 나타낸다. 측정한 방법검출한계는 표 1에서 제시한 정량한계 이하이어야 한다.

6.2 방법바탕시료의 측정

ES 05001 정도보증/정도관리에 따라 시료군마다 1개의 방법바탕시료(method blank)를 측정한다. 방법바탕시료는 정제수를 사용하여 **7** 분석절차와 동일하게 전처리·측정하며 측정값은 방법검출한계 이하이어야 한다.

6.3 검정곡선의 작성 및 검증

6.3.1 검정곡선의 작성 및 검증은 ES 05001 정도보증/정도관리에 따른다. 정량범위 내 5개의 농도에 대해 검정곡선을 작성하고 얻어진 검정곡선의 결정계수(R^2)가 0.98 이상 또는 감응계수(RF)의 상대표준편차가 25 % 이내이어야 하며 결정계수나 감응계수의 상대표준편차가 허용범위를 벗어나면 재작성한다.

6.3.2 검정곡선의 직선성을 검증하기 위하여 정량범위를 0.001 mg/L ~ 0.020 mg/L로 검정곡선을 작성한다. 그러나 측정값이 이 농도범위를 벗어날 경우에는 시료를 묽혀서 다시 분석한다.

6.3.3 검정곡선의 감응계수를 검증하기 위하여 검정곡선의 중간 농도에서 한 농도를 선택하여 감응계수(RF)를 구하여 그 값의 변화가 25 % 이내에서 일치하여야 한다. 만약 이 범위를 넘는 경우, 검정곡선을 재작성한다.

6.4 정밀도 및 정확도

6.4.1 정밀도 및 정확도의 측정은 ES 05001 정도보증/정도관리에 따른다. 정제수에 정량한계 농도의 10배가 되도록 동일하게 표준물질을 첨가한 시료를 4개 이상 준비하고, 7 절차와 동일하게 측정하여 평균값과 표준편차를 구한다.

6.4.2 정확도는 인증시료를 확보할 수 있는 경우 인증표준물질을 분석한 결과값과 인증값과의 상대백분율로 나타내고, 인증시료를 확보할 수 없는 경우 이를 정확한 농도로 첨가한 시료로 대체한다. 이 때 정확도는 첨가시료를 분석한 농도와 첨가하지 않은 시료를 분석한 농도와의 차이에 대한 첨가농도의 상대백분율로서 나타내며 그 값이 75 % ~ 125 % 이내이어야 한다.

6.4.3 정밀도는 측정값의 상대표준편차(RSD)로 계산하며 측정값이 25 % 이내이어야 한다.

6.5 현장 이중시료의 측정

현장 이중시료(field duplicate sample)는 동일한 장소에서 동일한 조건으로 중복으로 채취한 시료로서 한 조사팀이 하루에 20개 이하를 채취할 경우에는 1개를 그리고 그 이상을 채취할 때에는 시료 20개 당 1개를 추가로 취한다. 동일한 조건에서 중복으로 채취한 두 시료간의 측정값 편차는 25 % 이하이어야 한다.

6.6 내부정도관리 주기 및 목표

6.6.1 방법검출한계, 정량한계, 정밀도 및 정확도는 연 1회 이상 산정하는 것을 원칙으로 하며, 분석자의 교체, 분석 장비의 수리 및 이동 등의 주요 변동사항이 생길 경우에는 다시 실시한다. 단, 장비의 청소, 컬럼 교체 시와 측정 장비의 감도가 의심될 때에는 언제든지 측정하여 확인하여야 한다.

6.6.2 검정곡선 검증 및 시약바탕시료의 분석은 각 시료군마다 실시하며, 고농도의 시료 다음에는 시약바탕시료를 측정하여 오염여부를 점검한다.

6.6.3 각 정도관리 항목에 대한 정도관리 목표값은 표 1과 같다.

7 분석절차

7.1 전처리

7.1.1 시료 40 mL를 폴리테트라플루오로에틸렌(PTFE) 마개가 부착된 100 mL 분별깔때기에 취하고 내부표준용액(10 mg/L) 50 μL를 넣는다.

7.1.2 시료 용액에 황산 2 mL를 넣어 pH를 0.5 이하로 조절하고 황산구리 2 g을 넣고 녹을 때까지 흔든다.

7.1.3 무수황산나트륨 18 g을 넣어 녹인다.

7.1.4 메틸삼차-부틸에테르 4 mL를 넣은 후 약 3분간 격렬히 흔들어 준 다음 층이 분리되면 메틸삼차-부틸에테르 층을 취한다.

7.1.5 메틸삼차-부틸에테르 층에 황산·메탄올용액 1 mL를 넣어 50 ℃에서 2시간 동안 반응시

킨다.

7.1.6 반응이 끝나면 탄산수소나트륨포화용액 4 mL를 서서히 넣어 중화시킨다.

7.1.7 원심분리기에서 두 층을 분리한 다음 용매층을 1 mL 분취하여 시험용액으로 한다.

7.2 검정곡선의 작성

7.2.1 정제수 40 mL를 취하여 100 mL 분별깔때기에 넣은 후 할로아세틱에시드 표준용액(10.0 mg/L) 0, 4, 8, 20, 40, 80 μL를 단계적으로 취하여 넣고 내부표준용액(10.0 mg/L)을 정확히 50 μL를 취하여 시료에 첨가한다. 조제한 검정곡선용 표준용액의 농도는 0, 0.001, 0.002, 0.005, 0.010, 0.020 mg/L에 해당되며 필요에 따라 사용하는 표준용액의 농도와 개수를 달리 할 수 있다.

[주 1] 시료분석결과 이 검정곡선의 농도범위를 벗어나면 시료를 묽혀서 재분석하여야 한다.

7.2.2 이하 추출방법은 7.1.2 ~ 7.1.7에 따른다.

7.2.3 분석성분의 농도(C_x)를 취하여 가로축(x축)에, 분석성분의 피크면적(A_x)과 내부표준물질의 피크면적(A_i)과의 비(A_x/A_i)를 세로축(y축)에 취하여 검정곡선을 작성한다.

[주 2] 피크의 면적 대신 피크의 높이를 사용할 수 있으나 피크면적을 사용하는 것이 바람직하다.

7.3 측정법

7.3.1 추출물 2 μL를 취하여 기체크로마토그래프에 주입하여 분석한다.

7.3.2 크로마토그램으로부터 각 분석성분 및 내부표준물질의 피크면적을 측정하여 각 성분의 피크면적(A_x)과 내부표준물질의 피크면적(A_i)과의 비(A_x/A_i)를 구한다.

8 결과보고

8.1 계산

각 분석물질별로 내부표준물질에 대한 면적비(A_x/A_i)를 구한 다음 검정곡선식의 $y(i)$값에 대입하여 $x(i)$값을 계산하면 분석물질의 농도(C_s, mg/L)를 구할 수 있다.

$$C_s(\text{mg/L}) = \frac{\frac{A_x}{A_i} - b}{a} \quad \text{(식 1)}$$

여기서, A_x/A_i : 분석물질과 내부표준물질의 피크면적 비

a : 검정곡선의 기울기

b : 검정곡선의 절편 값

C_s : 분석물질의 농도(mg/L)

8.2 결과보고

행정사항과 관련된 항목별 시험결과의 표시는 ES 05003의 먹는물 수질기준의 표시한계 및 결과표시에 따른다.

9 참고자료

9.1 US EPA Method 552.2, Determination of haloacetic acids and dalapon in drinking water by liquid-liquid extraction, derivatization and gas chromatography with electron capture detection, (1995)

9.2 US EPA Method 552.3, Determination of haloacetic acids and dalapon in drinking water by liquid-liquid extraction, derivatization and gas chromatography with electron capture detection, (2003)

9.3 Standard Method 6251, Disinfection by-product: Haloacetic acids and trichlorophenol, (2005)

10 부록

[표 1] 정도관리 목표값

정도관리 항목	정도관리 목표
정량한계	0.001 mg/L
검정곡선	결정계수(R^2) ≥ 0.98 또는 감응계수(RF)의 상대표준편차 ≤ 25 %
정밀도	상대표준편차 ± 25 % 이내
정확도	75 % ~ 125 %
현장이중시료	상대편차백분율 ± 25 % 이내

할로아세틱에시드류 연습문제

01 먹는물수질공정시험기준의 시험항목과 분석에 사용되는 내부표준물질이 맞는 것은?

① 염소소독부산물 : 트리페닐포스페이트
② 유기인계농약 : 4-브로모-N-메틸카바메이트
③ 카바릴 : 브로모플루오로벤젠, 데카플루오로비페닐
④ 할로아세틱에시드류 : 1,2,3-트리클로로프로판, 2-브로모부타노익에시드

02 먹는물수질공정시험기준에 따른 다음의 전처리 방법을 적용하는 항목으로 옳은 것은?

- 시료 40 mL를 폴리테트라플루오로에틸렌(PTFE) 마개가 부착된 100 mL 분별깔때기에 취하고 내부표준용액(10 mg/L) 50 μL를 넣는다.
- 시료 용액에 황산 2 mL를 넣어 pH를 0.5 이하로 조절하고 황산구리 2 g을 넣고 녹을 때까지 흔든다.
- 무수황산나트륨 18 g을 넣어 녹인다.
- 메틸삼차-부틸에테르 4 mL를 넣은 후 약 3분간 격렬히 흔들어 준 다음 층이 분리되면 메틸삼차-부틸에테르 층을 취한다.
- 메틸삼차-부틸에테르 층에 황산-메탄올용액 1 mL를 넣어 50 ℃에서 2시간 동안 반응시킨다.
- 반응이 끝나면 탄산수소나트륨포화용액 4 mL를 서서히 넣어 중화시킨다.
- 원심분리기에서 두 층을 분리한 다음 용매층을 1 mL 분취하여 시험용액으로 한다.

① 카바릴 ② 포름알데히드
③ 염소소독부산물 ④ 할로아세틱에시드류

03 먹는물수질공정시험기준에 따른 기체크로마토그래피-질량분석법에서 할로아세틱에시드류의 분석에 관한 내용으로 모두 옳은 것은?

시료를 pH (㉠) 이하가 되도록 (㉡)으로 조절한 후 할로아세틱에시드류를 메틸삼차-부틸에테르로 추출하여 산성조건에서 (㉢)로 유도체화 시킨 후 기체크로마토그래프로 분리한 다음 질량분석기로 분석한다.

① ㉠ 2, ㉡ 염산, ㉢ 메탄올 ② ㉠ 2, ㉡ 황산, ㉢ 메탄올
③ ㉠ 4, ㉡ 염산, ㉢ 에탄올 ④ ㉠ 4, ㉡ 황산, ㉢ 에탄올

Answer 1. ④ 2. ④ 3. ②

121 포름알데히드(Formaldehyde)

1 개요

이 시험기준은 먹는물 중 포름알데히드[1]의 측정방법으로서 시료채취, 간섭물질, 전처리과정, 기기분석에 관해 설명하고 내부정도관리에 대해 자세히 기술하고 있다.

2 적용 가능한 시험

먹는물 중 포름알데히드 성분을 분석하기 위해 일반적으로 시료를 적절한 방법으로 전처리하여야 하고 그 후에 기기분석을 실시한다. 포름알데히드의 기기분석 방법은 표 1과 같다.

[표 1] 먹는물 중 포름알데히드의 기기분석 방법

분류번호	분석방법	정량한계(mg/L)	정밀도(RSD)
05553.1	고상추출－고성능액체크로마토그래피	0.02	25 % 이내
05553.2	기체크로마토그래피	0.01	25 % 이내
05553.3	헤드스페이스－기체크로마토그래피－질량분석법	0.001	25 % 이내

1) 분자량: 30.03(CH_2O), 비중: 1.07, 끓는점: －19.1 ℃, 녹는점: －118 ℃, 용해도: 4×10^6 mg/L(20 ℃, H_2O), 배출원: 과일, 채소, 육류 등의 식품에서 분해과정을 거쳐 자연적으로 생성되며, 합성수지 등 각종 화학공정으로부터의 산업폐수에서 배출된다. 음용수에서는 주로 오존에 의해 자연유기물이 산화되어 발생한다. 환경잔류성: 토양과 수계에서는 주로 생분해되며, 어류나 수생생물에 생체농축이 일어나지 않는다. 인체유해성: 경구노출시 심한 복통, 외인성 구토를 유발하며, 흡입시 기침, 호흡기의 과민성과 자극성을 유발한다.

122 포름알데히드-고상추출-고성능액체크로마토그래피
(Formaldehyde-Solid Extraction-High Performance Liquid Chromatography)

1 개요

1.1 목적

이 시험기준은 먹는물 중 포름알데히드의 측정방법으로서, 시료에 염산을 넣어 pH 3으로 조정한 후 2,4-디니트로페닐하이드라진으로 유도체화한 것을 고상카트리지에 통과시켜 흡착시킨 후 헥산으로 용출시켜 액체크로마토그래프-자외선검출기로 분석하는 방법이다.

1.2 적용범위

1.2.1 이 시험기준은 먹는물 중 포름알데히드 분석에 적용한다.

1.2.2 이 시험기준에 의한 먹는물 중에 포름알데히드의 정량한계는 0.02 mg/L이다.

1.3 간섭물질

시약이나 추출용매에 함유되어 있는 불순물이 분석을 방해할 수 있다. 이 경우 바탕시료나 시약바탕시료를 분석하여 확인할 수 있으며, 고순도의 시약이나 용매를 사용하면 방해물질을 최소화할 수 있다.

2 "내용 없음"

3 분석기기 및 기구

3.1 고성능액체크로마토그래프

3.1.1 고성능액체크로마토그래프는 이동상보관부, 용매전달부, 펌프, 시료주입기, 분리관 및 검출부로 구성되고 검출부에서 나온 신호는 기록부에서 측정목적에 따라 여러 가지 형식으로 보고한다.

3.1.2 컬럼은 안지름 2 mm ~ 5 mm, 길이 15 cm ~ 25 cm의 스테인리스 강관에 옥타데실실릴기(ODS)를 화학결합시킨 실리카겔(입경 3 μm ~ 10 μm)을 충전한 것 또는 이와 동등의 분리능을 갖는 것을 택하여 시험한다.

3.1.3 이동상은 아세토니트릴과 정제수를 50 : 50으로 하여 1.0 mL/min의 유속으로 사용한다.

3.1.4 액체크로마토그래프의 조건은 표 2와 같이 수행할 수 있다.

3.2 자외선 검출기

자외선 검출기(UV detector)는 360 nm에서 검출할 수 있는 것으로 사용한다.

3.3 고상카트리지

옥타데실기를 화학결합시킨 실리카겔(C_{18}) 또는 동등 이상의 성능을 가진 것으로 200 mg 이상 채운 것을 사용한다.

3.4 SPE 추출장치[1)]

일반적으로 SPE 추출에 사용하는 매뉴얼 타입의 매니폴드(manifold)를 사용하거나, 동등 이상의 성능을 가진 것을 사용한다.

4 시약 및 표준용액

4.1 시약

4.1.1 정제수

바탕시험할 때 표준물질의 피크 부근에 불순물 피크가 없는 것을 사용한다.

4.1.2 에탄올(ethanol, C_2H_6O, 분자량 : 46.07)

바탕시험할 때 표준물질의 피크 부근에 불순물 피크가 없는 것을 사용한다.

4.1.3 메탄올(methanol, CH_4O, 분자량 : 32.04)

바탕시험할 때 표준물질의 피크 부근에 불순물 피크가 없는 것을 사용한다.

4.1.4 n-헥산(n-hexane, C_6H_{14}, 분자량 : 86.18)

바탕시험할 때 표준물질의 피크 부근에 불순물 피크가 없는 것을 사용한다.

4.1.5 아세토니트릴(acetonitrile, C_2H_3N, 분자량 : 41.05)

바탕시험할 때 표준물질의 피크 부근에 불순물 피크가 없는 것을 사용한다.

4.1.6 시트르산(citric acid, $C_6H_8O_7$, 분자량 : 192.12)

4.1.7 시트르산나트륨(sodium citrate, $C_6H_5Na_3O_7 \cdot 2H_2O$, 분자량 : 294.10)

---

1) • SPE(Solid Phase Extraction, 고상추출): 고체상(solid phase)과 액체상(liquid phase) 등 물질분배 작용을 이용하여 두 가지 이상의 물질에서 목적으로 하는 단일물질을 분리 또는 추출하는 방법으로 소량(100 mg ~ 수 g)의 흡수제가 담긴 카트리지에 액체나 기체를 통과시켜 대상성분들을 선택적으로 포집한 후 소량의 용출용매로 용리시키는 추출방법이다.

• 포집의 원리로는 대상 화합물의 종류에 따라서 흡착(slica, alumina, Florisil™, graphitized carbon, polystyrene-divinylbenzene copolymer, resin, Texas GC™ 등), 분배(C_{18}, C_8 등) 및 이온교환(aminopropyl 등의 약 음이온, carboxy-propyl 등의 약 양이온, 4차 암모늄의 강 음이온, sulfonate 등의 강 양이온 교환수지)을 다양하게 이용할 수 있다.

• SPE에서 가장 중요한 사항은 대상성분과 시료의 종류에 따라 적절한 분리 원리에 적합한 SPE를 선택하는 것이다.

• [표] SPE 흡수제의 분리원리 및 작용기

분리원리	작용기	특이사항
흡착	Hydroxyl(alumina, Florisil, silica)	순상
	2,3-Dihydroxypropoxypropyl(Dial)	순상
	Styrene-divinylbenzene(SDVB, HLB)	역상
분배	Octyl(C_8), Octadecyl(C_{18}), Phenyl	역상
	Cyanopropyl(CN)	순상/역상
약 양이온 교환	Carboxypropyl(CBA)	순상
강 양이온 교환	Propylsulfonic acid(PRS)	
	Benzenesulfonic acid(SCX)	
약 음이온 교환	Aminopropyl(NH_2)	순상
	Diethylaminopropyl(DEA)	
	Ethylenediamine-N-propyl(PSA)	
강 음이온 교환	Quaternary ammonium(SAX)	
혼합 분리원리	음이온교환/분배(MCX, WCX)	
	양이온교환/분배(MCX, WCX)	

4.1.8 시트르산완충용액(pH 3)

시트르산용액(1 M)과 시트르산나트륨용액(1 M)을 8 : 2(v/v %)로 혼합한다. 필요한 경우 염산용액(6 M) 또는 수산화나트륨용액(6 M)을 넣어 pH 3으로 조정한다.

4.1.9 시트르산완충희석용액

시트르산완충용액을 정제수로 25배 희석한다.

4.1.10 2,4-디니트로페닐하이드라진용액(0.3 %)

2,4-디니트로페닐하이드라진(2,4-dinitrophenylhydrazine Hydrochloride, $C_6H_6N_4O_4 \cdot HCl$, 분자량 : 234.6) 300.0 mg을 취하여 에탄올 또는 아세토니트릴에 녹여 100 mL로 한다. 약하게 가열하여 녹이며 완전히 녹지 않은 경우에는 여과한다. 바탕시험을 통해 시약에 의한 포름알데히드 오염이 우려되고 이를 제거할 필요가 있을 때는 아세토니트릴을 사용해 정제한 후 사용한다.

4.1.10.1 2,4-디니트로페닐하이드라진을 정제하는 과정은 다음과 같다.

4.1.10.1.1 200 mL의 아세토니트릴에 2,4-디니트로페닐하이드라진을 과량으로 넣어 포화용액을 만들어 약 1시간 정도 끓인 후, 40 ℃ ~ 60 ℃를 유지시켜 표면에 뜨는 불순물을 제거하고 용매가 약 95 % 정도 증발하여 결정이 나타나면 아세토니트릴로 2번 ~ 3번 정도 세척하고 깨끗한 용기에 옮겨 담는다. 필요시 이 과정을 반복하며 정제 과정은 반드시 후드에서 진행한다.

4.1.11 염산

바탕시험할 때 표준물질의 피크 부근에 불순물 피크가 없는 것을 사용한다.

4.1.12 염화나트륨포화용액

정제수에 염화나트륨(sodium chloride, NaCl, 분자량 : 58.44)을 과량 넣는다.

4.1.13 염화암모늄(ammonium chloride, NH_4Cl, 분자량 : 53.49)

4.1.14 로졸산용액

파라로졸산(pararosolic acid, $C_{19}H_{14}O_3$, 분자량 : 290.32) 1 g을 에탄올(95 %) 50 mL에 용해하여, 물을 더해 100 mL로 만든다.

4.1.15 아황산나트륨용액(0.1 M)

아황산나트륨(sodium sulfite, Na_2SO_3, 분자량 : 126.04) 1.26 g을 물로 녹여 100 mL 부피플라스크에 넣고 표선까지 채운다. 이는 사용할 때 조제한다.

4.2 표준용액

4.2.1 포름알데히드 표준원액(1000 mg/L)

시판되는 표준원액(1 mg/mL)을 사용하거나, 포르말린(36.0 % ~ 38.0 %) 3 mL를 취해 물로 희석하여 1 L로 만든 후 표정하여 정확한 농도를 결정한다.

4.2.1.1 표정

4.2.1.1.1 200 mL 삼각플라스크에 0.1 M 아황산나트륨용액 25 mL를 취하고 지시약으로 로졸산용액 3방울을 더해, 염산(1+11)로 용액의 색이 무색이 될 때까지 넣는다.

4.2.1.1.2 이 포름알데히드 용액 25 mL를 더해 0.1 M 염산으로 적정하여, 용액의 색이 다시 무색이 되었을 때를 종말점으로 한다. 다음 식에 따라 이 용액중의 함유된 포름알데히드의 농도(mg/mL)를 산출한다.

$$\text{포름알데히드 표준액(mg/mL)} = a \times f \times \frac{1}{25} \times 3.003 \quad \cdots\cdots (\text{식 } 1)$$

여기서, a : 적정에 요구되는 0.1 M 염산의 양(mL)

f : 0.1 M 염산의 농도계수(factor)

3.003 : 0.1 M 염산 1 mL의 포름알데히드 상당량(mg)

4.2.2 포름알데히드 표준용액(100 mg/L)

포름알데히드 표준원액(1000 mg/L) 10 mL를 100 mL 부피플라스크에 취하고 메탄올로 표선까지 채운다. 이 용액 1 mL는 포름알데히드 0.1 mg을 함유한다.

5 시료채취 및 관리

5.1 시료 채취 시 물과의 접촉면이 테플론으로 처리된 마개 또는 격막을 가진 유리병을 미리 질산 및 정제수로 씻은 다음 아세톤으로 세정하고, 130 ℃에서 2시간 정도 가열하고 식힌 후 사용한다. 시료는 유리병에 기포가 생기지 않도록 채취하고, 잔류염소를 함유하고 있다면 시료 1 L 기준으로 염화암모늄(100 g/L) 1 mL에 준하여 첨가한다. 생물학적으로 분해의 우려가 있는 경우, 시료 100 mL당 황산구리·5수화물 약 50 mg을 첨가한다.

5.2 모든 시료는 채취 후 추출하기 전까지 1 ℃ ~ 5 ℃ 냉암소에서 보관하고, 채취 후 7일 이내에 추출하고 14일 이내에 분석해야 한다.

6 정도보증/정도관리(QA/QC)

6.1 방법검출한계 및 정량한계

6.1.1 방법검출한계(MDL, method detection limit) 및 정량한계(LOQ, limit of quantitation)는 ES 05001 정도보증/정도관리에 따라 계산한다. 정제수에 표준용액을 정량한계 부근의 농도가 되도록 첨가한 7개의 첨가시료를 준비하고 **7** 분석절차와 동일하게 분석하여, 표준편차를 구한다.

6.1.2 표준편차에 3.14를 곱한 값을 방법검출한계로, 10을 곱한 값을 정량한계로 나타낸다. 측정한 방법검출한계는 표 1에서 제시한 정량한계 이하이어야 한다.

6.2 방법바탕시료의 측정

ES 05001 정도보증/정도관리에 따라 시료군마다 1개의 방법바탕시료(method blank)를 측정한다. 방법바탕시료는 정제수를 사용하여 **7** 분석절차와 동일하게 전처리·측정하며 측정값은 방법검출한계 이하이어야 한다.

6.3 검정곡선의 작성 및 검증

6.3.1 검정곡선의 작성 및 검증은 ES 05001 정도보증/정도관리에 따른다. 정량범위 내의 5개의 농도에 대해 검정곡선을 작성하고 얻어진 검정곡선의 결정계수(R^2)가 0.98 이상 또는 감응계수(RF)의 상대표준편차가 25 % 이내이어야 하며 결정계수나 감응계수의 상대표준편

차가 허용범위를 벗어나면 재작성한다.

6.3.2 검정곡선의 직선성을 검증하기 위하여 검정곡선을 작성할 때에는 정량범위를 0.02 mg/L ~ 0.50 mg/L로 한다. 그러나 측정값이 이 농도범위를 벗어날 경우에는 시료를 묽혀서 다시 분석한다.

6.3.3 검정곡선을 검증하기 위하여 감응계수를 비교할 때에는 검정곡선의 중간 농도에서 한 농도를 선택하여 감응계수(RF)를 구하고 그 값의 변화가 25 % 이내에서 일치하여야 한다. 만약 이 범위를 넘는 경우, 검정곡선을 재작성한다.

6.3 정밀도 및 정확도

6.4.1 정밀도(precision) 및 정확도(accuracy)의 측정은 ES 05001 정도보증/정도관리에 따른다. 정제수에 정량한계 농도의 10배가 되도록 동일하게 표준물질을 첨가한 시료를 4개 이상 준비하고, 7 절차와 동일하게 측정하여 평균값과 표준편차를 구한다.

6.4.2 정확도는 인증시료를 확보할 수 있는 경우 인증표준물질을 분석한 결과값과 인증값과의 상대백분율로 나타내고, 인증시료를 확보할 수 없는 경우 이를 정확한 농도로 첨가한 시료로 대체한다. 이 때 정확도는 첨가시료를 분석한 농도와 첨가하지 않은 시료를 분석한 농도와의 차이에 대한 첨가농도의 상대백분율로서 나타내며 그 값이 75 % ~ 125 % 이내이어야 한다.

6.4.3 정밀도는 측정값의 상대표준편차(RSD)로 계산하며 측정값이 25 % 이내이어야 한다.

6.5 현장 이중시료의 측정

현장 이중시료(field duplicate sample)는 동일한 시료채취 장소에서 동일한 조건으로 중복으로 채취한 시료로서 한 조사팀이 하루에 20개 이하를 채취할 경우에는 1개를 그리고 그 이상을 채취할 때에는 시료 20개 당 1개를 추가로 취한다. 동일한 조건의 두 시료간의 측정값의 편차는 25 % 이하이어야 한다.

6.6 내부정도관리 주기 및 목표

6.6.1 방법검출한계, 정량한계, 정밀도 및 정확도는 연 1회 이상 산정하는 것을 원칙으로 하며, 분석자의 교체, 분석 장비의 수리 및 이동 등의 주요 변동사항이 생길 경우에는 다시 실시한다. 단, 장비의 청소, 컬럼 교체 시와 측정 장비의 감도가 의심될 때에는 언제든지 측정하여 확인하여야 한다.

6.6.2 검정곡선 검증 및 시약바탕시료의 분석은 각 시료군마다 실시하며, 고농도의 시료 다음에는 시약바탕시료를 측정하여 오염여부를 점검한다.

6.6.3 각 정도관리 항목에 대한 정도관리 목표값은 표 1과 같다.

7 분석절차

7.1 전처리

7.1.1 시료 100 mL를 250 mL 삼각플라스크에 취한다.

7.1.2 시트르산완충용액 4 mL를 넣고 염산(6 M)으로 pH 3으로 맞춘 다음 2,4-디니트로페닐하이드라진용액 6 mL를 넣고 마개를 한다. 가열판에서 약하게 흔들어 주면서 40 ℃에서 1시

간 동안 반응시킨다.

7.1.3 반응시킨 시료에 염화나트륨포화용액 10 mL를 넣는다.

7.1.4 고상카트리지를 활성화시키기 위해 메탄올 10 mL와 시트르산완충희석용액 10 mL를 흘려준다.

7.1.5 활성화된 고상카트리지가 건조되기 전에 7.1.3의 시료를 고상카트리지에 3 mL/분 ~ 5 mL/분의 속도로 흘려준다. 시료가 다 통과한 후에도 10분 이상 계속 흡인하여 건조시킨다.

7.1.6 건조된 고상카트리지에 헥산이나 에탄올 또는 아세토니트릴 9 mL를 흘려주어 유출액을 10 mL 부피플라스크에 받는다.

7.1.7 용매를 넣어 10 mL로 한 후 혼합하여 시험용액으로 한다.

7.2 검정곡선의 작성

7.2.1 정제수 100 mL를 취하여 250 mL 삼각플라스크에 넣은 후 포름알데히드 표준용액(100 mg/L)을 0, 20, 50, 100, 200, 500 μL를 단계적으로 취한다. 조제한 검정곡선용 표준용액의 농도는 0, 0.02, 0.05, 0.10, 0.20, 0.50 mg/L에 해당되며 필요에 따라 사용하는 표준용액의 농도와 개수를 달리 할 수 있다.

[주 1] 시료분석결과 이 검정곡선 농도범위를 벗어나면 시료를 희석해서 재분석하여야 한다.

7.2.2 이하 추출은 7.1.2 ~ 7.1.7에 따른다.

7.2.3 포름알데히드의 농도(C_s)를 취하여 가로축(x축)에, 포름알데히드의 피크면적(A_x)을 세로축(y축)에 취하여 검정곡선을 작성한다.

7.3 측정법

7.3.1 전처리에서 얻은 시험용액 20 μL를 취하여 고성능액체크로마토그래프에 주입하여 분석한다.

7.3.2 크로마토그램으로부터 포름알데히드의 피크면적을 측정한다.

8 결과보고

8.1 계산

포름알데히드의 피크면적을 A_x에 대입하여 계산하면 포름알데히드의 농도(C_s, mg/L)를 구할 수 있다.

$$C_s(\text{mg/L}) = \frac{A_x - b}{a} \quad \cdots\cdots (식\ 2)$$

여기서, A_x : 분석물질의 피크면적 　　 a : 검정곡선의 기울기

b : 검정곡선의 절편값 　　 C_s : 분석물질의 농도(mg/L)

8.2 결과보고

행정사항과 관련된 항목별 시험결과의 표시는 ES 05003의 먹는물 수질기준의 표시한계 및 결과표시에 따른다.

9 참고자료

9.1 EPA Method 554, “Determination of Carbonyl Compounds in Drinking Water by Dinitrophenylhydrazine Derivatization and High Performance Liquid Chromatography”, EPA, Environmental Monitoring Systems Laboratory Office of Research and Development,

Cincinnati, Ohio 45268, (1992)

9.2 EPA Method 8315A, "Determination of Carbonyl Compounds by High Performance Liquid Chromatography(HPLC)" EPA, Office of Solid Waste, (1996)

10 부록

[표 1] 정도관리 목표값

정도관리 항목	정도관리 목표
정량한계	0.02 mg/L
검정곡선	결정계수(R^2) ≥ 0.98 또는 감응계수(RF)의 상대표준편차 ≤ 25 %
정밀도	상대표준편차 ± 25 % 이내
정확도	75 % ~ 125 %
현장이중시료	상대편차백분율 ± 25 % 이내

[표 2] 포름알데히드의 액체크로마토그래프 실험조건(예)

항 목	조 건
컬럼	C_{18}(4.6 mm × 150 mm, 3.5 μm) 또는 이와 동등한 컬럼
이동상	아세토니트릴(50) : 정제수(50)
유속	1.0 mL/min
파장	360 nm
주입량	20 μL
컬럼 온도	40 ℃

123 포름알데히드-기체크로마토그래피 (Formaldehyde-Gas Chromatography)

1 개요

1.1 목적

이 시험기준은 먹는물 중 포름알데히드의 측정방법으로서, 시료에 프탈산수소칼륨을 넣어 pH 4로 조정한 후 펜타플루오로벤질하이드록실아민으로 유도체화한 것을 헥산으로 추출하여 기체크로마토그래프로 분리한 다음 질량분석기나 전자포획검출기로 분석하는 방법이다.

1.2 적용범위

1.2.1 이 시험기준은 먹는물 중 포름알데히드 분석에 적용한다.

1.2.2 이 시험기준에 의한 먹는물 중에 포름알데히드의 정량한계는 0.01 mg/L이다.

1.3 간섭물질

시약이나 추출용매 안에 함유되어있는 불순물이 분석을 방해할 수 있다. 이 경우 바탕시료나 시약바탕시료를 분석하여 확인할 수 있으며, 고순도의 시약이나 용매를 사용하면 방해물질을 최소화 할 수 있다.

2 용어정의

“내용 없음”

3 분석기기 및 기구

3.1 기체크로마토그래프

3.1.1 컬럼은 안지름 0.20 mm ~ 0.35 mm, 필름두께 0.1 μm ~ 0.5 μm, 길이 15 m ~ 60 m의 cross-linked methylsilicone(DB-1, HP-1 등) 또는 cross-linked 5 % phenylmethylsilicone(DB-5, HP-5 등) 등의 모세관이나 동등한 분리성능을 가진 모세관으로 대상 분석 물질의 분리가 양호한 것을 택하여 시험한다.

3.1.2 운반기체는 부피백분율 99.999 % 이상의 헬륨을 사용하며 유량은 0.5 mL/min ~ 4 mL/min, 시료도입부 온도는 150 ℃ ~ 250 ℃, 컬럼온도는 40 ℃ ~ 300 ℃로 승온조작하여 사용한다.

3.1.3 기체크로마토그래프의 조건은 표 2와 같이 수행할 수 있다.

3.2 질량분석기(mass spectrometer)

3.2.1 이온화방식은 전자충격법(EI, electron impact)을 사용하며 이온화에너지는 35 eV ~ 70 eV를 사용한다.

3.2.2 질량분석기는 자기장형(magnetic sector), 사중극자형(quadrupole) 및 이온트랩형(ion trap) 등의 성능을 가진 것을 사용한다.

3.2.3 정량분석에는 선택이온검출법(SIM, selected ion monitoring)을 이용하는 것이 바람직하다. 선택하는 이온들은 표 3의 이온을 사용할 수 있다.

3.3 전자포획검출기

전자포획검출기(ECD, electron capture detector)는 방사선 동위원소(^{63}Ni, ^{3}H 등)로부터 방출되는 β선이 운반기체를 전리하여 미소전류를 흘려보낼 때 시료 중의 할로겐이나 산소와 같이 전자 포획력이 강한 화합물에 의하여 전자가 포착되어 전류가 감소하는 것을 이용하여 검출하는 검출기로 유기할로겐화합물, 니트로화합물 및 유기금속화합물을 선택적으로 검출할 수 있다.

4 시약 및 표준용액

4.1 시약

4.1.1 정제수

바탕시험할 때 표준물질의 피크 부근에 불순물 피크가 없는 것을 사용한다.

4.1.2 n-헥산(n-hexane, C_6H_{14}, 분자량 : 86.18)

바탕시험할 때 표준물질의 피크 부근에 불순물 피크가 없는 것을 사용한다.

4.1.3 프탈산수소칼륨(potassium hydrogen phthalate, $C_8H_5KO_4$, 분자량 : 204.22)

4.1.4 오르토－펜타플루오로벤질하이드록실아민용액

오르토－펜타플루오로벤질하이드록실아민(o-(2,3,4,5,6-pentafluorobenzyl)-hydroxylamine hydrochloride, PFBHA, $C_7H_4F_5NO \cdot HCl$, 분자량 : 249.57) 0.225 g을 취해 정제수 15 mL에 녹인다.

4.1.5 황산(sulfuric acid, H_2SO_4, 분자량 : 98.08)(98 %)

4.1.6 황산용액(0.2 N)

진한황산 1 mL를 정제수 180 mL에 넣는다.

4.1.7 추출용매

내부표준원액(5000 mg/L) 100 μL를 취해 헥산 100 mL에 넣는다.

4.1.8 염화암모늄(ammonium chloride, NH_4Cl, 분자량 : 53.49)

4.1.9 로졸산용액

파라로졸산(pararosolic acid, $C_{19}H_{14}O_3$, 분자량 : 290.32) 1 g을 에탄올(95 %) 50 mL에 용해하여, 물을 더해 100 mL로 만든다.

4.1.10 아황산나트륨용액(0.1 M)

아황산나트륨(sodium sulfite, Na_2SO_3, 분자량 : 126.04) 1.26 g을 물에 용해시켜 100 mL 부피플라스크에 넣고 표선까지 채운다. 이는 사용할 때 조제한다.

4.2 표준용액

4.2.1 포름알데히드 표준원액(1000 mg/L)

시판되는 표준원액(1 mg/mL)을 사용하거나, 포르말린(36.0 % ~ 38.0 %) 3 mL를 취해 물로 희석하여 1 L로 만든 후 표정하여 정확한 농도를 결정한다.

4.2.1.1 표정

4.2.1.1.1 200 mL 삼각플라스크에 0.1 M 아황산나트륨용액 25 mL를 취하고 지시약으로 로졸산 용액 3방울을 더해, 염산(1+11)로 용액의 색이 무색이 될 때까지 넣는다.

4.2.1.1.2 이 포름알데히드 용액 25 mL를 더해 0.1 M 염산으로 적정하여, 용액의 색이 다시 무색이 되었을 때를 종말점으로 한다. 다음 식에 따라 이 용액중의 함유된 포름알데히드의 농도(mg/mL)를 산출한다.

$$\text{포름알데히드 표준액(mg/mL)} = a \times f \times \frac{1}{25} \times 3.003 \quad \cdots\cdots (\text{식 } 1)$$

여기서, a : 적정에 요구되는 0.1 M 염산의 양(mL)

f : 0.1 M 염산의 농도계수(factor)

3.003 : 0.1 M 염산 1 mL의 포름알데히드상당량(mg)

4.2.2 포름알데히드 표준용액(10 mg/L)

포름알데히드 표준원액(1000 mg/L) 1 mL를 100 mL 부피플라스크에 취하고 메탄올로 표선까지 채운다. 이 용액 1 mL는 포름알데히드 0.01 mg을 함유한다.

4.3 내부표준용액

4.3.1 내부표준원액(5000 mg/L)

1,2-디브로모프로판(1,2-dibromopropane, $C_3H_6Br_2$, 분자량 : 201.86) 250.0 mg을 취하여 헥산 50 mL에 녹이거나, 시판되는 표준원액을 사용할 수 있다. 이 용액 1 mL는 1,2-디브로모프로판 5.0 mg을 함유한다.

5 시료채취 및 관리

5.1 시료 채취시 물과의 접촉면이 테플론으로 처리된 마개 또는 격막을 가진 유리병을 미리 질산 및 정제수로 씻은 다음 아세톤으로 세정하고, 130 ℃에서 2시간 정도 가열하고 식힌 후 사용한다. 시료는 유리병에 기포가 생기지 않도록 채취하고, 잔류염소를 함유하고 있다면 시료 1 L 기준으로 염화암모늄(100 g/L) 1 mL에 준하여 첨가한다. 생물학적으로 분해의 우려가 있는 경우, 시료 100 mL당 황산구리·5수화물 약 50 mg을 첨가한다.

5.2 모든 시료는 채취 후 추출하기 전까지 1 ℃ ~ 5 ℃ 냉암소에서 보관하고, 채취 후 7일 이내에 추출하고 14일 이내에 분석해야 한다.

6 정도보증/정도관리(QA/QC)

6.1 방법검출한계 및 정량한계

6.1.1 방법검출한계(MDL, method detection limit) 및 정량한계(LOQ, limit of quantitation)는 ES 05001 정도보증/정도관리에 따라 계산한다. 정제수에 표준용액을 정량한계 부근의 농도가 되도록 첨가한 7개의 첨가시료를 준비하고 **7** 분석절차와 동일하게 분석하여, 표준편차를 구한다.

6.1.2 표준편차에 3.14를 곱한 값을 방법검출한계로, 10을 곱한 값을 정량한계로 나타낸다. 측정한 방법검출한계는 표 1에서 제시한 정량한계 이하이어야 한다.

6.2 방법바탕시료의 측정

ES 05001 정도보증/정도관리에 따라 시료군마다 1개의 방법바탕시료(method blank)를 측정한다. 방법바탕시료는 정제수를 사용하여 7 분석절차와 동일하게 전처리·측정하며 측정값은 방법검출한계 이하이어야 한다.

6.3 검정곡선의 작성 및 검증

6.3.1 검정곡선의 작성 및 검증은 ES 05001 정도보증/정도관리에 따른다. 정량범위 내의 5개의 농도에 대해 검정곡선을 작성하고 얻어진 검정곡선의 결정계수(R^2)가 0.98 이상 또는 감응계수(RF)의 상대표준편차가 25 % 이내이어야 하며 결정계수나 감응계수의 상대표준편차가 허용범위를 벗어나면 재작성한다.

6.3.2 검정곡선은 정량한계로부터 직선성이 확보되는 농도 범위에서 작성한다. 그러나 측정값이 이 농도범위를 벗어날 경우에는 시료를 묽혀서 다시 분석한다.

6.3.3 검정곡선을 검증하기 위하여 감응계수를 비교할 때에는 검정곡선의 중간 농도에서 한 농도를 선택하여 감응계수(RF)를 구하고 그 값의 변화가 25 % 이내에서 일치하여야 한다. 만약 이 범위를 넘는 경우, 검정곡선을 재작성한다.

6.4 정밀도 및 정확도

6.4.1 정밀도(precision) 및 정확도(accuracy)의 측정은 ES 05001 정도보증/정도관리에 따른다. 정제수에 정량한계 농도의 10배가 되도록 동일하게 표준물질을 첨가한 시료를 4개 이상 준비하고, 7 절차와 동일하게 측정하여 평균값과 표준편차를 구한다.

6.4.2 정확도는 인증시료를 확보할 수 있는 경우 인증표준물질을 분석한 결과값과 인증값과의 상대백분율로 나타내고, 인증시료를 확보할 수 없는 경우 이를 정확한 농도로 첨가한 시료로 대체한다. 이 때 정확도는 첨가시료를 분석한 농도와 첨가하지 않은 시료를 분석한 농도와의 차이에 대한 첨가농도의 상대백분율로서 나타내며 그 값이 75 % ~ 125 % 이내이어야 한다.

6.4.3 정밀도는 측정값의 상대표준편차(RSD)로 계산하며 측정값이 25 % 이내이어야 한다.

6.5 현장 이중시료의 측정

현장 이중시료(field duplicate sample)는 동일한 시료채취 장소에서 동일한 조건으로 중복으로 채취한 시료로서 한 조사팀이 하루에 20개 이하를 채취할 경우에는 1개를 그리고 그 이상을 채취할 때에는 시료 20개 당 1개를 추가로 취한다. 동일한 조건의 두 시료간의 측정값의 편차는 25 % 이하이어야 한다.

6.6 내부정도관리 주기 및 목표

6.6.1 방법검출한계, 정량한계, 정밀도 및 정확도는 연 1회 이상 산정하는 것을 원칙으로 하며, 분석자의 교체, 분석 장비의 수리 및 이동 등의 주요 변동사항이 생길 경우에는 다시 실시한다. 단, 장비의 청소, 컬럼 교체 시와 측정 장비의 감도가 의심될 때에는 언제든지 측정하여 확인하여야 한다.

6.6.2 검정곡선 검증 및 시약바탕시료의 분석은 각 시료군마다 실시하며, 고농도의 시료 다음에는 시약바탕시료를 측정하여 오염여부를 점검한다.

6.6.3 각 정도관리 항목에 대한 정도관리 목표값은 표 1과 같다.

7 분석절차

7.1 전처리

7.1.1 시료 20 mL를 50 mL 분별깔때기에 취한다.

7.1.2 프탈산수소칼륨 200 mg을 넣고 흔들어 녹인다.

7.1.3 펜타플루오로벤질하이드록실아민용액 1 mL를 넣은 후 상온에서 30분간 유도체 반응을 시킨다.

7.1.4 반응이 끝난 시료에 황산을 2방울 ~ 4방울 넣는다.

7.1.5 추출용매 4 mL를 넣은 후 약 5분간 격렬히 흔들어 준 다음 층이 분리되면 용매층을 취하여 미리 0.2 N 황산용액 3 mL를 넣은 바이알에 합한다.

7.1.6 용매층을 취한 바이알을 약 30초간 흔든 후 층이 분리되도록 5분 정도 정치시킨다.

7.1.7 용매층을 취하여 시험용액으로 한다.

7.2 검정곡선의 작성

7.2.1 정제수 20 mL를 취하여 50 mL 분별깔때기에 넣은 후 포름알데히드 표준용액(10 mg/L)을 0, 20, 100, 200, 400, 1000 μL를 단계적으로 취한다. 조제한 검정곡선용 표준용액의 농도는 0, 0.01, 0.05, 0.10, 0.20, 0.50 mg/L에 해당되며 필요에 따라 사용하는 표준용액의 농도와 개수를 달리 할 수 있다.

[주 1] 시료분석결과 이 검정곡선 농도범위를 벗어나면 시료를 희석해서 재분석하여야 한다.

7.2.2 이하 추출은 7.1.2 ~ 7.1.7에 따른다.

7.2.3 포름알데히드의 농도(C_s)를 취하여 가로축(x축)에, 포름알데히드의 피크면적(A_x)과 내부표준물질의 피크면적(A_i)과의 비(A_x/A_i)를 세로축(y축)에 취하여 검정곡선을 작성한다.

7.3 측정법

7.3.1 전처리에서 얻은 시험용액 1 μL ~ 2 μL를 취하여 기체크로마토그래프에 주입하여 분석한다.

7.3.2 크로마토그램으로부터 포름알데히드 및 내부표준물질의 피크면적을 측정하여 피크면적(A_x)과 내부표준물질의 피크면적(A_i)과의 비(A_x/A_i)를 구한다.

8 결과보고

8.1 계산

포름알데히드와 내부표준물질에 대한 면적 비(A_x/A_i)를 대입하여 계산하면 포름알데히드의 농도(C_s, mg/L)를 구할 수 있다.

$$C_s(\text{mg/L}) = \frac{\frac{A_X}{A_i} - b}{a} \qquad \text{(식 2)}$$

여기서, A_x : 분석물질의 내부표준물질의 피크면적 비

a : 검정곡선의 기울기

b : 검정곡선의 절편값

C_s : 분석물질의 농도(mg/L)

8.2 결과보고

행정사항과 관련된 항목별 시험결과의 표시는 ES 05003의 먹는물 수질기준의 표시한계 및 결과 표시에 따른다.

9 참고자료

9.1 EPA Method 556.1, "Determination of Carbonyl Compounds in Drinking Water by Fast Gas Chromatography" EPA, National Exposure Research Laboratory, Office of Research and Development, Cincinnati, Ohio 45268(1999)

9.2 EPA Method 556, "Determination of Carbonyl Compounds in Drinking Water by Fast Gas Chromatography" EPA, National Exposure Research Laboratory, Office of Research and Development, Cincinnati, Ohio 45268(1998)

9.3 Standard Method 6252, "Disinfection By-Products: Aldehydes"(2005)

10 부록

[표 1] 정도관리 목표값

정도관리 항목	정도관리 목표
정량한계	0.01 mg/L
검정곡선	결정계수(R^2) ≥ 0.98 또는 감응계수(RF)의 상대표준편차 ≤ 25 %
정밀도	상대표준편차 ± 25 % 이내
정확도	75 % ~ 125 %
현장이중시료	상대편차백분율 ± 25 % 이내

[표 2] 포름알데히드의 기체크로마토그래프 실험조건(예)

항 목	조 건
컬럼	Ultra-2(cross-linked 5 % phenylmethylsilicone, 30 m 길이 × 0.32 mm 안지름 × 0.33 μm 필름두께) 또는 이와 동등한 컬럼
운반기체(유속)	질소(1.0 mL/min)
분획비	10 : 1
주입구 온도	200 ℃
인터페이스 온도	280 ℃
오븐 온도	80 ℃(2 min) → 20 ℃/min(160 ℃)(1 min) → 10 ℃/min(300 ℃)(2 min)

[표 3] 포름알데히드의 선택이온

항목	분자량	선택이온, m/z
포름알데히드 PFBHA	225.11	181, 195, 117
1,2-디브로모프로판	201.86	121, 123, 41

[표 4] 포름알데히드 표준물질의 머무름 시간(예)

항목	머무름 시간(min.)
포름알데히드 PFBHA	4.22
1,2-디브로모프로판	3.01

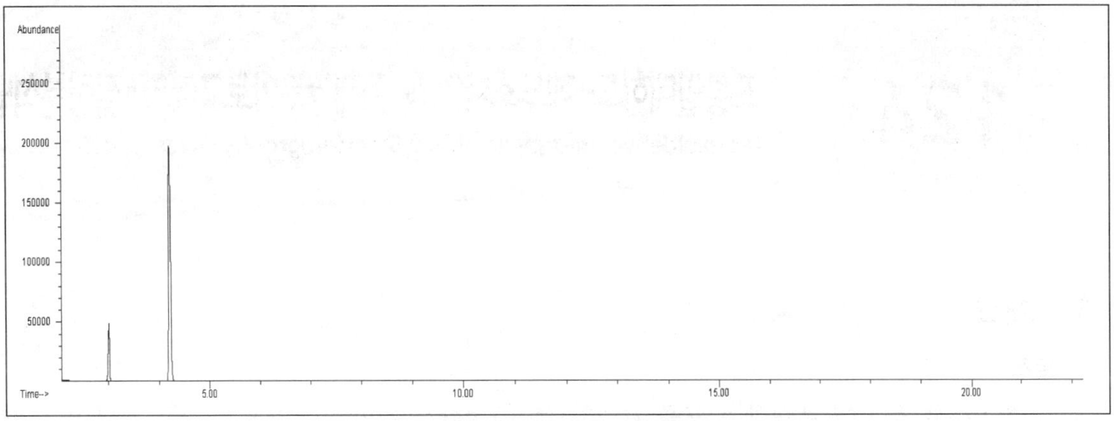

[그림 1] 포름알데히드 표준물질의 GC-MS 크로마토그램(예)

포름알데히드(4.22 min)

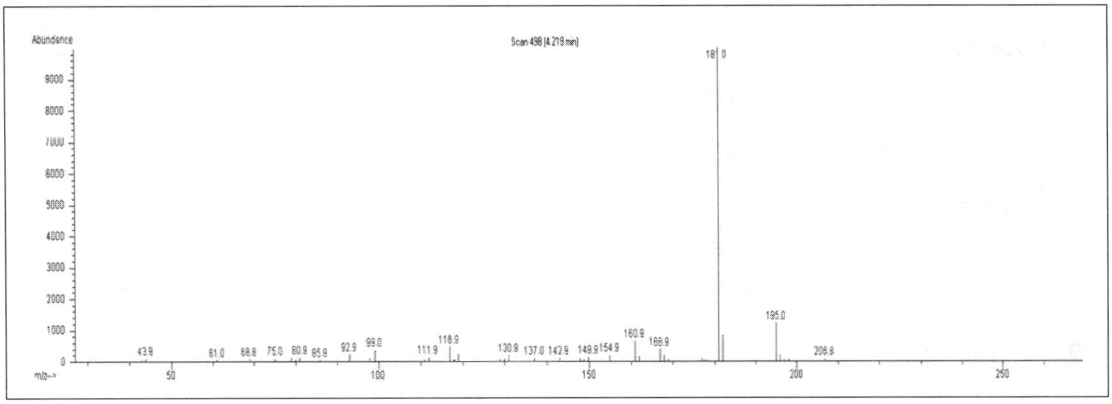

[그림 2] 포름알데히드 PFBHA의 질량스펙트럼(포름알데히드)

124 포름알데히드-헤드스페이스-기체크로마토그래피-질량분석법
(Formaldehye-Headspace-Gas Chromatography-Mass Spectrometry)

1 개요

1.1 목적

이 시험기준은 물속에 존재하는 포름알데히드를 측정하기 위한 방법으로서, 헤드스페이스 바이알에 시료와 PFBHA(o-(2,3,4,5,6-pentafluorobenzyl)hydroxylamine hydrochloride : 유도체화 시약)을 넣어 밀폐된 상태에서 혼합하고 가열한 다음 상부 기체 일정량을 기체크로마토그래프-질량분석기에 주입하여 분석한다.

1.2 적용범위

1.2.1 이 시험기준은 먹는물, 샘물 및 염지하수 중에 포름알데히드 분석에 적용한다.

1.2.2 이 시험기준은 먹는물 중에 포름알데히드의 정량한계는 0.01 mg/L이다.

1.3 간섭물질

실험실 공기 중에 기화된 용매로 인해 오염이 발생할 수 있으며 용매, 시약, 유리기구류 및 실험 도구에 분석성분이 존재할 수 있으므로 방법바탕시료를 사용하여 오염여부를 점검하여야 한다.

2 "내용 없음"

3 분석기기 및 기구

3.1 기체크로마토그래프(gas chromatograph)

3.1.1 컬럼은 안지름 0.25 mm, 필름두께 1.4 μm, 길이 30 m ~ 60 m의 6 % cyanopropylphenyl/94 % dimethyl polysiloxane(TG-624) 또는 이와 동등한 분리성능을 가진 모세관 컬럼(capillary column)으로 대상 분석 물질의 분리가 양호한 것을 택하여 시험한다.

3.1.2 운반기체는 99.999 % 이상의 헬륨으로(또는 질소) 유량은 0.5 mL/min ~ 2 mL/min, 시료 주입부 온도는 150 ℃ ~ 250 ℃, 컬럼온도는 30 ℃ ~ 250 ℃로 사용한다.

3.2 질량분석기(mass spectrometer)

3.2.1 질량분석기는 사중극자형(quadrupole) 또는 이와 동등 이상의 성능을 가진 것을 사용한다.

3.2.2 전자충격(EI, electron impact) 이온화방식을 사용하고 이온화에너지는 70 eV으로 고정한다.

3.2.3 정량분석에는 선택이온검출법(SIM, selected ion monitoring)을 이용하는 것이 바람직하다. 선택하는 이온들은 표 4의 이온을 사용할 수 있다.

3.3 헤드스페이스 장치(headspace system)

바이알에 일정량의 시료를 넣고 뚜껑으로 완전히 밀폐시킨 후 시료를 적절히 가열할 때 휘발성유기물질이 기화되어 평형상태에 이르게 되고 이 기체의 일부를 기체크로마토그래프로 주입한다.

3.3.1 바이알

바이알은 10 mL ~ 40 mL의 유리제로서 가열하여도 밀폐성이 높은 것을 사용한다. 사용 전에 메탄올로 세정하고 충분히 건조한 후 사용한다.

3.3.2 격막

격막(septum)은 한쪽 면이 두께 0.05 mm 이상의 폴리테트라플루오로에틸렌(PTFE, polytetrafluoroethylene)의 재질로 코팅된 실리콘 마개를 사용한다.

3.3.3 알루미늄 뚜껑

3.3.4 시료 보온부

온도를 60 ℃ ~ 80 ℃ 범위 내에서 10분 ~ 40분 정도 일정하게 보온 유지할 수 있는 것을 사용한다.

3.3.5 시료주입용 장치

시료주입량을 조절할 수 있어야 하고 기밀성이 있으며, 주사기 바늘은 시료와 반응성을 최소화하기 위해 백금-이리듐(Pt-Ir) 재질 또는 이와 동등한 재질을 사용한다.

3.3.5.1 압력조절방식

연결부는 비활성화된 모세관 컬럼을 사용하며 150 ℃ ~ 250 ℃로 유지 가능해야 한다.

3.3.5.2 시료주입용 루프(sampling loop)

기체크로마토그래프-질량분석기에 접속할 수 있는 것으로 스테인레스강 또는 이와 동등 이상의 재질인 것을 사용한다.

4 시약 및 표준용액

4.1 시약

4.1.1 메탄올

메탄올(methanol, CH_3OH, 분자량 : 32.04)은 바탕시험할 때 표준물질의 피크 부근에 불순물 피크가 없는 것을 사용한다.

4.1.2 정제수

바탕시험할 때 표준물질의 피크 부근에 불순물 피크가 없는 것을 사용한다.

4.1.3 PFBHA·HCl(유도체화 시약)

펜타플루오로벤질하이드록실아민(o-(2,3,4,5,6-pentafluorobenzyl)-hydroxylamine Hydrochloride, PFBHA, $C_7H_4F_5NO·HCl$, 분자량 : 249.57) 100 mg을 정확히 달아 4.1.2의 정제수 100 mL에 전량 녹여 사용한다.

4.2 표준용액

4.2.1 포름알데히드 표준원액(1000 mg/L)

시판되는 표준원액(1000 mg/L)을 사용하거나, 포르말린(36.0 % ~ 38.0 %) 3 mL를 취해 물로 희석하여 1 L로 만든 후 표정하여 정확한 농도를 결정한다.

4.2.1.1 표정

4.2.1.1.1 200 mL 삼각플라스크에 0.1 mol/L 아황산나트륨용액 25 mL를 취하고 지시약으로 로졸산용액 3방울을 더해, 염산(1+11)로 용액의 색이 무색이 될 때까지 넣는다.

4.2.1.1.2 이 포름알데히드 용액 25 mL를 더해 0.1 mol/L 염산으로 적정하여, 용액의 색이 다시 무색이 되었을 때를 종말점으로 한다. 다음 식에 따라 이 용액 중의 함유된 포름알데히드의 농도(mg/L)를 산출한다.

$$\text{포름알데히드 표준액(mg/L)} = a \times f \times \frac{1}{25} \times 3.003 \times 1000 \quad \cdots\cdots\cdots\cdots (\text{식 } 1)$$

여기서, a : 적정에 요구되는 0.1 M 염산의 양(mL)

f: 0.1 M 염산의 농도계수(factor)

3.003 : 0.1 mol/L 염산 1 mL의 포름알데히드 상당량(mg)

4.2.2 포름알데히드 표준용액(20 mg/L)

포름알데히드 표준원액(1000 mg/L) 200 μL를 정확히 취하여 메탄올에 녹여 10 mL로 한다.

4.2.3 내부표준원액(1000 mg/L)

고순도의 p-브로모플루오로벤젠(p-bromofluorobenzene, C_6H_4BrF, 분자량 : 175.00) 0.1 g을 취하여 메탄올에 녹여 100 mL로 한다. 이 용액은 될 수 있는 대로 여러 개의 바이알에 공기층이 남지 않도록 나누어 넣은 다음 밀봉하여 냉장 보관하고, 4주 이내에 사용한다. 또는 소급성이 있는 시판 용액을 사용한다.

4.2.4 내부표준용액(100 mg/L)

내부표준원액 1000 μL를 정확히 취하여 메탄올에 녹여 10 mL로 한다. 이 용액 1 mL는 p-브로모플루오로벤젠 100 μg을 함유한다. 이 용액은 사용할 때에 만든다.

5 시료채취 및 관리

5.1 시료 채취 시 물과의 접촉면이 테플론으로 처리된 마개 또는 격막을 가진 유리병을 미리 질산 및 정제수로 씻은 다음 아세톤으로 세정하고, 130 ℃에서 2시간 정도 가열하고 식힌 후 사용한다. 시료는 유리병에 기포가 생기지 않도록 채취하고, 잔류염소를 함유하고 있다면 시료 1 L 기준으로 염화암모늄(100 g/L) 1 mL에 준하여 첨가한다. 생물학적으로 분해의 우려가 있는 경우, 시료 100 mL당 황산구리·5수화물 약 50 mg을 첨가한다.

5.2 모든 시료는 채취 후 분석하기 전까지 1 ℃ ~ 5 ℃ 냉암소에서 보관하고, 7일 이내에 분석해야 한다.

6 정도보증/정도관리(QA/QC)

6.1 방법검출한계 및 정량한계

6.1.1 방법검출한계(MDL, method detection limit) 및 정량한계(LOQ, limit of quantitation)는 정제수에 정량한계 부근의 농도가 되도록 표준물질을 첨가한 시료 7개를 준비하고 각 시료를 **7** 분석절차와 동일하게 측정하여 표준편차를 구한다.

6.1.2 표준편차에 3.14를 곱한 값을 방법검출한계로, 10을 곱한 값을 정량한계로 나타낸다. 산출

된 정량한계는 표 1에서 제시한 정량한계 이하의 값이어야 한다.

6.2 방법바탕시료의 측정

6.2.1 시료군마다 1개의 방법바탕시료(method blank)를 측정한다. 방법바탕시료는 정제수를 사용하여 7 분석절차와 동일하게 측정하며 측정값은 방법검출한계 이하이어야 한다.

6.2.2 고농도의 시료 분석 후 방법바탕시료를 측정하여 교차오염(carryover contamination)의 여부를 점검하는 것이 바람직하다.

6.3 검정곡선의 작성 및 검증

6.3.1 검정곡선의 작성 및 검증은 ES 05001 정도보증/정도관리에 따른다. 정량범위 내의 5개의 농도에 대해 검정곡선을 작성하고 얻어진 검정곡선의 결정계수(R^2)가 0.98 이상 또는 감응계수(RF)의 상대표준편차가 25 % 이내이어야 하며 결정계수나 감응계수의 상대표준편차가 허용범위를 벗어나면 재작성한다.

6.3.2 검정곡선의 감응계수를 검증하기 위하여 각 시료군마다 1회의 검정곡선 검증을 실시하는 것이 바람직하다. 검정곡선의 중간 농도 값을 갖는 표준용액을 측정하여 감응계수(RF)를 구한다. 검정곡선 작성 시의 값과 차이가 25 % 이하이어야 한다. 만약 이 범위를 넘는 경우, 검정곡선의 재작성이 요구된다.

6.4 정밀도 및 정확도

6.4.1 정확도(accuracy) 및 정밀도(precision)의 측정은 ES 05001 정도보증/정도관리에 따른다. 정제수에 정량한계의 10배 농도가 되도록 동일하게 표준물질을 첨가한 시료를 4개 이상 준비하고 7 절차와 동일하게 측정하여 평균값과 표준편차를 구한다.

6.4.2 정확도는 인증시료를 확보할 수 있는 경우 인증표준물질을 분석한 결과값과 인증값과의 상대백분율로 나타내고, 인증시료를 확보할 수 없는 경우 이를 정확한 농도로 첨가한 시료로 대체한다. 이 때 정확도는 첨가시료를 분석한 농도와 첨가하지 않은 시료를 분석한 농도와의 차이에 대한 첨가농도의 상대백분율로서 나타내며 그 값이 75 % ~ 125 % 이내이어야 한다.

$$\text{정확도} = \frac{C_M}{C_C} \times 100\% = \frac{C_{AM} - C_S}{C_A} \times 100\% \quad \text{(식 2)}$$

여기서, C_M : 인증표준물질을 분석한 농도 C_C : 인증 농도
C_{AM} : 첨가시료를 분석한 농도 C_S : 첨가하지 않은 시료를 분석한 농도
C_A : 첨가농도

6.4.3 정밀도는 측정값의 상대표준편차(Relative Standard Deviation, % RSD)로 계산하며, 상대표준편차는 25 % 이하이어야 한다.

$$\text{정밀도} = \frac{s}{\bar{x}} \times 100\% \quad \text{(식 3)}$$

여기서, s : 표준편차 $\bar{x}$: 평균

6.5 현장 이중시료의 측정

현장 이중시료(field duplicate sample)는 동일한 시료채취 장소에서 동일한 조건으로 중복으로 채취한 시료로서 한 조사팀이 하루에 20개 이하를 채취할 경우에는 1개를 그리고 그 이상의 시

료를 채취할 때에는 시료 20개 당 1개를 추가로 채취한다. 동일한 조건의 두 시료간의 측정값의 상대편차백분율(RPD, relative percent difference)은 25 % 이하이어야 한다.

6.6 내부정도관리 주기 및 목표

6.6.1 방법검출한계, 정량한계, 정밀도 및 정확도는 연 1회 이상 산정하는 것을 원칙으로 하며, 분석자의 교체, 분석 장비의 수리 및 이동 등의 주요 변동사항이 생길 경우에는 다시 실시한다. 단, 장비의 청소 및 측정 장비의 감도가 의심될 때에는 언제든지 측정하여 확인하여야 한다.

6.6.2 검정곡선 검증 및 방법바탕시료의 분석은 각 시료군마다 실시하며, 고농도의 시료 다음에는 방법바탕시료를 측정하여 오염여부를 점검한다.

6.6.3 각 정도관리 항목에 대한 정도관리 목표값은 표 1과 같다.

7 분석절차

7.1 "내용 없음"

7.2 측정법

7.2.1 시료 10 mL를 정확히 취한 후 20 mL의 헤드스페이스용 바이알에 옮기고, 내부표준용액(100 mg/L)을 정확히 20 μL를 취하여 첨가한 후 PFBHA(유도체화 시약) 1 mL를 주입한다.

7.2.2 이 용액을 흔들어 섞은 후, 헤드스페이스에 옮긴 후 약 80 ℃로 고정한 온도에서 20분간 가열한다.

7.2.3 평형상태에 도달한 헤드스페이스용 바이알의 내부에 압력을 가해 상부 기체를 일정량 취하여 기체크로마토그래프-질량분석기에 주입한다.

7.2.4 크로마토그램과 질량스펙트럼으로부터 분석성분의 피크면적과 내부표준물질의 피크면적을 측정하고 피크면적 비(A_x/A_i)를 이용하여 포름알데히드의 농도를 구한다.

7.2.5 시료의 농도가 검정곡선의 범위를 벗어날 경우에는 시료를 희석하여 다시 측정한다.

7.3 검정곡선의 작성

7.3.1 헤드스페이스용 바이알에 정제수 10 mL를 정확히 취한 후 포름알데히드 표준용액(20 mg/L) 5, 10, 25, 50, 100 μL을 단계적으로 취하여 넣는다. 조제한 검정곡선용 표준용액의 농도는 시료 중의 농도로 계산하면 10 μg/L, 20 μg/L, 50 μg/L, 100 μg/L, 200 μg/L 에 해당되며 필요에 따라 사용하는 표준용액의 농도와 개수를 달리 할 수 있다. 검정곡선용 표준용액은 **7.2**항의 분석절차에 따라 준비하여 사용한다.

7.3.2 포름알데히드의 농도(C_x)를 취하여 가로축(x축)에, 각 화합물의 피크면적(A_x)과 내부표준물질의 피크면적(A_i)과의 비(A_x/A_i)를 세로축(y축)에 취하여 검정곡선을 작성한다.

8 결과보고

8.1 계산

포름알데히드와 내부표준물질에 대한 면적 비(A_x/A_i)를 대입하여 계산하면 포름알데히드의 농도(C_s, mg/L)를 구할 수 있다.

$$\text{포름알데히드 농도(mg/L)} = \frac{\frac{A_x}{A_i} - b}{a} \qquad \text{(식 4)}$$

여기서, A_x/A_i : 분석물질과 내부표준물질의 피크면적 비

a : 검정곡선의 기울기 b : 검정곡선의 절편 값

8.2 결과보고

행정사항과 관련된 항목별 시험결과의 표시는 ES 05003의 먹는물 수질기준의 표시한계 및 결과 표시에 따른다.

9 참고자료

9.1 EPA Method 5021, "Volatile Organic Compounds in Various Sample Matrices using Equilibrium Headspace Analysis", EPA, (2003)

10 부록

[표 1] 정도관리 목표값

정도관리 항목	정도관리 목표
정량한계	0.01 mg/L
검정곡선	결정계수(R^2) ≥ 0.98 또는 감응계수(RF)의 상대표준편차 ≤ 25 %
정밀도	상대표준편차 ± 25 % 이내
정확도	75 % ~ 125 %
현장이중시료	상대편차백분율 ± 25 % 이내

[표 2] 포름알데히드의 기체크로마토그래프 실험조건(예)

항 목	조 건
컬럼	6 % cyanopropylphenyl / 94 % dimethyl poly siloxane, 30 m 길이 × 0.25 mm 안지름 × 1.4 μm 필름두께)
운반기체(유속)	헬륨(1.0 mL/min)
분획비	50 : 1
주입구 온도	200 ℃
연결관 온도	225 ℃
오븐 온도	100 ℃(2 min) → 10 ℃/min → 210 ℃(5 min)

[표 3] 포름알데히드의 헤드스페이스 장치 실험조건 예

항 목	조 건
Pressurization time	0.20 min
Transfer line temperature	180 ℃
Pressure of helium	70 kPa
Thermostatic temperature	80 ℃
Thermostatic time	20 min.
Injection time	0.5 min.

[표 4] 포름알데히드의 질량스펙트럼 이온

물질명	분자량	제1선택이온(m/z)	제2선택이온(m/z)	제3선택이온(m/z)
포름알데히드 (유도체화물, PFB-Oxime)	225	181	195	161
p-브로모플루오로벤젠	174	174	95	176

125 포름알데히드-연속흐름법
(Formaldehye-Continuous Flow Analysis(CFA))

1 개요

1.1 목적

이 시험기준은 먹는물, 샘물 및 염지하수 중에 포름알데히드를 측정하는 방법으로서 아세틸아세톤과 암모늄아세테이트 시약을 넣어 포름알데하이드와 반응하여 생성된 노란색의 복합체를 흡광도 410 nm 또는 기기에서 정해진 파장에서 측정하는 방법이다.

1.2 적용범위

1.2.1 이 시험기준은 먹는물, 샘물 및 염지하수 중 포름알데히드의 분석에 적용한다.

1.2.2 이 시험기준은 포름알데히드 0.01 mg/L ~ 0.50 mg/L 정량범위에 적절하며, 시료 중에는 0.01 mg/L의 정량한계를 갖는다.

[주 1] 정량범위는 기기에 따라 다를 수 있으므로 제조사의 적용범위를 따른다.

1.3 간섭물질

1.3.1 이 시험기준은 염소이온의 농도가 5000 mg/L 이상의 경우에는 염소이온의 방해를 받을 수 있다.

1.3.2 이 시험기준은 아세트알데히드의 농도가 80 mg/L 이상의 경우에는 아세트알데히드의 방해를 받을 수 있다.

2 용어정의

2.1 바탕선 들뜸 보정시료

시간에 따라 기기의 바탕선이 들뜨는 것을 보정하는 시료이며, 정제수를 사용한다. 초기에 보정시료로 기준점을 설정한 후 시료 7개 ~ 10개 당 1개 이상 보정시료를 분석하여 바탕선의 들뜸을 보정한다.

2.2 분할흐름분석기

분할흐름분석기(SFA, segmented flow analyzer)란 연속흐름분석기(continuous flow analyzer)의 일종으로 다수의 시료를 연속적으로 자동분석하기 위하여 사용한다. 본체의 구성은 시료와 시약을 주입할 수 있는 펌프와 튜브, 시료와 시약을 반응시키는 반응기 및 검출기로 구성되어 있으며, 용액의 흐름 사이에 일정한 간격으로 공기방울을 주입하여 시료의 분산 및 연속흐름에 따른 상호 오염을 방지하도록 구성되어 있다.

2.3 흐름주입분석기

흐름주입분석기(FIA, flow injection analyzer)란 연속흐름분석기의 일종으로 다수의 시료를 연속적으로 자동분석하기 위하여 사용한다. 기본적인 본체의 구성은 분할흐름분석기와 같으나 용액의 흐름 사이에 공기방울을 주입하지 않는 것이 차이점이다. 공기방울 미 주입에 따라 시료의 분산 및 연속흐름에 따른 상호 오염의 우려가 있으나 분석시간이 빠르고 기계장치가 단순해지는 장점이 있다.

3 분석기기 및 기구

3.1 자동분석기(autoanalyzer)

3.1.1 시료자동주입기(autosampler)

시료를 보관할 수 있는 용기와 트레이, 세척수 모듈, 시료 채취를 위한 장치(sampling probe)로 구성되어 있으며, 프로그램에 의해 시료주입 및 세척시간의 조절이 가능한 것을 사용한다.

3.1.2 용매이송펌프

시료와 시약의 연속적인 정량주입이 가능하여야 한다. 이때 사용되는 용매 이송용 튜브는 시료 및 시약과 반응하지 않는 재질(타이곤 또는 테플론 등)을 사용하여야 하며, 일정시간 사용 후 용매의 정량 이송이 어려워지면 교체하여야 한다.

3.1.3 반응기

연속으로 주입된 시료와 시약이 완전 혼합되어 반응할 수 있는 구조를 가져야 하며, 충분한 반응시간이 확보되어야 한다. 그림 1 또는 각 자동분석기에서 요구되는 규격 같이 구성할 수 있다.

3.2 검출기 및 기록계

3.2.1 검출기

10 mm ~ 50 mm 흐름셀(flow cell)과 410 nm 또는 별도의 정해진 파장에서 흡광도를 측정할 수 있는 흡광광도계를 사용한다. 단, 자동분석기에서 요구되는 규격이 상기한 규격과 상이할 경우 자동분석기에서 요구되는 규격을 따른다.

3.2.2 기록계

검출기로부터 나온 신호들의 기록, 저장 및 보존이 가능한 것을 사용한다.

4 시약 및 표준용액

4.1 시약

시약의 종류 및 제조방법은 자동분석기에서 요구하는 규격에 따른다.

4.1.1 염산(hydrochloric acid, HCl, 분자량 : 36.46)

발색에 영향이 없는 것을 사용한다.

4.1.2 로졸산용액

파라로졸산(pararosolic acid, $C_{19}H_{14}O_3$, 분자량 : 290.32) 1 g을 에탄올(95 %) 50 mL에 용해하여, 물을 더해 100 mL로 만든다.

4.1.3 아황산나트륨용액(0.1 M)

아황산나트륨(sodium sulfite, Na_2SO_3, 분자량 : 126.04) 1.26 g을 물로 녹여 100 mL 부피

플라스크에 넣고 표선까지 채운다. 이는 사용할 때 조제한다.

4.2 표준용액

4.2.1 포름알데히드 표준원액(1000 mg/L)

시판되는 표준원액(1000 mg/L)을 사용하거나, 포르말린(formalin, CH_2O, 분자량 30.03, 36.0 % ~ 38.0 %) 3 mL를 취해 정제수로 희석하여 1 L로 만든 후 표정하여 정확한 농도를 결정한다.

4.2.1.1 표정

4.2.1.1.1 200 mL 삼각플라스크에 0.1 M 아황산나트륨용액 25 mL를 취하고 지시약으로 로졸산용액 3 방울을 더해, 염산(1+11)로 용액의 색이 무색이 될 때까지 넣는다.

4.2.1.1.2 이 포름알데히드 용액 25 mL를 더해 0.1 M 염산으로 적정하여, 용액의 색이 다시 무색이 되었을 때를 종말점으로 한다. 다음 식에 따라 이 용액 중에 함유된 포름알데히드의 농도(mg/mL)를 산출한다.

$$\text{포름알데히드 표준액(mg/mL)} = a \times f \times \frac{1}{25} \times 3.003 \quad \cdots\cdots \text{(식 1)}$$

여기서, a : 적정에 요구되는 0.1 M 염산의 양(mL)

f : 0.1 M 염산의 농도계수(factor)

3.003 : 0.1 M 염산 1 mL의 포름알데히드 상당량(mg)

4.2.2 포름알데히드 표준용액(100 mg/L)

포름알데히드 표준원액(1000 mg/L) 10 mL를 100 mL 부피플라스크에 취하고 정제수로 표선까지 채운다. 이 용액 1 mL는 포름알데히드 0.1 mg을 함유한다.

5 시료채취 및 관리

5.1 시료채취 시 물과의 접촉면이 테플론으로 처리된 마개 또는 격막을 가진 유리병을 미리 질산 및 정제수로 씻은 다음 아세톤으로 세정하고, 130 ℃에서 2시간 정도 가열하고 식힌 후 사용한다. 시료는 유리병에 기포가 생기지 않도록 채취하고, 잔류염소를 함유하고 있다면 시료 1 L 기준으로 염화암모늄(100 g/L) 1 mL에 준하여 첨가한다. 생물학적으로 분해의 우려가 있는 경우, 시료 100 mL당 황산구리·5수화물 약 50 mg을 첨가한다.

5.2 모든 시료는 채취 후 추출하기 전까지 1 ℃ ~ 5 ℃ 냉암소에서 보관하고, 채취 후 7일 이내에 추출하고 14일 이내에 분석해야 한다.

6 정도보증/정도관리(QA/QC)

6.1 방법검출한계 및 정량한계

6.1.1 방법검출한계(MDL, method detection limit) 및 정량한계(LOQ, limit of quantiation)는 ES 05001 정도보증/정도관리에 따라 계산한다. 정제수에 정량한계 부근의 농도가 되도록 표준물질을 첨가한 시료 7개를 준비하고 각 시료를 **7** 분석절차와 동일하게 측정하여 표준편차를 구한다.

6.1.2 표준편차에 3.14를 곱한 값을 방법검출한계로, 10을 곱한 값을 정량한계로 나타낸다. 산출

한 정량한계는 표 1에서 제시한 정량한계 이하이어야 한다.

6.2 방법바탕시료의 측정

ES 05001 정도보증/정도관리에 따라 시료군마다 1개의 방법바탕시료(method blank)를 측정한다. 방법바탕시료는 정제수를 사용하여 7 실험절차와 동일하게 전처리·측정하며 측정값은 방법검출한계 이하이어야 한다.

6.3 검정곡선의 작성 및 검증

6.3.1 검정곡선의 작성 및 검증은 ES 05001 정도보증/정도관리에 따른다. 정량범위 내의 5개의 농도에 대해 검정곡선을 작성하고 얻어진 검정곡선의 결정계수(R^2)가 0.98 이상 또는 감응계수(RF)의 상대표준편차가 25 % 이내이어야 하며 결정계수나 감응계수의 상대표준편차가 허용범위를 벗어나면 재작성한다.

6.3.2 검정곡선의 직선성을 검증하기 위해서는 정량범위를 0.01 mg/L ~ 0.50 mg/L로 설정하여 검정곡선을 작성하여 결정계수(R^2)를 구한다.

6.3.3 검정곡선의 감응계수를 검증하기 위해서는 검정곡선의 중간 농도의 한 농도에서 감응계수를 구하여 그 값이 전과 25 % 이내에서 일치하여야 한다. 만약 이 범위를 넘는 경우, 검정곡선을 재작성한다.

6.4 정밀도 및 정확도

6.4.1 정확도(accuracy) 및 정밀도(precision)의 측정은 ES 05001 정도보증/정도관리에 따른다. 정제수에 정량한계의 10배 농도가 되도록 동일하게 표준물질을 첨가한 시료를 4개 이상 준비하고 7 분석절차와 동일하게 측정하여 평균값과 표준편차를 구한다.

6.4.2 정확도는 인증시료를 확보할 수 있는 경우 인증표준물질을 분석한 결과값과 인증값과의 상대백분율로 나타내고, 인증시료를 확보할 수 없는 경우 이를 정확한 농도로 첨가한 시료로 대체한다. 이 때 정확도는 첨가시료를 분석한 농도와 첨가하지 않은 시료를 분석한 농도와의 차이에 대한 첨가농도의 상대백분율로서 나타내며 그 값이 75 % ~ 125 % 이내이어야 한다.

6.4.3 정밀도는 측정값의 상대표준편차(RSD)로 계산하며 25 % 이내이어야 한다.

6.5 현장 이중시료의 측정

현장 이중시료(field duplicate sample)는 동일한 장소에서 동일한 조건으로 중복으로 채취한 시료로서 한 조사팀이 하루에 20개 이하를 채취할 경우에는 1개를 그리고 그 이상을 채취할 때에는 시료 20개 당 1개를 추가로 취한다. 동일한 조건의 두 시료간의 측정값의 편차는 25 % 이하이어야 한다.

6.6 내부정도관리 주기 및 목표

6.6.1 방법검출한계, 정량한계, 정밀도 및 정확도는 연 1회 이상 산정하는 것을 원칙으로 하며, 분석자의 교체, 분석 장비의 수리 및 이동 등의 주요 변동사항이 생길 경우에는 다시 실시한다. 단, 장비의 청소 및 측정 장비의 감도가 의심될 때에는 언제든지 측정하여 확인하여야 한다.

6.6.2 검정곡선 검증 및 방법바탕시료의 분석은 각 시료군마다 실시하며, 고농도의 시료 다음에

는 시약바탕시료를 측정하여 오염여부를 점검한다.

6.6.3 각 정도관리 항목에 대한 정도관리 목표값은 표 1과 같다.

7 분석절차

7.1 전처리

7.1.1 시료가 탁한 경우, 시료 중의 부유물질을 제거하기 위해 필요하다면 유리섬유여과지(GF/C) 또는 공극 크기(pore size) 0.45 μm의 여과지로 여과를 실시한다.

7.2 측정법[1)]

7.2.1 각 기기의 전원 장치 및 기기의 동작 상태를 확인하고, 시료 및 시약 공급라인이 올바르게 연결 되었는지를 확인한다.

7.2.2 분석에 사용할 조건 등을 작성한다.

7.2.3 시료 및 시약 공급라인에 정제수를 연결하여, 자동분석기에 정제수를 흘리면서 정제수가 각 공급라인에 정상적으로 유입되는지 여부를 관찰하고 이상이 없으면 약 30분간 바탕선을 안정화 시킨다.

7.2.4 바탕선이 안정화 되면 조제된 시약들을 각 시약 공급라인에 올바르게 연결하고 자동분석기로 흘려주어 시약에 의한 바탕선을 안정화 시킨다.

7.2.5 바탕선 측정시료, 포름알데히드 표준용액, 시료 및 바탕선 들뜸 보정시료 등을 자동분석기에 순서대로 설치하고 7.2.2에서 작성한 조건에 따라 분석을 실시한다.

7.2.6 분석이 완료되면 모든 시약 및 시료 공급 라인을 정제수로 20분 간 세척한 후 다시 공기를 유입시켜 라인 내에 정제수를 제거한다.

7.3 검정곡선의 작성

7.3.1 포름알데히드 표준용액(100 mg/L) 0, 10, 20, 50, 100, 500 μL를 단계적으로 부피플라스크에 넣고, 희석용액으로 표선을 맞추어 정확히 100 mL로 한다. 제조한 검정곡선용 표준용액의 농도는 0, 0.01, 0.02, 0.05, 0.10, 0.50 mg/L에 해당된다. 필요에 따라 사용하는 표준용액의 농도와 개수를 달리 할 수 있다.

[주 2] 시료분석결과 이 검정곡선 농도범위를 벗어나면 시료를 희석해서 재분석하여야 한다.

7.3.2 단계적으로 제조한 검정곡선용 표준용액을 **7.2** 측정법에 따라 자동분석기로 분석한다.

7.3.3 각 표준용액의 피크의 높이를 측정하고 각각 표준용액 농도와의 관계선을 작성한다.

[주 3] 검정곡선은 자동분석기의 프로그램에 의하여 자동으로 작성할 수 있다.

7.3.4 시료의 피크 높이를 측정하여 7.3.3에서 작성된 관계식으로부터 포름알데히드의 농도를 계산한다.

8 결과보고

8.1 계산

검정곡선은 농도에 대한 피크 높이로 작성한다. 측정된 시료의 피크 높이를 검정곡선식에 대입하

1) 가동순서, 바탕선 안정화 등의 절차가 기기에 따라 다를 수 있으므로 각 기기 제조사가 제공하는 절차에 따른다.

여 시료 중 포름알데히드의 농도(mg/L)를 계산한다.

$$\text{포름알데히드(mg/L)} = \frac{y-b}{a} \times I \quad \text{(식 1)}$$

여기서, y : 시료의 피크 높이

b : 검정곡선의 절편

a : 검정곡선의 기울기

I : 시료의 희석배수

[주 4] 시료의 농도는 자동분석기의 프로그램에 의하여 자동으로 계산할 수 있다.

8.2 결과보고

행정사항과 관련된 항목별 시험결과의 표시는 ES 05003의 먹는물 수질기준의 표시한계 및 결과 표시에 따른다.

9 참고자료

9.1 Belman, S., "The fluorimetric determination of formaldehyde" Analytica chimica ACTA, 29(1963), age 120-126

9.2 ISO 14184-1, "Textiles－Determination of formaldehyde－Part 1: Free and hydrolysed formaldehyde(water extraction method)", (2011)

10 부록

[표 1] 정도관리 목표값

정도관리 항목	정도관리 목표
정량한계	0.01 mg/L
검정곡선	결정계수(R^2) ≥ 0.98 또는 감응계수(RF)의 상대표준편차 ≤ 25 %
정밀도	상대표준편차 25 % 이내
정확도	75 % ~ 125 %
현장이중시료	상대편차백분율 ± 25 % 이내

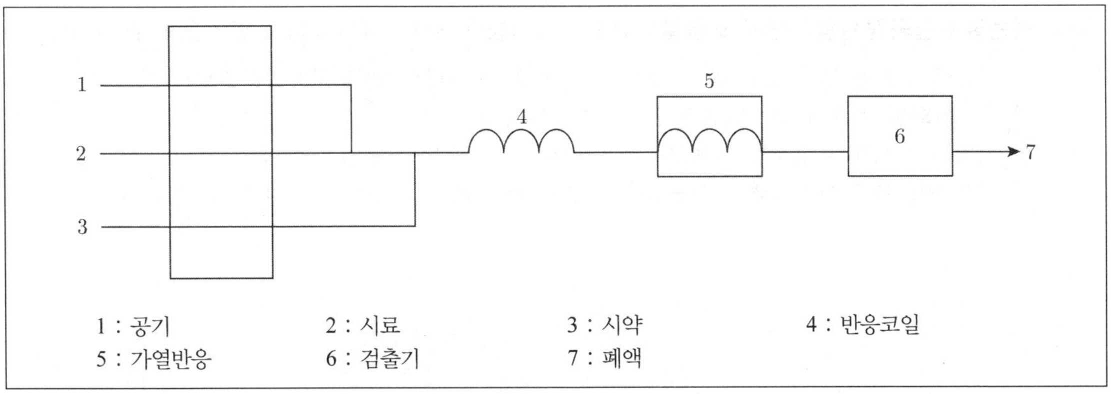

[그림 1] 포름알데히드 분석장치의 구성도(예 SFA)

포름알데히드 연습문제

01 **먹는물수질공정시험기준에 따른 고성능액체크로마토그래피 분석에서 아래의 유도체화 시약을 이용하는 분석 항목으로 옳은 것은?**

2,4-디니트로페닐하이드라진

① 카바릴
② 유기인계농약
③ 포름알데히드
④ 염소소독부산물

02 **먹는물수질공정시험기준에서 포름알데히드 분석 시 유도체화를 하는 이유로 적당하지 않은 것은?**

① 검출 감도의 향상
② 분리 특성의 개선
③ 화학적 안정화
④ 분석 시간 단축

03 **먹는물수질공정시험기준에 따른 유기물질 항목별 분석법 (㉠)과 유도체화 시약 (㉡)의 조합이 맞는 것은?**

① ㉠ 카바릴－기체크로마토그래피　㉡ 펜타플루오로벤질하이드록실아민
② ㉠ 디브로모아세틱에스드－기체크로마토그래피　㉡ 디아조메탄
③ ㉠ 포름알데히드－기체크로마토그래피　㉡ 메탄올
④ ㉠ 포름알데히드－고성능액체크로마토그래피　㉡ 2,4－다니트로페닐하이드라진

04 **먹는물수질공정시험기준의 포름알데히드－고성능액체크로마토그래피 방법으로 틀린 것은?**

① 시료에 염산을 넣어 pH 3으로 조정한 후에 2,4－디니트로페닐하이드라진으로 유도체화 한다.
② 유도체화한 시료를 고상카트리지에 통과시켜 흡착시키고 헥산으로 용출한다.
③ 전처리된 시료는 고성능 액체크로마토그래프－형광검출기로 분석한다.
④ 고성능액체크로마토그래프 이동상은 아세토니트릴과 정제수를 50 : 50으로 한다.

Answer 1. ③ 2. ④ 3. ① 4. ③

Part Ⅶ 휘발성유기화합물

126 휘발성유기화합물 (Volatile Organic compounds)

1 목적

이 시험기준은 먹는물, 샘물 및 염지하수 중에 총트리할로메탄[1)](브로모디클로로메탄[2)], 디브로모클로로메탄[3)], 브로모폼, 클로로포름 농도의 합), 클로로포름[4)], 테트라클로로에틸렌[5)], 1,1,1-트리클로로에탄[6)], 트리클로로에틸렌[7)], 디클로로메탄[8)], 벤젠[9)], 톨루엔[10)], 에틸벤젠[11)], 크실렌[12)], 1,1-

---

1) 분자량: 119.38($CHCl_3$, 클로로포름), 163.90($CHBrCl_2$, 브로모디클로로메탄), 208.28($CHBr_2Cl$, 디브로모클로로메탄), 252.73($CHBr_3$, 브로모포름), 배출원: 상수원수에 함유되어 있는 유기물 중 천연적으로 존재하는 부식질과 살균소독으로 사용되는 염소가 반응하여 생성되는 물질이다. 환경잔류성: 반응시간이 길수록, pH가 높을수록, 휴믹산의 농도가 높을수록, 체류시간이 길수록 트리할로메탄의 생성정도는 높아진다. 일반적으로 클로로포름이 가장 많이 생성되며, 특히 해수의 영향을 받을 경우 브롬화트리할로메탄이 생성된다. 인체유해성: 총트리할로메탄은 발암성을 고려해 정해진 최초의 수질항목으로서 브로모디클로로메탄과 디브로모클로로메탄의 유해성은 가열시 유독성 가스가 발생하고 변이원성이 있다. 브로모포름은 클로로포름보다 독성이 강하고, 국소점막 자극, 간 장애를 일으킨다.

2) 분자량: 163.83($CHBrCl_2$), 비중: 1.98, 끓는점: 90 ℃, 녹는점: −57 ℃, 용해도: 3,968 mg/L(25 ℃, H_2O), 배출원: 정수과정에서 염소와 같은 소독제가 브롬 및 자연적으로 존재하는 유기물과 반응하여 생성되는 소독부산물이다. 환경잔류성: 해수 침투 등으로 원수에서 브롬 농도가 높을 경우 브로모디클로로메탄의 발생이 증가한다. 인체유해성: 유전독성을 보이며 실험동물에서 신장과 간의 암을 유발하는 것으로 보고되어 있다. 급성증상으로 호흡기도 자극, 중추신경계통 억제, 구토, 두통, 시각장애등이 있으며, 만성으로는 발암성 의심 물질이다.

3) 분자량: 206($CHBr_2Cl$), 비중: 2.38, 끓는점: 120 ℃, 녹는점: −20 ℃, 용해도: 2,700 mg/L(20 ℃, H_2O), 배출원: 정수과정에서 염소와 같은 소독제가 브롬 및 자연적으로 존재하는 유기물과 반응하여 생성되는 소독부산물이다. 환경잔류성: 해수 침투 등으로 원수에서 브롬 농도가 높을 경우 디브로모클로로메탄의 발생이 증가한다. 인체유해성: 주요 표적장기는 간이고, 경구노출 시 간 지방에 축적되며 혈청 콜레스테롤 양에 변화가 일어나며 간세포 괴사도 발생한다.

4) 분자량: 119.38($CHCl_3$), 비중: 1.48, 끓는점: 61.17 ℃, 녹는점: −63.41 ℃, 용해도: 7,950 mg/L(25 ℃, H_2O), 배출원: 정수과정에서 원수 중의 유기물질과 소독제의 유리염소가 반응하여 생성된다. 환경잔류성: 대기 중으로 빠르게 증발하고 일부 토양에 흡착되거나 지하수로 유입된다. 수중 클로로포름은 폭기시 빠르게 휘발되어 제거되며, 수중 생물에 생물농축정도는 매우 낮다. 인체유해성: 중추신경계의 기능을 저하시키거나 마취하는 성질을 가지며, 급성증상으로는 현기증, 두통, 메스꺼움, 중추신경계 저하, 괴사, 심장부정맥을 유발하고 만성증상으로는 간, 신장에 손상을 입힌다.

5) 분자량: 165.8(C_2Cl_4), 비중: 1.62, 끓는점: 121.3 ℃, 녹는점: −19 ℃, 용해도: 200 mg/L(25 ℃, H_2O), 배출원: 공업용 세정제 및 드라이클리닝 용제, 금속부품의 탈지 세정, 섬유공업 등의 폐수, 환경잔류성: 대부분의 PCE는 대기중에서 발견되며 수중의 PCE는 폭기시 빠르게 휘발되어 제거된다. 표류수에 유입될 경우 3시간~7일 경과후 소실되며, 지하수 중에 혼입될 경우 휘발하지 않고 수개월~수년간 잔류할 수 있다. 인체유해성: 흡입시 중추신경계 저하 및 간 괴사, 허파, 심장, 신장에 영향을 준다.

6) 분자량: 132($C_2H_3Cl_3$), 비중: 1.34, 끓는점: 74 ℃, 녹는점: −30.4 ℃, 용해도: 4,400 mg/L(25 ℃, H_2O), 배출원: 기계, 장비 및 가구 등의 제조과정, 제품의 사용과정, 환경잔류성: 지하수에 존재하며 표류수에 혼입될 경우 2일~수주간 대기 중으로 휘발, 인체유해성, 다른 유기염소계 용제에 비해 독성이 비교적 약한 편이다.

7) 분자량: 131.39(C_2HCl_3), 비중: 1.46, 끓는점: 87.2 ℃, 녹는점: −84.7 ℃, 용해도: 1,280 mg/L(25 ℃, H_2O), 배출원: 전자부품, 영상, 음향 및 통신장비, 자동차 및 트레일러 제조, 1차 금속산업 제조과정이나 관련 산업의 폐수 등에서 배출된다. 환경잔류성: 표류수에서 수분~수시간 내 휘발하여 분해되며, 수생물에 생체농축되고, 흡착은 거의 일어나지 않으며 생분해는 서서히 일어난다. 지하에 침투하여 지하수 중에 장시간 잔류 가능하다. 인체유해성: 피부와 눈에 자극적이며 중추신경을 억제하여 마취작용을 한다.

디클로로에틸렌[13], 사염화탄소[14], 1,2-디브로모-3-클로로프로판[15] 등의 휘발성유기화합물의 분석으로, 시료채취, 간섭물질, 전처리과정, 기기분석에 관해 설명하고 내부정도관리에 대해 자세히 기술하고 있다. 먹는물, 샘물 및 염지하수 중 휘발성유기화합물 측정의 주된 목적은 먹는물, 샘물 및 염지하수 중의 휘발성유기화합물 성분에 대해 감시하고 관리하는 데 있다.

2 적용 가능한 시험

먹는물, 샘물 및 염지하수 중 미량으로 존재하는 휘발성유기화합물을 분석하기 위해서는 일반적으로 전처리 장치를 이용하거나 적절한 방법으로 전처리하여야 하고 그 후에 기체크로마토그래

---

8) 분자량: 84.93(CH_2Cl_2), 비중: 1.32, 끓는점: 39.8 ℃, 녹는점: −95 ℃, 용해도: 1,300 mg/L(25 ℃, H_2O), 배출원: 화학제품 제조과정이나 페인트, 페인트 제거제 등 물질을 함유한 제품을 사용하는 과정에서 배출된다. 환경잔류성: 표류수에 유입될 경우 수일~수주내 대기 중으로 휘발하여 분해되지만 지하수 중에는 수개월~수년 동안 잔류한다. 인체유해성: 고농도 급성 노출시 구토, 어지럼증, 피곤함과 같은 증상이 나타나며, 저농도 만성 노출 시 중추신경계, 간에 영향을 준다.

9) 분자량: 78(C_6H_6), 비중: 1.32, 끓는점: 80.1 ℃, 녹는점: 5.5 ℃, 용해도: 1,790 mg/L(25 ℃, H_2O), 배출원: 석유화합물, 합성세제, 드라이클리닝용제, 합성고무, 안료 등의 폐수로 배출된다. 환경잔류성: 휘발성이 강하여 주로 공기 중으로 배출되며, 물이나 토양으로 배출된 경우에도 대부분 휘발되어 공기 중으로 이동한다. 수계에서 증발이외에 광분해(반감기 17일)되거나 산소 존재 시 생분해(반감기 16일)되며 흡착 또는 침전은 일어나지 않는다. 인체유해성: 증기흡입, 눈, 피부접촉을 통해 노출되며, 1급 발암성 물질이다.

10) 분자량: 92.14(C_7H_8), 비중: 0.86, 끓는점: 110.6 ℃, 녹는점: −95 ℃, 용해도: 526 mg/L(25 ℃, H_2O), 배출원: 화학제품 제조, 자동차, 고무 및 플라스틱 제품 제조시 배출된다. 환경잔류성: 수계에 유입 시 침전물에 흡착되지 않고 증발되거나 생분해 되며, 수중에서 대기로 휘발에 의한 반감기는 4.1 ~ 5.2시간이다. 인체유해성: 증기흡입, 눈, 피부접촉을 통해 노출되며, 급성증상으로는 현기증, 두통, 마취를 유발하고 만성증상으로는 신장, 빈혈, 백혈구 감소, 위장장애를 유발한다.

11) 분자량: 106.2(C_8H_{10}), 비중: 0.87, 끓는점: 136.25 ℃, 녹는점: −95 ℃, 용해도: 169 mg/L(25 ℃, H_2O), 배출원: 운송장비, 자동차 및 트레일러 제조과정, 합성섬유, 안료, 염료 등 산업 폐수에서 배출된다. 환경잔류성: 환경 중 반감기는 1일로 빠르게 광분해하며 수중에서 가수분해는 되지 않는다. 수표면에서 대부분 휘발되어 제거되며, 하천에서 반감기는 1.1시간, 호수에서 반감기는 99시간이다. 인체유해성: 사람에 대해서는 발암성 증거가 매우 제한적이며 급성증상으로 기침, 졸음, 현기증, 두통유발, 피부 및 눈 염증 증상이 있다.

12) 분자량: 106.16(C_8H_{10}), 비중: 0.86 ~ 0.88, 끓는점: (138.2 ~ 144.5) ℃, 녹는점: (−47.4 ~ 13.25) ℃, 용해도: (160 ~ 180) mg/L(25 ℃, H_2O), 배출원: 도료, 접착제를 사용하는 건축현장, 자동차 배기가스, 염료, 합성섬유, 페인트, 석유정제 용제 등의 폐수에서 배출된다. 환경잔류성: 대부분 휘발되어 대기 중으로 방출된다. 지하수의 호기성 조건에서는 분해되고(반감기는 24 ~ 161일 이상), 혐기성 조건에서는 생물학적 변형이 없다. 지표수에 유입시 공기 중으로 휘발되어 빠르게 배출된다. 인체유해성: 급성증상으로 구토, 두통, 현기증, 흉부압박감, 마취상태를 유발하며, 만성증상으로 신장, 간장장애, 빈혈, 백혈구 감소 등 공수장해를 유발한다.

13) 분자량: 96.96($C_2H_2Cl_4$), 비중: 1.2, 끓는점: 31.7 ℃, 녹는점: −122.5 ℃, 용해도: 2,420 mg/L(25 ℃, H_2O), 배출원: 반도체 제조, 염화비닐의 중합, 합성섬유의 제조 시 배출된다. 환경잔류성: 수중에서는 안정하고 토양에서는 흡착성이 낮으며, 환경으로 방출된 대부분은 대기로 휘발된다. 휘발성 반감기는 강에서 3시간, 호수에서 4일이다. 인체유해성: 눈, 피부, 기도, 위장관의 자극, 중추신경계의 영향 등이 있으며 급성증상으로 현기증, 졸림, 호흡곤란, 폐렴이 나타날 수 있으며, 만성증상으로 간, 신장에 손상이 나타날 수 있다.

14) 분자량: 153.82(CCl_4), 비중: 1.59, 끓는점: 76.8 ℃, 녹는점: −23 ℃, 용해도: 1,160 mg/L(25 ℃, H_2O), 배출원: 섬유제품 및 화학제품 제조과정 중에 배출되며, 환경규제 등으로 생산 및 사용이 1980년대 이후 감소 추세이다. 환경잔류성: 반감기는 강에서 3 ~ 30일, 호수 및 지하수에서 3 ~ 300일이다. 인체유해성: 피부 접촉시 발포, 홍반, 충혈 증세를 보이며, 흡입, 피부 흡수, 경구 흡입일 때는 치명적일 수 있다.

15) 분자량: 236.36($C_3H_5Br_2Cl$), 비중: 2.08, 끓는점: 164.5 ℃, 녹는점: 5 ℃, 용해도: 1,230 mg/L(20 ℃, H_2O), 배출원: 주로 화학물질 제조과정이나 이 물질을 함유한 제품의 사용과정에서 배출된다. 환경잔류성: 수계에서는 증발하며 대기 중에서는 비로 세정되고, 수분과 유기물질 함량이 높은 토양에서는 잔류기간이 길어진다. 인체유해성: 노출 시 두통, 현기증, 메스꺼움, 피로, 구토 등 증상이 나타나며, 중독시 동공축소, 기관지경련, 호흡장애, 중추신경계장애를 유발한다.

프를 이용하여 기기분석을 실시한다. 휘발성유기화합물의 개별 성분에 대한 분석 방법은 표 1과 같이 퍼지·트랩－기체크로마토그래프－질량분석법을 주시험법으로 하며, 퍼지·트랩－기체크로마토그래피, 헤드스페이스－기체크로마토그래피, 마이크로용매추출/기체크로마토그래프－질량분석법이 제시되어 있다.

3 휘발성유기화합물 분석에서의 일반적인 주의사항

휘발성유기화합물의 미량분석에서는 유리기구, 정제수 및 분석기기의 오염을 방지하는 것이 중요하다. 정제수는 공기 중의 휘발성유기화합물에 의하여 쉽게 오염되므로 바탕실험을 통해 오염 여부를 잘 평가해야 한다.

휘발성유기화합물은 잔류농약 분석과 같이 용매를 많이 사용하는 실험실에서 분석하는 경우 오염이 발생하므로 분리된 다른 장소에서 하는 것이 원칙이다. 사용하는 용매의 증기를 배출시킬 수 있는 환기시설(후드) 등이 갖추어져 있어야 한다.

[표 1] 먹는물, 샘물 및 염지하수 중 휘발성유기화합물의 시험기준

휘발성유기화합물	P·T-GC-MS (ES 05601.1)	P·T-GC-ECD, FID (ES 05601.2)	HS-GC (ES 05601.3)	MLE-GC-MS (ES 05601.4)
총트리할로메탄	○	○	○	○
클로로포름	○	○	○	○
테트라클로로에틸렌	○	○	○	○
1,1,1-트리클로로에탄	○	○	○	○
트리클로로에틸렌	○	○	○	○
디클로로메탄	○	○	○	○
벤젠	○	○	○	○
톨루엔	○	○	○	○
에틸벤젠	○	○	○	○
크실렌	○	○	○	○
1,1-디클로로에틸렌	○	○	○	○
사염화탄소	○	○	○	○
디브로모클로로메탄	○	○	○	○
브로모디클로로메탄	○	○	○	○
1,2-디브로모-3-클로로프로판	○	−	−	−

[주 1] 항목별 시험기준이 여러 개 있을 때는 시험기준 분류번호의 소수 첫째 자리의 수가 작을수록 우선순위가 있다.(예: 제1법 ES 05601.1d, 제2법 ES 05601.2c 등)

[주 2] 1,2-디브로모-3-클로로프로판은 염소소독부산물이나 휘발성유기화합물 시험기준으로도 분석 가능하나, 염소소독부산물에 의한 시험기준(ES 05551.1c와 ES 05551.2c)이 우선한다.

[주 3] P·T-GC-MS(퍼지·트랩-기체크로마토그래프-질량분석법)
P·T-GC(퍼지·트랩-기체크로마토그래피)
HS-GC(헤드스페이스-기체크로마토그래피)
MLE/GC-MS(마이크로용매추출/기체크로마토그래프-질량분석법

127 휘발성유기화합물-퍼지·트랩-기체크로마토그래피-질량분석법
(Volatile Organic Compounds-Gas Chromatography-Mass Spectrometry)

1 개요

1.1 목적

이 시험기준은 먹는물, 샘물 및 염지하수 중에 휘발성유기화합물들을 동시 측정하는 방법으로, 시료 중에 휘발성유기화합물을 불활성기체로 퍼지(purge)시켜 기상으로 추출한 다음 트랩관으로 흡착·농축하고, 가열·탈착시켜 모세관 컬럼을 사용한 기체크로마토그래프-질량분석기로 분석하는 방법이다.

1.2 적용범위

1.2.1 이 시험기준은 먹는물, 샘물 및 염지하수 중에 디클로로메탄(dichloromethane), 벤젠(benzene), 톨루엔(toluene), 에딜벤젠(ethylbenzene), 크실렌(xylene), 총트리할로메탄(THMs; 클로로포름, 브로모디클로로메탄, 디브로모클로로메탄, 브로모폼), 1,1,1-트리클로로에탄(1,1,1-trichloroethane), 트리클로로에틸렌(TCE ; trichloroethylene), 테트라클로로에틸렌(PCE ; tetrachloroethylene), 1,1-디클로로에틸렌(1,1-dichloroethylene), 1,2-디브로모-3-클로로프로판(1,2-dibromo-3-chloropropane), 사염화탄소(tetrachlorocarbon) 등의 휘발성유기화합물의 분석에 적용한다.

1.2.2 이 시험기준에 의해 먹는물, 샘물 및 염지하수 시료 중에 각 휘발성유기화합물들의 정량한계는 0.001 mg/L이다.

1.2.3 이 시험기준에 의해 분리되지 않는 m,p-크실렌 이성질체들은 합하여 정량한다.

1.2.4 이 시험기준으로 용해도가 2 % 이상이거나 끓는점이 200 ℃ 이상인 화합물은 낮은 회수율을 보인다.

1.3 간섭물질

1.3.1 퍼지(purge)기체나 트랩 연결관 등의 오염, 실험실 공기 속에 기화된 용매가 오염원이 될 수 있다. 따라서 바탕시료를 사용하여 이를 점검하여야 한다.

1.3.2 폴리테트라플루오로에틸렌(PTFE) 재질이 아닌 튜브, 봉합제 및 유속조절제의 사용을 피해야 한다.

1.3.3 디클로로메탄은 보관이나 운반 중에 격막(septum)을 통해 확산되어 시료에 오염되거나, 공기로부터 직접 오염되고, 옷에 흡착하였다가 오염될 수 있으므로 바탕시료를 사용하여 점검하여야 한다.

1.3.4 높은 농도의 시료와 낮은 농도의 시료를 연속하여 분석할 때에는 오염이 될 수 있으므로 시료 분석 사이에 바탕시료를 분석하여 점검하여야 한다.

1.3.5 많은 양의 수용성물질, 부유물질, 고비점 또는 휘발성물질을 함유하는 시료를 분석한 후에는 퍼지(purge) 장치들을 세척한 후 105 ℃ 오븐 안에서 건조시켜 사용하는 것이 좋다.

1.3.6 높은 순도의 메탄올이나 아세톤에도 디클로로메탄 등의 유기용매가 존재할 수 있으므로 이를 사용하여 표준용액을 조제하기 전에 확인해야 한다.

2 용어정의

2.1 퍼지·트랩 장치[1)]

퍼지·트랩 장치는 퍼지부, 트랩관, 탈착부 및 냉각응축부(cryofocus) 등으로 구성된다. 퍼지부는 5 mL ~ 25 mL의 시료를 주입할 수 있는 스파저(sparger)와 시료를 일정 온도로 가열할 수 있는 가열장치가 있다. 트랩관은 길이 5 cm ~ 30 cm, 안지름 2 mm의 스테인리스 강관에 흡착제를 충전시키고 흡착 후 가열·탈착할 수 있는 가열부 내부에 있다. 냉각응축부에 사용하는 모세관 컬럼은 냉각 후 가열이 가능하여야 한다.

2.2 냉각응축(cryofocus)

분석물질이 트랩관에 흡착 후 탈착할 때 시간차이가 발생하여 피크 간에 분리능이 나빠지는데 이를 개선하기 위해 탈착 후 냉각·응축시키는 방법을 사용한다. 작동방법은 0.20 mm ~ 0.53 mm의 모세관컬럼을 －50 ℃ ~ －150 ℃ 정도로 냉각시켜 휘발성물질을 응축시킨 후 200 ℃ 정도로 급속 가열하면 휘발성물질이 휘발되어 기체크로마토그래프로 주입된다.

3 분석기기 및 기구

3.1 기체크로마토그래프

3.1.1 컬럼은 안지름 0.20 mm ~ 0.35 mm, 필름두께 0.2 μm ~ 0.50 μm, 길이 15 m ~ 60 m의 cross-linked methylsilicon(DB-1, HP-1 등) 또는 cross-linked 5 % phenylmethylsilicon (DB-5, HP-5 등) 등의 모세관이나 동등한 분리성능을 가진 모세관으로 대상 분석 물질의 분리가 양호한 것을 택하여 시험한다.

3.1.2 운반기체는 부피백분율 99.999 % 이상의 헬륨 또는 질소로서 유량은 0.5 mL/min ~ 4 mL/min, 시료도입부 온도는 120 ℃ ~ 250 ℃, 컬럼온도는 30 ℃ ~ 250 ℃로 사용한다.

3.1.3 기체크로마토그래프의 조건은 표 3과 같이 수행할 수 있다.

3.2 질량분석기(mass spectrometer)

3.2.1 이온화방식은 전자충격법(EI, electron impact)을 사용하며 이온화에너지는 35 eV ~ 70 eV

---

1) 기체크로마토그래프(GC) 분석을 위해 물속에 존재하는 휘발성유기화합물 분석을 위한 전처리 방법으로 활용되는 장치로서 다음과 같이 3단계로 나눠 진행된다.
① 퍼지(purge) 단계 : 일정량의 액체시료를 스파저(sparger)에 넣고 스파저 아래부분에 존재하는 frit을 통해 비활성가스(N_2, He 등)를 계속 불어넣어 시료 중에 존재하는 휘발성유기화합물을 추출한다.
② 트랩(trap) 단계 : 추출된 휘발성유기화합물이 트랩에서 흡착되는 단계로서 트랩은 Tenax, Charcoal 등의 재질로 되어 있고 비활성가스와 함께 트랩으로 옮겨진 휘발성유기화합물은 흡착에 유리한 특성이 있다.
③ 탈착(desorption) 단계 : 흡착트랩을 통해 추출 농축된 휘발성유기화합물은 비활성가스를 트랩에 흘려주어 트랩에 흡착된 미량의 수분을 제거한 후 순간적으로 트랩에 고온의 열을 가하여 휘발성유기화합물을 탈착시킨 다음 기체크로마토그래프(GC)의 운반기체와 함께 GC로 주입된다.

를 사용한다.

3.2.2 질량분석기는 자기장형(magnetic sector), 사중극자형(quadrupole) 및 이온트랩형(ion trap) 등을 사용한다.

3.2.3 정량분석에는 선택이온검출법(SIM, selected ion monitoring)을 이용하는 것이 바람직하다. 선택하는 이온들은 표 4의 이온을 사용할 수 있다.

3.3 퍼지·트랩장치

3.3.1 퍼지부, 트랩관, 탈착부 및 냉각응축부(cryofocus) 등으로 구성된다.

3.3.2 퍼지부는 5 mL ~ 25 mL의 시료를 주입할 수 있는 스파저(sparger)와 시료를 일정 온도로 가열할 수 있는 가열장치가 있어야 한다.

3.3.3 트랩관은 길이 5 cm ~ 30 cm, 안지름 2 mm 이상의 스테인리스 강관에 휘발성유기화합물을 흡착·농축할 수 있는 충전제가 충전된 것 또는 이와 동등 이상의 성능을 가진 것이어야 한다.

3.3.4 탈착부는 트랩관에 포집된 휘발성유기화합물을 가열·탈착할 수 있는 가열장치 또는 이와 동등 이상의 성능을 가진 것이어야 한다.

3.3.5 냉각응축부는 안지름 0.20 mm ~ 0.53 mm의 모세관을 －50 ℃ ~ －150 ℃ 정도로 냉각이 가능하고, 또한 약 200 ℃ 정도로 가열이 가능한 장치 또는 이와 동등 이상의 성능을 가진 것이어야 한다. 경우에 따라 냉각 응축과정은 생략해도 좋다.

3.3.6 일반적으로 트랩은 2,6-다이페닐렌옥사이드폴리머(Tenax-GC)/실리카겔/활성탄 또는 이와 동등 이상의 성능을 가진 것으로 충진하여 사용하거나 상업적으로 제조하여 판매하는 것을 사용한다.

3.3.7 퍼지·트랩장치는 표 5와 같이 실시할 수 있다.

4 시약 및 표준용액

4.1 시약

4.1.1 정제수

시약용 정제수를 사용하거나, 정제수를 15분간 끓인 후 90 ℃를 유지하면서 불활성 기체로 1시간 퍼지(purge)하여 휘발성유기물질을 제거하고 병 구멍이 작은 유리병에 넣은 다음 마개를 한다. 바탕시험 할 때 표준물질의 피크 부근에 불순물 피크가 없는 것을 사용한다.

4.1.2 염산(1＋1)

염산(hydrochloric acid, HCl, 분자량 : 36.46)과 정제수를 같은 부피로 혼합하여 조제한다. 바탕시험 할 때 표준물질의 피크 부근에 불순물 피크가 없는 것을 사용한다.

4.1.3 메탄올

메탄올(methanol, CH_3OH, 분자량 : 32.04)은 바탕시험 할 때 표준물질의 피크 부근에 불순물피크가 없는 것을 사용한다.

4.1.4 이산화비소산나트륨용액

이산화비소산나트륨(sodium arsenite, $NaAsO_2$, 분자량 : 139.92) 0.50 g을 정제수에 녹여 100 mL로 한다.

4.1.5 2,6-다이페닐렌옥사이드폴리머

2,6-다이페닐렌옥사이드폴리머(Tenax-GC, 2,6-diphenylene oxide polymer)는 크로마토그래프용으로 60메쉬 ~ 80메쉬의 것을 사용한다.

4.1.6 실리카겔

실리카겔(silicagel, $SiO_2 \cdot nH_2O$)은 크로마토그래프용 35메쉬 ~ 60메쉬의 것(그레이드 15)을 사용한다.

4.1.7 활성탄

활성탄(charcoal)은 크로마토그래프용으로서 26메쉬의 체를 통과한 것을 사용한다.

4.1.8 티오황산나트륨

티오황산나트륨·5수화물(sodium thiosulfate pentahydrate, $Na_2S_2O_3 \cdot 5H_2O$, 분자량 : 248.18)은 순도 98 % 이상의 분석용 시약을 사용한다.

4.1.9 아스코르빈산

아스코르빈산(ascorbic acid, $C_6H_8O_6$, 분자량 : 176.12)은 순도 98 % 이상의 분석용 시약을 사용한다.

4.2 표준용액

4.2.1 휘발성유기화합물 표준원액(1000 mg/L)

디클로로메탄, 벤젠, 톨루엔, 에틸벤젠, o-크실렌, m-크실렌, p-크실렌, 클로로포름, 브로모디클로로메탄, 디브로모클로로메탄, 브로모폼, 1,1,1-트리클로로에탄, 트리클로로에틸렌, 테트라클로로에틸렌, 1,1-디클로로에틸렌, 사염화탄소, 1,2-디브로모-3-클로로프로판은 고순도(99 % 이상)의 특급시약을 사용하여 아래와 같이 조제하여 사용할 수 있다. 그리고 국제적으로 인증된 표준물질을 구입하여 사용하는 것이 좋다.

[주 1] 표준물질 제조회사에 따라 200 mg/L ~ 2000 mg/L의 다른 농도로 제조하여 판매한다.

4.2.1.1 25 mL 부피플라스크에 메탄올 20 mL를 넣고 휘발성유기화합물 표준물질 약 25 mg을 주사기로 메탄올 가운데에 주입한 후 정확하게 무게 증가량을 잰 후 메탄올로 표선까지 채워 정확한 원액의 농도를 구한다.

4.2.1.2 각각의 표준물질의 첨가량을 구하여 표준원액의 농도(mg/L)를 구한다. 이 용액은 될 수 있는 대로 여러 개의 바이알에 공기층이 남지 않도록 나누어 넣은 다음 밀봉하여 냉장고(4 ℃ 이하)에서 보존하고, 4주 이내에 사용한다.

4.2.2 휘발성유기화합물 혼합표준용액(10.0 mg/L)

25 mL 부피플라스크에 디클로로메탄, 벤젠, 톨루엔, 에틸벤젠, o-크실렌, m-크실렌, p-크실렌, 클로로포름, 브로모디클로로메탄, 디브로모클로로메탄, 브로모폼, 1,1,1-트리클로로에탄, 트리클로로에틸렌, 테트라클로로에틸렌, 1,1-디클로로에틸렌, 사염화탄소, 1,2-디브로모-3-클로로프로판은 각각 250 μg에 상당하는 표준원액을 넣고 메탄올로 표선까지 채운 다음 마개를 하고 플라스크를 흔들어서 혼합한다. 이 용액은 될 수 있는 대로 여러 개의 바이알에 공기층이 남지 않도록 나누어 넣은 다음 밀봉하여 냉장고에 보존하고, 조제 후 4주 이내에 사용한다.

4.2.3 휘발성유기화합물 혼합표준용액(1.0 mg/L)

50 mL 부피플라스크에 휘발성유기화합물 표준용액(10.0 mg/L) 5.0 mL를 넣고 메탄올로 표선까지 채운 다음 마개를 하고 플라스크를 흔들어서 혼합한다. 이 용액은 될 수 있는 대로 여러 개의 바이알에 공기층이 남지 않도록 나누어 넣은 다음 밀봉하여 냉장고에 보존하고, 조제 후 4주 이내에 사용한다.

4.3 내부표준용액

4.3.1 내부표준원액(1000 mg/L)

25 mL 부피플라스크에 메탄올 5.0 mL를 넣고 플루오로벤젠 또는 1,2-디클로로벤젠-d_4 표준물질 약 25 mg을 주사기로 메탄올 가운데에 주입한 후 정확하게 무게 증가량을 잰 후 메탄올로 표선까지 채워 정확한 원액의 농도를 구한다.

4.3.2 내부표준용액(10.0 mg/L)

25 mL 부피플라스크에 플루오로벤젠 또는 1,2-디클로로벤젠-d_4 표준원액(1000 mg/L) 250 μL를 넣고 메탄올로 표선까지 채운 다음 마개를 하고 플라스크를 흔들어서 혼합한다. 이 용액은 될 수 있는 대로 여러 개의 바이알에 공기층이 남지 아니하도록 나누어 넣은 다음 밀봉하여 냉장고에 보존하고, 조제 후 4주 이내에 사용한다.

4.3.3 내부표준용액(1.0 mg/L)

50 mL 부피플라스크에 표준용액(10.0 mg/L) 5.0 mL를 넣고 메탄올로 표선까지 채운 다음 마개를 하고 플라스크를 흔들어서 혼합한다. 이 용액은 될 수 있는 대로 여러 개의 바이알에 공기층이 남지 않도록 나누어 넣은 다음 밀봉하여 냉장고에 보존하고, 조제 후 4주 이내에 사용한다.

5 시료채취 및 관리

5.1 기포가 생기지 아니하도록 조심스럽게 시료를 채취하고 pH가 약 2 이하가 되도록 즉시 염산을 넣고 시료를 가득 채운 후 공기가 들어가지 않도록 주의하여 밀봉한다. 잔류염소 제거를 위한 시약은 잔류염소 4 mg/L 이하인 시료 1 L 기준으로 아스코르빈산(ascorbic acid) 200 g/L를 3 mL 또는 티오황산나트륨(sodium thiosulfate) 80 g/L를 1 mL에 준하여 첨가하고 동일한 방법으로 pH 조절과 시료채취를 진행한다. 모든 시료를 중복으로 채취한다.

[주 2] 잔류염소가 함유되어 있는 경우에는 잔류염소를 완전히 제거한 후에 pH를 조절한다.

5.2 시료는 1 ℃ ~ 5 ℃ 냉암소에서 보관한다.

5.3 모든 시료는 채취 후 14일 이내에 분석해야 한다.

5.4 시료에 염산을 가하였을 때에 거품이 생기면 그 시료는 버리고 산을 가하지 않은 채로 두 개의 시료를 채취한다. 산을 가하지 않은 시료는 24시간 이내에 분석해야 한다.

6 정도보증/정도관리(QA/QC)

6.1 방법검출한계 및 정량한계

6.1.1 방법검출한계(MDL, method detection limit) 및 정량한계(LOQ, limit of quantitation)는

ES 05001 정도보증/정도관리에 따라 계산한다. 정제수에 정량한계 부근의 농도가 되도록 분석물질을 첨가한 시료 7개를 준비하고 각 시료를 7 분석절차와 동일하게 측정하여 표준편차를 구한다.

6.1.2 표준편차에 3.14를 곱한 값을 방법검출한계로, 10을 곱한 값을 정량한계로 나타낸다. 측정한 방법검출한계는 표 1에서 제시한 정량한계 이하이어야 한다.

6.2 방법바탕시료의 측정

ES 05001 정도보증/정도관리에 따라 시료군마다 1개의 방법바탕시료(method blank)를 측정한다. 방법바탕시료는 정제수를 사용하여 7 분석절차와 동일하게 전처리·측정하며 측정값은 방법검출한계 이하이어야 한다.

6.3 검정곡선의 작성 및 검증

6.3.1 검정곡선의 작성 및 검증은 ES 05001 정도보증/정도관리에 따른다. 정량범위 내의 5개의 농도에 대해 검정곡선을 작성하고 얻어진 검정곡선의 결정계수(R^2)가 0.98 이상 또는 감응계수(RF)의 상대표준편차가 25 % 이내이어야 하며 결정계수나 감응계수의 상대표준편차가 허용범위를 벗어나면 재작성한다.

6.3.2 검정곡선의 직선성을 검증하기 위하여 정량범위를 0.001 mg/L ~ 0.05 mg/L로 검정곡선을 작성한다. 그러나 측정값이 이 농도범위를 벗어날 경우에는 시료를 묽혀서 다시 분석한다.

6.3.3 검정곡선의 감응계수를 검증하기 위하여 검정곡선의 중간 농도에서 한 농도를 선택하여 감응계수(RF)를 구하여 그 값의 변화가 25 % 이내에서 일치하여야 한다. 만약 이 범위를 넘는 경우, 검정곡선을 재작성한다.

6.4 정밀도 및 정확도

6.4.1 정밀도(precision) 및 정확도(accuracy)의 측정은 ES 05001 정도보증/정도관리에 따른다. 정제수에 정량한계 농도의 10배가 되도록 동일하게 표준물질을 첨가한 시료를 4개 이상 준비하고, 7 분석절차와 동일하게 측정하여 평균값과 표준편차를 구한다.

6.4.2 정확도는 인증시료를 확보할 수 있는 경우 인증표준물질을 분석한 결과값과 인증값과의 상대백분율로 나타내고, 인증시료를 확보할 수 없는 경우 이를 정확한 농도로 첨가한 시료로 대체한다. 이 때 정확도는 첨가시료를 분석한 농도와 첨가하지 않은 시료를 분석한 농도와의 차이에 대한 첨가농도의 상대백분율로서 나타내며 그 값이 75 % ~ 125 % 이내이어야 한다.

6.4.3 정밀도는 측정값의 상대표준편차(RSD)로 계산하며 측정값이 25 % 이내이어야 한다.

6.5 현장 이중시료의 측정

현장 이중시료(field duplicate sample)는 동일한 장소에서 동일한 조건으로 중복으로 채취한 시료로서 한 조사팀이 하루에 20개 이하를 채취할 경우에는 1개를 그리고 그 이상을 채취할 때에는 시료 20개 당 1개를 추가로 취한다. 동일한 조건에서 중복으로 채취한 두 시료간의 측정값 편차는 25 % 이하이어야 한다.

6.6 내부정도관리 주기 및 목표

6.6.1 방법검출한계, 정량한계, 정밀도 및 정확도는 연 1회 이상 산정하는 것을 원칙으로 하며,

분석자의 교체, 분석 장비의 수리 및 이동 등의 주요 변동사항이 생길 경우에는 다시 실시한다. 단, 장비의 청소, 컬럼 교체 시와 측정 장비의 감도가 의심될 때에는 언제든지 측정하여 확인하여야 한다.

6.6.2 검정곡선 검증 및 시약바탕시료의 분석은 각 시료군마다 실시하며, 고농도의 시료 다음에는 시약바탕시료를 측정하여 오염여부를 점검한다.

6.6.3 각 정도관리 항목에 대한 정도관리 목표값은 표 1과 같다.

7 분석절차

7.1 전처리

7.2 검정곡선의 작성

7.2.1 기밀주사기나 자동주입기로 정제수 5 mL(경우에 따라 시료의 양을 증가시킬 수 있다)를 정확히 취하여 스파저에 주입한 다음, 휘발성유기화합물 혼합표준용액(1.0 mg/L)을 0, 5, 10, 50, 100, 200, 250 μL 단계적으로 취하여 넣고 혼합내부표준용액(1.0 mg/L)을 정확히 50 μL를 취하여 시료에 첨가한다. 조제한 검정곡선용 표준용액의 농도는 시료 중의 농도로 계산하면 0, 0.001, 0.002, 0.010, 0.020, 0.040, 0.050 mg/L에 해당되며 필요에 따라 사용하는 표준용액의 농도와 개수를 달리 할 수 있다.

[주 3] 시료분석결과 이 검정곡선 농도범위를 벗어나면 시료를 희석해서 재분석하여야 한다.

7.2.2 일정 온도에서 휘발성유기화합물을 퍼지(purge)시켜 트랩에서 포집한 다음 가열 탈착시켜 기체크로마토그래프 – 질량분석기로 주입한다.

7.2.3 휘발성유기화합물의 농도(C_x)를 취하여 가로축(x축)에, 크로마토그램으로부터 휘발성유기화합물의 피크면적(A_x)과 내부표준물질의 피크면적(A_i)과의 비(A_x/A_i)를 세로축(y축)에 취하여 검정곡선을 작성한다. 두 개의 내부표준물질 중에 머무름 시간이 가까운 것으로 선택한다.

[주 4] 피크의 면적 대신 피크의 높이를 사용할 수 있으나 피크면적을 사용하는 것이 바람직하다.

7.3 측정법

7.3.1 기밀주사기 또는 자동주입기로 시료 5 mL(장치에 따라 부피를 달리할 수 있다.)를 정확히 취하여 바이알 또는 스파저 내에 주입한 다음, 혼합내부표준용액(1.0 mg/L)을 정확히 50 μL를 취하여 시료에 첨가한다.

7.3.2 일정 온도에서 휘발성유기화합물을 퍼지(purge)시켜 트랩에서 포집한 다음 가열 탈착시켜 기체크로마토그래프 – 질량분석기에 주입한다.

7.3.3 기체크로마토그래프 – 질량분석기로부터 얻은 크로마토그램에서 각 분석성분 및 내부표준물질의 머무름 시간에 해당하는 위치의 피크들로부터 피크면적을 측정하여 휘발성유기화합물의 피크면적(A_x)과 내부표준물질의 피크면적(A_i)과의 비(A_x/A_i)를 구한다. 두 개의 내부표준물질 중에 머무름 시간이 가까운 것으로 선택한다.

8 결과보고

8.1 계산

각 분석물질별로 내부표준물질에 대한 면적 비(A_x/A_i)를 구한 다음 검정곡선식의 $y(i)$값에 대입하여 $x(i)$값을 계산하면 분석물질의 농도(C_s, mg/L)를 구할 수 있다.

$$C_s(\text{mg/L}) = \frac{\frac{A_X}{A_i} - b}{a} \quad \text{(식 1)}$$

여기서, A_x/A_i : 분석물질과 내부표준물질에 대한 면적 비

a : 검정곡선의 기울기

b : 검정곡선의 절편 값

C_s : 분석물질의 농도(mg/L)

8.2 결과보고

행정사항과 관련된 항목별 시험결과의 표시는 ES 05003의 먹는물 수질기준의 표시한계 및 결과표시에 따른다.

9 참고자료

9.1 US EPA Method 524.2, "Measurement of purgeable organic compounds in water by capillary column gas chromatography/mass spectrometry", EPA, (1992)

9.2 US EPA Method 624, "Purgeables, Method for Organic Chemical Analysis of Municipal and Industrial Wastewater", EPA, (1991)

9.3 Standard Methods, 6010D, "Purge and Trap Capillary-Column Gas Chromatographic/Mass Spectrometric Method", (2017)

9.4 일본환경수질분석법 4.3.2, 제3법

9.5 수질오염공정시험기준 ES 04603.1c, "휘발성유기화합물－퍼지·트랩/기체크로마토그래피－질량분석법", 국립환경과학원, (2022)

10 부록

[표 1] 정도관리 목표값

정도관리 항목	정도관리 목표
정량한계	0.001 mg/L
검정곡선	결정계수(R^2) ≥ 0.98 또는 감응계수(RF)의 상대표준편차 ≤ 25 %
정밀도	상대표준편차 ± 25 % 이내
정확도	75 % ~ 125 %
현장이중시료	상대편차백분율 ± 25 % 이내

[표 2] 휘발성유기화합물의 정량한계

휘발성유기화합물의 종류	정량한계(mg/L)
디클로로메탄	0.001
벤젠	0.001
톨루엔	0.001
에틸벤젠	0.001
o-크실렌	0.001
m,p-크실렌	0.001
클로로포름	0.001
브로모디클로로메탄	0.001
디브로모클로로메탄	0.001
브로모폼	0.001
1,1,1-트리클로로에탄	0.001
트리클로로에틸렌	0.001
테트라클로로에틸렌	0.001
1,1-디클로로에틸렌	0.001
사염화탄소	0.001
1,2-디브로모-3-클로로프로판	0.001

[표 3] 휘발성유기화합물의 기체크로마토그래프 실험조건(예)

항 목	조 건
컬럼	Ultra-2(cross-linked 5 % phenylmethylsilicone, 25 m 길이 × 0.20 mm 안지름 × 0.33 μm 필름두께) 또는 이와 동등한 컬럼
운반기체(유속)	헬륨(1.0 mL/min)
분획비	10 : 1
주입구 온도	200 ℃
인터페이스 온도	250 ℃
오븐 온도	35 ℃(7 min) → 5 ℃/min(50 ℃) → 10 ℃/min(150 ℃)

[표 4] 휘발성유기화합물의 질량스펙트럼 특성 이온들

휘발성유기화합물의 종류	분자량	제1선택이온(m/z)	제2선택이온(m/z)
플루오로벤젠	96	96	77
1,2-디클로로벤젠-d_4	150	152	115, 150
디클로로메탄	84	84	86, 49
벤젠	78	78	77
톨루엔	92	91	92
에틸벤젠	106	91	106, 77
o-크실렌	106	106	91, 77
m-크실렌	106	106	91, 77
p-크실렌	106	106	91, 77
클로로포름	118	83	47, 85
브로모디클로로메탄	162	83	85, 127
디브로모클로로메탄	206	129	127, 131
브로모폼	250	173	171, 175
1,1,1-트리클로로에탄	132	97	99, 61
트리클로로에틸렌	130	95	130, 132
테트라클로로에틸렌	164	166	129,1 168
1,1-디클로로에틸렌	96	61	96, 98
사염화탄소	152	117	119, 121
1,2-디브로모-3-클로로프로판	237	157	155, 75

[표 5] 휘발성유기화합물에 대한 퍼지·트랩장치의 실험조건(예)

항 목	조 건
퍼지 속도(퍼지 기체)	40 mL/min(He)
탈착 속도(탈착 기체)	20 mL/min(He)
수분제거부 준비온도	100 ℃
퍼지 시간	11 min
건조퍼지 시간	5 min
수분제거부 탈착온도	35 ℃
냉각응축온도	−150 ℃
탈착 온도(시간)	220 ℃(1 min)
주입 시간(온도)	0.7 min(200 ℃)
재생 시간(온도)	10 min(225 ℃)

[표 6] 휘발성유기화합물의 표준물질과 머무름 시간(예)

물질명	머무름시간(분)	물질명	머무름시간(분)
염화비닐	1.64	1,1,1,2-테트라클로로에테인	9.79
클로로에테인	1.76	에틸벤젠	10.29
1,1-디클로로에틸렌	2.02	m,p-크실렌	10.67
디클로로메탄	2.09	브로모폼	11.11
trans-1,2-디클로로에틸렌	2.28	스타이렌	11.52
1,1-디클로로에테인	2.39	o-크실렌	11.57
cis-1,2-디클로로에틸렌	2.68	1,1,2,2-테트라클로로에테인	12.30
브로모클로로메테인	2.79	1,2,3-트리클로로프로페인	12.58
클로로포름	2.79	아이소프로필벤젠	12.75
1,1,1-트리클로로에탄	3.18	브로모벤젠	12.95
1,2-디클로로에테인	3.24	2-클로로톨루엔	13.72
1,1-디클로로프로펜	3.36	N-프로필벤젠	13.90
벤젠	3.45	4-클로로톨루엔	14.01
사염화탄소	3.45	1,2,4-트라이메틸벤젠	14.43
1,2-디클로로프로페인	4.27	tert-부틸벤젠	15.26
트리클로로에틸렌	4.27	1,3,5-트라이메틸벤젠	15.33
디브로모에테인	4.31	1,3-다이클로로벤젠	15.71
브로모디클로로메탄	4.46	sec-부틸벤젠	15.98
cis-1,3-디클로로프로펜(Z)	5.61	1,4-다이클로로벤젠	15.98
톨루엔	6.61	p-아이소프로필톨루엔	16.42
trans-1,3-디클로로프로펜(E)	6.61	1,2-다이클로로벤젠	16.72
1,1,2-트리클로로에테인	6.75	N-부틸벤젠	17.48
1,3-디클로로프로페인	7.28	1,2-디브로모-3-클로로프로판	18.26
디브로모클로로메탄	7.58	1,2,4-트라이클로로벤젠	21.29
1,2-디브로모에테인	8.01	나프탈렌	21.50
테트라클로로에틸렌	8.15	1,2,3-트라이클로로벤젠	22.36
클로로벤젠	9.66	헥사클로로부타다이엔	22.47

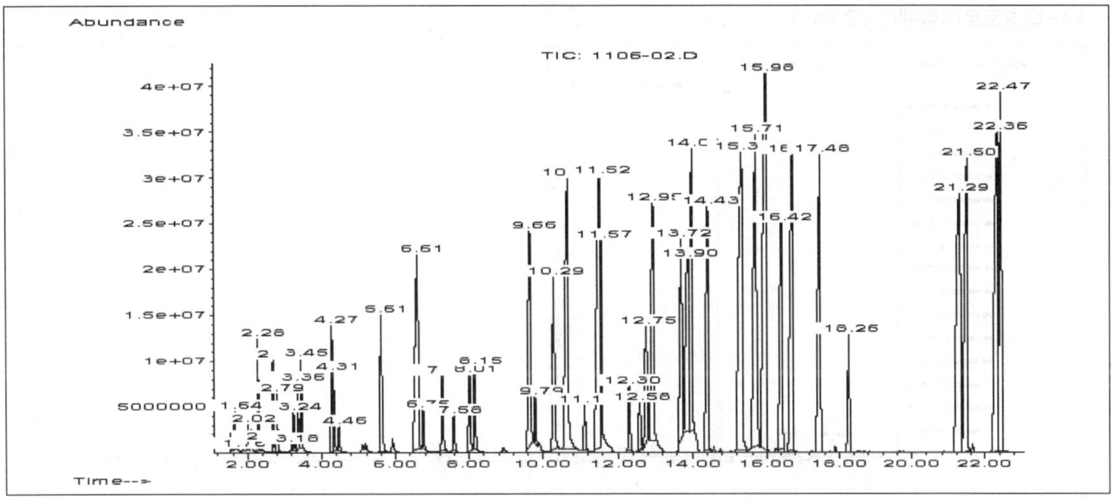

[그림 1] 혼합 휘발성유기화합물 표준물질의 GC-MS 크로마토그램(예)

염화비닐(1.64 min)

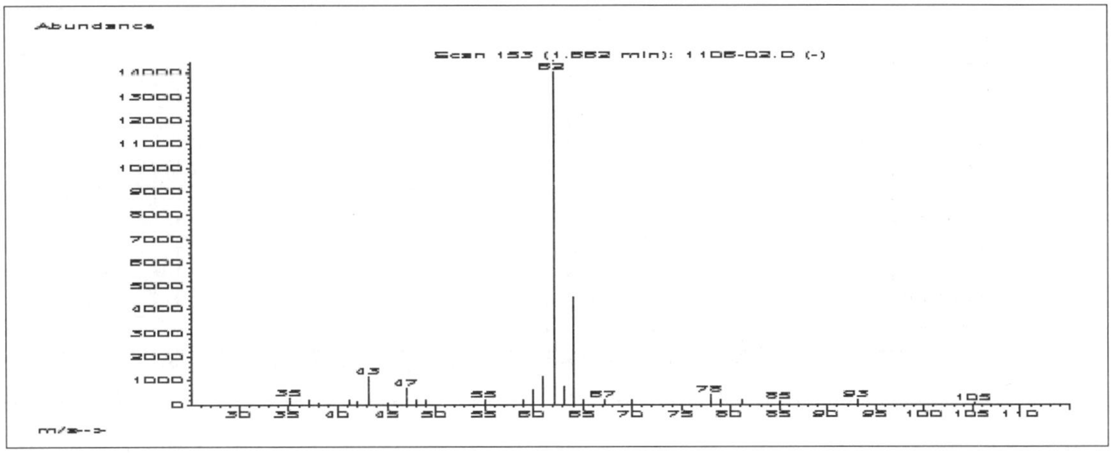

클로로에테인(1.76 min)

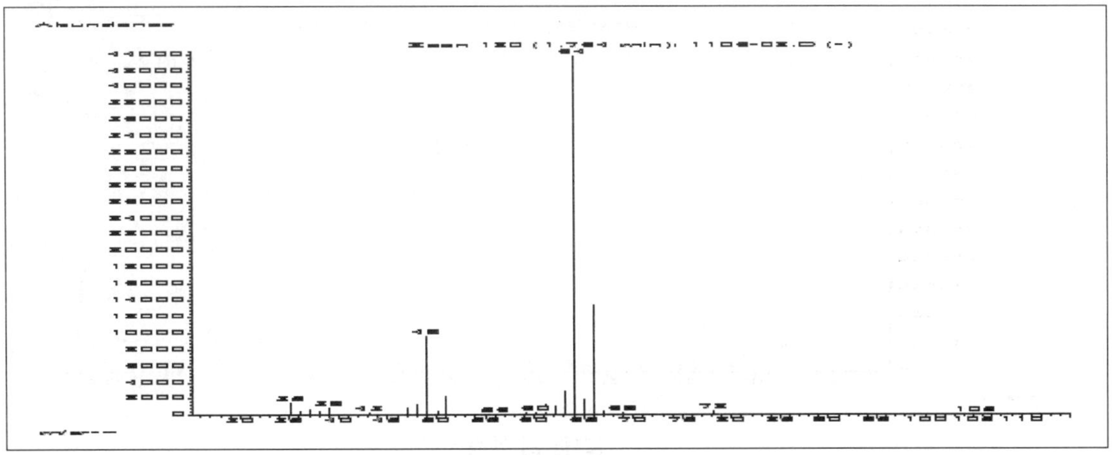

[그림 2] 휘발성유기화합물의 질량스펙트럼

1,1-디클로로에틸렌(2.02 min)

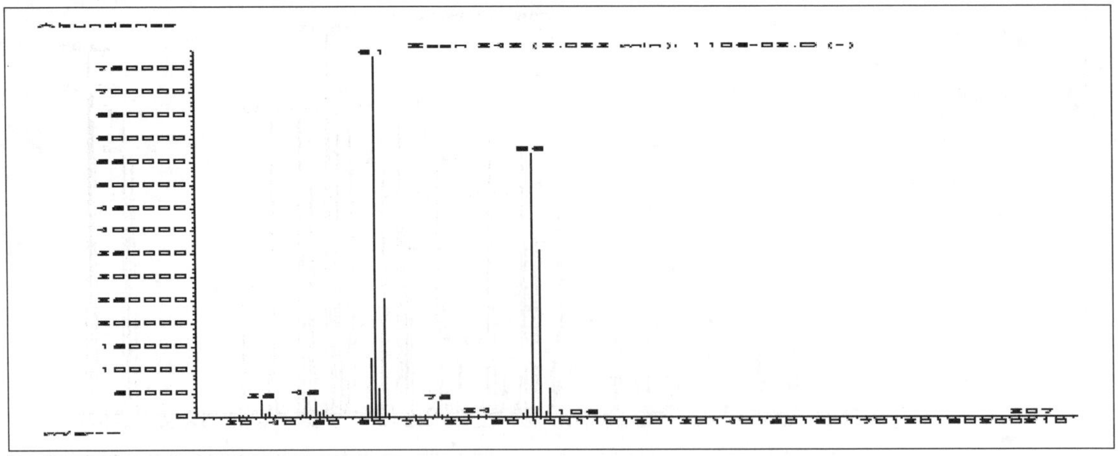

디클로로메탄(2.09 min)

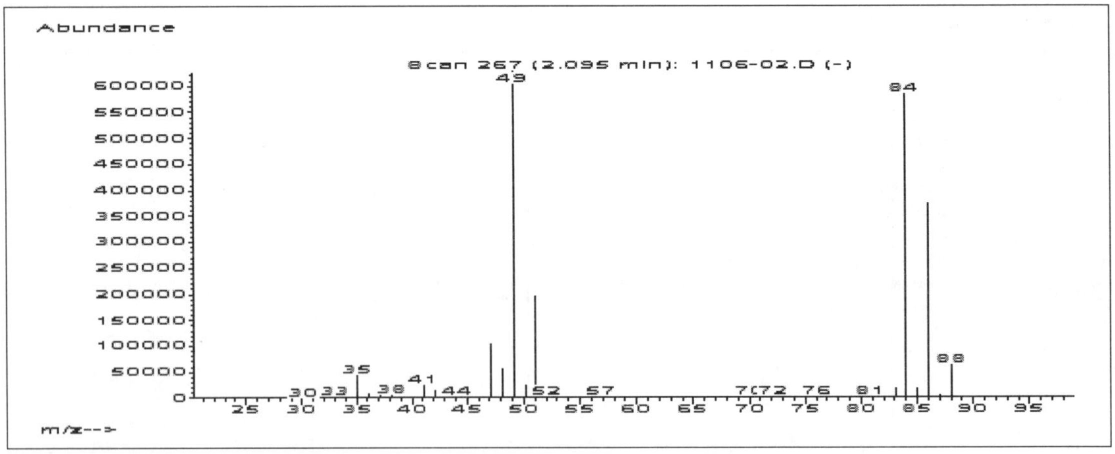

클로로포름(2.79 min)

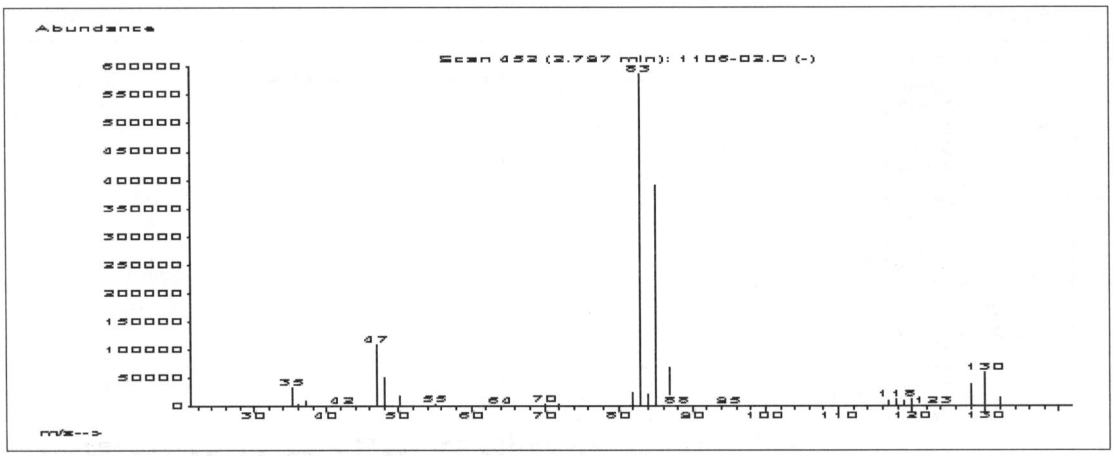

[그림 2] 계속

1,1,1-트리클로로에탄(3.18 min)

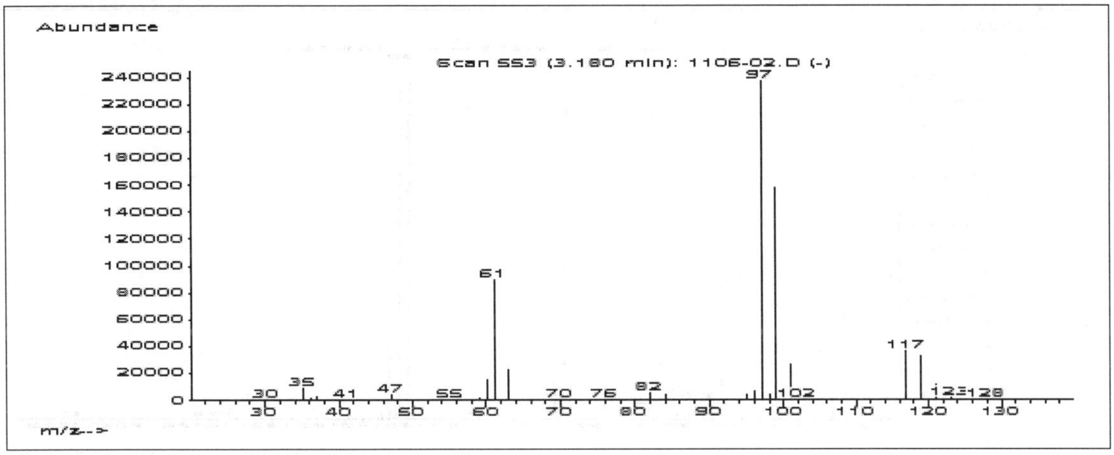

벤젠(3.45 min)

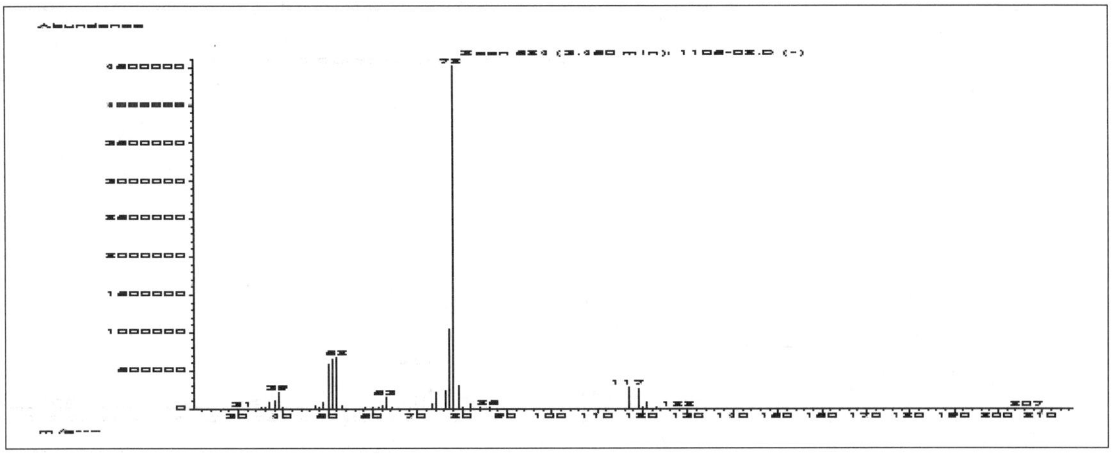

사염화탄소(3.45 min)

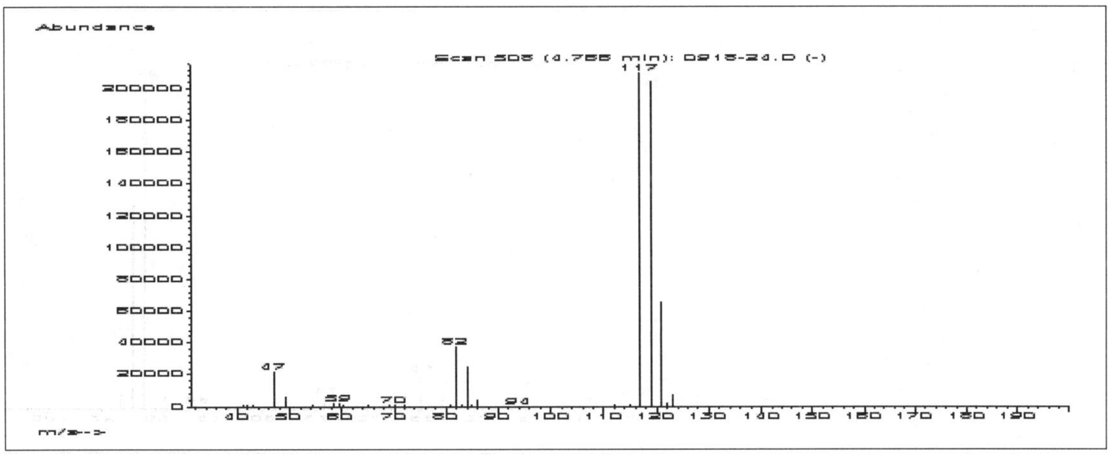

[그림 2] 계속

트리클로로에틸렌(4,27 min)

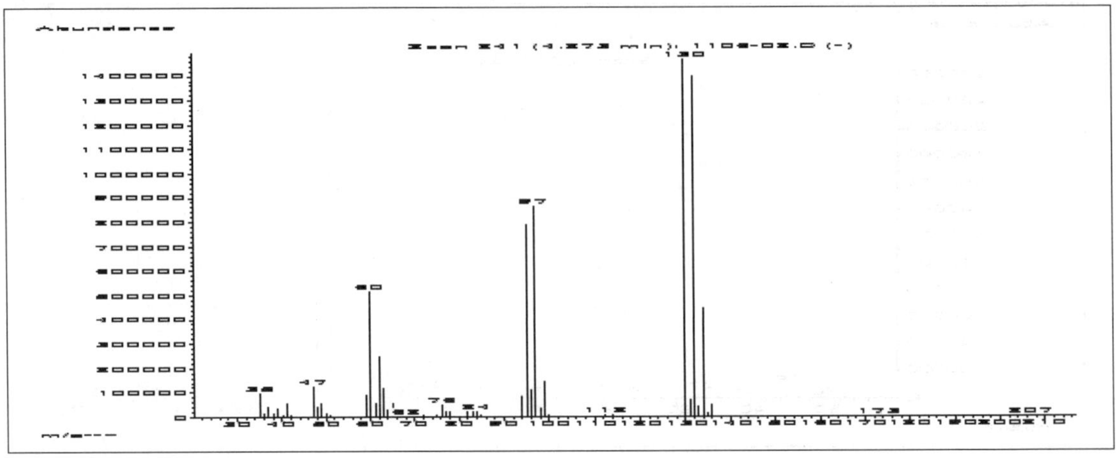

브로모디클로로메탄(4.46 min)

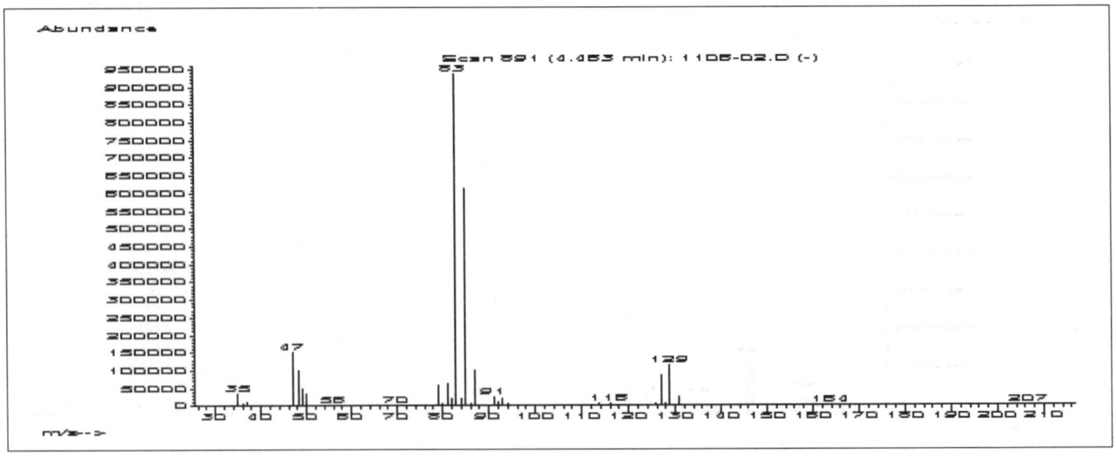

톨루엔(6.54 min)

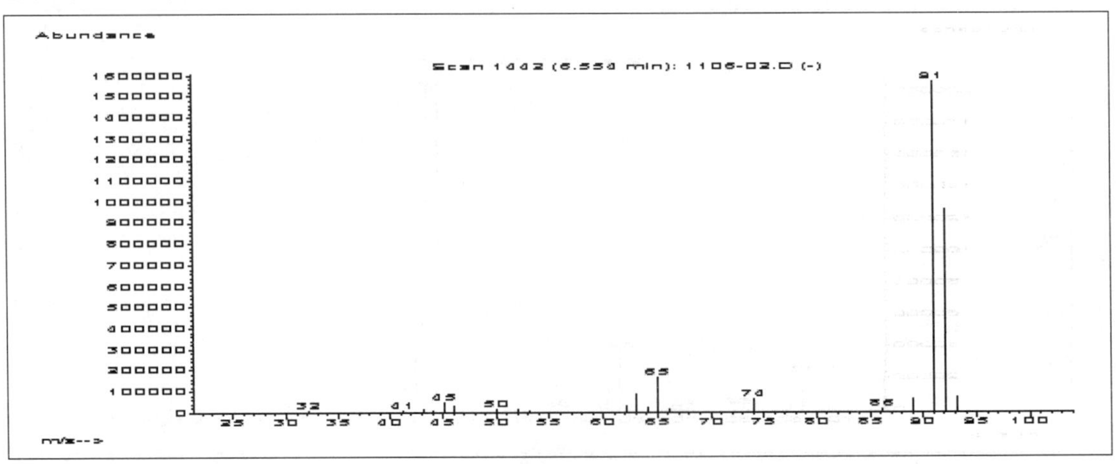

[그림 2] 계속

디브로모클로로메탄(7.58 min)

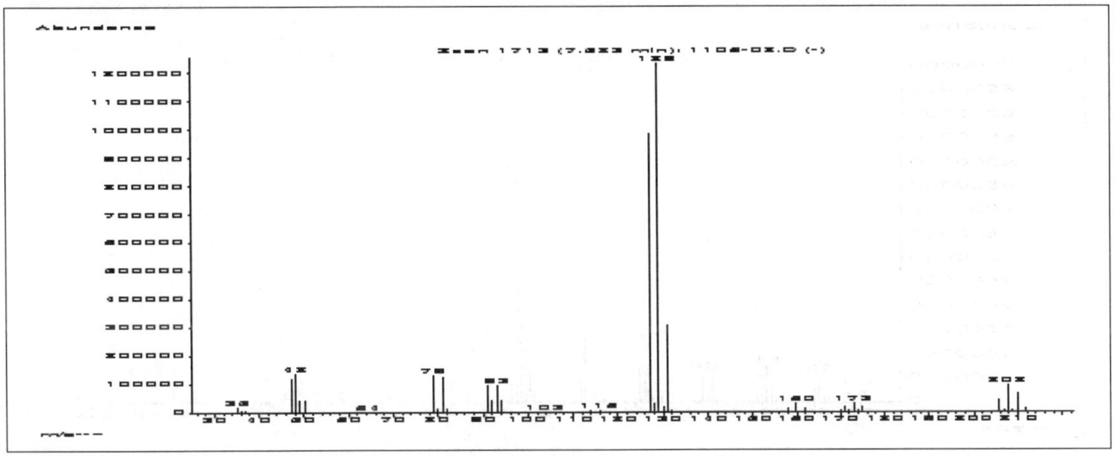

테트라클로로에틸렌(8.15 min)

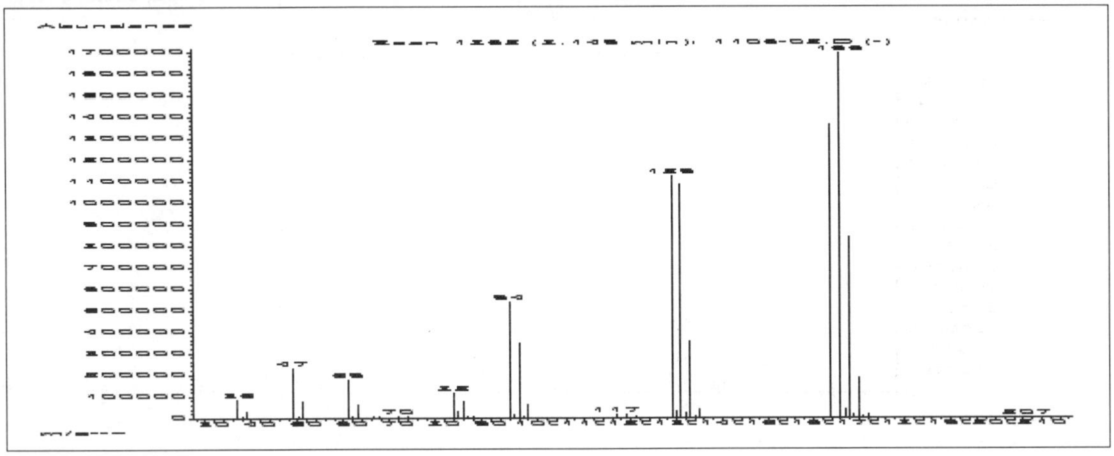

에틸벤젠(10.29 min)

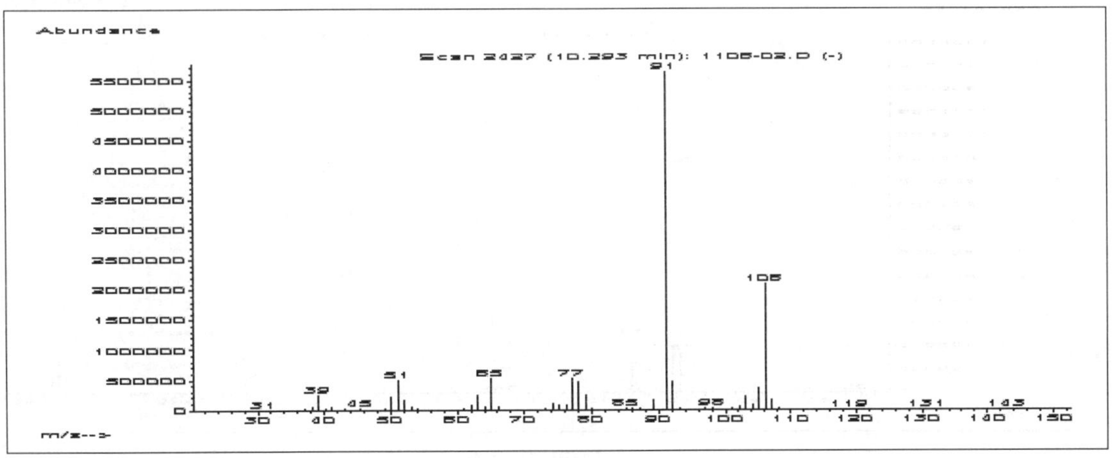

[그림 2] 계속

m,p-크실렌(10.67 min)

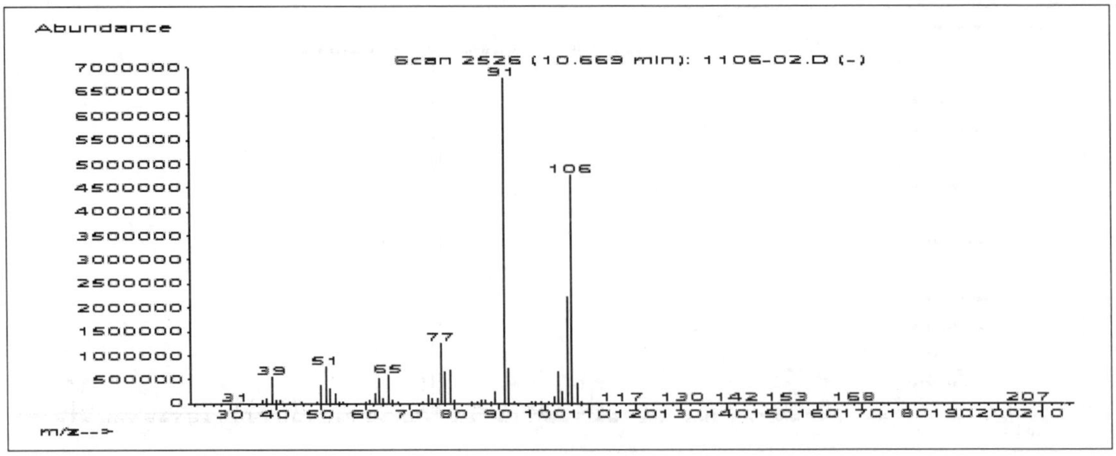

스타이렌(11.52 min)

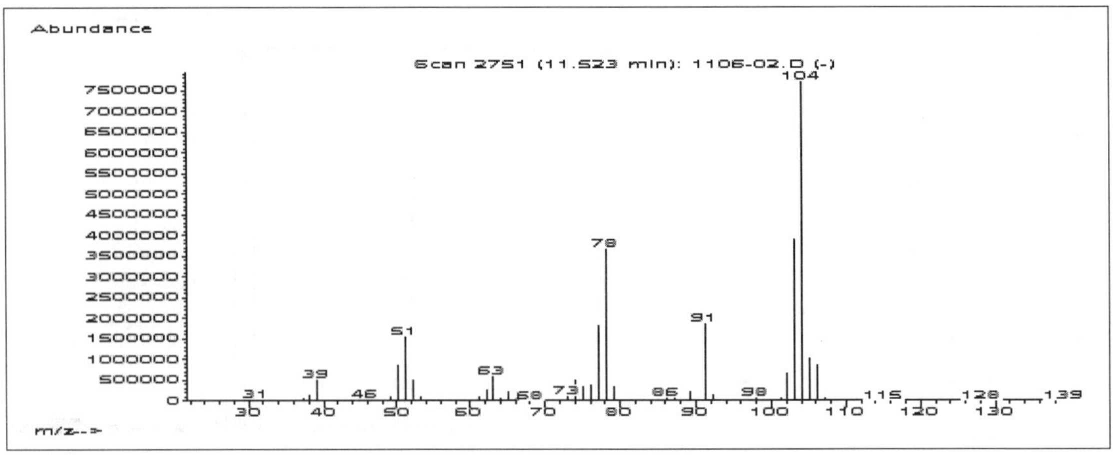

브로모폼(11.11 min)

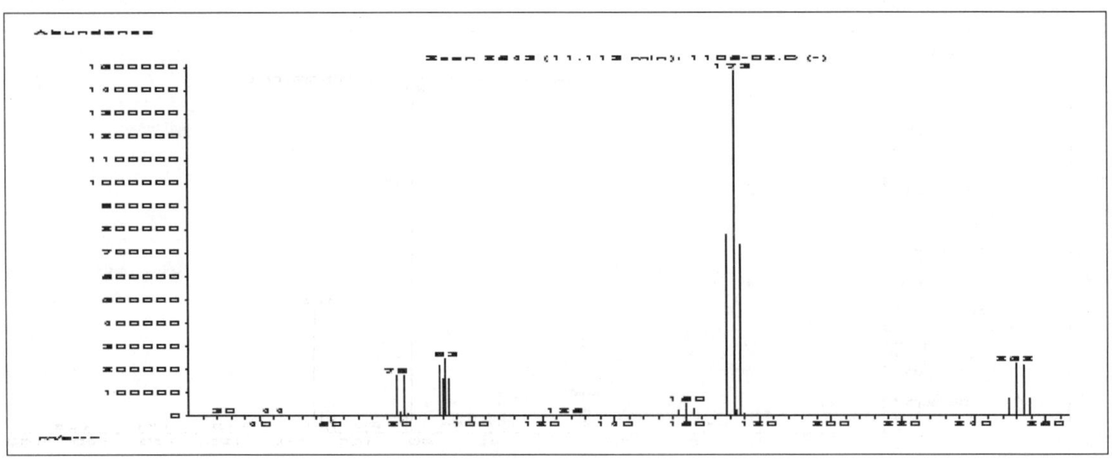

[그림 2] 계속

o-크실렌(11.57 min)

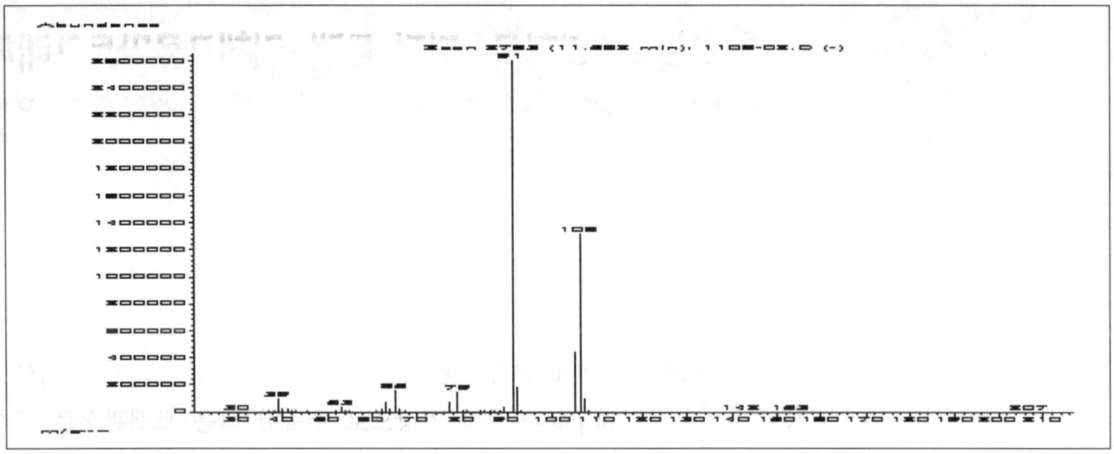

1,2-디브로모-3-클로로프로판(18.26 min)

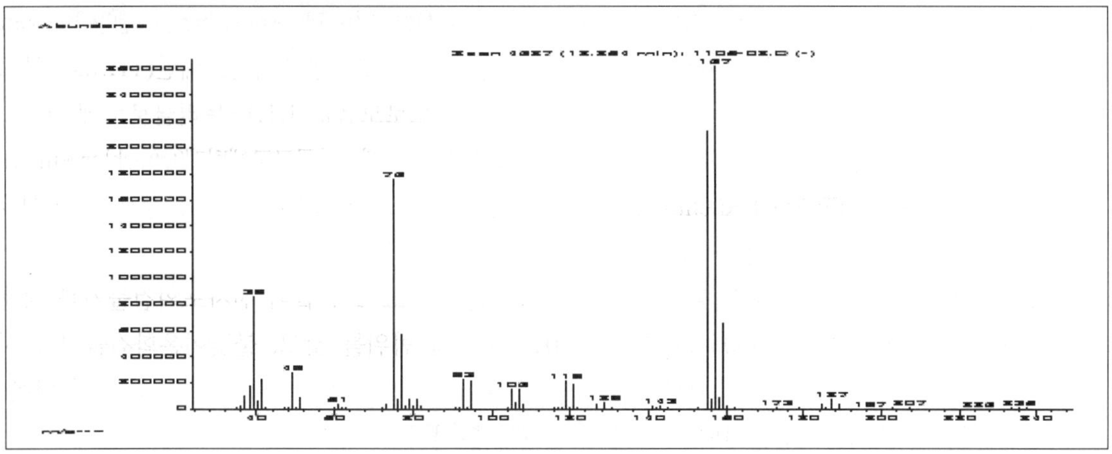

[그림 2] 계속

128 휘발성유기화합물-퍼지·트랩-기체크로마토그래피
(Volatile Organic Compounds-Purger·Trap-Gas Chromatography)

1 개요

1.1 목적

이 시험기준은 먹는물, 샘물 및 염지하수 중에 휘발성유기화합물을 측정하는 방법으로, 시료 중에 휘발성유기화합물을 불활성기체로 퍼지(purge)시켜 기상으로 추출한 다음 트랩관으로 흡착·농축하고, 가열·탈착시켜 모세관을 사용한 기체크로마토그래프로 분석하는 방법이다.

1.2 적용범위

1.2.1 이 시험기준은 먹는물, 샘물 및 염지하수 중에 디클로로메탄(dichloromethane), 벤젠(benzene), 톨루엔(toluene), 에틸벤젠(ethylbenzene), 크실렌(xylene), 총트리할로메탄(THMs, 클로로포름, 브로모디클로로메탄, 디브로모클로로메탄, 브로모폼), 1,1,1-트리클로로에탄(1,1,1-trichloroethane), 트리클로로에틸렌(TCE, trichloroethylene), 테트라클로로에틸렌(tetrachloroethylene), 1,1-디클로로에틸렌(1,1-dichloroethylene), 사염화탄소(tetrachlorocarbon) 등의 휘발성유기화합물의 분석에 적용한다.

1.2.2 이 시험기준에 의한 휘발성유기화합물의 정량한계는 표 2와 같이 전자포획검출기를 사용할 경우 물 시료 중에 0.0005 mg/L ~ 0.002 mg/L의 범위를 갖고, 불꽃이온화검출기를 사용할 경우는 물 시료 중에 0.002 mg/L ~ 0.003 mg/L의 범위를 갖는다. 수 μg/L의 낮은 농도에서 불꽃이온화검출기의 사용은 적절하지 않다.

1.2.3 이 시험기준에 의해 분리되지 않는 m,p-크실렌 이성질체들은 합하여 정량한다.

1.2.4 이 시험기준은 용해도가 2 % 이상이거나 끓는점이 200 ℃ 이상인 화합물은 낮은 회수율을 보인다.

1.3 간섭물질

1.3.1 퍼지(purge)기체나 트랩 연결관 등의 오염, 실험실 공기 속에 기화된 용매가 오염원이 될 수 있다. 따라서 바탕시료를 사용하여 이를 점검하여야 한다.

1.3.2 폴리테트라플루오로에틸렌(PTFE) 재질이 아닌 튜브, 봉합제 및 유속조절제의 사용을 피해야 한다.

1.3.3 디클로로메탄은 보관이나 운반 중에 격막(septum)을 통해 확산되어 시료에 오염되거나, 공기로부터 직접 오염되고, 옷에 흡착하였다가 오염될 수 있으므로 바탕시료를 사용하여 점검하여야 한다.

1.3.4 높은 농도의 시료와 낮은 농도의 시료를 연속하여 분석할 때에는 오염이 될 수 있으므로 시료 분석 사이에 정제수로 세척하여야 한다. 높은 농도의 시료를 분석한 후에는 바탕시료

를 분석하는 것이 좋다.

1.3.5 많은 양의 수용성물질, 부유물질, 고비점 또는 휘발성물질을 함유하는 시료를 분석한 후에는 퍼지(purge)장치들을 세척하여 105 ℃ 오븐 안에서 건조시킨 후 사용 것이 필요하다.

1.3.6 높은 순도의 메탄올이나 아세톤에도 디클로로메탄 등의 유기용매가 존재할 수 있으므로 이를 사용하여 표준용액을 조제하기 전에 확인해야 한다.

2 용어정의

2.1 퍼지·트랩 장치

퍼지·트랩 장치는 퍼지부, 트랩관, 탈착부 및 냉각응축부(cryofocus) 등으로 구성된다. 퍼지부는 5 mL ~ 25 mL의 시료를 주입할 수 있는 스파저(sparger)와 시료를 일정 온도로 가열할 수 있는 가열장치가 있다. 트랩관은 길이 5 cm ~ 30 cm, 안지름 2 mm 상의 스테인레스강관에 흡착제를 충전시키고 흡착 후 가열·탈착할 수 있는 가열부 내부에 있다. 냉각응축부에 사용하는 모세관은 냉각 후 가열이 가능하여야 한다.

2.2 냉각응축(cryofocus)

분석물질이 트랩관에 흡착 후 탈착할 때 시간차이가 발생하여 피크 간에 분리능이 나빠지는데 이를 개선하기 위해 탈착 후 냉각·응축시키는 방법을 사용한다. 작동방법은 0.20 mm ~ 0.53 mm의 모세관을 −50 ℃ ~ −150 ℃ 정도로 냉각시켜 휘발성물질을 응축시킨 후 200 ℃ 정도로 급속 가열하면 휘발성물질이 휘발되어 기체크로마토그래프로 주입된다.

3 분석기기 및 기구

3.1 기체크로마토그래프

3.1.1 컬럼은 안지름 0.20 mm ~ 0.35 mm, 필름두께 0.2 μm ~ 0.50 μm, 길이 15 m ~ 60 m의 cross-linked methylsilicon(DB-1, HP-1 등) 또는 cross-linked 5 % phenylmethylsilicon (DB-5, HP-5 등) 등의 모세관이나 동등한 분리성능을 가진 모세관으로 대상 분석 물질의 분리가 양호한 것을 택하여 시험한다.

3.1.2 운반기체는 부피백분율 99.999 % 이상의 순도를 가지는 질소로 유량은 0.5 mL/min ~ 4 mL/min, 시료도입부 온도는 120 ℃ ~ 250 ℃, 컬럼온도는 30 ℃ ~ 250 ℃로 사용한다.

3.1.3 전자포획검출기

전자포획검출기(ECD, electron capture detector)는 방사선 동위원소(^{63}Ni, ^{3}H 등)로부터 방출되는 β선이 운반기체를 전리하여 미소전류를 흘려보낼 때 시료 중의 할로겐이나 산소와 같이 전자포획력이 강한 화합물에 의하여 전자가 포획되어 전류가 감소하는 것을 이용하는 방법으로 유기할로겐화합물, 니트로화합물 및 유기금속화합물을 선택적으로 검출할 수 있다.

3.1.4 불꽃이온화검출기

불꽃이온화검출기(FID, flame ionization detector)는 수소연소노즐(nozzle), 이온 수집기(ion collector)로 구성되는 본체와 이 전극 사이에 직류전압을 주어 흐르는 이온전류를 측정하기 위한 직류전압 변환회로, 감도 조절부, 신호감쇄부 등으로 구성된다.

3.1.5 기체크로마토그래프의 조건은 표 3과 같이 수행할 수 있다.

3.2 퍼지·트랩장치

3.2.1 퍼지부, 트랩관, 탈착부 및 냉각응축부(cryofocus) 등으로 구성된다.

3.2.2 퍼지부는 5 mL ~ 25 mL의 시료를 주입할 수 있는 스파저(sparger)와 시료를 일정 온도로 가열할 수 있는 가열장치가 있어야 한다.

3.2.3 트랩관은 길이 5 cm ~ 30 cm, 안지름 2 mm 이상의 스테인레스관에 휘발성유기화합물을 흡착·농축할 수 있는 충전제가 충전된 것 또는 이와 동등 이상의 성능을 가진 것이어야 한다.

3.2.4 탈착부는 트랩관에 포집된 휘발성유기화합물을 가열·탈착할 수 있는 가열장치 또는 이와 동등 이상의 성능을 가진 것이어야 한다.

3.2.5 냉각응축부는 안지름 0.20 mm ~ 0.53 mm의 모세관을 −50 ℃ ~ −150 ℃ 정도로 냉각이 가능하고, 또한 200 ℃로 가열이 가능한 장치 또는 이와 동등 이상의 성능을 가진 것이어야 한다. 경우에 따라 냉각 응축과정은 생략해도 좋다.

3.2.6 일반적으로 트랩은 2,6-다이페닐렌옥사이드폴리머(Tenax-GC)/실리카겔/활성탄 또는 이와 동등 이상의 성능을 가진 것으로 충전하여 사용한다.

3.2.7 퍼지·트랩장치는 표 4와 같이 실시할 수 있다.

4 시약 및 표준용액

4.1 시약

4.1.1 정제수

시약용 정제수를 사용하거나, 정제수를 15분간 끓인 후 90 ℃를 유지하면서 불활성기체로 1시간 퍼지(purge)하여 휘발성유기물질을 제거하고 병 구멍이 작은 유리병에 넣은 다음 마개를 한다. 바탕시험 할 때 표준물질의 피크 부근에 불순물 피크가 없는 것을 사용한다.

4.1.2 염산(1+1)

염산(hydrochloric acid, HCl, 분자량 : 36.46)과 정제수를 같은 부피로 혼합하여 조제한다. 바탕시험 할 때 표준물질의 피크 부근에 불순물 피크가 없는 것을 사용한다.

4.1.3 메탄올

메탄올(methanol, CH_3OH, 분자량 : 32.04)은 바탕시험 할 때 표준물질의 피크 부근에 불순물 피크가 없는 것을 사용한다.

4.1.4 이산화비소산나트륨용액

이산화비소산나트륨(sodium arsenite, $NaAsO_2$, 분자량 : 139.92) 0.50 g을 정제수에 녹여 100 mL로 하여 사용한다.

4.1.5 2,6-디페닐렌옥사이드폴리머

2,6-디페닐렌옥사이드폴리머(2,6-diphenylene oxide polymer)는 크로마토그래프용으로 60 메쉬 ~ 80메쉬의 것(Tenax GC 등)을 사용한다.

4.1.6 실리카겔

실리카겔(silicagel, $SiO_2 \cdot nH_2O$)은 크로마토그래프용 35메쉬 ~ 60메쉬의 것(그레이드 15)

을 사용한다.

4.1.7 활성탄

활성탄(charcoal)은 크로마토그래프용으로서 26메쉬의 체를 통과하는 것을 사용한다.

4.1.8 티오황산나트륨

티오황산나트륨·5수화물(sodium thiosulfate pentahydrate, $Na_2S_2O_3 \cdot 5H_2O$, 분자량 : 248.18)은 순도 98 % 이상의 분석용 시약을 사용한다.

4.1.9 아스코르빈산

아스코르빈산(ascorbic acid, $C_6H_8O_6$, 분자량 : 176.12)은 순도 98 % 이상의 분석용 시약을 사용한다.

4.2 표준용액

4.2.1 휘발성유기화합물 표준원액(1000 mg/L)

디클로로메탄, 벤젠, 톨루엔, 에틸벤젠, o-크실렌, m-크실렌, p-크실렌, 클로로포름, 브로모디클로로메탄, 디브로모클로로메탄, 브로모폼, 1,1,1-트리클로로에탄, 트리클로로에틸렌, 테트라클로로에틸렌, 1,1-디클로로에틸렌, 사염화탄소는 특급시약을 사용하여 아래와 같이 조제하여 사용할 수 있다. 그리고 국제적으로 인증된 표준물질을 구입하여 사용하는 것이 좋다.

4.2.1.1 25 mL 부피플라스크에 메탄올 20 mL를 넣고 휘발성유기화합물 표준물질 약 25 mg을 주사기로 메탄올 가운데에 주입한 후 정확하게 무게 증가량을 잰 후 메탄올로 표선까지 채워 정확한 원액의 농도를 구한다.

4.2.1.2 각각의 표준물질의 첨가량을 구하여 표준원액의 농도(mg/L)를 구한다. 이 용액은 될 수 있는 대로 여러 개의 바이알에 공기층이 남지 않도록 나누어 넣은 다음 밀봉하여 냉장고(4 ℃)에서 보존하고, 4주 이내에 사용한다.

4.2.2 휘발성유기화합물 혼합표준용액(10.0 mg/L)

25 mL 부피플라스크에 디클로로메탄, 벤젠, 톨루엔, 에틸벤젠, o-크실렌, m-크실렌, p-크실렌, 클로로포름, 브로모디클로로메탄, 디브로모클로로메탄, 브로모폼, 1,1,1-트리클로로에탄, 트리클로로에틸렌, 테트라클로로에틸렌, 1,1-디클로로에틸렌, 사염화탄소는 각각 250 μg에 상당하는 표준원액을 넣고 메탄올로 표선까지 채운 다음 마개를 하고 플라스크를 흔들어서 혼합한다. 이 용액은 될 수 있는 대로 여러 개의 바이알에 공기층이 남지 않도록 나누어 넣은 다음 밀봉하여 냉장고에 보존하고, 조제 후 4주 이내에 사용한다.

4.2.3 휘발성유기화합물 혼합표준용액(1.0 mg/L)

50 mL 부피플라스크에 휘발성유기화합물 표준용액(10.0 mg/L) 5.0 mL를 넣고 메탄올로 표선까지 채운 다음 마개를 하고 플라스크를 흔들어서 혼합한다. 이 용액은 될 수 있는대로 여러 개의 바이알에 공기층이 남지 않도록 나누어 넣은 다음 밀봉하여 냉장고에 보존하고, 조제 후 4주 이내에 사용한다.

4.3 내부표준용액

4.3.1 내부표준원액(1000 mg/L)

25 mL 부피플라스크에 메탄올 20 mL를 넣고 플루오로벤젠 또는 1,2-디클로로벤젠-d_4 표준물질 약 25 mg을 주사기로 메탄올 가운데에 주입한 후 정확하게 무게 증가량을 잰 후 메탄올로 표선까지 채워 정확한 원액의 농도를 구한다.

[주 1] 시판용 내부표준물질을 사용할 수 있다.

4.3.2 내부표준용액(10.0 mg/L)

25 mL 부피플라스크에 플루오로벤젠 또는 1,2-디클로로벤젠-d_4 표준원액(1000 mg/L) 250 μL를 넣고 메탄올로 표선까지 채운 다음 마개를 하고 플라스크를 흔들어서 혼합한다. 이 용액은 될 수 있는 대로 여러 개의 바이알에 공기층이 남지 않도록 나누어 넣은 다음 밀봉하여 냉장고에 보존하고, 조제 후 4주 이내에 사용한다.

4.3.3 내부표준용액(1.0 mg/L)

50 mL 부피플라스크에 표준용액(10.0 mg/L) 5.0 mL를 넣고 메탄올로 표선까지 채운 다음 마개를 하고 플라스크를 흔들어서 혼합한다. 이 용액은 될 수 있는 대로 여러 개의 바이알에 공기층이 남지 않도록 나누어 넣은 다음 밀봉하여 냉장고에 보존하고, 조제 후 4주 이내에 사용한다.

5 시료채취 및 관리

5.1 기포가 생기지 아니하도록 조심스럽게 시료를 채취하고 pH가 약 2 이하가 되도록 즉시 염산을 넣고 시료를 가득 채운 후 공기가 들어가지 않도록 주의하여 밀봉한다. 잔류염소 제거를 위한 시약은 잔류염소 4 mg/L 이하인 시료 1 L 기준으로 아스코르빈산(ascorbic acid) 200 g/L를 3 mL 또는 티오황산나트륨(sodium thiosulfate) 80 g/L를 1 mL에 준하여 첨가하고 동일한 방법으로 pH 조절과 시료채취를 진행한다. 모든 시료를 중복으로 채취한다.

[주 2] 잔류염소가 함유되어 있는 경우에는 잔류염소를 완전히 제거한 후에 pH를 조절한다.

5.2 시료는 1 ℃ ~ 5 ℃ 냉암소에서 보관한다.

5.3 모든 시료는 채취 후 14일 이내에 분석해야 한다.

5.4 시료에 염산을 가하였을 때에 거품이 생기면 그 시료는 버리고 산을 가하지 않은 채로 두 개의 시료를 채취하고 24시간 이내에 분석해야 한다.

6 정도보증/정도관리(QA/QC)

6.1 방법검출한계 및 정량한계

6.1.1 방법검출한계(MDL, method detection limit) 및 정량한계(LOQ, limit of quantitation)는 ES 05001 정도보증/정도관리에 따라 계산한다. 정제수에 정량한계 부근의 농도가 되도록 분석물질을 첨가한 시료 7개를 준비하고 각 시료를 7 분석절차와 동일하게 측정하여 표준편차를 구한다. 만약 이 농도에서 측정이 불가능하다면 농도를 조정할 수 있다.

6.1.2 표준편차에 3.14를 곱한 값을 방법검출한계로, 10을 곱한 값을 정량한계로 나타낸다. 측정한 방법검출한계는 표 1에서 제시한 정량한계 이하이어야 한다.

[주 3] 불꽃이온화검출기는 검출한계 및 정량한계 목표값을 만족시키지 못한다.

6.2 방법바탕시료의 측정

ES 05001 정도보증/정도관리에 따라 시료군마다 1개의 방법바탕시료(method blank)를 측정한다. 방법바탕시료는 정제수를 사용하여 **7** 실험절차와 동일하게 전처리·측정하며 측정값은 방법검출한계 이하이어야 한다.

6.3 검정곡선의 작성 및 검증

6.3.1 검정곡선의 작성 및 검증은 ES 05001 정도보증/정도관리에 따른다. 정량범위 내의 5개의 농도에 대해 검정곡선을 작성하고 얻어진 검정곡선의 결정계수(R^2)가 0.98 이상 또는 감응계수(RF)의 상대표준편차가 25 % 이내이어야 하며 결정계수나 감응계수의 상대표준편차가 허용범위를 벗어나면 재작성한다.

6.3.2 검정곡선의 직선성을 검증하기 위하여 정량범위를 벤젠, 톨루엔, 에틸벤젠, o-크실렌, m-크실렌, p-크실렌의 경우 0.002 mg/L ~ 0.05 mg/L로 한다. 디클로로메탄, 클로로포름, 브로모디클로로메탄, 디브로모클로로메탄, 브로모폼, 1,1,1-트리클로로에탄, 트리클로로에틸렌, 테트라클로로에틸렌, 1,1-디클로로에틸렌, 사염화탄소의 경우 전자포획검출기에서는 0.0005 mg/L ~ 0.05 mg/L로 하며 불꽃이온화검출기를 사용 할 경우 디클로로메탄, 클로로포름, 브로모디클로로메탄, 디브로모클로로메탄, 브로모폼, 1,1,1-트리클로로에탄은 0.003 mg/L ~ 0.05 mg/L, 트리클로로에틸렌, 테트라클로로에틸렌, 1,1-디클로로에틸렌, 사염화탄소는 0.002 mg/L ~ 0.05 mg/L로 한다. 그러나 측정값이 이 농도범위를 벗어날 경우에는 시료를 묽혀서 다시 분석한다.

6.3.3 검정곡선을 검증하기 위하여 감응계수를 비교할 때에는 검정곡선의 중간 농도에서 한 농도를 선택하여 감응계수(RF)를 구하여 그 값의 변화가 25 % 이내에서 일치하여야 한다. 만약 이 범위를 넘는 경우, 검정곡선을 재작성한다.

6.4 정밀도 및 정확도

6.4.1 정밀도(precision) 및 정확도(accuracy)의 측정은 ES 05001 정도보증/정도관리에 따른다. 정제수에 정량한계 농도의 10배가 되도록 동일하게 표준물질을 첨가한 시료를 4개 이상 준비하고, **7** 절차와 동일하게 측정하여 평균값과 표준편차를 구한다.

6.4.2 정확도는 인증시료를 확보할 수 있는 경우 인증표준물질을 분석한 결과값과 인증값과의 상대백분율로 나타내고, 인증시료를 확보할 수 없는 경우 이를 정확한 농도로 첨가한 시료로 대체한다. 이 때 정확도는 첨가시료를 분석한 농도와 첨가하지 않은 시료를 분석한 농도와의 차이에 대한 첨가농도의 상대백분율로서 나타내며 그 값이 75 % ~ 125 % 이내이어야 한다.

6.4.3 정밀도는 측정값의 상대표준편차(RSD)로 계산하며 측정값이 25 % 이내이어야 한다.

6.5 현장 이중시료의 측정

현장 이중시료(field duplicate sample)는 동일한 시료채취 장소에서 동일한 조건으로 중복으로 채취한 시료로서 한 조사팀이 하루에 20개 이하를 채취할 경우에는 1개를 그리고 그 이상을 채취할 때에는 시료 20개 당 1개를 추가로 취한다. 동일한 조건의 두 시료간의 측정값의 편차는 25 % 이하이어야 한다.

6.6 내부정도관리 주기 및 목표

6.6.1 방법검출한계, 정량한계, 정밀도 및 정확도는 연 1회 이상 산정하는 것을 원칙으로 하며, 분석자의 교체, 분석 장비의 수리 및 이동 등의 주요 변동사항이 생길 경우에는 다시 실시한다. 단, 장비의 청소, 컬럼 교체 시와 측정 장비의 감도가 의심될 때에는 언제든지 측정하여 확인하여야 한다.

6.6.2 검정곡선 검증 및 시약바탕시료의 분석은 각 시료군마다 실시하며, 고농도의 시료 다음에는 시약바탕시료를 측정하여 오염여부를 점검한다.

6.6.3 각 정도관리 항목에 대한 정도관리 목표값은 표 1과 같다.

7 분석절차

7.1 전처리

7.2 검정곡선의 작성

7.2.1 기밀주사기나 자동주입기로 정제수 5 mL(경우에 따라 시료의 양을 증가시킬 수 있다.)를 정확히 취하여 스파저에 주입한 다음, 휘발성유기화합물 혼합표준용액 1.0 mg/L를 0, 2.5, 10, 15, 50, 100, 200, 250 μL를 단계적으로 취하여 넣고 내부표준용액(1.0 mg/L)을 정확히 50 μL를 취하여 시료에 첨가한다. 조제한 검정곡선용 표준용액의 농도는 시료 중의 농도로 계산하면 0, 0.0005, 0.002, 0.003, 0.010, 0.020, 0.040, 0.050 mg/L에 해당되며 필요에 따라 사용하는 표준용액의 농도와 개수를 달리 할 수 있다.

[주 4] 시료분석결과 이 검정곡선 농도범위를 벗어나면 시료를 희석해서 재분석하여야 한다.

7.2.2 일정 온도에서 휘발성유기화합물을 퍼지(purge)시켜 트랩에서 포집한 다음 가열 탈착시켜 기체크로마토그래프로 주입한다.

7.2.3 휘발성유기화합물의 농도(C_x)를 취하여 가로축(x축)에, 크로마토그램으로부터 휘발성유기화합물의 피크면적(A_x)과 내부표준물질의 피크면적(A_i)과의 비(A_x/A_i)를 세로축(y축)에 취하여 검정곡선을 작성한다. 두 개의 내부표준물질 중에 머무름 시간이 가까운 것으로 선택한다.

[주 5] 피크의 면적 대신 피크의 높이를 사용할 수 있으나 피크면적을 사용하는 것이 바람직하다.

7.3 측정법

7.3.1 기밀주사기 또는 자동주입기로 시료 5 mL(경우에 따라 부피를 달리할 수 있다.)를 정확히 취하여 바이알 또는 스파저 내에 주입한 다음, 내부표준용액(1.0 mg/L)을 정확히 50 μL를 취하여 시료에 첨가한다.

7.3.2 일정 온도에서 휘발성유기화합물을 퍼지(purge)시켜 트랩에서 포집한 다음 가열탈착시켜 기체크로마토그래프로 주입한다.

7.3.3 기체크로마토그래프로부터 얻은 크로마토그램에서 각 분석성분 및 내부표준물질의 머무름 시간에 해당하는 위치의 피크들로부터 피크면적을 측정하여 휘발성유기화합물의 피크면적(A_x)과 내부표준물질의 피크면적(A_i)과의 비(A_x/A_i)를 구한다. 두 개의 내부표준물질을 사용할 때에는 둘 중에 머무름 시간이 가까운 것으로 선택한다.

8 결과보고

8.1 계산

각 분석물질별로 내부표준물질에 대한 면적 비(A_x / A_i)를 구한 다음 검정곡선식의 $y(i)$값에 대입하여 $x(i)$값을 계산하면 분석물질의 농도(C_s, mg/L)를 구할 수 있다.

$$C_s(\text{mg/L}) = \frac{\frac{A_x}{A_i} - b}{a} \quad \cdots\cdots (식\ 1)$$

여기서, A_x / A_i : 분석물질과 내부표준물질에 대한 면적 비

a : 검정곡선의 기울기

b : 검정곡선의 절편 값

C_s : 분석물질의 농도(mg/L)

8.2 결과보고

행정사항과 관련된 항목별 시험결과의 표시는 ES 05003의 먹는물 수질기준의 표시한계 및 결과표시에 따른다.

9 참고자료

9.1 US EPA Method 501.1, "The analysis of trihalomethanes in drinking water by the purge and trap method", EPA, (1979)

9.2 US EPA Method 502.1, "Volatile halogenated organic compounds in water by purge and trap gas chromatography", EPA, (1989)

9.3 US EPA Method 503.1, "Volatile aromatic and unsaturated organic compounds in water by purge and trap gas chromatography", EPA, (1989)

9.4 일본환경수질분석법 4.3.2, 제3법

9.5 먹는물감시항목시험방법, "휘발성유기화합물－퍼지·트랩－기체크로마토그래피", (2018)

9.6 먹는물수질공정시험기준 ES 05601. "휘발성유기화합물", 국립환경과학원, (2022)

9.7 수질오염공정시험기준 ES 04603.3 "휘발성유기화합물-퍼지·트랩/기체크로마토그래피", 국립환경과학원, (2022)

10 부록

[표 1] 정도관리 목표값

정도관리 항목	정도관리 목표
정량한계	0.0005 mg/L ~ 0.003 mg/L
검정곡선	결정계수(R^2) ≥ 0.98 또는 감응계수(RF)의 상대표준편차 ≤ 25 %
정밀도	상대표준편차 ± 25 % 이내
정확도	75 % ~ 125 %
현장이중시료	상대편차백분율 ± 25 % 이내

[표 2] 휘발성유기화합물의 질량스펙트럼 특성 이온들

휘발성유기화합물의 종류	정량한계(mg/L)	
	전자포획검출기(ECD)	불꽃이온화검출기(FID)
디클로로메탄	0.0005	0.003
벤젠	0.002	0.002
톨루엔	0.002	0.002
에틸벤젠	0.002	0.002
o-크실렌	0.002	0.002
m,p-크실렌	0.002	0.002
클로로포름	0.0005	0.003
브로모디클로로메탄	0.0005	0.003
디브로모클로로메탄	0.0005	0.003
브로모폼	0.0005	0.003
1,1,1-트리클로로에탄	0.0005	0.003
트리클로로에틸렌	0.0005	0.002
테트라클로로에틸렌	0.0005	0.002
1,1-디클로로에틸렌	0.0005	0.002
사염화탄소	0.0005	0.002

[표 3] 휘발성유기화합물의 기체크로마토그래프 실험조건(예)

항 목	조 건
컬럼	Ultra-2(cross-linked 5 % phenylmethylsilicone, 25 m 길이 × 0.20 mm 안지름 × 0.33 μm 필름두께) 또는 이와 동등한 컬럼
운반기체(유속)	헬륨(1.0 mL/min)
분획비	10 : 1
주입구 온도	200 ℃
인터페이스 온도	250 ℃
오븐 온도	35 ℃(7 min) → 5 ℃/min(50 ℃) → 10 ℃/min(150 ℃)

[표 4] 휘발성유기화합물의 퍼지·트랩장치의 실험조건(예)

항 목	조 건
퍼지 속도(퍼지 기체)	40 mL/min(He)
탈착 속도(탈착 기체)	20 mL/min(He)
전퍼지	0.75 min
MCS standby temp.	100 ℃
퍼지 시간	11 min
건조 퍼지시간	5 min
MCS 탈착온도	35 ℃
냉각응축온도	−150 ℃
탈착 온도(시간)	220 ℃(1 min)
주입 시간(온도)	0.7 min(200 ℃)
재생 시간(온도)	10 min(225 ℃)

129 휘발성유기화합물-헤드스페이스-기체크로마토그래피 (Volatile Organic Compounds-Headspace-Gas Chromatography)

1 개요

1.1 목적

이 시험기준은 먹는물, 샘물 및 염지하수 중에 휘발성유기화합물을 측정하는 방법으로써, 시료 중의 휘발성유기화합물을 일정 온도에서 가열하여 평형상태에 있는 기상의 일정량을 기체크로마토그래프로 분리하여 질량분석기 또는 전자포획검출기로 검출하는 방법이다.

1.2 적용범위

1.2.1 이 시험기준은 먹는물, 샘물 및 염지하수 중에 디클로로메탄(dichloromethane), 벤젠(benzene), 톨루엔(toluene), 에틸벤젠(ethylbenzene), 크실렌(xylene), 총트리할로메탄(THMs; 클로로포름, 브로모디클로로메탄, 디브로모클로로메탄, 브로모폼), 1,1,1-트리클로로에탄(1,1,1-trichloroethane), 트리클로로에틸렌(TCE ; trichloroethylene), 테트라클로로에틸렌(tetrachloroethylene), 1,1-디클로로에틸렌(1,1-dichloroethylene), 사염화탄소(tetrachlorocarbon) 등의 휘발성유기화합물의 분석에 적용한다.

1.2.2 이 시험기준은 비교적 오염이 많이 된 물 중에 휘발성유기화합물의 분석에도 적용한다.

1.2.3 이 시험기준에 의해 먹는물 시료 중에 각 휘발성유기화합물들의 정량한계는 표 2에 제시한 바와 같이 0.0005 mg/L ~ 0.001 mg/L이다.

1.3 간섭물질

1.3.1 용매, 시약, 유리기구류 및 다른 실험도구로부터 간섭물질이 존재할 수 있으므로 사용 전에 점검하여야 한다.

1.3.2 실험실 공기 속에 기화된 용매로 오염이 될 수 있으므로 바탕시료를 사용하여 점검하여야 한다.

1.3.3 디클로로메탄은 보관이나 운반 중에 격막(septum)을 통해 확산되어 시료에 오염되거나, 공기로부터 직접 오염되고, 옷에 흡착하였다가 오염될 수 있으므로 바탕시료를 사용하여 점검하여야 한다.

1.3.4 플루오르화탄소나 디클로로메탄과 같은 휘발성유기물은 보관이나 운반 중에 격막(septum)을 통해 확산되어 시료에 오염될 수 있으므로 현장 바탕시료를 사용하여 점검하여야 한다.

2 용어정의

2.1 헤드스페이스방법[1)]

바이알에 일정 시료를 넣고 캡으로 완전히 밀폐시킨 후 시료의 온도를 일정 온도 및 일정 시간 동안 가열할 때 휘발성유기화합물들이 기화되어 평형상태에 이르게 되고 이 기체의 일부를 측정 장비로 주입하여 분석하는 방법이다.

3 분석기기 및 기구

3.1 기체크로마토그래프

3.1.1 컬럼은 안지름 0.20 mm ~ 0.35 mm, 필름두께 0.1 μm ~ 0.50 μm, 길이 15 m ~ 60 m의 cross-linked methylsilicon(DB-1, HP-1 등) 또는 cross-linked 5 % phenylmethylsilicon(DB-5, HP-5 등) 등의 모세관이나 동등한 분리성능을 가진 모세관으로 대상 분석 물질의 분리가 양호한 것을 택하여 시험한다.

3.1.2 운반기체는 부피백분율 99.999 % 이상의 헬륨 또는 질소 유량은 0.5 mL/min ~ 4 mL/min, 시료도입부 온도는 150 ℃ ~ 250 ℃, 컬럼온도는 30 ℃ ~ 250 ℃로 사용한다.

3.1.3 전자포획검출기

전자포획검출기(ECD, electron capture detector)는 방사선 동위원소(^{63}Ni, ^{3}H 등)로부터 방출되는 β선이 운반기체를 전리하여 미소전류를 흘려보낼 때 시료 중의 할로겐이나 산소와 같이 전자포착력이 강한 화합물에 의하여 전자가 포획되어 전류가 감소하는 것을 이용하는 방법으로 유기할로겐화합물, 나이트로화합물 및 유기금속화합물을 선택적으로 검출할 수 있다.

3.1.4 기체크로마토그래프의 조건은 표 3과 같이 수행할 수 있다.

3.2 질량분석기(mass spectrometer)

3.2.1 이온화방식은 전자충격법(EI, electron impact)을 사용하며 이온화에너지는 35 eV ~ 70 eV를 사용한다.

3.2.2 질량분석기는 자기장형(magnetic sector), 사중극자형(quadrupole) 및 이온트랩형(ion trap) 등의 성능을 가진 것을 사용한다.

3.2.3 정량분석에는 선택이온검출법(SIM, selected ion monitoring)을 이용하는 것이 바람직하다. 선택하는 이온들은 표 4의 이온을 사용할 수 있다.

3.3 헤드스페이스 장치

3.3.1 바이알은 10 mL ~ 40 mL의 유리제로서 가열하여도 밀폐성이 높은 것을 사용한다. 사용 전에 메탄올로 세정하고 충분히 건조한 후 사용한다.

3.3.2 격막(septum)은 한쪽 면이 두께 0.05 mm 이상의 폴리테트라플루우오로에틸렌(PTFE, poly tetrafluoroethylene)의 재질로 코팅된 실리콘 마개를 사용한다.

---

1) 시료를 바이얼에 넣고 비활성 재질의 셉텀(septum)을 사용한 캡(cap)을 이용하여 밀봉한 다음 열을 가해주면 시료 중에 존재하는 휘발성유기화합물이 상평형에 도달하게 되어 더 이상 휘발되지 않는 상태까지 이르면 루프(loop)나 가스 주사기(gas tight syringe)로 이 기체의 일부를 측정 장비로 주입하여 분석하는 방법이다. 액상 시료의 경우 pH를 조절하거나 염을 첨가하여 분석물질의 증기압을 증가시키고 물속에 있는 유기물의 용해도를 감소시켜 분석 감도를 높일 수 있다.

3.3.3 알루미늄 캡

밀폐성이 높은 것을 사용한다.

3.3.4 시료 보온부는 온도를 약 ((40 ~ 90) ± 0.5) ℃ 범위 내에서 1시간 정도 일정하게 보온 유지할 수 있는 것을 사용한다.

3.3.5 헤드스페이스의 조건은 표 5와 같이 수행할 수 있다.

3.4 시료채취용 장치

3.4.1 압력조절방식

시료주입량을 조절할 수 있어야 하고, 주사기 바늘은 시료와 반응성을 최소화하기 위해 백금-이리듐(Pt-Ir) 재질 또는 이와 동등의 재질을 사용한다. 연결부는 비활성화 된 모세관을 사용한다.

3.4.2 시료채취용 루프(sampling loop)

기체크로마토그래프-질량분석기에 접속할 수 있는 것으로 스테인리스 강제 또는 이것과 동등 이상의 재질인 것을 사용한다.

3.5 기밀주사기

기밀주사기는 부피가 0.1 mL ~ 5 mL의 것으로 기체크로마토그래프에 접속할 수 있는 것 또는 자동주입기로 스테인리스 강제 또는 이것과 동등 이상의 재질인 것을 사용한다.

4 시약 및 표준용액

4.1 시약

4.1.1 정제수

시약용 정제수를 사용하거나, 정제수를 15분간 끓인 후 90 ℃를 유지하면서 불활성기체로 1시간 퍼지(purge)하여 휘발성유기물질을 제거하고 병 구멍이 작은 유리병에 넣은 다음 마개를 한다. 바탕시험 할 때 표준물질의 피크 부근에 불순물 피크가 없는 것을 사용한다.

4.1.2 염산(1+1)

염산(hydrochloric acid, HCl, 분자량 : 36.46)과 정제수를 같은 부피로 혼합하여 조제한다. 바탕시험 할 때 표준물질의 피크 부근에 불순물 피크가 없는 것을 사용한다.

4.1.3 메탄올

메탄올(methanol, CH_3OH, 분자량 : 32.04)은 바탕시험 할 때 표준물질의 피크 부근에 불순물 피크가 없는 것을 사용한다.

4.1.4 티오황산나트륨

티오황산나트륨·5수화물(sodium thiosulfate pentahydrate, $Na_2S_2O_3 \cdot 5H_2O$, 분자량 : 248.18)은 순도 98 % 이상의 분석용 시약을 사용한다.

4.1.5 아스코르빈산

아스코르빈산(ascorbic acid, $C_6H_8O_6$, 분자량 : 176.12)은 순도 98 % 이상의 분석용 시약을 사용한다.

4.2 표준용액

4.2.1 표준용액

4.2.1.1 휘발성유기화합물 혼합표준원액(1000 mg/L)

디클로로메탄, 벤젠, 톨루엔, 에틸벤젠, o-크실렌, m-크실렌, p-크실렌, 클로로포름, 브로모디클로로메탄, 디브로모클로로메탄, 브로모폼, 1,1,1-트리클로로에탄, 트리클로로에틸렌, 테트라클로로에틸렌, 1,1-디클로로에틸렌, 사염화탄소는 고순도(99 % 이상)의 특급시약을 사용하여 아래와 같이 조제하여 사용할 수 있다. 그리고 국제적으로 인증된 표준물질을 구입하여 사용하는 것이 좋다.

4.2.1.1.1 25 mL 부피플라스크에 메탄올 20 mL를 넣고 휘발성유기화합물 표준물질 약 25 mg을 주사기로 메탄올 가운데에 주입한 후 정확하게 무게 증가량을 잰 후 메탄올로 표선까지 채워 정확한 원액의 농도를 구한다.

4.2.1.1.2 각각의 표준물질의 첨가량을 구하여 표준원액의 농도(mg/L)를 구한다. 이 용액은 될 수 있는 대로 여러 개의 바이알에 공기층이 남지 않도록 나누어 넣은 다음 밀봉하여 냉장고(4 ℃ 이하)에서 보존하고, 4주 이내에 사용한다.

4.2.1.2 휘발성유기화합물 혼합표준용액(10.0 mg/L)

25 mL 부피플라스크에 디클로로메탄, 벤젠, 톨루엔, 에틸벤젠, o-크실렌, m-크실렌, p-크실렌, 클로로포름, 브로모디클로로메탄, 디브로모클로로메탄, 브로모폼, 1,1,1-트리클로로에탄, 트리클로로에틸렌, 테트라클로로에틸렌, 1,1-디클로로에틸렌, 사염화탄소는 각각 250 μg에 상당하는 표준원액을 넣고 메탄올로 표선까지 채운 다음 마개를 하고 플라스크를 흔들어서 혼합한다. 이 용액은 될 수 있는 대로 여러 개의 바이알에 공기층이 남지 않도록 나누어 넣은 다음 밀봉하여 냉장고에 보존하고, 조제 후 4주 이내에 사용한다.

4.2.1.3 휘발성유기화합물 혼합표준용액(1.0 mg/L)

50 mL 부피플라스크에 휘발성유기화합물 혼합표준용액(10.0 mg/L) 5.0 mL를 넣고 메탄올로 표선까지 채운 다음 마개를 하고 플라스크를 흔들어서 혼합한다. 이 용액은 될 수 있는 대로 여러 개의 바이알에 공기층이 남지 않도록 나누어 넣은 다음 밀봉하여 냉장고에 보존하고, 조제 후 4주 이내에 사용한다.

4.3 내부표준용액

4.3.1 내부표준원액(1000 mg/L)

25 mL 부피플라스크에 메탄올 20 mL를 넣고 플루오로벤젠 또는 1,2-다이클로로벤젠-d_4 표준물질 약 25 mg을 주사기로 메탄올 가운데에 주입한 후 정확하게 무게 증가량을 잰 후 메탄올로 표선까지 채워 정확한 원액의 농도를 구한다.

4.3.2 내부표준용액(10.0 mg/L)

25 mL 부피플라스크에 플루오로벤젠 또는 1,2-디클로로벤젠-d_4 표준원액(1000 mg/L) 250 μL를 넣고 메탄올로 표선까지 채운 다음 마개를 하고 플라스크를 흔들어서 혼합한다. 이 용액은 될 수 있는 대로 여러 개의 바이알에 공기층이 남지 않도록 나누어 넣은 다음 밀봉하여 냉장고에 보존하고, 조제 후 4주 이내에 사용한다.

4.3.3 내부표준용액(1.0 mg/L)

50 mL 부피플라스크에 혼합내부표준용액(10.0 mg/L) 5.0 mL를 넣고 메탄올로 표선까지 채운 다음 마개를 하고 플라스크를 흔들어서 혼합한다. 이 용액은 될 수 있는 대로 여러 개의 바이알에 공기층이 남지 않도록 나누어 넣은 다음 밀봉하여 냉장고에 보존하고, 조제 후 4주 이내에 사용한다.

5 시료채취 및 관리

5.1 기포가 생기지 아니하도록 조심스럽게 시료를 채취하고 pH가 약 2 이하가 되도록 즉시 염산을 넣고 시료를 가득 채운 후 공기가 들어가지 않도록 주의하여 밀봉한다. 잔류염소 제거를 위한 시약은 잔류염소 4 mg/L 이하인 시료 1 L 기준으로 아스코르빈산(ascorbic acid) 200 g/L를 3 mL 또는 티오황산나트륨(sodium thiosulfate) 80 g/L를 1 mL에 준하여 첨가하고 동일한 방법으로 pH 조절과 시료채취를 진행한다. 모든 시료를 중복으로 채취한다.

[주 1] 잔류염소가 함유되어 있는 경우에는 잔류염소를 완전히 제거한 후에 pH를 조절한다.

5.2 시료는 1 ℃ ~ 5 ℃ 냉암소에서 보관한다.

5.3 모든 시료는 채취 후 14일 이내에 분석해야 한다.

5.4 시료에 염산을 가하였을 때에 거품이 생기면 그 시료는 버리고 산을 가하지 않은 채로 두 개의 시료를 채취하여 24시간 안에 분석해야 한다.

6 정도보증/정도관리(QA/QC)

6.1 방법검출한계 및 정량한계

6.1.1 방법검출한계(MDL, method detection limit) 및 정량한계(LOQ, limit of quantitation)는 ES 05001 정도보증/정도관리에 따라 계산한다. 정제수에 정량한계 부근의 농도가 되도록 분석물질을 첨가한 시료 7개를 준비하고 각 시료를 7 실험절차와 동일하게 분석하여, 표준편차를 구한다. 만약 이 농도에서 측정이 불가능하다면 농도를 조정할 수 있다.

6.1.2 표준편차에 3.14를 곱한 값을 방법검출한계로, 10을 곱한 값을 정량한계로 나타낸다. 측정한 방법검출한계는 표 2에서 제시한 정량한계 이하이어야 한다.

6.2 방법바탕시료의 측정

ES 05001 정도보증/정도관리에 따라 시료군마다 1개의 방법바탕시료(method blank)를 측정한다. 방법바탕시료는 정제수를 사용하여 7 분석절차와 동일하게 전처리·분석하며 측정값은 방법검출한계 이하이어야 한다.

6.3 검정곡선의 작성 및 검증

6.3.1 검정곡선의 작성 및 검증은 ES 05001 정도보증/정도관리에 따른다. 정량범위 내의 5개의 농도에 대해 검정곡선을 작성하고 얻어진 검정곡선의 결정계수(R^2)가 0.98 이상 또는 감응계수(RF)의 상대표준편차가 25 % 이내이어야 하며 결정계수나 감응계수의 상대표준편차가 허용범위를 벗어나면 재작성한다.

6.3.2 검정곡선의 직선성을 검증하기 위하여 정량범위는 질량분석기의 경우 0.001 mg/L ~ 0.05 mg/L로 하며, 전자포획검출기는 벤젠, 톨루엔, 에틸벤젠, o-크실렌, m-크실렌, p-크실렌,

클로로포름, 테트라클로로에틸렌, 사염화탄소는 0.0005 mg/L ~ 0.05 mg/L, 디클로로메탄, 브로모디클로로메탄, 디브로모클로로메탄, 브로모폼, 1,1,1-트리클로로에탄, 트리클로로에틸렌, 1,1-디클로로에틸렌은 0.001 mg/L ~ 0.05 mg/L로 한다. 그러나 측정값이 이 농도 범위를 벗어날 경우에는 시료를 묽혀서 다시 분석한다.

6.3.3 검정곡선을 검증하기 위하여 감응계수를 비교할 때에는 검정곡선의 중간 농도에서 한 농도를 선택하여 감응계수(RF)를 구하여 그 값의 변화가 25 % 이내에서 일치하여야 한다. 만약 이 범위를 넘는 경우, 검정곡선을 재작성한다.

6.4 정밀도 및 정확도

6.4.1 정밀도(precision) 및 정확도(accuracy)의 측정은 ES 05001 정도보증/정도관리에 따른다. 정제수에 정량한계 농도의 10배가 되도록 동일하게 표준물질을 첨가한 시료를 4개 이상 준비하고, 7 절차와 동일하게 측정하여 평균값과 표준편차를 구한다.

6.4.2 정확도는 인증시료를 확보할 수 있는 경우 인증표준물질을 분석한 결과값과 인증값과의 상대백분율로 나타내고, 인증시료를 확보할 수 없는 경우 이를 정확한 농도로 첨가한 시료로 대체한다. 이 때 정확도는 첨가시료를 분석한 농도와 첨가하지 않은 시료를 분석한 농도와의 차이에 대한 첨가농도의 상대백분율로서 나타내며 그 값이 75 % ~ 125 % 이내이어야 한다.

6.4.3 정밀도는 측정값의 상대표준편차(RSD)로 계산하며 측정값이 25 % 이내이어야 한다.

6.5 현장 이중시료의 측정

현장 이중시료(field duplicate sample)는 동일한 시료채취 장소에서 동일한 조건으로 중복으로 채취한 시료로서 한 조사팀이 하루에 20개 이하를 채취할 경우에는 1개를 그리고 그 이상을 채취할 때에는 시료 20개 당 1개를 추가로 취한다. 동일한 조건에서 중복으로 채취한 두 시료간의 측정값 편차는 25 % 이하이어야 한다.

6.6 내부정도관리 주기 및 목표

6.6.1 방법검출한계, 정량한계, 정밀도 및 정확도는 연 1회 이상 산정하는 것을 원칙으로 하며, 분석자의 교체, 분석 장비의 수리 및 이동 등의 주요 변동사항이 생길 경우에는 다시 실시한다. 단, 장비의 청소, 컬럼 교체 시와 측정 장비의 감도가 의심될 때에는 언제든지 측정하여 확인하여야 한다.

6.6.2 검정곡선 검증 및 시약바탕시료의 분석은 각 시료군마다 실시하며, 고농도의 시료 다음에는 시약바탕시료를 측정하여 오염여부를 점검한다.

6.6.3 각 정도관리 항목에 대한 정도관리 목표값은 표 1과 같다.

7 분석절차

7.1 전처리

7.2 검정곡선의 작성

7.2.1 정제수 5 mL(경우에 따라 시료의 양을 증가시킬 수 있다.)를 정확히 취하여 헤드스페이스용 바이알에 주입한 다음, 휘발성유기화합물 혼합표준용액(1.0 mg/L) 0, 2.5, 5, 10, 50, 100, 200, 250 μL를 단계적으로 취하여 넣고 내부표준용액(1.0 mg/L)을 정확히 50 μL를

취하여 시료에 첨가한다. 조제한 검정곡선용 표준용액의 농도는 시료 중의 농도로 계산하면 0, 0.0005, 0.001, 0.002, 0.010, 0.020, 0.040, 0.050 mg/L에 해당되며 필요에 따라 사용하는 표준용액의 농도와 개수를 달리 할 수 있다.

[주2] 시료분석결과 이 검정곡선 농도범위를 벗어나면 시료를 희석해서 재분석하여야 한다.

7.2.2 일정 온도와 시간에서 휘발성유기화합물을 가열시켜 기화된 휘발성유기화합물을 기체크로마토그래프로 주입한다.

7.2.3 휘발성유기화합물의 농도(C_x)를 취하여 가로축(x축)에, 크로마토그램으로부터 휘발성유기화합물의 피크면적(A_x)과 내부표준물질의 피크면적(A_i)과의 비(A_x/A_i)를 세로축(y축)에 취하여 검정곡선을 작성한다. 두 개의 내부표준물질 중에 머무름시간이 가까운 것으로 선택한다.

[주3] 피크의 면적 대신 피크의 높이를 사용할 수 있으나 피크면적을 사용하는 것이 바람직하다.

7.3 측정법

7.3.1 시료 5 mL(경우에 따라 부피를 변경할 수 있다.)를 정확히 취하여 헤드스페이스용 바이알에 옮기고, 내부표준용액(1.0 mg/L)을 정확히 50 μL를 취하여 헤드스페이스용 바이알 내의 시료에 첨가한다.

7.3.2 검정곡선 작성 때와 동일한 일정 온도 및 시간에서 가열하여 상부기체의 일부분을 기체크로마토그래프로 주입한다.

7.3.3 기체크로마토그래프－질량분석기로부터 얻은 크로마토그램에서 각 분석성분 및 내부표준물질의 머무름시간에 해당하는 위치의 피크들로부터 피크면적을 측정하여 휘발성유기화합물의 피크면적(A_x)과 내부표준물질의 피크면적(A_i)과의 비(A_x/A_i)를 구한다. 두 개의 내부표준물질을 사용할 때에는 둘 중 머무름 시간이 가까운 것으로 선택한다.

8 결과보고

8.1 계산

각 분석물질별로 내부표준물질에 대한 면적 비(A_x/A_i)를 구한 다음 검정곡선식의 $y(i)$값에 대입하여 $x(i)$값을 계산하면 분석물질의 농도(C_s, mg/L)를 구할 수 있다.

$$C_s(\text{mg/L}) = \frac{\frac{A_x}{A_i} - b}{a} \qquad \text{(식 1)}$$

여기서, A_x/A_i : 분석물질과 내부표준물질에 대한 면적 비

a : 검정곡선의 기울기

b : 검정곡선의 절편 값

C_s : 분석물질의 농도(mg/L)

8.2 결과보고

행정사항과 관련된 항목별 시험결과의 표시는 ES 05003의 먹는물 수질기준의 표시한계 및 결과표시에 따른다.

9 참고자료

9.1 US EPA Method 5021, “volatile organic compounds in various sample matrices using equilibrium headspace analysis”, EPA, (2003)

9.2 수질오염공정시험기준 ES 04603.4b, “휘발성유기화합물－헤드스페이스/기체크로마토그래피”, 국립환경과학원, (2014)

10 부록

[표 1] 정도관리 목표값

정도관리 항목	정도관리 목표
정량한계	0.0005 mg/L ~ 0.001 mg/L
검정곡선	결정계수(R^2) ≥ 0.98 또는 감응계수(RF)의 상대표준편차 ≤ 25 %
정밀도	상대표준편차 ± 25 % 이내
정확도	75 % ~ 125 %
현장이중시료	상대편차백분율 ± 25 % 이내

[표 2] 휘발성유기화합물의 정량한계

휘발성유기화합물의 종류	정량한계(mg/L)	
	질량분석기	전자포획검출기(ECD)
디클로로메탄	0.001	0.001
벤젠	0.001	0.0005
톨루엔	0.001	0.0005
에틸벤젠	0.001	0.0005
o-크실렌	0.001	0.0005
m,p-크실렌	0.001	0.0005
클로로포름	0.001	0.0005
브로모디클로로메탄	0.001	0.001
디브로모클로로메탄	0.001	0.001
브로모폼	0.001	0.001
1,1,1-트리클로로에탄	0.001	0.001
트리클로로에틸렌	0.001	0.001
테트라클로로에틸렌	0.001	0.0005
1,1-디클로로에틸렌	0.001	0.001
사염화탄소	0.001	0.0005

[표 3] 휘발성유기화합물의 기체크로마토그래프 실험조건(예)

항 목	조 건
컬럼	Ultra-2(cross-linked 5 % phenylmethylsilicone, 25 m 길이 × 0.20 mm 안지름 × 0.33 μm 필름두께) 또는 이와 동등한 컬럼
운반기체(유속)	헬륨(1.0 mL/min)
분획비	10 : 1
주입구 온도	200 ℃
인터페이스 온도	250 ℃
오븐 온도	35 ℃(7 min) → 5 ℃/min(50 ℃) → 10 ℃/min(150 ℃)

[표 4] 휘발성유기화합물의 질량스펙트럼 특성 이온들

휘발성유기화합물의 종류	분자량	제1선택이온(m/z)	제2선택이온(m/z)
플루오로벤젠	96	96	77
1,2-디클로로벤젠-d_4	150	152	115, 150
디클로로메탄	84	84	86, 49
벤젠	78	78	77
톨루엔	92	91	92
에틸벤젠	106	91	106, 77
o-크실렌	106	106	91, 77
m-크실렌	106	106	91, 77
p-크실렌	106	106	91, 77
클로로포름	118	83	47, 85
브로모디클로로메탄	162	83	85, 127
디브로모클로로메탄	206	129	127, 131
브로모폼	250	173	171, 175
1,1,1-트리클로로에탄	132	97	99, 61
트리클로로에틸렌	130	95	130, 132
테트라클로로에틸렌	164	166	129,1 168
1,1-디클로로에틸렌	96	61	96, 98
사염화탄소	152	117	119, 121
1,2-디브로모-3-클로로프로판	237	157	155, 75

[표 5] 휘발성유기화합물의 헤드스페이스 실험조건(예)

항 목	조 건
가열온도	85 ℃
가열시간	20 min
주입 양	2 μL
주입시간(온도)	0.7 min(200 ℃)

[표 6] 휘발성유기화합물의 표준물질과 머무름 시간(예)

물질명	머무름시간(분)	물질명	머무름시간(분)
염화비닐	1.64	1,1,1,2-테트라클로로에테인	9.79
클로로에테인	1.76	에틸벤젠	10.29
1,1-디클로로에틸렌	2.02	m,p-크실렌	10.67
디클로로메탄	2.09	브로모폼	11.11
trans-1,2-디클로로에틸렌	2.28	스타이렌	11.52
1,1-디클로로에테인	2.39	o-크실렌	11.57
cis-1,2-디클로로에틸렌	2.68	1,1,2,2-테트라클로로에테인	12.30
브로모클로로메테인	2.79	1,2,3-트리클로로프로페인	12.58
클로로포름	2.79	아이소프로필벤젠	12.75
1,1,1-트리클로로에탄	3.18	브로모벤젠	12.95
1,2-디클로로에테인	3.24	2-클로로톨루엔	13.72
1,1-디클로로프로펜	3.36	N-프로필벤젠	13.90
벤젠	3.45	4-클로로톨루엔	14.01
사염화탄소	3.45	1,2,4-트라이메틸벤젠	14.43
1,2,-디클로로프로페인	4.27	tert-부틸벤젠	15.26
트리클로로에틸렌	4.27	1,3,5-트라이메틸벤젠	15.33
디브로모에테인	4.31	1,3-다이클로로벤젠	15.71
브로모디클로로메탄	4.46	sec-부틸벤젠	15.98
cis-1,3-디클로로프로펜(Z)	5.61	1,4-다이클로로벤젠	15.98
톨루엔	6.61	p-아이소프로필톨루엔	16.42

물질명	머무름시간(분)	물질명	머무름시간(분)
trans-1,3-디클로로프로펜(E)	6.61	1,2-다이클로로벤젠	16.72
1,1,2-트리클로로에테인	6.75	N-부틸벤젠	17.48
1,3-디클로로프로페인	7.28	1,2-디브로모-3-클로로프로판	18.26
디브로모클로로메탄	7.58	1,2,4-트라이클로로벤젠	21.29
1,2-디브로모에테인	8.01	나프탈렌	21.50
테트라클로로에틸렌	8.15	1,2,3-트라이클로로벤젠	22.36
클로로벤젠	9.66	헥사클로로부타다이엔	22.47

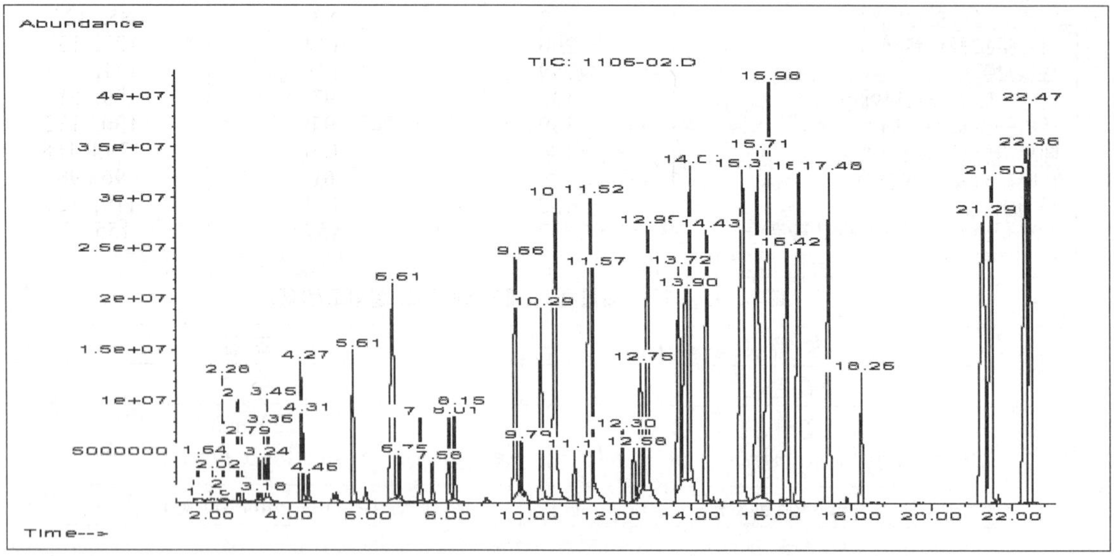

[그림 1] 혼합 휘발성유기화합물 표준물질의 GC-MS 크로마토그램(예)

염화비닐(1.64 min)

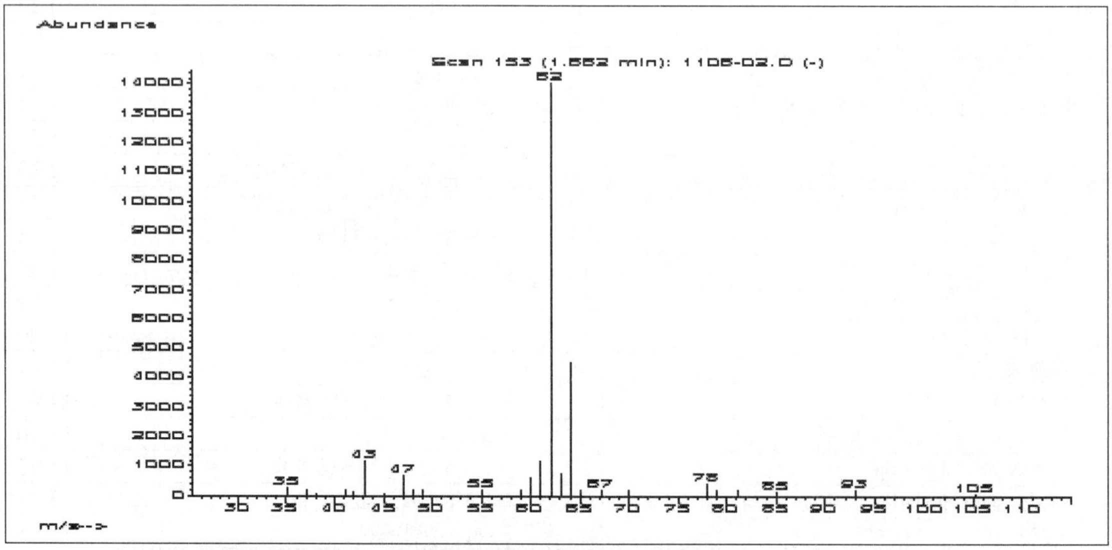

[그림 2] 휘발성유기화합물의 질량스펙트럼

클로로에테인(1.76 min)

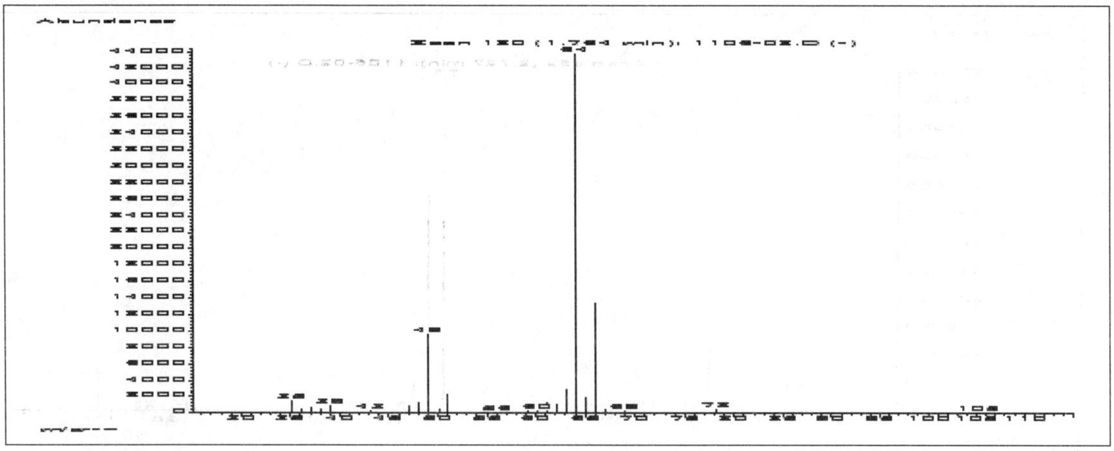

1,1-디클로로에틸렌(2.02 min)

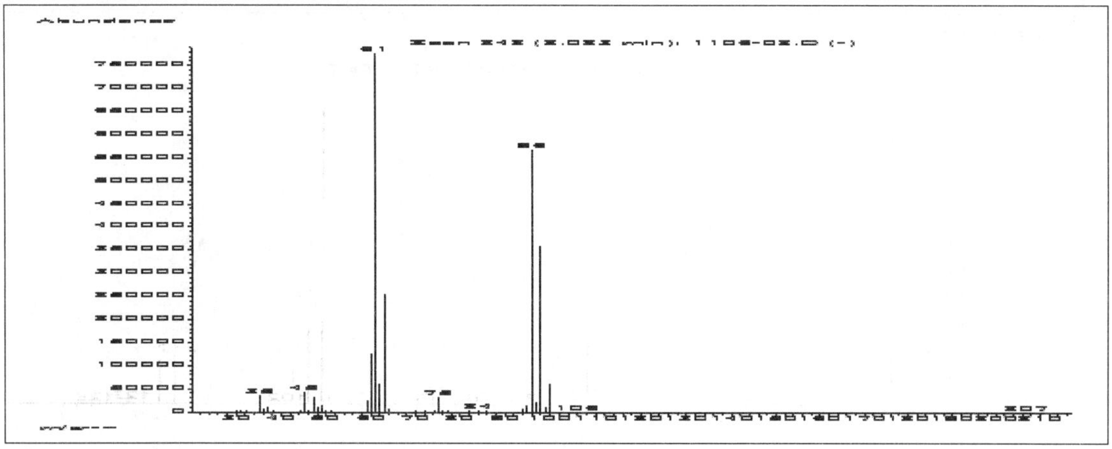

디클로로메탄(2.09 min)

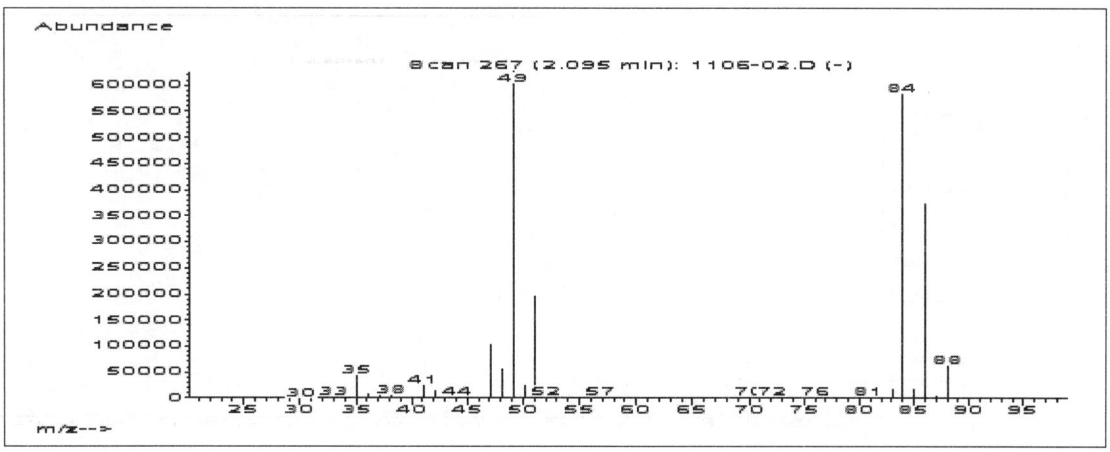

[그림 2] 계속

클로로포름(2.79 min)

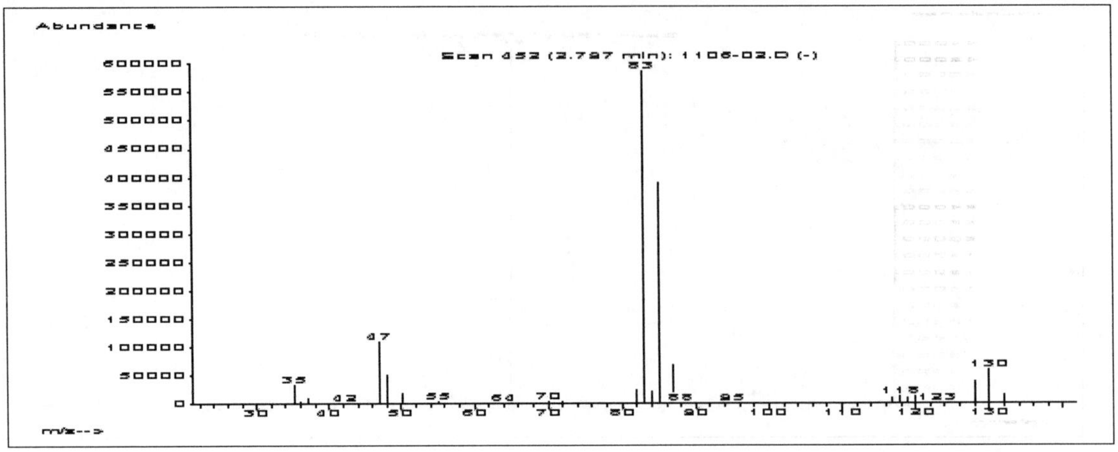

1,1,1-트리클로로에탄(3.18 min)

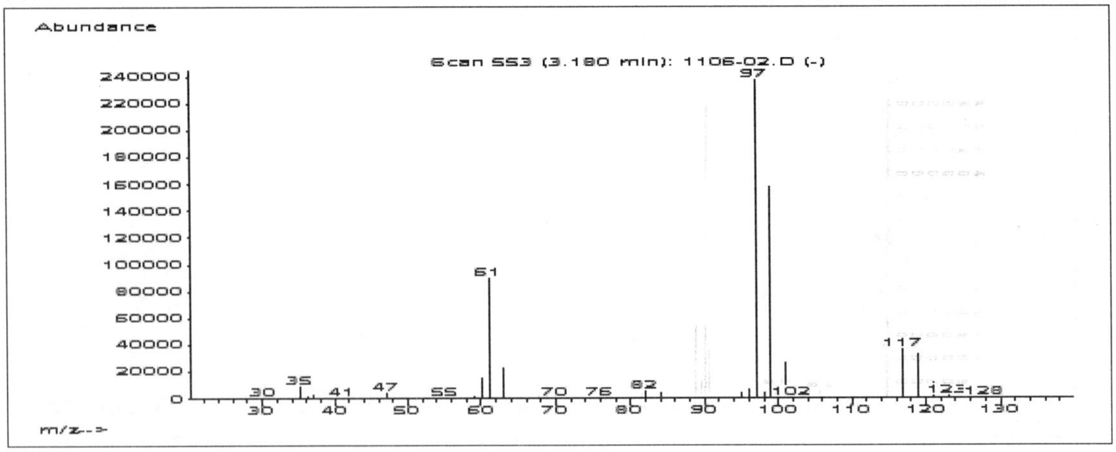

벤젠(3.45 min)

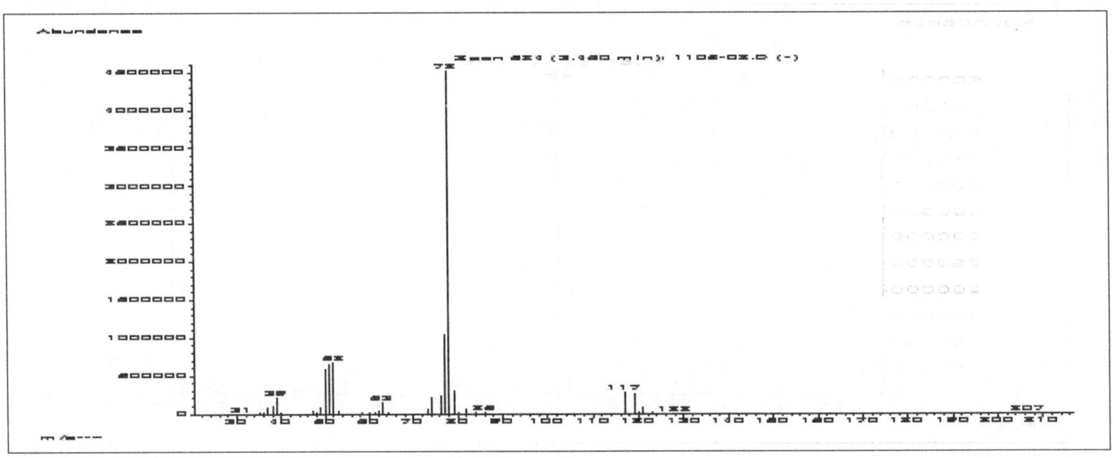

[그림 2] 계속

사염화탄소(3.45 min)

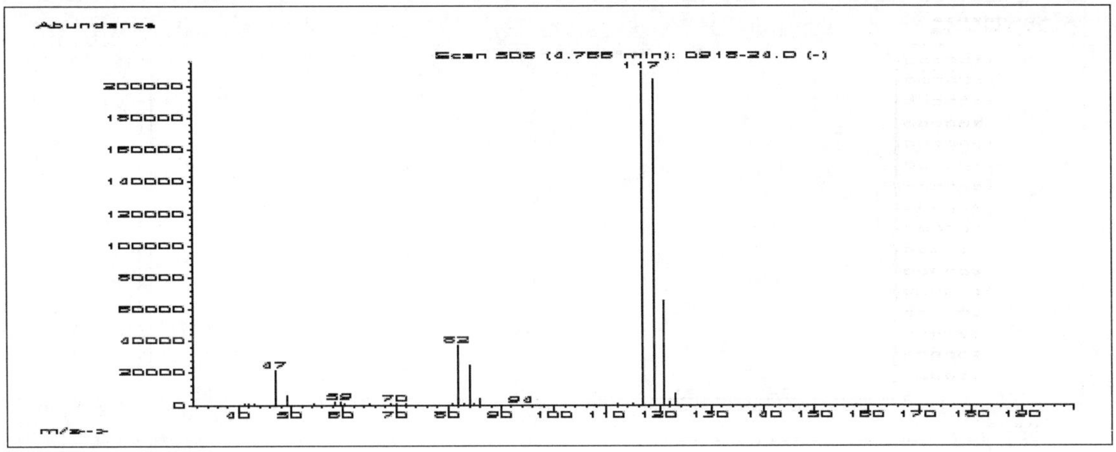

트리클로로에틸렌(4,27 min)

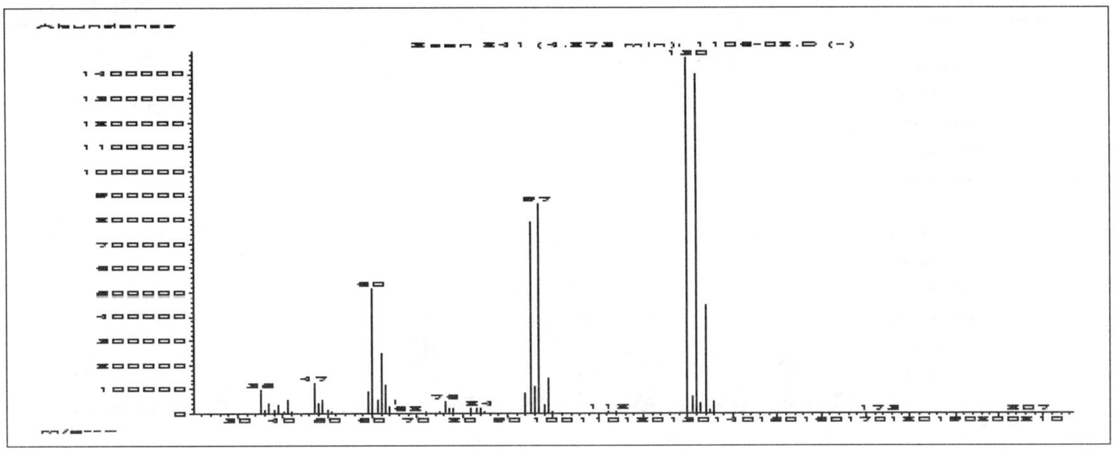

브로모디클로로메탄(4.46 min)

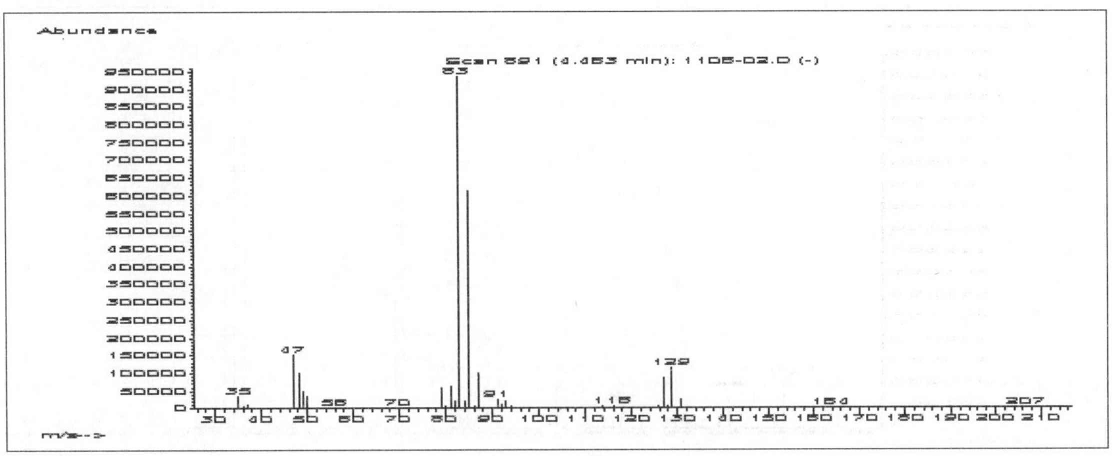

[그림 2] 계속

톨루엔(6.54 min)

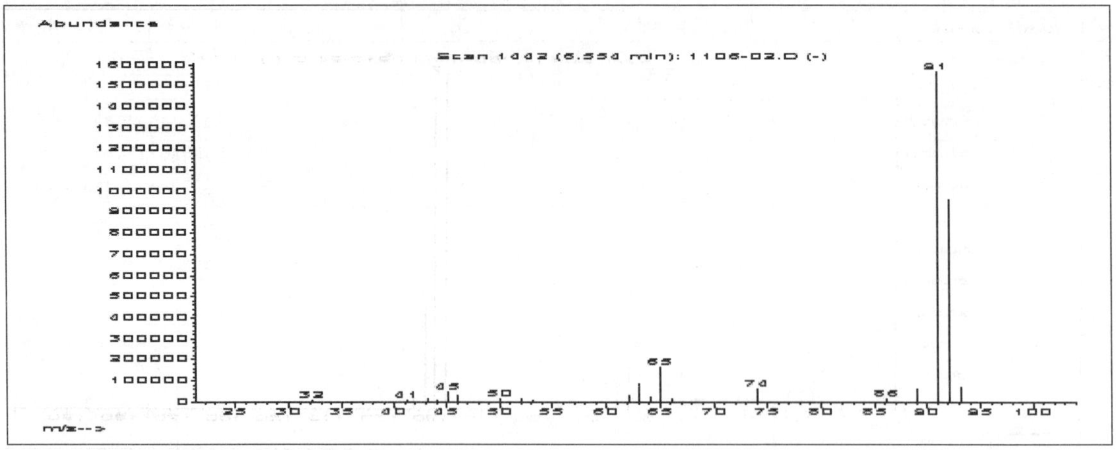

디브로모클로로메탄(7.58 min)

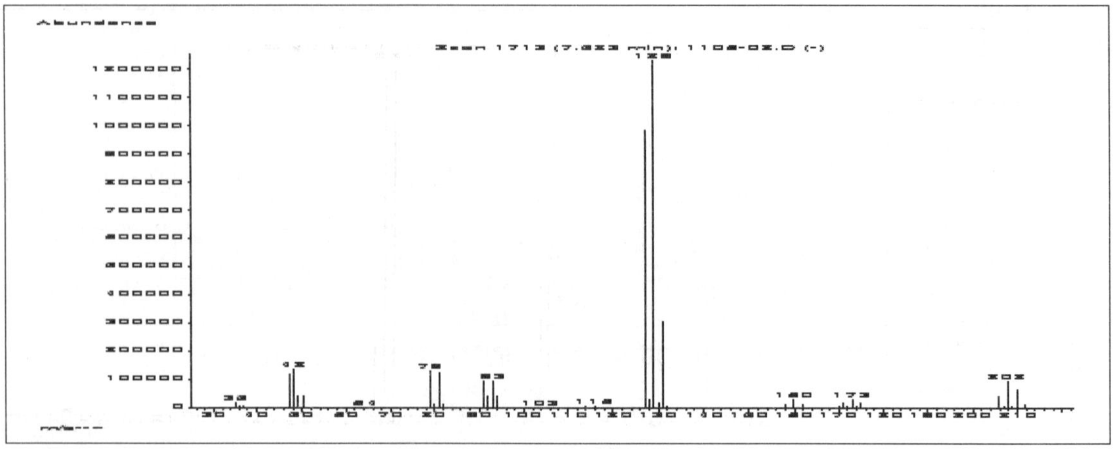

테트라클로로에틸렌(8.15 min)

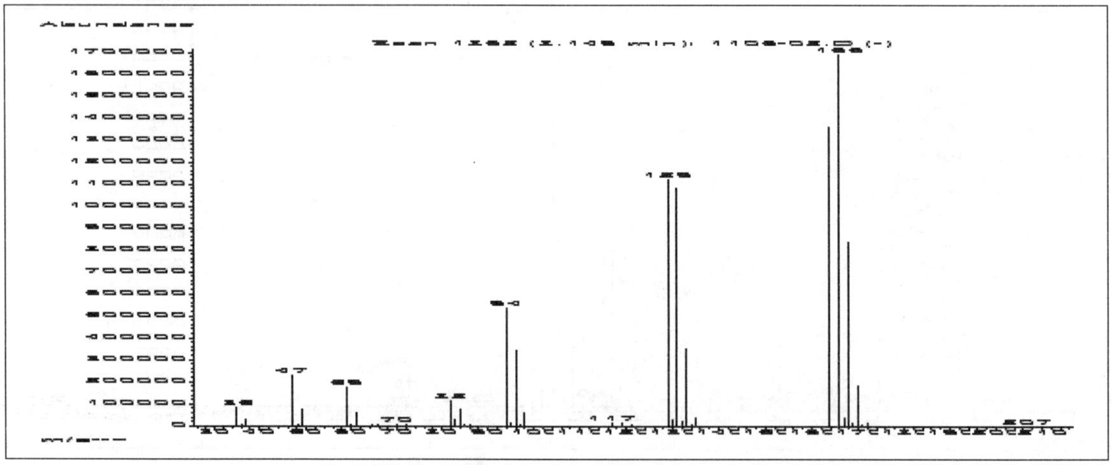

[그림 2] 계속

에틸벤젠(10.29 min)

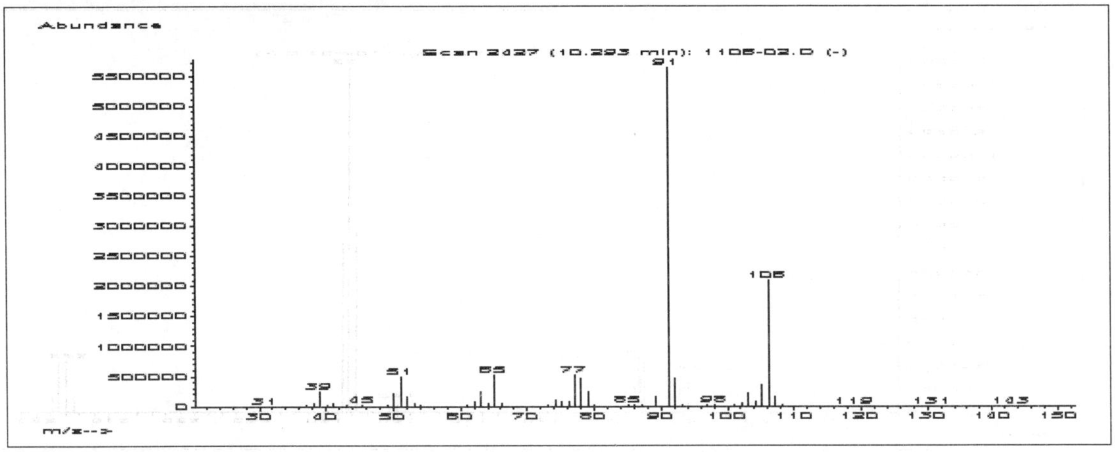

m,p-크실렌(10.67 min)

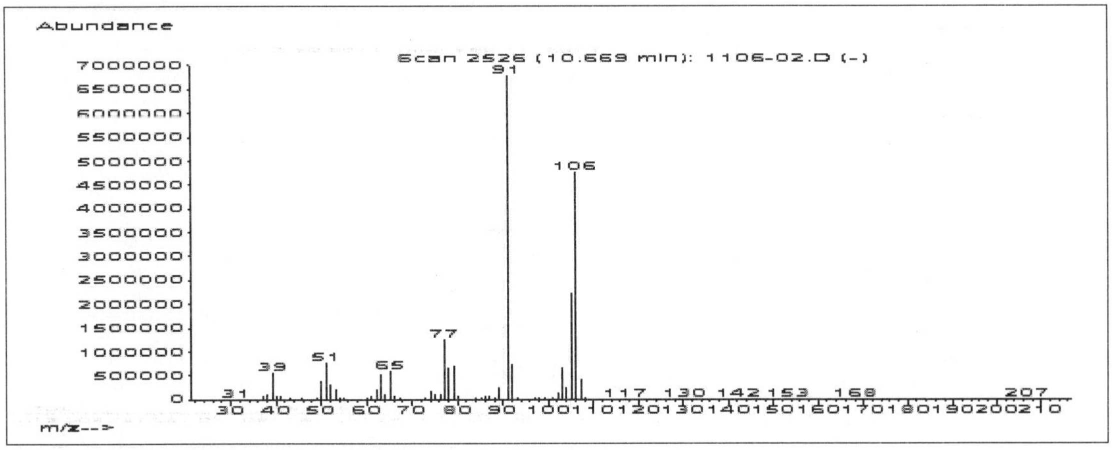

스타이렌(11.52 min)

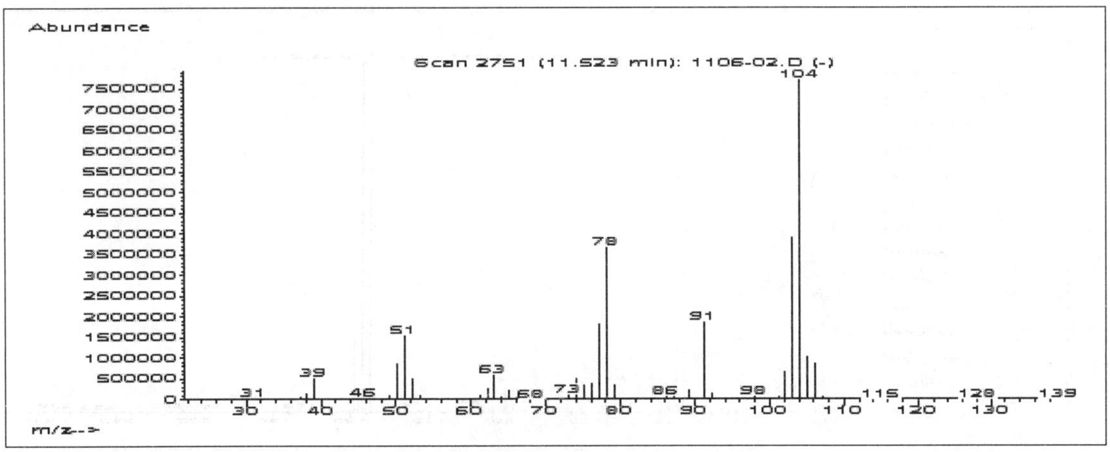

[그림 2] 계속

브로모폼(11.11 min)

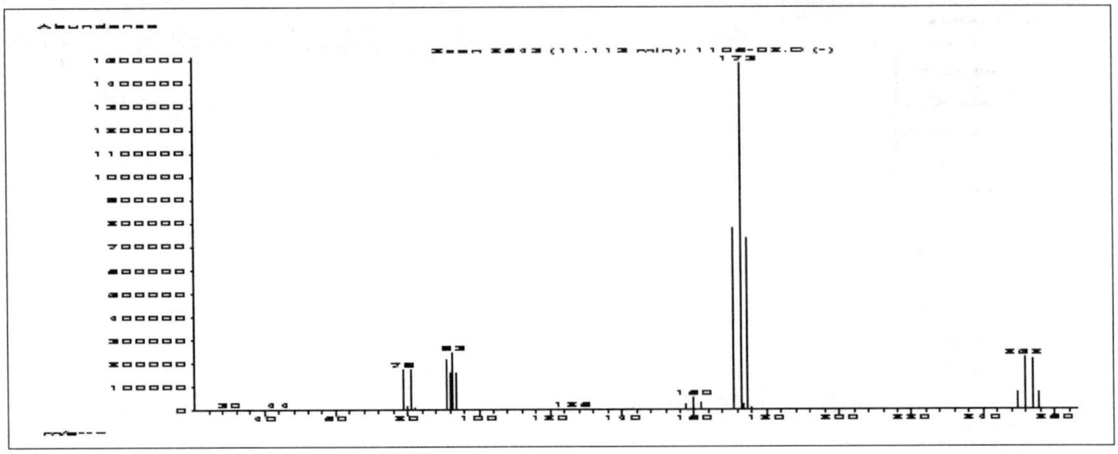

o-크실렌(11.57 min)

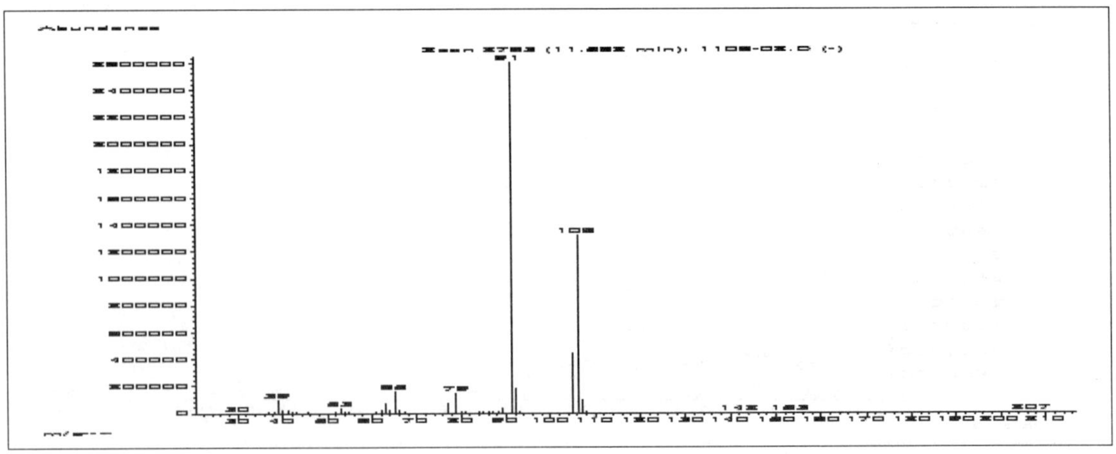

1,2-디브로모-3-클로로프로판(18.26 min)

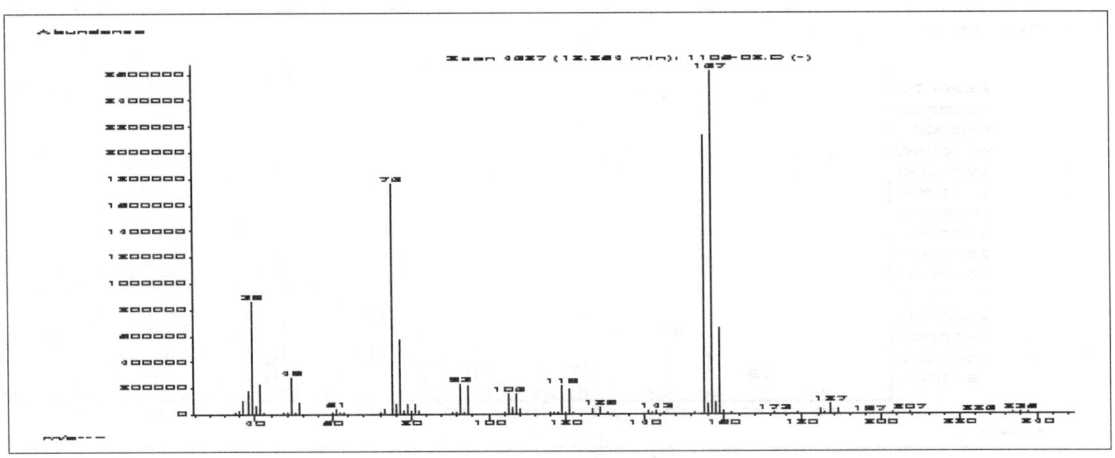

[그림 2] 계속

130 휘발성유기화합물-마이크로용매추출-기체크로마토그래피-질량분석법
(Volatile Organic Compounds-Micro Liquid Extraction-Gas Chromatography-Mass Spectrometry)

1 개요

1.1 목적

이 시험기준은 먹는물, 샘물 및 염지하수 중에 휘발성유기화합물을 측정하는 방법으로, 시료 중의 휘발성유기화합물을 최소 부피의 헥산으로 추출하여 기체크로마토그래프-질량분석기로 분석한다.

1.2 적용범위

1.2.1 이 시험기준은 먹는물, 샘물 및 염지하수 중에 디클로로메탄(dichloromethane), 벤젠(benzene), 톨루엔(toluene), 에틸벤젠(ethylbenzene), 크실렌(xylene), 총트리할로메탄(THMs; 클로로포름, 브로모디클로로메탄, 디브로모클로로메탄, 브로모폼), 1,1,1-트리클로로에탄(1,1,1-trichloroethane), 트리클로로에틸렌(TCE, trichloroethylene), 테트라클로로에틸렌(tetrachloroethylene), 1,1-디클로로에틸렌(1,1-dichloroethylene), 사염화탄소(tetrachlorocarbon) 등의 휘발성유기화합물의 분석에 적용한다.

1.2.2 이 시험기준에 의해 먹는물, 샘물 및 염지하수 시료 중에 폭넓은 끓는점과 극성을 갖는 휘발성 유기화합물들의 분석에 적용할 수 있으며 정량한계는 0.001 mg/L이다.

1.3 간섭물질

1.3.1 추출 용매에는 분석성분의 머무름 시간에서 피크가 나타나는 간섭물질이 있을 수 있다. 추출 용매 안에 간섭물질이 발견되면 증류하거나 컬럼 크로마토그래프에 의해 제거한다.

1.3.2 이 시험으로 끓는점이 높거나 극성 유기화합물들이 함께 추출되므로 이들 중에는 분석을 간섭하는 물질이 있을 수 있다.

1.3.3 디클로로메탄과 같이 머무름 시간이 짧은 화합물은 용매의 피크와 겹쳐 분석을 방해할 수 있다.

1.3.4 플루오르화탄소나 디클로로메탄과 같은 휘발성유기물은 보관이나 운반 중에 격막(septum)을 통해 시료 안으로 확산되어 시료를 오염시킬 수 있으므로 현장 바탕시료로서 이를 점검하여야 한다.

1.3.5 시료에 혼합표준액 일정량을 첨가하여 크로마토그램을 작성하고 미지의 다른 성분과 피크의 중복여부를 확인한다. 만일 피크가 중복될 경우 극성이 다르고 분리가 양호한 컬럼을 택하여 시험한다.

2 용어정의

2.1 마이크로용매 추출

마이크로용매 추출법이란 일반 용매추출과 같이 용해도가 높은 용매를 사용하여 분배원리에 의해 추출하는 방법으로, 사용하는 추출용매의 부피를 최소화하여 농축을 하지 않아도 되도록 하는 방법이다. 휘발성유기화합물은 용매를 농축할 때 분석물질이 손실되므로 농축할 수 없다.

3 분석기기 및 기구

3.1 기체크로마토그래프

3.1.1 컬럼은 안지름 0.20 mm ~ 0.35 mm, 필름두께 0.1 μm ~ 0.50 μm, 길이 15 m ~ 60 m의 cross-linked methylsilicon(DB-1, HP-1 등) 또는 cross-linked 5 % phenylmethylsilicon(DB-5, HP-5 등) 등의 모세관이나 동등한 분리성능을 가진 모세관으로 대상 분석 물질의 분리가 양호한 것을 택하여 시험한다.

3.1.2 운반기체는 부피백분율 99.999 % 이상의 헬륨 또는 질소로서 유량은 0.5 mL/min ~ 4 mL/min, 시료도입부 온도는 150 ℃ ~ 250 ℃, 컬럼 온도는 30 ℃ ~ 250 ℃로 사용한다.

3.1.2 기체크로마토그래프의 조건은 표 2와 같이 수행할 수 있다.

3.2 질량분석기(mass spectrometer)

3.2.1 이온화방식은 전자충격법(EI, electron impact)을 사용하며 이온화 에너지는 35 eV ~ 70 eV를 사용한다.

3.2.2 질량분석기는 자기장형(magnetic sector), 사중극자형(quadrupole) 및 이온트랩형(ion trap) 등의 성능을 가진 것을 사용한다.

3.2.3 정량분석에는 선택이온검출법(SIM, selected ion monitoring)을 이용하는 것이 바람직하다. 선택하는 이온들은 표 3의 이온을 사용할 수 있다.

4 시약 및 표준용액

4.1 시약

4.1.1 정제수

시약용 정제수를 사용하거나, 정제수를 15분간 끓인 후 90 ℃를 유지하면서 불활성기체로 1시간 퍼지(purge)하여 휘발성유기물질을 제거하고 병 구멍이 작은 유리병에 넣은 다음 마개를 한다. 바탕시험 할 때 표준물질의 피크 부근에 불순물 피크가 없는 것을 사용한다.

4.1.2 염산(1+1)

염산(hydrochloric acid, HCl, 분자량 : 36.46)과 정제수를 같은 부피로 혼합하여 조제한다. 바탕시험 할 때 표준물질의 피크 부근에 불순물 피크가 없는 것을 사용한다.

4.1.3 메탄올

메탄올(methanol, CH_3OH, 분자량 : 32.04)은 바탕시험 할 때 표준물질의 피크 부근에 불순물 피크가 없는 것을 사용한다.

4.1.4 염화나트륨

염화나트륨(sodium chloride, NaCl, 분자량 : 58.45)은 순도 98 % 이상의 것을 사용한다.

4.1.5 헥산

헥산(hexane, C_6H_{14}, 분자량 : 86.17)은 바탕시험 할 때 표준물질의 피크 부근에 불순물 피크가 없는 것을 사용한다.

4.1.6 무수황산나트륨

무수황산나트륨(anhydrous sodium sulfate, Na_2SO_4, 분자량 : 142.04)은 순도 98 % 이상의 시약을 사용하며 사용하기 전에 300 ℃에서 하룻밤 건조시키거나 400 ℃에서 4시간 건조시켜서 사용한다.

4.1.7 티오황산나트륨

티오황산나트륨·5수화물(sodium thiosulfate pentahydrate, $Na_2S_2O_3 \cdot 5H_2O$, 분자량 : 248.18)은 순도 98 % 이상의 분석용 시약을 사용한다.

4.1.8 아스코르빈산

아스코르빈산(ascorbic acid, $C_6H_8O_6$, 분자량 : 176.12)은 순도 98 % 이상의 분석용 시약을 사용한다.

4.2 표준용액

4.2.1 표준용액

4.2.1.1 휘발성유기화합물 혼합표준원액(1000 mg/L)

디클로로메탄, 벤젠, 톨루엔, 에틸벤젠, o-크실렌, m-크실렌, p-크실렌, 클로로포름, 브로모디클로로메탄, 디브로모클로로메탄, 브로모폼, 1,1,1-트리클로로에탄, 트리클로로에틸렌, 테트라클로로에틸렌, 1,1-디클로로에틸렌, 사염화탄소는 고순도(99 % 이상)의 특급시약을 사용하여 아래와 같이 조제하여 사용할 수 있다. 그리고 국제적으로 인증된 표준물질을 구입하여 사용하는 것이 좋다.

4.2.1.1.1 25 mL 부피플라스크에 메탄올 20 mL를 넣고 휘발성유기화합물 표준물질 약 25 mg을 주사기로 메탄올 가운데에 주입한 후 정확하게 무게 증가량을 잰 후 메탄올로 표선까지 채워 정확한 원액의 농도를 구한다.

4.2.1.1.2 각각의 표준물질의 첨가량을 구하여 표준원액의 농도(mg/L)를 구한다. 이 용액은 될 수 있는 대로 여러 개의 바이알에 공기층이 남지 않도록 나누어 넣은 다음 밀봉하여 냉장고(4 ℃ 이하)에서 보존하고, 4주 이내에 사용한다.

4.2.1.2 휘발성유기화합물 혼합표준용액(10.0 mg/L)

25 mL 부피플라스크에 디클로로메탄, 벤젠, 톨루엔, 에틸벤젠, o-크실렌, m-크실렌, p-크실렌, 클로로포름, 브로모디클로로메탄, 디브로모클로로메탄, 브로모폼, 1,1,1-트리클로로에탄, 트리클로로에틸렌, 테트라클로로에틸렌, 1,1-디클로로에틸렌, 사염화탄소는 각각 250 μg에 상당하는 표준원액을 넣고 메탄올로 표선까지 채운 다음 마개를 하고 플라스크를 흔들어서 혼합한다. 이 용액은 될 수 있는 대로 여러 개의 바이알에 공기층이 남지 않도록 나누어 넣은 다음 밀봉하여 냉장고에 보존하고, 조제 후 4주 이내에 사용한다.

4.3 내부표준용액

4.3.1 내부표준원액(1000 mg/L)

25 mL 부피플라스크에 메탄올 20 mL를 넣고 플루오로벤젠 또는 1,2-다이클로로벤젠-d_4 표준물질 약 25 mg을 주사기로 메탄올 가운데에 주입한 후 정확하게 무게 증가량을 잰 후 메탄올로 표선까지 채워 정확한 원액의 농도를 구한다.

4.3.2 내부표준용액(10.0 mg/L)

25 mL 부피플라스크에 플루오로벤젠 또는 1,2-다이클로로벤젠-d_4표준원액(1000 mg/L) 250 μL를 넣고 메탄올로 표선까지 채운 다음 마개를 하고 플라스크를 흔들어서 혼합한다. 이 용액은 될 수 있는 대로 여러 개의 바이알에 공기층이 남지 않도록 나누어 넣은 다음 밀봉하여 냉장고에 보존하고, 조제 후 4주 이내에 사용한다.

5 시료채취 및 관리

5.1 잔류염소 제거를 위한 시약은 잔류염소 4 mg/L 이하인 시료 1 L 기준으로, 아스코르빈산(ascorbic acid) 200 g/L를 3 mL 또는 티오황산나트륨(sodium thiosulfate) 80 g/L를 1 mL에 준하여 첨가하고 시료를 가득 채취한 후, 공기가 들어가지 않도록 주의하여 밀봉한다. 모든 시료를 중복으로 채취한다.

5.2 염산을 가하여 약 pH 2로 조절하고 1 ℃ ~ 5 ℃ 냉암소에서 보관한다.

5.3 모든 시료는 채취 후 14일 이내에 분석해야 한다.

5.4 시료에 염산을 가하였을 때에 거품이 생기면 그 시료는 버리고 산을 가하지 않은 채로 두 개의 시료를 채취하고 24시간 이내에 분석해야 한다.

6 정도보증/정도관리(QA/QC)

6.1 방법검출한계 및 정량한계

6.1.1 방법검출한계(MDL, method detection limit) 및 정량한계(LOQ, limit of quantitation)는 ES 05001 정도보증/정도관리에 따라 계산한다. 정제수에 정량한계 부근의 농도가 되도록 분석물질을 첨가한 7개의 시료를 준비하고 각 시료를 7 분석절차와 동일하게 측정하여 표준편차를 구한다.

6.1.2 표준편차에 3.14를 곱한 값을 방법검출한계로, 10을 곱한 값을 정량한계로 나타낸다. 측정한 방법검출한계는 표 1에서 제시한 정량한계 이하이어야 한다.

6.2 방법바탕시료의 측정

ES 05001 정도보증/정도관리에 따라 시료군마다 1개의 방법바탕시료(method blank)를 측정한다. 방법바탕시료는 정제수를 사용하여 7 분석절차와 동일하게 추출·측정하며 측정값은 방법검출한계 이하이어야 한다.

6.3 검정곡선의 작성 및 검증

6.3.1 검정곡선의 작성 및 검증은 ES 05001 정도보증/정도관리에 따른다. 정량범위 내의 5개의 농도에 대해 검정곡선을 작성하고 얻어진 검정곡선의 결정계수(R^2)가 0.98 이상 또는 감

응계수(RF)의 상대표준편차가 25 % 이내이어야 하며 결정계수나 감응계수의 상대표준편차가 허용범위를 벗어나면 재작성한다.

6.3.2 검정곡선의 직선성을 검증하기 위하여 정량범위를 0.001 mg/L ~ 0.05 mg/L로 한다. 그러나 측정값이 이 농도범위를 벗어날 경우에는 시료를 묽혀서 다시 분석한다.

6.3.3 검정곡선을 검증하기 위하여 감응계수를 비교할 때에는 검정곡선의 중간 농도에서 한 농도를 선택하여 감응계수(RF)를 구하여 그 값의 변화가 25 % 이내에서 일치하여야 한다. 만약 이 범위를 넘는 경우, 검정곡선을 재작성한다.

6.4 정밀도 및 정확도

6.4.1 정밀도(precision) 및 정확도(accuracy)의 측정은 ES 05001 정도보증/정도관리에 따른다. 정제수에 정량한계 농도의 10배가 되도록 동일하게 표준물질을 첨가한 시료를 4개 이상 준비하고, 7 절차와 동일하게 측정하여 평균값과 표준편차를 구한다.

6.4.2 정확도는 인증시료를 확보할 수 있는 경우 인증표준물질을 분석한 결과값과 인증값과의 상대백분율로 나타내고, 인증시료를 확보할 수 없는 경우 이를 정확한 농도로 첨가한 시료로 대체한다. 이 때 정확도는 첨가시료를 분석한 농도와 첨가하지 않은 시료를 분석한 농도와의 차이에 대한 첨가농도의 상대백분율로서 나타내며 그 값이 75 % ~ 125 % 이내이어야 한다.

6.4.3 정밀도는 측정값의 상대표준편차(RSD)로 계산하며 측정값이 25 % 이내이어야 한다.

6.5 현장 이중시료의 측정

현장 이중시료(field duplicate sample)는 동일한 시료채취 장소에서 동일한 조건으로 중복으로 채취한 시료로서 한 조사팀이 하루에 20개 이하를 채취할 경우에는 1개를 그리고 그 이상을 채취할 때에는 시료 20개 당 1개를 추가로 취한다. 동일한 조건에서 중복으로 채취한 두 시료간의 측정값 편차는 25 % 이하이어야 한다.

6.6 내부정도관리 주기 및 목표

6.6.1 방법검출한계, 정량한계, 정밀도 및 정확도는 연 1회 이상 산정하는 것을 원칙으로 하며, 분석자의 교체, 분석 장비의 수리 및 이동 등의 주요 변동사항이 생길 경우에는 다시 실시한다. 단, 장비의 청소, 컬럼 교체 시와 측정 장비의 감도가 의심될 때에는 언제든지 측정하여 확인하여야 한다.

6.6.2 검정곡선 검증 및 시약바탕시료의 분석은 각 시료군마다 실시하며, 고농도의 시료 다음에는 시약바탕시료를 측정하여 오염여부를 점검한다.

6.6.3 각 정도관리 항목에 대한 정도관리 목표값은 표 1과 같다.

7 분석절차

7.1 전처리

7.1.1 시료 200 mL를 취하여 250 mL 분별깔때기에 넣은 후 내부표준용액(10 mg/L) 100 μL를 넣는다.

7.1.2 시료에 염화나트륨 5 g을 넣고 흔들어 녹인 후 헥산 2 mL를 넣은 다음 4분간 흔들어 추출한다.

7.1.3 두 층이 분리되면 아래 물 층은 버리고 위의 헥산 층을 시험관에 취한 다음 무수황산나트

륨을 약 0.5 g 가하여 수분을 제거한다.

7.2 검정곡선의 작성

7.2.1 정제수 200 mL를 취하여 250 mL 분별깔때기에 넣은 후 휘발성유기화합물 혼합표준용액 (10.0 mg/L) 0, 20, 40, 100, 200, 300, 500 μL를 단계적으로 취하여 넣고 내부표준용액 (10.0 mg/L)을 정확히 100 μL를 취하여 시료에 첨가한다. 조제한 검정곡선용 표준용액의 농도는 시료 중의 농도로 계산하면 0, 0.001, 0.002, 0.005, 0.010, 0.015, 0.025 mg/L에 해당되며 필요에 따라 사용하는 표준용액의 농도와 개수를 달리 할 수 있다.

[주 1] 시료분석결과 이 검정곡선 농도범위를 벗어나면 시료를 희석해서 재분석하여야 한다.

7.2.2 추출방법은 7.1.2 ~ 7.1.3에 따른다.

7.2.3 크로마토그램으로부터 휘발성유기화합물의 농도(C_x)를 취하여 가로축(x축)에, 크로마토그램으로부터 휘발성유기화합물의 피크면적(A_x)과 내부표준물질의 피크면적(A_i)과의 비 (A_x/A_i)를 세로축(y축)에 취하여 검정곡선을 작성한다. 두 개의 내부표준물질을 사용할 때에는 그 중에 머무름 시간이 가까운 것으로 선택한다.

[주 1] 피크의 면적 대신 피크의 높이를 사용할 수 있으나 피크면적을 사용하는 것이 바람직하다.

7.3 측정법

7.3.1 추출물 2 μL를 취하여 기체크로마토그래프에 주입하여 분석한다.

7.3.2 기체크로마토그래프로부터 얻은 크로마토그램에서 각 분석성분 및 내부표준물질의 머무름 시간에 해당하는 위치의 피크들로부터 피크면적을 측정하여 휘발성유기화합물의 피크면적 (A_x)과 내부표준물질의 피크면적(A_i)과의 비(A_x/A_i)를 구한다. 두 개의 내부표준물질 중에 머무름 시간이 가까운 것으로 선택한다.

8 결과보고

8.1 계산

각 분석물질별로 내부표준물질에 대한 면적 비(A_x/A_i)를 구한 다음 검정곡선식의 $y(i)$값에 대입하여 $x(i)$값을 계산하면 분석물질의 농도(C_s, mg/L)를 구할 수 있다.

$$C_s(\text{mg/L}) = \frac{\frac{A_x}{A_i} - b}{a} \quad \cdots\cdots (식\ 1)$$

여기서, A_x/A_i : 분석물질과 내부표준물질에 대한 면적 비　　a : 검정곡선의 기울기

b : 검정곡선의 절편 값　　C_s : 분석물질의 농도(mg/L)

8.2 결과보고

행정사항과 관련된 항목별 시험결과의 표시는 ES 05003의 먹는물 수질기준의 표시한계 및 결과표시에 따른다.

9 참고자료

9.1 US EPA Method 504.1, “1,2-Dibromomethane, 1,2-dibromo-3- chloropropane, and 1,2,3-trichloropropane in water by microextraction and gas chromatography”, EPA, (1993)

9.2 일본환경수질분석법 4.3.2, 제3법

9.3 수질오염공정시험기준 ES 04603.5, "휘발성유기화합물－용매추출/기체크로마토그래피－질량 분석법", 국립환경과학원, (2022)

10 부록

[표 1] 휘발성유기화합물의 정도관리 목표값

정도관리 항목	정도관리 목표
정량한계	0.001 mg/L
검정곡선	결정계수(R^2) ≥ 0.98 또는 감응계수(RF)의 상대표준편차 ≤ 25 %
정밀도	상대표준편차 ± 25 % 이내
정확도	75 % ~ 125 %
현장이중시료	상대편차백분율 ± 25 % 이내

[표 2] 휘발성유기화합물의 기체크로마토그래피 실험조건(예)

항 목	조 건
컬럼	Ultra-2(cross-linked 5 % phenylmethylsilicon, 25 m 길이 × 0.2 mm 안지름 × 0.33 μm 필름두께) 또는 이와 동등한 컬럼
운반기체(유속)	헬륨(1.0 mL/min)
분획비	1/10
주입구 온도	200 ℃
인터페이스 온도	250 ℃
오븐 온도	35 ℃(7 min) → 5 ℃/min(50 ℃) → 10 ℃/min(150 ℃)

[표 3] 휘발성유기화합물의 질량 특성이온들

물질명	분자량	제1선택이온(m/z)	제2선택이온(m/z)
플루오로벤젠	96	96	77
1,2-다이클로로벤젠-d_4	150	152	115, 150
디클로로메탄	84	84	86, 49
벤젠	78	78	77
톨루엔	92	91	92
에틸벤젠	106	91	106, 77
o-크실렌	106	106	91, 77
m-크실렌	106	106	91, 77
p-크실렌	106	106	91, 77
클로로포름	118	83	47, 85
브로모디클로로메탄	162	83	85, 127
디브로모클로로메탄	206	129	127, 131
브로모폼	250	173	171, 175
1,1,1-트리클로로에탄	132	97	99, 61
트리클로로에틸렌	130	95	130, 132
테트라클로로에틸렌	164	166	129, 168
1,1-디클로로에틸렌	96	61	96, 98
사염화탄소	152	117	119, 121
1,2-디브로모-3-클로로프로판	237	157	155, 75

휘발성유기화합물 연습문제

01 먹는물수질공정시험기준 중 휘발성유기화합물 시험방법에서 시료 채취 및 관리 방법으로 옳은 것은?

① 잔류염소 제거를 위해 아세트산 또는 티오황산나트륨을 넣어준다.
② 염산(1+1) 또는 황산(1+5)을 넣어 pH 약 2로 조절한다.
③ 1주일 이상 보관할 경우 시료 1 L당 염화암모늄(10 mg)을 넣어준다.
④ 시료에 염산을 가하였을 때 거품이 생기면 티오황산나트륨을 가해준다.

02 먹는물의 휘발성유기화합물을 분석하기 위한 시료채취 및 보관방법으로 틀린 것은?

① 염산(1+1) 또는 황산(1+5)을 1방울/10 mL로 가하여 약 pH 2로 조절하고 4 ℃ 냉암소에서 보관한다.
② 잔류염소를 제거하기 위해 유리병에 아스코빈산 또는 티오황산나트륨 25 mg 정도를 넣고 시료를 공간이 없도록 약 40 mL를 채취하고 공기가 들어가지 않도록 주의하여 밀봉한다.
③ 모든 시료는 채취 후 7일 이내 분석해야하며 7일 이상 보관할 경우는 산 처리를 해야 한다.
④ 시료 중에 염산을 가하였을 때에 거품이 생기면 그 시료는 버리고 산을 가하지 않은 채로 두 개의 시료를 채취하고 24시간 내에 분석해야 한다.

03 다음은 어떤 시료 채취와 보존에 관한 설명인가?

미리 정제수로 잘 씻은 유리병에 기포가 생기지 않도록 가만히 채취하고 pH가 약 2가 되도록 염산(1+1)을 시료 10 mL당 1 방울을 넣고 추가하여 꽉 채운 후 밀봉한다.

① 미생물 시험용 시료
② 중금속 시험용 시료
③ 시안 시험용 시료
④ 휘발성유기화합물 시험용 시료

04 휘발성유기화합물에서 총트리할로메탄에 포함되는 물질이 아닌 것은?

① 디클로로메탄
② 클로로포름
③ 디브로모클로로메탄
④ 브로모디클로로메탄

05 먹는물, 샘물 및 염지하수 중에 총트리할로메탄 측정 시 속하지 않는 물질은?

① 브로모디클로로메탄
② 디브로모클로로메탄
③ 브로모폼
④ 디클로로메탄

06 먹는물수질공정시험기준에서 휘발성유기화합물의 퍼지·트랩 기체크로마토그래피 – 질량분석법에 대한 설명으로 옳지 않은 것은?

① 각 휘발성유기화합물들의 정량한계는 0.001 mg/L이다.
② 폭넓은 끓는점과 극성을 갖는 휘발성 유기화합물의 분석에 적합한 방법이다.
③ 용해도가 2 % 이상이거나 끓는점이 200 ℃ 이상인 화합물은 낮은 회수율을 보인다.
④ 분리되지 않는 m,p-크실렌 이성질체들은 합하여 정량한다.

Answer 1. ② 2. ③ 3. ④ 4. ① 5. ④ 6. ②

07 **휘발성유기화합물인 1,2-디브로모-3-클로로프로판을 퍼지·트랩-기체크로마토그래프-질량분석법으로 분석한 결과, 대상물질의 피크면적이 6,000, 내부표준물질의 피크면적이 24,000이고 내부표준물질의 첨가량은 5 μg, 검정곡선의 감응계수(RF)는 0.8이었다. 25 mL의 시료를 사용하였을 때 상대검정곡선법(internal standard calibration)을 이용한 대상물질의 농도는?**

① 4.25 μg/L　② 6.25 μg/L
③ 42.5 μg/L　④ 62.5 μg/L

08 **먹는물수질공정시험기준에 따른 헤드스페이스－기체크로마토그래피법에서 휘발성유기화합물의 분석에 관한 설명으로 옳은 것은?**

① 헤드스페이스 장치의 시료 보온부는 온도를 약 (40 ~ 90) ± 0.5 ℃ 범위 내에서 1시간 정도 일정하게 보온 유지할 수 있는 것을 사용한다.
② 시료채취용 루프는 기체크로마토그래프－질량분석기에 접속할 수 있는 것으로 백금－이리듐 재질 또는 이것과 동등 이상의 재질인 것을 사용한다.
③ 질량분석기의 이온화방식은 자기충격법을 사용하며 이온화에너지는 35 eV ~ 70 eV를 사용한다.
④ 헤드스페이스 장치의 냉각응축부는 안지름 0.20 mm ~ 0.53 mm의 모세관을 －50 ℃ ~ －150 ℃ 정도로 냉각이 가능한 것이어야 한다.

09 **먹는물수질공정시험기준에 따른 헤드스페이스/기체크로마토그래피법에서 휘발성유기화합물의 측정에 대한 설명으로 틀린 것은?**

① 내부표준물질로는 플루오로벤젠 또는 1,2－다이클로로벤젠－d_4를 사용한다.
② 비교적 오염이 많이 된 물 시료의 분석에는 적용할 수 없다.
③ 정량한계는 0.0005 mg/L ~ 0.001 mg/L이다.
④ 바이알에 들어 있는 시료 중 휘발성유기화합물을 일정 온도에서 가열하여 평형상태에 있는 상부기체의 일부를 측정장비로 주입하여 분석하는 방법이다.

10 **할로겐화 휘발성유기화합물을 헤드스페이스－기체크로마토그래피법으로 분석하고자 할 때 옳은 것은?**

① 밀폐된 용기의 시료중에 휘발성유기화합물들이 물과 헤드스페이스 상에 평형을 이루는 것을 이용한 방법이다.
② 측정장비로는 주로 GC－TCD 혹은 GC－NPD가 사용된다.
③ 헤드스페이스 상의 기체 일부를 포집하여 기기 주입전에 다시 냉각, 응축한 후 극미량의 용매에 다시 녹여 분석하는 방법이다.
④ 이 방법은 일반적으로 퍼지－트랩방법보다 농축효율이 우수한 것으로 알려져 있다.

11 **휘발성유기화합물 분석을 위한 마이크로용매추출법에 대한 설명으로 틀린 것은?**

① 일반 용매추출과 같이 용해도가 높은 용매를 사용하는 방법이다.
② 분배원리에 의해 추출하는 방법이다.
③ 휘발성유기화합물은 용매를 농축할 때 분석물질이 손실되므로 농축할 수 없다.
④ 사용하는 추출용매의 부피를 최소화하여 반드시 농축하여야 하는 방법이다.

Answer 7. ④　8. ①　9. ②　10. ①　11. ④

131 1,4-다이옥산 (1,4-Dioxane)

1 목적

이 시험기준은 먹는물, 샘물 및 염지하수 중에 1,4-다이옥산[1)2)3)]을 측정하는 방법으로, 시료채취, 간섭물질, 전처리과정, 기기분석에 관해 설명하고 내부정도관리에 대해 자세히 기술하고 있다.

2 적용 가능한 시험

먹는물, 샘물 및 염지하수 중 존재하는 1,4-다이옥산을 분석하기 위해서는 일반적으로 전처리 장치를 이용하거나 적절한 방법으로 전처리하여야 하고 그 후에 기체크로마토그래프를 이용하여 기기분석을 실시한다. 1,4-다이옥산에 대한 분석 방법은 표 1과 같이 용매추출-기체크로마토그래피-질량분석법, 고상추출-기체크로마토그래피-질량분석법, 헤드스페이스-기체크로마토그래피-질량분석법, 퍼지·트랩-기체크로마토그래피-질량분석법이 있다.

[표 1] 먹는물, 샘물 및 염지하수 중 1,4-다이옥산의 시험기준

분석방법	정량한계(mg/L)	정밀도(% RSD)
용매추출-기체크로마토그래피-질량분석법	0.001	25 % 이내
고상추출-기체크로마토그래피-질량분석법	0.001	25 % 이내
헤드스페이스-기체크로마토그래피-질량분석법	0.001	25 % 이내
퍼지·트랩-기체크로마토그래피-질량분석법	0.001	25 % 이내

---

1) 분자량: 88.11($C_4H_8O_2$), 비중: 1.03, 끓는점: 101.1 ℃, 녹는점: 11.8 ℃, 용해도: 32×10^6 mg/L(7.8 ℃, H_2O), 배출원: 화학물, 화학제품 제조업, 코크스, 석유 정제품 및 핵연료 제조업 등에서 배출된다.

2) 환경잔류성: 수표면에서 휘발하여 제거(반감기는 강에서 5일, 호수에서 56일이다)된다. 가수분해는 거의 일어나지 않으며, 토양흡착계수가 작아 지하수 등에 매우 높은 농도로 존재하여 지하수 오염을 유발한다.

3) 인체유해성: 단기간 노출시 눈, 코, 목의 염증을 유발하며, 다량 노출시 중추신경계 억제 및 신장과 간에 손상을 일으킬 수도 있다.

132 1,4-다이옥산-용매추출-기체크로마토그래피-질량분석법
(1,4-Dioxane-Liquid Extraction-Gas Chromatography-Mass Spectrometry)

1 개요

1.1 목적

이 시험기준은 먹는물, 샘물 및 염지하수 중에 1,4-다이옥산을 측정하는 방법으로, 시료 중의 1,4-다이옥산을 디클로로메탄으로 추출하여 기체크로마토그래프-질량분석기로 분석한다.

1.2 적용범위

1.2.1 이 시험기준은 먹는물, 샘물 및 염지하수 중에 1,4-다이옥산(1,4-dioxane)의 분석에 적용한다.

1.2.2 이 시험기준에 의해 먹는물, 샘물 및 염지하수 중에 다이옥산의 정량한계는 0.001 mg/L이다.

1.3 간섭물질

1.3.1 추출 용매에는 분석성분의 머무름 시간에서 피크가 나타나는 간섭물질이 있을 수 있다. 추출 용매 안에 간섭물질이 발견되면 증류하거나 컬럼 크로마토그래프에 의해 제거한다.

1.3.2 이 시험기준으로 끓는점이 높거나 극성 유기화합물들이 함께 추출되므로 이들 중에는 분석을 간섭하는 물질이 있을 수 있다.

2 "내용 없음"

3 분석기기 및 기구

3.1 기체크로마토그래프

3.1.1 컬럼은 안지름 0.20 mm ~ 0.35 mm, 필름두께 0.1 μm ~ 0.50 μm, 길이 15 m ~ 60 m의 cross-linked methylsilicon(DB-1, HP-1 등) 또는 cross-linked 5 % phenylmethylsilicon (DB-5, HP-5 등) 등의 모세관이나 동등한 분리성능을 가진 모세관으로 대상 분석 물질의 분리가 양호한 것을 택하여 시험한다.

3.1.2 운반기체는 부피백분율 99.999% 이상의 헬륨 또는 질소로서 유량은 0.5 mL/min ~ 4 mL/min, 시료도입부 온도는 200 ℃ ~ 250 ℃, 컬럼온도는 40 ℃ ~ 250 ℃로 사용한다.

3.1.3 표 2와 같이 수행할 수 있다.

3.2 질량분석기(mass spectrometer)

3.2.1 이온화방식은 전자충격법(EI, electron impact)을 사용하며 이온화 에너지는 35 eV ~ 70 eV을 사용한다.

3.2.2 질량분석기는 자기장형(magnetic sector), 사중극자형(quadrupole) 및 이온트랩형(ion trap) 등의 성능을 가진 것을 사용한다.

3.2.3 정량분석에는 선택이온검출법(SIM, selected ion monitoring)을 이용하는 것이 바람직하다. 선택하는 이온들은 표 3의 이온을 사용할 수 있다.

4 시약 및 표준용액

4.1 시약

4.1.1 정제수

바탕시험 할 때 표준물질의 피크 부근에 불순물 피크가 없는 것을 사용한다.

4.1.2 디클로로메탄(methylene chloride, CH_2Cl_2, 분자량 : 84.93)

바탕시험할 때 표준물질의 피크 부근에 불순물 피크가 없는 것을 사용한다.

4.1.3 메탄올(methanol, CH_3OH, 분자량 : 32.04)

바탕시험 할 때 표준물질의 피크 부근에 불순물 피크가 없는 것을 사용한다.

4.1.4 염화암모늄(ammonium chloride, NH_4Cl, 분자량 : 53.49)

4.1.5 무수황산나트륨(sodium sulfate, Na_2SO_4, 분자량 : 142.04)

4.1.6 염화나트륨(sodium chloride, NaCl, 분자량 : 58.44)

4.1.7 염산(hydrochloric acid, HCl, 분자량 : 36.46)

4.2 표준용액

4.2.1 1,4-다이옥산 표준원액(1000 mg/L)

1,4-다이옥산 25.0 mg을 취하여 메탄올에 녹여 25 mL로 한다. 이 용액 1 mL는 1,4-다이옥산 1 mg을 함유한다. 시판되는 표준원액(1000 mg/L)을 사용해도 좋다. 이 용액은 갈색 바이알에 넣어 냉장 보관한다.

4.2.2 1,4-다이옥산 표준용액(1.0 mg/L)

1,4-다이옥산 표준원액 250.0 μL를 정확히 취하여 메탄올에 녹여 25.0 mL로 한다. 이 용액 1 mL는 1,4-다이옥산 0.010 mg을 함유한다. 이 용액은 사용할 때 만든다.

4.3 내부표준용액

4.3.1 1,4-다이옥산-d_8 표준원액(1000 mg/L)

1,4-다이옥산-d_8 25.0 mg을 취하여 메탄올에 녹여 25 mL로 한다. 이 용액 1 mL는 1,4-다이옥산-d_8 1 mg을 함유한다. 시판되는 표준원액(1000 mg/L)을 사용해도 좋다. 이 용액은 갈색 바이알에 넣어 냉장 보관한다.

4.3.2 1,4-다이옥산-d_8 표준용액(10.0 mg/L)

1,4-다이옥산-d_8 표준원액 100.0 μL를 정확히 취하여 메탄올에 녹여 10.0 mL로 한다. 이 용액 1 mL는 1,4-다이옥산-d_8 0.010 mg을 함유한다. 이 용액은 사용할 때 만든다.

4.3.3 1-클로로-2-브로모프로페인 표준원액(1000 mg/L)

1-클로로-2-브로모프로페인 25.0 mg을 취하여 메탄올에 녹여 25 mL로 한다. 이 용액 1 mL는 1-클로로-2-브로모프로페인 1 mg을 함유한다. 시판되는 표준원액(1000 mg/L)을 사용해도 좋다. 이 용액은 갈색 바이알에 넣어 냉장 보관한다.

4.3.4 1-클로로-2-브로모프로페인 표준용액(10.0 mg/L)

1-클로로-2-브로모프로페인 표준원액 100.0 μL를 정확히 취하여 메탄올에 녹여 10.0 mL로 한다. 이 용액 1 mL는 1-클로로-2-브로모프로페인 0.01 mg을 함유한다. 이 용액은 갈색 바이알에 넣어 냉장 보관한다.

5 시료채취 및 관리

5.1 시료는 유리병에 공간이 없도록 약 100 mL를 채취하고 공기가 들어가지 않도록 주의하여 밀봉한다.

5.2 잔류염소 함유시 잔류염소 4 mg/L 이하인 시료 1 L 기준으로 아스코르빈산(200 g/L) 3 mL 또는 티오황산나트륨(80 g/L) 1 mL에 준하여 첨가한다. 시료를 가득 채취한 후 염산을 가하여 pH 2로 조절하고 1 ℃ ~ 5 ℃ 냉암소에서 보관한다.

5.3 모든 시료는 채취 후 14일 이내에 분석해야 한다.

5.4 시료에 염산을 가하였을 때 거품이 생기면 그 시료는 버리고 산을 가하지 않은 채로 두 개의 시료를 채취한다. 이 시료에는 산을 가하지 않았음을 표시해야 하고 24시간 안에 분석해야 한다.

6 정도보증/정도관리(QA/QC)

6.1 방법검출한계 및 정량한계

6.1.1 방법검출한계(MDL, method detection limit) 및 정량한계(LOQ, limit of quantitation)는 ES 05001 정도보증/정도관리에 따라 계산한다. 정제수에 정량한계 부근의 농도가 되도록 분석물질을 첨가한 7개의 시료를 준비하고 각 시료를 7 분석절차와 동일하게 측정하여 표준편차를 구한다.

6.1.2 표준편차에 3.14를 곱한 값을 방법검출한계로, 10을 곱한 값을 정량한계로 나타낸다. 측정한 방법검출한계는 표 1에서 제시한 정량한계 이하이어야 한다.

6.2 방법바탕시료의 측정

ES 05001 정도보증/정도관리에 따라 시료군마다 1개의 방법바탕시료(method blank)를 측정한다. 방법바탕시료는 정제수를 사용하여 7 분석절차와 동일하게 추출·측정하며 측정값은 방법검출한계 이하이어야 한다.

6.3 검정곡선의 작성 및 검증

6.3.1 검정곡선의 작성 및 검증은 ES 05001 정도보증/정도관리에 따른다. 정량범위 내의 5개의 농도에 대해 검정곡선을 작성하고 얻어진 검정곡선의 결정계수(R^2)가 0.98 이상 또는 감응계수(RF)의 상대표준편차가 25 % 이내이어야 하며 결정계수나 감응계수의 상대표준편차가 허용범위를 벗어나면 재작성한다.

6.3.2 검정곡선의 직선성을 검증하기 위하여 정량범위를 0.001 mg/L ~ 0.05 mg/L로 한다. 그러나 측정값이 이 농도범위를 벗어날 경우에는 시료를 묽혀서 다시 분석한다.

6.3.3 검정곡선을 검증하기 위하여 감응계수를 비교할 때는 검정곡선의 중간 농도에서 한 농도를 선택하여 감응계수(RF)를 구하여 그 값의 변화가 25 % 이내에서 일치하여야 한다. 만약 이 범위를 넘는 경우, 검정곡선을 재작성한다.

6.4 정밀도 및 정확도

6.4.1 정밀도(precision) 및 정확도(accuracy)의 측정은 ES 05001 정도보증/정도관리에 따른다. 정제수에 정량한계 농도의 10배가 되도록 동일하게 표준물질을 첨가한 시료를 4개 이상 준비하고, 7 분석절차와 동일하게 측정하여 평균값과 표준편차를 구한다.

6.4.2 정확도는 인증시료를 확보할 수 있는 경우 인증표준물질을 분석한 결과값과 인증값과의 상대백분율로 나타내고, 인증시료를 확보할 수 없는 경우 이를 정확한 농도로 첨가한 시료로 대체한다. 이때 정확도는 첨가시료를 분석한 농도와 첨가하지 않은 시료를 분석한 농도와의 차이에 대한 첨가농도의 상대백분율로서 나타내며 그 값이 75 % ~ 125 % 이내이어야 한다.

6.4.3 정밀도는 측정값의 상대표준편차(RSD)로 계산하며 측정값이 25 % 이내이어야 한다.

6.5 현장 이중시료의 측정

현장 이중시료(field duplicate sample)는 동일한 시료채취 장소에서 동일한 조건으로 중복으로 채취한 시료로서 한 조사팀이 하루에 20개 이하를 채취할 경우에는 1개를 그리고 그 이상을 채취할 때에는 시료 20개 당 1개를 추가로 취한다. 동일한 조건의 두 시료 간의 측정값의 편차는 25 % 이하이어야 한다.

6.6 내부정도관리 주기 및 목표

6.6.1 방법검출한계, 정량한계, 정밀도 및 정확도는 연 1회 이상 산정하는 것을 원칙으로 하며, 분석자의 교체, 분석 장비의 수리 및 이동 등의 주요 변동사항이 생길 경우에는 다시 실시한다. 단, 장비의 청소, 컬럼 교체 시와 측정 장비의 감도가 의심될 때에는 언제든지 측정하여 확인하여야 한다.

6.6.2 검정곡선 검증 및 시약바탕시료의 분석은 각 시료군마다 실시하며, 고농도의 시료 다음에는 시약바탕시료를 측정하여 오염여부를 점검한다.

6.6.3 각 정도관리 항목에 대한 정도관리 목표값은 표 1과 같다.

7 분석절차

7.1 전처리

7.1.1 시료와 표준용액을 냉장고에서 꺼내어 상온으로 한다.

7.1.2 시료 50 mL를 100 mL 분별깔때기에 넣는다.

7.1.3 내부표준용액(10 mg/L) 50 μL를 넣은 다음, 염석효과를 위하여 염화나트륨 20 g을 넣어 흔들어 녹인다.

7.1.4 디클로로메탄 20 mL를 넣은 후 약 1분 ~ 2분간 격렬하게 흔들어 추출한다.

7.1.5 두 층이 분리되면 디클로로메탄 층을 옮긴 후 디클로로메탄 20 mL를 넣고 한 번 더 추출한다.

7.1.6 디클로로메탄층을 합하여 무수황산나트륨 약 3 g을 가하여 수분을 제거한 다음, 증발건조기나 질소를 사용하여 1 mL까지 농축한 다음 이를 시험용액으로 한다.

7.2 검정곡선의 작성

7.2.1 정제수 50 mL를 취하여 100 mL 분별깔때기에 넣은 후 1,4-다이옥산 표준용액(10 mg/L)

0, 5, 20, 50, 100, 200, 250 μL를 단계적으로 취하여 넣고 내부표준용액(10 mg/L)을 정확히 50 μL를 취하여 시료에 첨가한다. 조제한 검정곡선용 표준용액의 농도는 시료 중의 농도로 계산하면 0, 0.001, 0.004, 0.010, 0.020, 0.040, 0.050 mg/L에 해당되며 필요에 따라 사용하는 표준용액의 농도와 개수를 달리 할 수 있다.

[주 1] 내부표준물질은 1,4-다이옥산-d_8과 1-클로로-2-브로모프로판 중에 선택하여 사용한다. 내부표준물질로서는 1,4-다이옥산-d_8이 더 좋다.

[주 2] 시료분석결과 이 검정곡선 농도범위를 벗어나면 시료를 희석해서 재분석하여야 한다.

7.2.2 시료에 염화나트륨 20 g을 넣어 흔들어 녹인 후 7.1.4 ~ 7.1.6에 따라 추출한다.

7.2.3 크로마토그램으로부터 1,4-다이옥산의 농도(C_x)를 취하여 가로축(x축)에, 크로마토그램으로부터 다이옥산의 아스코르빈산 면적(A_x)과 내부표준물질의 아스코르빈산면적(A_i)과의 비(A_x/A_i)를 세로축(y축)에 취하여 검정곡선을 작성한다. 두 개의 내부표준물질을 사용할 때에는 그 중에 머무름 시간이 가까운 것으로 선택한다.

[주 3] 아스코르빈산의 면적 대신 아스코르빈산의 높이를 사용할 수 있으나 아스코르빈산 면적을 사용하는 것이 바람직하다.

7.3 측정법

7.3.1 추출물 2 μL를 취하여 기체크로마토그래프에 주입하여 분석한다.

7.3.2 크로마토그램으로부터 각 분석성분 및 내부표준물질의 아스코르빈산 면적을 측정하여 1,4-다이옥산의 아스코르빈산 면적(A_x)과 내부표준물질의 아스코르빈산면적(A_i)과의 비(A_x/A_i)를 구한다. 두 개의 내부표준물질 중에 머무름 시간이 가까운 것으로 선택한다.

8 결과보고

8.1 계산

1,4-다이옥산과 내부표준물질에 대한 면적 비(A_x/A_i)를 구한다음 검정곡선식의 $y(i)$값에 대입하여 $x(i)$값을 계산하면 분석물질의 농도(C_s, mg/L)를 구할 수 있다.

$$C_s(\text{mg/L}) = \frac{\frac{A_x}{A_i} - b}{a} \quad \text{(식 1)}$$

여기서, A_x/A_i : 1,4-다이옥산과 내부표준물질에 대한 면적 비

a : 검정곡선의 기울기

b : 검정곡선의 절편 값

C_s : 분석물질의 농도(mg/L)

8.2 결과보고

행정사항과 관련된 항목별 시험결과의 표시는 ES 05003의 먹는물 수질기준의 표시한계 및 결과표시에 따른다.

9 참고자료

9.1 US EPA Method 504.1, “1,2-Dibromomethane, 1,2-dibromo-3-chloropropane, and 1,2,3-trichloropropane in water by microextraction and gas chromatography", EPA, (1993)

9.2 일본환경수질분석법 4.3.2, 제3법

9.3 수질오염공정시험기준 ES 04601.4, "1,4-다이옥산-용매추출/기체크로마토그래피-질량분석법", 국립환경과학원, (2014)

10 부록

[표 1] 정도관리 목표값

정도관리 항목	정도관리 목표
정량한계	0.001 mg/L
검정곡선	결정계수(R^2) ≥ 0.98 또는 감응계수(RF)의 상대표준편차 ≤ 25 %
정밀도	상대표준편차 ± 25 % 이내
정확도	75 % ~ 125 %
현장이중시료	상대편차백분율 ± 25 % 이내

[표 2] 1,4-다이옥산의 기체크로마토그래프 실험조건(예)

항 목	조 건
컬럼	Ultra-2(cross-linked 5 % phenylmethylsilicone, 25 m 길이 × 0.20 mm 안지름 × 0.33 μm 필름두께) 또는 이와 동등한 컬럼
운반기체(유속)	헬륨(1.0 mL/min)
분획비	10 : 1
주입구 온도	200 ℃
인터페이스 온도	250 ℃
오븐 온도	36 ℃(7 min) → 20 ℃/min(200 ℃)

[표 3] 1,4-다이옥산의 질량스펙트럼 특성 이온들

물질명	분자량	제1선택이온(m/z)	제2선택이온(m/z)
1,4-다이옥산	88	88	58, 43
1-클로로-2-브로모프로페인	157	77	79, 41
1,4-다이옥산-d_8	96	96	64, 46

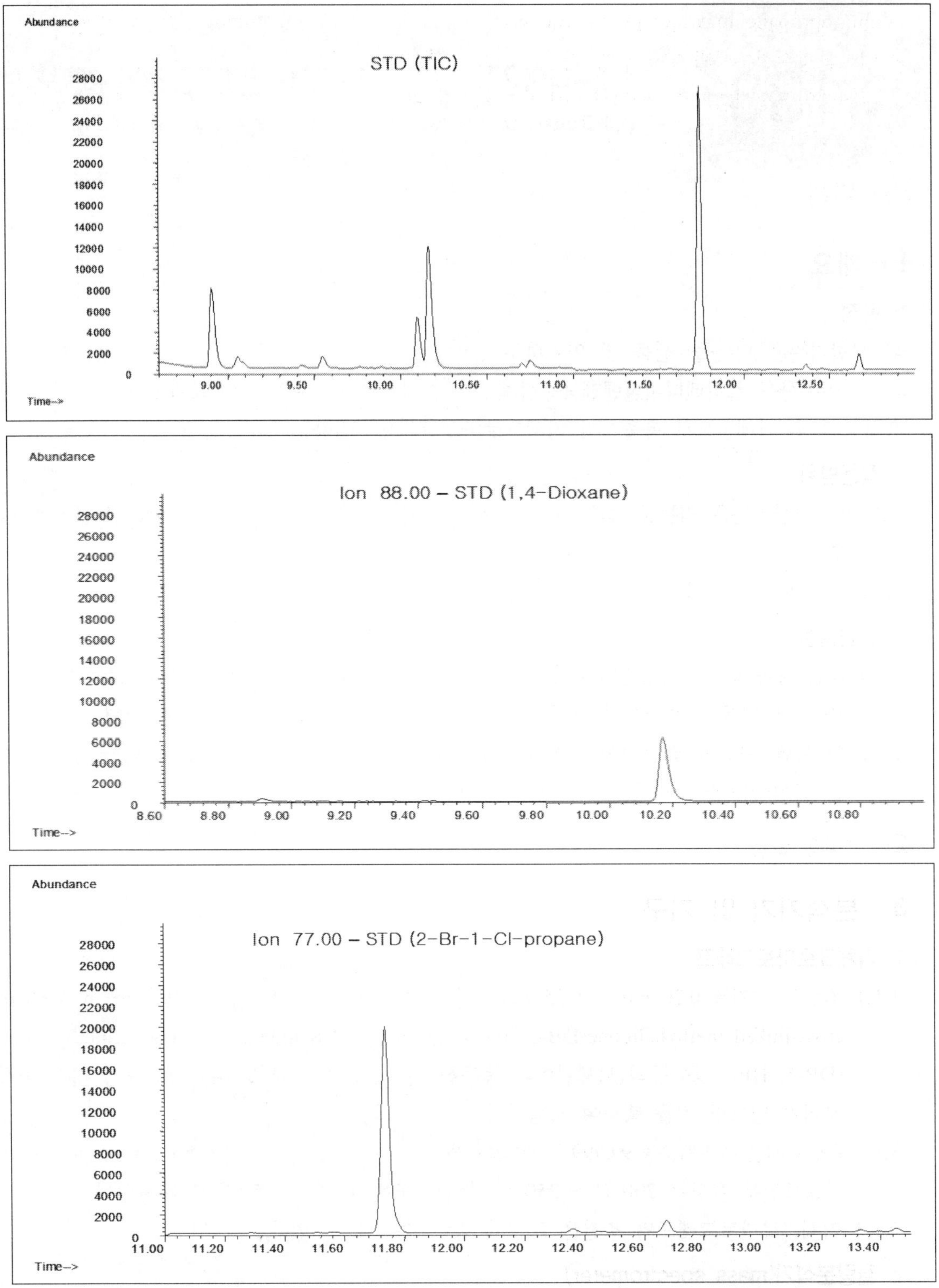

[그림 1] 1,4-다이옥산, 1,4-다이옥산-d_8 및 2-브로모-1-클로로프로페인의 기체크로마토그램(예)

133 1,4-다이옥산-고상추출-기체크로마토그래피-질량분석법
(1,4-Dioxane-Solid Phase Extraction-Gas Chromatography-Mass Spectrometry)

1 개요

1.1 목적

이 시험기준은 먹는물, 샘물 및 염지하수 중에 1,4-다이옥산을 측정하는 방법으로, 시료 중의 1,4-다이옥산을 스티렌디비닐벤젠공중합체 고상분리관과 활성탄 고상분리관을 차례로 통과시켜 흡착시킨 후 아세톤으로 용출시켜 기체크로마토그래프-질량분석기로 분석한다.

1.2 적용범위

1.2.1 이 시험기준은 먹는물, 샘물 및 염지하수 중에 1,4-다이옥산(1,4-dioxane)의 분석에 적용한다.

1.2.2 이 시험기준에 의해 먹는물, 샘물 및 염지하수 중에 다이옥산의 정량한계는 0.001 mg/L이다.

1.3 간섭물질

1.3.1 추출 용매에는 분석성분의 머무름 시간에서 피크가 나타나는 간섭물질이 있을 수 있다. 추출 용매 안에 간섭물질이 발견되면 증류하거나 컬럼 크로마토그래프에 의해 제거한다.

1.3.2 이 시험기준으로 끓는점이 높거나 극성 유기화합물들이 함께 추출되므로 이들 중에는 분석을 간섭하는 물질이 있을 수 있다.

2 "내용 없음"

3 분석기기 및 기구

3.1 기체크로마토그래프

3.1.1 컬럼은 안지름 0.20 mm ~ 0.35 mm, 필름두께 0.1 μm ~ 0.50 μm, 길이 15 m ~ 60 m의 cross-linked methylsilicone(DB-1, HP-1 등) 또는 cross-linked 5 % phenylmethylsilicone (DB-5, HP-5 등) 등의 모세관이나 동등한 분리성능을 가진 모세관으로 대상 분석 물질의 분리가 양호한 것을 택하여 시험한다.

3.1.2 운반기체는 부피백분율 99.999 % 이상의 헬륨 또는 질소로서 유량은 0.5 mL/min ~ 4 mL/min, 시료도입부 온도는 200 ℃ ~ 250 ℃, 컬럼온도는 40 ℃ ~ 250 ℃로 사용한다.

3.1.3 기체크로마토그래프의 조건은 표 2와 같이 수행할 수 있다.

3.2 질량분석기(mass spectrometer)

3.2.1 이온화방식은 전자충격법(EI, electron impact)을 사용하며 이온화 에너지는 35 eV ~ 70 eV를 사용한다.

3.2.2 질량분석기는 자기장형(magnetic sector), 사중극자형(quadrupole) 및 이온트랩형(ion trap) 등의 성능을 가진 것을 사용한다.

3.2.3 정량분석에는 선택이온검출법(SIM, selected ion monitoring)을 이용하는 것이 바람직하다. 선택하는 이온들은 표 3의 이온을 사용할 수 있다.

3.3 고상분리관

스티렌디비닐벤젠공중합체 고상분리관 및 활성탄 고상분리관 또는 이와 동등이상의 성능을 지닌 것을 사용한다.

4 시약 및 표준용액

4.1 시약

4.1.1 정제수

바탕시험 할 때 표준물질의 피크 부근에 불순물 피크가 없는 것을 사용한다.

4.1.2 메탄올(methanol, CH_3OH, 분자량 : 32.04)

바탕시험 할 때 표준물질의 피크 부근에 불순물 피크가 없는 것을 사용한다.

4.1.3 아세톤(acetone, CH_3COCH_3, 분자량 : 58.08)

바탕시험 할 때 표준물질의 피크 부근에 불순물 피크가 없는 것을 사용한다.

4.1.4 SDB 흡착제

4.1.5 AC-2 흡착제

4.2 표준용액

4.2.1 1,4-다이옥산 표준원액(1000 mg/L)

1,4-다이옥산 25.0 mg을 취하여 메탄올에 녹여 25 mL로 한다. 이 용액 1 mL는 1,4-다이옥산 1 mg을 함유한다. 시판되는 표준원액(1000 mg/L)을 사용해도 좋다. 이 용액은 갈색 바이알에 넣어 냉장 보관한다.

4.2.2 1,4-다이옥산 표준용액(10.0 mg/L)

1,4-다이옥산 표준원액 250.0 μL를 정확히 취하여 메탄올에 녹여 25.0 mL로 한다. 이 용액 1 mL는 1,4-다이옥산 0.010 mg을 함유한다. 이 용액은 사용할 때에 만든다.

4.3 내부표준용액

4.3.1 1,4-다이옥산-d_8 표준원액(1000 mg/L)

1,4-다이옥산-d_8 25.0 mg을 취하여 메탄올에 녹여 25 mL로 한다. 이 용액 1 mL는 1,4-다이옥산-d_8 1 mg을 함유한다. 시판되는 표준원액(1000 mg/L)을 사용해도 좋다.
이 용액은 갈색 바이알에 넣어 냉장 보관한다.

4.3.2 1,4-다이옥산-d_8 표준용액(10.0 mg/L)

1,4-다이옥산-d_8 표준원액 100.0 μL를 정확히 취하여 메탄올에 녹여 10.0 mL로 한다. 이 용액 1 mL는 1,4-다이옥산-d_8 0.010 mg을 함유한다. 이 용액은 사용할 때에 만든다.

4.3.3 1-클로로-2-브로모프로페인 표준원액(1000 mg/L)

1-클로로-2-브로모프로페인 25.0 mg을 취하여 메탄올에 녹여 25 mL로 한다. 이 용액

1 mL는 1-클로로-2-브로모프로페인 1 mg을 함유한다. 시판되는 표준원액(1000 mg/L)을 사용해도 좋다. 이 용액은 갈색 바이알에 넣어 냉장 보관한다.

4.3.4 1-클로로-2-브로모프로페인 표준용액(10.0 mg/L)

1-클로로-2-브로모프로페인 표준원액 100.0 μL를 정확히 취하여 메탄올에 녹여 10.0 mL로 한다. 이 용액 1 mL는 1-클로로-2-브로모프로페인 0.010 mg을 함유한다. 이 용액은 갈색 바이알에 넣어 냉장 보관한다.

5 시료채취 및 관리

5.1 시료는 유리병에 공간이 없도록 약 200 mL를 채취하고 공기가 들어가지 않도록 주의하여 밀봉한다.

5.2 잔류염소 함유시 잔류염소 4 mg/L 이하인 시료 1 L 기준으로 아스코르빈산(200 g/L) 3 mL 또는 티오황산나트륨(80 g/L) 1 mL에 준하여 첨가한다. 시료를 가득 채취한 후 염산을 가하여 pH 2로 조절하고 1 ℃ ~ 5 ℃ 냉암소에서 보관한다.

5.3 모든 시료는 채취 후 14일 이내에 분석해야 한다.

5.4 시료에 염산을 가하였을 때 거품이 생기면 그 시료는 버리고 산을 가하지 않은 채로 두 개의 시료를 채취한다. 이 시료에는 산을 가하지 않았음을 표시해야 하고 24시간 안에 분석해야 한다.

6 정도보증/정도관리(QA/QC)

6.1 방법검출한계 및 정량한계

6.1.1 방법검출한계(MDL, method detection limit) 및 정량한계(LOQ, limit of quantitation)는 ES 05001 정도보증/정도관리에 따라 계산한다. 정제수에 정량한계 부근의 농도가 되도록 분석물질을 첨가한 7개의 시료를 준비하고 각 시료를 **7** 분석절차와 동일하게 측정하여 표준편차를 구한다.

6.1.2 표준편차에 3.14를 곱한 값을 방법검출한계로, 10을 곱한 값을 정량한계로 나타낸다. 측정한 방법검출한계는 표 1에서 제시한 정량한계 이하이어야 한다.

6.2 방법바탕시료의 측정

ES 05001 정도보증/정도관리에 따라 시료군마다 1개의 방법바탕시료(method blank)를 측정한다. 방법바탕시료는 정제수를 사용하여 **7** 분석절차와 동일하게 추출·측정하며 측정값은 방법검출한계 이하이어야 한다.

6.3 검정곡선의 작성 및 검증

6.3.1 검정곡선의 작성 및 검증은 ES 05001 정도보증/정도관리에 따른다. 정량범위 내 5개의 농도에 대해 검정곡선을 작성하고 얻어진 검정곡선의 결정계수(R^2)가 0.98 이상 또는 감응계수(RF)의 상대표준편차가 25 % 이내이어야 하며 결정계수나 감응계수의 상대표준편차가 허용범위를 벗어나면 재작성한다.

6.3.2 검정곡선의 직선성을 검증하기 위하여 정량범위를 0.001 mg/L ~ 0.05 mg/L로 한다. 그러나 측정값이 이 농도범위를 벗어날 경우에는 시료를 묽혀서 다시 분석한다.

6.3.3 검정곡선을 검증하기 위하여 감응계수를 비교할 때에는 검정곡선의 중간 농도에서 한 농도를 선택하여 감응계수(RF)를 구하여 그 값의 변화가 25 % 이내에서 일치하여야 한다. 만약 이 범위를 넘는 경우, 검정곡선을 재작성한다.

6.4 정밀도 및 정확도

6.4.1 정밀도(precision) 및 정확도(accuracy)의 측정은 ES 05001 정도보증/정도관리에 따른다. 정제수에 정량한계 농도의 10배가 되도록 동일하게 표준물질을 첨가한 시료를 4개 이상 준비하고, 7 절차와 동일하게 측정하여 평균값과 표준편차를 구한다.

6.4.2 정확도는 인증시료를 확보할 수 있는 경우 인증표준물질을 분석한 결과값과 인증값과의 상대백분율로 나타내고, 인증시료를 확보할 수 없는 경우 이를 정확한 농도로 첨가한 시료로 대체한다. 이 때 정확도는 첨가시료를 분석한 농도와 첨가하지 않은 시료를 분석한 농도와의 차이에 대한 첨가농도의 상대백분율로서 나타내며 그 값이 75 % ~ 125 % 이내이어야 한다.

6.4.3 정밀도는 측정값의 상대표준편차(RSD)로 계산하며 측정값이 25 % 이내이어야 한다.

6.5 현장 이중시료의 측정

현장 이중시료(field duplicate sample)는 동일한 시료채취 장소에서 동일한 조건으로 중복으로 채취한 시료로서 한 조사팀이 하루에 20개 이하를 채취할 경우에는 1개를 그리고 그 이상을 채취할 때에는 시료 20개 당 1개를 추가로 취한다. 동일한 조건의 두 시료간의 측정값의 편차는 25 % 이하이어야 한다.

6.6 내부정도관리 주기 및 목표

6.6.1 방법검출한계, 정량한계, 정밀도 및 정확도는 연 1회 이상 산정하는 것을 원칙으로 하며, 분석자의 교체, 분석 장비의 수리 및 이동 등의 주요 변동사항이 생길 경우에는 다시 실시한다. 단, 장비의 청소, 컬럼 교체 시와 측정 장비의 감도가 의심될 때에는 언제든지 측정하여 확인하여야 한다.

6.6.2 검정곡선 검증 및 시약바탕시료의 분석은 각 시료군마다 실시하며, 고농도의 시료 다음에는 시약바탕시료를 측정하여 오염여부를 점검한다.

6.6.3 각 정도관리 항목에 대한 정도관리 목표값은 표 1과 같다.

7 분석절차

7.1 전처리

7.1.1 시료와 표준용액을 냉장고에서 꺼내어 상온으로 한다.

7.1.2 스티렌디비닐벤젠공중합체 고상분리관과 활성탄 고상분리관을 직렬로 연결한다.

7.1.3 스티렌디비닐벤젠공중합체 고상분리관 쪽으로 아세톤 10 mL와 정제수 10 mL를 순차적으로 가압 또는 흡인 주입한다.

7.1.4 시료 100 mL에 내부표준용액(10 mg/L) 100 μL를 첨가한다. 이 때 시료에 함유된 1,4-다이옥산의 농도가 50 μg/L를 넘는 경우에는 0.5 μg/L ~ 50 μg/L가 되도록 정제수를 넣어 100 mL로 조제한다.

7.1.5 스티렌디비닐벤젠공중합체 고상분리관 쪽으로 분당 10 mL의 유속으로 흐르게 한 후, 활성

탄 고상분리관을 분리한다.

7.1.6 활성탄 고상분리관에 정제수 10 mL를 흘려보낸 후, 질소를 20분 이상 불어 넣는다.

7.1.7 활성탄 고상분리관을 반대방향으로 한 다음, 아세톤 2 mL를 천천히 흘려서 유출액을 시험관에 받는다.

7.1.8 시험관의 유출액에 질소를 서서히 불어넣어 정확히 1 mL까지 농축하고 이를 시험용액으로 한다.

7.2 검정곡선의 작성

7.2.1 정제수 100 mL에 1,4-다이옥산 표준용액(10 mg/L) 0, 10, 50, 100, 200, 300, 500 μL를 단계적으로 취하여 넣고 내부표준용액(10 mg/L)을 정확히 100 μL를 취하여 시료에 첨가한다. 조제한 검정곡선용 표준용액의 농도는 0, 0.001, 0.005, 0.010, 0.020, 0.030 0.050 mg/L에 해당되며 필요에 따라 사용하는 표준용액의 농도와 개수를 달리 할 수 있다.

[주 1] 내부표준물질은 1,4-다이옥산-d_8과 1-클로로-2-브로모프로페인 중에 선택하여 사용한다. 내부표준물질로서는 1,4-다이옥산-d_8이 더 좋다.

[주 2] 시료분석결과 이 검정곡선 농도범위를 벗어나면 시료를 희석해서 재분석하여야 한다.

7.2.2 시험기준은 7.1.3, 7.1.5 ~ 7.1.8에 따른다.

7.2.3 크로마토그램으로부터 1,4-다이옥산의 농도(C_x)를 취하여 가로축(x축)에, 크로마토그램으로부터 1,4-다이옥산의 피크면적(A_x)과 내부표준물질의 피크면적(A_i)과의 비(A_x/A_i)를 세로축(y축)에 취하여 검정곡선을 작성한다.

[주 3] 피크의 면적 대신 피크의 높이를 사용할 수 있으나 피크면적을 사용하는 것이 바람직하다.

7.3 측정법

7.3.1 전처리에서 얻은 시험용액 일정량을 기체크로마토그래프－질량분석기에 주입하고, 기체크로마토그래프－질량크로마토그램을 실시하여 작성한 검정곡선으로부터 시험용액 중의 1,4-다이옥산의 양을 구하여 시료 중의 농도를 측정한다.

7.3.2 기체크로마토그래프로부터 얻은 크로마토그램에서 1,4-다이옥산 및 내부표준물질의 머무름 시간에 해당하는 위치의 피크들로부터 피크면적을 측정하여 1,4-다이옥산의 피크면적(A_x)과 내부표준물질의 피크면적(A_i)과의 비(A_x/A_i)를 구한다.

8 결과보고

8.1 계산

1,4-다이옥산과 내부표준물질에 대한 면적 비(A_x/A_i)를 구한 다음 검정곡선식의 $y(i)$값에 대입하여 $x(i)$값을 계산하면 분석물질의 농도(C_s, mg/L)를 구할 수 있다.

$$C_s(\text{mg/L}) = \frac{\frac{A_x}{A_i} - b}{a} \quad \cdots\cdots \text{(식 1)}$$

여기서, A_x/A_i : 1,4-다이옥산과 내부표준물질에 대한 면적 비

a : 검정곡선의 기울기

b : 검정곡선의 절편 값

C_s : 분석물질의 농도(mg/L)

8.2 결과보고

행정사항과 관련된 항목별 시험결과의 표시는 ES 05003의 먹는물 수질기준의 표시한계 및 결과 표시에 따른다.

9 참고자료

9.1 US EPA Method 508.1, "Determination of chlorinated pesticides, herbicides, and organo-halides in water using liquid-solid extraction and electron capture gas chromatography", EPA, (1995)

9.2 US EPA Method 525.2, "Determination Of Organic Compounds In Drinking Water By Liquid-Solid Extraction And Capillary Column Gas Chromatography/Mass Spectrometry", EPA, (1995)

9.3 일본환경수질분석법 4.3.2, 제3법

10 부록

[표 1] 정도관리 목표값

정도관리 항목	정도관리 목표
정량한계	0.001 mg/L
검정곡선	결정계수(R^2) ≥ 0.98 또는 감응계수(RF)의 상대표준편차 ≤ 25 %
정밀도	상대표준편차 ± 25 % 이내
정확도	75 % ~ 125 %
현장이중시료	상대편차백분율 ± 25 % 이내

[표 2] 1,4-다이옥산의 기체크로마토그래프 실험조건(예)

항 목	조 건
컬럼	Ultra-2(cross-linked 5 % phenylmethylsilicone, 25 m 길이 × 0.20 mm 안지름 × 0.33 μm 필름두께) 또는 이와 동등한 컬럼
운반기체(유속)	헬륨(1.0 mL/min)
분획비	10 : 1
주입구 온도	200 ℃
인터페이스 온도	280 ℃
오븐 온도	36 ℃(7 min) → 20 ℃/min(200 ℃)

[표 3] 1,4-다이옥산의 질량 특성 이온들

물질명	분자량	제1선택이온(m/z)	제2선택이온(m/z)
1,4-다이옥산	88	88	58, 43
1-클로로-2-브로모프로페인	157	77	79, 41
1,4-다이옥산-d_8	96	96	64, 46

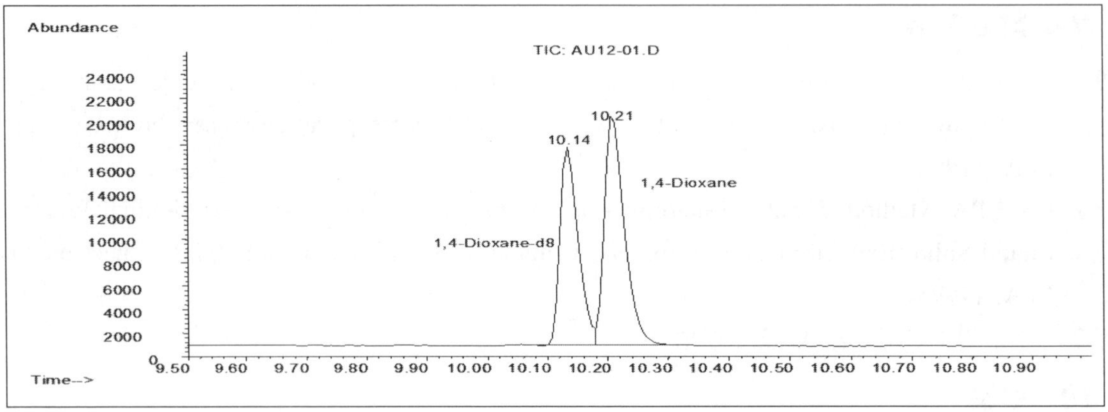

[그림 1] 1,4-다이옥산과 1,4-다이옥산-d_8의 기체크로마토그램(예)

[표 4] 1,4-다이옥산과 1,4-다이옥산-d_8의 머무름시간(예)

물질명	머무름 시간(min)
1,4-다이옥산-d_8	10.14
1,4-다이옥산	10.21

134 1,4-다이옥산-헤드스페이스-기체크로마토그래피-질량분석법
(1,4-Dioxane-Headspace-Gas Chromatography-Mass Spectrometry)

1 개요

1.1 목적

이 시험기준은 먹는물, 샘물 및 염지하수 중에 1,4-다이옥산을 측정하는 방법으로 시료 중의 1,4-다이옥산을 일정 온도에서 가열하여 평형상태에 있는 기상의 일정량을 기체크로마토그래프로 분리하여 질량분석기로 검출하는 방법이다.

1.2 적용범위

1.2.1 이 시험기준은 먹는물, 샘물 및 염지하수 중에 1,4-다이옥산(1,4-dioxane)의 분석에 적용한다.

1.2.2 이 시험기준에 의해 먹는물, 샘물 및 염지하수 중에 1,4-다이옥산의 정량한계는 0.001 mg/L이다.

1.3 간섭물질

1.3.1 용매, 시약, 유리기구류 및 다른 실험도구로부터 간섭물질이 존재할 수 있으므로 사용 전에 점검하여야 한다.

1.3.2 실험실 공기 속에 기화된 용매로 오염이 될 수 있으므로 바탕시료를 사용하여 점검하여야 한다.

2 용어정의

2.1 헤드스페이스 방법

바이알에 일정시료를 넣고 캡으로 완전히 밀폐시킨 후 시료의 온도를 일정 온도 및 일정 시간동안 가열할 때 휘발성유기화합물들이 기화되어 평형상태에 이르게 되고 이 기체의 일부를 측정장비로 주입하여 분석하는 방법이다.

3 분석기기 및 기구

3.1 기체크로마토그래프

3.1.1 컬럼은 안지름 0.20 mm ~ 0.35 mm, 필름두께 0.1 μm ~ 0.50 μm, 길이 15 m ~ 60 m의 cross-linked methylsilicon(DB-1, HP-1 등 또는cross-linked 5 % phenylmethylsilicon (DB-5, HP-5 등) 등의 모세관이나 동등한 분리성능을 가진 모세관으로 대상 분석 물질의 분리가 양호한 것을 택하여 시험한다.

3.1.2 운반기체는 부피백분율 99.999 % 이상의 헬륨 또는 질소 유량은 0.5 mL/min ~ 4 mL/min, 시료도입부 온도는 150 ℃ ~ 250 ℃, 컬럼온도는 30 ℃ ~ 250 ℃로 사용한다.

3.1.3 기체크로마토그래프의 조건은 표 2와 같이 수행할 수 있다.

3.2 질량분석기(mass spectrometer)

3.2.1 이온화방식은 전자충격법(EI, electron impact)을 사용하며 이온화에너지는 35 eV ~ 70 eV을 사용한다.

3.2.2 질량분석기는 자기장형(magnetic sector), 사중극자형(quadrupole) 및 이온트랩형(ion trap) 등의 성능을 가진 것을 사용한다.

3.2.3 정량분석에는 선택이온검출법(SIM, selected ion monitoring)을 이용하는 것이 바람직하다. 선택하는 이온들은 표 3의 이온을 사용할 수 있다.

3.3 헤드스페이스 장치

3.3.1 바이알은 10 mL ~ 40 mL의 유리제로서 가열하여도 밀폐성이 높은 것을 사용한다. 사용 전에 메탄올로 세정하고 충분히 건조한 후 사용한다.

3.3.2 격막(septum)은 한쪽 면이 두께 0.05 mm 이상의 폴리테트라플루오로에틸렌(PTFE, poly-tetra fluoroethylene)의 재질로 코팅된 실리콘 마개를 사용한다.

3.3.3 알루미늄 캡

밀폐성이 높은 것을 사용한다.

3.3.4 시료 보온부는 온도를 약((40 ~ 90) ± 0.5) ℃ 범위 내에서 1시간 정도 일정하게 보온 유지할 수 있는 것을 사용한다.

3.3.5 헤드스페이스의 조건은 표 4와 같이 수행할 수 있다.

3.4 시료채취용 장치

3.4.1 압력조절방식

시료주입량을 조절할 수 있어야 하고 주사기 바늘은 시료와 반응성을 최소화하기 위해 백금－이리듐(Pt－Ir) 재질 또는 이와 동등의 재질을 사용한다. 연결부는 비활성화된 모세관을 사용한다.

3.4.2 시료채취용 루프(sampling loop)

기체크로마토그래프－질량분석기에 접속할 수 있는 것으로 스테인리스 강제 또는 이것과 동등 이상의 재질인 것을 사용한다.

3.5 기밀주사기

기밀주사기는 부피가 0.1 mL ~ 5 mL의 것으로 기체크로마토그래프에 접속할 수 있는 것 또는 자동 주입기로 스테인리스 강제 또는 이것과 동등 이상의 재질인 것을 사용한다.

4 시약 및 표준용액

4.1 시약

4.1.1 정제수

바탕시험할 때 표준물질의 피크 부근에 불순물 피크가 없는 것을 사용한다.

4.1.2 디클로로메탄(methylene chloride, CH_2Cl_2, 분자량 : 84.93)

바탕시험 할 때 표준물질의 피크 부근에 불순물 피크가 없는 것을 사용한다.

4.1.3 메탄올(methanol, CH_3OH, 분자량 : 32.04)

바탕시험 할 때 표준물질의 피크 부근에 불순물 피크가 없는 것을 사용한다.

4.1.4 염화암모늄(ammonium chloride, NH_4Cl, 분자량 : 53.49)

4.1.5 무수황산나트륨(sodium sulfate, Na_2SO_4, 분자량 : 142.04)

4.1.6 염화나트륨(sodium chloride, NaCl, 분자량 : 58.44)

4.1.7 염산(hydrochloric acid, HCl, 분자량 : 36.46)

4.2 표준용액

4.2.1 1,4-다이옥산 표준원액(1000 mg/L)

1,4-다이옥산 25.0 mg을 취하여 메탄올에 녹여 25 mL로 한다. 이 용액 1 mL는 1,4-다이옥산 1 mg을 함유한다. 시판되는 표준원액(1000 mg/L)을 사용해도 좋다. 이 용액은 갈색 바이알에 넣어 냉장 보관한다.

4.2.2 1,4-다이옥산 표준용액(1.0 mg/L)

1,4-다이옥산 표준원액 25.0 μL를 정확히 취하여 메탄올에 녹여 25.0 mL로 한다. 이 용액 1 mL는 1,4-다이옥산 0.001 mg을 함유한다. 이 용액은 사용할 때에 만든다.

4.3 내부표준용액

4.3.1 1,4-다이옥산-d_8 표준원액(1000 mg/L)

1,4-다이옥산-d_8 25.0 mg을 취하여 메탄올에 녹여 25 mL로 한다. 이 용액 1 mL는 1,4-다이옥산-d_8 1 mg을 함유한다. 시판되는 표준원액(1000 mg/L)을 사용해도 좋다. 이 용액은 갈색 바이알에 넣어 냉장 보관한다.

4.3.2 1,4-다이옥산-d_8 표준용액(1.0 mg/L)

1,4-다이옥산-d_8 표준원액 10.0 μL를 정확히 취하여 메탄올에 녹여 10.0 mL로 한다. 이 용액 1 mL는 1,4-다이옥산-d_8 0.001 mg을 함유한다. 이 용액은 사용할 때에 만든다.

4.3.3 1-클로로-2-브로모프로페인 표준원액(1000 mg/L)

1-클로로-2-브로모프로페인 25.0 mg을 취하여 메탄올에 녹여 25 mL로 한다. 이 용액 1 mL는 1-클로로-2-브로모프로페인 1 mg을 함유한다. 시판되는 표준원액(1000 mg/L)을 사용해도 좋다. 이 용액은 갈색 바이알에 넣어 냉장 보관한다.

4.3.4 1-클로로-2-브로모프로페인 표준용액(1.0 mg/L)

1-클로로-2-브로모프로페인 표준원액 100.0 μL를 정확히 취하여 메탄올에 녹여 10.0 mL로 한다. 이 용액 1 mL는 1-클로로-2-브로모프로페인 0.010 mg을 함유한다. 이 용액은 갈색 바이알에 넣어 냉장 보관한다.

5 시료채취 및 관리

5.1 시료는 유리병에 공간이 없도록 약 40 mL를 채취하고 공기가 들어가지 않도록 주의하여 밀봉한다. 모든 시료를 중복으로 채취한다.

5.2 잔류염소 함유시 잔류염소 4 mg/L 이하인 시료 1 L 기준으로 아스코르빈산(200 g/L) 3 mL 또는 티오황산나트륨(80 g/L) 1 mL에 준하여 첨가한다. 시료를 가득 채취한 후 염산을 가하여

pH 2로 조절하고 1 ℃ ~ 5 ℃ 냉암소에서 보관한다.

5.3 모든 시료는 채취 후 14일 이내에 분석해야 한다.

5.3 시료에 염산을 가하였을 때 거품이 생기면 그 시료는 버리고 산을 가하지 않은 채로 두 개의 시료를 채취한다. 이 시료에는 산을 가하지 않았음을 표시해야 하고 24시간 안에 분석해야 한다.

6 정도보증/정도관리(QA/QC)

6.1 방법검출한계 및 정량한계

6.1.1 방법검출한계(MDL, method detection limit) 및 정량한계(LOQ, limit of quantitation)는 ES 05001 정도보증/정도관리에 따라 계산한다. 정제수에 정량한계 부근의 농도가 되도록 분석물질을 첨가한 7개의 시료를 준비하고 각 시료를 **7** 분석절차와 동일하게 측정하여 표준편차를 구한다.

6.1.2 표준편차에 3.14를 곱한 값을 방법검출한계로, 10을 곱한 값을 정량한계로 나타낸다. 측정한 방법검출한계는 표 1에서 제시한 정량한계 이하이어야 한다.

6.2 방법바탕시료의 측정

ES 05001 정도보증정도관리에 따라 시료군마다 1개의 방법바탕시료(method blank)를 측정한다. 방법바탕시료는 정제수를 사용하여 **7** 분석절차와 동일하게 추출·측정하며 측정값은 방법검출한계 이하이어야 한다.

6.3 검정곡선의 작성 및 검증

6.3.1 검정곡선의 작성 및 검증은 ES 05001 정도보증/정도관리에 따른다. 정량범위 내의 5개의 농도에 대해 검정곡선을 작성하고 얻어진 검정곡선의 결정계수(R^2)가 0.98 이상 또는 감응계수(RF)의 상대표준편차가 25 % 이내이어야 하며 결정계수나 감응계수의 상대표준편차가 허용범위를 벗어나면 재작성한다.

6.3.2 검정곡선의 직선성을 검증하기 위하여 정량범위를 0.001 mg/L ~ 0.05 mg/L로 한다. 그러나 측정값이 이 농도범위를 벗어날 경우에는 시료를 묽혀서 다시 분석한다.

6.3.3 검정곡선을 검증하기 위하여 감응계수를 비교할 때에는 검정곡선의 중간 농도에서 한 농도를 선택하여 감응계수(RF)를 구하여 그 값의 변화가 25 % 이내에서 일치하여야 한다. 만약 이 범위를 넘는 경우, 검정곡선을 재작성한다.

6.4 정밀도 및 정확도

6.4.1 정밀도(precision) 및 정확도(accuracy)의 측정은 ES 05001 정도보증/정도관리에 따른다. 정제수에 정량한계 농도의 10배가 되도록 동일하게 표준물질을 첨가한 시료를 4개 이상 준비하고, **7** 절차와 동일하게 측정하여 평균값과 표준편차를 구한다.

6.4.2 정확도는 인증시료를 확보할 수 있는 경우 인증표준물질을 분석한 결과값과 인증값과의 상대백분율로 나타내고, 인증시료를 확보할 수 없는 경우 이를 정확한 농도로 첨가한 시료로 대체한다. 이 때 정확도는 첨가시료를 분석한 농도와 첨가하지 않은 시료를 분석한 농도와의 차이에 대한 첨가농도의 상대 백분율로서 나타내며 그 값이 75 % ~ 125 % 이내이어야 한다.

6.4.3 정밀도는 측정값의 상대표준편차(RSD)로 계산하며 측정값이 25 % 이내이어야 한다.

6.5 현장 이중시료의 측정

현장 이중시료(field duplicate sample)는 동일한 시료채취장소에서 동일한 조건으로 중복으로 채취한 시료로서 한 조사팀이 하루에 20개 이하를 채취할 경우에는 1개를 그리고 그 이상을 채취할 때에는 시료 20개 당 1개를 추가로 취한다. 동일한 조건의 두 시료간의 측정값의 편차는 25 % 이하이어야 한다.

6.6 내부정도관리 주기 및 목표

6.6.1 방법검출한계, 정량한계, 정밀도 및 정확도는 연 1회 이상 산정하는 것을 원칙으로 하며, 분석자의 교체, 분석 장비의 수리 및 이동 등의 주요 변동사항이 생길 경우에는 다시 실시한다. 단, 장비의 청소, 컬럼 교체 시와 측정 장비의 감도가 의심될 때에는 언제든지 측정하여 확인하여야 한다.

6.6.2 검정곡선 검증 및 시약바탕시료의 분석은 각 시료군마다 실시하며, 고농도의 시료 다음에는 시약바탕시료를 측정하여 오염여부를 점검한다.

6.6.3 각 정도관리 항목에 대한 정도관리 목표값은 표 1과 같다.

7 분석절차

7.1 전처리

"내용 없음"

7.2 검정곡선의 작성

7.2.1 정제수 5 mL(경우에 따라 시료의 양을 증가시킬 수 있다.)를 정확히 취하여 헤드스페이스용 바이알에 주입한 다음, 1,4-다이옥산 표준용액(1.0 mg/L) 0, 5, 10, 50, 125, 250 μL를 단계적으로 취하여 넣고 내부표준용액(1.0 mg/L)을 정확히 50 μL를 취하여 시료에 첨가한다. 조제한 검정곡선용 표준용액의 농도는 시료 중의 농도로 계산하면 0, 0.001, 0.002, 0.010, 0.025, 0.050 mg/L에 해당되며 필요에 따라 사용하는 표준용액의 농도와 개수를 달리 할 수 있다.

[주 1] 내부표준물질은 1,4-다이옥산-d_8과 1-클로로-2-브로모프로페인 중에 선택하여 사용한다. 내부표준물질로서는 1,4-다이옥산-d_8이 더 좋다.

[주 2] 시료분석결과 이 검정곡선 농도범위를 벗어나면 시료를 희석해서 재분석하여야 한다.

7.2.2 일정 온도와 시간에서 시료를 가열시켜 기체크로마토그래프로 주입한다.

7.2.3 1,4-다이옥산의 농도(C_x)를 취하여 가로축(x축)에, 크로마토그램으로부터 1,4-다이옥산의 피크면적(A_x)과 내부표준물질의 피크면적(A_i)과의 비(A_x/A_i)를 세로축(y축)에 취하여 검정곡선을 작성한다.

[주 3] 피크의 면적 대신 피크의 높이를 사용할 수 있으나 피크면적을 사용하는 것이 바람직하다.

7.2 측정법

7.3.1 시료 5 mL(경우에 따라 부피를 변경할 수 있다)를 정확히 취하여 헤드스페이스용 바이알에 옮기고, 내부표준용액(1.0 mg/L)을 정확히 50 μL를 취하여 헤드스페이스용 바이알 내

의 시료에 첨가한다.

7.3.2 일정 온도 및 시간에서 검정곡선 작성 때와 동일하게) 가열하여 상부기체의 일부분을 기체크로마토그래프로 주입한다.

7.3.3 기체크로마토그래프－질량분석기로부터 얻은 크로마토그램에서 각 분석성분 및 내부표준물질의 머무름 시간에 해당하는 위치의 피크들로부터 피크면적을 측정하여 1,4-다이옥산의 피크면적(A_x)과 내부표준물질의 피크면적(A_i)과의 비(A_x/A_i)를 구한다.

8 결과보고

8.1 계산

1,4-다이옥산과 내부표준물질에 대한 면적 비(A_x/A_i)를 구한 다음 검정곡선식의 $y(i)$값에 대입하여 $x(i)$값을 계산하면 분석물질의 농도(C_s, mg/L)를 구할 수 있다.

$$C_s(\text{mg/L}) = \frac{\dfrac{A_x}{A_i} - b}{a} \quad \cdots\cdots (식\ 1)$$

여기서, A_x/A_i : 1,4-다이옥산과 내부표준물질에 대한 면적 비

a : 검정곡선의 기울기

b : 검정곡선의 절편 값

C_s : 분석물질의 농도(mg/L)

8.2 결과보고

행정사항과 관련된 항목별 시험결과의 표시는 ES 05003의 먹는물수질기준의 표시한계 및 결과표시에 따른다.

9 참고자료

9.1 US EPA Method 5021, volatile organic compounds in various sample matrices using equilibrium headspace analysis, (2003)

9.2 환경부, 먹는물수질공정시험기준(2018), ES 05601 휘발성유기화합물

9.3 환경부, 수질오염공정시험기준, ES 04601.2 1,4-다이옥산-헤드스페이스/기체크로마토그래피-질량분석법

10 부록

[표 1] 정도관리 목표값

정도관리 항목	정도관리 목표
정량한계	0.001 mg/L
검정곡선	결정계수(R^2) ≥ 0.98 또는 감응계수(RF)의 상대표준편차 ≤ 25 %
정밀도	상대표준편차 ± 25 % 이내
정확도	75 % ~ 125 %
현장이중시료	상대편차백분율 ± 25 % 이내

[표 2] 1,4-다이옥산의 기체크로마토그래프 실험조건(예)

항 목	조 건
컬럼	Ultra-2(cross-linked 5 % phenylmethylsilicone, 25 m 길이 × 0.20 mm 안지름 × 0.33 μm 필름두께) 또는 이와 동등한 컬럼
운반기체(유속)	헬륨(1.0 mL/min)
분획비	10 : 1
주입구 온도	200 ℃
인터페이스 온도	280 ℃
오븐 온도	36 ℃(7 min) → 20 ℃/min(200 ℃)

[표 3] 1,4-다이옥산의 질량 특성 이온들

물질명	분자량	제1선택이온(m/z)	제2선택이온(m/z)
1,4-다이옥산	88	88	58, 43
1-클로로-2-브로모프로페인	157	77	79, 41
1,4-다이옥산-d_8	96	96	64, 46

[표 4] 1,4-다이옥산의 헤드스페이스 실험조건(예)

항 목	조 건
가열온도	85 ℃
가열시간	20 min
주입 양	2 μL
주입시간(온도)	0.7 min(200 ℃)

135 1,4-다이옥산-퍼지·트랩-기체크로마토그래피-질량분석법
(1,4-Dioxane-Purge·Trap-Gas Chromatography-Mass Spectrometry)

1 개요

1.1 목적

이 시험기준은 먹는물, 샘물 및 염지하수 중에 1,4-다이옥산을 측정하는 방법으로, 시료 중에 1,4-다이옥산을 불활성기체로 퍼지(purge)시켜 기상으로 추출한 다음 트랩 관으로 흡착·농축하고, 가열·탈착시켜 모세관을 사용한 기체크로마토그래프-질량분석기로 분석하는 방법이다. 시료 중에 1,4-다이옥산을 불활성기체로 퍼지(purge)시킬 때 스파저를 가열할 수 있다.

1.2 적용범위

1.2.1 이 시험기준은 먹는물, 샘물 및 염지하수 중에 1,4-다이옥산(1,4-dioxane)의 분석에 적용한다.

1.2.2 이 시험기준으로 1,4-다이옥산을 퍼지(purge)시킬 때 스파저를 가열하면 비교적 높은 회수율을 보인다.

1.2.3 이 시험기준에 의한 먹는물, 샘물 및 염지하수 중에 다이옥산의 정량한계는 0.001 mg/L이다.

1.3 간섭물질

1.3.1 퍼지(purge)기체나 트랩 연결관 등의 오염이나 실험실 공기 속에 기화된 용매가 오염원이 될 수 있다. 따라서 바탕시료를 사용하여 이를 점검하여야 한다.

1.3.2 폴리테트라플루오로에틸렌(PTFE) 재질이 아닌 튜브, 봉합제 및 유속조절제의 사용을 피해야 한다.

1.3.3 높은 농도의 시료와 낮은 농도의 시료를 연속하여 분석할 때에 오염이 될 수 있으므로 높은 농도의 시료를 분석한 후에는 바탕시료를 분석하는 것이 좋다.

2 “내용 없음”

3 분석기기 및 기구

3.1 기체크로마토그래프

3.1.1 컬럼은 안지름 0.20 mm ~ 0.35 mm, 필름두께 0.2 μm ~ 0.50 μm, 길이 15 m ~ 60 m의 cross-linked methylsilicon(DB-1, HP-1 등) 또는 cross-linked 5 % phenylmethylsilicon (DB-5, HP-5 등) 등의 모세관이나 동등한 분리성능을 가진 모세관으로 대상 분석 물질의 분리가 양호한 것을 택하여 시험한다.

3.1.2 운반기체는 부피백분율 99.999 % 이상의 순도를 가지는 질소로 유량은 0.5 mL/min ~ 4 mL/min, 시료도입부 온도는 120 ℃ ~ 250 ℃, 컬럼온도는 30 ℃ ~ 250 ℃로 사용한다.

3.2 퍼지·트랩장치

3.2.1 퍼지부, 트랩관, 탈착부 및 냉각응축부(cryofocus) 등으로 구성된다.

3.2.2 퍼지부는 5 mL ~ 25 mL의 시료를 주입할 수 있는 스파저(sparger)와 시료를 일정 온도로 가열할 수 있는 가열장치가 있어야 한다.

3.2.3 트랩관은 길이 5 cm ~ 30 cm, 안지름 2mm 이상의 스테인리스 강관에 휘발성유기화합물을 흡착·농축할 수 있는 충전제가 충전된 것 또는 이와 동등 이상의 성능을 가진 것이어야 한다.

3.2.4 탈착부는 트랩관에 포집된 휘발성 유기화합물을 가열·탈착할 수 있는 가열장치 또는 이와 동등 이상의 성능을 가진 것이어야 한다.

3.2.5 냉각 응축부는 안지름 0.20 mm ~ 0.53 mm의 모세관을 −50 ℃ ~ −150 ℃ 정도로 냉각이 가능하고, 또한 200 ℃로 가열이 가능한 장치 또는 이와 동등 이상의 성능을 가진 것이어야 한다. 경우에 따라 냉각 응축과정은 생략해도 좋다.

3.2.6 일반적으로 트랩은 2,6-다이페닐렌옥사이드폴리머(Tenax-GC)/실리카겔/활성탄 또는 이와 동등 이상의 성능을 가진 것으로 충전하여 사용한다.

3.3 질량분석기(mass spectrometer)

3.3.1 이온화방식은 전자충격법(EI, electron impact)을 사용하며 이온화 에너지는 35 eV ~ 70 eV을 사용한다.

3.3.2 질량분석기는 자기장형(magnetic sector), 사중극자형(quadrupole) 및 이온트랩형(ion trap) 등의 성능을 가진 것을 사용한다.

3.3.3 정량분석에는 선택이온검출법(SIM, selected ion monitoring)을 이용하는 것이 바람직하다. 선택하는 이온들은 표 3의 이온을 사용할 수 있다.

4 시약 및 표준용액

4.1 시약

4.1.1 정제수

시약용 정제수를 사용하거나, 정제수를 15분간 끓인 후 90 ℃를 유지하면서 불활성기체로 1시간 퍼지(purge)하여 휘발성 유기물질을 제거하고 병구멍이 작은 유리병에 넣은 다음 마개를 한다. 바탕시험 할 때 표준물질의 피크 부근에 불순물 피크가 없는 것을 사용한다.

4.1.2 염산(hydrochloric acid, HCl, 분자량 : 36.46)

4.1.3 메탄올(methanol, CH_3OH, 분자량 : 32.04)

바탕시험 할 때 표준물질의 피크 부근에 불순물 피크가 없는 것을 사용한다.

4.1.4 이산화비소산나트륨용액

이산화비소산나트륨(sodium arsenite, $NaAsO_2$, 분자량 : 139.92) 0.5 g을 정제수에 녹여 100 mL로 한다.

4.1.5 2,6-다이페닐렌옥사이드폴리머(2,6-diphenylene oxide polymer)

크로마토그래프용으로 60/80메쉬의 것(Tenax GC 등)

4.1.6 메틸실리콘충전제

기체크로마토그래프용 규조토(60/80 메쉬)에 OV-1을 3 % 코팅시킨 것

4.1.7 실리카겔(silicagel, $SiO_2 \cdot nH_2O$)

크로마토그래프용 35/60메쉬의 것(그레이드 15)

4.1.8 야자활성탄(charcoal)

크로마토그래프용으로서 26메쉬의 체를 통과한 것

4.1.9 염화암모늄(ammonium chloride, NH_4Cl, 분자량 : 53.49)

4.2 표준용액

4.2.1 1,4-다이옥산 표준원액(1000 mg/L)

1,4-다이옥산 25.0 mg을 취하여 메탄올에 녹여 25 mL로 한다. 이 용액 1 mL는 1,4-다이옥산 1 mg을 함유한다. 시판되는 표준원액(1000 mg/L)을 사용해도 좋다. 이 용액은 갈색 바이알에 넣어 냉장 보관한다.

4.2.2 1,4-다이옥산 표준용액(1.0 mg/L)

1,4-다이옥산 표준원액 25.0 μL를 정확히 취하여 메탄올에 녹여 25.0 mL로 한다. 이 용액 1 mL는 1,4-다이옥산 0.001 mg을 함유한다. 이 용액은 사용할 때에 만든다.

4.3 내부표준용액

4.3.1 1,4-다이옥산-d_8 표준원액(1000 mg/L)

1,4-다이옥산-d_8 25.0 mg을 취하여 메탄올에 녹여 25 mL로 한다. 이 용액 1 mL는 1,4-다이옥산-d_8 1 mg을 함유한다. 시판되는 표준원액(1000 mg/L)을 사용해도 좋다. 이 용액은 갈색 바이알에 넣어 냉장 보관한다.

4.3.2 1,4-다이옥산-d_8 표준용액(1.0 mg/L)

1,4-다이옥산-d_8 표준원액 10.0 μL를 정확히 취하여 메탄올에 녹여 10.0 mL로 한다. 이 용액 1 mL는 1,4-다이옥산-d_8 0.001 mg을 함유한다. 이 용액은 사용할 때에 만든다.

4.3.3 1-클로로-2-브로모프로페인 표준원액(1000 mg/L)

1-클로로-2-브로모프로페인 25.0 mg을 취하여 메탄올에 녹여 25 mL로 한다. 이 용액 1 mL는 1-클로로-2-브로모프로페인 1 mg을 함유한다. 시판되는 표준원액(1000 mg/L)을 사용해도 좋다. 이 용액은 갈색 바이알에 넣어 냉장 보관한다.

4.3.4 1-클로로-2-브로모프로페인 표준용액(1.0 mg/L)

1-클로로-2-브로모프로페인 표준원액 10.0 μL를 정확히 취하여 메탄올에 녹여 10.0 mL로 한다. 이 용액 1 mL는 1-클로로-2-브로모프로페인 0.001 mg을 함유한다. 이 용액은 갈색 바이알에 넣어 냉장 보관한다.

5 시료채취 및 관리

5.1 시료는 유리병에 공간이 없도록 약 40 mL를 채취하고 공기가 들어가지 않도록 주의하여 밀봉한다. 모든 시료를 중복으로 채취한다.

5.2 잔류염소 함유시 잔류염소 4 mg/L 이하인 시료 1 L 기준으로 아스코르빈산(200 g/L) 3 mL 또는 티오황산나트륨(80 g/L) 1 mL에 준하여 첨가한다. 시료를 가득 채취한 후 염산을 가하여

pH 2로 조절하고 1 ℃ ~ 5 ℃ 냉암소에서 보관한다.

5.3 모든 시료는 채취 후 14일 이내에 분석해야 한다.

5.4 시료에 염산을 가하였을 때 거품이 생기면 그 시료는 버리고 산을 가하지 않은 채로 두 개의 시료를 채취한다. 이 시료에는 산을 가하지 않았음을 표시해야 하고 24시간 안에 분석해야 한다.

6 정도보증/정도관리(QA/QC)

6.1 방법검출한계 및 정량한계

6.1.1 방법검출한계(MDL, method detection limit) 및 정량한계(LOQ, limit of quantitation)는 ES 05001 정도보증/정도관리에 따라 계산한다. 정제수에 정량한계 부근의 농도가 되도록 분석물질을 첨가한 7개의 시료를 준비하고 각 시료를 7 분석절차와 동일하게 측정하여 표준편차를 구한다.

6.1.2 표준편차에 3.14를 곱한 값을 방법검출한계로, 10을 곱한 값을 정량한계로 나타낸다. 측정한 방법검출한계는 표 1에서 제시한 정량한계 이하이어야 한다.

6.2 방법바탕시료의 측정

ES 05001 정도보증/정도관리에 따라 시료군마다 1개의 방법바탕시료(method blank)를 측정한다. 방법바탕시료는 정제수를 사용하여 7 분석절차와 동일하게 추출·측정하며 측정값은 방법검출한계 이하이어야 한다.

6.3 검정곡선의 작성 및 검증

6.3.1 검정곡선의 작성 및 검증은 ES 05001 정도보증/정도관리에 따른다. 정량범위 내의 5개의 농도에 대해 검정곡선을 작성하고 얻어진 검정곡선의 결정계수(R^2)가 0.98 이상 또는 감응계수의 상대표준편차가 25 % 이내이어야 하며 결정계수나 감응계수의 상대표준편차가 허용범위를 벗어나면 재작성한다.

6.3.2 검정곡선의 직선성을 검증하기 위하여 정량범위를 0.001 mg/L ~ 0.05 mg/L로 한다. 그러나 측정값이 이 농도범위를 벗어날 경우에는 시료를 묽혀서 다시 분석한다.

6.3.3 검정곡선을 검증하기 위하여 감응계수를 비교할 때에는 검정곡선의 중간 농도에서 한 농도를 선택하여 감응계수(RF)를 구하여 그 값의 변화가 25 % 이내에서 일치하여야 한다. 만약 이 범위를 넘는 경우, 검정곡선을 재작성한다.

6.4 정확도 및 정밀도

6.4.1 정밀도(precision) 및 정확도(accuracy)의 측정은 ES 05001 정도보증/정도관리에 따른다. 정제수에 정량한계 농도의 10배가 되도록 동일하게 표준물질을 첨가한 시료를 4개 이상 준비하고, 7 절차와 동일하게 측정하여 평균값과 표준편차를 구한다.

6.4.2 정확도는 인증시료를 확보할 수 있는 경우 인증표준물질을 분석한 결과값과 인증값과의 상대백분율로 나타내고, 인증시료를 확보할 수 없는 경우 이를 정확한 농도로 첨가한 시료로 대체한다. 이 때 정확도는 첨가시료를 분석한 농도와 첨가하지 않은 시료를 분석한 농도와의 차이에 대한 첨가농도의 상대 백분율로서 나타내며 그 값이 75 % ~ 125 % 이내이어야 한다.

6.4.3 정밀도는 측정값의 상대표준편차(RSD)로 계산하며 측정값이 25 % 이내이어야 한다.

6.5 현장 이중시료의 측정

현장 이중시료(field duplicate sample)는 동일한 시료채취 장소에서 동일한 조건으로 중복으로 채취한 시료로서 한 조사팀이 하루에 20개 이하를 채취할 경우에는 1개를 그리고 그 이상을 채취할 때에는 시료 20개 당 1개를 추가로 취한다. 동일한 조건의 두 시료간의 측정값의 편차는 25 % 이하이어야 한다.

6.6 내부정도관리 주기 및 목표

6.6.1 방법검출한계, 정량한계, 정밀도 및 정확도는 연 1회 이상 산정하는 것을 원칙으로 하며, 분석자의 교체, 분석 장비의 수리 및 이동 등의 주요 변동사항이 생길 경우에는 다시 실시한다. 단, 장비의 청소, 컬럼 교체 시와 측정 장비의 감도가 의심될 때에는 언제든지 측정하여 확인하여야 한다.

6.6.2 검정곡선 검증 및 시약바탕시료의 분석은 각 시료군마다 실시하며, 고농도의 시료 다음에는 시약바탕시료를 측정하여 오염여부를 점검한다.

6.6.3 각 정도관리 항목에 대한 정도관리 목표값은 표 1과 같다.

7 분석절차

7.1 전처리

7.2 검정곡선의 작성

7.2.1 기밀주사기나 자동주입기로 정제수 5 mL(경우에 따라 시료의 양을 증가시킬 수 있다)를 정확히 취하여 스파저에 주입한 다음, 1,4-다이옥산 표준용액(1.0 mg/L) 0, 5, 10, 50, 125, 250 μL를 단계적으로 취하여 넣고 내부표준용액(1.0 mg/L)을 정확히 50 μL를 취하여 시료에 첨가한다. 조제한 검정곡선용 표준용액의 농도는 시료 중의 농도로 계산하면 0, 0.001, 0.002, 0.010, 0.025, 0.050 mg/L에 해당되며 필요에 따라 사용하는 표준용액의 농도와 개수를 달리 할 수 있다.

[주 1] 내부표준물질은 1,4-다이옥산-d_8과 1-클로로-2-브로모프로페인 중에 선택하여 사용한다. 내부표준물질로서는 1,4-다이옥산-d_8이 더 좋다.

[주 2] 시료분석결과 이 검정곡선 농도범위를 벗어나면 시료를 희석해서 재분석하여야 한다.

7.2.2 일정 온도에서 시료를 퍼지(purge)시켜 트랩에서 포집한 다음 가열 탈착시켜 기체크로마토그래프로 주입한다.

7.2.3 1,4-다이옥산의 농도(C_x)를 취하여 가로축(x축)에, 크로마토그램으로부터 1,4-다이옥산의 피크면적(A_x)과 내부표준물질의 피크면적(A_i)과의 비(A_x/A_i)를 세로축(y축)에 취하여 검정곡선을 작성한다.

[주 3] 피크의 면적 대신 피크의 높이를 사용할 수 있으나 피크면적을 사용하는 것이 바람직하다.

7.3 측정법

7.3.1 기밀주사기 또는 자동주입기로 시료 5 mL(경우에 따라 부피를 달리할 수 있다)를 정확히 취하여 바이알 또는 스파저 내에 주입한 다음, 내부표준용액(1.0 mg/L)을 정확히 50 μL를 취하여 시료에 첨가한다.

7.3.2 일정 온도에서 1,4-다이옥산을 퍼지(purge)시켜 트랩에서 포집한 다음 가열 탈착시켜 기체크로마토그래프로 주입한다. 이때 스파저의 온도를 약 80 ℃로 가열하는 것이 좋다.

7.3.3 기체크로마토그래프로부터 얻은 크로마토그램에서 각 분석성분 및 내부표준물질의 머무름 시간에 해당하는 위치의 피크들로부터 피크면적을 측정하여 1,4-다이옥산 피크면적(A_x)과 내부표준물질의 피크면적(A_i)과의 비(A_x/A_i)를 구한다.

8 결과보고

8.1 계산

1,4-다이옥산과 내부표준물질에 대한 면적 비(A_x/A_i)를 구한 다음 검정곡선식의 $y(i)$값에 대입하여 $x(i)$값을 계산하면 분석물질의 농도(C_s, mg/L)를 구할 수 있다.

$$C_s(\text{mg/L}) = \frac{\frac{A_x}{A_i} - b}{a} \quad \cdots\cdots (식\ 1)$$

여기서, A_x/A_i : 1,4-다이옥산과 내부표준물질에 대한 면적 비

a : 검정곡선의 기울기 b : 검정곡선의 절편 값

C_s : 분석물질의 농도(mg/L)

8.2 결과보고

행정사항과 관련된 항목별 시험결과의 표시는 ES 05003의 먹는물 수질기준의 표시한계 및 결과 표시에 따른다.

9 참고자료

9.1 US EPA Method 501.1, “The analysis of trihalomethanes in drinking water by the purge and trap method”, EPA, (1979)

9.2 US EPA Method 502.1, “Volatile halogenated organic compounds in water by purge and trap gas chromatography”, EPA, (1989)

9.3 US EPA Method 503.1, “Volatile aromatic and unsaturated organic compounds in water by purge and trap gas chromatography”, EPA, (1989)

9.4 US EPA Method 8260, “Volatile organic compounds gas chromatography/Mass Spectrometry <GC/MS> : Capillary Column Technique”, EPA, (1992)

9.5 US EPA Method 8260A, “Volatile organic compounds gas chromatography/Mass Spectrometry <GC/MS> : Capillary Column Technique”, EPA, (1994)

9.6 US EPA Method 8260B, “Volatile organic compounds gas chromatography/Mass Spectrometry <GC/MS> : Capillary Column Technique”, EPA, (1996)

9.7 일본환경수질분석법 4.3.2, 제3법

9.8 먹는물수질공정시험기준 ES 05601, “휘발성유기화합물”, 국립환경과학원, (2022)

9.9 수질오염공정시험기준 ES 04601.1, “1,4-다이옥산-퍼지·트랩/기체크로마토그래피－질량분석법”, 국립환경과학원, (2014)

10 부록

[표 1] 정도관리 목표값

정도관리 항목	정도관리 목표
정량한계	0.001 mg/L
검정곡선	결정계수(R^2) ≥ 0.98 또는 감응계수(RF)의 상대표준편차 ≤ 25 %
정밀도	상대표준편차 ± 25 % 이내
정확도	75 % ~ 125 %
현장이중시료	상대편차백분율 ± 25 % 이내

[표 2] 1,4-다이옥산의 기체크로마토그래프 실험조건(예)

항 목	조 건
컬럼	Ultra-2(cross-linked 5 % phenylmethylsilicone, 25 m 길이 × 0.20 mm 안지름 × 0.33 μm 필름두께) 또는 이와 동등한 컬럼
운반기체(유속)	헬륨(1.0 mL/min)
분획비	10 : 1
주입구 온도	200 ℃
인터페이스 온도	280 ℃
오븐 온도	36 ℃(7 min) → 20 ℃/min(200 ℃)

[표 3] 1,4-다이옥산의 질량 특성 이온들

물질명	분자량	제1선택이온(m/z)	제2선택이온(m/z)
1,4-다이옥산	88	88	58, 43
1-클로로-2-브로모프로페인	157	77	79, 41
1,4-다이옥산-d_8	96	96	64, 46

1,4-다이옥산 연습문제

01 다음에 제시된 4가지 분석방법 중 먹는물수질공정시험기준의 1,4-다이옥산에 해당되는 것을 모두 고른 것은?

㉮ 퍼지·트랩/기체크로마토그래프-질량분석법 ㉯ 헤드스페이스/기체크로마토그래프-질량분석법 ㉰ 고상추출/기체크로마토그래프-질량분석법 ㉱ 연속추출/기체크로마토그래프-질량분석법

① ㉮ ② ㉮, ㉯ ③ ㉮, ㉯, ㉰ ④ ㉮, ㉯, ㉰, ㉱

02 현재 우리나라 먹는물 공정시험기준에서 제시하고 있는 1,4-다이옥산 분석방법으로 옳은 것은?

① 고체상 추출법을 사용한 LC-MS 방법
② 헤드스페이스를 이용한 GC-MS 방법
③ 용매추출법을 이용한 LC-MS/MS 방법
④ 퍼지-트랩법을 이용한 GC-ECD 방법

03 먹는물수질공정시험기준의 1,4-다이옥산 시험방법에 대한 설명으로 옳은 것은?

① 1,4-다이옥산 시험방법의 정량한계는 모두 0.001 mg/L이다.
② 퍼지&트랩-기체크로마토그래피-질량분석법의 경우 스파저의 온도를 약 30 ℃로 하는 것이 좋다.
③ 헤드스페이스-기체크로마토그래프-질량분석법의 경우 시료 보온부는 온도를 약(30 ± 0.5) ℃ 범위 내에서 1시간 정도 일정하게 온도를 유지할 수 있는 것을 사용한다.
④ 고상추출-기체크로마토그래프-질량분석법의 경우 시료 중 1,4-다이옥산을 실리카 고상분리관을 통과시켜 흡착시킨다.

04 먹는물 중 1,4-다이옥산의 분석 시 시료채수에 대한 다음의 설명 중 괄호 안에 들어갈 말을 모두 옳게 제시한 것은?

시료는 ( )에 공간이 없도록 약 100 mL를 채취하고 공기가 들어가지 않도록 밀봉한다. 시료 1 L당 ( ) 10 mg과 염산(1+1) 또는 황산(1+5)으로 pH ( )로 조절 4 ℃에서 보관한다. 모든 시료는 ( ) 이내에 분석해야 한다. 특히 시료에 염산을 가하였을 때에 거품이 생기면 그 시료는 버리고 새로 두 개의 시료를 채취하여 산을 가하지 않음을 표시하고 ( )시간 이내에 분석하여야 한다.

① 유리병 - 염화나트륨 - 4 - 7일 - 4
② 폴리에틸렌용기 - 염화암모늄 - 14일 - 24
③ 유리병 - 염화암모늄 - 2 - 14일 - 24
④ 폴리에틸렌용기 - 염화나트륨 - 7일 - 4

Answer 1. ③ 2. ② 3. ① 4. ③

05 먹는물수질공정시험기준에 따른 고상추출－기체크로마토그래피－질량분석법에 의한 1,4－다이옥산 분석과정으로 옳은 것은?

㉮ 스티렌디비닐벤젠공중합체 고상분리관과 활성탄 고상분리관을 직렬로 연결한다. ㉯ 스티렌디비닐벤젠공중합체 고상분리관 쪽으로 아세톤 10 mL와 정제수 10 mL를 순차적으로 가압 또는 흡인 주입한다. ㉰ 스티렌디비닐벤젠공중합체 고상분리관 쪽으로 분당 10 mL의 유속으로 흐르게 한 후, 활성탄 고상분리관을 분리한다. ㉱ 활성탄 고상분리관을 반대방향으로 한 다음, 아세톤 2 mL를 천천히 흘려서 유출액을 시험관에 받는다.

① ㉮ → ㉯ → ㉰ → ㉱
② ㉮ → ㉰ → ㉯ → ㉱
③ ㉱ → ㉮ → ㉯ → ㉰
④ ㉱ → ㉰ → ㉯ → ㉮

06 먹는물수질공정시험기준에 따른 1,4－다이옥산의 퍼지·트랩 전처리 및 기체크로마토그래피－질량분석법에 관한 설명으로 틀린 것은?

① 1,4－다이옥산은 퍼지(purge)시킬 때 스파저를 가열하면 비교적 높은 회수율을 보인다.
② 질량분석법에서 측정하면 1,4－다이옥산, 1－클로로－2－브로모프로페인, 1,4－다이옥산－d_8 모두 분자량에 해당하는 제1선택이온을 얻을 수 있다.
③ 트랩은 2,6－다이페닐렌옥사이드폴리머(Tenax-GC)/실리카겔/활성탄을 사용한다.
④ 시료는 14일 이내에 분석하되 1 L당 염화암모늄 10 mg과 염산(1＋1) 또는 황산(1＋5)으로 pH 2로 조절하고 4 ℃ 냉암소에서 보관한다.

Answer 5. ① 6. ②

Part Ⅷ 미생물

136 저온일반세균–평판집락법
(Total Colony Counts in 21°C – Pour Plate Method)

1 개요

1.1 목적

이 시험기준은 먹는물, 샘물·먹는샘물, 염지하수·먹는염지하수, 먹는해양심층수, 먹는물공동시설 등에 존재하는 저온일반세균[1])을 분석할 때 검사결과의 정확성과 통일성을 제공하는 데 필요한 제반사항을 규정함을 목적으로 한다.

1.2 적용범위

이 시험기준은 「먹는물 수질기준 및 검사 등에 관한 규칙」 제2조의 규정에 따른 먹는물의 수질기준에 규정된 먹는물, 샘물·먹는샘물, 염지하수·먹는염지하수, 먹는해양심층수, 먹는물공동시설 등의 수질검사에 적용한다.

1.3 "내용 없음"

2 용어정의

2.1 저온일반세균

(21.0 ± 1.0) ℃에서 (72 ± 3)시간 배양했을 때 빈영양배지(R2A 한천배지)에 집락을 형성하는 모든 세균을 말한다.

3 분석기기 및 기구

3.1 피펫 또는 자동피펫

부피 1 mL ~ 5 mL의 메스피펫이나 자동피펫(플라스틱 팁 포함)으로 멸균된 것을 사용한다.

3.2 페트리접시

지름 약 9 cm, 높이 1.5 cm의 유리제품(65 cm^2) 또는 1회용 플라스틱(57 cm^2)으로 멸균된 것을 사용한다.

3.3 항온수조

수온을 44 ℃ ~ 46 ℃로 유지할 수 있는 것을 사용한다.

3.4 배양기

배양온도를 (21.0 ± 1.0) ℃로 유지할 수 있는 것을 사용한다.

---

1) 물의 오탁상황이나 음용수의 안전성을 판정하는 지표중의 하나이다. 자연수 중 세균의 대부분은 수중의 유기물을 이용하여 생활하는 종속영양생물로 각각 발육에 적합한 영양 조건, 온도 등이 다르다.

3.5 집락계수기

확대경과 조명장치가 부착되어 있고 집락을 계수하기 좋도록 페트리접시를 놓는 판에 1 cm^2로 구획이 그려진 것을 사용하지만 반드시 필요하지는 않다.

4 시약 및 표준용액

4.1 시약

4.1.1 저온일반세균 배지(R2A agar)

상용화된 완성제품을 사용할 수 있으며, 제조하여 사용할 때는 정제수 1 L에 한천을 제외한 표 1의 조성대로 넣어 녹인 후 pH를 (7.2 ± 0.2)로 조정한 다음 한천을 넣어 가열용해하고 121 ℃에서 15분간 고압증기멸균한다.

[표 1] 저온일반세균 배지(R2A agar) 조성

성 분	조성
효모추출물(yeast extract)	0.5 g
프로테오스펩톤3번 또는 폴리펩톤(proteose peptone No.3 or polypeptone)	0.5 g
카사미노산(casamino acid)	0.5 g
포도당(dextrose, $C_6H_{12}O_6$, 분자량 : 180.16)	0.5 g
가용성 전분(soluble starch, $(C_6H_{10}O_5)_n$)	0.5 g
인산일수소칼륨(dipotassium phosphate, K_2HPO_4, 분자량 : 174.18)	0.3 g
황산마그네슘·7수화물(magnesium sulfate heptahydrate, $MgSO_4$, $7H_2O$, 분자량 : 246.50)	0.05 g
피르브산나트륨(sodium pyruvate)	0.3 g
한천(agar, $(C_{12}H_{18}O_9)_n$)	15.0 g

4.1.2 희석액(diluent)

4.1.2.1 인산완충희석액(phosphate buffered diluent)

인산이수소칼륨(monopotassium phosphate, KH_2PO_4, 분자량 : 136.09) 34 g을 500 mL의 정제수에 녹인 후 0.5 M 수산화나트륨(sodium hydroxide, NaOH, 분자량 : 40.00) 용액으로 실온에서 pH를 (7.2 ± 0.2)로 조정한 다음 정제수를 넣어 1 L가 되도록 만든 뒤 이를 보존용 원액으로 한다. 염화마그네슘·6수화물(magnesium chloride, $MgCl_2$·$6H_2O$, 분자량 : 203.30)(0.25 mol/L) 81.1 g을 정제수 1 L에 녹여 이를 염화마그네슘용액으로 한다. 인산완충희석액은 보존용 원액 1.25 mL와 염화마그네슘용액 5.0 mL를 넣은 다음 정제수로 최종 1 L가 되도록 만든 후, (99 ± 2) mL 또는 (9.0 ± 0.2) mL가 되도록 나선식 마개가 있는 희석병이나 시험관에 나누어 121 ℃에서 15분간 고압증기멸균한다.

4.1.2.2 펩톤희석액(peptone diluent)

정제수에 10 % 펩톤(peptone) 용액을 넣어 펩톤의 최종 농도가 0.1 %가 되도록 희석하고 실온에서 pH가 (6.8 ± 0.2)가 되도록 조정한 다음 (99 ± 2) mL 또는 (9.0 ± 0.2) mL가 되도록 나선식 마개가 있는 희석병이나 시험관에 나누어 121 ℃에서 15분간 고압증기멸균한다.

4.1.2.3 멸균생리식염수

염화나트륨(sodium chloride, NaCl, 분자량 : 58.44) 8.5 g을 증류수에 녹여 1 L가 되도록 만든 뒤 나선식 마개가 있는 희석병이나 시험관에 나누어 121 ℃에서 15분간 고압증기멸균한다.

4.2 "내용 없음"

5 시료채취 및 관리

5.1 멸균된 시료용기를 사용하여 무균적으로 시료를 채취하고 빨리 시험해야 한다. 빨리 시험할 수 없으면 빛이 차단된 1 ℃ ~ 5 ℃ 냉장 보관 상태에서 24시간 이내에 시험해야 한다.

5.2 잔류염소가 존재하는 경우, 잔류염소 제거를 위한 시약은 잔류염소 4 mg/L 이하인 시료 1 L 기준으로 멸균한 티오황산나트륨용액(80 g/L) 1 mL에 준하는 양을 첨가하며, 잔류염소의 농도에 따라 첨가량을 조절한다.

5.3 수도꼭지에서 시료를 채취할 때는 수도꼭지를 틀어 수돗물을 2분 ~ 3분간 흘려버린 후 시료를 채취한다. 수도꼭지에 연결된 부착물은 제거하고, 깨끗한 헝겊이나 휴지로 이물질을 닦아낸 후 시료를 채취한다. 필요하면 가스버너 등으로 수도꼭지 입구를 충분히 소독한다.

5.4 먹는샘물, 먹는해양심층수 및 먹는염지하수 제품수는 병의 마개를 열지 않은 상태의 제품을 말하며, 병의 마개가 열린 것은 시료로 사용할 수 없다. 병에 넣은 후 12시간 안에 4 ℃를 유지한 상태에서 검사한다.

6 "내용 없음"

7 분석절차

7.1 "내용 없음"

7.2 시험방법

7.2.1 4.2.1에 명시한 희석액을 사용하여 희석하고 각 단계의 희석액을 1 mL씩 멸균된 페트리접시 2매에 접종한다. 생성된 평판의 집락수가 30개 ~ 300개일 때 경우에 유효한 결과로 계수한다.

7.2.2 미리 멸균해서 44 ℃ ~ 46 ℃로 유지한 R2A배지 10 mL ~ 12 mL씩을 각각 시료가 들어 있는 페트리접시에 무균 상태로 나누어 넣고 배지와 시료가 잘 혼합되도록 좌우로 회전시킨다.

7.2.3 배지가 응고되면 (21.0 ± 1.0) ℃에서 (72 ± 3)시간 배양하여 형성된 집락의 수를 계산한다.

7.2.4 음성대조군 시험으로 멸균된 희석액을 상기 방법과 동일하게 실험하여 음성대조군으로 하며, 음성대조군 시험결과는 음성으로 나왔을 때만 유효한 결과값으로 판정한다.

7.2.5 시료의 희석조작부터 평판용 배지를 페트리접시에 나누어 넣을 때까지의 조작시간은 20분을 초과하지 않아야 한다.

7.2.6 계수할 때는 확산집락이 없고 평판당 30개 ~ 300개의 집락을 형성한 평판을 선택하여 집락을 계수하는 것을 원칙으로 하며, 평판마다 집락이 300개 이상의 집락이 형성되었을 때는 가장 대표적인 평판을 택하여 밀집평판측정법에 따라 집락수를 계산한다. 계산방법은 안지름이 9 cm인 유리 페트리접시를 사용한 때는 1 cm^2 내의 집락수를 13군데에서 계수하여 평균한 집락수에 65를 곱하고, 1회용 플라스틱 페트리접시를 사용한 때는 57을 곱한다. 평판마다 30개 이하의 집락이 형성되었을 때는 원액을 접종한 평판의 집락을 계수하여 평균값을 기재한다. 집락이 30개 ~ 300개인 평판이 없고 300개 이상의 집락을 가지는 평판이 1개 이상 존재하면 300개에 가장 가까운 평판의 집락을 계수한다.

8 결과보고

8.1 결과 표기

해당 희석배수에 사용된 각 평판 내의 집락수를 측정하여 합한 다음 사용한 평판수로 나누어 평판당 평균집락수를 구한다. 여기에 해당 희석배수를 곱한 수치를 저온일반세균수(CFU)로 하며, '저온일반세균수(CFU)/mL'로 표기한다. 저온일반세균수가 100 이상일 때는 높은 단위 숫자로부터 3단계 이하는 반올림하여 유효숫자를 2단계로 끊어 그 이하를 0으로 한 수치를 mL 중 저온일반세균수로 하고, 저온일반세균수가 100 미만일 때 소수점을 포함하면 반올림하여 정수로 표기한다.

9 참고자료

9.1 Standard Method 9215, 23rd edition, Heterotrophic plate count, (2017)

9.2 HPA National Standard Method, W4, Colony count by the pour plate method, (2004)

9.3 일본 상수시험방법 8.1.2.2, 종속영양세균－R2A 한천배지법, (2001)

10 "내용 없음"

저온일반세균 연습문제

01 먹는물수질공정시험기준에서의 미생물에 대한 용어 정의로 옳은 것은?

① 저온일반세균은 (21.0 ± 1.0) ℃에서 (72 ± 3)시간 배양했을 때 빈영양배지에 집락을 형성하는 모든 세균을 말한다.
② 중온일반세균은 (25.0 ± 0.5) ℃에서 표준한천배지 또는 트립톤 포도당 추출물 한천배지에 집락을 형성하는 모든 세균을 말한다.
③ 총대장균군은 그람양성·무아포성의 간균으로서 락토오스를 분해하여 기체 또는 산을 생성하는 모든 호기성 또는 통성 혐기성균 혹은 베타-갈락토오스 분해효소(β-galactosidase)의 활성을 가진 세균을 말한다.
④ 분원성대장균군은 온혈동물의 배설물에서 발견되는 그람음성·무아포성의 간균으로서 44.5 ℃에서 락토오스를 분해하여 기체 또는 산을 생성하는 베타-클루쿠론산 분해효소(β-glucuronidase)의 활성을 가진 균을 말한다.

02 평판집락법으로 저온일반세균수를 분석하였다. 시료 0.01 mL가 포함된 희석액 1 mL를 멸균된 페트리접시에 넣고 배양한 결과 양성인 저온일반세균 집락수가 31, 34로 얻어졌을 때 저온일반세균수로 옳은 것은?

① 3,000　　② 3,200
③ 3,250　　④ 3,300

03 저온일반세균은 몇 ℃에서 배양하는가?

① 0 ± 1.0 ℃　　② 7.0 ± 1.0 ℃
③ 21.0 ± 1.0 ℃　　④ 14.0 ± 1.0 ℃

04 다음 중 저온일반세균과 중온일반세균에 대한 설명으로 틀린 것은?

① 먹는물에서 배양시간이 중온일반세균은 (48 ± 2)시간에 비해 저온일반세균은 (72 ± 3)시간으로 길다.
② 먹는물에서 배양온도는 중온일반세균이 (35.0 ± 0.5) ℃인데 비해 저온일반세균은 (21.0 ± 1.0) ℃로 낮다.
③ 두 가지 방법 모두 멸균된 희석액을 음성대조군으로 사용하며, 음성대조군 시험결과가 음석으로 나왔을 경우에만 유효한 결과값으로 판정한다.
④ 저온일반세균은 중온일반세균에 비해 증식속도가 느려서 높은 농도의 영양물질이 함유된 배지를 사용한다.

Answer 1. ① 2. ② 3. ③ 4. ④

137 중온일반세균-평판집락법 (Total Colony Counts in 35℃ – Pour Plate Method)

1 개요

1.1 목적

이 시험기준은 먹는물, 샘물·먹는샘물, 염지하수·먹는염지하수, 먹는해양심층수, 먹는물공동시설 등에 존재하는 중온일반세균[1)2)3)4)]을 분석할 때 검사결과의 정확성과 통일성을 제공하는 데 필요한 제반사항을 규정함을 목적으로 한다.

1.2 적용범위

이 시험기준은「먹는물 수질기준 및 검사 등에 관한 규칙」제2조의 규정에 따른 먹는물, 샘물·먹는샘물, 염지하수·먹는염지하수, 먹는해양심층수, 먹는물공동시설 등의 수질검사에 적용한다.

1.3 “내용 없음”

2 용어정의

2.1 중온일반세균

(35.0 ± 0.5) ℃에서 표준한천배지 또는 트립톤 포도당 추출물 한천배지에 집락을 형성하는 모든 세균을 말한다.

3 분석기기 및 기구

3.1 피펫 또는 자동피펫

부피 1 mL ~ 5 mL의 메스피펫이나 자동피펫(플라스틱팁 포함)으로 멸균된 것을 사용한다.

3.2 페트리접시

지름 약 9 cm, 높이 1.5 cm의 유리제품(65 cm^2) 또는 1회용 플라스틱(57 cm^2)으로 멸균된 것을 사용한다.

3.3 항온수조

수온을 44 ℃ ~ 46 ℃로 유지할 수 있는 것을 사용한다.

---

1) 표준한천배지(Plate Count Agar)에서 (35 ± 0.5) ℃, (48 ± 2)시간 배양하였을 때 집락을 형성하는 호기성, 통성 혐기성 등의 종속영양세균을 의미한다.

2) 일반세균이 평상시보다 현저하게 높게 검출되는 때는 어떤 것에 의해 오염 또는 병원미생물이 혼입되었을 가능성이 있다. 정수장에서는 소독을 포함한 정수처리과정의 처리효율과 급수과정에서의 오염여부를 판단하는 지표이다.

3) 환경잔류성: 소독되지 않은 환경에 상시 존재할 수 있으며 먹는물에서는 총대장균군보다 상대적으로 많이 분포하며, 유기영양분이 많을수록 높은 농도로 검출된다.

4) 인체유해성: (중온)일반세균 자체는 인체 내에서 직접 병을 일으키는 경우는 거의 없으나 지나치게 많으면 배탈과 설사를 일으킬 수 있다.

3.4 배양기

배양온도를 (35.0 ± 0.5) ℃로 유지할 수 있는 것을 사용한다.

3.5 집락계수기

확대경과 조명장치가 부착되어 있고 집락을 계수하기 좋도록 페트리접시를 놓는 판에 1 cm^2로 구획이 그려진 것을 사용하지만 반드시 필요하지는 않다.

4 시약 및 표준용액

4.1 시약

4.1.1 중온일반세균 배지

상용화된 완성제품을 사용할 수 있으며, 제조하여 사용할 때는 정제수 1 L에 한천을 제외한 표 1 또는 표 2의 조성대로 넣어 녹인 후, pH가 (7.0 ± 0.2)가 되도록 조정한 다음 한천을 넣어 가열용해하고 121 ℃에서 15분간 고압증기멸균 한다.

[표 1] 표준한천배지(Plate count agar) 조성

성 분	조 성
트립톤(tryptone)	5.0 g
효모추출물(yeast extract)	2.5 g
포도당(dextrose, $C_6H_{12}O_6$, 분자량 : 180.16)	1.0 g
한천(agar, $(C_{12}H_{18}O_9)_n$)	15.0 g

[표 2] 트립톤 포도당 추출물 한천배지(Tryptone dextrose extract agar) 조성

성 분	조 성
소고기 추출물(beef extract)	3.0 g
트립톤(tryptone)	5.0 g
포도당(dextrose, $C_6H_{12}O_6$, 분자량 : 180.16)	1.0 g
한천(agar, $(C_{12}H_{18}O_9)_n$)	15.0 g

4.1.2 희석액(diluent)

4.1.2.1 인산완충희석액(phosphate buffered diluent)

인산이수소칼륨(monopotassium phosphate, KH_2PO_4, 분자량 : 136.09) 34 g을 500 mL의 정제수에 녹인 후 0.5 M 수산화나트륨(sodium hydroxide, NaOH, 분자량 : 40.00) 용액으로 실온에서 pH를 (7.2 ± 0.2)로 조정한 후 정제수를 넣어 1 L가 되도록 만든 뒤 이를 보존용 원액으로 하고, 염화마그네슘·6수화물(magnesium chloride, $MgCl_2 \cdot 6H_2O$, 분자량 : 203.30)(0.25 mol/L) 81.1 g을 정제수 1 L에 녹여 이를 염화마그네슘용액으로 한다. 인산완충희석액은 보존용 원액 1.25 mL와 염화마그네슘용액 5.0 mL를 넣은 다음 정제수로 최종 1 L가 되도록 만든 후, (99 ± 2) mL 또는 (9.0 ± 0.2) mL가 되도록 나선식 마개가 있는 희석병이나 시험관에 나누어 121 ℃에서 15분간 고압증기멸균한다.

4.1.2.2 펩톤희석액(peptone diluent)

정제수에 10 % 펩톤(peptone) 용액을 넣어 펩톤의 최종 농도가 0.1 %가 되도록 희석하고, 실온에서 pH가 (6.8 ± 0.2)가 되도록 조정한 다음 (99 ± 2) mL 또는 (9.0 ± 0.2) mL가 되도록 나선식 마개가 있는 희석병이나 시험관에 나누어 121 ℃에서 15분간 고압증기멸균한다.

4.1.2.3 멸균생리식염수

염화나트륨(sodium chloride, NaCl, 분자량 : 58.44) 8.5 g을 증류수에 녹여 1 L가 되도록 만든 뒤 나선식 마개가 있는 희석병이나 시험관에 나누어 121 ℃에서 15분간 고압증기멸균한다.

4.2 "내용 없음"

5 시료채취 및 관리

5.1 멸균된 시료용기를 사용하여 무균적으로 시료를 채취하고 빨리 시험해야 한다. 빨리 시험할 수 없으면 빛이 차단된 1 ℃ ~ 5 ℃ 냉장 보관 상태에서 24시간 이내에 시험해야 한다.

5.2 잔류염소가 존재하는 경우, 잔류염소 제거를 위한 시약은 잔류염소 4 mg/L 이하인 시료 1 L 기준으로 멸균한 티오황산나트륨용액(80 g/L) 1 mL에 준하는 양을 첨가하며, 잔류염소의 농도에 따라 첨가량을 조절한다.

5.3 수도꼭지에서 시료를 채취할 때는 수도꼭지를 틀어 수돗물을 2분 ~ 3분간 흘려버린 후 시료를 채취한다. 수도꼭지에 연결된 부착물은 제거하고, 깨끗한 헝겊이나 휴지로 이물질을 닦아낸 후 시료를 채취한다. 필요하면 가스버너 등으로 수도꼭지 입구를 충분히 소독한다.

5.4 먹는샘물, 먹는해양심층수 및 먹는염지하수 제품수는 병의 마개를 열지 않은 상태의 제품을 말하며, 병의 마개가 열린 것은 시료로 사용할 수 없다. 병에 넣은 후 12시간 안에 4 ℃를 유지한 상태에서 검사한다.

6 "내용 없음"

7 분석절차

7.1 "내용 없음"

7.2 시험방법

7.2.1 4.1.2에 명시한 희석액을 사용하여 희석하고 각 단계의 희석액을 1 mL씩 멸균된 페트리접시 2매에 접종한다. 생성된 평판의 집락수가 30개 ~ 300개일 때 유효한 결과로 계수한다.

7.2.2 미리 멸균해서 44 ℃ ~ 46 ℃로 유지한 중온일반세균 배지 10 mL ~ 12 mL씩을 각각 시료가 들어있는 페트리접시에 무균 상태로 나누어 넣고 배지와 시료가 잘 혼합되도록 좌우로 회전시킨다.

7.2.3 배지가 응고되면 (35 ± 0.5) ℃에서 먹는물은 (48 ± 2)시간, 샘물, 먹는샘물, 먹는해양심층수, 염지하수와 먹는염지하수는 (24 ± 2)시간 배양하여 형성된 집락수를 계산한다.

7.2.4 음성대조군 시험으로 멸균된 희석액을 상기방법과 동일하게 실험하여 음성대조군으로 하며, 음성대조군 시험결과는 음성으로 나왔을 때만 유효한 결과값으로 판정한다.

7.2.5 시료의 희석조작부터 평판용 배지를 페트리접시에 나누어 넣을 때까지 조작시간은 20분을 초과하지 않아야 한다.

7.2.6 계수할 때는 확산집락이 없고 평판당 30개 ~ 300개의 집락을 형성한 평판을 선택하여 집락을 계수하는 것을 원칙으로 하며, 평판마다 집락이 300개 이상 형성되었을 때는 가장 대표적인 평판을 택하여 밀집평판측정법에 따라 집락수를 계산한다. 계산방법은 안지름이 9 cm인 유리 페트리접시를 사용한 때는 1 cm^2 내의 집락수를 13군데에서 계수하여 평균한 집락수에 65를 곱하고, 1회용 플라스틱 페트리접시를 사용한 때는 57을 곱한다. 평판마다 30개 이하의 집락이 형성되었을 때는 원액을 접종한 평판의 집락을 계수하여 평균값을 기재한다. 30개 ~ 300개인 집락을 가지는 평판이 없고 300개 이상의 집락을 가지는 평판이 1개 이상 존재하면 300개에 가장 가까운 평판의 집락을 계수한다.

8 결과보고

8.1 결과 표기

해당 희석배수에 사용된 각 평판 내의 집락수를 측정하여 합한 다음 사용한 평판수로 나누어 평판당 평균집락수를 구한다. 여기에 해당 희석배수를 곱한 수치를 중온일반세균수(CFU)로 하며, '중온일반세균수(CFU)/mL'로 표기한다. 중온일반세균수가 100 이상일 때는 높은 단위 숫자로부터 3단계 이하는 반올림하여 유효숫자를 2단계로 끊어 그 이하를 0으로 한 수치를 mL 중 중온일반세균수로 하고, 중온일반세균수가 100 미만일 때 소수점을 포함하면 반올림하여 정수로 표기한다.

9 참고자료

9.1 Standard Method 9215, 23rd edition, Heterotrophic plate count, (2017)

9.2 HPA National Standard Method, W4, Colony count by the pour plate method, (2004)

9.3 일본 상수시험방법 8.1.1.2, 일반세균－표준한천배지법, (2001)

10 "내용 없음"

중온일반세균

연습문제

01 먹는물수질공정시험기준에 따른 샘물과 염지하수의 미생물 시험에서 항목별 결과 표기가 틀린 것은?

① 녹농균 : 검출/250 mL
② 총대장균군 : 검출/250 mL
③ 살모넬라균 : 검출/250 mL
④ (중온)일반세균 : 10 CFU/250 mL

02 먹는물수질공정시험기준에서의 미생물에 대한 용어 정의로 옳은 것은?

① 저온일반세균은 (14.0 ± 1.0) ℃에서 (72 ± 3)시간 배양했을 때 빈영양배지에 집락을 형성하는 모든 세균을 말한다.
② 중온일반세균은 (35.0 ± 0.5) ℃에서 표준한천배지 또는 트립톤 포도당 추출물 한천배지에 집락을 형성하는 모든 세균을 말한다.
③ 총대장균군은 그람양성·무아포성의 간균으로서 락토오스를 분해하여 기체 또는 산을 생성하는 모든 호기성 또는 통성 혐기성균 혹은 베타-갈락토오스 분해효소(β-galactosidase)의 활성을 가진 세균을 말한다.
④ 분원성대장균군은 온혈동물의 배설물에서 발견되는 그람음성·무아포성의 간균으로서 44.5 ℃에서 락토오스를 분해하여 기체 또는 산을 생성하는 베타-글루쿠론산 분해효소(β-glucuronidase)의 활성을 가진 균을 말한다.

03 먹는물수질공정시험기준에서 미생물의 검사에 대한 설명으로 틀린 것은?

① 여시니아균의 막여과법 수질검사는 먹는물공동시설에 적용된다.
② 중온 일반세균의 실험실 생물안전 등급은 Biosafety Level 2(BL 2)이다.
③ 살모넬라 검사를 위한 샘물은 4 ℃ 냉암소에서 30시간 보존이 가능하다.
④ 분원성 대장균군의 검사에는 시험관법과 효소기질정성법이 있다.

04 (중온)일반세균시험방법에서 사용하는 배지, 배양온도와 시간으로 맞는 것은?

① R2A배지, (35 ± 1) ℃에서 (48 ± 2) hr
② 표준한천배지, (35 ± 0.5) ℃에서 (48 ± 2) hr
③ R2A배지, (21 ± 1) ℃에서 (72 ± 3) hr
④ 표준한천배지, (21 ± 0.5) ℃에서 (72 ± 3) hr

05 중온일반세균 배양시 샘물, 먹는샘물, 먹는해양심층수 시료의 배양시간은?

① (12 ± 2)시간
② (24 ± 2)시간
③ (36 ± 2)시간
④ (48 ± 2)시간

06 다음 중 저온일반세균과 중온일반세균에 대한 설명으로 틀린 것은?

① 먹는물에서 배양시간이 중온일반세균은 (48 ± 2)시간에 비해 저온일반세균은 (72 ± 3)시간으로 길다.
② 먹는물에서 배양온도는 중온일반세균이 (35.0 ± 0.5) ℃인데 비해 저온일반세균은 (21.0 ± 1.0) ℃로 낮다.
③ 두 가지 방법 모두 멸균된 희석액을 음성대조군으로 사용하며, 음성대조군 시험결과가 음석으로 나왔을 경우에만 유효한 결과값으로 판정한다.
④ 저온일반세균은 중온일반세균에 비해 증식속도가 느려서 높은 농도의 영양물질이 함유된 배지를 사용한다.

Answer 1. ④ 2. ② 3. ② 4. ② 5. ② 6. ④

138 총대장균군-시험관법
(Total Coliform-Multiple Tube Fermentation Method)

1 개요

1.1 목적

이 시험기준은 먹는물, 샘물·먹는샘물, 염지하수·먹는염지하수, 먹는해양심층수, 먹는물공동시설 등에 존재하는 총대장균군[1)2)3)]을 분석할 때 검사결과의 정확성과 통일성을 제공하는 데 필요한 제반사항을 규정함을 목적으로 한다.

1.2 적용범위

이 시험기준은 「먹는물 수질기준 및 검사 등에 관한 규칙」 제2조의 규정에 따른 먹는물의 수질기준에 규정된 먹는물, 샘물·먹는샘물, 염지하수·먹는염지하수, 먹는해양심층수, 먹는물공동시설 등의 수질검사에 적용한다.

1.3 "내용 없음"

2 용어정의

2.1 총대장균군

그람음성·무아포성의 간균으로서 락토오스를 분해하여 기체 또는 산을 생성하는 모든 호기성 또는 통성 혐기성균 혹은 베타-갈락토오스 분해효소(β-galactosidase)의 활성이 있는 세균을 말한다.

3 분석기기 및 기구

3.1 피펫 또는 자동피펫

부피 5 mL ~ 25 mL인 눈금피펫이나 자동피펫(플라스틱피펫팁 포함)으로서 멸균된 것을 사용한다.

3.2 마개달린 유리시험관

소시험관(안지름 16 mm, 높이 150 mm), 중시험관(안지름 18 mm, 높이 180 mm), 대시험관(안

---

1) 대장균군에 속하는 세균 중에는 E. coli(대장균)와 Klebsiella pneumonia 외에 자연환경 중에 존재하는 Enterobacter aerogenes, Enterobacter cloacae, Erwinia carotovora, Citrobacter Freundii Kl, oxytoca, E. intermedium 등 많은 세균이 포함되어 있다. 그러나 E. coli(I형) 이외는 원래 토양이나 물속을 서식장소로 하는 균종이 대부분이므로 분변오염과 직접적으로 관계가 없는 경우가 많은 것으로 알려져 있다.

2) 대장균은 분변오염의 지표로서 소화기계 전염병원균보다 저항성이 크며, 그 분포가 항상 오염원과 공존하며 검출방법이 간편하고 정확하다. 인체의 배설물 중 항상 대량 존재하며 대장균군이 검출될 때는 이질, 장티푸스, 살모넬라 같은 병원성 미생물이 존재할 위험성이 크다. 사람이나 동물의 분변에서 유래하는 것이 대부분이나 영양이 풍부한 물, 토양, 부패한 식물 등에 존재하는 종류도 포함된다.

3) 환경 중 가장 많은 수가 검출되므로 먹는물 및 처리수에서 중요한 지표세균으로 사용되며, 소독되지 않는 환경에 상시 존재 가능하다. 대부분 비병원성이나 병원성대장균 등 일부는 장관출혈 등 병원성을 나타낼 수 있다.

지름 32 mm, 높이 200 mm)의 세 종류 시험관으로 플라스틱이나 금속 등과 같은 재질의 마개를 적용할 수 있고 고압증기 멸균할 수 있어야 한다.

3.3 다람(Durham)시험관

소시험관과 중시험관용 다람(Durham)시험관(안지름 6 mm, 높이 30 mm)과 대시험관용 다람(Durham)시험관(안지름 9 mm, 높이 45 mm)을 사용한다.

3.4 접종루프(Inoculaton loop)

루프의 안지름이 약 3 mm인 접종루프를 사용한다.

3.5 배양기

배양온도를 (35.0 ± 0.5) ℃로 유지할 수 있는 것을 사용한다.

4 시약 및 표준용액

4.1 시약

4.1.1 시험관법 추정시험용 배지

상용화된 완성제품을 사용할 수 있으며, 제조하여 사용할 때는 수돗물과 먹는물공동시설은 정제수 1 L에 표 1 또는 표 2, 샘물, 먹는샘물, 먹는해양심층수, 염지하수, 먹는염지하수는 표 3 또는 표 4의 조성대로 넣고 가열하여 녹인 후, pH를 (6.9 ± 0.2)가 되도록 조정한 다음 수돗물과 먹는물공동시설은 다람시험관이 들어있는 시험관에 10 mL씩, 샘물, 먹는샘물, 먹는해양심층수, 염지하수, 먹는염지하수는 다람시험관이 들어있는 대시험관에 25 mL씩 나누어 넣고 121 ℃에서 15분간 고압증기멸균한다.

[표 1] 시험관법 추정시험용 배지(3배 농후 락토오스 배지, 3 × Lactose broth) 조성

성 분	조 성
소고기추출물(beef extract)	6.0 g
펩톤(peptone)	10.0 g
락토오스(lactose, $C_{12}H_{22}O_{11}$, 분자량 : 342.30)	10.0 g

[표 2] 시험관법 추정시험용 배지(2배 농후 라우릴 트립토오스 배지, 2 × Lauryl tryptose broth) 조성

성 분	조 성
황산라우린산나트륨(sodium lauryl sulfate, $C_{12}H_{25}NaO_4S$, 분자량 : 288.00)	0.2 g
트립토오스(tryptose)	40.0 g
락토오스(lactose, $C_{12}H_{22}O_{11}$, 분자량 : 342.30)	10.0 g
인산일수소칼륨(dipotassium phosphate, K_2HPO_4, 분자량 : 174.18)	5.5 g
인산이수소칼륨(monopotassium phosphate, KH_2PO_4, 분자량 : 136.09)	5.5 g
염화나트륨(sodium chloride, NaCl, 분자량 : 58.50)	10.0 g

[표 3] 시험관법 추정시험용 배지(3배 농후 락토오스 배지, 3×Lactose broth) 조성

성 분	조 성
소고기추출물(beef extract)	9.0 g
펩톤(peptone)	15.0 g
락토오스(lactose, $C_{12}H_{22}O_{11}$, 분자량 : 342.30)	15.0 g

[표 4] 시험관법 추정시험용 배지(3배 농후 라우릴 트립토오스 배지, 3×Lauryl tryptose broth) 조성

성 분	조 성
황산라우린산나트륨(sodium lauryl sulfate, $C_{12}H_{25}NaO_4S$, 분자량 : 288.00)	0.3 g
트립토오스(tryptose)	60.0 g
락토오스(lactose, $C_{12}H_{22}O_{11}$, 분자량 : 342.30)	15.0 g
인산일수소칼륨(dipotassium phosphate, K_2HPO_4, 분자량 : 174.18)	8.25 g
인산이수소칼륨(monopotassium phosphate, KH_2PO_4, 분자량 : 136.09)	8.25 g
염화나트륨(sodium chloride, NaCl, 분자량 : 58.50)	15.0 g

4.1.2 시험관법 확정시험용 배지

상용화된 완성제품을 사용할 수 있으며, 제조하여 사용할 때는 정제수 1 L에 표 5의 성분을 넣고 가열하여 녹인 후, pH가 (7.2 ± 0.2)가 되도록 조정한 다음 다람(Durham)시험관이 들어있는 시험관에 10 mL씩 나누어 넣고 121 ℃에서 15분간 고압증기멸균한다.

[표 5] 시험관법 확정시험용 배지(BGLB, Brilliant green lactose bile 2 %) 조성

성 분	조 성
소담즙(oxgall)	20.0 g
펩톤(peptone)	10.0 g
락토오스(lactose, $C_{12}H_{22}O_{11}$, 분자량 : 342.30)	10.0 g
브릴리언트그린(brilliant green, $C_{27}H_{34}N_2O_4S$, 분자량 : 484.00)	0.0133 g

4.2 "내용 없음"

5 시료채취 및 관리

5.1 멸균된 시료용기를 사용하여 무균적으로 시료를 채취하고 빨리 시험해야 한다. 즉시 시험할 수 없으면 빛이 차단된 1 ℃ ~ 5 ℃ 냉장 보관 상태에서 30시간 이내에 시험해야 한다.

5.2 잔류염소가 존재하는 경우, 잔류염소 제거를 위한 시약은 잔류염소 4 mg/L 이하인 시료 1 L 기준으로 멸균한 티오황산나트륨용액(80 g/L) 1 mL에 준하는 양을 첨가하며, 잔류염소의 농도에 따라 첨가량을 조절한다.

5.3 수도꼭지에서 시료를 채취할 때는 수도꼭지를 틀어 수돗물을 2분 ~ 3분간 흘려버린 후 시료를 채취한다. 수도꼭지에 연결된 부착물은 제거하고, 깨끗한 헝겊이나 휴지로 이물질을 닦아낸 후 시료를 채취한다. 필요하면 가스버너 등으로 수도꼭지 입구를 충분히 소독한다.

5.4 먹는샘물, 먹는해양심층수 및 먹는염지하수 제품수는 병의 마개를 열지 않은 상태의 제품을 말하며, 병의 마개가 열린 것은 시료로 사용할 수 없다.

6 정도보증/정도관리(QA/QC)

6.1 이 시험기준을 처음 실시하거나 사용하던 배지, 시약 등의 제조사가 바뀔 때마다 양성대조군과 음성대조군 시험을 동시에 실시해야 한다. 양성대조군 시험결과는 양성, 음성대조군 시험결과가 음성으로 나왔을 때만 유효한 결과값으로 판정한다.

6.2 양성대조군은 Escherichia coli 표준균주를 사용하고, 음성대조군은 멸균 희석액을 사용한다.

7 분석절차

7.1 "내용 없음"

7.2 시험방법

7.2.1 추정시험

7.2.1.1 수돗물과 먹는물공동시설에 대한 추정시험은 2배 농후의 락토오스배지 또는 라우릴 트립토오스 배지가 10 mL씩 들어 있는 중시험관(다람시험관이 들어있는 시험관) 10개에 시료 10 mL씩을 접종하여 (35.0 ± 0.5) ℃에서 (24 ± 2)시간 배양한다(3배 농후 배지 10 mL가 들어 있는 시험관 5개에 시료 20 mL를 접종할 수도 있다). 샘물, 먹는샘물, 먹는해양심층수, 염지하수, 먹는염지하수에 대한 시험은 3배 농후의 락토오스배지 또는 라우릴 트립토오스 배지가 25 mL씩 들어 있는 시험관(다람시험관이 들어 있는 시험관) 5개에 시료 50 mL씩을 접종하여 (35.0 ± 0.5) ℃에서 (24 ± 2)시간 배양한다.

7.2.1.2 배양 (24 ± 2)시간 경과 후 각 시험관을 잘 흔들어 확인하고, 어느 시험관에서도 기체가 발생하지 않으면 동일한 조건으로 (48 ± 3)시간까지 연장 배양한다. 기체가 발생하지 않으면 추정시험 음성으로 판정하고, 하나 이상의 시험관에서 기체가 발생하면 확인 빨리 확정시험을 실시한다.

7.2.2 확정시험

7.2.2.1 추정시험에서 기체가 발생했을 때는 기체가 발생한 모든 시험관에서 배양액을 1 접종루프씩 취하여 확정시험용 배지가 10 mL씩 들어있는 시험관(다람시험관이 들어있는 시험관)에 각각 접종해서 (35.0 ± 0.5) ℃에서 (48 ± 3)시간 이내 배양한다.

7.2.2.2 이때 기체가 발생하지 않으면 총대장균군 확정시험을 음성으로 판정하고 기체가 발생하면 총대장균군 양성으로 판정한다.

7.2.3 모든 시험은 음성대조군 시험을 동시에 실시하여 음성대조군 시험결과는 음성으로 나왔을 때만 유효한 결과값으로 판정한다.

8 결과보고

8.1 결과 표기

수돗물과 먹는물공동시설을 시험한 결과 총대장균군이 검출되지 않으면 '불검출/100 mL'로, 검출되면 '검출/100 mL'로 표기하고, 샘물, 먹는샘물, 먹는해양심층수, 염지하수와 먹는염지하수를 시험한 결과 총대장균군이 검출되지 않으면 '불검출/250 mL'로, 검출되면 '검출/250 mL'로 표기한다.

9 참고자료

9.1 US EPA Method 9131, Total coliform: Multiple tube fermentation technique, (1986)

9.2 Standard Method 9221, 21st edition, Multiple-tube fermentation technique for members of the coliform group, (2005)

9.3 일본 상수시험방법 8.2.1.2, 총대장균군－유당부이온 브릴리안토그린 유당담즙 부이온 배지법, (2001)

10 "내용 없음"

139 총대장균군-막여과법 (Total Coliform-Membrane Filtration Method)

1 개요

1.1 목적

이 시험기준은 먹는물, 샘물·먹는샘물, 염지하수·먹는염지하수, 먹는해양심층수, 먹는물공동시설 등에 존재하는 총대장균군을 분석할 때 검사결과의 정확성과 통일성을 제공하는 데 필요한 제반 사항을 규정함을 목적으로 한다.

1.2 적용범위

이 시험기준은 「먹는물 수질기준 및 검사 등에 관한 규칙」 제2조의 규정에 따른 먹는물, 샘물·먹는샘물, 염지하수·먹는염지하수, 먹는해양심층수, 먹는물공동시설 등의 수질검사에 적용한다.

1.3 "내용 없음"

2 용어정의

2.1 총대장균군

그람음성·무아포성의 간균으로서 락토오스를 분해하여 기체 또는 산을 생성하는 모든 호기성 또는 통성 혐기성균 혹은 베타-갈락토오스 분해효소(β-galactosidase)의 활성이 있는 세균을 말한다.

3 분석기기 및 기구

3.1 여과막

공경 (0.45 ± 0.02) μm, 지름 47 mm 이상 크기의 미생물 분석용 여과막으로서 막의 한 면에 격자가 그려진 멸균된 것을 사용한다.

3.2 여과장치

여과막을 끼워서 여과할 수 있게 하는 장치로서 무균조작 할 수 있어야 하며, 멸균하여 사용한다.

3.3 멸균흡수패드

두꺼운 여과지나 스펀지 또는 유리섬유여과막으로 지름 47 mm 크기의 원형패드를 멸균하여 사용한다.

3.4 필터깔때기

10 mL ~ 250 mL의 시료를 담을 수 있는 부피로 미리 멸균처리한 것을 사용한다.

3.5 피펫 또는 자동피펫

부피 1 mL ~ 25 mL의 눈금피펫이나 자동피펫(플라스틱피펫팁 포함)으로서 멸균된 것을 사용한다.

3.6 페트리접시

지름 60 mm와 높이 15 mm, 지름 50 mm와 높이 12 mm 또는 적절한 크기의 멸균된 것을 사용한다.

3.7 핀셋

끝이 뭉툭하고 넓으며 여과막을 집어 올릴 때 여과막을 물리적으로 손상하지 않는 형태의 것으로서 화염멸균할 수 있는 것을 사용한다.

3.8 배양기

배양온도를 (35.0 ± 0.5) ℃로 유지할 수 있는 것을 사용한다.

3.9 마개달린 유리시험관 또는 유리용기

고압증기멸균이 가능하며 투명한 재질의 마개가 달린 약 15 mL 부피의 유리시험관이나 유리병 또는 이에 상응하는 용기를 사용한다.

3.10 다람(Durham)시험관

중시험관용 다람시험관(안지름 6 mm, 높이 30 mm)을 사용한다. 고압증기 멸균할 수 있어야 하며 기체포집을 위해 거꾸로 집어넣는다.

4 시약 및 표준용액

4.1 시약

4.1.1 막여과법 추정시험용 고체배지(m-Endo agar LES)

상용화된 완성제품을 사용할 수 있으며, 제조하여 사용할 때는 정제수 1 L에 표 1의 조성대로 넣고 95 % 에탄올 20 mL를 첨가해 가열하면서 완전히 녹인 후 45 ℃ ~ 50 ℃까지 식혀 5 mL ~ 7 mL를 페트리접시에 넣어 굳힌다. 가열할 때 끓어 넘치지 않도록 주의하며, pH는 (7.2 ± 0.2)가 되도록 한다. 조제된 배지는 4 ℃ ~ 8 ℃의 냉암소에서 2주간 보관할 수 있다.

[표 1] 막여과법 추정시험용 고체배지(m-Endo agar LES) 조성

성 분	조 성
효모추출물(yeast extract)	1.2 g
트립토오스(tryptose)	7.5 g
카지톤 또는 트립티케이스(casiton or trypticase)	3.7 g
락토오스(lactose, $C_{12}H_{22}O_{11}$, 분자량 : 342.30)	9.4 g
치오펩톤 또는 치오톤(thiopeptone or thiotone)	3.7 g
데속시콜린산나트륨(sodium desoxycholate)	0.1 g
염화나트륨(sodium chloride, NaCl, 분자량 : 58.50)	3.7 g
인산일수소칼륨(dipotassium phosphate, K_2HPO_4, 분자량 : 174.18)	1.0 g
인산이수소칼륨(monopotassium phosphate, KH_2PO_4, 분자량 : 136.09)	3.3 g
라우릴황산나트륨(sodium lauryl sulfate)	0.05 g
아황산나트륨(sodium sulfite, Na_2SO_3, 분자량 : 126.10)	1.6 g
염기성푹신(basic fuchsin)	0.8 g
한천(agar, $(C_{12}H_{18}O_9)_n$)	15.0 g

4.1.2 막여과법 추정시험용 액체배지(m-Endo)

상용화된 완성제품을 사용할 수 있으며, 제조하여 사용할 때는 정제수 1 L에 표 2의 조성대로 넣고 95 % 에탄올 20 mL를 첨가해 가열하면서 완전히 녹인 후 바로 방냉하여 실온으로 식힌 다음 멸균된 흡수패드에 무균적으로 2 mL씩 흡수시킨다. 가열할 때 끓어 넘치지 않도록 주의하며, 배지의 pH는 (7.2 ± 0.2)가 되도록 한다. 배지는 시험할 때마다 만들어 사용하고 필요하면 2 ℃ ~ 8 ℃의 냉암소에서 96시간 동안 보관할 수 있다.

[표 2] 막여과법 추정시험용 액체배지(m-Endo) 조성

성 분	조 성
효모추출물(yeast extract)	1.5 g
트립토오스(tryptose) 또는 폴리펩톤(polypeptone)	10.0 g
카지톤 또는 트립티케이스(casiton or trypticase)	5.0 g
락토오스(lactose, $C_{12}H_{22}O_{11}$, 분자량 : 342.30)	12.5 g
치오펩톤 또는 치오톤(thiopeptone or thiotone)	5.0 g
데속시콜린산나트륨(sodium desoxycholate)	0.1 g
염화나트륨(sodium chloride, NaCl, 분자량 : 58.50)	5.0 g
인산일수소칼륨(dipotassium phosphate, K_2HPO_4, 분자량 : 174.18)	4.375 g
인산이수소칼륨(monopotassium phosphate, KH_2PO_4, 분자량 : 136.09)	1.375 g
라우릴황산나트륨(sodium lauryl sulfate)	0.05 g
아황산나트륨(sodium sulfite, Na_2SO_3, 분자량 : 126.10)	2.1 g
염기성푹신(basic fuchsin)	1.05 g

4.1.3 막여과법 확정시험용 배지(lactose broth 또는 BGLB, brilliant green lactose bile 2 %)

상용화된 완성제품을 사용할 수 있으며, 제조하여 사용할 때는 lactose broth는 정제수 1 L에 표 3의 조성대로 넣고 가열해 녹인 후, pH가 (6.9 ± 0.2)가 되도록 조정하고, BGLB 배지는 정제수 1 L에 표 4의 조성대로 넣고 가열해 녹인 후, pH가 (7.2 ± 0.2)가 되도록 조정하여 각 배지를 다람(Durham)시험관이 들어있는 시험관에 10 mL씩 나누어 넣고 121 ℃에서 15분간 고압증기멸균한다.

[표 3] 막여과법 확정시험용 배지(lactose broth) 조성

성 분	조 성
소고기 추출물(beef extract)	3.0 g
펩톤(peptone)	5.0 g
락토오스(lactose, $C_{12}H_{22}O_{11}$, 분자량 : 342.30)	5.0 g

[표 4] 막여과법 확정시험용 배지(BGLB) 조성

성 분	조 성
소담즙(oxgall)	20.0 g
펩톤(peptone)	10.0 g
락토오스(lactose, $C_{12}H_{22}O_{11}$, 분자량 : 342.30)	10.0 g
브릴리언트그린(brilliant green, $C_{27}H_{34}N_2O_4S$, 분자량 : 484.00)	0.0133 g

4.2 "내용 없음"

5 시료채취 및 관리

5.1 멸균된 시료용기를 사용하여 무균적으로 시료를 채취하고 빨리 시험해야 한다. 즉시 시험할 수 없으면 빛이 차단된 1 ℃ ~ 5 ℃ 냉장 보관 상태에서 30시간 이내에 시험해야 한다.

5.2 잔류염소가 존재하는 경우, 잔류염소 제거를 위한 시약은 잔류염소 4 mg/L 이하인 시료 1 L 기준으로 멸균한 티오황산나트륨용액(80 g/L) 1 mL에 준하는 양을 첨가하며, 잔류염소의 농도에 따라 첨가량을 조절한다.

5.3 수도꼭지에서 시료를 채취할 때는 수도꼭지를 틀어 수돗물을 2분 ~ 3분간 흘려버린 후 시료를 채취한다. 수도꼭지에 연결된 부착물은 제거하고, 깨끗한 헝겊이나 휴지로 이물질을 닦아낸 후 시료를 채취한다. 필요하면 가스버너 등으로 수도꼭지 입구를 충분히 소독한다.

5.4 먹는샘물, 먹는해양심층수 및 먹는염지하수 제품수는 병의 마개를 열지 않은 상태의 제품을 말하며, 병의 마개가 열린 것은 시료로 사용할 수 없다.

6 정도보증/정도관리(QA/QC)

6.1 이 시험기준을 처음 실시하거나 사용하던 배지, 시약 등의 제조사가 바뀔 때마다 양성대조군과 음성대조군 시험을 동시에 실시해야 한다. 양성대조군 시험결과는 양성, 음성대조군 시험결과가 음성으로 나왔을 때만 유효한 결과값으로 판정한다.

6.2 양성대조군은 Escherichia coli 표준균주를 사용하고, 음성대조군은 멸균 희석액을 사용한다.

7 분석절차

7.1 "내용 없음"

7.2 시험방법

7.2.1 추정시험

7.2.1.1 시험에 사용되는 모든 장치는 멸균가능 한 종이나 알루미늄 호일로 감싸 121 ℃에서 15분간 고압증기멸균한다.

7.2.1.2 여과장치의 막 지지대 위에 여과막의 격자가 그려진 면을 위로 향하게 놓고 필터깔때기를 고정한 다음, 멸균한 정제수를 소량 가하고 서서히 여과해 여과막을 막 지지대에 완전히 밀착한 후 시료 100 mL(샘물, 먹는샘물, 먹는해양심층수, 염지하수와 먹는염지하수는 250 mL)를 필터깔때기에 넣어 여과한다. 여과한 멸균수를 약 30 mL씩 2회 ~ 3회 필터깔때기에 가하여 세정여과를 마친다. 여러 시료를 한 장치에 여과할 경우, 일련의 시료를 여과하기 전과 마지막에 멸균수를 30 mL 여과해 배지에 배양한다. 세균이 자라면 모든 결과를 무효로 한다. 시료 여과 사이에 30분 이상이 지나면 새로운 여과장치를 사용한다.

7.2.1.3 세정여과 후 여과장치를 분리하여 여과한 여과막을 멸균한 핀셋으로 집어내어 추정시험용 고체배지를 사용할 때는 여과막의 눈금을 위로하여 페트리접시내의 배지 위에 기포가 형성되지 않도록 올려놓고 페트리접시를 뒤집어서 (35.0 ± 0.5) ℃로 20시간 ~ 22시간 동안 배지가 마르지 않는 조건을 유지하면서 배양한다. 추정시험용 액체배지를 사용할 때

는 배지 약 2 mL로 흡수패드를 적신 다음 페트리접시내의 배지 위에 놓고 그 위에 여과막을 올려놓은 뒤 (35.0 ± 0.5) ℃로 20시간 ~ 22시간 동안 배지가 마르지 않는 조건을 유지하면서 배양한다. 핀셋은 화염 멸균하여 실온에서 식힌 후 여과막을 집는 데 사용한다.

7.2.1.4 배양 후 금속성 광택을 띠는 분홍이나 진홍색계통 또는 광택이 없더라도 짙은 적색의 집락이 관찰되면 추정시험을 양성으로 판정하고 확정시험을 실시한다. 융합성장(CG = confluent growth)이나 계수불능(TNTC = too numerous to count) 성장이 나타난 시료에 대해서는 총대장균군이 검출되지 않으면 무효로 하고 다시 채수하여 실험한다.

7.2.2 확정시험

7.2.2.1 추정시험에서 금속성 광택을 띠는 분홍이나 진홍색계통 또는 광택이 없더라도 검붉은 색의 집락이 관찰되었을 때는 이들 집락(금속성 광택을 띠는 집락과 광택이 없는 검붉은 색의 집락을 각각 최대 5개까지 딴다)을 멸균된 접종루프나 면봉 등으로 확정시험용배지(락토오스 배지 또는 BGLB 배지)가 10 mL씩 들어 있는 시험관(다람시험관이 들어있는 시험관)에 접종시켜 (35.0 ± 0.5) ℃에서 (48 ± 3)시간 배양한다.

7.2.2.2 이때 기체가 발생하지 않으면 총대장균군 음성으로 판정하고 기체가 발생하면 총대장균군 양성으로 판정한다.

7.2.3 모든 시험은 음성대조군 시험을 동시에 실시하여 음성대조군 시험결과는 음성으로 나왔을 때만 유효한 결과값으로 판정한다.

8 결과보고

8.1 결과 표기

수돗물, 먹는물공동시설을 시험한 결과 총대장균군이 검출되지 않으면 '불검출/100 mL'로, 검출되면 '검출/100 mL'로 표기하고, 샘물, 먹는샘물, 먹는 해양심층수, 염지하수, 먹는염지하수를 시험한 결과 총대장균군이 검출되지 않으면 '불검출/250 mL'로, 검출되면 '검출/250 mL'로 표기한다.

9 참고자료

9.1 US EPA Method 9132, Total coliform: Membrane filter technique, (1986)

9.2 Standard Method 9222, 23rd edition, Membrane filter technique for members of the coliform group, (2017)

9.3 일본 상수시험방법 8.2.3, 총대장균군 MF 엔도배지법, (2001)

10 "내용 없음"

140 총대장균군-효소기질정성법 (Total Coliform-Enzyme Substrate Method)

1 개요

1.1 목적

이 시험기준은 먹는물, 샘물·먹는샘물, 염지하수·먹는염지하수, 먹는해양심층수, 먹는물공동시설 등에 존재하는 총대장균군을 분석할 때 검사결과의 정확성과 통일성을 제공하는 데 필요한 제반 사항을 규정함을 목적으로 한다.

1.2 적용범위

이 시험기준은「먹는물 수질기준 및 검사 등에 관한 규칙」제2조의 규정에 따른 먹는물, 샘물·먹는샘물, 염지하수·먹는염지하수, 먹는해양심층수, 먹는물공동시설 등의 수질검사에 적용한다.

1.3 간섭물질

시료자체에 탁도와 색도가 있으면 수질검사 결과에 영향을 미칠 수 있다. 이 때는 막여과법이나 시험관법 등을 이용해야 한다.

2 용어정의

2.1 총대장균군

그람음성·무아포성의 간균으로서 락토오스를 분해하여 기체 또는 산을 생성하는 모든 호기성 또는 통성 혐기성균 혹은 베타-갈락토오스 분해효소(β-galactosidase)의 활성이 있는 세균을 말한다.

3 분석기기 및 기구

3.1 피펫 또는 자동피펫

부피 1 mL ~ 25 mL인 눈금피펫이나 자동피펫(플라스틱 피펫팁 포함)으로서 멸균된 것을 사용한다.

3.2 마개달린 유리시험관 또는 유리용기

고압증기멸균이 가능하며 투명한 재질의 마개가 달린 약 125 mL나 250 mL 이상 부피의 유리시험관이나 유리병 혹은 이에 상응하는 용기를 사용한다.

3.3 배양기

배양온도를 (35.0 ± 0.5) ℃로 유지할 수 있는 것을 사용한다.

4 시약 및 표준용액

4.1 시약

효소기질이용 시약은 총대장균군이 분비하는 베타-갈락토오스 분해효소(β-galactosidase)에 의해 발색을 나타내는 기질을 포함해야 하며, 시험관법 또는 막여과법을 이용하여 총대장균군을 분석하는 방법과 동등 또는 그 이상의 신뢰성 있는 상용화된 제품을 사용한다.

[주 1] 보관 조건, 유효기관 및 사용방법 등은 제조사의 설명서를 따른다.

4.2 "내용 없음"

5 시료채취 및 관리

5.1 멸균된 시료용기를 사용하여 무균적으로 시료를 채취하고 빨리 시험해야 한다. 즉시 시험할 수 없으면 빛이 차단된 1 ℃ ~ 5 ℃ 냉장 보관 상태에서 30시간 이내에 시험해야 한다.

5.2 잔류염소가 존재하는 경우, 잔류염소 제거를 위한 시약은 잔류염소 4 mg/L 이하인 시료 1 L 기준으로 멸균한 티오황산나트륨용액(80 g/L) 1 mL에 준하는 양을 첨가하며, 잔류염소의 농도에 따라 첨가량을 조절한다.

5.3 수도꼭지에서 시료를 채취할 때는 수도꼭지를 틀어 수돗물을 2분 ~ 3분간 흘려버린 후 시료를 채취한다. 수도꼭지에 연결된 부착물은 제거하고, 깨끗한 헝겊이나 휴지로 이물질을 닦아낸 후 시료를 채취한다. 필요하면 가스버너 등으로 수도꼭지 입구를 충분히 소독한다.

6 정도보증/정도관리(QA/QC)

6.1 이 시험기준을 처음 실시하거나 사용하던 제품, 시약 등의 제조사가 바뀔 때마다 시험관법 또는 막여과법을 이용하여 총대장균군을 분석하는 방법과 동등 또는 이상의 결과값을 확보한 후에 실험을 진행한다.

6.2 양성대조군은 Escherichia coli 표준균주를 사용하고, 음성대조군은 멸균 희석액을 사용한다.

6.3 상용화된 제품을 사용할 때는 사용전 막여과법 또는 시험관법으로 총대장균군을 분석하는 방법과 동등 또는 그 이상의 신뢰성 있는 데이터를 확보한 후에 실험을 진행할 수 있다.

7 분석절차

7.1 "내용 없음"

7.2 시험방법

7.2.1 상용화된 용기와 시약을 사용하고, 무균조작으로 시료 100 mL(샘물, 먹는샘물, 먹는해양심층수, 염지하수와 먹는염지하수는 250 mL)를 용기에 넣고 시약을 넣어 완전히 용해되도록 섞은 다음 제품 사용설명서에 따라 적정시간동안 (35.0 ± 0.5) ℃에서 배양 후 결과를 판정한다.

7.2.2 모든 시험은 음성대조군 시험을 동시에 실시하여 음성대조군 시험결과는 음성으로 나왔을 때만 유효한 결과값으로 판정한다.

7.2.3 위양성으로 추정되는 시료는 총대장균군 시험관법 또는 막여과법으로 확인할 수 있다.

8 결과보고

8.1 결과 표기

수돗물, 먹는물공동시설을 시험한 결과 총대장균군이 검출되지 않으면 '불검출/100 mL'로, 검출되면 '검출/100 mL'로 표기하고, 샘물, 먹는샘물, 먹는해양심층수, 염지하수와 먹는염지하수를 시험한 결과 총대장균군이 검출되지 않으면 '불검출/250 mL'로, 검출되면 '검출/250 mL'로 표기한다.

9 참고자료

9.1 Standard Method 9223, 21st edition, Enzyme substrate coliform test, (2005)

9.2 HPA National Standard Method, W18, Enumeration of coliforms and Escherichia coli by IDEXX(Colilert 18) Quanti-TrayTM, (2005)

9.3 일본 상수시험방법 8.2.1.3, 총대장균군－특정효소기질배양법, (2001)

10 "내용 없음"

총대장균군

연습문제

01 먹는물수질공정시험기준에 따른 분석결과의 표기로 모두 옳은 것은?

> ㉠ 총대장균군(시험관법, 수돗물) : 불검출/100 mL
> ㉡ 총대장균군(시험관법, 샘물) : 불검출/250 mL
> ㉢ 총대장균군(시험관법, 염지하수) : 불검출/100 mL
> ㉣ 대장균(시험관법, 수돗물) : 불검출/100 mL

① ㉠, ㉡, ㉢
② ㉠, ㉡, ㉣
③ ㉠, ㉢, ㉣
④ ㉡, ㉢, ㉣

02 먹는물수질공정시험기준에 따른 샘물과 염지하수의 미생물 시험에서 항목별 결과 표기가 틀린 것은?

① 녹농균 : 검출/250 mL
② 총대장균군 : 검출/100 mL
③ 살모넬라균 : 검출/250 mL
④ (중온)일반세균 : 10 CFU/mL

03 먹는물수질공정시험기준에 따른 총대장균군을 분석하기 위한 시료채취 및 관리방법으로 틀린 것은?

① 멸균된 시료용기를 사용하여 무균적으로 시료를 채취하고 빨리 시험하여야 한다.
② 수도꼭지에서 시료를 채취할 경우에는 수도꼭지를 틀어 2분 ~ 3분간 흘려버린 후 시료를 채취한다.
③ 빨리 시험할 수 없는 경우에는 빛이 차단된 4 ℃ 냉장 보관 상태에서 24시간 이내에 시험하여야 한다.
④ 잔류염소를 함유한 시료를 채취할 때에는 멸균한 티오황산나트륨 용액을 투여한다.

04 먹는물수질공정시험기준에 따른 먹는물 중 미생물을 시험관법으로 측정하고자 한다. 미생물 항목별 시험절차로 틀린 것은?

① 쉬겔라 : 추정시험 → 확인시험
② 총대장균군 : 추정시험 → 확정시험 → 확인시험
③ 녹농균 : 추정시험 → 확정시험 → 확인시험
④ 살모넬라 : 추정시험 → 확인시험

05 먹는물수질공정시험기준에 따른 미생물 항목별 시험방법이 틀린 것은?

① 대장균의 시험관법
② 총대장균군의 평판집락법
③ 분원성대장균군의 시험관법
④ 분원성대장균군의 효소기질정성법

Answer 1. ② 2. ③ 3. ③ 4. ② 5. ②

06 먹는물수질공정시험기준에서의 미생물에 대한 용어 정의로 옳은 것은?

① 저온일반세균은 (14.0 ± 1.0) ℃에서 (72 ± 3)시간 배양했을 때 빈영양배지에 집락을 형성하는 모든 세균을 말한다.

② 중온일반세균은 (25.0 ± 0.5) ℃에서 표준한천배지 또는 트립톤 포도당 추출물 한천배지에 집락을 형성하는 모든 세균을 말한다.

③ 총대장균군은 그람음성·무아포성의 간균으로서 락토오스를 분해하여 기체 또는 산을 생성하는 모든 호기성 또는 통성 혐기성균 혹은 베타－갈락토오스 분해효소(β-galactosidase)의 활성을 가진 세균을 말한다.

④ 분원성대장균군은 온혈동물의 배설물에서 발견되는 그람음성·무아포성의 간균으로서 44.5 ℃에서 락토오스를 분해하여 기체 또는 산을 생성하는 베타－글루쿠론산 분해효소(β-glucuronidase)의 활성을 가진 균을 말한다.

07 먹는물수질공정시험기준에 따른 총대장균군의 시험방법에 대한 설명으로 틀린 것은?

① 막여과법에서 확정시험용 배지는 Lactose broth 또는 BGLB 배지를 사용한다.

② 시험관법에서 먹는샘물, 먹는해양심층수, 염지하수의 추정시험용 배지는 3 × Lactose broth 또는 3 × Lauryl tryptose를 사용한다.

③ 시험관법에서 추정시험방법은 35 ℃에서 (24 ± 2)시간 배양하고, 기체 발생이 없을 경우 동일한 조건으로 (48 ± 3)시간까지 연장 배양한다.

④ 효소기질정성법에서 먹는샘물, 먹는해양심층수, 염지하수의 결과표기는 '검출/100 mL' 또는 '불검출/100 mL'로 표기한다.

08 미생물 시험용 시료를 채취하여 적어도 24시간 이내에 시험을 해야 하는 항목이 아닌 것은?

① 총대장균군　　② 일반세균

③ 녹농균　　④ 여시니아균

09 괄호 안에 들어갈 내용으로 모두 옳은 것은?

> 미생물 시험용 시료를 채취할 때에는 멸균된 시료 용기를 사용하여 무균적으로 시료를 채취하고 빨리 시험하여야 한다. 빨리 시험할 수 없는 경우에는 4 ℃ 냉장보관한 상태에서 일반세균, 녹농균, 여시니아균은 (㉠) 이내에, 총대장균군 등 그 밖의 항목은 (㉡) 이내에 시험하여야 한다.

① ㉠ 12시간, ㉡ 24시간　　② ㉠ 12시간, ㉡ 30시간

③ ㉠ 24시간, ㉡ 24시간　　④ ㉠ 24시간, ㉡ 30시간

Answer 6. ③ 7. ④ 8. ① 9. ④

10 **먹는물수질공정시험기준에 따른 총대장균군 막여과법에서의 확정시험에 대한 설명으로 틀린 것은?**

① 추정시험이나 금속성 광택을 띠는 분홍이나 진홍색계통의 집락 또는 광택이 없는 검붉은 색의 집락이 관찰되지 않은 경우에는 유사한 집락을 최대 5개까지 따서 확정시험을 수행한다.
② 확정시험은 락토오스 배지 또는 BGLB 배지가 10 mL씩 들어있는 다람관을 넣은 시험관에서 배양한다.
③ 확정시험 배지에서 기체가 발생하지 않으면 총대장균군 음성으로 판정하고 기체가 발생하면 총대장균군 양성으로 판정한다.
④ 모든 시험은 음성대조군 시험을 동시에 실시하여 음성대조군 시험결과가 음성으로 나온 경우에만 유효한 결과값으로 판정한다.

11 **먹는물수질공정시험기준에서 미생물을 이용한 시험방법과 배양온도가 잘못 연결된 것은?**

① 녹농균 시험관법의 확인시험 : (41.5 ± 0.5) ℃
② 분원성대장균군 시험관법의 확정시험 : (44.5 ± 0.2) ℃
③ 총대장균군 막여과법의 추정시험 : (44.5 ± 0.5) ℃
④ 분원성연쇄상구균 시험관법의 확정시험 : (44.5 ± 0.2) ℃

12 **먹는물수질공정시험기준에 따른 총대장균군 시험에서 탁도 및 색도에 의해 간섭영향을 받을 수 있는 시험방법으로 옳은 것은?**

① 시험관법　　② 막여과법
③ 평판집락법　　④ 효소기질정성법

Answer 10. ① 11. ④ 12. ④

141 분원성대장균군-시험관법 (Fecal Coliform-Multiple Tube Fermentation Method)

1 개요

1.1 목적

이 시험기준은 수돗물, 먹는물공동시설 등에 존재하는 분원성대장균군[1]을 분석할 때 검사결과의 정확성과 통일성을 제공하는데 필요한 제반사항을 규정함을 목적으로 한다.

1.2 적용범위

이 시험기준은 「먹는물 수질기준 및 검사 등에 관한 규칙」 제2조의 규정에 따른 수돗물, 먹는물 공동시설등의 수질기준에 규정된 먹는물의 수질검사에 적용한다.

1.3 "내용 없음"

2 용어정의

2.1 분원성대장균군

온혈동물의 배설물에서 발견되는 그람음성·무아포성의 간균으로서 44.5 ℃에서 락토오스를 분해하여 기체 또는 산을 생성하는 모든 호기성 또는 통성 혐기성균 혹은 베타-갈락토오스 분해효소(β-galactosidase)의 활성이 있는 세균을 말한다.

3 분석기기 및 기구

3.1 피펫 또는 자동피펫

부피 1 mL ~ 25 mL인 눈금피펫이나 자동피펫(플라스틱 피펫팁 포함)으로서 멸균된 것을 사용한다.

3.2 마개 달린 유리시험관 또는 유리용기

고압증기멸균이 가능하며 투명한 재질의 마개가 달린 약 15 mL 부피의 유리시험관이나 유리병 또는 이에 상응하는 용기를 사용한다.

3.3 다람(Durham)시험관

중시험관용 다람시험관(안지름 6 mm, 높이 30 mm)을 사용한다. 고압증기멸균할 수 있어야 하며, 기체 포집을 위해 거꾸로 집어넣는다.

3.4 접종루프(Inoculation loop)

루프의 안지름이 약 3 mm인 접종루프를 사용한다.

---

1) 사람이나 포유동물, 조류의 분변에 많은 수가 항상 존재하고 분변으로 오염된 물이나 토양에서 주로 발견되며, 대장균 이외의 내열성 대장균군은 산업폐수 또는 부패한 식물찌꺼기나 유기물이 풍부한 토양의 물에 기인한다. 소독되지 않은 환경에 상시 존재 가능하고 대부분 비병원성이나 병원성대장균 등 일부는 장관출혈 등 병원성을 나타낼 수 있다.

3.5 항온수조 또는 배양기

온도를 (44.5 ± 0.2) ℃로 유지할 수 있는 항온수조를 사용하거나 동등한 사양의 배양기를 사용한다.

4 시약 및 표준용액

4.1 시약

4.1.1 시험관법 확정시험용 배지

상용화된 완성제품을 사용할 수 있으며, 제조하여 사용할 때는 정제수 1 L에 표 1 또는 표 2의 조성대로 넣고 가열하여 녹인 후 pH가 (6.9 ± 0.2)가 되도록 조정한 다음 다람(Durham)시험관이 들어있는 시험관에 10 mL씩 나누어 넣고 121 ℃에서 15분간 고압증기멸균한다.

[표 1] 시험관법 확정시험용 배지(EC 배지) 조성

성 분	조 성
트립톤(tryptone)	20.0 g
락토오스(lactose, $C_{12}H_{22}O_{11}$, 분자량 : 342.30)	5.0 g
바일솔트 3번(bile salts No. 3)	1.5 g
인산일수소칼륨(dipotassium phosphate, K_2HPO_4, 분자량 : 174.18)	4.0 g
인산이수소칼륨(monopotassium phosphate, KH_2PO_4, 분자량 : 136.09)	1.5 g
염화나트륨(sodium chloride, NaCl, 분자량 : 58.50)	5.0 g

[표 2] 시험관법 확정시험용 배지(EC-MUG 배지) 조성

성 분	조 성
트립톤(tryptone)	20.0 g
락토오스(lactose, $C_{12}H_{22}O_{11}$, 분자량 : 342.30)	5.0 g
바일솔트 3번(bile salts No. 3)	1.5 g
인산일수소칼륨(dipotassium phosphate, K_2HPO_4, 분자량 : 174.18)	4.0 g
인산이수소칼륨(monopotassium phosphate, KH_2PO_4, 분자량 : 136.09)	1.5 g
염화나트륨(sodium chloride, NaCl, 분자량 : 58.50)	5.0 g
MUG(4-methylumbelliferyl-β-D-glucuronide)	0.05 g

4.2 "내용 없음"

5 시료채취 및 관리

5.1 멸균된 시료용기를 사용하여 무균적으로 시료를 채취하고 빨리 시험해야 한다. 즉시 시험할 수 없으면 빛이 차단된 1 ℃ ~ 5 ℃ 냉장 보관 상태에서 30시간 이내에 시험해야 한다.

5.2 잔류염소가 존재하는 경우, 잔류염소 제거를 위한 시약은 잔류염소 4 mg/L 이하인 시료 1 L 기준으로 멸균한 티오황산나트륨용액(80 g/L) 1 mL에 준하는 양을 첨가하며, 잔류염소의 농도에 따라 첨가량을 조절한다.

5.3 수도꼭지에서 시료를 채취할 때는 수도꼭지를 틀어 수돗물을 2분 ~ 3분간 흘려버린 후 시료를 채취한다. 수도꼭지에 연결된 부착물은 제거하고, 깨끗한 헝겊이나 휴지로 이물질을 닦아낸 후 시료를 채취한다. 필요하면 가스버너 등으로 수도꼭지 입구를 충분히 소독한다.

7 분석절차

7.1 "내용 없음"

7.2 시험방법

7.2.1 추정시험

총대장균군 막여과법 및 시험관법의 추정시험과 동일하다.

7.2.2 확정시험

총대장균군 추정시험 양성일 때 수행한다.

7.2.2.1 총대장균군 막여과법 추정시험이 양성이면 금속성 광택을 띠는 분홍이나 진홍색계통 또는 광택이 없더라도 검붉은 색의 집락을 확정시험용 배지(EC 배지 또는 EC-MUG배지)가 10 mL씩 들어있는 시험관(다람시험관이 들어 있는 시험관)에 접종시켜 (44.5 ± 0.2) ℃로 (24 ± 2)시간 배양한다.

7.2.2.2 총대장균군 시험관법 추정시험에서 기체가 발생했거나 증식이 많은 시험관 또는 산을 생성한 모든 시험관에 대하여 지름 3 mm의 접종루프를 사용해 무균조작으로 확정시험용 배지(EC 배지 또는 EC-MUG배지)가 든 시험관에 이식하여 (44.5 ± 0.2) ℃의 항온수조 또는 배양기에서 (24 ± 2)시간 배양한다.

7.2.2.3 이때 기체가 발생하지 않으면 분원성대장균군 음성, 기체 발생이 관찰되었을 때는 분원성대장균군은 양성으로 판정한다.

7.2.3 모든 시험은 음성대조군 시험을 동시에 실시하며 음성대조군 시험결과는 음성으로 나왔을 때만 유효한 결과값으로 판정한다.

8 결과보고

8.1 결과 표기

분원성대장균군이 검출되지 않으면 '불검출/100 mL'로, 검출되면 '검출/100 mL'로 표기한다.

9 참고자료

9.1 Standard Method 9222, 21st edition, Membrane filter technique for members of the coliform group, (2005)

9.2 일본 상수시험방법 8.2.3, 분원성대장균군 M－FC한천배지법, (2001)

10 "내용 없음"

142 분원성대장균군-효소기질정성법 (Fecal Coliform-Enzyme Substrate Method)

1 개요

1.1 목적

이 시험기준은 수돗물, 먹는물공동시설 등에 존재하는 분원성대장균군을 분석할 때 검사결과의 정확성과 통일성을 제공하는데 필요한 제반사항을 규정함을 목적으로 한다.

1.2 적용범위

이 시험기준은 「먹는물 수질기준 및 검사 등에 관한 규칙」 제2조의 규정에 따른 수돗물, 먹는물 공동시설등의 수질기준에 규정된 먹는물의 수질검사에 적용한다.

1.3 간섭물질

시료자체에 탁도와 색도가 있으면 수질검사 결과에 영향을 미칠 수 있다. 이 경우에는 시험관법을 이용해야 한다.

2 용어정의

2.1 분원성대장균군

온혈동물의 배설물에서 발견되는 그람음성·무아포성의 간균으로서 44.5 ℃에서 락토오스를 분해하여 기체 또는 산을 생성하는 모든 호기성 또는 통성 혐기성균 혹은 베타-갈락토오스 분해효소(β-galactosidase)의 활성이 있는 세균을 말한다.

3 분석기기 및 기구

3.1 피펫 또는 자동피펫

부피 1 mL ~ 25 mL인 눈금피펫이나 자동피펫(플라스틱 피펫팁 포함)으로서 멸균된 것을 사용한다.

3.2 마개달린 유리시험관 혹은 유리용기

고압증기멸균이 가능하며 투명한 재질에 마개가 달린 약 125 mL 부피의 유리시험관이나 유리병 또는 이에 상응하는 용기를 사용한다.

3.3 배양기 또는 항온수조

온도를 (44.5 ± 0.2) ℃로 유지할 수 있는 항온수조를 사용하거나 동등한 사양의 배양기를 사용한다.

4 시약 및 표준용액

4.1 시약

효소기질이용 시약은 분원성대장균군이 분비하는 베타-갈락토오스 분해효소(β-galactosidase)

에 의해 발색을 나타내는 기질을 포함해야 하며, 시험관법 또는 막여과법을 이용하여 분원성대장균군을 분석하는 방법과 동등 또는 그 이상의 신뢰성있는 상용화된 제품을 사용한다.

[주 1] 보관 조건, 유효기간 및 사용방법 등은 제조사의 설명서를 따른다.

4.2 "내용 없음"

5 시료채취 및 관리

5.1 멸균된 시료용기를 사용하여 무균적으로 시료를 채취하고 빨리 시험해야 한다. 즉시 시험할 수 없으면 빛이 차단된 1 ℃ ~ 5 ℃ 냉장 보관 상태에서 30시간 이내에 시험해야 한다.

5.2 잔류염소가 존재하는 경우, 잔류염소 제거를 위한 시약은 잔류염소 4 mg/L 이하인 시료 1 L 기준으로 멸균한 티오황산나트륨용액(80 g/L) 1 mL에 준하는 양을 첨가하며, 잔류염소의 농도에 따라 첨가량을 조절한다.

6 정도보증/정도관리(QA/QC)

6.1 이 시험기준을 처음 실시하거나 사용하던 제품, 시약 등이 바뀔 때마다 시험관법 또는 막여과법을 이용하여 분원성대장균군을 분석하는 방법과 동등 또는 이상의 결과값을 확보한 후에 실험을 진행한다.

6.2 양성대조군은 Escherichia coli 표준균주를 사용하고, 음성대조군은 멸균 희석액을 사용한다.

6.3 상용화된 제품을 사용할 때는 사용 전 시험관법으로 분원성대장균군을 분석하는 방법과 동등 또는 그 이상의 신뢰성 있는 데이터를 확보한 후에 실험을 진행할 수 있다.

7 분석절차

7.1 "내용 없음"

7.2 시험방법

7.2.1 상용화된 용기와 시약을 사용하고, 무균조작으로 시료 100 mL(먹는물, 먹는물공동시설)를 용기에 넣고 시약을 넣어 완전히 용해되도록 섞은 다음 제품 사용설명서에 따라 적정시간 동안 (44.5 ± 0.2) ℃에서 배양 후 결과를 판정한다.

7.2.2 모든 시험은 음성대조군 시험을 동시에 실시하여 음성대조군 시험결과는 음성으로 나왔을 때만 유효한 결과값으로 판정한다.

7.2.3 위양성으로 추정되는 시료는 분원성대장균군 시험관법 또는 막여과법으로 확인할 수 있다.

8 결과보고

8.1 결과의 표기

먹는물, 먹는물공동시설을 시험한 결과는 분원성대장균군이 검출되지 않으면 '불검출/100 mL'로, 검출되면 '검출/100 mL'로 표기한다.

9 참고자료

9.1 Standard Method 9223, 21th edition, Enzyme substrate coliform test

9.2 IDEXX Summary 15C, "IDEXX Colilert-18 and Quanti-Tray Test Method for the Detection of Fecal Coliforms in Wastewater", (2011)

9.3 먹는물공정시험기준 ES 05703.3, "총대장균군－효소기질정성법", 환경부, (2024)

9.4 KS I ISO 9308-3, "수질－대장균과 대장균군의 검출 및 계수방법－제3부 : 지표수 및 폐수 중에서 대장균 검출 및 계수를 위한 간편법(MPN)", 한국표준협회, (2009)

10 "내용 없음"

분원성대장균군 연습문제

01 먹는물수질공정시험기준에서의 미생물에 대한 용어 정의로 옳은 것은?

① 저온일반세균은 (14.0 ± 1.0) ℃에서 (72 ± 3)시간 배양했을 때 빈영양배지에 집락을 형성하는 모든 세균을 말한다.
② 중온일반세균은 (25.0 ± 0.5) ℃에서 표준한천배지 또는 트립톤 포도당 추출물 한천배지에 집락을 형성하는 모든 세균을 말한다.
③ 총대장균군은 그람음성·무아포성의 간균으로서 락토오스를 분해하여 기체 또는 산을 생성하는 모든 호기성 또는 통성 혐기성균 혹은 베타-글루쿠론산 분해효소(β-glucuronidase)의 활성을 가진 세균을 말한다.
④ 분원성대장균군은 온혈동물의 배설물에서 발견되는 그람음성·무아포성의 간균으로서 44.5 ℃에서 락토오스를 분해하여 기체 또는 산을 생성하는 베타-갈락토오스 분해효소(β-galactosidase)의 활성을 가진 균을 말한다.

02 먹는물수질공정시험기준에서 미생물의 검사에 대한 설명으로 틀린 것은?

① 여시니아균의 막여과법 수질검사는 먹는물공동시설에 적용된다.
② 중온 일반세균의 실험실 생물안전 등급은 Biosafety Level 1(BL 1)이다.
③ 살모넬라 검사를 위한 샘물은 4 ℃ 냉암소에서 30시간 보존이 가능하다.
④ 분원성 대장균군의 검사에는 시험관법과 막여과법 및 효소기질정성법이 있다.

03 먹는물수질공정시험기준에서 미생물을 이용한 시험방법과 배양온도가 잘못 연결된 것은?

① 녹농균 시험관법의 확인시험 : (41.5 ± 0.5) ℃
② 분원성대장균군 시험관법의 확정시험 : (35.0 ± 0.2) ℃
③ 총대장균군 막여과법의 추정시험 : (35.0 ± 0.5) ℃
④ 분원성연쇄상구균 시험관법의 확정시험 : (35.0 ± 0.5) ℃

04 다음은 분원성 대장균군을 시험관법으로 측정하는 방법이다. (　) 안에 맞는 것은?

> 물속에 존재하는 분원성 대장균군을 측정하기 위하여 (　)을 이용하는 추정시험과 백금이를 이용하는 확정시험으로 나뉘며 추정시험이 양성일 경우 확정시험을 시행하는 방법이다.

① 다람시험관　　② 배양시험관
③ 멸균시험관　　④ 페트리시험관

05 분원성 대장균군 시험방법의 적용 범위에 해당하는 것은?

① 먹는물　　② 먹는샘물
③ 먹는해양심층수　　④ 샘물

Answer 1. ④ 2. ④ 3. ② 4. ① 5. ①

06 **먹는물수질공정시험기준에 따른 미생물 시험 분석시 시료자체에 탁도 및 색도가 있는 경우 결과값에 가장 큰 영향을 미칠 수 있는 미생물 항목과 시험방법으로 옳은 것은?**

① 대장균 – 막여과법
② 분원성대장균군 – 효소기질정성법
③ 중온일반세균 – 평판집락법
④ 아황산환원혐기성포자형성균 – 시험관법

07 **먹는물수질공정시험기준에 따른 미생물 항목별 시험방법이 틀린 것은?**

① 대장균의 시험관법
② 총대장균군의 막여과법
③ 분원성대장균군의 막여과법
④ 분원성대장균군의 효소기질정성법

Answer 6. ② 7. ③

143 대장균-시험관법
(Escherichia coli-Multiple Tube Fermentation Method)

1 개요

1.1 목적

이 시험기준은 수돗물, 먹는물공동시설 등에 존재하는 대장균[1)2)3)]을 분석할 때 검사결과의 정확성과 통일성을 제공하는 데 필요한 제반사항을 규정함을 목적으로 한다.

1.2 적용범위

이 시험기준은 「먹는물 수질기준 및 검사 등에 관한 규칙」 제2조의 규정에 따른 수돗물, 먹는물공동시설 등의 수질검사에 적용한다.

1.3 "내용 없음"

2 용어정의

2.1 대장균

총대장균군에 속하면서 베타-글루쿠론산 분해효소(β-glucuronidase)의 활성을 가진 세균을 말한다.

3 분석기기 및 기구

3.1 피펫 또는 자동피펫

부피 1 mL ~ 25 mL인 눈금피펫이나 자동피펫(플라스틱 피펫팁 포함)으로서 멸균된 것을 사용한다.

3.2 마개달린 유리시험관

중시험관(안지름 18 mm, 높이 180 mm)으로 플라스틱이나 금속 등과 같은 재질의 마개를 적용할 수 있고 고압증기멸균을 할 수 있어야 한다. 또한, 자외선 아래에서 형광을 띠지 않아야 한다.

3.3 다람(Durham)시험관

중시험관용 다람시험관(안지름 6 mm, 높이 30 mm)을 사용한다.

3.4 접종루프(Inoculation loop)

루프의 안지름이 약 3 mm인 접종루프를 사용한다.

---

1) 총대장균군, 분원성대장균군보다 분변 오염에 대한 특이성이 높아 가장 신뢰할 수 있는 분변오염의 지표로서 물속에 대장균이 존재한다는 것은 잠재적으로 위험한 오염을 나타내는 것이므로 즉각적인 주의가 요구된다.

2) 환경잔류성: 사람, 사육동물, 조류, 양생동물 등의 분변으로부터 유래하며, 하수, 처리유출수, 자연수와 최근 분변에 오염된 토양 등에서 다양하게 발견된다.

3) 인체유해성: 소독되지 않은 환경에 상시 존재 가능하고 대부분 비병원성이나 병원성대장균 등 일부는 장관출혈 등 병원성을 나타낼 수 있다.

3.5 항온수조 또는 배양기

온도를 (44.5 ± 0.2) ℃로 유지할 수 있는 항온수조를 사용하거나 동등한 사양의 배양기를 사용한다.

3.6 자외선 램프

365 nm ~ 366 nm(6와트) 범위의 파장 조사가 가능해야 한다.

4 시약 및 표준용액

4.1 시약

4.1.1 시험관법 확정시험용 배지

상용화된 완성제품을 사용할 수 있으며, 제조하여 사용할 때는 정제수 1 L에 표 1의 조성대로 넣고 가열하여 녹인 후, pH가 (6.9 ± 0.2)가 되도록 조정한 다음 다람(Durham)시험관이 들어있는 시험관에 10 mL씩 나누어 넣고 121 ℃에서 15분간 고압증기멸균한다.

[표 1] 시험관법 확정시험용 배지(EC-MUG 배지) 조성

성 분	조 성
트립톤(tryptone)	20.0 g
락토오스(lactose, $C_{12}H_{22}O_{11}$, 분자량 : 342.30)	5.0 g
바일솔트 3번(bile salts No. 3)	1.5 g
인산일수소칼륨(dipotassium phosphate, K_2HPO_4, 분자량 : 174.18)	4.0 g
인산이수소칼륨(monopotassium phosphate, KH_2PO_4, 분자량 : 136.09)	1.5 g
염화나트륨(sodium chloride, NaCl, 분자량 : 58.50)	5.0 g
MUG(4-methylumbelliferyl-β-D-glucuronide)	0.05 g

4.2 "내용 없음"

5 시료채취 및 관리

5.1 멸균된 시료용기를 사용하여 무균적으로 시료를 채취하고 빨리 시험해야 한다. 즉시 시험할 수 없으면 빛이 차단된 1 ℃ ~ 5 ℃ 냉장 보관 상태에서 30시간 이내에 시험해야 한다.

5.2 잔류염소가 존재하는 경우, 잔류염소 제거를 위한 시약은 잔류염소 4 mg/L 이하인 시료 1 L 기준으로 멸균한 티오황산나트륨용액(80 g/L) 1 mL에 준하는 양을 첨가하며, 잔류염소의 농도에 따라 첨가량을 조절한다.

5.3 수도꼭지에서 시료를 채취할 때는 수도꼭지를 틀어 수돗물을 2분 ~ 3분간 흘려버린 후 시료를 채취한다. 수도꼭지에 연결된 부착물은 제거하고, 깨끗한 헝겊이나 휴지로 이물질을 닦아낸 후 시료를 채취한다. 필요하면 가스버너 등으로 수도꼭지 입구를 충분히 소독한다.

6 정도보증/정도관리(QA/QC)

6.1 이 시험기준을 처음 실시하거나 사용하던 배지, 시약 등의 제조사가 바뀔 때마다 양성대조군과 음성대조군 시험을 동시에 실시해야 한다. 양성대조군 시험결과는 양성, 음성대조군 시험결과

가 음성으로 나왔을 때만 유효한 결과값으로 판정한다.

6.2 양성대조군은 Escherichia coli 표준균주를 사용하고, 음성대조군은 멸균 희석액을 사용한다.

7 분석절차

7.1 "내용 없음"

7.2 시험방법

7.2.1 추정시험

총대장균군 시험관법 추정시험과 동일하다.

7.2.2 확정시험

총대장균군 추정시험이 양성일 때 수행한다.

7.2.2.1 총대장균군 추정시험에서 기체가 발생했거나 세균이 증식된 시험관 또는 산을 생성한 모든 시험관에 대하여 지름 3 mm의 접종루프를 사용해 무균조작으로 확정시험용 배지(EC-MUG 배지)가 든 시험관에 이식하고 (44.5 ± 0.2) ℃의 항온수조에서 (24 ± 2)시간 배양한다.

7.2.2.2 배양 후 암실에서 자외선램프(365 nm ~ 366 nm, 6와트)를 사용하여 MUG에 의한 형광을 관찰할 수 없으면 대장균 음성으로 판정하고 형광이 나타나면 대장균 양성으로 판정한다.

7.2.3 모든 시험은 음성대조군 시험을 동시에 실시하여 음성대조군 시험결과는 음성으로 나왔을 때만 유효한 결과값으로 판정한다.

8 결과보고

8.1 결과 표기

대장균이 검출되지 않으면 '불검출/100 mL'로, 검출되면 '검출/100 mL'로 표기한다.

9 참고자료

9.1 Standard Method 9221, 23rd edition, Multiple-tube fermentation technique for members of the coliform group, (2017)

10 "내용 없음"

144 대장균-막여과법
(Escherichia coli-Membrane Filtration Method)

1 개요

1.1 목적

이 시험기준은 수돗물, 먹는물공동시설 등에 존재하는 대장균을 분석할 때 검사결과의 정확성과 통일성을 제공하는 데 필요한 제반사항을 규정함을 목적으로 한다.

1.2 적용범위

이 시험기준은「먹는물 수질기준 및 검사 등에 관한 규칙」제2조의 규정에 따른 수돗물, 먹는물 공동시설 등의 수질검사에 적용한다.

1.3 “내용 없음”

2 용어정의

2.1 대장균

총대장균군에 속하면서 베타－글루쿠론산 분해효소(β-glucuronidase)의 활성을 가진 세균을 말한다.

3 분석기기 및 기구

3.1 여과막

공경 (0.45 ± 0.02) μm, 지름 47 mm 이상 크기의 미생물 분석용 여과막으로서 막의 한 면에 격자가 그려진 멸균된 것을 사용한다.

3.2 여과장치

여과막을 끼워서 여과할 수 있게 하는 장치로서 무균조작할 수 있어야 하며, 멸균하여 사용한다.

3.3 멸균흡수패드

두꺼운 여과지나 스펀지 또는 유리섬유여과막으로 지름 47 mm 크기의 원형패드를 멸균하여 사용한다.

3.4 필터깔때기

10 mL ~ 250 mL의 시료를 담을 수 있는 부피로 미리 멸균처리한 것을 사용한다.

3.5 피펫 또는 자동피펫

부피 1 mL ~ 25 mL인 눈금피펫이나 자동피펫(플라스틱피펫팁 포함)으로서 멸균된 것을 사용한다.

3.6 페트리접시

지름 60 mm와 높이 15 mm, 지름 50 mm와 높이 12 mm 또는 적절한 크기의 멸균된 것을 사용해야 하며, 자외선 아래에서 형광을 띠지 않아야 한다.

3.7 핀셋

끝이 뭉툭하고 넓으며 여과막을 집어 올릴 때 여과막을 물리적으로 손상하지 않는 형태의 것으로서 화염멸균할 수 있는 것을 사용한다.

3.8 배양기

배양온도를 (35.0 ± 0.5) ℃로 유지할 수 있는 것을 사용한다.

3.9 자외선 램프

365 nm ~ 366 nm(6와트) 범위의 파장 조사가 가능해야 한다.

4 시약 및 표준용액

4.1 시약

4.1.1 막여과법 확정시험용 배지

상용화된 완성제품을 사용할 수 있으며, 제조하여 사용할 때는 정제수 1 L에 표 1의 조성대로 넣고 가열하여 녹인 후, pH가 (6.8 ± 0.2)가 되도록 조정한 다음 121 ℃에서 15분간 고압증기멸균한다. 페트리접시에 있는 조제된 배지는 플라스틱백이나 단단히 밀폐된 용기 안에 넣어 냉장상태로 보관하고 2주 이내에 사용해야 한다. 사용하기 전에 냉장 보관된 배지는 실온에서 12시간 배양하고 미생물이 생장한 평판배지는 버린다.

[표 1] 막여과법 확정시험용 배지(영양한천-MUG, Nutrient agar-MUG) 조성

성 분	조 성
소고기 추출물(beef extract)	3.0 g
펩톤(peptone)	5.0 g
한천(agar, $(C_{12}H_{18}O_9)_n$)	15.0 g
MUG(4-methylumbelliferyl-β-D-glucuronide)	0.1 g

4.2 “내용 없음”

5 시료채취 및 관리

5.1 멸균된 시료용기를 사용하여 무균적으로 시료를 채취하고 빨리 시험해야 한다. 즉시 시험할 수 없으면 빛이 차단된 1 ℃ ~ 5 ℃ 냉장 보관 상태에서 30시간 이내에 시험해야 한다.

5.2 잔류염소가 존재하는 경우, 잔류염소 제거를 위한 시약은 잔류염소 4 mg/L 이하인 시료 1 L 기준으로 멸균한 티오황산나트륨용액(80 g/L) 1 mL에 준하는 양을 첨가하며, 잔류염소의 농도에 따라 첨가량을 조절한다.

5.3 수도꼭지에서 시료를 채취할 때는 수도꼭지를 틀어 수돗물을 2분 ~ 3분간 흘려버린 후 시료를 채취한다. 수도꼭지에 연결된 부착물은 이를 제거하고, 깨끗한 헝겊이나 휴지로 이물질을 닦아낸 후 시료를 채취한다. 필요하면 가스버너 등으로 수도꼭지 입구를 충분히 소독한다.

6 정도보증/정도관리(QA/QC)

6.1 이 시험기준을 처음 실시하거나 사용하던 배지, 시약 등의 제조사가 바뀔 때마다 양성대조군과 음성대조군 시험을 동시에 실시해야 한다. 양성대조군 시험결과는 양성, 음성대조군 시험결과가 음성으로 나왔을 때만 유효한 결과값으로 판정한다.

6.2 양성대조군은 Escherichia coli 표준균주를 사용하고, 음성대조군은 멸균 희석액을 사용한다.

7 분석절차

7.1 "내용 없음"

7.2 시험방법

7.2.1 추정시험

총대장균군 막여과법 추정시험과 동일하다.

7.2.2 확정시험

총대장균군 추정시험이 양성일 때 수행한다.

7.2.2.1 총대장균군 막여과법 추정시험에서 총대장균군 추정 집락이 있는 여과막을 총대장균군 배지에서 확정시험용 배지(영양한천-MUG 배지)의 표면으로 옮겨 (35.0 ± 0.5) ℃에서 4시간 동안 배양한다.

7.2.2.2 배양 후 암실에서 자외선램프(365 nm ~ 366 nm, 6와트)를 사용하여 형광유무를 관찰한다. 광택 집락 주위의 무리에서 형광이 나타나면 대장균 양성으로 판정한다.

7.2.3 모든 시험은 음성대조군 시험을 동시에 실시하여 음성대조군 시험결과는 음성으로 나왔을 때만 유효한 결과값으로 판정한다.

8 결과보고

8.1 결과 표기

대장균이 검출되지 않으면 '불검출/100 mL'로, 검출되면 '검출/100 mL'로 표기한다.

9 참고자료

9.1 Standard Method 9222, 23rd edition, Membrane filter technique for members of the coliform group, (2017)

10 "내용 없음"

145 대장균-효소기질정성법
(Escherichia coli-Enzyme Substrate Method)

1 개요

1.1 목적

이 시험기준은 수돗물, 먹는물공동시설 등에 존재하는 대장균을 분석할 때 검사결과의 정확성과 통일성을 제공하는 데 필요한 제반사항을 규정함을 목적으로 한다.

1.2 적용범위

이 시험기준은 「먹는물 수질기준 및 검사 등에 관한 규칙」 제2조의 규정에 따른 수돗물, 먹는물 공동시설 등의 수질검사에 적용한다.

1.3 "내용 없음"

2 용어정의

2.1 대장균

총대장균군에 속하면서 베타-글루쿠론산 분해효소(β-glucuronidase)의 활성을 가진 세균을 말한다.

3 분석기기 및 기구

3.1 피펫 또는 자동피펫

부피 1 mL ~ 25 mL인 눈금피펫이나 자동피펫(플라스틱피펫팁 포함)으로서 멸균된 것을 사용한다.

3.2 마개달린 유리시험관 또는 유리용기

고압증기멸균이 가능하고 투명한 재질의 마개가 달린 약 125 mL 부피의 유리시험관이나 유리병 또는 이에 상응하는 용기를 사용해야 한다. 또한, 자외선 아래에서 형광을 띠지 않아야 한다.

3.3 배양기

배양온도를 (35.0 ± 0.5) ℃로 유지할 수 있는 것을 사용한다.

3.4 자외선 램프

365 nm ~ 366 nm(6와트) 범위의 파장 조사가 가능해야 한다.

4 시약 및 표준용액

4.1 시약

효소기질이용 시약은 대장균이 분비하는 베타-글루쿠론산 분해효소(β-glucuronidase)에 의해 형광을 나타내는 기질을 포함해야 하며, 시험관법 또는 막여과법을 이용하여 대장균을 분석하는 방법과 동등 또는 그 이상의 신뢰성 있는 상용화된 제품을 사용한다.

[주 1] 보관조건, 유효기간 및 사용방법 등은 제조사의 설명서를 따른다.

4.2 "내용 없음"

5 시료채취 및 관리

5.1 멸균된 시료용기를 사용하여 무균적으로 시료를 채취하고 빨리 시험해야 한다. 즉시 시험할 수 없으면 빛이 차단된 1 ℃ ~ 5 ℃ 냉장 보관 상태에서 30시간 이내에 시험해야 한다.

5.2 잔류염소가 존재하는 경우, 잔류염소 제거를 위한 시약은 잔류염소 4 mg/L 이하인 시료 1 L 기준으로 멸균한 티오황산나트륨용액(80 g/L) 1 mL에 준하는 양을 첨가하며, 잔류염소의 농도에 따라 첨가량을 조절한다.

5.3 수도꼭지에서 시료를 채취할 때는 수도꼭지를 틀어 수돗물을 2분 ~ 3분간 흘려버린 후 시료를 채취한다. 수도꼭지에 연결된 부착물은 제거하고, 깨끗한 헝겊이나 휴지로 이물질을 닦아낸 후 시료를 채취한다. 필요하면 가스버너 등으로 수도꼭지 입구를 충분히 소독한다.

6 정도보증/정도관리(QA/QC)

6.1 이 시험기준을 처음 실시하거나 사용하던 제품, 시약 등이 바뀔 때마다 시험관법 또는 막여과법을 이용하여 대장균을 분석하는 방법과 동등 또는 이상의 결과값을 확보한 후에 실험을 진행한다.

6.2 양성대조군은 Escherichia coli 표준균주를 사용하고, 음성대조군은 멸균 희석액을 사용한다.

6.3 상용화된 제품을 사용할 때는 사용전 막여과법 또는 시험관법으로 대장균을 분석하는 방법과 동등 또는 그 이상의 신뢰성 있는 데이터를 확보한 후에 실험을 진행할 수 있다.

7 분석절차

7.1 "내용 없음"

7.2 시험방법

7.2.1 효소기질정성법에 따른 대장균 시험은 총대장균군의 효소기질정성법과 동일한 방법으로 시험하고 자외선 램프(365 nm ~ 366 nm, 6와트)를 사용하여 암실에서 형광을 관찰해 MUG(4-methyl-umbelliferyl-β-D-glucuronide)에 따른 형광이 관찰되면 대장균 양성으로 판정한다.

7.2.2 모든 시험은 음성대조군 시험을 동시에 실시하여 음성대조군 시험결과는 음성으로 나왔을 때만 유효한 결과값으로 판정한다.

8 결과보고

8.1 결과 표기

대장균이 검출되지 않으면 '불검출/100 mL'로, 검출되면 '검출/100 mL'로 표기한다.

9 참고자료

9.1 Standard Method 9223, 23rd edition, Enzyme substrate coliform test, (2017)

9.2 HPA National Standard Method, W18, Enumeration of coliforms and Escherichia coli by IDEXX(Colilert 18) Quanti-TrayTM, (2005)

9.3 일본 상수시험방법 8.2.2.1, 대장균 특정효소기질배지법, (2001)

10 "내용 없음"

대장균 연습문제

01 먹는물공정시험기준에 따른 시료의 보존기간 및 보존방법에 대한 설명으로 틀린 것은?

① 경도 : 6개월, 질산으로 pH 2, 0 ℃ ~ 4 ℃ 보관
② 암모니아성질소 : 48시간, 황산으로 pH 2 이하 4 ℃ 보관
③ 유기인계 농약 : 14일 이내 추출 시 40일, 4 ℃ 냉암소 보관
④ 대장균 : 30시간, 4 ℃ 냉암소보관, 잔류염소를 함유 시 멸균한 티오황산나트륨용액을 첨가

02 먹는물수질공정시험기준에 따른 분석결과의 표기로 모두 옳은 것은?

㉠ 총대장균군(시험관법, 수돗물) : 불검출/100 mL ㉡ 총대장균군(시험관법, 샘물) : 불검출/250 mL ㉢ 총대장균군(시험관법, 염지하수) : 불검출/100 mL ㉣ 대장균(시험관법, 수돗물) : 불검출/100 mL

① ㉠, ㉡, ㉢
② ㉠, ㉡, ㉣
③ ㉠, ㉢, ㉣
④ ㉡, ㉢, ㉣

03 먹는물수질공정시험기준에 따른 미생물 항목별 시험방법이 틀린 것은?

① 대장균의 평판집락법
② 총대장균군의 막여과법
③ 분원성대장균군의 시험관법
④ 분원성대장균군의 효소기질정성법

04 대장균 – 효소기질정성법 측정에 관한 내용으로 (   )에 옳은 것은?

물속에 존재하는 대장균을 분석하기 위한 것으로, 효소기질 시약과 시료를 혼합하여 배양한 후 (   ) 검출기로 측정하는 방법이다.

① 자외선
② 적외선
③ 가시선
④ X-선

Answer 1. ③ 2. ② 3. ① 4. ①

146 분원성연쇄상구균-시험관법
(Fecal Streptoccocus-Multiple Tube Method)

1 개요

1.1 목적

이 시험기준은 샘물·먹는샘물, 염지하수·먹는염지하수, 먹는해양심층수 등에 존재하는 분원성연쇄상구균을 분석할 때 검사결과의 정확성과 통일성을 제공하는데 필요한 제반사항을 규정함을 목적으로 한다.

1.2 적용범위

이 시험기준은 「먹는물 수질기준 및 검사 등에 관한 규칙」 제2조의 규정에 따른 샘물·먹는샘물, 염지하수·먹는염지하수, 먹는해양심층수 등의 수질검사에 적용한다.

1.3 "내용 없음"

2 용어정의

2.1 분원성연쇄상구균

스트렙도코카세아(Streptoccocaceae)과에 속하는 연쇄상구균 속 중에 장내에서 발견되는 세균으로 그람 양성 구균이며 과산화수소분해효소(catalase) 음성으로 45 ℃에서 40 % 담즙과 0.04 % 아자드화나트륨(sodium azide)에서 성장하는 균을 말한다.

3 분석기기 및 기구

3.1 피펫 또는 자동피펫

부피 1 mL ~ 25 mL인 메스피펫이나 자동피펫(플라스틱피펫팁 포함)으로서 멸균된 것을 사용한다.

3.2 마개달린 유리시험관

대시험관(안지름 32 mm, 높이 200 mm)으로 플라스틱이나 금속 등과 같은 재질의 마개를 적용할 수 있고, 고압증기 멸균할 수 있어야 한다.

3.3 페트리접시

지름 약 9 cm, 높이 약 1.5 cm의 유리제품(65 cm^2) 또는 1회용 플라스틱제품(57 cm^2)으로 멸균된 것을 사용한다.

3.4 접종루프(Inoculation loop)

루프의 안지름이 약 3 mm인 접종루프를 사용한다.

3.5 배양기

배양온도를 (35.0 ± 0.5) ℃로 유지할 수 있는 것을 사용한다.

4 시약 및 표준용액

4.1 시약

4.1.1 분원성연쇄상구균 추정시험용 배지

상용화된 완성제품을 사용할 수 있으며, 제조하여 사용할 때는 정제수 1 L에 표 1의 조성대로 넣고 가열하여 녹인 후, pH가 (7.2 ± 0.2)가 되도록 조정한 다음 대시험관에 25 mL씩 나누어 넣고 121 ℃에서 15분간 고압증기멸균한다.

[표 1] 분원성연쇄상구균 추정시험용 배지(3배 농후 아지드 포도당 배지, 3 × azide dextrose broth) 조성

성 분	조 성
소고기 추출물(beef extract)	13.5 g
트립톤 또는 폴리펩톤(tryptone or polypeptone)	45.0 g
포도당(dextrose, $C_6H_{12}O_6$, 180.16)	22.5 g
염화나트륨(sodium chloride, NaCl, 분자량 : 58.50)	22.5 g
아지드화나트륨(sodium azide, NaN_3, 분자량 : 65.01)	0.6 g

4.1.2 분원성연쇄상구균 확정시험용 배지

상용화된 완성제품을 사용할 수 있으며, 제조하여 사용할 때에는 정제수 1 L에 표 2 또는 표 3의 조성대로 넣고 가열하여 녹인 후, pH가 (7.1 ± 0.2)가 되도록 조정한 다음 121 ℃에서 15분간 고압증기멸균하고 50 ℃ ~ 55 ℃까지 식힌 후 멸균된 페트리접시에 약 15 mL씩 무균 상태로 나누어 넣고 굳혀서 평판배지를 조제한다.

[표 2] 분원성연쇄상구균 확정시험용 배지(enterococcosel agar)

성 분	조 성
펩톤 C(peptone C)	17.0 g
펩톤 B(peptone B)	3.0 g
효모추출물(yeast extract)	5.0 g
세균학적 담즙분말	10.0 g
염화나트륨(sodium chloride, NaCl, 분자량 : 58.50)	5.0 g
시트르산나트륨(trisodium citrate, $Na_3C_6H_5O_7$, 분자량 : 258.07)	1.0 g
에스큘린(esculin, $C_{15}H_{16}O_9$, 분자량 : 340.29)	1.0 g
시트르산제이철암모늄(ferric ammonium citrate, $FeSO(NH)SO_4$, 분자량 : 217.80)	0.5 g
아지드화나트륨(sodium azide, NaN_3, 분자량 : 65.01)	0.25 g
한천(agar, $(C_{12}H_{18}O_9)_n$)	15.0 g

[표 3] 분원성연쇄상구균 확정시험용 배지(Bile Esculin azide agar)

성 분	조 성
효모추출물(yeast extract)	5.0 g
프로테오스 펩톤 3(proteose peptone No. 3)	3.0 g
트립톤(tryptone)	17.0 g
소담즙(oxgall)	10.0 g
에스큘린(esculin, $C_{15}H_{16}O_9$, 분자량 : 340.29)	1.0 g
시트르산제이철암모늄(ferric ammonium citrate, $FeSO(NH)SO_4$, 분자량 : 217.80)	0.5 g
염화나트륨(sodium chloride, NaCl, 분자량 : 58.50)	5.0 g
아지드화나트륨(sodium azide, NaN_3, 분자량 : 65.01)	0.15 g
한천(agar, $(C_{12}H_{18}O_9)_n$)	15.0 g

4.2 "내용 없음"

5 시료채취 및 관리

5.1 멸균된 시료용기를 사용하여 무균적으로 시료를 채취하고 빨리 시험해야 한다. 즉시 시험할 수 없으면 빛이 차단된 1 ℃ ~ 5 ℃ 냉장 보관 상태에서 30시간 이내에 시험해야 한다.

5.2 잔류염소가 존재하는 경우, 잔류염소 제거를 위한 시약은 잔류염소 4 mg/L 이하인 시료 1 L 기준으로 멸균한 티오황산나트륨용액(80 g/L) 1 mL에 준하는 양을 첨가하며, 잔류염소의 농도에 따라 첨가량을 조절한다.

5.3 수도꼭지에서 시료를 채취할 때는 수도꼭지를 틀어 수돗물을 2분 ~ 3분간 흘려버린 후 시료를 채취한다. 수도꼭지에 연결된 부착물은 제거하고, 깨끗한 헝겊이나 휴지로 이물질을 닦아낸 후 시료를 채취한다. 필요하면 가스버너 등으로 수도꼭지 입구를 충분히 소독한다.

5.4 먹는샘물, 먹는해양심층수 및 먹는염지하수 제품수는 병의 마개를 열지 않은 상태의 제품을 말하며, 병의 마개가 열린 것은 시료로 사용할 수 없다.

6 "내용 없음"

7 분석절차

7.1 "내용 없음"

7.2 시험방법

7.2.1 추정시험

7.2.1.1 시료 50 mL씩을 분원성연쇄상구균 추정시험용 배지(3배 농후 아지드 포도당배지)가 25 mL씩 들어 있는 대시험관 5개에 접종한 다음 (35.0 ± 0.5) ℃에서 (24 ± 2)시간 배양하여 혼탁이 관찰되지 않으면 (48 ± 3)시간까지 연장하여 배양한다.

7.2.1.2 배양한 후 배지의 혼탁 유무를 관찰한다. 어느 시험관에서도 배지가 흐려지지 않는 것은 추정시험 음성으로 하고, 하나 이상의 시험관에서 흐린 것이 확인되면 세균 증식, 시료의 혼입에 의한 어느 것이든 관계없이 추정시험 양성으로 판정하고, 다음의 확정시험을 실시한다.

7.2.2 확정시험

7.2.2.1 추정시험에서 흐림을 확인한 모든 시험관에서 1 접종루프씩을 취하여 각각 분원성연쇄상구균 확정시험용 배지(enterococcosel agar 또는 Bile esculin azide agar)에 획선 접종하여 (35.0 ± 0.5) ℃에서 (24 ± 2)시간 배양한다.

7.2.2.2 배양한 후 집락주위는 갈색으로 변하고, 집락은 흑갈색으로 변하면 확정시험 양성, 즉 분원성연쇄상구균 양성으로 판정한다. 전형적인 집락이 관찰되지 않으면 분원성연쇄상구균 음성으로 판정한다.

7.2.3 모든 시험은 음성대조군 시험을 동시에 실시하여 음성대조군 시험결과는 음성으로 나왔을 때만 유효한 결과값으로 판정한다.

8 결과 보고

8.1 결과 표기

분원성연쇄상구균이 검출되지 않으면 '불검출/250 mL'로, 검출되면 '검출/250 mL'로 표기한다.

9 참고자료

9.1 Standard Method 9230 B, 23rd edition, Fecal Streptococcus and Enterococcus groups-Multiple Tube technique, (2017)

9.2 일본 상수시험방법 5.4, 분원성연쇄구균, (2001)

10 "내용 없음"

분원성연쇄상구균 연습문제

01 장내세균으로 그람 양성이며 과산화수소분해효소 음성으로 담즙과 아자이드화나트륨에서 성장하는 세균으로 옳은 것은?

① 녹농균
② 분원성연쇄상구균
③ 분원성대장균군
④ 여시니아균

02 먹는물수질공정시험기준에서 미생물을 이용한 시험방법과 배양온도가 잘못 연결된 것은?

① 녹농균 시험관법의 확인시험 : (41.5 ± 0.5) ℃
② 분원성대장균군 시험관법의 확정시험 : (44.5 ± 0.2) ℃
③ 총대장균군 막여과법의 추정시험 : (35.0 ± 0.5) ℃
④ 분원성연쇄상구균 시험관법의 확정시험 : (41.5 ± 0.5) ℃

03 그람양성균끼리 서로 옳게 짝지어진 것은?

① 분원성연쇄상구균 – 아황산환원혐기성포자형성균
② 아황산환원혐기성포자형성균 – 여시니아균
③ 분원성연쇄상구균 – 녹농균
④ 살모넬라 – 쉬겔라

Answer 1. ② 2. ④ 3. ①

147 녹농균-시험관법
(Pseudomonas aeruginosa-Multiple Tube Method)

1 개요

1.1 목적

이 시험기준은 샘물·먹는샘물, 염지하수·먹는염지하수, 먹는해양심층수 등에 존재하는 녹농균을 분석할 때 검사결과의 정확성과 통일성을 제공하는 데 필요한 제반사항을 규정함을 목적으로 한다.

1.2 적용범위

이 시험기준은 「먹는물 수질기준 및 검사 등에 관한 규칙」 제2조의 규정에 따른 먹는물의 수질기준에 규정된 샘물·먹는샘물, 염지하수·먹는염지하수, 먹는해양심층수 등의 수질검사에 적용한다.

1.3 "내용 없음"

2 용어정의

2.1 녹농균

슈도모나스(Pseudomonas)과의 운동성을 지니는 그람음성 호기성 간균으로서 단일 혹은 쌍으로 존재한다. 짧은 사슬을 형성하기도 하고 산화효소에 양성을 나타내며, 자외선(365 nm ~ 366 nm 범위, 6와트) 조사 시 형광을 띠고 아세트아미드(acetamide)로부터 암모니아를 생성하는 세균을 말한다.

3 분석기기 및 기구

3.1 피펫 또는 자동피펫

부피 1 mL ~ 25 mL인 메스피펫이나 자동피펫(플라스틱피펫팁 포함)으로서 멸균된 것을 사용한다.

3.2 마개달린 유리시험관

대시험관(안지름 32 mm, 높이 200 mm)과 소시험관(안지름 16 mm, 높이 150 mm)으로 플라스틱이나 금속 등과 같은 재질의 마개를 적용할 수 있고 고압증기 멸균할 수 있어야 한다.

3.3 페트리접시

지름 약 9 cm, 높이 1.5 cm의 유리제품(65 cm^2) 또는 1회용 플라스틱(57 cm^2)으로 멸균된 것을 사용한다.

3.4 자외선 램프

365 nm ~ 366 nm(6와트) 범위의 파장 조사가 가능해야 한다.

3.5 접종루프(Inoculation loop)

루프의 안지름이 약 3 mm인 접종루프를 사용한다.

3.6 배양기

배양온도를 (36.0 ± 1.0) ℃와 (41.0 ± 1.0) ℃로 유지할 수 있는 것을 사용한다.

3.7 광학현미경

4 시약 및 표준용액

4.1 시약

4.1.1 추정시험용 배지(3배 농후 아스파라진 배지, 3 × Asparagine broth)

상용화된 완성제품을 사용할 수 있으며, 제조하여 사용할 때는 정제수 1 L에 표 1의 조성대로 넣고 가열하여 녹인 후, pH가 (7.0 ± 0.2)가 되도록 조정한 다음 대시험관에 25 mL씩 나누어 넣고 121 ℃에서 15분간 고압증기 멸균한다.

4.1.2 확정시험용 배지(Acetamide broth)

상용화된 완성제품을 사용할 수 있으며, 제조하여 사용할 때는 정제수 1 L에 표 2의 조성대로 넣고 가열하여 녹인 후, pH가 (7.0 ± 0.2)가 되도록 조정한 다음 소시험관에 10 mL씩 나누어 넣고 121 ℃에서 15분간 고압증기 멸균한다. 또는 표 3의 조성대로 넣고 가열하여 녹인 후, pH가 (7.0 ± 0.2)가 되도록 조정한 다음 시험관에 약 8 mL씩 분주하고, 121 ℃에서 15분간 고압증기 멸균하여 사면이 형성되게 응고시킨다.

[표 1] 추정시험용 배지(3배 농후 아스파라진배지, 3 × Asparagine enrichment broth) 조성

성 분	조 성
아스파라진 DL(asparagine DL, $C_4H_8O_3N_2$, 분자량 : 132.12)	9.0 g
인산일수소칼륨(dipotassium phosphate, K_2HPO_4, 분자량 : 174.18)	3.0 g
황산마그네슘·7수화물(magnesium sulfate heptahydrate, $MgSO_4 \cdot 7H_2O$, 분자량: 246.50)	1.5 g

[표 2] 확정시험용 배지(아세트아미드배지, Acetamide broth) 조성

성 분	조 성
아세트아미드(acetamide, C_2H_5NO, 분자량 : 59.07)	10.0 g
염화나트륨(sodium chloride, NaCl, 분자량 : 58.50)	5.0 g
인산일수소칼륨(dipotassium phosphate, K_2HPO_4, 분자량 : 174.18)	1.39 g
인산이수소칼륨(monopotassium phosphate, KH_2PO_4, 분자량 : 136.10)	0.73 g
황산마그네슘·7수화물(magnesium sulfate heptahydrate, $MgSO_4 \cdot 7H_2O$, 분자량: 246.50)	0.5 g
페놀레드(phenol red)	0.012 g

[표 3] 확정시험용 배지(아세트아미드 한천 사면배지, Acetamide agar) 조성

성 분	조 성
아세트아미드(acetamide, C_2H_5NO, 분자량 : 59.07)	10.0 g
염화나트륨(sodium chloride, NaCl, 분자량 : 58.50)	5.0 g
인산일수소칼륨(dipotassium phosphate, K_2HPO_4, 분자량 : 174.18)	1.39 g
인산이수소칼륨(monopotassium phosphate, KH_2PO_4, 분자량 : 136.10)	0.73 g
황산마그네슘·7수화물(magnesium sulfate heptahydrate, $MgSO_4 \cdot 7H_2O$, 분자량: 246.50)	0.5 g
페놀레드(phenol red)	0.012 g
한천(agar, $(C_{12}H_{18}O_9)_n$)	15.0 g

4.1.3 확인시험용 배지(트립틱 소이 배지, Tryptic soy agar)

상용화된 완성제품을 사용할 수 있으며, 제조하여 사용할 때는 정제수 1 L에 표 4의 조성대로 넣고 완전히 녹인 후, 121 ℃에서 15분간 고압증기 멸균하여 미리 멸균된 페트리 접시에 약 15 mL씩 무균 상태로 나눠 담은 후 굳힌다.

[표 4] 확인시험용 배지(트립틱 소이 배지, Tryptic soy agar) 조성

성 분	조 성
카제인 췌장효소 소화물(pancreatic digest of casein)	15.0 g
콩의 파파인소화물(papaic digest of soybean meal)	5.0 g
염화나트륨(sodium chloride, NaCl, 분자량 : 58.50)	5.0 g
한천(agar, $(C_{12}H_{18}O_9)_n$)	15.0 g

4.1.4 그람염색시약(gram's stain solution)

가급적 상용화된 키트를 이용한다.

4.1.4.1 용액 A

크리스탈바이올렛(crystal violet) 2.0 g + 95 % 에탄올(95 % ethanol) 20 mL

4.1.4.2 용액 B

암모늄 옥살레이트(ammonium oxalate) 0.8 g + 정제수 80 mL

4.1.4.3 착색제(요오드용액)

요오드(iodine) 1.0 g + 요오드화칼륨(KI) 2.0 g + 정제수 300 mL

4.1.4.4 탈색제

에탄올(ethanol) 95 mL + 정제수 5 mL

4.1.4.5 대조염색제

사프라닌 O(safranin O) 0.25 g + 95 % 에탄올(95 % ethanol) 10 mL

4.1.5 세균동정키트 또는 세균동정기

장내세균 이외의 그람 음성 간균을 동정하려면 상용화된 세균동정키트 또는 세균동정기를 사용한다.

4.2 “내용 없음”

5 시료채취 및 관리

5.1 멸균된 시료용기를 사용하여 무균적으로 시료를 채취하고 빨리 시험해야 한다. 즉시 시험할 수 없으면 빛이 차단된 1 ℃ ~ 5 ℃ 냉장 보관 상태에서 30시간 이내에 시험해야 한다.

5.2 잔류염소가 존재하는 경우, 잔류염소 제거를 위한 시약은 잔류염소 4 mg/L 이하인 시료 1 L 기준으로 멸균한 티오황산나트륨용액(80 g/L) 1 mL에 준하는 양을 첨가하며, 잔류염소의 농도에 따라 첨가량을 조절한다.

5.3 수도꼭지에서 시료를 채취할 때는 수도꼭지를 틀어 수돗물을 2분 ~ 3분간 흘려버린 후 시료를 채취한다. 수도꼭지에 연결된 부착물은 제거하고, 깨끗한 헝겊이나 휴지로 이물질을 닦아낸 후 시료를 채취한다. 필요하면 가스버너 등으로 수도꼭지 입구를 충분히 소독한다.

5.4 먹는샘물, 먹는해양심층수 및 먹는염지하수 제품수는 병의 마개를 열지 않은 상태의 제품을 말

하며, 병의 마개가 열린 것은 시료로 사용할 수 없다.

6 "내용 없음"

7 분석절차

7.1 "내용 없음"

7.2 시험방법

7.2.1 추정시험

7.2.1.1 시료 50 mL씩을 3배 농후 녹농균 추정시험용 배지가 25 mL씩 들어 있는 시험관 5개에 각각 접종한 후 (36.0 ± 1.0) ℃에서 (24 ± 2)시간 배양한다.

7.2.1.2 암실에서 자외선램프로 장파장의 자외선(365 nm ~ 366 nm)을 조사하여 녹색을 띠는 형광의 유무를 관찰하여 형광이 발생하면 추정시험 양성으로 한다. 다만, 명확한 형광이 확인되지 않으면 배양을 더 지속해서 (48 ± 3)시간까지 관찰한다. 이때 시험관에서 녹색 형광이 확인되지 않는 것은 녹농균 음성으로 판정한다. 시험관에서 녹색 형광이 인지되는 경우는 추정시험 양성으로, 녹농균의 존재 여부를 확인하고자 다음의 확정시험을 계속한다.

7.2.2 확정시험

7.2.2.1 추정시험에서 녹색을 띠는 형광을 확인한 모든 시험관에서 바로 접종루프를 이용하여 추정시험 양성 배지의 윗부분을 약 0.1 mL 취하여 녹농균 확정배지에 접종하고 (36.0 ± 1.0) ℃로 24시간에서 36시간까지 배양한다.

7.2.2.2 배양한 후 배지에 현저한 색깔 변화가 없으면 녹농균 음성으로 한다. 그러나 시험관이 1개라도 적자색을 나타내면 확정시험 양성으로 판정한다.

7.2.3 확인시험

7.2.3.1 확정시험 양성집락을 순수분리한 후 확인시험용 배지에서 (41.5 ± 0.5) ℃로 48시간 배양하여 성장여부를 관찰한다. 성장하지 않은 집락은 녹농균 음성으로 판정하고 성장한 집락은 그람염색 후 현미경으로 관찰하여 그람음성 간균임을 확인하고 상용화된 세균동정키트 또는 세균동정기를 사용하여 동정한다.

7.2.3.2 모든 시험은 음성대조군 시험을 동시에 실시하여 음성대조군 시험결과는 음성으로 나왔을 때만 유효한 결과값으로 판정한다.

8 결과보고

8.1 결과 표기

녹농균이 검출되지 않으면 '불검출/250 mL'로, 검출되면 '검출/250 mL'로 표기한다.

9 참고자료

9.1 일본, 상수시험방법, 5.5, 녹농균, (2001)

9.2 Standard Method 9213 F, 23rd edition, Multiple-Tube Technique for Pseudomonas aeruginosa, (2017)

10 "내용 없음"

녹농균 – 시험관법

연습문제

01 먹는물공정시험기준에 대한 설명을 틀린 것은?

① 페놀 항목을 분석할 경우 4시간 이내에 시험하지 못할 때에는 시료 1 L에 대하여 황산을 넣어 pH를 약 2 이하로 하고, 1 ℃ ~ 5 ℃ 냉암소에 보존하여 최대 28일 이내에 시험한다.
② 암모니아성질소 항목을 분석할 경우에는 질산 및 정제수로 씻은 유리병에 시료채취 후 신속히 시험한다.
③ 미생물 시험용 시료를 채취 한 후 빨리 시험할 수 없는 경우에는 4 ℃ 냉장보관 상태에서 녹농균은 24시간 이내에, 총 대장균군 등 그 밖의 항목은 30시간 이내에 시험하여야 한다.
④ 시안 시험용 시료의 경우에는 미리 정제수로 잘 씻은 유리병 또는 폴리에틸렌병에 시료를 채취하고 곧 입상의 수산화나트륨을 넣어 pH 12 이상의 알칼리성으로 하고 신속히 시험한다.

02 먹는물수질공정시험기준에서 시료채취시 설명으로 틀린 것은?

① 불소는 폴리에틸렌병에 채취하여 1주일 이내에 시험하여야 한다.
② 미생물 시험용 시료는 4 ℃ 냉장보관상태에서 녹농균, 총대장균군 등은 24시간 이내에 시험하여야 한다.
③ 시안시험용 시료는 정제수로 잘 씻은 유리병 또는 폴리에틸렌병에 시료를 채취하여야 한다.
④ 수도꼭지에서 미생물 시료를 채취하는 경우 수도꼭지를 틀어 2분 ~ 3분간 흘려보낸 후 시료를 채취하여야 한다.

03 먹는물수질공정시험기준에 따른 녹농균 – 시험관법에 대한 설명으로 틀린 것은?

① 추정시험은 (36.0 ± 1.0) ℃에서 (24 ± 2)시간 배양한다.
② 확정시험에서 배양 후 현저한 색깔변화가 없는 경우는 녹농균 음성으로 한다.
③ 확인시험은 확정시험 양성집락을(41.5 ± 0.5) ℃에서 (24 ± 2)시간 배양한다.
④ 녹농균이 검출되지 않은 경우는 '불검출/250 mL'로 검출된 경우는 '검출/250 mL'로 표기한다.

04 먹는물수질공정시험기준에 따른 샘물과 염지하수의 미생물 시험에서 항목별 결과 표기가 틀린 것은?

① 녹농균 : 검출/100 mL
② 총대장균군 : 검출/250 mL
③ 살모넬라균 : 검출/250 mL
④ (중온)일반세균 : 10 CFU/mL

05 먹는물수질공정시험기준에 따른 먹는물 중 미생물을 시험관법으로 측정하고자 한다. 미생물 항목별 시험절차로 틀린 것은?

① 쉬겔라 : 추정시험 → 확인시험
② 총대장균군 : 추정시험 → 확정시험
③ 녹농균 : 추정시험 → 확정시험 → 확인시험
④ 살모넬라 : 추정시험 → 확정시험 → 확인시험

Answer 1. ③ 2. ② 3. ③ 4. ① 5. ④

06 먹는물수질공정시험기준에서 미생물을 이용한 시험방법과 배양온도가 잘못 연결된 것은?

① 녹농균 시험관법의 확인시험 : (41.5 ± 0.5) ℃
② 분원성대장균군 시험관법의 확정시험 : (44.5 ± 0.2) ℃
③ 총대장균군 막여과법의 추정시험 : (35.0 ± 0.5) ℃
④ 분원성연쇄상구균 시험관법의 확정시험 : (41.5 ± 0.5) ℃

07 녹농균을 시험관법으로 분석할 때 확정시험 양성으로 판정하기 위해 확인하여야 하는 색깔은?

① 적자색
② 황갈색
③ 녹황색
④ 청록색

08 미생물 검사를 위한 시험용 시료 채취나 보관이 옳은 것끼리 연결된 것은?

㉠ 시료 용기는 정제수로 깨끗이 세척한 후 건조하여 사용하였다.
㉡ 수도꼭지에서 시료를 2분~ 3분간 흘려보낸 후 시료를 채취하였다.
㉢ 잔류염소가 함유된 시료에는 멸균한 티오황산나트륨용액을 첨가하였다.
㉣ 시료를 빨리 시험할 수 없어서 4 ℃ 냉장 보관하였다가 30시간 이내에 일반세균과 녹농균 시험에 사용하였다.

① ㉠, ㉡
② ㉡, ㉢
③ ㉢, ㉣
④ ㉣, ㉠

09 미생물 시험용 시료를 채취하여 적어도 24시간 이내에 시험을 해야 하는 항목은?

① 총대장균군
② 분원성대장균군
③ 녹농균
④ 아황산환원혐기성포자형성균

10 (   ) 안에 들어갈 내용으로 모두 옳은 것은?

미생물 시험용 시료를 채취할 때에는 멸균된 시료 용기를 사용하여 무균적으로 시료를 채취하고 빨리 시험하여야 한다. 빨리 시험할 수 없는 경우에는 4 ℃ 냉장보관한 상태에서 일반세균, 녹농균, 여시니아균은 (㉠) 이내에, 총대장균군 등 그 밖의 항목은 (㉡) 이내에 시험하여야 한다.

① ㉠ 12시간, ㉡ 24시간
② ㉠ 12시간, ㉡ 30시간
③ ㉠ 24시간, ㉡ 24시간
④ ㉠ 24시간, ㉡ 30시간

Answer 6. ① 7. ① 8. ② 9. ③ 10. ④

148 아황산환원혐기성포자형성균-시험관법 (clostridium perfringens-Multiple Tube Method)

1 개요

1.1 목적

이 시험기준은 샘물·먹는샘물, 염지하수·먹는염지하수, 먹는해양심층수 등에 존재하는 아황산환원혐기성포자형성균을 분석할 때 검사결과의 정확성과 통일성을 제공하는 데 필요한 제반사항을 규정함을 목적으로 한다.

1.2 적용범위

이 시험기준은 「먹는물 수질기준 및 검사 등에 관한 규칙」 제2조의 규정에 따른 샘물·먹는샘물, 염지하수·먹는염지하수, 먹는해양심층수 등의 수질검사에 적용한다.

1.3 간섭물질

"내용 없음"

2 용어정의

2.1 아황산환원혐기성포자형성균

운동성이 없는 그람 양성균으로 아황산을 환원하여 유황기체를 발생하며 포자 생성능을 가진 기회성 병원균을 말한다.

3 분석기기 및 기구

3.1 피펫 또는 자동피펫

부피 1 mL ~ 10 mL인 메스피펫이나 자동피펫(플라스틱피펫팁 포함)으로서 멸균된 것을 사용한다.

3.2 나선식 마개달린 시험관

약 50 mL 부피의 고압증기멸균이 가능하고 투명한 붕규산 재질의 나선식 마개가 있는 시험관을 사용한다.

3.3 항온수조

수온을 (75.0 ± 1.0) ℃로 유지할 수 있는 것을 사용한다.

3.4 배양기

배양온도를 (37.0 ± 1.0) ℃로 유지할 수 있는 것을 사용한다.

4 시약 및 표준용액

4.1 시약

4.1.1 아황산 환원력 시험 배지(2배 농후 DRCM 배지, 2 × differential reinforced clostridial media)
상용화된 완성제품을 사용할 수 있으며, 제조하여 사용할 때는 정제수 1 L에 표 1의 조성대로 넣고 완전히 녹인 후 25 ℃에서 pH가 (7.1 ± 0.2)가 되도록 조정한 다음 121 ℃에서 15분간 고압증기멸균한다.

[표 1] 아황산 환원력시험 배지(2배 농후 DRCM 배지, 2 × differential reinforced clostridial media) 조성

성 분	조 성
트립톤(tryptone)	10.0 g
펩톤(peptone)	10.0 g
소고기추출물(beef extract)	16.0 g
효모추출물(yeast extract)	2.0 g
시스테인 염산염(L-cystein HCl, $C_3H_7NO_2S$ HCl, 분자량 : 175.64)	1.0 g
가용성 전분(soluble starch, $(C_6H_{10}O_5)_n$)	2.0 g
포도당(dextrose, $C_6H_{12}O_6$, 분자량 : 180.16)	2.0 g
아세트산나트륨(sodium acetate, CH_3COONa, 분자량 : 82.04)	10.0 g
아황산수소나트륨(sodium bisulfite, $NaHSO_3$, 분자량 : 104)	1.0 g
시트르산암모늄철(ferric ammonium citrate, $C_6H_8O_7 \cdot Fe \cdot NH_3$, 분자량 : 264.85)	1.0 g
레사주린(resazurin sodium)	0.004 g

4.1.2 액체 파라핀(liquid paraffin)

4.2 표준용액

"내용 없음"

5 시료채취 및 관리

5.1 멸균된 시료용기를 사용하여 무균적으로 시료를 채취하고 빨리 시험해야 한다. 즉시 시험할 수 없으면 빛이 차단된 1 ℃ ~ 5 ℃ 냉장 보관 상태에서 30시간 이내에 시험해야 한다.

5.2 잔류염소가 존재하는 경우, 잔류염소 제거를 위한 시약은 잔류염소 4 mg/L 이하인 시료 1 L 기준으로 멸균한 티오황산나트륨용액(80 g/L) 1 mL에 준하는 양을 첨가하며, 잔류염소의 농도에 따라 첨가량을 조절한다.

5.3 수도꼭지에서 시료를 채취할 때는 수도꼭지를 틀어 수돗물을 2분 ~ 3분간 흘려버린 후 시료를 채취한다. 수도꼭지에 연결된 부착물은 제거하고, 깨끗한 헝겊이나 휴지로 이물질을 닦아낸 후 시료를 채취한다. 필요하면 가스버너 등으로 수도꼭지 입구를 충분히 소독한다.

5.4 먹는샘물, 먹는해양심층수 및 먹는염지하수 제품수는 병의 마개를 열지 않은 상태의 제품을 말하며, 병의 마개가 열린 것은 시료로 사용할 수 없다.

6 정도보증/정도관리(QA/QC)

"내용 없음"

7 분석절차

7.1 전처리

"내용 없음"

7.2 시험방법

7.2.1 아포형성시험

시료 10 mL씩을 나선식 마개가 5개 있는 시험관에 무균 상태로 넣은 후 수온을 (75.0 ± 1.0) ℃로 유지한 항온수조에 15분간 정치한다. 이때 아포를 형성하지 못하는 균은 모두 사멸하고 아포를 형성할 수 있는 세균만 생존하게 된다.

7.2.2 아황산 환원력시험

7.2.2.1 7.2.1의 시험관을 빨리 20 ℃ 전후로 냉각한 다음 아황산 환원력시험 배지(2배 농후 DRCM 배지)를 각각 10 mL씩 넣고 기포가 생기지 않도록 시료와 배지를 혼합 한 후 미리 멸균한 액체파라핀을 2 mL ~ 3 mL씩 무균 상태로 배지 표면에 넣고 마개를 단단히 닫는다. 그리고, (37.0 ± 1.0) ℃로 (44 ± 4)시간 배양한다.

[주 1] 혐기성 조건을 만들기 위해 혐기성 배양조(anaerobic jar)에 시험관과 혐기성 가스촉진제 팩(gas pack) 및 혐기조건 지시제를 함께 넣은 후 배양할 수 있다.

7.2.2.2 배양한 후 시험관 5개 중 1개라도 검게 변하면 아황산이 환원된 것으로 보고 아황산환원혐기성포자형성균 양성으로 판정한다.

7.2.3 모든 시험은 음성대조군 시험을 동시에 실시하여 음성대조군 시험결과는 음성으로 나왔을 때만 유효한 결과값으로 판정한다.

8 결과보고

8.1 결과의 표기

아황산환원혐기성포자형성균이 검출되지 않으면 '불검출/50 mL'로, 검출되면 '검출/50 mL'로 표기한다.

9 참고자료

"내용 없음"

10 부록

"내용 없음"

아황산환원혐기성포자 형성균 연습문제

01 다음은 먹는물수질공정시험기준에 따른 어느 미생물의 배양방법을 설명한 것인가?

> 시료 10 mL씩을 5개의 나선식 마개가 있는 시험관에 무균적으로 넣은 후 수온을 (75.0 ± 1.0) ℃로 유지한 항온수조에 15분간 정치한다.

① Fecal Streptococcus : 확정시험
② Pseudomonas aeruginosa : 확인시험
③ Clostridium perfringens : 아포형성 실험
④ Yersinia enterocolitica : 무아포형성 실험

02 그람양성균끼리 서로 옳게 짝지어진 것은?

① 분원성연쇄상구균 – 아황산환원혐기성포자형성균
② 아황산환원혐기성포자형성균 – 여시니아균
③ 분원성연쇄상구균 – 녹농균
④ 살모넬라 – 쉬겔라

Answer 1. ③ 2. ①

149 살모넬라-시험관법 (Salmonella-Multiple Tube Method)

1 개요

1.1 목적

이 시험기준은 샘물·먹는샘물, 염지하수·먹는염지하수, 먹는해양심층수 등에 존재하는 살모넬라를 분석할 때 검사결과의 정확성과 통일성을 제공하는 데 필요한 제반사항을 규정함을 목적으로 한다.

1.2 적용범위

이 시험기준은 「먹는물 수질기준 및 검사 등에 관한 규칙」 제2조의 규정에 따른 샘물·먹는샘물, 염지하수·먹는염지하수, 먹는해양심층수 등의 수질검사에 적용한다.

1.3 "내용 없음"

2 용어정의

2.1 살모넬라

일반적으로 선택배지에서 지름 2 mm ~ 4 mm의 집락을 형성하는 그람 음성, 산화효소 음성, 통성 혐기성, 무아포성의 막대모양 세균을 말한다.

3 분석기기 및 기구

3.1 피펫 또는 자동피펫

부피 1 mL ~ 25 mL인 메스피펫이나 자동피펫(플라스틱피펫팁 포함)으로서 멸균된 것을 사용한다.

3.2 마개달린 유리시험관

약 100 mL 부피의 고압증기멸균이 가능하고 투명한 붕규산 재질로 마개가 달린 유리시험관을 사용한다.

3.3 페트리접시

지름 약 9 cm, 높이 1.5 cm의 유리제품(65 cm^2) 또는 1회용 플라스틱(57 cm^2)으로 멸균된 것을 사용한다.

3.4 접종루프(Inoculation loop)

루프의 안지름이 약 3 mm인 접종루프를 사용한다.

3.5 배양기

배양온도를 (36 ± 1.0) ℃로 유지할 수 있는 것을 사용한다.

3.6 광학현미경

4 시약 및 표준용액

4.1 시약

4.1.1 증균 배지(3배 농후 셀레나이트 액체배지, 3 × Selenite broth)

상용화된 완성제품을 사용할 수 있으며, 제조하여 사용할 때는 정제수 1 L에 표 1의 조성대로 넣고 pH를 (7.0 ± 0.2)로 조절한다. 60 ℃ ~ 70 ℃에서 가열용해한 후 멸균된 시험관에 25 mL씩 무균 상태로 넣고 식힌다. 이 때 끓여서 녹이지 않게 주의한다. 조제된 배지는 2 ℃ ~ 8 ℃에 보관한다.

[표 1] 증균 배지(3배 농후 셀레나이트 액체배지, 3 × Selenite broth) 조성

성 분	조 성
트립톤(tryptone)	15.0 g
락토오스(lactose, $C_{12}H_{22}O_{11}$, 분자량 : 342.30)	12.0 g
셀레나이트(selenite)	12.0 g
인산일수소나트륨(sodium phosphate, dibasic, Na_2HPO_4, 분자량 : 141.95)	30.0 g

4.1.2 추정시험용 배지

상용화된 완성제품 및 동등 이상의 성능을 가진 제품을 사용할 수 있으며, 사용할 경우 각 제조사별 조제법을 따를 수 있다. 제조하여 사용할 때는 정제수 1 L에 표 2 또는 표 3의 조성대로 넣고 완전 용해될 때까지 가열하며, 이 때 배지를 고압증기멸균해서는 안된다. 50 ℃ ~ 55 ℃까지 식힌 후 pH를 (7.6 ± 0.1)로 조절하고 멸균된 페트리접시에 약 20 mL씩 분주하여 굳힌다. 가열할 때 끓는 상태가 1분 ~ 2분 이상 지속되지 않도록 한다. 조제된 배지는 2 ℃ ~ 8 ℃에 보관하며 4일 이상 저장하지 않는다.

[표 2] 추정시험용 배지(비스무스 아황산염 선택배지, Bismuth sulfite agar) 조성

성 분	조 성
펩톤(peptone)	10.0 g
소고기추출물(beef extract)	5.0 g
포도당(dextrose, $C_6H_{12}O_6$, 분자량 : 180.16)	5.0 g
인산일수소칼륨(dipotassium phosphate, K_2HPO_4, 분자량 : 174.18)	4.0 g
황산제일철(ferrous sulfate, $FeSO_4$, 분자량 : 151.91)	0.3 g
비스무스아황산염(bismuth sulfite, $Bi_2(SO_3)_3$, 분자량 : 657.80)	8.0 g
브릴리언트 그린(brilliant green, $C_{27}H_{34}N_2O_4S$, 분자량 : 482.64)	25 mg
한천(agar, $(C_{12}H_{18}O_9)_n$)	20.0 g

[표 3] 추정시험용 배지(자일로스 라이신 데스옥시콜레이트 한천 선택배지, XLD agar) 조성

성 분	조 성
효모 추출물(yeast extract)	3.0 g
L-라이신(L-lysine, $C_6H_{14}N_2O_2$, 분자량 : 146.19)	5.0 g
자일로스(xylose, $C_5H_{10}O_5$, 분자량 : 150.13)	3.75 g
락토오스(lactose, $C_{12}H_{22}O_{11}$, 분자량 : 342.30)	7.5 g
수크로오스(sucrose, $C_{12}H_{22}O_{11}$, 분자량 : 342.30)	7.5 g
데스옥시콜린산나트륨(sodium desoxycholate)	2.5 g
시트르산제이철암모늄(ferric ammonium citrate, $FeSO(NH_4)SO_4$, 분자량 : 217.80)	0.8 g
티오황산나트륨(sodium thiosulfate, $Na_2S_2O_3$, 분자량 : 158.11)	6.8 g
염화나트륨(sodium chloride, NaCl, 분자량 : 58.50)	5.0 g
한천(agar, $(C_{12}H_{18}O_9)_n$)	15.0 g
페놀레드(phenol-red)	0.08 g

4.1.3 확인시험용 배지(트립틱 소이 배지, Tryptic soy agar)

상용화된 완성제품을 사용할 수 있으며, 제조하여 사용할 때는 정제수 1 L에 표 4의 조성대로 넣고 완전히 녹인 후, 121 ℃에서 15분간 고압증기 멸균하여 미리 멸균된 페트리 접시에 약 15 mL씩 무균적으로 분주한 후 굳힌다.

[표 4] 확인시험용 배지(트립틱 소이 배지, Tryptic soy agar) 조성

성 분	조 성
카제인 췌장효소 소화물(pancreatic digest of casein)	15.0 g
콩의 파파인소화물(papaic digest of soybean meal)	5.0 g
염화나트륨(sodium chloride, NaCl, 분자량 : 58.50)	5.0 g
한천(agar, $(C_{12}H_{18}O_9)_n$)	15.0 g

4.1.4 그람염색시약(gram's stain solution)

상용화된 키트를 사용할 수 있다.

4.1.4.1 용액 A

크리스탈바이올렛(crystal violet) 2.0 g + 95 % 에탄올(95 % ethanol) 20 mL

4.1.4.2 용액 B

암모늄 옥살레이트(ammonium oxalate) 0.8 g + 정제수 80 mL

4.1.4.3 착색제(요오드용액)

요오드(iodine) 1.0 g + 요오드화칼륨(KI) 2.0 g + 정제수 300 mL

4.1.4.4 탈색제

에탄올(ethanol) 95 mL + 정제수 5 mL

4.1.4.5 대조염색제

사프라닌 O(safranin O) 0.25 g + 95 % 에탄올(ethanol) 10 mL

4.1.4.6 세균동정키트 또는 세균동정기

장내 그람 음성 간균을 동정하려면 상용화된 세균동정키트 또는 세균동정기를 사용한다.

4.2 "내용 없음"

5 시료채취 및 관리

5.1 멸균된 시료용기를 사용하여 무균적으로 시료를 채취하고 빨리 시험해야 한다. 즉시 시험할 수 없으면 빛이 차단된 1 ℃ ~ 5 ℃ 냉장 보관 상태에서 30시간 이내에 시험해야 한다.

5.2 잔류염소가 존재하는 경우, 잔류염소 제거를 위한 시약은 잔류염소 4 mg/L 이하인 시료 1 L 기준으로 멸균한 티오황산나트륨용액(80 g/L) 1 mL에 준하는 양을 첨가하며, 잔류염소의 농도에 따라 첨가량을 조절한다.

5.3 수도꼭지에서 시료를 채취할 때는 수도꼭지를 틀어 수돗물을 2분 ~ 3분간 흘려버린 후 시료를 채취한다. 수도꼭지에 연결된 부착물은 제거하고, 깨끗한 헝겊이나 휴지로 이물질을 닦아낸 후 시료를 채취한다. 필요하면 가스버너 등으로 수도꼭지 입구를 충분히 소독한다.

5.4 먹는샘물, 먹는해양심층수 및 먹는염지하수 제품수는 병의 마개를 열지 않은 상태의 제품을 말하며, 병의 마개가 열린 것은 시료로 사용할 수 없다.

6 "내용 없음"

7 분석절차

7.1 "내용 없음"

7.2 시험방법

7.2.1 추정시험

7.2.1.1 시료 50 mL씩을 증균배지(3배 농후 셀레나이트 액체배지)가 25 mL씩 들어있는 시험관 5개에 접종하고 (36 ± 1.0) ℃에서 24시간 배양한다. 배양시간이 지연되면 대장균 등 다른 균이 자라므로 배양시간을 엄수한다.

7.2.1.2 접종루프를 이용하여 모든 시험관에서 배양액을 취하여 추정시험용 배지(비스무스 아황산염 선택배지 또는 자일로스 라이신 데스옥시콜레이트 한천 선택배지)에 획선 접종한다. 35 ℃에서 24시간 배양한 후 집락을 관찰하고 다시 배양하여 48시간 후 재 관찰하여 가장자리에 하얀 테를 두른 검고 반짝이는 집락을 살모넬라 양성으로 추정한다. 전형적인 양성집락이 없고 녹색집락이 생성되었을 때도 집락을 취하여 확인 시험한다.

7.2.2 확인시험

7.2.2.1 추정시험에서 양성으로 판정된 집락을 순수 분리하여 확인시험용 배지(트립틱 소이 배지)로 옮겨 심는다. 그람염색 후 현미경 관찰로 그람 음성, 간균임을 확인하고 상용화된 세균동정키트 또는 세균동정기로 동정한다. 병원성과 역학에 대한 정보를 얻기 위하여 더 자세한 종과 혈청형의 동정을 혈청학적 시험으로 확인할 수 있다.

7.2.2.2 혈청학적 시험은 다음과 같이 수행한다. 살모넬라로 동정된 균들은 살모넬라 O항혈청에 해당하는 A, B, C, D, E 그룹 항혈청반응을 보아 그룹을 결정하고 그 그룹에 속하는 단

일 요소 항혈청으로 시험한다. Vi 항혈청에만 응집이 있으면 살모넬라 타이피가 아닌지 확인하고, 균 부유액을 100 ℃에서 끓여 Vi 항원을 파괴한 후 O항혈청 응집을 보아 그룹을 결정한다. H항혈청으로 편모항원 Phase Ⅰ, Ⅱ를 시험한 후 O항원, 편모항원을 종합하여 살모넬라 균종을 확정짓는다.

7.2.3 모든 시험은 음성대조균 시험을 동시에 실시하여 음성대조균 시험결과는 음성으로 나왔을 때만 유효한 결과값으로 판정한다.

8 결과 보고

8.1 결과 표기

살모넬라균이 검출되지 않으면 '불검출/250 mL'로, 검출되면 '검출/250 mL'로 표기한다.

9 참고자료

9.1 Standard Method 9260 B, 23rd edition, Detection of Pathogenic Bacteria-General Qualitative Isolation and Identification Procedures for Salmonella, (2017)

9.2 KS I ISO 19250, "수질－살모넬라 검출 방법", 환경부(2019).

10 "내용 없음"

150 살모넬라-막여과법 (Salmonella-Membrane Filtration Method)

1 개요

1.1 목적

이 시험기준은 샘물·먹는샘물, 염지하수·먹는염지하수, 먹는해양심층수 등에 존재하는 살모넬라를 분석할 때 검사결과의 정확성과 통일성을 제공하는 데 필요한 제반사항을 규정함을 목적으로 한다.

1.2 적용범위

이 시험기준은 「먹는 물 수질기준 및 검사 등에 관한 규칙」 제2조의 규정에 따른 샘물·먹는샘물, 염지하수·먹는염지하수, 먹는해양심층수 등의 수질검사에 적용한다.

1.3 "내용 없음"

2 용어정의

2.1 살모넬라

일반적으로 선택배시에서 지름 2 mm ~ 4 mm의 집락을 형성하는 그람 음성, 산화효소 음성, 통성 혐기성, 무아포성의 막대모양 세균을 말한다.

3 분석기기 및 기구

3.1 여과막

공경 0.45 μm, 지름 47 mm 크기의 미생물 분석용 여과막으로 막의 한 면에 격자가 그려지고 멸균된 것을 사용한다.

3.2 여과장치

여과막을 끼워서 여과할 수 있게 하는 장치로 무균조작이 가능한 것을 사용한다.

3.3 필터깔때기

10 mL ~ 250 mL의 시료를 담을 수 있는 부피로 미리 무균처리한 것을 사용한다.

3.4 피펫 또는 자동피펫

부피 1 mL ~ 25 mL인 메스피펫이나 자동피펫(플라스틱피펫팁 포함)으로서 멸균된 것을 사용한다.

3.5 마개달린 유리시험관 또는 유리용기

약 50 mL 부피의 고압증기멸균이 가능하고 붕규산 재질로 마개가 달린 유리시험관이나 유리병 또는 이에 상응하는 멸균용기를 사용한다.

3.6 페트리접시

지름 약 9 cm, 높이 1.5 cm의 유리제품(65 cm^2) 또는 1회용 플라스틱(57 cm^2)으로 멸균된 것을 사용한다.

3.7 접종루프(Inoculation loop)

루프의 안지름이 약 3 mm인 접종루프를 사용한다.

3.8 핀셋

끝이 뭉툭하고 넓으며 여과막을 집어 올릴 때 여과막을 물리적으로 손상하지 않는 형태의 것으로 화염멸균이 가능한 것을 사용한다.

3.9 가위

무균조작이 가능한 것을 사용한다.

3.10 배양기

배양온도를 (36.0 ± 1.0) ℃로 유지할 수 있는 것을 사용한다.

3.11 광학현미경

4 시약 및 표준용액

4.1 시약

4.1.1 증균 배지(셀레나이트 액체배지; Selenite broth)

상용화된 완성제품을 사용할 수 있으며, 제조하여 사용할 때는 정제수 1 L에 표 1의 조성대로 넣고 pH를 (7.0 ± 0.2)로 조절한다. 60 ℃ ~ 70 ℃에서 가열용해한 후 멸균된 시험관에 7 mL ~ 10 mL씩 무균 상태로 넣고 식힌다. 이 때 끓여서 녹이지 않게 주의한다. 조제된 배지는 2 ℃ ~ 8 ℃에 보관한다.

[표 1] 증균 배지(셀레나이트 액체배지, Selenite broth) 조성

성 분	조 성
트립톤(tryptone)	5.0 g
락토오스(lactose, $C_{12}H_{22}O_{11}$, 분자량 : 342.30)	4.0 g
셀레나이트(selenite)	4.0 g
인산일수소나트륨(sodium phosphate, dibasic, Na_2HPO_4, 분자량 : 141.95)	10.0 g

4.1.2 추정시험용 배지

상용화된 완성제품 및 동등 이상의 성능을 가진 제품을 사용할 수 있으며, 사용할 경우 각 제조사별 조제법을 따를 수 있다. 제조하여 사용할 때는 정제수 1 L에 표 2 또는 표 3의 조성대로 넣고 완전 용해될 때까지 가열하며, 이 때 배지를 고압증기멸균해서는 안된다. 50 ℃ ~ 55 ℃까지 식힌 후 pH를 (7.6 ± 0.1)로 조절하고 멸균된 페트리접시에 약 20 mL씩 분주하여 굳힌다. 가열할 때 끓는 상태가 1분 ~ 2분 이상 지속되지 않도록 한다. 조제된 배지는 2 ℃ ~ 8 ℃에 보관하며 4일 이상 저장하지 않는다.

[표 2] 추정시험용 배지(비스무스 아황산염 선택배지, Bismuth sulfite agar) 조성

성 분	조 성
펩톤(peptone)	10.0 g
소고기추출물(beef extract)	5.0 g
포도당(dextrose, $C_6H_{12}O_6$, 분자량 : 180.16)	5.0 g
인산일수소칼륨(dipotassium phosphate, K_2HPO_4, 분자량 : 174.18)	4.0 g
황산제일철(ferrous sulfate, $FeSO_4$, 분자량 : 151.91)	0.3 g
비스무스아황산염(bismuth sulfite, $Bi_2(SO_3)_3$, 분자량 : 657.80)	8.0 g
브릴리언트 그린(brilliant green, $C_{27}H_{34}N_2O_4S$, 분자량 :482.64)	25 mg
한천(agar, $(C_{12}H_{18}O_9)_n$)	20.0 g

[표 3] 추정시험용 배지(자일로스 라이신 데스옥시콜레이트 한천 선택배지, XLD agar) 조성

성 분	조 성
효모 추출물(yeast extract)	3.0 g
L-라이신(L-lysine, $C_6H_{14}N_2O_2$, 분자량 : 146.19)	5.0 g
자일로스(xylose, $C_5H_{10}O_5$, 분자량 : 150.13)	3.75 g
락토오스(lactose, $C_{12}H_{22}O_{11}$, 분자량 : 342.30)	7.5 g
수크로오스(sucrose, $C_{12}H_{22}O_{11}$, 분자량 : 342.30)	7.5 g
데스옥시콜린산나트륨(sodium desoxycholate)	2.5 g
시트르산제이철암모늄(ferric ammonium citrate, $FeSO(NH_4)SO_4$, 분자량 : 217.80)	0.8 g
티오황산나트륨(sodium thiosulfate, $Na_2S_2O_3$, 분자량 : 158.11)	6.8 g
염화나트륨(sodium chloride, NaCl, 분자량 : 58.50)	5.0 g
한천(agar, $(C_{12}H_{18}O_9)_n$)	15.0 g
페놀레드(phenol-red)	0.08 g

4.1.3 확인시험용 배지(트립틱 소이 배지, Tryptic soy agar)

상용화된 완성제품을 사용할 수 있으며, 제조하여 사용할 때는 정제수 1 L에 표 4의 조성대로 넣고 완전히 녹인 후, 121 ℃에서 15분간 고압증기 멸균하여 미리 멸균된 페트리 접시에 약 15 mL씩 무균 상태로 분주한 후 굳힌다.

[표 4] 확인시험용 배지(트립틱 소이 배지, Tryptic soy agar) 조성

성 분	조 성
카제인 췌장효소 소화물(pancreatic digest of casein)	15.0 g
콩의 파파인소화물(papaic digest of soybean meal)	5.0 g
염화나트륨(sodium chloride, NaCl, 분자량 : 58.50)	5.0 g
한천(agar, $(C_{12}H_{18}O_9)_n$)	15.0 g

4.1.4 그람염색시약(gram's stain solution)

상용화된 키트를 사용할 수 있다.

4.1.4.1 용액 A

크리스탈바이올렛(crystal violet) 2.0 g + 95 % 에탄올(95 % ethanol) 20 mL

4.1.4.2 용액 B

암모늄 옥살레이트(ammonium oxalate) 0.8 g + 정제수 80 mL

4.1.4.3 착색제(요오드용액)

요오드(iodine) 1.0 g + 요오드화칼륨(KI) 2.0 g + 정제수 300 mL

4.1.4.4 탈색제

에탄올(ethanol) 95 mL + 정제수 5 mL

4.1.4.5 대조염색제

사프라닌 O(safranin O) 0.25 g + 95 % 에탄올(95 % ethanol) 10 mL

4.1.4.6 세균동정키트 또는 세균동정기

장내 그람 음성 간균을 동정하려면 상용화된 세균동정키트 또는 세균동정기를 사용한다.

4.2 "내용 없음"

5 시료채취 및 관리

5.1 멸균된 시료용기를 사용하여 무균적으로 시료를 채취하고 빨리 시험해야 한다. 즉시 시험할 수 없으면 빛이 차단된 1 ℃ ~ 5 ℃ 냉장 보관 상태에서 30시간 이내에 시험해야 한다.

5.2 잔류염소가 존재하는 경우, 잔류염소 제거를 위한 시약은 잔류염소 4 mg/L 이하인 시료 1 L 기준으로 멸균한 티오황산나트륨용액(80 g/L) 1 mL에 준하는 양을 첨가하며, 잔류염소의 농도에 따라 첨가량을 조절한다.

5.3 수도꼭지에서 시료를 채취할 때는 수도꼭지를 틀어 수돗물을 2분 ~ 3분간 흘려버린 후 시료를 채취한다. 수도꼭지에 연결된 부착물은 제거하고, 깨끗한 헝겊이나 휴지로 이물질을 닦아낸 후 시료를 채취한다. 필요하면 가스버너 등으로 수도꼭지 입구를 충분히 소독한다.

5.4 먹는샘물, 먹는해양심층수 및 먹는염지하수 제품수는 병의 마개를 열지 않은 상태의 제품을 말하며, 병의 마개가 열린 것은 시료로 사용할 수 없다.

6 "내용 없음"

7 분석절차

7.1 "내용 없음"

7.2 시험방법

7.2.1 추정시험

7.2.1.1 무균조작이 가능한 막여과장치에 250 mL의 시료를 여과한다.

7.2.1.2 여과막은 무균조작이 가능한 가위로 잘라서 증균배지(셀레나이트 액체배지)가 7 mL ~ 10 mL 가량 들어있는 시험관에 넣어 (36.0 ± 1.0) ℃에서 24시간 배양한다.

7.2.1.3 접종루프를 이용하여 배양액을 취하여 추정시험용 배지(비스무스 아황산염 선택배지 또는 자일로스라이신 데스옥시콜레이트 한천 선택배지)에 획선 접종한다. 35 ℃에서 48시

간까지 배양한 후 가장자리에 하얗고 얇은 테를 두른 검고 반짝이는 집락을 살모넬라 추정시험의 양성으로 판정한다. 전형적인 양성집락이 없고 녹색집락이 생성되었을 때도 집락을 취하여 확인 시험한다.

7.2.2 확인시험

7.2.2.1 추정시험에서 양성으로 판정된 집락을 순수 분리하여 확인시험용 배지(트립틱소이 배지)로 옮겨 심는다. 그람염색 후 현미경 관찰로 그람 음성, 간균임을 확인하고 상용화된 세균동정키트 또는 세균동정기로 동정한다. 병원성과 역학에 대한 정보를 얻기 위하여 더 자세한 종과 혈청형의 동정을 혈청학적 시험으로 통하여 할 수 있다.

7.2.2.2 혈청학적 시험은 다음과 같이 수행한다. 살모넬라로 동정된 균들은 살모넬라 O항혈청에 해당하는 A, B, C, D, E 그룹 항혈청반응을 보아 그룹을 결정하고 그 그룹에 속하는 단일 요소 항혈청으로 시험한다. Vi 항혈청에만 응집이 있으면 살모넬라 타이피가 아닌지 확인하고, 균 부유액을 100 ℃에서 끓여 Vi 항원을 파괴한 후 O항혈청 응집을 보아 그룹을 결정한다. H항혈청으로 편모항원 Phase Ⅰ, Ⅱ를 시험한 후 O항원, 편모항원을 종합하여 살모넬라 균종을 확정짓는다.

7.2.3 모든 시험은 음성대조균 시험을 동시에 실시하여 음성대조균 시험결과는 음성으로 나왔을 때만 유효한 결과값으로 판정한다.

8 결과 보고

8.1 결과 표기

살모넬라균이 검출되지 않으면 ‘불검출/250 mL’로, 검출되면 ‘검출/250 mL’로 표기한다.

9 참고자료

9.1 Standard Method 9260 B, 23rd edition, Detection of Pathogenic Bacteria-General Qualitative Isolation and Identification Procedures for Salmonella, (2017)

9.2 KS I ISO 19250, “수질－살모넬라 검출 방법”, 환경부, (2019)

10 “내용 없음”

살모넬라 연습문제

01 먹는물수질공정시험기준에 따른 샘물과 염지하수의 미생물 시험에서 항목별 결과 표기가 틀린 것은?

① 녹농균 : 검출/250 mL
② 총대장균군 : 검출/250 mL
③ 살모넬라균 : 검출/100 mL
④ (중온)일반세균 : 10 CFU/mL

02 먹는물수질공정시험기준에 따른 먹는물 중 미생물을 시험관법으로 측정하고자 한다. 미생물 항목별 시험절차로 틀린 것은?

① 쉬겔라 : 추정시험 → 확인시험
② 총대장균군 : 추정시험 → 확정시험
③ 녹농균 : 추정시험 → 확정시험 → 확인시험
④ 살모넬라 : 추정시험 → 확정시험 → 확인시험

03 먹는물수질공정시험기준에서 미생물의 검사에 대한 설명으로 틀린 것은?

① 여시니아균의 막여과법 수질검사는 먹는물공동시설에 적용된다.
② 중온 일반세균의 실험실 생물안전 등급은 Biosafety Level 1(BL 1)이다.
③ 살모넬라 검사를 위한 샘물은 4 ℃ 냉암소에서 24시간 보존이 가능하다.
④ 분원성 대장균군의 검사에는 시험관법과 효소기질정성법이 있다.

04 분원성연쇄상구균 추정시험과 살모넬라 추정시험에 사용되는 배지에서 1차 탄소원으로 사용되는 성분을 옳게 짝지은 것은?

① 수크로오스 - 덱스트로오스
② 덱스트로오스 - 수크로오스
③ 덱스트로오스 - 덱스트로오스
④ 포룩토오스 - 수크로오스

05 먹는물수질공정시험기준에서 살모넬라 막여과법에 대한 설명으로 틀린 것은?

① 확인시험용 배지로는 Tryptic soy agar를 고압증기멸균하여 사용한다.
② 추정시험용 배지로는 비스무스 아황산염 선택배지를 고압증기멸균하여 사용한다.
③ 증균배지로는 Selenite broth를 60 ℃ ~ 70 ℃로 가열용해하여 사용한다.
④ 조제된 비스무스 아황산염 선택배지는 2 ℃ ~ 8 ℃ 보관하며 4일 이상 저장하지 않는다.

Answer 1. ③ 2. ④ 3. ③ 4. ③ 5. ②

151 쉬겔라-시험관법 (Shigella-Multiple Tube Method)

1 개요

1.1 목적

이 시험기준은 샘물·먹는샘물, 염지하수·먹는염지하수, 먹는해양심층수 등에 존재하는 쉬겔라를 분석할 때 검사결과의 정확성과 통일성을 제공하는 데 필요한 제반사항을 규정함을 목적으로 한다.

1.2 적용범위

이 시험기준은 「먹는물 수질기준 및 검사 등에 관한 규칙」 제2조의 규정에 따른 샘물·먹는샘물, 염지하수·먹는염지하수, 먹는해양심층수 등의 수질검사에 적용한다.

1.3 "내용 없음"

2 용어정의

2.1 쉬겔라

장내세균의 하나로 운동성이 없고, 아포를 만들지 않으며 세균성 이질과 식중독을 일으키는 그람 음성 간균이다. 락토오스를 분해하지 않으며, 당분해로 산을 형성하지만 기체는 형성하지 않는 생화학적 특성을 지녔다.

3 분석기기 및 기구

3.1 피펫 또는 자동피펫

부피 5 mL ~ 25 mL인 메스피펫이나 자동피펫(플라스틱 피펫팁 포함)으로서 멸균된 것을 사용한다.

3.2 마개달린 유리시험관

약 100 mL 부피의 고압증기멸균이 가능하고 투명한 붕규산 재질로 마개 달린 유리시험관을 사용한다.

3.3 페트리접시

지름 약 9 cm, 높이 1.5 cm의 유리제품(65 cm^2) 또는 1회용 플라스틱(57 cm^2)으로 멸균된 것을 사용한다.

3.4 접종루프(Inoculation loop)

루프의 안지름이 약 3 mm인 접종루프를 사용한다.

3.5 배양기

배양온도를 (36.0 ± 1.0) ℃로 유지할 수 있는 것을 사용한다.

3.6 광학현미경

4 시약 및 표준용액

4.1 시약

4.1.1 증균 배지(3배 농후 셀레나이트 액체배지, 3 × Selenite broth)

상용화된 완성제품 및 동등 이상의 성능을 가진 제품을 사용할 수 있으며, 사용할 경우 각 제조사별 조제법을 따를 수 있다. 제조하여 사용할 때는 정제수 1 L에 표 2의 조성대로 넣고 완전용해될 때까지 가열하며, 이때 배지를 고압증기멸균해서는 안 된다. 50 ℃ ~ 55 ℃까지 식힌 후 pH를 (7.6 ± 0.1)로 조절한다. 가열할 때 끓는 상태가 1분 ~ 2분 이상 지속되지 않도록 한다. 조제된 배지는 2 ℃ ~ 8 ℃에 보관하며 4일 이상 저장하지 않는다.

[표 1] 증균 배지(3배 농후 셀레나이트 액체배지, 3 × Selenite broth) 조성

성 분	조 성
트립톤(tryptone)	15.0 g
락토오스(lactose, $C_{12}H_{22}O_{11}$, 분자량 : 342.30)	12.0 g
셀레나이트(selenite)	12.0 g
인산일수소나트륨(sodium phosphate, dibasic, Na_2HPO_4, 분자량 : 141.95)	30.0 g

4.1.2 추정시험용 배지(자일로스 라이신 데스옥시콜레이트 한천 선택배지 ; XLD agar)

상용화된 완성제품을 사용하고, 조제하여 사용할 때는 정제수 1 L에 표 2의 조성대로 넣고 완전 용해될 때까지 가열한다. 55 ℃ ~ 60 ℃까지 식힌 후 멸균된 페트리접시에 약 20 mL 분주하여 굳힌다. 조제된 배지는 2 ℃ ~ 8 ℃에 보관한다.

[표 2] 추정시험용 배지(자일로스 라이신 데스옥시콜레이트 한천 선택배지 ; XLD agar) 조성

성 분	조 성
효모추출물(yeast extract)	3.0 g
L-라이신(L-lysine, $C_6H_{14}N_2O_2$, 분자량 : 146.19)	5.0 g
자일로스(xylose, $C_5H_{10}O_5$, 분자량 : 150.13)	3.75 g
락토오스(lactose, $C_{12}H_{22}O_{11}$, 분자량 : 342.30)	7.5 g
수크로오스(sucrose, $C_{12}H_{22}O_{11}$, 분자량 : 342.30)	7.5 g
데스옥시콜린산나트륨(sodium desoxycholate)	2.5 g
시트르산제이철암모늄(ferric ammonium citrate, $FeSO(NH_4)SO_4$, 분자량 : 217.80)	0.8 g
티오황산나트륨(sodium thiosulfate, $Na_2S_2O_3$, 분자량 : 158.11)	6.8 g
염화나트륨(sodium chloride, NaCl, 분자량 : 58.50)	5.0 g
한천(agar, $(C_{12}H_{18}O_9)_n$)	15.0 g
페놀레드(phenol-red)	0.08 g

4.1.3 확인시험용 배지(트립틱 소이 배지, Tryptic soy agar)

상용화된 완성제품을 사용할 수 있으며, 제조하여 사용할 때는 정제수 1 L에 표 3의 조성대로 넣고 완전히 녹인 후, 121 ℃에서 15분간 고압증기멸균 하여 미리 멸균된 페트리 접시에 약 15 mL씩 무균 상태로 분주한 후 굳힌다.

[표 3] 확인시험용 배지(트립틱 소이 배지, Tryptic soy agar) 조성

성 분	조 성
카제인 췌장효소 소화물(pancreatic digest of casein)	15.0 g
콩의 파파인소화물(papaic digest of soybean meal)	5.0 g
염화나트륨(sodium chloride, NaCl, 분자량 : 58.50)	5.0 g
한천(agar, $(C_{12}H_{18}O_9)_n$)	15 g

4.1.4 그람염색시약(gram's stain solution)

상용화된 키트를 사용할 수 있다.

4.1.4.1 용액 A

크리스탈 바이올렛(crystal violet) 2.0 g + 95 % 에탄올(95 % ethanol) 20 mL

4.1.4.2 용액 B

암모늄 옥살레이트(ammonium oxalate) 0.8 g + 정제수 80 mL

4.1.4.3 착색제(요오드용액)

요오드(iodine) 1.0 g + 요오드화칼륨(KI) 2.0 g + 정제수 300 mL

4.1.4.4 탈색제

에탄올(ethanol) 95 mL + 정제수 5 mL

4.1.4.5 대조염색제

사프라닌 O(safranin O) 0.25 g + 95 % 에탄올(95 % ethanol) 10 mL

4.1.5 세균동정키트 또는 세균동정기

장내 그람 음성 간균을 동정하려면 상용화된 세균동정키트 또는 세균동정기를 사용한다.

4.2 "내용 없음"

5 시료채취 및 관리

5.1 멸균된 시료용기를 사용하여 무균적으로 시료를 채취하고 빨리 시험해야 한다. 즉시 시험할 수 없으면 빛이 차단된 1 ℃ ~ 5 ℃ 냉장 보관 상태에서 30시간 이내에 시험해야 한다.

5.2 잔류염소가 존재하는 경우, 잔류염소 제거를 위한 시약은 잔류염소 4 mg/L 이하인 시료 1 L 기준으로 멸균한 티오황산나트륨용액(80 g/L) 1 mL에 준하는 양을 첨가하며, 잔류염소의 농도에 따라 첨가량을 조절한다.

5.3 수도꼭지에서 시료를 채취할 때는 수도꼭지를 틀어 수돗물을 2분 ~ 3분간 흘려버린 후 시료를 채취한다. 수도꼭지에 연결된 부착물은 제거하고, 깨끗한 헝겊이나 휴지로 이물질을 닦아낸 후 시료를 채취한다. 필요하면 가스버너 등으로 수도꼭지 입구를 충분히 소독한다.

5.4 먹는샘물, 먹는해양심층수 및 먹는염지하수 제품수는 병의 마개를 열지 않은 상태의 제품을 말하며, 병의 마개가 열린 것은 시료로 사용할 수 없다.

6 "내용 없음"

7 분석절차

7.1 "내용 없음"

7.2 시험방법

7.2.1 추정시험

7.2.1.1 시료 50 mL씩을 증균배지(3배 농후 셀레나이트 액체배지)가 25 mL씩 들어있는 시험관 5개에 접종하고 (36.0 ± 1.0) ℃에서 24시간 배양한다. 배양시간이 지연되면 대장균 등 다른 균이 자라므로 배양시간을 엄수한다.

7.2.1.2 접종루프를 이용하여 모든 시험관에서 배양액을 취하여 추정시험용 배지(XLD 한천선택배지)에 획선 접종한다. 35 ℃에서 24시간 배양하여 붉은 색 집락이 형성되면 쉬겔라 양성으로 추정한다.

7.2.2 확인시험

7.2.2.1 추정시험에서 양성으로 판정된 집락을 순수 분리하여 확인시험용 배지(트립틱소이 배지)로 옮겨 심는다. 그람염색 후 현미경 관찰로 그람 음성, 간균임을 확인하고 상용화된 세균동정키트 또는 세균동정기로 동정한다. 병원성과 역학에 대한 정보를 얻기 위하여 더 자세한 종과 혈청형의 동정을 혈청학적 시험으로 확인할 수 있다.

7.2.2.2 혈청학적인 시험방법은 쉬겔라 O항혈청 응집반응 시험을 한다.

7.2.3 모든 시험은 음성대조균 시험을 동시에 실시하여 음성대조균 시험결과는 음성으로 나왔을 때만 유효한 결과값으로 판정한다.

8 결과보고

8.1 결과 표기

쉬겔라균이 검출되지 않으면 '불검출/250 mL'로, 검출되면 '검출/250 mL'로 표기한다.

9 참고자료

9.1 Standard Method 9260 E, 23rd edition, Detection of Pathogenic Bacteria-Shigella, (2017)

10 "내용 없음"

152 쉬겔라-막여과법 (Shigella-Membrane Filtration Method)

1 개요

1.1 목적

이 시험기준은 샘물·먹는샘물, 염지하수·먹는염지하수, 먹는해양심층수 등에 존재하는 쉬겔라를 분석할 때 검사결과의 정확성과 통일성을 제공하는 데 필요한 제반사항을 규정함을 목적으로 한다.

1.2 적용범위

이 시험기준은 「먹는물 수질기준 및 검사 등에 관한 규칙」 제2조의 규정에 따른 샘물·먹는샘물, 염지하수·먹는염지하수, 먹는해양심층수 등의 수질검사에 적용한다.

1.3 "내용 없음"

2 용어정의

2.1 쉬겔라

장내세균의 하나로 운동성이 없고, 아포를 만들지 않으며 세균성 이질과 식중독을 일으키는 그람음성 간균이다. 락토오스를 분해하지 않으며, 당분해로 산을 형성하지만 기체는 형성하지 않는 생화학적 특성을 지녔다.

3 분석기기 및 기구

3.1 여과막

공경 0.45 μm, 지름 47 mm 크기의 미생물 분석용 여과막으로 막의 한 면에 격자가 그려지고 멸균된 것을 사용한다.

3.2 여과장치

여과막을 끼워서 여과할 수 있게 하는 장치로 무균조작이 가능한 것을 사용한다.

3.3 필터깔때기

10 mL ~ 250 mL의 시료를 담을 수 있는 부피로 미리 무균처리한 것을 사용한다.

3.4 피펫 또는 자동피펫

부피 5 mL ~ 25 mL인 메스피펫이나 자동피펫(플라스틱피펫 팁 포함)으로서 멸균된 것을 사용한다.

3.5 마개달린 유리시험관 또는 유리용기

약 50 mL 부피의 고압증기멸균 가능하고 투명한 붕규산 재질로 마개 달린 유리시험관이나 유리병 또는 이에 상응하는 멸균용기를 사용한다.

3.6 페트리접시

지름 약 9 cm, 높이 1.5 cm의 유리제품(65 cm^2) 또는 1회용 플라스틱(57 cm^2)으로 멸균된 것을 사용한다.

3.7 접종루프(Inoculation loop)

루프의 안지름이 약 3 mm인 접종루프를 사용한다.

3.8 핀셋

끝이 뭉툭하고 넓으며 여과막을 집어 올릴 때 여과막을 물리적으로 손상하지 않는 형태의 것으로 화염멸균이 가능한 것을 사용한다.

3.9 가위

무균조작이 가능한 것을 사용한다.

3.10 배양기

배양온도를 (36.0 ± 1.0) ℃로 유지할 수 있는 것을 사용한다.

3.11 광학현미경

4 시약 및 표준용액

4.1 시약

4.1.1 증균 배지(셀레나이트 액체배지; Selenite broth)

상용화된 완성제품을 사용할 수 있으며, 제조하여 사용할 때는 정제수 1 L에 표 1의 조성대로 넣고 pH를 (7.0 ± 0.2)로 조절한다. 60 ℃ ~ 70 ℃에서 가열용해한 후 멸균된 시험관에 7 mL ~ 10 mL씩 무균 상태로 넣고 식힌다. 이 때 끓여서 녹이지 않게 주의한다. 조제된 배지는 2 ℃ ~ 8 ℃에 보관한다.

[표 1] 증균 배지(셀레나이트 액체배지, Selenite broth) 조성

성 분	조 성
트립톤(tryptone)	5.0 g
락토오스(lactose, $C_{12}H_{22}O_{11}$, 분자량 : 342.30)	4.0 g
셀레나이트(selenite)	4.0 g
인산일수소나트륨(sodium phosphate, dibasic, Na_2HPO_4, 분자량 : 141.95)	10.0 g

4.1.2 추정시험용 배지(자일로스 라이신 데스옥시콜레이트 한천선택배지, XLD agar)

상용화된 완성제품 및 동등 이상의 성능을 가진 제품을 사용할 수 있으며, 사용할 경우 각 제조사별 조제법을 따를 수 있다. 제조하여 사용할 때는 정제수 1 L에 표 2 또는 표 3의 조성대로 넣고 완전 용해될 때까지 가열하며, 이 때 배지를 고압증기멸균해서는 안된다. 50 ℃ ~ 55 ℃까지 식힌 후 pH를 (7.6 ± 0.1)로 조절한다. 가열할 때 끓는 상태가 1분 ~ 2분 이상 지속되지 않도록 한다. 조제된 배지는 2 ℃ ~ 8 ℃에 보관하며 4일 이상 저장하지 않는다.

[표 2] 추정시험용 배지(자일로스 라이신 데스옥시콜레이트 한천 선택배지 ; XLD agar) 조성

성 분	조 성
효모추출물(yeast extract)	3.0 g
L-라이신(L-lysine, $C_6H_{14}N_2O_2$, 분자량 : 146.19)	5.0 g
자일로스(xylose, $C_5H_{10}O_5$, 분자량 : 150.13)	3.75 g
락토오스(lactose, $C_{12}H_{22}O_{11}$, 분자량 : 342.30)	7.5 g
수크로오스(sucrose, $C_{12}H_{22}O_{11}$, 분자량 : 342.30)	7.5 g
데스옥시콜린산나트륨(sodium desoxycholate)	2.5 g
시트르산제이철암모늄(ferric ammonium citrate, $FeSO(NH_4)SO_4$, 분자량 : 217.80)	0.8 g
티오황산나트륨(sodium thiosulfate, $Na_2S_2O_3$, 분자량 : 158.11)	6.8 g
염화나트륨(sodium chloride, NaCl, 분자량 : 58.50)	5.0 g
한천(agar, $(C_{12}H_{18}O_9)_n$)	15.0 g
페놀레드(phenol-red)	0.08 g

4.1.3 확인시험용 배지(트립틱 소이 배지, Tryptic soy agar)

상용화된 완성제품을 사용할 수 있으며, 제조하여 사용할 때는 정제수 1 L에 표 3의 조성대로 넣고 완전히 녹인 후, 121 ℃에서 15분간 고압증기멸균 하여 미리 멸균된 페트리접시에 약 15 mL씩 무균 상태로 분주한 후 굳힌다.

[표 3] 확인시험용 배지(트립틱 소이 배지, Tryptic soy agar) 조성

성 분	조 성
카제인 췌장효소 소화물(pancreatic digest of casein)	15.0 g
콩의 파파인소화물(papaic digest of soybean meal)	5.0 g
염화나트륨(sodium chloride, NaCl, 분자량 : 58.50)	5.0 g
한천(agar, $(C_{12}H_{18}O_9)_n$)	15 g

4.1.4 그람염색시약(gram's stain solution)

상용화된 키트를 사용할 수 있다.

4.1.4.1 용액 A

크리스탈 바이올렛(crystal violet) 2.0 g + 95 % 에탄올(95 % ethanol) 20 mL

4.1.4.2 용액 B

암모늄 옥살레이트(ammonium oxalate) 0.8 g + 정제수 80 mL

4.1.4.3 착색제(요오드용액)

요오드(iodine) 1.0 g + 요오드화칼륨(KI) 2.0 g + 정제수 300 mL

4.1.4.4 탈색제

에탄올(ethanol) 95 mL + 정제수 5 mL

4.1.4.5 대조염색제

사프라닌 O(safranin O) 0.25 g + 95 % 에탄올(95 % ethanol) 10 mL

4.1.5 세균동정키트 또는 세균동정기

장내 그람 음성 간균을 동정하려면 상용화된 세균동정키트 또는 세균동정기를 사용한다.

4.2 "내용 없음"

5 시료채취 및 관리

5.1 멸균된 시료용기를 사용하여 무균적으로 시료를 채취하고 빨리 시험해야 한다. 즉시 시험할 수 없으면 빛이 차단된 1 ℃ ~ 5 ℃ 냉장 보관 상태에서 30시간 이내에 시험해야 한다.

5.2 잔류염소가 존재하는 경우, 잔류염소 제거를 위한 시약은 잔류염소 4 mg/L 이하인 시료 1 L 기준으로 멸균한 티오황산나트륨용액(80 g/L) 1 mL에 준하는 양을 첨가하며, 잔류염소의 농도에 따라 첨가량을 조절한다.

5.3 수도꼭지에서 시료를 채취할 때는 수도꼭지를 틀어 수돗물을 2분 ~ 3분간 흘려버린 후 시료를 채취한다. 수도꼭지에 연결된 부착물은 제거하고, 깨끗한 헝겊이나 휴지로 이물질을 닦아낸 후 시료를 채취한다. 필요하면 가스버너 등으로 수도꼭지 입구를 충분히 소독한다.

5.4 먹는샘물, 먹는해양심층수 및 먹는염지하수 제품수는 병의 마개를 열지 않은 상태의 제품을 말하며, 병의 마개가 열린 것은 시료로 사용할 수 없다.

6 "내용 없음"

7 분석절차

7.1 "내용 없음"

7.2 시험방법

7.2.1 추정시험

7.2.1.1 무균조작이 가능한 막여과장치에 250 mL의 시료를 여과한다.

7.2.1.2 여과막은 무균조작이 가능한 가위로 잘라서 증균배지(셀레나이트 액체배지)가 7 mL ~ 10 mL 가량 들어 있는 시험관에 넣어 (36.0 ± 1.0) ℃에서 24시간 배양한다.

7.2.1.3 접종루프를 이용해 배양액을 취하여 추정시험용 배지(XLD 한천배지)에 획선 접종한다. 35 ℃에서 24시간 배양하여 붉은색 집락을 쉬겔라 추정시험의 양성으로 판정한다.

7.2.2 확인시험

7.2.2.1 추정시험에서 양성으로 판정된 집락을 순수 분리하여 확인시험용 배지(트립틱 소이 배지)로 옮겨 심는다. 그람염색 후 현미경 관찰로 그람 음성, 간균임을 확인하고 상용화된 세균동정키트 또는 세균동정기로 동정한다. 병원성과 역학에 대한 정보를 얻기 위하여 더 자세한 종과 혈청형의 동정을 혈청학적인 시험으로 확인할 수 있다.

7.2.2.2 혈청학적 시험방법은 쉬겔라 O항혈청 응집반응 시험을 한다.

7.2.3 모든 시험은 음성대조군 시험을 동시에 실시하여 음성대조군 시험결과는 음성으로 나왔을 때만 유효한 결과값으로 판정한다.

8 결과보고

8.1 결과 표기

쉬겔라균이 검출되지 않으면 '불검출/250 mL'로, 검출되면 '검출/250 mL'로 표기한다.

9 참고자료

9.1 Standard Method 9260 E, 23rd edition, Detection of Pathogenic Bacteria-Shigella, (2017)

10 "내용 없음"

쉬겔라

연습문제

01 먹는물수질공정시험기준에 따른 먹는물 중 미생물을 시험관법으로 측정하고자 한다. 미생물 항목별 시험절차로 틀린 것은?

① 쉬겔라 : 추정시험 → 확정시험 → 확인시험
② 총대장균군 : 추정시험 → 확정시험
③ 녹농균 : 추정시험 → 확정시험 → 확인시험
④ 살모넬라 : 추정시험 → 확인시험

02 먹는물수질공정시험기준에 따른 쉬겔라균-시험관법에 대한 설명으로 틀린 것은?

① 쉬겔라균은 장내세균의 하나로 운동성이 없다.
② 쉬겔라균은 락토오스를 분해하지 않으며, 당분해로 산을 형성하지만 기체는 형성하지 않는다.
③ 추정시험은 추정시험용 배지에 획선 접종 후 35 ℃에서 24시간 배양하여 붉은색 집락이 형성되면 양성으로 추정한다.
④ 쉬겔라균이 검출된 경우는 '검출/100 mL'로 표기한다.

03 먹는물수질공정시험기준 중 어떤 세균에 대한 설명인가?

장내세균의 하나로 운동성이 없고, 아포를 만들지 않으며 세균성 이질 및 식중독을 일으키는 그람음성 간균이다. 락토스를 분해하지 않으며, 당분해로 산을 형성하지만 기체는 형성하지 않는 생화학적 특성을 가진다.

① 녹농균　　② 쉬겔라
③ 살모넬라　　④ 여시니아균

04 먹는물수질공정시험기준에 따른 아래의 미생물 분석을 위한 시험방법으로 옳은 것은?

장내세균의 하나로 운동성이 없고, 아포를 만들지 않으며 세균성 이질 및 식중독을 일으키는 그람음성 간균이다. 락토오스를 분해하지 않으며, 당분해로 산을 형성하지만 기체는 형성하지 않는다.

① 평판집락법　　② 효소기질정성법
③ 막여과법　　④ 현미경계수법

Answer 1. ① 2. ④ 3. ② 4. ③

153 여시니아균-막여과법
(Yersinia enteroccolitica-Membrane Filtration Method)

1 개요

1.1 목적

이 시험기준은 먹는물공동시설 등에 존재하는 여시니아균을 분석할 때 검사결과의 정확성과 통일성을 제공하는 데 필요한 제반사항을 규정함을 목적으로 한다.

1.2 적용범위

이 시험기준은 「먹는물 수질기준 및 검사 등에 관한 규칙」 제2조의 규정에 따른 먹는물공동시설의 수질검사에 적용한다.

1.3 "내용 없음"

2 용어정의

2.1 여시니아균

그람 음성의 락토오스를 분해하지 않는 호기성 간균으로, 여시니아 선택한천배지와 메콩키배지에서 특징적인 집락을 형성하고 TSI배지에서 특징적인 반응을, 요소배지에서 양성반응을 나타낸다. 37 ℃에서 운동성이 없으며 25 ℃에서 운동성을 나타내는 세균으로 4 ℃에서도 발육하는 저온 세균을 말한다.

3 분석기기 및 기구

3.1 피펫 또는 자동피펫

부피 1 mL와 10 mL인 메스피펫이나 자동피펫(플라스틱피펫팁 포함)으로서 눈금이 0.1 mL로 표시되었으며 입구가 넓고 멸균된 것을 사용한다.

3.2 필터깔때기

10 mL ~ 250 mL의 시료를 담을 수 있는 부피로 미리 무균처리한 것을 사용한다.

3.3 여과장치

여과막을 끼워서 여과할 수 있게 하는 장치로 무균조작이 가능한 것을 사용한다.

3.4 여과막

공경 0.45 μm, 지름 47 mm 크기 또는 90 mm 크기의 미생물 분석용 여과막으로 막의 한 면에 격자가 그려지고 멸균된 것을 사용한다.

3.5 핀셋

끝이 뭉툭하고 넓으며 여과막을 집어 올릴 때 여과막을 물리적으로 손상하지 않는 것으로 화염

멸균이 가능한 것을 사용한다.

3.6 페트리접시

지름 약 5.5 cm, 높이 약 1.2 cm의 소형제품(24 cm^2) 또는 지름 약 9 cm, 높이 1.5 cm의 제품(57 cm^2)으로 멸균된 것을 사용한다.

3.7 접종루프 또는 접종니들(Inoculation loop or needle)

루프의 안지름이 약 3 mm인 접종루프 또는 접종니들을 사용한다.

3.8 마개달린 유리시험관 또는 유리용기

15 mL ~ 100 mL 부피의 고압증기멸균이 가능하고 투명한 붕규산 재질로 마개 달린 유리시험관이나 유리병 또는 이에 상응하는 멸균용기를 사용한다.

3.9 배양기

배양온도를 25 ℃ ~ 28 ℃와 37 ℃로 유지할 수 있는 것을 사용한다.

3.10 광학현미경

4 시약 및 표준용액

4.1 시약

4.1.1 여시니아 선택한천배지

상용화된 완성제품을 사용할 수 있으며, 제조하여 사용할 때는 정제수 1 L에 표 1의 조성대로 넣고 pH가 (7.4 ± 0.2)가 되도록 조정한 다음, 121 ℃에서 15분간 고압멸균하고 45 ℃ ~ 50 ℃로 식혀 표 2의 CN여시니아 항미생물 보충액(제조하여 사용할 때는 여과 멸균한다.)을 첨가한다.

[표 1] 여시니아 선택한천배지 조성

성 분	조 성
효모추출물(yeast extract)	2.0 g
펩톤(peptone)	17.0 g
프로테오스 펩톤(proteose peptone)	3.0 g
만니톨(mannitol, $C_6H_{14}O_6$, 분자량 : 182.2)	20.0 g
데스옥시콜산나트륨(sodium desoxycholate, $C_{23}H_{39}NaO_4$, 분자량 : 414.6)	0.5 g
콜산나트륨(sodium cholate, $C_{23}H_{39}NaO_5$, 분자량 : 430, 56)	0.5 g
염화나트륨(sodium chloride, NaCl, 분자량 : 58.5)	1.0 g
피루브산나트륨(sodium pyruvate, $C_3H_3O_3Na$, 분자량 : 110.00)	2.0 g
황산마그네슘·7수화물(magnesium sulfate heptahydrate, $MgSO_4 \cdot 7H_2O$, 분자량 : 246.47)	10 mg
한천(agar, $(C_{12}H_{18}O_9)_n$)	13.3 mg
뉴트럴 레드(neutral red)	30 mg
크리스탈바이올렛(crystal violet)	1 mg
이르가산(irgasan)	4 mg

[표 2] CN여시니아 항미생물 보충액

성 분	조 성
세프설로이딘(cefsulodin)	4 mg
노보비오신(novobiocin)	2.5 mg
정제수(dH_2O)	10 mL

4.1.2 메콩키 한천배지(MacConkey agar)

상용화된 완성제품을 사용할 수 있으며, 제조하여 사용할 때는 정제수 1 L에 표 3의 조성대로 넣고 가열 용해한 다음 pH가 (7.1 ± 0.2)가 되도록 조정하고 121 ℃에서 15분간 고압증기 멸균한다.

[표 3] 메콩키 한천배지(MacConkey agar) 조성

성 분	조 성
펩톤(peptone)	17.0 g
프로테오스 펩톤(proteose peptone)	3.0 g
락토오스(lactose, $C_{12}H_{22}O_{11}$, 분자량 : 342.3)	10.0 g
담즙염 No. 3(bile salts No. 3)	1.5 g
염화나트륨(sodium chloride, NaCl, 분자량 : 58.5)	5.0 g
한천(agar, $(C_{12}H_{18}O_9)_n$)	13.5 g
뉴트럴 레드(neutral red)	0.03 g
크리스탈바이올렛(crystal violet)	0.001 g

4.1.3 mMC배지

메콩키 한천배지에 D-솔비톨 10 g/L, 이르가산 4.0 mg/L, 노보비오신 2.5 mg/L를 첨가하여 사용한다.

4.1.4 혼화물 한천배지(brain heart infusion agar)

상용화된 완성제품을 사용할 수 있으며, 제조하여 사용할 때는 정제수 1 L에 표 4의 조성대로 넣고 가열 용해한 다음 121 ℃에서 15분간 고압증기 멸균한다.

[표 4] 혼화물 한천배지(brain heart infusion agar) 조성

성 분	조 성
소 태아 뇌 혼화물(calf brains, infusion from 200 g)	7.7 g
소 심장 혼화물(beef heart, infusion from 250 g)	9.8 g
프로테오스 펩톤(proteose peptone)	10.0 g
포도당(dextrose, $C_6H_{12}O_6$, 분자량 : 180.16)	2.0 g
염화나트륨(sodium chloride, NaCl, 분자량 : 58.4)	5.0 g
인산일수소나트륨(sodium phosphate, dibasic, Na_2HPO_4, 분자량 : 141.95)	2.5 g
한천(agar, $(C_{12}H_{18}O_9)_n$)	15.0 g

4.1.5 TSI 배지(triple sugar iron agar)

상용화된 완성제품을 사용할 수 있으며, 제조하여 사용할 때는 정제수 1 L에 표 5의 조성대로 넣고 가열 용해한 다음 121 ℃에서 15분간 고압증기 멸균한다. 멸균튜브에 사면이 형성되도록 분주하여 응고시킨다.

[표 5] TSI 배지(triple sugar iron agar) 조성

성 분	조 성
소고기추출물(beef extract)	3.0 g
효모추출물(yeast extract)	3.0 g
카제인의 췌장효소 분해물(pancreatic digest of casein)	15.0 g
프로테오스 펩톤(proteose peptone No. 3)	5.0 g
포도당(dextrose, $C_6H_{12}O_6$, 분자량 : 180.16)	1.0 g
락토오스(lactose, $C_{12}H_{22}O_{11}$, 분자량 : 342.30)	10.0 g
수크로오스(sucrose, $C_{12}H_{22}O_{11}$, 분자량 : 342.30)	10.0 g
황산철(ferrous sulfate, $FeSO_4$, 분자량 : 151.90)	0.2 g
염화나트륨(sodium chloride, NaCl, 분자량 : 58.50)	5.0 g
티오황산나트륨(sodium thiosulfate, $Na_2S_2O_3$, 분자량 : 158.10)	0.3 g
한천(agar, $(C_{12}H_{18}O_9)_n$)	12.0 g
페놀레드(phenol red)	24.0 g

4.1.6 요소배지(urea agar)

상용화된 완성제품을 사용할 수 있으며, 제조하여 사용할 때는 표 6 배지조성 중 한천을 제외한 성분을 정제수 100 mL에 녹여 여과 멸균한다. 별도로 정제수 900 mL에 한천을 녹여 121 ℃에서 15분간 고압멸균한 후 50 ℃로 식혀 여과 멸균한 배지 성분 100 mL와 잘 섞어준다. 멸균 튜브에 사면이 형성되도록 분주하여 응고시킨다.

[표 6] 요소배지(urea agar) 조성

성 분	조 성
젤라틴(pancreatic digest of gelatin)	1.0 g
포도당(dextrose, $C_6H_{12}O_6$, 분자량 : 180.16)	1.0 g
염화나트륨(sodium chloride, NaCl, 분자량 : 58.50)	5.0 g
인산일수소나트륨(sodium phosphate, dibasic, Na_2HPO_4, 분자량 : 141.95)	2.0 g
요소(urea)	20.0 g
페놀레드(phenol red)	12.0 mg
한천(agar, $(C_{12}H_{18}O_9)_n$)	15 g

4.1.7 운동성 배지(motility test medium)

상용화된 완성제품을 사용할 수 있으며, 제조하여 사용할 때는 정제수 1 L에 표 7의 조성대로 넣고 가열 용해하여 튜브에 분주한 다음 121 ℃에서 15분간 고압증기 멸균한다.

[표 7] 운동성 배지(motility test medium) 조성

성 분	조 성
소고기추출물(beef extract)	3.0 g
젤라틴의 췌장효소 분해물(pancreatic digest of gelatin)	10.0 g
염화나트륨(sodium chloride, NaCl, 분자량 : 58.50)	5.0 g
한천(agar, $(C_{12}H_{18}O_9)_n$)	4.0 g

4.1.8 0.288 % 수산화칼륨(potassium hydroxide solution) 용액

정제수 1 L에 표 8의 조성대로 넣어 용해하고 여과 멸균한다.

[표 8] 0.288 % 수산화칼륨(potassium hydroxide solution) 용액 조성

성 분	조 성
염화나트륨(sodium chloride, NaCl, 분자량 : 58.50)	8.5 g
수산화칼륨(potassium hydroxide, KOH, 분자량 : 56.10)	2.88 g

4.1.9 세균동정키트 또는 세균동정기

장내 그람 음성 간균을 동정하려면 상용화된 세균동정키트 또는 세균동정기를 사용한다.

4.2 "내용 없음"

5 시료채취 및 관리

5.1 멸균된 시료용기를 사용하여 무균적으로 시료를 채취하고 빨리 시험해야 한다. 즉시 시험할 수 없으면 빛이 차단된 1 ℃ ~ 5 ℃ 냉장 보관 상태에서 30시간 이내에 시험해야 한다.

5.2 잔류염소가 존재하는 경우, 잔류염소 제거를 위한 시약은 잔류염소 4 mg/L 이하인 시료 1 L 기준으로 멸균한 티오황산나트륨용액(80 g/L) 1 mL에 준하는 양을 첨가하며, 잔류염소의 농도에 따라 첨가량을 조절한다.

5.3 수도꼭지에서 시료를 채취할 때는 수도꼭지를 틀어 수돗물을 2분 ~ 3분간 흘려버린 후 시료를 채취한다. 수도꼭지에 연결된 부착물은 제거하고, 깨끗한 헝겊이나 휴지로 이물질을 닦아낸 후 시료를 채취한다. 필요하면 가스버너 등으로 수도꼭지 입구를 충분히 소독한다.

6 "내용 없음"

7 분석절차

7.1 "내용 없음"

7.2 시험방법

7.2.1 추정시험

7.2.1.1 시료 1 L를 무균조작이 가능한 여과장치를 이용하여 멸균상태의 여과지(membrane filter, 0.45 μm pore size)로 여과한 후 연속하여 0.288 % 수산화칼륨용액 20 mL ~ 30 mL를 20초 내에 완전히 여과시킨다. 동일한 과정을 반복 수행하여 여과한 여과지를 총 2매로 한다.

7.2.1.2 여과한 여과지를 하나는 여시니아 선택한천배지 위에, 다른 하나는 메콩키배지(혹은 mMC 배지) 위에 올려놓고 25 ℃ ~ 28 ℃에서 48시간 각각 배양한다.

7.2.1.3 여시니아 선택한천배지에서는 점액성이 없고 무색의 윤곽이 뚜렷한 가장자리를 가지며 중심부가 짙은 적색을 띠는 작은 집락(지름 1 mm ~ 2 mm)을, 메콩키한천배지(혹은 mMC)에서는 적색 또는 점액성 집락은 피하고 작고(지름 1 mm ~ 2 mm), 편평한 무색 또는 옅은 핑크색의 집락을 취하여 혼화물 한천배지(Brain heart infusion agar)에 옮긴 후, 25 ℃ ~ 28 ℃에서 24시간 배양한다.

7.2.2 예비동정시험

7.2.2.1 TSI 배지, 요소배지, 운동성배지에 접종하여 예비동정시험을 한다. 예비동정시험에서 여시니아균의 특성을 나타내지 않는 집락은 여시니아균 음성으로 판정하고 여시니아균의 특성을 지닌 분리 집락은 그람염색을 하여 음성임을 확인한다.

7.2.2.1.1 TSI 배지에서 예비동정시험

배지에 접종한 후 37 ℃에서 24시간 배양한다. 양성인 경우 Y. enterocolitica는 수크로오스를 분해하여 밑면과 사면이 황색으로 변하고 Y. pseudotuberculosis는 포도당만을 분해하여 사면은 적색으로 남아있고 밑면은 황색으로 변한다. 기체 및 황화수소는 발생하지 않는다.

7.2.2.1.2 요소배지에서 예비동정시험

배지에 접종한 후 25 ℃에서 24시간 배양한다. 양성이면 붉은 색을 나타낸다.

7.2.2.1.3 운동성배지

운동성 배지 2매에 접종하여 각각 37 ℃와 25 ℃에 따로 배양한다. 37 ℃에서는 운동성이 없고, 25 ℃에서는 운동성을 나타낸다.

7.2.3 확인동정시험

상용화된 세균동정키트 또는 세균동정기 등을 사용한다.

7.2.4 모든 시험은 음성대조군 시험을 동시에 실시하여 음성대조군 시험결과는 음성으로 나왔을 때만 유효한 결과값으로 판정한다.

8 결과보고

8.1 결과 표기

여시니아균이 검출되지 않으면 '불검출/2 L'로, 검출되면 '검출/2 L'로 표기한다.

9 참고자료

9.1 KS J ISO 10273 "식품 및 동물사료의 미생물학－추정 병원성 여시니아 엔테로콜리티카 검출을 위한 평판법", (2012)

9.2 Standard Method 9260 K, 23rd edition, Yersinia enterocolitica, (2017)

10 "내용 없음"

여시니아균

연습문제

01 먹는물수질공정시험기준에 따른 여시니아균의 특성과 분석방법에 관한 설명으로 틀린 것은?

① 그람음성의 락토오스를 분해하지 않는 호기성 간균이다.
② 요소배지에서의 예비동정시험에서는 양성인 경우 붉은색을 나타낸다.
③ 운동성 배지에서의 예비동정시험에서는 37 ℃에서 운동성이 없으며 25 ℃에서 운동성을 나타낸다.
④ 선택한천배지에서의 추정시험에서는 점액성이 없고 무색의 윤곽이 뚜렷한 가장자리를 가지며 중심부가 옅은 청색을 띠는 작은 집락을 형성한다.

02 먹는물수질공정시험기준에 따른 여시니아균-막여과법에 사용하는 배지 중에서 여과멸균 과정이 필요한 것은?

① 메콩키 한천배지(MacConkey agar)
② 운동성 배지(motility test medium)
③ TSI 배지(triple sugar iron agar)
④ 요소 배지(urea agar)

03 먹는물수질공정시험기준에서 미생물의 검사에 대한 설명으로 맞는 것은?

① 여시니아균의 막여과법 수질검사는 먹는물공동시설에 적용된다.
② 중온 일반세균의 실험실 생물안전 등급은 Biosafety Level 2(BL 2)이다.
③ 살모넬라 검사를 위한 샘물은 4 ℃ 냉암소에서 24시간 보존이 가능하다.
④ 분원성 대장균군의 검사에는 시험관법과 막여과법 및 효소기질정성법이 있다.

04 미생물 시험용 시료를 채취하여 적어도 24시간 이내에 시험을 해야 하는 항목은?

① 총대장균군
② 살모넬라
③ 아황산환원혐기성포자형성균
④ 여시니아균

05 여시니아의 예비동정시험에 필요한 배지가 아닌 것은?

① 셀레나이트 배지
② 요소 배지
③ 운동성 배지
④ TSI 배지

06 (　　) 안에 들어갈 내용으로 모두 옳은 것은?

> 미생물 시험용 시료를 채취할 때에는 멸균된 시료 용기를 사용하여 무균적으로 시료를 채취하고 빨리 시험하여야 한다. 빨리 시험할 수 없는 경우에는 4 ℃ 냉장보관한 상태에서 일반세균, 녹농균, 여시니아균은 (㉠) 이내에, 총대장균군 등 그 밖의 항목은 (㉡) 이내에 시험하여야 한다.

① ㉠ 12시간, ㉡ 24시간
② ㉠ 12시간, ㉡ 30시간
③ ㉠ 24시간, ㉡ 24시간
④ ㉠ 24시간, ㉡ 30시간

Answer 1. ④ 2. ④ 3. ① 4. ④ 5. ① 6. ④

Part IX 방사능

154 세슘(Cesium, Cs-137)

이 시험방법은 염지하수 중 방사성 세슘의 분석방법으로 STANDARD METHOD 7500 또는 한국산업표준 KS I ISO 10703과 같다.

155 스트론튬(Strontium, Sr-90)

이 시험방법은 염지하수 중 방사성 스트론튬의 분석방법으로 STANDARD METHOD 7500과 같다.

156 삼중수소(Tritium)

이 시험방법은 염지하수 중 삼중수소의 분석방법으로 STANDARD METHOD 7500 또는 한국산업표준 KS I ISO 9698과 같다.

먹는물수질공정시험기준 해설서 값 32,000원

저 자 박 승 우
발행인 문 형 진

판 권
검 인

2025년 1월 15일 제1판 제1쇄 인쇄
2025년 1월 22일 제1판 제1쇄 발행

발행처 세 진 사

㊌02859 서울특별시 성북구 보문로 38 세진빌딩
TEL : 02)922-6371~3, 923-3422 / FAX : 02)927-2462
Homepage : www.sejinbook.com
〈등록. 1976. 9. 21 / 서울 제307-2009-22호〉